Walter Kellenberger

Elastisches Wuchten

Modale Verfahren, EK-Technik, Sondertechniken, automatisches und thermisches Wuchten

Mit 120 Abbildungen

Springer-Verlag Berlin Heidelberg New York
London Paris Tokyo 1987

Dr. sc. techn. Walter Kellenberger
Professor, BBC Brown Boveri AG, Baden/Schweiz
Dozent an der Eidg. Technischen Hochschule Zürich

ISBN-13:978-3-642-82931-4 e-ISBN-13:978-3-642-82930-7
DOI: 10.1007/978-3-642-82930-7

CIP-Kurztitelaufnahme der Deutschen Bibliothek
Kellenberger, Walter: Elastisches Wuchten : modale Verfahren, EK-Technik, Sondertechniken, automat. u. therm. Wuchten / W. Kellenberger.
Berlin ; Heidelberg ; New York ; London ; Paris ; Tokyo : Springer, 1987
ISBN-13:978-3-642-82931-4

Satz: Hagedorn, Berlin

2362/3020-543210

Meiner Familie gewidmet

Vorwort

Natürlich sollte der Titel des Buches heißen: „Wuchten elastischer Rotoren". Für die Notwendigkeit, Rotoren zu wuchten, braucht es heute wohl keine Begründung mehr. Betriebssicherheit (reliability) und Verfügbarkeit (availability) werden immer größer geschrieben. Sie können durch Wuchten wesentlich verbessert werden. Alle technischen Rotoren werden heute gewuchtet; der überwiegende Teil sind starre Rotoren. Aber gerade elastische Rotoren sind hochwertige Rotorsysteme, wie z. B. Dampf- und Gasturbinen, Turbogeneratoren, Turbopumpen, Turbolader, Kompressoren, Asynchronmotoren, Antriebswellen für Schiffsturbinen und Helikopter, usw. Ihre wuchttechnische Behandlung ist deshalb von großer wirtschaftlicher Bedeutung. Theorie und Praxis des elastischen Wuchtens sind allerdings wesentlich aufwendiger als die des „starren" Wuchtens.

Das Buch enthält weniger Praxis als vielmehr Theorie des elastischen Wuchtens. Es ist aber nicht für Spezialisten und Wuchtexperten geschrieben, sondern für solche, die es werden wollen. Trotzdem hoffe ich, daß auch der Fachmann die eine oder andere Anregung erhält, die ihm von Nutzen sein kann. Ich habe mich bemüht, alles Wissenswerte über das elastische Wuchten zusammenzufassen und die langjährige eigene Erfahrung damit zu verbinden. Man findet Aufsätze über „elastisches" Wuchten gestreut in Fachzeitschriften und in Zusammenfassungen von Kongressen. Das Buch enthält alle mir bekannten und bedeutend erscheinenden Erkenntnisse auf dem Gebiet des elastischen Wuchtens bis 1985, ohne Anspruch auf Vollständigkeit zu erheben. Der Inhalt stellt somit etwas, wie den Stand der Theorie des elastischen Wuchtens („state of the art") bis 1985 dar.

Mit Rücksicht auf den interessierten Laien wurde nicht bei Formeln haltgemacht, sondern es wurden Beispiele eingestreut, die erlauben, anhand der numerisch angegebenen Eingangsdaten den Rechnungsgang nachzuvollziehen und die Resultate vergleichend zu prüfen, um so den Einstieg zu erleichtern.

Das elastische Wuchten basiert auf den zwei klassischen Säulen, dem modalen Wuchten und dem Wuchten mit Einflußkoeffizienten. Beide Methoden sind in neuerer Zeit verfeinert und ausgebaut worden. Heute bestehen Ansätze, beide Methoden zu kombinieren, so daß in vielleicht nicht allzu ferner Zukunft die beiden Säulen verschmelzen.

Der Inhalt des Buches ist in vier Teile gegliedert: – starre Rotoren – modales und bimodales Wuchten elastischer Rotoren – Wuchten mit Einflußkoeffizienten – neuere Sondertechniken, automatisches Wuchten, thermisches Wuchten.

Starre Rotoren sind ein Spezialfall elastischer Rotoren. Die Abgrenzung zu den elastischen Rotoren zwang dazu, sie ebenfalls zu berücksichtigen. Dem modalen

Wuchten wurde ein großer Platz eingeräumt in der Überzeugung, daß diese Methode für das Verständnis aller anderen Methoden unerläßlich ist. Das Wuchten mit Einflußkoeffizienten ist in den heute bekannten Variationen gezeigt. Numerische Beispiele machen die Unterschiede transparent. Das thermische Wuchten ist am Rande behandelt, da es heute (noch?) von untergeordneter Bedeutung ist. Gleiches gilt für das automatische Wuchten. Auf das Wuchten von Kolbenmaschinen wurde nicht eingegangen, da es sich dabei um Maschinen handelt die – wenn überhaupt – als starre Rotoren gewuchtet werden. Ebenso wurden Rotoren in Magnetlagern ausgeschlossen, da sie als einzige Ausnahme nicht unbedingt durch Massenausgleich mechanisch gewuchtet werden müssen. Nichtlineare- und transiente Probleme wurden nicht berührt, mit einer einzigen Ausnahme in Abschn. 19.2.1.

Wuchten gehört zur Rotordynamik. Es war deshalb unumgänglich, diese soweit aufzubereiten, als es für das Verständnis des Wuchtens erforderlich ist. Allerdings habe ich mich dabei auf ein Minimum beschränkt. Mir wesentlich erscheinende, ergänzende theoretische Beiträge sind in den Anhang verwiesen.

Man kann einen elastischen Rotor (mit ganz wenigen Ausnahmen) nie vollständig wuchten, da man in der Praxis mit einer endlichen Zahl von Wuchtebenen auszukommen hat. Es bleibt somit stets eine Restunwucht, die allerdings im Rahmen des erlaubten Toleranzbereichs liegen muß. Die beste Wuchtmethode ist wohl die, welche mit dem geringsten finanziellen und zeitlichen Aufwand die Unwuchttoleranz nicht übersteigt.

Empfehlungen, Richtlinien und Normen bilden logischerweise den Schluß des Buches. Sie sollen Hilfe für die Praxis sein, bilden sie doch eine allgemein anerkannte Diskussionsbasis zwischen Hersteller und Verbraucher über die zulässige Restunwucht. Es wurde darauf geachtet, die theoretischen Grundlagen besonders herauszuschälen auf denen solche Normen basieren. Man beachte jedoch, daß Normen ständig dem neuesten Stand des Wissens angepaßt werden und somit zeitabhängig sind.

Große Hilfe ward mir durch zwei meiner Mitarbeiter zuteil. Herrn Dr. Sprysl, dipl. masch. Ing. ETH, danke ich für zahlreiche numerische Berechnungen und Herrn Dr. Rihak, dipl. phys. ETH, für klärende Diskussionen und Hilfe betreffend das Kapitel bimodales Wuchten – das in solcher Ausführlichkeit kaum anderswo zu finden sein dürfte. Frau Scharf hat neben ihrer Tätigkeit als Sekretärin das Schreiben des Manuskripts mit Maschine übernommen. Ihr danke ich besonders für manch aufmunterndes Wort, wenn meine innere Dämpfung sich zuweilen bemerkbar machte.

Zu besonderem Dank bin ich meiner Arbeitgeberfirma, der BBC Brown Boveri AG in Baden/Schweiz verpflichtet, die mir einen Teil der Arbeitszeit sowie auch die Infrastruktur für die Verwirklichung des Buches zur Verfügung gestellt hat.

Zum Schluß gilt mein Dank den Mitarbeitern des Springer-Verlags für die angenehme Zusammenarbeit und für die gute Ausstattung des Buches.

Birr/Schweiz, im Juli 1987 W. Kellenberger

Inhaltsverzeichnis

Bezeichnungen

Abkürzungen*

K	Körper
M	Unwucht-, Biege-, Torsionsmoment
U_A	asymmetrische Unwucht
U_S	symmetrische Unwucht
AS	Antriebsseite
EF	Eigenform
EI	Biegesteifigkeit
EK	Einflußkoeffizienten
HB	Hessenbergverfahren
FT	Fouriertransformation
IM	Imaginärteil
IU	Initialunwucht (Urunwucht), Symbol 
IV	Inverse Vektoriteration
KM	Kompensationsmoment
KS	Koordinatensystem
KU	Kompensationsunwucht, Symbol 
LA	Laplacetransformation
ME	Meßebene
MP	Meßpunkt
NS	Nichtantriebsseite
RE	Realteil
WE(E_j)	Wuchtebene
WG	Wuchtgewicht
WM	Wuchtmasse
WS	Wuchtsatz
EUW	Einzelunwucht, diskrete Unwucht
GEL	Gegenlauf
GLL	Gleichlauf
KNA	kinetische Nachgiebigkeit
KST	kinetische Steifigkeit
KUW	kontinuierliche Unwucht
VWS	Verhältniswuchtsatz
WGU	Wuchtgüte

---

* Empfehlung: Das frühzeitige Speichern der wichtigsten Abkürzungen im Kopf dient dem flüssigen Lesen des Textes.

Einzelgrößen

Ω, ω	Winkelgeschwindigkeit des Rotors
Ω_k, ω_k	kritische Winkelgeschwindigkeit des Rotors
Ω_n, ω_n	n-te kritische Winkelgeschwindigkeit des Rotors
n	Drehzahl des Rotors; generalisierte Masse; Anzahl Freiheitsgrade
N_n	generalisierte Masse
ε	Exzentrizität des Massenmittelpunkts
x, y, z	Koordinaten des ortsfesten rechts KS
u, v, z	Koordinaten des rotierenden rechts KS
z	Lagerachse oder Rotorachse
l	Lagerabstand
L	Rotorlänge, Lagerkraft
1, 2, 3	Hauptachsen des Massenträgheitsellipsoids
u, v	Hauptachsen der Lagerung in Ebene senkrecht zur Rotorachse
$\mathrm{i}=\sqrt{-1}$	imaginäre Einheit

$\underline{r}=x+\mathrm{i}y=R_R+\mathrm{i}R_I=R'+\mathrm{i}R''=r\,\mathrm{e}^{\mathrm{i}\varphi}$ komplexer Ortsvektor

$\underline{r}^*=x-\mathrm{i}y=r\,\mathrm{e}^{-\mathrm{i}\varphi}$ konjugiert komplexer Ortsvektor

$\boldsymbol{e}_x, \boldsymbol{e}_y, \boldsymbol{e}_z$	Einheitsvektoren in x-, y-, z-Richtung (in der komplexen Ebene gilt $\boldsymbol{e}_x=1$, $\boldsymbol{e}_y=\mathrm{i}$)
$\underline{U}$, $\underline{U}^{\varrho}$	komplexe Einzelunwuchten
$\underline{u}(z)$, $\underline{u}^{\varrho}(z)$	komplexe kontinuierliche Unwuchten
m, m_L, M	Einzelmassen (diskrete Massen)
$m_L(z)$, $m(z)$	kontinuierliche Rotormasse (Masse pro Länge)
$D=1/(2\,Q)$	Lehrsches Dämpfungsmaß
$Q=1/(2\,D)$	Überhöhungsfaktor (quality factor)
$\underline{R}$	Summe aller äußeren Kräfte, Radius einer Einzelunwucht

$$\underline{H}(\mathrm{i}\Omega)=\frac{r(t)}{\underline{f}(t)}=\frac{\text{Ausgang}}{\text{Eingang}\,(\mathrm{i}\Omega)}\quad \text{Übertragungsfunktion}$$

$$\left.\begin{aligned}\underline{L}(\mathrm{i}\Omega)&=\frac{\text{Weg}}{\text{Kraft}\,(\mathrm{i}\Omega)};\quad \text{KNA}\\ \underline{\Gamma}(\mathrm{i}\Omega)&=\frac{\text{Kraft}}{\text{Weg}\,(\mathrm{i}\Omega)};\quad \text{KST}\end{aligned}\right\}\ \underline{L}\,\underline{\Gamma}=1$$

$$\frac{\mathrm{d}\ldots}{\mathrm{d}t}=\ldots^{\bullet};\quad \frac{\mathrm{d}\ldots}{\mathrm{d}z}=\ldots'\quad \text{Ableitungen nach der Zeit, dem Ort}$$

$a, b, c, \ldots; A, B, C, \ldots$	reelle Größen
$\underline{a}=a'+\mathrm{i}a''=a\,\mathrm{e}^{\mathrm{i}\varphi}$	komplexe Größe, physikalischer Vektor in komplexer Normalebene zur Achse
$\underline{a}^*=a'-\mathrm{i}a''=a\,\mathrm{e}^{-\mathrm{i}\varphi}$	kunjugiert komplexe Größe
$\boldsymbol{a}$	physikalischer- oder Matrizenvektor mit reellen oder komplexen Elementen. *In Normalebene zur Achse gilt $\boldsymbol{a}\equiv\underline{a}$ mit $\boldsymbol{a}$ als Zweikomponentenvektor*
$\boldsymbol{U}$, $\boldsymbol{U}_\varepsilon$	Matrizenvektor für KU, IU
$\boldsymbol{a}^T$	transponierter Matrizenvektor

$\boldsymbol{A}$	Matrix (mit reellen oder komplexen Elementen) der Ordnung $(m \times n)$, m Zeilen, n Kolonnen; $(m = n)$ quadratische Matrix
$\boldsymbol{A}^{\mathrm{T}}$	transponierte Matrix (Zeilen und Kolonnen vertauscht)
$\boldsymbol{A}^*$	konjugiert komplexe Matrix (Elemente von $\boldsymbol{A}$ sind konjugiert komplex)
$(\boldsymbol{A}^*)^{\mathrm{T}}$	transponiert konjugiert komplexe Matrix
$\boldsymbol{A}^{-1}$	Inverse der quadratischen Matrix $\boldsymbol{A}(m = n)$
$\boldsymbol{E} = \mathrm{diag}$	$(1, 1, \ldots)$ Einheitsmatrix
$\boldsymbol{M}$	Massenmatrix
$\boldsymbol{D}$	Dämpfungsmaßmatrix
$\boldsymbol{S}$	Steifigkeitsmatrix
$\boldsymbol{\Phi}$	Modale EF Matrix (Wuchtmatrix)
$\boldsymbol{\Psi}$	Modale EF Matrix

Produkte zweier Größen

$\underline{a}\underline{b}$	Produkt zweier komplexer Größen $(\underline{a} = a\,\mathrm{e}^{\mathrm{i}\alpha};\ \underline{b} = b\,\mathrm{e}^{\mathrm{i}\beta};\ \underline{a}\underline{b} = a b\,\mathrm{e}^{\mathrm{i}(\alpha+\beta)})$
$\boldsymbol{a} \times \boldsymbol{b}$	Vektorprodukt zweier physikalischer Vektoren.

Matrizenvektoren

$$\boldsymbol{a} = \begin{bmatrix} a_{11} \\ a_{21} \\ \vdots \end{bmatrix} \downarrow m \quad \text{Kolonnen- oder Spaltenvektor, Ordnung } (m \times 1)$$

$$\boldsymbol{b} = \begin{bmatrix} b_{11}, b_{12}, \overset{\to n}{\ldots} \end{bmatrix} \quad \text{Zeilenvektor, Ordnung } (1 \times n)$$

$$\boldsymbol{a}^{\mathrm{T}} = \begin{bmatrix} a_{11}, a_{21}, \overset{\to m}{\ldots} \end{bmatrix}; \quad \boldsymbol{b}^{\mathrm{T}} = \begin{bmatrix} b_{11} \\ b_{12} \\ \vdots \end{bmatrix} \downarrow n \quad \text{Transponierte Vektoren}$$

Produkte zweier Matrizenvektoren $(m = n = 3)$

$$\boldsymbol{b}\boldsymbol{a} = \boldsymbol{a}^{\mathrm{T}}\boldsymbol{b}^{\mathrm{T}} = a_{11}b_{11} + a_{21}b_{12} + a_{31}b_{13}$$
$$\boldsymbol{a}^{\mathrm{T}}\boldsymbol{a} = a_{11}^2 + a_{21}^2 + a_{31}^2$$
$$\boldsymbol{b}\boldsymbol{b}^{\mathrm{T}} = b_{11}^2 + b_{12}^2 + b_{13}^2$$

Matrizen

$$\boldsymbol{A} = \overset{\to n}{\begin{bmatrix} a_{11}\, a_{12} \ldots \\ a_{21} \\ \vdots \end{bmatrix}} \downarrow m \quad (m \times n) \text{ Matrix}$$

$\boldsymbol{A}(m = n)$ quadratische Matrix

Produkte von Matrizen und Vektoren

$\boldsymbol{A}\boldsymbol{a} = \boldsymbol{a}_1$:	$\boldsymbol{A}(m \times n)$;	$\boldsymbol{a}(n \times 1)$;	$\boldsymbol{a}_1(m \times 1)$
$\boldsymbol{a}^{\mathrm{T}}\boldsymbol{A} = \boldsymbol{b}_1$:	$\boldsymbol{a}^{\mathrm{T}}(1 \times m)$;	$\boldsymbol{A}(m \times n)$;	$\boldsymbol{b}_1(1 \times n)$
$\boldsymbol{b}\boldsymbol{A} = \boldsymbol{b}_2$:	$\boldsymbol{b}(1 \times m)$;	$\boldsymbol{A}(m \times n)$;	$\boldsymbol{b}_2(1 \times n)$

Produkte von Matrizen

$AB = C$: $A(m \times n)$; $B(n \times m_1)$; $C(m \times m_1)$

$m = n = m_1$ quadratische Matrizen:

$$A A^{\mathrm{T}} = C_1; \quad C_1 = \begin{bmatrix} \diagdown & \text{symm} \\ \text{symm} & \diagdown \end{bmatrix}$$

$$A^{\mathrm{T}} A = C_2; \quad C_2 = \begin{bmatrix} \diagdown & \text{symm} \\ \text{symm} & \diagdown \end{bmatrix}$$

Wichtigste Indices

x, y, z; u, v, w; 1, 2, 3 — für Richtung

ε für IU, z.B. $\underline{U}_\varepsilon$, $\underline{u}_\varepsilon(z)$

j = 1, 2, ... J	
k = 1, 2, ... K	
m = I, II, ... M	Zählvariable
n = 1, 2, ... N	
l = 1, 2, ... L	
jk	bei EF φ_{jk} (j Ort, k k-te EF) bei EK α_{jk} (j ME und Ω, k WE)
s, S; a, A	symmetrisch; asymmetrisch

Wichtigste Exponenten

ϱ	Größen im rotierenden KS, z.B. $\underline{U}^{\varrho}$, $\underline{u}^{\varrho}(z)$ (später weggelassen, wenn keine Verwechslungsgefahr besteht)
∇	modaler Anteil in Resonanz (Teilschwingung)
Δ	Bezug auf Gesamtsystem
...′	exakten Wert
⁑	fiktive EF (quasi-modales Wuchten)
A	Ausgangs-, Anlieferungs- oder Referenzzustand (mit IU)
M	Messung
m	m-te Messung
g	gedreht
$*$	konjugiert komplexer Wert
F	Fehler

Einführung

1 Vorbemerkungen

1.1 Warum Wuchten?

Trotz der hohen Genauigkeit moderner Werkzeugmaschinen und Montageeinrichtungen gelingt es auch heute noch nicht, vollkommen ausgewuchtete Rotoren zu bauen. Jeder Rotor, der die Fabrik verläßt, ist mehr oder weniger unwuchtig, und die resultierenden Nachteile kann man wie folgt zusammenfassen:

— Es entstehen unerwünschte rotierende Kräfte auf die Lager, die zu einem raschen Ausleiern und Verschleiß der Lagerung führen.
— Es entstehen elastische Verkrümmungen oder Biegeverformungen der Welle, welche an feststehenden Teilen, die in Berührung mit der Welle stehen, unerwünschte Schwingungen auslösen, wie z.B. an Dichtungen, Schleifringen bei elektrischen Maschinen usw. und deren Funktion beeinträchtigen.
— Es werden Schwingungen ausgelöst, die über Lager und Fundament abstrahlen und die Umgebung unerwünscht beeinflussen.

Zudem können Maschinen, die schon längere Zeit im Betrieb sind, durch Schmutzablagerungen, Relativverschiebungen, Kriechen, Korrosion und Erosion von Einzelteilen am Rotor wieder unwuchtig werden.

Das Wuchten bedeutet somit eine Qualitätsverbesserung, die sich im Sinne längerer Lebensdauer, größerer Betriebssicherheit und geringerer Umweltbelastung auswirkt.

1.2 Was ist Wuchten?

Ein einfaches, anschauliches Beispiel diene als erster Versuch einer Beantwortung. Man denke sich einen symmetrischen und symmetrisch gelagerten Rotor aus einer masselosen elastischen Welle mit einer Scheibe der Masse m in der Mitte, einen sogenannten ungedämpften Lavalrotor[1], Abb. 1.1. Die Welle drehe in zwei Lagern, die elastisch – durch radiale Federn – mit dem Fundament verbunden sind. Das Eigengewicht – das nur statische Kräfte auf die Lager ausübt – sei vernachlässigt, oder man denke sich die Welle vertikal.

Nehmen wir an, die Scheibe sitze konzentrisch auf der gerade vorausgesetzten Welle, so daß der Massenmittelpunkt S der Scheibe mit dem Wellendurchstoßpunkt W

[1] Im englischen Sprachgebrauch als Jeffcott-Rotor [Je] bekannt.

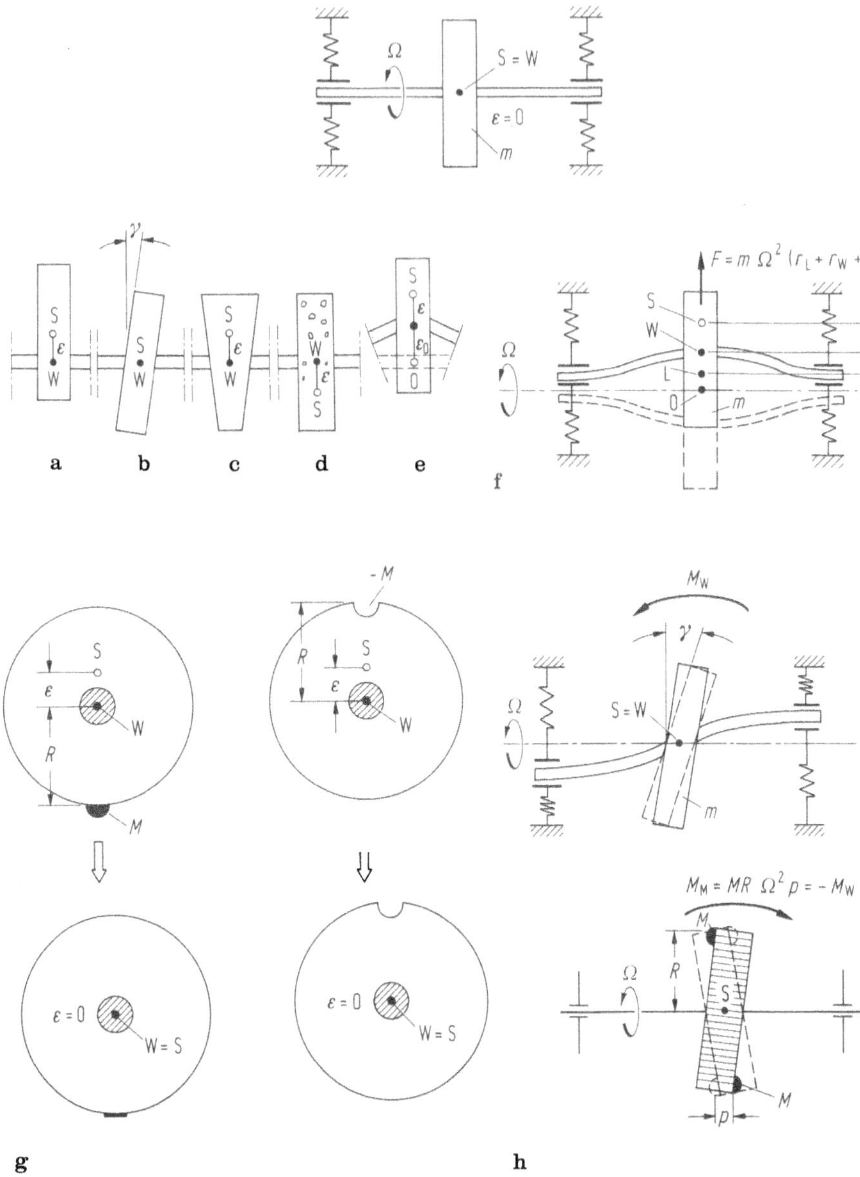

Abb. 1.1. Lavalrotor in elastischen Lagern. **a, c, d, e** Scheiben mit Exzentrizität $\varepsilon = \overline{WS}$; **b** schiefmontierte Scheibe; **e** krumme Welle; **f** Auslenkung von Lager und Welle im Lauf (ausgenommen schiefe Scheibe und krumme Welle); **g** Kompensation (Wuchten) der Exzentrizität durch Massenauf- oder Abtrag; **h** Kompensation (Wuchten) der schiefen Scheibe mit zwei Massen

zusammenfällt. Wird der Rotor angetrieben und rotiert mit der konstanten Winkelgeschwindigkeit Ω, so wirken keine Kräfte auf die Lager und der Rotor verbiegt sich nicht. In der Praxis ist dieser ideale Fall ein Wunschtraum. Es gelingt nie auf Anhieb, den Massenmittelpunkt S mit dem Wellendurchstoßpunkt W zu vereinen. Einige der wichtigsten technischen Ursachen – Unzulänglichkeiten – seien genannt:

— Die Scheibe ist nicht vollkommen konzentrisch aufgeschrumpft, Abb. 1.1a.
— Die Scheibe ist schräg aufgeschrumpft, Abb. 1.1b.
— Die Scheibe ist konisch, Abb. 1.1c.
— Das Material (Stahl, Alu, Kunststoff), aus dem die Scheibe besteht, ist in seiner Dichte nicht homogen, Abb. 1.1d.
— Die Welle ist krumm, Abb. 1.1e.

Schließlich können alle Ursachen kombiniert sein.

Die drei Ursachen, dargestellt in Abb. 1.1a, c und d, haben eines gemeinsam: der Massenmittelpunkt ist vom Wellendurchstoßpunkt um den Betrag $\overline{WS} = \varepsilon$ versetzt. Man nennt ε die *Massenmittelpunkts-* oder *Schwerpunktsexzentrizität*[2] und, wenn keine Verwechslung möglich ist, einfach Exzentrizität. Die Folge dieser Exzentrizität ist – bei konstanter Rotation Ω der starren und starr gelagerten Welle – eine Fliehkraft der Größe

$$F_\varepsilon = m\Omega^2\varepsilon, \tag{1.1}$$

die von den Lagern übernommen werden muß. Sind Lagerung und Welle elastisch, so bewirkt die Fliehkraft eine Auslenkung r_L des Lagers und eine Durchbiegung r_W der Welle, Abb. 1.1f, so daß die neu entstehende Fliehkraft – der Abstand S von der Drehachse ist jetzt $(r_L + r_W + \varepsilon)$ – die Größe

$$F = m\Omega^2(r_L + r_W + \varepsilon) = m\Omega^2(r_L + r_W) + F_\varepsilon \tag{1.2}$$

annimmt. Die Fliehkraft ist um den Betrag $m\Omega^2(r_L + r_W)$ – Einfluß der Elastizität von Lagerung und Welle – gewachsen und damit auch die unerwünschte Lagerbelastung.

Man beachte, daß die alleinige Ursache von F die Exzentrizität ε ist. Mit $F_\varepsilon \to 0$ verschwinden auch die elastischen Auslenkungen r_L und r_W und damit verschwindet auch F. Das Problem besteht somit in der Elimination von ε oder F_ε.

Das Rezept dazu ist folgendes: Man bringt in entgegengesetzter Richtung von S an der Scheibenoberfläche eine Masse M an, oder die andere Möglichkeit, man bohrt in gleicher Richtung von S eine Masse M weg, Abb. 1.1g. Die dadurch entstehende Fliehkraft ist – mit R als Radius der Scheibe –

$$F_0 = M\Omega^2 R \tag{1.3}$$

und entgegengesetzt zu F_ε, hebt also F_ε auf

$$F_\varepsilon = F_0 \to m\Omega^2\varepsilon = M\Omega^2 R \to M = m\frac{\varepsilon}{R}.$$

Durch die „Zusatzmasse" M ist der Massenmittelpunkt $S \equiv W$ geworden und die resultierende Exzentrizität verschwunden.

Im Falle der Ursache Abb. 1.1b, einer Schrägmontage mit dem Winkel γ, ist die

[2] Das Gravitationsfeld der Erde ist örtlich homogen, und es besteht kein Unterschied zwischen Massenmittelpunkt und Schwerpunkt.

Situation leicht verschieden von der Exzentrizität ε. Die Scheibe taumelt bei der Rotation Abb. 1.1 h. Es wird ein Drehmoment (Biegemoment) M_W auf den Rotor ausgeübt, wodurch die Lager durch entgegengesetzte rotierende Kräfte beansprucht werden. Abhilfe bringen in diesem Fall zwei Wuchtmassen M, links und diametral rechts von der Scheibe, die bei der Rotation ein entgegengesetztes Drehmoment M_M ausüben, so daß das Drehmoment M_W kompensiert wird. Mit $M_W = -M_M$ ist der Rotor gewuchtet, d.h. es werden keine Kräfte mehr auf die Lager übertragen. Man beachte jedoch, daß die Scheibe nach wie vor taumelt.

Eine spezielle Behandlung erfordert die krumme Welle, Abb. 1.1 e. Hier addiert sich zur Exzentrizität ε noch die Auslenkung ε_0 durch die Krümmung. In gewissen Grenzen läßt sich aber auch die krumme Welle durch eine Wuchtmasse wuchten.

Was hat man getan? In allen Fällen wurde an geeigneter Stelle der Scheibe eine oder zwei geeignete Massen M angebracht oder entfernt, kurzum, man hat einen Massenausgleich vollzogen.

In diesem Sinne könnte man das Wuchten – noch etwas unzulänglich (genauere Definition s. Abschn. 3.1.1) – wie folgt definieren:

Wuchten ist ein Massenausgleich zur Verhütung umlaufender Lagerkräfte, von Schwingungsausschlägen an der Welle und von Fortpflanzung unerwünschter Vibrationen auf die Umgebung.

1.3 Das Problem des Wuchtens

Wie wir erkannt haben besteht das Wuchten im Hinzufügen, Wegnehmen oder Verschieben von geeigneten Massen am Rotor. Ort und Größe der Massen sind im allgemeinen nicht im voraus bekannt. Beim Lavalrotor Abb. 1.1 mit *einer* Scheibe ist wohl die Ebene senkrecht zur Achse, in der ein *W*uchtgewicht (WG), besser eine *W*uchtmasse (WM), angebracht werden muß – die Scheibenebene – bekannt, die Lage am Umfang jedoch nicht. Handelt es sich um mehrere Scheiben oder einen walzenförmigen Rotor, Abb. 1.2, ist auch die oder sind auch die *W*uchtebenen (WE) nicht mehr eindeutig definiert. In eben diesem Umstand, daß Größe, Ort und Lage der WM indirekt durch Messung und Rechnung gefunden werden müssen, liegt das Problem des Wuchtens. Es gelingt auch nur in den seltensten Fällen einen 100%igen Massenausgleich herbeizuführen. Letzteres ist auch nicht nötig, ein verbleibender Rest an Unwucht wird im Sinne gegenseitiger Vereinbarung zwischen Hersteller und Betreiber von Rotoren toleriert. Es gibt über zulässige Restunwuchten, Lagerkräfte und Lagerschwingungen interne, nationale und internationale Normen, die Toleranzen (vgl. Kap. 22) festlegen.

Wuchten führt somit zwangsläufig zu einem Kompromiß.

Die in diesem Buch beschriebenen und bekannten Wuchtmethoden beziehen sich zur Hauptsache auf den elastischen Rotor. Sie dienen dazu, die erforderliche Genauigkeit des Wuchtzustands oder der Laufruhe zu erreichen. Dabei darf die Wertung nicht in erster Linie die Güte des Endzustands sein. Die beste Wuchtmethode ist wohl diejenige, die in kürzester Zeit mit dem geringsten Aufwand die vorgeschriebenen Toleranzwerte nicht überschreitet.

Wuchten ist in diesem Sinne auch eine Optimierungsaufgabe.

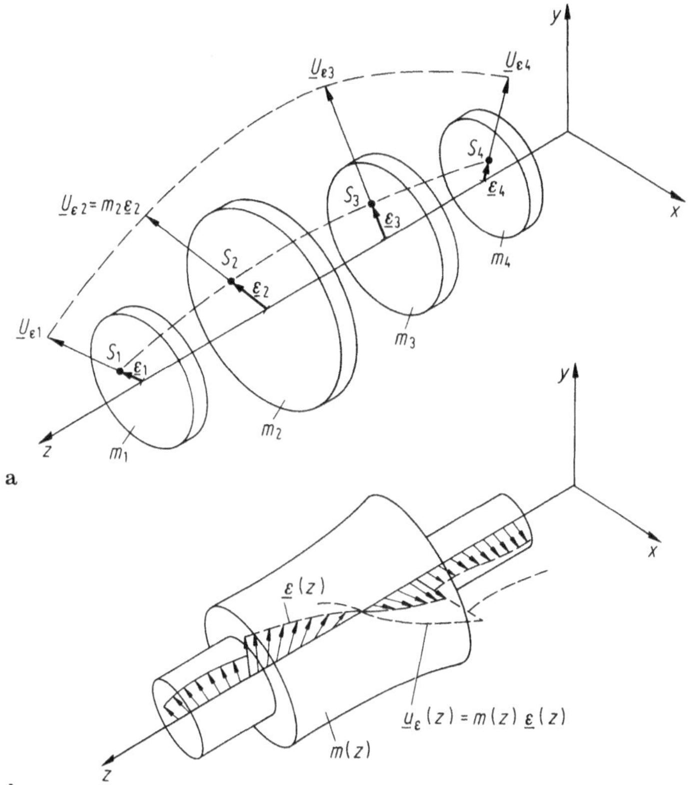

Abb. 1.2. a Scheibenrotor mit Exzentrizitäten $\underline{\varepsilon}_j$ und Einzelunwuchten $\underline{U}_{\varepsilon j} = m_j \underline{\varepsilon}_j$; **b** kontinuierlicher Rotor mit kontinuierlicher Exzentrizität $\underline{\varepsilon}(z)$ und kontinuierlicher Unwucht $\underline{u}_\varepsilon(z) = m(z)\,\underline{\varepsilon}(z)$

1.4 Starres oder elastisches Wuchten?

Besser: Wuchten von starren oder elastischen Rotoren?

Aus praktischen Gründen spricht man von starren und elastischen Rotoren[3]. Starr und elastisch sind relative Begriffe. Es gibt weder starre Rotoren noch starre Lager. Beide sind aus einem Material gefertigt, das sich unter Einwirkung von Kräften elastisch verformt. Unter einer starren Welle versteht man eine solche, deren Verformung gegenüber der des Lagers vernachlässigbar klein ist und umgekehrt spricht man von einem starren Lager, wenn es sich relativ zur Wellenverformung vernachlässigbar verformt.

Schließlich kann man noch modellmäßig einen starren Rotor auf starren Lagern und einen elastischen Rotor auf elastischen Lagern unterscheiden.

Das „starre" Wuchten handelt somit vom Massenausgleich eines Rotors, bei dem die elastische Durchbiegung r_W des Rotors vernachlässigt wird.

---

[3] Gemeint sind natürlich biege-elastische Rotoren.

Die Fliehkraft, (1.1) und (1.2), wird dann

$$F = m\Omega^2 r_L + F_\varepsilon, \quad F_\varepsilon = m\Omega^2 \varepsilon$$

und mit $\varepsilon \to 0$, d.h. $F_\varepsilon \to 0$ geht auch die Lagerauslenkung $r_L \to 0$ und damit $F \to 0$; der Rotor ist gewuchtet. Setzt man starre Lager voraus, $r_L = 0$, gilt a priori

$$F = F_\varepsilon = m\Omega^2 \varepsilon$$

und wiederum wird mit $\varepsilon \to 0$ auch $F \to 0$, d.h. sowohl der elastisch gelagerte, als auch der starr gelagerte starre Rotor erzeugt mit $\varepsilon \to 0$ keine rotierenden Lagerkräfte mehr und zwar unabhängig von der Winkelgeschwindigkeit Ω, mit der er rotiert, solange er als starr gelten kann.

Für das Wuchten eines *starren* Rotors – auf starren oder elastischen Lagern – sind die mechanischen Gesetze des starren Körpers maßgebend. Sie sind besonders einfach.

Das Wuchten eines *elastischen* Rotors – auf starren oder elastischen Lagern – ist wesentlich komplizierter.

Begründung: *Ist ein starrer Rotor ausgewuchtet, ist sein Wuchtzustand sozusagen eingefroren. Der Rotor erzeugt unabhängig von der Winkelgeschwindigkeit Ω keine rotierenden Lagerkräfte mehr, solange er sich starr verhält.*

Diese Situation ist beim elastischen Rotor nur dann vergleichbar, wenn die Unwucht am Ort wo sie sich befindet, kompensiert wird: am Lavalrotor Abb. 1.1 an der Scheibe, beim Rotor mit mehreren Scheiben, Abb. 1.2a an allen Scheiben, beim walzenförmigen Rotor, Abb. 1.2b über die ganze Länge verteilt, und zwar in richtiger Größe und Richtung am Umfang. Diese Forderung ist, wie schon erwähnt, im allgemeinen nicht realisierbar, da die Unwuchten längs des Rotors nicht bekannt sind. Weder Messung noch Rechnung erlauben im allgemeinen eine exakte Lokalisierung der Unwucht (Wuchtproblem). Der Kompromiß mit wenigen und frei gewählten WE bewirkt, daß der einmal gewählte Wuchtzustand nicht für jede Winkelgeschwindigkeit Ω optimal ist, d.h. die Restunwuchten führen bei jeder Winkelgeschwindigkeit zu anderen rotierenden Lagerkräften. Anders ausgedrückt: die Restverbiegung der Welle ist für jede Winkelgeschwindigkeit eine andere und führt zu unterschiedlichen Restunwuchten und unterschiedlichen rotierenden Restlagerkräften.

Ein elastischer Rotor kann – von wenigen Ausnahmen abgesehen – nicht vollständig, sondern nur optimal gewuchtet werden.

Die grundsätzliche und wichtige Frage, wann ein Rotor als starrer Rotor gewuchtet werden darf oder als elastischer Rotor gewuchtet werden muß, wird in Kap. 10 behandelt.

2 Grundbegriffe

2.1 Koordinatensysteme und Freiheitsgrade

Wir verwenden zwei rechtsschraubige, rechtwinkelige Koordinatensysteme (KS): ein *ortsfestes* (x, y, z) System und ein mit der konstanten Winkelgeschwindigkeit Ω *rotierendes* (u, v, z) KS mit gleichem Ursprung und gleicher z-Achse, Abb. 2.1. Die z-

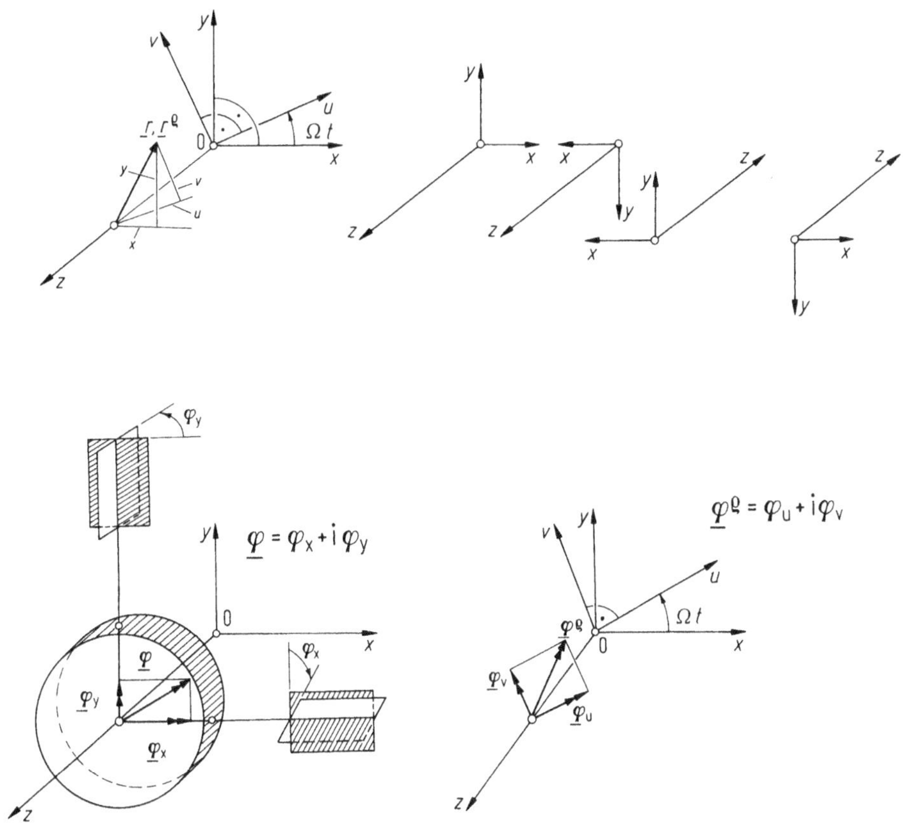

Abb. 2.1. Koordinaten und Freiheitsgrade. x, y, z; φ_x, φ_y ortsfeste Koordinaten; u, v, z; φ_u, φ_v rotierende Koordinaten

Achse sei horizontal orientiert und die y-Achse nach Bedarf senkrecht nach oben oder unten. Zu Beginn, d.h. zur Zeit $t=0$, sollen beide Systeme sich decken. Die Koordinaten beider Systeme sind dann identisch. Der Winkel zwischen u- und x-Achse beträgt stets Ωt für $\Omega = \text{const}$. Die (x, y)- bzw. (u, v)-Ebenen können als komplexe Ebenen aufgefaßt und mit $(x, \mathrm{i}\,y)$ bzw. $(u, \mathrm{i}\,v)$ bezeichnet werden. Die komplexen Zahlen in diesen Ebenen können als Vektoren aufgefaßt werden, mit den Komponenten als Real- und Imaginärteil der komplexen Zahl.

Es gilt dann mit den Einheitsvektoren $\boldsymbol{e}_x = 1$ und $\boldsymbol{e}_y = \mathrm{i}$ für einen beliebigen Vektor $\boldsymbol{r}$ in der Ebene senkrecht zur Achse

$$\boldsymbol{r} = x\boldsymbol{e}_x + y\boldsymbol{e}_y = x + \mathrm{i}\,y = \underline{r},$$

also

$$\boldsymbol{r} \equiv \underline{r}.$$

Die Transformationsformeln eines Vektors $\underline{r}$ im ortsfesten System zum Vektor $\underline{r}^\varrho$ im rotierenden System oder umgekehrt lauten

$$\underline{\underline{r = r^\varrho e^{i\Omega t}}}; \quad \underline{\underline{r^\varrho = r e^{-i\Omega t}}}; \tag{2.1}$$

$$\underline{r} = x + i y = r\, e^{i\varphi} \quad r = \sqrt{x^2+y^2}; \quad \tan\varphi = y/x; \quad x = r\cos\varphi; \quad y = r\sin\varphi.$$

$$\underline{r}^\varrho = u + i v = r^\varrho e^{i\psi} \quad r^\varrho = \sqrt{u^2+v^2}; \quad \tan\psi = v/u; \quad u = r^\varrho\cos\psi; \quad v = r^\varrho\sin\psi.$$

Die Bewegung eines Körpers, z. B. einer Scheibe, in einer dieser Ebenen hat zwei Freiheitsgrade mit den Koordinaten x, y bzw. u, v.

Handelt es sich zusätzlich um eine Drehung eines Körpers, z. B. einer Scheibe, Abb. 2.1, sind zwei Freiheitsgrade mehr zu berücksichtigen, die beiden Drehwinkel φ_x und φ_y bzw. φ_u und φ_v um die x- und y-, bzw. u- und v-Achsen. Die beiden Drehwinkel können als vektorielle komplexe Drehungen aufgefaßt werden.

$$\underline{\varphi} = \varphi_x + i\varphi_y \quad \text{bzw.} \quad \underline{\varphi}^\varrho = \varphi_u + i\varphi_v. \tag{2.2}$$

Für *konstante* Winkelgeschwindigkeit Ω erhält man aus (2.1) – Punkte bedeuten Ableitungen nach der Zeit – die Absolutgeschwindigkeit $\dot{\underline{r}}(t)$

$$\underline{\dot{r}(t)} = \frac{d}{dt}[\underline{r}^\varrho(t)\, e^{i\Omega t}] = \underline{[\dot{\underline{r}}^\varrho(t) + i\Omega\underline{r}^\varrho(t)]\, e^{i\Omega t}}.$$

$\dot{\underline{r}}^\varrho(t)$ ist die Relativ- und $i\Omega\underline{r}^\varrho(t)$ die Führungsgeschwindigkeit.

Für die Absolutbeschleunigung $\ddot{\underline{r}}(t)$ erhält man durch nochmalige Ableitung nach der Zeit

$$\underline{\ddot{\underline{r}}(t) = [\ddot{\underline{r}}^\varrho(t) + i2\Omega\dot{\underline{r}}^\varrho(t) - \Omega^2\underline{r}^\varrho(t)]\, e^{i\Omega t}}.$$

$\ddot{\underline{r}}^\varrho(t)$ ist die Relativ-, $i2\Omega\dot{\underline{r}}^\varrho(t)$ die Coriolis- und $-\Omega^2\underline{r}^\varrho(t)$ die Führungs- oder Zentripetalbeschleunigung im rotierenden KS.

Ist neben $\Omega = \text{const}$ noch $\underline{r}^\varrho(t) = \underline{r}^\varrho = \text{const}$, so verschwinden Relativgeschwindigkeit, Relativ- und Coriolisbeschleunigung, und es gilt

$$\dot{\underline{r}}(t) = i\Omega\underline{r}^\varrho e^{i\Omega t}, \quad \ddot{\underline{r}}(t) = (-\Omega^2\underline{r}^\varrho)\, e^{i\Omega t}.$$

Multipliziert man die verbleibende Zentripetalbeschleunigung mit der Masse m, auf die sie wirkt, erhält man die radial nach innen gerichtete Zentripetalkraft – sofern $\underline{r}^\varrho$ der Ortsvektor von m ist –, die entgegengesetzt der radial nach außen wirkenden Fliehkraft

$$\underline{F} = m\Omega^2\underline{r}^\varrho$$

als Reaktionskraft wirkt.

2.2 Exzentrizität und Unwucht

Wird die z-Achse in die Drehachse eines starren Rotors verlegt, so ist in einer Normalebene zur Achse der Abstand vom Durchstoßpunkt W mit z zum Massenmittelpunkt S einer Scheibe, Abb. 1.2a, die *Massenmittelpunktsexzentrizität*, kurz Exzentrizität (nicht zu verwechseln mit Exzentrizität der Krümmung 1.8.2)

$$\underline{\varepsilon} = \overrightarrow{WS} \quad [\text{mm}];\ [\mu\text{m}] \text{ etc.}$$ [1].

Bezogen auf die Scheibe hat $\underline{\varepsilon}$ eine Richtung und ist als Ortsvektor von S im rotierenden System aufzufassen. Handelt es sich um einen walzenförmigen Rotor, Abb. 1.2b, so kann $\underline{\varepsilon}$ als Ortsvektor von S einer infinitesimal dünnen Scheibe aufgefaßt werden. $\underline{\varepsilon}$ ist dann eine kontinuierliche Vektorfunktion von z, z. B. in der Form

$$\begin{aligned} \underline{\varepsilon}(z) &= \varepsilon_u(z) + i\,\varepsilon_v(z) = \varepsilon e^{i\varphi_\varepsilon}, \\ \varepsilon &= \sqrt{\varepsilon_u^2 + \varepsilon_v^2}, \\ \tan\varphi_\varepsilon &= \varepsilon_v/\varepsilon_u. \end{aligned} \tag{2.3}$$

Dreht der Rotor in starren Lagern mit der konstanten Winkelgeschwindigkeit Ω, so entstehen Fliehkräfte der Größe

$$\underline{F}_\varepsilon = m\,\Omega^2 \underline{\varepsilon},$$

wobei m eine Einzelmasse der Scheibe oder eine Masse pro Längeneinheit $m(z)$ sein kann. Die Fliehkräfte sind Einzelkräfte im Falle einzelner Scheiben oder kontinuierliche Kräfte – Kräfte pro Längeneinheit – längs der z-Achse. In jedem Falle haben sie die Richtung von $\underline{\varepsilon}$ und sind von der Winkelgeschwindigkeit Ω abhängig.

Es ist üblich und physikalisch sinnvoll das Produkt $m\underline{\varepsilon}$ – von Ω unabhängig – als *Unwucht* zu bezeichnen.

$$\underline{U}_\varepsilon = m\underline{\varepsilon} \quad [\text{kg mm}];\ [\text{g}\,\mu\text{m}] \text{ etc.}$$

ist eine *E*inzel*u*n*w*ucht (EUW) und

$$\underline{u}_\varepsilon(z) = m(z)\,\underline{\varepsilon}(z) \quad \left[\frac{\text{kg}}{\text{m}}\,\text{mm}\right];\ [\text{kg}];\ [\text{g}] \text{ etc.},$$

eine *K*ontinuierliche *U*n*w*ucht (KUW). Damit können die Fliehkräfte des starren und starr gelagerten Rotors durch Unwuchten ausgedrückt werden.

$$\underline{F}_\varepsilon = \Omega^2 \underline{U}_\varepsilon \quad [\text{N}], \quad \text{bzw.} \quad \underline{f}_\varepsilon(z) = \Omega^2 \underline{u}_\varepsilon(z) \quad [\text{N/m}].$$

Die Unwucht hat wegen $\underline{\varepsilon}$ ebenfalls eine Richtung – die gleiche – und muß somit ebenfalls als Vektor aufgefaßt werden und die kontinuierliche Unwucht zwangsläufig als Vektorfunktion.

Sitzt außen am Rotor in einer Normalebene zur Achse eine Einzelmasse M, so bildet sie eine Einzelunwucht

$$\underline{U} = M\underline{R},$$

wobei $\underline{R}$ der gerichtete Radius des Rotors in der Normalebene zu z des rotierenden Systems bedeutet. Die entsprechende Fliehkraft ist dann

$$\underline{F}_M = \Omega^2 M \underline{R}.$$

---

[1] Wir verwenden im folgenden für die Exzentrizität das Symbol ε, um eine Verwechslung mit e = 2,718..., der Basis der natürlichen Logarithmen, zu vermeiden.

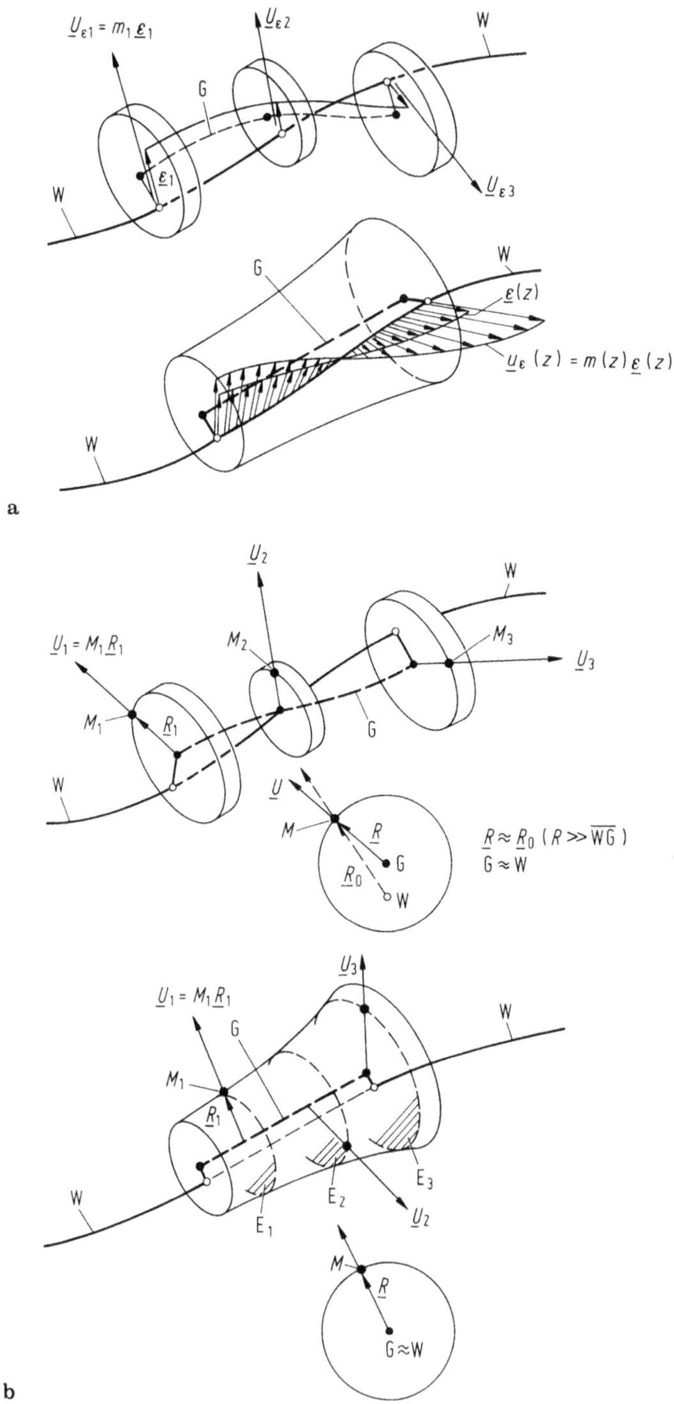

Abb. 2.2. Initial- und Kompensationsunwuchten am Scheiben- und kontinuierlichen Rotor. **a** IU: $\underline{U}_{\varepsilon j} = m_j\, \underline{\varepsilon}_j$, $\underline{u}_\varepsilon(z) = m(z)\, \underline{\varepsilon}(z)$; **b** KU: $\underline{U}_j = M_j \underline{R}_j$

Zusammenfassend läßt sich sagen:

Bei einem starren Rotor auf starren Lagern ist die Unwucht das Produkt aus einer Masse mit dem gerichteten Abstand der Masse von der Drehachse. Die bei konstanter Rotation auftretende Fliehkraft ist gleich der Unwucht multipliziert mit dem Quadrat der Winkelgeschwindigkeit.

Der gerichtete Abstand, die Unwucht und die Fliehkraft sind als drehende Vektoren im ortsfesten System oder als stehende (unbewegliche) Vektoren im körperfesten rotierenden System aufzufassen.

Bei einem *elastischen Rotor* – auf starren oder elastischen Lagern – ist die Fliehkraft im Lauf *nicht* mehr Unwucht mal Ω^2, sondern um den Betrag der Auslenkung r_L des Lagers und der elastischen Auslenkung r_W der Welle vergrößert, vgl. (1.2), wobei $r_L = \underline{r}_L$ und $r_W = \underline{r}_W$ die Bedeutung von Vektoren annehmen.

Für das praktische Wuchten eines Rotors werden im allgemeinen Einzelwuchtmassen (WM) – auch als *W*ucht„gewicht" (WG) bezeichnet – gebraucht. Es ist daher sinnvoll, zwischen angelieferten, sogenannten *I*nitial*u*nwuchten (IU) und zur Kompensation montierten, sogenannten *K*ompensations*u*nwuchten (KU) zu unterscheiden, Abb. 2.2. Die IU werden im folgenden mit dem Index ε bezeichnet.

$$\underline{U}_\varepsilon = m\underline{\varepsilon}, \quad \text{bzw.} \quad \underline{u}_\varepsilon(z) = m(z)\,\underline{\varepsilon}(z).$$

IU können Einzel- oder kontinuierliche Unwuchten sein. Sie sind immer mit $\underline{\varepsilon}$ verbunden. (In der Literatur werden IU auch als Urunwuchten bezeichnet.)

KU sind – im allgemeinen – Einzelunwuchten und mit $\underline{R}$ verbunden.

Die Gesamtheit der IU über die Rotorlänge nennt man die Unwuchtverteilung.

Die Normalebenen zur Achse, in denen KU montiert werden, nennt man *W*ucht*e*benen (WE).

In Teilgruppen zusammengefaßte KU nennt man *W*ucht*s*ätze (WS). Man spricht z. B. beim starren Wuchten von statischen und dynamischen WS, beim elastischen Wuchten von U-, V-, W-WS.

2.3 Achsen und Linien (Abb. 2.3)

— Die *Lagerachse* (*L*) oder Rotorachse – in der ISO-Norm 1925 englisch mit „shaft axis" bezeichnet und in der Richtlinie VDI 2060 etwas unglücklich mit *Schaftachse* übersetzt – ist die Verbindungsgerade der Lagerzapfenmitten. Sie muß im Lauf nicht ortsfest sein, sondern kann sich mit dem – elastisch gestützten – Lager bewegen. Bei starrer Lagerung fällt die Lagerachse mit der Rotationsachse zusammen und ist dann ortsfest. Der Durchstoßpunkt mit einer Scheibe oder einem Scheibenelement sei mit *L* bezeichnet. Die Lagerachse ist für starre Rotoren – nicht aber für elastische Rotoren – Bezugsgerade für die Unwucht.

— Die *Rotationsachse* oder Drehachse (*O*) ist bei isotroper Lagerung ortsfest und wird im folgenden mit der *z*-Achse des KS zusammengelegt. Bei anisotroper Lagerung ist die Rotationsachse Momentachse und nicht mehr ortsfest.

— Die *Lagerlinie* (*W*) – Schaftlinie – ist die verbogene Lagerachse. Bei zentrisch zum Rotor gedrehten Lagerzapfen fällt die Lagerlinie mit der Biegelinie zusammen. Die Lagerlinie ist immer Referenzlinie für die Exzentrizität oder Unwucht. Sie ist körperfest und bewegt sich mit dem verbogenen Rotor. Eine Ausnahme bildet ein

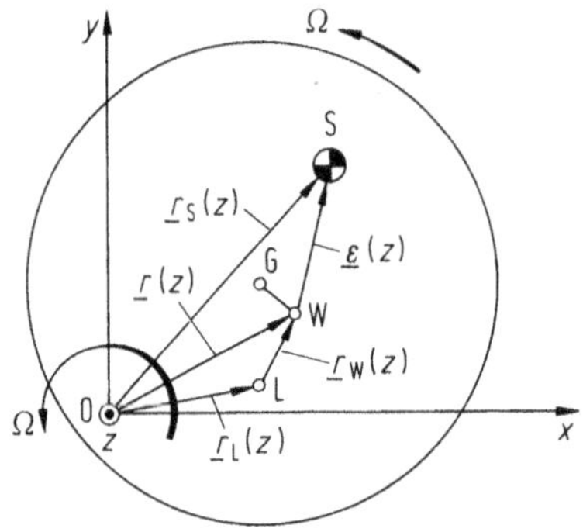
y
Ω
S
$\underline{r}_S(z)$
$\underline{\varepsilon}(z)$
G
$\underline{r}(z)$
W
$\underline{r}_W(z)$
L
Ω
0
z
$\underline{r}_L(z)$
x

a

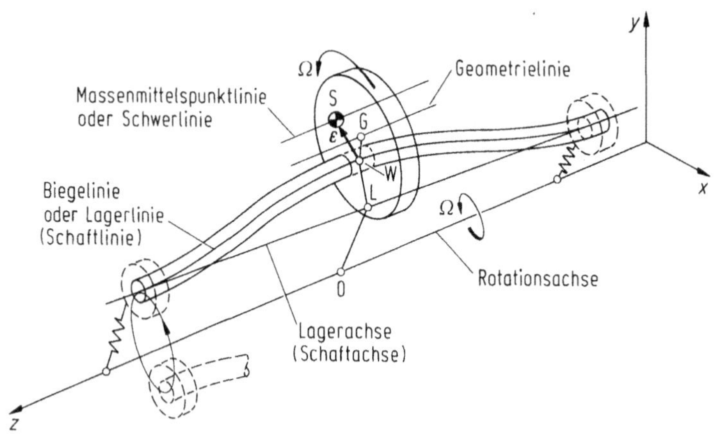
y
Ω
Geometrielinie
Massenmittelspunktlinie
oder Schwerlinie
S
G
ε
W
L
x
Biegelinie
oder Lagerlinie
(Schaftlinie)
Ω
0
Rotationsachse
Lagerachse
(Schaftachse)
z

b

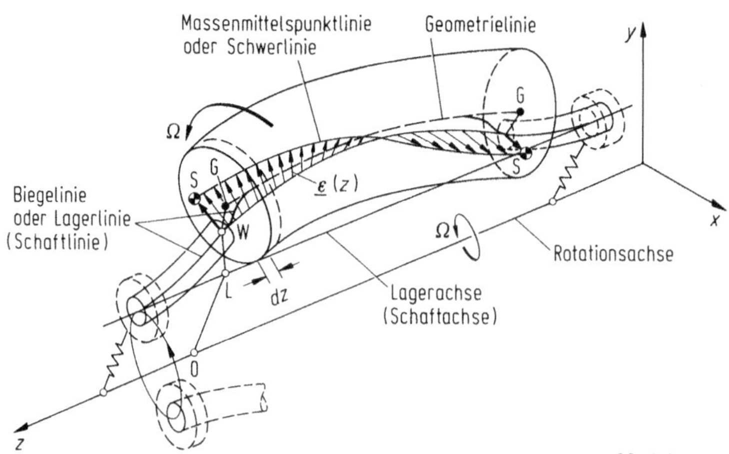
Massenmittelspunktlinie
oder Schwerlinie
Geometrielinie
y
G
Ω
S
G
$\underline{\varepsilon}(z)$
S
Biegelinie
oder Lagerlinie
(Schaftlinie)
W
x
Ω
Rotationsachse
L
dz
Lagerachse
(Schaftachse)
0
z

c

Abb. 2.3

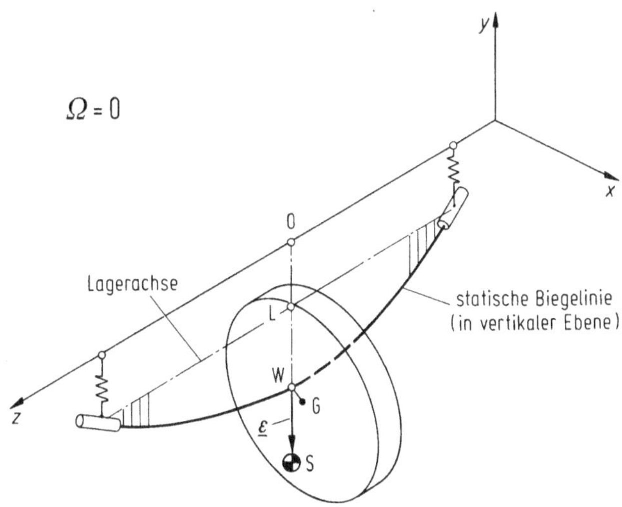

d

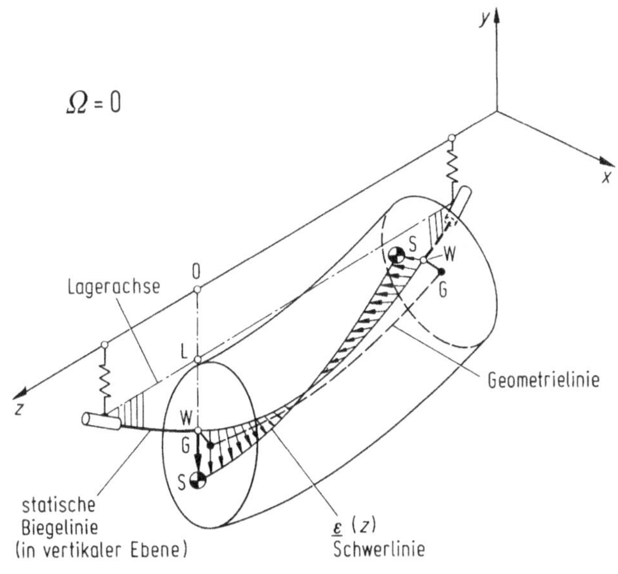

e

Abb. 2.3. Achsen und Linien im Stillstand ($\Omega = 0$) und in Rotation ($\Omega \neq 0$). O Bezugsachse z, L Lagerachse, S Massenmittelpunktlinie, W Lagerlinie, Biegelinie (Schaftlinie), G Geometrielinie. **a** Durchstoßpunkte und Auslenkungen für $z = \text{const}$; **b** Scheibenrotor bei $\Omega = \text{const}$; **c** kontinuierlicher Rotor bei $\Omega = \text{const}$; **d** Scheibenrotor im Stillstand; **e** kontinuierlicher Rotor im Stillstand

gerader Rotor ohne Unwucht und innere Dämpfung. Hier fällt die Lagerlinie mit der statischen Biegelinie zusammen und bewegt sich nicht, s. Abschn. 9.9.
Der Durchstoßpunkt der Lagerlinie mit einer Ebene rechtwinklig zur Rotationsachse z erzeugt mit der Zeit die oft gesuchte Bahnkurve (Orbit).

— Die *Geometrielinie* (G) ist die Verbindung der geometrischen Mittelpunkte der im allgemeinen kreisförmigen Scheibenelemente. Sie kann bei homogenen Rotoren ohne EUW mit der Schwerlinie zusammenfallen. Für das Wuchten ist sie bedeutungslos.

— Die *Biegelinie* ist die Neutral„achse" bei Biegung, d.h. die Verbindung der Nulldurchgänge der Biegespannung in den Querschnitten über die Länge des Rotors. Sie ist Referenzlinie für die Biegeverformung des elastischen Rotors im Lauf. Bei Vernachlässigung des Eigengewichts ist im ruhenden Zustand des Rotors die Biegelinie eine Gerade oder eine Linie aus versetzten geraden Stücken. Bei einem von Hause aus krummen Rotor ist sie eine gekrümmte Linie, oder aus gekrümmten Linien zusammengesetzt.

— Die *Massenmittelpunktslinie* (S) oder *„Schwer"linie* ist die Verbindung der Massenmittelpunkte oder Schwerpunkte der einzelnen Scheiben oder Scheibenelemente. Sie kann bei homogenen Rotoren ohne EUW mit der Geometrielinie zusammenfallen.

— Die *statische Biegelinie* ist die Biegelinie im Stillstand des Rotors ($\Omega = 0$) und liegt in einer vertikalen Ebene. Für das Wuchten ist sie bedeutungslos. Für die Biegebeanspruchung des Rotors hingegen ist das Eigengewicht entscheidend. Die Biegespannung darf nie kleiner sein, als die durch die dynamischen Verformungen des Rotors hervorgerufene Biegespannung, um die Lagerbelastung nicht ganz aufzuheben.

3 Das Wuchtproblem

Ein Rotor ist vollständig gewuchtet, wenn keine mit der Drehzahl umlaufenden Kräfte mehr auf die Lager übertragen werden. Wirken keine Kräfte mehr auf die Lager – immer vom Eigengewicht abgesehen – bewegen sie sich auch nicht mehr.

Umgekehrt kann bei stillstehenden Lagern nicht geschlossen werden, daß der Rotor keine rotierenden Lagerkräfte überträgt und ausgewuchtet sei. Die Lagerung, bestehend aus Ölfilm, Lagerschale, Lagerbock und Fundament, bildet ein Mehrmassensystem, so daß sich eine Antiresonanz ausbilden kann, s. (12.72). Die Antiresonanz ist ein Tilgereffekt in dem Sinne, als die vom Rotor auf das Lager ausgeübte harmonisch pulsierende Kraft im gleichen Zeitpunkt (synchron) durch die vom Lager her wirkende Kraft auf den Rotor kompensiert wird. Es resultiert keine Lagerbewegung mehr.

Eine in der Literatur anzutreffende zweite Forderung für vollständiges Wuchten, daß die Lager frei von umlauffrequenten Schwingungen sein sollen, ist überflüssig. Diese Forderung beruht auf der Eigenschaft, daß die kinetische Steifigkeit Γ der Lager (s. Abschn. 6.1 S. 63 und 12.8.1 S. 296) bei Dämpfungsfreiheit Null ist, wenn die Eigenfrequenz der freien Lager mit der Drehfrequenz zusammenfällt, s. Abb. 6.5c. Auch der unwuchtige Rotor würde bei kleinsten Störungen in den Lagern schwingen ohne Kräfte zu übertragen. Jeder praktische Rotor ist aber mehr oder weniger gedämpft, so daß Γ wohl klein, aber nie Null ist. Er überträgt somit Lagerkräfte, die zwar klein, aber nicht Null sind.

Ist ein starrer Rotor vor dem Wuchten krumm, bleibt er es auch definitionsgemäß nach dem Wuchten, was für den elastischen Rotor nicht zutreffen muß.

Welche Bedingungen erfüllt sein müssen, um den Rotor kräftefrei in den Lagern zu halten, wird in den folgenden beiden Abschnitten dargelegt.

3.1 Der starre Rotor

3.1.1 Generelles Wuchtproblem

Die Grundlagen der Kinetik räumlich ausgedehnter starrer *K*örper (K) sind Impuls- und Drallsatz. Der Impuls $\boldsymbol{J}$ eines freien starren K kann durch seine Masse m und seine Geschwindigkeit $\boldsymbol{v}_\mathrm{S}$ im Massenmittelpunkt S (Schwerpunkt) ausgedrückt werden.

$$\boldsymbol{J} = m\,\boldsymbol{v}_\mathrm{S}. \tag{3.1}$$

Der Impulssatz besagt, daß die zeitliche Änderung des Impulses gleich der Resultanten $\boldsymbol{R}$ der äußeren Kräfte sei.

$$\frac{\mathrm{d}\boldsymbol{J}}{\mathrm{d}t} = \boldsymbol{R}. \tag{3.2}$$

Die Summe der äußeren Kräfte kann durch eine Resultante $\boldsymbol{R}$ und ein statisches Moment $\boldsymbol{M}_\mathrm{s}$ auf den Massenmittelpunkt S reduziert werden (Reduktion auf eine sogenannte Dyname). Mit $\boldsymbol{R} = 0$ wird aus (3.1) und (3.2)

$$\frac{\mathrm{d}(m\boldsymbol{v}_\mathrm{S})}{\mathrm{d}t} = m\,\frac{\mathrm{d}\boldsymbol{v}_\mathrm{S}}{\mathrm{d}t} = 0. \tag{3.3}$$

Daraus folgt $\boldsymbol{v}_\mathrm{S} = 0$ oder const, d.h. der Massenmittelpunkt des starren K bleibt in Ruhe oder bewegt sich geradlinig gleichförmig (Inertialsystem). Die Bewegung kann nun nur noch in einer Drehbewegung, einer sogenannten Kreiselung um den Massenmittelpunkt, bestehen. Eine Kreiselung wird mit dem Drallsatz beschrieben. Er sagt aus, daß die zeitliche Änderung des Dralls $\boldsymbol{D}_\mathrm{O}$ bezüglich eines beliebigen ortsfesten Bezugspunkts O gleich dem statischen Moment $\boldsymbol{M}_\mathrm{O}$ der äußeren Kräfte bezogen auf denselben Punkt O ist, Abb. 3.1.

$$\frac{\mathrm{d}\boldsymbol{D}_\mathrm{O}}{\mathrm{d}t} = \boldsymbol{M}_\mathrm{O}. \tag{3.4}$$

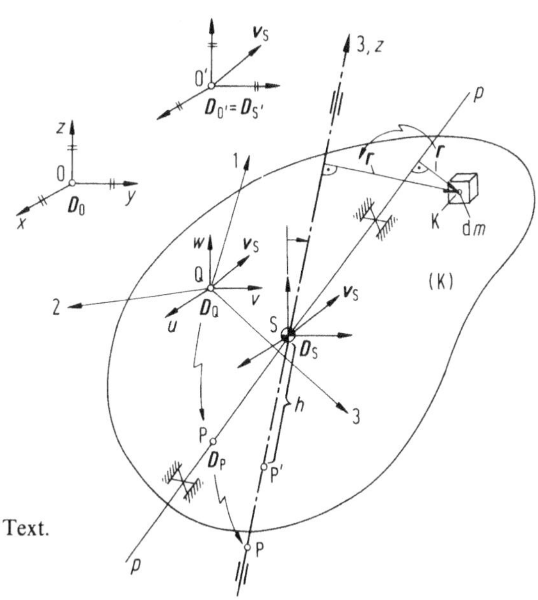

Abb. 3.1. Freier, starrer Körper (K), s. Text.

Für einen körperfesten, also bewegten Bezugspunkt Q gilt (vgl. z. B. [Mg, S. 192])

$$\frac{\mathrm{d}\boldsymbol{D}_\mathrm{Q}}{\mathrm{d}t} + m(\boldsymbol{r}_\mathrm{QS} \times \boldsymbol{a}_\mathrm{Q}) = \boldsymbol{M}_\mathrm{Q}, \tag{3.5}$$

wobei $\boldsymbol{D}_\mathrm{Q}$ den auf Q bezogenen Relativdrall, $\boldsymbol{r}_\mathrm{QS} = \overrightarrow{QS}$ und $\boldsymbol{a}_\mathrm{Q} = \mathrm{d}\boldsymbol{v}_\mathrm{Q}/\mathrm{d}t$ die Beschleunigung von Q bedeutet. $\boldsymbol{M}_\mathrm{Q}$ ist das statische Moment aller äußeren Kräfte bezüglich Q.

Setzt man voraus, daß der starre K sich um eine beliebige Achse p durch S drehe, so hat noch jeder Punkt der Achse die Geschwindigkeit $\boldsymbol{v}_\mathrm{S}$ (oder Null). Versetzt man den *körperfesten* Bezugspunkt Q auf diese Achse und bezeichnet ihn mit P, so gilt nach (3.5) wegen $\boldsymbol{v}_\mathrm{P} = \boldsymbol{v}_\mathrm{S} = \text{const}$ oder Null

$$\boldsymbol{a}_\mathrm{P} = \frac{\mathrm{d}\boldsymbol{v}_\mathrm{P}}{\mathrm{d}t} = 0 \tag{3.6}$$

und (3.5) wird

$$\frac{\mathrm{d}\boldsymbol{D}_\mathrm{P}}{\mathrm{d}t} = \boldsymbol{M}_\mathrm{P}; \tag{3.7}$$

ist $P \equiv S$ so gilt ebenfalls

$$\frac{\mathrm{d}\boldsymbol{D}_\mathrm{S}}{\mathrm{d}t} = \boldsymbol{M}_\mathrm{S}. \tag{3.8}$$

Es fehlt noch eine Beziehung zwischen dem Absolutdrall $\boldsymbol{D}_\mathrm{O}$ und dem Relativdrall $\boldsymbol{D}_\mathrm{P}$ bzw. $\boldsymbol{D}_\mathrm{S}$.

Beziehung zwischen $\boldsymbol{D}_\mathrm{O}$ und $\boldsymbol{D}_\mathrm{S}$:

Die Transformationsformel für den Absolutdrall $\boldsymbol{D}_\mathrm{O}$ und einen Relativdrall $\boldsymbol{D}_\mathrm{Q}$, bezogen auf einen beliebigen körperfesten Punkt Q, Abb. 3.1, lautet (vgl. z. B. [Mg, S. 184])

$$\boldsymbol{D}_\mathrm{O} = \boldsymbol{D}_\mathrm{Q} + m[(\boldsymbol{r}_\mathrm{OQ} \times \boldsymbol{v}_\mathrm{S}) + (\boldsymbol{r}_\mathrm{QS} \times \boldsymbol{v}_\mathrm{Q})]. \tag{3.9}$$

Verlegt man den Punkt Q nach dem Massenmittelpunkt S, so gilt wegen $\boldsymbol{v}_\mathrm{Q} = \boldsymbol{v}_\mathrm{S}$ und $\boldsymbol{r}_\mathrm{QS} = 0$

$$\boldsymbol{D}_\mathrm{O} = \boldsymbol{D}_\mathrm{S} + m(\boldsymbol{r}_\mathrm{OS} \times \boldsymbol{v}_\mathrm{S}). \tag{3.10}$$

Mit $\boldsymbol{v}_\mathrm{S} = 0$ wird übrigens

$$\boldsymbol{D}_\mathrm{O} = \boldsymbol{D}_\mathrm{S}. \tag{3.11}$$

Der Drall des im ruhenden Massenmittelpunkts S gelagerten Kreisels ist vom Bezugspunkt unabhängig. (Die Koordinaten von $\boldsymbol{D}_\mathrm{O}$ und $\boldsymbol{D}_\mathrm{S}$ sind natürlich verschieden.)

Errichtet man in einem Punkt O', der sich mit der konstanten Geschwindigkeit $\boldsymbol{v}_\mathrm{S}$ bewegt, ein KS mit Achsen parallel zu den Achsen des ortsfesten Systems in O, so gilt wegen $\boldsymbol{v}_S = 0$ in diesem sogenannten *begleitenden* KS

$$\boldsymbol{D}_{O'} = \boldsymbol{D}_S. \tag{3.12}$$

Aus (3.11) und (3.12) folgt:

Der Absolutdrall, bezogen auf einen körperfesten Punkt O mit der Voraussetzung $\boldsymbol{v}_S = 0$, ist gleich dem auf einen ortsfesten Punkt O' des begleitenden KS bezogenen Dralls. Mit $\boldsymbol{v}_S = 0$ besteht kein Unterschied mehr zwischen $\boldsymbol{D}_{O'}$ und $\boldsymbol{D}_O$.

Beziehung zwischen $\boldsymbol{D}_P$ und $\boldsymbol{D}_S$:

Mit $Q \rightarrow P$ wird aus (3.9) wegen $\boldsymbol{v}_Q = \boldsymbol{v}_P$, $\boldsymbol{v}_P = \boldsymbol{v}_S$

$$\boldsymbol{D}_O = \boldsymbol{D}_P + m[(\boldsymbol{r}_{OP} \times \boldsymbol{v}_S) + (\boldsymbol{r}_{PS} \times \boldsymbol{v}_S)] = \boldsymbol{D}_P + m[(\boldsymbol{r}_{OP} + \boldsymbol{r}_{PS}) \times \boldsymbol{v}_S]$$

und da $\boldsymbol{r}_{OP} + \boldsymbol{r}_{PS} = \boldsymbol{r}_{OS}$ ist, schließlich

$$\boldsymbol{D}_O = \boldsymbol{D}_P + m(\boldsymbol{r}_{OS} \times \boldsymbol{v}_S). \tag{3.13}$$

Aus (3.10) und (3.13) folgt

$$\boldsymbol{D}_P = \boldsymbol{D}_S. \tag{3.14}$$

Man kann mit $\boldsymbol{v}_S = 0$ (3.11) und (3.14) zusammenfassen zu

$$\boldsymbol{D}_O = \boldsymbol{D}_S = \boldsymbol{D}_P. \tag{3.15}$$

Damit sind die Beziehungen zwischen dem Absolutdrall $\boldsymbol{D}_O$ und den Relativdrallen $\boldsymbol{D}_S$ und $\boldsymbol{D}_P$ gefunden, sie sind alle drei für $\boldsymbol{v}_S = 0$ gleich. Hingegen sind die Ableitungen nach der Zeit wegen (3.4), (3.7) und (3.8) verschieden und ungleich Null. Durch Massenverlagerung mit KU gelingt es, das statische Moment $\boldsymbol{M}_S$ zum Verschwinden zu bringen. Dann gilt

$$\frac{\mathrm{d}\boldsymbol{D}_S}{\mathrm{d}t} = 0 \rightarrow \boldsymbol{D}_S = \text{const}, \tag{3.16}$$

womit der Drall $\boldsymbol{D}_S$ zeitlich konstant wird. Allerdings entsteht durch die Massenverlagerung eine Drehung der Achse z, parallel $\boldsymbol{D}_S$. Es werden keine Kräfte mehr auf die Achse übertragen, die Lager sind kräftefrei.

Das Wuchtproblem – Eliminierung rotierender Lagerkräfte – stellt sich schließlich wie folgt:

Der ersten Forderung $\boldsymbol{R} = 0$ kann durch paralleles Verschieben der Lagerachse durch den Massenmittelpunkt S entsprochen werden. Das Verschieben gelingt durch Massenverlagerung mit KU. Die zweite Forderung verlangt $\boldsymbol{M}s = 0$ und kann auch mit einer Lagerachse durch S erfüllt werden. Sie muß die Richtung des auf S bezogenen, zeitlich konstanten Dralls haben. Dies gelingt ebenfalls durch Massenverlagerung mit KU.

Wie die beiden Forderungen unter einen Hut zu bringen sind und praktisch realisiert werden können, zeigen die folgenden Abschnitte.

Der konstante Drall in einem körperfesten Rechtssystem:

Wird der Drall auf ein *körperfestes* Rechtssystem (x, y, z)[1] mit beliebigem, aber körperfestem Bezugspunkt Q bezogen, so gilt (s. z.B. [Mg, S. 198])

$$\boldsymbol{D}_Q = \boldsymbol{\theta}_Q \boldsymbol{\omega}, \quad \boldsymbol{D}_Q = \begin{bmatrix} D_x \\ D_y \\ D_z \end{bmatrix}, \quad \boldsymbol{\omega} = \begin{bmatrix} \omega_x \\ \omega_y \\ \omega_z \end{bmatrix}, \tag{3.17}$$

wobei $\boldsymbol{\omega}$ der Vektor der Winkelgeschwindigkeit bezüglich Q und die quadratische, symmetrische Matrix $\boldsymbol{\theta}_Q$ als Trägheitstensor zu verstehen ist.

$$\boldsymbol{\theta}_Q = \begin{bmatrix} \theta_x & -\theta_{xy} & -\theta_{xz} \\ -\theta_{xy} & \theta_y & -\theta_{yz} \\ -\theta_{xz} & -\theta_{yz} & \theta_z \end{bmatrix}_\tau ;$$

$$\begin{aligned} \theta_x &= \int_K (y^2+z^2)\,\mathrm{d}m; & \theta_{xy} &= \int_K xy\,\mathrm{d}m \\ \theta_y &= \int_K (z^2+x^2)\,\mathrm{d}m; & \theta_{xz} &= \int_K xz\,\mathrm{d}m \\ \theta_z &= \int_K (x^2+y^2)\,\mathrm{d}m; & \theta_{yz} &= \int_K yz\,\mathrm{d}m \end{aligned} \tag{3.18}$$

mit den Elementen θ_j $(j = x, y, z)$ als Massenträgheitsmomente – kurz Trägheitsmomente – und θ_{jk} als Massendeviationsmomente – kurz Deviationsmomente – bezüglich Q.

$\boldsymbol{D}_Q$ und $\boldsymbol{\omega}$ haben im allgemeinen verschiedene Richtungen, so daß bei einer Rotation der Vektor $\boldsymbol{D}_Q$ um die Achse von $\boldsymbol{\omega}$ rotiert, d.h. nicht konstant ist. Erfolgt z.B. die Drehung um die z-Achse, so gilt mit $\boldsymbol{\omega} = \omega_z$, $\omega_x = \omega_y = 0$.

$$\boldsymbol{D}_Q = \boldsymbol{\theta}_Q \omega_z = \boldsymbol{\theta}_Q \begin{bmatrix} 0 \\ 0 \\ \omega_z \end{bmatrix} = \begin{bmatrix} -\theta_{xz}\,\omega_z \\ -\theta_{yz}\,\omega_z \\ +\theta_z\;\omega_z \end{bmatrix} = \begin{bmatrix} D_x \\ D_y \\ D_z \end{bmatrix}, \tag{3.19}$$

und wegen $D_x \neq 0$ und $D_y \neq 0$ fällt der Drall nicht in die Drehachse z und ist folglich nicht zeitlich konstant.

Durch Drehung des KS gelingt es bekanntlich, die Deviationsmomente zu eliminieren. Es ist dann

$$\boldsymbol{\theta}_Q = \begin{bmatrix} \theta_x & 0 & 0 \\ 0 & \theta_y & 0 \\ 0 & 0 & \theta_z \end{bmatrix}.$$

Dies gilt für irgend einen körperfesten Punkt Q, P oder S. Die neuen Achsen werden mit 1, 2 und 3 bezeichnet und sind die *Hauptträgheitsachsen* – kurz Hauptachsen – bezüglich Q, P oder S.

[1] Streng genommen müßte man im körperfesten KS die Koordinaten u, v, w anstelle von x, y, z verwenden. Im Stillstand decken sich jedoch die beiden Systeme und sind identisch. Wir verwenden deshalb die üblichen Koordinaten x, y, z solange keine Verwechslungsgefahr besteht.

Für das gedrehte System gilt dann

$$\boldsymbol{D}_Q = \begin{bmatrix} \theta_1 & 0 & 0 \\ 0 & \theta_2 & 0 \\ 0 & 0 & \theta_3 \end{bmatrix} \begin{bmatrix} \omega_1 \\ \omega_2 \\ \omega_3 \end{bmatrix} = \begin{bmatrix} \theta_1\,\omega_1 \\ \theta_2\,\omega_2 \\ \theta_3\,\omega_3 \end{bmatrix} = \begin{bmatrix} D_1 \\ D_2 \\ D_3 \end{bmatrix}. \tag{3.20}$$

Erfolgt die Rotation um eine Hauptachse, z.B. $\omega = \omega_3$, so gilt wegen $\omega_1 = \omega_2 = 0$

$$\boldsymbol{D}_Q = \begin{bmatrix} 0 \\ 0 \\ \theta_3\,\omega_3 \end{bmatrix} = \theta_3\,\boldsymbol{\omega}_3\,. \tag{3.21}$$

$\boldsymbol{D}_Q$ ist proportional $\boldsymbol{\omega}_3$ und folglich parallel $\boldsymbol{\omega}_3$, d.h. zeitlich konstant. Die zeitliche Ableitung ist Null und damit auch das statische Moment der äußeren Kräfte. Der starre K rotiert momentenfrei – nicht aber kräftefrei – um die Achse 3, die man zur z-Achse in Q machen kann.

Die Bedingung für momentenfreie Rotation ist offenbar die, daß sie um eine Hauptachse erfolgen muß.

Die Bedingung, daß die z-Achse Hauptachse 3 in Q wird, ist nach (3.19) oder (3.21) offenbar das Verschwinden der Deviationsmomente

$$\theta_{xz}|_Q = 0, \quad \theta_{yz}|_Q = 0 \tag{3.22}$$

bezogen auf den Punkt Q.

Verlegt man den Punkt Q nach dem Massenmittelpunkt S, macht die frei gewählte Achse p zur Achse 3 in S, dann ist die z-Achse Hauptachse 3, wenn die Bedingung

$$\theta_{xz}|_S = 0, \quad \theta_{yz}|_S = 0 \tag{3.23}$$

bezogen auf den Massenmittelpunkt S, gilt. Macht man jetzt die z-Achse zur Lagerachse, so ist die Rotation mit $\boldsymbol{\omega}_z$ momentenfrei *und* kräftefrei. Es werden keine zeitabhängigen Kräfte auf die Lager ausgeübt – man könnte die Lager jederzeit entfernen.

Aus dieser Erkenntnis wächst folgende einfache Definition des Wuchtens starrer Rotoren:

Die Lagerachse ist zu einer Hauptträgheitsachse durch den Massenmittelpunkt zu machen.

Wie macht man das konkret? Die Antwort liefert der nächste Abschnitt.

Konkrete Bedingungen für das Wuchten starrer Rotoren:

Zu Beginn ist eine Lagerachse – nach Abschn. 2.3 – durch die Verbindungsgerade der Lagerzapfenmitte – gegeben. Man errichtet in einem Punkt P dieser Achse ein KS (x, y, z) mit Lagerachse als z-Achse. In einem *ersten* Schritt wird man diese Achse durch den Massenmittelpunkt S führen oder umgekehrt S in die z-Achse verlegen müssen, was einer Parallelverschiebung der Achsen gleichkommt.

Nach der Definition des Massenmittelpunkts S gilt, Abb. 3.1,

$$m\boldsymbol{r}_{PS} = \int_K \boldsymbol{r}_{PK}\,\mathrm{d}m; \quad \boldsymbol{r}_{PS} = \overrightarrow{PS}, \; \boldsymbol{r}_{PK} = \overrightarrow{PK}. \tag{3.24}$$

Sind $\boldsymbol{e}_x$, $\boldsymbol{e}_y$ und $\boldsymbol{e}_z$ die Einheitsvektoren in P, so ist

$$\boldsymbol{r}_{PK} = x\boldsymbol{e}_x + y\boldsymbol{e}_y + z\boldsymbol{e}_z. \tag{3.25}$$

Die Bedingung, daß S auf der Achse p liegt oder p durch S geht ist, daß $\boldsymbol{r}_{PS}$ und $\boldsymbol{e}_z$ parallel sind,

$$\boldsymbol{r}_{PS} \parallel \boldsymbol{e}_z$$

oder, daß gilt

$$\boldsymbol{r}_{PS} = d\,\boldsymbol{e}_z, \tag{3.26}$$

mit d als reeller Konstanten. Mit (3.25) und (3.26) wird (3.24)

$$m d \boldsymbol{e}_z = \int_K (x\boldsymbol{e}_x + y\boldsymbol{e}_y + z\boldsymbol{e}_z)\, \mathrm{d}m = \int_K (x\boldsymbol{e}_x + y\boldsymbol{e}_y)\, \mathrm{d}m + \boldsymbol{e}_z \int_K z\, \mathrm{d}m,$$

was nur mit der Forderung

$$\int_K (x\boldsymbol{e}_x + y\boldsymbol{e}_y)\, \mathrm{d}m = 0 \tag{3.27}$$

vereinbar ist. Sie kann noch vereinfacht werden, wenn komplexe Ebenen normal zur z-Achse verwendet werden. Mit

$$x\boldsymbol{e}_x = x; \quad y\boldsymbol{e}_y = \mathrm{i}\,y \quad \text{und} \quad \underline{r}(z) = x + \mathrm{i}\,y$$

wird (3.27)

$$\int_K (x\boldsymbol{e}_x + y\boldsymbol{e}_y)\, \mathrm{d}m = \int_K (x + \mathrm{i}\,y)\, \mathrm{d}m = \int_K \underline{r}(z)\, \mathrm{d}m = 0. \tag{3.28}$$

Die Bedingung, daß der Massenmittelpunkt auf der z-Achse liegt, kann folglich durch die Forderung

$$\underline{\int_K \boldsymbol{r}(z)\, \mathrm{d}m|_P = 0} \tag{3.29}$$

formuliert werden. (3.29) gilt als *statische* Wuchtbedingung ($\boldsymbol{R} = 0$).

In einem *zweiten* Schritt wird man die z-Achse – die jetzt S enthält – so um S drehen müssen, daß sie mit der Hauptachse 3 in S zusammenfällt oder umgekehrt: man wird die Hauptachse 3 durch Drehung um S zur z-Achse machen müssen. Die Bedingung dafür ist durch (3.23) gegeben.

$$\theta_{xz}|_S = 0, \quad \theta_{yz}|_S = 0, \tag{3.30}$$

d.h. die beiden Deviationsmomente, bezogen auf S, müssen verschwinden.

Eine Schwierigkeit besteht nun darin, daß S auf der Achse z nicht bekannt ist. Sind die Bedingungen (3.29) und (3.30) erfüllt, liegt der Bezugspunkt P als P' in einem Abstand h von S auf der Achse 3 durch S, Abb. 3.1.

Sind die Koordinatenachsen in S und P' parallel, so gilt mit

$$x' = x; \quad y' = y; \quad z' = z + h$$

(h: beliebige reelle Konstante)

für die Deviationsmomente

$$\theta'_{xz} = \int_K x' z' \, dm = \int_K x(z+h) \, dm = \int_K xz \, dm + h \int_K x \, dm = \theta_{xz} + h x_s m,$$

$$\theta'_{yz} = \int_K y' z' \, dm = \int_K y(z+h) \, dm = \int_K yz \, dm + h \int_K y \, dm = \theta_{yz} + h y_s m$$

und wegen $x_S = y_S = 0$ gilt die Beziehung

$$\theta'_{xz} = \theta_{xz}; \quad \theta'_{yz} = \theta_{yz}.$$

Sie sagt im übrigen aus, daß Hauptachsen von S auch Hauptachsen für alle übrigen auf ihr liegenden Punkte sind.

Man kann somit die Forderung (3.30) für das Drehen der z-Achse durch die Forderung

$$\underline{\theta_{xz}|_P = \int_K xz \, dm|_P = 0; \quad \theta_{yz}|_P = \int_K yz \, dm|_P = 0} \tag{3.31}$$

ablösen, was die Schwierigkeit mit unbekanntem S umgeht.

Gleichung (3.31) läßt sich noch kompakter in komplexer Form darstellen. Werden die Normalebenen zur z-Achse als komplexe Ebenen aufgefaßt, gilt mit

$$x e_x = x, \quad y e_y = \mathrm{i} y, \quad \underline{r}(z) = x e_x + y e_y = x + \mathrm{i} y,$$

für das komplexe Deviationsmoment

$$\underline{\theta}_z = \theta_{xz} + \mathrm{i}\theta_{yz} = \int_K xz \, dm + \mathrm{i} \int_K yz \, dm = \int_K z(x + \mathrm{i} y) \, dm = \int_K \underline{r}(z) z \, dm$$

und für $\underline{\theta}_z|_P = 0$ die Forderung

$$\underline{\int_K \underline{r}(z) z \, dm|_P = 0.} \tag{3.32}$$

Diese Forderung gilt als *dynamische* Wuchtbedingung ($\underline{M}_O = 0$).

Zusammenfassend läßt sich sagen, daß die allgemeine Wuchtbedingung, wonach die Lagerachse z mit der Hauptachse 3 von S zusammenfallen muß, durch die beiden Bedingungen

$$\underline{\int_K \underline{r}(z) \, dm|_P = 0; \quad \int_K \underline{r}(z) z \, dm|_P = 0} \tag{3.33}$$

mit beliebigem Bezugspunkt P auf der z-Achse erfüllt wird. Die Hauptachse 3 wird in diesem Zusammenhang auch als *zentrale Hauptträgheitsachse* bezeichnet.

Die erste Bedingung bringt den Massenmittelpunkt S auf die Lagerachse und die zweite Bedingung dreht die zentrale Hauptträgheitsachse in die Lagerachse. Dies kann bei einem gegebenen Rotor durch einen Massenausgleich, d.h. durch Hinzufügen, Wegnehmen, Verlagern oder Verformen von Massen, geschehen.

Man kann das Wuchten deshalb auch folgendermaßen beschreiben:

Wuchten ist das Bestreben durch Massenausgleich am Rotor die Lager frei von umlauffrequenten Kräften zu halten.[2]

[2] Streng genommen könnte schon eine Kontrolle (Messung) die zeigt, daß der Wuchtzustand innerhalb der Toleranz liegt und keine Wuchtaktion erfordert, als Wuchten bezeichnet werden.

Man kann einen Massenausgleich aber nicht nur durch Zusatzmassen, sondern in gewissen Grenzen auch durch gezielte thermische Verkrümmung erreichen, s. Kap. 21.

Das sogenannte *Wuchtzentrieren* fällt nicht unter den Begriff Massenausgleich. Man versteht darunter die meßtechnische Erfassung der zentralen Hauptträgheitsachse und Anbohren der Zentrierung für die Bearbeitung der Lagerzapfen. Die zentrale Hauptträgheitsachse wird so hinreichend genau zur Lagerachse, der starre Rotor ist gewuchtet.

Bei einem krummen Rotor kommt neben der Schwerpunktexzentrizität noch die Exzentrizität der Verkrümmung hinzu. Letztere kann in weiten Grenzen als zusätzliche Schwerpunktsexzentrizität interpretiert und mit KU gewuchtet werden, s. Kap. 8.

Ein starrer aber krummer Rotor kann in weiten Grenzen als gerader Rotor, mit zusätzlicher IU infolge Verkrümmung, behandelt werden.

3.1.2 Praktische Berechnung der KU

Die Lagerachse eines zwei- oder mehrfach gelagerten starren Rotors ist gegeben durch die Verbindung der Lagerzapfenmitten. Man wählt nun als Bezugspunkt P einen Punkt auf der Lagerachse – mit Vorteil ein Ende des Rotors, eine Lagerstelle oder bei symmetrischen Rotoren die Rotormitte – und macht die z-Achse des in P errichteten KS (x, y, z) zur Lagerachse. Die Bedingung (3.29) für das „*statische*" Wuchten lautet dann

$$\int_K \underline{r}(z)\,\mathrm{d}m = 0; \quad \underline{r}(z) = x(z) + \mathrm{i}\,y(z). \tag{3.34}$$

Dieses Integral läßt sich in Teilintegrale zerlegen. Schneidet man eine Scheibe der Dicke dz aus dem Rotor, Abb. 3.2, so kann das Integral (3.34) als Teilintegral für die Scheibe durch

$$\int_K m(z)\,\underline{\varepsilon}(z)\,\mathrm{d}z = \int_K \underline{u}_\varepsilon(z)\,\mathrm{d}z; \quad \underline{u}_\varepsilon(z) = m(z)\,\underline{\varepsilon}(z)$$

ausgedrückt werden, wenn $m(z)$ die Masse des Rotors pro Längeneinheit z und $\underline{\varepsilon}(z)$ die Exzentrizität des Scheibenmassenmittelpunkts S bedeutet. Sind noch Einzelunwuchten zu berücksichtigen, Abb. 3.2, so gilt zusätzlich als Teilintegral für die IU

$$\sum_k \underline{U}_{\varepsilon k}; \quad \underline{U}_{\varepsilon k} = M_k\,\underline{R}_k$$

und für die KU

$$\sum_j \underline{U}_j; \quad \underline{U}_j = M_j\,\underline{R}_j.$$

Die Summe aller Teilintegrale über die Länge L des Rotors muß nach (3.34) verschwinden

$$\int_K \underline{r}(z)\,\mathrm{d}m = \int_L \underline{u}_\varepsilon(z)\,\mathrm{d}z + \sum_k \underline{U}_{\varepsilon k} + \sum_j \underline{U}_j = 0. \tag{3.35}$$

Nach den gesuchten KU aufgelöst wird (3.35)

$$\underline{\sum_j \underline{U}_j = -\left[\int_L \underline{u}_\varepsilon(z)\,\mathrm{d}z + \sum_k \underline{U}_{\varepsilon k}\right].} \tag{3.36}$$

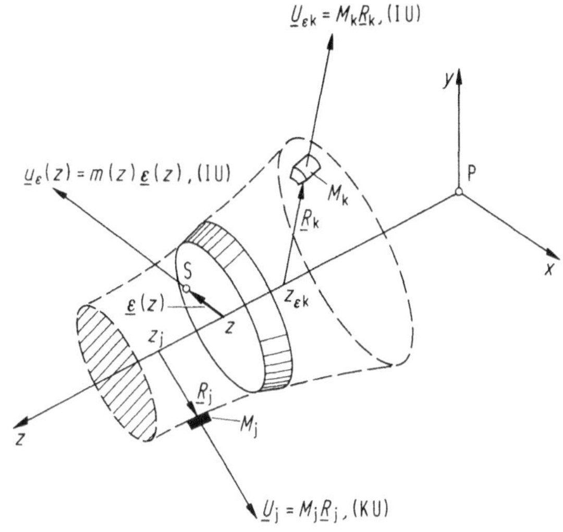

Abb. 3.2. Kontinuierliche und Einzelwuchten am kontinuierlichen Rotor. $m(z)$, $\underline{\varepsilon}(z)$ kontinuierliche Rotormasse und Exzentrizität; M, $\underline{R}$ Einzelmasse und zugehöriger Radius. $\underline{u}_\varepsilon(z)$ kontinuierliche Initialunwucht; $\underline{U}_{\varepsilon k}$ Einzel-Initialunwucht; $\underline{U}_j$ Kompensationsunwucht

Damit ist eine praktische Form zur Berechnung der KU für das „statische" Wuchten gefunden.

Sie sagt aus, s. auch (3.35), daß die vektorielle Summe (Resultante) aller Unwuchten Null sein muß.

Denkt man sich die Unwuchten mit dem Quadrat der konstanten Winkelgeschwindigkeit multipliziert, kann man (3.35) auch als Bedingung interpretieren, daß die Resultante aller Fliehkräfte des starren und starr gelagerten Rotors verschwinden muß.

Die Bedingung (3.32) für das „*dynamische*" Wuchten

$$\int_K \underline{r}(z) z \,\mathrm{d}m = 0, \quad \underline{r}(z) = x(z) + \mathrm{i}\, y(z) \tag{3.37}$$

kann analog behandelt werden. Die Teilintegrale von (3.37) für die Scheibe und EU lauten hier

$$\int_K \underline{u}_\varepsilon(z) z \,\mathrm{d}z + \sum_k \underline{U}_{\varepsilon k} z_{\varepsilon k} + \sum_j \underline{U}_j z_j$$

mit $z_{\varepsilon k}$ bzw. z_j als z-Koordinate von $\underline{U}_{\varepsilon k}$ bzw. $\underline{U}_j$.

Die Summe aller Teilintegrale über die Länge L des Rotors muß nach (3.37) verschwinden

$$\int_K \underline{r}(z) z \,\mathrm{d}m = \int_L \underline{u}_\varepsilon(z) z \,\mathrm{d}z + \sum_k \underline{U}_{\varepsilon k} z_{\varepsilon k} + \sum_j \underline{U}_j z_j = 0. \tag{3.38}$$

Nach den gesuchten KU aufgelöst wird (3.38)

$$\underline{\sum_j \underline{U}_j z_j = -\left[\int_L \underline{u}_\varepsilon(z) z \,\mathrm{d}z + \sum_k \underline{U}_{\varepsilon k} z_{\varepsilon k}\right]}. \tag{3.39}$$

Damit ist eine zu (3.36) analoge praktische Form zur Berechnung der KU für das „dynamische" Wuchten gefunden.

Sie sagt aus, s. auch (3.38), daß das statische (vektorielle) Moment aller Unwuchten Null sein muß. Der Bezugspunkt P auf der Lagerachse ist beliebig.

Denkt man sich die Unwuchten mit dem Quadrat der konstanten Winkelgeschwindigkeit multipliziert, so kann (3.38) dahin interpretiert werden, daß die statischen Momente aller Fliehkräfte des starr gelagerten Rotors verschwinden müssen.

Man beachte, daß die Unwuchten in (3.36) und (3.39) auf die Lagerachse bezogen sind. Sind keine Unwuchten vorhanden, ist die Lagerachse eine Hauptträgheitsachse durch den Massenmittelpunkt, und der Rotor dreht kräfte- und momentenfrei um die Lagerachse. Die Unwuchten sind also von der Wahl der Lagerachse abhängig.

Ein freier Rotor ist nie unwuchtig. Die Unwucht ist immer die Folge einer aufgezwungenen Lagerachse.

3.1.3 Berechnung der Lagerkräfte eines zweifach starr gelagerten starren Rotors mit Unwucht

Ein zweifach gelagerter Rotor ist statisch bestimmt gelagert. Die Lagerkräfte lassen sich aus den Gleichgewichtsbedingungen ermitteln. Rotoren mit mehr als zwei Lagern sind statisch unbestimmt gelagert, die Gleichgewichtsbedingungen genügen nicht mehr zu ihrer Bestimmung, es sind zusätzlich Elastizitätsangaben von Rotor und Stator erforderlich. Auch ein starrer Rotor über mehr als zwei Lager muß zur Ermittlung der Lagerkräfte als elastischer Rotor behandelt werden. Zum Wuchten allein genügen allerdings zwei WE, vgl. Kap. 4.

In Abb. 3.3a ist auf der Lagerachse z ein beliebiger Bezugspunkt P und ein weiterer Bezugspunkt O genau zwischen den Lagern fixiert. Reduziert man alle Fliehkräfte – in Normalebenen zu z gelegen – auf den Symmetriepunkt O, entsteht eine *Dyname* O,[3] bestehend aus der Resultierenden $\underline{R}$ und der auf O bezogenen statischen Momentensumme M_O [Zi]. $\underline{R}$ und $\underline{M}_O$ liegen in einer Normalebene zur z-Achse durch O. Die Dyname $O\,(\underline{R}, M_O)$ ist eine charakteristische Größe des zweilagerigen starren Rotors. $\underline{R}$ in O kann als statischer Anteil und $\underline{M}_O$ als dynamischer Anteil der Fliehkräfte definiert werden. Die Lagerkräfte $\underline{L}_L$ und $\underline{L}_R$ setzen sich dann aus einem statischen Anteil

$$\underline{\underline{L}_L^S = \frac{1}{2}\underline{R}; \quad \underline{L}_R^S = \frac{1}{2}\underline{R}} \tag{3.40}$$

und einen dynamischen oder asymmetrischen Anteil $\underline{L}_L^A$ und $\underline{L}_R^A$ zusammen. Es gilt die Vektorgleichung[4]

$$\boldsymbol{M}_O = \boldsymbol{L}_L^A \times \boldsymbol{l} = -\mathrm{i}\, l\, \underline{L}_L^A,$$

mit l als Lagerabstand, woraus

$$\underline{\underline{L}_L^A = -\underline{L}_R^A = +\mathrm{i}\,\underline{M}_O/l} \tag{3.41}$$

wird. Die Lagerkräfte – vom Rotor auf die Lager übertragen – können jetzt zusammengesetzt werden zu

$$\underline{\underline{L}_L = \underline{L}_L^S + \underline{L}_L^A = \frac{1}{2}\underline{R} + \mathrm{i}\,\underline{M}_O/l} \quad \text{und} \quad \underline{\underline{L}_R = \underline{L}_R^S - \underline{L}_R^A = \frac{1}{2}\underline{R} - \mathrm{i}\,M_O/l}. \tag{3.42}$$

---

[3] Eine Dyname wird in der Literatur auch Kraftwinder genannt, [Mg].

[4] s. S. 25.

Reduziert man die Dyname O ($\underline{R}$, $\underline{M}_O$) auf den Bezugspunkt P, so gilt analog[4]

$$\underline{M}_P = \underline{M}_O + z_O \times \boldsymbol{R} = \underline{M}_O + \mathrm{i}\, z_O \underline{R} \tag{3.43}$$

und nach $\underline{M}_O$ aufgelöst

$$\underline{M}_O = \underline{M}_P - \mathrm{i}\, z_O \underline{R}. \tag{3.44}$$

Macht man den Bezugspunkt P zum Bezugspunkt O, so ist wegen $z_O = 0$

$$\underline{M}_P = \underline{M}_O.$$

Die Dyname P ($\underline{R}$, $\underline{M}_P$) liegt ebenfalls in einer Normalebene zur z Achse in P. $\underline{R}$ ist eine Invariante der Dyname P und O.

Man beachte, daß zur Berechnung der Lagerkräfte nach (3.42) nicht unbedingt $\underline{R}$ und $\underline{M}_O$ bekannt sein müssen, es genügt nach (3.44) auch die Kenntnis von $\underline{R}$ und $\underline{M}_P$, mit P als beliebig wählbaren Punkt auf der z-Achse.

Der „statische" Anteil $\underline{R}$ der Fliehkräfte ist

$$\underline{R} = \Omega^2 \int_K \underline{r}(z)\, \mathrm{d}m \tag{3.45}$$

und mit (3.35) ohne KU

$$\underline{R} = \Omega^2 \int_K \underline{r}(z)\, \mathrm{d}m = \Omega^2 \left[\int_L \underline{u}_\varepsilon(z)\, \mathrm{d}z + \sum_k \underline{U}_{\varepsilon k} \right],$$

oder mit den KU allein ausgedrückt, (3.36)

$$\underline{R} = -\Omega^2 \sum_j \underline{U}_j. \tag{3.45'}$$

Der „dynamische" Anteil $\boldsymbol{M}_P$ der Fliehkräfte ist

$$\boldsymbol{M}_P = \int_K \mathrm{d}\boldsymbol{M}_P; \quad \mathrm{d}\boldsymbol{M}_P = \Omega^2\, \mathrm{d}m(\boldsymbol{r} \times \boldsymbol{z}).$$

Mit $\boldsymbol{r} = x\boldsymbol{e}_x + y\boldsymbol{e}_y = x + \mathrm{i}y$; $\boldsymbol{e}_x = 1$, $\boldsymbol{e}_y = \mathrm{i}$, $\underline{z} = z\boldsymbol{e}_z$ wird

$$\begin{aligned}
\mathrm{d}\boldsymbol{M}_P &= \Omega^2 [(x\boldsymbol{e}_x + y\boldsymbol{e}_y) \times (z\boldsymbol{e}_z)]\, \mathrm{d}m \\
&= \Omega^2 [xz(\boldsymbol{e}_x \times \boldsymbol{e}_y) + yz(\boldsymbol{e}_y \times \boldsymbol{e}_z)]\, \mathrm{d}m \\
&= \Omega^2 [x(-\boldsymbol{e}_y) + y\boldsymbol{e}_x]\, z\, \mathrm{d}m \\
&= \Omega^2 (-\mathrm{i}x + y) z\, \mathrm{d}m = -\mathrm{i}\Omega^2 (x + \mathrm{i}y) z\, \mathrm{d}m \\
&= -\mathrm{i}\Omega^2 \underline{r} z\, \mathrm{d}m
\end{aligned}$$

und mit (3.38) schließlich

$$\underline{M}_P = \int_K \mathrm{d}\underline{M}_P = -\mathrm{i}\Omega^2 \int_K \underline{r}(z) z\, \mathrm{d}m = -\mathrm{i}\Omega^2 \left[\int_L \underline{u}_\varepsilon(z) z\, \mathrm{d}z + \sum_k \underline{U}_{\varepsilon k} z_{\varepsilon k} + \sum_j \underline{U}_j z_j \right]. \tag{3.46}$$

Nur mit KU allein ausgedrückt wird (3.46)

$$\underline{M}_P = -\mathrm{i}\Omega^2 \sum_j \underline{U}_j z_j. \tag{3.46'}$$

---

[4] $\boldsymbol{l} = l\boldsymbol{e}_z$; $\boldsymbol{L}_L^A = x\boldsymbol{e}_x + y\boldsymbol{e}_y = x + \mathrm{i}y$; $\boldsymbol{e}_x = 1$; $\boldsymbol{e}_y = \mathrm{i}$

$$\begin{aligned}
\boldsymbol{L}_L^A \times \boldsymbol{l} &= (x\boldsymbol{e}_x + y\boldsymbol{e}_y) \times l\boldsymbol{e}_z = l[x(\boldsymbol{e}_x \times \boldsymbol{e}_z) + y(\boldsymbol{e}_y \times \boldsymbol{e}_z)] \\
&= l[x(-\boldsymbol{e}_y) + y\boldsymbol{e}_x] = l[-\mathrm{i}x + y] = -\mathrm{i}l[x + \mathrm{i}y] = -\mathrm{i}l\underline{L}_L^A
\end{aligned}$$

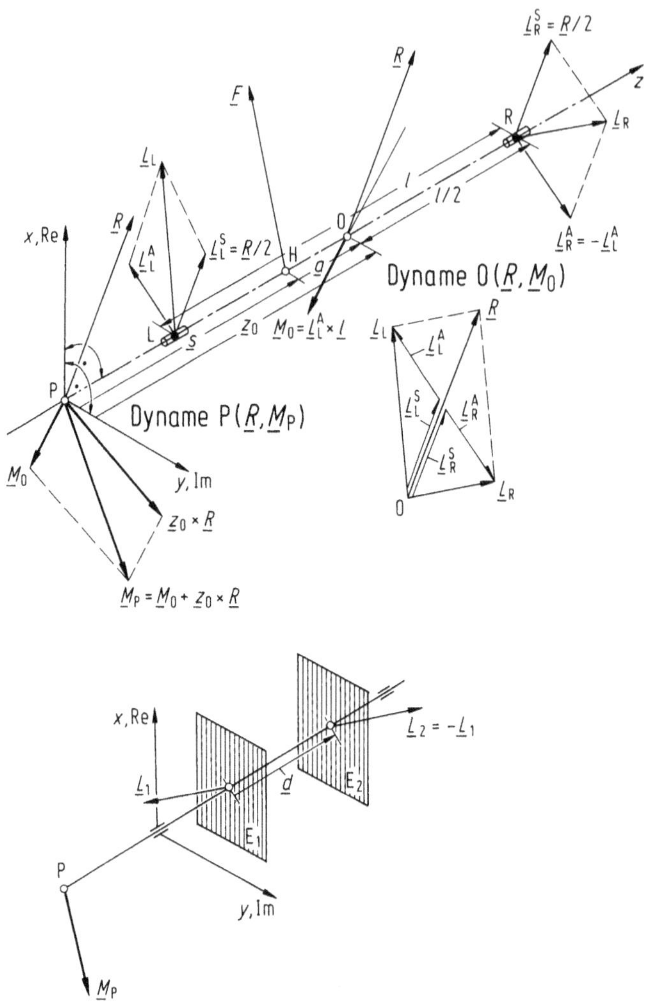

Abb. 3.3. Dynamen und Lagerkräfte am Rotor. **a** Resultante $\underline{R}$ und statische Momentensumme $\underline{M}_O$ der Dyname O in Lagermitte. $\underline{L}_L$ und $\underline{L}_R$ Lagerkräfte. $\underline{L}_L^S = \underline{L}_R^S = \underline{R}/2$ „statischer" Anteil der Lagerkräfte, $\underline{L}_L^A = -\underline{L}_R^A = \mathrm{i}\underline{M}_O/l$ „dynamischer" Anteil der Lagerkräfte; **b** Ersatz von $\underline{M}_P$ durch ein Kräftepaar $\underline{L}_1$ und $\underline{L}_1$ in zwei beliebigen Ebenen mit Abstand d

Beispiel

Der Bezugspunkt P liege in der linken Lagerebene auf z, d.h. $z_O = l/2$.

Berechnet und gegeben sei die Dyname $P(\underline{R}, \underline{M}_P)$

$$\underline{R} = 5; \quad \underline{M}_P = l[-1 + 3\mathrm{i}].$$

Gesucht sind die Lagerkräfte $\underline{L}_L$, $\underline{L}_R$, $\underline{L}_L^S$, $\underline{L}_L^A$.

Nach (3.44) ist

$$\underline{M}_O = \underline{M}_P - \mathrm{i} z_O \underline{R} = l(-1 + 3\mathrm{i}) - \mathrm{i}\frac{l}{2} 5 = l(-1 + \mathrm{i}/2).$$

Nach (3.42) ist

$$\underline{L}_L = \frac{1}{2}\underline{R} + \mathrm{i}\,\underline{M}_O/l = \frac{1}{2}5 + \mathrm{i}\,l(-1+\mathrm{i}/2)/l = 2 - \mathrm{i}$$

$$\underline{L}_R = \frac{1}{2}\underline{R} - \mathrm{i}\,\underline{M}_O/l = \frac{1}{2}5 - \mathrm{i}\,l(-1+\mathrm{i}/2)/l = 3 + \mathrm{i}.$$

Nach (3.40) und (3.41) ist

$$\underline{L}_L^S = \frac{1}{2}\underline{R} = \frac{1}{2}5 = 5/2; \quad \underline{L}_R^S = \frac{1}{2}\underline{R} = 5/2$$

$$\underline{L}_L^A = \mathrm{i}\,\underline{M}_O/l = \mathrm{i}\cdot l(-1+\mathrm{i}/2)/l = -1/2 - i; \quad \underline{L}_R^A = 1/2 + \mathrm{i}.$$

Kontrolle:

$$\underline{L}_L = \underline{L}_L^S + \underline{L}_L^A = 5/2 + (-1/2 - \mathrm{i}) = 2 - \mathrm{i},$$

$$\underline{L}_R = \underline{L}_R^S + \underline{L}_R^A = 5/2 + (1/2 + \mathrm{i}) = 3 + \mathrm{i}.$$

Aus (3.42) lassen sich übrigens auch umgekehrt die Dyname $O(\underline{R}, \underline{M}_O)$ und nach (3.43) die Dyname $P(\underline{R}, \underline{M}_P)$ aus den Lagerkräften $\underline{L}_L$ und $\underline{L}_R$ berechnen. Es gilt nach (3.42)

$$\underline{R} = \underline{L}_L + \underline{L}_R \quad \text{und mit} \quad \underline{L}_L - \underline{L}_R = 2\mathrm{i}\,\underline{M}_O/l \quad \text{auch} \tag{3.47}$$

$$\underline{M}_O = -\mathrm{i}\frac{l}{2}(\underline{L}_L - \underline{L}_R); \quad \underline{M}_P \text{ nach (3.43).}$$

Beispiel

Gemessen und gegeben seien die Lagerkräfte

$$\underline{L}_L = 2 - \mathrm{i}; \quad \underline{L}_R = 3 + \mathrm{i}.$$

Gesucht ist die Dyname $O(\underline{R}, \underline{M}_O)$ und die Dyname $P(\underline{R}, \underline{M}_P)$, d.h. die Größen $\underline{R}$, $\underline{M}_O$, $\underline{M}_P$.

Der Bezugspunkt P liege in der linken Lagerebene auf z, d.h. $z_O = l/2$.

Nach (3.47) ist

$$\underline{R} = \underline{L}_L + \underline{L}_R = (2-\mathrm{i}) + (3+\mathrm{i}) = 5$$

$$\underline{M}_O = -\mathrm{i}\frac{l}{2}(\underline{L}_L - \underline{L}_R) = -\mathrm{i}\frac{l}{2}[(2-\mathrm{i}) - (3+\mathrm{i})] = l(-1+\mathrm{i}/2)$$

und nach (3.43) ist

$$\underline{M}_P = \underline{M}_O + \mathrm{i}\,z_O\underline{R} = l(-1+\mathrm{i}/2) + \mathrm{i}\frac{l}{2}5 = l(-1+3\mathrm{i}).$$

Es soll nun noch gezeigt werden, wie der dynamische Anteil der Lagerkräfte (bzw. M_P) auch auf andere Art berechnet werden kann, indem direkt vom Drallsatz ausgegangen wird. Nach (3.7), Abb. 3.1 gilt für einen beliebig wählbaren körperfesten Punkt P einer festgehaltenen Lagerachse durch S – die nicht Hauptachse in S zu sein braucht –

$$\frac{\mathrm{d}\boldsymbol{D}_P}{\mathrm{d}t} = \boldsymbol{M}_P.$$

Die linke Seite ist die absolute Änderung des Dralls bezogen auf ein nicht drehendes System (P ist festgehalten), und die rechte Seite ist das statische Moment aller äußeren

Kräfte bezüglich P. Nun sind die Elemente des Trägheitstensors $\boldsymbol{\theta}_P$ (3.18) nur dann konstant, wenn sie sich auf ein körperfestes Bezugssystem beziehen. Man wird den Drall somit zweckmäßigerweise auf das körperfeste System transformieren. Für die Transformation kann $\boldsymbol{D}_P$ als normaler Vektor aufgefaßt werden. Für einen Vektor A gilt die allgemeine Formel[5]

$$\frac{\mathrm{d}\boldsymbol{A}}{\mathrm{d}t}=\frac{d'\boldsymbol{A}}{\mathrm{d}t}+(\boldsymbol{\omega}\times\boldsymbol{A}),$$

mit $\boldsymbol{\omega}$ als Vektor der Drehgeschwindigkeit des bewegten Systems. Es gilt für den Drall somit analog

$$\frac{\mathrm{d}\boldsymbol{D}_P}{\mathrm{d}t}=\frac{\mathrm{d}'\boldsymbol{D}_P}{\mathrm{d}t}+(\boldsymbol{\omega}\times\boldsymbol{D}_P)=\boldsymbol{M}_P.$$

Im körperfesten System ist der Drall nach (3.17)

$$\boldsymbol{D}_P=\boldsymbol{\theta}_P\boldsymbol{\omega},$$

mit konstanten Elementen in $\boldsymbol{\theta}_P$.

Der Relativdrall wird somit

$$\frac{\mathrm{d}'\boldsymbol{D}_P}{\mathrm{d}t}=\frac{\mathrm{d}'\boldsymbol{\theta}_P\boldsymbol{\omega}}{\mathrm{d}t}=\boldsymbol{\theta}_P\frac{\mathrm{d}'\boldsymbol{\omega}}{\mathrm{d}t}$$

und wegen $\boldsymbol{\theta}_P=\text{const.}$ und $\boldsymbol{\omega}=\text{const.}$ verschwindet der Relativdrall. Es bleibt

$$\frac{\mathrm{d}\boldsymbol{D}_P}{\mathrm{d}t}=\boldsymbol{\omega}\times\boldsymbol{D}_P=\boldsymbol{\omega}\times(\boldsymbol{\theta}_P\boldsymbol{\omega})=\boldsymbol{M}_P.$$

Für $\boldsymbol{\omega}=\omega_z$ $(\omega_x=\omega_y=0)$ gilt insbesondere

$$\boldsymbol{M}_P=\boldsymbol{\omega}\times(\boldsymbol{\theta}_P\omega_z)=\begin{bmatrix}0\\0\\\omega_z\end{bmatrix}\times\begin{bmatrix}-\theta_{xz}\\-\theta_{yz}\\\theta_z\end{bmatrix}_P\omega_z=\begin{bmatrix}\theta_{yz}\\-\theta_{xz}\\0\end{bmatrix}_P\omega_z^2=\begin{bmatrix}M_x\\M_y\\M_z\end{bmatrix}_P.$$

Setzt man noch M_x und M_y zu einer komplexen Größe

$$\underline{M}_P=M_x+\mathrm{i}M_y=\theta_{yz}\omega_z^2-\mathrm{i}\theta_{xz}\omega_z^2=\omega_z^2\,(\theta_{yz}-\mathrm{i}\theta_{xz})$$

zusammen, so gilt mit (3.18) und $\underline{r}=x+\mathrm{i}y$ vorerst

$$\begin{aligned}\theta_{yz}-\mathrm{i}\theta_{xz}&=\int_K yz\,\mathrm{d}m-\mathrm{i}\int_K xz\,\mathrm{d}m=\int_K(y-\mathrm{i}x)z\,\mathrm{d}m=-\mathrm{i}\int_K(x+\mathrm{i}y)z\,\mathrm{d}m\\&=-\mathrm{i}\int_K\underline{r}z\,\mathrm{d}m\end{aligned}$$

und schließlich

$$\underline{M}_P=-\mathrm{i}\omega_z^2\int_K\underline{r}z\,\mathrm{d}m.$$

[5] Absolute Änderung = relative Änderung + Führungsänderung.

Mit $\omega_z = \Omega$; und (3.38) wird

$$\underline{M}_\mathrm{P} = -\mathrm{i}\Omega^2 \left[\int_\mathrm{L} \underline{u}_\varepsilon(z) z\, dz + \sum_\mathrm{k} \underline{U}_{\varepsilon\mathrm{k}} z_{\varepsilon\mathrm{k}} + \sum_\mathrm{j} \underline{U}_\mathrm{j} z_\mathrm{j} \right],$$

oder mit den KU allein

$$\underline{M}_\mathrm{P} = -\mathrm{i}\Omega^2 \sum_\mathrm{j} \underline{U}_\mathrm{j} z_\mathrm{j}.$$

Beide Gleichungen sind identisch mit (3.46) und (3.46'), (q.e.d.).

Ein statisches Moment $\underline{M}_\mathrm{P}$ bezogen auf einen beliebigen Punkt P der z-Achse ist immer Bestandteil der Dyname P ($\underline{R}$, $\underline{M}_\mathrm{P}$). $\underline{M}_P$ kann durch zwei entgegengesetzte Einzelkräfte $\underline{L}_1$ und $\underline{L}_2 = -\underline{L}_1$ in zwei Ebenen E_1 und E_2 mit gegenseitigem Abstand d ersetzt werden. Es gilt dann nach Abb. 3.3b das Vektorprodukt[6]

$$\underline{M}_\mathrm{P} = \boldsymbol{L}_1 \times \boldsymbol{d} = -\mathrm{i} d \underline{L}_1. \tag{3.48}$$

Daraus erhält man die Einzelkraft $\underline{L}_1$ in der dem Punkt P näher gelegenen Ebene E_1 zu

$$\underline{L}_1 = -\frac{\underline{M}_\mathrm{P}}{\mathrm{i}d} = \frac{\mathrm{i}\underline{M}_\mathrm{P}}{d} \quad \text{und} \quad \underline{L}_2 = -\underline{L}_1. \tag{3.49}$$

Die beiden Kräfte $\underline{L}_1$ und $\underline{L}_2$ bilden ein Kräftepaar.

Beispiel

Gegeben sei $\underline{M}_\mathrm{P} = l(-1+3\mathrm{i})$, $d = l$. Der Punkt P liege in der linken Lagerebene.

Aus (3.49) folgt

$$\underline{\underline{L_1}} = \frac{\mathrm{i}\underline{M}_\mathrm{P}}{d} = \frac{\mathrm{i}}{l} l(-1+3\mathrm{i}) = \underline{\underline{-3-\mathrm{i}}}; \quad \underline{\underline{L_2}} = \underline{\underline{3+\mathrm{i}}}.$$

Im übrigen ist zu bemerken, daß die Wirkung der Kräfte und/oder Unwuchten am starren K durch verschiedene Dynamen ausgedrückt werden kann, je nachdem auf welchen Punkt P der Achse die Dynamen bezogen sind. Außerdem kann das statische Moment der Dyname immer durch ein Kräftepaar ersetzt werden. Einige Möglichkeiten der Darstellung von Kräften oder Unwuchten gleicher Wirkung am starren Rotor sind im Anhang zu Kap. 3 aufgeführt.

3.2 Der elastische Rotor

In Abb. 3.4 ist ein elastischer walzenförmiger Rotor dargestellt, der starr gewuchtet wurde. Der Rotor Abb. 3.4a hat eine statische IU, eine kontinuierliche Unwucht gleichmäßig über die Länge verteilt, und der Rotor Abb. 3.4b eine dynamische IU, punktsymmetrisch zum Massenmittelpunkt S kontinuierlich über die Länge verteilt. Die KU sitzen an den Endebenen des Rotors. Durch diese Unwuchtverteilung entstehen durch die Rotation mit der konstanten Winkelgeschwindigkeit Ω Fliehkräfte, die *innere Biegemomente* M_b erzeugen. Sie sind ebenfalls in Abb. 3.4 skizziert. Während der Rotor als starrer Rotor um die z-Achse – die Hauptträgheitsachse durch

---

[6] Analog Fußnote 4, S. 25.

S ist – rotiert, werden die Lager nicht belastet. Ist der Rotor elastisch, wird er sich bei der Rotation durch die entstehenden inneren Biegemomente M_b verkrümmen, wobei sich die Hauptträgheitsachse durch S im Falle Abb. 3.4a parallel um s verschiebt und im Falle Abb. 3.4b um S mit γ dreht. Die Lager sind nicht mehr kräftefrei.

Für ein konstantes Ω ist die Verkrümmung konstant, gewissermaßen eingefroren. In diesem Zustand könnte der elastische Rotor als starrer Rotor behandelt, d.h. als starrer Rotor in zwei Ebenen (vgl. Kap. 4) gewuchtet werden. Dazu wären allerdings größere KU erforderlich.

Es ist nun aber nicht Sinn und Zweck des elastischen Wuchtens nur für *eine* bestimmte Drehzahl Kräftefreiheit der Lager zu erreichen, vielmehr wird man einen *Drehzahlbereich* möglichst frei von umlauffrequenten Lagerkräften haben wollen.

Weil die Ursache der Verkrümmung die inneren Biegemomente sind, wird man letztere durch geeignete Verteilung der KU möglichst zu verhindern suchen. Vollständig wird dies nie gelingen, weil dies erst der Fall wäre, wenn die kontinuierliche Unwuchtverteilung am Ort wo sie auftritt – über die ganze Mantellinie des Rotors verteilt – kompensiert würde. Dies hätte unendlich viele WE zur Folge, was aus praktischen Gründen ausscheidet. Man wird nur eine endliche Zahl von WE zur Verfügung haben. Es werden also praktisch zwangsläufig Restbiegemomente und Restlagerkräfte übrigbleiben.

Solange letztere oder die durch sie erzeugten Wellen- und Lagerschwingungen die vorgeschriebenen Toleranzen nicht übersteigen, kann der Rotor als gewuchtet gelten.

Elastisches Wuchten ist, wie schon erwähnt, ein Kompromiß oder Optimierungsproblem.

Obschon die Zielsetzung für das elastische Wuchten dieselbe ist wie für das starre Wuchten – Kräftefreiheit der Lager –, besteht ein wesentlicher Unterschied im Vorgehen. Während beim starren Wuchten nur die Bedingungen (3.36) und (3.39) – die Summe und das statische Moment der Unwucht müssen verschwinden – einzuhalten sind und die inneren Biegemomente keine Wirkung haben können – der starre Rotor verkrümmt sich (per definitionem) nicht – sind für das elastische Wuchten die inneren Biegemomente entscheidend. Sie entstehen durch Verformung des Rotors, so daß man versucht, die elastischen Auslenkungen des Rotors über seine Länge und diese besonders über den Betriebsbereich minimal zu halten. Würde es gelingen, die Auslenkungen durch geeignete Massenverteilung über die Länge des Rotors vollständig zu eliminieren, würde der elastische Rotor um die z-Achse, als Hauptträgheitsachse durch S, rotieren, sich wie ein von Hause aus starrer Rotor ohne Unwucht verhalten und damit auch vollständig elastisch gewuchtet sein.

Die Kunst des elastischen Wuchtens besteht darin, die elastische Auslenkung des Rotors über seine Länge und im ganzen Betriebsbereich, auf ein Minimum zu bringen.

Noch eine Bemerkung zum *elastischen Scheibenrotor*. Besteht ein Rotor aus mehreren Scheiben, so hat – bei vorgeschriebener Lagerachse – jede Scheibe ihre eigene Unwucht. Die WE sind eindeutig gegeben durch die Scheibenebenen. Werden weniger WE gebraucht als Scheibenebenen vorhanden sind, ist das Problem des elastischen Wuchtens das gleiche wie für den walzenförmigen Rotor. Die Ausnahme bildet der Fall, wo gleich viele WE wie Scheibenebenen zur Verfügung stehen. In diesem Sonderfall gelingt es theoretisch den elastischen Rotor vollständig zu wuchten, also die

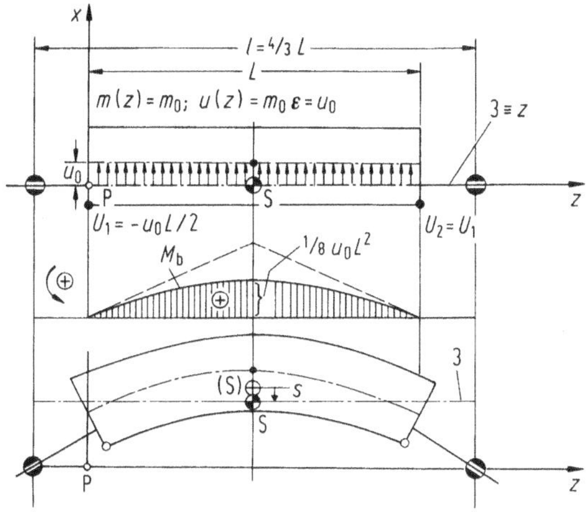

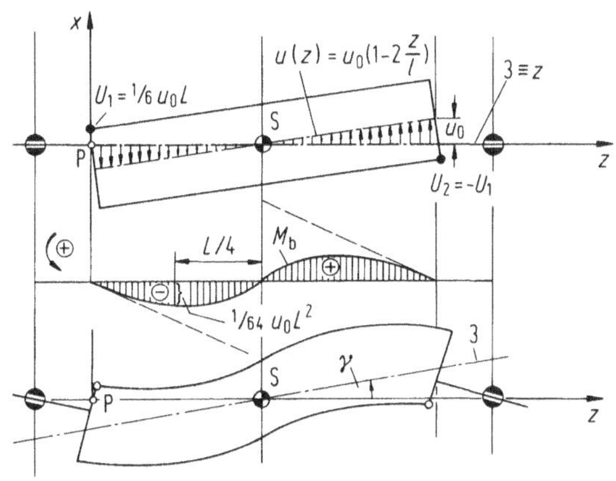

Abb. 3.4. Starr gewuchtete, elastische Rotoren und ihre Verformung im Lauf infolge innerer Biegemomente. M_b Momentenfläche. **a** statische IU; **b** dynamische IU

IU der Scheibe am Ort selbst zu kompensieren. Vergleiche das Testbeispiel in Abschn. 11.3.1 mit einem 3-Scheibenrotor.

Der Lavalrotor ist der einfachste Scheibenrotor, da er nur eine einzige Scheibe aufweist. Weil die einzig mögliche IU von der Scheibenmasse stammt, wird man die KU auch an der Scheibe anbringen und gelangt so zu einem vollständigen Wuchtausgleich. Wählt man jedoch zwei WE in der Nähe der Lager, Abb. 3.5 und bringt für den „starren" Ausgleich KU der Größe $-U/2$ in beiden WE an, so ist der Lavalrotor als starrer Rotor gewuchtet und läuft bei niederen Drehzahlen ruhig. Bei höheren Drehzahlen biegt sich der Rotor infolge der größeren Wirksamkeit der IU in der Rotormitte aus (die KU in Lagernähe haben geringeren Einfluß auf die Durchbiegung), maximal in der kritischen Drehzahl $n = n_k$. (Würde im überkritischen Bereich $n > n_K$ in den beiden Ebenen nahe den Lagern mit 2 KU gewuchtet, wäre die Wuchtung schädlich. Die KU müßten nach der Messung in Richtung der IU eingesetzt werden, was letztere verstärken würde, Abb. 8.4a.) Man wird nach der „starren" Wuchtung den

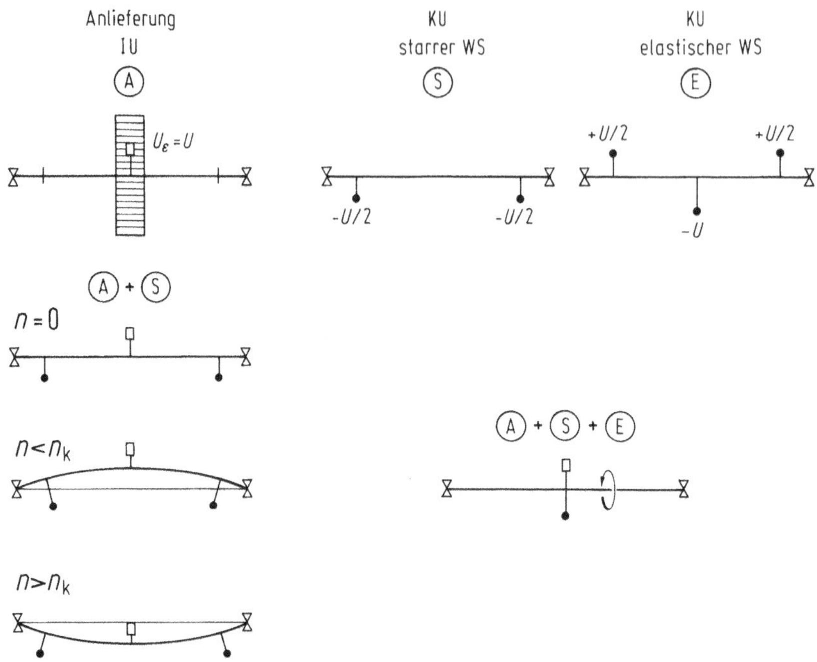

Abb. 3.5. Starres, elastisches und kombiniertes Wuchten einer Lavalwelle bei unter- und überkritischem Lauf. n, n_k Drehzahl, kritische Drehzahl. Ⓐ + Ⓢ unvollständiger, starrer Ausgleich. Ⓐ + Ⓢ + Ⓔ vollständiger starrer und elastischer Ausgleich

Rotor noch elastisch wuchten müssen. Das elastische Wuchten verlangt hier drei WE, will man die „starre" Wuchtung nicht mehr zerstören (später als (N + 2)-Methode bezeichnet). Der „elastische" WS lautet: $+U/2$; $-U$; $+U/2$ und ist in seiner Summe Null, verändert die „starre" Wuchtung also nicht. Zählt man die „starren" und „elastischen" KU in den drei WE zusammen, so heben sich die KU in den WE nahe den Lagern auf, es bleibt die KU ($-U$) an der Scheibe, wodurch der Lavalrotor vollständig gewuchtet ist. Das Modellbeispiel – in der Literatur oft zitiert – zeigt sehr anschaulich die Notwendigkeit des elastischen Wuchtens für einen Betriebsbereich, der über die kritische Drehzahl hinaus reicht.

1. Teil: Starre Rotoren

Der erste Teil betrifft starre Rotoren. Starre Rotoren in radial-starren Lagern erfahren keine Auslenkungen im Lauf und haben keine kritische Drehzahlen und EF. Trotzdem verursacht die IU rotierende Lagerkräfte, die gewuchtet werden müssen. Starre Rotoren in elastischen Lagern haben mehr als eine kritische Drehzahl und EF. Trotzdem genügen für das Wuchten zwei WE, bzw. zwei Einzel-KU.

In Kap. 4 erfolgt Aufbereitung der erforderlichen Formeln für das Verständnis und die Anwendung des starren Wuchtens. Kapitel 5 bringt Beispiele zum Wuchten starrer Rotoren. Kapitel 6 beschreibt die Dynamik starrer Rotoren für isotrope-, anisotrope Lager, Gleitlager und eigespannte Lager. In Kap. 7 wird kurz auf Wuchtmaschinen eingegangen und der Beantwortung der Frage, wie aus den Messungen der verschiedenen Typen von Wuchtmaschinen auf die IU im Rotor geschlossen werden kann.

4 Wuchten von starren Rotoren

Die Bedingung für kräftefreien Lauf eines starren Rotors ist nach Kap. 3 die, daß die Lagerachse mit der Hauptträgheitsachse durch den Massenmittelpunkt zusammenfallen muß.

Dies trifft dann zu, wenn nach (3.36) und (3.39) die KU wie folgt gewählt werden

$$\begin{aligned} \underline{U}_1 + \underline{U}_2 + \underline{U}_3 + \dots \underline{U}_j &= -\left[\int_L \underline{u}_\varepsilon(z)\,\mathrm{d}z + \sum_k \underline{U}_{\varepsilon k}\right], \\ \underline{U}_1 z_1 + \underline{U}_2 z_2 + \underline{U}_3 z_3 + \dots \underline{U}_j z_j &= -\left[\int_L \underline{u}_\varepsilon(z) z\,\mathrm{d}z + \sum_k \underline{U}_{\varepsilon k} z_{\varepsilon k}\right]. \end{aligned} \tag{4.1'}$$

Es handelt sich dabei um ein System von zwei Gleichungen für j-Unbekannte KU. Das System ist somit überbestimmt und eindeutig nur für zwei Unbekannte KU lösbar. Es lautet dann in Matrizenform

$$\begin{bmatrix} 1 & 1 \\ z_1 & z_2 \end{bmatrix} \begin{bmatrix} \underline{U}_1 \\ \underline{U}_2 \end{bmatrix} = -\begin{bmatrix} \int_L \underline{u}_\varepsilon(z)\,\mathrm{d}z + \sum_k \underline{U}_{\varepsilon k} \\ \int_L \underline{u}_\varepsilon(z) z\,\mathrm{d}z + \sum_k \underline{U}_{\varepsilon k} z_{\varepsilon k} \end{bmatrix} \tag{4.1}$$

und sagt aus, daß für das starre Wuchten zwei (getrennte) WE genügen, notwendig und auch hinreichend sind.

Ein starrer Rotor kann in zwei voneinander verschiedenen Wuchtebenen und je einer Kompensationsunwucht in einer der Ebenen vollständig gewuchtet werden.

Vollständig heißt hier, daß er bei allen Drehzahlen, in denen er sich starr verhält, gewuchtet ist.[1]

[1] Über die Problematik, wann ein Rotor noch als starr gelten kann, s. Kap. 10.

Die internationale Organisation für Normung (ISO) hat in der Empfehlung ISO 5406 folgende Definitionen des starren (rigid) Rotors gegeben:

rigid rotor: A rotor is considered rigid when it can be corrected in any two (arbitrarily selected) planes and, after that correction, its unbalance does not significantly exceed the balancing tolerances (relative to the shaft axis) at any speed up to maximum service speed and when running under conditions which approximate closely to those of the final supporting system. (Such rotors are referred to as class 1 rotors as defined in ISO 5406.)

Man kann diesen Sachverhalt sehr anschaulich an einem stark vereinfachten Modell erkennen: In Abb. 4.1 ist ein walzenförmiger Rotor in drei Scheiben zerlegt. Jede Scheibe hat im allgemeinen eine, wenn auch leicht verschiedene IU, die als EU mit $\underline{U}_{\varepsilon 1}$, $\underline{U}_{\varepsilon 2}$, $\underline{U}_{\varepsilon 3}$ bezeichnet seien. Es steht eine linke WE E_L und eine rechte WE E_R zur Verfügung. E_L und E_R brauchen nicht symmetrisch bezüglich den Lagern zu liegen. Die IU können wie Kräfte auf die beiden WE reduziert werden. Für jede IU $\underline{U}_{\varepsilon k}$ entsteht so eine Unwucht $\underline{U}_{kL}$ in der linken WE und eine Unwucht $\underline{U}_{kR}$ in der rechten WE ($k = 1, 2, 3$). Die Resultanten in E_L und E_R sind mit $\underline{U}_L$ und $\underline{U}_R$ bezeichnet und ersetzen zusammen die IU am starren Rotor. Sie können mit zwei entgegengesetzten KU $-\underline{U}_L = M_L \underline{R}_L$ und $-\underline{U}_R = M_R \underline{R}_R$ kompensiert werden. Der starre Rotor ist vollständig gewuchtet. Es genügen offenbar zwei WE, bzw. zwei KU. Dieser Sachverhalt ändert sich auch nicht, wenn statt drei viele Scheiben betrachtet werden. Zerlegt man noch $\underline{U}_L$ und $\underline{U}_R$ mit Hilfe eines Parallelogramms in einen gleichgerichteten Anteil $\underline{U}_S$ und einen entgegengesetzt gerichteten Anteil $\underline{U}_A$

$$\underline{U}_L = \underline{U}_S + \underline{U}_A \quad \text{und} \quad \underline{U}_R = \underline{U}_S - \underline{U}_A, \tag{4.2}$$

erhält man bei symmetrischer Anordnung der WE bezüglich der Lager – und nur dann – mit

$$\underline{U}_{Res} = 2\,\underline{U}_S \tag{4.3}$$

den *statischen* Anteil der Unwucht und mit

$$\underline{M}_{Res} = (\boldsymbol{U}_A \times \boldsymbol{d}) = -\mathrm{i}d\,\underline{U}_A; \quad \text{analog Fußnote 4, S. 25} \tag{4.4}$$

den *dynamischen* Anteil der Unwucht oder das Unwuchtmoment. d ist der Abstand beider WE. Verlegt man die WE in die Lagerstellen, so gilt mit $\boldsymbol{d} = \boldsymbol{l}$

$$\underline{M}_{Res} = -\mathrm{i}l\,\underline{U}_A^L. \tag{4.5}$$

Die Zerlegung der Unwucht in einen statischen und dynamischen Anteil ist nur dann sinnvoll, wenn die Wuchtebenen symmetrisch zu den Lagern angeordnet sind oder in die Lagerebenen fallen.

$\underline{U}_{Res}$ und $\underline{M}_{Res}$ sind analog zu $\underline{R}$ und $\underline{M}_O$, vgl. Abschn. 3.1.3, charakteristische Größen des starren Rotors auf zwei Lagern. Bei starrer Lagerung gilt die Beziehung

$$\underline{R} = \Omega^2\,\underline{U}_{Res}; \quad \underline{M}_O = \Omega^2\,\underline{M}_{Res}, \tag{4.6}$$

wonach Unwuchten multipliziert mit Ω^2 Fliehkräfte ergeben. Mit (4.3) und (4.4), (4.5′) und (4.6) gilt

$$\underline{R} = \Omega^2\,2\,\underline{U}_S; \quad \underline{M}_O = -\mathrm{i}\Omega^2 d\,\underline{U}_A = -\mathrm{i}\Omega^2 l\,\underline{U}_A^L. \tag{4.7}$$

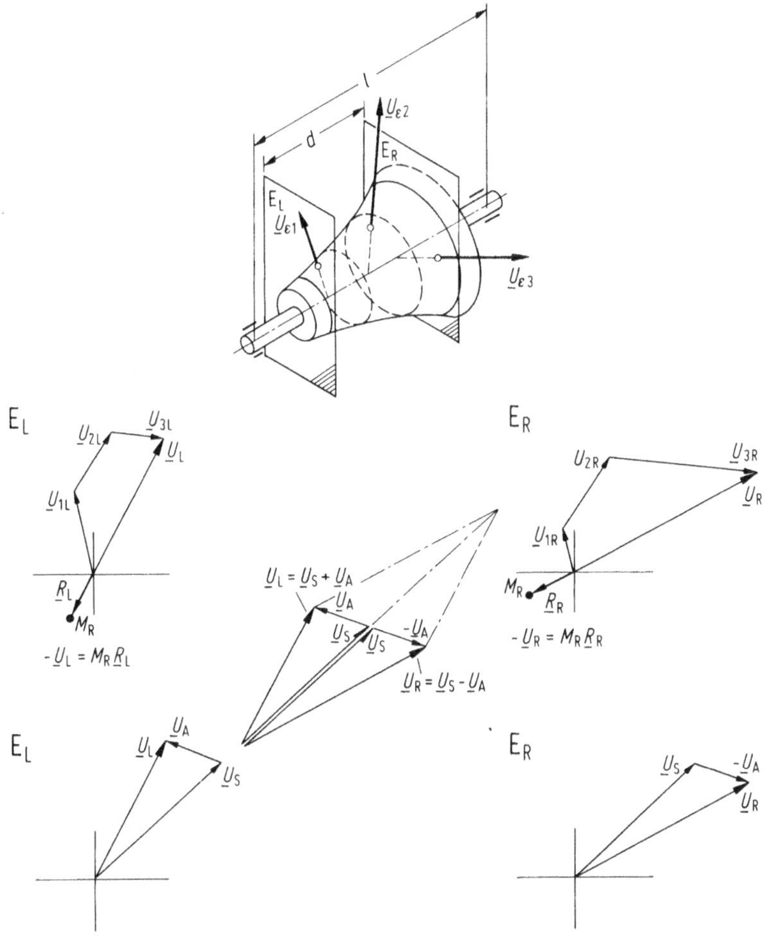

Abb. 4.1. Wuchten eines starren Rotors in zwei WE durch die KU $-\underline{U}_L$ und $-\underline{U}_R$; $\underline{U}_{\varepsilon k}(k=1,2,\ldots)$ IU; $2\,\underline{U}_S$ statische Unwucht; $\underline{U}_A$, $-\underline{U}_A$ dynamische Unwucht

Man kann $\underline{U}_{Res}$ und $\underline{M}_{Res}$ zusammen als *Unwucht-Dyname O* $(\underline{U}_{Res}, \underline{M}_{Res})$ der Lagermitte bezeichnen.

In der Literatur findet man auch die Bezeichnung Unwuchtdyname für jene, die auf den Massenmittelpunkt S des Rotors bezogen ist, die Unwuchtdyname $S(\underline{U}_S, \underline{M}_S)$. In ihr ist wegen der Invarianz der Resultanten $\underline{U}_S = \underline{U}_{Res}$, bei verschiedenem Unwuchtmoment $\underline{M}_S \neq \underline{M}_{Res}$. Die auf S bezogene Unwuchtdyname kann aus den Lagermessungen (starre Lagerung vorausgesetzt) nicht bestimmt werden, wenn die Lage von S nicht bekannt ist, während die auf den Lagermittelpunkt O bezogene Unwuchtdyname $O(\underline{U}_{Res}, \underline{M}_{Res})$ aus den Lagerkräften wie folgt berechnet werden kann (analog (3.47))

$$\underline{U}_{Res} = \frac{1}{\Omega^2}(\underline{L}_L + \underline{L}_R); \quad \underline{M}_{Res} = \frac{1}{\Omega^2}\left[-i\frac{l}{2}(\underline{L}_L - \underline{L}_R)\right].$$

Für die praktische Berechnung von KU ist die Unwuchtdyname S belanglos.

Spezialfall: Liegen alle Unwuchten in *einer* Ebene durch z, gilt also $\underline{u}_\varepsilon(z) = u_\varepsilon(z)\,\mathrm{e}^{\mathrm{i}\varphi}$ und $\underline{U}_{\varepsilon k} = U_{\varepsilon k}\,\mathrm{e}^{\mathrm{i}\varphi}$, so kann eine Dyname $H(\underline{F}, \underline{M}_\mathrm{H})$ bezüglich eines Punkts H gebildet werden, so daß $\underline{M}_\mathrm{H} = 0$ wird, Abb. 3.3a. Die Resultante $\underline{F} = F\,\mathrm{e}^{\mathrm{i}\varphi}$ in H hat dann eine genau definierte Lage bezüglich z, mit anderen Worten, $\underline{F}$ geht durch den „Kraftmittelpunkt". Den Abstand $\underline{s}$ der Resultanten $\underline{F}$ von einem Bezugspunkt P findet man aus

$$\underline{M}_\mathrm{P} = \boldsymbol{F} \times \boldsymbol{s} = -\mathrm{i} s \underline{F}\,; \quad \text{analog Fußnote 4, S. 25} \tag{4.8}$$

und daraus

$$s = \mathrm{i}\,\frac{\underline{M}_\mathrm{P}}{\underline{F}}. \tag{4.9}$$

Mit $\underline{F}$ aus (3.45) und $\underline{M}_\mathrm{P}$ aus (3.46) wobei $\underline{R} = \underline{F}$ gilt, wird

$$\underline{s = \frac{\int \underline{u}_\varepsilon(z) z\,\mathrm{d}z + \sum_\mathrm{k} \underline{U}_{\varepsilon k} z_{\varepsilon k}}{\int \underline{u}_\varepsilon(z)\,\mathrm{d}z + \sum_\mathrm{k} \underline{U}_{\varepsilon k}}.} \tag{4.9'}$$

Der Abstand a von $\underline{F}$ bezüglich der Lagermitte O kann durch Messung der Lagerkräfte bestimmt werden.

Dazu wird die Resultante $\underline{F}$ im Punkt H auf dem Punkt O transformiert. Es entsteht im Punkt O die Dyname $O(\underline{F}, \underline{M}_\mathrm{O})$ mit dem statischen Moment entsprechend Abb. 3.3a

$$\underline{M}_\mathrm{O} = \boldsymbol{F} \times \boldsymbol{a} = -\mathrm{i} a \underline{F}\,; \quad \text{analog Fußnote 4, S. 25} \tag{4.10}$$

Aus (3.42) folgt alsdann

$$\underline{L}_\mathrm{L} + \underline{L}_\mathrm{R} = \underline{F} \quad \text{oder} \quad \underline{F = L_\mathrm{L} + L_\mathrm{R}} \tag{4.10'}$$

und

$$\underline{L}_\mathrm{L} - \underline{L}_\mathrm{R} = \mathrm{i}\,\frac{2}{l}\,\underline{M}_\mathrm{O}.$$

Mit (4.10) und (4.10') gilt

$$\underline{L}_\mathrm{L} - \underline{L}_\mathrm{R} = \mathrm{i}\,\frac{2}{l}(-\mathrm{i} a \underline{F}) = \frac{2a}{l}\,\underline{F} = \frac{2a}{l}(\underline{L}_\mathrm{L} + \underline{L}_\mathrm{R}).$$

Daraus kann a berechnet werden

$$\underline{a = \frac{\underline{L}_\mathrm{L} - \underline{L}_\mathrm{R}}{\underline{L}_\mathrm{L} + \underline{L}_\mathrm{R}}\,\frac{l}{2} = \frac{l}{2}\,\frac{L_\mathrm{L} - L_\mathrm{R}}{L_\mathrm{L} + L_\mathrm{R}}.}$$

Aus Abb. 3.3a ist mit $s = z_\mathrm{O} - a$ der Abstand der Resultierenden $\underline{F}$ vom Bezugspunkt P durch Kenntnis (Messung) der Lagerkräfte gefunden.

Durch Messung der Lagerkräfte ist es nicht möglich zu unterscheiden, ob es sich um eine einzige EUW, um KUW und/oder mehrere EUW – alle in einer Axialebene gelegen – handelt. Man kann lediglich ihre Resultante $\underline{F}$ und deren Lage mit a bestimmen.

Beispiel:

Gemessen: $\underline{L}_L = (3/4)F\,e^{i\varphi}$; $\underline{L}_R = (1/4)F\,e^{i\varphi} \rightarrow L_L = (3/4)F$; $L_R = (1/4)F$

Gerechnet: $\underline{F} = \underline{L}_L + \underline{L}_R = F\,e^{i\varphi}$

$$a = \frac{l}{2}\,\frac{L_L - L_R}{L_L + L_R} = \frac{l}{2}\,\frac{(3/4)F - (1/4)F}{(3/4)F + (1/4)F} = \frac{l}{2}\,\frac{1}{2} = \frac{l}{4}.$$

Die Resultante $\underline{F}$ hat den Abstand $a = l/4$ von der Lagermitte aus gegen das linke Lager zu.

Das Unwuchtmoment ist theoretisch ein Vektor. Reduziert man diesen Momentenvektor auf zwei Vektoren in zwei (nicht zusammenfallende) Ebenen, entstehen immer zwei gleich große, aber entgegengesetzte Unwuchten, auch *Momentenunwucht* genannt.

Die Trennung in statische und dynamische Wuchtanteile erhält man aus (4.2)

$$\underline{U}_S = \frac{1}{2}(\underline{U}_L + \underline{U}_R) \quad \text{und} \quad \underline{U}_A = \frac{1}{2}(\underline{U}_L - \underline{U}_R), \tag{4.11}$$

wobei $\underline{U}_L$ und $\underline{U}_R$ entweder EU in den zwei Ebenen symmetrisch zu den Lagern oder EU in den Lagerebenen sein können.

Für den Rotor der Abb. 3.4a ist

$$\underline{U}_L = -U_1 = MR; \qquad \underline{U}_R = -U_2 = MR;$$

$$\underline{U}_S = \frac{1}{2}(MR + MR) = MR; \qquad \underline{U}_A = \frac{1}{2}(MR - MR) = 0.$$

Der Rotor hat eine rein statische Unwucht ($\underline{U}_A = 0$).

Für den Rotor der Abb. 3.4b ist

$$\underline{U}_L = -U_1 = -MR; \qquad \underline{U}_R = -U_2 = MR;$$

$$\underline{U}_S = \frac{1}{2}(-MR + MR) = 0; \qquad \underline{U}_A = \frac{1}{2}(-MR - MR) = -MR.$$

Der Rotor hat eine reine dynamische Unwucht ($\underline{U}_S = 0$).

In der Literatur ist zudem, in Abweichung zu unserer Definition der statischen Unwucht für eine Resultierende in Lagermitte, als statische Unwucht eine Resultierende Unwucht durch den Massenmittelpunkt S anzutreffen. Ferner wird eine resultierende Unwucht, nicht durch den Massenmittelpunkt gehend, als quasistatische Unwucht bezeichnet. Eine derartige statische oder quasi statische Unwucht erzeugt an einem Rotor, dessen Massenmittelpunkt S nicht in der Mitte beider Lager liegt, ungleiche Lagerkräfte!

Diese Bezeichnung von statischer und quasistatischer Unwucht ist auch in der internationalen Norm ISO 1925 aufgenommen worden, wird aber dort als Zustand theoretischer Art verstanden, in dem die „static unbalance" eine Parallelverschiebung der zentralen Hauptträgheitsachse verursacht, während die „quasi static unbalance" einen Zustand darstellt, bei dem die zentrale Hauptträgheitsachse die Lagerachse in einem Punkt schneidet, der nicht Massenmittelpunkt ist.

Zur praktischen Bestimmung der KU ist diese Unterscheidung belanglos.

Die Ausdrücke statisch und dynamisch sind historischen Ursprungs und wie folgt zu verstehen:

In Abb. 4.2a ist die rein statische Unwucht des Rotors der Abb. 3.4a durch zwei EU dargestellt. Legt man diesen Rotor auf zwei reibungsfreie Schneiden, so ist er in allgemeiner Lage nicht im Gleichgewicht, er pendelt so lange bis der Schwerpunkt S unter dem Unterstützungspunkt liegt. Man erkennt die statische Unwucht durch einen rein *statischen Versuch*. Früher wurden Räder auf diese Art gewuchtet. In Abb. 4.2b ist die rein dynamische Unwucht des Rotors der Abb. 3.4b durch zwei EU dargestellt. Legt man diesen Rotor auf zwei reibungsfreie Schneiden, so ist er in allgemeiner Lage im Gleichgewicht und bewegt sich nicht. Durch einen statischen Versuch ist keine Unwucht zu erkennen. Erst durch die Rotation um die Achse werden Fliehkräfte wirksam, die ein Moment bilden, das von den Lagern durch entgegengesetzt gleiche Lagerkräfte aufgenommen werden muß. Erst durch einen *dynamischen Versuch* wird die dynamische Unwucht erkannt.

Wenn auch jeder starre Rotor im allgemeinen eine Mischung aus statischer und dynamischer Unwucht aufweist, so sind die rotierenden Lagerkräfte aus dem statischen Anteil immer gleich groß, während die rotierenden Lagerkräfte aus dem dynamischen Anteil auch gleich groß sind, aber entgegengesetzte Richtung haben. Statische und dynamische Lagerkräfte brauchen aber nicht die gleiche Richtung zu haben. Mit (4.7) erhält man aus beiden Anteilen die Unwuchtdyname in O.

Im Spezialfall einer rein statischen Unwucht kann ein Rotor auch durch eine einzige KU in der Mitte der Lagerebenen gewuchtet werden, vgl. Kap. 5, Beispiel 3.

Hat ein starrer Rotor eine rein statische Unwucht, so genügt eine Wuchtebene und eine Kompensationsunwucht in der Mitte beider Lager.

Hat ein starrer Rotor nur eine EUW, so kann er selbstverständlich auch durch eine einzelne KU am gleichen Ort gewuchtet werden. Es genügt eine WE.

Durch Messung der Lagerkräfte kann man jedoch nicht entscheiden, ob die IU eine EUW oder die Resultante aus KUW und/oder mehreren EUW ist. Größe und Lage der IU oder Resultanten lassen sich aus (4.10) und (4.10′) sowie a bestimmen.

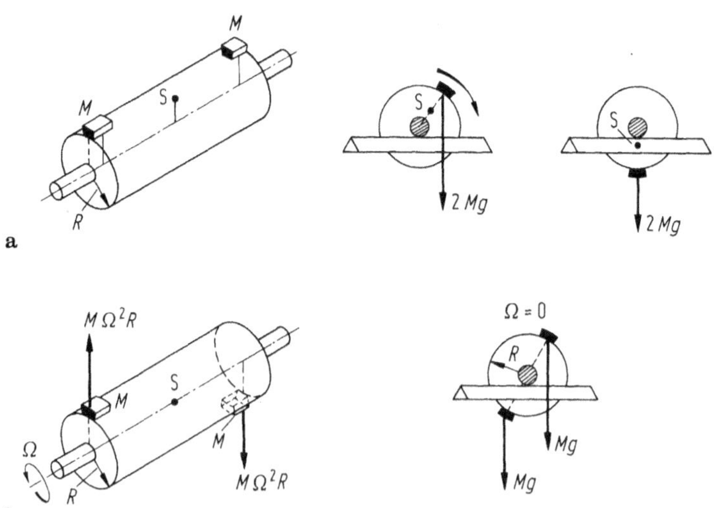

Abb. 4.2. Historisches Wuchten. **a** statische Unwucht (durch statischen Versuch erkennbar); **b** dynamische Unwucht (nur durch Rotation erkennbar)

5 Wuchtbeispiele starrer Rotoren

Beispiel 1: Prüfung des Formalismus

Der homogene Rotor der Abb. 5.1 habe zwei ungleiche EUW $\underline{U}_{\varepsilon 1} = 3U$ und $\underline{U}_{\varepsilon 2} = -U$ als IU in WE E_1 und E_2 symmetrisch zu den Lagern. Das Beispiel ist trivial, eignet sich aber bestens um die in Kap. 3 und 4 abgeleiteten Formeln zu überprüfen.

Gesucht:

a) KU $\underline{U}_1$ und $\underline{U}_2$ in den WE E_1 und E_2 sowie die Unwuchtdyname O. Mit $z_1 = 0$; $z_2 = L$; $\sum_k \underline{U}_{\varepsilon k} = 3U - U = 2U$; $\sum_k \underline{U}_{\varepsilon k} z_{\varepsilon k} = 3U(0) - U(L) = -UL$ wird (4.1)

$$\begin{bmatrix} 1 & 1 \\ 0 & L \end{bmatrix} \begin{bmatrix} \underline{U}_1 \\ \underline{U}_2 \end{bmatrix} = -U \begin{bmatrix} 2 \\ -L \end{bmatrix},$$

mit der Lösung

$$\underline{U}_1 = U_1 = \underline{-3U}; \quad \underline{U}_2 = U_2 = U.$$

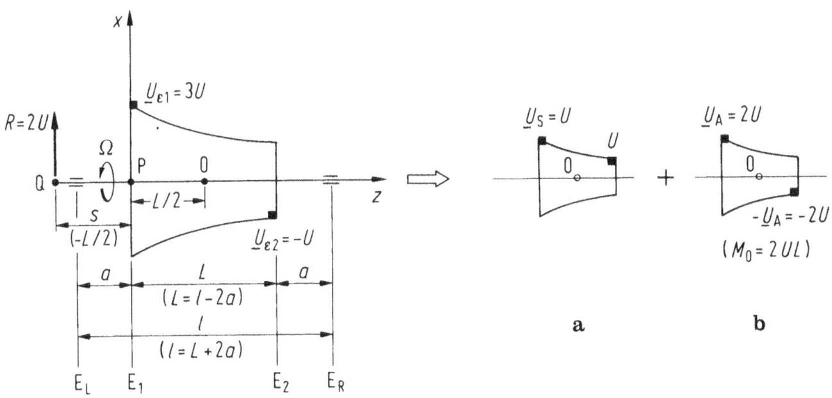

Abb. 5.1. Homogener Rotor mit zwei EUW $\underline{U}_{\varepsilon 1}$ und $\underline{U}_{\varepsilon 2}$. **a** statischer Anteil der Unwucht; **b** dynamischer Anteil der Unwucht

Die Trennung in symmetrischen und asymmetrischen Anteil der Unwucht ergibt nach (4.11)

$$\underline{U}_S = \frac{1}{2}[(-\underline{U}_1) + (-\underline{U}_2)] = \frac{1}{2}(+3U - U) = +U,$$

$$\underline{U}_A = \frac{1}{2}[(-U_1) - (-U_2)] = \frac{1}{2}(3U + U) = 2U,$$

was auch ohne Rechnung aus Abb. 5.1 ersichtlich wäre. Die Komponenten der Unwuchtdyname O ($\underline{U}_{\text{Res}}$, $\underline{M}_{\text{Res}}$) lauten nach (4.3) und (4.4)

$$\left.\begin{aligned} \underline{U}_{\text{Res}} &= 2\underline{U}_S = \underline{2U}, \\ \underline{M}_{\text{Res}} &= -\mathrm{i} d \underline{U}_A = \underline{-\mathrm{i}L2U}. \end{aligned}\right\} \text{Unwuchtdyname } O$$

Gesucht:

b) KU $\underline{U}_L$ und $\underline{U}_R$ in den Lagerebenen E_L und E_R, Invarianten $\underline{U}_{Res}$ und $\underline{U}_O$. Mit $z_1 = z_L = -a$; $z_2 = z_R = L + a$; $L = l - 2a$; $\sum_k \underline{U}_{\varepsilon k} = 2U$ (wie 1.1); $\sum_k \underline{U}_{\varepsilon k} z_{\varepsilon k} = -UL$ (wie 1.1) wird (4.1)

$$\begin{bmatrix} 1 & 1 \\ -a & L+a \end{bmatrix} \begin{bmatrix} \underline{U}_L \\ \underline{U}_R \end{bmatrix} = -U \begin{bmatrix} 2 \\ -L \end{bmatrix},$$

mit der Lösung

$$\underline{U}_L = U_L = -3U\left(1 - \frac{4}{3}\frac{a}{l}\right); \quad \underline{U}_R = U_R = U\left(1 - 4\frac{a}{l}\right).$$

Die Trennung in symmetrische und asymmetrische Anteile ergibt nach (4.11)

$$\underline{U}_S = \frac{1}{2}[(-\underline{U}_L) + (-\underline{U}_R)] = U,$$

$$\underline{U}_A^L = \frac{1}{2}[(-\underline{U}_L) - (-\underline{U}_R)] = 2U\left(1 - 2\frac{a}{l}\right) = \frac{2U}{l}(l - 2a) = 2U\frac{L}{l}$$

und die Komponenten der Unwuchtdyname $O(\underline{U}_{Res}, \underline{M}_{Res})$ sind nach (4.3) znd (4.4)

$$\left.\begin{aligned} \underline{U}_{Res} &= 2\underline{U}_S = 2U, \\ \underline{M}_{Res} &= -il\underline{U}_A^L = -il\left(2U\frac{L}{l}\right) = -iL2U. \end{aligned}\right\} \text{ Unwuchtdyname } O$$

Die Unwuchtdyname O ist identisch mit der in a).

Gesucht:

c) Lagerkräfte $\underline{L}_L$ und $\underline{L}_R$ vor dem Wuchten im Anlieferungszustand.
1. Mit Hilfe der IU.
Nach (3.45) und (3.46) ist für starre Lagerung

$$\underline{R} = \Omega^2 \sum_k \underline{U}_{\varepsilon k} = \Omega^2 2U = 2\Omega^2 U,$$

$$\underline{M}_P = i\Omega^2 \sum_k \underline{U}_{\varepsilon k} z_{\varepsilon k} = i\Omega^2(-UL) = -i\Omega^2 UL$$

und nach (3.44) mit $z_O = L/2$

$$\underline{M}_O = \underline{M}_P - iz_O\underline{R} = -i\Omega^2 UL - i\frac{L}{2}(2\Omega^2 U) = -i2\Omega^2 UL.$$

Die Lagerkräfte können nach dieser Vorbereitung mit (3.42) berechnet werden

$$\underline{L}_L = \frac{1}{2}\underline{R} + i\frac{\underline{M}_O}{l} = \frac{1}{2}(2\Omega^2 U) + i\left(-i2\Omega^2 U\frac{L}{l} = \Omega^2 U + 2\Omega^2 U\frac{L}{l}\right)$$

$$= \Omega^2 U\left(1 + 2\frac{L}{l}\right) = 3\Omega^2 U\left(1 - \frac{4a}{3l}\right) = \underline{-\Omega^2 U_L},$$

$$\underline{L}_R = \frac{1}{2}\underline{R} - i\frac{\underline{M}_O}{l} = -\Omega^2 U\left(1 - 4\frac{a}{l}\right) = \underline{-\Omega^2 U_R}.$$

2. Mit Hilfe der KU.
Nach (3.45′) ist

$$\underline{R} = -\Omega^2 \sum_j \underline{U}_j = -\Omega^2(\underline{U}_1 + \underline{U}_2) = -\Omega^2(-3U + U) = +2\Omega^2 U$$

oder

$$\underline{R} = -\Omega^2(\underline{U}_L + \underline{U}_R) = -\Omega^2\left[-3U\left(1 - \frac{4}{3}\frac{a}{l}\right) + U\left(1 - 4\frac{a}{l}\right)\right] = 2\Omega^2 U$$

und nach (3.46′)

$$\underline{M}_P = -\mathrm{i}\Omega^2 \sum_j \underline{U}_j z_j = -\mathrm{i}\Omega^2(U_1 z_1 + U_2 z_2) = -\mathrm{i}\Omega^2(-3U \cdot 0 + UL) = -\mathrm{i}\Omega^2 UL$$

oder

$$\underline{M}_P = -\mathrm{i}\Omega^2(U_L z_L + U_R z_R) = -\mathrm{i}\Omega^2\left[-3U\left(1 - \frac{4}{3}\frac{a}{l}\right)(-a) + U\left(1 - 4\frac{a}{l}\right)(L + a)\right] = -\mathrm{i}\Omega^2 UL.$$

Die Vorbereitung ergibt die gleichen Werte wie unter 1. Folglich ergeben sich die gleichen Lagerkräfte.

Beispiel 2: Krummer Scheibenrotor (ohne Scheibenexzentrizität)

In Abb. 5.2 ist ein Scheibenrotor mit zwei ungleichen Scheiben dargestellt. Beide Scheiben haben durch das Aufschrumpfen die Welle verkrümmt. Die Abweichung der konzentrisch aufgeschrumpften Scheiben von der Lagerachse z betrage $\varepsilon/2$ bzw. $(-\varepsilon)$ für die Scheibe der Masse $m/2$ bzw m.

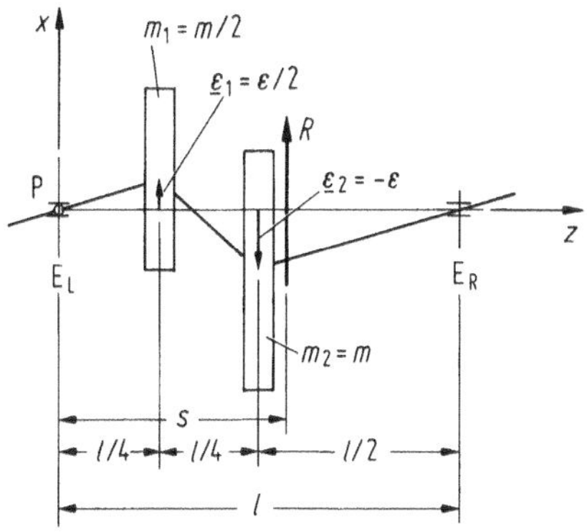

Abb. 5.2. Krummer Scheibenrotor (Verkrümmung der Welle durch Aufschrumpfen der Scheiben, keine Scheibenexzentrizität)

Gesucht:

a) KU $\underline{U}_L$ und $\underline{U}_R$ in den Lagerebenen E_L und E_R; Invarianten $\underline{U}_{Res}$ und $\underline{U}_O$.

Mit $z_{\varepsilon 1} = l/4$; $z_{\varepsilon 2} = l/2$; $\underline{U}_{\varepsilon 1} = m_1 \underline{\varepsilon}_1 = \frac{m}{2}\frac{\varepsilon}{2} = \frac{1}{4} m\varepsilon = \frac{1}{4} U$; $\underline{U}_{\varepsilon 2} = m_2 \underline{\varepsilon}_2 = -m\varepsilon = -U$; $z_1 = z_L = 0$; $z_2 = z_R = l$

$$\sum_k \underline{U}_{\varepsilon k} = \underline{U}_{\varepsilon 1} + \underline{U}_{\varepsilon 2} = \frac{1}{4} U - U = -\frac{3}{4} U$$

$$\sum_k \underline{U}_{\varepsilon k} z_{\varepsilon k} = \underline{U}_{\varepsilon 1} z_{\varepsilon 1} + \underline{U}_{\varepsilon 2} z_{\varepsilon 2} = \frac{1}{4} U \cdot \frac{l}{4} - U \frac{l}{2} = -\frac{7}{16} Ul$$

wird (4.1)

$$\begin{bmatrix}1 & 1\\ 0 & l\end{bmatrix}\begin{bmatrix}\underline{U}_L\\ \underline{U}_R\end{bmatrix} = -\begin{bmatrix}-\frac{3}{4}U\\ -\frac{7}{16}Ul\end{bmatrix} = \frac{U}{16}\begin{bmatrix}12\\ 7l\end{bmatrix},$$

mit der Lösung

$$\underline{U}_L = U_L = \underline{\frac{5}{16}U}; \quad \underline{U}_R = U_R = \underline{\frac{7}{16}U}.$$

Die Trennung in symmetrischen und asymmetrischen Anteil ergibt nach (4.11)

$$\underline{U}_S = \frac{1}{2}[(-\underline{U}_L)+(-\underline{U}_R)] = \frac{1}{2}\left(-\frac{5}{16}U - \frac{7}{16}U\right) = -\frac{3}{8}U = -\frac{6}{16}U,$$

$$\underline{U}_A = \frac{1}{2}[(-\underline{U}_L)-(-\underline{U}_R)] = \frac{1}{2}\left(-\frac{5}{16}U + \frac{7}{16}U\right) = \frac{1}{16}U$$

und die Unwuchtdyname O ($\underline{U}_{Res}$, $\underline{M}_{Res}$) nach (4.3) und (4.4) wird

$$\underline{U}_{Res} = 2\underline{U}_S = 2\left(-\frac{3}{8}U\right) = \underline{-\frac{3}{4}U}; \quad \underline{M}_{Res} = -\mathrm{i}\,l\,\underline{U}_A^L = -\mathrm{i}\,l\frac{1}{16}U = \underline{-\mathrm{i}\frac{1}{16}Ul}.$$

Gesucht:

b) Lagerkräfte ohne KU (Anlieferungszustand). Mit (3.45) und (3.46) wird für starre Lagerung

$$\underline{R} = \Omega^2\sum_k \underline{U}_{\varepsilon k} = \Omega^2\left(-\frac{3}{4}U\right); \quad \underline{M}_P = \mathrm{i}\Omega^2\sum_k \underline{U}_{\varepsilon k} z_{\varepsilon k} = \mathrm{i}\Omega^2\left(-\frac{7}{16}Ul\right)$$

und die Lagerkräfte mit (3.44), (3.42) und $z_L = 0$; $z_R = l$; $z_O = \frac{l}{2}$.

$$\underline{L}_L = \frac{1}{2}\underline{R} + \mathrm{i}\frac{1}{l}(\underline{M}_P - \mathrm{i}z_O\underline{R}) = \frac{1}{2}\left(-\Omega^2\frac{3}{4}U\right)$$

$$+\mathrm{i}\frac{1}{l}\left[-\mathrm{i}\Omega^2\frac{7}{16}Ul - \mathrm{i}\frac{l}{2}\left(-\Omega^2\frac{3}{4}U\right)\right] = -\Omega^2\frac{5}{16}U = \underline{-\Omega^2 U_L},$$

$$\underline{L}_R = \frac{1}{2}\underline{R} - \mathrm{i}\frac{1}{l}(\underline{M}_P - \mathrm{i}z_O\underline{R}) = -\Omega^2\frac{7}{16}U = \underline{-\Omega^2 U_R}.$$

Beispiel 3: Vergleich günstig und ungünstig gewählter WE bei statischer Unwucht

Der walzenförmige Rotor der Abb. 5.3 hat eine konstante Exzentrizität über die Länge L

Gesucht:

a) KU $\underline{U}_1$ und $\underline{U}_2$ in den Ebenen E_1 und E_2.
Mit $z_1 = -a$; $z_2 = a$; $\underline{u}_\varepsilon(z) = m_0\varepsilon$:

$$\int_L \underline{u}_\varepsilon(z)\,\mathrm{d}z = \int_L m_0\varepsilon\,\mathrm{d}z = m_0\varepsilon L = U;$$

$$\int_L \underline{u}_\varepsilon(z)\,z\,\mathrm{d}z = \int_L m_0\varepsilon z\,\mathrm{d}z = m_0\varepsilon\int_L z\,\mathrm{d}z = m_0\varepsilon\frac{1}{2}z^2\Big|_{-a}^{+a} = \frac{m_0}{2}(a^2-a^2) = 0$$

wird (4.1)

$$\begin{vmatrix} 1 & 1 \\ -a & a \end{vmatrix} \begin{vmatrix} \underline{U}_1 \\ \underline{U}_2 \end{vmatrix} = - \begin{vmatrix} U \\ 0 \end{vmatrix},$$

mit der Lösung

$$\underline{U}_1 = U_1 = \underline{-\frac{1}{2} U}, \quad \underline{U}_2 = U_2 = \underline{-\frac{1}{2} U = U_1}.$$

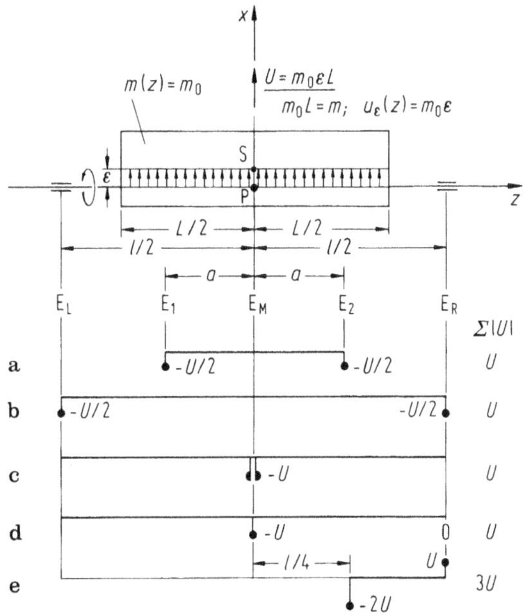

Abb. 5.3. Walzenförmiger Rotor mit über der Länge konstanter Exzentrizität oder Unwucht. Starres Wuchten in zwei Ebenen

Das Resultat ist unabhängig von a, gilt also auch für die Lagerstellen Abb. 5.3 b und wenn die WE in die Mitte des Rotors verlegt werden, Abb. 5.3 c. (Für eine rein statische Unwucht genügt eine WE und eine KU in der Mitte beider Lager).

Gesucht:

b) KU $\underline{U}_M$ und $\underline{U}_R$ in den Ebenen E_M und E_R. Mit $z_1 = 0$; $z_2 = l/2$; $\int_L \underline{u}_\varepsilon(z)\,dz = U$; $\int_L \underline{u}_\varepsilon(z)\,z\,dz = 0$ wird (4.1)

$$\begin{bmatrix} 1 & 1 \\ 0 & l/2 \end{bmatrix} \begin{bmatrix} \underline{U}_M \\ \underline{U}_R \end{bmatrix} = - \begin{bmatrix} U \\ 0 \end{bmatrix},$$

mit der Lösung

$$\underline{U}_M = U_M = \underline{-U}; \quad \underline{U}_R = U_R \underline{= 0}. \quad \text{(Abb. 5.3 d)}$$

Gesucht:

c) KU $\underline{U}_2$ und $\underline{U}_R$ in den Ebenen E_2 und E_R. Mit

$$z_1 = a; \quad z_2 = l/2; \quad \int_L \underline{u}_\varepsilon(z)\,dz = U; \quad \int_L \underline{u}_\varepsilon(z)\,z\,dz = 0$$

wird (4.1)

$$\begin{bmatrix} 1 & 1 \\ a & l/2 \end{bmatrix} \begin{bmatrix} \underline{U}_2 \\ \underline{U}_R \end{bmatrix} = -\begin{bmatrix} U \\ 0 \end{bmatrix},$$

mit der Lösung

$$\underline{U}_2 = U_2 = -U \frac{l}{l-2a}, \qquad \underline{U}_R = U_R = U \frac{2a}{l-2a}.$$

Ist $a = l/4$, so wird

$$\underline{U}_2 = -2U, \quad \underline{U}_R = U. \qquad \text{(Abb. 5.3e)}$$

Folgerung aus a)–c):

Bei rein statischer Unwucht ergeben symmetrisch angeordnete WE die kleinste Kompensationsunwucht. Auch eine einzige Kompensationsunwucht in der Mitte genügt.

Beispiel 4: Vergleich günstig und ungünstig gewählter WE bei dynamischer Unwucht

Der walzenförmige Rotor der Abb. 5.4 hat eine zur Mitte asymmetrische und kontinuierliche Exzentrizität über die Länge L.

Gesucht:

KU $\underline{U}_1$ und $\underline{U}_2$ in den Ebenen E_1 und E_2. Mit $z_1 = -a$; $z_2 = a$; $\underline{u}_\varepsilon(z) = u_0 2z/L$;

$$\int_L \underline{u}_\varepsilon(z)\,\mathrm{d}z = \int_L u_0 \frac{2z}{L}\,\mathrm{d}z = u_0 \frac{2}{L} \int_L z\,\mathrm{d}z = u_0 \frac{2}{L}\frac{1}{2} z^2 \Big|_{-L/2}^{+L/2} = 0$$

$$\int_L \underline{u}_\varepsilon(z)\, z\,\mathrm{d}z = \int_L u_0 \frac{2z}{L}\, z\,\mathrm{d}z = u_0 \frac{2}{L} \int_L z^2\,\mathrm{d}z = u_0 \frac{2}{L}\frac{1}{3} z^3 \Big|_{-L/2}^{+L/2} = \frac{1}{6} u_0 L^2 = M_0$$

wird (4.1)

$$\begin{bmatrix} 1 & 1 \\ -a & a \end{bmatrix} \begin{bmatrix} \underline{U}_1 \\ \underline{U}_2 \end{bmatrix} = -\begin{bmatrix} 0 \\ u_0 L^2/6 \end{bmatrix},$$

mit der Lösung

$$\underline{U}_1 = U_1 = \frac{1}{12} u_0 \frac{L^2}{a} = \frac{1}{6} u_0 L \left(\frac{L}{2a}\right); \qquad \underline{U}_2 = -\underline{U}_1 = -U_1.$$

Im Spezialfall $a = L/2$ (Ebene E_3 und E_4) gilt

$$U_1 = \frac{1}{6} u_0 L, \qquad U_2 = -U_1$$

und im Fall $a = l/2$ (Lagerebenen E_L und E_R) gilt

$$U_1 = U_L = \frac{1}{6} u_0 L \left(\frac{L}{l}\right), \qquad U_2 = -U_1, \qquad \left(\frac{L}{l} < 1\right).$$

Folgerung:

Bei rein dynamischer Unwucht sind die Kompensationsunwuchten um so kleiner, je weiter die WE auseinanderliegen.

Es handelt sich lediglich um die Kompensation des Wuchtmomentes $\underline{M}_0$ durch zwei entgegengesetzte KU mit großem Abstand.

Notabene: Die Resultante R_O der halben Unwucht für $z>0$ ist

$$R_O=\int_0^{L/2} \underline{u}_\varepsilon(z)\,dz=\int_0^{L/2} u_0\frac{2z}{L}\,dz=u_0\frac{2}{L}\int_0^{L/2} z\,dz=u_0\frac{2}{L}\frac{1}{2}z^2\Big|_0^{L/2}=\underline{\frac{1}{4}u_0L}.$$

Ihren Abstand z_O von P erhält man aus dem Wuchtmoment $M_O=u_0L^2/6$ und der Momentenbedingung $R_O 2z_O=M_O$ zu

$$z_O=\frac{M_O}{2R_O}=\frac{u_0L^2/6}{2\left(\frac{1}{4}u_0L\right)}=\underline{\frac{1}{3}L}.$$

Beispiel 5: Lagerkräfte eines „schiefen" Rotors

Gesucht:

Lagerkräfte des „schiefen" Rotors, Beispiel 4, Abb. 5.4, ohne KU (Anlieferungszustand). Nach (3.45) und (3.46) wird mit $M_0=u_0L^2/6$ bei starrer Lagerung

$$\left.\begin{aligned}\underline{R}&=\Omega^2\int_L \underline{u}_\varepsilon(z)\,dz=\Omega^2\cdot 0=0,\\ \underline{M}_P=\underline{M}_O&=-i\Omega^2\int_L \underline{u}_\varepsilon(z)\,z\,dz=i\Omega^2M_O=i\Omega^2\frac{1}{6}u_0L^2.\end{aligned}\right\}\ \text{Dyname } O(\underline{R},\underline{M}_O)$$

Mit (3.42) wird

$$\underline{L}_L=\frac{1}{2}\underline{R}+i\frac{\underline{M}_O}{l}=\frac{1}{2}\cdot 0+i\frac{1}{l}\left(i\Omega^2\frac{1}{6}u_0L^2\right)=\underline{-\frac{1}{6}\Omega^2u_0\frac{L2}{l}}=L_L=-L_R.$$

Man kann speziell für die Lagerkräfte einen Ausdruck, der nur von der „Schiefe" γ abhängt, ableiten:

Mit $u_0=m_0\varepsilon_0$; $m_0L=m$; $\varepsilon_0=(b/2)\sin\gamma$; $L=b\cos\gamma$; $\sin\gamma\cos\gamma=(1/2)\sin 2\gamma$, Abb. 5.4, wird[1]

$$L_L=-L_R=\left(\frac{1}{12}mb^2\right)\Omega^2\frac{\sin 2\gamma}{2l}.$$

Für kleine Winkel γ ($\sin 2\gamma\approx 2\gamma$) vereinfacht sich der Ausdruck für die Lagerkraft noch zu

$$\underline{L_L=-L_R=\frac{mb^2}{12}\Omega^2\frac{\gamma}{l}}.$$

[1] Der exakte Wert ist, vgl. (9.29),

$$\underline{L_L=(\theta_a-\theta_p)\Omega^2\frac{\sin 2\gamma}{2l}},\quad \text{mit}\quad \theta_a=\frac{m}{4}\left(R^2+\frac{b^2}{3}\right);\quad \theta_p=\frac{m}{2}R^2,$$

wenn R den Radius des Rotors bezeichnet. Damit wird

$$L_L=\frac{mb^2}{12}\left(1-\frac{3R^2}{b^2}\right)\Omega^2\frac{\sin 2\gamma}{2l}.$$

Der Fehler $3R^2/b^2$ ist durch den Randeffekt bedingt, Abb. 5.4, und ist um so kleiner, je kleiner das Verhältnis R/b, d.h. je schlanker der Rotor ist.

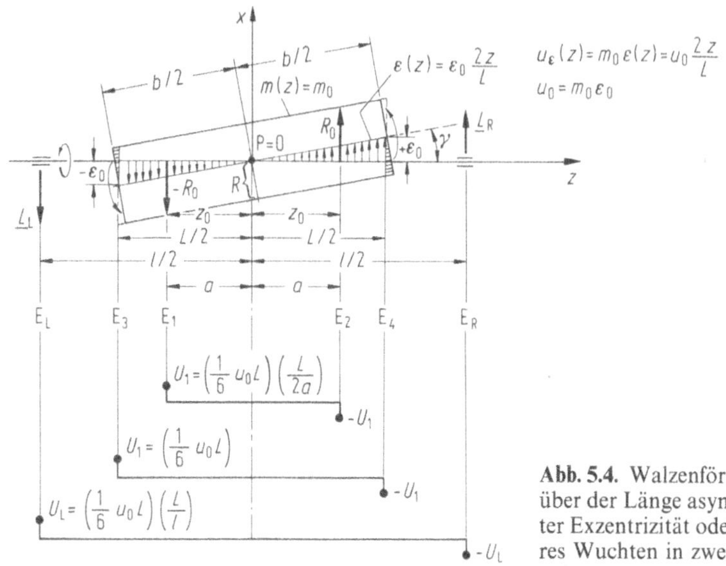

Abb. 5.4. Walzenförmiger Rotor mit über der Länge asymmetrisch verteilter Exzentrizität oder Unwucht. Starres Wuchten in zwei Ebenen

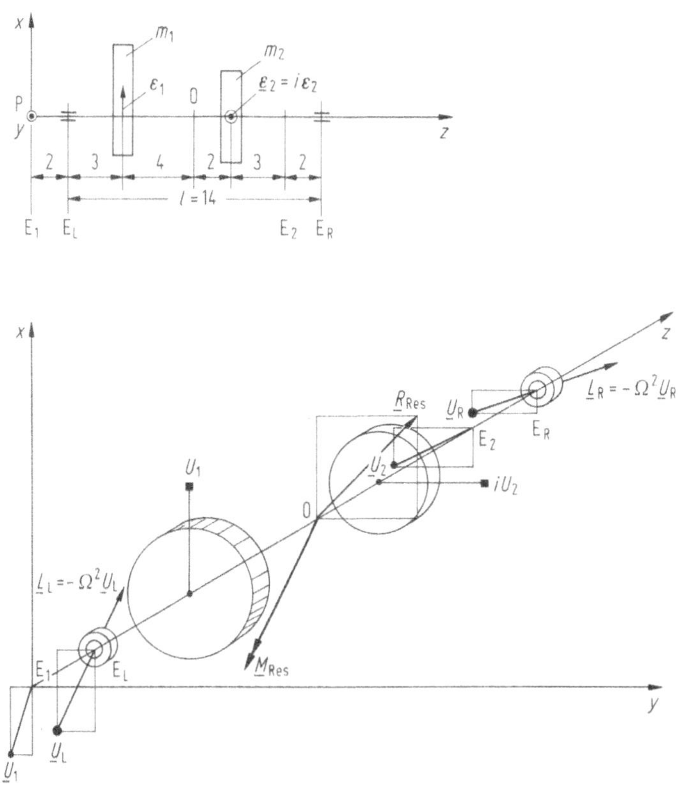

Abb. 5.5. Zweischeibenrotor mit IU $U_1 = m_1 \varepsilon_1$ und i $U_2 = i m_2 \varepsilon_2$ in den Scheiben. Lagerkräfte $\underline{L}_L$, $\underline{L}_R$ infolge IU; Unwucht-Dyname in O ($\underline{R}_{Res}$, $\underline{M}_{Res}$); starrer Ausgleich in den Ebenen E_1 und E_2 mit $\underline{U}_1$ und $\underline{U}_2$; starrer Ausgleich in den Lagerebenen mit $\underline{U}_L$ und $\underline{U}_R$

Beispiel 6: „Komplexe" Unwucht

In Abb. 5.5a ist ein Scheibenrotor mit zwei ungleichen Scheiben dargestellt. Beide haben eine Unwucht, die in Größe und Richtung verschieden ist. Die Scheibe mit der Masse m_1 hat eine Exzentrizität $\underline{\varepsilon}_1 = \varepsilon_1 = \varepsilon_0$ in x-Richtung; die Scheibe der Masse m_2 hat eine Exzentrizität $\underline{\varepsilon}_2 = \mathrm{i}\,\varepsilon_2 = \mathrm{i}\,\varepsilon_0$ in y-Richtung.

Gesucht:

a) KU $\underline{U}_1$ und $\underline{U}_2$ in den WE E_1 und E_2. Mit

$$z_1 = 0;\quad z_2 = 14;\quad z_{\varepsilon 1} = 5;\quad z_{\varepsilon 2} = 11;\quad \underline{U}_{\varepsilon 1} = m_1 \underline{\varepsilon}_1 = m_1 \varepsilon_0 = U_1;$$

$$\underline{U}_{\varepsilon 2} = m_2 \underline{\varepsilon}_2 = \mathrm{i}\, m_2 \varepsilon_0 = \mathrm{i}\, U_2;\quad \sum_K \underline{U}_{\varepsilon k} = U_1 + \mathrm{i}\, U_2;$$

$$\sum_K \underline{U}_{\varepsilon k} z_{\varepsilon k} = U_1 \cdot 5 + \mathrm{i}\, U_2 \cdot 11 = 5 U_1 + \mathrm{i}\, 11\, U_2$$

wird (4.1)

$$\begin{bmatrix} 1 & 1 \\ 0 & 14 \end{bmatrix} \begin{bmatrix} \underline{U}_1 \\ \underline{U}_2 \end{bmatrix} = - \begin{bmatrix} U_1 + \mathrm{i}\, U_2 \\ 5 U_1 + \mathrm{i}\, 11\, U_2 \end{bmatrix},$$

mit der Lösung

$$\underline{\underline{U}_1 = -\frac{9}{14} U_1 - \mathrm{i}\frac{3}{14} U_2};\quad \underline{\underline{U}_2 = -\frac{5}{14} U_1 - \mathrm{i}\frac{11}{14} U_2}.$$

Gesucht:

b) Unwuchtdyname O. Die Bestimmung der Unwuchtdyname O erfordert symmetrisch zu den Lagern gelegene WE. Es werden deshalb zuerst die KU in den Lagerebenen bestimmt. Mit

$$z_1 = z_L = 2;\quad z_2 = z_R = 16;\quad \sum_K \underline{U}_{\varepsilon k} = U_1 + \mathrm{i}\, U_2;\quad \sum_K \underline{U}_{\varepsilon k} z_{\varepsilon k} = 5 U_1 + \mathrm{i}\, 11\, U_2,$$

wird (4.1)

$$\begin{bmatrix} 1 & 1 \\ 2 & 16 \end{bmatrix} \begin{bmatrix} \underline{U}_L \\ \underline{U}_R \end{bmatrix} = - \begin{bmatrix} U_1 + \mathrm{i}\, U_2 \\ 5 U_1 + \mathrm{i}\, 11\, U_2 \end{bmatrix},$$

mit der Lösung

$$\underline{\underline{U}_L = -\frac{11}{14} U_1 - \mathrm{i}\frac{5}{14} U_2};\quad \underline{\underline{U}_R = -\frac{3}{14} U_1 - \mathrm{i}\frac{9}{14} U_2}.$$

Die Trennung in symmetrischen und asymmetrischen Anteil ergibt nach (4.11) mit $\underline{U}_{\varepsilon L} = -\underline{U}_L$ und $\underline{U}_{\varepsilon R} = -\underline{U}_R$

$$\underline{U}_S = \frac{1}{2}(\underline{U}_{\varepsilon L} + \underline{U}_{\varepsilon R}) = \frac{1}{2}\left(\frac{11}{14} U_1 + \mathrm{i}\frac{5}{14} U_2 + \frac{3}{14} U_1 + \mathrm{i}\frac{9}{14} U_2\right) = \frac{1}{2} U_1 + \mathrm{i}\frac{1}{2} U_2;$$

$$\underline{U}_A^L = \frac{1}{2}(\underline{U}_{\varepsilon L} - \underline{U}_{\varepsilon R}) = \frac{1}{2}\left(\frac{11}{14} U_1 + \mathrm{i}\frac{5}{14} U_2 - \frac{3}{14} U_1 - \mathrm{i}\frac{9}{14} U_2\right) = \frac{2}{7} U_1 - \mathrm{i}\frac{1}{7} U_2.$$

Damit lautet die Unwuchtdyname O ($\underline{U}_{\mathrm{Res}}$, $\underline{M}_{\mathrm{Res}}$) nach (4.3), (4.4) und $l = 14$

$$\left.\begin{aligned} \underline{U}_{\mathrm{Res}} &= 2\underline{U}_S = \underline{U_1 + \mathrm{i}\, U_2}; \\ \underline{M}_{\mathrm{Res}} &= -\mathrm{i}\, l\, \underline{U}_A^L = -\mathrm{i}\, 14\left(\frac{2}{7} U_1 - \mathrm{i}\frac{1}{7} U_2\right) \\ &= -14\left(\mathrm{i}\frac{2}{7} U_1 + \frac{1}{7} U_2\right) = \underline{-(\mathrm{i}\, 4 U_1 + 2 U_2)}. \end{aligned}\right\} \text{Unwuchtdyname } O$$

Gesucht:

c) Lagerkräfte $\underline{L}_L$ und $\underline{L}_R$ vor dem Wuchten im Anlieferungszustand.
Nach (3.45) und (3.46) wird vorerst (bei starrer Lagerung)

$$\underline{R}=\Omega^2\sum_k \underline{U}_{\varepsilon k}=\Omega^2(U_1+\mathrm{i}\,U_2);\quad \underline{M}_P=\mathrm{i}\Omega^2\sum_k \underline{U}_{\varepsilon k}z_{\varepsilon k}=\mathrm{i}\Omega^2(5\,U_1+\mathrm{i}\,11\,U_2)$$

und mit (3.44) und $z_O=9$

$$\underline{M}_O=\underline{M}_P-\mathrm{i}z_O\underline{R}=\mathrm{i}\Omega^2(5\,U_1+\mathrm{i}\,11\,U_2)-\mathrm{i}9[\Omega^2(U_1+\mathrm{i}\,U_2)]$$
$$=-\Omega^2(\mathrm{i}4\,U_1+2\,U_2)=\Omega^2\,\underline{M}_{\mathrm{Res}}\quad \text{vgl. (4.6).}$$

Daraus ergeben sich die Lagerkräfte nach (3.42) und $l=14$ zu

$$\underline{L}_L=\frac{1}{2}\underline{R}+\mathrm{i}\frac{\underline{M}_O}{l}=\frac{1}{2}[\Omega^2(U_1+\mathrm{i}\,U_2)]+\frac{\mathrm{i}}{14}[-\Omega^2(\mathrm{i}4\,U_1+2\,U_2)]$$
$$=\Omega^2\left(\frac{11}{14}U_1+\mathrm{i}\frac{5}{14}U_2\right)=\underline{-\Omega^2\,\underline{U}_L;}$$
$$\underline{L}_R=\frac{1}{2}\underline{R}-\mathrm{i}\frac{\underline{M}_O}{l}=\frac{1}{2}[\Omega^2(U_1+\mathrm{i}\,U_2)]-\frac{\mathrm{i}}{14}[-\Omega^2(\mathrm{i}4\,U_1+2\,U_2)]$$
$$=\Omega^2\left(\frac{3}{14}U_1+\mathrm{i}\frac{9}{14}U_2\right)=\underline{-\Omega^2\,\underline{U}_R.}$$

In Abb. 5.5b sind die Resultate für $U_1=U_2$ maßstäblich eingetragen.

Beispiel 7: Schief montiertes Autorad

In Abb. 5.6 ist ein Autorad skizziert, das auf einem Dorn D – gehalten in zwei Lagern mit Abstand q – gewuchtet wird. Die Felge F hat einen Außen- und Innenrand zur Befestigung von KU. Der Abstand beider Ränder sei p. Die obere Radhälfte habe einen Massenmittelpunkt S_1, die untere einen solchen S_2. Die Unwucht der oberen Radhälfte sei $\underline{U}_{\varepsilon 1}$, die der unteren $\underline{U}_{\varepsilon 2}$. Die Gesamtmasse des Rades sei m. Der Winkel, den die Verbindungslinie $\overline{S_1S_2}$ der Massenmittelpunkte mit der Normalen zur Lagerachse z bildet, sei γ. Das Rad ist schief montiert auf dem Dorn. Schließlich ist der Abstand zweier Normalebenen zu z durch S_1 und S_2 durch s gegeben. Der Bezugspunkt P des KS sei symmetrisch zwischen S_1 und S_2 auf der z-Achse angesetzt.

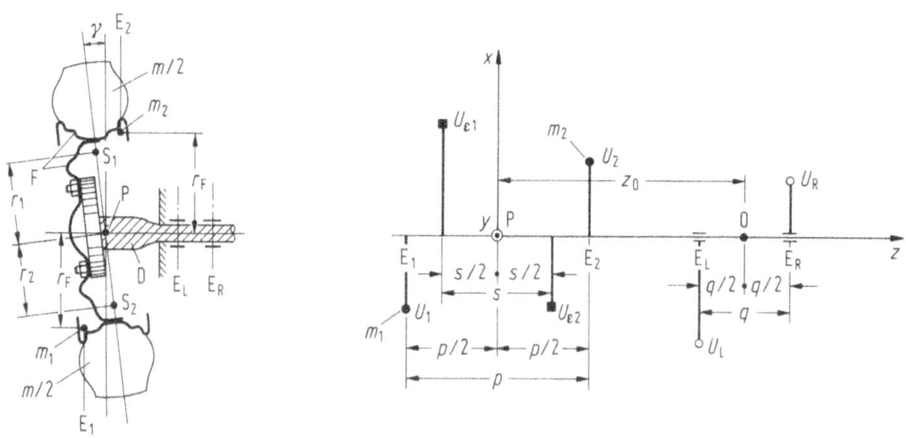

Abb. 5.6. Schief montiertes Autorad auf Dorn D und Felge F. Starres Wuchten. Mit dem Planfehler γ ergeben sich die IU $U_{\varepsilon 1}$ und $U_{\varepsilon 2}$ im Abstand s. KU U_1 und U_2 in den WE E_1 und E_2; KU U_L und U_R in den WE E_L und E_R

Gesucht:

a) KU in den WE E_1 und E_2 der Felgenränder. Es ist zweckmäßig, die beiden Unwuchten in einen statischen und einen dynamischen Anteil zu zerlegen.

$$\underline{U}_{\varepsilon 1} = U_{\varepsilon 1} = U_S + U_A,$$
$$\underline{U}_{\varepsilon 2} = U_{\varepsilon 2} = U_S - U_A.$$

Nach (4.1) gilt

$$\begin{bmatrix} 1 & 1 \\ z_1 & z_2 \end{bmatrix} \begin{bmatrix} \underline{U}_1 \\ \underline{U}_2 \end{bmatrix} = - \begin{bmatrix} \sum\limits_k \underline{U}_{\varepsilon k} \\ \sum\limits_k \underline{U}_{\varepsilon k} z_{\varepsilon k} \end{bmatrix}$$

und mit $z_1 = -\frac{p}{2}$; $z_2 = +\frac{p}{2}$; $z_{\varepsilon 1} = -\frac{s}{2}$; $z_{\varepsilon 2} = +\frac{s}{2}$; $\sum\limits_k \underline{U}_{\varepsilon k} = \underline{U}_{\varepsilon 1} + \underline{U}_{\varepsilon 2} = 2U_S$;

$$\sum_k \underline{U}_{\varepsilon k} z_{\varepsilon k} = \underline{U}_{\varepsilon 1} z_{\varepsilon 1} + \underline{U}_{\varepsilon 2} z_{\varepsilon 2} = (U_S + U_A)\left(-\frac{s}{2}\right) + (U_S - U_A)\frac{s}{2} = -sU_A;$$

$$\begin{bmatrix} 1 & 1 \\ -\frac{p}{2} & +\frac{p}{2} \end{bmatrix} \begin{bmatrix} \underline{U}_1 \\ \underline{U}_2 \end{bmatrix} = - \begin{bmatrix} 2U_S \\ -sU_A \end{bmatrix}.$$

Die Lösung lautet

$$\underline{U}_1 = U_1 = \underline{-U_S - \frac{s}{p} U_A}; \qquad \underline{U}_2 = U_2 = \underline{-U_S + \frac{s}{p} U_A}.$$

Gesucht:

b) *KU* $\underline{U}_L$ und $\underline{U}_R$ in den Lagerebenen E_L und E_R. Mit $z_L = z_O - \frac{9}{2}$; $z_R = z_O + \frac{9}{2}$ wird (4.1)

$$\begin{bmatrix} 1 & 1 \\ \left(z_O - \frac{9}{2}\right) & \left(z_O + \frac{9}{2}\right) \end{bmatrix} \begin{bmatrix} \underline{U}_L \\ \underline{U}_R \end{bmatrix} = - \begin{bmatrix} 2U_S \\ -sU_A \end{bmatrix}$$

und den Lösungen

$$U_L = \underline{-U_S\left(2\frac{z_O}{9} + 1\right)}, \qquad U_R = \underline{+U_S\left(2\frac{z_O}{9} - 1\right)}.$$

Gesucht:

c) Unwuchtdyname $O(\underline{R}, \underline{M}_O)$

Nach (3.45) ist

$$\underline{R} = \Omega^2 \sum_k \underline{U}_{\varepsilon k} = \Omega^2 (2U_S) = \underline{2\Omega^2 U_S}$$

und nach (3.46)

$$\underline{M}_P = \mathrm{i}\Omega^2 \sum_k \underline{U}_{\varepsilon k} z_{\varepsilon k} = \mathrm{i}\Omega^2(-sU_A) = -\mathrm{i}\Omega^2 s U_A$$

und nach (3.44)

$$\underline{M}_O = \underline{M}_P - \mathrm{i} z_O \underline{R} = -\mathrm{i}\Omega^2 s U_A - \mathrm{i} z_O (2\Omega^2 U_S) = \underline{-\mathrm{i}\Omega^2 (2 z_O U_S + s U_A)}.$$

Gesucht:

d) KU für die Felgenränder in g numerisch.
Nach Abb. 5.6 ist

$$\underline{U}_{\varepsilon 1}=\frac{m}{2}\underline{\varepsilon}_1, \quad \underline{\varepsilon}_1=\varepsilon_1=r_1\cos\gamma$$

$$\underline{U}_{\varepsilon 2}=\frac{m}{2}\underline{\varepsilon}_2, \quad \underline{\varepsilon}_2=-\varepsilon_2=-r_2\cos\gamma.$$

Ferner gilt nach a)

$$\underline{U}_S=\frac{1}{2}(\underline{U}_{\varepsilon 1}+\underline{U}_{\varepsilon 2})=U_S=\frac{m}{4}(r_1-r_2)\cos\gamma,$$

$$\underline{U}_A=\frac{1}{2}(\underline{U}_{\varepsilon 1}-\underline{U}_{\varepsilon 2})=U_A=\frac{m}{4}(r_1+r_2)\cos\gamma,$$

sowie ebenfalls nach a)

$$\frac{\underline{U}_1}{\underline{U}_2}=\frac{U_1}{U_2}=-U_S\mp\frac{s}{p}U_A=-\frac{m}{4}\left[(r_1-r_2)\cos\gamma\pm\frac{s}{p}(r_1+r_2)\cos\gamma\right].$$

Mit $s=(r_1+r_2)\sin\gamma$, Abb. 5.6 und der trigonometrischen Beziehung $\sin\gamma\cos\gamma=(1/2)\sin 2\gamma$ wird schließlich

$$\frac{U_1}{U_2}=-\frac{m}{4}\left[(r_1-r_2)\cos\gamma\pm\frac{(r_1+r_2)^2\sin 2\gamma}{2p}\right].$$

Mit den numerischen Werten:

$m=14\,\text{kg}$; $r_1=150\,\text{mm}$; $r_2=148\,\text{mm}$; $p=120\,\text{mm}$
$\gamma=0{,}0035\,\text{rad}\mathrel{\hat{=}}0{,}2^\circ$ ($\cos\gamma=1$; $\sin 2\gamma=2\gamma$)

ergeben sich folgende KU

$$\frac{U_1}{U_2}=-\frac{14}{4}\left[2+\frac{298^2\cdot 2\cdot 0{,}0035}{2\cdot 120}\right]=\frac{-7{,}00-9{,}07}{-7{,}00+9{,}07}=\frac{-16{,}1\ \text{kgmm.}}{+\ 2{,}1\ \text{kgmm.}}$$

Mit einem Radius von $r_F=180\,\text{mm}$ ergeben sich diametralgelegene WM der Größe

$$m_1=\frac{|U_1|}{r_F}=\frac{16{,}1}{180}=0{,}089\,\text{kg}\mathrel{\hat{=}}\underline{89\ \text{g}}; \quad m_2=\frac{|U_2|}{r_F}=\frac{2{,}1}{180}=0{,}012\,\text{kg}\mathrel{\hat{=}}\underline{12\ \text{g}}.$$

Man beachte die Empfindlichkeit gegen eine schräge Montage auf einem Dorn. Eine Schrägstellung von $\gamma=0{,}2^\circ$ ergibt schon dynamische Wucht„gewichte" der Größe $(89-12)/2=39\,\text{g}$.

Weiter ist zu bedenken, daß der Schlag (2γ) des Rads durch die WM nicht behoben wird, lediglich umlaufende Kräfte auf die Lager sind eliminiert. Das Problem des Gummiabriebs durch die verbleibende Taumelbewegung bleibt weiterhin bestehen.

Notebene: Die Kontur eines Reifens kann nicht durch Wuchten ausgeglichen werden. Gegen Schwingungen des Fahrzeugs verursacht durch ovale oder polygonartige Form des Reifens nützt Wuchten nichts.

6 Dynamik starrer Rotoren

In der Praxis kennt man Lage, Größe, Richtung und Verteilung der Unwucht (IU) nicht. Man kann nur deren Wirkung durch Messen feststellen. Gemessen wird die Bewegung am Rotor oder am Lager. Da der Rotor als starr vorausgesetzt wird, kann die Bewegung nur durch die Elastizität beider Lager entstehen. In Wuchtmaschinen sind die Lager mehr oder weniger gefedert, und man mißt die Bewegung des Lagers infolge umlaufender Lagerkräfte. Es ist deshalb unumgänglich die Dynamik starrer Rotoren auf elastischen Lagern, insbesondere die Bewegung des Lagers infolge umlaufender, nicht ausgewuchteter Fliehkräfte, zu kennen.

In einem ersten Abschnitt wird die Dynamik des starren Rotors auf radial anisotrop-elastischen[1], frei-drehbaren Lagern untersucht, Abb. 6.1a. In einem zweiten Abschnitt wird der starre Rotor mit Gleitlagern in radial anisotrop-elastischen, frei-drehbaren Lagern, Abb. 6.1b, und in einem dritten Abschnitt der starre Rotor in elastisch-eingespannten radial-anisotropen Lagern, Abb. 6.1c, behandelt. Der starre Rotor in isotroper Lagerung[2] kann als Spezialfall der anisotropen Lagerung aufgefaßt werden.

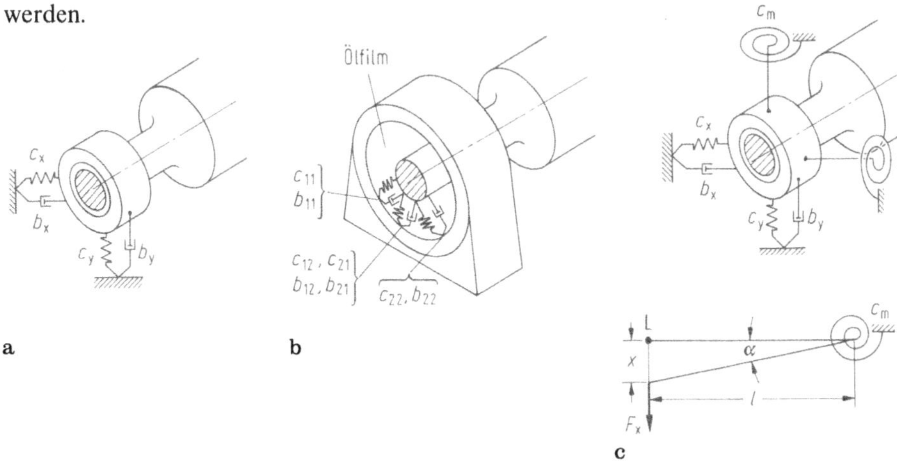

Abb. 6.1. Ideale Arten von Gleitlagern. **a** ideal anisotropes Lager (vier Konstanten); **b** Gleitlager mit Ölfilm (acht Konstanten); **c** ideal anisotropes Lager in radialer Richtung, elastische Einspannung um die Querachsen (fünf Konstanten)

6.1 Starrer Rotor in radial anisotrop-elastischen, frei-drehbaren Lagern

Die Wirkung der IU eines starren Rotors kann nach Kap. 4 durch zwei EU in zwei beliebigen Ebenen – inklusive Lagerebenen – ausgedrückt werden. Die beiden EU haben dann exakt die gleiche Wirkung wie die IU. Man braucht grundsätzlich die IU nicht zu kennen, nur deren Wirkung durch Messung.

[1] Exakter: in anorthotrop-elastischen Lagern.
[2] Exakter: in orthotrop-elastischen Lagern.
Beide Ausdrücke haben sich nicht durchgesetzt.

In Kap. 5 sind an Beispielen KU unwuchtiger Rotoren berechnet worden, wobei die IU vorgegeben, d. h. bekannt waren. Das Resultat war in jedem Fall zwei EUW in zwei WE, die – im umgekehrten Richtungssinn – als Ersatz der tatsächlich vorhandenen Unwucht gedeutet werden können.

In Abb. 6.2 a ist das Modell eines beliebigen starren Rotors mit beliebiger Unwucht durch die beiden EUW $\underline{U}=m_L\underline{\varepsilon}_L=m_L\varepsilon_L$ in der linken Lagerebene und $\underline{U}_R=m_R\underline{\varepsilon}_R$, $\underline{\varepsilon}_R=\varepsilon_R\,e^{i\alpha}$, in der rechten Lagerebene dargestellt. Die Unwucht ist bereits auf die beiden

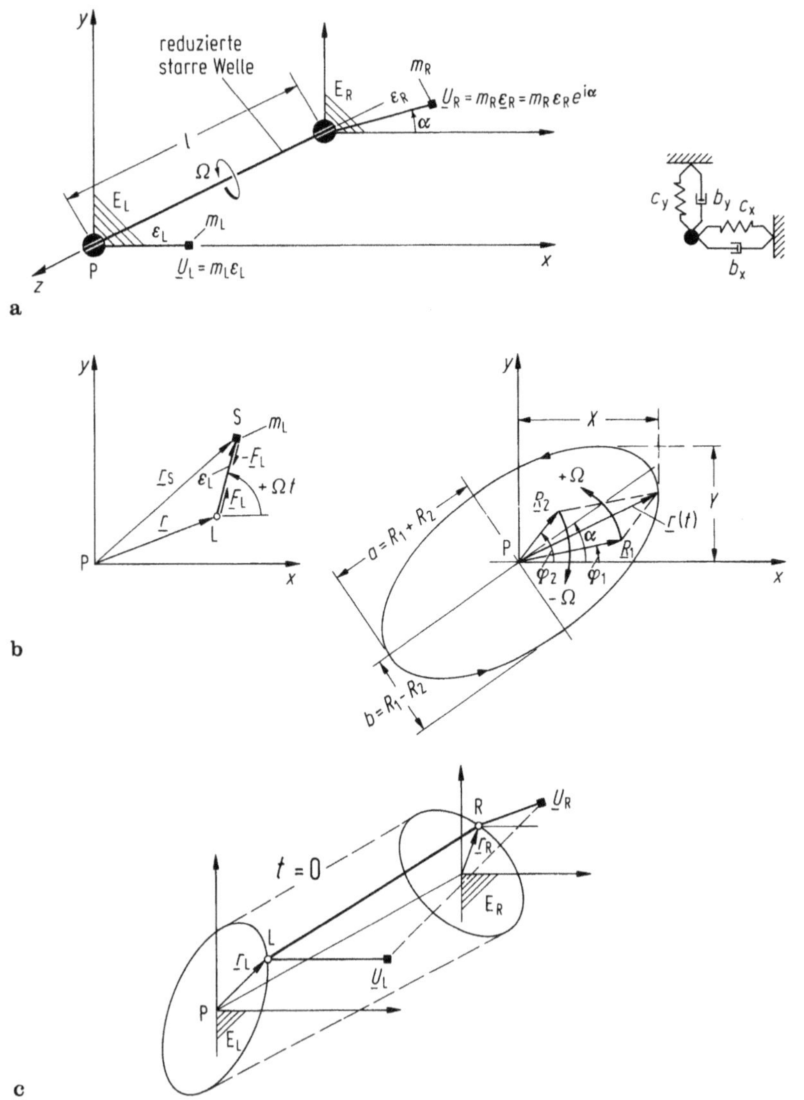

Abb. 6.2. Modell eines starren Rotors in anisotropen Lagern mit zwei reduzierten EUW $\underline{U}_L$ und $\underline{U}_R$ in den Lagerebenen. **a** reduzierter Rotor (Hantelrotor); **b** elliptischer Orbit der Lagerauslenkung, Umlaufszeit $T=2\pi/\Omega$; **c** Bewegung des Rotors $\overline{LR}$ auf einer Regelfläche

Lagerebenen reduziert worden. $(m_L + m_R)$ ist die Masse des starren Rotors. Beide Lager seien anisotrop-elastisch in x- und y-Richtung durch zwei verschiedene Feder- und Dämpfungszahlen c_x, b_x bzw. c_y, b_y vorausgesetzt, sonst frei-drehbar gelagert. Die Dämpfungskraft sei geschwindigkeitsproportional.

Damit wird die Lagerkraft $\boldsymbol{F}_L$, Abb. 6.1a

$$\boldsymbol{F}_L = \begin{bmatrix} F_x \\ F_y \end{bmatrix} = \begin{bmatrix} c_x x + b_x \dot{x} \\ c_y y + b_y \dot{y} \end{bmatrix} = \begin{bmatrix} c_x & 0 \\ 0 & c_y \end{bmatrix} \begin{bmatrix} x \\ y \end{bmatrix} + \begin{bmatrix} b_x & 0 \\ 0 & b_x \end{bmatrix} \begin{bmatrix} \dot{x} \\ \dot{y} \end{bmatrix}. \tag{6.1}$$

Der Rotor drehe mit der konstanten Winkelgeschwindigkeit Ω und zur Zeit $t=0$ liege die Unwucht $\underline{U}_L$ in der reellen x-Achse (was keine Einschränkung der Allgemeinheit darstellt). Gesucht ist $\underline{r}(t)$ als die Bewegung des Lagers. Einfachheitshalber ist die Masse des Rotors auf die Lagerebenen aufgeteilt, wodurch sich ein sog. „Hantelrotor" ergibt. Die beiden Massen sind zwar starr verbunden, aber schwingungstechnisch unabhängig voneinander. Die Bewegung eines Lagers kann somit unabhängig von derjenigen des anderen Lagers ermittelt werden.

Ein starrer Rotor beliebiger Form zeigt übrigens exakt dieselbe zeitliche Bewegungsform mit der Lösung (6.6), (6.7) oder (6.15), jedoch mit komplizierteren Konstanten, s. Anhang zu Kap. 6 und [Be].

Der Massenmittelpunkt, angewendet auf m_L der linken Lagermasse lautet, Abb. 6.2,

$$m_L \ddot{\underline{r}}_s = -\underline{F}_L, \tag{6.2}$$

mit der Lagerkraft als einziger äußerer Kraft und

$$\underline{r}_s = \underline{r} + \underline{\varepsilon}_L, \quad \underline{\varepsilon}_L = \varepsilon_L e^{i\Omega t}, \quad \underline{r} = x + iy. \tag{6.3}$$

Gleichung (6.2) ergibt mit (6.3) und Division durch m_L die Differentialgleichung[3]

$$\ddot{\underline{r}} + \underline{F}_L / m_L = \varepsilon_L \Omega^2 e^{i\Omega t}; \quad \underline{F}_L = F_x + i F_y \tag{6.4}$$

oder in Komponenten ausgedrückt mit $e^{i\Omega t} = \cos \Omega t + i \sin \Omega t$ und $\underline{F}_L = F_x + i F_y$;

$$\ddot{x} + \frac{1}{m_L}(c_x x + b_x \dot{x}) = \varepsilon_L \Omega^2 \cos \Omega t,$$

$$\ddot{y} + \frac{1}{m_L}(c_y y + b_y \dot{y}) = \varepsilon_L \Omega^2 \sin \Omega t$$

und mit den Abkürzungen

$$\frac{c_x}{m_L} = \omega_x^2, \quad \frac{b_x}{m_L} = d_x, \qquad \frac{c_y}{m_L} = \omega_y^2, \quad \frac{b_y}{m_L} = d_y, \tag{6.5}$$

$$\begin{aligned} \ddot{x} + d_x \dot{x} + \omega_x^2 x &= \varepsilon_L \Omega^2 \cos \Omega t, \\ \ddot{y} + d_y \dot{y} + \omega_y^2 y &= \varepsilon_L \Omega^2 \sin \Omega t. \end{aligned} \tag{6.4'}$$

[3] Der Drallsatz erübrigt sich, s. Bemerkung FN S. 83.

Eigenschwingung

Die Eigenschwingung erhält man als Lösung der homogenen Gleichung (6.4'). Sie lautet für die x-Richtung unter Weglassung des Indexes bei d und ω

$$\ddot{x} + d\dot{x} + \omega^2 x = 0$$

und mit dem Lehrschen Dämpfungsmaß

$$D = d/2\omega \equiv b/2\sqrt{cm}; \quad (D < 1)$$

auch

$$\ddot{x} + 2D\omega\dot{x} + \omega^2 x = 0.$$

Mit dem komplexen Ansatz

$$\underline{x} = \underline{K}\, e^{\underline{p}t}, \qquad \underline{p} = \alpha + i\beta,$$

($\underline{K}$ beliebige komplexe Konstante) wird auch x komplex und man erhält durch Einsetzen in die Differentialgleichung zwei konjugiert komplexe Lösungen, die sogenannten komplexen Eigenwerte

$$\underline{p}_{1,2} = \alpha \pm i\beta \begin{Bmatrix} \alpha = -D\omega \\ \beta = \omega\sqrt{1 - D^2} \end{Bmatrix}.$$

Die Eigenschwingung lautet somit

$$\underline{x} = \underline{K}_1\, e^{\alpha t} e^{i\beta t} + \underline{K}_2\, e^{\alpha t} e^{-i\beta t} = e^{\alpha t}[\underline{K}_1\, e^{i\beta t} + \underline{K}_2\, e^{-i\beta t}].$$

Die beiden Integrationskonstanten $\underline{K}_1$ und $\underline{K}_2$ werden erst durch die Anfangsbedingungen bestimmt. Die Eigenschwingung klingt wegen dem negativen α mit der Zeit ab. Die „Quasiperiode" beträgt $T = 2\pi/\beta$.

Eine analoge Gleichung gilt auch für die y-Richtung.

Das Gleichungssystem ist *nicht* gekoppelt in x und y, man kann jede Gleichung unabhängig von der andern lösen.

Wir interessieren uns nur für die erzwungene Schwingung, d. h. für eine partikuläre Lösung von (6.4'). Die Lösung kann in der Form

$$\begin{aligned} x &= X\cos(\Omega t + \varphi_x), \\ y &= Y\sin(\Omega t + \varphi_y), \end{aligned} \tag{6.6}$$

angegeben werden oder auch in der Form

$$\begin{aligned} x &= A\cos\Omega t + B\sin\Omega t, \\ y &= C\cos\Omega t + D\sin\Omega t. \end{aligned} \tag{6.7}$$

Den Zusammenhang von (6.6) mit (6.7) erkennt man durch Anwendung der Additionstheoreme der trigonometrischen Funktionen in (6.6) und Vergleich mit (6.7)

$$\begin{aligned} & x = X\cos(\Omega t + \varphi_x) = X(\cos\Omega t\cos\varphi_x - \sin\Omega t\sin\varphi_x) \\ & \rightarrow A = X\cos\varphi_x; \quad B = -X\sin\varphi_x; \ \tan\varphi_x = \frac{-B}{A}; \quad X = \sqrt{A^2 + B^2}; \\ & y = Y\sin(\Omega t + \varphi_y) = Y(\sin\Omega t\cos\varphi_y + \cos\Omega t\sin\varphi_y) \\ & \rightarrow C = Y\sin\varphi_y; \quad D = Y\cos\varphi_y; \ \tan\varphi_y = +\frac{C}{D}; \quad Y = \sqrt{C^2 + D^2}. \end{aligned} \tag{6.8}$$

Gleichung (6.7) in (6.4′) eingesetzt ergibt nach Trennung der sin- oder cos-Glieder folgende zwei Gleichungssysteme für die Unbekannten A, B und C, D

$$\begin{bmatrix} \omega_x^2-\Omega^2; & d_x\Omega \\ -d_x\Omega\ \ ; & \omega_x^2-\Omega^2 \end{bmatrix} \begin{bmatrix} A \\ B \end{bmatrix} = \begin{bmatrix} \varepsilon_L\Omega^2 \\ 0 \end{bmatrix},$$
$$\begin{bmatrix} -d_y\Omega\ \ ; & \omega_y^2-\Omega^2 \\ \omega_y^2-\Omega^2; & d_y\Omega \end{bmatrix} \begin{bmatrix} C \\ D \end{bmatrix} = \begin{bmatrix} \varepsilon_L\Omega^2 \\ 0 \end{bmatrix} \tag{6.9}$$

mit den Lösungen

$$\left.\begin{aligned} A &= \varepsilon_L\Omega^2(\omega_x^2-\Omega^2/\det 1 \\ B &= \varepsilon_L\Omega^2(d_x\Omega)/\det 1 \end{aligned}\right\} \quad \det 1 = (\omega_x^2-\Omega^2)^2+d_x^2\Omega^2;$$
$$\left.\begin{aligned} C &= \varepsilon_L\Omega^2(d_y\Omega)/\det 2 \\ D &= \varepsilon_L\Omega^2(\Omega^2-\omega_y^2)/\det 2 \end{aligned}\right\} \quad \det 2 = -[(\omega_y^2-\Omega^2)^2+d_y^2\Omega^2]. \tag{6.10}$$

Im *Spezialfall* verschwindender Dämpfung ($d_x = d_y = 0$) gilt

$$A=\varepsilon_L\frac{\Omega^2}{\omega_x^2-\Omega^2};\quad B=0;\quad C=0;\quad D=\varepsilon_L\frac{\Omega^2}{\omega_y^2-\Omega^2};$$
$$x=A\cos\Omega t;\qquad X=A;\quad y=D\sin\Omega t;\quad Y=D; \tag{6.11}$$

mit Resonanzen bei

$$\omega_x^2-\Omega^2=0\rightarrow\Omega=\Omega_x=\pm\omega_x;$$
$$\omega_y^2-\Omega^2=0\rightarrow\Omega=\Omega_y=\pm\omega_y. \tag{6.12}$$

Die Lösung (6.7) wird anschaulicher in komplexer Darstellung. Mit der Trennung in symmetrische und asymmetrische Terme

$$A=E+F\qquad B=G+H$$
$$D=E-F\qquad C=G-H$$

wird

$$\begin{aligned} \underline{r}=x+\mathrm{i}\,y &= A\cos\Omega t+B\sin\Omega t+\mathrm{i}\,C\cos\Omega t+\mathrm{i}\,D\sin\Omega t \\ &= E\mathrm{e}^{\mathrm{i}\Omega t}+F\mathrm{e}^{-\mathrm{i}\Omega t}+\mathrm{i}\,G\mathrm{e}^{-\mathrm{i}\Omega t}-\mathrm{i}\,H\mathrm{e}^{\mathrm{i}\Omega t} \\ &= (E-\mathrm{i}\,H)\,\mathrm{e}^{\mathrm{i}\Omega t}+(F+\mathrm{i}\,G)\,\mathrm{e}^{-\mathrm{i}\Omega t} \\ &= \left(\frac{A+D}{2}-\mathrm{i}\,\frac{B-C}{2}\right)\mathrm{e}^{\mathrm{i}\Omega t}+\left(\frac{A-D}{2}+\mathrm{i}\,\frac{B+C}{2}\right)\mathrm{e}^{-\mathrm{i}\Omega t}. \end{aligned} \tag{6.13}$$

Die runden Klammern können als komplexe Konstanten

$$\underline{R}_1=\left(\frac{A+D}{2}-\mathrm{i}\,\frac{B-C}{2}\right)=R_1\,\mathrm{e}^{\mathrm{i}\varphi_1};\qquad \underline{R}_2=\left(\frac{A-D}{2}+\mathrm{i}\,\frac{B+C}{2}\right)=R_2\,\mathrm{e}^{\mathrm{i}\varphi_2};\tag{6.14}$$

$$R_2=|\underline{R}_2|=\sqrt{\left(\frac{A-D}{2}\right)^2+\left(\frac{B+C}{2}\right)^2};$$

$$R_1=|\underline{R}_1|=\sqrt{\left(\frac{A+D}{2}\right)^2+\left(\frac{B-C}{2}\right)^2};$$

$$\tan\varphi_1=\frac{\operatorname{Im}\underline{R}_1}{\operatorname{Re}\underline{R}_1}=\frac{-(B-C)}{A+D};\qquad \tan\varphi_2=\frac{\operatorname{Im}\underline{R}_2}{\operatorname{Re}\underline{R}_2}=\frac{B+C}{A-D};$$

aufgefaßt werden, so daß

$$\underline{r}=x+\mathrm{i}\,y=\underline{R}_1\,\mathrm{e}^{\mathrm{i}\Omega t}+\underline{R}_2\,\mathrm{e}^{-\mathrm{i}\Omega t};\quad \underline{r}(t=0)=\underline{R}_1+\underline{R}_2;\tag{6.15}$$

$$\underline{r}=R_1\,\mathrm{e}^{\mathrm{i}\varphi_1}\,\mathrm{e}^{\mathrm{i}\Omega t}+R_2\,\mathrm{e}^{\mathrm{i}\varphi_2}\,\mathrm{e}^{-\mathrm{i}\Omega t}$$
$$=R_1\,\mathrm{e}^{\mathrm{i}(\Omega t+\varphi_1)}+r_2\,\mathrm{e}^{-\mathrm{i}(\Omega t-\varphi_2)},$$

oder

$$\underline{r}=x+\mathrm{i}\,y\begin{cases}x=R_1\cos(\Omega t+\varphi_1)+R_2\cos(\Omega t-\varphi_2)\\ y=R_1\sin(\Omega t+\varphi_1)-R_2\sin(\Omega t-\varphi_2),\end{cases}$$

oder mit (6.6)

$$\underline{r}=x+\mathrm{i}\,y\begin{cases}x=\operatorname{Re}[X\,\mathrm{e}^{\mathrm{i}(\Omega t+\varphi_x)}]=\operatorname{Re}[X\,\mathrm{e}^{\mathrm{i}\varphi_x}\,\mathrm{e}^{\mathrm{i}\Omega t}]=\operatorname{Re}[\underline{X}\,\mathrm{e}^{\mathrm{i}\Omega t}]\\ y=\operatorname{Im}[Y\,\mathrm{e}^{\mathrm{i}(\Omega t+\varphi_y)}]=\operatorname{Im}[Y\,\mathrm{e}^{\mathrm{i}\varphi_y}\,\mathrm{e}^{\mathrm{i}\Omega t}]=\operatorname{Im}[\underline{Y}\,\mathrm{e}^{\mathrm{i}\Omega t}]\end{cases}\tag{6.6'}$$
$$\underline{X}=X\,\mathrm{e}^{\mathrm{i}\varphi_x};\quad \underline{Y}=Y\,\mathrm{e}^{\mathrm{i}\varphi_y}$$

geschrieben werden kann.

Gleichung (6.15) ist die komplexe Gleichung einer Ellipse mit Ursprung im Mittelpunkt und schrägen Hauptachsen der Länge $2a=2(R_1+R_2)$ und $2b=2(R_1-R_2)$, sowie dem Parameter Ωt. Die Lage der großen Halbachse a ist gegen die x-Achse um den Winkel $\alpha=(\varphi_1+\varphi_2)/2$ gedreht. Abb. 6.2b.

Für $R_1>R_2$ (b positiv) ist die Umlaufrichtung der Ellipse die gleiche wie für Ω (Ellipsen-Gleichlauf, GLL), und für $R_1<R_2$ (b negativ) ist sie entgegengesetzt (Ellipsen-Gegenlauf, GEL). Für $R_1=R_2$ ($b=0$) degeneriert die Ellipse zu einer Geraden.

Im rotierenden KS gilt mit der Transformation nach (2.1) und (6.15)

$$\underline{r}^{\varrho}=\underline{r}\,\mathrm{e}^{-\mathrm{i}\Omega t}=(\underline{R}_1\,\mathrm{e}^{\mathrm{i}\Omega t}+\underline{R}_2\,\mathrm{e}^{-\mathrm{i}\Omega t})\,\mathrm{e}^{-\mathrm{i}\Omega t}=\underline{R}_1+\underline{R}_2\,\mathrm{e}^{-\mathrm{i}2\Omega t}.\tag{6.16}$$

Die Bewegung im rotierenden System ist somit zeitlich nicht konstant, auch ohne Dämpfung nicht.

Man beachte, daß die Messung der zwei zeitunabhängigen, komplexen Größen $\underline{X}=X\,\mathrm{e}^{\mathrm{i}\varphi_x}$ und $\underline{Y}=Y\,\mathrm{e}^{\mathrm{i}\varphi_y}$, also der vier zeitunabhängigen reellen Größen X, Y, φ_x, φ_y zur Bestimmung der beiden Halbachsen a und b sowie der Lage α der Ellipse genügt.

Beweise: Nach Abb. 6.2b und (6.14) gilt

$$a = R_1 + R_2 = \sqrt{\left(\frac{A+D}{2}\right)^2 + \left(\frac{B-C}{2}\right)^2} + \sqrt{\left(\frac{A-D}{2}\right)^2 + \left(\frac{B+C}{2}\right)^2},$$

$$b = R_1 - R_2 = \sqrt{\left(\frac{A+D}{2}\right)^2 + \left(\frac{B-C}{2}\right)^2} - \sqrt{\left(\frac{A-D}{2}\right)^2 + \left(\frac{B+C}{2}\right)^2},$$

$$2\alpha = (\varphi_1 + \varphi_2) = \arctan\left[\frac{-(B-C)}{A+D}\right] + \arctan\left[\frac{B+C}{A-D}\right]$$

und aus (6.8) ist zu entnehmen

$$A = X\cos\varphi_x; \quad B = -X\sin\varphi_x; \quad C = Y\sin\varphi_y; \quad D = Y\cos\varphi_y.$$

Man stellt vorläufig fest, daß die Bahn (Orbit) des Lagers L bei konstantem Ω eine Ellipse in der Lagerebene ist. Die gleiche Rechnung läßt sich auch für die Bahn des rechten Lagers R durchführen. Der Unterschied äußert sich lediglich in den Konstanten ε_L, m_L und α, d. h. nach (6.5) in den Konstanten ω_x^2, ω_y^2, d_x, d_y, der Unwucht $\underline{U}_R$ und dem Winkel α – der Index L ist durch R zu ersetzen und die Ebene (x, y) um den Winkel α zu drehen, Abb. 6.2c. An der Tatsache, daß die Bahn des Lagers R auch eine Ellipse mit der gleichen Umlaufzeit $T = 2\pi/\Omega$ ist, ändert sich nichts.

Verbindet man in Abb. 6.2c die beiden Punkte L und R, d. h. die Spitzen der Auslenkungen $\underline{r}_L$ und $\underline{r}_R$ zur Zeit $t = o$ und läßt t wachsen, so entsteht (für $\Omega = \text{const}$) eine Regelfläche.

Weil sich Größe, Form und Lage beider Ellipsen mit der Winkelgeschwindigkeit Ω ändern, ist die Umhüllende beider Ellipsen bei veränderlichem Ω (Hoch- und Auslauf) keine starre Regelfläche mehr, sondern eine „atmende Hülle".

Zur besseren Übersicht sind in Abb. 6.3a die X, Y, φ_x, φ_y mit dem Parameter $n = (30/\pi)\,\Omega$ in reellen Ebenen dargestellt. Die verwendeten Daten sind[4]:

$$n_x = \frac{30}{\pi}\,\omega_x = 500\ 1/\text{min}; \quad n_y = \frac{30}{\pi}\,\omega_y = 600\ 1/\text{min};$$

$$\varepsilon_L = 10\ \mu\text{m}; \quad \omega_x/d_x = Q_x = 10; \quad \omega_y/d_y = Q_y = 8.$$

In Abb. 6.3b sind die komplexen Größen $\underline{X} = X\,e^{i\varphi_x}$; $\underline{Y} = Y\,e^{i\varphi_y}$ aus den Lösungen (6.6) und (6.6′) in einer komplexen Ebene mit $n = (30/\pi)\,\Omega$ als Parameter dargestellt. In Abb. 6.3c sind noch die reellen Größen X und Y sowie die kleine und große Halbachse b und a der elliptischen Bahnkurven über n aufgetragen und die Bahnkurven selbst dargestellt. In Abb. 6.4 ist schematisch gezeigt, wie die Ellipsen im Bildschirm meßtechnisch erhalten werden. Mit Schaltung I erhält man die Komponenten $x(t)$, $y(t)$ der Ellipse und mit Schaltung II die für das Wuchten erforderlichen, zeitunabhängigen komplexen Größen $\underline{X}$ und $\underline{Y}$.

---

[4] Q ist mit dem bekannten „Lehrschen" Dämpfungsmaß D durch die Beziehung $Q = 1/2D$ verbunden und wird als Überhöhungsfaktor bezeichnet. Der englische Ausdruck „quality factor" stammt aus der Nachrichtentechnik.

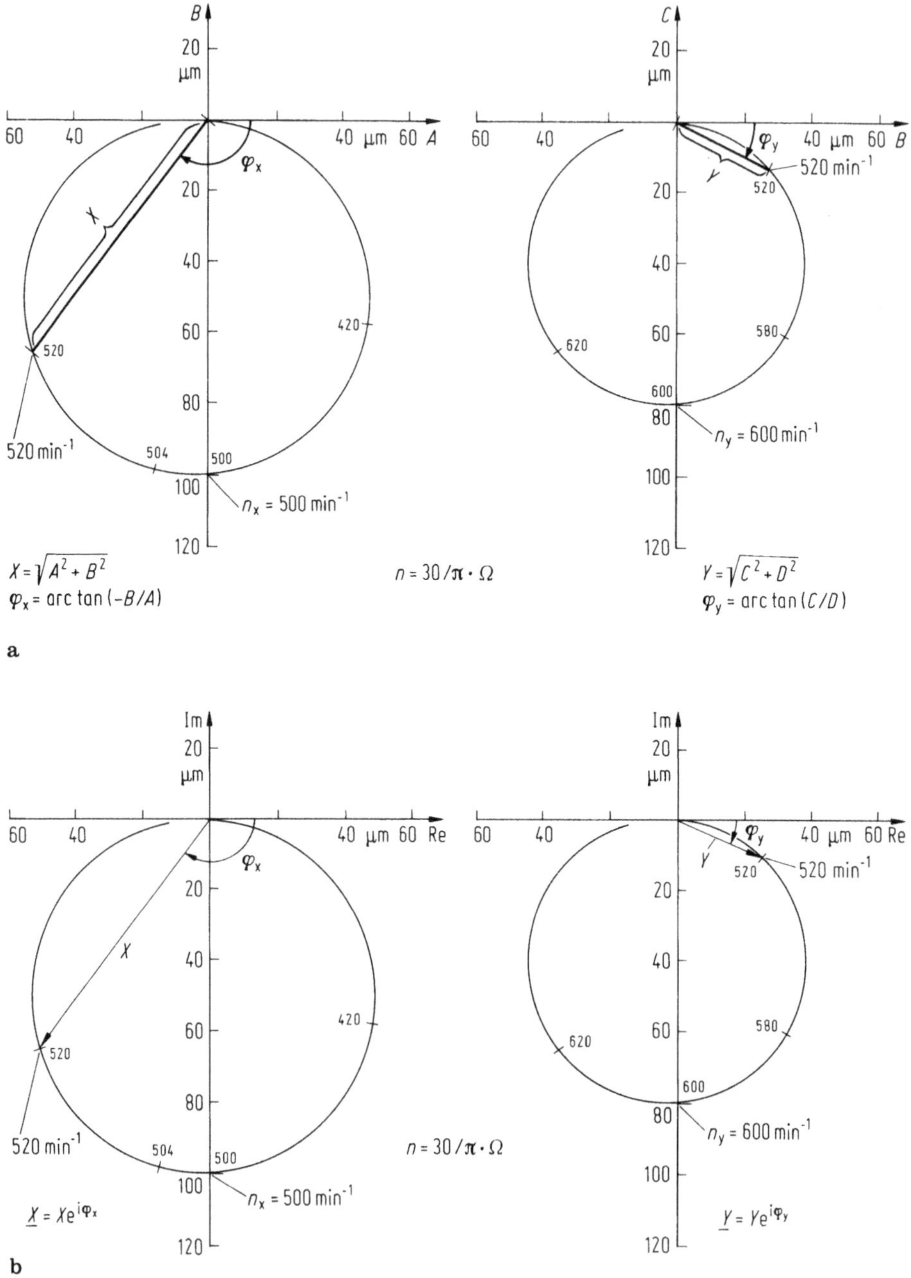

Abb. 6.3. Starrer Rotor in anisotropen Lagern. Elliptische Bewegung $\underline{r}(t) = x(t) + \mathrm{i}\,y(t)$ eines Lagers. $x(t) = X \cos(\Omega t + \varphi_x) = A \cos \Omega t + B \sin \Omega t = \mathrm{Re}(\underline{X}\, e^{\mathrm{i}\Omega t})$; $\underline{X} = X e^{\mathrm{i}\varphi_x}$.
$y(t) = Y \sin(\Omega t + \varphi_x) = C \cos \Omega t + D \sin \Omega t = \mathrm{Im}(\underline{Y} e^{\mathrm{i}\Omega t})$; $\underline{Y} = Y e^{\mathrm{i}\varphi_y}$.
a reelle Größen X, Y, φ_x, φ_y mit Parameter n aus reellem KS; **b** komplexe Größen $\underline{X}$, $\underline{Y}$ mit Parameter n aus komplexem KS; **c** reelle Größen X, Y, a, b in Abhängigkeit der Drehzahl n; $a(n)$ = große Halbachse, $b(n)$ = kleine Halbachse der Ellipse (Orbit)

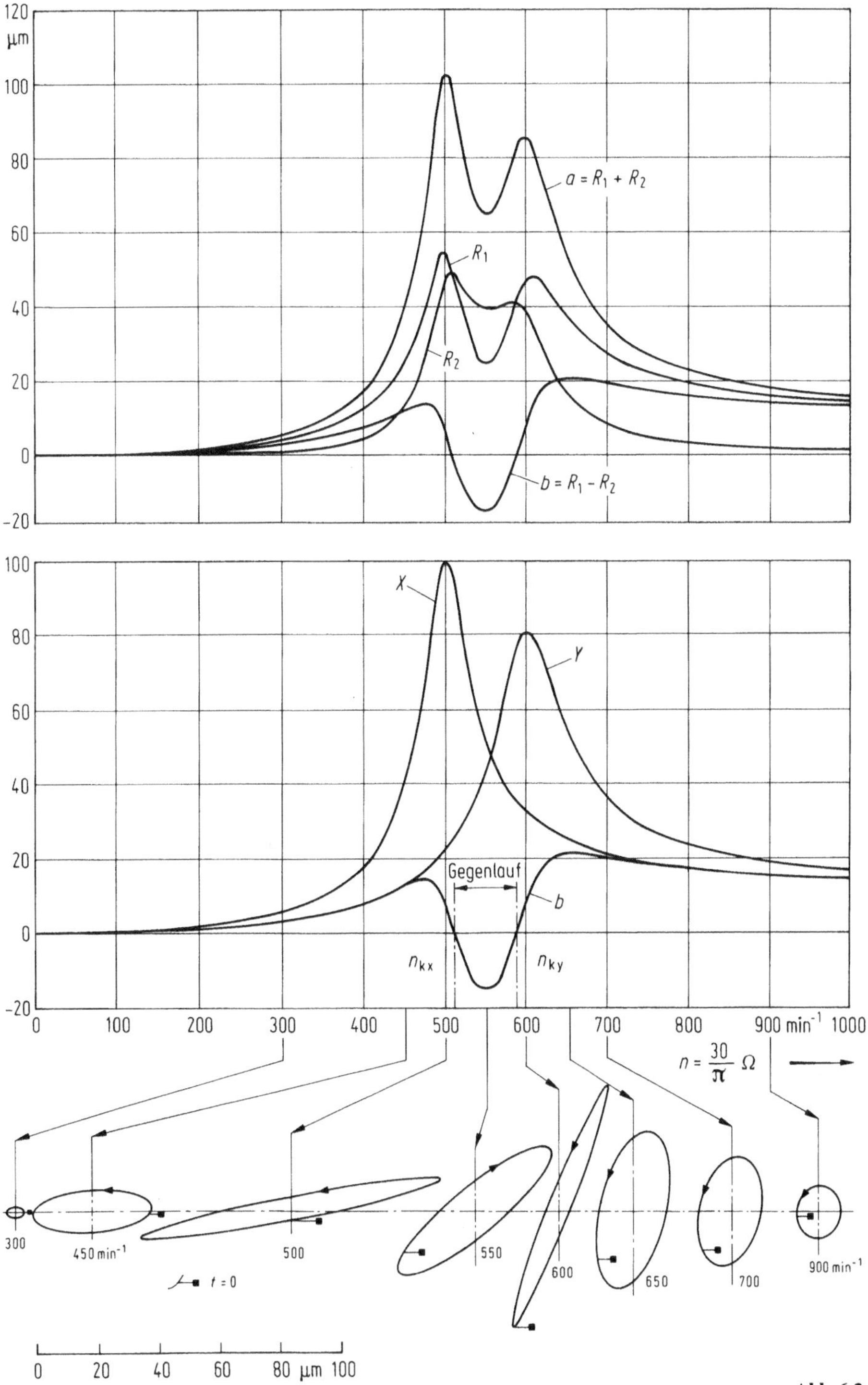
120
µm
100
80
60
40
20
0
-20
a = R1 + R2
R1
R2
b = R1 - R2
X
Y
Gegenlauf
b
nkx
nky
0
100
200
300
400
500
600
700
800
900 min-1
1000
n = 30/π Ω
300
450 min-1
500
550
600
650
700
900 min-1
t = 0
0
20
40
60
80 µm 100

c

Abb. 6.3

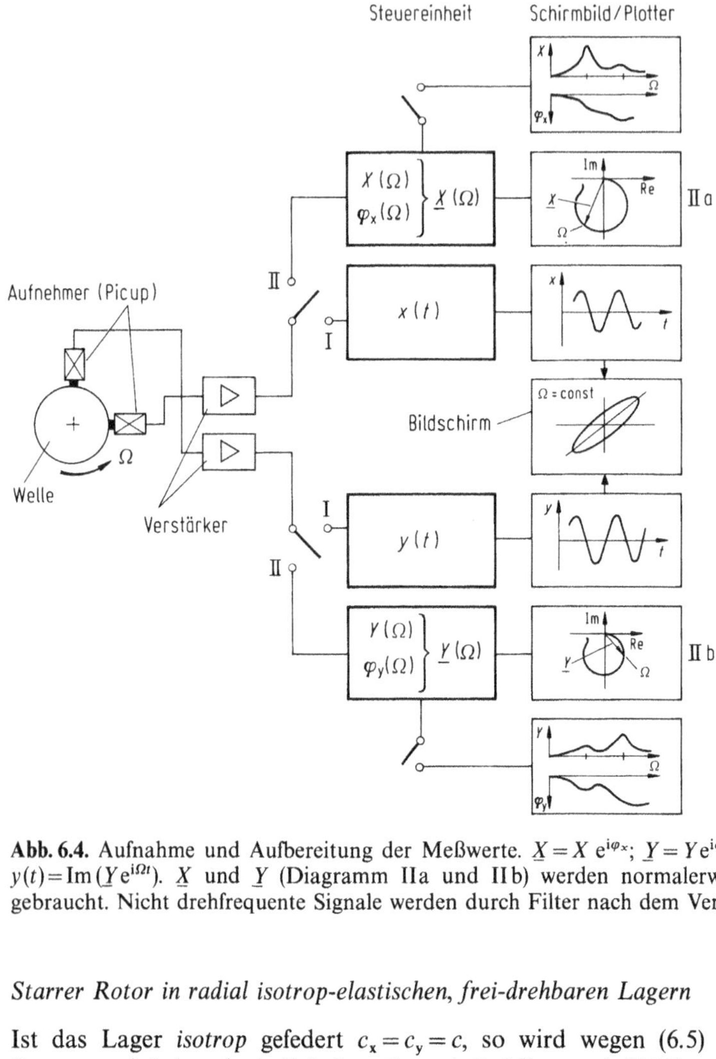

Abb. 6.4. Aufnahme und Aufbereitung der Meßwerte. $\underline{X}=X\,e^{i\varphi_x}$; $\underline{Y}=Y e^{i\varphi_y}$; $x(t)=\mathrm{Re}(\underline{X}\,e^{i\Omega t})$; $y(t)=\mathrm{Im}(\underline{Y}e^{i\Omega t})$. $\underline{X}$ und $\underline{Y}$ (Diagramm IIa und IIb) werden normalerweise zum Wuchten gebraucht. Nicht drehfrequente Signale werden durch Filter nach dem Verstärker eliminiert.

Starrer Rotor in radial isotrop-elastischen, frei-drehbaren Lagern

Ist das Lager *isotrop* gefedert $c_x=c_y=c$, so wird wegen (6.5) $\omega_x=\omega_y$, und die Resonanzwinkelgeschwindigkeiten Ω_x und Ω_y fallen nach (6.12) zusammen

$$\Omega_x=\Omega_y=\pm\omega_x=\pm\omega_y=\pm\omega.$$

Ferner gilt wegen isotroper Lagerdämpfung nach (6.5) $d_x=d_y=d$ und nach (6.10) $C=-B$; $D=A$, so daß die Lösung (6.15) sich wie folgt vereinfacht

$$\underline{\underline{r}=\underline{R}_1\,e^{i\Omega t}}\qquad \underline{R}_1=A-iB=\varepsilon_L\Omega^2\frac{1}{\omega^2-\Omega^2+i\,d\,\Omega}$$

$$=\varepsilon_L\Omega^2\frac{(\omega^2-\Omega^2)-i\,d\,\Omega}{(\omega^2-\Omega^2)^2+(d\,\Omega)^2}=R_1\,e^{i\varphi};\qquad(6.17)$$

$$R_1=|\underline{R}_1|=\varepsilon_L\Omega^2\frac{1}{\sqrt{(\omega^2-\Omega^2)^2+(d\,\Omega)^2}};\quad \tan\varphi=\frac{\mathrm{Im}\,\underline{R}_1}{\mathrm{Re}\,\underline{R}_1}=\frac{-d\,\Omega}{\omega^2-\Omega^2}.$$

Auch aus der Lösung (6.6) wird mit (6.8) wegen $\underline{X = Y = R_1}$; $\underline{\varphi_x = \varphi_y = \varphi}$

$$x = R_1 \cos(\Omega t + \varphi); \quad y = R_1 \sin(\Omega t + \varphi)$$

und

$$\underline{r} = x + \mathrm{i}\,y = R_1\,\mathrm{e}^{\mathrm{i}(\Omega t + \varphi)} = R_1\,\mathrm{e}^{\mathrm{i}\varphi}\,\mathrm{e}^{\mathrm{i}\Omega t} = \underline{R}_1\,\mathrm{e}^{\mathrm{i}\Omega t}.$$

Ferner folgt aus (6.6′) wegen $X = Y = R_1$ und $\varphi_x = \varphi_y = \varphi$; $\underline{X} = R_1\,\mathrm{e}^{\mathrm{i}\varphi}$; $\underline{Y} = R_1\,\mathrm{e}^{\mathrm{i}\varphi}$ und somit $\underline{\underline{X} = \underline{Y} = \underline{R}_1}$.

Die Differentialgleichung (6.4′) vereinfacht sich bei *isotroper* Lagerung mit $\underline{r} = x + \mathrm{i}\,y$ zu

$$\underline{\ddot{r} + d\dot{\underline{r}} + \omega^2 \underline{r} = \varepsilon_L \Omega^2\,\mathrm{e}^{\mathrm{i}\Omega t} = \underline{f}(t)}\,.$$

Es entsteht eine rein *kreisförmige* Bewegung (Bahn, Orbit) mit dem Radius R_1.

Die weniger transparente *reelle* Lösung (6.6) gewinnt man wie folgt:

Nach (6.8) gilt

$$\left.\begin{aligned} \tan\varphi_x &= -\frac{B}{A} \\ \tan\varphi_y &= +\frac{C}{D} = \frac{-B}{A} \end{aligned}\right\} \underline{\varphi_x = \varphi_y = \varphi}$$

$$\left.\begin{aligned} X &= \sqrt{A^2 + B^2} \\ Y &= \sqrt{C^2 + D^2} = \sqrt{B^2 + A^2} \end{aligned}\right\} \underline{X = Y = R_1}$$

und somit (6.6)

$$\underline{x = R_1 \cos(\Omega t + \varphi)}; \quad \underline{y = R_1 \sin(\Omega t + \varphi)}. \tag{6.18}$$

Die Kontrolle erfolgt mit

$$\underline{r} = x + \mathrm{i}\,y = R_1\,\mathrm{e}^{\mathrm{i}(\Omega t + \varphi)} = R_1\,\mathrm{e}^{\mathrm{i}\varphi}\,\mathrm{e}^{\mathrm{i}\Omega t} = \underline{R}_1\,\mathrm{e}^{\mathrm{i}\Omega t}.$$

In Abb. 6.5 ist R_1 und φ über n aufgetragen für die Daten: $n_k = (30/\pi)\,\omega = 500$ 1/min; $\varepsilon_L = 10$ µm; $\omega/d = Q = 10$.

Die Amplitude in der Resonanz beträgt

$$R_{1_{\mathrm{Res}}} = R_1(\Omega = \omega) = \varepsilon_L \frac{\omega}{d} = \varepsilon_L Q; \quad Q = \frac{\omega}{d}. \tag{6.19}$$

Die Resonanzamplitude ist genau genommen nicht die größte Amplitude. Die größte Amplitude liegt bei leicht größerem Ω als ω, Abb. 6.5b. Sie wird erhalten indem man $\partial R_1/\partial\Omega = 0$ setzt und nach Ω auflöst. Das Resultat ist

$$\Omega_{\mathrm{R\,max}} = \frac{\omega}{\sqrt{1 - \dfrac{1}{2Q^2}}}. \tag{6.20}$$

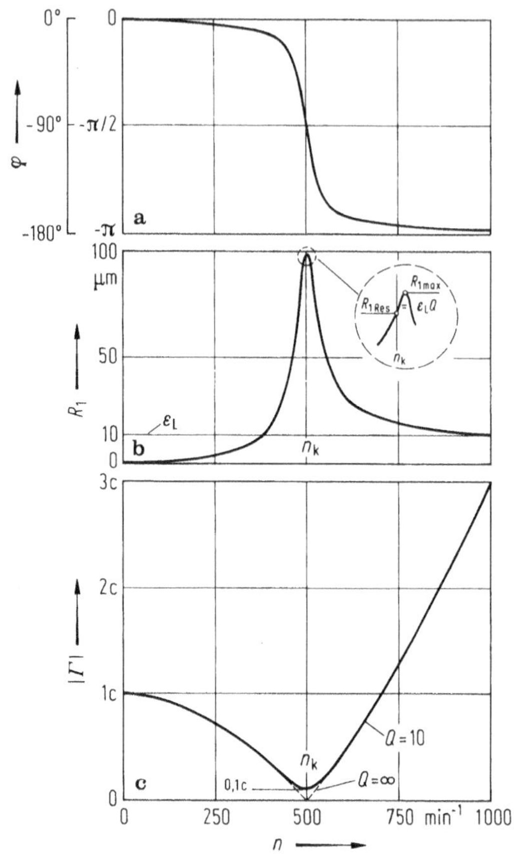

Abb. 6.5. Starrer Rotor in isotropen Lagern. Kreisförmige Bewegung $\underline{r}(t)=\underline{R}_1 e^{i\Omega t}$; $\underline{R}_1=R_1 e^{i\varphi}$ eines Lagers. n Drehzahl, n_k „ungedämpfte" kritische Drehzahl, $R_{1\,\mathrm{Res}}$ Resonanzamplitude, $R_{1\,\max}$ Maximalamplitude. $\varepsilon_L = 10\ \mu m$; $n_k = 500$ 1/min, $Q = 10$. **a** Phasenwinkel φ; **b** Radius R_1; **c** kinetische Steifigkeit Γ, (Absolutwert $|\Gamma|$), c Lagersteifigkeit

Ist Q genügend groß, gilt in guter Näherung[5]

$$\frac{\Omega_{\mathrm{R\,max}}}{\omega} \approx 1+\frac{1}{4Q^2} \tag{6.21}$$

und mit $Q = 10$ als Beispiel

$$\frac{\Omega_{\mathrm{R\,max}}}{\omega} \approx 1+\frac{1}{4\cdot 10^2} = 1{,}0025.$$

$\Omega_{\mathrm{R\,max}}$ könnte als eigentliche kritische Winkelgeschwindigkeit bezeichnet werden, weil für sie die Amplitude ein Maximum erreicht. Der Unterschied zur Resonanzwinkelgeschwindigkeit Ω_R ist jedoch nur 2,5‰ für den noch relativ kleinen Q-Faktor von 10 und somit praktisch vernachlässigbar.

---

[5] $\varepsilon=\frac{1}{2Q^2}$, für $\varepsilon \ll 1$: $\sqrt{1-\varepsilon}\approx 1-\frac{\varepsilon}{2}$; $\frac{1}{\sqrt{1-\varepsilon}}=\frac{\left(1+\frac{\varepsilon}{2}\right)}{1-\frac{\varepsilon^2}{4}}\approx 1+\frac{\varepsilon}{2}$.

Um den Unterschied in den Amplituden zu berechnen, ist vorerst nach (6.17) $|\underline{R}_1|$ in der Form

$$\frac{|\underline{R}_1|}{\varepsilon_L} = \Omega^2 \frac{1}{\sqrt{(\omega^2-\Omega^2)^2+(d\,\Omega)^2}} = \Omega^2 \frac{1}{\sqrt{(\omega^2-\Omega^2)^2+\left(\dfrac{\omega\,\Omega}{Q}\right)^2}}$$

$$= \frac{\Omega^2}{\omega^2} \frac{1}{\sqrt{\left(1-\dfrac{\Omega^2}{\omega^2}\right)^2+\left(\dfrac{\Omega}{\omega\,Q}\right)^2}}$$

zu schreiben. Setzt man für $\Omega/\omega = 1{,}0025$ und $Q = 10$ ein, so wird

$$\frac{|\underline{R}_1|}{\varepsilon_L} = (1{,}0025)^2 \frac{1}{\sqrt{(1-1{,}0025^2)^2+\left(\dfrac{1{,}0025}{10}\right)^2}} = 10{,}0125.$$

Das Verhältnis der maximalen Amplitude zur Resonanzamplitude ist (für $Q = 10$)

$$\frac{10{,}0125}{10} = 1{,}00125.$$

Der Fehler beträgt 1,25‰ und ist praktisch ebenfalls vernachlässigbar.

Das Verhältnis, Ausgang des Systems $\underline{r}(t)$ (Antwort) zum Eingang $\underline{f}(t)$ (Erregung), nennt man auch die *Übertragungsfunktion* $\underline{H}(\mathrm{i}\,\Omega)$

$$\underline{H}(\mathrm{i}\,\Omega) = \frac{\underline{r}(t)}{\underline{f}(t)} = \frac{\underline{R}_1\,\mathrm{e}^{\mathrm{i}\Omega t}}{\varepsilon_L\,\Omega^2\,\mathrm{e}^{\mathrm{i}\Omega t}} = \frac{\underline{R}_1}{\varepsilon_L\,\Omega^2} = \frac{1}{\omega^2+(\mathrm{i}\,\Omega)^2+d(\mathrm{i}\,\Omega)}$$

$$= \frac{1}{(\omega^2-\Omega^2)+\mathrm{i}\,d\,\Omega} = \frac{(\omega^2-\Omega^2)-\mathrm{i}\,d\,\Omega}{(\omega^2-\Omega^2)^2+(d\,\Omega)^2}. \tag{6.22}$$

ω ist die kritische Winkelgeschwindigkeit der isotrop elastisch gelagerten starren Welle ohne Dämpfung.

Die *kinetische Steifigkeit*[6] Γ ist in Anlehnung an die statische Steifigkeit ebenfalls als Kraft durch Weg definiert. Kraft und Weg sind allerdings harmonisch pulsierende Größen. Es gilt

$$\underline{\Gamma}(\mathrm{i}\,\Omega) = \frac{\underline{F}}{\underline{r}} = \frac{m\,\underline{f}(t)}{\underline{r}(t)} = \frac{m}{\underline{H}(\mathrm{i}\,\Omega)} = c\,\frac{m}{c}\,\frac{1}{\underline{H}(\mathrm{i}\,\Omega)} = \frac{c}{\omega^2\,\underline{H}(\mathrm{i}\,\Omega)}$$

$$= c\,\frac{\omega^2+(\mathrm{i}\,\Omega)^2+d(\mathrm{i}\,\Omega)}{\omega^2} = c\left[1-\left(\frac{\Omega}{\omega}\right)^2+\mathrm{i}\,\frac{d}{\omega}\left(\frac{\Omega}{\omega}\right)\right] \tag{6.23}$$

und mit $\dfrac{\omega}{d} = Q$ auch

$$\underline{\Gamma}(\mathrm{i}\,\Omega) = c\left[1-\left(\frac{\Omega}{\omega}\right)^2+\mathrm{i}\,\frac{1}{Q}\left(\frac{\Omega}{\omega}\right)\right].$$

[6] In der Literatur auch als dynamische Steifigkeit bezeichnet, s. Abschn. 12.8.1, S. 296.

Ohne Dämpfung ($d=0$ oder $Q=\infty$) ist

$$\underline{\Gamma}|_{d=0}=c\left[1-\left(\frac{\Omega}{\omega}\right)^2\right].$$

Im weit vorkritischen Bereich $\Omega \ll \omega$ ist Γ gleich der statischen Steifigkeit. In der (ungedämpften) Resonanz $\Omega=\omega$ ist $\Gamma=0$ und im weit überkritischen Bereich $\Omega \gg \omega$ ist $\Gamma=-c\left(\frac{\Omega}{\omega}\right)^2$ und steigt quadratisch mit Ω.

Der Absolutbetrag der kinetischen Steifigkeit $|\underline{\Gamma}|=c\sqrt{\left(1-\frac{\Omega^2}{\omega^2}\right)^2+\left(\frac{d\Omega}{\omega\omega}\right)^2}$ ist in Abb. 6.5c für $\omega/d=Q=10$ über der Drehzahl aufgetragen.

6.2 Starrer Rotor in Gleitlagern

Ein starrer Rotor wie in Abb. 6.2 sei in Gleitlagern gelagert. Der Lagerzapfen erfährt im Ölfilm die Kraft[7]

$$\underline{F}_L=\begin{bmatrix}F_x\\F_y\end{bmatrix}=\begin{bmatrix}c_{11}x+c_{12}y+b_{11}\dot{x}+b_{12}\dot{y}\\c_{21}x+c_{22}y+b_{21}\dot{y}+b_{22}\dot{y}\end{bmatrix}=\begin{bmatrix}c_{11}&c_{12}\\c_{21}&c_{22}\end{bmatrix}\begin{bmatrix}x\\y\end{bmatrix}+\begin{bmatrix}b_{11}&b_{12}\\b_{21}&b_{22}\end{bmatrix}\begin{bmatrix}\dot{x}\\\dot{y}\end{bmatrix} \tag{6.24}$$

mit vier Federkonstanten c_{jk} und vier Dämpfungskonstanten b_{jk} Abb. 6.1b.

Ist $c_{11} \neq c_{22}$, jedoch $c_{12}=c_{21}=0$ und $b_{12}=b_{21}=0$, so nennen wir die Lagerung im folgenden auch *ideal anisotrop*. Es gilt dann die Lagerkraft

$$\underline{F}_L=\begin{bmatrix}F_x\\F_y\end{bmatrix}=\begin{bmatrix}c_{11}&0\\0&c_{22}\end{bmatrix}\begin{bmatrix}x\\y\end{bmatrix}+\begin{bmatrix}b_{11}&0\\0&b_{22}\end{bmatrix}\begin{bmatrix}\dot{x}\\\dot{y}\end{bmatrix}$$

wie in (6.1).

Die Differentialgleichung für die Bewegung des linken Lagerzapfens ist mit (6.4)

$$\ddot{\underline{r}}+\underline{F}_L/m_L=\varepsilon_L\Omega^2 e^{i\Omega t}, \quad \underline{F}_L=F_x+iF_y$$

identisch, allerdings hat $\underline{F}_L$ die Form (6.24), womit das Gleichungssystem, in Komponenten ausgedrückt, lautet

$$\begin{aligned}\ddot{x}+\frac{1}{m_L}(c_{11}x+c_{12}y+b_{11}\dot{x}+b_{12}\dot{y})&=\varepsilon_L\Omega^2\cos\Omega t,\\ \ddot{y}+\frac{1}{m_L}(c_{21}x+c_{22}y+b_{21}\dot{x}+b_{22}\dot{y})&=\varepsilon_L\Omega^2\sin\Omega t.\end{aligned} \tag{6.25}$$

Die Gleichungen sind in x und y gekoppelt.

[7] Streng genommen sind die Koeffizienten c_{jk} und b_{jk} noch von der Winkelgeschwindigkeit Ω des Rotors abhängig. Man kann sie jedoch – mit einiger Freizügigkeit – in einem begrenzten Drehzahlbereich und besonders in der Nähe der Nenndrehzahl als konstant annehmen.

Mit den Abkürzungen

$$\omega_{jk}^2 = \frac{c_{jk}}{m_L} \quad \text{und} \quad d_{jk} = \frac{b_{jk}}{m_L} \tag{6.26}$$

wird (6.25)

$$\begin{aligned} &\ddot{x} + d_{11}\dot{x} + d_{12}\dot{y} + \omega_{11}^2 x + \omega_{12}^2 y = \varepsilon_L \Omega^2 \cos\Omega t; \\ &\underline{\ddot{y} + d_{21}\dot{x} + d_{22}\dot{y} + \omega_{21}^2 x + \omega_{22}^2 y = \varepsilon_L \Omega^2 \sin\Omega t;} \end{aligned} \tag{6.25'}$$

oder

$$\ddot{\boldsymbol{r}} + \boldsymbol{D}\dot{\boldsymbol{r}} + \boldsymbol{S}\boldsymbol{r} = \varepsilon_L \Omega^2 \begin{bmatrix} \cos\Omega t \\ \sin\Omega t \end{bmatrix},$$

$$\boldsymbol{r} = \begin{bmatrix} x \\ y \end{bmatrix}; \quad \boldsymbol{D} = \begin{bmatrix} d_{11} & d_{12} \\ d_{21} & d_{22} \end{bmatrix}; \quad \boldsymbol{S} = \begin{bmatrix} \omega_{11}^2 & \omega_{12}^2 \\ \omega_{21}^2 & \omega_{22}^2 \end{bmatrix}.$$

Die erzwungenen Schwingungen erhält man durch eine partikuläre Lösung mit dem gleichen Ansatz wie in (6.7)

$$\begin{aligned} x &= A\cos\Omega t + B\sin\Omega t, \\ y &= C\cos\Omega t + D\sin\Omega t. \end{aligned} \tag{6.27}$$

Wird (6.27) in (6.25') eingesetzt, erhält man nach Trennung der sin- und cos-Glieder ein inhomogenes Gleichungssystem für die Unbekannten A, B, C und D.

$$\overset{\boldsymbol{Z}}{\begin{bmatrix} (\omega_{11}^2 - \Omega^2) & d_{11}\Omega & \omega_{12}^2 & d_{12}\Omega \\ -d_{11}\Omega & (\omega_{11}^2 - \Omega^2) & -d_{12}\Omega & \omega_{12}^2 \\ \omega_{21}^2 & d_{21}\Omega & (\omega_{22}^2 - \Omega^2) & d_{22}\Omega \\ -d_{21}\Omega & \omega_{21}^2 & -d_{22}\Omega & (\omega_{22}^2 - \Omega^2) \end{bmatrix}} \begin{bmatrix} A \\ B \\ C \\ D \end{bmatrix} = \begin{bmatrix} \varepsilon_L \Omega^2 \\ 0 \\ 0 \\ \varepsilon_L \Omega^2 \end{bmatrix} \tag{6.28}$$

Eine Trennung des Systems in je zwei Systeme mit zwei Unbekannten ist nicht möglich wie in (6.9). Hingegen ist ohne Dämpfung die Berechnung der Determinante einfach. Sie lautet mit $d_{jk} = 0$

$$\det \boldsymbol{Z} = [(\omega_{11}^2 - \Omega^2)\,(\omega_{22}^2 - \Omega^2) - \omega_{12}^2 \omega_{21}^2]^2. \tag{6.29}$$

Setzt man sie Null, um die Eigenkreisfrequenzen zu ermitteln, entsteht die biquadratische Gleichung in Ω

$$\Omega^4 - \Omega^2(\omega_{11}^2 + \omega_{22}^2) + (\omega_{11}^2\omega_{22}^2 - \omega_{12}^2\omega_{21}^2) = 0, \tag{6.30}$$

mit den beiden Lösungen

$$\begin{aligned} \Omega_{1,2}^2 &= \frac{1}{2}\left[(\omega_{11}^2 + \omega_{22}^2) \pm \sqrt{(\omega_{11}^2 + \omega_{22}^2)^2 - 4(\omega_{11}^2\omega_{22}^2 - \omega_{12}^2\omega_{21}^2)}\right] \\ &= \frac{1}{2}\left[(\omega_{11}^2 + \omega_{22}^2) \pm \sqrt{(\omega_{11}^2 - \omega_{22}^2)^2 + 4\,\omega_{12}^2\omega_{21}^2}\right], \end{aligned} \tag{6.31}$$

wobei reelle Werte Ω nur existieren, wenn unter der hier stets erfüllten Bedingung $\omega_{11}^2 + \omega_{22}^2 > 0$ die Diskriminante von (6.30) positiv oder Null und $\omega_{11}^2\omega_{22}^2 > \omega_{12}^2\omega_{21}^2$ ist. Das ungedämpfte System ist dann konservativ.

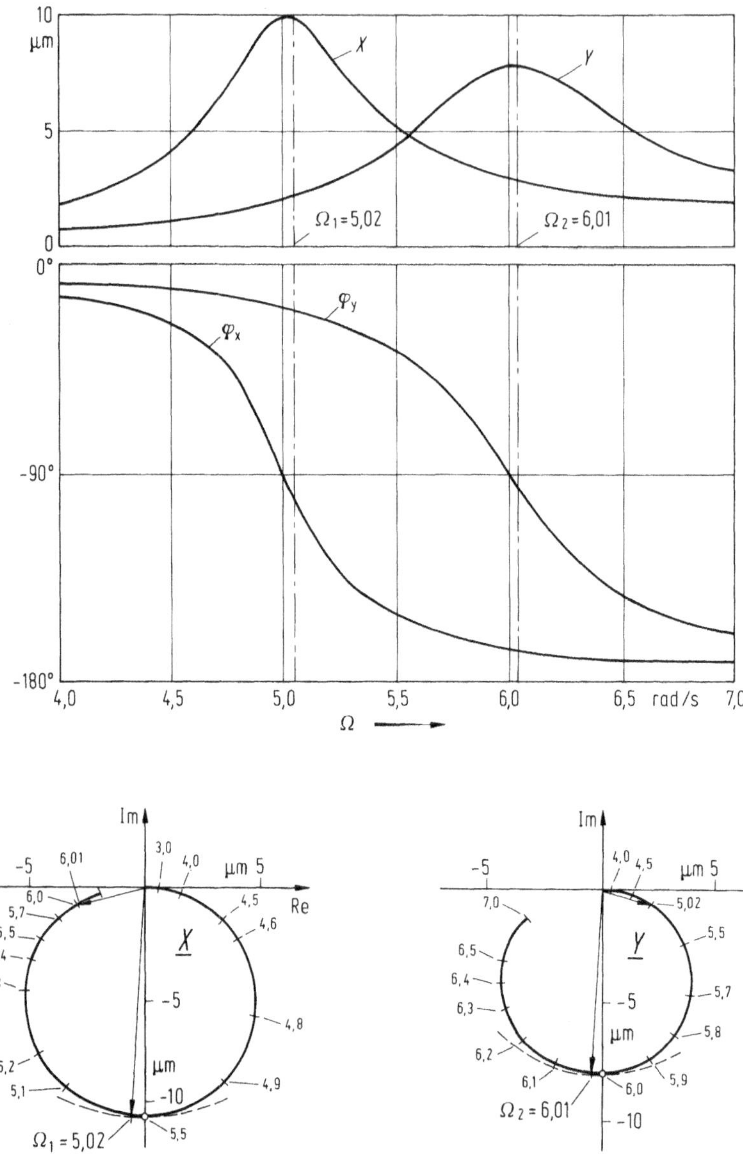

a

Abb. 6.6. Starrer Rotor in ideal-anisotroper- und Gleitlagerung. Zum Wuchten erforderliche Meßgrößen $\underline{X}=X\,e^{i\varphi_x}$, $\underline{Y}=Y\,e^{i\varphi_y}$, bzw. X, Y, φ_x, φ_y in Abhängigkeit von Ω. **a** ideal anisotrop gelagerter Rotor, $\boldsymbol{S}=\begin{vmatrix}25 & 0\\ 0 & 30\end{vmatrix}$; $\boldsymbol{D}=\begin{vmatrix}0{,}5 & 0\\ 0 & 0{,}75\end{vmatrix}$ siehe Text. $\underline{X}$ und $\underline{Y}$ sind in den kritischen Winkelgeschwindigkeiten Ω_1 bzw. Ω_2 parallel

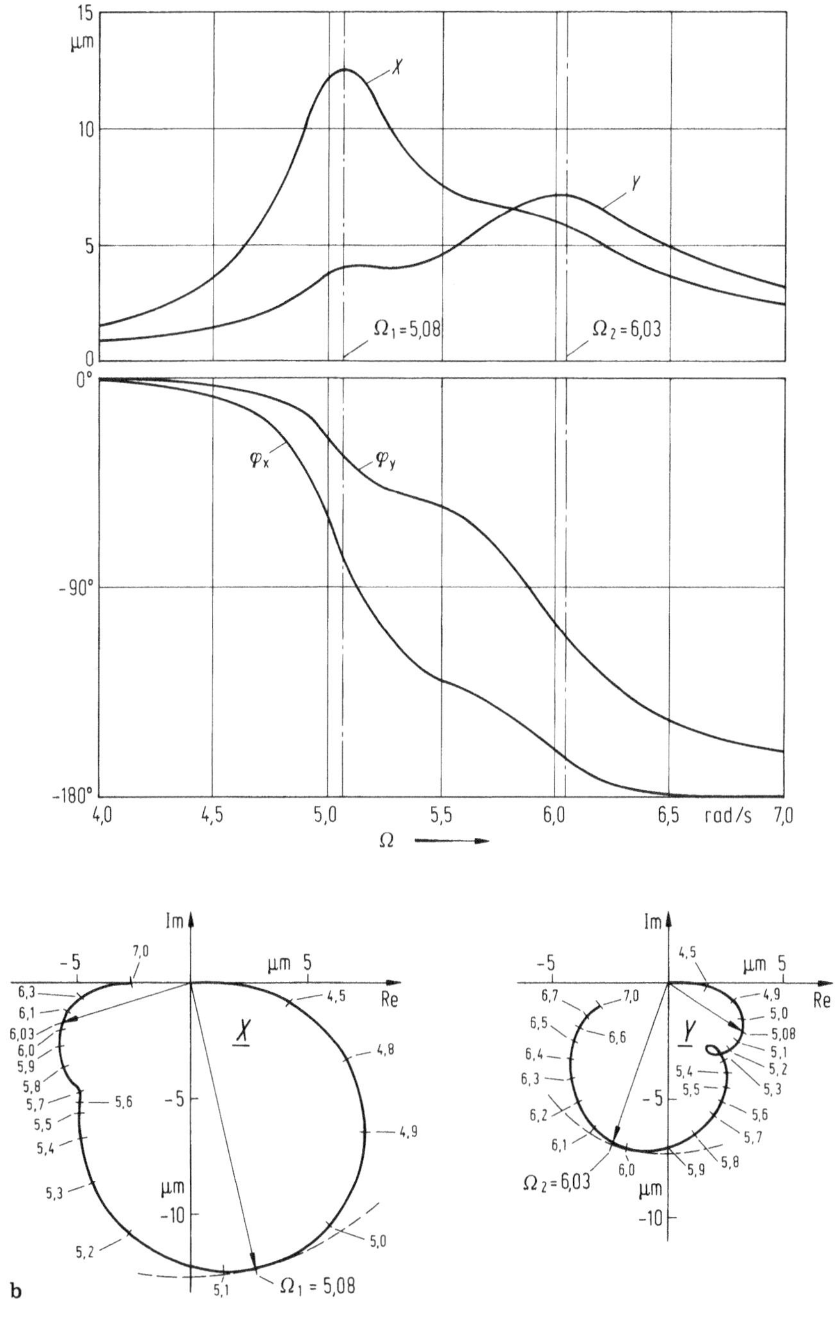

b

Abb. 6.6. b Gleitlager, $\boldsymbol{S} = \begin{vmatrix} 25 & 4 \\ -1 & 36 \end{vmatrix}$; $\boldsymbol{D} = \begin{vmatrix} 0{,}5 & 0{,}3 \\ 0{,}2 & 0{,}75 \end{vmatrix}$, s. Text

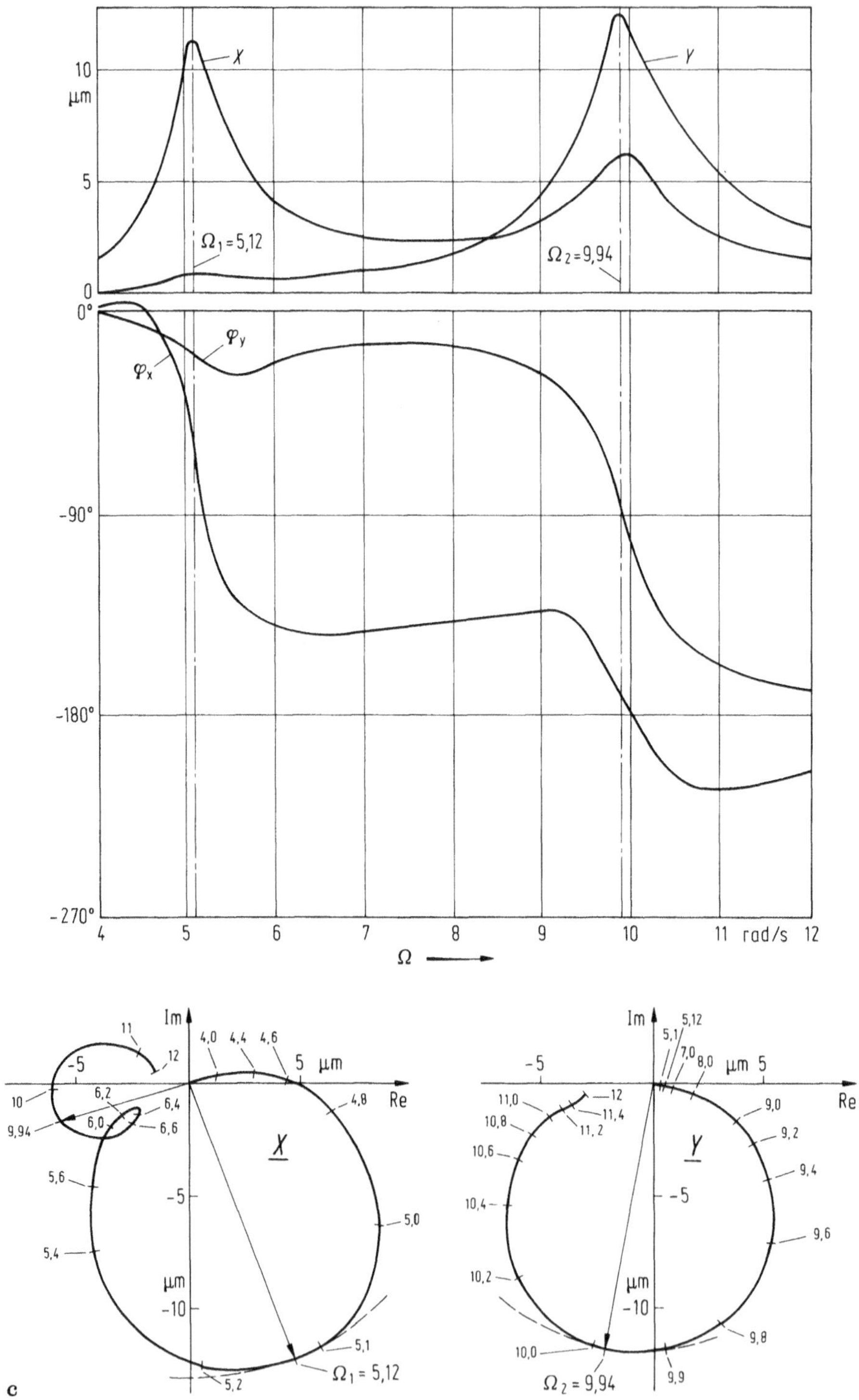
10
µm
5
0
X
Y
$\Omega_1 = 5,12$
$\Omega_2 = 9,94$
0°
-90°
-180°
-270°
φ_x
φ_y
4
5
6
7
8
9
10
11 rad/s 12
Ω
Im
Re
-5
5 µm
-5
µm
-10
X
Y
4,0 4,4 4,6
4,8
5,0
5,1
5,2
5,4
5,6
6,0
6,2
6,4
6,6
9,94
10
11
12
$\Omega_1 = 5,12$
5,12
5,1
7,0
8,0
9,0
9,2
9,4
9,6
9,8
9,9
10,0
10,2
10,4
10,6
10,8
11,0
11,2
11,4
12
$\Omega_2 = 9,94$

c

Die Lösung des gedämpften Systems kann wie in (6.14) und (6.15) komplex formuliert werden

$$\left.\begin{aligned} \underline{r} &= \underline{R}_1\,\mathrm{e}^{\mathrm{i}\Omega t} + \underline{R}_2\,\mathrm{e}^{-\mathrm{i}\Omega t} \\ \underline{r}^{\varrho} &= \underline{R}_1 + \underline{R}_2\,\mathrm{e}^{-\mathrm{i}2\Omega t} \end{aligned}\right\} \quad \begin{aligned} \underline{R}_1 &= \left(\frac{A+D}{2} - \mathrm{i}\,\frac{B-C}{2}\right) \\ \underline{R}_2 &= \left(\frac{A-D}{2} + \mathrm{i}\,\frac{B+C}{2}\right) \end{aligned} \tag{6.32}$$

mit A, B, C und D aus (6.28).

Zusammenfassend ist zu sagen, daß es erstens wie beim Rotor mit elastisch frei drehbarem Lager, Abschn. 6.1, ebenfalls zwei Resonanzstellen gibt und zweitens, daß der Weg des Wellenzapfens (Bahn, Orbit) – nicht Lager wie in Abschn. 6.1 – eine Ellipse mit Mittelpunkt im Ursprung und schrägen Hauptachsen sein wird. Grundsätzlich unterscheiden sich also die Rotoren von Abschn. 6.1 und 6.2 nicht.

In Abb. 6.6 sind zur übersichtlichen Unterscheidung die für das Wuchten erforderlichen zeitunabhängigen Meßgrößen X, φ_x, Y, φ_y bzw. $\underline{X} = X\,\mathrm{e}^{\mathrm{i}\varphi_x}$, $\underline{Y} = Y\,\mathrm{e}^{\mathrm{i}\varphi_y}$ für eine ideal anisotrope Lagerung, Abb. 6.6a, und zwei Lagerungen mit Gleitlagern, Abb. 6.6b und c gegenübergestellt. Es gelten die Abkürzungen (6.26).

$$\omega_{jk}^2 = \frac{c_{jk}}{m_L} \quad \text{und} \quad d_{jk} = \frac{b_{jk}}{m_L} \quad \text{mit } j = 1,2;\ k = 1,2$$

und die Exzentrizität sei $\varepsilon_L = 1\ \mu\mathrm{m}$. Man stellt fest, daß bei ideal anisotroper Lagerung die Meßvektoren $\underline{X}$ und $\underline{Y}$ in der jeweiligen Resonanz parallel sind, d.h. die Phasenwinkel φ_x und φ_y sind in der jeweiligen Resonanz gleich groß und etwas kleiner als $-90°$. Bei Gleitlagerung ist dies nicht der Fall. Im übrigen sind bei ideal anisotroper Lagerung die Ortskurven $\underline{X}(\Omega)$ und $\underline{Y}(\Omega)$ ähnlich und ähnlich gelegen (mit allerdings ungleicher Kotierung Ω), während dies bei Gleitlagerung nicht mehr der Fall ist.

Man beachte ferner, daß bei isotroper Lagerung $\underline{X}(\Omega)$ und $\underline{Y}(\Omega)$ identisch sind, d.h. zusammenfallen. Es braucht nur eine Messung $\underline{X}(\Omega)$ oder $\underline{Y}(\Omega)$.

Die Komponente y von $\underline{r} = x + \mathrm{i}y$ wird nach (6.6) und (6.6′) mit

$$\underline{y = Y\sin(\Omega t + \varphi S_y) = \mathrm{Im}(\underline{Y}\,\mathrm{e}^{\mathrm{i}\Omega t})}; \qquad \underline{Y} = Y\mathrm{e}^{\mathrm{i}\varphi_y}$$

gemessen. Mißt man sie in der Form

$$\underline{y^{\odot} = Y\cos(\Omega t + \varphi S_y^{\odot})} = \mathrm{Re}\,[Y\,\mathrm{e}^{\mathrm{i}(\Omega t + \varphi_y^{\odot})}] = \mathrm{Re}\,[Y\,\mathrm{e}^{\mathrm{i}\varphi_y^{\odot}}\,\mathrm{e}^{\mathrm{i}\Omega t}]$$

$$= \mathrm{Re}\,[\underline{Y}^{\odot}\,\mathrm{e}^{\mathrm{i}\Omega t}] = \underline{\mathrm{Im}\,[\mathrm{i}\,\underline{Y}^{\odot}\,\mathrm{e}^{\mathrm{i}\Omega t}]}; \quad \underline{Y}^{\odot} = Y\mathrm{e}^{\mathrm{i}\varphi_y^{\odot}},$$

so gilt wegen $y = y^{\odot}$

$$\underline{Y}\,\mathrm{e}^{\mathrm{i}\Omega t} = \mathrm{i}\,\underline{Y}^{\odot}\,\mathrm{e}^{\mathrm{i}\Omega t} \quad \text{oder} \quad \underline{\underline{Y}^{\odot}(\Omega) = -\mathrm{i}\,\underline{Y}(\Omega)},$$

d.h., das Bild von $\underline{Y}^{\odot}(\Omega)$ ist im entgegengesetzten Drehsinn von Ω um einen rechten Winkel gedreht (nacheilend!).

◁

Abb. 6.6. c Gleitlager, $\boldsymbol{S} = \begin{vmatrix} 25 & 30 \\ -3 & 100 \end{vmatrix}$; $\boldsymbol{D} = \begin{vmatrix} 0{,}5 & 0{,}3 \\ 0{,}2 & 0{,}75 \end{vmatrix}$, s. Text

6.3 Starrer Rotor in elastisch-eingespannten und ideal-anisotropen Lagern

Es soll noch der Rotor von Abschn. 6.1 in den Lagern drehmomentelastisch eingespannt sein, Abb. 6.1c.

Hält man das rechte Lager fest ($x=0$, $y=0$) und bringt die Kraft F_x am linken Lager an, so entsteht ein Moment von der Größe

$$M = F_x l, \tag{6.33}$$

mit l als Abstand der Lager. Die Lager seien derart elastisch eingespannt, daß das Drehmoment M proportional dem Drehwinkel α sei mit der Federzahl c_m

$$M = c_m \alpha. \tag{6.34}$$

Infolge des kleinen Drehwinkels, soll gelten

$$x/l = \tan\alpha = \alpha. \tag{6.35}$$

Aus (6.33), (6.34) und (6.35) folgt

$$F_x = \frac{c_m}{l^2} x = \underline{c_M x}; \quad \left(c_M = \frac{c_m}{l^2}\right). \tag{6.36}$$

Das gleiche gilt auch für die y-Richtung, so daß die zusätzliche Kraft am linken Lager

$$\boldsymbol{F}_L^M = \begin{bmatrix} F_x \\ F_y \end{bmatrix} = \begin{bmatrix} c_M x \\ c_M y \end{bmatrix} \tag{6.37}$$

wird. Zu dieser Kraft gesellt sich die Lagerkraft nach (6.1)

$$\boldsymbol{F}_L = \begin{bmatrix} F_x \\ F_y \end{bmatrix} = \begin{bmatrix} c_x x + b_x \dot{x} \\ c_y y + b_y \dot{y} \end{bmatrix}. \tag{6.38}$$

Die Federn c_M und c_x wirken hier parallel, so daß die gemeinsame Federzahl die Summe beider wird

$$c'_x = c_M + c_x \quad \text{und} \quad c'_y = c_M + c_y. \tag{6.39}$$

Die Lagerkraft lautet dann neu

$$\boldsymbol{F}_L = \begin{bmatrix} F_x \\ F_y \end{bmatrix} = \begin{bmatrix} c'_x x + b_x \dot{x} \\ c'_y y + b_y \dot{y} \end{bmatrix}.$$

Damit ergibt sich eine Differentialgleichung (6.4) oder ein System (6.4′) mit nach (6.39) abgeänderten Koeffizienten. In diesem Sinn kann die Lösung (6.14), (6.15) übernommen werden. Der Unterschied äußert sich besonders anschaulich in der Resonanzlage. Nach (6.12) gilt entsprechend mit (6.5)

$$\Omega_x = \pm\sqrt{\frac{c'_x}{m_L}}, \quad \Omega_y = \pm\sqrt{\frac{c'_y}{m_L}},$$

und da nach (6.39) $c'_x > c_x$; $c'_y > c_y$ wird, sind die Resonanzen nach oben, d.h. nach höheren Werten verschoben. Die Dreheinspannung erhöht die Eigenfrequenz und damit die kritische Drehzahl.

Im übrigen unterscheidet sich die Lösung nicht grundsätzlich von der in Abschn. 6.1. Die Bahnen (Orbits) beider Lager bleiben Ellipsen.

7 Bestimmung der Unwucht aus Messungen am starren Rotor – Wuchtmaschinen

Eine umfassende Behandlung von Wuchtmaschinen würde den Rahmen dieses Buches sprengen, trotzdem sind einige Bemerkungen und Feststellungen im Zusammenhang mit dem Wuchten angebracht.

7.1 Messung der Lagerunwucht

Der Wuchtingenieur interessiert sich vor allem für die KU, die er einsetzen muß. Leider kann er sie nicht direkt aus den Lagermessungen entnehmen, denn letztere sind nur für konstante Werte Ω, ω^2, c und d proportional der Unwucht U_L, wie folgendes Beispiel, das Abschn. 6.1 entnommen ist, zeigt (starrer Rotor im Spezialfall isotroper Lager). Nach (6.17) gilt

$$\underline{r}(t) = \underline{R}_1 \, e^{i\Omega t}, \quad \underline{R} = R_1 \, e^{i\varphi}, \quad \omega = \pm\sqrt{\frac{c}{m_L}};$$

$$R_1 = \varepsilon_L \frac{\Omega^2}{\sqrt{(\omega^2 - \Omega^2)^2 + (d\,\Omega)^2}}; \quad \tan\varphi = \frac{-d\,\Omega}{\omega^2 - \Omega^2};$$

oder umgeformt

$$R_1 = U_L \frac{\Omega^2/c}{\sqrt{(1 - \Omega^2/\omega^2)^2 + (d\Omega/\omega^2)^2}}; \quad (U_L = \varepsilon_L m_L), \tag{7.1}$$

wobei die Konstanten c und d nur von der Lagerung abhängen und *nicht* vom Rotor selbst.

Wird nun ein spezifischer Rotor mit der Masse m_L bei einer bestimmten Winkelgeschwindigkeit Ω gemessen, ist der Klammerausdruck in (7.1) konstant und als Proportionalitätsfaktor zwischen Ausschlag R_1 und Unwucht U_L zu verstehen. Wird ein anderer Rotor mit anderer Masse bei einer anderen Winkelgeschwindigkeit gemessen, hat sich der Proportionalitätsfaktor geändert, er ist keine Invariante.

Der Umstand, daß die Proportionalitätskonstante für jeden Rotor neu bestimmt werden muß, ist und war seit jeher unbefriedigend. Man hat deshalb schon früh nach Möglichkeiten gesucht, dieses umständliche Verfahren für starre Rotoren zu vereinfachen oder zu umgehen.

Es sind hauptsächlich drei Methoden, die sich besonders für Wuchtmaschinen aufdrängen. Sie werden im folgenden kurz beschrieben.

7.1.1 Verfahren der Resonanzmessung

Es ist die älteste Methode des Wuchtens und wurde früher ohne Meßinstrumente durchgeführt.

Die Resonanzamplitude beträgt nach (6.19) für isotrope Lagerung

$$R_{1\,\mathrm{Res}} = \varepsilon_{\mathrm{L}} Q, \quad Q = \frac{\omega}{d} \tag{7.2}$$

und mit (6.5), $\omega^2 = c/m_{\mathrm{L}}$, $d = b/m_{\mathrm{L}}$ sowie $U_{\mathrm{L}} = \varepsilon_{\mathrm{L}} m_{\mathrm{L}}$

$$R_{1\,\mathrm{Res}} = U_{\mathrm{L}} \left(\frac{1}{b} \sqrt{\frac{c}{m_{\mathrm{L}}}} \right). \tag{7.3}$$

Der Proportionalitätsfaktor – die runde Klammer – ist wegen m_{L} abhängig vom individuellen Rotor. Man wird daher nicht um eine Eichung herumkommen. Sie besteht darin, daß eine bekannte Unwucht U aufgelegt und der Resonanzausschlag $R_{1\,\mathrm{Res}}$ gemessen wird. Nach (7.3) gilt dann

$$\left(\frac{1}{b} \sqrt{\frac{c}{m_{\mathrm{L}}}} \right) = \frac{R^{\alpha}_{1\,\mathrm{Res}}\,(\text{gemessen})}{U\,(\text{bekannt})} = \alpha. \tag{7.4}$$

Für jeden andern, aber gleichen Rotor – z. B. aus einer Serie – kann mit einer einzigen Messung von $R_{1\,\mathrm{Res}}$ aus (7.3) und (7.4) die Unwucht U_{L} gefunden werden

$$U_{\mathrm{L}} = \frac{R_{1\,\mathrm{Res}}}{\alpha}. \tag{7.5}$$

Die Phase φ braucht nicht unbedingt gemessen zu werden, da in der Resonanz die Unwucht dem Ausschlag um einen rechten Winkel voreilt, Abb. 6.5, und zwar um so genauer, je kleiner die Dämpfung b oder je größer der Q-Faktor ist.

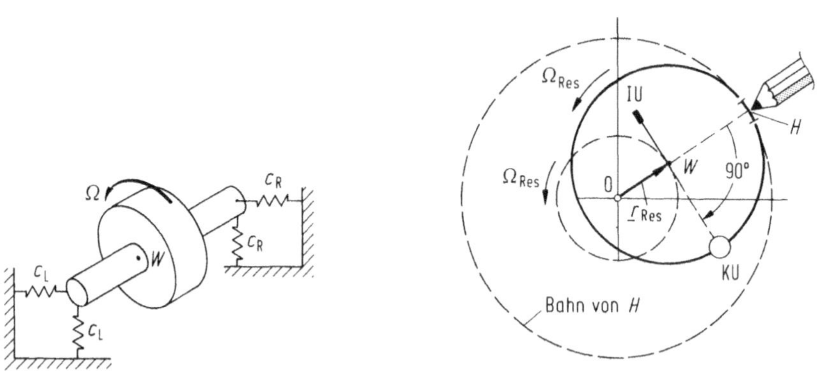

Abb. 7.1. Historisches Wuchten von starren Rotoren in isotropen Lagern ohne Meßinstrumente. H hoher Punkt; Ω_{Res} Resonanzwinkelgeschwindigkeit; r_{Res} Auslenkung in der Resonanz

Für einen andern Rotor – aus einer anderen Serie – ist die Eichung zu wiederholen.

Der *Vorteil* der Resonanzmeßmethode besteht einerseits darin, daß in der Resonanz die Amplitude relativ groß ist – für ältere Meßinstrumente vorteilhaft – und andererseits darin, daß die Phase nicht unbedingt gemessen werden muß. Die Methode wurde früher verwendet, um ohne Meßinstrumente eine statische Wuchtung durchzuführen, s. nächsten Untertitel.

Der *Nachteil* der Methode besteht in der Problematik der genauen Messung – Messung der genauen Resonanzspitze; eventuell fehlende Phasenmessung – und in der Notwendigkeit die Resonanzdrehzahl zu erreichen. Große Ausschläge und niedere Resonanzdrehzahlen können allerdings durch eine weiche Lagerung (c klein) in einer Wuchtmaschine erreicht werden, nicht aber in betriebseigenen Lagern. Die Methode der Resonanzmessung ist heute überholt.

Historisches Wuchten ohne Meßinstrumente

Das Verfahren wurde früher zum statischen Wuchten einfacher Rotoren in isotropen Wuchtständern benützt. Nach Abb. 7.1 wurde der Rotor in die Resonanzdrehzahl gefahren, wobei der sogenannte hohe Punkt H einen Kreis beschrieb als äußerste Kontur des Rotors. Eine Kreide wurde von außen sorgfältig an den drehenden Rotor gehalten, so daß ein Strich am hohen Punkt entstand. Entgegen der Drehrichtung wurde um 90° versetzt eine KU angebracht und solange in der Größe variiert, bis die Auslenkung genügend klein war.

7.1.2 Verfahren der Wegmessung
(„Weiche", wegmessende Auswuchtmaschinen)[1]

Die Amplitude R_1 des Ausschlags (6.17) kann auch wie folgt geschrieben werden

$$R_1 = \varepsilon_L \frac{\Omega^2}{\sqrt{(\omega^2 - \Omega^2)^2 + (d\Omega)^2}} = \varepsilon_L \frac{1}{\sqrt{\left(\frac{\omega^2}{\Omega^2} - 1\right)^2 + \left(\frac{d}{\Omega}\right)^2}}. \tag{7.6}$$

Für sehr großes „überkritisches" Ω kann ω^2/Ω^2 gegen 1 vernachlässigt werden und (7.6) wird

$$R_1 \approx \varepsilon_L \frac{1}{\sqrt{1 + d^2/\Omega^2}}. \tag{7.7}$$

Für kleine Dämpfung d und großes Ω ist im allgemeinen $d^2/\Omega^2 \ll 1$, so daß (7.7)

$$R_1 \approx \varepsilon_L = \varepsilon_L m_L \left(\frac{1}{m_L}\right) = U_L \left(\frac{1}{m_L}\right); \quad (U_L = \varepsilon_L m_L) \tag{7.8}$$

wird. Das gleiche Ergebnis würde man mit $\lim\limits_{\Omega \to \infty} R_1$ aus (7.6) erhalten.

[1] Überkritische Auswuchtmaschinen, auch Schwinglager-Auswuchtmaschinen genannt: Eine Auswuchtmaschine, deren Wuchtdrehzahl über der Eigenschwingungszahl des aus dem Rotor und seiner Lagerung bestehenden Systems liegt.

Man mißt also die bloße Exzentrizität, d.h. eine Länge, deshalb der Name „*Weg*"*messung*.

Zum Wuchten eines individuellen Rotors bei relativ großem Ω ist ein Testlauf, d.h. eine Eichung unerläßlich. Mit einer bekannten Unwucht U wird der Ausschlag R_1^β bei großem Ω gemessen und die „Konstante" $(1/m_L)$ ermittelt.

$$\left(\frac{1}{m_L}\right)=\frac{R_1^\beta\,(\text{gemessen})}{U\,(\text{bekannt})}=\beta. \tag{7.9}$$

Für einen andern aber gleichen Rotor kann mit einer neuen Messung von R_1 aus (7.8) die erforderliche Unwucht bestimmt werden

$$U_L=\frac{R_1}{\beta}. \tag{7.10}$$

Eine Phasenmessung ist empfehlenswert, weil nicht bei $\Omega=\infty$ gemessen wird, sondern bei einem endlichen Verhältnis Ω/ω. Für $\Omega=\infty$ ist $\varphi=-180°$.

Für eine Serie gleicher Rotoren genügt eine einzige Eichung. Für jeden andern, nicht gleichen Rotor, ist eine weitere Eichung nötig.

Der einzige *Vorteil* der Methode besteht darin, daß die Meßdrehzahl nicht exakt eingehalten werden muß, denn im weit überkritischen Bereich der Meßrichtung ist die Variation der Amplituden mit der Drehzahl gering (Abb. 7.2a).

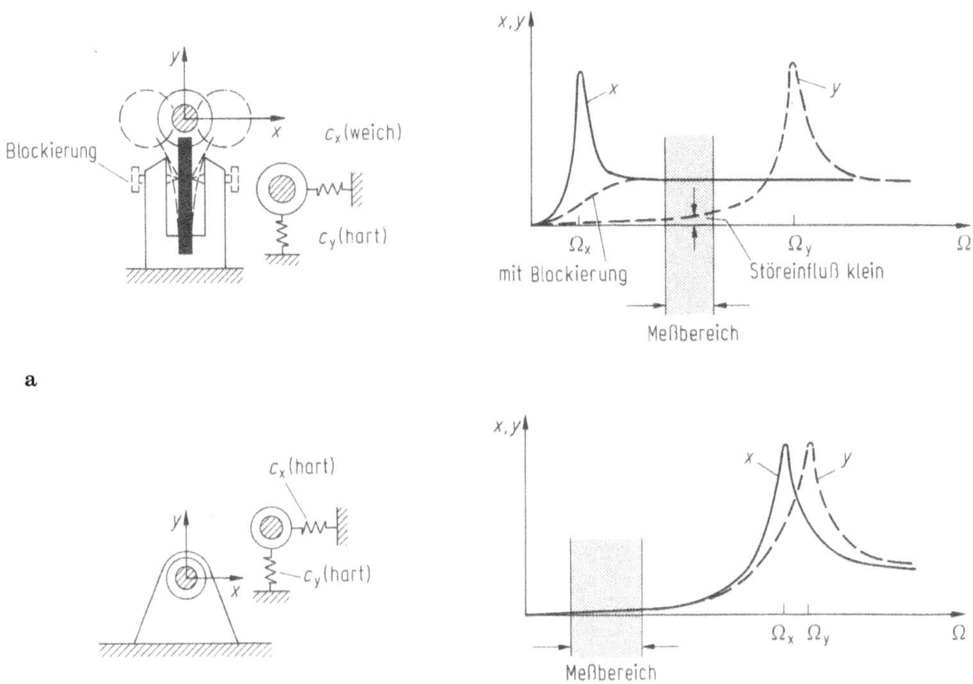

a

b

Abb. 7.2. Weg- und Kraftmessung in Wuchtmaschinen. **a** Wegmessung in horizontal „weicher" Lagerung; **b** Kraftmessung in „harter", fast isotroper Lagerung

Der große *Nachteil* ist aber, daß der Rotor durch die erste Resonanz oder erste kritische Drehzahl gefahren werden muß, was bei stark unwuchtigen Rotoren im ersten Anlauf unter Umständen nicht gelingt.

Wegmessende, „weiche" Auswuchtmaschinen größerer Bauart werden praktisch nicht mehr gebaut.

Dieser Maschinentyp findet noch in kleinerer Ausführung Verwendung beim hochtourigen Auswuchten von Luftfahrtkreiseln, Abb. 7.3a und b, oder beim niedrigtourigen Auswuchten von kleinen Rotoren elektrischer Maschinen in der Serienfertigung.

7.1.3 Verfahren der Kraftmessung
(„Harte", kraftmessende Auswuchtmaschinen)[2]

Die Amplitude R_1 des Ausschlags kann mit (6.17) auch geschrieben werden

$$R_1 = \varepsilon_L \frac{\Omega^2}{\sqrt{(\omega^2 - \Omega^2)^2 + (d\,\Omega)^2}} = \varepsilon_L \frac{\Omega^2/\omega^2}{\sqrt{\left(1 - \dfrac{\Omega^2}{\omega^2}\right)^2 + \left(\dfrac{d\,\Omega}{\omega^2}\right)^2}}. \tag{7.11}$$

Mißt man bei sehr kleinen Winkelgeschwindigkeiten, genauer bei sehr kleinem Ω relativ zu ω, so wird aus (7.11) mit $\Omega^2/\omega^2 \to 0$

$$R_1 = \varepsilon_L \frac{\Omega^2}{\omega^2} = \varepsilon_L \frac{\Omega^2}{c/m_L} = \varepsilon_L m_L \frac{\Omega^2}{c} = U_L \left(\Omega^2 \frac{1}{c}\right) = F_L \frac{1}{c} \tag{7.12}$$

$$(U_L = \varepsilon_L m_L;\; F_L = \varepsilon_L m_L \Omega^2)$$

und schließlich

$$U_L = R_1 \frac{c}{\Omega^2}. \tag{7.13}$$

Multipliziert man R_1 mit der Federkonstanten c der Lagerung, erhält man offenbar die Lagerkraft F_L, daher der Name „*Kraft*"methode.

Sie ist die einzige Methode, die keine Eichung braucht, wenn die Steifigkeit c der Lagerung bekannt ist, was bei Wuchtmaschinen vorausgesetzt werden darf.

Als Wuchtmaschinen für elastische Rotoren kommen heute nur „hart" gelagerte, kraftmessende Wuchtmaschinen in Frage.

Die Lager sind dann nahezu isotrop elastisch und somit die kritischen Drehzahlen in beiden Richtungen nicht stark verschieden, Abb. 7.2b.

Eine Phasenmessung ist empfehlenswert, da die Winkelgeschwindigkeit Ω bei der Messung nie unendlich kleiner als die Resonanzwinkelgeschwindigkeit ω ist und somit die Phase nicht exakt Null wird.

Der *Vorteil* der Kraftmethode liegt auf der Hand. Sie braucht keine Eichung, sofern in einer Wuchtmaschine mit bekannter Lagersteifigkeit gemessen wird. In betriebs-

---

[2] Unterkritische Auswuchtmaschinen, auch Hartlager-Auswuchtmaschinen genannt: Eine Auswuchtmaschine, deren Auswuchtdrehzahl unterhalb der Eigenschwingungszahl des aus dem Rotor und seiner Lagerung bestehenden Systems liegt.

a
b
d
c
e

eigenen Lagern ist selbstverständlich eine *einmalige* Eichung zur Ermittlung des c-Werts der Lagerung – unabhängig von den Rotoren – erforderlich.

Weitere Vorteile der starren Lagerung sind die betriebsähnlicheren Lager bei höheren Drehzahlen. In Abb. 7.3c und d sind zwei „harte" Auswuchtmaschinen dargestellt.

Der *Nachteil* der Methode liegt einerseits in der Messung kleiner Amplituden bedingt durch eine relativ kleine Winkelgeschwindigkeit Ω und andererseits in der notwendigen genauen Trennung der x- und y-Meßrichtung bei nahezu isotroper Lagerúng, was nur mit selektiven (teuren) Meßinstrumenten möglich ist.

Um den *Fehler* der Kraftmessung abzuschätzen sei vorausgesetzt, daß die Meßdrehzahl bei 30%! der kritischen Drehzahl liege. Das Verhältnis Ω/ω ist dann 0,30. Der Q-Wert sei 10, so daß nach (6.19) $d=\omega/Q$ und nach (7.11)

$$R_1=\varepsilon_L \frac{\Omega^2/\omega^2}{\sqrt{\left(1-\frac{\Omega^2}{\omega^2}\right)^2+\left(\frac{\Omega}{\omega Q}\right)^2}}=\varepsilon_L m_L \Omega^2 \frac{1}{c} \frac{1}{\sqrt{\left(1-\frac{\Omega^2}{\omega^2}\right)^2+\left(\frac{\Omega}{\omega Q}\right)^2}} \tag{7.14}$$

wird. Mit $F_L=\varepsilon_L m_L \Omega^2=U_L \Omega^2$ gilt

$$c R_1=F_L \frac{1}{\sqrt{\left(1-\frac{\Omega^2}{\omega^2}\right)^2+\left(\frac{\Omega}{\omega Q}\right)^2}}. \tag{7.15}$$

Setzt man obige numerische Werte ein, wird theoretisch genau

$$\underline{c R_1}=F_L \frac{1}{\sqrt{(1-0{,}3^2)^2+\left(\frac{0{,}3}{10}\right)^2}}=\underline{F_L\ 1{,}0983.} \tag{7.16}$$

Wird (7.12) für die Kraftmessung benutzt

$$R_1=\varepsilon_L \frac{\Omega^2}{\omega^2}=\varepsilon_L m_L \Omega^2 \frac{1}{c}=F_L \frac{1}{c}, \tag{7.17}$$

ist

$$\underline{c R_1=F_L.} \tag{7.18}$$

◁

Abb. 7.3. a Kleiner Kreisel auf wegmessender, „weicher", Auswuchtmaschine mit Laserausgleich (Abtrag von Material am hohen Punkt im Lauf). Fa. Schenck, Darmstadt; **b** Auswuchten von Kreiseln in der Serie auf wegmessender, „weicher", Auswuchtmaschine. Fa. Schenck, Darmstadt; **c** Große kraftmessende, „harte", Auswuchtmaschine kombiniert mit Vacuum-Schleuderanlage. KWU Turbine, Siemens; **d** Große kraftmessende, „harte", Auswuchtmaschine kombiniert in Vacuum-Schleuderanlage. BBC Generatorrotor; **e** Große Universalwuchtmaschine mit Saugventilator. Nagahama, Japan

Der Vergleich von (7.16) und (7.18) ergibt somit einen Fehler der Kraftmessung von ca. 10%. Der Phasenwinkelfehler ergibt sich unter gleichen Voraussetzungen nach (6.17)

$$\tan\varphi = \frac{\operatorname{Im}\underline{R}_1}{\operatorname{Re}\underline{R}_1} = -d\,\frac{\Omega}{\omega^2-\Omega^2} = -d\,\frac{\Omega/\omega^2}{1-\Omega^2/\omega^2}$$

$$= -\frac{\omega}{Q}\,\frac{\Omega/\omega^2}{1-\Omega^2/\omega^2} = -\frac{1}{Q}\,\frac{\Omega/\omega}{1-\Omega^2/\omega^2} = -\frac{1}{10}\,\frac{0{,}3}{(1-0{,}3^2)} = -0{,}033$$

$$\rightarrow \underline{\varphi = -0{,}033\ \text{rad} \mathrel{\hat{=}} -1{,}89^\circ} \qquad (7.19)$$

und ist somit unbedeutend.

7.1.4 Universalwuchtmaschinen

Große Universalwuchtmaschinen sind solche, die einen möglichst großen Bereich an Rotorgewichten und Rotordimensionen überdecken. Sie werden auch gelegentlich zum hochtourigen Auswuchten wellenelastischer Rotoren bei nicht zu hohen Rotorumfangsgeschwindigkeiten und Gewichten benützt (typisch: Gewicht $G_{\max} = 10\,\text{t}$, Drehzahl $n_{\max} = 3000\,\text{l/min}$).

Heute werden für diesen universellen Zweck nur noch kraftmessende „harte" Auswuchtmaschinen eingesetzt.

In Abb. 7.3e ist eine große Universalwuchtmaschine dargestellt.

7.2 Transformation der Lagerunwucht in die WE

Nachdem die Lagerunwucht nach Abschn. 7.1 gemessen wurde, kann sie auf zwei beliebige WE transformiert werden. Die Lagerunwucht ist als IU und die beiden Unwuchten in den gewünschten WE sind als KU aufzufassen. Zur Transformation kann das Gleichungssystem (4.1) verwendet werden.

Beispiel 1

Gegeben (d.h. gemessen) sei: Zwei IU $\underline{U}_{\varepsilon 1}$ und $\underline{U}_{\varepsilon 2}$ in den Lagerebenen E_L und E_R.
Gesucht: KU $\underline{U}_1$ und $\underline{U}_2$ in den WE E_1 und E_2.

In Kap. 5, Beispiel 1, wurden aus den Unwuchten in E_1 und E_2, Abb. 5.1 folgende KU in den Lagerebenen ermittelt

$$U_\text{L} = -3U\left(1-\frac{4}{3}\frac{a}{l}\right); \qquad U_\text{R} = U\left(1-4\frac{a}{l}\right).$$

Wir wollen nun dieses Resultat als gemessene, d.h. gegebene Unwuchten auffassen und rückwärts verifizieren, ob tatsächlich die ursprünglich vorgegebenen Unwuchten in E_1 und E_2 erhalten werden.

Faßt man die KU als gemessene IU in den Lagern auf, so ist ihr Vorzeichen zu ändern. Die IU lauten somit

$$\underline{U}_{\varepsilon 1} = -U_\text{L} \quad \text{und} \quad \underline{U}_{\varepsilon 2} = -U_\text{R}.$$

Mit $z_1=0$; $z_2=L$; $z_{\varepsilon 1}=-a$; $z_{\varepsilon 2}=L+a$ und $\sum_k \underline{U}_{\varepsilon k}=(-U_L)+(-U_R)=2U$; $\sum_k \underline{U}_{\varepsilon k} z_{\varepsilon k}=(-U_L)(-a)+(-U_R)(L+a)=-UL$ erhält man nach (3.48) folgendes Gleichungssystem für die gesuchten Unbekannten $\underline{U}_1$ und $\underline{U}_2$

$$\begin{bmatrix} 1 & 1 \\ 0 & L \end{bmatrix} \begin{bmatrix} \underline{U}_1 \\ \underline{U}_2 \end{bmatrix} = -U \begin{bmatrix} 2 \\ -L \end{bmatrix},$$

mit der Lösung

$$\underline{U}_1 = U_1 = \underline{-3U} \quad \text{und} \quad \underline{U}_2 = U_2 = \underline{+U.}$$

Dies sind exakt die KU für die ursprünglich vorausgesetzten IU.

Beispiel 2

Gegeben (bzw. gemessen): Zwei IU $\underline{U}_{\varepsilon 1}$ und $\underline{U}_{\varepsilon 2}$ in den Lagerebenen E_L und E_R.
Gesucht: KU in den WE E_1 und E_2.

Im Kap. 5, Beispiel 6, wurden aus den Unwuchten in E_1 und E_2, Abb. 5.5, folgende KU in den Lagern ermittelt

$$\underline{U}_L = -\frac{11}{14} U_1 - \mathrm{i}\frac{5}{14} U_2; \quad \underline{U}_R = -\frac{3}{14} U_1 - \mathrm{i}\frac{9}{14} U_2.$$

Faßt man die KU als gemessene IU in den Lagern auf, so ist ihr Vorzeichen zu ändern.

Geht man nun von den IU $\underline{U}_{\varepsilon 1}=(-U_L)$ und $\underline{U}_{\varepsilon 2}=(-U_R)$ aus, so gilt mit $z_1=0$; $z_2=14$; $z_{\varepsilon 1}=2$; $z_{\varepsilon 2}=16$ und $\sum_k \underline{U}_{\varepsilon k}=(-U_L)+(-U_R)=U_1+\mathrm{i}U_2$;
$\sum_k \underline{U}_{\varepsilon k} z_{\varepsilon k}=(-U_L)\,2+(-U_R)\,16=5U_1+\mathrm{i}\,11\,U_2$ nach (4.1)

$$\begin{bmatrix} 1 & 1 \\ 0 & 14 \end{bmatrix} \begin{bmatrix} \underline{U}_1 \\ \underline{U}_2 \end{bmatrix} = -\begin{bmatrix} U_1+\mathrm{i}U_2 \\ 5U_1+\mathrm{i}\,11\,U_2 \end{bmatrix},$$

mit der Lösung

$$\underline{\underline{U}_1 = -\frac{9}{14} U_1 - \mathrm{i}\frac{3}{14} U_2}; \quad \underline{\underline{U}_2 = -\frac{5}{14} U_1 - \mathrm{i}\frac{11}{14} U_2}.$$

Die Lösung ist identisch mit derjenigen in Kap. 5, Beispiel 6a.

Diese zwei Beispiele sollen genügen, um zu zeigen, daß durch Messung der Lagerunwucht die KU in zwei beliebigen Ebenen eindeutig bestimmt werden können.

Im übrigen erfolgt die Transformation der gemessenen Unwuchten in zwei WE bei modernen Wuchtmaschinen automatisch durch eingebaute Rechner und Justierung der Ableseskalen, so daß $\underline{U}_1$ und $\underline{U}_2$ direkt abgelesen werden können.

Zusammenfassend bezüglich Wuchtmaschinen ist festzuhalten:

Starre Rotoren können sowohl in einer „weichen", wegmessenden Wuchtmaschine oder aber bei niedrigen Drehzahlen in einer „harten", kraftmessenden Wuchtmaschine gewuchtet werden. Elastische Rotoren sind mit wenigen Ausnahmen in kraftmessenden Wuchtmaschinen zu wuchten. Ausnahmen sind quasi-starre Rotoren nach Kap. 10 oder Abschn. 22.1.3.

2. Teil: Modales Wuchten elastischer Rotoren

Der zweite Teil umfaßt das ganze Gebiet des modalen Wuchtens elastischer Rotoren mit der Unterteilung in Lavalwelle, Mehrscheibenwelle und kontinuierliche Rotoren, wobei die Lavalwelle, als Ausnahme, nicht modal gewuchtet werden muß.

A. Lavalwelle

Kapitel 8 behandelt das Wuchten der geraden und krummen Lavalwelle mit und ohne IU in der isotropen und anisotropen Lagerung sowie in der Gleitlagerung. Es werden Einflüsse wie diejenige der Lagerelastizität auf die Resonanzdrehzahl und der Wellenelastizität auf die Anisotropie diskutiert. Unter anderem wird gezeigt, unter welchen Bedingungen ein krummer Rotor durch Massenkorrektur gewuchtet werden kann.

In Kapitel 9 wird das Wuchten der schiefstehenden Lavalwelle gezeigt und im Abschn. 9.9 der Einfluß des Eigengewichts auf das Schwingverhalten des Rotors eingeschoben.

Kapitel 10 befaßt sich mit der Grenze des Wuchtens starrer Rotoren bei höheren Drehzahlen. Es werden drei verschiedene Kriterien diskutiert. Damit ergeben sich drei ähnliche Diagramme, welche die Grenzdrehzahl in Abhängigkeit vom Lagerkraftfehler, vom Steifigkeitsverhältnis Welle/Lager und von der bezogenen Drehzahl, wiedergeben.

8 Wuchten der krummen Lavalwelle

8.1 Die krumme Lavalwelle in radial-isotroper Lagerung – Äußere Dämpfung an der Scheibe

Die Welle, Abb. 8.1, habe durch das Aufschrumpfen der Scheibe einen „Knick" bekommen oder sei aus einem andern Grund krumm. Die Abweichung von der Lagerachse sei $\underline{\varepsilon}_0^{\varrho}$. Eine Exzentrizität des Massenmittelpunktes S sei vorerst nicht vorausgesetzt. Die Unwucht ist somit $\underline{U}_0^{\varrho} = m\underline{\varepsilon}_0^{\varrho}$, wenn m die Masse der Scheibe bedeutet. Diese Unwucht kann auch durch eine von außen aufgebrachte Masse M (im Abstand $\underline{R}$ vom Punkt W der Biegelinie) erzeugt werden, so daß eine Exzentrizität

$$\underline{\varepsilon}^{\varrho} = \frac{M\underline{R}}{m}$$

und eine Massenunwucht

$$\underline{U}^{\varrho} = \underline{\varepsilon}^{\varrho} m = M\underline{R}$$

entsteht. Abbildung 8.2 zeigt eine gerade Welle mit dieser Exzentrizität.

Gefragt wird, in welcher Weise die Krümmung durch eine Massenunwucht kompensiert, d.h. gewuchtet werden kann.

Die Antwort darauf gibt die Überlagerung der Resultate aus beiden Systemen der Abb. 8.1 und 8.2. Es ist jedoch sinnvoll, die beiden Systeme getrennt zu behandeln.

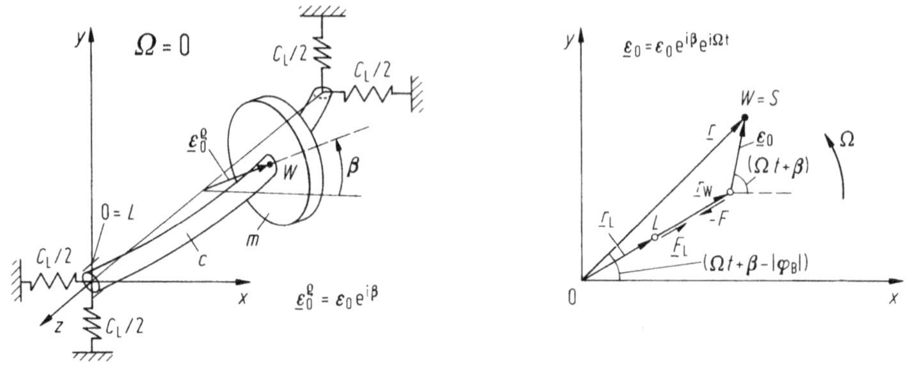

Abb. 8.1. Krumme Lavalwelle auf isotroper Lagerung ohne Massenunwucht

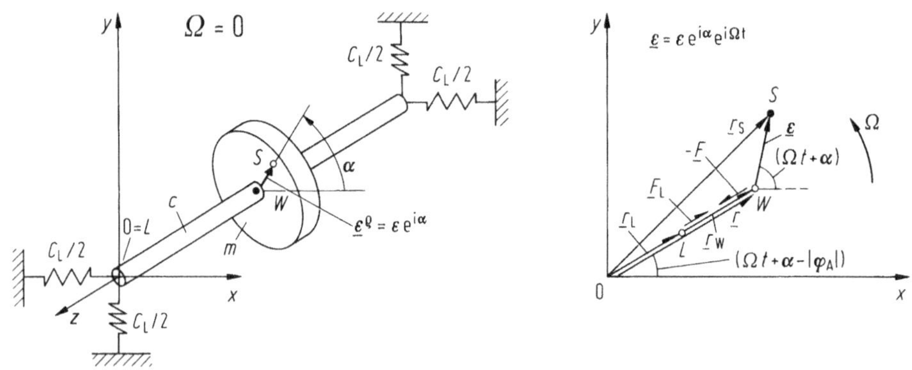

Abb. 8.2. Gerade Lavalwelle mit Massenunwucht

8.1.1 Die gerade Welle mit Massen-Exzentrizität, (-Unwucht)

Im rotierenden System sei die Exzentrizität $\underline{\varepsilon}^\varrho = \varepsilon e^{i\alpha}$, s. Abb. 8.2. Im ortsfesten System ist sie dann mit (2.1)

$$\underline{\varepsilon} = \underline{\varepsilon}^\varrho e^{i\Omega t} = \varepsilon e^{i\alpha} e^{i\Omega t} = \varepsilon e^{i(\Omega t + \alpha)}. \tag{8.1}$$

Die elastische Führungskraft $\underline{F}$ – als äußere Kraft auf die Scheibe wirkend – ist mit der Federkonstanten c der Welle proportional der elastischen Auslenkung $\underline{r}_W$ der Welle

$$\begin{aligned} \underline{F} &= c\underline{r}_W \quad \text{und mit} \quad \underline{r}_W = \underline{r} - \underline{r}_L, \\ \underline{F} &= c(\underline{r} - \underline{r}_L). \end{aligned} \tag{8.2}$$

Die elastische Lagerkraft $\underline{F}_L$ für zwei identische Lager mit den Federkonstanten $c_L/2$ ist

$$\underline{F}_L = c_L \underline{r}_L. \tag{8.3}$$

Das Gleichgewicht im Punkt L ergibt

$$\underline{F} = \underline{F}_L \tag{8.4}$$

und somit

$$c(\underline{r}-\underline{r}_{\mathrm{L}})=c_{\mathrm{L}}\underline{r}_{\mathrm{L}} \rightarrow \underline{r}_{\mathrm{L}}=\frac{c}{c+c_{\mathrm{L}}}\,\underline{r},$$

woraus $\underline{r}_{\mathrm{L}}$ in (8.2) eliminiert werden kann. Es wird dann

$$\underline{F}=c\left(\underline{r}-\frac{c}{c+c_{\mathrm{L}}}\,\underline{r}\right)=\left(\frac{c\,c_{\mathrm{L}}}{c+c_{\mathrm{L}}}\right)\underline{r}=c'\,\underline{r}, \tag{8.5}$$

wobei $c'=c\,c_{\mathrm{L}}/(c+c_{\mathrm{L}})$ die Federkonstante zweier hintereinander geschalteter Federn bedeutet[1].

Eine zweite äußere Kraft ist die Dämpfungskraft. Sie sei proportional der Geschwindigkeit $\dot{\underline{r}}$ des Scheibenmittelpunkts W und greife in Punkt W an.

$$\underline{r}_{\mathrm{b}}=b\,\dot{\underline{r}}. \tag{8.6}$$

Der Massenmittelpunktsatz[2] liefert mit den beiden einzigen äußeren Kräften $\underline{F}$ und $\underline{F}_{\mathrm{b}}$

$$m\ddot{\underline{r}}_{\mathrm{S}}=-\underline{F}-\underline{F}_{\mathrm{b}} \quad \text{oder} \quad \ddot{\underline{r}}_{\mathrm{S}}+\frac{1}{m}\,\underline{F}+\frac{1}{m}\,\underline{F}_{\mathrm{b}}=0$$

und mit

$$\underline{r}_{\mathrm{S}}=\underline{r}+\underline{\varepsilon}=\underline{r}+\varepsilon\,\mathrm{e}^{\mathrm{i}(\Omega t+\alpha)};\quad \ddot{\underline{r}}_{\mathrm{S}}=\ddot{\underline{r}}-\omega^2\varepsilon\,\mathrm{e}^{\mathrm{i}(\Omega t+\alpha)} \tag{8.7}$$

auch

$$\ddot{\underline{r}}+\frac{1}{m}\,\underline{F}+\frac{1}{m}\,\underline{F}_{\mathrm{b}}=\varepsilon\,\Omega^2\,\mathrm{e}^{\mathrm{i}(\Omega t+\alpha)}.$$

Mit (8.5), (8.6) und den Abkürzungen

$$\frac{b}{m}=d;\quad \frac{c'}{m}=\omega'^2, \tag{8.8}$$

auch

$$\underline{\ddot{\underline{r}}+d\,\dot{\underline{r}}+\omega'^2\,\underline{r}=\varepsilon\,\Omega^2\,\mathrm{e}^{\mathrm{i}(\Omega t+\alpha)}=\underline{f}(t)}, \tag{8.9}$$

oder durch Trennung von Re- und Im-Teil in Komponentenform mit $\underline{r}=x+\mathrm{i}\,y$

$$\begin{aligned}&\ddot{x}+d\,\dot{x}+\omega'^2\,x=\varepsilon\,\Omega^2\cos(\Omega t+\alpha),\\ &\underline{\ddot{y}+d\,\dot{y}+\omega'^2\,y=\varepsilon\,\Omega^2\sin(\Omega t+\alpha).}\end{aligned} \tag{8.9'}$$

---

[1] $\frac{1}{c'}=\frac{1}{c}+\frac{1}{\mathrm{L}}=\frac{c+c_{\mathrm{L}}}{c\,c_{\mathrm{L}}}\rightarrow c'=\frac{c\,c_{\mathrm{L}}}{c+c_{\mathrm{L}}}$

[2] Der Drallsatz erübrigt sich aus folgendem Grund: Die Kräfte $\underline{F}$ und $\underline{F}_{\mathrm{b}}$ greifen zwar in W und nicht in S *an und erzeugen bei der Reduktion auf* S *somit ein Torsionsmoment* M_{S} in S. Nach dem Drallsatz gilt $\mathrm{d}D/\mathrm{d}t=\theta\,\mathrm{d}\Omega/\mathrm{d}t=M_{\mathrm{T}}$ mit D als Drall, θ als polarem Massenträgheitsmoment und M_{T} als äußerem Torsionsmoment. Wegen der Voraussetzung $\Omega=\mathrm{const}$ ist $\mathrm{d}\Omega/\mathrm{d}t=0$, woraus man schließt, daß $M_{\mathrm{T}}=0$ sein muß. M_{S} muß durch das Antriebsmoment M_{A} kompensiert werden: $M_{\mathrm{T}}=M_{\mathrm{A}}-M_{\mathrm{S}}=0$ für $M_{\mathrm{A}}=M_{\mathrm{S}}$.

Die partikuläre Lösung (erzwungene Schwingung) von (8.9) lautet

$$\underline{r}(t)=\underline{A}\,\mathrm{e}^{\mathrm{i}(\Omega t+\alpha)};\quad \underline{A}=A\,\mathrm{e}^{\mathrm{i}\varphi_A}\quad A=|\underline{A}|\,; \tag{8.10}$$

$$\underline{A}=\varepsilon\,\frac{\Omega^2}{\omega'^2-\Omega^2+\mathrm{i}d\Omega}=\varepsilon\Omega^2\,\frac{\omega'^2-\Omega^2-\mathrm{i}d\Omega}{(\omega'^2-\Omega^2)^2+(d\Omega)^2}$$

$$\underline{A}(\Omega=0)=0;\quad \underline{A}(\Omega=\omega')=-\mathrm{i}\varepsilon\omega'/d=-\mathrm{i}\varepsilon Q;\quad (d=\omega'/Q);$$

$$A=\varepsilon\,\frac{\Omega^2}{\sqrt{(\omega'^2-\Omega^2)^2+(d\Omega)^2}};$$

$$\tan\varphi_A=\frac{\operatorname{Im}\underline{A}}{\operatorname{Re}\underline{A}}=\frac{-d\Omega}{\omega'^2-\Omega^2}.$$

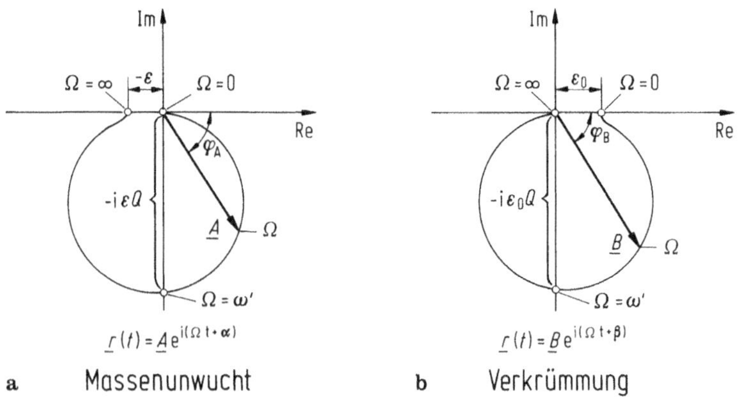

Abb. 8.3. Auslenkung $\underline{r}(t)$ der Lavalwelle (schematisch). **a** gerade Welle mit Massenunwucht, $\underline{A}$ Ortskurve; **b** krumme Welle ohne Massenunwucht, $\underline{B}$ Ortskurve

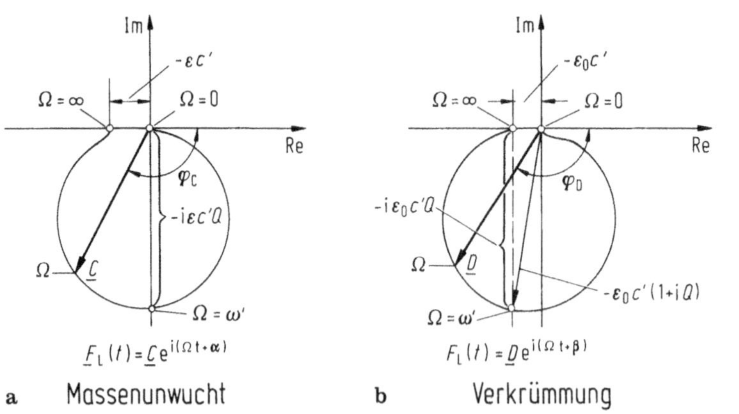

Abb. 8.4. Lagerkräfte $\underline{F}_L(t)$ der Lavalwelle (schematisch). **a** gerade Welle mit Massenunwucht, $\underline{C}$ Ortskurve; **b** krumme Welle ohne Massenunwucht, $\underline{D}$ Ortskurve

$\underline{A}$ ist in Abb. 8.3a skizziert. Für $\Omega=\infty$ ist $\underline{A}=A=-\varepsilon$, d.h. reell und negativ. Die Lagerachse geht durch den Massenmittelpunkt S (Selbstzentrierung der Lavalwelle), die Welle ist jedoch gebogen und rotiert mit zeitlich konstanter Biegespannung um die Lagerachse – s. auch [Sh, S. 502].

Das Verhältnis, Ausgang des Systems (Antwort) $\underline{r}(t)$ zum Eingang (Erregung) $\underline{f}(t)$, nennt man auch die Übertragungsfunktion $\underline{H}(\mathrm{i}\Omega)$

$$\underline{H}(\mathrm{i}\Omega)=\frac{\underline{r}(t)}{\underline{f}(t)}=\frac{\underline{A}\,\mathrm{e}^{\mathrm{i}(\Omega t+\alpha)}}{\varepsilon\Omega^2\,\mathrm{e}^{\mathrm{i}(\Omega t+\alpha)}}=\frac{\underline{A}}{\varepsilon\Omega^2}=\frac{1}{\omega'^2-\Omega^2+\mathrm{i}d\Omega}.$$

ω' ist die kritische Winkelgeschwindigkeit der isotrop elastisch gelagerten, elastischen Welle ohne Dämpfung, s. auch (6.22), Übertragungsfunktion der starren Welle.

Die *Lagerkraft* (beider Lager zusammen) kann aus (8.4) und (8.5) entnommen werden und beträgt

$$\underline{F}_{\mathrm{L}}(t)=c'\underline{r}=c'\underline{A}\,\mathrm{e}^{\mathrm{i}(\Omega t+\alpha)}=\underline{C}\,\mathrm{e}^{\mathrm{i}(\Omega t+\alpha)};\quad \underline{C}=c'\underline{A}=C\,\mathrm{e}^{\mathrm{i}\varphi_C}. \tag{8.11}$$

Mit $c'=\omega'^2 m$, $U=\varepsilon m$ und $d=\omega'/Q$

$$\underline{C}=(U\Omega^2)\frac{\omega'^2}{\omega'^2-\Omega^2+\mathrm{i}d\Omega}=(U\Omega^2)\frac{\omega'^2(\omega'^2-\Omega^2-\mathrm{i}d\Omega)}{(\omega'^2-\Omega^2)^2+(d\Omega)^2}$$

$$\underline{C}(\Omega=0)=0;\quad \underline{C}(\Omega=\omega')=-\mathrm{i}(U\omega'^2)\frac{\omega'}{d}=-\mathrm{i}(U\omega'^2)Q$$

$$=-\mathrm{i}\varepsilon\underline{c}'\Omega;\quad \underline{C}(\Omega=\infty)=-U\omega'^2=-\varepsilon c'$$

$$C=(U\Omega^2)\frac{\omega'^2}{\sqrt{(\omega'^2-\Omega^2)^2+(d\Omega)^2}};\quad \tan\varphi_C=\frac{\operatorname{Im}\underline{C}}{\operatorname{Re}\underline{C}}=\frac{-d\Omega}{(\omega'^2-\Omega^2)}.$$

$\underline{C}$ ist in Abb. 8.4a skizziert.

8.1.2 Die krumme Welle ohne Massen-Exzentrizität, (-Unwucht)

Im rotierenden System sei die Verkrümmung gegeben durch $\underline{\varepsilon}_0^g=\varepsilon_0\,\mathrm{e}^{\mathrm{i}\beta}$, s. Abb. 8.1. Im ortsfesten System ist dann mit (2.1)

$$\underline{\varepsilon}_0=\underline{\varepsilon}_0^g\,\mathrm{e}^{\mathrm{i}\Omega t}=\varepsilon_0\,\mathrm{e}^{\mathrm{i}\beta}\,\mathrm{e}^{\mathrm{i}\Omega t}=\varepsilon_0\,\mathrm{e}^{\mathrm{i}(\Omega t+\beta)}. \tag{8.12}$$

Die elastische Führungskraft $\underline{F}$ – als äußere Kraft auf die Scheibe wirkend – ist mit der Federkonstanten c der Welle proportional der elastischen Auslenkung $\underline{r}_{\mathrm{W}}$ der Welle

$$\underline{F}=c\underline{r}_{\mathrm{W}}\ \text{ und mit }\ \underline{r}_{\mathrm{W}}=\underline{r}-\underline{r}_{\mathrm{L}}-\underline{\varepsilon}_0,$$
$$\underline{F}=c(\underline{r}-\underline{r}_{\mathrm{L}}-\underline{\varepsilon}_0). \tag{8.13}$$

Die elastische Lagerkraft $\underline{F}_{\mathrm{L}}$ für zwei identische Lager mit den Federkonstanten $c_{\mathrm{L}}/2$ ist

$$\underline{F}_{\mathrm{L}}=c_{\mathrm{L}}\underline{r}_{\mathrm{L}}. \tag{8.14}$$

Das Gleichgewicht im Punkt L ergibt

$$\underline{F} = \underline{F}_{\mathrm{L}} \tag{8.15}$$

und somit

$$c(\underline{r} - \underline{r}_{\mathrm{L}} - \underline{\varepsilon}_0) = c_{\mathrm{L}} \underline{r}_{\mathrm{L}} \rightarrow \underline{r}_{\mathrm{L}} = \frac{c}{c + c_{\mathrm{L}}} (\underline{r} - \underline{\varepsilon}_0),$$

woraus $\underline{r}_{\mathrm{L}}$ in (8.13) eliminiert werden kann. Es wird dann

$$\underline{F} = c \left[\underline{r} - \frac{c}{c + c_{\mathrm{L}}} (\underline{r} - \underline{\varepsilon}_0) - \underline{\varepsilon}_0 \right] = \frac{c\, c_{\mathrm{L}}}{c + c_{\mathrm{L}}} (\underline{r} - \underline{\varepsilon}_0) = c'(\underline{r} - \underline{\varepsilon}_0), \tag{8.16}$$

wobei $c' = c\, c_{\mathrm{L}}/(c + c_{\mathrm{L}})$ wie in Abschn. 8.1.1 die Federkonstante zweier hintereinandergeschalteter Federn bedeutet. Die Dämpfungskraft, als zweite äußere Kraft, sei wie in (8.6)

$$\underline{F}_{\mathrm{b}} = b \dot{\underline{r}}. \tag{8.17}$$

Der Massenmittelpunktsatz liefert mit den äußeren Kräften $\underline{F}$ und $\underline{F}_{\mathrm{b}}$

$$m \ddot{\underline{r}} = -\underline{F} - \underline{F}_{\mathrm{b}} \quad \text{oder} \quad \ddot{\underline{r}} + \frac{1}{m} \underline{F} + \frac{1}{m} \underline{F}_{\mathrm{b}} = 0$$

und mit (8.16) und (8.17) sowie (8.12) und den Abkürzungen

$$\frac{b}{m} = d, \quad \frac{c'}{m} = \omega'^2,$$

auch

$$\underline{\ddot{r} + \omega'^2 \underline{r} + d \dot{\underline{r}} = \omega'^2 \varepsilon_0 \, \mathrm{e}^{\mathrm{i}(\Omega t + \beta)}}, \tag{8.18}$$

oder in Komponentenform ($\underline{r} = x + \mathrm{i}\, y$)

$$\begin{aligned} &\ddot{x} + d \dot{x} + \omega'^2 x = \varepsilon_0 \omega'^2 \cos(\Omega t + \beta); \\ &\underline{\ddot{y} + d \dot{y} + \omega'^2 y = \varepsilon_0 \omega'^2 \sin(\Omega t + \beta).} \end{aligned} \tag{8.18'}$$

Die partikuläre Lösung (erzwungene Schwingung) von (8.18) lautet

$$\begin{aligned} &\underline{r}(t) = \underline{B}\, \mathrm{e}^{\mathrm{i}(\Omega t + \beta)}; \quad \underline{B} = B\, \mathrm{e}^{\mathrm{i}\varphi_{\mathrm{B}}}; \quad B = |\underline{B}|; \\ &\underline{B} = \varepsilon_0 \frac{\omega'^2}{(\omega'^2 - \Omega^2 + \mathrm{i}\, d\Omega)} = \varepsilon_0 \omega'^2 \frac{\omega'^2 - \Omega^2 - \mathrm{i}\, d\Omega}{(\omega'^2 - \Omega^2)^2 + (d\Omega)^2}; \\ &\quad \underline{B}(\Omega = 0) = \varepsilon_0; \ \underline{B}(\Omega = \omega') = -\mathrm{i}\varepsilon_0 \frac{\omega'}{d} = -\mathrm{i}\varepsilon_0 Q; \ (d = \omega'/Q); \end{aligned} \tag{8.19}$$

$$B = \varepsilon_0 \frac{\omega'^2}{\sqrt{(\omega'^2 - \Omega^2)^2 + (d\Omega)^2}}; \ \tan \varphi_{\mathrm{B}} = \frac{\operatorname{Im} \underline{B}}{\operatorname{Re} \underline{B}} = \frac{-d\Omega}{\omega'^2 - \Omega^2} \left(\begin{matrix} \equiv \tan \varphi_{\mathrm{A}} \\ \text{vgl.}\,(8.10) \end{matrix} \right)$$

$\underline{B}$ ist in Abb. 8.3b skizziert. Man beachte, daß im Unterschied zu $\underline{A}(\Omega = 0) = 0$ hier $\underline{B}(\Omega = 0) = \varepsilon_0$ ist.

Die *Lagerkraft* (beider Lager zusammen) kann aus (8.15) und (8.16) entnommen werden und beträgt

$$\underline{F}_L(t) = c'(\underline{r} - \underline{\varepsilon}_0) = c'\underline{r} - c'\underline{\varepsilon}_0 = c'\underline{B}\,e^{i(\Omega t+\beta)} - c'\varepsilon_0\,e^{i(\Omega t+\beta)}$$
$$= c'(\underline{B} - \underline{\varepsilon}_0)\,e^{i(\Omega t+\beta)} = \underline{D}\,e^{i(\Omega t+\beta)};\quad \underline{D} = c'(\underline{B} - \underline{\varepsilon}_0) = D\,e^{i\varphi_D}. \tag{8.20}$$

Mit $c' = \omega'^2 m$ und $U_0 = \varepsilon_0 m$ wird

$$\underline{D} = (U_0\Omega^2)\frac{\omega'^2}{\Omega^2}\left(\frac{\omega'^2}{\omega'^2 - \Omega^2 + i d\Omega} - 1\right) = (U_0\Omega^2)\frac{\omega'^2}{\Omega^2}\,\frac{\Omega^2 - i d\Omega}{\omega'^2 - \Omega^2 + i d\Omega}$$

$$= (U_0\Omega^2)\frac{\omega'^2}{\Omega^2}\left[\frac{\Omega^2(\omega'^2 - \Omega^2) - (d\Omega)^2 - i d\Omega\omega'^2}{(\omega'^2 - \Omega^2)^2 + (d\Omega)^2}\right];$$

$$\underline{D}(\Omega = 0) = 0;\ \underline{D}(\Omega = \omega') = -U_0\omega'^2\left(1 + i\frac{\omega'}{d}\right) = -U_0\omega'^2(1 + iQ)$$

$$= -\varepsilon_0 c'(1 + iQ);\ (d = \omega'/Q);\ \underline{D}(\Omega = \infty) = -U_0\omega'^2 = -\varepsilon_0 c'$$

$$D = U_0\omega'^2\,\frac{\sqrt{[\Omega^2(\omega'^2 - \Omega^2) - (d\Omega)^2]^2 + (d\Omega\omega'^2)^2}}{(\omega'^2 - \Omega^2)^2 + (d\Omega)^2};$$

$$\tan\varphi_D = \frac{\operatorname{Im}\underline{D}}{\operatorname{Re}\underline{D}} = \frac{-d\Omega\omega'^2}{\Omega^2(\omega'^2 - \Omega^2) - (d\Omega)^2}.$$

$\underline{D}$ ist in Abb. 8.4b skizziert. Man beachte, daß wie $\underline{C}(\Omega = 0) = 0$ auch $\underline{D}(\Omega = 0) = 0$ ist. Die komplexe Darstellung von $\underline{A}$, $\underline{B}$, $\underline{C}$, $\underline{D}$ in Abb. 8.3 und 8.4 nennt man Ortskurven.

8.1.3 Wuchten der krummen Welle mit Massen-Exzentrizität, (-Unwucht)

Die Differentialgleichungen (8.9′) der geraden Welle mit Exzentrizität und (8.18′) für die krumme Welle ohne Exzentrizität sind in der homogenen Gleichung (rechte Seite Null) identisch. Die praktikularen Lösungen beider Gleichungen können deshalb überlagert werden. Die Differentialgleichung der krummen Welle *mit* Exzentrizität lautet folglich

$$\underline{\ddot{r}} + \omega'^2\underline{r} + d\underline{\dot{r}} = \varepsilon\Omega^2\,e^{i(\Omega t+\alpha)} + \omega'^2\varepsilon_0\,e^{i(\Omega t+\beta)} \tag{8.21}$$

und die partikuläre Lösung (erzwungene Schwingung) ist nach (8.10) und (8.19)

$$\underline{r}(t) = \underline{A}\,e^{i(\Omega t+\alpha)} + \underline{B}\,e^{i(\Omega t+\beta)}, \tag{8.22}$$

und die Lagerkraft (beider Lager zusammen) ist nach (8.11) und (8.20)

$$\underline{F}_L(t) = \underline{C}\,e^{i(\Omega t+\alpha)} + \underline{D}\,e^{i(\Omega t+\beta)}. \tag{8.23}$$

Man beachte, Abb. 8.3, daß die Auslenkungen $\underline{A}$ und $\underline{B}$ sich für $\Omega = 0$ unterscheiden. Die Auslenkung der krummen Welle ist schon im Stillstand $(\Omega = 0)$ vorhanden $[(\underline{B}(\Omega = 0) = \varepsilon_0]$, obschon noch keine Kräfte auf die Lager übertragen werden.

Für das Wuchten sind nach Definition nicht die Auslenkungen maßgebend, sondern die rotierenden Lagerkräfte.

Die anfänglich gestellte Frage, ob es durch Aufbringen einer Masse M, d.h. einer Unwucht $\underline{U}^{\varrho} = M\underline{R} = \underline{\varepsilon}^{\varrho} m$ möglich ist, die Initialkrümmung bzw. die IU $\underline{U}_0^{\varrho} = \underline{\varepsilon}_0^{\varrho} m$ im ganzen Betriebsbereich oder gar bei allen Drehzahlen zu kompensieren, kann anhand (8.23) beantwortet werden. Für eine vollständige Kompensation müßte die Lagerkraft $\underline{F}_{\mathrm{L}}(t)$ für alle Ω verschwinden. Es wäre zu fordern

$$\underline{F}_{\mathrm{L}}(t) = 0 \rightarrow \underline{C}\,\mathrm{e}^{\mathrm{i}(\Omega t + \alpha)} + \underline{D}\,\mathrm{e}^{\mathrm{i}(\Omega t + \beta)} = 0 \tag{8.24}$$

oder

$$\underline{C}\,\mathrm{e}^{\mathrm{i}\alpha} + \underline{D}\,\mathrm{e}^{\mathrm{i}\beta} = 0 \rightarrow \underline{C}\,\mathrm{e}^{\mathrm{i}\alpha} = -\underline{D}\,\mathrm{e}^{\mathrm{i}\beta}$$

und mit $\underline{C}$ und $\underline{D}$ nach (8.11) und (8.20)

$$(U\Omega^2)\,\omega'^2 \frac{1}{N}\,\mathrm{e}^{\mathrm{i}\alpha} = -(U_0\Omega^2)\,\frac{\omega'^2}{\Omega^2}\left(\frac{\Omega^2 - \mathrm{i}d\Omega}{N}\right)\mathrm{e}^{\mathrm{i}\beta}. \tag{8.24'}$$

$$(N = \omega'^2 - \Omega^2 + \mathrm{i}d\Omega; \quad U = \varepsilon m; \quad U_0 = \varepsilon_0 m)$$

Aus (8.24') wird

$$\frac{U\,\mathrm{e}^{\mathrm{i}\alpha}}{U_0\,\mathrm{e}^{\mathrm{i}\beta}} = \frac{\varepsilon\,\mathrm{e}^{\mathrm{i}\alpha}}{\varepsilon_0\,\mathrm{e}^{\mathrm{i}\beta}} = -\left(1 - \mathrm{i}\frac{d}{\Omega}\right), \tag{8.25}$$

Nun ist $U\mathrm{e}^{\mathrm{i}\alpha} = \underline{U}^{\varrho}$; $U_0\mathrm{e}^{\mathrm{i}\beta} = \underline{U}_0^{\varrho}$; $\varepsilon\mathrm{e}^{\mathrm{i}\alpha} = \underline{\varepsilon}^{\varrho}$; $\varepsilon_0\mathrm{e}^{\mathrm{i}\beta} = \underline{\varepsilon}_0^{\varrho}$, so daß im rotierenden System gilt

$$\frac{\underline{U}^{\varrho}}{\underline{U}_0^{\varrho}} = \frac{\underline{\varepsilon}^{\varrho}}{\underline{\varepsilon}_0^{\varrho}} = -\left(1 - \mathrm{i}\frac{d}{\Omega}\right). \tag{8.26}$$

Wird der Klammerausdruck mit $\underline{q}$ bezeichnet, so kann (8.26) in folgender Form geschrieben werden

$$\frac{\underline{U}^{\varrho}}{\underline{U}_0^{\varrho}} = \frac{\underline{\varepsilon}^{\varrho}}{\underline{\varepsilon}_0^{\varrho}} = -\underline{q} = -q\,\mathrm{e}^{\mathrm{i}\varphi} \quad \begin{cases} q = |\underline{q}| = \sqrt{1 + \left(\dfrac{d}{\Omega}\right)^2} \equiv \sqrt{1 + \left(\dfrac{\omega'}{\Omega Q}\right)^2} \\ \tan\varphi = \dfrac{\operatorname{Im}\underline{q}}{\operatorname{Re}\underline{q}} = \dfrac{-d}{\Omega} \equiv \dfrac{-\omega'}{\Omega Q}; \ (d = \omega'/Q) \end{cases}. \tag{8.27}$$

$\underline{U}^{\varrho}$ ist die erforderliche Massenunwucht $\underline{U}^{\varrho} = m\underline{\varepsilon}^{\varrho}$, die zur vollständigen Elimination von rotierenden Lagerkräften erforderlich ist. Sie ist in bescheidenem Maße abhängig

Tabelle 8.1. Absolutwert und Phasenwinkel der Größe $\underline{q}$ für drei Q-Werte in Abhängigkeit der bezogenen Winkelgeschwindigkeit.

	$\underline{q} = q\,\mathrm{e}^{\mathrm{i}\varphi}$					
		q [1]			φ [in°]	
Ω/ω'	$Q=5$	$Q=10$	$Q=\infty$	$Q=5$	$Q=10$	$Q=\infty$
0,25	1,281	1,077	1	−39	−22	0
0,50	1,077	1,020	1	−22	−11	0
1,00	1,020	1,005	1	−11	−6	0
1,50	1,009	1,002	1	−8	−4	0
2,00	1,005	1,001	1	−6	−3	0
3,00	1,002	1,001	1	−4	−2	0

von der Winkelgeschwindigkeit Ω und der Dämpfung $d=\omega'/\Omega$. Im Spezialfall verschwindender Dämpfung ($d=0$) ist genau

$$\underline{U}^{\varrho}=\underline{U}_0^{\varrho} \quad \text{oder} \quad \underline{\varepsilon}^{\varrho}=-\underline{\varepsilon}_0^{\varrho} \tag{8.28}$$

unabhängig von Ω und d.

In Tabelle 8.1 ist von $\underline{q}=q\,e^{i\varphi}$ sowohl der Absolutwert $q(\Omega, Q)$ als auch der Winkel $\varphi(\Omega, Q)$ für die Dämpfungswerte $Q=5$, 10, ∞ und einige Werte von Ω/ω' angegeben. Abbildung 8.5 zeigt die gleichen Werte q und φ graphisch in Funktion von Ω.

Die Gleichungen (8.26) und (8.27) sagen aus, daß eine Verkrümmung $\underline{\varepsilon}_0^{\varrho}$ (Unwucht $\underline{U}_0^{\varrho}=m\underline{\varepsilon}_0^{\varrho}$) *theoretisch* nur bei vernachlässigter Dämpfung ($Q=\infty$) durch eine Massenunwucht $\underline{U}^{\varepsilon}=m\underline{\varepsilon}^{\varrho}=M\,\underline{R}$ für alle Ω, d.h. für alle Drehzahlen gewuchtet werden kann. Im allgemeinen Fall mit Dämpfung ist eine vollständige Kompensation theoretisch nicht möglich. Sie gelingt nur für *ein* bestimmtes Ω und ein bestimmtes Dämpfungsmaß $d=\omega'/Q$.

Praktisch ist kein nennenswerter Unterschied zum dämpfungsfreien Fall festzustellen; lediglich am Anfang des vorkritischen Bereichs ($\Omega/\omega' < \approx 0{,}25$) ist eine Abweichung vorhanden, die um so kleiner wird, je kleiner die Dämpfung ist. Praktisch ist auch dieser Bereich kaum von Bedeutung, da die Lagerkräfte mit Ω^2 wachsen und somit am Anfang des vorkritischen Bereichs klein sind.

Zusammenfassend ist festzuhalten:

Eine krumme Lavalwelle in isotropen Lagern kann durch eine Massenunwucht praktisch *genügend genau gewuchtet werden, sofern die Dämpfung nicht abnormal groß ist. Bei großer Dämpfung ist der Anfang des vorkritischen Bereichs auszuschließen.*

Theoretisch *ist für jede Drehzahl und jedes Dämpfungsmaß eine andere Massenunwucht erforderlich. Nur für den Grenzfall verschwindender Dämpfung ist ein vollständiger Ausgleich unabhängig von der Drehzahl möglich.*

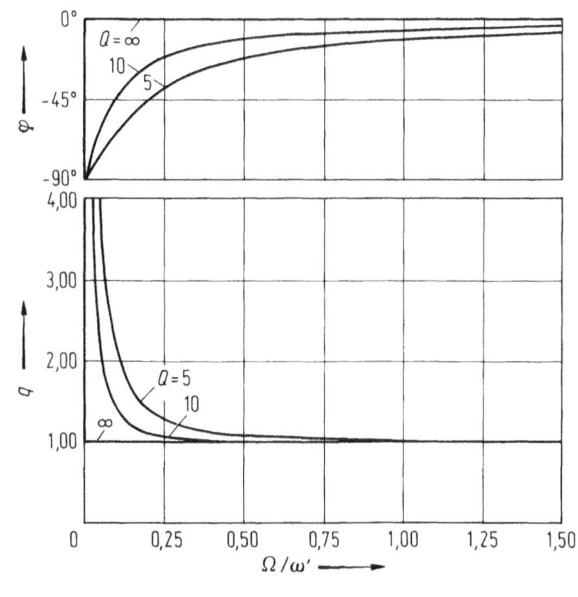

Abb. 8.5. Graphische Darstellung der Tabelle 8.1, s. Text

8.2 Die krumme Lavalwelle in radial-anisotroper Lagerung – Äußere Dämpfung an der Scheibe

Die Welle, Abb. 8.1, in ideal anisotroper Lagerung unterscheidet sich von der isotropen Lagerung einzig dadurch, daß in x-Richtung die Steifigkeit beider Lager c_x und in y-Richtung die Steifigkeit c_y ist, wobei $c_x \neq c_y$ vorausgesetzt wird. Für die Ableitung der Differentialgleichung ist es zweckmäßig teilweise auf die Komponentenschreibweise überzugehen.

Im rotierenden System gilt für die Exzentrizität ε (Massenexzentrizität) und ε_0 (Exzentrizität der Krümmung)

$$\underline{\varepsilon} = \varepsilon \, e^{i\alpha} \quad \text{und} \quad \underline{\varepsilon}_0^{\varrho} = \varepsilon_0 \, e^{i\beta}$$

und im ortsfesten System mit (2.1), s. (8.1) und (8.12)

$$\underline{\varepsilon} = \underline{\varepsilon}^{\varrho} \, e^{i\Omega t} = \varepsilon \, e^{i(\Omega t + \alpha)} \quad \text{und} \quad \underline{\varepsilon}_0 = \underline{\varepsilon}_0^{\varrho} \, e^{i\Omega t} = \varepsilon_0 \, e^{i(\Omega t + \beta)}. \tag{8.29}$$

Die elastische Führungskraft – als äußere Kraft auf die Scheibe – ist mit der Federkonstanten c der Welle proportional der elastischen Auslenkung $\underline{r}_W$

$$\underline{F} = c \, \underline{r}_W \tag{8.29'}$$

und mit

$$\begin{aligned} &\underline{r}_W = \underline{r} - (\underline{r}_L + \underline{\varepsilon}_0); \quad \underline{r} = x + i y; \quad \underline{r}_L = x_L + i y_L \\ &\underline{\varepsilon}_0 = \varepsilon_0 \cos(\Omega t + \beta) + i \varepsilon_0 \sin(\Omega t + \beta) \end{aligned} \tag{8.29''}$$

auch

$$\underline{F} = c(\underline{r} - \underline{r}_L - \underline{\varepsilon}_0) = c[x + i x - x_L - i y_L - \varepsilon_0 \cos(\Omega t + \beta) - i \varepsilon_0 \sin(\Omega t + \beta)]$$

$$\boldsymbol{F} = c \begin{bmatrix} x - x_L - \varepsilon_0 \cos(\Omega t + \beta) \\ y - y_L - \varepsilon_0 \sin(\Omega t + \beta) \end{bmatrix}. \tag{8.30}$$

Die elastische Lagerkraft lautet in Komponentenform

$$\boldsymbol{F}_L = \begin{bmatrix} c_x x_L \\ c_y y_L \end{bmatrix}. \tag{8.31}$$

Aus Gleichgewichtsgründen gilt

$$\boldsymbol{F} = \boldsymbol{F}_L,$$

womit x_L und y_L eliminiert werden können. Es wird

$$x_L = \frac{c}{c + c_x} x - \frac{c}{c + c_x} \varepsilon_0 \cos(\Omega t + \beta),$$

$$y_L = \frac{c}{c + c_y} y - \frac{c}{c + c_y} \varepsilon_0 \sin(\Omega t + \beta).$$

Damit wird (8.30)

$$F = F_L = \begin{bmatrix} c'_x x - c'_x \varepsilon_0 \cos(\Omega t + \beta) \\ c'_y y - c'_y \varepsilon_0 \sin(\Omega t + \beta) \end{bmatrix}; \quad \text{mit} \begin{cases} c'_x = \dfrac{c\,c_x}{c + c_x} \\ c'_y = \dfrac{c\,c_y}{c + c_y} \end{cases}. \tag{8.32}$$

Für eine äußere Reibungskraft (Dämpfungskraft) gilt wie in (8.6)

$$F_b = \begin{bmatrix} b_x & 0 \\ 0 & b_y \end{bmatrix} \begin{bmatrix} \dot{x} \\ \dot{y} \end{bmatrix} = \begin{bmatrix} b_x \dot{x} \\ b_y \dot{y} \end{bmatrix}. \tag{8.33}$$

Der Massenmittelpunktsatz[3] lautet mit den einzigen zwei äußeren Kräften F und F_b

$$m \ddot{r}_S = -F - F_b \quad \text{oder} \quad \ddot{r}_S + \frac{1}{m} F + \frac{1}{m} F_b = 0. \tag{8.34}$$

Nun ist

$$\underline{r}_S = \underline{r} + \underline{\varepsilon} = \underline{r} + \varepsilon\, e^{i(\Omega t + \alpha)} \quad \text{und} \quad \ddot{\underline{r}}_S = \ddot{\underline{r}} - \varepsilon \Omega^2 e^{i(\Omega t + \alpha)}.$$

In (8.34) eingesetzt

$$\ddot{r} + \frac{1}{m} F + \frac{1}{m} F_b = \varepsilon \Omega^2 \begin{bmatrix} \cos(\Omega t + \alpha) \\ \sin(\Omega t + \alpha) \end{bmatrix}; \quad r = \begin{bmatrix} x \\ y \end{bmatrix}. \tag{8.35}$$

Wird F aus (8.32) und F_b aus (8.33) in (8.35) eingeführt und die Abkürzungen

$$\frac{c'_x}{m} = \omega'^2_x \quad \frac{c'_y}{m} = \omega'^2_y \quad \frac{b_x}{m} = d_x \quad \frac{b_y}{m} = d_y \tag{8.36}$$

verwendet, erhält man zwei Differentialgleichungen in Komponentenform

$$\begin{aligned} &\ddot{x} + d_x \dot{x} + \omega'^2_x x = \varepsilon \Omega^2 \cos(\Omega t + \alpha) + \omega'^2_x \varepsilon_0 \cos(\Omega t + \beta), \\ &\underline{\ddot{y} + d_y \dot{y} + \omega'^2_y y = \varepsilon \Omega^2 \sin(\Omega t + \alpha) + \omega'^2_y \varepsilon_0 \sin(\Omega t + \beta).} \end{aligned} \tag{8.37}$$

Für die Darstellung in komplexer Form ist ω'^2_x, ω'^2_y und d_x, d_y in symmetrische und asymmetrische Anteile aufzuspalten

$$\begin{aligned} &\omega'^2_x = a + b; \quad \omega'^2_y = a - b \;\rightarrow a = \frac{1}{2}(\omega'^2_x + \omega'^2_y); \quad b = \frac{1}{2}(\omega'^2_x - \omega'^2_y); \\ &d_x = d + \Delta d; \; d_y = d - \Delta d \rightarrow d = \frac{1}{2}(d_x + d_y); \quad \Delta d = \frac{1}{2}(d_x - d_y). \end{aligned} \tag{8.38}$$

Mit $\underline{r} = x + i y$; $\underline{r}^* = x - i y$; $\dot{\underline{r}} = \dot{x} + i \dot{y}$; $\dot{\underline{r}}^* = \dot{x} - i \dot{y}$; $\ddot{\underline{r}} = \ddot{x} + i \ddot{y}$ wird aus (8.37) und (8.29) eine komplexe Differentialgleichung mit komplexen- und konjugiert-komplexen Koeffizienten

$$\underline{\ddot{\underline{r}} + d \dot{\underline{r}} + \Delta d \dot{\underline{r}}^* + a \underline{r} + b \underline{r}^* = \underline{g}\, e^{i\Omega t} + \underline{h}\, e^{-i\Omega t}}; \tag{8.39}$$

$$\underline{g} = \varepsilon \Omega^2 e^{i\alpha} + a \varepsilon_0 e^{i\beta} = \underline{\varepsilon}^{\varrho} \Omega^2 + \underline{\varepsilon}_0^{\varrho} a;$$

$$\underline{h} = b \varepsilon_0 e^{-i\beta} = b \underline{\varepsilon}_0^{\varrho *}.$$

[3] Der Drallsatz erübrigt sich, s. Fußnote S. 83.

Die partikuläre Lösung von (8.39) lautet

$$\underline{r} = \underline{A}\,\mathrm{e}^{\mathrm{i}\Omega t} + \underline{B}\,\mathrm{e}^{-\mathrm{i}\Omega t}. \tag{8.40}$$

Die Bahn (Orbit) von $\underline{r}$ ist somit eine Ellipse mit Mittelpunkt im Ursprung und schrägstehenden Hauptachsen.

Für das Wuchten ist nicht die Auslenkung $\underline{r}$, sondern die Lagerkraft $\underline{F}_L$ maßgebend. Die Lagerkraft $\underline{F}_L$ (beide Lager zusammen) lautet mit (8.32) in komplexer Form

$$\underline{F}_L = c_x' x - c_x' \varepsilon_0 \cos(\Omega t + \beta) + \mathrm{i}\,[c_y' y - c_y' \varepsilon_0 \sin(\Omega t + \beta)].$$

Mit (8.36) gilt

$$\frac{1}{m}\underline{F}_L = \omega_x'^2 x - \omega_x'^2 \varepsilon_0 \cos(\Omega t + \beta) + \mathrm{i}\,[\omega_y'^2 y - \omega_y'^2 \varepsilon_0 \sin(\Omega t + \beta)]$$

und schließlich mit (8.38)

$$\begin{aligned}\frac{1}{m}\underline{F}_L &= a(\underline{r} - \varepsilon_0\,\mathrm{e}^{\mathrm{i}\beta}\,\mathrm{e}^{\mathrm{i}\Omega t}) + b(r^* - \varepsilon_0\,\mathrm{e}^{-\mathrm{i}\beta}\,\mathrm{e}^{-\mathrm{i}\Omega t}) \\ &= a(\underline{r} - \underline{\varepsilon}_0^{\varrho}\,\mathrm{e}^{\mathrm{i}\Omega t}) + b(\underline{r}^* - \underline{\varepsilon}_0^{\varrho *}\,\mathrm{e}^{-\mathrm{i}\Omega t}).\end{aligned} \tag{8.41}$$

Mit der Lösung von $\underline{r}$ in (8.40) wird aus (8.41)

$$\frac{\underline{F}_L}{m} = \mathrm{e}^{\mathrm{i}\Omega t}[a\underline{A} + b\underline{B}^* - a\underline{\varepsilon}_0^{\varrho}] + \mathrm{e}^{-\mathrm{i}\Omega t}[a\underline{B} + b\underline{A}^* - b\underline{\varepsilon}_0^{\varrho *}]. \tag{8.42}$$

Soll die Lagerkraft $\underline{F}_L$ zu jedem Zeitpunkt verschwinden, müssen die eckigen Klammern von (8.42) jede für sich Null werden. Es gelten die beiden komplexen Gleichungen

$$\begin{aligned} a\underline{A} + b\underline{B}^* - a\underline{\varepsilon}_0^{\varrho} &= 0 \\ a\underline{B} + b\underline{A}^* - b\underline{\varepsilon}_0^{\varrho *} &= 0 \end{aligned} \quad \text{oder} \quad \underline{\begin{aligned} a(\underline{A} - \underline{\varepsilon}_0^{\varrho}) + b\underline{B}^* &= 0 \\ b(\underline{A}^* - \underline{\varepsilon}_0^{\varrho *}) + a\underline{B} &= 0. \end{aligned}} \tag{8.43}$$

Die weitere Behandlung der Gleichungen (8.43) findet man im Anhang zu Kap. 8. Das Ergebnis für $d_x = d_y = d$ ist (s. Anhang 8 (A. 8.7), (A. 8.8))

$$\varepsilon = +\varepsilon_0 \sqrt{1 + \left(\frac{d}{\Omega}\right)^2}; \quad \tan(\alpha - \beta) = \frac{-d}{\Omega}. \tag{8.44}$$

Damit wird

$$\frac{\underline{U}^{\varrho}}{\underline{U}_0^{\varrho}} = \frac{\underline{\varepsilon}^{\varrho}}{\underline{\varepsilon}_0^{\varrho}} = \frac{\varepsilon\,\mathrm{e}^{\mathrm{i}\alpha}}{\varepsilon_0\,\mathrm{e}^{\mathrm{i}\beta}} = \frac{\varepsilon}{\varepsilon_0}\,\mathrm{e}^{\mathrm{i}(\alpha - \beta)} = \underline{-q\,\mathrm{e}^{\mathrm{i}\varphi} = -\underline{q}}; \tag{8.45}$$

$$q = +\frac{\varepsilon}{\varepsilon_0} = \sqrt{1 + \left(\frac{d}{\Omega}\right)^2}; \quad \tan\varphi = \tan(\alpha - \beta) = \frac{-d}{\Omega}.$$

Dieses Resultat ist exakt das gleiche wie für die isotrop gelagerte Welle (s. (8.27)).

Die Tabelle 8.1 und Abb. 8.5 gelten deshalb auch für die anisotrop gelagerte Lavalwelle, mit dem einzigen Unterschied, daß für $\omega' = \omega_x'$ (oder ω_y') einzusetzen ist.

$\underline{U}^{\varrho}$ ist die erforderliche Massenunwucht $\underline{U}^{\varrho} = m\underline{\varepsilon}^{\varrho}$ im rotierenden System, die zur vollständigen Elimination von rotierenden Lagerkräften nötig ist. Sie ist in bescheidenem Maße abhängig von der Winkelgeschwindigkeit Ω und der Dämpfung $d\,(d_x$ oder $d_y)$. Im Spezialfalle verschwindender Dämpfung ($d=0$) ist sie genau

$$\underline{U}^{\varrho} = -\underline{U}_0^{\varrho}$$

und damit unabhängig von Ω und d wie für die isotrop gelagerte Lavalwelle.

Es gilt somit auch die gleiche Feststellung wie für die isotrop gelagerte Welle.

Man kann praktisch *auch eine krumme Lavalwelle in* anisotropen *Lagern mit einer Massenunwucht* $\underline{U}^{\varrho} = m\underline{\varepsilon}^{\varrho}$ *wuchten. Die Exzentrizität der Massenunwucht entspricht der, durch die Verkrümmung verursachten, angelieferten Auslenkung* $\underline{\varepsilon}_0^{\varrho}$ *im Stillstand mit umgekehrten Vorzeichen.* $\underline{U}^{\varrho}$ *ist somit entgegengesetzt der Verkrümmung* $\underline{\varepsilon}_0^{\varrho}$ *zu montieren.*

Theoretisch *ist eine vollständige Wuchtung über allen Drehzahlen möglich bei verschwindender Dämpfung. Mit Dämpfung ist Größe und Lage der Kompensationsunwucht schwach abhängig von Winkelgeschwindigkeit und Dämpfung. Eine größere Abhängigkeit ist bei großer Dämpfung am Anfang des vorkritischen Bereichs zu erwarten.*

Eine erste Bemerkung betrifft die *Messung* zum Wuchten:

Die Auslenkung $\underline{r} = x + \mathrm{i}\,y$ der Scheibe oder die Auslenkung $\underline{r}_L = x_L + \mathrm{i}\,y_L$ des Lagers kann durch Meßgeräte (Pick ups) nur in x- und/oder y-Richtung getrennt gemessen werden, Abb. 6.4. Die Komponenten x_L und y_L erhält man aus der Lagerkraft $\boldsymbol{F}_L$, (8.31)

$$\boldsymbol{F}_L = F_{Lx} + \mathrm{i}\,F_{Ly} = \begin{bmatrix} F_{Lx} \\ F_{Ly} \end{bmatrix} = \begin{bmatrix} c_x\, x_L \\ c_y\, y_L \end{bmatrix},$$

$$\boldsymbol{r}_L = \begin{bmatrix} x_L \\ y_L \end{bmatrix} = \begin{bmatrix} \dfrac{1}{c_x} F_{Lx} \\[2ex] \dfrac{1}{c_y} F_{Ly} \end{bmatrix} = x_L + \mathrm{i}\,y_L = \underline{r}_L .$$

x_L ist proportional F_{Lx} und y_L proportional F_{Ly}. Nach dem Wuchten ist $\underline{F}_L$ Null, d.h. es sind gleichzeitig die Komponenten F_{Lx} und F_{Ly} Null und somit auch die Komponenten von $\underline{r}_L$ d.h. x_L und y_L. Es genügt also in x- oder y-Richtung zu messen und zu wuchten. Praktisch benützt man zum Wuchten diejenige Meßrichtung, bei der im Hochfahren zuerst Resonanz eintritt, d.h. die weichere Richtung, z.B. die x-Richtung, wenn $c_x < c_y$ oder $\omega_x' < \omega_y'$ ist. Die entsprechende andere Richtung ist dann gleichzeitig gewuchtet.

Es gibt bei der anisotrop *gelagerten Lavalwelle kein Wuchten in x- und y-Richtung. Das Wuchten in einer Richtung genügt.*

Und noch eine zweite Bemerkung zur *Unterscheidung:* krumme oder gerade Welle.

Der verbleibende Rest der Lagerkraft einer krummen Welle – isotrop oder anisotrop gelagert –, die mit einer Massenunwucht gewuchtet wurde, ist rein theoretischer Natur (s. (8.27) und (8.45)). Praktisch ist kaum ein Rest festzustellen. Nun ist zu bedenken, daß die Lagerkräfte $\underline{F}_L$ durch die Bewegung des Lagers, d.h. durch $\underline{r} = x + \mathrm{i}\,y$ in x- und/oder y-Richtung gemessen werden, schon um die Güte der Wuchtung zu kontrollieren. Da $\underline{r}_L$ proportional $\underline{F}_L$ ist (s. Bemerkung betr. die Messung) wird auch meßtechnisch kaum ein Rest zu erkennen sein.

Dies hat offenbar zur Folge, daß es kaum möglich ist über die Messung von $\underline{r}_L$ eine krumme Welle von einer geraden Welle mit Massenunwucht zu unterscheiden.

Es ist praktisch kaum möglich durch eine Lagerschwingungsmessung zu erkennen, ob eine Lavalwelle – isotrop oder anisotrop gelagert – krumm ist und/oder eine Massenunwucht besitzt.

Ist eine Unterscheidung trotzdem erwünscht, muß auch an der Scheibe gemessen werden, also eine oder beide der Komponenten von $\underline{r} = x + \mathrm{i}\, y$. Nun ist nach (8.29′) und (8.29″)

$$\underline{r} = \underline{r}_W + \underline{r}_L - \underline{\varepsilon}_0 \quad \text{oder} \quad \underline{r}_W = \underline{F}/c = \underline{F}_L/c$$

also

$$\underline{r} = \underline{F}_L/c + \underline{r}_L - \underline{\varepsilon}_0 .$$

Nach der Wuchtung ist $\underline{F}_L = 0$ und $\underline{r}_L = 0$, und es bleibt

$$\underline{r} = -\underline{\varepsilon}_0 \neq 0.$$

Ist eine krumme Lavalwelle – isotrop oder anisotrop gelagert – durch eine Massenunwucht gewuchtet, so läuft sie praktisch bei allen Drehzahlen als krumme Welle um die stillstehende Lagerachse. Sie behält bei der Rotation ihre ursprüngliche (angelieferte) Krümmung bei.

8.3 Einfluß der Lagerelastizität auf die Resonanzdrehzahl

Im Abschn. 8.1 aus (8.9′) und Abschn. 8.2 aus (8.37) erhält man folgende homogene Differentialgleichungen, wenn man die Dämpfung vernachlässigt ($d = 0$)

$$\begin{matrix} \ddot{x} + \omega'^2 x = 0 \\ \ddot{y} + \omega'^2 y = 0 \end{matrix} \quad \text{bzw.} \quad \begin{matrix} \ddot{x} + \omega_x'^2 x = 0 \\ \ddot{y} + \omega_y'^2 y = 0. \end{matrix} \tag{8.46}$$

Die Eigenkreisfrequenzen, Resonanzkreisfrequenzen oder kritischen Winkelgeschwindigkeiten sind offenbar ω', bzw. ω_x', ω_y'.

Betrachtet man vorerst die *isotrop* gelagerte Welle, so ist

$$\omega' = \sqrt{\frac{c'}{m}} = \sqrt{\frac{c\, c_L}{(c + c_L)\, m}} = \sqrt{\frac{c}{m}} \sqrt{\frac{1}{c/c_L + 1}} = \sqrt{\frac{c_L}{m}} \sqrt{\frac{1}{1 + c_L/c}}. \tag{8.47}$$

Ist z. B. $c_L \gg c$, d. h. die Steifigkeit der Lagerung bedeutend größer als die Wellensteifigkeit, so geht mit $c_L \to \infty$; $c/c_L \to 0$ und

$$\omega' = \sqrt{\frac{c}{m}} = \omega. \tag{8.48}$$

ω ist die kritische Winkelgeschwindigkeit der starr gelagerten elastischen Welle. Ist umgekehrt $c \gg c_L$, so geht mit $c \to \infty$, $c_L/c \to 0$ und

$$\omega' = \sqrt{\frac{c_L}{m}} = \omega_L. \tag{8.49}$$

ω_L ist die kritische Winkelgeschwindigkeit der starren, isotrop elastisch gelagerten Welle. Das Verhältnis $\omega'/\omega = \sqrt{1/(c/c_L + 1)}$ ist in Abb. 8.6a über c/c_L aufgetragen. c/c_L ist das Verhältnis der Wellensteifigkeit zur Lagersteifigkeit. Sind beide gleich ($c = c_L$) ist $\omega' = 0{,}707\,\omega$, d.h. die kritische Winkelgeschwindigkeit oder -drehzahl der starr gelagerten elastischen Welle ist durch die Lagerelastizität um ca. 30% gesunken. Ist die Welle doppelt so steif ($c/c_L = 2$), sinkt die kritische Drehzahl gar um ca. 42%.

Die Elastizität der Lagerung senkt die kritische Drehzahl eines elastischen Rotors. Die prozentuale Absenkung ist um so größer, je weicher der Rotor gelagert ist.

Man beachte, daß (8.47) für beide Grenzfälle der starren Lagerung und der starren Welle endliche Werte $\omega = \sqrt{c/m}$ und $\omega_L = \sqrt{c_L/m}$ liefert. Der Verhältniswert $\omega'/\omega = \sqrt{1/(c/c_L + 1)}$ für die starre Welle liefert jedoch $\omega'/\omega = \sqrt{1/(\infty + 1)} = 0$ und $\omega' = 0$. Der scheinbare Widerspruch ist dadurch zu erklären, daß der theoretische Grenzwert der starren Welle $c/c_L = \infty$ oder $c_L/c = 0$ praktisch auszuschließen ist, solange die Lager aus Federn bestehen. Es gibt praktisch keine starren Wellen im Zusammenhang mit Federlagerung, s. Abschn. 1.4. Setzt man für eine annähernd starre Welle statt dem theoretischen Grenzwert $c_L/c = 0$ eine sehr kleine Zahl ε in ω'/ω ein, so wird $\omega'/\omega = \sqrt{1/(1/\varepsilon + 1)} = \sqrt{\varepsilon/(1+\varepsilon)} \approx \sqrt{\varepsilon}$ wohl sehr klein, aber nicht Null.

Dasselbe gilt für die Winkelgeschwindigkeiten ω'_x und ω'_y bei anisotroper Lagerung.

Als Ergänzung und zum Vergleich ist in Abb. 8.6b die Absenkung der kritischen Drehzahlen für eine kontinuierliche Welle mit konstanter Biegesteifigkeit EI auf isotrop elastischen Lagern dargestellt. Das Verhältnis der Wellensteifigkeit $c = 384\,\mathrm{EI}/5\,l^3$ (Gewicht zu statischer Durchbiegung in der Mitte) zur Lagersteifigkeit c_L ist im logarithmischen Maßstab von $c/c_L = 0$ bis $\pm\infty$ bis 0 als Abszisse aufgetragen. Die Ordinante gibt das Verhältnis der kritischen Drehzahlen bezogen auf die erste kritische Drehzahl der starr gelagerten Welle in einem linearen Maßstab an. Für den praktisch auszuschließenden Grenzwert der starren Welle mit Federlagerung ($c/c_L = \infty$) ist auch hier $\omega'_1/\omega_1 = 0$ und $\omega'_2/\omega_1 = 0$, d.h. hier für die beiden ersten kritischen Drehzahlen. Die zugehörigen EF sind die sogenannten Starrkörpereigenformen (englisch: rigid body modes). Man kann sie auffassen als die ersten beiden EF der Welle ohne Lager (frei-freie Welle ohne Schwerkrafteinfluß). Der negative Bereich c/c_L ist für masselose Federlagerung bedeutungslos, zeigt jedoch deutlich die Kontinuität der „geraden“ und „ungeraden“ kritischen Drehzahlen über den Bereich. Man biege und klebe das Bild zu einem Zylinder mit der Ordinate als Schnittstelle zusammen. Die Kurven lassen sich so auf der Oberfläche als kontinuierliche Linien um den Zylinder von oben nach unten verfolgen.

8.4 Einfluß der Wellenelastizität auf die Anisotropie

Durch die ungleiche Elastizität der Lagerung in x- und y-Richtung entsteht das Aufspalten der kritischen Drehzahl in zwei kritische Drehzahlen. Wird die Differenz der beiden kritischen Winkelgeschwindigkeiten als Maß für die Anisotropie verstan-

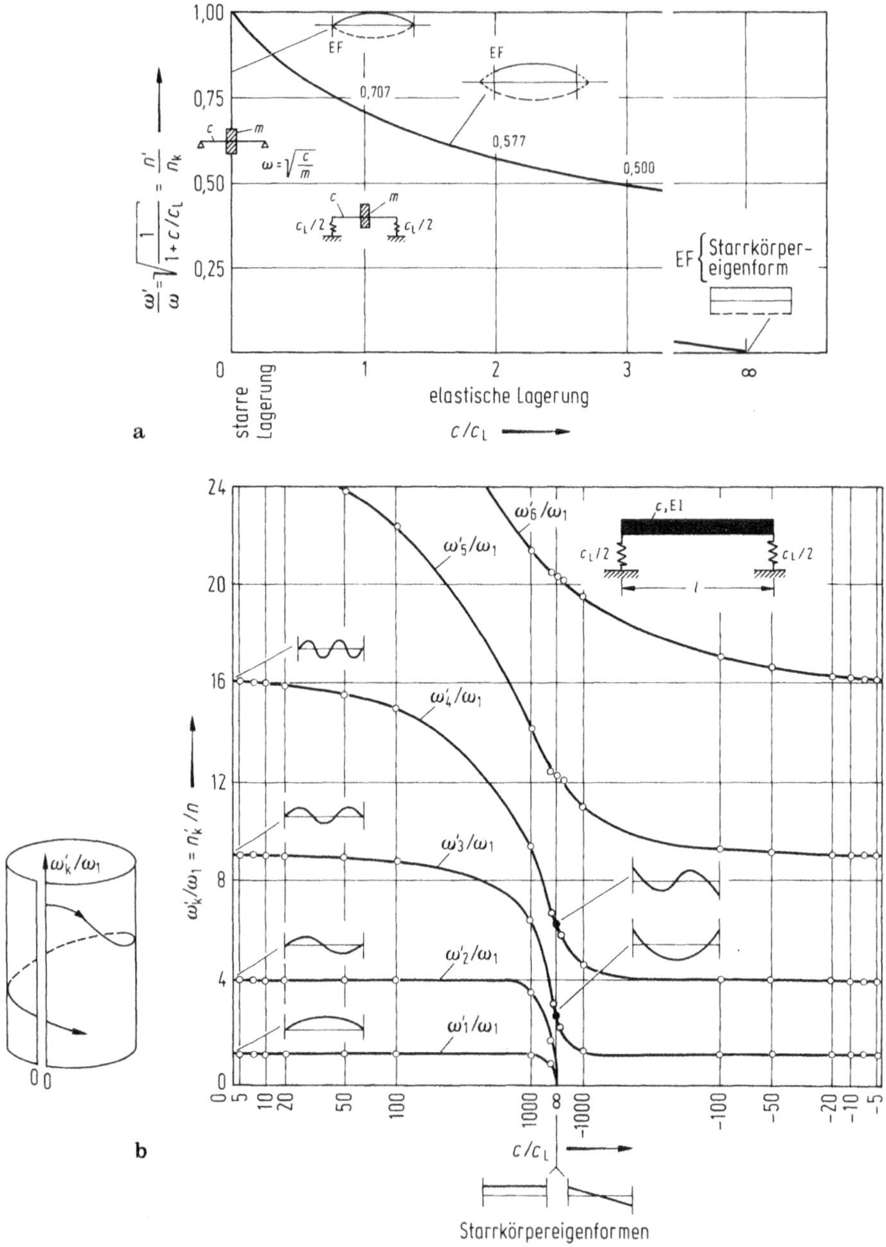

Abb. 8.6. a Absenkung der (ersten) kritischen Drehzahl $n'_k = (30/\pi)\omega'$ einer isotrop gelagerten Einmassenwelle durch elastische Lagerung. ω' kritische Winkelgeschwindigkeit für elastische Lagerung, ω kritische Winkelgeschwindigkeit für starre Lagerung, c Wellensteifigkeit, c_L gesamte Lagersteifigkeit; EF Starrkörpereigenform; **b** Absenkung der kritischen Drehzahlen $n'_k = (30/\pi)\omega'$ einer kontinuierlichen, isotrop gelagerten Welle mit konstantem Querschnitt durch elastische Lagerung mit Eigenformen. ω'_k kritische Winkelgeschwindigkeit für elastische Lagerung, ω_1 erste kritische Winkelgeschwindigkeit auf starren Lagern, c Wellensteifigkeit, c_L gesamte Lagersteifigkeit

den, so gilt nach (6.5) für die beiden kritischen Winkelgeschwindigkeiten der „starren" Welle

$$\omega_x^2 = \frac{c_x}{m} \quad \text{und} \quad \omega_y^2 = \frac{c_y}{m} \qquad \left(\frac{\omega_y^2}{\omega_x^2} = \frac{c_y}{c_x}\right)$$

mit $m_L = m$. Für die *elastische* Welle gilt nach (8.36) und (8.32)

$$\omega_x'^2 = \frac{c_x'}{m} = \frac{c_x}{m}\,\frac{c}{c+c_x} = \omega_x^2\,\frac{1}{1+c_x/c},$$

$$\omega_y'^2 = \frac{c_y'}{m} = \frac{c_y}{m}\,\frac{c}{c+c_y} = \omega_y^2\,\frac{1}{1+c_y/c}.$$

Der Unterschied der kritischen Winkelgeschwindigkeiten für die „starre" Welle ist somit

$$\Delta = \omega_y - \omega_x = \sqrt{\frac{c_y}{m}} - \sqrt{\frac{c_x}{m}} \tag{8.50}$$

und für die elastische Welle

$$\Delta' = \omega_y' - \omega_x' = \omega_y \sqrt{\frac{1}{1+c_y/c}} - \omega_x \sqrt{\frac{1}{1+c_x/c}}. \tag{8.51}$$

Δ und Δ' können als *Anisotropie* des Rotors in seiner Lagerung und Δ'/Δ als bezogene Anisotropie aufgefaßt werden.

Beispiele idealer Anisotropie

Gegeben sei: $\omega_x = 50$ rad/s $\hat{=}$ 477 1/min
$\omega_y = 60$ rad/s $\hat{=}$ 573 1/min

Die Elastizität der Welle sei gleich, zweimal, fünfmal, zehnmal, zwanzigmal der Elastizität der Lagerung in x-Richtung, d.h. $c_x/c = 1, 2, 5, 10, 20$. Mit

$$\frac{c_y}{c} = \frac{c_x}{c}\,\frac{\omega_y^2}{\omega_x^2} = \frac{c_x}{c}\,\frac{60^2}{50^2} = \frac{c_x}{c}\cdot 1{,}44 \tag{8.52}$$

entsteht Tabelle 8.2.

Tabelle 8.2. Anisotropie Δ und Δ' der starren und elastischen Welle in Abhängigkeit der Lagersteifigkeit c_x zur Wellensteifigkeit c.

	Anisotropie		
$\frac{c_x}{c}$	starre Welle $\Delta = \omega_y - \omega_x$ rad/s	elastische Welle $\Delta' = \omega_y' - \omega_x'$ rad/s	$\frac{\Delta'}{\Delta}$
1		3,06	0,306
2		1,59	0,159
5	10	0,54	0,054
10		0,21	0,021
20		0,08	0,008

Man erkennt, daß mit zunehmender Elastizität der Welle die Anisotropie sehr rasch kleiner wird. So haben beispielsweise Generatoren für Gas- oder Dampfturbogruppen, deren Wellenstrang sehr elastisch ist im Verhältnis zur Lagerelastizität ($c_x/c \approx 8$ bis 15), eine wesentlich kleinere Anisotropie als die Lager.

Die Elastizität der Welle verkleinert die Anisotropie beachtlich.

Die gleiche Eigenschaft trifft auch für Gleitlager zu, s. Abschn. 8.5.

8.5 Die gerade und krumme Lavalwelle in Gleitlagern

Wir greifen zurück auf die Lavalwelle, Abb. 8.1 und 8.2. Nach (8.29″) gilt

$$\underline{r}_W = \underline{r} - \underline{r}_L - \varepsilon_0 e^{i(\Omega t + \beta)}$$

und nach (8.29′) ist die äußere Kraft im Mittelpunkt W der Welle

$$\underline{F} = c\underline{r}_W = c(\underline{r} - \underline{r}_L - \varepsilon_0 e^{i(\Omega t + \beta)}) = F_x + i F_y;$$

$$\boldsymbol{F} = \begin{bmatrix} F_x \\ F_y \end{bmatrix} = c \begin{bmatrix} x - x_L - \varepsilon_0 \cos(\Omega t + \beta) \\ y - y_L - \varepsilon_0 \sin(\Omega t + \beta) \end{bmatrix}.$$

Die Lagerkraft für das Gleitlager wird neu

$$\boldsymbol{F}_L = \begin{bmatrix} c_{11} & c_{12} \\ c_{21} & c_{22} \end{bmatrix} \begin{bmatrix} x_L \\ y_L \end{bmatrix} + \begin{bmatrix} b_{11} & b_{12} \\ b_{21} & b_{22} \end{bmatrix} \begin{bmatrix} \dot{x}_L \\ \dot{y}_L \end{bmatrix} \tag{8.52'}$$

mit vier Federkonstanten c_{jk} und vier Dämpfungskonstanten b_{jk}. Die Lagerung ist nicht mehr isotrop. Das Gleichgewicht an der Welle $\boldsymbol{F} = \boldsymbol{F}_L$ führt auf die beiden in x und y gekoppelten Gleichungen

$$\begin{aligned} c(x - x_L) &= c_{11} x_L + c_{12} y_L + b_{11} \dot{x}_L + b_{12} \dot{y}_L + c\,\varepsilon_0 \cos(\Omega t + \beta), \\ c(y - y_L) &= c_{21} x_L + c_{22} y_L + b_{21} \dot{x}_L + b_{22} \dot{y}_L + c\,\varepsilon_0 \sin(\Omega t + \beta). \end{aligned} \tag{8.53}$$

Mit einer äußeren Dämpfungskraft

$$\boldsymbol{F}_b = \begin{bmatrix} f_{11} & f_{12} \\ f_{21} & f_{22} \end{bmatrix} \begin{bmatrix} \dot{x} \\ \dot{y} \end{bmatrix} \tag{8.53'}$$

an der Scheibe gilt die Differentialgleichung (8.35)

$$\ddot{\boldsymbol{r}} + \frac{1}{m} \boldsymbol{F} + \frac{1}{m} \boldsymbol{F}_b = \varepsilon \Omega^2 \begin{bmatrix} \cos(\Omega t + \alpha) \\ \sin(\Omega t + \alpha) \end{bmatrix}; \quad \boldsymbol{r} = \begin{bmatrix} x \\ y \end{bmatrix}$$

oder

$$\begin{aligned} \ddot{x} + \frac{c}{m}(x - x_L) + \frac{1}{m} f_{11} \dot{x} + \frac{1}{m} f_{12} \dot{y} &= \varepsilon \Omega^2 \cos(\Omega t + \alpha) + \frac{c\,\varepsilon_0}{m} \cos(\Omega t + \beta) \\ \ddot{y} + \frac{c}{m}(y - y_L) + \frac{1}{m} f_{21} \dot{x} + \frac{1}{m} f_{22} \dot{y} &= \varepsilon \Omega^2 \sin(\Omega t + \alpha) + \frac{c\,\varepsilon_0}{m} \sin(\Omega t + \beta). \end{aligned} \tag{8.54}$$

Die Elimination von x_L, y_L, $\dot{x}_L$ und $\dot{y}_L$ in (8.53) und (8.54) erfordert doppeltes Differenzieren, wobei der Grad der Differentialgleichungen um eine Ordnung steigt. Einfacher erhält man die Lösung von (8.54) getrennt für die gerade Welle mit ε und für die krumme Welle mit ε_0.

1. $\varepsilon \neq 0,\ \varepsilon_0 = 0$ (8.55)

$$x = A\cos(\Omega t+\alpha) + B\sin(\Omega t+\alpha);\quad x_L = A_L\cos(\Omega t+\alpha) + B_L\sin(\Omega t+\alpha);$$
$$y = C\cos(\Omega t+\alpha) + D\sin(\Omega t+\alpha);\quad y_L = C_L\cos(\Omega t+\alpha) + D_L\sin(\Omega t+\alpha).$$

2. $\varepsilon_0 \neq 0,\ \varepsilon = 0$

$$x = A\cos(\Omega t+\beta) + B\sin(\Omega t+\beta);\quad x_L = A_L\cos(\Omega t+\beta) + B_L\sin(\Omega t+\beta);$$
$$y = C\cos(\Omega t+\beta) + D\sin(\Omega t+\beta);\quad y_L = C_L\cos(\Omega t+\beta) + D_L\sin(\Omega t+\beta).$$

Die beiden Lösungen können überlagert werden. Durch Einsetzen von (8.55) in (8.53) und (8.54) und Trennung der sinus- und cosinus-Glieder erhält man acht Gleichungen zur eindeutigen Bestimmung der acht zeitunabhängigen reellen Konstanten A bis D, A_L bis D_L.

Eine Lösung von (8.53) und (8.54) in komplexer Form bietet hier keine Vorteile.

Die Lösung (8.55) liefert für konstantes Ω eine Ellipse als Bahn (Orbit) mit Mittelpunkt im Ursprung und schrägen Hauptachsen wie für den „starren" Rotor in Gleitlagern, Abschn. 6.2.

Zum Wuchten werden von den Komponenten

$$x(t) = \mathrm{Re}(\underline{X}\,e^{i\Omega t}) \quad \text{und} \quad y(t) = \mathrm{Im}(\underline{Y}\,e^{i\Omega t})$$
$$\underline{X} = X\,e^{i\varphi_x} \qquad\qquad \underline{Y} = Y\,e^{i\varphi_y}$$

nur die zeitunabhängigen Größen

$$\underline{X}(\Omega) \quad \text{und} \quad \underline{Y}(\Omega)$$

gebraucht und gemessen, Abb. 6.4, Schaltung II.

Allerdings ist nicht die Auslenkung, sondern die Lagerkraft für das Wuchten maßgebend. Die Messung der Lagerkraft kann vorteilhaft in einer „harten" Auswuchtmaschine nach dem Verfahren der Kraftmessung, Abschn. 7.1.3 erfolgen.

In bezug auf die Möglichkeit des Wuchtens einer gleitgelagerten krummen Welle mit einer Massenunwucht gilt dasselbe, wie für die ideale anisotrop gelagerte krumme Welle, siehe Abschn. 8.2.

Interessant sind im Hinblick auf die *Anisotropie* die ungedämpften Eigenfrequenzen (kritische Drehzahlen) der elastischen Lavalwelle in Gleitlagern. Wir betrachten eine gerade Welle ($\varepsilon_0 = 0$) ohne Lagerdämpfung ($b_{jk} = 0$) und $\alpha = 0$. Mit dieser Voraussetzung läßt sich aus (8.53) x_L und y_L berechnen.

$$x_L = \frac{c}{\det}\,[(c+c_{22})\,x - c_{12}\,y];\quad y_L = \frac{c}{\det}\,[(c+c_{11})\,y - c_{21}\,x]$$
$$\det = (c+c_{11})(c+c_{22}) - c_{12}c_{21}.$$

Damit wird

$$\boldsymbol{F} = \boldsymbol{F}_L = c\begin{bmatrix} x - x_L \\ y - y_L \end{bmatrix} = \begin{bmatrix} a_{11} & a_{12} \\ a_{21} & a_{22} \end{bmatrix}\begin{bmatrix} x \\ y \end{bmatrix} \tag{8.56}$$

$$a_{11} = c\left[1 - \frac{c(c+c_{22})}{\det}\right];\quad a_{12} = \frac{c^2 c_{12}}{\det};$$
$$a_{21} = \frac{c^2 c_{21}}{\det};\qquad a_{22} = c\left[1 - \frac{c(c+c_{11})}{\det}\right].$$

Anstelle der Lagerkraft

$$\boldsymbol{L}_{\mathrm{L}}=\begin{bmatrix} c_{11} & c_{12} \\ c_{21} & c_{22} \end{bmatrix}\begin{bmatrix} x_{\mathrm{L}} \\ y_{\mathrm{L}} \end{bmatrix}$$

für die starre Welle mit den Koeffizienten c_{jk} tritt für die elastische Welle die Form (8.56) mit den Koeffizienten a_{jk}, wobei gilt

$$\lim_{c\to\infty}\begin{bmatrix} a_{11} & a_{12} \\ a_{21} & a_{22} \end{bmatrix}=\begin{bmatrix} c_{11} & c_{12} \\ c_{21} & c_{22} \end{bmatrix}.$$

Wird (8.56) und (8.53 b) in (8.35) mit $\alpha=0$ eingesetzt, entsteht mit den Abkürzungen

$$a_{\mathrm{jk}}/m=\lambda_{\mathrm{jk}}^2 \qquad f_{\mathrm{jk}}/m=g_{\mathrm{jk}}$$

das Differentialgleichungssystem

$$\begin{aligned} \ddot{x}+g_{11}\dot{x}+g_{12}\dot{y}+\lambda_{11}^2 x+\lambda_{12}^2 y &= \varepsilon\Omega^2\cos\Omega t \\ \ddot{y}+g_{21}\dot{x}+g_{22}\dot{y}+\lambda_{21}^2 x+\lambda_{22}^2 y &= \varepsilon\Omega^2\sin\Omega t \end{aligned} \tag{8.57}$$

oder in gekürzter Form

$$\ddot{\boldsymbol{r}}+\boldsymbol{D}\dot{\boldsymbol{r}}+\boldsymbol{S}\boldsymbol{r}=\varepsilon\Omega^2\begin{bmatrix}\cos\Omega t\\ \sin\Omega t\end{bmatrix}.$$

$$\boldsymbol{r}=\begin{bmatrix}x\\y\end{bmatrix};\quad \boldsymbol{D}=\begin{bmatrix} g_{11} & g_{12} \\ g_{21} & g_{22} \end{bmatrix};\quad \boldsymbol{S}=\begin{bmatrix} \lambda_{11}^2 & \lambda_{12}^2 \\ \lambda_{21}^2 & \lambda_{22}^2 \end{bmatrix}.$$

Damit ist die gleiche Form des Differentialgleichungssystems gefunden wie für die starre Welle in Gleitlagern, (6.25′) mit dem Unterschied, daß $\omega_{\mathrm{jk}}^2=c_{\mathrm{jk}}/m_{\mathrm{L}}$ durch $\lambda_{\mathrm{jk}}^2=a_{\mathrm{jk}}/m$ und $d_{\mathrm{jk}}=b_{\mathrm{jk}}/m_{\mathrm{L}}$ durch $g_{\mathrm{jk}}=f_{\mathrm{jk}}/m$ zu ersetzen ist.

Man beachte, daß die Dämpfungskräfte an der „starren" Welle im Lager, bei der elastischen Welle jedoch an der Scheibe angreifen.

Die beiden Eigenkreisfrequenzen der *ungedämpften* Welle können somit (6.31) entnommen werden. Für die starre Welle in Gleitlagern liefert (6.31) mit $m_{\mathrm{L}}=m$

$$\begin{aligned} \Omega_{1,2}^2\big|_{\text{starr}} &= \frac{1}{2}\left[(\omega_{11}^2+\omega_{22}^2)\pm\sqrt{(\omega_{11}^2-\omega_{22}^2)^2+4\,\omega_{12}^2\omega_{21}^2}\right] \\ &= \frac{1}{2m}\left[(c_{11}+c_{22})\pm\sqrt{(c_{11}-c_{22})^2+4\,c_{12}c_{21}}\right], \end{aligned} \tag{8.58}$$

und für die elastische Welle in Gleitlagern gilt

$$\begin{aligned} \Omega_{1,2}^2\big|_{\text{elast.}} &= \frac{1}{2}\left[(\lambda_{11}^2+\lambda_{22}^2)\pm\sqrt{(\lambda_{11}^2-\lambda_{22}^2)+4\,\lambda_{12}^2\lambda_{21}^2}\right] \\ &= \frac{1}{2m}\left[(a_{11}+a_{22})\pm\sqrt{(a_{11}-a_{22})^2+4\,a_{12}a_{21}}\right]. \end{aligned}$$

Zwei Beispiele sollen die Abnahme der Anisotropie mit zunehmender Elastizität der Welle quantitativ veranschaulichen.

Gegeben sei eine starre Welle mit $m = 1$ kg und

$$\begin{bmatrix} \omega_{11}^2 & \omega_{12}^2 \\ \omega_{21}^2 & \omega_{22}^2 \end{bmatrix} = \frac{1}{m}\begin{bmatrix} c_{11} & c_{12} \\ c_{21} & c_{22} \end{bmatrix} = \begin{bmatrix} c_{11} & c_{12} \\ c_{21} & c_{22} \end{bmatrix} = \begin{cases} \begin{bmatrix} 25 & 4 \\ -1 & 36 \end{bmatrix} & \text{Bsp. 1} \\ \begin{bmatrix} 25 & 30 \\ -3 & 100 \end{bmatrix} & \text{Bsp. 2} \end{cases}.$$

Damit wird aus (8.58)

$$\Omega_{1,2}|_{\text{starr}} = \frac{1}{2}\left[\left(25 + \frac{36}{100}\right) \pm \sqrt{\left(25 - \frac{36}{100}\right)^2 + 4 \cdot \frac{4\,(-1)}{30\,(-3)}}\right];$$

$$\Omega_{1,2}|_{\text{starr}} = \begin{cases} \left.\begin{matrix} 5{,}9685 \text{ rad/s} \\ 5{,}0375 \text{ rad/s} \end{matrix}\right\} & (\text{Bsp. } 1) \\ \left.\begin{matrix} 9{,}9388 \text{ rad/s} \\ 5{,}1205 \text{ rad/s} \end{matrix}\right\} & (\text{Bsp. } 2) \end{cases}.$$

Die Anisotropie ist

$$\Delta = (\Omega_1 - \Omega_2)|_{\text{starr}} = \begin{matrix} 0{,}9310 \text{ rad/s (Bsp. 1)} \\ 4{,}8183 \text{ rad/s (Bsp. 2)} \end{matrix}.$$

Die elastische Welle habe eine gleiche-, zwei-, fünf-, zehn-, zwanzigmal größere Elastizität als die der Lagerung c_{11} in der x-Richtung, d.h. $c_{11}/c = 1, 2, 5, 10, 20$. Damit lassen sich die Koeffizienten

$$\begin{bmatrix} \lambda_{11}^2 & \lambda_{12}^2 \\ \lambda_{21}^2 & \lambda_{22}^2 \end{bmatrix} = \frac{1}{m}\begin{bmatrix} a_{11} & a_{12} \\ a_{21} & a_{22} \end{bmatrix} = \begin{bmatrix} a_{11} & a_{12} \\ a_{21} & a_{22} \end{bmatrix} \tag{8.59}$$

von (8.56) bestimmen. Nach (8.58) erhält man sodann die Eigenkreisfrequenzen (kritische Drehzahlen) der elastischen, ungedämpften Welle in Gleitlagern und deren Differenz

$$\Delta' = (\Omega_1 - \Omega_2)|_{\text{elast.}}$$

Die Auswertung ergibt Tabelle 8.3.

Tabelle 8.3. Anisotropie Δ und Δ' der starren und elastischen Welle in Abhängigkeit der Gleitlagersteifigkeit c_{11} zur Wellensteifigkeit c.

	Anisotropie					
	Beispiel 1			Beispiel 2		
$\frac{c_{11}}{c}$	starre W. Δ rad/s	elast. W. Δ' rad/s	$\frac{\Delta'}{\Delta}$	starre W. Δ rad/s	elast. W. Δ' rad/s	$\frac{\Delta'}{\Delta}$
1		0,2841	0,305		0,8892	0,185
2		0,1480	0,159		0,4217	0,088
5	0,9310	0,0502	0,054	4,8183	0,1323	0,027
10		0,0198	0,021		0,0507	0,011
20		0,0074	0,008		0,0187	0,004

Vergleicht man die bezogene Anisotropie Δ'/Δ im Beispiel 1 mit dem Beispiel für ideal isotrope Lagerung, Tabelle 8.2, so stellt man praktisch keinen Unterschied fest, da die Kopplungsglieder c_{12} und c_{21} relativ klein sind. Mit größeren Kopplungsgliedern,

Beispiel 2, ist die Reduktion der Anisotropie mit zunehmender Elastizität der Welle noch größer.

Verhältniswerte der Gleitlagersteifigkeit c_{11} zur Wellensteifigkeit in der Größenordnung von $c_{11}/c \approx 8$ bis 15, wie sie für Generatoren von Gas- und Dampfturbogruppen üblich sind, ergeben somit nur noch eine Anisotropie von 1 bis 3% der Lageranisotropie.

8.6 Unwuchtmessung der geraden oder krummen Lavalwelle

Die Messung der unwuchtigen Lavalwelle kann nach Abb. 6.4 mit Schaltung II erfolgen. Gemessen werden die Auslenkungen in der Resonanz

$$\underline{X}(\Omega_1) = X(\Omega_1)\,e^{i\varphi_x} \quad \text{und} \quad \underline{Y}(\Omega_2) = Y(\Omega_2)\,e^{i\varphi_y}.$$

Eine Kraftmessung am Lager muß auch indirekt über die Auslenkung erfolgen, z. B. in einer „kraftmessenden" Wuchtmaschine nach Abb. 6.8b.

Sind die Lager isotrop, ist $\underline{X}(\Omega_1) \equiv \underline{Y}(\Omega_2)$, braucht es nur eine Meßrichtung. Sind die Lager ideal anisotrop, so sind die Meßzeiger $\underline{X}(\Omega_1)$ und $\underline{Y}(\Omega_2)$ in der Resonanz gleichgerichtet, Abb. 6.6a. Handelt es sich um Gleitlager, sind $\underline{X}(\Omega_1)$ und $\underline{Y}(\Omega_2)$ um einen Winkel $\varphi_x(\Omega_1) - \varphi_y(\Omega_2)$ verschoben, Abb. 6.6b und c.

In allen drei Fällen ist jedoch zum Wuchten nur eine Messung in der Resonanz (in x- oder y-Richtung) und an einem Ort der Welle (Scheibe oder Lager) erforderlich.

Ist die Welle jedoch schief montiert, so sind zwei Meßorte notwendig, s. Kap. 9.

Zum Wuchten der geraden oder krummen Lavalwelle genügt es, nur in einer Richtung und an einem Ort der Welle zu messen, unabhängig von der Art der Lagerung.

9 Wuchten der Lavalwelle mit schiefstehender Scheibe

Sitzt die Scheibe einer Lavalwelle nicht in der Lagermitte, Abb. 9.1, so steht sie bei einer Auslenkung der Welle schief zur Lagerachse und taumelt bei der Rotation. Es werden Kreiselkräfte an der Scheibe wirksam. Sitzt die Scheibe in der Lagermitte, Abb. 9.1c, so ist dies nicht der Fall, es sei denn, die Scheibe sei schief auf die Welle geschrumpft (Planlauffehler), Abb. 9.1d. Das Wuchten der schiefen Lavalwelle stellt grundsätzlich kein Problem dar. Die durch Messung gewonnene Lagerunwucht kann immer in eine statische und dynamische Unwucht zerlegt und in die Scheibenebene transformiert werden.

Nun stellt sich aber auch eine korrekt rechtwinklig montierte, außermittig gelagerte Scheibe bei einer Auslenkung schief und ist der Kreiselwirkung unterworfen. Es stellt sich somit die Frage nach dem Unterschied des Wuchtens einer Punktmasse und einer Scheibe, sei sie nun schief oder korrekt montiert.

Im Unterschied zur rechtwinklig mittig aufgesetzten Lavalwelle hat die schiefe Lavalwelle vier Freiheitsgrade, eine Translation mit zwei Freiheitsgraden x und y und eine Rotation mit den zwei Freiheitsgraden φ_x und φ_y (wenn für z die Lagerachse gewählt wird). Für das tiefere Verständnis dieses Unterschieds ist es unerläßlich, die

Bewegung der Scheibe bei der Rotation zu kennen. Der Weg dafür führt über die Bewegungsdifferentialgleichung.

9.1 Voraussetzungen

- Die Lagerachse sei z-Achse des KS.
- Die Welle rotiere mit der konstanten Winkelgeschwindigkeit Ω.
- Die Scheibe liege zwischen den Lagern, Abb. 9.1e. Für überkragende Scheiben, Abb. 9.1a, s. [Ke2].
- Die Lagerung sei anisotrop-elastisch, d.h. in x- und y-Richtung verschieden. Die Lager sind masselos und die Elastizität in beiden Richtungen durch lineare Federn gegeben.
- Die Scheibe sei schief aufgeschrumpft. Der Winkel der Scheibenebene gegenüber der zur z-Achse normalen Ebene sei γ. Für $\gamma=0$ sitzt die Scheibe rechtwinklig auf der Welle. γ kann als *Planlauffehler* bezeichnet werden.
- Die Scheibe hat die Exzentrizität ε.
- Die Scheibe enthalte vorsorglich eine KU als Einzelunwucht U_1 und ein KM als Unwuchtmoment $a\,U_2$, Abb. 9.1f.
- Die Dämpfungskraft ist proportional der Geschwindigkeit der Scheibenmitte.

Im körperfesten, rotierenden System gelten folgende Beziehungen:

$$
\begin{aligned}
&\underline{\varepsilon}^{\varrho} = \varepsilon_x^{\varrho} + \mathrm{i}\,\varepsilon_y^{\varrho} = \varepsilon\,\mathrm{e}^{\mathrm{i}\psi};\\
&\underline{\varphi}_{\varepsilon}^{\varrho} = \underline{\gamma} = \gamma_x + \mathrm{i}\,\gamma_y = \gamma\,\mathrm{e}^{\mathrm{i}\kappa};\\
&\underline{U}_{\varepsilon 1}^{\varrho} = M_1\,\underline{R}_1 = M_1\,R\,\mathrm{e}^{\mathrm{i}\alpha} = U_1\,\mathrm{e}^{\mathrm{i}\alpha}\begin{cases}\underline{R}_1 = R\,\mathrm{e}^{\mathrm{i}\alpha}\\ U_1 = M_1\,R\end{cases};\\
&\underline{M}_{\varepsilon 2}^{\varrho} = a\,\underline{U}_{\varepsilon 2}^{\varrho} = a\,M_2\,\underline{R}_2 = a\,M_2\,R\,\mathrm{e}^{\mathrm{i}\beta} = a\,U_2\,\mathrm{e}^{\mathrm{i}\beta}\begin{cases}\underline{U}_{\varepsilon 2}^{\varrho} = M_2\,\underline{R}_2\\ \underline{R}_2 = R\,\mathrm{e}^{\mathrm{i}\beta}\\ U_2 = M_2\,R\end{cases}.
\end{aligned}
\tag{9.1}
$$

Die Winkel ψ, κ, α, β sind auf die reelle Achse im rotierenden System bezogen, die für $t=0$ mit der x-Achse des ortsfesten Systems übereinstimmt.

Im ortsfesten (x, y, z)-System lauten die Beziehungen (9.1) mit der Transformationsformel (2.1)

$$
\begin{aligned}
&\underline{\varepsilon} = \varepsilon\,\mathrm{e}^{\mathrm{i}(\Omega t+\psi)}\\
&\underline{\varphi}_{\varepsilon} = \gamma\,\mathrm{e}^{\mathrm{i}(\Omega t+\kappa)}\\
&\underline{U}_{\varepsilon 1} = U_1\,\mathrm{e}^{\mathrm{i}(\Omega t+\alpha)}\\
&\underline{M}_{\varepsilon 2} = a\,U_2\,\mathrm{e}^{\mathrm{i}(\Omega t+\beta)}.
\end{aligned}
\tag{9.2}
$$

9.2 Elastische Führungskräfte (äußere Kräfte und Momente)

Die *elastischen Führungskräfte* greifen im Punkt W – dem Durchstoßpunkt der Biegelinie mit der Scheibe – an. Sie sind über die elastischen Verformungen zu berechnen.

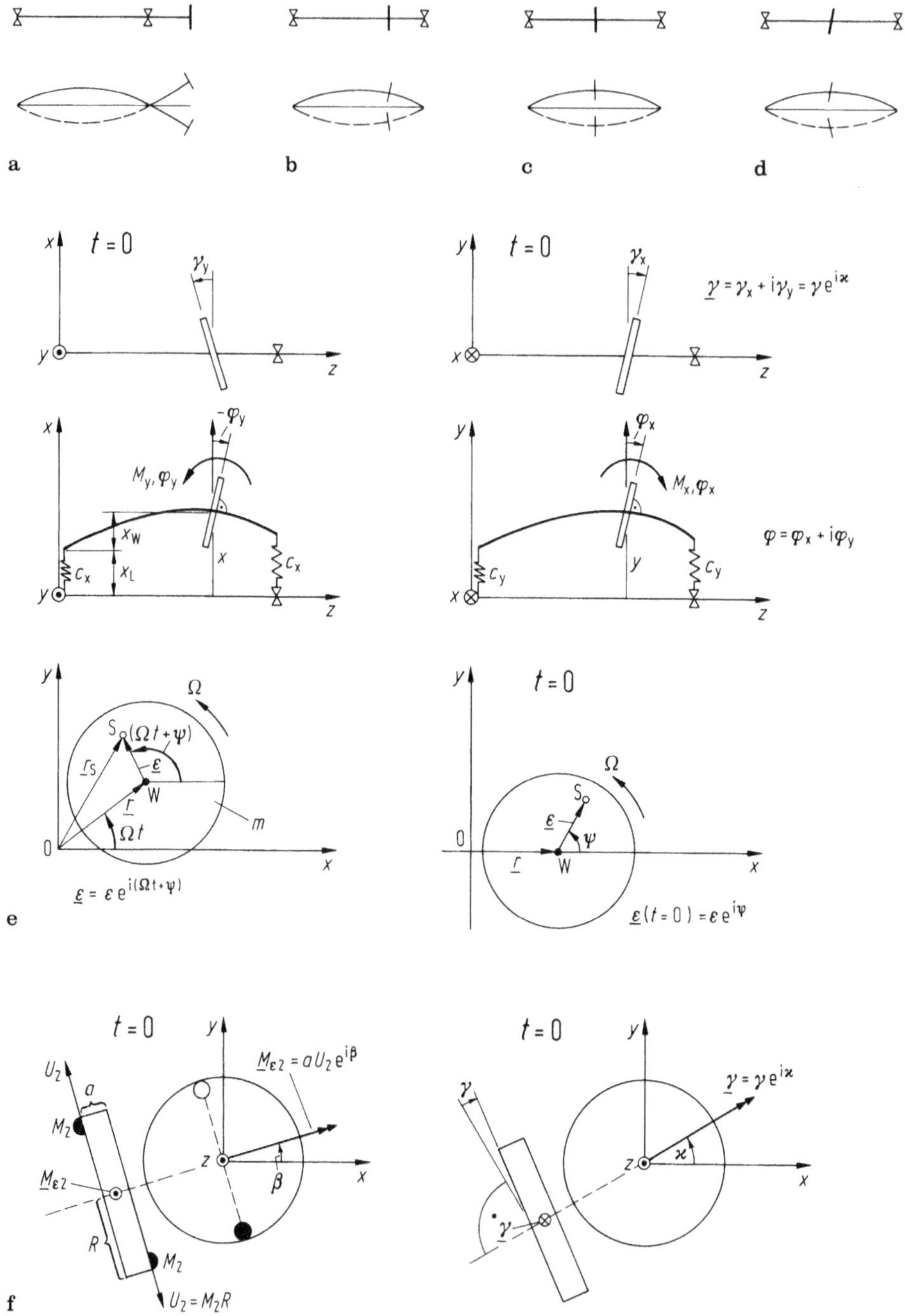

Abb. 9.1 Zum Wuchten der Lavalwelle mit schiefstehender Scheibe, s. Text

Nach Abb. 9.1e gilt

$$\begin{bmatrix} x \\ \varphi_y \end{bmatrix} = \begin{bmatrix} \alpha_{11} & -\alpha_{12} \\ -\alpha_{12} & \alpha_{22} \end{bmatrix} \begin{bmatrix} F_x \\ M_y \end{bmatrix}; \qquad \begin{bmatrix} y \\ \varphi_x \end{bmatrix} = \begin{bmatrix} \beta_{11} & \beta_{12} \\ \beta_{12} & \beta_{22} \end{bmatrix} \begin{bmatrix} F_y \\ M_x \end{bmatrix}. \tag{9.3}$$

Die Proportionalitätskonstanten α_{jk} und β_{jk} sind positiv und aus der Statik her bekannt. Sie sollen gemeinsam den Einfluß der elastischen Lagerung, als auch den Einfluß der elastischen Welle enthalten.

So ist z.B., s. Abb. 9.1e

$$x = x_L + x_W = \frac{1}{c_x} F_x + \frac{1}{c} F_x = \left(\frac{1}{c_x} + \frac{1}{c}\right) F_x = \alpha_{11} F_x; \quad \alpha_{11} = \frac{1}{c_x} + \frac{1}{c},$$

wobei c_x und c die Federkonstanten der Lager bzw. der Welle bedeuten (Serieschaltung zweier Federn).

Unter den Bedingungen positiver Determinanten von

$$D_1 = \alpha_{11}\alpha_{22} - \alpha_{12}^2 > 0; \quad D_2 = \beta_{11}\beta_{22} - \beta_{12}^2 > 0, \tag{9.4}$$

die für praktische Verhältnisse weitgehend erfüllt sind, wird durch Inversion von (9.3)

$$\begin{bmatrix} F_x \\ M_y \end{bmatrix} = \frac{1}{D_1} \begin{bmatrix} \alpha_{22} & \alpha_{12} \\ \alpha_{12} & \alpha_{11} \end{bmatrix} \begin{bmatrix} x \\ \varphi_y \end{bmatrix} = \begin{bmatrix} c_{11} & c_{12} \\ c_{12} & c_{22} \end{bmatrix} \begin{bmatrix} x \\ \varphi_y \end{bmatrix}; \qquad \begin{bmatrix} F_y \\ M_x \end{bmatrix} = \frac{1}{D_2} \begin{bmatrix} \beta_{22} & -\beta_{12} \\ -\beta_{12} & \beta_{11} \end{bmatrix} \begin{bmatrix} y \\ \varphi_x \end{bmatrix} = \begin{bmatrix} k_{11} & -k_{12} \\ -k_{12} & k_{22} \end{bmatrix} \begin{bmatrix} y \\ \varphi_x \end{bmatrix} \tag{9.5}$$

mit positiven Federkonstanten c_{jk} und k_{jk}.

In der komplexen Schreibweise mit

$$\underline{F} = F_x + \mathrm{i} F_y, \quad \underline{M} = M_x + \mathrm{i} M_y, \quad \overrightarrow{OW} = \underline{r}; \quad \frac{\underline{r}}{\underline{r}^*} = x \pm \mathrm{i} y; \quad \frac{\underline{\varphi}}{\underline{\varphi}^*} = \varphi_x \pm \mathrm{i} \varphi_y \tag{9.6}$$

und Zerlegung der Federkonstanten in symmetrische und antimetrische Anteile

$$\frac{c_{11}}{k_{11}} = q_{11} \pm \Delta q_{11}; \quad \frac{c_{12}}{k_{12}} = q_{12} \pm \Delta q_{12}; \quad \frac{c_{22}}{k_{22}} = q_{22} \pm \Delta q_{22} \tag{9.7}$$

kann (9.5) zusammengefaßt werden zu

$$\begin{bmatrix} \underline{F} \\ \underline{M} \end{bmatrix}_W^F = \begin{bmatrix} q_{11}, & -\mathrm{i}q_{12} \\ \mathrm{i}q_{12}, & q_{22} \end{bmatrix} \begin{bmatrix} \underline{r} \\ \underline{\varphi} \end{bmatrix} + \begin{bmatrix} \Delta q_{11}, & \mathrm{i}\Delta q_{12} \\ \mathrm{i}\Delta q_{12}, & -\Delta q_{22} \end{bmatrix} \begin{bmatrix} \underline{r}^* \\ \underline{\varphi}^* \end{bmatrix}. \tag{9.8}$$

9.3 Weitere äußere Kräfte und Momente

Die äußere *Dämpfungskraft*, proportional der Geschwindigkeit, wirkt im Mittelpunkt W der Scheibe.[1] Mit dem Proportionalitätsfaktor b gilt

$$\boldsymbol{F}_{\mathrm{W}}^{\mathrm{D}} = b\dot{\boldsymbol{r}} = \begin{bmatrix} F_x \\ F_y \end{bmatrix}_{\mathrm{W}}^{\mathrm{D}} = \begin{bmatrix} b\dot{x} \\ b\dot{y} \end{bmatrix}. \tag{9.9}$$

Kompensations-Unwuchtkraft und *-Moment* sind auch äußere Kräfte und Momente und ebenfalls bezogen auf den Punkt W der Scheibe. Mit (9.2) gilt

$$\underline{F}_{\mathrm{U}} = \underline{U}_{\varepsilon 1}\Omega^2 = \Omega^2 U_1 \mathrm{e}^{\mathrm{i}(\Omega t+\alpha)}; \qquad \underline{M}_{\mathrm{U}} = \underline{M}_{\varepsilon 2}\Omega^2 = \Omega^2 a U_2 \mathrm{e}^{\mathrm{i}(\Omega t+\beta)}$$

oder zusammengefaßt

$$\begin{bmatrix} \underline{F} \\ \underline{M} \end{bmatrix}_{\mathrm{W}}^{\mathrm{U}} = \Omega^2 \mathrm{e}^{\mathrm{i}\Omega t} \begin{bmatrix} U_1 \mathrm{e}^{\mathrm{i}\alpha} \\ a U_2 \mathrm{e}^{\mathrm{i}\beta} \end{bmatrix}. \tag{9.10}$$

9.4 Impulssatz (Massenmittelpunktsatz)

Der Impulssatz ist für den Massenmittelpunkt S der Scheibe abzuleiten und zu formulieren, [Mg, S. 186]. Er lautet als Massenmittelpunktsatz (Schwerpunktsatz)

$$m\ddot{\underline{r}}_{\mathrm{S}} = \underline{R}_{\mathrm{S}}; \quad \underline{R}_{\mathrm{S}} = \underline{R}_{\mathrm{W}} = -\underline{F}_{\mathrm{W}}^{\mathrm{F}} - \underline{F}_{\mathrm{W}}^{\mathrm{D}} + \underline{F}_{\mathrm{W}}^{\mathrm{U}}, \tag{9.11}$$

wobei $\underline{r}_{\mathrm{S}} = \underline{r} + \underline{\varepsilon}$, Abb. 9.1e und $\underline{R}_{\mathrm{S}}$ die Resultante aller äußeren Kräfte bezüglich S bedeutet. Nun sind alle äußeren Kräfte auf W bezogen. Bei ihrer Reduktion von W auf S bleiben sie gleich, ($\underline{R}_{\mathrm{S}} = \underline{R}_{\mathrm{W}}$), erzeugen aber zusätzliche Torsionsmomente. Letztere sind jedoch wegen der klein vorausgesetzten Exzentrizität $\underline{\varepsilon} = \overrightarrow{WS}$ von kleiner Größenordnung und wegen $\Omega = \mathrm{const}$ vom Antriebsmoment zu übernehmen (s. Fußnote 3, S. 83).

Der Massenmittelpunktsatz (9.11) kann mit $\underline{r}_{\mathrm{S}} = \underline{r} + \underline{\varepsilon} = \underline{r} + \varepsilon \mathrm{e}^{\mathrm{i}(\Omega t+\psi)}$ und $\underline{F}_{\mathrm{W}}^{\mathrm{F}}$ aus (9.8), $\underline{F}_{\mathrm{W}}^{\mathrm{D}}$ aus (9.9) und $\underline{F}_{\mathrm{W}}^{\mathrm{U}}$ aus (9.10) in der folgenden Form ausgedrückt werden.

$$\underline{m\ddot{\underline{r}} + b\dot{\underline{r}} + q_{11}\underline{r} - \mathrm{i}q_{12}\underline{\varphi} + \Delta q_{11}\underline{r}^* + \mathrm{i}\Delta q_{12}\underline{\varphi}^* = \Omega^2 \mathrm{e}^{\mathrm{i}\Omega t}(U_1 \mathrm{e}^{\mathrm{i}\alpha} + \varepsilon m \mathrm{e}^{\mathrm{i}\psi})}. \tag{9.12}$$

Damit hat man eine erste Differentialgleichung aus dem Impulssatz gewonnen.

9.5 Drallsatz

Nach (3.20) mit $Q \to S$ gilt für den Drall[2] bezogen auf ein körperfestes Hauptachsensystem im Massenmittelpunkt S

$$\boldsymbol{L}_{\mathrm{S}} = \boldsymbol{\theta}_{\mathrm{S}}\boldsymbol{\omega}_{\mathrm{S}}; \quad \boldsymbol{\theta}_{\mathrm{S}} = \begin{bmatrix} \theta_1 & 0 & 0 \\ 0 & \theta_2 & 0 \\ 0 & 0 & \theta_3 \end{bmatrix}; \quad \boldsymbol{\omega}_{\mathrm{S}} = \begin{bmatrix} \dot{\varphi}_1 \\ \dot{\varphi}_2 \\ \dot{\varphi}_3 \end{bmatrix}. \tag{9.13}$$

[1] Ein Beispiel mit innerer Dämpfung (Materialdämpfung) und äußerer Dämpfung in den Lagern, s. [Ke2].

[2] Wir unterscheiden zwischen dem Drall $\boldsymbol{L}_{\mathrm{S}}$ im körperfesten und dem gleichen Drall $\boldsymbol{D}_{\mathrm{S}}$ im ortsfesten Bezugssystem.

Für die rotationssymmetrische Scheibe gilt mit $\theta_1 = \theta_2 = \theta_a$ – dem sogenannten axialen Massenträgheitsmoment – und $\theta_3 = \theta_p$ – dem sogenannten polaren Massenträgheitsmoment und (9.13)

$$\boldsymbol{L}_S = \begin{bmatrix} L_1 \\ L_2 \\ L_3 \end{bmatrix} = \begin{bmatrix} \theta_a \dot{\varphi}_1 \\ \theta_a \dot{\varphi}_2 \\ \theta_p \dot{\varphi}_3 \end{bmatrix} = \begin{bmatrix} \theta_a \dot{\varphi}_x \\ \theta_a \dot{\varphi}_y \\ \theta_p \Omega \end{bmatrix}. \tag{9.14}$$

Wir dürfen kleine Drehungen der Scheibe voraussetzen, so daß die Achsen des körperfesten und des ortsfesten (x, y, z)-Systems mit gleichem Ursprung sich auch nur um kleine Drehungen φ_x und φ_y unterscheiden. Mit dieser Voraussetzung

$$\varphi/\mathrm{rad} \ll 1 \rightarrow \cos\varphi = 1; \quad \sin\varphi = \varphi$$

gilt die angenäherte Transformationsformel für die Übertragung des relativen Dralls $\boldsymbol{L}_S$ auf den absoluten Drall $\boldsymbol{D}_S$ mit ξ als Drehvektor [Ke2]

$$\boldsymbol{D}_S = \boldsymbol{L}_S + (\xi \times \boldsymbol{L}_S); \quad \xi = \begin{bmatrix} \varphi_x \\ \varphi_y \\ 0 \end{bmatrix}. \tag{9.15}$$

Mit (9.14) wird aus (9.15), wenn Produkte kleiner Größenordnungen, $\varphi_x \dot{\varphi}_y$ und $\varphi_y \dot{\varphi}_x$, vernachlässigt werden

$$\boldsymbol{D}_S = \begin{bmatrix} D_x \\ D_y \\ D_z \end{bmatrix} = \begin{bmatrix} \theta_a \dot{\varphi}_x + \theta_p \Omega \varphi_y \\ \theta_a \dot{\varphi}_y - \theta_p \Omega \varphi_x \\ \theta_p \Omega \end{bmatrix}. \tag{9.16}$$

Mit (3.8) gilt

$$\frac{\mathrm{d}\boldsymbol{D}_S}{\mathrm{d}t} = \boldsymbol{M}_S, \tag{9.17}$$

wobei $\boldsymbol{M}_S$ die Summe der äußeren Momente bezüglich S ausdrückt. Mit (9.16) wird aus (9.17)

$$\boldsymbol{M}_S = \begin{bmatrix} M_x \\ M_y \\ M_z \end{bmatrix}_S = \begin{bmatrix} \theta_a \ddot{\varphi}_x + \theta_p \Omega \dot{\varphi}_y \\ \theta_a \ddot{\varphi}_y - \theta_p \Omega \dot{\varphi}_x \\ 0 \end{bmatrix}. \tag{9.18}$$

Wir suchen die Drehung $\underline{\varphi}$ um den Punkt W und nicht diejenige um S. Der Zusammenhang ist mit (9.2) durch

$$\underline{\varphi}_S = \underline{\varphi} + \underline{\varphi}_\varepsilon = \underline{\varphi} + \gamma\, \mathrm{e}^{\mathrm{i}(\Omega t + \kappa)} \tag{9.19}$$

gegeben. Mit

$$\underline{M}_S = M_{xS} + \mathrm{i}\, M_{yS}$$

wird aus (9.18) mit (9.19)

$$\underline{M}_S = \theta_a \ddot{\underline{\varphi}} - \mathrm{i}\,\Omega\,\theta_p \dot{\underline{\varphi}} + (\theta_p - \theta_a)\,\Omega^2 \gamma\, \mathrm{e}^{\mathrm{i}(\Omega t + \kappa)}. \tag{9.20}$$

Die äußeren Drehmomente sind wie die Kräfte auf W bezogen. Durch Reduktion auf S bleiben sie erhalten, so daß gilt

$$\underline{M}_\mathrm{S}=\underline{M}_\mathrm{W}^\mathrm{F}+\underline{M}_\mathrm{W}^\mathrm{U}. \tag{9.21}$$

Mit $\underline{M}_\mathrm{W}^\mathrm{F}$ aus (9.8) und $\underline{M}_\mathrm{W}^\mathrm{U}$ aus (9.10) entsteht aus (9.20) mit (9.21)

$$\underline{\theta_\mathrm{a}\ddot{\varphi}-\mathrm{i}\Omega\theta_\mathrm{p}\dot{\varphi}-\mathrm{i}q_{12}\underline{r}-q_{22}\varphi-\mathrm{i}\Delta q_{12}\underline{r}^*+\Delta q_{22}\varphi^*=\Omega^2\mathrm{e}^{\mathrm{i}\Omega t}[(\theta_\mathrm{a}-\theta_\mathrm{p})\gamma\mathrm{e}^{\mathrm{i}\kappa}+aU_2\mathrm{e}^{\mathrm{i}\beta}].} \tag{9.22}$$

Damit ist eine zweite Differentialgleichung aus dem Impulssatz gewonnen.

9.6 Bewegungsdifferentialgleichungen und deren Lösung

Die Differentialgleichungen (9.12) und (9.22) lassen sich zu einem System in Matrizenform zusammenfassen[3]

$$\begin{bmatrix} m, 0 \\ 0, \theta_\mathrm{a}\end{bmatrix}\begin{bmatrix}\ddot{\underline{r}}\\ \ddot{\varphi}\end{bmatrix}+\begin{bmatrix} b, & 0 \\ 0, & -\mathrm{i}\Omega\theta_\mathrm{p}\end{bmatrix}\begin{bmatrix}\dot{\underline{r}}\\ \dot{\varphi}\end{bmatrix}+\begin{bmatrix} q_{11}, & -\mathrm{i}q_{12} \\ -\mathrm{i}q_{12}, & -q_{22}\end{bmatrix}\begin{bmatrix}\underline{r}\\ \varphi\end{bmatrix}$$
$$+\begin{bmatrix}\Delta q_{11}, & \mathrm{i}\Delta q_{12} \\ -\mathrm{i}\Delta q_{12}, & \Delta q_{22}\end{bmatrix}\begin{bmatrix}\underline{r}^*\\ \varphi^*\end{bmatrix}=\Omega^2\mathrm{e}^{\mathrm{i}\Omega t}\begin{bmatrix}U_1\mathrm{e}^{\mathrm{i}\alpha}+\varepsilon m\mathrm{e}^{\mathrm{i}\psi}\\ (\theta_\mathrm{a}-\theta_\mathrm{p})\gamma\mathrm{e}^{\mathrm{i}\kappa}+aU_2\mathrm{e}^{\mathrm{i}\beta}\end{bmatrix}. \tag{9.23}$$

Das System (9.23) ist in $\underline{r}$ und φ durch die Koeffizienten q_{12} und Δq_{12}, bzw. durch die Federkonstanten c_{12} und k_{12} gekoppelt. Es muß deshalb zusammen integriert werden. Die partikuläre Lösung für die erzwungene „Schwingung" kann in folgender Form dargestellt werden:

$$\begin{aligned}&\underline{r}(t)=\underline{R}_1\mathrm{e}^{\mathrm{i}\Omega t}+\underline{R}_2\mathrm{e}^{-\mathrm{i}\Omega t};\quad \underline{r}^*(t)=\underline{R}_1^*\mathrm{e}^{-\mathrm{i}\Omega t}+\underline{R}_2^*\mathrm{e}^{\mathrm{i}\Omega t}\\ &\varphi(t)=\underline{R}_3\mathrm{e}^{\mathrm{i}\Omega t}+\underline{R}_4\mathrm{e}^{-\mathrm{i}\Omega t};\quad \varphi^*(t)=\underline{R}_3^*\mathrm{e}^{-\mathrm{i}\Omega t}+\underline{R}_4^*\mathrm{e}^{\mathrm{i}\Omega t}\\ &\left.\begin{matrix}\underline{R}_\mathrm{j}\\ \underline{R}_\mathrm{j}^*\end{matrix}\right.=\alpha_\mathrm{j}\pm\mathrm{i}\beta_\mathrm{j};\quad (j=1,2,3,4).\end{aligned} \tag{9.24}$$

Durch Einsetzen von (9.24) in (9.23) erhält man die zeitlich konstanten Größen $\underline{R}_\mathrm{j}\,(j=1,2,3,4)$, s. Anhang zu Kap. 9.

9.7 Spezialfälle

9.7.1 Mittig gelegene Scheibe

Für eine genau zwischen den Lagern liegende Scheibe ist wegen $c_{12}=k_{12}=0$ auch $q_{12}=\Delta q_{12}=0$. Das Gleichungssystem (9.23) ist entkoppelt. Die beiden Gleichungen

[3] Die Vorzeichen von q_{12} und Δq_{12} gelten für die Scheibe zwischen zwei Lagern. Für eine Scheibe außerhalb der Lager (überkragende Scheibe) ist das Vorzeichen zu ändern (c_{12} und k_{12} werden negativ).

können unabhängig voneinander integriert werden. Die Integration liefert jedoch grundsätzlich die gleiche Form der Lösung (9.24), allerdings mit anderen $\underline{R}_j$.

Ist zusätzlich $\gamma = 0$, d. h. ist die Scheibe rechtwinklig zur Welle montiert, und sieht man von U_2 ab, so verschwindet mit $\underline{\varphi} = 0$ die zweite Differentialgleichung (9.23). Der Drallsatz ist überflüssig, die Bewegungsdifferentialgleichung ist durch den Impulssatz (9.12) allein gegeben:

$$m\ddot{\underline{r}} + b\dot{\underline{r}} + q_{11}\underline{r} + \Delta q_{11}\underline{r}^* = \Omega^2 \mathrm{e}^{\mathrm{i}\Omega t}(U_1 \mathrm{e}^{\mathrm{i}\alpha} + m\varepsilon \mathrm{e}^{\mathrm{i}\psi}). \tag{9.25}$$

Sie entspricht, abgesehen von der Verkrümmung ε_0 und U_1, (8.39). Die Lösungsform (9.24) $\underline{r}(t) = \underline{R}_1 \mathrm{e}^{\mathrm{i}\Omega t} + \underline{R}_2 \mathrm{e}^{-\mathrm{i}\Omega t}$ bleibt erhalten.

9.7.2 Isotrop-elastisch gelagerte Scheibenwelle

Bei isotroper Lagerung ist $c_{11} = k_{11}$; $c_{12} = k_{12}$ und $c_{22} = k_{22}$, so daß $\Delta q_{11} = \Delta q_{12} = \Delta q_{22} = 0$ werden. Damit entfallen alle Δq_{jk} und in (9.23) somit die Δ-Matrix. Die Lösungsform (9.24) reduziert sich auf

$$\underline{r}(t) = \underline{R}_1 \mathrm{e}^{\mathrm{i}\Omega t}; \qquad \underline{\varphi}(t) = \underline{R}_3 \mathrm{e}^{\mathrm{i}\Omega t}$$

vgl. Anhang zu Kap. 9. Die Bahn (Orbit) von $\underline{r}(t)$ und $\underline{\varphi}(t)$ degeneriert von einer Ellipse zu einem Kreis in der komplexen (x, y)-Ebene. Zusätzlich verlieren die konjugiert komplexen Größen $\underline{r}^*(t)$ und $\underline{\varphi}^*(t)$ ihre Bedeutung.

9.7.3. Welle starr und starr gelagert, ohne Exzentrizität

In diesem Spezialfall können die äußeren Momente M_{xS} und M_{yS} mit dem Drallsatz allein bestimmt werden. Nach (9.18) gilt für $W \equiv S$, (Exzentrizität $\varepsilon = 0$),

$$\underline{M}_S = M_{xS} + \mathrm{i} M_{yS} = (\theta_a \ddot{\varphi}_{xS} + \theta_p \Omega \dot{\varphi}_{yS}) + \mathrm{i}(\theta_a \ddot{\varphi}_{yS} - \theta_p \Omega \dot{\varphi}_{xS}) = \theta_a \ddot{\underline{\varphi}}_S - \mathrm{i}\Omega\theta_p \dot{\underline{\varphi}}_S \tag{9.26}$$

und mit (9.2)

$$\underline{\varphi}_S = \varphi_{xS} + \mathrm{i}\varphi_{yS} = \underline{\varphi}_\varepsilon = \gamma \mathrm{e}^{\mathrm{i}(\Omega t + \kappa)} \tag{9.27}$$

in (9.26) eingesetzt

$$\underline{M}_S = -[(\theta_a - \theta_p)\Omega^2\gamma] \mathrm{e}^{\mathrm{i}(\Omega t + \kappa)}. \tag{9.28}$$

Für den nicht gewuchteten Rotor ist $\underline{M}_S$ das einzige äußere Moment, das auf den Rotor wirkt. Das gesuchte vom Rotor auf das Lager ausgeübte Moment, das Kreiselmoment $\underline{M}_k$ ist entgegengesetzt. Mit l als Lagerabstand ergeben sich folgende Lagerkräfte

$$\underline{L} = \frac{\underline{M}_k}{l} = L\mathrm{e}^{\mathrm{i}(\Omega t + \kappa)}; \qquad L = \frac{(\theta_a - \theta_p)\Omega^2 2\gamma}{2l}. \tag{9.29}$$

Der exakte Wert ist um den Faktor $\sin 2\gamma$ anstelle von 2γ besser. Da wir in (9.15) die Voraussetzung $\varphi/\mathrm{rad} \ll 1$ gemacht haben, war zu erwarten, daß $\sin\gamma = 2\gamma$ wird.

Für einen ausgesprochen scheibenförmigen Rotor gilt $\theta_p \approx 2\theta_a$ und $\theta_a < \theta_p$ (vgl. Fußnote 4, S. 111), so daß in guter Näherung für kleines γ

$$L = -\theta_a \Omega^2 \frac{\gamma}{l} \tag{9.30}$$

gilt.

Die Gleichung (9.29) gilt ebenfalls für walzenförmige Rotoren, $\theta_a > \theta_p$. Damit ändert sich das Vorzeichen und damit die Richtung der Lagerkraft gegenüber dem scheibenförmigen Rotor.

Für $\theta_a = \theta_p$ verschwindet nach (9.29) die Lagerkraft L. Nach Fußnote 1, S. 45, ist

$$\theta_a = \theta_1 = \theta_2 = \frac{m}{4}(R^2 + b^2/3) \quad \text{und} \quad \theta_p = \theta_3 = \frac{m}{2} R^2,$$

so daß aus $\theta_a = \theta_p$

$$\frac{b}{R} = \sqrt{3} = 1{,}7321$$

wird. Mit anderen Worten: für einen rotationssymmetrischen Rotor, dessen Mantellinie $b = \sqrt{3}$ mal größer ist als der Radius R, verschwinden, unabhängig von γ, die umlaufenden Lagerkräfte bei der Rotation. Ein solcher Rotor verhält sich wegen $\theta_1 = \theta_2 = \theta_3$ wie eine homogene Kugel auf einer Welle durch deren Mittelpunkt.

9.8 Diskussion der Lösung und Wuchtbedingungen

Die Lösung (9.24) von (9.23) ist analog derjenigen von (6.15). Es handelt sich bei $\underline{r}(t) = x(t) + \mathrm{i}\, y(t)$ als auch bei $\underline{\varphi}(t) = \varphi_x(t) + \mathrm{i}\,\varphi_y(t)$ um eine ellipsenförmige Bewegung in der komplexen (x, y)-Ebene, Abb. 6.2. Die Ellipse hat ihren Nullpunkt im Ursprung des KS und die Hauptachsen sind wegen der Dämpfung b schief. Die Länge der Halbachsen sind $(|\underline{R}_1| + |\underline{R}_2|)$ und $(|\underline{R}_1| - |\underline{R}_2|)$ bzw. $(|\underline{R}_3| + |\underline{R}_4|)$ und $(|\underline{R}_3| - |\underline{R}_4|)$. Die Erregung (rechte Seite der Gleichung) ist proportional $e^{\mathrm{i}\Omega t}$, d.h. es handelt sich um eine reine Gleichlauferregung (Ω positiv) mit Resonanzen bei gleichlaufkritischen Drehzahlen, [Ke2]. Für das Wuchtproblem ist die genaue Kenntnis von $\underline{r}(t)$ *und* $\underline{\varphi}(t)$ nicht unbedingt erforderlich. Es genügt zu wissen, daß die partikuläre Lösung proportional der rechten Seite von (9.23) ist. Ist diese rechte Seite Null, sind keine erzwungenen „Schwingungen“ möglich. Nach Abklingen der Eigenschwingung – Lösung der homogenen Gleichung (rechte Seite Null) – hat die Scheibe weder eine Auslenkung, noch eine Drehung um die x- und y-Achse; sie ist ausgewuchtet. Die Bedingung für das Wuchten erhält man folglich durch Nullsetzen der rechten Seite von (9.23)

$$\begin{aligned} &U_1 e^{\mathrm{i}\alpha} + \varepsilon m e^{\mathrm{i}\psi} = 0, \\ &(\theta_a - \theta_p)\,\gamma e^{\mathrm{i}\kappa} + a U_2 e^{\mathrm{i}\beta} = 0. \end{aligned} \tag{9.31}$$

Diese zwei Bedingungen erfüllt man mit den vier Forderungen

$$\alpha = -\psi; \quad \beta = +\kappa \tag{9.32}$$

und[4]

$$\underline{U_1 = \varepsilon m; \quad U_2 = \gamma(\theta_p - \theta_a)/a \approx \gamma\theta_a/a.} \tag{9.33}$$

Die erste Forderung (9.32) bedeutet, daß die statische Unwucht entgegengesetzt der Exzentrizität ε einzusetzen ist.

Die zweite Forderung (9.32) bedeutet, daß das Unwuchtmoment (als Vektor aufgefaßt) die gleiche Richtung wie $\underline{\gamma}$ haben muß, Abb. 9.1f.

Die beiden Forderungen (9.33) bedeuten, daß die Kompensation aus einer statischen Unwucht U_1 und einem Unwuchtmoment $a U_2$ bestehen muß, maW aus einer Unwuchtdyname an der Scheibe.

Es genügt nicht, nur eine der Forderungen (9.32) und (9.33) zu erfüllen. Ist z. B. $\gamma = 0$ – die Scheibe sitzt rechtwinklig auf der Welle – so erübrigt sich zwar mit $U_2 = 0$ eine dynamische Wuchtung. Wegen der Exzentrizität ε ist jedoch eine statische Wuchtung erforderlich. Wird sie nicht durchgeführt, so ist infolge der Kopplung weder $\underline{r}(t)$ noch $\underline{\varphi}(t)$ Null. Die Scheibe taumelt so lange bis die statische Wuchtung ($U_1 = \varepsilon m$) durchgeführt ist. Umgekehrt genügt es bei schief aufgesetzter Scheibe ($\gamma \neq 0$) nicht, nur die statische Wuchtung, $U_1 = \varepsilon m$, durchzuführen. Wegen der Kopplung ist nach durchgeführter statischer Wuchtung weder $\underline{r}(t)$ noch $\underline{\varphi}(t)$ Null. Nach erfolgter dynamischer Wuchtung $a U_2 = \gamma\theta_a$ taumelt die Scheibe zwar immer noch, erzeugt jedoch keine umlaufenden Lagerkräfte mehr.

Sitzt die Scheibe *mittig* zwischen den Lagern und *senkrecht* zur Welle ($\gamma = 0$), so taumelt die Scheibe nicht, $\varphi(t) = 0$, obschon $\underline{r}(t) \neq 0$ ist, was unmittelbar aus Abb. 9.1c abzulesen ist. Sitzt die Scheibe wohl *mittig* aber *schief* ($\gamma \neq 0$), so sind trotzdem beide Bedingungen (9.32) und (9.33) zu erfüllen; die statische und dynamische Wuchtung kann (könnte) jedoch hintereinander erfolgen, da die Gleichungen (9.23) entkoppelt sind.

Ist die Welle *isotrop*-elastisch gelagert, so ist nach Abschn. 9.7.2 die Bahn von $\underline{r}(t)$ und $\underline{\varphi}(t)$ ein Kreis in der komplexen (x, y)- bzw. (φ_x, φ_y)-Ebene. Die Gleichungen (9.23) sind jedoch nach wie vor gekoppelt, und an den Wuchtbedingungen (9.32) und (9.33) ändert sich nichts.

Eine Übersicht gibt Tabelle 9.1.

Ist die Scheibe einer Lavalwelle korrekt, d.h. rechtwinklig zur Welle montiert, so braucht man sie nur statisch zu wuchten. Ist sie hingegen schief montiert, so muß sie gleichzeitig statisch und dynamisch gewuchtet werden. Dies gilt auch dann, wenn sie sich in der Mitte beider Lager befindet. Allerdings kann (muß nicht) die statische und dynamische Wuchtung hintereinander (getrennt) erfolgen. Ob die Welle isotrop- oder anisotrop-elastisch gelagert ist, macht keinen Unterschied.

---

[4] Nach Kap. 5, Beispiel 5 ist mit $b = a$

$$\theta_a = \theta_1 = \frac{m}{4}(R^2 + a^2/3) = \frac{m}{4} R^2 \left(1 + \frac{a^2}{3R^2}\right);$$

$$\theta_p = \theta_3 = \frac{m}{2} R^2.$$

Für eine ausgesprochen dünne Scheibe kann $a^2/3R^2$ gegen 1 vernachlässigt werden, und es gilt

$$\theta_a = \frac{m}{4} R^2; \quad \theta_p = 2\theta_a; \quad \underline{\theta_p - \theta_a = \theta_a}.$$

Im übrigen muß bei der elastischen Welle mit schiefstehender Scheibe wie bei der starren Welle statisch und dynamisch gewuchtet werden. Es sind zwei WE (links und rechts an der Außenseite der Scheibe) notwendig aber auch hinreichend. Dazu gehören zwei Messungen, vorzugsweise nahe den beiden Lagern. Es ist auch bei der anisotrop gelagerten Welle nur eine Meßrichtung notwendig, verständlicherweise diejenige, zu der die niederere der beiden aufgespaltenen kritischen Drehzahlen gehört. Ist es die x-Richtung mit $\Omega = \omega_1$, so genügt es $\underline{X}(\omega_1) = X(\omega_1) e^{i\varphi_x(\omega_1)}$ zu messen, Abb. 6.4, Schaltung II, unabhängig davon, ob eine ideal anisotrope- oder eine Gleitlagerung vorliegt.

Ist die Scheibe einer Lavalwelle schiefstehend und besitzt somit einen Planlauffehler, so sind zum Wuchten zwei Wuchtebenen und zwei Meßebenen notwendig und hinreichend. Die Wuchtebenen sind an der Scheibe selbst, die Meßebenen vorzugsweise in der Nähe beider Lager zu wählen.

Tabelle 9.1. Schiefe Scheibenwelle mit Exzentrizität ε – isotrop oder anisotrop gelagert

Unwucht	Scheibe außermittig gelegen		Scheibe mittig gelegen	
	$\gamma \neq 0$	$\gamma = 0$	$\gamma \neq 0$	$\gamma = 0$
	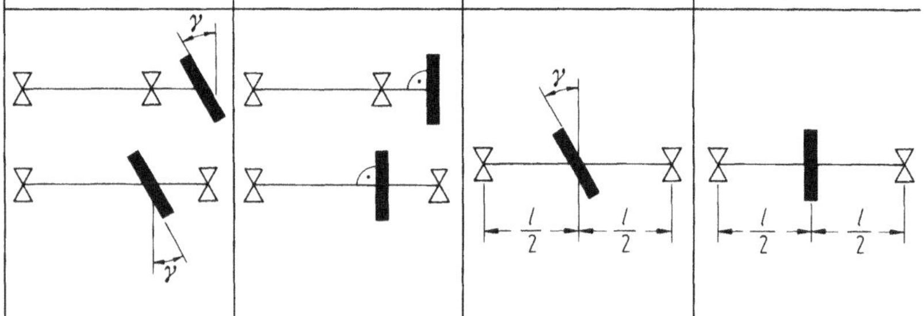			
statisch ($\varepsilon \to 0$)	☒	☒	☒	☒
dynamisch ($\gamma \to 0$)	☒	⊟	☒	⊟
	nur zusammen möglich; Diffgl. gekoppelt		getrennt möglich; Diffgl. entkoppelt	

Wuchten erforderlich: ☒ ja; ⊟ nein

9.9 Einfluß des Eigengewichts bei horizontal gelagerten Rotoren

Die Auslenkung der horizontal rotierenden Welle infolge ihres Eigengewichts ist zeitlich konstant und für das Wuchten somit ganz uninteressant. Die zeitlich konstante Auslenkung ist bei vernachlässigter innerer Dämpfung identisch mit der statischen Durchbiegung des Rotors, wobei allerdings durch die Rotation Biegewechselspannungen mit der Frequenz der Drehzahl entstehen, wie Beispiel 1 zeigt. Bei innerer Dämpfung wird außerdem noch eine kleine, vernachlässigbare Auslenkung in horizontaler Richtung entstehen, wie Beispiel 2 zeigt.

Beispiel 1

Krumme Lavalwelle in radial-anisotroper Lagerung und äußerer Dämpfung.

Mit $\underline{r} = x + \mathrm{i}\,y$, wobei die x-Richtung horizontal, die y-Richtung vertikal nach oben orientiert ist, gilt die Differentialgleichung (8.39), wobei die Lagersteifigkeiten c_x, bzw. c_y betragen

$$\ddot{\underline{r}} + d\dot{\underline{r}} + \Delta d\dot{\underline{r}}^* + a\underline{r} + b\underline{r}^* = (\varepsilon\Omega^2\,\mathrm{e}^{\mathrm{i}\alpha} + a\varepsilon_0\,\mathrm{e}^{\mathrm{i}\beta})\,\mathrm{e}^{\mathrm{i}\Omega t} + b\varepsilon_0\,\mathrm{e}^{-\mathrm{i}\beta}\,\mathrm{e}^{-\mathrm{i}\Omega t}. \tag{9.34}$$

Das Gewicht $G = -\mathrm{i}|g|m$, ($|g| = 9{,}81\ \mathrm{m/s^2}$) wird durch die Erdbeschleunigung $-\mathrm{i}|g|$ erzeugt. Die Differentialgleichung (9.34) lautet dann ohne Krümmung ($\varepsilon_0 = 0$) und ohne Exzentrizität ($\varepsilon = 0$):

$$\underline{\ddot{\underline{r}} + d\dot{\underline{r}} + \Delta d\dot{\underline{r}}^* + a\underline{r} + b\underline{r}^* = -\mathrm{i}|g|}. \tag{9.35}$$

Die partikuläre Lösung von (9.35) als Einfluß von G lautet

$$\underline{r} = \underline{R} = R_\mathrm{R} + \mathrm{i}\,R_\mathrm{I} = \mathrm{const.} \qquad \text{(zeitunabhängig!)} \tag{9.36}$$

Eingesetzt in (9.35) wird

$$a(R_\mathrm{R} + \mathrm{i}\,R_\mathrm{I}) + b(R_\mathrm{R} - \mathrm{i}\,R_\mathrm{I}) = -\mathrm{i}|g|,$$

in Real- und Imaginärteile getrennt

$$R_\mathrm{R}(a+b) = 0,$$
$$R_\mathrm{I}(a-b) = -|g|$$

oder

$$R_\mathrm{R} = 0,$$
$$R_\mathrm{I} = -\frac{|g|}{a-b} = -\frac{|g|}{\omega_y'^2} = -\frac{|g|m}{c_y'}$$

und schließlich mit (9.36)

$$\underline{\underline{r} = \mathrm{i}\,R_\mathrm{I} = -\mathrm{i}\frac{|g|m}{c_y'} = -\mathrm{i}\,f_\mathrm{stat}}, \quad \left(c_y' = \frac{c\,c_y}{c+c_y} = \frac{c}{c/c_y+1}\right), \tag{9.37}$$

wobei f_stat die statische Durchbiegung der Lavalwelle infolge ihres Eigengewichts auf elastischen Lagern bedeutet Abb. 9.2.

Ist die Lagerung starr (isotrop) $c_y = \infty$, so gilt

$$\lim c_y'\Big|_{c_y\to\infty} = \lim \frac{c}{c/c_y+1}\Big|_{c_y\to\infty} = c \quad \text{und} \quad \underline{\underline{r} = -\mathrm{i}\frac{|g|m}{c} = -\mathrm{i}\,f_\mathrm{stat}}.$$

Das Resultat (9.37) gilt natürlich auch für isotrop elastische Lagerung. Die Lagersteifigkeit c_x in horizontaler Richtung erscheint in (9.37) nicht. Die Lösung ist unabhängig von der horizontalen Steifigkeit.

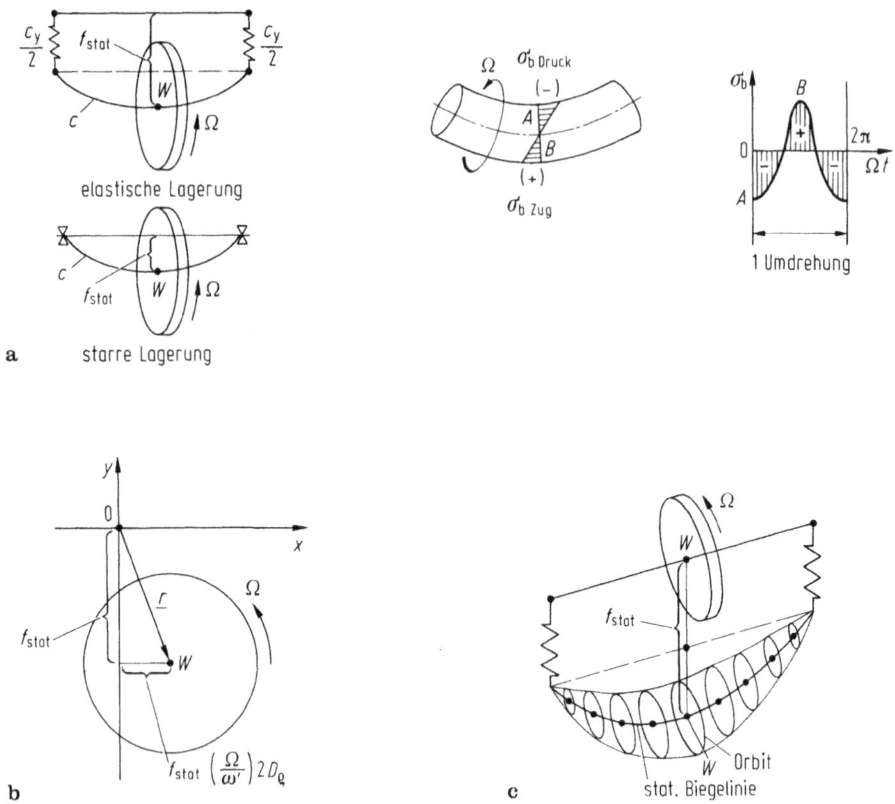

Abb. 9.2. Einfluß des Eigengewichts bei horizontal gelagerten Rotoren. **a** nur äußere Dämpfung; **b** äußere und innere Dämpfung; **c** „Bananenschale" als Umhüllende der Bahnen (Orbits). Horizontale statische Auslenkung vernachlässigt

Betrachtet man bei der durchgebogenen Welle die oberste Faser, so stellt man fest, daß sie unter Druckspannung steht. Bei einer halben Drehung der Welle wird sie zur untersten Faser und steht unter einer Zugspannung. Bei einer ganzen Drehung der Welle ist der Ausgangszustand wieder erreicht. Die Biegebeanspruchung im Querschnitt der Welle ist somit eine Wechselspannung mit der Frequenz der Drehzahl, z.B. bei einer Drehzahl von 3000 1/min ist die Frequenz 50 Hz! Diese Biegebeanspruchung ist die höchste, die die Welle ertragen muß, denn die Auslenkungen infolge Unwucht und Krümmung überlagern sich wohl der statischen Durchbiegung, kompensieren die Druckzone jedoch nie, da die Lager sonst entlastet und rasch zerstört würden. Horizontale Gleitlager sind nicht für Kräfte nach oben gebaut!

Beispiel 2

Gerade Lavalwelle in elastisch isotroper Lagerung mit äußerer- und innerer Dämpfung.

Mit $\underline{r} = x + \mathrm{i}\, y$, x horizontal, y vertikal (nach oben) gilt die Differentialgleichung (8.9) ohne Gewichtseinfluß und innerer Reibung

$$\ddot{\underline{r}} + d\dot{\underline{r}} + \omega'^2 \underline{r} = \varepsilon \Omega^2 \mathrm{e}^{\mathrm{i}(\Omega t + \alpha)}. \tag{9.38}$$

Das Gewicht $G = -\mathrm{i}|g|m$ wird durch die Erdbeschleunigung $-\mathrm{i}|g|$ erzeugt.

Die innere Dämpfung ist durch die innere Reibungskraft $\underline{R}^{\varrho}$ im rotierenden KS durch den Ausdruck

$$\underline{R}^{\varrho}(t)=b_{\varrho}\underline{\dot{r}}^{\varrho}(t) \tag{9.39}$$

gegeben, wobei $\underline{\dot{r}}^{\varrho}(t)$ die Bewegung im rotierenden KS bedeutet und b_{ϱ} ein Proportionalitätsfaktor ist.

Nach (2.1) gelten die Transformationsformeln

$$\underline{r}^{\varrho}(t)=\underline{r}(t)\,\mathrm{e}^{-\mathrm{i}\Omega t} \quad \text{und} \quad \underline{R}(t)=\underline{R}^{\varrho}(t)\,\mathrm{e}^{\mathrm{i}\Omega t}. \tag{9.40}$$

Aus der ersten Beziehung (9.40) folgt anhand der Produkteregel für das Differenzieren

$$\underline{\dot{r}}^{\varrho}=\underline{\dot{r}}\,\mathrm{e}^{-\mathrm{i}\Omega t}-\mathrm{i}\Omega\underline{r}\,\mathrm{e}^{-\mathrm{i}\Omega t}=(\underline{\dot{r}}-\mathrm{i}\Omega\underline{r})\,\mathrm{e}^{-\mathrm{i}\Omega t}.$$

Eingesetzt in (9.39) wird vorerst für die innere Reibungskraft im rotierenden KS

$$\underline{R}^{\varrho}=b_{\varrho}(\underline{\dot{r}}-\mathrm{i}\Omega\underline{r})\,\mathrm{e}^{-\mathrm{i}\Omega t},$$

und mit der zweiten Bezeichnung von (9.40) erhält man die innere Reibungskraft im ortsfesten KS

$$\underline{R}=b_{\varrho}(\underline{\dot{r}}-\mathrm{i}\Omega\underline{r}). \tag{9.41}$$

Die entsprechende Beschleunigung beträgt somit

$$\frac{\underline{R}}{m}=d_{\varrho}(\underline{\dot{r}}-\mathrm{i}\Omega\underline{r});\quad \left(d_{\varrho}=\frac{b_{\varrho}}{m}\right).$$

Wird diese Beschleunigung infolge innerer Reibung und die Erdbeschleunigung in (9.38) eingesetzt, so entsteht ohne Exzentrizität ($\varepsilon=0$) die neue Differentialgleichung

$$\underline{\ddot{r}}+(d+d_{\varrho})\,\underline{\dot{r}}+(\omega'^2-\mathrm{i}\Omega d_{\varrho})\,\underline{r}=-\mathrm{i}|g|. \tag{9.42}$$

Die partikuläre Lösung von (9.42) als Einfluß von G lautet

$$\underline{r}=\underline{R}=R_{\mathrm{R}}+\mathrm{i}R_{\mathrm{I}}=\mathrm{const}\quad \text{(zeitunabhängig!)}. \tag{9.43}$$

Eingesetzt in (9.42) wird

$$(\omega'^2-\mathrm{i}\Omega d_{\varrho})(R_{\mathrm{R}}+\mathrm{i}R_{\mathrm{I}})=-\mathrm{i}|g|$$

und in Real- und Imaginärteil getrennt

$$\begin{aligned}&\omega'^2 R_{\mathrm{R}}+\Omega d_{\varrho}R_{\mathrm{I}}=0,\\&-\Omega d_{\varrho}R_{\mathrm{R}}+\omega'^2 R_{\mathrm{I}}=-|g|.\end{aligned}$$

Die Auflösung dieses inhomogenen Gleichungssystems liefert mit $\omega'^2=c'/m$ und der Voraussetzung $\Omega^2 d_{\varrho}^2 \ll \omega'^4$ einerseits

$$R_{\mathrm{I}}=-\frac{|g|}{\omega'^2}=-\frac{|g|m}{c'}=-f_{\mathrm{stat}},\quad \left(c'=\frac{c\,c_{\mathrm{L}}}{c+c_{\mathrm{L}}}\right)$$

und andererseits

$$R_{\mathrm{R}}=\frac{|g|\Omega d_{\varrho}}{\omega'^4}=\frac{|g|m}{c'}\,\frac{\Omega d_{\varrho}}{\omega'^2}=f_{\mathrm{stat}}\,\frac{\Omega d_{\varrho}}{\omega'^2}.$$

$f_{\mathrm{stat}}=|g|m/c'$ ist die statische Durchbiegung der Welle.

Setzt man analog der äußeren Dämpfung für die innere Dämpfung das entsprechende Lehrsche Dämpfungsmaß

$$D_{\varrho}=\frac{d_{\varrho}}{2\omega'}\rightarrow d_{\varrho}=2\omega' D_{\varrho}$$

anstelle von d_{ϱ} ein, so wird

$$R_{\mathrm{R}}=f_{\mathrm{stat}}\left(\frac{\Omega}{\omega'}\right)2D_{\varrho}.$$

Die partikuläre Lösung lautet schließlich

$$\underline{r} = f_{\text{stat}}\left(\frac{\Omega}{\omega'}\right) 2D_{\varrho} - \mathrm{i} f_{\text{stat}} = f_{\text{stat}}\left(\frac{\Omega}{\omega'} 2D_{\varrho} - \mathrm{i}\right). \tag{9.44}$$

Neben der statischen Durchbiegung nach unten entsteht noch eine horizontale Auslenkung in positiver x-Richtung, bei positiver Drehrichtung der Welle, s. Abb. 9.2b. Die horizontale Auslenkung ist wegen $D_{\varrho} \ll 1$ viel kleiner als die vertikale ($\Omega 2D_{\varrho}/\omega' \ll |\mathrm{i}| = 1$) und kann im allgemeinen vernachlässigt werden.

Die beiden Beispiele zeigen, daß durch den Einfluß des Gewichts bei der horizontal gelagerten rotierenden Welle nur eine zeitlich konstante Verformung der Welle entsteht, die genügend genau der statischen Durchbiegung entspricht. Dieser Durchbiegung überlagert sich die Verformung der Welle infolge Unwucht und Krümmung, so daß die Umhüllende der Bahnen (Orbit) einer „Bananenschale" gleicht, Abb. 9.2c. Die Welle wird durch den Gewichtseinfluß allerdings durch Wechselbiegung mit der Frequenz der Drehzahl beansprucht.

Obschon dieser Tatbestand streng genommen aus der Lavalwelle gewonnen wurde, hat er doch allgemeine Gültigkeit auch für die Mehrscheibenwelle, für kontinuierliche Rotoren und gekuppelte Wellenstränge über mehreren Lagern.

10 Grenzen des Wuchtens starrer Rotoren bei höheren Drehzahlen

Es soll hier die Frage beantwortet werden, bis zu welcher Drehzahl ein Rotor als starrer Rotor gewuchtet werden darf. Werden Rotoren in besonders weich gelagerten (wegmessenden) Wuchtmaschinen oder bei sehr kleinen Drehzahlen gewuchtet, so verhalten sie sich starr und verbiegen sich nicht. Wird ein solcher Rotor jedoch in betriebseigenen Lagern betrieben, ist eine Durchbiegung nicht mehr auszuschließen. Es entsteht eine zusätzliche Unwucht infolge der Durchbiegung, die Lager werden durch zusätzliche umlaufende Lagerkräfte beansprucht, der Rotor ist wieder unwuchtig.

In der Einführung unter Abschn. 1.4 wurde darauf hingewiesen, daß der Begriff starr für einen Rotor relativ ist und daß es einen absolut starren Rotor nicht gibt. Jeder Rotor aus einem realistischen Material verbiegt sich unter dem Einfluß auch noch so kleiner Fliehkräfte mehr oder weniger, da er dem Hookeschen Gesetz (mehr oder weniger) unterliegt. Weil die Fliehkräfte mit Ω^2 wachsen, ist die elastische Durchbiegung des Rotors bei kleinen Drehzahlen gering, u. U. vernachlässigbar. Was heißt nun aber klein, klein bezogen auf welche Drehzahl? Die Beantwortung dieser Frage läuft auf die Prüfung hinaus, welche zusätzlichen Lagerkräfte ein starr gewuchteter Rotor beim Lauf in den betriebseigenen Lagern ausübt. Erreichen die zusätzlichen Lagerkräfte ein noch tolerierbares Maß, kann der Rotor durchaus „starr" gewuchtet werden. Die anfangs gestellte Frage ist also an Toleranzwerte gebunden und kann für einen beliebig geformten Rotor nicht eindeutig beantwortet werden, weil die Verteilung der Unwucht nicht bekannt ist. Hingegen lassen sich anhand der isotrop elastisch gelagerten Lavalwelle übersichtliche und praktische Kriterien ableiten, die auch Informationen für beliebige und beliebig gelagerte Rotoren abgeben.

Kriterien für die elastisch und elastisch gelagerte Lavalwelle

Beschränkt man sich auf einen *dämpfungsfreien* Rotor – die Dämpfung ist in diesem Zusammenhang unbedeutend – so erhält man aus (8.9) mit $d=0$ die folgende Differentialgleichung für die Bewegung der *isotrop*-elastisch gelagerten Lavalwelle mit *mittig* angeordneter Scheibe und der Masse M statt m

$$\ddot{\underline{r}} + \omega'^2 \underline{r} = \varepsilon \Omega^2 e^{i(\Omega t + \alpha)}; \quad \omega'^2 = \frac{c'}{M}; \quad c' = \frac{c\,c_L}{c + c_L} = \frac{c_L}{1 + c_L/c}. \tag{10.1}$$

Dabei ist c die Federzahl (Biegesteifigkeit) der Welle, $c_L/2$ die Federzahl *eines* Lagers und c_L diejenige beider Lager zusammen. Ω ist die konstante Winkelgeschwindigkeit der Welle und ω' die Resonanzwinkelgeschwindigkeit oder kritische Winkelgeschwindigkeit der isotrop-elastisch gelagerten Welle. ε ist die Exzentrizität des Massenmittelpunkts und $U_\varepsilon = M\varepsilon$ folglich die Unwucht. Es handelt sich somit um eine rein statische Unwucht.

Die partikuläre Lösung von (10.1) für die erzwungene Schwingung lautet

$$\underline{r} = r\,e^{i(\Omega t + \alpha)}, \quad r = \varepsilon \frac{\Omega^2}{\omega'^2 - \Omega^2}. \tag{10.2}$$

Die Summe beider Lagerkräfte für den *elastischen* Rotor beträgt

$$2L = c'r = \underline{\varepsilon c' \frac{\Omega^2}{c'/M - \Omega^2}}. \tag{10.3}$$

Für den starren Rotor ($c=\infty$) gilt

$$c_L/c = c_L/\infty = 0 \rightarrow c' = c_L; \quad \omega'^2 = c_L/M \tag{10.4}$$

und mit (10.2)

$$r = r_L = \varepsilon \frac{\Omega^2}{c_L/M - \Omega^2}. \tag{10.5}$$

Die Summe beider Lagerkräfte für den *starren* Rotor beträgt dann

$$\underline{2L_{St}} = c_L r_L = \underline{\varepsilon c_L \frac{\Omega^2}{c_L/M - \Omega^2}}. \tag{10.6}$$

Wird der symmetrisch gelagerte Scheibenrotor in weichen Lagern oder bei sehr kleinen Drehzahlen als starrer Rotor gewuchtet – so, daß die elastische Durchbiegung vernachlässigt werden kann –, bestehen grundsätzlich mehrere Möglichkeiten für die KU:

Man kompensiert entweder die IU $U_\varepsilon = M\varepsilon$ an der Scheibe mit einer KU$(-U_\varepsilon)$, womit der Rotor auch als elastischer Rotor vollständig gewuchtet ist und sich bei keiner Drehzahl mehr verbiegt. Gelingt dies nicht ganz (praxisnaher Fall), bleibt eine Restunwucht (englisch: residual- oder final unbalance) $U_R = M\varepsilon_1$ ($\varepsilon_1 \ll \varepsilon$) übrig, die den Rotor in betriebseigenen Lagern wieder verbiegt – 1. Fall.

Eine andere Möglichkeit besteht darin, den starren Rotor mit der Restunwucht U_R in den Lagerebenen mit je einer KU $(-U_R/2)$ auszugleichen (ebenfalls praxisnaher Fall). Beide KU müssen so zusammen $(-U_R) = (-M\varepsilon_1)$ betragen. Hier ist zu beachten, daß $U_R = M\varepsilon_1$ auch die Form $U_R = m\varepsilon_{10}$; mit $m < M$, $\varepsilon_{10} > \varepsilon_1$ und der Bedingung $M\varepsilon_1 = m\varepsilon_{10}$ annehmen kann. Man kompensiert also mit je zwei kleinen Massen $(m/2)$, deren Radius ε_{10} jedoch wesentlich größer als die Exzentrizität ε_1 der Rotormasse M ist – 2. Fall.

Wir untersuchen im folgenden die beiden praxisnahen Normalfälle, bei denen die KU-Massen gegenüber der Rotormasse vernachlässigbar sind $(m/M \to 0)$ – 1. und 2. Fall. Ferner wird ein Extremfall untersucht, bei dem die KU-Massen je die Hälfte der Rotormasse betragen $2(m/2) = M = m$. – 3. Fall. Dieser dritte Fall ist wegen zu kleinem Radius ε_1 der KU-Massen praktisch nicht realisierbar und muß als theoretischer Grenzfall betrachtet werden.

1. Fall

Der symmetrische Scheibenmotor besitzt eine Restunwucht $M\varepsilon_1$ an der Scheibe mit der Masse M, Abb. 10.1 a. In einer wegmessenden Wuchtmaschine oder bei sehr kleinen Drehzahlen mißt man nach (10.6) die Summe beider Lagerkräfte

$$2L_{ST} = \varepsilon_1 c_L \frac{\Omega^2}{c_L/M - \Omega^2}. \tag{10.7}$$

In den betriebseigenen Lagern wird die Summe beider Lagerkräfte nach (10.3) mit

$$2L_1 = \varepsilon_1 c' \frac{\Omega^2}{c'/M - \Omega^2}; \qquad c' = \frac{c\,c_L}{c + c_L} \tag{10.8}$$

gemessen. Man erhält also zwei unterschiedliche Messungen. Die Differenz kann als absoluter Fehler der Messung des starren Rotors bezeichnet werden. Um einen relativen Fehler zu definieren, braucht es eine vernünftige Bezugsgröße. Zweckmäßigerweise wird man dafür die Lagerkräfte des starren Rotors wählen. Der relative Lagerkraftfehler ist dann

$$\Delta_1 = \frac{L_1 - L_{ST}}{L_{ST}} = \frac{L_1}{L_{ST}} - 1. \tag{10.9}$$

Setzt man (10.7) und (10.8) in (10.9) ein, so wird nach kurzer Zwischenrechnung und Auflösung nach (Ω/ω'),

$$\frac{\Omega}{\omega'} = \sqrt{\frac{\Delta_1 \cdot (1 + c/c_L)}{1 + \Delta_1 \cdot (1 + c/c_L)}}; \quad \omega' = \sqrt{c'/M}; \quad c' = \frac{c\,c_L}{c + c_L}. \tag{10.10}$$

ω' ist nach (10.8) die kritische Winkelgeschwindigkeit des elastischen Rotors in isotrop elastischen Lagern.

Die Beziehung (10.10) ist in Abb. 10.1a in der Form $c/c_L = fkt\,(\Omega/\omega')$ für drei Fehlerparameter $\Delta_1 = 0{,}1$; 0,2 und 0,3 graphisch dargestellt. Man entnimmt dem Diagramm für einen gewählten relativen Lagerkraftfehler Δ_1 die Grenzdrehzahl bis zu der ein elastischer Rotor noch als starrer Rotor gewuchtet werden darf. So ist für ein Verhältnis von Wellen- zu Lagersteifigkeit $c/c_L = 1$ und einem relativen Lagerkraftfehler von $\Delta_1 = 20\%$ die bezogene Grenzdrehzahl $(\Omega/\omega') = 0{,}535$, d.h. man darf den Rotor bis zur Grenzwinkelgeschwindigkeit Ω, die 53,5% der kritischen Winkelgeschwindigkeit ω' des elastischen Rotors entspricht, in betriebseigenen Lagern betreiben, wenn er als starrer Rotor gewuchtet wurde. Verallgemeinert bedeutet dies:

Ein „starr" gewuchteter Rotor darf bis zu der relativen Grenzdrehzahl (Ω/ω') *in betriebseigenen Lagern betrieben werden, wenn ein relativer Lagerkraftfehler von* Δ_1 *in Kauf genommen wird.*

Die relative Grenz„drehzahl" (Ω/ω') steigt mit zunehmender relativer Steifigkeit c/c_L des Rotors bis 1 und sinkt bis 0,302; 0,408; 0,480 ($\Delta_1 = 0{,}1$; 0,2; 0,3) bei starrer Lagerung. Überträgt man das Resultat auf einen realen Rotor, so ist Abb. 10.1a wie folgt zu interpretieren:

Man beschafft sich vom Rotor und dessen Lagerung das Verhältnis von Wellen- zu Lagersteifigkeit c/c_L (z.B. $c/c_L = 1$) als auch die erste kritische Drehzahl n_k (z.B. $n_k = 1200$ 1/min). Mit der freien Wahl eines noch tolerierbaren relativen Lagerkraftfehlers von Δ_1 (z.B. $\Delta_1 = 20\%$) entnimmt man der Abb. 10.1a die relative Grenzdrehzahl (Ω/ω') (hier $\Omega/\omega' = 0{,}535 = n/n_k$). Damit kann die absolute Grenzdrehzahl n (hier $n = 0{,}535 \cdot 1200 = 642$ 1/min) berechnet werden, bis zu der man den elastischen Rotor noch betreiben darf, wenn er als starrer Rotor gewuchtet wurde.

2. Fall

Die Restunwucht an der Scheibe ist $M\varepsilon_1$ wie im ersten Fall. Der Rotor wird ebenfalls als starrer Rotor, aber in beiden Lagerebenen gewuchtet, Abb. 10.1b. Die KU-Masse pro Lager ist $m/2$ und der Radius ε_{10}, wodurch die KU pro Lager $(m/2)\,\varepsilon_{10}$ beträgt mit der Bedingung $m\varepsilon_{10} = M\varepsilon_1$. Es gelte $m \ll M (m/M \to 0)$ wodurch $\varepsilon_{10} = (M/m)\varepsilon_1$ genügend groß wird und die gesamte KU-Masse m gegen die Rotormasse M vernachlässigbar ist.

Bei der Rotation mit der Winkelgeschwindigkeit Ω entstehen in betriebseigenen Lagern je zwei Lagerkräfte der Größe, s. Anhang zu Kap. 10,

$$L_2 = \frac{1}{2}\,\frac{\varepsilon_1 c_L a^2}{c c_L - a(c + c_L)}. \qquad (a = M\Omega^2) \tag{10.11}$$

Resonanz entsteht bei der kritischen Winkelgeschwindigkeit ω_1, berechnet aus dem verschwindenden Nenner von L_2

$$c c_L - a(c + c_L) = 0 \to a_1 = \frac{c c_L}{c + c_L} = c_L \frac{c/c_L}{(c/c_L + 1)} = M\omega_1^2 \tag{10.12}$$

$$\omega_1 = \sqrt{\frac{1}{M}\,\frac{c c_L}{c + c_L}} = \sqrt{\frac{c'}{M}} \equiv \omega'$$

und daraus

$$\frac{a}{a_1} = \frac{M\Omega^2}{M\omega_1^2} = \left(\frac{\Omega}{\omega'}\right)^2. \tag{10.13}$$

Die beiden Lagerkräfte des starren Rotors ohne KU betragen wie im ersten Fall je

$$L_{ST} = \frac{1}{2}\,\frac{\varepsilon_1 c_L a}{c_L - a}. \tag{10.14}$$

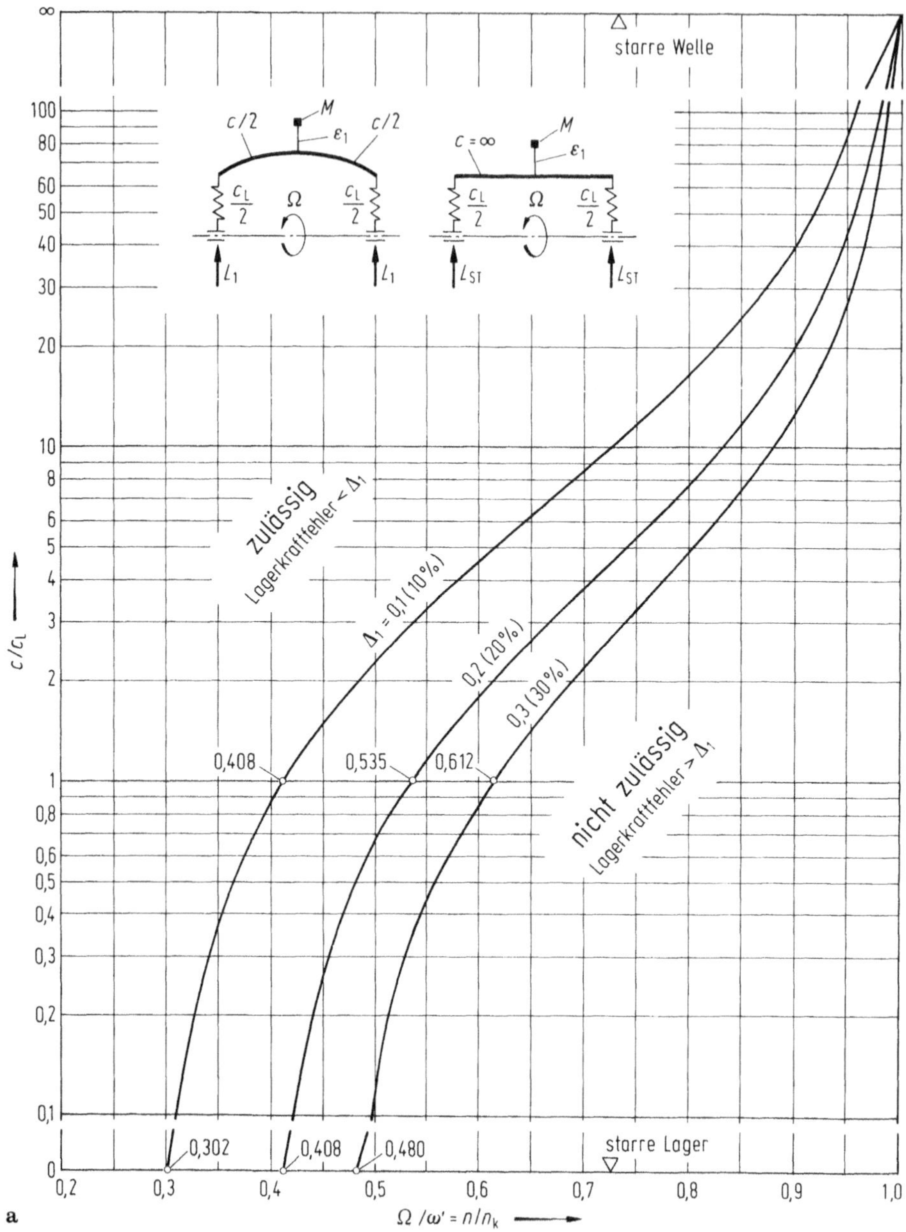

a

Abb. 10.1. a Grenzen des Wuchtens starrer Rotoren. Unvollständiger Ausgleich der IU in der Mitte Restunwucht $M\varepsilon_1$ vorhanden. Relative Grenzdrehzahl $n/n_k = \Omega/\omega'$ bis zu welcher ein elastischer Rotor als starrer Rotor gewuchtet werden darf, wenn ein relativer Lagerkraftfehler Δ_1 toleriert wird. $\omega' = \sqrt{c'/M}$; $c' = c\,c_L/(c + c_L)$, $\Delta_1 = (L_1 - L_{ST})/L_{ST}$, n Grenzdrehzahl, n_k (erste) kritische Drehzahl des elastischen Rotors, c Steifigkeit des Rotors, c_L Gesamtsteifigkeit der Lagerung, $M\varepsilon_1$ Restunwucht oder IU

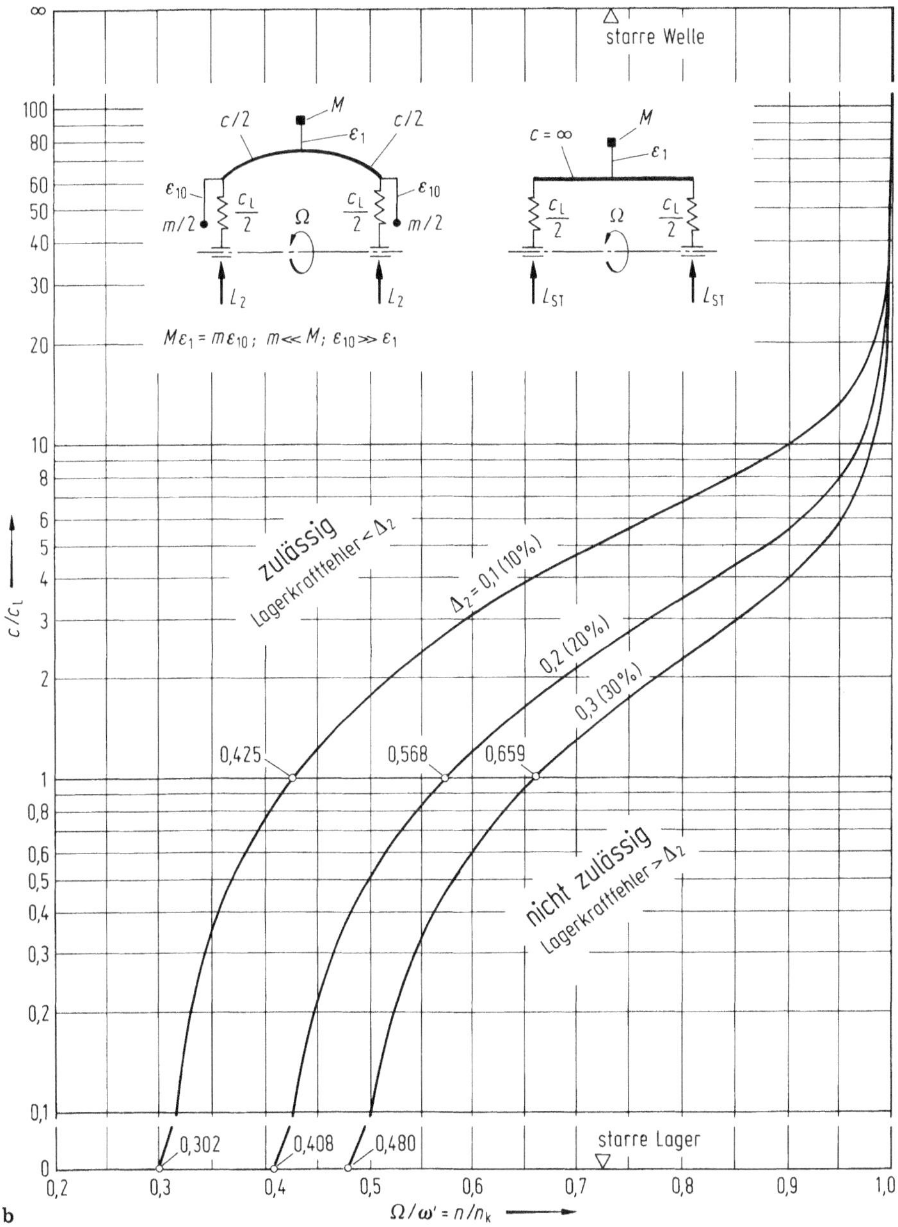

b

Abb. 10.1. b Grenzen des Wuchtens starrer Rotoren, Ausgleich der Rest-IU $M\varepsilon_1$ an den Lagern. Relative Grenzdrehzahl $n/n_k = \Omega/\omega'$ bis zu der ein elastischer Rotor als starrer Rotor gewuchtet werden darf, wenn ein relativer Lagerkraftfehler Δ_2 toleriert wird. $\omega' = \sqrt{c'/M}$; $c' = c c_L/(c + c_L)$; $\Delta_2 = L_2/L_{ST}$, n Grenzdrehzahl, n_k (erste) kritische Drehzahl des elastischen Rotors, c Steifigkeit des Rotors, c_L Gesamtsteifigkeit der Lagerung, $M\varepsilon_1$ IU

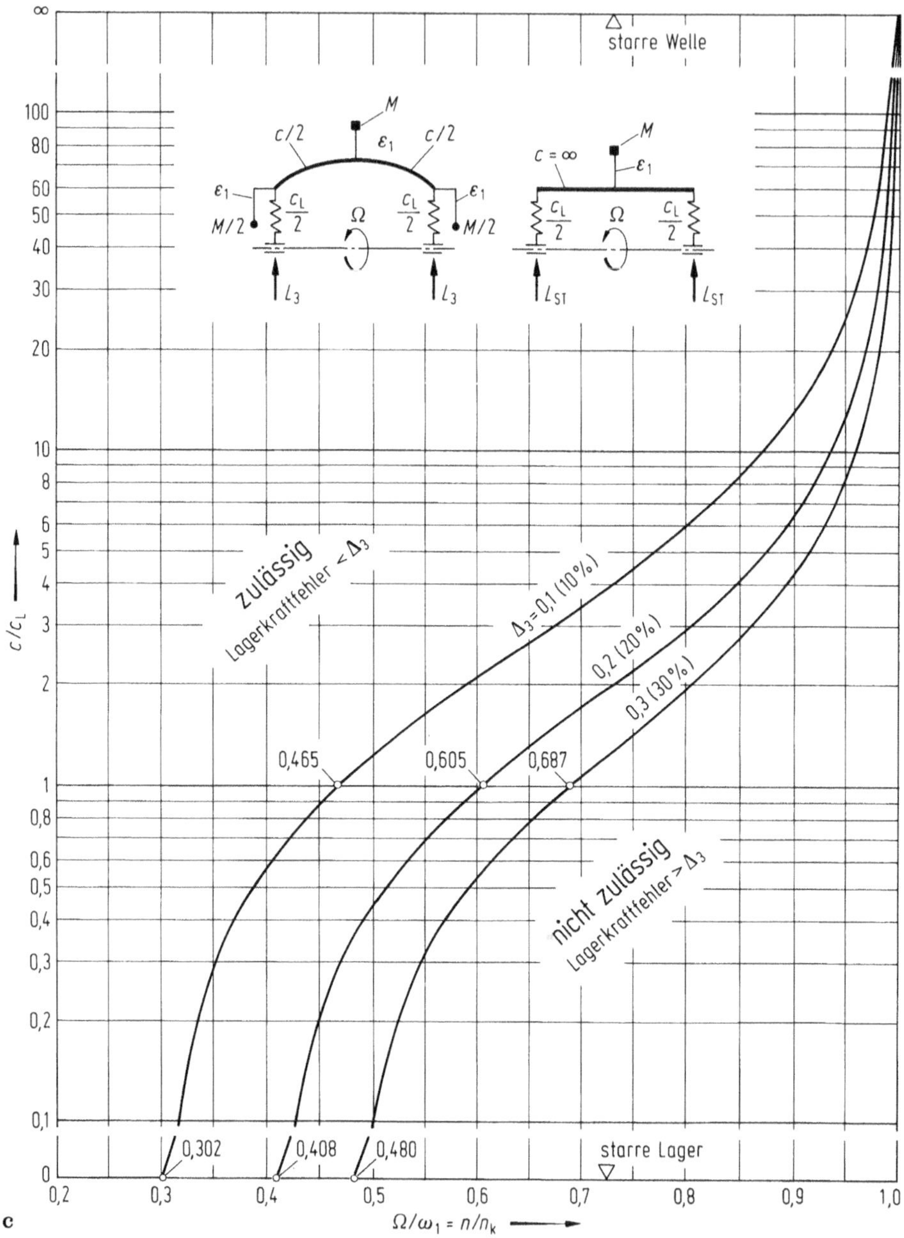

c

Abb. 10.1. c Grenzen des Wuchtens starrer Rotoren, Ausgleich der Rest-IU $M\varepsilon_1$ an den Lagern (theoretischer Grenzfall). Relative Grenzdrehzahl $n/n_k = \Omega/\omega_1$ bis zu der ein elastischer Rotor als starrer Rotor gewuchtet werden darf, wenn ein relativer Lagerkraftfehler Δ_3 toleriert wird.

$$\omega_1^2 = \frac{2c + c_L}{2M}\left[1 - \sqrt{1 - \frac{4cc_L}{(2c + c_L)^2}}\right], \quad \Delta_3 = L_3/L_{ST}$$

n Grenzdrehzahl, n_k (erste) kritische Drehzahl des elastischen Rotors, c Steifigkeit des Rotors, c_L Gesamtsteifigkeit der Lagerung, $M\varepsilon_1$ IU

L_2 kann als absoluter Fehler der Messung des starren Rotors in der „weichen“ Wuchtmaschine oder bei niederen Drehzahlen aufgefaßt werden.

Nimmt man zur Definition des relativen Fehlers wie im ersten Fall die Lagerkraft L_{ST}, so gilt als relativer Fehler

$$\Delta_2 = \frac{L_2}{L_{ST}} = \frac{a(c_L - a)}{c\,c_L - a(c + c_L)}. \tag{10.15}$$

Aus (10.13) und (10.15) entsteht die biquadratische Gleichung

$$\left(\frac{\Omega}{\omega'}\right)^4 - \left(\frac{\Omega}{\omega'}\right)^2 \left(\frac{1 + c/c_L}{c/c_L}\right)\left[1 + \Delta_2\left(1 + \frac{c}{c_L}\right)\right] + \Delta_2 \frac{(1 + c/c_L)^2}{c/c_L} = 0, \tag{10.16}$$

aus der mit dem kleineren der beiden Werte $(\Omega/\omega')^2$ die beiden Funktionen

$$\frac{\Omega}{\omega'} = fkt\left(\frac{c}{c_L}\right) \quad \text{oder} \quad \frac{c}{c_L} = fkt\left(\frac{\Omega}{\omega'}\right)$$

berechnet werden können. Letztere ist in Abb. 10.1b graphisch dargestellt.

Der Vergleich mit Abb. 10.1a liefert mit zunehmender relativer Wellensteifigkeit c/c_L günstigere Werte, d.h. etwas größere Grenzdrehzahlen.

3. Fall

Die Restunwucht an der Scheibe ist wie im ersten und zweiten Fall $M\varepsilon_1$, Abb. 10.1c. Der Rotor wird ebenfalls als starrer Rotor in beiden Lagerebenen gewuchtet wie im zweiten Fall. Die KU-Massen betragen aber an jedem Lager $M/2$ und der Radius ist ε_1. Der sehr kleine Wert ε_1 ist praktisch nicht realisierbar. Es handelt sich also um einen theoretischen Grenzfall.

Bei der Rotation mit der Winkelgeschwindigkeit Ω entstehen in betriebseigenen Lagern je zwei Lagerkräfte der Größe, s. Anhang zu Kap. 10

$$L_3 = \frac{1}{2}\,\frac{\varepsilon_1 c_L a^2}{a^2 - a(2c + c_L) + c\,c_L}. \qquad (a = M\Omega^2) \tag{10.17}$$

Resonanz entsteht bei den beiden kritischen Winkelgeschwindigkeiten ω_1 und ω_2, $(\omega_2 > \omega_1)$, berechnet aus dem verschwindenden Nenner von L_3

$$a^2 - a(2c + c_L) + c\,c_L = 0;$$

$$\begin{matrix} a_2 \\ a_1 \end{matrix} = \frac{1}{2}\left[(2c + c_L) \pm \sqrt{(2c + c_L)^2 - 4c\,c_L}\right]$$

und daraus

$$\frac{a}{a_1} = \frac{M\Omega^2}{M\omega_1^2} = \left(\frac{\Omega}{\omega_1}\right)^2 = \left(\frac{n}{n_1}\right)^2 \tag{10.18}$$

als Verhältnis der Drehzahl n zur ersten kritischen Drehzahl n_1 im Quadrat.

Die beiden Lagerkräfte des starren Rotors ohne KU betragen wie im ersten Fall je

$$L_{ST} = \frac{1}{2}\,\frac{\varepsilon_1 c_L a}{c_L - a}. \tag{10.19}$$

L_3 kann als absoluter Fehler der Messung des starren Rotors in einer „weichen“ Wuchtmaschine oder bei niederen Drehzahlen aufgefaßt werden. Wählt man zur

Definition des relativen Fehlers wie im ersten und zweiten Fall die Lagerkraft L_{ST}, so gilt

$$\Delta_3 = \frac{L_3}{L_{ST}} = \frac{a(c_L - a)}{a^2 - a(2c + c_L) + c c_L}. \tag{10.20}$$

Aus (10.18) und (10.20) entsteht so die biquadratische Gleichung, s. Anhang zu Kap. 10

$$\left(\frac{\Omega}{\omega_1}\right)^4 (1+\Delta_3) - \left(\frac{\Omega}{\omega_1}\right)^2 \left[\frac{1}{x} + \Delta_3 \left(\frac{2c/c_L}{x} + \frac{1}{x}\right)\right] + \Delta_3 \frac{c/c_L}{x^2} = 0, \tag{10.21}$$

$$x = \frac{a_1}{c_L} = \frac{1}{2}(1 + 2c/c_L)\left[1 - \left|\sqrt{1 - \frac{c/c_L}{(c/c_L)^2 + c/c_L + 0{,}25}}\right|\right],$$

aus der mit dem kleineren der beiden Lösungen $(\Omega/\omega_1)^2$ die beiden Funktionen

$$\frac{\Omega}{\omega_1} = fkt\left(\frac{c}{c_L}\right) \quad \text{oder} \quad \frac{c}{c_L} = fkt\left(\frac{\Omega}{\omega_1}\right)$$

berechnet werden können. Letztere ist in Abb. 10.1c graphisch dargestellt.

Der Vergleich mit dem ersten Fall, Abb. 10.1a liefert mit wachsender bezogener Wellensteifigkeit c/c_L günstigere Grenzdrehzahlen. Der Vergleich mit dem zweiten Fall, Abb. 10.1b, ergibt günstigere Grenzdrehzahlen für größeres c/c_L und ungünstigere für kleineres c/c_L.

Zusammenfassend ist zu bemerken, daß die drei Diagramme für die Grenzdrehzahlen ähnlich sind. Dies gilt ganz besonders im technisch wichtigsten Bereich $c/c_L = 0$ bis 1. Man beachte jedoch, daß sie nur für die symmetrische und isotrop gelagerte Lavalwelle mit statischer Unwucht gelten. Für beliebige Rotorformen und naturgemäß unbekannte Unwuchtverteilung gelten die Kriterien nur angenähert.

Für gleiche Steifigkeit von Welle und Lagerung, d. h. für das Verhältnis $c/c_L = 1$ sind die relativen Grenzdrehzahlen noch numerisch in Tabelle 10.1 zusammengestellt.

Allgemein gilt: Ist ein Rotor – in weichen Lagern oder bei niederen Drehzahlen – als starrer Rotor gewuchtet worden, so wird er in betriebseigenen Lagern bei höheren Drehzahlen durch die elastische Verformung i.a. wieder unwuchtig. Toleriert man einen Fehler Δ der Lagerkräfte bezogen auf die Lagerkräfte des ungewuchteten starren Rotors, so kann eine Grenzwinkelgeschwindigkeit Ω im Verhältnis zur ersten kritischen Winkelgeschwindigkeit ω des elastischen und elastisch gelagerten Rotors definiert werden. Die Grenzdrehzahl liegt im vorkritischen Bereich ($\Omega < \omega$) und ist umso höher, je größer das Verhältnis (c/c_L) der Steifigkeit der Welle zur Gesamtsteifigkeit der Lager ist. Die Grenzdrehzahl ist nur wenig abhängig von der Lage der Kompensationsebenen.

Tabelle 10.1. Relative Grenzdrehzahlen n/n_k für $c/c_L = 1$ (n_k erste kritische Drehzahl) bei 3 verschiedenen Voraussetzungen

Abb.	Masse	KU Radius	Ort (Ebene)	$n/n_k = \Omega/\omega_k$ $\Delta = 10\%$	$\Delta = 20\%$	$\Delta = 30\%$
10.1a	M	ε_1	Mitte	0,408	0,535	0,612
10.1b	$m/2$ ($m \ll M$)	ε_{10} ($\varepsilon_{10} \gg \varepsilon_1$)	Lager	0,425	0,568	0,659
10.1c	M	ε_1	Lager	0,465	0,605	0,687

B. Mehrscheibenwelle

Das folgende Kap. 11 behandelt die Welle mit mehreren Scheiben auf zwei Lagern. Es wird unterschieden zwischen I. radial starren, also isotropen Lagern, II. ideal anisotropen Lagern und III. Gleitlagern. Das Kapitel enthält viele numerische Beispiele. In III ist ausführlich dargestellt, wie mit dem bimodalen Wuchten auch Rotoren in Gleitlagern theoretisch einwandfrei modal gewuchtet werden können.

11 Die elastische Welle mit mehreren Scheiben auf zwei Lagern

11.1 Einleitung

Ein Charakteristikum der Mehrfach-Scheibenwelle ist, daß sowohl IU als auch KU nur an den Scheiben wirken, bzw. montiert werden können, d.h. an genau definierten Orten auf der Lagerachse. Dies im Gegensatz zur kontinuierlichen Welle bei der die IU über die Länge des Rotors verteilt und der Ort der KU längs der Achse – die WE – mehr oder weniger frei wählbar sind. Ferner ist die Anzahl der Freiheitsgrade, gegeben durch die Anzahl der Scheiben, endlich, im Gegensatz zur kontinuierlichen Welle mit theoretisch unendlich vielen Freiheitsgraden. Wird in allen Scheibenebenen gewuchtet, kann die IU an jedem Ort, wo sie auftritt kompensiert werden, was zu einer vollständigen Wuchtung führt. Dies im Gegensatz zur kontinuierlichen Welle.

Das Kap. 11 behandelt das Wuchten nach EF oder wie es auch genannt wird: das *modale* Wuchten. Die Methode ist bewährt, sicher und übersichtlich und kann in verschiedenen – auch einfachen – Variationen verwendet werden. Sie eignet sich besonders für das Wuchten im Felde. Das Verständnis dieser Methode ist eine notwendige Bedingung für die zweckmäßige Anwendung aller übrigen Methoden. Es wird ihr deshalb auch ein ihr gebührender Raum gewährt.

Im ausführlich gehaltenen Abschn. I werden zum besseren Verständnis radial starre Lager, also *isotrope* Lager, vorausgesetzt. Es wird in Abschn. 11.2 die Dynamik des Dreischeibenrotors behandelt, wobei die geringe Anzahl drei aus vereinfachenden Gründen gewählt wurde. Die Lösung der Bewegungsdifferentialgleichung wird in modaler Form aufbereitet, um dem Wuchten nach EF Rechnung zu tragen. In Abschn. 11.3 wird das Wuchtproblem erläutert. Es werden die Möglichkeiten des modalen Wuchtens bei kleiner und großer IU behandelt und mit Beispielen verständlich gemacht. Behandelt werden das klassische modale Wuchten, das kombinierte „starre" und modale Wuchten sowie das Vorwärtswuchten und die Methode der Identifikation.

Im Abschn. II wird die Dynamik der ideal *anisotrop* gelagerten Mehrscheibenwelle behandelt und das klassische Wuchten sowie das modale Wuchten mit Identifikation an Beispielen gezeigt.

In Abschn. III wird das Wuchten elastischer Rotoren in *Gleitlagern* behandelt. Der erste Teil dieses Abschnitts zeigt unter welchen Bedingungen gleitgelagerte Rotoren auch modal gewuchtet werden können, obschon dies streng theoretisch nicht möglich ist. Der zweite Teil ist dem bimodalen Wuchten gewidmet, eine Möglichkeit auch gleitgelagerte Rotoren modal exakt zu wuchten.

I. Radial starre Lager (isotrope Lager)

11.2 Dynamik des Dreischeiben-Rotors

11.2.1 Voraussetzung

Wir setzen drei Scheiben der Massen m_j ($j = 1, 2, 3$) mit den IU $\underline{U}^{\varrho}_{\varepsilon j} = m_j \underline{\varepsilon}_j$ auf einer elastischen, radial starr gelagerten, Welle voraus, Abbildung 11.1. Ferner sollen drei vorläufig noch frei wählbare KU $\underline{U}^{\varrho}_j = M_j \underline{R}^{\varrho}_j$ Berücksichtigung finden. Die Auslenkungen der Scheiben seien mit $\underline{r}_j = \overrightarrow{OW}$ bezeichnet – Abstand der Lagerlinie mit der Lagerachse. Alle drei Scheiben seien rechtwinklig zur Achse montiert. Die Welle drehe mit der konstanten Winkelgeschwindigkeit Ω. Die Dämpfungskräfte seien proportional der Geschwindigkeit des Wellendurchstoßpunktes W. Von einer Kreiswirkung und innerer Dämpfung wird einfachheitshalber abgesehen. Die Unwuchten im ortsfesten, bzw. rotierenden KS sind nach (2.1)

$$\begin{aligned} \underline{U}_{\varepsilon j} &= m_j \underline{\varepsilon}_j e^{i\Omega t}, \quad & \underline{U}^{\varrho}_{\varepsilon j} &= m_j \underline{\varepsilon}_j, \\ \underline{U}_j &= M_j \underline{R}_j e^{i\Omega t}, \quad & \underline{U}^{\varrho}_j &= M_j \underline{R}_j . \end{aligned} \tag{11.1}$$

11.2.2 Beteiligte Kräfte

Elastische Führungskräfte (Rückstellkräfte). Die wellenelastischen Rückstellkräfte $\underline{F}^{F}_j$ ($j = 1, 2, 3$) greifen im Punkt W der Scheiben an. Die Auslenkungen $\underline{r}_j$ sind lineare Funktionen von $\underline{F}_j$ mit den reellen Konstanten a_{jk}, s. Anhang zu Abschn. 11.2.7

$$\boldsymbol{r} = \begin{bmatrix} \underline{r}_1 \\ \underline{r}_2 \\ \underline{r}_3 \end{bmatrix} = \begin{bmatrix} a_{11} & a_{12} & a_{13} \\ a_{12} & a_{22} & a_{23} \\ a_{13} & a_{23} & a_{33} \end{bmatrix} \begin{bmatrix} \underline{F}_1 \\ \underline{F}_2 \\ \underline{F}_3 \end{bmatrix}^{F} \quad \text{oder } \boldsymbol{r} = \boldsymbol{A}\boldsymbol{F}^{F}. \tag{11.2}$$

Die Matrix A ist symmetrisch, quadratisch und regulär. Sie heißt Nachgiebigkeitsmatrix.

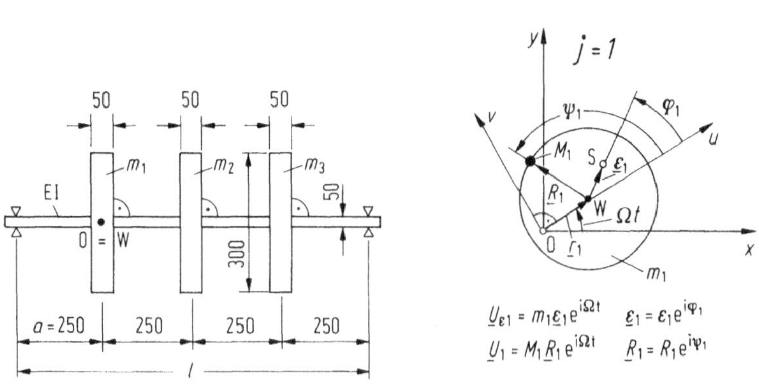

Abb. 11.1. Dreischeiben-Rotor auf radial starren Lagern (isotrope Lagerung). $\underline{U}_{\varepsilon j}$: IU; $\underline{U}_j$: KU, ($j = 1, 2, 3$); $\overrightarrow{OW} = \underline{r}$: Auslenkung

Die Auflösung nach $\underline{F}_j$ erhält man formal durch Multiplizieren der Gleichung (11.2) von links her mit der Inversen $\boldsymbol{A}^{-1} \equiv \boldsymbol{S}$

$$\boldsymbol{F}^F = \boldsymbol{S}\boldsymbol{r}; \quad \begin{bmatrix} \underline{F}_1 \\ \underline{F}_2 \\ \underline{F}_3 \end{bmatrix}^F = \begin{bmatrix} \alpha_{11} & \alpha_{12} & \alpha_{13} \\ \alpha_{12} & \alpha_{22} & \alpha_{23} \\ \alpha_{13} & \alpha_{23} & \alpha_{33} \end{bmatrix} \begin{bmatrix} \underline{r}_1 \\ \underline{r}_2 \\ \underline{r}_3 \end{bmatrix}, \quad (\boldsymbol{A}^{-1} \equiv \boldsymbol{S}). \tag{11.3}$$

Die Matrix $\boldsymbol{A}^{-1}$ ist ebenfalls symmetrisch, quadratisch und regulär, die Konstanten α_{jk} ebenfalls reell. $\boldsymbol{S} \equiv \boldsymbol{A}^{-1}$ heißt Steifigkeitsmatrix.

Dämpfungskräfte. Sie sind proportional der Geschwindigkeit des Wellenmittelpunkts W, d.h. proportional $\dot{\underline{r}}_j$ $(j = 1, 2, 3)$ mit den reellen Proportionalitätsfaktoren d_j.

$$\begin{bmatrix} \underline{F}_1 \\ \underline{F}_2 \\ \underline{F}_3 \end{bmatrix}^D = \begin{bmatrix} d_1 & 0 & 0 \\ 0 & d_2 & 0 \\ 0 & 0 & d_3 \end{bmatrix} \begin{bmatrix} \dot{\underline{r}}_1 \\ \dot{\underline{r}}_2 \\ \dot{\underline{r}}_3 \end{bmatrix} \quad \text{oder } \boldsymbol{F}^D = \boldsymbol{D}\dot{\boldsymbol{r}}. \tag{11.4}$$

Wegen der Voraussetzung starrer Lager wirken keine Dämpfungskräfte im Lager.

Unwuchtkräfte. Äußere Unwuchtkräfte entstehen durch die KU $\underline{U}_j$. Sie sind proportional Ω^2, d.h. $\underline{F}_j = \underline{U}_j^\varrho \Omega^2$ und mit (11.1)

$$\begin{bmatrix} \underline{F}_1 \\ \underline{F}_2 \\ \underline{F}_3 \end{bmatrix}^U = \begin{bmatrix} \underline{U}_1^\varrho \\ \underline{U}_2^\varrho \\ \underline{U}_3^\varrho \end{bmatrix} \Omega^2 e^{i\Omega t}; \quad \begin{bmatrix} \underline{U}_1^\varrho \\ \underline{U}_2^\varrho \\ \underline{U}_3^\varrho \end{bmatrix} = \begin{bmatrix} M_1 \underline{R}_1 \\ M_2 \underline{R}_2 \\ M_3 \underline{R}_3 \end{bmatrix}; \quad \boldsymbol{F}^U = \boldsymbol{U}^\varrho \Omega^2 e^{i\Omega t}. \tag{11.5}$$

11.2.3 Massenmittelpunktsatz und Differentialgleichung

Auf die erste Scheibe angewendet lautet der Massenmittelpunktsatz

$$m_1 \ddot{\underline{r}}_{S1} = \underline{F}_1^A, \tag{11.6}$$

mit $\underline{r}_{S1} = \underline{r}_1 + \underline{\varepsilon}_1 e^{i\Omega t}$ als Ortsvektor von S und $\underline{F}_1^A$ als Summe der äußeren Kräfte

$$\underline{F}_1^A = -\underline{F}_1^F - \underline{F}_1^D + \underline{F}_1^U. \tag{11.7}$$

Mit (11.3), (11.4) und (11.5), (11.7) wird (11.6)

$$m_1 \ddot{\underline{r}}_1 + d_1 \dot{\underline{r}}_1 + \alpha_{11} \underline{r}_1 + \alpha_{12} \underline{r}_2 + \alpha_{13} \underline{r}_3 = (\underline{U}_1^\varrho + \underline{U}_{\varepsilon 1}^\varrho)\, \Omega^2 e^{i\Omega t}; \quad \underline{U}_{\varepsilon 1}^\varrho = m_1 \underline{\varepsilon}_1^\varrho. \tag{11.8}$$

Für die übrigen beiden Scheiben gelten analoge Gleichungen. Faßt man alle drei Gleichungen zusammen, entsteht das System

$$\underline{\boldsymbol{M}\ddot{\boldsymbol{r}} + \boldsymbol{D}\dot{\boldsymbol{r}} + \boldsymbol{S}\boldsymbol{r} = \boldsymbol{f}(t)}; \quad \boldsymbol{f}(t) = (\boldsymbol{U} + \boldsymbol{U}_\varepsilon)\, \Omega^2 e^{i\Omega t}; \tag{11.9}$$

$$\boldsymbol{M} = \begin{bmatrix} m_1 & 0 & 0 \\ 0 & m_2 & 0 \\ 0 & 0 & m_3 \end{bmatrix}; \quad \boldsymbol{D} = \begin{bmatrix} d_1 & 0 & 0 \\ 0 & d_2 & 0 \\ 0 & 0 & d_3 \end{bmatrix}; \quad \boldsymbol{S} = \begin{bmatrix} \alpha_{11} & \alpha_{12} & \alpha_{13} \\ & \alpha_{22} & \alpha_{23} \\ \text{symm.} & & \alpha_{33} \end{bmatrix};$$

$$\boldsymbol{U} = \begin{bmatrix} \underline{U}_1 \\ \underline{U}_2 \\ \underline{U}_3 \end{bmatrix}; \quad \boldsymbol{U}_\varepsilon = \begin{bmatrix} m_1 \underline{\varepsilon}_1 \\ m_2 \underline{\varepsilon}_2 \\ m_3 \underline{\varepsilon}_3 \end{bmatrix} = \begin{bmatrix} \underline{U}_{\varepsilon 1} \\ \underline{U}_{\varepsilon 2} \\ \underline{U}_{\varepsilon 3} \end{bmatrix}; \quad \boldsymbol{r} = \begin{bmatrix} \underline{r}_1 \\ \underline{r}_2 \\ \underline{r}_3 \end{bmatrix},$$

(***M*** Massenmatrix, ***D*** Dämpfungsmatrix, ***S*** Steifigkeitsmatrix) wobei bequemlichkeitshalber der Exponent ϱ in $\boldsymbol{U}^{\varrho}\,[=\boldsymbol{U}(t=0)]$ weggelassen wurde. Umstellung der Gleichung (11.9) auf reelle Größen s. Anhang zu Abschn. 11.2.3.

11.2.4 Eigenwertproblem

Die Lösung der homogenen Gleichung (11.9) ohne Dämpfung ($\boldsymbol{D}=0$)

$$\boldsymbol{M}\ddot{\boldsymbol{r}}+\boldsymbol{S}\boldsymbol{r}=0, \tag{11.10}$$

gelingt mit dem Ansatz

$$\boldsymbol{r}(t)=\boldsymbol{r}\,\mathrm{e}^{\mathrm{i}\omega_{\mathrm{k}}t}\quad\begin{cases}\boldsymbol{r}_1(t)=\boldsymbol{r}_1\,\mathrm{e}^{\mathrm{i}\omega_{\mathrm{k}}t}\\ \boldsymbol{r}_2(t)=\boldsymbol{r}_2\,\mathrm{e}^{\mathrm{i}\omega_{\mathrm{k}}t}\\ \boldsymbol{r}_3(t)=\boldsymbol{r}_3\,\mathrm{e}^{\mathrm{i}\omega_{\mathrm{k}}t}\end{cases} \tag{11.11}$$

und vorläufig unbekannten ω_{k}.

Gleichung (11.11) in (11.10) eingesetzt ergibt

$$-\omega_{\mathrm{k}}^2\boldsymbol{M}\boldsymbol{r}+\boldsymbol{S}\boldsymbol{r}=0\quad\text{oder}\quad(\boldsymbol{S}-\omega_{\mathrm{k}}^2\boldsymbol{M})\,\boldsymbol{r}=0. \tag{11.12}$$

Da $\boldsymbol{r}\neq 0$ sein soll, muß der Klammerausdruck verschwinden.

$$\boldsymbol{S}-\omega_{\mathrm{k}}^2\boldsymbol{M}=0\ \text{oder}\ \det\begin{vmatrix}\alpha_{11}-\omega_{\mathrm{k}}^2m_1; & \alpha_{12}; & \alpha_{13}\\ \alpha_{12}; & \alpha_{22}-\omega_{\mathrm{k}}^2m_2; & \alpha_{23}\\ \alpha_{13}; & \alpha_{23}; & \alpha_{33}-\omega_{\mathrm{k}}^2m_3\end{vmatrix}=0 \tag{11.13}$$

womit die sogenannte *„Frequenzgleichung"* in Form einer verschwindenden Determinante erhalten wird.

Gleichung (11.13) liefert (im allgemeinen drei verschiedene reelle Eigenwerte $\pm\omega_{\mathrm{k}}$, $k=1,2,3$), die sogenannten *Eigenkreisfrequenzen* des inhomogenen, ungedämpften Systems, d.h. der Eigenschwingung.

Die ω_{k} zugeordneten sogenannten *Eigen„vektoren"* $\boldsymbol{r}_1$, $\boldsymbol{r}_2$, $\boldsymbol{r}_3$ von (11.11) gewinnt man durch Einsetzen von ω_{k} in (11.12). Sie sind reell und können spaltenweise in der Matrix $\boldsymbol{R}$ zusammengefaßt werden

$$\boldsymbol{R}=[\boldsymbol{r}_1,\boldsymbol{r}_2,\boldsymbol{r}_3];\quad \boldsymbol{r}_1=\begin{bmatrix}r_{11}\\ r_{21}\\ r_{31}\end{bmatrix};\quad \boldsymbol{r}_2=\begin{bmatrix}r_{12}\\ r_{22}\\ r_{32}\end{bmatrix};\quad \boldsymbol{r}_3=\begin{bmatrix}r_{13}\\ r_{23}\\ r_{33}\end{bmatrix};$$
$$\boldsymbol{R}=\begin{bmatrix}r_{11} & r_{12} & r_{13}\\ r_{21} & r_{22} & r_{23}\\ r_{31} & r_{32} & r_{33}\end{bmatrix}=[r_{\mathrm{jk}}]\quad\begin{pmatrix}\text{1. Index: } j\text{, Ort der Scheibe}\\ \text{2. Index: } k\text{, mit Bezug auf } \omega_{\mathrm{k}}\end{pmatrix}. \tag{11.14}$$

Sie sind nur als Verhältniswerte der Komponenten r_{jk} bestimmbar und erfüllen die *Orthogonalitätsbedingungen*[1]

$$\boldsymbol{r}_{\mathrm{k}}^{\mathrm{T}}\boldsymbol{M}\boldsymbol{r}_{\mathrm{j}}=0\quad\text{und}\quad\boldsymbol{r}_{\mathrm{k}}^{\mathrm{T}}\boldsymbol{S}\boldsymbol{r}_{\mathrm{j}}=0\quad\text{für } j\neq k. \tag{11.15}$$

Es ist von Nutzen – obschon nicht notwendig – die Eigenvektoren zu normieren.

---

[1] Beweis s. [Wa, S. 204]. $\boldsymbol{r}_{\mathrm{k}}^{\mathrm{T}}$ ist die Transponierte von $\boldsymbol{r}_{\mathrm{k}}$ (Zeilen und Kolonnen vertauscht). Der Index j hat hier mit dem gleichen in $[r_{\mathrm{jk}}]$, (11.14), bzw. $[\Phi_{\mathrm{jk}}]$, (11.21), nichts gemeinsam!

Hat man sich für irgendeinen festen Wert einer Komponente von $\boldsymbol{r}_j$ entschieden, so ist $\boldsymbol{r}_j$ fixiert. Anstelle von $\boldsymbol{r}_j$ tritt dann der normierte Wert $\boldsymbol{\Phi}_j$, wobei mit einer reellen Konstanten c_j gilt

$$\boldsymbol{\Phi}_j = c_j \boldsymbol{r}_j; \quad \overset{j=1}{\begin{bmatrix} \Phi_{11} \\ \Phi_{21} \\ \Phi_{31} \end{bmatrix} = c_1 \begin{bmatrix} r_{11} \\ r_{21} \\ r_{31} \end{bmatrix}}; \quad \overset{j=2}{\begin{bmatrix} \Phi_{12} \\ \Phi_{22} \\ \Phi_{32} \end{bmatrix} = c_2 \begin{bmatrix} r_{12} \\ r_{22} \\ r_{32} \end{bmatrix}}; \quad \overset{j=3}{\begin{bmatrix} \Phi_{13} \\ \Phi_{23} \\ \Phi_{33} \end{bmatrix} = c_3 \begin{bmatrix} r_{13} \\ r_{23} \\ r_{33} \end{bmatrix}}. \tag{11.16}$$

Die *Normierungsbedingung* lautet

$$\underline{\boldsymbol{\Phi}_j^T \boldsymbol{M} \boldsymbol{\Phi}_j = n} \quad \begin{aligned} j=1&: \quad \Phi_{11}^2 m_1 + \Phi_{21}^2 m_2 + \Phi_{31}^2 m_3 = n \\ j=2&: \quad \Phi_{12}^2 m_1 + \Phi_{22}^2 m_2 + \Phi_{32}^2 m_3 = n \\ j=3&: \quad \Phi_{13}^2 m_1 + \Phi_{23}^2 m_2 + \Phi_{33}^2 m_3 = n \end{aligned} \tag{11.17}$$

mit beliebigem reellen n als sogenannte Norm oder *generalisierte Masse*. n hat die Dimension einer Masse. Setzt man (11.16) in (11.15) ein, gilt

$$\begin{aligned} &(c_j \boldsymbol{r}_j)^T \boldsymbol{M} (c_j \boldsymbol{r}_j) = n \rightarrow c_j^2 (\boldsymbol{r}_j^T \boldsymbol{M} \boldsymbol{r}_j) = n \rightarrow \\ &\rightarrow \underline{c_j^2 = \frac{n}{\boldsymbol{r}_j^T \boldsymbol{M} \boldsymbol{r}_j}} \quad \begin{cases} c_1^2 = n/(r_{11}^2 m_1 + r_{21}^2 m_2 + r_{31}^2 m_3) \\ c_2^2 = n/(r_{12}^2 m_1 + r_{22}^2 m_2 + r_{32}^2 m_3). \\ c_3^2 = n/(r_{13}^2 m_1 + r_{23}^2 m_2 + r_{33}^2 m_3) \end{cases} \end{aligned} \tag{11.18}$$

Mit (11.16) ergeben sich folgende *Orthogonalitätsbedingungen*, die diejenigen von (11.15) ersetzen

$$\left(\frac{1}{c_k} \boldsymbol{\Phi}_k\right)^T \boldsymbol{M} \frac{1}{c_j} \boldsymbol{\Phi}_j = 0 \rightarrow \frac{1}{c_k c_j} \boldsymbol{\Phi}_k^T \boldsymbol{M} \boldsymbol{\Phi}_j = 0 \rightarrow \left.\begin{aligned} \boldsymbol{\Phi}_k^T \boldsymbol{M} \boldsymbol{\Phi}_j &= 0 \\ \text{analog} \quad \rightarrow \boldsymbol{\Phi}_k^T \boldsymbol{S} \boldsymbol{\Phi}_j &= 0 \end{aligned}\right\} \quad (j \neq k), \tag{11.19}$$

und mit (11.16) aus (11.12) wird

$$\begin{aligned} &-\omega_k^2 \boldsymbol{M} \frac{1}{c_j} \boldsymbol{\Phi}_j + \boldsymbol{S} \frac{1}{c_j} \boldsymbol{\Phi}_j = 0 \rightarrow \boldsymbol{S} \boldsymbol{\Phi}_j = \omega_k^2 \boldsymbol{M} \boldsymbol{\Phi}_j, \\ &\rightarrow \boldsymbol{\Phi}_k^T \boldsymbol{S} \boldsymbol{\Phi}_j = \omega_k^2 \boldsymbol{\Phi}_k^T \boldsymbol{M} \boldsymbol{\Phi}_j \end{aligned}$$

und mit (11.17) und (11.19) gilt

$$\boldsymbol{\Phi}_k^T \boldsymbol{S} \boldsymbol{\Phi}_j = \begin{cases} 0 & (j \neq k) \\ \omega_k^2 n = \omega_j^2 n; & (j = k) \end{cases}; \tag{11.20}$$

$\omega_j^2 n$ ist die sogenannte *generalisierte Steifigkeit*.

Mit der generalisierten Masse, (11.17), gilt dann

$$\omega_j^2 = \frac{\boldsymbol{\Phi}_j^T \boldsymbol{S} \boldsymbol{\Phi}_j}{\boldsymbol{\Phi}_j^T \boldsymbol{M} \boldsymbol{\Phi}_j} = \frac{\text{gen. Steifigkeit}}{\text{gen. Masse}}.$$

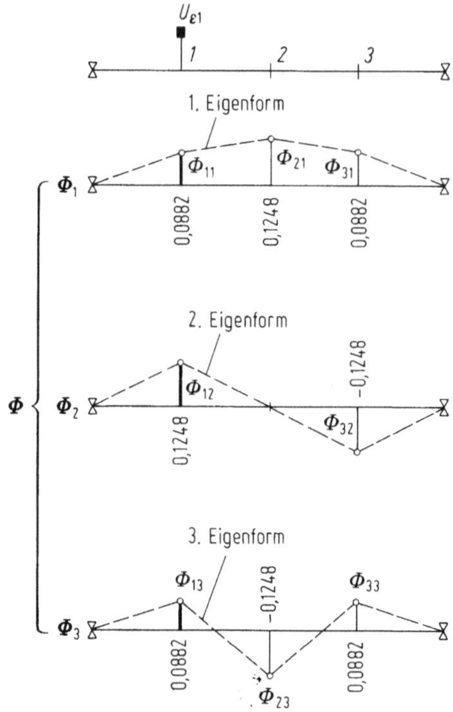

Abb. 11.2. EF des Dreischeiben-Rotors. $U_{\varepsilon 1}$: IU; $\boldsymbol{\Phi}_1$, $\boldsymbol{\Phi}_2$, $\boldsymbol{\Phi}_3$: Eigenvektoren; Φ_{11}, Φ_{12}, Φ_{13}: Elemente von Eigenvektoren oder Ordinaten von EF mit welchen die IU die 1., 2., 3. EF anregt

Orthogonalitäts- und Normierungsbedingungen lassen sich für alle $j = 1, 2, 3$ zusammenfassen zu

$$\underline{\boldsymbol{\Phi}^{\mathrm{T}} \boldsymbol{M} \boldsymbol{\Phi} = n \boldsymbol{E}} \quad \text{und} \quad \underline{\boldsymbol{\Phi}^{\mathrm{T}} \boldsymbol{S} \boldsymbol{\Phi} = n \boldsymbol{\omega}^2}. \tag{11.21}$$

$$\boldsymbol{\Phi} = [\boldsymbol{\Phi}_1, \boldsymbol{\Phi}_2, \boldsymbol{\Phi}_3] = \begin{bmatrix} \Phi_{11} & \Phi_{12} & \Phi_{13} \\ \Phi_{21} & \Phi_{22} & \Phi_{23} \\ \Phi_{31} & \Phi_{32} & \Phi_{33} \end{bmatrix} = [\Phi_{\mathrm{jk}}];$$

$$\boldsymbol{E} = \begin{bmatrix} 1 & 0 & 0 \\ 0 & 1 & 0 \\ 0 & 0 & 1 \end{bmatrix}; \quad \boldsymbol{\omega}^2 = \begin{bmatrix} \omega_1^2 & 0 & 0 \\ 0 & \omega_2^2 & 0 \\ 0 & 0 & \omega_3^2 \end{bmatrix};$$

$$\boldsymbol{\Phi}_1 = \begin{bmatrix} \Phi_{11} \\ \Phi_{21} \\ \Phi_{31} \end{bmatrix}; \quad \boldsymbol{\Phi}_2 = \begin{bmatrix} \Phi_{12} \\ \Phi_{22} \\ \Phi_{32} \end{bmatrix}; \quad \boldsymbol{\Phi}_3 = \begin{bmatrix} \Phi_{13} \\ \Phi_{23} \\ \Phi_{33} \end{bmatrix}.$$

Zu beachten ist, daß die sogenannte *Modalmatrix* $\boldsymbol{\Phi}$ die $\boldsymbol{R}$-Matrix (11.14) ersetzt, und die Eigenvektoren $\boldsymbol{r}_1, \boldsymbol{r}_2, \boldsymbol{r}_3$ werden durch die *normierten Eigenvektoren* $\boldsymbol{\Phi}_1, \boldsymbol{\Phi}_2, \boldsymbol{\Phi}_3$

---

[2] Das Vorzeichen der Eigenform ist grundsätzlich beliebig; hat man sich für eines entschieden, muß man es im Laufe der Rechnung jedoch beibehalten.

ersetzt. Die Verbindungslinie der Komponenten Φ_{jk} der Eigenvektoren $\boldsymbol{\Phi}_j$ bildet die sogenannte *Eigenform*[2], Abb. 11.2.

Die Eigenformen liegen in Ebenen durch die Lagerachse. Jede Eigenform kann in einer anderen Ebene liegen.

11.2.5 Entkopplung der Differentialgleichung

Wir suchen eine partikuläre Lösung der Differentialgleichung (11.9) in Form einer Summe normierter Eigenvektoren $\boldsymbol{\Phi}_j$

$$\boldsymbol{r}(t) = \sum_j \boldsymbol{\Phi}_j \eta_j(t) = \boldsymbol{\Phi}\,\boldsymbol{\eta}(t) \tag{11.22}$$

oder

$$\begin{bmatrix} \underline{r}_1(t) \\ \underline{r}_2(t) \\ \underline{r}_3(t) \end{bmatrix} = \boldsymbol{\Phi} \begin{bmatrix} \underline{\eta}_1(t) \\ \underline{\eta}_2(t) \\ \underline{\eta}_3(t) \end{bmatrix} = \begin{bmatrix} \Phi_{11} & \Phi_{12} & \Phi_{13} \\ \Phi_{21} & \Phi_{22} & \Phi_{23} \\ \Phi_{31} & \Phi_{32} & \Phi_{33} \end{bmatrix} \begin{bmatrix} \underline{\eta}_1(t) \\ \underline{\eta}_2(t) \\ \underline{\eta}_3(t) \end{bmatrix}$$

$$= \begin{bmatrix} \Phi_{11}\underline{\eta}_1(t) + \Phi_{12}\underline{\eta}_2(t) + \Phi_{13}\underline{\eta}_3(t) \\ \Phi_{21}\underline{\eta}_1(t) + \Phi_{22}\underline{\eta}_2(t) + \Phi_{23}\underline{\eta}_3(t) \\ \Phi_{31}\underline{\eta}_1(t) + \Phi_{32}\underline{\eta}_2(t) + \Phi_{33}\underline{\eta}_3(t) \end{bmatrix}.$$

Gleichung (11.22) in (11.9) eingesetzt ergibt

$$\boldsymbol{M}\boldsymbol{\Phi}\ddot{\boldsymbol{\eta}} + \boldsymbol{D}\boldsymbol{\Phi}\dot{\boldsymbol{\eta}} + \boldsymbol{S}\boldsymbol{\Phi}\boldsymbol{\eta} = \boldsymbol{f}(t)\,;\ \boldsymbol{f}(t) = (\boldsymbol{U} + \boldsymbol{U}_\varepsilon)\,\Omega^2\,\mathrm{e}^{\mathrm{i}\Omega t} \tag{11.23}$$

und mit $\boldsymbol{\Phi}^{\mathrm{T}}$ von links multipliziert (11.21)

$$\underbrace{\boldsymbol{\Phi}^{\mathrm{T}}\boldsymbol{M}\boldsymbol{\Phi}}_{n\boldsymbol{E}}\ddot{\boldsymbol{\eta}} + \underbrace{\boldsymbol{\Phi}^{\mathrm{T}}\boldsymbol{D}\boldsymbol{\Phi}}_{n\Delta}\dot{\boldsymbol{\eta}} + \underbrace{\boldsymbol{\Phi}^{\mathrm{T}}\boldsymbol{S}\boldsymbol{\Phi}}_{n\omega^2}\dot{\boldsymbol{\eta}} = \boldsymbol{\Phi}^{\mathrm{T}}\boldsymbol{f}(t)$$

oder mit n dividiert

$$\ddot{\boldsymbol{\eta}} + \Delta\dot{\boldsymbol{\eta}} + \omega^2\boldsymbol{\eta} = \frac{1}{n}\boldsymbol{\Phi}^{\mathrm{T}}\boldsymbol{f}(t) = \frac{\Omega^2\,\mathrm{e}^{\mathrm{i}\Omega t}}{n}\boldsymbol{\Phi}^{\mathrm{T}}(\boldsymbol{U} + \boldsymbol{U}_\varepsilon). \tag{11.24}$$

Die Voraussetzung für die Entkopplung ist, daß Δ eine symmetrische Matrix ist. Man erreicht die Symmetrie der Matrix durch die sogenannte *Bequemlichkeitshypothese* (s. [Fa 3] und Anhang zu Abschn. 11.2.5).

$$\boldsymbol{D} = a\boldsymbol{M} + b\boldsymbol{S} \quad (a, b \text{ beliebige reelle Konstanten inkl. } a \neq 0,\ b = 0 \text{ und } a = 0,\ b \neq 0). \tag{11.25}$$

In Δ eingesetzt wird

$$\Delta = \frac{1}{n}\boldsymbol{\Phi}^{\mathrm{T}}(a\boldsymbol{M} + b\boldsymbol{S})\,\boldsymbol{\Phi}$$

$$= \frac{1}{n}\underbrace{[a\underbrace{\boldsymbol{\Phi}^{\mathrm{T}}\boldsymbol{M}\boldsymbol{\Phi}}_{n\boldsymbol{E}} + b\underbrace{\boldsymbol{\Phi}^{\mathrm{T}}\boldsymbol{S}\boldsymbol{\Phi}}_{n\omega^2}]}_{(11.21)} = a\boldsymbol{E} + b\omega^2 = \begin{bmatrix} a+b\omega_1^2; & 0; & 0 \\ 0; & a+b\omega_2^2; & 0 \\ 0; & 0; & a+b\omega_3^2 \end{bmatrix}. \tag{11.26}$$

Die Δ-Matrix ist somit symmetrisch. Δ in (11.24) eingesetzt ergibt

$$\underline{\ddot{\boldsymbol{\eta}} + (a+b\omega^2)\,\dot{\boldsymbol{\eta}} + \omega^2\boldsymbol{\eta} = \frac{1}{n}\,\boldsymbol{\Phi}^{\mathrm{T}} \boldsymbol{f}(t)}; \quad \boldsymbol{f}(t) = (\boldsymbol{U}+\boldsymbol{U}_\varepsilon)\,\Omega^2\,\mathrm{e}^{\mathrm{i}\Omega t}; \tag{11.27}$$

$$\frac{1}{n}\,\boldsymbol{\Phi}^{\mathrm{T}} \boldsymbol{f}(t) = \frac{\Omega^2\,\mathrm{e}^{\mathrm{i}\Omega t}}{n}\,\boldsymbol{F};$$

$$\boldsymbol{F} = \boldsymbol{\Phi}^{\mathrm{T}}(\boldsymbol{U}+\boldsymbol{U}_\varepsilon) = \boldsymbol{\Phi}^{\mathrm{T}}\boldsymbol{U} + \boldsymbol{\Phi}^{\mathrm{T}}\boldsymbol{U}_\varepsilon; \quad \boldsymbol{\Phi}^{\mathrm{T}} = \begin{bmatrix} \boldsymbol{\Phi}_1^{\mathrm{T}} \\ \boldsymbol{\Phi}_2^{\mathrm{T}} \\ \boldsymbol{\Phi}_3^{\mathrm{T}} \end{bmatrix}; \quad \boldsymbol{F} = \begin{bmatrix} \underline{F}_1 \\ \underline{F}_2 \\ \underline{F}_3 \end{bmatrix}$$

und in Komponentenform[3]

$$\ddot{\underline{\eta}}_1 + (a+b\omega_1^2)\,\dot{\underline{\eta}}_1 + \omega_1^2\underline{\eta}_1 = \frac{1}{n}\,\boldsymbol{\Phi}_1^{\mathrm{T}}\boldsymbol{f}(t) = \frac{\Phi^2}{n}\,\mathrm{e}^{\mathrm{i}\Omega t}\,\underline{F}_1$$

$$\ddot{\underline{\eta}}_2 + (a+b\omega_2^2)\,\dot{\underline{\eta}}_2 + \omega_2^2\underline{\eta}_2 = \frac{1}{n}\,\boldsymbol{\Phi}_2^{\mathrm{T}}\boldsymbol{f}(t) = \frac{\Omega^2}{n}\,\mathrm{e}^{\mathrm{i}\Omega t}\,\underline{F}_2$$

$$\ddot{\underline{\eta}}_3 + (a+b\omega_3^2)\,\dot{\underline{\eta}}_3 + \omega_3^2\underline{\eta}_3 = \frac{1}{n}\,\boldsymbol{\Phi}_3^{\mathrm{T}}\boldsymbol{f}(t) = \frac{\Omega^2}{n}\,\mathrm{e}^{\mathrm{i}\Omega t}\,\underline{F}_3$$

$$\underline{F}_1 = \Phi_{11}(\underline{U}_1 + \underline{U}_{\varepsilon 1}) + \Phi_{21}(\underline{U}_2 + \underline{U}_{\varepsilon 2}) + \Phi_{31}(\underline{U}_3 + \underline{U}_{\varepsilon 3}) = \boldsymbol{\Phi}_1^{\mathrm{T}}(\boldsymbol{U}+\boldsymbol{U}_\varepsilon)$$

$$\underline{F}_2 = \Phi_{12}(\underline{U}_1 + \underline{U}_{\varepsilon 1}) + \Phi_{22}(\underline{U}_2 + \underline{U}_{\varepsilon 2}) + \Phi_{32}(\underline{U}_3 + \underline{U}_{\varepsilon 3}) = \boldsymbol{\Phi}_2^{\mathrm{T}}(\boldsymbol{U}+\boldsymbol{U}_\varepsilon)$$

$$\underline{F}_3 = \Phi_{13}(\underline{U}_1 + \underline{U}_{\varepsilon 1}) + \Phi_{23}(\underline{U}_2 + \underline{U}_{\varepsilon 2}) + \Phi_{33}(\underline{U}_3 + \underline{U}_{\varepsilon 3}) = \boldsymbol{\Phi}_3^{\mathrm{T}}(\boldsymbol{U}+\boldsymbol{U}_\varepsilon).$$

11.2.6 Lösung der Differentialgleichung

Die partikuläre[4] Lösung der Differentialgleichung (11.27) ist bekannt und lautet

$$\frac{\boldsymbol{\eta}(t) = \boldsymbol{\eta}\,\mathrm{e}^{\mathrm{i}\Omega t}}{\underline{\eta}_{\mathrm{j}}(t) = \underline{\eta}_{\mathrm{j}}\,\mathrm{e}^{\mathrm{i}\Omega t}}; \quad \frac{\boldsymbol{\eta} = \boldsymbol{F}\boldsymbol{A}(\Omega) = \boldsymbol{\Phi}^{\mathrm{T}}(\boldsymbol{U}+\boldsymbol{U}_\varepsilon)\,\boldsymbol{A}(\Omega)}{(j=1,2,3)}; \quad \boldsymbol{A}(\Omega) = \begin{bmatrix} \underline{A}_1(\Omega) \\ \underline{A}_2(\Omega) \\ \underline{A}_3(\Omega) \end{bmatrix}. \tag{11.28}$$

mit der Hauptkoordinate

$$\underline{\eta}_{\mathrm{j}} = \underline{F}_{\mathrm{j}}\underline{A}_{\mathrm{j}}(\Omega); \quad \underline{A}_{\mathrm{j}}(\Omega) = \frac{1}{n}\,\frac{\Omega^2}{\omega_{\mathrm{j}}^2 - \Omega^2 + \mathrm{i}\,\Omega(a+b\omega_{\mathrm{j}}^2)}\ ^{5};$$

$$|\underline{A}_{\mathrm{j}}(\Omega)| = \frac{1}{n}\,\frac{\Omega^2}{\sqrt{(\omega_{\mathrm{j}}^2-\Omega^2)^2 + \Omega^2(a+b\omega_{\mathrm{j}}^2)}}.$$

In der Resonanz $\Omega = \omega_{\mathrm{j}}$ gilt speziell

$$|\underline{A}_{\mathrm{j}}(\omega_{\mathrm{j}})| = \frac{1}{n}\,\frac{\omega_{\mathrm{j}}}{a+b\omega_{\mathrm{j}}^2}; \quad \underline{A}_{\mathrm{j}}(\omega_{\mathrm{j}}) = -\mathrm{i}\,|\underline{A}_{\mathrm{j}}(\omega_{\mathrm{j}})|. \tag{11.29}$$

---

[3] $\boldsymbol{\Phi}_{\mathrm{j}}^{\mathrm{T}}\boldsymbol{f}(t)$ wird als *generalisierte Kraft* bezeichnet.

[4] Die homogene Lösung klingt mit der Zeit ab und ist für die stationäre Lösung gegenstandslos (stabile Lösung vorausgesetzt).

[5] $\underline{A}_{\mathrm{j}}(\Omega)$ hat wegen n die Dimension einer reziproken Masse

Wählt man z. B. $a = \omega_j \dfrac{3}{4Q}$ und $b = \dfrac{1}{\omega_j} \dfrac{1}{4Q}$, wird

$$|\underline{A}_j(\omega_j)| = \frac{Q}{n} \quad \text{unabhängig von } j$$

(Q Überhöhungsfaktor, n generalisierte Masse). (11.29')

Die gesuchte Lösung (11.22) wird schließlich mit (11.28) in *modaler* Form

$$\underline{\boldsymbol{r}(t) = \boldsymbol{\Phi}\boldsymbol{\eta}(t) = \boldsymbol{\Phi}\boldsymbol{\eta}\, e^{i\Omega t}; \quad \boldsymbol{r} = \boldsymbol{\Phi}\boldsymbol{\eta} = \boldsymbol{\Phi}\boldsymbol{F}\boldsymbol{A}(\Omega) = \boldsymbol{\Phi}\boldsymbol{\Phi}^T(\boldsymbol{U} + \boldsymbol{U}_\varepsilon)\,\boldsymbol{A}(\Omega).} \quad (11.30)$$

$$\boldsymbol{r}(t) = \begin{bmatrix} \underline{r}_1(t) \\ \underline{r}_2(t) \\ \underline{r}_3(t) \end{bmatrix} = \boldsymbol{\Phi} \begin{bmatrix} \underline{\eta}_1(t) \\ \underline{\eta}_2(t) \\ \underline{\eta}_3(t) \end{bmatrix} = \boldsymbol{\Phi} \begin{bmatrix} \underline{\eta}_1 \\ \underline{\eta}_2 \\ \underline{\eta}_3 \end{bmatrix} e^{i\Omega t}$$

$$= [\boldsymbol{\Phi}_1, \boldsymbol{\Phi}_2, \boldsymbol{\Phi}_3] \begin{bmatrix} \underline{\eta}_1 \\ \underline{\eta}_2 \\ \underline{\eta}_3 \end{bmatrix} e^{i\Omega t} = \begin{bmatrix} \Phi_{11}\underline{\eta}_1 + \Phi_{12}\underline{\eta}_2 + \Phi_{13}\underline{\eta}_3 \\ \Phi_{21}\underline{\eta}_1 + \Phi_{22}\underline{\eta}_2 + \Phi_{23}\underline{\eta}_3 \\ \Phi_{31}\underline{\eta}_1 + \Phi_{32}\underline{\eta}_2 + \Phi_{33}\underline{\eta}_3 \end{bmatrix} e^{i\Omega t}$$

$$= \begin{bmatrix} \Phi_{11}\underline{F}_1\underline{A}_1(\Omega) + \Phi_{12}\underline{F}_2\underline{A}_2(\Omega) + \Phi_{13}\underline{F}_3\underline{A}_3(\Omega) \\ \Phi_{21}\underline{F}_1\underline{A}_1(\Omega) + \Phi_{22}\underline{F}_2\underline{A}_2(\Omega) + \Phi_{23}\underline{F}_3\underline{A}_3(\Omega) \\ \Phi_{31}\underline{F}_1\underline{A}_1(\Omega) + \Phi_{32}\underline{F}_2\underline{A}_2(\Omega) + \Phi_{33}\underline{F}_3\underline{A}_3(\Omega) \end{bmatrix} e^{i\Omega t}$$

$$= (\boldsymbol{\Phi}_1\underline{F}_1\underline{A}_1 + \boldsymbol{\Phi}_2\underline{F}_2\underline{A}_2 + \boldsymbol{\Phi}_3\underline{F}_3\underline{A}_3)\, e^{i\Omega t} = \boldsymbol{\Phi}\boldsymbol{F}\boldsymbol{A}(\Omega)\, e^{i\Omega t}.$$

Zusammenfassend gilt für eine Scheibe j die zeitunabhängige Gesamtauslenkung im rotierenden System

$$\underline{\underline{r}_j = \sum_n \underline{r}_{jn}} = \Phi_{j1}\underline{\eta}_1 + \Phi_{j2}\underline{\eta}_2 + \Phi_{j3}\underline{\eta}_3, \quad (11.30')$$

z. B. für eine Scheibe am Ort $j = 1$

$$\underline{r}_1 = \sum_n \underline{r}_{1n} = \underline{r}_{11} + \underline{r}_{12} + \underline{r}_{13} = \Phi_{11}\underline{\eta}_1 + \Phi_{12}\underline{\eta}_2 + \Phi_{13}\underline{\eta}_3. \quad (11.30'')$$

Die Auslenkung $\underline{r}_j(t)$ einer Scheibe setzt sich zusammen aus gewichteten modalen Auslenkungen $\underline{\eta}_j(t)$ (hier drei). Jede dieser Auslenkungen $\underline{\eta}_j(t)$ kann als Auslenkung eines „Untersystems" mit einem Freiheitsgrad und der Resonanzwinkelgeschwindigkeit ω_j aufgefaßt werden. Alle Auslenkungen $\underline{\eta}_j(t)$ laufen – phasenverschoben – mit der konstanten Winkelgeschwindigkeit Ω kreisförmig um die Lagerachse.

11.2.7 Numerische Daten und Rechnung

In Abb. 11.1 ist eine Modellwelle mit drei gleichen Scheiben und gleichem Abstand skizziert mit folgenden Daten:

Länge der Welle	$l = 1{,}000$ m
Abstand der Scheiben	$a = 0{,}250$ m
Durchmesser der Welle	$\varnothing = 0{,}050$ m
Axiales Flächenträgheitsmoment	$I = 3{,}068 \cdot 10^{-7}$ m^4
Elastizitätsmodul (Stahl)	$E = 2{,}060 \cdot 10^{11}$ N/m^2
Biegesteifigkeit der Welle	$EI = 6{,}320 \cdot 10^4$ Nm^2
Masse der Scheiben ($m_1 = m_2 = m_3 = m$)	$m = 32{,}12$ kg

Mit den Elementen a_{jk} der Nachgiebigkeitsmatrix A, s. Anhang zu Abschn. 11.2.7, ergeben sich die symmetrischen, quadratischen und regulären Matrizen A und $S \equiv A^{-1}$, d.h. $A = A^T$ und $S = S^T$.[6]

$$A = 10^{-7} \begin{bmatrix} 1{,}8542 & 2{,}2663 & 1{,}4422 \\ 2{,}2663 & 3{,}2964 & 2{,}2663 \\ 1{,}4422 & 2{,}2663 & 1{,}8542 \end{bmatrix} \left[\frac{\mathrm{m}}{\mathrm{N}}\right];$$

$$S \equiv A^{-1} = 10^{7} \begin{bmatrix} 3{,}9869 & -3{,}8136 & 1{,}5601 \\ -3{,}8136 & 5{,}5470 & -3{,}8136 \\ 1{,}5601 & -3{,}8136 & 3{,}9869 \end{bmatrix} \left[\frac{\mathrm{N}}{\mathrm{m}}\right]. \tag{11.31}$$

Die Massenmatrix ist einfach, sie besitzt nur Diagonalelemente

$$M = \begin{bmatrix} 32{,}12 & 0 & 0 \\ 0 & 32{,}12 & 0 \\ 0 & 0 & 32{,}12 \end{bmatrix} [\mathrm{kg}]. \tag{11.32}$$

Die Frequenzgleichung (11.13) liefert die drei Eigenkreisfrequenzen

$$\omega_1 = 218{,}83 \text{ rad/s}; \quad \omega_2 = 869{,}24 \text{ rad/s}; \quad \omega_3 = 1845{,}5 \text{ rad/s} \tag{11.33}$$

oder kritischen Drehzahlen $n_j = \dfrac{30}{\pi}\,\omega_j$

$$n_1 = 2089{,}7 \text{ 1/min}; \quad n_2 = 7918{,}7 \text{ 1/min}; \quad n_3 = 17623 \text{ 1/min}.$$

Mit der Normierungszahl (generalisierte Masse) $\underline{n = 1}$ erhält man mit den Eigenvektoren nach (11.14) die Modalmatrix $\boldsymbol{\Phi}$ mit *normierten* Eigenvektoren $\boldsymbol{\Phi}_1$, $\boldsymbol{\Phi}_2$ und $\boldsymbol{\Phi}_3$

$$\boldsymbol{\Phi} = [\boldsymbol{\Phi}_1, \boldsymbol{\Phi}_2, \boldsymbol{\Phi}_3] = \begin{bmatrix} \Phi_{11} & \Phi_{12} & \Phi_{13} \\ \Phi_{21} & \Phi_{22} & \Phi_{23} \\ \Phi_{31} & \Phi_{32} & \Phi_{33} \end{bmatrix} = \begin{bmatrix} 0{,}088223; & 0{,}124766; & 0{,}088223 \\ 0{,}124766; & 0; & -0{,}124766 \\ 0{,}088223; & -0{,}124766; & 0{,}088223 \end{bmatrix}, \tag{11.34}$$

wobei $\boldsymbol{\Phi} = \boldsymbol{\Phi}^T$, d.h. symmetrisch ist.

Sie sind in Abb. 11.2 graphisch dargestellt. Jedem Eigenvektor ist eine Eigenform zugeordnet. Man nennt oft die ersten drei EF eines zweilagerigen Rotors U-, S-, W-Form oder Schlag.

Für das Wuchten wird später noch die Inverse der Transformierten von $\boldsymbol{\Phi}$ gebraucht[7]

$$\boldsymbol{\Psi} = (\boldsymbol{\Phi}^T)^{-1} = \begin{bmatrix} \psi_{11} & \psi_{12} & \psi_{13} \\ \psi_{21} & \psi_{22} & \psi_{23} \\ \psi_{31} & \psi_{32} & \psi_{33} \end{bmatrix} = \begin{bmatrix} 2{,}833728; & 4{,}007374; & 2{,}833728 \\ 4{,}007374; & 0; & -4{,}007374 \\ 2{,}833728; & -4{,}007374; & 2{,}833728 \end{bmatrix} \tag{11.35}$$

$\boldsymbol{\Psi}$ ist ebenfalls symmetrisch ($\boldsymbol{\Psi} = \boldsymbol{\Psi}^T$).

---

[6] Die Nachgiebigkeitsmatrix A ist einfacher zu berechnen als die Steifigkeitsmatrix S.

[7] Im vorliegenden speziellen Fall der symmetrischen Anordnung gleicher Scheiben bezüglich gleicher Lager ist $\boldsymbol{\Phi}$ doppelt symmetrisch und es gilt $\boldsymbol{\Psi} = (\boldsymbol{\Phi}^T)^{-1} = 32{,}12\,\boldsymbol{\Phi}$

Mit obigen Angaben ist die Lösung (11.22) und (11.28) numerisch bekannt, sofern man sich für die Dämpfungskonstanten a und b in (11.25) entschieden hat. Im folgenden gelte

$$a=\frac{3}{4}\frac{\omega_1}{Q} \quad \text{und} \quad b=\frac{1}{4}\frac{1}{Q\omega_1}, \tag{11.36}$$

womit die Resonanzwerte aus (11.29)

$$\begin{aligned} n|\underline{A}_1(\omega_1)| &= Q = Q_1; \\ n|\underline{A}_2(\omega_2)| &= 0{,}84612\, Q = Q_2; \\ n|\underline{A}_3(\omega_3)| &= 0{,}45510\, Q = Q_3 \end{aligned} \tag{11.37}$$

entstehen. Diese Wahl von a und b entspricht den tatsächlichen Verhältnissen gut, da die höheren Resonanzamplituden stärker gedämpft sind. Sofern nicht ausdrücklich Gegenteiliges erwähnt ist, wird im folgenden mit $Q=10$ gerechnet. Der Verlauf der drei Funktionen $\underline{A}_j(\Omega)$ ist in Abb. 11.3a für $n=1$ schematisch dargestellt.

In Abb. 11.3b ist für die Scheibe $j=1$ und einer einzigen Unwucht $\underline{U}_{\varepsilon 1}=U_{\varepsilon 1}$ kg mm die Zusammensetzung der Gesamtauslenkung $\underline{r}_1$ aus den drei modalen Anteilen $r_{1n}(n=1, 2, 3)$ über Ω nach (11.30″) in Absolutwerten dargestellt. Die einzige Unwucht an der Scheibe 1 regt alle drei EF an, allerdings mit unterschiedlicher Größe.

11.2.8 Einfluß einer einzigen Unwucht

Die Dreischeiben-Welle besitze eine einzige Unwucht $\underline{U}_{\varepsilon 1}=U_{\varepsilon 1}$, so daß $\underline{U}_1=\underline{U}_2=\underline{U}_3=\underline{U}_{\varepsilon 2}=\underline{U}_{\varepsilon 3}=0$ gilt. Nach (11.27) ist dann

$$F_1=\Phi_{11}U_{\varepsilon 1}; \qquad F_2=\Phi_{12}U_{\varepsilon 1}; \qquad F_3=\Phi_{13}U_{\varepsilon 1}$$

und nach (11.28)

$$\begin{aligned} \underline{\eta}_1 &= \underline{F}_1\underline{A}_1(\Omega)=\Phi_{11}U_{\varepsilon 1}\underline{A}_1(\Omega) \\ \underline{\eta}_2 &= \underline{F}_2\underline{A}_2(\Omega)=\Phi_{12}U_{\varepsilon 1}\underline{A}_2(\Omega) \\ \underline{\eta}_3 &= \underline{F}_3\underline{A}_3(\Omega)=\Phi_{13}U_{\varepsilon 1}\underline{A}_3(\Omega) \end{aligned}$$

und nach (11.30) mit $\underline{r}_j(t)=\underline{r}_j\,e^{i\Omega t}$

$$\begin{aligned} \underline{r}_1 &= [\Phi_{11}^2\underline{A}_1(\Omega) + \Phi_{12}^2\underline{A}_2(\Omega) + \Phi_{13}^2\underline{A}_3(\Omega)]\,U_{\varepsilon 1} \\ \underline{r}_2 &= [\Phi_{21}\Phi_{11}\underline{A}_1(\Omega)+\Phi_{22}\Phi_{12}\underline{A}_2(\Omega)+\Phi_{23}\Phi_{13}\underline{A}_3(\Omega)]\,U_{\varepsilon 1} \\ \underline{r}_3 &= [\Phi_{31}\Phi_{11}\underline{A}_1(\Omega)+\Phi_{32}\Phi_{12}\underline{A}_2(\Omega)+\Phi_{33}\Phi_{13}\underline{A}_3(\Omega)]\,U_{\varepsilon 1}. \end{aligned} \tag{11.38}$$

Resultat: Abb. 11.2

Eine Einzelunwucht regt alle Eigenformen oder Modalschwingungen an, es sei denn der Ort der Einzelunwucht falle auf einen Knoten der Eigenschwingung. Die Größe der Anregung am Ort der Unwucht ist proportional dem Quadrat der Eigenform.

Die numerischen Werte für die Auslenkungen sind in Tabelle 11.1 für die drei Resonanz-Winkelgeschwindigkeiten ω_1, ω_2, ω_3 zusammengefaßt.

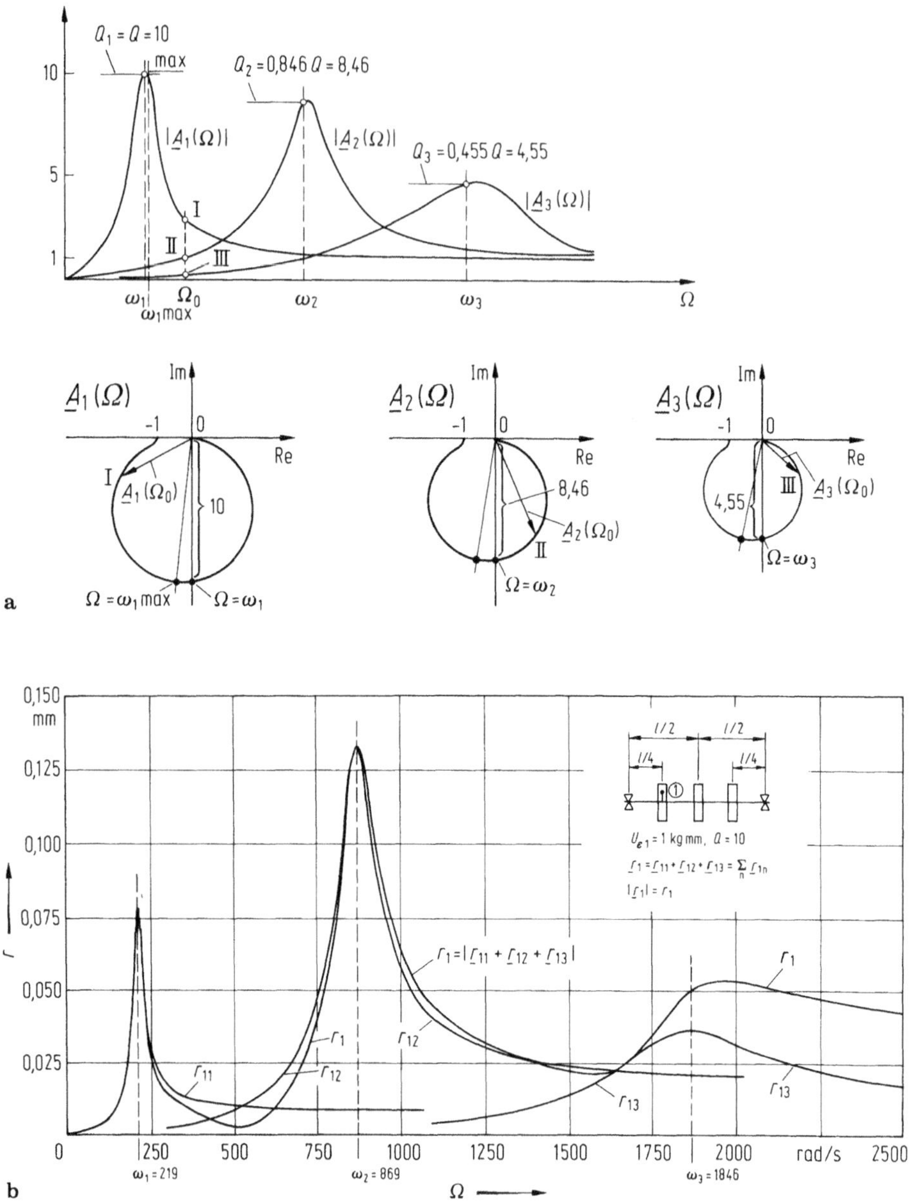

Abb. 11.3. Dreischeiben-Rotor mit IU $U_{\varepsilon 1}=1$ kgmm, $Q=Q_1=10$, $Q_2=8{,}46$, $Q_3=4{,}55$. **a** Die drei Funktionen $\underline{A}_1(\Omega)$, $\underline{A}_2(\Omega)$, $\underline{A}_3(\Omega)$, für $n=1$, s. Text; **b** Zusammensetzung der Gesamtauslenkung $\underline{r}_1$ an der Scheibe $j=1$ aus den drei Modalanteilen. r_{11}, r_{12}, r_{13}

Tabelle 11.1. Numerische Werte der Auslenkungen für die Resonanzwinkelgeschwindigkeiten ω_1, ω_2 und ω_3

	$\underline{r}_1$ $\lvert r_1 \rvert$ mm	$\underline{r}_2$ $\lvert r_2 \rvert$ mm	$\underline{r}_3$ $\lvert r_3 \rvert$ mm	
$\Omega=\omega_1$	0,0012 – i 0,0779 0,0779	–0,0002 – i 0,1101 0,1101	–0,0009 – i 0,0778 0,0778	mal $U_{1\varepsilon}$ in kg mm
$\Omega=\omega_2$	–0,0061 – i 0,1322 0,1324	–0,0148 + i 0,0001 0,0148	–0,0006 + i 0,1312 0,1313	
$\Omega=\omega_3$	–0,0278 – i 0,0369 0,0462	–0,0111 + i 0,0500 0,0512	0,0120 – i 0,0341 0,0361	

11.2.9 Unwuchtverteilung proportional der Eigenform und Scheibenmasse

Die Dreischeiben-Welle besitze in den drei Scheiben je eine IU, die proportional eines Eigenvektors bzw. einer Eigenform, Abb. 11.2, und zusätzlich proportional der Scheibenmasse ist. Z. B. proportional dem 3. Eigenvektor

$$\boldsymbol{\Phi}_3 = \begin{bmatrix} \Phi_{13} \\ \Phi_{23} \\ \Phi_{33} \end{bmatrix}.$$

Die Unwuchten sind dann

$$\underline{U}_{\varepsilon 1} = \Phi_{13} m_1 \underline{U}_\varepsilon \qquad \underline{U}_{\varepsilon 2} = \Phi_{23} m_2 \underline{U}_\varepsilon \qquad \underline{U}_{\varepsilon 3} = \Phi_{33} m_3 \underline{U}_\varepsilon. \tag{11.39}$$

Im numerisch behandelten Fall sind allerdings alle drei Massen gleich $m_1 = m_2 = m_3 = m$, so daß die zusätzliche Forderung der Massenproportionalität wegfällt.

Nach (11.27) gilt mit (11.39) vorerst

$$\begin{aligned}
\underline{F}_1 &= \Phi_{11}\Phi_{13} m_1 \underline{U}_\varepsilon + \Phi_{21}\Phi_{23} m_2 \underline{U}_\varepsilon + \Phi_{31}\Phi_{33} m_3 \underline{U}_\varepsilon = \boldsymbol{\Phi}_1^{\mathrm{T}} \boldsymbol{M} \boldsymbol{\Phi}_3 \underline{U}_\varepsilon \\
\underline{F}_2 &= \Phi_{12}\Phi_{13} m_1 \underline{U}_\varepsilon + \Phi_{22}\Phi_{23} m_2 \underline{U}_\varepsilon + \Phi_{32}\Phi_{33} m_3 \underline{U}_\varepsilon = \boldsymbol{\Phi}_2^{\mathrm{T}} \boldsymbol{M} \boldsymbol{\Phi}_3 \underline{U}_\varepsilon \\
\underline{F}_3 &= \Phi_{13}\Phi_{13} m_1 \underline{U}_\varepsilon + \Phi_{23}\Phi_{23} m_2 \underline{U}_\varepsilon + \Phi_{33}\Phi_{33} m_3 \underline{U}_\varepsilon = \boldsymbol{\Phi}_3^{\mathrm{T}} \boldsymbol{M} \boldsymbol{\Phi}_3 \underline{U}_\varepsilon
\end{aligned}$$

und mit der Normierungs- und Orthogonalitätsbedingung (11.17) und (11.19)

$$\underline{F}_1 = 0; \qquad \underline{F}_2 = 0; \qquad F_3 = n\,\underline{U}_\varepsilon = \underline{U}_\varepsilon \tag{11.40}$$

und schließlich mit (11.28) und (11.30)

$$\underline{\eta}_1 = 0; \qquad \underline{\eta}_2 = 0; \qquad \underline{\eta}_3 = \underline{F}_3 \underline{A}_3(\Omega) = \underline{U}_\varepsilon \underline{A}_3(\Omega); \tag{11.41}$$

$$\underline{r}_1 = \Phi_{13} \underline{U}_\varepsilon \underline{A}_3(\Omega); \quad \underline{r}_2 = \Phi_{23} \underline{U}_\varepsilon \underline{A}_3(\Omega); \quad \underline{r}_3 = \Phi_{33} \underline{U}_\varepsilon \underline{A}_3(\Omega) \tag{11.42}$$

oder zusammengefaßt

$$\boldsymbol{r} = \begin{bmatrix} \underline{r}_1 \\ \underline{r}_2 \\ \underline{r}_3 \end{bmatrix} = \boldsymbol{\Phi}_3 \underline{U}_\varepsilon \underline{A}_3(\Omega) \rightarrow \boldsymbol{r} \text{ proportional } \boldsymbol{\Phi}_3.$$

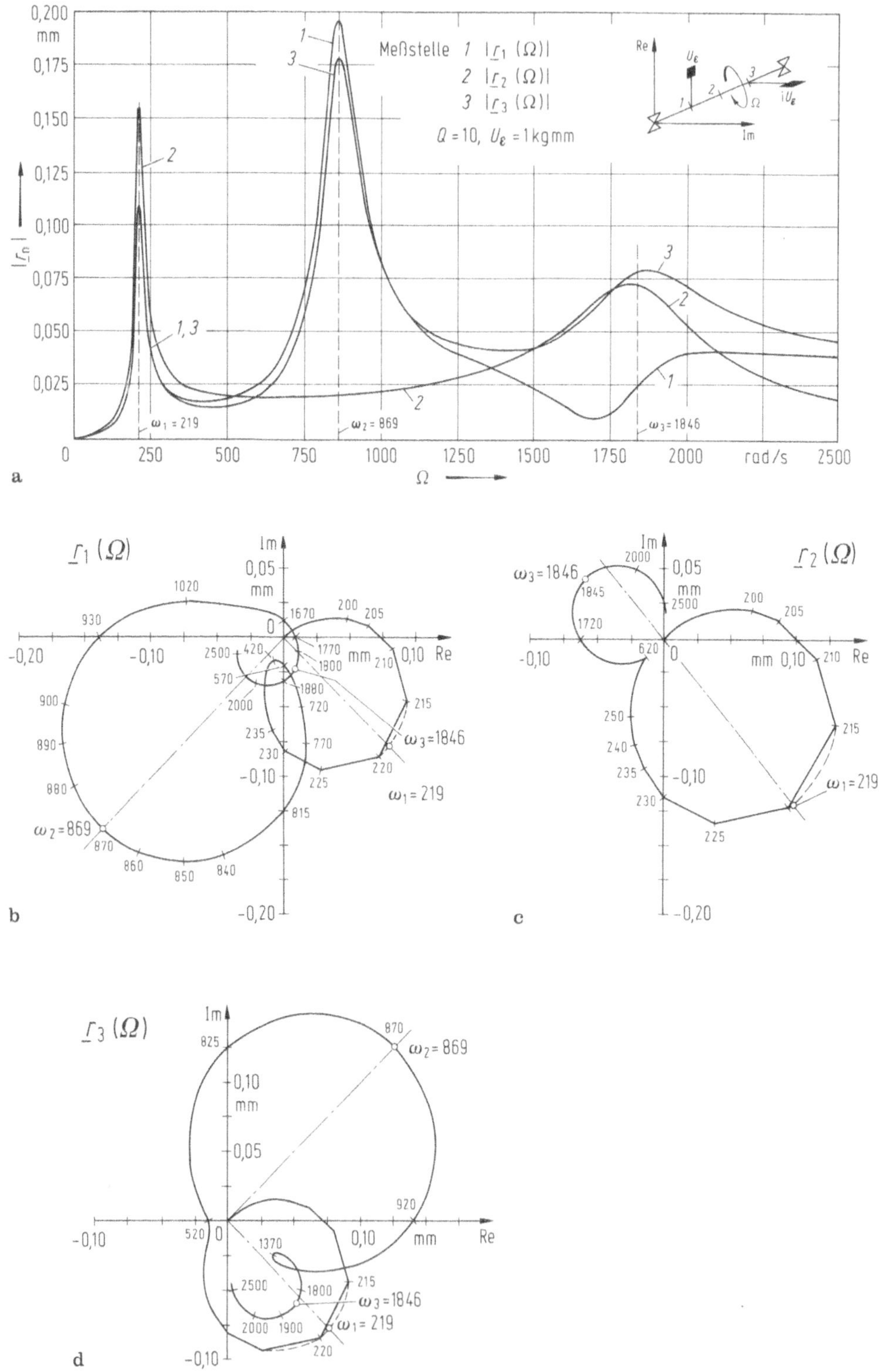
Meßstelle 1 |r₁ (Ω)|
2 |r₂ (Ω)|
3 |r₃ (Ω)|
Q = 10, U_ε = 1 kgmm
Re
Im
U_ε
iU_ε
Ω
|r_n|
mm
0,200
0,175
0,150
0,125
0,100
0,075
0,050
0,025
ω₁ = 219
ω₂ = 869
ω₃ = 1846
0
250
500
750
1000
1250
1500
1750
2000
rad/s
2500
Ω
a
r₁ (Ω)
r₂ (Ω)
r₃ (Ω)
b
c
d
0,05
0,10
-0,10
-0,20
mm
Re
Im

Resultat:

Haben die Scheiben einer Mehrfach-Scheiben-Welle Unwuchten, die einer Eigenform und der Scheibenmasse proportional sind, so wird nur eine und nur diese Eigenform angeregt. Es gibt im ganzen Drehzahlbereich nur eine kritische Drehzahl, und die Auslenkung der Welle ist proportional der Eigenform. Die mehrfach-Scheiben-Welle verhält sich analog einer Welle mit nur einer Scheibe.

Denkt man sich die IU als KU, so gelingt es offenbar mit einem geeigneten WS – wie die KU dann heißen – eine Eigenform – und nur diese – zu beeinflussen. Auf dieser Überlegung beruht das modale Wuchten oder Wuchten mit Eigenformen, Abschn. 11.3.

11.2.10 Beispiel der Auslenkung einer Dreischeiben-Welle mit Unwuchten an zwei Scheiben

Um die Drehzahl- und Phasenabhängigkeit der Scheibenauslenkungen zu verfolgen, soll ein Beispiel mit einer IU an der Scheibe $j=1$ mit $\underline{U}_{\varepsilon 1}=U_\varepsilon=1$ kg mm und einer Unwucht an der Scheibe $j=3$ mit $\underline{U}_{\varepsilon 3}=\mathrm{i}\,U_\varepsilon$ dienen. Die numerischen Werte sind die gleichen wie in Abschn. 11.2.7.

$\underline{r}_1, \underline{r}_2, \underline{r}_3$ sind die Auslenkungen der Scheiben *1, 2, 3* (Meßstelle *1, 2, 3*).

In Abb. 11.4a sind die Absolutwerte $|\underline{r}_1|$, $|\underline{r}_2|$ und $|\underline{r}_3|$ über Ω aufgetragen. In den Abb. 11.4b, c, d sind die komplexen Werte $\underline{r}_1(\Omega)$, $\underline{r}_2(\Omega)$ und $\underline{r}_3(\Omega)$ aufgetragen.

Kommentar:

— Erwartungsgemäß erfährt die Scheibe *2* (Meßstelle *2*) die größte Auslenkung bei der 1. Resonanz $\Omega=\omega_1$. Die erste Eigenform wird von beiden IU U_ε und $\mathrm{i}\,U_\varepsilon$ angeregt.

— Die absolut größten Auslenkungen sind nicht etwa bei der ersten Resonanz $\Omega=\omega_1$ zu finden, sondern bei der zweiten $\Omega=\omega_2$. Die Unwuchten regen die zweite Eigenform stärker an als die erste. Eine Ausnahme bildet die Scheibe *2* (Meßstelle *2*).

— Die Scheibe *2* zeigt in der zweiten Resonanz keine Überhöhung. Die zweite Eigenform wird durch die Unwuchten wohl sehr stark angeregt, hat jedoch einen Schwingungsknoten an der Scheibe *2* (Meßstelle *2*) wodurch keine Auslenkung möglich wird.

11.3 Wuchtproblem – Wuchten mit Eigenformen

11.3.1 Wuchtsätze

Die generelle Forderung für vollständiges Wuchten – keine rotierenden Lagerkräfte mehr – ist das Verschwinden der Auslenkung an allen Scheiben. Nach (11.22) muß mit

---

◁

Abb. 11.4. Auslenkung der drei Scheiben des Rotors mit IU: $\underline{U}_{\varepsilon 1}=U_\varepsilon=1$ kg mm, $\underline{U}_{\varepsilon 3}=\mathrm{i}\,U_\varepsilon$; $Q=Q_1=10$, $Q_2=8{,}46$, $Q_3=4{,}55$. **a** $r_1(\Omega)$, $r_2(\Omega)$, $r_3(\Omega)$: Absolutwerte der Auslenkung an den Scheiben *1, 2, 3*; **b** $\underline{r}_1(\Omega)$: Scheibe *1*; **c** $\underline{r}_2(\Omega)$: Scheibe *2*; **d** $\underline{r}_3(\Omega)$: Scheibe *3*

$\underline{r}(t)$ auch $\underline{\eta}(t)$ verschwinden. Dies ist nach (11.27) und (11.28) zu jeder Zeit der Fall für

$$\boldsymbol{F} = \boldsymbol{\Phi}^{\mathrm{T}}(\boldsymbol{U} + \boldsymbol{U}_{\varepsilon}) = 0,$$

so daß die Wuchtgleichung lautet

$$\boldsymbol{\Phi}^{\mathrm{T}}(\boldsymbol{U} + \boldsymbol{U}_{\varepsilon}) = 0 \tag{11.43}$$

oder wegen $\boldsymbol{\Phi}^{\mathrm{T}} \neq 0$

$$\boldsymbol{U} = -\boldsymbol{U}_{\varepsilon}; \quad \boldsymbol{U} = \begin{bmatrix} \underline{U}_1 \\ \underline{U}_2 \\ \underline{U}_3 \end{bmatrix}; \quad \boldsymbol{U}_{\varepsilon} = \begin{bmatrix} \underline{U}_{\varepsilon 1} \\ \underline{U}_{\varepsilon 2} \\ \underline{U}_{\varepsilon 3} \end{bmatrix}. \tag{11.44}$$

Diese Bedingung sagt weiter nichts aus, als daß die IU $\boldsymbol{U}_{\varepsilon}$ in Größe, Richtung und Ort durch die KU $\boldsymbol{U}$ ausgeglichen werden muß. Die Bedingung ist trivial und technisch unbrauchbar, weil $\boldsymbol{U}_{\varepsilon}$ nicht bekannt ist. Wir müssen nach aufschlußreicheren Bedingungen suchen.

Zu diesem Zweck schreiben wir (11.43) in der Form

$$\underline{\boldsymbol{\Phi}^{\mathrm{T}} \boldsymbol{U} = -\boldsymbol{\Phi}^{\mathrm{T}} \boldsymbol{U}_{\varepsilon},} \tag{11.45}$$

mit

$$\boldsymbol{\Phi}^{\mathrm{T}} = \begin{bmatrix} \boldsymbol{\Phi}_1^{\mathrm{T}} \\ \boldsymbol{\Phi}_2^{\mathrm{T}} \\ \boldsymbol{\Phi}_3^{\mathrm{T}} \end{bmatrix}; \quad \begin{matrix} \boldsymbol{\Phi}_1^{\mathrm{T}} = [\Phi_{11} \;\; \Phi_{21} \;\; \Phi_{31}] \\ \boldsymbol{\Phi}_2^{\mathrm{T}} = [\Phi_{12} \;\; \Phi_{22} \;\; \Phi_{32}]; \\ \boldsymbol{\Phi}_3^{\mathrm{T}} = [\Phi_{13} \;\; \Phi_{23} \;\; \Phi_{33}] \end{matrix} \quad \boldsymbol{U} = \begin{bmatrix} \underline{U}_1 \\ \underline{U}_2 \\ \underline{U}_3 \end{bmatrix}; \quad \boldsymbol{U}_{\varepsilon} = \begin{bmatrix} \underline{U}_{\varepsilon 1} \\ \underline{U}_{\varepsilon 2} \\ \underline{U}_{\varepsilon 3} \end{bmatrix}$$

wird (11.45)

$$\boldsymbol{\Phi}^{\mathrm{T}} \boldsymbol{U} = \begin{bmatrix} \boldsymbol{\Phi}_1^{\mathrm{T}} \\ \boldsymbol{\Phi}_2^{\mathrm{T}} \\ \boldsymbol{\Phi}_3^{\mathrm{T}} \end{bmatrix} \boldsymbol{U} = -\begin{bmatrix} \boldsymbol{\Phi}_1^{\mathrm{T}} \\ \boldsymbol{\Phi}_2^{\mathrm{T}} \\ \boldsymbol{\Phi}_3^{\mathrm{T}} \end{bmatrix} \boldsymbol{U}_{\varepsilon} \tag{11.45'}$$

oder ausführlich[8]

$$\underline{\begin{bmatrix} \Phi_{11} & \Phi_{21} & \Phi_{31} \\ \Phi_{12} & \Phi_{22} & \Phi_{32} \\ \Phi_{13} & \Phi_{23} & \Phi_{33} \end{bmatrix} \begin{bmatrix} \underline{U}_1 \\ \underline{U}_2 \\ \underline{U}_3 \end{bmatrix}} = -\begin{bmatrix} \Phi_{11} & \Phi_{21} & \Phi_{31} \\ \Phi_{12} & \Phi_{22} & \Phi_{32} \\ \Phi_{13} & \Phi_{23} & \Phi_{33} \end{bmatrix} \begin{bmatrix} \underline{U}_{\varepsilon 1} \\ \underline{U}_{\varepsilon 2} \\ \underline{U}_{\varepsilon 3} \end{bmatrix}$$

$$= -\underline{\begin{bmatrix} \Phi_{11} \underline{U}_{\varepsilon 1} + \Phi_{21} \underline{U}_{\varepsilon 2} + \Phi_{31} \underline{U}_{\varepsilon 3} \\ \Phi_{12} \underline{U}_{\varepsilon 1} + \Phi_{22} \underline{U}_{\varepsilon 2} + \Phi_{32} \underline{U}_{\varepsilon 3} \\ \Phi_{13} \underline{U}_{\varepsilon 1} + \Phi_{23} \underline{U}_{\varepsilon 2} + \Phi_{33} \underline{U}_{\varepsilon 3} \end{bmatrix}}. \tag{11.45''}$$

Die Modalmatrix $\boldsymbol{\Phi}$ kann als *Wuchtmatrix* bezeichnet werden. Will man nicht mit komplexen Unwuchten rechnen, ist im Anhang zu Abschn. 11.3.1 die komplexe Wuchtgleichung (11.45) in eine reelle Wuchtgleichung umgewandelt.

---

[8] $\boldsymbol{\Phi}$ ist quadratisch und kann im allgemeinen wegen $\det|\boldsymbol{\Phi}| \neq 0$ ($\boldsymbol{\Phi}$ regulär) invertiert werden. Ferner gilt $\det|\boldsymbol{\Phi}| = \det|\boldsymbol{\Phi}^{\mathrm{T}}|$, so daß auch $\boldsymbol{\Phi}^{\mathrm{T}}$ invertiert werden kann.

Das Gleichungssystem (11.45′) oder (11.45″) besteht aus den drei getrennten Einzelgleichungen

$$\begin{aligned} \boldsymbol{\Phi}_1^{\mathrm{T}} \boldsymbol{U} &= -\boldsymbol{\Phi}_1^{\mathrm{T}} \boldsymbol{U}_\varepsilon = -\underline{F}_{\varepsilon 1}; \quad 1.\,\mathrm{EF} \\ \boldsymbol{\Phi}_2^{\mathrm{T}} \boldsymbol{U} &= -\boldsymbol{\Phi}_2^{\mathrm{T}} \boldsymbol{U}_\varepsilon = -\underline{F}_{\varepsilon 2}; \quad 2.\,\mathrm{EF} \\ \boldsymbol{\Phi}_3^{\mathrm{T}} \boldsymbol{U} &= -\boldsymbol{\Phi}_3^{\mathrm{T}} \boldsymbol{U}_\varepsilon = -\underline{F}_{\varepsilon 3}; \quad 3.\,\mathrm{EF} \end{aligned} \tag{11.46}$$

$$\begin{aligned} \underline{F}_{\varepsilon 1} &= \boldsymbol{\Phi}_1^{\mathrm{T}} \boldsymbol{U}_\varepsilon = \Phi_{11} \underline{U}_{\varepsilon 1} + \Phi_{21} \underline{U}_{\varepsilon 2} + \Phi_{31} \underline{U}_{\varepsilon 3} \\ \underline{F}_{\varepsilon 2} &= \boldsymbol{\Phi}_2^{\mathrm{T}} \boldsymbol{U}_\varepsilon = \Phi_{12} \underline{U}_{\varepsilon 1} + \Phi_{22} \underline{U}_{\varepsilon 2} + \Phi_{32} \underline{U}_{\varepsilon 3} \\ \underline{F}_{\varepsilon 3} &= \boldsymbol{\Phi}_3^{\mathrm{T}} \boldsymbol{U}_\varepsilon = \Phi_{13} \underline{U}_{\varepsilon 1} + \Phi_{23} \underline{U}_{\varepsilon 2} + \Phi_{33} \underline{U}_{\varepsilon 3}, \end{aligned}$$

wobei die $\underline{F}_{\varepsilon k}$ lediglich als Abkürzungen aufzufassen sind. Das Trennen in drei unabhängige Gleichungen hat den Vorteil, daß jede Gleichung (11.46) einer EF zugeordnet ist, die 1. Gleichung der 1. EF, die 2. Gleichung der 2. EF und die 3. Gleichung der 3. EF. Nach (11.45′) kann dann die KU als eine Summe von je drei KU zusammengesetzt werden.

$$\begin{aligned} \boldsymbol{\Phi}^{\mathrm{T}} \boldsymbol{U} &= \begin{bmatrix} \boldsymbol{\Phi}_1^{\mathrm{T}} \boldsymbol{U} \\ 0 \\ 0 \end{bmatrix} + \begin{bmatrix} 0 \\ \boldsymbol{\Phi}_2^{\mathrm{T}} \boldsymbol{U} \\ 0 \end{bmatrix} + \begin{bmatrix} 0 \\ 0 \\ \boldsymbol{\Phi}_3^{\mathrm{T}} \boldsymbol{U} \end{bmatrix} = -\begin{bmatrix} \boldsymbol{\Phi}_1^{\mathrm{T}} \boldsymbol{U}_\varepsilon \\ 0 \\ 0 \end{bmatrix} - \begin{bmatrix} 0 \\ \boldsymbol{\Phi}_2^{\mathrm{T}} \boldsymbol{U}_\varepsilon \\ 0 \end{bmatrix} - \begin{bmatrix} 0 \\ 0 \\ \boldsymbol{\Phi}_3^{\mathrm{T}} \boldsymbol{U}_\varepsilon \end{bmatrix} \\ &= -\begin{bmatrix} \underline{F}_{\varepsilon 1} \\ 0 \\ 0 \end{bmatrix} - \begin{bmatrix} 0 \\ \underline{F}_{\varepsilon 2} \\ 0 \end{bmatrix} - \begin{bmatrix} 0 \\ 0 \\ \underline{F}_{\varepsilon 3} \end{bmatrix} \end{aligned}$$

oder noch ausführlicher

$$\begin{aligned} &\boldsymbol{\Phi}^{\mathrm{T}} \boldsymbol{U}^{\mathrm{I}} = -\begin{bmatrix} \underline{F}_{\varepsilon 1} \\ 0 \\ 0 \end{bmatrix}; \quad \boldsymbol{\Phi}^{\mathrm{T}} \boldsymbol{U}^{\mathrm{II}} = -\begin{bmatrix} 0 \\ \underline{F}_{\varepsilon 2} \\ 0 \end{bmatrix}; \quad \boldsymbol{\Phi}^{\mathrm{T}} \boldsymbol{U}^{\mathrm{III}} = -\begin{bmatrix} 0 \\ 0 \\ \underline{F}_{\varepsilon 3} \end{bmatrix}; \\ &\boldsymbol{U} = \boldsymbol{U}^{\mathrm{I}} + \boldsymbol{U}^{\mathrm{II}} + \boldsymbol{U}^{\mathrm{III}} = -\boldsymbol{U}_\varepsilon . \end{aligned} \tag{11.47}$$

Multipliziert man (11.47) von links her[9] mit $(\boldsymbol{\Phi}^{\mathrm{T}})^{-1} \equiv \boldsymbol{\Psi}$ erhält man formal

$$\begin{aligned} \boldsymbol{U}^{\mathrm{I}} &= \begin{bmatrix} \underline{U}_1^{\mathrm{I}} \\ \underline{U}_2^{\mathrm{I}} \\ \underline{U}_3^{\mathrm{I}} \end{bmatrix} = -(\boldsymbol{\Phi}^{\mathrm{T}})^{-1} \begin{bmatrix} \underline{F}_{\varepsilon 1} \\ 0 \\ 0 \end{bmatrix} = -\begin{bmatrix} \psi_{11} \underline{F}_{\varepsilon 1} \\ \psi_{21} \underline{F}_{\varepsilon 1} \\ \psi_{31} \underline{F}_{\varepsilon 1} \end{bmatrix}; \\ \boldsymbol{U}^{\mathrm{II}} &= \begin{bmatrix} \underline{U}_1^{\mathrm{II}} \\ \underline{U}_2^{\mathrm{II}} \\ \underline{U}_3^{\mathrm{II}} \end{bmatrix} = -(\boldsymbol{\Phi}^{\mathrm{T}})^{-1} \begin{bmatrix} 0 \\ \underline{F}_{\varepsilon 2} \\ 0 \end{bmatrix} = -\begin{bmatrix} \psi_{12} \underline{F}_{\varepsilon 2} \\ \psi_{22} \underline{F}_{\varepsilon 2} \\ \psi_{32} \underline{F}_{\varepsilon 2} \end{bmatrix}; \\ \boldsymbol{U}^{\mathrm{III}} &= \begin{bmatrix} \underline{U}_1^{\mathrm{III}} \\ \underline{U}_2^{\mathrm{III}} \\ \underline{U}_3^{\mathrm{III}} \end{bmatrix} = -(\boldsymbol{\Phi}^{\mathrm{T}})^{-1} \begin{bmatrix} 0 \\ 0 \\ \underline{F}_{\varepsilon 3} \end{bmatrix} = -\begin{bmatrix} \psi_{13} \underline{F}_{\varepsilon 3} \\ \psi_{23} \underline{F}_{\varepsilon 3} \\ \psi_{33} \underline{F}_{\varepsilon 3} \end{bmatrix}. \end{aligned} \tag{11.48}$$

[9] s. Fußnote 8, S. 140.

U^{I} ist dann der WS I, der die 1. EF kompensiert, d.h. wuchtet *ohne* die 2. und 3. EF anzuregen.

U^{II} ist der WS II, der nur die 2. EF wuchtet *ohne* die 1. und 3. EF anzuregen.

U^{III} ist der WS III, der nur die 3. EF wuchtet *ohne* die 1. und 2. EF anzuregen.

Die Größe der Anregung durch die IU U_ε in der 1. bzw. 2. bzw. 3. EF ist gegeben durch die Ausdrücke

$$\underline{F}_{\varepsilon 1}, \quad \underline{F}_{\varepsilon 2}, \quad \underline{F}_{\varepsilon 3}. \tag{11.49}$$

Ist z.B. $\underline{F}_{\varepsilon 1} = \Phi_{11} \underline{U}_{\varepsilon 1} + \Phi_{21} \underline{U}_{\varepsilon 2} + \Phi_{31} \underline{U}_{\varepsilon 3} = 0$, so wird die 1. EF *nicht* angeregt. Analoges gilt für $\underline{F}_{\varepsilon 2} = 0$ und $\underline{F}_{\varepsilon 3} = 0$.

Die Zerlegung von U in U^{I}, U^{II} und U^{III} ist der Schlüssel für das Wuchten nach Eigenformen.

Man nennt U^{I}, U^{II} und U^{III} *Wuchtsätze* (WS) für die 1., 2. und 3. EF.

Folgende Eigenschaften sind hervorzuheben:

— *Erstens* soll gezeigt werden, daß mit U^{I} die erste Eigenform oder Eigenschwingung $\eta_1(t)$ tatsächlich gewuchtet (eliminiert) wird.

Nach (11.28) gilt für die 1. EF $\underline{\eta}_1$

$$\underline{\eta}_1 = \underline{F}_1 \underline{A}_1(\Omega)$$

Damit $\underline{\eta}_1 = 0$ wird, muß offenbar $\underline{F}_1$ verschwinden. Nun gilt nach (11.27) und (11.46)

$$\underline{F}_1 = \Phi_{11} \underline{U}_1 + \Phi_{21} \underline{U}_2 + \Phi_{31} \underline{U}_3 + \underline{F}_{\varepsilon 1} = \boldsymbol{\Phi}_1^{\mathrm{T}} U + \underline{F}_{\varepsilon 1}.$$

Mit $\underline{F}_1 = 0$ wird

$$\boldsymbol{\Phi}_1^{\mathrm{T}} U = -\underline{F}_{\varepsilon 1} \quad \text{oder} \quad U = -(\boldsymbol{\Phi}_1^{\mathrm{T}})^{-1} \underline{F}_{\varepsilon 1}.$$

Diese Gleichung ist nach (11.48) erfüllt für $U = U^{\mathrm{I}}$. (q.e.d.)

Analog gilt, daß durch U^{II} die 2. EF und durch U^{III} die 3. EF gewuchtet wird.

— *Zweitens* soll gezeigt werden, daß mit U^{I} die 2. EF und 3. EF oder die Eigenschwingungen $\underline{\eta}_2(t)$ und $\underline{\eta}_3(t)$ *nicht* beeinflußt werden.

Nach (11.28) gilt

$$\underline{\eta}_2 = \underline{F}_2 \underline{A}_2(\Omega); \qquad \underline{\eta}_3 = \underline{F}_3 \underline{A}_3(\Omega).$$

Aus (11.27) und (11.46) entnimmt man mit $\underline{U} = 0$

$$\underline{F}_2 = \underline{F}_{\varepsilon 2} \quad \text{und} \quad \underline{F}_3 = \underline{F}_{\varepsilon 3},$$

so daß

$$\underline{\eta}_2 = \underline{F}_{\varepsilon 2} \underline{A}_2(\Omega); \qquad \underline{\eta}_3 = \underline{F}_{\varepsilon 3} \underline{A}_3(\Omega).$$

Nach (11.48) ist U^{I} proportional $\underline{F}_{\varepsilon 1}$ – die 1. EF wird nach (11.49) nur durch $\underline{F}_{\varepsilon 1}$ angeregt – so daß η_2 und η_3 von U^{I} nicht beeinflußt werden. (q.e.d.)

Analog beeinflußt U^{II} weder $\underline{\eta}_1$ noch $\underline{\eta}_2$ und U^{III} weder $\underline{\eta}_1$ noch $\underline{\eta}_3$.

— *Drittens* soll gezeigt werden, daß die drei KU, die zu einem WS I, II oder III gehören, in der gleichen Ebene durch die Lagerachse liegen.

Nach (11.48) gilt für den WS I

$$\boldsymbol{U}^{\mathrm{I}} = \begin{bmatrix} \underline{U}_1^{\mathrm{I}} \\ \underline{U}_2^{\mathrm{I}} \\ \underline{U}_3^{\mathrm{I}} \end{bmatrix} = - \begin{bmatrix} \psi_{11} \underline{F}_{\varepsilon 1} \\ \psi_{21} \underline{F}_{\varepsilon 1} \\ \psi_{31} \underline{F}_{\varepsilon 1} \end{bmatrix} = - \begin{bmatrix} \psi_{11} \\ \psi_{21} \\ \psi_{31} \end{bmatrix} \underline{F}_{\varepsilon 1};$$

$$\underline{F}_{\varepsilon 1} = \Phi_{11} \underline{U}_{\varepsilon 1} + \Phi_{21} \underline{U}_{\varepsilon 2} + \Phi_{31} \underline{U}_{\varepsilon 3}.$$

Die KU $\underline{U}_1^{\mathrm{I}}$, $\underline{U}_2^{\mathrm{I}}$, $\underline{U}_3^{\mathrm{I}}$ sind proportional dem Zeiger $\underline{F}_{\varepsilon 1}$ in einer Normalebene zur Lagerachse (komplexe Zahl) und deshalb in den Normalebenen gleichgerichtet. Folglich liegen sie in einer Ebene durch die Lagerachse (s. nachfolgendes Testbeispiel und Abb. 11.5). (q.e.d.)

Analog gilt für die WS II und III, daß auch sie in einer – im allgemeinen ungleichen – Ebene durch die Lagerachse liegen.

Man nennt oft die zur 1., 2. und 3. EF gehörenden WS eines zweilagerigen Rotors U-, S- oder W-Schlag.

— *Viertens* soll gezeigt werden, daß eine einzige KU genügt, eine EF zu wuchten. Nach (11.46) gilt für die n-te EF

$$\boldsymbol{\Phi}_{\mathrm{n}}^{\mathrm{T}} \boldsymbol{U} = -\underline{F}_{\varepsilon \mathrm{n}}$$

oder ausführlicher

$$\Phi_{1\mathrm{n}} \underline{U}_1 + \Phi_{2\mathrm{n}} \underline{U}_2 + \Phi_{3\mathrm{n}} \underline{U}_3 = -(\Phi_{1\mathrm{n}} \underline{U}_{\varepsilon 1} + \Phi_{2\mathrm{n}} \underline{U}_{\varepsilon 2} + \Phi_{3\mathrm{n}} \underline{U}_{\varepsilon 3}).$$

Nimmt man keine Rücksicht auf andere EF, können zwei KU weggestrichen werden, z.B. für $n = 2$, $\underline{U}_2 = 0$ und $\underline{U}_3 = 0$, so daß die eindeutige Bestimmungsgleichung

$$\underline{U}_1 = -\frac{1}{\Phi_{12}} (\Phi_{12} \underline{U}_{\varepsilon 1} + \Phi_{22} \underline{U}_{\varepsilon 2} + \Phi_{32} \underline{U}_{\varepsilon 3})$$

entsteht. Sie besagt, daß die 2. EF durch eine einzige KU $\underline{U}_1$ gewuchtet werden kann. Voraussetzung ist allerdings, daß $\Phi_{12} \neq 0$ ist, d.h. daß die zu wuchtende EF, hier die 2. EF, keinen Knoten an der Stelle der KU, hier an der Scheibe *1*, hat.

Es gibt für jede Eigenform oder Modalschwingung einen Wuchtsatz, der erlaubt eine Eigenform zu wuchten, ohne die übrigen Eigenformen zu beeinflussen (anzuregen).

Der Wuchtsatz ist abhängig von der Initialwucht $\boldsymbol{U}_{\varepsilon}$ *und der Modalmatrix* $\boldsymbol{\Phi}$. *Das Verhältnis der Kompensationsunwuchten eines Wuchtsatzes ist nur abhängig von der Modalmatrix,* nicht *aber von der Initialunwucht. Das Verhältnis der Kompensationsunwuchten eines Wuchtsatzes kann deshalb* ohne *Kenntnis der Initialunwucht berechnet werden.*

Die Kompensationsunwuchten eines Wuchtsatzes liegen in Ebenen durch die Lagerachse. Jeder Wuchtsatz liegt im allgemeinen in einer andern Ebene durch die Lagerachse, ist also phasenverschoben.

Eine *Eigenform kann durch eine einzige Kompensationsunwucht gewuchtet werden, wenn keine Rücksicht auf andere Eigenformen genommen wird. Voraussetzung ist, daß die Kompensationsunwucht nicht mit einem Knoten der zu wuchtenden Eigenform zusammenfällt.*

Diese Eigenschaften werden beim Wuchten nach Eigenformen ausgenutzt.

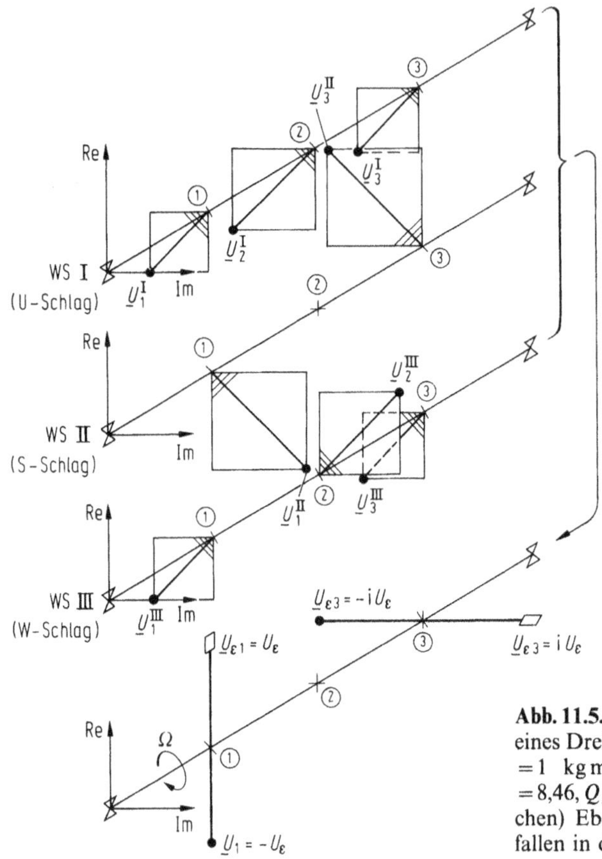

Abb. 11.5. WS für das modale Wuchten eines Dreischeiben-Rotors mit IU: $U_{\varepsilon 1} = U = 1$ kg mm, $\underline{U}_{\varepsilon 3} = \mathrm{i}\,U_\varepsilon$; $Q = Q_1 = 10$, $Q_2 = 8{,}46$, $Q_3 = 4{,}55$. Die WS liegen in (ungleichen) Ebenen durch die Achse. Die WE fallen in die Scheiben *1, 2, 3*

Testbeispiel

Wir verwenden das Beispiel in Abschn. 11.2.10.

Gegeben sei $\underline{U}_{\varepsilon 1} = U_\varepsilon$; $\quad \underline{U}_{\varepsilon 2} = 0$; $\quad \underline{U}_{\varepsilon 3} = \mathrm{i}\,U_\varepsilon$.
Gesucht ist die KU $\boldsymbol{U}$.

Mit (11.47) kann $\boldsymbol{U}$ in die Teilunwuchten $\boldsymbol{U} = \boldsymbol{U}^{\mathrm{I}} + \boldsymbol{U}^{\mathrm{II}} + \boldsymbol{U}^{\mathrm{III}}$ zerlegt werden. Zusammen mit (11.46) wird (s. auch Abb. 11.5)

$$\boldsymbol{U}^{\mathrm{I}} = \begin{bmatrix} \underline{U}_1^{\mathrm{I}} \\ \underline{U}_2^{\mathrm{I}} \\ \underline{U}_3^{\mathrm{I}} \end{bmatrix} = -(\boldsymbol{\Phi}^{\mathrm{T}})^{-1} \begin{bmatrix} \Phi_{11} U_\varepsilon + \Phi_{31}\,\mathrm{i}\,U_\varepsilon \\ 0 \\ 0 \end{bmatrix} = - \begin{bmatrix} \psi_{11}(\Phi_{11} + \mathrm{i}\,\Phi_{31}) \\ \psi_{21}(\Phi_{11} + \mathrm{i}\,\Phi_{31}) \\ \psi_{31}(\Phi_{11} + \mathrm{i}\,\Phi_{31}) \end{bmatrix} U_\varepsilon$$

$$= - \begin{bmatrix} 2{,}834(0{,}0882 + \mathrm{i}\,0{,}0882) \\ 4{,}007(0{,}0882 + \mathrm{i}\,0{,}0882) \\ 2{,}834(0{,}0882 + \mathrm{i}\,0{,}0882) \end{bmatrix} U_\varepsilon = \begin{bmatrix} -0{,}2500 - \mathrm{i}\,0{,}2500 \\ -0{,}3536 - \mathrm{i}\,0{,}3536 \\ -0{,}2500 - \mathrm{i}\,0{,}2500 \end{bmatrix} U_\varepsilon;$$

$$\boldsymbol{U}^{\mathrm{II}} = \begin{bmatrix} \underline{U}_1^{\mathrm{II}} \\ \underline{U}_2^{\mathrm{II}} \\ \underline{U}_3^{\mathrm{II}} \end{bmatrix} = -(\boldsymbol{\Phi}^{\mathrm{T}})^{-1} \begin{bmatrix} 0 \\ \Phi_{12} U_\varepsilon + \mathrm{i}\,\Phi_{32} U_\varepsilon \\ 0 \end{bmatrix} = - \begin{bmatrix} \psi_{12}(\Phi_{12} + \mathrm{i}\,\Phi_{32}) \\ \psi_{22}(\Phi_{12} + \mathrm{i}\,\Phi_{32}) \\ \psi_{32}(\Phi_{12} + \mathrm{i}\,\Phi_{32}) \end{bmatrix} U_\varepsilon$$

$$= -\begin{bmatrix} 4{,}007(0{,}1248 - \mathrm{i}\,0{,}1248) \\ 0 \\ -4{,}007(0{,}1248 - \mathrm{i}\,0{,}1248) \end{bmatrix} U_\varepsilon = \begin{bmatrix} -0{,}5000 + \mathrm{i}\,0{,}5000 \\ 0 \\ +0{,}5000 - \mathrm{i}\,0{,}5000 \end{bmatrix} U_\varepsilon;$$

$$U^{\mathrm{III}} = \begin{bmatrix} \underline{U}_1^{\mathrm{III}} \\ \underline{U}_2^{\mathrm{III}} \\ \underline{U}_3^{\mathrm{III}} \end{bmatrix} = -(\boldsymbol{\Phi}^{\mathrm{T}})^{-1} \begin{bmatrix} 0 \\ 0 \\ \Phi_{13} U_\varepsilon + \mathrm{i}\,\Phi_{33} U_\varepsilon \end{bmatrix} = -\begin{bmatrix} \psi_{13}(\Phi_{13} + \mathrm{i}\,\Phi_{33}) \\ \psi_{23}(\Phi_{13} + \mathrm{i}\,\Phi_{33}) \\ \psi_{33}(\Phi_{13} + \mathrm{i}\,\Phi_{33}) \end{bmatrix} U_\varepsilon$$

$$= -\begin{bmatrix} 2{,}834(0{,}0882 + \mathrm{i}\,0{,}0882) \\ -4{,}007(0{,}0882 + \mathrm{i}\,0{,}0882) \\ 2{,}834(0{,}0882 + \mathrm{i}\,0{,}0882) \end{bmatrix} = \begin{bmatrix} -0{,}2500 - \mathrm{i}\,0{,}2500 \\ +0{,}3500 + \mathrm{i}\,0{,}3500 \\ -0{,}2500 - \mathrm{i}\,0{,}2500 \end{bmatrix} U_\varepsilon.$$

Kontrolle:

$$U = U^{\mathrm{I}} + U^{\mathrm{II}} + U^{\mathrm{III}} = \begin{bmatrix} \underline{U}_1 \\ \underline{U}_2 \\ \underline{U}_3 \end{bmatrix} = \begin{bmatrix} -1 \\ 0 \\ -\mathrm{i} \end{bmatrix} U_\varepsilon = \begin{bmatrix} -U_\varepsilon \\ 0 \\ -\mathrm{i}\,U_\varepsilon \end{bmatrix}.$$

In Abb. 11.6a und b ist der Ausschlag $|\underline{r}_1(\Omega)|$ bzw. $\underline{r}_1(\Omega)$ der Scheibe $j=1$ (Meßstelle *1*) für $U_\varepsilon = 1$ kg mm dargestellt und zwar:

① für die IU allein. Kurve ① ist identisch mit Kurve *1* in Abb. 11.4a und b.
② für die IU und WS I
③ für die IU und WS I und WS II
④ für die IU und WS I, WS II und WS III

Kommentar zu diesen Kurven:

Der WS I eliminiert die erste Eigenform, Kurve ②. Bei $\Omega = \omega_1$ ist keine Resonanzspitze mehr. Der WS II eliminiert auch noch die zweite Eigenform, Kurve ③, so daß bei $\Omega = \omega_1$ und ω_2 keine Resonanzspitzen mehr vorhanden sind. Schließlich beseitigt der WS III auch noch die dritte Eigenform, so daß über den ganzen Drehzahlbereich keine Auslenkung mehr existiert. Der Rotor ist 100%ig gewuchtet.

11.3.2 Modales Wuchten oder Wuchten nach Eigenformen, N-Methode

Nachdem man weiß, Abschn. 11.2, daß die Auslenkung einer Scheibe durch eine Summe von Einzelschwingungen dargestellt werden kann, wobei jeder Einzelschwingung eine EF zugeteilt ist, kann durch sukzessives Eliminieren der EF ein Scheiben-Rotor gewuchtet werden.

Nach Abschn. 11.3.1, kann grundsätzlich jede EF durch eine einzige KU an irgend einer Scheibe gewuchtet werden. Die einzige Ausnahme ist eine KU am Ort eines EF-Knotens. Das erste Hindernis wird die 1. EF sein. Denkt man sich diese 1. EF gewuchtet und will die 2. EF mit einer einzigen KU wuchten, wird man im allgemeinen zwangsläufig die Wuchtung der 1. EF zerstören. Man läuft Gefahr, im Auslauf nicht mehr über die 1. EF (1. kritische Drehzahl) fahren zu können. Man wird also mit dem Problem konfrontiert, die 2. EF so zu wuchten, daß die Wuchtung der 1. EF nicht mehr zerstört wird. Das Problem wiederholt sich bei der 3. EF. Hier ist darauf zu achten, daß die bereits gewuchtete 1. und 2. EF nicht mehr beeinflußt werden. Genau dies aber ist möglich mit den WS in Abschn. 11.3.1. Der Preis dafür ist allerdings, daß es dazu jeweils mehrere KU als nur eine braucht.

Zum Wuchten von N Eigenformen oder kritischen Drehzahlen braucht es mindestens N Wuchtebenen. Man nennt dieses Wuchten die N-Methode.

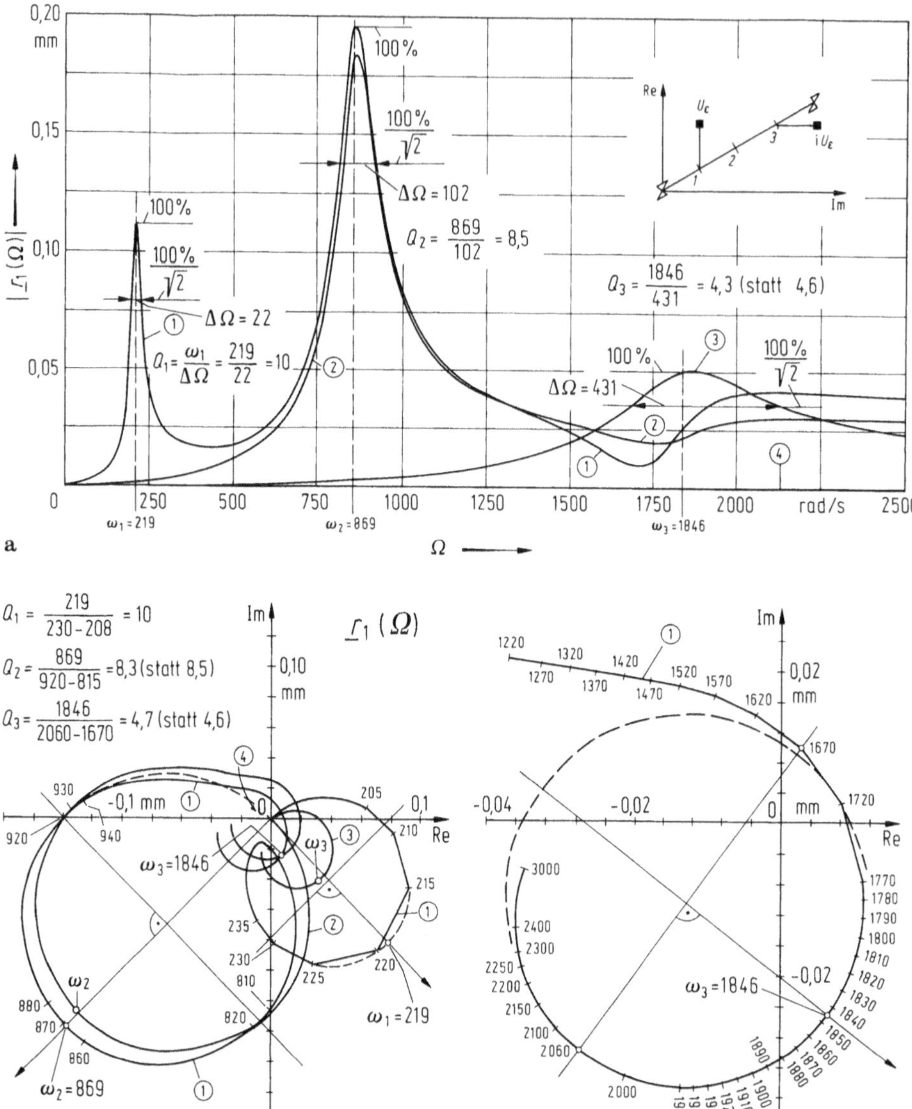

Abb. 11.6. Modales Wuchten eines Dreischeiben-Rotors (1. Beispiel) mit IU: $U_{\varepsilon 1}=U_{\varepsilon}=1$ kg mm, $U_{\varepsilon 3}=\mathrm{i}\,U_{\varepsilon}$; $Q=Q_1=10$, $Q_2=8{,}46$, $Q_3=4{,}55$. **a** $r_1(\Omega)$ Absolutwert der Auslenkung an der Scheibe *1*; **b** $\underline{r}_1(\Omega)$ komplexer Wert der Auslenkung an der Scheibe *1*; ω_1, ω_2, ω_3 kritische Winkelgeschwindigkeiten; ① = IU; ② = ① plus WS I; ③ = ② plus WS II; ④ = ③ plus WS III

In unserem Beispiel des Dreischeiben-Rotors braucht es somit drei WE um die drei EF (kritischen Drehzahlen) zu wuchten.

Die Idee des Wuchtens nach EF entspricht der Erkenntnis, daß es für jede EF einen ebenen WS gibt, der nur gerade diese EF kompensiert, d. h. wuchtet und zwar so, daß die übrigen EF nicht beeinflußt werden. Es gelingt so die Einzelschwingungen von unten nach oben sukzessive zu eliminieren. Eine wichtige Eigenschaft der Einzelschwingungen ist ihr Verhalten in der Resonanz. Hier dominiert die entsprechende Einzelschwingung eindeutig über die übrigen Einzelschwingungen, die nicht in Resonanz sind, so daß die Gesamtauslenkung zum überwiegenden Anteil aus nur dieser Einzelschwingung besteht. Diese Tatsache eröffnet die Möglichkeit in der betreffenden Resonanz die Einzelschwingung oder EF mehr oder weniger isoliert zu messen. Durch den geeigneten WS läßt sich dann diese Einzelschwingung oder EF eliminieren, d.h. wuchten. Durch sukzessives Eliminieren aller EF – im und nahe des Betriebsbereichs – läßt sich so die unbekannte IU kompensieren. Was noch übrig bleiben darf, sind derart kleine Auslenkungen im Betriebsbereich, womit die Toleranz der rotierenden Lagerkräfte eingehalten wird – der Rotor ist gewuchtet.

In einem ersten Abschnitt wird das praktische Verfahren des Wuchtens nach EF erläutert, in einem zweiten Abschnitt die Genauigkeit an zwei Beispielen gezeigt, und ein dritter Abschnitt behandelt zwei Beispiele des klassischen Wuchtens nach EF, wie es bei kleiner Unwucht durchführbar ist.

11.3.2.1 Praktisches Wuchten nach Eigenformen

Die Methode des Wuchtens nach EF setzt voraus, daß in der Resonanz die betreffende Einzelschwingung oder EF vollständig dominiert, d.h. daß die übrigen EF in der betreffenden Resonanz vernachlässigt werden dürfen.

Nach (11.27) und (11.30) gelten für die Auslenkungen $\underline{r}_j$ der drei Scheiben ($j = 1, 2, 3$) die Näherungen $\underline{r}_j^{\nabla}$ in der 1. kritischen Drehzahl (1. Resonanz) mit $\underline{\eta}_2 = \underline{\eta}_3 = 0$ und $\Omega = \omega_1$

$$\left.\begin{aligned} \underline{r}_1^{\nabla} &= \Phi_{11}\underline{\eta}_1 = \Phi_{11}\underline{F}_1\underline{A}_1(\omega_1) \\ \underline{r}_2^{\nabla} &= \Phi_{21}\underline{\eta}_1 = \Phi_{21}\underline{F}_1\underline{A}_1(\omega_1) \\ \underline{r}_3^{\nabla} &= \Phi_{31}\underline{\eta}_1 = \Phi_{31}\underline{F}_1\underline{A}_1(\omega_1) \end{aligned}\right\} \quad \underline{F}_1 = \Phi_{11}\underline{U}_{\varepsilon 1} + \Phi_{21}\underline{U}_{\varepsilon 2} + \Phi_{31}\underline{U}_{\varepsilon 3}, \tag{11.50}$$

in der 2. kritischen Drehzahl (2. Resonanz) mit $\underline{\eta}_1 = \underline{\eta}_3 = 0$ und $\Omega = \omega_1$

$$\left.\begin{aligned} \underline{r}_1^{\nabla} &= \Phi_{12}\underline{\eta}_2 = \Phi_{12}\underline{F}_2\underline{A}_2(\omega_2) \\ \underline{r}_2^{\nabla} &= \Phi_{22}\underline{\eta}_2 = \Phi_{22}\underline{F}_2\underline{A}_2(\omega_2) \\ \underline{r}_3^{\nabla} &= \Phi_{32}\underline{\eta}_2 = \Phi_{32}\underline{F}_2\underline{A}_2(\omega_2) \end{aligned}\right\} \quad \underline{F}_2 = \Phi_{12}\underline{U}_{\varepsilon 1} + \Phi_{22}\underline{U}_{\varepsilon 2} + \Phi_{32}\underline{U}_{\varepsilon 3}, \tag{11.51}$$

und in der 3. kritischen Drehzahl (3. Resonanz) mit $\underline{\eta}_1 = \underline{\eta}_2 = 0$ und $\Omega = \omega_3$

$$\left.\begin{aligned} \underline{r}_1^{\nabla} &= \Phi_{13}\underline{\eta}_3 = \Phi_{13}\underline{F}_3\underline{A}_3(\omega_3) \\ \underline{r}_2^{\nabla} &= \Phi_{23}\underline{\eta}_3 = \Phi_{23}\underline{F}_3\underline{A}_3(\omega_3) \\ \underline{r}_3^{\nabla} &= \Phi_{33}\underline{\eta}_3 = \Phi_{33}\underline{F}_3\underline{A}_3(\omega_3) \end{aligned}\right\} \quad \underline{F}_3 = \Phi_{13}\underline{U}_{\varepsilon 1} + \Phi_{23}\underline{U}_{\varepsilon 2} + \Phi_{33}\underline{U}_{\varepsilon 3}. \tag{11.52}$$

Nach (11.48) und (11.46) sind die WS für die 1., 2. und 3. EF (kritische Drehzahl)

1. EF, WS I

$$\boldsymbol{U}^{\mathrm{I}} = -(\boldsymbol{\Phi}^{\mathrm{T}})^{-1}\begin{bmatrix} \boldsymbol{\Phi}_1^{\mathrm{T}}\underline{\boldsymbol{U}}_{\varepsilon} \\ 0 \\ 0 \end{bmatrix} = -(\boldsymbol{\Phi}^{\mathrm{T}})^{-1}\begin{bmatrix} \underline{F}_1 \\ 0 \\ 0 \end{bmatrix}; \tag{11.53}$$

2. EF, WS II

$$\boldsymbol{U}^{\mathrm{II}} = -(\boldsymbol{\Phi}^{\mathrm{T}})^{-1}\begin{bmatrix} 0 \\ \boldsymbol{\Phi}_2^{\mathrm{T}}\underline{\boldsymbol{U}}_{\varepsilon} \\ 0 \end{bmatrix} = -(\boldsymbol{\Phi}^{\mathrm{T}})^{-1}\begin{bmatrix} 0 \\ \underline{F}_2 \\ 0 \end{bmatrix}; \tag{11.54}$$

3. EF, WS III

$$\boldsymbol{U}^{\mathrm{III}} = -(\boldsymbol{\Phi}^{\mathrm{T}})^{-1}\begin{bmatrix} 0 \\ 0 \\ \boldsymbol{\Phi}_3^{\mathrm{T}}\underline{U}_\varepsilon \end{bmatrix} = -(\boldsymbol{\Phi}^{\mathrm{T}})^{-1}\begin{bmatrix} 0 \\ 0 \\ \underline{F}_3 \end{bmatrix}. \tag{11.55}$$

Um die KU $\boldsymbol{U}^{\mathrm{I}}$, $\boldsymbol{U}^{\mathrm{II}}$ und $\boldsymbol{U}^{\mathrm{III}}$ zu berechnen muß $\underline{F}_1$, $\underline{F}_2$ und $\underline{F}_3$ bekannt sein. Nach (11.50) ist z. B. in der Resonanz $\Omega = \omega_1$

$$\underline{F}_1 = \frac{\underline{r}_1^{\nabla}(\omega_1)}{\Phi_{11}\underline{A}_1(\omega_1)} = \frac{\underline{r}_2^{\nabla}(\omega_1)}{\Phi_{21}\underline{A}_1(\omega_1)} = \frac{\underline{r}_3^{\nabla}(\omega_1)}{\Phi_{31}\underline{A}_1(\omega_1)}. \tag{11.56}$$

Beachtet man noch die Beziehung (11.29), so gilt

$$\underline{F}_1 = \mathrm{i}\frac{\underline{r}_1^{\nabla}(\omega_1)}{\Phi_{11}[\underline{A}_1(\omega_1)]} = \mathrm{i}\frac{\underline{r}_2^{\nabla}(\omega_1)}{\Phi_{21}[\underline{A}_1(\omega_1)]} = \mathrm{i}\frac{\underline{r}_3^{\nabla}(\omega_1)}{\Phi_{31}[\underline{A}_1(\omega_1)]} \tag{11.56'}$$

und (11.53) wird z. B.[10]

$$\boldsymbol{U}^{\mathrm{I}} = (\boldsymbol{\Phi}^{\mathrm{T}})^{-1}\begin{bmatrix} \dfrac{-\mathrm{i}\underline{r}_1^{\nabla}(\omega_1)}{\Phi_{11}[\underline{A}_1(\omega_1)]} \\ 0 \\ 0 \end{bmatrix}. \tag{11.57}$$

Analoges gilt für $\boldsymbol{U}^{\mathrm{II}}$ und $\boldsymbol{U}^{\mathrm{III}}$

Die Gleichung (11.57) verlangt einen Kommentar:

— Die Größe $\underline{r}_1^{\nabla}(\omega_1)$ ist der Messung nicht zugänglich. Sie muß durch die meßbare Größe $\underline{r}_1(\omega_1) = r_1(\omega_1)\mathrm{e}^{\mathrm{i}\varphi}$ ersetzt werden, wodurch ein unvermeidlicher Fehler – allerdings von untergeordneter Bedeutung, s. Abschn. 11.3.2.2 – entsteht.

— $\underline{r}_1(\omega_1)$ ist der gemessenen Ortskurve für die Meßstelle *1* zu entnehmen, s. Abb. 6.4, Schaltung II ($\underline{r}_1(\omega_1) \equiv \underline{X} \equiv \underline{Y}$). Die Richtung von $\underline{r}_1(\omega_1)$ hängt vom Ort der Referenzmarke M am Umfang des Rotors ab, die beliebig wählbar ist.

— Der Faktor $(-\mathrm{i}) \equiv \mathrm{e}^{-\mathrm{i}\pi/2}$ in (11.57) bedeutet eine Winkeldrehung um $-90°$ gegenüber der Richtung von $\underline{r}_1(\omega_1)$.

— Man weiß, daß in der Resonanz $\Omega = \omega_1$ die Auslenkung der Unwucht um den Winkel $-90°$ nacheilt.

— Aus Abb. 11.7 ist zu ersehen, daß der Kompensations-WS $\underline{U}^{\mathrm{I}}$ um den Winkel $\psi = \varphi + 90°$ im entgegengesetzten Drehsinn Ω des Rotors von der Referenzmarke M aus angebracht werden muß. φ ist der Winkel zwischen der Horizontalen und der Richtung von $\underline{r}_1(\omega_1)$.

Damit ist gezeigt, daß die Richtung des WS I (Ebene) aus der Messung $\underline{r}_1(\omega_1)$ entnommen werden kann. Analoges gilt für WS II und III.

Die absolute Größe des WS kann der Messung nicht direkt entnommen werden. Man behilft sich damit, für $\underline{F}_1$ ein willkürliches Symbol zu setzen, z. B. $\underline{F}_1 = 1$. Man erhält dann allerdings nur das Verhältnis der KU des WS I, nämlich $\underline{U}_1 : \underline{U}_2 : \underline{U}_3$.

[10] Gleichung (11.57) ist der Schlüssel für das Wuchten nach Identifikation, s. Abschn. 11.3.7.

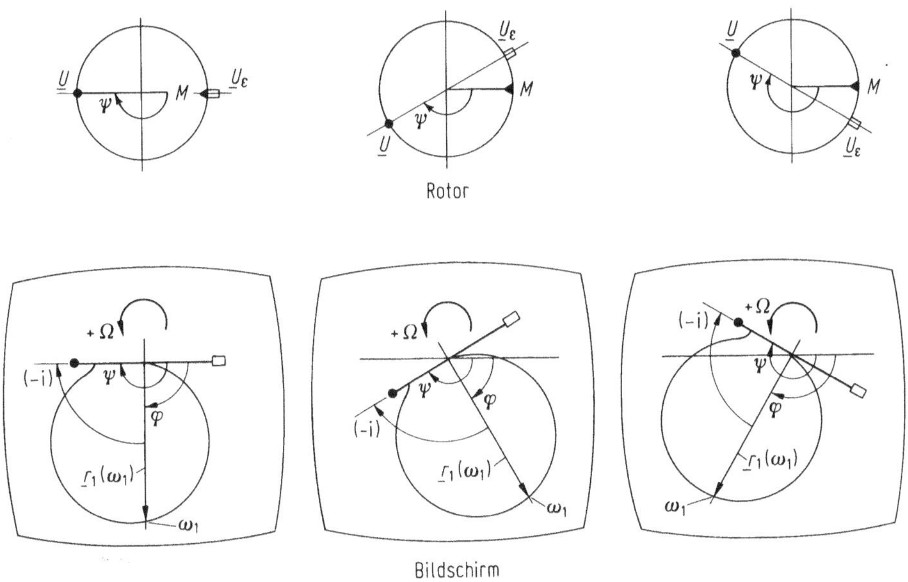

Abb. 11.7. Drehung der Ortskurve für eine Auslenkung $\underline{r}(\Omega)$ bei Änderung der Referenzmarke M am Rotor. $\underline{r}_1(\omega_1)$ = Auslenkung Meßstelle *1* bei der kritischen Winkelgeschwindigkeit ω_1; $\underline{U}_\varepsilon$ = IU, $\underline{U}$ = KU

$$\text{WS I} \quad \boldsymbol{U}_\text{V}^\text{I} = -(\boldsymbol{\Phi}^\text{T})^{-1}\begin{bmatrix}1\\0\\0\end{bmatrix} = -\begin{bmatrix}\psi_{11}\\\psi_{21}\\\psi_{31}\end{bmatrix} = \begin{bmatrix}-2{,}834\\-4{,}007\\-2{,}834\end{bmatrix} = \begin{bmatrix}\underline{U}_1\\\underline{U}_2\\\underline{U}_3\end{bmatrix}_\text{V}^\text{I}. \qquad (11.58)$$

Ganz analog gilt für die übrigen beiden WS

$$\text{WS II} \quad \boldsymbol{U}_\text{V}^\text{II} = -(\boldsymbol{\Phi}^\text{T})^{-1}\begin{bmatrix}0\\1\\0\end{bmatrix} = -\begin{bmatrix}\psi_{12}\\\psi_{22}\\\psi_{32}\end{bmatrix} = \begin{bmatrix}-4{,}007\\0\\+4{,}007\end{bmatrix} = \begin{bmatrix}\underline{U}_1\\\underline{U}_2\\\underline{U}_3\end{bmatrix}_\text{V}^\text{II}; \qquad (11.58')$$

$$\text{WS III} \quad \boldsymbol{U}_\text{V}^\text{III} = -(\boldsymbol{\Phi}^\text{T})^{-1}\begin{bmatrix}0\\0\\1\end{bmatrix} = -\begin{bmatrix}\psi_{13}\\\psi_{23}\\\psi_{33}\end{bmatrix} = \begin{bmatrix}-2{,}834\\+4{,}007\\-2{,}834\end{bmatrix} = \begin{bmatrix}\underline{U}_1\\\underline{U}_2\\\underline{U}_3\end{bmatrix}_\text{V}^\text{III}. \qquad (11.58'')$$

Der Index V bedeutet, daß nur Verhältniswerte erhalten werden.

Zur Bildung dieser „Verhältniswuchtsätze" (VWS) ist nur die Kenntnis der Modalmatrix $\boldsymbol{\Phi}$ erforderlich, d.h. die Kenntnis der EF.

Praktisch verläuft das Wuchten nach EF grundsätzlich wie folgt:

— Beschaffung der EF durch Rechnung, Schätzung etc.;
— Berechnung der VWS;
— Hochfahren zur 1. kritischen Drehzahl (1. EF) und messen in der Resonanz $\Omega = \omega_1$. Man erhält die Lage der WE I. Bedingung für das Erreichen der 1. kritischen Drehzahl ist, daß die Unwucht relativ klein ist. (Bei Nichterreichen der 1. kritischen Drehzahl s. Abschn. 11.3.3);

— Montieren des VWSI, hochfahren und messen in der 1. kritischen Drehzahl;
— Korrigieren des WSI;
— Hochfahren zur 1. kritischen Drehzahl und kontrollieren;
— Hochfahren zur 2. kritischen Drehzahl, usf.

Zur Bestimmung der Verhältniswuchtsätze ist nur die Kenntnis der Eigenformen notwendig. Lage und Größe der Wuchtsätze liefert die Messung in den kritischen Drehzahlen.

11.3.2.2 Genauigkeit des Wuchtens nach Eigenformen Systematischer Fehler der Modal-Methode

Die Auslenkung der Scheiben des Dreischeiben-Rotors ist nach (11.30) in der modalen Form

$$\boldsymbol{r}=\begin{bmatrix}\underline{r}_1\\ \underline{r}_2\\ \underline{r}_3\end{bmatrix}=\begin{bmatrix}\Phi_{11}\underline{\eta}_1+\Phi_{12}\underline{\eta}_2+\Phi_{13}\underline{\eta}_3\\ \Phi_{21}\underline{\eta}_1+\Phi_{22}\underline{\eta}_2+\Phi_{23}\underline{\eta}_3\\ \Phi_{31}\underline{\eta}_1+\Phi_{32}\underline{\eta}_2+\Phi_{33}\underline{\eta}_3\end{bmatrix};\quad \underline{\eta}_j=\underline{F}_j\underline{A}_j(\Omega). \tag{11.59}$$

Mit $\underline{\eta}_2=\underline{\eta}_3=0$ wird

$$\boldsymbol{r}=\boldsymbol{r}^{\nabla}=\begin{bmatrix}\Phi_{11}\underline{\eta}_1\\ \Phi_{21}\underline{\eta}_1\\ \Phi_{31}\underline{\eta}_1\end{bmatrix}. \tag{11.60}$$

Das modale Wuchten besteht in der sukzessiven Eliminierung der modalen Teilschwingungen oder EF. Die einzelnen Teilschwingungen sind jedoch nicht entkoppelt meßbar. Man macht deshalb Gebrauch von der Tatsache, daß in den kritischen Drehzahlen (Resonanzen) die betreffenden Teilschwingungen dominieren. Die gemessenen Totalschwingungen in der betreffenden Resonanz sind dann zur Hauptsache eine Teilschwingung mit vernachlässigbarem Rest der, an der Resonanz nicht beteiligten, Teilschwingungen. Damit ist die gesuchte Teilschwingung oder EF mit einem *systematischen Fehler* behaftet.

Wenn also bei der 1. kritischen Drehzahl die gesuchte Teilschwingung $\boldsymbol{r}^{\nabla}$ durch die Totalschwingung $\boldsymbol{r}$ ersetzt wird, entsteht der Fehler $\Delta=\boldsymbol{r}-\boldsymbol{r}^{\nabla}$ oder der relative Fehler $\Delta_{\mathrm{rel}}=\Delta/\boldsymbol{r}$.

Bezeichnet man mit Δ_{jk} die absoluten Fehler, so gilt vorerst für $\Omega=\omega_1$.

$\underline{\Omega=\omega_1}$

$$\left.\begin{aligned}\Delta_{11}&=\underline{r}_1(\omega_1)-\underline{r}_1^{\nabla}(\omega_1)=\Phi_{12}\underline{\eta}_2(\omega_1)+\Phi_{13}\underline{\eta}_3(\omega_1)\\ \Delta_{21}&=\underline{r}_2(\omega_1)-\underline{r}_2^{\nabla}(\omega_1)=\Phi_{22}\underline{\eta}_2(\omega_1)+\Phi_{23}\underline{\eta}_3(\omega_1)\\ \Delta_{31}&=\underline{r}_3(\omega_1)-\underline{r}_3^{\nabla}(\omega_1)=\Phi_{32}\underline{\eta}_2(\omega_1)+\Phi_{33}\underline{\eta}_3(\omega_1)\end{aligned}\right\}\quad \begin{aligned}\underline{\eta}_2(\omega_1)&=\underline{F}_2\underline{A}_2(\omega_1)\\ \underline{\eta}_3(\omega_1)&=\underline{F}_3\underline{A}_3(\omega_1)\end{aligned} \tag{11.61}$$

und analog für

$\underline{\Omega=\omega_2}$

$$\left.\begin{aligned}\Delta_{12}&=\underline{r}_1(\omega_2)-\underline{r}_1^{\nabla}(\omega_2)=\Phi_{11}\underline{\eta}_1(\omega_2)+\Phi_{13}\underline{\eta}_3(\omega_2)\\ \Delta_{22}&=\underline{r}_2(\omega_2)-\underline{r}_2^{\nabla}(\omega_2)=\Phi_{21}\underline{\eta}_1(\omega_2)+\Phi_{23}\underline{\eta}_3(\omega_2)\\ \Delta_{32}&=\underline{r}_3(\omega_2)=\underline{r}_3^{\nabla}(\omega_2)=\Phi_{31}\underline{\eta}_1(\omega_2)+\Phi_{33}\underline{\eta}_3(\omega_2)\end{aligned}\right\}\quad \begin{aligned}\underline{\eta}_1(\omega_2)&=\underline{F}_1\underline{A}(\omega_2)\\ \underline{\eta}_3(\omega_2)&=\underline{F}_3\underline{A}_3(\omega_2);\end{aligned} \tag{11.62}$$

$\underline{\Omega = \omega_3}$

$$\left.\begin{aligned} \Delta_{13} &= \underline{r}_1(\omega_3) - \underline{r}_1^{\nabla}(\omega_3) = \Phi_{11}\underline{\eta}_1(\omega_3) + \Phi_{12}\underline{\eta}_2(\omega_3) \\ \Delta_{23} &= \underline{r}_2(\omega_3) - \underline{r}_2^{\nabla}(\omega_3) = \Phi_{21}\underline{\eta}_1(\omega_3) + \Phi_{22}\underline{\eta}_2(\omega_3) \\ \Delta_{33} &= \underline{r}_3(\omega_3) - \underline{r}_3^{\nabla}(\omega_3) = \Phi_{31}\underline{\eta}_1(\omega_3) + \Phi_{32}\underline{\eta}_2(\omega_3) \end{aligned}\right\} \quad \begin{aligned} \underline{\eta}_1(\omega_3) &= \underline{F}_1\underline{A}_1(\omega_3) \\ \underline{\eta}_2(\omega_3) &= \underline{F}_2\underline{A}_2(\omega_3). \end{aligned} \tag{11.63}$$

Beispiel 1:

Gegeben seien die reellen IU (parallel der reellen x-Achse) entsprechend Abb. 11.8a

$$\underline{U}_{\varepsilon 1} = 1\ \text{kg mm}; \quad \underline{U}_{\varepsilon 2} = 1\ \text{kg mm}; \quad \underline{U}_{\varepsilon 3} = 0 \tag{11.64}$$

sowie zwei unterschiedliche Q-Faktoren $Q = 10$ und $Q = 80$.

Die Rechnung liefert die in Tabelle 11.2 aufgeführten relativen Fehler.

Tabelle 11.2. Relative Fehler

	$Q = 10$				$Q = 80$		
	r_1 r_2 r_3 mm	r_1^{∇} r_2^{∇} r_3^{∇} mm	$\Delta_j \text{rel} = \frac{r_j - r_j^{\nabla}}{r_j}$ %		r_1 r_2 r_3 mm	r_1^{∇} r_2^{∇} r_3^{∇} mm	$\Delta_j \text{rel} = \frac{r_j - r_j^{\nabla}}{r_j}$ %
$\Omega = \omega_1$ $Q_1 = 10$	0,18795 0,26576 0,18788	0,18791 0,26574 0,18791	0,021 0,008 −0,016	$\Omega = \omega_1$ $Q_1 = 80$	1,50331 2,12608 1,50330	1,50328 2,12600 1,50328	0,002 0,004 0,001
$\Omega = \omega_2$ $Q_2 = 8{,}46$	0,13379 0,02709 0,13297	0,13171 0 0,13171	1,555 – 0,948	$\Omega = \omega_2$ $Q_2 = 68$	1,05405 0,02707 1,05395	1,05369 0 1,05369	0,03 – 0,02
$\Omega = \omega_3$ $Q_3 = 4{,}55$	0,04108 0,03421 0,01589	0,01467 0,02075 0,01467	64 39 8	$\Omega = \omega_3$ $Q_3 = 36$	0,12354 0,16824 0,11756	0,11738 0,16599 0,11738	4,99 1,34 0,15

Beispiel 2:

Gegeben seien die IU

$$\underline{U}_{\varepsilon 1} = 1\ \text{kpmm}; \quad \underline{U}_{\varepsilon 2} = 0; \quad \underline{U}_{\varepsilon 3} = \mathrm{i}\ [\text{kpmm}], \tag{11.65}$$

entsprechend Abb. 11.4a, sowie zwei unterschiedliche Q-Faktoren $Q = 10$ und $Q = 80$.

Die Rechnung liefert die in Tabelle 11.3 und 11.4 aufgeführten Absolut-, Relativ- und Winkelfehler.

Kommentar: Die Fehler sind um so kleiner, je größer der Q-Faktor ist (je kleiner die Dämpfung ist). Fehler in den Resonanzen sind von der Unwucht abhängig. Somit ist ein systematischer Zusammenhang ersichtlich.

11.3.2.3 Beispiele für das klassische Wuchten nach Eigenformen bei kleiner Unwucht

Kleine Unwucht bedeutet, daß die kritischen Drehzahlen ohne Beschädigung des Rotors überfahren werden können.

Beispiel 1:

Ein klassisches Beispiel für das Wuchten nach EF ist in Abschn. 11.3.1.1 mit den drei WS für die drei EF aufgeführt. In Abb. 11.5 sind die WS und in Abb. 11.6 ist die Wirkung oder der Erfolg für die Meßstelle *1* in Form von $\underline{r}_1(\Omega)$ dargestellt.

Tabelle 11.3. Absolut-, Relativ- und Winkelfehler. $Q=10$

	$\underline{r}_1$, $\underline{r}_2$, $\underline{r}_3$ mm	$\lvert\underline{r}_1\rvert$, $\lvert\underline{r}_2\rvert$, $\lvert\underline{r}_3\rvert$ mm	$\underline{r}_1^\nabla$, $\underline{r}_2^\nabla$, $\underline{r}_3^\nabla$ mm	$\lvert\underline{r}_1^\nabla\rvert$, $\lvert\underline{r}_2^\nabla\rvert$, $\lvert\underline{r}_3^\nabla\rvert$ mm	Δ_j abs $\lvert\underline{r}_j\rvert-\lvert\underline{r}_j^\nabla\rvert$ mm	Δ_j rel $=\frac{\lvert r_j\rvert-\lvert r_j^\nabla\rvert}{\lvert r_j\rvert}$ %	$\Delta_j\varphi$ $=\varphi_j-\varphi_j^\nabla$ grad
$\Omega=218{,}83$ rad/s $=\omega_1$ $Q_1=10$	0,078966 −i 0,078811	0,111565	0,077833 −i 0,077833	0,110073	0,0014	1,34	0,06
	0,109912 −i 0,110225	0,155661	0,110073 −i 0,110073	0,155666	0,0000	0,00	−0,08
	0,076928 −i 0,076639	0,108589	0,077833 −i 0,077833	0,110073	−0,0015	−1,37	0,11
$\Omega=869{,}24$ rad/s $=\omega_2$ $Q_2=8{,}46$	− 0,137323 −i 0,138349	0,194931	− 0,131712 −i 0,131712	0,186269	0,0087	4,44	0,21
	− 0,014922 −i 0,014733	0,020969	0	0	0,0210	–	–
	0,126102 +i 0,125076	0,177611	0,131712 +i 0,131712	0,186269	−0,0087	−4,87	−0,23
$\Omega=1845{,}5$ rad/s $=\omega_3$ $Q_3=4{,}55$	0,006297 −i 0,024931	0,025714	0,035422 −i 0,035422	0,050094	−0,0244	−95	−31
	− 0,061123 +i 0,038798	0,072396	− 0,050094 +i 0,050094	0,070844	0,0016	2	13
	0,048950 −i 0,061889	0,078908	0,035422 −i 0,035422	0,050094	0,0288	37	− 7

Tabelle 11.4. Absolut-, Relativ- und Winkelfehler. $Q = 80$

	$\underline{r}_1$ $\underline{r}_2$ $\underline{r}_3$ mm	$\lvert\underline{r}_1\rvert$ $\lvert\underline{r}_2\rvert$ $\lvert\underline{r}_3\rvert$ mm	$\underline{r}_1^\nabla$ $\underline{r}_2^\nabla$ $\underline{r}_3^\nabla$ mm	$\lvert\underline{r}_1^\nabla\rvert$ $\lvert\underline{r}_2^\nabla\rvert$ $\lvert\underline{r}_3^\nabla\rvert$ mm	Δ_j abs $\lvert\underline{r}_j\rvert - \lvert r_j^\nabla\rvert$ mm	Δ_j rel $= \frac{\lvert r_j\rvert - \lvert r_j^\nabla\rvert}{\lvert r_j\rvert}$ %	$\Delta_j\varphi$ $= \varphi_j - \varphi_j^\nabla$ grad
$\Omega = 218{,}83$ rad/s $= \omega_1$ $Q_1 = 80$	0,623826 −i 0,623612	0,882072	0,622665 −i 0,622665	0,880582	0,0015	0,17	0,0098
	0,880424 −i 0,880738	1,245330	0,880582 −i 0,880582	1,245330	0,0000	0,00	−0,0102
	0,621727 −i 0,621497	0,879093	0,622665 −i 0,622665	0,880582	−0,0015	−0,17	0,0106
$\Omega = 869{,}24$ rad/s $= \omega_2$ $Q_2 = 68$	− 1,059726 −i 1,059855	1,498770	− 1,053699 −i 1,053699	1,490155	0,0086	0,57	0,0035
	− 0,014902 −i 0,014877	0,021056	0	0	0,0211	–	–
	1,047672 +i 1,045743	1,481541	1,053699 +i 1,053699	1,490155	0,0086	−0,58	−0,0528
$\Omega = 1845{,}5$ rad/s $= \omega_3$ $Q_3 = 36$	0,255313 −i 0,271459	0,372659	0,283377 −i 0,283377	0,400756	−0,0281	−7,54	−1,76
	− 0,411903 +i 0,389575	0,566950	− 0,400756 +i 0,400756	0,566754	0,0002	0,03	1,60
	0,295676 −i 0,311107	0,429200	0,283377 −i 0,283377	0,400756	0,0284	6,63	−1,46

Man kann den *Aufwand* anhand der benötigten KU im Verhältnis zur vorhandenen IU beurteilen.

$$\begin{aligned}
&\underline{\text{IU}}: && |\underline{U}_{\varepsilon 1}| + |\underline{U}_{\varepsilon 3}| = 1 + 1 = \underline{2}; \\
&\underline{\text{KU}}: && \text{WS I } |\underline{U}_1^{\text{I}}| + |\underline{U}_2^{\text{I}}| + |\underline{U}_3^{\text{I}}| = \sqrt{2}(0{,}25 + 0{,}3536 + 0{,}25) = 1{,}21 \\
& && \text{WS II } |\underline{U}_1^{\text{II}}| + |\underline{U}_2^{\text{II}}| + |\underline{U}_3^{\text{II}}| = \sqrt{2}(0{,}50 + 0 + 0{,}50) = 1{,}41 \\
& && \text{WS III } |\underline{U}_1^{\text{III}}| + |\underline{U}_2^{\text{III}}| + |\underline{U}_3^{\text{III}}| = \sqrt{2}(0{,}25 + 0{,}3500 + 0{,}25) = \underline{1{,}20} \\
& && \Sigma = \underline{\underline{3{,}82}}\,.
\end{aligned}$$

Der Aufwand beträgt $3{,}82/2 = \underline{\underline{1{,}91}}$. (11.66)

Es sind 1,91mal mehr KU erforderlich als IU. Der Mehraufwand ist nötig, um die WS für die EF zu bilden.

Beispiel 2:

Gegeben sei die IU

$$\underline{U}_{\varepsilon 1} = 1; \quad \underline{U}_{\varepsilon 2} = 1; \quad \underline{U}_{\varepsilon 3} = 0; \quad [\text{kg mm}] \tag{11.67}$$

s. Abb. 11.8a. Der Leser nehme an, daß die IU nicht zum voraus bekannt sei.

Die VWS lauten nach (11.58) mit den Symbolen $\underline{F}_{\varepsilon 1} = 1$; $\underline{F}_{\varepsilon 2} = 1$; $\underline{F}_{\varepsilon 3} = 1$

$$\underline{U}_{\text{V}}^{\text{I}} = \begin{bmatrix} \underline{U}_1^{\text{I}} \\ \underline{U}_2^{\text{I}} \\ \underline{U}_3^{\text{I}} \end{bmatrix}_{\text{V}} = -\begin{bmatrix} \psi_{11} \\ \psi_{21} \\ \psi_{31} \end{bmatrix} = \begin{bmatrix} -2{,}834 \\ -4{,}007 \\ -2{,}834 \end{bmatrix}; \quad \underline{U}_{\text{V}}^{\text{II}} = \begin{bmatrix} \underline{U}_1^{\text{II}} \\ \underline{U}_2^{\text{II}} \\ \underline{U}_3^{\text{II}} \end{bmatrix}_{\text{V}} = -\begin{bmatrix} \psi_{12} \\ \psi_{22} \\ \psi_{32} \end{bmatrix} = \begin{bmatrix} -4{,}007 \\ 0 \\ +4{,}007 \end{bmatrix};$$

$$\underline{U}_{\text{V}}^{\text{III}} = \begin{bmatrix} \underline{U}_1^{\text{III}} \\ \underline{U}_2^{\text{III}} \\ \underline{U}_3^{\text{III}} \end{bmatrix}_{\text{V}} = -\begin{bmatrix} \psi_{13} \\ \psi_{23} \\ \psi_{33} \end{bmatrix} = \begin{bmatrix} -2{,}834 \\ +4{,}007 \\ -2{,}834 \end{bmatrix}. \tag{11.68}$$

Die Messung liefert die Ebenen für die VWS I, II und III sowie die Absolutwerte, so daß die endgültigen WS I, II und III bekannt sind. Sie enthalten die den unter Abschn. 11.3.2.2 erwähnten systematischen Fehler. Wir vollziehen im Folgenden diese Messung theoretisch, um den Formalismus zu bestätigen.

Mit (11.46) wird vorerst aus der Modalmatrix $\boldsymbol{\Phi}$

$$\begin{aligned}
F_{\varepsilon 1} &= \Phi_{11}^{\text{I}} + \Phi_{21}^{\text{I}} + 0 = \Phi_{11} + \Phi_{21} = 0{,}088223 + 0{,}124766 = 0{,}212989; \\
F_{\varepsilon 2} &= \Phi_{12}^{\text{I}} + \Phi_{22}^{\text{I}} + 0 = \Phi_{12} + \Phi_{22} = 0{,}124766 + 0 = 0{,}124766; \\
F_{\varepsilon 3} &= \Phi_{13}^{\text{I}} + \Phi_{23}^{\text{I}} + 0 = \Phi_{13} + \Phi_{23} = 0{,}088223 - 0{,}124766 = -0{,}036543.
\end{aligned} \tag{11.69}$$

Die WS (11.48) ergeben dann

$$\underline{U}^{\text{I}} = \begin{bmatrix} \underline{U}_1^{\text{I}} \\ \underline{U}_2^{\text{I}} \\ \underline{U}_3^{\text{I}} \end{bmatrix} = -\begin{bmatrix} \psi_{11} F_{\varepsilon 1} \\ \psi_{21} F_{\varepsilon 1} \\ \psi_{31} F_{\varepsilon 1} \end{bmatrix} = -\begin{bmatrix} 2{,}833728 & 0{,}212989 \\ 4{,}007374 & 0{,}212989 \\ 2{,}833728 & 0{,}212989 \end{bmatrix} = \begin{bmatrix} -0{,}60355 \\ -0{,}85355 \\ -0{,}60355 \end{bmatrix};$$

$$\underline{U}^{\text{II}} = \begin{bmatrix} \underline{U}_1^{\text{II}} \\ \underline{U}_2^{\text{II}} \\ \underline{U}_3^{\text{II}} \end{bmatrix} = -\begin{bmatrix} \psi_{12} F_{\varepsilon 2} \\ \psi_{22} F_{\varepsilon 2} \\ \psi_{32} F_{\varepsilon 2} \end{bmatrix} = -\begin{bmatrix} 4{,}007374 & 0{,}124766 \\ 0 & 0{,}124766 \\ -4{,}007374 & 0{,}124766 \end{bmatrix} = \begin{bmatrix} -0{,}50000 \\ 0 \\ +0{,}5000 \end{bmatrix}; \tag{11.70}$$

$$\underline{U}^{\text{III}} = \begin{bmatrix} \underline{U}_1^{\text{III}} \\ \underline{U}_2^{\text{III}} \\ \underline{U}_3^{\text{III}} \end{bmatrix} = -\begin{bmatrix} \psi_{13} F_{\varepsilon 3} \\ \psi_{23} F_{\varepsilon 3} \\ \psi_{33} F_{\varepsilon 3} \end{bmatrix} = -\begin{bmatrix} 2{,}833728 & (-0{,}036543) \\ -4{,}007374 & (-0{,}036543) \\ 2{,}833728 & (-0{,}036543) \end{bmatrix} = \begin{bmatrix} +0{,}10355 \\ -0{,}14645 \\ +0{,}10355 \end{bmatrix}.$$

Die Kontrolle ergibt

$$\boldsymbol{U}^{\mathrm{I}} + \boldsymbol{U}^{\mathrm{II}} + \boldsymbol{U}^{\mathrm{III}} = \begin{bmatrix} \underline{U}_1 \\ \underline{U}_2 \\ \underline{U}_3 \end{bmatrix} = \begin{bmatrix} -1 \\ -1 \\ 0 \end{bmatrix}. \tag{11.71}$$

Aufwand:

$$\begin{aligned} &\underline{\text{IU}}: \quad |\underline{U}_{\varepsilon 1}| + |\underline{U}_{\varepsilon 2}| = 1 + 1 = \underline{2} \\ &\underline{\text{KU}}: \quad \begin{array}{llllll} \text{WS I} & |U_1^{\mathrm{I}}| & + |U_2^{\mathrm{I}}| & + |U_3^{\mathrm{I}}| & = 2{,}06 \\ \text{WS II} & |U_1^{\mathrm{II}}| & + |U_2^{\mathrm{II}}| & + |U_3^{\mathrm{II}}| & = 1{,}00 \\ \text{WS III} & |U_1^{\mathrm{III}}| & + |U_2^{\mathrm{III}}| & + |U_3^{\mathrm{III}}| & = 0{,}35 \\ & & & & \Sigma = \underline{3{,}41}. \end{array} \end{aligned} \tag{11.72}$$

Der Aufwand beträgt 3.41/2 = 1,71. Es wird also 1,71 mehr KU erforderlich als IU vorhanden sind. 1,41 Unwuchtseinheiten heben sich im Rotor auf und können nach erfolgtem Wuchten entfernt werden. Sie sind anfänglich notwendig, um die WS zu bilden.

11.3.3 Kombiniertes „starres" und unabhängiges modal-elastisches Wuchten bei großer Unwucht

Kann die 1. kritische Drehzahl wegen zu großer Unwucht nicht erreicht werden, offerieren sich zwei Möglichkeiten.

Erste Möglichkeit: Man versucht mit dem WS I die Auslenkungen im vorkritischen Bereich $\Omega < \omega_1$ zu reduzieren. Eventuell gelingt es damit über die 1. kritische Drehzahl zu fahren. Dann versucht man im 2. vorkritischen Bereich $\omega_1 < \Omega < \omega_2$ mit dem WS II $\Omega = \omega_2$ zu erreichen, usf. Gelingt dies nicht, wird man um die zweite Möglichkeit nicht herumkommen.

Zweite Möglichkeit: Sie besteht darin, den Rotor bei niederen Drehzahlen in elastisch weichen Lagern in zwei (evtl. mehr) WE als „starrer" Rotor zu wuchten. Anschließend kann mit dem WS I – sofern noch notwendig – $\Omega = \omega_1$ erreicht werden. Mit dem WS II gelingt es dann $\Omega = \omega_2$ zu erreichen, usf.

Wir behandeln in diesem Abschnitt die zweite Möglichkeit.

Es gelten folgende Sätze:

Satz 1: Ist ein elastischer Rotor modal vollständig gewuchtet, sind also alle *Eigenformen kompensiert, ist er auch als „starrer" Rotor gewuchtet.*

Satz 2: Sind an einem elastischen Rotor nicht alle EF gewuchtet, ist er als „starrer" Rotor nicht vollständig gewuchtet.

Der erste Satz ist trivial, der zweite Satz ist es aber nicht. Er birgt die Möglichkeiten in sich, daß ein vorgängiges „starres" Wuchten das Resultat des nachfolgenden „elastischen" Wuchtens verbessern kann, sofern man nur wenige EF wuchten will; oder eben die zweite Möglichkeit, daß ein vorgängiges starres Wuchten erst erlaubt die erste kritische Drehzahl zu erreichen, wenn die IU zu groß ist.

Beweis der obigen Sätze:

Die „starren" Wuchtgleichungen lauten nach (4.1′)

$$\begin{bmatrix} 1 & 1 & 1 \\ z_1 & z_2 & z_3 \end{bmatrix} \begin{bmatrix} \underline{U}_1 \\ \underline{U}_2 \\ \underline{U}_3 \end{bmatrix} = -\begin{bmatrix} \underline{U}_{\varepsilon 1} + \underline{U}_{\varepsilon 2} + \underline{U}_{\varepsilon 3} \\ z_1 \underline{U}_{\varepsilon 1} + z_2 \underline{U}_{\varepsilon 2} + z_3 \underline{U}_{\varepsilon 3} \end{bmatrix}. \tag{11.73}$$

Wobei $z_{\varepsilon k} = z_k$ verwendet wurde (KU und IU am gleichen Ort).

Für das vollständige „elastische" Wuchten der 1., 2. und 3. EF ergeben sich die KU aus den WS I, II und III nach (11.48)

$$\boldsymbol{U}^{\mathrm{I}}+\boldsymbol{U}^{\mathrm{II}}+\boldsymbol{U}^{\mathrm{III}}=\begin{bmatrix} U_1 \\ U_2 \\ U_3 \end{bmatrix}^{\mathrm{I,II,III}}=-\begin{bmatrix} \psi_{11}\underline{F}_{\varepsilon 1}+\psi_{12}\underline{F}_{\varepsilon 2}+\psi_{13}\underline{F}_{\varepsilon 3} \\ \psi_{21}\underline{F}_{\varepsilon 1}+\psi_{22}\underline{F}_{\varepsilon 2}+\psi_{23}\underline{F}_{\varepsilon 3} \\ \psi_{31}\underline{F}_{\varepsilon 1}+\psi_{32}\underline{F}_{\varepsilon 2}+\psi_{33}\underline{F}_{\varepsilon 3} \end{bmatrix}; \qquad (11.74)$$

$$\underline{F}_{\varepsilon 1}=\Phi_{11}\underline{U}_{\varepsilon 1}+\Phi_{21}\underline{U}_{\varepsilon 2}+\Phi_{31}\underline{U}_{\varepsilon 3};$$
$$\underline{F}_{\varepsilon 2}=\Phi_{12}\underline{U}_{\varepsilon 1}+\Phi_{22}\underline{U}_{\varepsilon 2}+\Phi_{32}\underline{U}_{\varepsilon 3};$$
$$\underline{F}_{\varepsilon 3}=\Phi_{13}\underline{U}_{\varepsilon 1}+\Phi_{23}\underline{U}_{\varepsilon 2}+\Phi_{33}\underline{U}_{\varepsilon 3}.$$

Die Summe der KU ergibt[11]

$$(\underline{U}_1+\underline{U}_2+\underline{U}_3)^{\mathrm{I,II,III}}=-(a\,\underline{U}_{\varepsilon 1}+b\,\underline{U}_{\varepsilon 2}+c\,\underline{U}_{\varepsilon 3});\ (a,b,c \text{ reelle Konst.}). \qquad (11.75)$$

Multipliziert man jede der drei Gleichungen in (11.74) nacheinander mit z_1, bzw. z_2, bzw. z_3 und summiert, wird[12]

$$(\underline{U}_1 z_1+\underline{U}_2 z_2+\underline{U}_3 z_3)^{\mathrm{I,II,III}}=-(a'\,\underline{U}_{\varepsilon 1} z_1+b'\,\underline{U}_{\varepsilon 2} z_2+c'\,\underline{U}_{\varepsilon 3} z_3). \qquad (11.76)$$

Gleichung (11.75) und (11.76) in Matrizenform geschrieben lauten

$$\begin{bmatrix} 1 & 1 & 1 \\ z_1 & z_2 & z_3 \end{bmatrix}\begin{bmatrix} U_1 \\ U_2 \\ U_3 \end{bmatrix}^{\mathrm{I,II,III}}=-\begin{bmatrix} a\,\underline{U}_{\varepsilon 1}+b\,\underline{U}_{\varepsilon 2}+c\,\underline{U}_{\varepsilon 3} \\ a'\,\underline{U}_{\varepsilon 1} z_1+b'\,\underline{U}_{\varepsilon 2} z_2+c'\,\underline{U}_{\varepsilon 3} z_3 \end{bmatrix}. \qquad (11.77)$$

Vergleicht man (11.73) und (11.77), so stellt man fest, daß bei Verwendung aller drei WS I, II und III (vollständiges „elastisches" Wuchten) die beiden Gleichungen identisch sind, da $a=a'=1$, $b=b'=1$ und $c=c'=1$ wird. Damit ist der Satz 1 bewiesen.

Werden nicht alle EF gewuchtet, verwendet man z. B. nur WS I und II für die 1. und 2. EF, ist a, b, c und a', b' c' ungleich „eins". Gleichung (11.77) entspricht nicht der starren Wuchtgleichung (11.73), der Rotor ist nicht vollständig starr gewuchtet. Damit ist auch Satz 2 bewiesen.

Die folgenden Beispiele sollen den Vorgang des kombinierten „starren" und „elastischen" Wuchtens numerisch verdeutlichen. Die vorausgesetzte IU soll zu Beginn nicht bekannt sein. Erst das Schlußresultat soll die Voraussetzung bestätigen.

---

[11] Beweis: Mit (11.35) gilt:

$$\boldsymbol{\Phi}\,\boldsymbol{\psi}^{\mathrm{T}}=\boldsymbol{\Phi}\,[(\boldsymbol{\Phi}^{\mathrm{T}})^{-1}]^{\mathrm{T}}=\boldsymbol{\Phi}\,[(\boldsymbol{\Phi}^{-1})^{\mathrm{T}}]^{\mathrm{T}}=\boldsymbol{\Phi}\,\boldsymbol{\Phi}^{-1}=\boldsymbol{E}; \quad (\boldsymbol{\Phi}\text{: reguläre Matrix})$$

z. B. $a=a_{11}+a_{12}+a_{13}$; $\left.\begin{aligned} a_{11}&=\Phi_{11}\psi_{11}+\Phi_{12}\psi_{12}+\Phi_{13}\psi_{13}=1 \\ a_{12}&=\Phi_{11}\psi_{21}+\Phi_{12}\psi_{22}+\Phi_{12}\psi_{23}=0 \\ a_{13}&=\Phi_{11}\psi_{31}+\Phi_{12}\psi_{32}+\Phi_{13}\psi_{33}=0 \end{aligned}\right\}\ \underline{a=a_{11}=1}$

analog: $b=1$
$c=1.$

[12] z. B. $a'=a_{11}+\frac{z_2}{z_1}a_{12}+\frac{z_3}{z_1}a_{13}=a_{11}=1 \rightarrow \underline{a'=a_{11}=a=1}$

analog: $b'=1$
$c'=1.$

Beispiel 1:

Voraussetzung: $\underline{U}_{\varepsilon 1} = 1, \quad \underline{U}_{\varepsilon 2} = 0, \quad \underline{U}_{\varepsilon 3} = +\mathrm{i}; \quad [\mathrm{kg\,mm}].$

a) *„starres" Wuchten*

Es soll bei niederen Drehzahlen in den WE *1* und *3*, Abb. 11.6a erfolgen. Die „starre" Wuchtgleichung (4.1) lautet

$$\begin{bmatrix} 1 & 1 \\ 0{,}25\,l & 0{,}75\,l \end{bmatrix} \begin{bmatrix} \underline{U}_1 \\ \underline{U}_3 \end{bmatrix} = - \begin{bmatrix} 1+\mathrm{i} \\ 0{,}25\,l + 0{,}75\,l \end{bmatrix},$$

und die Lösung ist

$$\underline{U}_1 = \underline{-1}; \qquad \underline{U}_3 = \underline{-\mathrm{i}}.$$

Damit ist aber der Rotor bereits gewuchtet. Eine elastische Wuchtung erübrigt sich.

Aufwand: KU/IU = 2 : 2 = 1

Beispiel 2:

Voraussetzung: $\underline{U}_{\varepsilon 1} = 1, \quad \underline{U}_{\varepsilon 2} = 1, \quad \underline{U}_{\varepsilon 3} = 0; \quad [\mathrm{kg\,mm}]$

a) *„starres" Wuchten*

Es soll bei niederen Drehzahlen in den WE *1* und *3*, Abb. 11.8a erfolgen. Die „starre" Wuchtgleichung (4.1) lautet

$$\begin{bmatrix} 1 & 1 \\ 0{,}25\,l & 0{,}75\,l \end{bmatrix} \begin{bmatrix} \underline{U}_1 \\ \underline{U}_3 \end{bmatrix}^{\mathrm{S}} = - \begin{bmatrix} 1+1 \\ 0{,}25\,l + 0{,}50\,l \end{bmatrix} = - \begin{bmatrix} 2 \\ 0{,}75\,l \end{bmatrix}$$

und die Lösung, d.h. der starre WS, ist

$$\underline{U}_1^{\mathrm{S}} = \underline{-1{,}50} \qquad \underline{U}_3^{\mathrm{S}} = \underline{-0{,}50}.$$

Überlagert man den „starren" WS mit der IU, ergeben sich die neuen IU

$$\underline{U}_{\varepsilon 1} = 1 - 1{,}50 = -0{,}50;$$
$$\underline{U}_{\varepsilon 2} = 1 \qquad \underline{U}_{\varepsilon 3} = 0 - 0{,}50 = -0{,}50.$$

Es stellt sich die Frage, ob tatsächlich mit diesen neuen IU die Auslenkung der Scheiben in der 1. EF kleiner sind als mit den angelieferten IU. Mit anderen Worten, war die „starre" Wuchtung nützlich? Die Frage kann durch Vergleich der Anregung der 1. EF mit (11.49) beantwortet werden. Für die angelieferte IU ist die Anregung der 1. EF

$$\underline{F}_{\varepsilon 1} = \Phi_{11}\,\underline{U}_{\varepsilon 1} + \Phi_{21}\,\underline{U}_{\varepsilon 2} + \Phi_{31}\,\underline{U}_{\varepsilon 3} = \Phi_{11}(1) + \Phi_{21}(1) + \Phi_{31}(0) = \underline{0{,}213}$$

und für die neue IU

$$\underline{F}_{\varepsilon 1} = \Phi_{11}(-0{,}5) + \Phi_{21}(1) + \Phi_{31}(-0{,}5) = \underline{0{,}037}.$$

Der Vergleich zeigt, daß durch die neue IU die 1. EF 0,037/0,213 = 0,17 mal weniger angeregt wird, die starre Wuchtung hat sich gelohnt. Die Resonanzamplitude bei $\Omega = \omega_1$ ist nur noch 17%, s. Abb. 11.8a.

b) *„elastisches" Wuchten*

Mit den neuen IU

$$\underline{U}_{\varepsilon 1} = -0{,}50; \qquad \underline{U}_{\varepsilon 2} = 1; \qquad \underline{U}_{\varepsilon 3} = -0{,}50$$

beginnt das modale Wuchten. Die IU sind symmetrisch und regen daher die unsymmetrische 2. EF nicht an, lediglich die 1. und 3. EF.

Die „elastischen" Wuchtgleichungen für den WS I nach (11.48) ergeben das Resultat

$$\boldsymbol{U}^{\mathrm{I}} = \begin{bmatrix} \underline{U}_1 \\ \underline{U}_2 \\ \underline{U}_3 \end{bmatrix}^{\mathrm{I}} = - \begin{bmatrix} \psi_{11}\,\underline{F}_{\varepsilon 1} \\ \psi_{21}\,\underline{F}_{\varepsilon 1} \\ \psi_{31}\,\underline{F}_{\varepsilon 1} \end{bmatrix} = - \begin{bmatrix} 2{,}833728 & 0{,}03655 \\ 4{,}007374 & 0{,}03655 \\ 2{,}833728 & 0{,}03655 \end{bmatrix} = \begin{bmatrix} -0{,}10354 \\ -0{,}14645 \\ -0{,}10354 \end{bmatrix}.$$

Die Ausgangs-IU für den WS III lauten folglich

$$\underline{U}_{\varepsilon 1} = -0{,}50 - 0{,}10354 = -0{,}60355$$
$$\underline{U}_{\varepsilon 2} = 1 - 0{,}14645 = 0{,}85355$$
$$\underline{U}_{\varepsilon 3} = -0{,}50 - 0{,}10354 = -0{,}60354$$

und die „elastische“ Wuchtgleichung für den WS III nach (11.48) ergeben das Resultat

$$\boldsymbol{U}^{\mathrm{III}} = -\begin{bmatrix} \psi_{13}\underline{F}_{\varepsilon 3} \\ \psi_{23}\underline{F}_{\varepsilon 3} \\ \psi_{33}\underline{F}_{\varepsilon 3} \end{bmatrix} = -\begin{bmatrix} 2{,}833728\ (-0{,}212988) \\ -4{,}007374\ (-0{,}212988) \\ 2{,}833728\ (-0{,}212988) \end{bmatrix} = \begin{bmatrix} +0{,}60355 \\ -0{,}85355 \\ +0{,}60355 \end{bmatrix}.$$

Kontrolle:

$$\boldsymbol{U} = \boldsymbol{U}^{\mathrm{S}} + \boldsymbol{U}^{\mathrm{I}} + \boldsymbol{U}^{\mathrm{III}} = \begin{bmatrix} -1{,}000 \\ -1{,}000 \\ 0{,}000 \end{bmatrix} = -\boldsymbol{U}_{\varepsilon}.$$

Aufwand:

IU: $\underline{U}_{\varepsilon 1} + \underline{U}_{\varepsilon 2} = 1 + 1 = \underline{2}$

KU: „starrer“ WS $|\underline{U}_1^{\mathrm{S}}| + |\underline{U}_3^{\mathrm{S}}| = 1{,}50 + 0{,}50 = 2{,}00$

WS I $|\underline{U}_1^{\mathrm{I}}| + |\underline{U}_2^{\mathrm{I}}| + |\underline{U}_3^{\mathrm{I}}| = 0{,}10355 + 0{,}14645 + 0{,}10355 = 0{,}35$

WS III $|\underline{U}_1^{\mathrm{III}}| + |\underline{U}_2^{\mathrm{III}}| + |\underline{U}_3^{\mathrm{III}}| = 0{,}60355 + 0{,}85355 + 0{,}60355 = \underline{2{,}06}$

$\Sigma = \underline{4{,}41}.$

Der Aufwand beträgt 4,41 : 2 = 2,21. Es sind 2,21 mehr KU erforderlich als IU vorhanden sind. 2.41 Unwuchteinheiten heben sich im Rotor auf und können nach erfolgtem Wuchten entfernt werden. Sie sind anfänglich notwendig um die WS zu bilden.

Vergleicht man den Aufwand mit dem des 2. Beispiels in Abschn. 11.3.2.3 mit exakt derselben IU, so stellt man fest, daß das vorgängige „starre“ Wuchten – erforderlich durch große IU – seinen Preis kostet (Aufwand 2,21 statt 1,71).

In Abb. 11.8a und b ist die sukzessive Wirkung der einzelnen WS auf den Ausschlag an der Scheibe *1* (Meßstelle *1*) in Funktion von Ω dargestellt. Man erkennt die sehr große Wirkung des „starren“ Wuchtens auf die 1. und 2. kritische Drehzahl.

Man beachte, daß die modalen (elastischen) WS in diesem Beispiel keine Rücksicht auf den starren WS nehmen. Wäre dies erwünscht, würden für zwei EF zwei WE mehr benötigt. Dies würde zur (N + 2)-Methode, s. Abschn. 12.4 führen.

Beispiel 3:

Voraussetzung wie in Beispiel 2: $\underline{U}_{\varepsilon 1} = 1$, $\underline{U}_{\varepsilon 2} = 1$, $U_{\varepsilon 3} = 0$; [kg mm]

a) *„starres“ Wuchten*

Es soll in allen drei WE ohne Einfluß auf die 1. EF gewuchtet werden.

Die „starre“ Wuchtgleichung (4.1′) lautet

$$\begin{bmatrix} 1 & 1 & 1 \\ z_1 & z_2 & z_3 \end{bmatrix} \begin{bmatrix} \underline{U}_1 \\ \underline{U}_2 \\ \underline{U}_3 \end{bmatrix} = -\begin{bmatrix} \sum_{\mathrm{k}} U_{\varepsilon \mathrm{k}} \\ \sum_{\mathrm{k}} U_{\varepsilon \mathrm{k}} z_{\mathrm{k}} \end{bmatrix}.$$

Das System ist überbestimmt, es sind nur zwei Gleichungen für drei Unbekannte vorhanden. Eine dritte Gleichung, die bewirkt, daß die 1. EF nicht beeinflußt wird, erhält man aus (11.49)

$$\underline{F}_{\varepsilon 1} = \Phi_{11}\underline{U}_1 + \Phi_{21}\underline{U}_2 + \Phi_{31}\underline{U}_3 = 0.$$

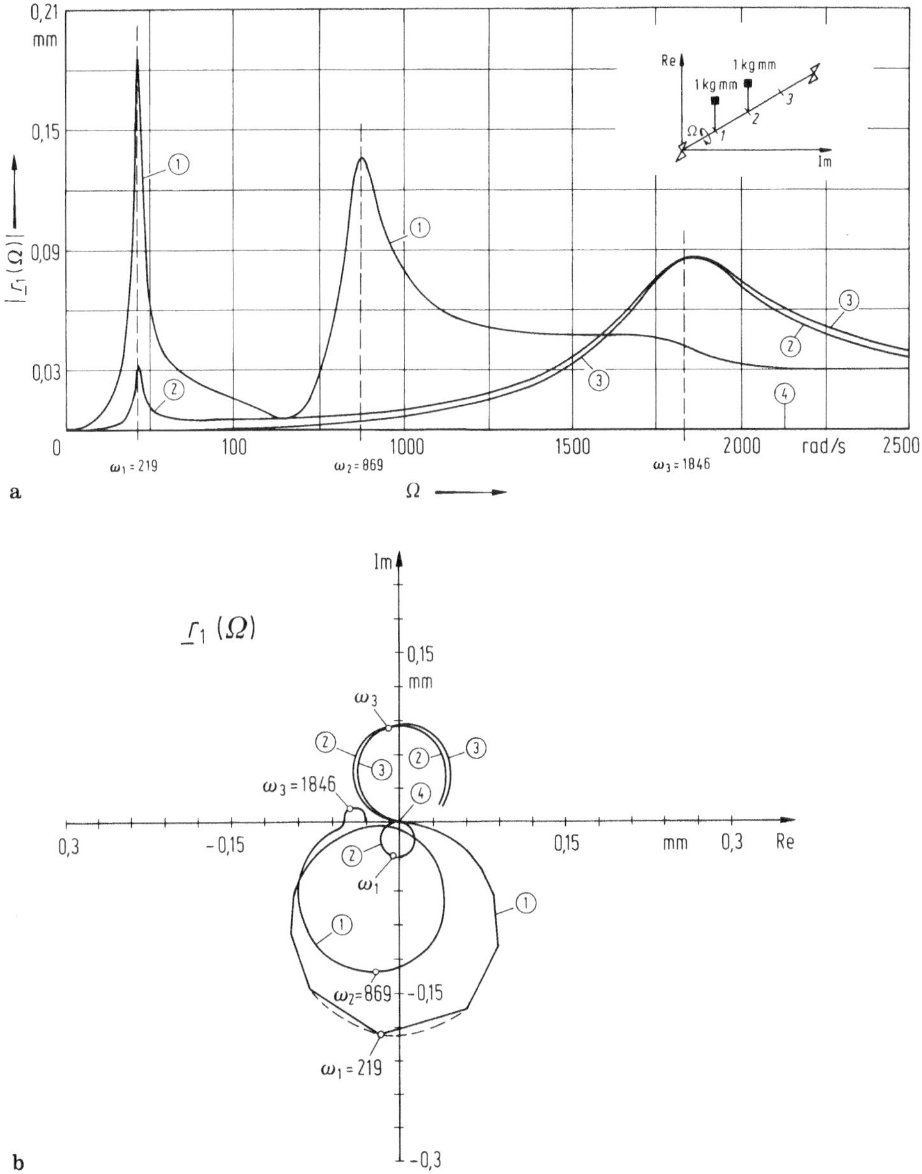

Abb. 11.8. Modales Wuchten eines Dreischeiben-Rotors (2. Beispiel). Auslenkung an der Scheibe *1*, IU: $U_{\varepsilon 1} = U_{\varepsilon 2} = 1$ kgmm, $Q = Q_1 = 10$, $Q_2 = 8{,}46$, $Q_3 = 4{,}55$. **a** Absolutwert der Auslenkung an der Scheibe *1*; **b** komplexer Wert der Auslenkung an der Scheibe *1*;
① = IU in *1, 2*
② = ① plus starrer WS in *1, 3*
③ = ② plus WS für 1. EF in *1, 2, 3*
④ = ③ plus WS für 3. EF in *1, 2, 3*

Die drei Gleichungen ergeben das eindeutig bestimmte System

$$\begin{bmatrix} 1 & 1 & 1 \\ z_1 & z_2 & z_3 \\ \Phi_{11} & \Phi_{21} & \Phi_{31} \end{bmatrix} \begin{bmatrix} \underline{U}_1 \\ \underline{U}_2 \\ \underline{U}_3 \end{bmatrix} = - \begin{bmatrix} \sum\limits_k \underline{U}_{\varepsilon k} \\ \sum\limits_k \underline{U}_{\varepsilon k} z_k \\ 0 \end{bmatrix}$$

und numerisch

$$\begin{bmatrix} 1 & 1 & 1 \\ 0{,}25 & 0{,}50 & 0{,}75 \\ 0{,}088223 & 0{,}124766 & 0{,}088223 \end{bmatrix} \begin{bmatrix} \underline{U}_1 \\ \underline{U}_2 \\ \underline{U}_3 \end{bmatrix} = - \begin{bmatrix} 1+1 \\ 1(0{,}25)+1(0{,}50) \\ 0 \end{bmatrix} = - \begin{bmatrix} 2 \\ 0{,}75 \\ 0 \end{bmatrix},$$

mit der Lösung als „starrer" WS

$$\boldsymbol{U} = \begin{bmatrix} \underline{U}_1 \\ \underline{U}_2 \\ \underline{U}_3 \end{bmatrix} = \begin{bmatrix} -3{,}91516 \\ 4{,}83032 \\ -2{,}91516 \end{bmatrix}.$$

Hier stellt sich die Frage, ob mit dieser Wuchtung die Ausschläge in der 1. EF tatsächlich kleiner werden als mit den angelieferten IU. Die Frage kann durch den Vergleich der Anregung in der 1. EF mit (11.49) beantwortet werden.

Die Anregung in der 1. EF für die IU beträgt

$$\underline{F}_{\varepsilon 1} = \Phi_{11}\underline{U}_{\varepsilon 1} + \Phi_{21}\underline{U}_{\varepsilon 2} + \Phi_{31}\underline{U}_{\varepsilon 3} = 0{,}088223(1) + 0{,}124766(1) + 0$$
$$= 0{,}21299 = \underline{0{,}213}.$$

Die Anregung in der 1. EF mit dem „starren" WS und der IU beträgt

$$\underline{F}_{\varepsilon 1} = 0{,}088223(-3{,}91516+1) + 0{,}124766(4{,}83032+1)$$
$$+ 0{,}088223(-2{,}91516+0) = 0{,}21305 = \underline{0{,}213}.$$

Das Resultat erstaunt nicht. In der „starren" Wuchtgleichung wurde vorausgesetzt, daß durch den starren WS die 1. EF weder positiv noch negativ beeinflußt werden soll. Damit ist durch das starre Wuchten kein Vorteil für das Erreichen der 1. kritischen Drehzahl entstanden. Die starre Wuchtung war unnütz (abgesehen von einem besseren Lauf bei niederen Drehzahlen) aber nicht schädlich.

Will man in drei (oder mehr) Ebenen „starr" wuchten, ist von der Bedingung der Unberührtheit der 1. EF abzusehen. Die „starre" Wuchtgleichung (4.1′) ist dann allerdings überbestimmt – man muß probieren. Um diese Unsicherheit zu umgehen ist empfehlenswert in nur zwei Ebenen „starr" zu wuchten.

Man beachte, daß in diesem Beispiel für das Wuchten einer einzigen EF drei WE notwendig wurden, also zwei WE mehr als EF gewuchtet wurden. Dies führt zwangsläufig auf die (N + 2)-Methode, s. Abschn. 12.4.

11.3.4 Klassisches modales Vorwärtswuchten bei kleiner Unwucht

Kleine Unwucht bedeutet, daß man mit dem Anlieferungszustand des Rotors auf Anhieb zur 1. kritischen Drehzahl hochfahren kann, ohne den Rotor wegen zu großen Auslenkungen zu gefährden.

Für das Wuchten der 1. EF (1. kritische Drehzahl) ohne Beeinflussung der 2. und 3. EF verlangt der WS I gleich zu Beginn drei KU: $\underline{U}_1^{\mathrm{I}}$, $\underline{U}_2^{\mathrm{I}}$, $\underline{U}_3^{\mathrm{I}}$.

Man kann nun auch so vorgehen, daß man sich anfänglich nicht um die 2. und 3. EF kümmert. Man läßt bewußt eine Beeinflussung zu. Sie kann günstig oder ungünstig ausfallen, je nachdem wie die IU gelagert sind. Die Wuchtgleichung (11.46) für die 1. EF lautet

$$\underline{\boldsymbol{\Phi}_1^{\mathrm{T}}\boldsymbol{U} = -\boldsymbol{\Phi}_1^{\mathrm{T}}\boldsymbol{U}_\varepsilon}$$

oder ausgeschrieben

$$\Phi_{11}\underline{U}_1 + \Phi_{21}\underline{U}_2 + \Phi_{31}\underline{U}_3 = -[\Phi_{11}\underline{U}_{\varepsilon 1} + \Phi_{21}\underline{U}_{\varepsilon 2} + \Phi_{31}\underline{U}_{\varepsilon 3}] \equiv -\underline{F}_{\varepsilon 1};$$

$$\begin{aligned} \Phi_{11} &= 0{,}088223 \\ \Phi_{21} &= 0{,}124766 \\ \Phi_{31} &= 0{,}088223. \end{aligned} \tag{11.78}$$

($\underline{F}_{\varepsilon 1}$ ist nach (11.49) die maßgebende Größe für die Erregung der 1. EF.)

Die Wuchtgleichung (11.78) für das Wuchten der 1. EF kann grundsätzlich durch eine, zwei oder drei KU $\underline{U}_j$ befriedigt werden, ist aber mit mehr als einer KU überbestimmt. Man erkennt, daß $\underline{U}_2$ offenbar den größten Einfluß auf $\underline{F}_{\varepsilon 1}$ ausübt, weil $\Phi_{21} > \Phi_{11} = \Phi_{31}$ ist. Setzt man aus dieser Erkenntnis heraus $\underline{U}_1 = \underline{U}_3 = 0$, so wird aus (11.78) eindeutig

$$\underline{U}_2 = -\frac{\underline{F}_{\varepsilon 1}}{\Phi_{21}} = -\frac{[\Phi_{11}\underline{U}_{\varepsilon 1} + \Phi_{21}\underline{U}_{\varepsilon 2} + \Phi_{31}\underline{U}_{\varepsilon 3}]}{\Phi_{21}}. \tag{11.79}$$

Mit der KU $\underline{U}_2$ kann die 1. EF vollständig gewuchtet werden. Man kann über die 1. kritische Drehzahl hochfahren zur 2. kritischen Drehzahl.

Die Wuchtgleichung (11.46) für die 2. EF lautet

$$\underline{\boldsymbol{\Phi}_2^{\mathrm{T}}\boldsymbol{U} = -\boldsymbol{\Phi}_1^{\mathrm{T}}\boldsymbol{U}_\varepsilon}$$

oder ausgeschrieben

$$\Phi_{12}\underline{U}_1 + \Phi_{22}\underline{U}_2 + \Phi_{32}\underline{U}_3 = -[\Phi_{12}\underline{U}_{\varepsilon 1} + \Phi_{22}\underline{U}_{\varepsilon 2} + \Phi_{32}\underline{U}_{\varepsilon 3}] \equiv -\underline{F}_{\varepsilon 2};$$

$$\begin{aligned} \Phi_{12} &= 0{,}124766 \\ \Phi_{22} &= 0 \\ \Phi_{32} &= -0{,}124766. \end{aligned} \tag{11.80}$$

($\underline{F}_{\varepsilon 2}$ ist nach (11.49) die maßgebende Größe für die Erregung der 2. EF.)

Die Wuchtgleichung (11.80) für das Wuchten der 2. EF kann ebenfalls durch eine, zwei oder drei KU befriedigt werden. Für das Wuchten der 2. EF kommt jetzt noch die Bedingung hinzu, daß man im Auslauf die 1. kritische Drehzahl durchfahren muß und folglich die 1. EF – die schon gewuchtet ist – nicht mehr beeinflussen darf. Man wird also beide Wuchtgleichungen (11.78) und (11.80) simultan erfüllen müssen, was für eine eindeutige Bestimmung zwei KU erforderlich macht (zwei Gleichungen mit zwei Unbekannten). Zweckmäßigerweise wird man die beiden äußeren WE wählen, da $\underline{U}_2$ wegen $\Phi_{22} = 0$ ausfällt (Knotenpunkt der 2. EF, s. Abb. 11.2).

Die beiden Wuchtgleichungen lauten somit

$$\begin{aligned} \Phi_{11}\underline{U}_1 + \Phi_{31}\underline{U}_3 &= -\underline{F}_{\varepsilon 1} \\ \Phi_{12}\underline{U} + \Phi_{32}\underline{U}_3 &= -\underline{F}_{\varepsilon 2} \end{aligned} \quad \text{oder} \quad \begin{bmatrix} \Phi_{11} & \Phi_{31} \\ \Phi_{12} & \Phi_{32} \end{bmatrix} \begin{bmatrix} \underline{U}_1 \\ \underline{U}_3 \end{bmatrix} = -\begin{bmatrix} \underline{F}_{\varepsilon 1} \\ \underline{F}_{\varepsilon 2} \end{bmatrix}. \tag{11.81}$$

Damit läßt sich die 2. EF wuchten, man kann zur 3. kritischen Drehzahl hochfahren. Dabei ist zu beachten, daß jetzt beim Auslauf die 2. und 1. kritische Drehzahl durchfahren werden müssen. Die 1. und 2. EF – die gewuchtet sind – dürfen nicht mehr beeinflußt werden.

Diese Bedingung erfüllt exakt der WS III

$$\boldsymbol{U}^{\mathrm{III}}=\begin{bmatrix}\underline{U}_1\\ \underline{U}_2\\ \underline{U}_3\end{bmatrix}^{\mathrm{III}}=-\begin{bmatrix}\psi_{13}\,\underline{F}_{\varepsilon 3}\\ \psi_{23}\,\underline{F}_{\varepsilon 3}\\ \psi_{33}\,\underline{F}_{\varepsilon 3}\end{bmatrix}. \qquad (11.82)$$

Mit $\boldsymbol{U}^{\mathrm{III}}$ ist dann auch die 3. EF eliminiert, der Rotor ist vollständig gewuchtet.

Man beachte:

Das modale Vorwärtswuchten bei kleiner Unwucht verlangt, daß gleich zu Beginn N Wuchtebenen für N zu wuchtende Eigenformen zur Verfügung stehen. Zum Wuchten der 1. Eigenform braucht es zu Beginn nur eine, zum Wuchten der 2. Eigenform anschließend zwei Wuchtebenen und schließlich zum Wuchten der n-ten Eigenform N Wuchtebenen.

Beispiel:

Voraussetzung: $\underline{U}_{\varepsilon 1}=1, \quad \underline{U}_{\varepsilon 2}=1, \quad \underline{U}_{\varepsilon 3}=0, \quad$ [kgmm]

Wuchten der 1. EF

Mit (11.79) ist

$$\underline{U}_2=-\frac{\Phi_{11}\,\underline{U}_{\varepsilon 1}+\Phi_{21}\,\underline{U}_{\varepsilon 2}}{\Phi_{21}}=-\frac{0{,}088223(1)+0{,}124766(1)}{0{,}124766}=\underline{-1{,}70711}.$$

Wuchten der 2. EF

Die neuen IU sind jetzt

$$\underline{U}_{\varepsilon 1}=1; \quad \underline{U}_{\varepsilon 2}=1-1{,}70711=-0{,}70711; \quad \underline{U}_{\varepsilon 3}=0.$$

Mit (11.81) ist

$$\begin{bmatrix}\Phi_{11} & \Phi_{31}\\ \Phi_{12} & \Phi_{32}\end{bmatrix}\begin{bmatrix}\underline{U}_1\\ \underline{U}_3\end{bmatrix}=-\begin{bmatrix}\Phi_{11}\,\underline{U}_{\varepsilon 1}+\Phi_{21}\,\underline{U}_{\varepsilon 2}\\ \Phi_{12}\,\underline{U}_{\varepsilon 1}+\Phi_{22}\,\underline{U}_{\varepsilon 2}\end{bmatrix}$$

und aufgelöst

$$\underline{U}_1=-0{,}5000; \quad \underline{U}_3=+0{,}50000.$$

Wuchten der 3. EF

Die neuen IU sind jetzt

$$\underline{U}_{\varepsilon 1}=1-0{,}5=0{,}50000; \quad \underline{U}_{\varepsilon 2}=-0{,}70711; \quad \underline{U}_{\varepsilon 3}=0+0{,}5=0{,}50000.$$

Nach (11.82) ist

$$\boldsymbol{U}^{\mathrm{III}}=\begin{bmatrix}\underline{U}_1\\ \underline{U}_2\\ \underline{U}_3\end{bmatrix}^{\mathrm{III}}=-\begin{bmatrix}\psi_{13}\,\underline{F}_{\varepsilon 3}\\ \psi_{23}\,\underline{F}_{\varepsilon 3}\\ \psi_{33}\,\underline{F}_{\varepsilon 3}\end{bmatrix}=\begin{bmatrix}-0{,}50000\\ +0{,}70711\\ -0{,}50000\end{bmatrix}.$$

Damit ist auch die 3. EF gewuchtet.

Kontrolle:

U	$\underline{U}_1$	$\underline{U}_2$	$\underline{U}_3$
1. EF	—	−1,70711	—
2. EF	−0,5	—	0,5
3. EF	−0,5	0,70711	−0,5
$\Sigma\,\underline{U}_j$	−1	−1	0
$\Sigma\,\lvert\underline{U}_j\rvert$	1	2,41422	1

Die KU sind zu den IU entgegengesetzt, der Rotor ist vollständig gewuchtet.

Aufwand:

IU $|\underline{U}_{\varepsilon 1}| + |\underline{U}_{\varepsilon 2}| = 1 + 1 = \underline{2}$

KU $1 + 2{,}41422 + 1 = \underline{4{,}41}$

Der Aufwand beträgt $4{,}41/2 = \underline{2{,}21}$. Er ist gleich dem Aufwand für das 2. Beispiel in Abschn. 11.3.3, Abb. 11.8a, b mit vorgängigem „starren" Wuchten in zwei WE.

In Abb. 11.9a und b ist die sukzessive Wirkung der einzelnen WS auf den Ausschlag an der Scheibe *1* (Meßstelle *1*) in Funktion von Ω dargestellt.

11.3.5 Modales Vorwärtswuchten bei großer Unwucht – kombiniertes „starres" und „elastisches" Wuchten

Kann die 1. kritische Drehzahl nicht auf Anhieb erreicht werden, muß der Rotor bei niederen Drehzahlen vorgängig als starrer Rotor gewuchtet werden.[13]

Zweckmäßigerweise wird man die beiden äußeren WE (Scheibe *1* und *3*) benützen. Die Wuchtgleichung (4.1) für den „starren Rotor lautet

$$\begin{bmatrix} 1 & 1 \\ z_1 & z_3 \end{bmatrix} \begin{bmatrix} \underline{U}_1 \\ \underline{U}_3 \end{bmatrix} = - \begin{bmatrix} \sum\limits_k \underline{U}_{\varepsilon k} \\ \sum\limits_k \underline{U}_{\varepsilon k} z_k \end{bmatrix}. \tag{11.83}$$

Daraus erhält man die KU $\underline{U}_1$ und $\underline{U}_3$ für das „starre" Wuchten.

Das weitere Vorgehen ist dem in Abschn. 11.3.4 geschilderten analog. Man benützt für das „elastische" Wuchten der 1. EF zweckmäßig eine WE in der Mitte des Rotors, wie im Beispiel in Abschn. 11.3.4 die mittlere Scheibe als WE. Nach (11.79) ist

$$\underline{U}_2 = -\frac{\underline{F}_{\varepsilon 1}}{\Phi_{21}} = -\frac{[\Phi_{11}\underline{U}_{\varepsilon 1} + \Phi_{21}\underline{U}_{\varepsilon 2} + \Phi_{31}\underline{U}_{\varepsilon 3}]}{\Phi_{21}}. \tag{11.84}$$

Für das Wuchten der 2. EF sind zwei WE erforderlich, vorzugsweise an den Stellen bei denen die 2. EF groß ist, also an den Meßstellen *1* und *3*. Die Wuchtgleichungen sind dann die gleichen wie im Beispiel in Abschn. 11.3.4

$$\begin{bmatrix} \Phi_{11} & \Phi_{31} \\ \Phi_{12} & \Phi_{32} \end{bmatrix} \begin{bmatrix} \underline{U}_1 \\ \underline{U}_3 \end{bmatrix} = - \begin{bmatrix} \underline{F}_{\varepsilon 1} \\ \underline{F}_{\varepsilon 2} \end{bmatrix}. \tag{11.85}$$

Mit der Lösung $\underline{U}_1$ und $\underline{U}_3$ kann die 2. EF gewuchtet werden. Man kann über die 2. kritische Drehzahl gegen die 3. hochfahren.

Will man auch noch über die 3. kritische Drehzahl fahren, ist eine weitere WE zu benutzen. Um dann den Auslauf in der 2. und 3. kritischen Drehzahl nicht mehr zu gefährden, ist der WS III zu verwenden mit drei WE

$$\boldsymbol{U}^{\mathrm{III}} = \begin{bmatrix} \underline{U}_1 \\ \underline{U}_2 \\ \underline{U}_3 \end{bmatrix}^{\mathrm{III}} = - \begin{bmatrix} \psi_{13} & \underline{F}_{\varepsilon 3} \\ \psi_{23} & \underline{F}_{\varepsilon 3} \\ \psi_{33} & \underline{F}_{\varepsilon 3} \end{bmatrix}. \tag{11.86}$$

[13] Oder man versucht mit einer KU anfänglich unbestimmter Größe und Richtung am geeigneten Ort die 1. kritische Drehzahl (1. EF) zu erreichen.

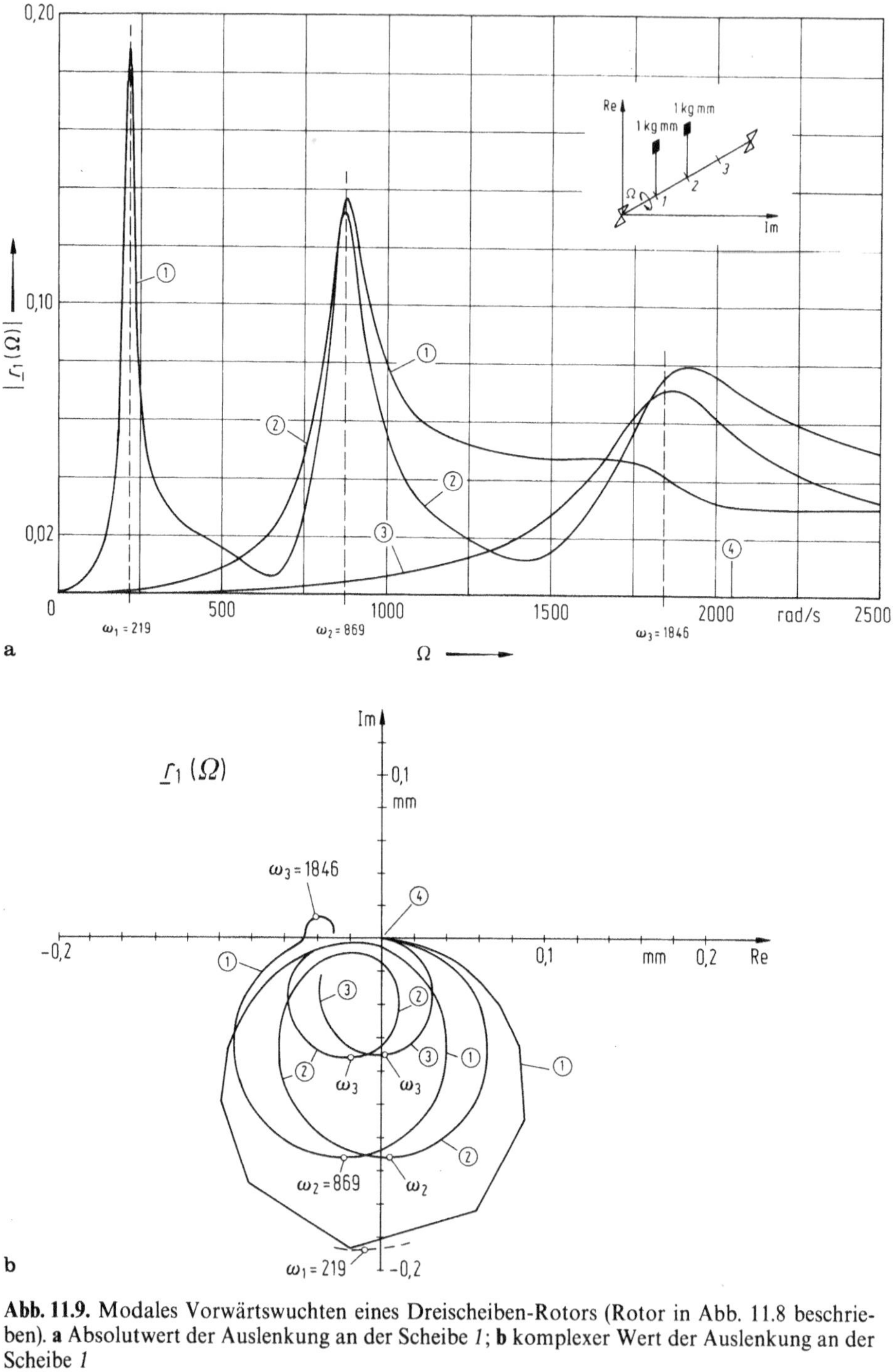

Abb. 11.9. Modales Vorwärtswuchten eines Dreischeiben-Rotors (Rotor in Abb. 11.8 beschrieben). **a** Absolutwert der Auslenkung an der Scheibe *1*; **b** komplexer Wert der Auslenkung an der Scheibe *1*

①: IU in *1 2*
②: ① plus WS für 1. EF in *2*
③: ② plus WS für 2. EF in *1 3*
④: ③ plus WS für 3. EF in *1 2 3*

Mit dem WS III ist auch die 3. EF gewuchtet, ohne daß die 1. und 2. EF beeinflußt wurde.

Da nur drei EF zu eliminieren sind, ist der Rotor jetzt vollständig gewuchtet.

Man beachte, daß für das vorgängige „starre" Wuchten – bedingt durch große Unwucht – die WE *1* und *3* und für das „elastische" Wuchten der 1. EF die WE *2*, total also drei WE benutzt wurden. Man kann selbstverständlich für die 1. EF auch zwei WE und zwar die gleichen WE *1* und *3* wie für das starre Wuchten verwenden, so daß total nur zwei WE für die 1. EF notwendig werden. Anstelle von (11.84) tritt dann (11.78) mit $\underline{U}_2 = 0$

$$\Phi_{11}\underline{U}_1 + \Phi_{31}\underline{U}_3 = -[\Phi_{11}\underline{U}_{\varepsilon 1} + \Phi_{21}\underline{U}_{\varepsilon 2} + \Phi_{31}\underline{U}_{\varepsilon 3}]. \tag{11.87}$$

Die Gleichung enthält zwei Unbekannte und ist somit überbestimmt. Man kann aber willkürlich $\underline{U}_3 = \underline{U}_1$ setzen, da im allgemeinen die 1. EF nahezu symmetrisch ist. Damit wird aus (11.87)

$$\underline{U}_1 = \underline{U}_3 = -\frac{[\Phi_{11}\underline{U}_{\varepsilon 1} + \Phi_{21}\underline{U}_{\varepsilon 2} + \Phi_{31}\underline{U}_{\varepsilon 3}]}{\Phi_{11} + \Phi_{31}}, \tag{11.88}$$

und mit $\underline{U}_1$ und $\underline{U}_3$ kann die 1. EF gewuchtet werden.

Das weitere Vorgehen ist identisch mit dem bereits beschriebenen. Man benützt für das Wuchten der 2. EF (11.85) mit KU in den WE *1* und *3*. Man braucht somit keine neue WE mehr. Will man auch noch die 3. EF wuchten, ist allerdings eine dritte WE *2* unumgänglich. Für das Wuchten der 3. EF ist der WS III (11.86) maßgeblich.

Beispiel 1 und 2

Voraussetzung: $\underline{U}_{\varepsilon 1} = 1$; $\underline{U}_{\varepsilon 2} = 1$; $\underline{U}_{\varepsilon 3} = 0$; [kgmm]

a) *„starres" Wuchten*
Gleichung (11.83) lautet

$$\begin{bmatrix} 1 & 1 \\ 0{,}25 & 0{,}75 \end{bmatrix} \begin{bmatrix} \underline{U}_1 \\ \underline{U}_3 \end{bmatrix} = -\begin{bmatrix} 1+1 \\ (1)\,0{,}25\,l + (1)\,0{,}50\,l \end{bmatrix} = -\begin{bmatrix} 2 \\ 0{,}75\,l \end{bmatrix}$$

mit der Lösung

$\underline{U}_1 = \underline{-1{,}50}$; $\underline{U}_3 = \underline{-0{,}50}$ (wie 2. Beispiel in Abschn. 11.3.3).

b) *„elastisches" Wuchten*
Die neuen IU sind

$$\underline{U}_{\varepsilon 1} = 1 - 1{,}50 = -0{,}50;\quad \underline{U}_{\varepsilon 2} = 1;\quad \underline{U}_{\varepsilon 3} = -0{,}50.$$

1. Eigenform:

Beispiel 1
1 WE *2*.
Mit (11.84)

$$\underline{U}_2 = -\frac{[\Phi_{11}(-0{,}50) + \Phi_{21}(1) + \Phi_{31}(-0{,}50)]}{\Phi_{21}}$$

wird

$\underline{U}_2 = -0{,}292892.$

Beispiel 2
2 WE *1*, *3*.
Mit (11.88)

$$\underline{U}_1 = \underline{U}_3 = -\frac{[\Phi_{11}(-0{,}50) + \Phi_{21}(1) + \Phi_{31}(-0{,}50)]}{\Phi_{11} + \Phi_{31}}$$

wird

$\underline{U}_1 = \underline{U}_3 = -0{,}207106.$

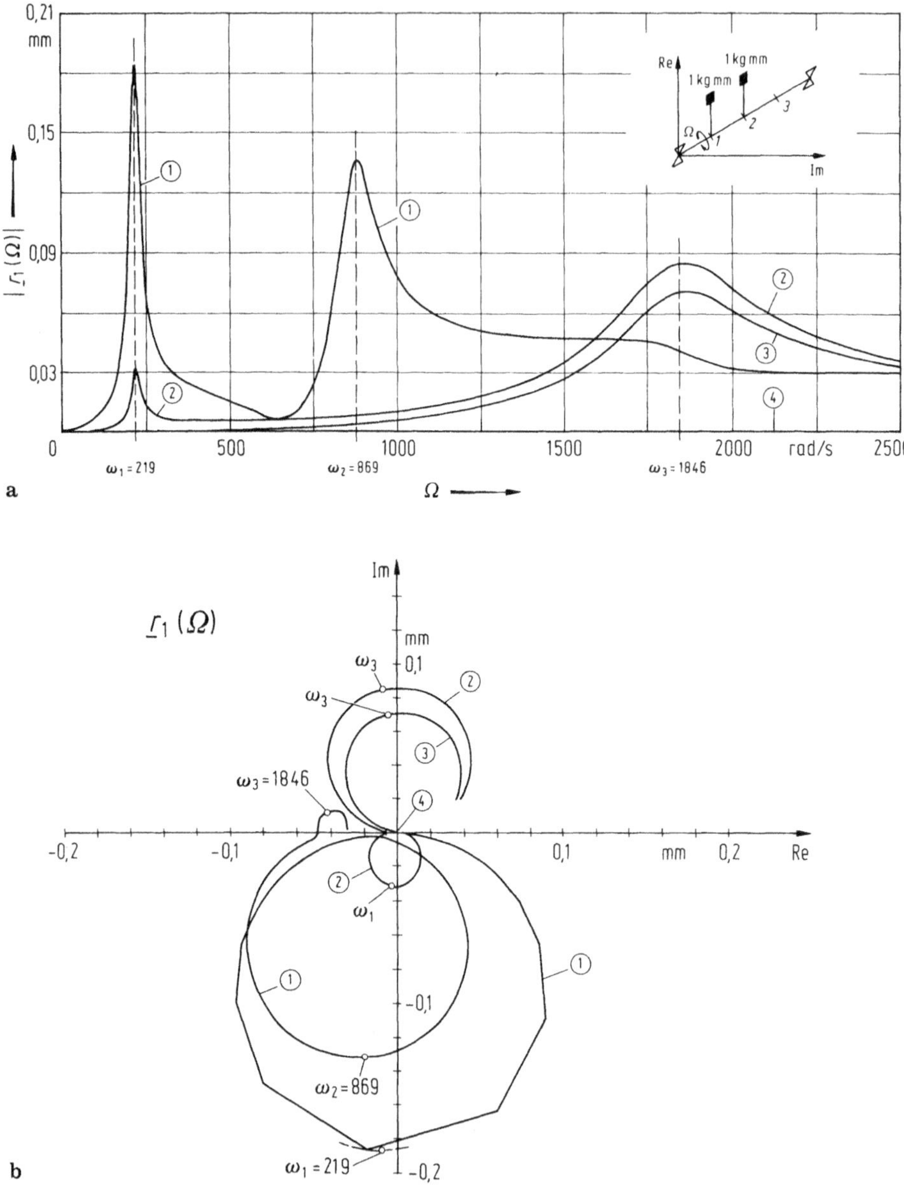

a

b

Abb. 11.10. Kombiniertes starres und modal-elastisches Vorwärtswuchten eines Dreischeiben-Rotors (Rotor in Abb. 11.8 beschrieben). **a** Absolutwert der Auslenkung an der Scheibe *1*; **b** komplexer Wert der Auslenkung an der Scheibe *1*;
①: IU in *1 2*
②: ① plus starrer WS in *1 3*
③: ② plus WS für 1. EF in *2*
④: ③ plus WS für 3. EF in *1 2 3*

2. Eigenform:

Die neuen IU sind

Beispiel 1

$\underline{U}_{\varepsilon 1} = -0{,}50$

$\underline{U}_{\varepsilon 2} = 1 - 0{,}292892 = 0{,}707108$

$\underline{U}_{\varepsilon 3} = -0{,}50$

Beispiel 2

$\underline{U}_{\varepsilon 1} = -0{,}50 - 0{,}207106 = -0{,}707106$

$\underline{U}_{\varepsilon 2} = 1$

$\underline{U}_{\varepsilon 3} = -0{,}50 - 0{,}207106 = -0{,}707106$

Die neuen IU sind symmetrisch, die 2. EF unsymmetrisch. Die 2. EF wird nicht angeregt und ist auch nicht zu wuchten.

3. Eigenform:

Der WSIII nach (11.86) ist

$$\boldsymbol{U}^{\mathrm{III}} = -\begin{bmatrix} \psi_{13}\ \underline{F}_{\varepsilon 3} \\ \psi_{23}\ \underline{F}_{\varepsilon 3} \\ \psi_{33}\ \underline{F}_{\varepsilon 3} \end{bmatrix}; \quad \underline{F}_{\varepsilon 3} = \Phi_{13}\,\underline{U}_{\varepsilon 1} + \Phi_{23}\,\underline{U}_{\varepsilon 2} + \Phi_{33}\,\underline{U}_{\varepsilon 3}\,.$$

Beispiel 1

$\underline{F}_{\varepsilon 3} = \Phi_{13}(-0{,}50) + \Phi_{23}(0{,}707108) + \Phi_{33}(-0{,}50)$

$$\boldsymbol{U}^{\mathrm{III}} = \begin{bmatrix} +0{,}50 \\ -0{,}707085 \\ +0{,}50 \end{bmatrix}$$

Beispiel 2

$\underline{F}_{\varepsilon 3} = \Phi_{13}(-0{,}707106) + \Phi_{23}(1) + \Phi_{33}(-0{,}707106)$

$$\boldsymbol{U}^{\mathrm{III}} = \begin{bmatrix} 0{,}707106 \\ -1 \\ 0{,}707106 \end{bmatrix}$$

Mit $\boldsymbol{U}^{\mathrm{III}}$ ist auch die 3. EF gewuchtet.

Kontrolle:

	Beispiel 1			*Beispiel 2*		
	$\underline{U}_1$	$\underline{U}_2$	$\underline{U}_3$	$\underline{U}_1$	$\underline{U}_2$	$\underline{U}_3$
„starres“ Wuchten	−1,50	–	−0,50	−1,50	–	−0,50
1. EF	–	−0,292892	–	−0,207106	–	−0,207106
2. EF	–	–	–	–	–	–
3. EF	0,50	−0,707085	0,50	0,707106	−1	0,707106
$\Sigma\, U_j$	−1	−1	–	−1	−1	–
$\Sigma\,\lvert U_j\rvert$	2	1	1	2,414	1	1,414

Die KU sind den IU entgegengesetzt, der Rotor ist vollständig gewuchtet.

Aufwand:

IU $\lvert\underline{U}_{\varepsilon 1}\rvert + \lvert\underline{U}_{\varepsilon 2}\rvert = 1 + 1 = \underline{\underline{2}}$

Beispiel 1

KU: $2 + 1 + 1 = \underline{\underline{4}}$

Beispiel 2

KU: $2{,}414 + 1 + 1{,}414 = \underline{\underline{4{,}828}}$

Der Aufwand beträgt

KU/IU $= 4/2 = \underline{\underline{2}}$

KU/IU $= 4{,}828/2 = \underline{\underline{2{,}414}}$

Ein größerer Aufwand für Beispiel 2 ergibt sich auch dann, wenn die 3. EF nicht gewuchtet werden muß. Der Grund liegt darin, daß die WE *1* und *3* nicht optimale Ebenen für das Wuchten der 1. EF sind. Der Mehraufwand ist offenbar der Preis für das Einsparen einer WE.

In Abb. 11.10a und b ist für Beispiel 1 die sukzessive Wirkung der einzelnen WS auf die Auslenkung an der Scheibe *1* (Meßstelle *1*) in Funktion von Ω dargestellt. Man erkennt wiederum den großen Einfluß des „starren“ Wuchtens auf die 1. und 2. kritische Drehzahl.

Tabelle 11.5. Zusammenfassung der acht Beispiele und ihr Vorgehen zum modalen Wuchtausgleich

Bsp.	Abb.	Abschn.	IU			starres Wuchten			„elastisches" Wuchten 1. EF			2. EF			3. EF			Aufwand KU/IU		
Meßstelle (Scheibe)			*1*	*2*	*3*	*1*	*2*	*3*	*1*	*2*	*3*	*1*	*2*	*3*	*1*	*2*	*3*			
I	11.6	11.3.2.3 1. Bsp.	1	–	i	–	–	–	×	×	×	×	×	×	×	×	×	1,91	kleine Unwucht	klassisches modales Wuchten
II	–	11.3.2.3 2. Bsp.	1	1	–	–	–	–	×	×	×	×	×	×	×	×	×	1,71		
III	–	11.3.3 1. Bsp.	1	–	i	×	–	×	–	–	–	–	–	–	–	–	–	1,00	große Unwucht	kombiniertes „starres" u. modales Wuchten
IV	11.7	11.3.3 2. Bsp.	1	1	–	×	–	×	×	×	×	–	–	–	×	×	×	2,21		
V	–	11.3.3 3. Bsp.	1	1	–	×	×	×	wird nicht erreicht											
VI	11.8	11.3.4	1	1	–	–	–	–	–	×	–	×	–	×	×	×	×	2,21	kleine U.	modales Vorwärts-Wuchten
VII	11.9	11.3.5 1. Bsp.	1	1	–	×	–	×	–	×	–	–	–	–	×	×	×	2,00	große Unwucht	kombiniertes „starres" u. modales Wuchten
VIII	–	11.3.5 2. Bsp.	1	1	–	×	–	×	×	–	×	–	–	–	×	×	×	2,41		

11.3.6 Allgemeiner Kommentar zu den Beispielen und dem Wuchten nach Eigenformen

In Tabelle 11.5 sind die acht Beispiele und ihr Vorgehen zum modalen Wuchtausgleich summarisch zusammengefaßt. Es wurde zwischen kleiner und großer IU unterschieden. Kleine Unwucht bedeutet, daß Messungen in den kritischen Drehzahlen schon im Anlieferungszustand des Rotors möglich sind. In diesem Fall kann die klassische Methode zur Anwendung gelangen. Im andern Fall, wenn die Unwucht zu groß ist, muß dem „elastischen" Wuchten ein „starres" Wuchten bei niederen Drehzahlen vorangehen. Eine andere Möglichkeit, mit behelfsmäßigen VWS die kritische Drehzahl zu erreichen, ist keine systematische Methode.

Obschon die acht Beispiele keinen Anspruch auf Vollständigkeit erheben, sind doch einige allgemeine Erkenntnisse daraus abzuleiten:

Kleine Unwucht

— Das klassische modale Wuchten, Beispiel I und II erfordert im allgemeinen den geringsten Aufwand (Beispiel III ist ein Zufallstreffer).
— Der Vergleich von Beispiel II und VI mit gleicher IU zeigt, daß das Vorwärtswuchten mit einem 2,21/1,71 = 1,3mal größeren Aufwand verbunden ist. (Diese Feststellung gilt nicht allgemein.)

Große Unwucht

— Der Vergleich von Beispiel IV mit den Beispielen VII und VIII zeigt, daß das Vorwärtswuchten sowohl einen kleineren wie größeren Aufwand erfordern kann: 2,00 und 2,41 gegen 2,21 (Beispiel IV).
— Beispiel III beweist, daß man mit vorgängigem starren Wuchten unter Umständen Glück haben kann; dann nämlich, wenn die IU in den beiden WE liegt.
— Der Vergleich von Beispiel IV und V zeigt deutlich, daß ein vorgängiges starres Wuchten durchaus die 1. EF stärker anregen kann, als die IU. Vom Ziel, die 1. kritische Drehzahl zu erreichen, ist man in diesem Fall noch weiter entfernt.
— Beispiel IV und VII lassen die sehr große Wirkung des vorgängigen starren Wuchtens auf die 1. und 2. EF erkennen, s. Abb. 11.8 und 11.10.

Das modale Wuchten nach EF ist eine übersichtliche und sichere Methode zum Wuchten von Wellen mit endlicher Anzahl Scheiben oder Punktmassen. Sie ist der Einstieg in das Verständnis und die zweckmäßige Handhabung aller andern Methoden.

Was man braucht sind die EF, d.h. die Modalmatrix. Jede EF liegt in einer Ebene durch die Lagerachse[14]. Man kann, muß aber nicht unbedingt, die EF rechnen. Die Rechnung ist im allgemeinen bereits verfügbar, denn bei der Konstruktion des Rotors mußte man Bescheid wissen über die kritischen Drehzahlen, mindestens über diejenigen im Betriebsbereich. Für die Berechnung der kritischen Drehzahlen stehen heute Computerprogramme zur Verfügung, die auch gleichzeitig die zugehörige EF liefern, womit die Modalmatrix bekannt ist. Weshalb braucht man die Modalmatrix?

Wenn man weiß (s. Abschn. 11.2.8), daß jede KU jede EF anregt – proportional der Ordinate der EF am Ort der KU –, so leuchtet ein, daß mit einem „beliebigen" WS

[14] Abweichung davon s. Abschn. 11.6 und 12.10.

irgendeine EF gewuchtet werden kann. Leider regt ein solch „beliebiger" WS alle andern EF auch an. Genau dies aber ist aus folgendem Grund unerwünscht: Setzt man voraus, daß die 1. EF gewuchtet ist und man wuchtet mit einem „beliebigen" WS die 2. EF, so wird die 1. EF wieder „entwuchtet". Es ist dann unter Umständen nicht mehr möglich im Auslauf über die 1. kritische Drehzahl zu fahren. Man möchte durch Wuchten der „obern" EF die bereits gewuchteten „untern" EF nicht mehr beeinflussen. Genau dies aber wird mit den WS für das modale Wuchten erreicht. Letztere sind allerdings nicht mehr „beliebig" wählbar. Zu ihrer Bestimmung ist die Modalmatrix erforderlich.

Beim Vorwärtswuchten macht man von der Tatsache Gebrauch, daß ein „beliebiger" WS oder eine einzige KU die 1. EF wuchten kann und nimmt keine Rücksicht auf die 2. und höheren EF. Ist die 1. EF gewuchtet, wird die 2. EF in dem Sinne gewuchtet, daß man keine Rücksicht auf eine Beeinflussung der 3. und höheren EF nimmt, hingegen muß Rücksicht auf die 1. EF genommen werden, usf. Beim Auslauf muß man sukzessive die niederen kritischen Drehzahlen durchfahren. Dies verlangt, daß man bei höheren EF Rücksicht auf die bereits gewuchteten niederen EF nimmt. Diese Rücksicht „kostet" jeweils eine WE mehr. Man kann so – kleine Unwucht vorausgesetzt – mit einer WE für die 1. EF, zwei WE für die 2. EF, kurz n WE für die n-te EF auskommen. Zu Beginn des Wuchtens müssen aber n WE zur Verfügung stehen.

Die Modalmatrix kann nur das Verhältnis der KU eines WS, den VWS festlegen. Größe und Richtung des WS sind der Messung zu entnehmen. Weil in den kritischen Drehzahlen die entsprechenden EF wohl dominieren, jedoch nicht rein gemessen werden können, ist das Wuchten nach EF grundsätzlich mit Fehlern behaftet, einem *systematischen Fehler* zu dem noch ein *zufälliger Fehler*, Meß- oder Ablesefehler hinzukommt. Der systematische Fehler ist um so kleiner je kleiner die Dämpfung ist und je weiter die kritischen Drehzahlen auseinander liegen. Für Q-Faktoren größer 8 (Lehrsches Dämpfungsmaß $D = 1/(2Q) = 1/(2 \cdot 8) = 0{,}06$) ist der Fehler tragbar, s. Abschn. 11.3.2.2.

Das Messen in oder mindestens nahe der kritischen Drehzahlen ist ein Muß. Gelingt es auf Anhieb nicht, muß vorgängig bei niederen Drehzahlen „starr" gewuchtet werden. Gelingt es auch damit nicht die 1. kritische Drehzahl zu erreichen, muß auf „Probieren" umgestiegen werden. Es wird ein „beliebiger" (abschätzbarer) WS montiert. Eine Messung kurz vor der 1. Resonanz erlaubt eine Korrektur und man kann mit einem verbesserten WS hochfahren. Analog läßt sich verfahren, wenn die 2. und 3. Resonanz nicht auf Anhieb erreicht wird.

Noch eine Bemerkung zur Lagerung:

Bei den behandelten Beispielen wurde eine radial starre, d.h. isotrope Lagerung vorausgesetzt. Sind die Lager *elastisch*, aber immer noch *isotrop*, so ändert sich am ganzen Verfahren des Wuchtens nach EF grundsätzlich nichts. Einzig die kritischen Drehzahlen werden durch die elastische Lagerung abgesenkt (Abschn. 8.3, Abb. 8.6 und Abb. 12.17) und die EF ändern (Abb. 8.6 und Abb. 12.8). Ist die Lagerung *anisotrop*, so sind grundsätzlich zwei Fälle zu unterscheiden: Rotoren mit *symmetrischen*- und Rotoren mit *unsymmetrischen* (Gleitlager!) Matrizen. Im ersten Fall der symmetrischen Matrizen kann nach Abschn. 11.5 durch Drehung des KS immer eine ideal-anisotrope Lagerung erreicht werden. Die ideal-anisotrope Lagerung wird im Abschn. 11.4 behandelt. Im zweiten Fall der unsymmetrischen Matrix gelingt es, bei relativ zur

Lagerung elastischen Rotoren, auch eine ideal-anisotrope Lagerung zu erreichen, wie Abschn. 11.5 zeigt. Sie kann modal gewuchtet werden. Bei eher seltenen, relativ steifen (starren) Rotoren gelingt dies nicht mehr voll und ganz. Man wird entweder bimodal wuchten, s. Abschn. 11.6 und 12.10, oder auf eine andere Methode, z.B. der der Einflußkoeffizienten, s. 3. Teil, oder auf die des quasi-modalen Wuchtens, Abschn. 19.3, umsteigen müssen.

11.3.7 Methode der Identifikation bei radial-isotroper Lagerung

Die Methode ist anwendbar bei kleiner und großer Unwucht. Ist die Unwucht klein, in dem Sinne, als gleich auf Anhieb eine Messung in den kritischen Drehzahlen – die im Betriebsbereich oder in deren Nähe liegen – ohne Gefährdung des Rotors möglich ist, so kann die Methode ohne Komplikationen verwendet werden. Ist hingegen die Unwucht groß in dem Sinne, als die 1. kritische Drehzahl nicht erreicht wird, so muß wie bei der Methode nach EF der Rotor zuerst als „starrer" Rotor bei niederen Drehzahlen gewuchtet werden.

Im übrigen stützt sich die Methode der Identifikation auch auf die EF ab.

Sie liefert WS aus der Kenntnis der EF selbst, d.h. der Modalmatrix und den Resonanzmessungen in der 1., 2., 3.,... kritischen Drehzahlen. Die systematischen Fehler sind – neben Meß- und Ablesefehlern – die gleichen, wie für das klassische Wuchten nach EF, s. Abschn. 11.3.2.2. Sie sind also um so kleiner, je kleiner die Dämpfung ist und je weiter die kritischen Drehzahlen auseinander liegen. Für Q-Faktoren (Lehrsches Dämpfungsmaß $D = 1/(2Q)$) größer als 8, ist der Fehler vernachlässigbar.

Der große *Vorteil* dieser Methode ist die direkte Bestimmung der WS nach *Lage* und *Größe* durch einmalige Messung *ohne Testgewichtssetzungen* und *Testläufe*. Die klassische Methode nach EF liefert nur die Lage und das Verhältnis der KU im WS, die VWS.

Der entscheidende *Nachteil* beruht auf der Bestimmung des Q-Faktors durch die *Halbwertbreite* der entsprechenden Resonanz, s. Anhang zu Abschn. 11.3.7, was mit einer Unsicherheit behaftet ist, welche die Genauigkeit negativ beeinflussen kann.

Das Vorgehen soll an zwei Beispielen erläutert werden.

1. Beispiel. Das Beispiel in Abschn. 11.2.10, Abb. 11.4 soll zur Erklärung der Identifikationsmethode dienen. Man mißt in der 1. kritischen Drehzahl – vorzugsweise am Ort der Scheibe mit der größten Auslenkung – die Auslenkung ist als Vektor (komplexe Zahl) zu verstehen.

Nach Abb. 11.4a ist die größte Auslenkung bei ω_1 an der mittleren Scheibe (Meßstelle *2*). Nach Abb. 11.4c liefert die Messung in der 1. Resonanz bei $\Omega = \omega_1$

$$\underline{r}_2(\omega_1)/U_\varepsilon = 0{,}097584 - \mathrm{i}\,0{,}121239. \tag{11.89}$$

(Eine Ablesegenauigkeit von sechs Stellen ist natürlich praktisch nicht möglich und auch nicht nötig.)

In der 2. kritischen Drehzahl wird nach Abb. 11.4a die größte Auslenkung an der linken Scheibe (Meßstelle *1*) gemessen. Nach Abb. 11.4b liefert die Messung in der 2. Resonanz bei $\Omega = \omega_2$

$$\underline{r}_1(\omega_2)/U_\varepsilon = -0{,}139351 - \mathrm{i}\,0{,}136881. \tag{11.90}$$

In der 3. kritischen Drehzahl wird nach Abb. 11.4a die größte Auslenkung an der rechten Scheibe (Meßstelle *3*) gemessen. Wir wählen trotzdem die Messung an der mittleren Scheibe (Meßstelle *2*), die nicht stark verschieden ist. Für $\Omega = \omega_3$ beträgt nach Abb. 11.4c

$$\underline{r}_2(\omega_3)/U_\varepsilon = -0{,}061232 + \mathrm{i}\,0{,}038660. \tag{11.91}$$

Die WS I, II und III für die EF lauten (Beweis siehe nachfolgend)

WS I

$$U^{\mathrm{I}} = -(\boldsymbol{\Phi}^{\mathrm{T}})^{-1} \begin{bmatrix} \dfrac{\underline{r}_2^{\nabla}(\omega_1)}{\Phi_{21}\underline{A}_1(\omega_1)} \\ 0 \\ 0 \end{bmatrix} . \tag{11.92}$$

WS II

$$U^{\mathrm{II}} = -(\boldsymbol{\Phi}^{\mathrm{T}})^{-1} \begin{bmatrix} 0 \\ \dfrac{\underline{r}_1^{\nabla}(\omega_2)}{\Phi_{12}\underline{A}_2(\omega_2)} \\ 0 \end{bmatrix} . \tag{11.93}$$

WS III

$$U^{\mathrm{III}} = -(\boldsymbol{\Phi}^{\mathrm{T}})^{-1} \begin{bmatrix} 0 \\ 0 \\ \dfrac{\underline{r}_2^{\nabla}(\omega_3)}{\Phi_{23}\underline{A}_3(\omega_3)} \end{bmatrix} . \tag{11.94}$$

Für die Berechnung der WS ist $\underline{r}_j^{\nabla}$ durch die Messung $\underline{r}_j$ zu ersetzen, wodurch der systematische Fehler nach Abschn. 11.3.2.2 entsteht. Neben $\underline{r}_j^{\nabla} = \underline{r}_j$ ist noch die Kenntnis von $\underline{A}_1(\omega_1)$, $\underline{A}_2(\omega_2)$ und $\underline{A}_3(\omega_3)$ erforderlich. Man erhält sie nach Abb. 11.3a als Q_j-Faktoren. Letztere müssen dem Verfahren der Halbwertsbreite in der Resonanz entnommen werden, s. Anhang zu Abschn. 11.3.7. Dieses Verfahren ist in Abb. 11.6a und b durchgeführt. Es liefert $Q_1 = 10$; $Q_2 = 8.5$, bzw. 8.3; $Q_3 = 4.3$, bzw. 4.7. Die genauen Werte sind für a und b nach (11.36) und (11.37) mit $n = 1$

$$|\underline{A}_1(\omega_1)| = 10 = Q_1; \quad |\underline{A}_2(\omega_2)| = 8{,}4612 = Q_2; \quad |\underline{A}_3(\omega_3)| = 4{,}5510 = Q_3$$

und nach (11.29)

$$\underline{A}_1(\omega_1) = -\mathrm{i}\,Q_1 = -\mathrm{i}\,10; \quad \underline{A}_2(\omega_2) = -\mathrm{i}\,Q_2 = -\mathrm{i}\,8{,}4612; \quad \underline{A}_3(\omega_3) = -\mathrm{i}\,4{,}5510. \tag{11.95}$$

Mit (11.89) und (11.95), sowie (11.34) und (11.35) wird der WS I

$$U^{\mathrm{I}}/U_\varepsilon = -(\boldsymbol{\Phi}^{\mathrm{T}})^{-1} \begin{bmatrix} \dfrac{0{,}097584 - \mathrm{i}\,0{,}121239}{0{,}124766(-\mathrm{i}\,10)} \\ 0 \\ 0 \end{bmatrix} = \begin{bmatrix} -0{,}2754 - \mathrm{i}\,0{,}2216 \\ -0{,}3894 - \mathrm{i}\,0{,}3134 \\ -0{,}2754 - \mathrm{i}\,0{,}2216 \end{bmatrix} \tag{11.96}$$

und analog die WS II und III

$$U^{\mathrm{II}}/U_\varepsilon = \begin{bmatrix} -0{,}5196 + \mathrm{i}\,0{,}5290 \\ 0 \\ +0{,}5196 - \mathrm{i}\,0{,}5290 \end{bmatrix}; \quad U^{\mathrm{III}}/U_\varepsilon = \begin{bmatrix} -0{,}1929 - \mathrm{i}\,0{,}3056 \\ +0{,}2728 + \mathrm{i}\,0{,}4322 \\ -0{,}1929 - \mathrm{i}\,0{,}3056 \end{bmatrix}. \tag{11.96'}$$

Die Summe ergibt (Kontrolle)

$$U/U_\varepsilon = (U^{\mathrm{I}} + U^{\mathrm{II}} + U^{\mathrm{III}})/U_\varepsilon = \begin{bmatrix} -0{,}9879 + \mathrm{i}\,0{,}0018 \\ -0{,}1166 + \mathrm{i}\,0{,}1188 \\ +0{,}0513 - \mathrm{i}\,1{,}0562 \end{bmatrix} \approx \begin{bmatrix} -1 \\ 0 \\ -\mathrm{i} \end{bmatrix}; \quad U_\varepsilon = \begin{bmatrix} 1 \\ 0 \\ \mathrm{i} \end{bmatrix} U_\varepsilon . \tag{11.97}$$

Der Fehler ist rein systematischer Natur. Wir haben den Meß- oder Ablesefehler durch den exakten Wert in (11.89) und (11.91) eliminiert.

2. Beispiel. Für das 2. Beispiel entnehmen wir die Messung des 2. Beispiels in Abschn. 11.3.2, s. Abb. 11.8a und b. Es ist nur eine Messung vorhanden, diejenige für die 1. Scheibe (Meßstelle *1*), Kurve ① mit IU. Aus Abb. 11.8a ist ersichtlich, daß die 3. EF bei $\Omega = \omega_3$ nicht unbedingt gewuchtet werden muß, da die Auslenkung relativ klein ist. Wir entnehmen der Messung

$$\begin{aligned} \underline{r}_1(\omega_1) &= -0{,}018902 - \mathrm{i}\,0{,}186819, \\ \underline{r}_1(\omega_2) &= -0{,}022900 - \mathrm{i}\,0{,}132217. \end{aligned} \tag{11.98}$$

(Eine Ablesegenauigkeit von sechs Stellen ist in der Praxis nicht möglich und auch nicht nötig.)

Die zuständigen WS I und II lauten (Ableitung s. nachfolgend)

$$\boldsymbol{U}^{\mathrm{I}} = -(\boldsymbol{\Phi}^{\mathrm{T}})^{-1} \begin{bmatrix} \dfrac{\underline{r}_1^{\nabla}(\omega_1)}{\Phi_{11}\underline{A}_1(\omega_1)} \\ 0 \\ 0 \end{bmatrix}; \quad \boldsymbol{U}^{\mathrm{II}} = -(\boldsymbol{\Phi}^{\mathrm{T}})^{-1} \begin{bmatrix} 0 \\ \dfrac{\underline{r}_1^{\nabla}(\omega_2)}{\Phi_{12}\underline{A}_2(\omega_2)} \\ 0 \end{bmatrix}. \tag{11.99}$$

$\underline{r}_j$ statt $\underline{r}_j^{\nabla}$ in (11.99) eingesetzt ergibt zusammen mit (11.95)

$$\boldsymbol{U}^{\mathrm{I}} = \begin{bmatrix} -0{,}6000 + \mathrm{i}\,0{,}0607 \\ -0{,}8486 + \mathrm{i}\,0{,}0859 \\ -0{,}6000 + \mathrm{i}\,0{,}0607 \end{bmatrix}; \quad \boldsymbol{U}^{\mathrm{II}} = \begin{bmatrix} -0{,}5019 + \mathrm{i}\,0{,}0869 \\ 0 \\ +0{,}5019 - \mathrm{i}\,0{,}0869 \end{bmatrix}.$$

Vergleicht man diese WS mit den exakten aus Abschn. 11.3.2, 2. Beispiel mit gleicher IU (11.70), so stellt man einen nur unbedeutenden systematischen Fehler fest.

Die Summe beider WS ergibt

$$\boldsymbol{U}^{\mathrm{I}} + \boldsymbol{U}^{\mathrm{II}} = \begin{bmatrix} -1{,}1019 + \mathrm{i}\,0{,}1476 \\ -0{,}8486 + \mathrm{i}\,0{,}0859 \\ -0{,}0981 - \mathrm{i}\,0{,}0262 \end{bmatrix}.$$

Das Resultat $|\underline{r}_1(\Omega)|$ für $\boldsymbol{U}_\varepsilon + \boldsymbol{U}^{\mathrm{I}} + \boldsymbol{U}^{\mathrm{II}}$ ist in Abb. 11.11, Kurve ② dargestellt. Man stellt fest, daß die 3. EF bei $\Omega = \omega_3$ auch ohne Wuchten der 3. EF (mit einem WS III) stark reduziert wurde.

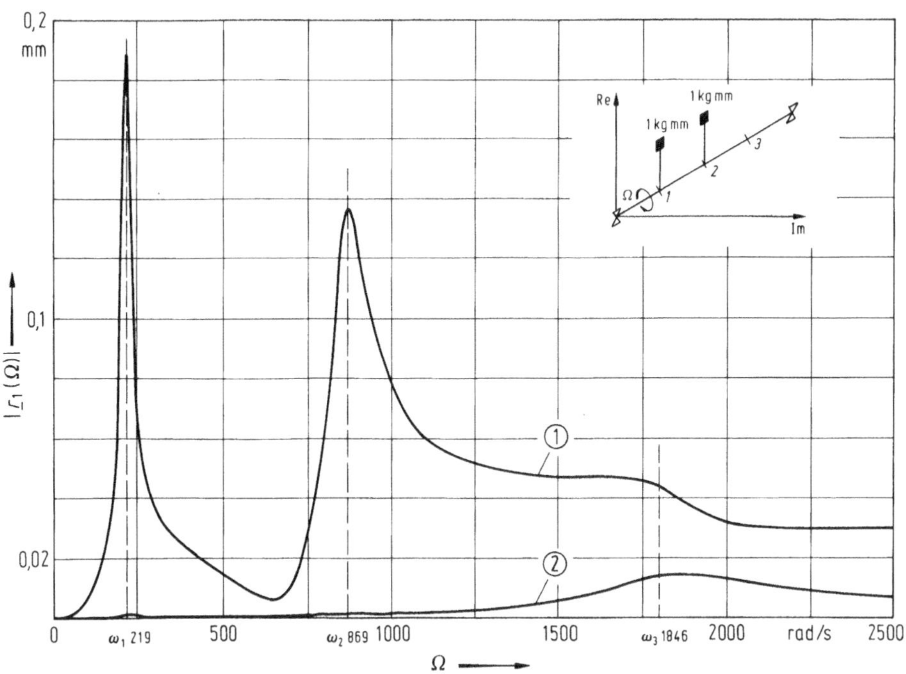

Abb. 11.11. Wuchten eines Dreischeiben-Rotors mit Identifikation (Rotor in Abb. 11.8 beschrieben). Absolutwert der Auslenkung an der Scheibe *1*, Meßstelle *1*. ① = IU in *1 2*; ② = ① plus WS I plus WS II (Wuchtsatzermittlung mit Identifikation)

Ableitung der WS *für das Wuchten mit Identifikation*

Setzt man voraus, daß in den kritischen Drehzahlen (Resonanz) die entsprechende Eigenschwingung dominiert, so kann man die übrigen vernachlässigen, was zu den im Abschn. 11.3.2.2 erwähnten systematischen, im allgemeinen aber tolerierbaren Fehlern führt.

Für die 1. kritische Drehzahl $\Omega = \omega_1$ erhält man mit $\underline{\eta}_2 = \underline{\eta}_3 = 0$ und mit (11.30) das exakte System

$$\boldsymbol{r}^{\nabla}(\omega_1) = \boldsymbol{\Phi} \begin{bmatrix} \underline{\eta}_1(\omega_1) \\ 0 \\ 0 \end{bmatrix} = \boldsymbol{\Phi} \begin{bmatrix} \underline{F}_1 \underline{A}_1(\omega_1) \\ 0 \\ 0 \end{bmatrix}. \tag{11.100}$$

Nach (11.27) gilt für die KU $(-\boldsymbol{U})$

$$\underline{F}_1 = -\boldsymbol{\Phi}_1^{\mathrm{T}} \boldsymbol{U}; \qquad \boldsymbol{U} = \begin{bmatrix} \underline{U}_1 \\ \underline{U}_2 \\ \underline{U}_3 \end{bmatrix},$$

so daß für (11.100) auch geschrieben werden kann

$$\boldsymbol{r}^{\nabla}(\omega_1) = \boldsymbol{\Phi} \begin{bmatrix} -\boldsymbol{\Phi}_1^{\mathrm{T}} \boldsymbol{U} \underline{A}_1(\omega_1) \\ 0 \\ 0 \end{bmatrix} = -\boldsymbol{\Phi}_1 (\boldsymbol{\Phi}_1^{\mathrm{T}} \boldsymbol{U})\, \underline{A}_1(\omega_1),$$

bzw.

$$\begin{bmatrix} \underline{r}_1^{\nabla}(\omega_1) \\ \underline{r}_2^{\nabla}(\omega_1) \\ \underline{r}_3^{\nabla}(\omega_1) \end{bmatrix} = -\begin{bmatrix} \Phi_{11}\,\Phi_{11}; & \Phi_{11}\,\Phi_{21}; & \Phi_{11}\,\Phi_{31} \\ \Phi_{21}\,\Phi_{11}; & \Phi_{21}\,\Phi_{21}; & \Phi_{21}\,\Phi_{31} \\ \Phi_{31}\,\Phi_{11}; & \Phi_{31}\,\Phi_{21}; & \Phi_{31}\,\Phi_{31} \end{bmatrix} \begin{bmatrix} \underline{U}_1 \\ \underline{U}_2 \\ \underline{U}_3 \end{bmatrix} \underline{A}_1(\omega_1)$$

$$= -\begin{bmatrix} \Phi_{11}\,\boldsymbol{\Phi}_1^{\mathrm{T}} \\ \Phi_{21}\,\boldsymbol{\Phi}_1^{\mathrm{T}} \\ \Phi_{31}\,\boldsymbol{\Phi}_1^{\mathrm{T}} \end{bmatrix} \boldsymbol{U} \underline{A}_1(\omega_1) = -\begin{bmatrix} \Phi_{11} \\ \Phi_{21} \\ \Phi_{31} \end{bmatrix} (\boldsymbol{\Phi}_1^{\mathrm{T}} \boldsymbol{U})\, \underline{A}_1(\omega_1)$$

oder nach $\boldsymbol{\Phi}_1^{\mathrm{T}} \boldsymbol{U}$ aufgelöst

$$\boldsymbol{\Phi}_1^{\mathrm{T}} \boldsymbol{U} = -\left[\frac{\underline{r}_1^{\nabla}(\omega_1)}{\Phi_{11} \underline{A}_1(\omega_1)} = \frac{\underline{r}_2^{\nabla}(\omega_1)}{\Phi_{21} \underline{A}_1(\omega_1)} = \frac{\underline{r}_3^{\nabla}(\omega_1)}{\Phi_{31} \underline{A}_1(\omega_1)} \right], \tag{11.101}$$

wobei die Wahl zwischen $\underline{r}_1^{\nabla}(\omega_1)$, $\underline{r}_2^{\nabla}(\omega_1)$ und $\underline{r}_3^{\nabla}(\omega_1)$ offen ist.

Gleichung (11.101) hat drei Unbekannte $\underline{U}_1$, $\underline{U}_2$ und $\underline{U}_3$, ist somit zweifach unterbestimmt. Die fehlenden beiden Gleichungen erhält man mit der Voraussetzung

$$\underline{\eta}_2(\omega_1) = 0; \qquad \underline{\eta}_3(\omega_1) = 0$$

oder nach (11.28)

$$\underline{\eta}_2(\omega_1) = \underline{F}_2 \underline{A}_2(\omega_1) = -(\boldsymbol{\Phi}_2^{\mathrm{T}} \boldsymbol{U})\, \underline{A}_2(\omega_1) = 0;$$
$$\underline{\eta}_3(\omega_1) = \underline{F}_3 \underline{A}_3(\omega_1) = -(\boldsymbol{\Phi}_3^{\mathrm{T}} \boldsymbol{U})\, \underline{A}_3(\omega_1) = 0$$

auch

$$\boldsymbol{\Phi}_2^{\mathrm{T}} \boldsymbol{U} = 0; \qquad \boldsymbol{\Phi}_3^{\mathrm{T}} \boldsymbol{U} = 0. \tag{11.102}$$

Die Gleichungen (11.101) und (11.102) ergeben nach $\boldsymbol{U}$ aufgelöst das gesuchte Gleichungssystem für das Wuchten der 1. EF, d.h. den WS I

$$\text{WS I:}\quad \boldsymbol{U}^{\mathrm{I}} = -(\boldsymbol{\Phi}^{\mathrm{T}})^{-1}\begin{bmatrix} \dfrac{\underline{r}_1^{\nabla}(\omega_1)}{\Phi_{11}\underline{A}_1(\omega_1)} = \dfrac{\underline{r}_2^{\nabla}(\omega_1)}{\Phi_{21}\underline{A}_1(\omega_1)} = \dfrac{\underline{r}_3^{\nabla}(\omega_1)}{\Phi_{31}\underline{A}_1(\omega_1)} \\ 0 \\ 0 \end{bmatrix}. \tag{11.103}$$

Ganz analog lassen sich auch die WS II und III für das Wuchten der 2. und 3. EF ableiten

$$\text{WS II:}\quad \boldsymbol{U}^{\mathrm{II}} = -(\boldsymbol{\Phi}^{\mathrm{T}})^{-1}\begin{bmatrix} 0 \\ \dfrac{\underline{r}_1^{\nabla}(\omega_2)}{\Phi_{12}\underline{A}_2(\omega_2)} = \dfrac{\underline{r}_2^{\nabla}(\omega_2)}{\Phi_{22}\underline{A}_2(\omega_2)} = \dfrac{\underline{r}_3^{\nabla}(\omega_2)}{\Phi_{32}\underline{A}_2(\omega_2)} \\ 0 \end{bmatrix};$$

$$\text{WS III:}\quad \boldsymbol{U}^{\mathrm{III}} = -(\boldsymbol{\Phi}^{\mathrm{T}})^{-1}\begin{bmatrix} 0 \\ 0 \\ \dfrac{\underline{r}_1^{\nabla}(\omega_3)}{\Phi_{13}\underline{A}_3(\omega_3)} = \dfrac{\underline{r}_2^{\nabla}(\omega_3)}{\Phi_{23}\underline{A}_3(\omega_3)} = \dfrac{\underline{r}_3^{\nabla}(\omega_3)}{\Phi_{33}\underline{A}_3(\omega_3)} \end{bmatrix}. \tag{11.104}$$

Die Ausdrücke $\underline{r}_j^{\nabla}$ können der Messung nicht entnommen werden und müssen durch die meßbaren Größen $\underline{r}_j$ ersetzt werden, wodurch der anfangs erwähnte systematische Fehler resultiert.

Man hat für einen WS die Wahl, die Messung an der Stelle *1* oder *2* oder *3* vorzunehmen, wobei man zweckmäßigerweise diejenige mit dem größten Absolutwert (kleinster Meß- und Ablesefehler) – oder einfach die mögliche oder schon vorhandene – bevorzugen wird.

11.3.8 Modales Wuchten von wenigen Eigenformen bei Rotoren mit vielen Eigenformen oder kritischen Drehzahlen

Eine Scheibenwelle mit vielen Scheiben oder eine Welle mit vielen diskreten Massen hat viele kritische Drehzahlen oder EF. Der Betriebsbereich erstreckt sich jedoch meist nur über die ersten zwei, drei oder vier kritischen Drehzahlen. Es sind deshalb nur zwei, drei oder vier EF zu wuchten. Sind N diskrete Massen (Scheiben) vorhanden und auch N EF, so lautet die Wuchtgleichung (11.45′)

$$\boldsymbol{\Phi}^{\mathrm{T}}\boldsymbol{U} = -\begin{bmatrix} \boldsymbol{\Phi}_1^{\mathrm{T}}\boldsymbol{U}_\varepsilon \\ \boldsymbol{\Phi}_2^{\mathrm{T}}\boldsymbol{U}_\varepsilon \\ \vdots \\ \boldsymbol{\Phi}_N^{\mathrm{T}}\boldsymbol{U}_\varepsilon \end{bmatrix} = -\begin{bmatrix} \underline{F}_{\varepsilon 1} \\ \underline{F}_{\varepsilon 2} \\ \vdots \\ \underline{F}_{\varepsilon N} \end{bmatrix}$$

oder ausgeschrieben

3. normierter Eigenvektor (3. EF) —·—·—
2. normierter Eigenvektor (2. EF) — — —
1. normierter Eigenvektor (1. EF) ———

$$\begin{bmatrix} \Phi_{11} & \Phi_{21} & \Phi_{31} & \cdots & \Phi_{N1} \\ \Phi_{12} & \Phi_{22} & \Phi_{32} & \cdots & \Phi_{N2} \\ \Phi_{13} & \Phi_{23} & \Phi_{33} & \cdots & \Phi_{N3} \\ \vdots & \vdots & \vdots & & \vdots \\ \Phi_{1N} & \cdots & \cdots & \cdots & \Phi_{NN} \end{bmatrix} \begin{bmatrix} \underline{U}_1 \\ \underline{U}_2 \\ \underline{U}_3 \\ \vdots \\ \underline{U}_N \end{bmatrix} = - \begin{bmatrix} \Phi_{11}\underline{U}_{\varepsilon 1} + \Phi_{21}\underline{U}_{\varepsilon 2} + \cdots + \Phi_{N1}\underline{U}_{\varepsilon N} \\ \Phi_{12}\underline{U}_{\varepsilon 1} + \Phi_{22}\underline{U}_{\varepsilon 2} + \cdots + \Phi_{N2}\underline{U}_{\varepsilon N} \\ \Phi_{13}\underline{U}_{\varepsilon 1} + \Phi_{23}\underline{U}_{\varepsilon 2} + \cdots + \Phi_{N3}\underline{U}_{\varepsilon N} \\ \vdots \qquad \vdots \qquad \vdots \\ \Phi_{1N}\underline{U}_{\varepsilon 1} \cdots\cdots \Phi_{NN}\underline{U}_{\varepsilon N} \end{bmatrix} = \begin{bmatrix} -\underline{F}_{\varepsilon 1} \\ -\underline{F}_{\varepsilon 2} \\ -\underline{F}_{\varepsilon 2} \\ \vdots \\ -\underline{F}_{\varepsilon N} \end{bmatrix} \qquad (11.105)$$

gesuchte KU (Wuchtsatz) — vorhandene IU

Soll nur die 1. EF (1. kritische Drehzahl) gewuchtet werden, braucht man minimal nur 1 WE. Wählt man z. B. als WE die Meßstelle *2*, so entsteht aus obigem System die einzige Gleichung für die KU

$$\Phi_{21}\,\underline{U}_2 = -\underline{F}_{\varepsilon 1}. \quad \boxed{} \text{ in (11.105).} \qquad (11.106)$$

Sollen die ersten beiden EF gewuchtet werden, sind minimal zwei WE erforderlich. Wählt man z. B. als WE die Meßstellen *2* und *3*, so liefert das System (11.105) die beiden Gleichungen

$$\begin{bmatrix} \Phi_{21} & \Phi_{31} \\ \Phi_{22} & \Phi_{32} \end{bmatrix} \begin{bmatrix} \underline{U}_2 \\ \underline{U}_3 \end{bmatrix} = - \begin{bmatrix} \underline{F}_{\varepsilon 1} \\ \underline{F}_{\varepsilon 2} \end{bmatrix} = + \underbrace{\begin{bmatrix} -\underline{F}_{\varepsilon 1} \\ 0 \end{bmatrix}}_{1.\,\text{EF}} + \underbrace{\begin{bmatrix} 0 \\ -\underline{F}_{\varepsilon 2} \end{bmatrix}}_{2.\,\text{EF}} . \quad \boxed{} \text{ in (11.105)}$$

Die Aufspaltung in je zwei Gleichungen mit zwei Unbekannten liefert die WS für die 1. EF, bzw. 2. EF.

Sollen die ersten drei EF gewuchtet werden, sind minimal drei WE erforderlich. Wählt man z. B. als WE die Meßstellen *1*, *2* und *3*, so liefert das System (11.105) die drei Gleichungen

$$\begin{bmatrix} \Phi_{11} & \Phi_{21} & \Phi_{31} \\ \Phi_{12} & \Phi_{22} & \Phi_{32} \\ \Phi_{13} & \Phi_{23} & \Phi_{33} \end{bmatrix} \begin{bmatrix} \underline{U}_1 \\ \underline{U}_2 \\ \underline{U}_3 \end{bmatrix} = - \begin{bmatrix} \underline{F}_{\varepsilon 1} \\ \underline{F}_{\varepsilon 2} \\ \underline{F}_{\varepsilon 3} \end{bmatrix}$$

$$= + \underbrace{\begin{bmatrix} -\underline{F}_{\varepsilon 1} \\ 0 \\ 0 \end{bmatrix}}_{1.\,\text{EF}} + \underbrace{\begin{bmatrix} 0 \\ -\underline{F}_{\varepsilon 2} \\ 0 \end{bmatrix}}_{2.\,\text{EF}} + \underbrace{\begin{bmatrix} 0 \\ 0 \\ -\underline{F}_{\varepsilon 3} \end{bmatrix}}_{3.\,\text{EF}} . \quad \boxed{} \text{ in (11.105)}$$

Die Aufspaltung in drei Systeme gestattet die Bestimmung der WS für die 1., 2. und 3. EF usw.

Die *Anzahl* WE ist gegeben durch die Anzahl EF (kritische Drehzahlen), die zu wuchten sind. Die Wahl des Orts der WE ist beliebig. Nun ist die Intensität der Anregung durch die IU, die Größen $\underline{F}_{\varepsilon j}$, nicht im voraus bekannt. Anstelle von $\underline{F}_{\varepsilon j}$ werden Symbole gesetzt, z. B. $\underline{F}_{\varepsilon j} = 1$, wodurch nur VWS erhalten werden. (Eine

Ausnahme bildet die Methode der Identifikation.)

Die Vernachlässigung der höheren EF wirkt sich selbstverständlich auf die Genauigkeit des Wuchtens aus. Der Fehler ist um so kleiner, je höher die vernachlässigten EF sind, s. Abb. 11.3a. Es handelt sich hier um einen *weiteren systematischen Fehler* des Wuchstens nach EF.

Das Wuchten von wenigen EF bei Rotoren mit vielen EF oder kritischen Drehzahlen ist *das* eigentliche Problem des Wuchtens von kontinuierlichen Wellen. Kontinuierliche Wellen haben theoretisch unendlich viele EF oder kritische Drehzahlen, von denen nur wenige gewuchtet werden können und müssen. In Kap. 12 über die kontinuierliche Welle wird dieses Problem ausführlich behandelt.

II. Ideal-anisotrope Lager

11.4 Modales Wuchten der ideal-anisotrop gelagerten Mehrscheibenwelle

Ist die Welle mit mehreren Scheiben oder diskreten Massen ideal-anisotrop gelagert, Abb. 6.1a, ist es zweckmäßig, die Kräfte in zwei zueinander rechtwinklige Ebenen durch die Achse zu zerlegen und zwar in die beiden Ebenen, in denen die Elastizität der Lagerung extremal ist. Wir setzen voraus, daß dies in der x- bzw. y-Richtung der Fall sei, Abb. 11.12a. Die Steifigkeit (Federzahlen) in der x- bzw. y-Richtung der beiden gleichen Lager sei $c_x/2$ bzw. $c_y/2$, so daß die Steifigkeiten beider Lager zusammen c_x bzw. c_y betragen. Obschon die folgende Theorie für beliebig viele Scheiben oder konkrete Massen und beliebige Verteilung längs der Achse gilt, setzen wir einfachheitshalber nur zwei gleiche Scheiben mit der Masse m voraus und berücksichtigen zwei gleiche Massen m_0 an den Lagern. Um die Resultate transparenter zu machen, setzen wir die Lage (Ort) der Scheiben symmetrisch voraus.

Elastisch isotrope Lager können als Spezialfall der ideal anisotropen Lagerung mit $c_x = c_y = c$ aufgefaßt werden.

11.4.1 Differentialgleichung

Die Differentialgleichung mit $\boldsymbol{r}(t) = \boldsymbol{x}(t) + \mathrm{i}\,\boldsymbol{y}(t)$ lautet analog (11.9) mit $\boldsymbol{U}$ als KU und $\boldsymbol{U}_\varepsilon$ als IU

$$\underline{\boldsymbol{M}\ddot{\boldsymbol{r}} + \boldsymbol{D}\dot{\boldsymbol{r}} + \boldsymbol{S}\boldsymbol{r} = (\boldsymbol{U} + \boldsymbol{U}_\varepsilon)\,\Omega^2\,\mathrm{e}^{\mathrm{i}\Omega t}.} \tag{11.107}$$

Zerlegt in die x- und y-Richtung (Real- und Imaginärteil) gilt

$$\boldsymbol{M}\ddot{\boldsymbol{x}} + \boldsymbol{D}\dot{\boldsymbol{x}} + \boldsymbol{S}_x\boldsymbol{x} = \Omega^2\,\mathrm{Re}\,[(\boldsymbol{U} + \boldsymbol{U}_\varepsilon)\,\mathrm{e}^{\mathrm{i}\Omega t}]; \tag{11.108}$$

$$\boldsymbol{M}\ddot{\boldsymbol{y}} + \boldsymbol{D}\dot{\boldsymbol{y}} + \boldsymbol{S}_y\boldsymbol{y} = \Omega^2\,\mathrm{Im}\,[(\boldsymbol{U} + \boldsymbol{U}_\varepsilon)\,\mathrm{e}^{\mathrm{i}\Omega t}]; \tag{11.109}$$

$$\boldsymbol{x} = \begin{bmatrix} x_1 \\ x_2 \\ x_3 \\ x_4 \end{bmatrix}; \quad \boldsymbol{y} = \begin{bmatrix} y_1 \\ y_2 \\ y_3 \\ y_4 \end{bmatrix}; \quad \boldsymbol{M} = \begin{bmatrix} m_0 & 0 & 0 & 0 \\ 0 & m & 0 & 0 \\ 0 & 0 & m & 0 \\ 0 & 0 & 0 & m_0 \end{bmatrix}; \quad \boldsymbol{D} = \begin{bmatrix} 0 & 0 & 0 & 0 \\ 0 & d & 0 & 0 \\ 0 & 0 & d & 0 \\ 0 & 0 & 0 & 0 \end{bmatrix};$$

$$\begin{matrix} \boldsymbol{S}_x \\ \boldsymbol{S}_y \end{matrix} = \begin{bmatrix} \alpha_{11} & \alpha_{12} & \alpha_{13} & \alpha_{14} \\ & \alpha_{22} & \alpha_{23} & \alpha_{24} \\ \text{symm.} & & \alpha_{33} & \alpha_{34} \\ & & & \alpha_{44} \end{bmatrix}_{\substack{x \\ y}} \quad \boldsymbol{U} = \begin{bmatrix} 0 \\ \underline{U}_2 \\ \underline{U}_3 \\ 0 \end{bmatrix}; \quad \boldsymbol{U}_\varepsilon = \begin{bmatrix} 0 \\ m\underline{\varepsilon}_1 \\ m\underline{\varepsilon}_2 \\ 0 \end{bmatrix}.$$

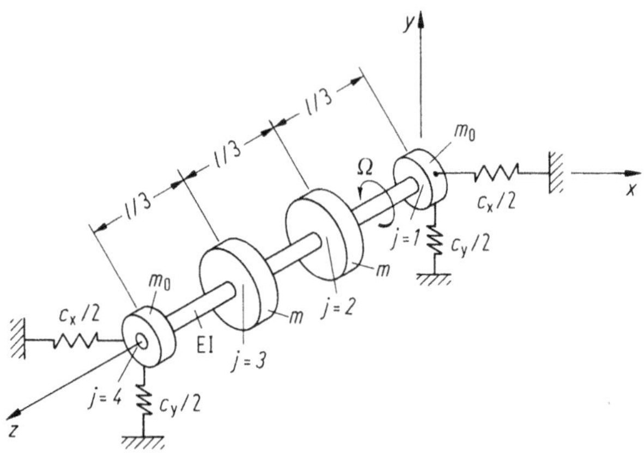

a

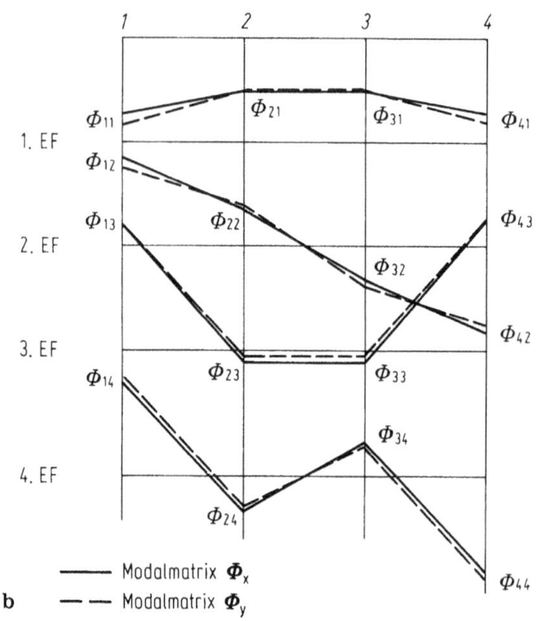

b

Abb. 11.12. Ideal anisotrop gelagerter Scheibenrotor und seine vier ersten EF. **a** Rotor auf elastischen Lagern mit Steifigkeiten c_x, c_y $(c_x < c_y)$ in den Hauptrichtungen x, y; **b** —— EF in $(x - z)$ Ebene; - - - - EF in $(y - z)$ Ebene

Die Lösung der obigen Differentialgleichung erfolgt zweckmäßigerweise mit komplexen Koeffizienten. Man läßt das Zeichen Re und Im weg, wodurch die Komponenten x_j und y_j von $\boldsymbol{x}$ und $\boldsymbol{y}$ komplex werden.

Um den Fehler zu kompensieren ist

$$x_j = \operatorname{Re} \underline{x}_j, \qquad y_j = \operatorname{Im} \underline{y}_j$$

oder zusammengefaßt

$$\boldsymbol{x} = \operatorname{Re} \boldsymbol{x}, \qquad \boldsymbol{y} = \operatorname{Im} \boldsymbol{y}$$

zu schreiben, d.h. man entnimmt der komplexen Lösung $\boldsymbol{x}$ nur den Realteil und der komplexen Lösung $\boldsymbol{y}$ nur den Imaginärteil. Die endgültige Lösung $\boldsymbol{r}(t)$ lautet dann

$$\underline{\boldsymbol{r}(t) = \operatorname{Re}[\boldsymbol{x}(t)] + \mathrm{i} \operatorname{Im}[\boldsymbol{y}(t)]}. \tag{11.110}$$

11.4.2 Eigenwertproblem

Die Lösung der homogenen Gleichungen (11.108) und (11.109) ohne Dämpfung ($\boldsymbol{D} = 0$)

$$\boldsymbol{M}\ddot{\boldsymbol{x}} + \boldsymbol{S}_x \boldsymbol{x} = 0; \qquad \boldsymbol{M}\ddot{\boldsymbol{y}} + \boldsymbol{S}_y \boldsymbol{y} = 0 \tag{11.111}$$

gelingt mit dem Ansatz

$$\boldsymbol{x}(t) = \boldsymbol{x}\, e^{i\omega_{xk} t}; \qquad \boldsymbol{y}(t) = \boldsymbol{y}\, e^{i\omega_{yk} t}. \tag{11.112}$$

In (11.111) eingesetzt wird

$$(\boldsymbol{S}_x - \omega_{xk}^2 \boldsymbol{M})\, \boldsymbol{x} = 0; \qquad (\boldsymbol{S}_y - \omega_{yk}^2 \boldsymbol{M})\, \boldsymbol{y} = 0. \tag{11.113}$$

Für unser Beispiel mit zwei Scheiben und zwei Lagermassen liefert (11.113) wegen $\boldsymbol{x} \neq 0$ und $\boldsymbol{y} \neq 0$ vorerst acht Eigenwerte: vier Eigenkreisfrequenzen ω_{xk} ($k = 1, 2, 3, 4$) *und vier Eigenkreisfrequenzen* ω_{yk} ($k = 1, 2, 3, 4$). Damit lassen sich vier zugeordnete Eigenvektoren $\boldsymbol{x}$ in der $(x - z)$-Ebene und vier Eigenvektoren $\boldsymbol{y}$ in der $(y - z)$-Ebene bestimmen.

Die Eigenvektoren werden zweckmäßigerweise mit $n = 1$ normiert, wodurch die Eigenvektoren $\boldsymbol{x}$ und $\boldsymbol{y}$ durch die normierten Eigenvektoren $\boldsymbol{\Phi}_x$ und $\boldsymbol{\Phi}_y$ ersetzt werden.

Die Normierungsbedingungen lauten mit $n = 1$ nach (11.21)

$$\begin{aligned} \boldsymbol{\Phi}_x^T \boldsymbol{M} \boldsymbol{\Phi}_x &= \boldsymbol{E}, \quad \boldsymbol{\Phi}_x^T \boldsymbol{S}_x \boldsymbol{\Phi}_x = \omega_x^2; \\ \boldsymbol{\Phi}_y^T \boldsymbol{M} \boldsymbol{\Phi}_y &= \boldsymbol{E}, \quad \boldsymbol{\Phi}_y^T \boldsymbol{S}_y \boldsymbol{\Phi}_y = \omega_y^2. \end{aligned} \tag{11.114}$$

$\boldsymbol{\Phi}_x$ und $\boldsymbol{\Phi}_y$ sind Modalmatrizen und enthalten als Kolonnen die vier normierten Eigenvektoren. $\boldsymbol{E}$ ist eine Einheitsmatrix.

11.4.3 Entkopplung der Differentialgleichungen und Lösung

Eine partikuläre Lösung der Differentialgleichung (11.108) und (11.109) – ohne Re- und Im-Zeichen – kann analog zu (11.22) in Form einer Summe normierter Eigenvektoren $\boldsymbol{\Phi}_j$ gefunden werden

$$\left.\begin{aligned} \boldsymbol{x}(t) &= \sum_j \boldsymbol{\Phi}_{xj} \underline{\eta}_{xj}(t) = \boldsymbol{\Phi}_x \boldsymbol{\eta}_x(t), \\ \boldsymbol{y}(t) &= \sum_j \boldsymbol{\Phi}_{yj} \underline{\eta}_{yj}(t) = \boldsymbol{\Phi}_y \boldsymbol{\eta}_y(t). \end{aligned}\right\} \quad (j = 1, 2, 3, 4) \tag{11.115}$$

Analog (11.22) bis (11.27) wird mit $\boldsymbol{\eta}=\boldsymbol{\eta}_x$ bzw. $\boldsymbol{\eta}_y$

$$\ddot{\boldsymbol{\eta}}+(a+b\omega^2)\,\dot{\boldsymbol{\eta}}+\omega^2\boldsymbol{\eta}=\Omega^2\,\mathrm{e}^{\mathrm{i}\Omega t}\boldsymbol{F};\quad \boldsymbol{F}=\boldsymbol{\Phi}^{\mathrm{T}}(\boldsymbol{U}+\boldsymbol{U}_\varepsilon) \tag{11.116}$$

mit der Lösung (11.28) und $\underline{\eta}_j(t)=\underline{\eta}_{xj}(t)$ bzw. $\underline{\eta}_{yj}(t)$ als Hauptkoordinate

$$\underline{\eta}_j(t)=\underline{\eta}_j\,\mathrm{e}^{\mathrm{i}\Omega t}\quad (j=1,2,3,4) \tag{11.117}$$

oder zusammengefaßt

$$\boldsymbol{\eta}(t)=\boldsymbol{\eta}\,\mathrm{e}^{\mathrm{i}\Omega t},\qquad \boldsymbol{\eta}=\boldsymbol{\eta}_x \text{ bzw. } \boldsymbol{\eta}_y.$$

Gleichung (11.115) und (11.117) ergeben die gesuchte Lösung in modaler Form

$$\begin{aligned}\boldsymbol{x}(t)&=\boldsymbol{\Phi}_x\boldsymbol{\eta}_x\,\mathrm{e}^{\mathrm{i}\Omega t}\\ \boldsymbol{y}(t)&=\boldsymbol{\Phi}_y\boldsymbol{\eta}_y\,\mathrm{e}^{\mathrm{i}\Omega t}\end{aligned} \tag{11.118}$$

und ausgeschrieben analog (11.30)

$$\begin{bmatrix}\underline{x}_1(t)\\ \underline{x}_2(t)\\ \underline{x}_2(t)\\ \underline{x}_4(t)\end{bmatrix}=\begin{bmatrix}\Phi_{12}\,\underline{F}_2\,\underline{A}_2(\Omega)+\Phi_{13}\,\underline{F}_3\,\underline{A}_3(\Omega)\\ \Phi_{22}\,\underline{F}_2\,\underline{A}_2(\Omega)+\Phi_{23}\,\underline{F}_3\,\underline{A}_3(\Omega)\\ \Phi_{32}\,\underline{F}_3\,\underline{A}_2(\Omega)+\Phi_{33}\,\underline{F}_3\,\underline{A}_3(\Omega)\\ \Phi_{42}\,\underline{F}_2\,\underline{A}_2(\Omega)+\Phi_{43}\,\underline{F}_3\,\underline{A}_3(\Omega)\end{bmatrix}_x\cdot\mathrm{e}^{\mathrm{i}\Omega t};$$

$$\begin{bmatrix}\underline{y}_1(t)\\ \underline{y}_2(t)\\ \underline{y}_3(t)\\ \underline{y}_4(t)\end{bmatrix}=\begin{bmatrix}\Phi_{12}\,\underline{F}_2\,\underline{A}_2(\Omega)+\Phi_{13}\,\underline{F}_3\,\underline{A}_3(\Omega)\\ \Phi_{22}\,\underline{F}_2\,\underline{A}_2(\Omega)+\Phi_{23}\,\underline{F}_3\,\underline{A}_3(\Omega)\\ \Phi_{32}\,\underline{F}_2\,\underline{A}_2(\Omega)+\Phi_{33}\,\underline{F}_3\,\underline{A}_3(\Omega)\\ \Phi_{42}\,\underline{F}_2\,\underline{A}_2(\Omega)+\Phi_{43}\,\underline{F}_3\,\underline{A}_3(\Omega)\end{bmatrix}_y\cdot\mathrm{e}^{\mathrm{i}\Omega t}.$$

$$\underline{F}_2\Big|_{\substack{x\\y}}=\Phi_{22}(\underline{U}_2+\underline{U}_{\varepsilon2})+\Phi_{32}(\underline{U}_3+\underline{U}_{\varepsilon3})\Big|_{\substack{x\\y}}=\boldsymbol{\Phi}_2^{\mathrm{T}}(\boldsymbol{U}+\boldsymbol{U}_\varepsilon)\Big|_{\substack{x\\y}};$$

$$\underline{F}_3\Big|_{\substack{x\\y}}=\Phi_{23}(\underline{U}_2+\underline{U}_{\varepsilon2})+\Phi_{33}(\underline{U}_3+\underline{U}_{\varepsilon3})\Big|_{\substack{x\\y}}=\boldsymbol{\Phi}_3^{\mathrm{T}}(\boldsymbol{U}+\boldsymbol{U}_\varepsilon)\Big|_{\substack{x\\y}};$$

$$\underline{A}_2(\Omega)\Big|_{\substack{x\\y}}=\frac{\Omega^2}{\omega_2^2-\Omega^2+\mathrm{i}\,\Omega(a+b\omega_2^2)}\Bigg|_{\substack{x\\y}};$$

$$\underline{A}_3(\Omega)\Big|_{\substack{x\\y}}=\frac{\Omega^2}{\omega_3^2-\Omega^2+\mathrm{i}\,\Omega(a+b\omega_3^2)}\Bigg|_{\substack{x\\y}};$$

Die endgültige Lösung (11.110) schreibt sich dann mit (11.118)

$$\underline{\boldsymbol{r}(t)=\mathrm{Re}(\boldsymbol{\Phi}_x\boldsymbol{\eta}_x\,\mathrm{e}^{\mathrm{i}\Omega t})+\mathrm{i}\,\mathrm{Im}(\boldsymbol{\Phi}_y\boldsymbol{\eta}_y\,\mathrm{e}^{\mathrm{i}\Omega t})}\,. \tag{11.119}$$

Um die *Bahn* (Orbit) der Scheibenmittelpunkte zu finden, wählen wir die Scheibe $j=2$. Es gilt dann nach (11.110) mit (11.118)

$$\underline{r}_2(t)=\mathrm{Re}(\underline{x}_2\,\mathrm{e}^{\mathrm{i}\Omega t})+\mathrm{i}\,\mathrm{Im}(\underline{y}_2\,\mathrm{e}^{\mathrm{i}\Omega t})$$

mit $\underline{x}_2$ und $\underline{y}_2$ als komplexen Größen. Zerlegt man sie in einen gleichen und einen entgegengesetzten Anteil $\underline{A}$ bzw. $\underline{B}$

$$\left.\begin{array}{l}\underline{x}_2 = \underline{A} + \underline{B} \\ \underline{y}_2 = \underline{A} - \underline{B}\end{array}\right\} \quad \underline{A} = \frac{1}{2}(\underline{x}_2 + \underline{y}_2); \quad \underline{B} = \frac{1}{2}(\underline{x}_2 - \underline{y}_2),$$

so gilt[15]

$$\begin{aligned} \underline{r}_2(t) &= \mathrm{Re}[(\underline{A} + \underline{B})\,\mathrm{e}^{\mathrm{i}\Omega t}] + \mathrm{i}\,\mathrm{Im}[(\underline{A} - \underline{B})\,\mathrm{e}^{\mathrm{i}\Omega t}] \\ &= \mathrm{Re}[\underline{A}\,\mathrm{e}^{\mathrm{i}\Omega t}] + \mathrm{Re}[\underline{B}\,\mathrm{e}^{\mathrm{i}\Omega t}] + \mathrm{i}\,\mathrm{Im}[\underline{A}\,\mathrm{e}^{\mathrm{i}\Omega t}] - \mathrm{i}\,\mathrm{Im}[\underline{B}\,\mathrm{e}^{\mathrm{i}\Omega t}] \\ &= \underline{A}\,\mathrm{e}^{\mathrm{i}\Omega t} + \underline{B}^*\,\mathrm{e}^{-\mathrm{i}\Omega t}. \end{aligned} \tag{11.120}$$

Dies ist die komplexe Parametergleichung einer Ellipse mit Nullpunkt im Ursprung des KS und schrägen Hauptachsen. Der Parameter ist Ωt, s. Abb. 6.2 mit $\underline{R}_1 = \underline{A}$ und $\underline{R}_2 = \underline{B}^*$. Die Halbachsen sind

$$\begin{aligned} a_2 &= |\underline{A}| + |\underline{B}^*| = |\underline{A}| + |\underline{B}|; \\ b_2 &= |\underline{A}| - |\underline{B}^*| = |\underline{A}| - |\underline{B}|. \end{aligned} \tag{11.121}$$

Für positives b_2 wird die Ellipse im gleichen Sinne durchlaufen, wie die Welle dreht (GLL). Für negatives b_2 wird sie im umgekehrten Sinne durchlaufen (GEL).

Analog durchläuft auch der Mittelpunkt der anderen Scheibe, $j=3$, eine Ellipse.

11.4.4 Numerische Daten und Lösung für ein Beispiel

Die Modellwelle nach Abb. 11.12a habe folgende Daten:

$$\begin{aligned} &l = 1\,\mathrm{m}; \quad m = 32{,}12\,\mathrm{kg}; \quad m_0 = 5\,\mathrm{kg}; \quad \mathrm{EI} = 6{,}32 \cdot 10^4\,\mathrm{Nm}^2 \\ &f_x = 2/c_x = 6 \cdot 10^{-7}\,\mathrm{m/N}; \quad f_x = 2/c_y = 3 \cdot 10^{-7}\,\mathrm{m/N}. \end{aligned}$$

Die Anisotropie der Lager beträgt somit $f_x/f_y = c_y/c_x = 2$. Für a und b in (11.116) gelte

$$a = \frac{3}{5}\,\frac{\omega_1}{Q}; \quad b = \frac{2}{5}\,\frac{1}{Q\omega_1}; \quad Q = 10, \tag{11.122}$$

wodurch mit (11.29)

$$\begin{aligned} \left|\underline{A}_1(\omega_1)\right|_{\substack{x\\y}} &= \left.\frac{\omega_1}{a + b\omega_1^2}\right|_{\substack{x\\y}} = Q = 10\Big|_{\substack{x\\y}} \\ \left|\underline{A}_2(\omega_2)\right|_{\substack{x\\y}} &= \left.\frac{\omega_2}{a + b\omega_2^2}\right|_{\substack{x\\y}} = \begin{matrix} 0{,}80\,Q = 8 \\ 0{,}73\,Q = 7{,}3 \end{matrix} \end{aligned} \tag{11.123}$$

wird.

Die Nachgiebigkeitsmatrizen $\boldsymbol{A}_x$ und $\boldsymbol{A}_y$ sind im Anhang zu Abschn. 11.4 aufgeführt. Daraus ergeben sich durch Inversion die Steifigkeitsmatrizen

$$\boldsymbol{S}_x = \boldsymbol{A}_x^{-1} = \begin{bmatrix} 0{,}4397 & -0{,}6143 & 0{,}4095 & -0{,}0683 \\ & 1{,}6381 & -1{,}4334 & 0{,}4095 \\ & & 1{,}6381 & -0{,}6143 \\ \text{symm.} & & & 0{,}4397 \end{bmatrix} \cdot 10^7; \quad \left[\frac{\mathrm{N}}{\mathrm{m}}\right] \tag{11.124}$$

[15] $\underline{B} = B\,\mathrm{e}^{\mathrm{i}\varphi}$; $\underline{B}^* = B\,\mathrm{e}^{-\mathrm{i}\varphi}$ (konjugiert komplexer Wert von $\underline{B}$)

$$S_y = A_y^{-1} = \begin{bmatrix} 0{,}6064 & -0{,}6143 & 0{,}4095 & -0{,}0683 \\ & 1{,}6381 & -1{,}4334 & 0{,}4095 \\ & & 1{,}6381 & -0{,}6143 \\ \text{symm.} & & & 0{,}6064 \end{bmatrix} \cdot 10^7;\ [\mathrm{N/m}]$$

Die Massenmatrix ist diagonal

$$M = \begin{bmatrix} 5 & 0 & 0 & 0 \\ 0 & 32{,}12 & 0 & 0 \\ 0 & 0 & 32{,}12 & 0 \\ 0 & 0 & 0 & 5 \end{bmatrix};\ [\mathrm{kg}] \qquad (11.125)$$

Gleichung (11.113) liefert erstens die vier Eigenkreisfrequenzen des ungedämpften Systems

$$\begin{array}{ll} \text{in der } (x-z)\text{-Ebene} & \text{in der } (y-z)\text{-Ebene} \\ \omega_{x1} = 165{,}1 \text{ rad/s} & \omega_{y1} = 196{,}4 \text{ rad/s} \\ \omega_{x2} = 421{,}4 \text{ rad/s} & \omega_{y2} = 566{,}8 \text{ rad/s} \\ \omega_{x3} = 882{,}8 \text{ rad/s} & \omega_{y3} = 1049{,}4 \text{ rad/s} \\ \omega_{x4} = 1339{,}6 \text{ rad/s} & \omega_{y4} = 1408{,}6 \text{ rad/s} \end{array} \qquad (11.126)$$

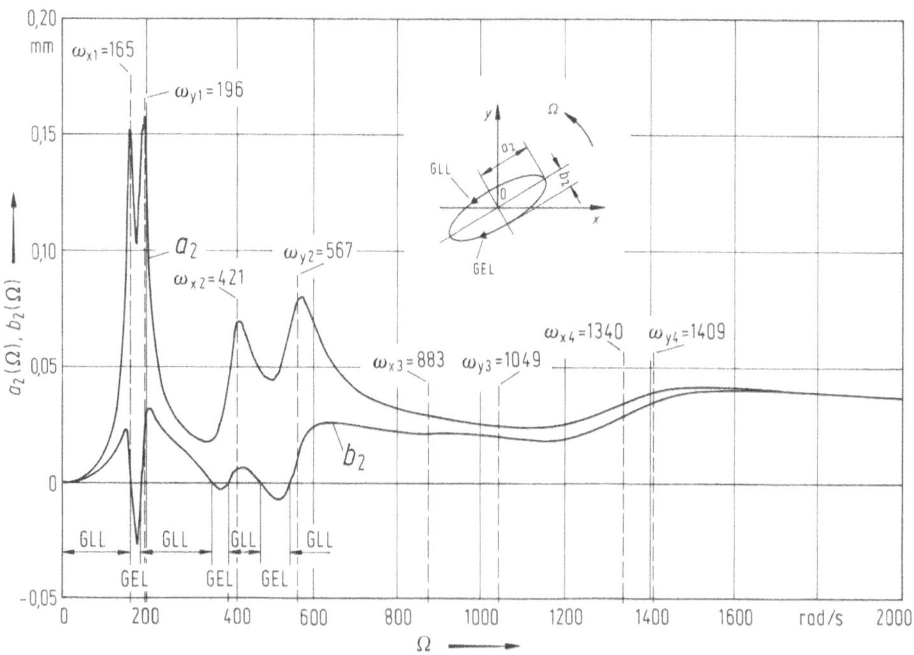

Abb. 11.13. Große und kleine Halbachse des elliptischen Orbits eines anisotrop gelagerten Scheibenrotors. Meßstelle *2* in Abb. 11.12, IU: $U_{\varepsilon 2} = 1$ kgmm. *a*, *b* große, kleine Halbachse. GLL Gleichlauf, GEL Gegenlauf.

(Die ω_{yk} sind alle größer als die ω_{xk}, weil die Steifigkeit der Lager in y-Richtung doppelt so groß ist.) und zweitens die Modalmatrizen mit normierten Eigenvektoren, Abb. 11.12b

$$\boldsymbol{\Phi}_x = \begin{bmatrix} 0{,}0696 & 0{,}2194 & 0{,}3085 & 0{,}2277 \\ 0{,}1217 & 0{,}0898 & -0{,}0275 & -0{,}0866 \\ 0{,}1217 & -0{,}0898 & -0{,}0275 & 0{,}0866 \\ 0{,}0696 & -0{,}2194 & 0{,}3085 & -0{,}2277 \end{bmatrix}; \qquad (11.127)$$

$$\boldsymbol{\Phi}_y = \begin{bmatrix} 0{,}0487 & 0{,}1954 & 0{,}3125 & 0{,}2486 \\ 0{,}1233 & 0{,}0981 & -0{,}0192 & -0{,}0771 \\ 0{,}1233 & -0{,}0981 & -0{,}0192 & +0{,}0771 \\ 0{,}0487 & -0{,}1954 & 0{,}3125 & -0{,}2486 \end{bmatrix}.$$

Die Inversen der transponierten Modalmatrizen sind[16]

$$\boldsymbol{\Psi}_x = (\boldsymbol{\Phi}_x^{\mathrm{T}})^{-1} = \begin{bmatrix} 0{,}3482 & 1{,}0972 & 1{,}5423 & 1{,}1385 \\ 3{,}9091 & 2{,}8855 & -0{,}8827 & -2{,}7810 \\ 3{,}9091 & -2{,}8855 & -0{,}8827 & 2{,}7810 \\ 0{,}3482 & -1{,}0972 & 1{,}5423 & -1{,}1385 \end{bmatrix}; \qquad (11.128)$$

$$\boldsymbol{\Psi}_y = (\boldsymbol{\Phi}_y^{\mathrm{T}})^{-1} = \begin{bmatrix} 0{,}2433 & 0{,}9770 & 1{,}5623 & 1{,}2431 \\ 3{,}9598 & 3{,}1508 & -0{,}6166 & -2{,}4764 \\ 3{,}9598 & -3{,}1508 & -0{,}6166 & 2{,}4764 \\ 0{,}2433 & -0{,}9770 & 1{,}5623 & -1{,}2431 \end{bmatrix}.$$

In Abb. 11.13 ist der Verlauf der beiden Halbachsen der Ellipsen für die Scheibe $j=2$ über Ω aufgetragen für eine IU $U_{\varepsilon 2} = 1$ kgmm, d.h. eine IU an der gleichen Stelle $j=2$. Es sind im ganzen acht kritische Drehzahlen zu durchfahren. Für $b_2 = 0$ entartet die Ellipse zu einer Geraden, und für $b_2 < 0$ entsteht ein Gegenlauf der Ellipse. Für $\Omega > \omega_{y2}$ ist nur noch ein Gleichlauf der Ellipse feststellbar, und für $\Omega > 1600$ rad/s ist die Bahn praktisch ein Kreis. Die 3. EF (ω_{x3}, ω_{y3}) wird unmerklich angeregt, da die IU nahezu auf einem Knoten der 3. EF sitzt.

Die Auslenkung $\underline{r}_j(t) = x_j(t) + \mathrm{i}\, y_j(t)$ kann nicht direkt gemessen werden. Direkt können nur die Komponenten $x_j(t)$ und $y_j(t)$ gemessen werden, s. Abb. 6.4, Schaltung I. Der daraus gebildete Ellipsenorbit bei einem bestimmten Ω ist für das Wuchten allerdings nicht brauchbar, da $\underline{r}(t)$ von der Zeit oder von der Winkellage der Welle abhängt. (Die Ellipse wird pro Wellendrehung einmal durchlaufen.) Man braucht zum Wuchten zeitunabhängige Größen.

Verwendet man die Bezeichnungen

$$\boldsymbol{X} = \boldsymbol{\Phi}_x \boldsymbol{\eta}_x \quad \text{und} \quad \boldsymbol{Y} = \boldsymbol{\Phi}_y \boldsymbol{\eta}_y \qquad (11.129)$$

[16] Die Matrizen $\boldsymbol{\Phi}_x$, $\boldsymbol{\Phi}_y$ und $\boldsymbol{\Psi}_x$, $\boldsymbol{\Psi}_y$ wurden mit 14-stelliger Mantisse berechnet.

so gilt nach (11.119)

$$\boldsymbol{r}(t) = \mathrm{Re}(\boldsymbol{X}\,\mathrm{e}^{\mathrm{i}\Omega t}) + \mathrm{i}\,\mathrm{Im}(\boldsymbol{Y}\,\mathrm{e}^{\mathrm{i}\Omega t}) = \boldsymbol{x}(t) + \mathrm{i}\,\boldsymbol{y}(t)$$

oder

$$\begin{aligned} &\underline{x}(t) = \mathrm{Re}(\boldsymbol{X}\,\mathrm{e}^{\mathrm{i}\Omega t}); \quad &&\underline{y}(t) = \mathrm{Im}(\boldsymbol{Y}\,\mathrm{e}^{\mathrm{i}\Omega t});\\ &\underline{x}(0) = \mathrm{Re}\,\boldsymbol{X}; &&\underline{y}(0) = \mathrm{Im}\,\boldsymbol{Y}. \end{aligned} \tag{11.130}$$

Die zeitunabhängigen Größen $\underline{X}_j = X_j\,\mathrm{e}^{\mathrm{i}\varphi_{xj}}$ und $\underline{Y}_j = Y_j\,\mathrm{e}^{\mathrm{i}\varphi_{yj}}$ können nach Abb. 6.4, Schaltung II, direkt in Abhängigkeit von Ω gemessen werden.

Die Absolutwerte $X_2(\Omega)$ und $Y_2(\Omega)$ für die Meßstelle *2* (Scheibe $j = 2$) sind in Abb. 11.14a bis $\Omega = 750$ rad/s, also bis über die vier ersten kritischen Drehzahlen aufgetragen. In Abb. 11.14b sind auch die komplexen Werte $\underline{X}_2(\Omega)$ und $\underline{Y}_2(\Omega)$ für die gleiche Meßstelle *2* in einem Ortsdiagramm mit dem Parameter Ω geplottet.

11.4.5 Modales Wuchten der ideal-anisotrop gelagerten Welle

Die ideal-anisotrop gelagerte Scheibenwelle mit n-Massen hat $2n$ Freiheitsgrade in der Ebene senkrecht zur Achse und $2n$ kritische Drehzahlen und EF. Da nur n WE zur Verfügung stehen (an jeder Scheibe eine), können nur maximal n-kritische Drehzahlen und EF gewuchtet werden. Dies aber genügt vollauf, wie im folgenden gezeigt wird. Die Wahl der EF ist theoretisch beliebig, praktisch jedoch eingeschränkt.

Wir setzen eine einzige IU $\underline{U}_{\varepsilon 2} = 1$ kgmm an der Scheibe $j = 2$, Abb. 11.12a, voraus. (Die IU ist in der Praxis nicht bekannt.)

Beispiel 1: 4 EF, 4 WE.

Es werden an allen vier Orten ($j = 1$, 2, 3, 4) WE vorausgesetzt, also auch an den Lagermassen. Mit vier WE lassen sich alle EF wuchten. Wir zeigen, daß damit alle $2n = 8$ EF erfaßt werden, die Welle somit vollständig gewuchtet wird.

Das eine Mal soll in der $(x - z)$- und zum Vergleich parallel dazu in der $(y - z)$-Ebene gewuchtet werden.

In der $(x - z)$-Ebene gelten dann mit dem Index x und in der $(y - z)$-Ebene mit dem Index y nach (11.48) folgende vier WS

$$\text{WS I:}\quad \boldsymbol{U}^{\mathrm{I}}_{\substack{x\\y}} = \begin{bmatrix} \underline{U}_1\\ \underline{U}_2\\ \underline{U}_3\\ \underline{U}_4 \end{bmatrix}^{\mathrm{I}}_{\substack{x\\y}} = -(\boldsymbol{\Phi}^{\mathrm{T}})^{-1}_{\substack{x\\y}} \begin{bmatrix} \underline{F}_{\varepsilon 1}\\ 0\\ 0\\ 0 \end{bmatrix}_{\substack{x\\y}} = -\begin{bmatrix} \psi_{11}\\ \psi_{21}\\ \psi_{31}\\ \psi_{41} \end{bmatrix}_{\substack{x\\y}} \Phi_{21};\ \underline{F}_{\varepsilon 1}\Big|_{\substack{x\\y}} = \Phi_{21}\,\underline{U}_{\varepsilon 2}\Big|_{\substack{x\\y}} = \Phi_{21}\Big|_{\substack{x\\y}}. \tag{11.131}$$

$$\text{WS II:}\quad \boldsymbol{U}^{\mathrm{II}}_{\substack{x\\y}} = \begin{bmatrix} \underline{U}_1\\ \underline{U}_2\\ \underline{U}_3\\ \underline{U}_4 \end{bmatrix}^{\mathrm{II}}_{\substack{x\\y}} = -(\boldsymbol{\Phi}^{\mathrm{T}})^{-1}_{\substack{x\\y}} \begin{bmatrix} 0\\ \underline{F}_{\varepsilon 2}\\ 0\\ 0 \end{bmatrix}_{\substack{x\\y}} = -\begin{bmatrix} \psi_{12}\\ \psi_{22}\\ \psi_{32}\\ \psi_{42} \end{bmatrix}_{\substack{x\\y}} \Phi_{22};\ \underline{F}_{\varepsilon 2}\Big|_{\substack{x\\y}} = \Phi_{22}\,\underline{U}_{\varepsilon 2}\Big|_{\substack{x\\y}} = \Phi_{22}\Big|_{\substack{x\\y}}.$$

$$\text{WS III:}\quad \boldsymbol{U}^{\text{III}}_{\substack{x\\y}} = \begin{bmatrix} \underline{U}_1 \\ \underline{U}_2 \\ \underline{U}_3 \\ \underline{U}_4 \end{bmatrix}^{\text{III}}_{\substack{x\\y}} = -(\boldsymbol{\Phi}^{\text{T}})^{-1}_{\substack{x\\y}} \begin{bmatrix} 0 \\ 0 \\ \underline{F}_{\varepsilon 3} \\ 0 \end{bmatrix} = - \begin{bmatrix} \psi_{13} \\ \psi_{23} \\ \psi_{33} \\ \psi_{43} \end{bmatrix}_{\substack{x\\y}} \Phi_{23};\quad \underline{F}_{\varepsilon 3}\Big|_{\substack{x\\y}} = \Phi_{23}\,\underline{U}_{\varepsilon 2}\Big|_{\substack{x\\y}} = \Phi_{23}\Big|_{\substack{x\\y}}.$$

$$\text{WS IV:}\quad \boldsymbol{U}^{\text{IV}}_{\substack{x\\y}} = \begin{bmatrix} \underline{U}_1 \\ \underline{U}_2 \\ \underline{U}_3 \\ \underline{U}_4 \end{bmatrix}^{\text{IV}}_{\substack{x\\y}} = -(\boldsymbol{\Phi}^{\text{T}})^{-1}_{\substack{x\\y}} \begin{bmatrix} 0 \\ 0 \\ 0 \\ \underline{F}_{\varepsilon 4} \end{bmatrix} = - \begin{bmatrix} \psi_{14} \\ \psi_{24} \\ \psi_{34} \\ \psi_{44} \end{bmatrix}_{\substack{x\\y}} \Phi_{24};\quad \underline{F}_{\varepsilon 4}\Big|_{\substack{x\\y}} = \Phi_{24}\,\underline{U}_{\varepsilon 2}\Big|_{\substack{x\\y}} = \Phi_{24}\Big|_{\substack{x\\y}}.$$

Mit den numerischen Daten nach (11.127) und (11.128) ergeben sich folgende vier WS in kgmm getrennt für die $(x-z)$- und $(y-z)$-Ebene

$$\text{WS I:}\quad \boldsymbol{U}^{\text{I}}_{x} = \begin{bmatrix} -0{,}0424 \\ -0{,}4757 \\ -0{,}4757 \\ -0{,}0424 \end{bmatrix};\qquad \boldsymbol{U}^{\text{I}}_{y} = \begin{bmatrix} -0{,}0300 \\ -0{,}4882 \\ -0{,}4882 \\ -0{,}0300 \end{bmatrix}. \tag{11.132}$$

$$\text{WS II:}\quad \boldsymbol{U}^{\text{II}}_{x} = \begin{bmatrix} -0{,}0986 \\ -0{,}2592 \\ +0{,}2592 \\ +0{,}0986 \end{bmatrix};\qquad \boldsymbol{U}^{\text{II}}_{y} = \begin{bmatrix} -0{,}0958 \\ -0{,}3091 \\ +0{,}3091 \\ +0{,}0958 \end{bmatrix}.$$

$$\text{WS III:}\quad \boldsymbol{U}^{\text{III}}_{x} = \begin{bmatrix} 0{,}0424 \\ -0{,}0243 \\ -0{,}0243 \\ 0{,}0424 \end{bmatrix};\qquad \boldsymbol{U}^{\text{III}}_{y} = \begin{bmatrix} 0{,}0300 \\ -0{,}0118 \\ -0{,}0118 \\ 0{,}0300 \end{bmatrix}.$$

$$\text{WS IV:}\quad \boldsymbol{U}^{\text{IV}}_{x} = \begin{bmatrix} 0{,}0986 \\ -0{,}2408 \\ 0{,}2408 \\ -0{,}0986 \end{bmatrix};\qquad \boldsymbol{U}^{\text{IV}}_{y} = \begin{bmatrix} 0{,}0958 \\ -0{,}1909 \\ 0{,}1909 \\ -0{,}0958 \end{bmatrix}.$$

WS I beeinflußt die 2., 3. und 4. EF nicht. WS II die 1., 3. und 4. EF nicht, etc.

WS I + WS II + WS III + WS IV

$$\boldsymbol{U}^{\text{I}}_{x} + \boldsymbol{U}^{\text{II}}_{x} + \boldsymbol{U}^{\text{III}}_{x} + \boldsymbol{U}^{\text{IV}}_{x} = \begin{bmatrix} 0 \\ -1 \\ 0 \\ 0 \end{bmatrix};\qquad \boldsymbol{U}^{\text{I}}_{y} + \boldsymbol{U}^{\text{II}}_{y} + \boldsymbol{U}^{\text{III}}_{y} + \boldsymbol{U}^{\text{IV}}_{y} = \begin{bmatrix} 0 \\ -1 \\ 0 \\ 0 \end{bmatrix}.$$

Die Summe der WS ist exakt entgegengesetzt der IU $U_{\varepsilon 2} = 1\,\text{kgmm}$.

Man erkennt, daß sich die WS für die $(x-z)$- und $(y-z)$-Ebene nicht stark unterscheiden: Praktisch wird man im vorliegenden Beispiel in der $(x-z)$-Ebene

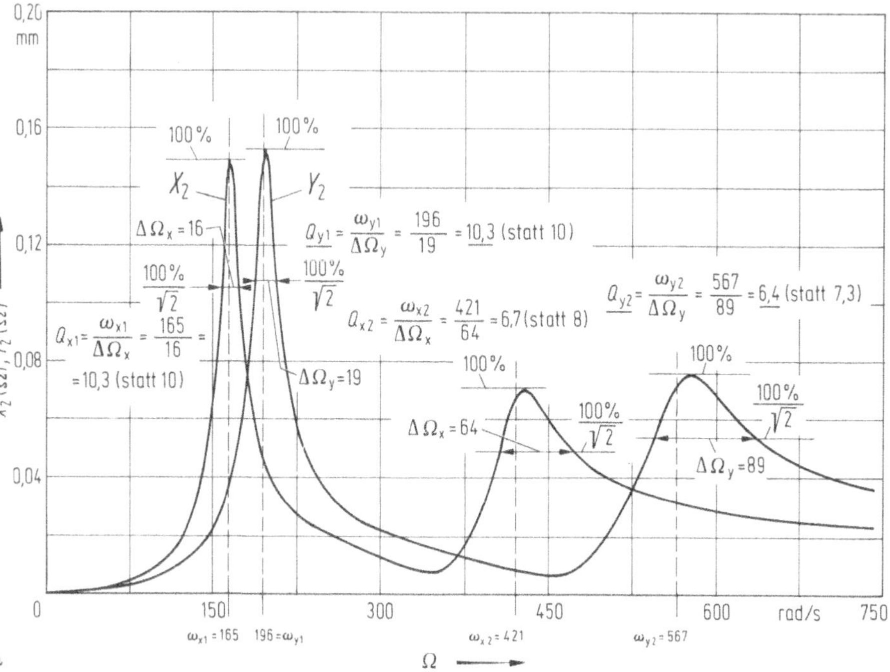

0,20 mm
0,16
0,12
0,08
0,04
0
$X_2(\Omega), Y_2(\Omega)$
100 %
100 %
X_2
Y_2
$\Delta\Omega_x = 16$
$Q_{y1} = \frac{\omega_{y1}}{\Delta\Omega_y} = \frac{196}{19} = 10{,}3$ (statt 10)
$\frac{100\,\%}{\sqrt{2}}$
$\frac{100\,\%}{\sqrt{2}}$
$Q_{x2} = \frac{\omega_{x2}}{\Delta\Omega_x} = \frac{421}{64} = 6{,}7$ (statt 8)
$Q_{y2} = \frac{\omega_{y2}}{\Delta\Omega_y} = \frac{567}{89} = 6{,}4$ (statt 7,3)
$Q_{x1} = \frac{\omega_{x1}}{\Delta\Omega_x} = \frac{165}{16} =$
$= 10{,}3$ (statt 10)
$\Delta\Omega_y = 19$
100 %
100 %
$\Delta\Omega_x = 64$
$\frac{100\,\%}{\sqrt{2}}$
$\frac{100\,\%}{\sqrt{2}}$
$\Delta\Omega_y = 89$
150
300
450
600
rad/s
750
$\omega_{x1} = 165$
$196 = \omega_{y1}$
$\omega_{x2} = 421$
$\omega_{y2} = 567$
Ω

a

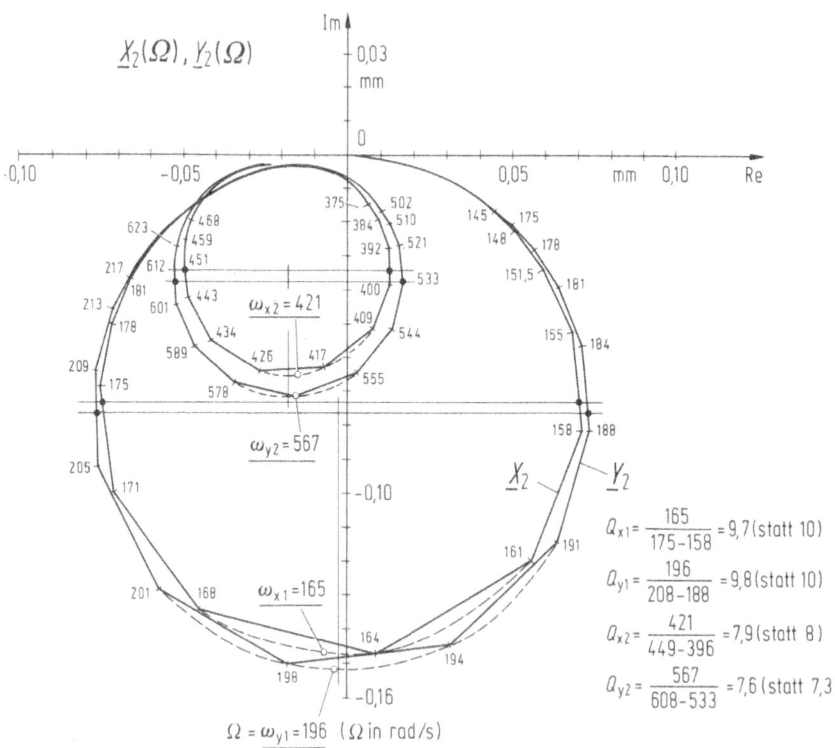

Im
$\underline{X}_2(\Omega), \underline{Y}_2(\Omega)$
0,03
mm
0
-0,10
-0,05
0,05
mm
0,10
Re
$\omega_{x2} = 421$
$\omega_{y2} = 567$
X_2
Y_2
-0,10
$\omega_{x1} = 165$
-0,16
$\Omega = \omega_{y1} = 196$ (Ω in rad/s)
$Q_{x1} = \frac{165}{175-158} = 9{,}7$ (statt 10)
$Q_{y1} = \frac{196}{208-188} = 9{,}8$ (statt 10)
$Q_{x2} = \frac{421}{449-396} = 7{,}9$ (statt 8)
$Q_{y2} = \frac{567}{608-533} = 7{,}6$ (statt 7,3)

b

wuchten müssen, da die erste kritische Drehzahl zu dieser Ebene gehört. Mit den WS der $(x-z)$-Ebene wird man im allgemeinen auch über ω_{1y} hinaus hochfahren können. Wenn nicht, ist der WS $\boldsymbol{U}_x^{I}$ mit dem WS $\boldsymbol{U}_y^{I}$ zu verbessern, oder mit dem Mittelwert beider zu wuchten.

Beispiel 2: 2 EF, 4 WE (reduzierter Betriebsbereich).

Erstreckt sich der Betriebsbereich nur bis $\Omega = 700$ rad/s (6685 1/min) über vier kritische Drehzahlen (je zwei pro Ebene), so werden nur zwei WS gebraucht. Die ersten beiden WS von (11.132) ergeben zusammen

$$\text{WS I} + \text{WS II}: \ \boldsymbol{U}_x^{I} + \boldsymbol{U}_x^{II} = \begin{bmatrix} -0{,}1410 \\ -0{,}7349 \\ -0{,}2165 \\ +0{,}0562 \end{bmatrix}; \quad \boldsymbol{U}_y^{I} + \boldsymbol{U}_y^{II} = \begin{bmatrix} -0{,}1258 \\ -0{,}7973 \\ -0{,}1791 \\ +0{,}0658 \end{bmatrix}. \qquad (11.132')$$

Sie sind wenig verschieden. Man kann die WS I und II der einen oder andern Ebene entnehmen.

In beiden Abb. 11.15a und b ist die große Halbachse a_2 des Scheibenorbits der Scheibe $j=2$ für die IU – gleich wie in Abb. 11.13 – dargestellt, jedoch im begrenzten Betriebsbereich $\Omega = 0$ bis 750 rad/s, d.h. im Bereich der ersten beiden kritischen Drehzahlen für die $(x-z)$- bzw. $(y-z)$-Ebene.

Der Erfolg der WS ist in Abb. 11.15a für die WS I und II dargestellt. Diese WS sind ausschließlich aus dem Schwingungsverhalten in der $(x-z)$-Ebene berechnet worden. In Abb. 11.15b ist der Erfolg der WS I und II, die ausschließlich aus dem Schwingungsverhalten in der $(y-z)$-Ebene berechnet wurden, dargestellt. Der Unterschied ist praktisch belanglos. Er zeigt, daß für dieses Beispiel nur in einer Ebene gewuchtet werden muß.

Beispiel 3: 2 EF, 2 WE (reduzierter Betriebsbereich).

Da im Betriebsbereich $\Omega = 0$ bis 700 rad/s nur zwei EF in der $(x-z)$-Ebene oder $(y-z)$-Ebene zu wuchten sind, kann man sich auf zwei WE beschränken. Wir wählen als WE die Scheiben $j=2$ und $j=3$ und verzichten auf WG an den Lagern. Um die WS zu bestimmen, geht man zweckmäßigerweise von (11.105) aus. Es entstehen die Systeme

$$\text{WS I}: \quad \begin{bmatrix} \Phi_{21} & \Phi_{31} \\ \Phi_{22} & \Phi_{32} \end{bmatrix}_{\substack{x\\y}} \begin{bmatrix} \underline{U}_2 \\ \underline{U}_3 \end{bmatrix}^{I}_{\substack{x\\y}} = -\begin{bmatrix} \underline{F}_1 \\ 0 \end{bmatrix}_{\substack{x\\y}}; \quad \underline{F}_{\varepsilon 1}\Big|_{\substack{x\\y}} = \Phi_{21}\Big|_{\substack{x\\y}}. \qquad (11.133)$$

$$\text{WS II}: \quad \begin{bmatrix} \Phi_{21} & \Phi_{31} \\ \Phi_{22} & \Phi_{32} \end{bmatrix}_{\substack{x\\y}} \begin{bmatrix} \underline{U}_2 \\ \underline{U}_3 \end{bmatrix}^{II}_{\substack{x\\y}} = -\begin{bmatrix} 0 \\ \underline{F}_{\varepsilon 2} \end{bmatrix}_{\substack{x\\y}}; \quad \underline{F}_{\varepsilon 2}\Big|_{\substack{x\\y}} = \Phi_{22}\Big|_{\substack{x\\y}}.$$

WS I beeinflußt die 2. EF nicht und WS II die 1. EF nicht.

◁

Abb. 11.14. Auslenkung $\underline{X} = X\,e^{i\varphi_x}$, $\underline{Y} = Y\,e^{i\varphi_y}$ in x, y Richtung eines anisotrop gelagerten Scheibenrotors. Meßstelle *2* in Abb. 11.12, IU: $U_{\varepsilon 2} = 1$ kgmm. **a** Absolutwerte $X(\Omega)$, $Y(\Omega)$; **b** komplexe Werte $\underline{X}(\Omega)$, $\underline{Y}(\Omega)$

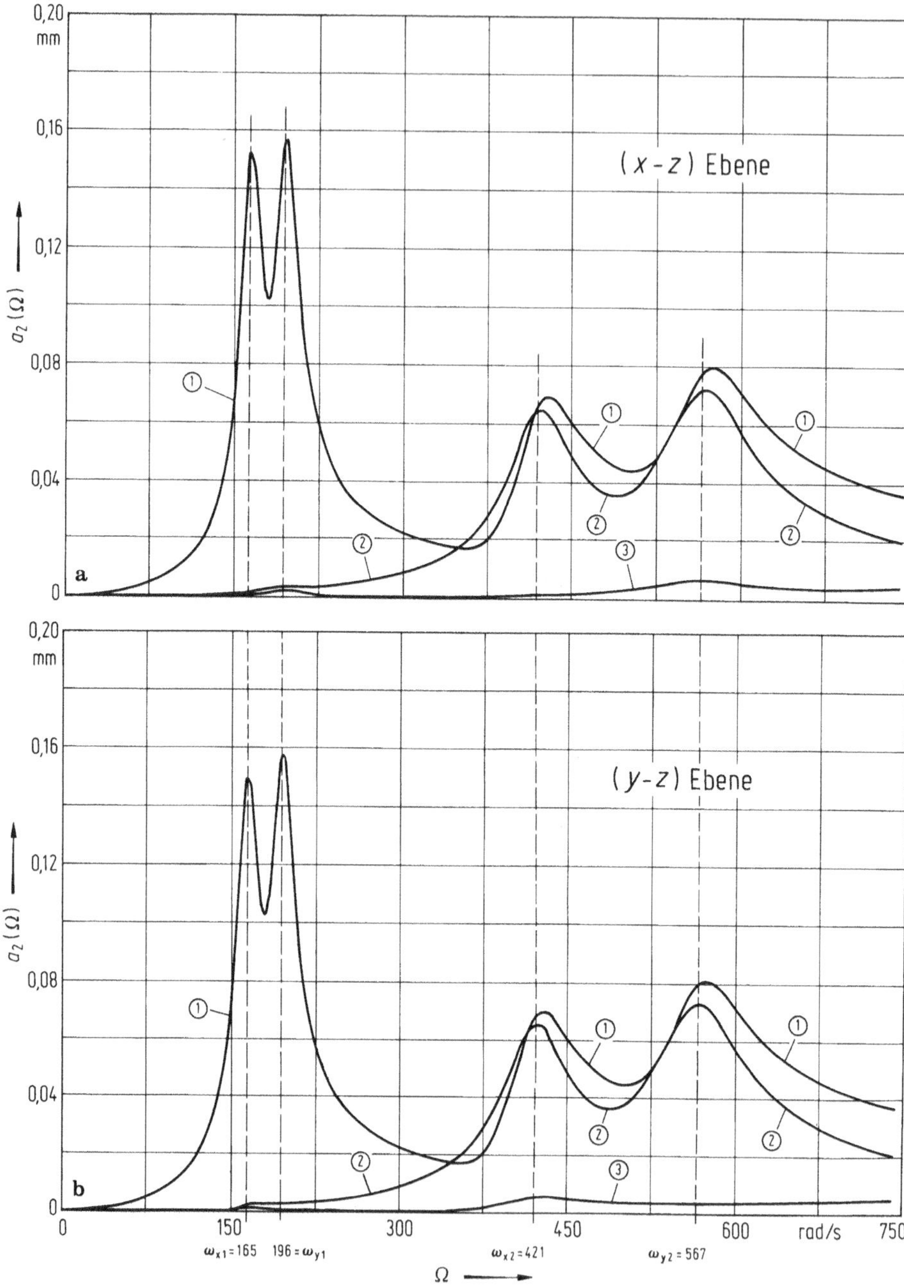

Abb. 11.15. Wuchten des anisotrop gelagerten Scheibenrotors. a_2 große Halbachse des elliptischen Orbits für Meßstelle *2*, Abb. 11.12. **a** WSI und II in $(x-z)$ Ebene; **b** WSI und II in $(y-z)$ Ebene.

① = IU in *2*; $U_{\varepsilon 2}=1$ kgmm; $\underline{U}_{\varepsilon j}=0$; $(j=1, 3, 4)$

② = ① plus WSI in *1 2 3 4*

③ = ② plus WSII in *1 2 3 4*

Mit den numerischen Daten nach (11.127) und (11.128) werden die ersten beiden WS nach Auflösung der obigen Systeme in kgmm

$$\begin{bmatrix} \underline{U}_2 \\ \underline{U}_3 \end{bmatrix}_x^{\mathrm{I}} = \begin{bmatrix} -0{,}50 \\ -0{,}50 \end{bmatrix}; \quad \begin{bmatrix} \underline{U}_2 \\ \underline{U}_3 \end{bmatrix}_y^{\mathrm{I}} = \begin{bmatrix} -0{,}50 \\ -0{,}50 \end{bmatrix};$$

$$\begin{bmatrix} \underline{U}_2 \\ \underline{U}_3 \end{bmatrix}_x^{\mathrm{II}} = \begin{bmatrix} -0{,}50 \\ +0{,}50 \end{bmatrix}; \quad \begin{bmatrix} \underline{U}_2 \\ \underline{U}_3 \end{bmatrix}_y^{\mathrm{II}} = \begin{bmatrix} -0{,}50 \\ +0{,}50 \end{bmatrix}; \qquad (11.133')$$

Infolge Symmetrie des Rotors sind die WS für die beiden Ebenen $(x-z)$ und $(y-z)$ gleich. Die beiden WS zusammen ergeben für dieses Beispiel die exakte Wuchtung

$$\underline{U}_2^{\mathrm{I}}\Big|_{\substack{x\\y}} + \underline{U}_2^{\mathrm{II}}\Big|_{\substack{x\\y}} = -1{,}00 \text{ kgmm}; \qquad \underline{U}_3^{\mathrm{I}}\Big|_{\substack{x\\y}} + \underline{U}_3^{\mathrm{II}}\Big|_{\substack{x\\y}} = 0.$$

Beispiel 4: 4 EF, 4 WE (gemischte WS).

Um zu zeigen, daß auch gemischte WS erfolgreich sein können, solange die EF genügend verschieden sind, sollen drei kritische Drehzahlen (mit ihren EF), die der $(x-z)$-Ebene zugeordnet sind und eine, die der $(y-z)$-Ebene zugeordnet ist, gewuchtet werden: ω_{x1}, ω_{y2}, ω_{x3} und ω_{x4}.

Die Wuchtgleichungen lauten dann für $U_{\varepsilon 2} = 1$ kgmm, $\underline{U}_{\varepsilon 1} = \underline{U}_{\varepsilon 3} = \underline{U}_{\varepsilon 4} = 0$ mit gemischten EF

$$\underbrace{\begin{bmatrix} \Phi_{11x} & \Phi_{21x} & \Phi_{31x} & \Phi_{41x} \\ \Phi_{12y} & \Phi_{22y} & \Phi_{32y} & \Phi_{42y} \\ \Phi_{13x} & \Phi_{23x} & \Phi_{33x} & \Phi_{43x} \\ \Phi_{14x} & \Phi_{24x} & \Phi_{34x} & \Phi_{44x} \end{bmatrix}}_{\boldsymbol{\Phi}_G^{\mathrm{T}}} \underbrace{\begin{bmatrix} U_1 \\ U_2 \\ U_3 \\ U_4 \end{bmatrix}}_{\boldsymbol{U}} = - \begin{bmatrix} \Phi_{21x} \\ \Phi_{22y} \\ \Phi_{23x} \\ \Phi_{24x} \end{bmatrix}. \qquad (11.134)$$

Sie können aufgespalten werden in die vier Einzelsysteme zur Berechnung der WS I bis IV

$$\boldsymbol{\Phi}_G^{\mathrm{T}} \boldsymbol{U}^{\mathrm{I}} = - \begin{bmatrix} \Phi_{21x} \\ 0 \\ 0 \\ 0 \end{bmatrix}; \quad \boldsymbol{\Phi}_G^{\mathrm{T}} \boldsymbol{U}^{\mathrm{II}} = - \begin{bmatrix} 0 \\ \Phi_{22y} \\ 0 \\ 0 \end{bmatrix};$$

$$\boldsymbol{\Phi}_G^{\mathrm{T}} \boldsymbol{U}^{\mathrm{III}} = - \begin{bmatrix} 0 \\ 0 \\ \Phi_{23x} \\ 0 \end{bmatrix}; \quad \boldsymbol{\Phi}_G^{\mathrm{T}} \boldsymbol{U}^{\mathrm{IV}} = - \begin{bmatrix} 0 \\ 0 \\ 0 \\ \Phi_{24x} \end{bmatrix}.$$

Mit den Daten nach (11.127) lautet (11.134) numerisch

$$\begin{bmatrix} 0{,}0696 & 0{,}1217 & 0{,}1217 & 0{,}0696 \\ 0{,}1954 & 0{,}0981 & -0{,}0981 & -0{,}1954 \\ 0{,}3085 & -0{,}0275 & -0{,}0275 & 0{,}3085 \\ 0{,}2277 & -0{,}0866 & 0{,}0866 & -0{,}2277 \end{bmatrix} \begin{bmatrix} U_1 \\ U_2 \\ U_3 \\ U_4 \end{bmatrix} = - \begin{bmatrix} 0{,}1217 \\ 0{,}0981 \\ -0{,}0275 \\ -0{,}0866 \end{bmatrix} \qquad (11.134')$$

und man erhält nach der Aufspaltung in die vier Modalgleichungen die WS in kgmm

$$\overset{\text{WS I}}{\boldsymbol{U}^{\mathrm{I}}=\begin{bmatrix}-0{,}0424\\-0{,}4757\\-0{,}4757\\-0{,}0424\end{bmatrix}};\quad \overset{\text{WS II}}{\boldsymbol{U}^{\mathrm{II}}=\begin{bmatrix}-0{,}1082\\-0{,}2845\\0{,}2845\\0{,}1082\end{bmatrix}};\quad \overset{\text{WS III}}{\boldsymbol{U}^{\mathrm{III}}=\begin{bmatrix}0{,}0424\\-0{,}0243\\-0{,}0243\\0{,}0424\end{bmatrix}};\quad \overset{\text{WS IV}}{\boldsymbol{U}^{\mathrm{IV}}=\begin{bmatrix}0{,}1082\\-0{,}2155\\0{,}2155\\-0{,}1082\end{bmatrix}};$$

$$\boldsymbol{U}^{\mathrm{I}}+\boldsymbol{U}^{\mathrm{II}}+\boldsymbol{U}^{\mathrm{III}}+\boldsymbol{U}^{\mathrm{IV}}=\begin{bmatrix}0\\-1\\0\\0\end{bmatrix}.$$

Ein Vergleich mit (11.132) zeigt, daß die WS sehr ähnlich denen für die $(x-z)$- oder $(y-z)$-Ebene sind. WS I und III sind sogar gleich. Die gemischten WS sind erfolgreich. Grund: Wie man aus (11.134') erkennt, sind die EF stark verschieden voneinander: 1., 3. und 4. EF in der $(x-z)$-Ebene und anstelle der 2. EF in der $(x-z)$-Ebene die 2. EF in der $(y-z)$-Ebene!

Das nächste Beispiel zeigt, daß nicht alle gemischten WS erfolgreich sein können und damit praktisch unbrauchbar werden.

Beispiel 5: 4 EF, 4 WE (gemischte WS).

Es sollen die EF gewuchtet werden, die zu ω_{x1}, ω_{y1}, ω_{x2} und ω_{x3} gehören. Die Wuchtgleichungen für $\underline{U}_{\varepsilon 2}=1$ kgmm, $\underline{U}_{\varepsilon 1}=\underline{U}_{\varepsilon 3}=\underline{U}_{\varepsilon 4}=0$ lauten

$$\overset{\boldsymbol{\Phi}_{GG}^{T}}{\begin{bmatrix}\Phi_{11x}&\Phi_{21x}&\Phi_{31x}&\Phi_{41x}\\\Phi_{11y}&\Phi_{21y}&\Phi_{31y}&\Phi_{41y}\\\Phi_{12x}&\Phi_{22x}&\Phi_{32x}&\Phi_{42x}\\\Phi_{13x}&\Phi_{23x}&\Phi_{33x}&\Phi_{43x}\end{bmatrix}}\overset{\boldsymbol{U}}{\begin{bmatrix}U_1\\U_2\\U_3\\U_4\end{bmatrix}}=-\begin{bmatrix}\Phi_{21x}\\\Phi_{21y}\\\Phi_{22x}\\\Phi_{23x}\end{bmatrix}$$

und können aufgespalten werden in die vier Einzelsysteme zur Berechnung der WS I bis IV

$$\boldsymbol{\Phi}_{GG}^{T}\boldsymbol{U}^{\mathrm{I}}=-\begin{bmatrix}\Phi_{21x}\\0\\0\\0\end{bmatrix};\quad \boldsymbol{\Phi}_{GG}^{T}\boldsymbol{U}^{\mathrm{II}}=-\begin{bmatrix}0\\\Phi_{21y}\\0\\0\end{bmatrix};$$

$$\boldsymbol{\Phi}_{GG}^{T}\boldsymbol{U}^{\mathrm{III}}=-\begin{bmatrix}0\\0\\\Phi_{22x}\\0\end{bmatrix};\quad \boldsymbol{\Phi}_{GG}^{T}\boldsymbol{U}^{\mathrm{IV}}=-\begin{bmatrix}0\\0\\0\\\Phi_{23x}\end{bmatrix}.$$

Numerisch lautet die Wuchtgleichung mit den Daten nach (11.127)

$$\begin{bmatrix} 0{,}0696 & 0{,}1217 & 0{,}1217 & 0{,}0696 \\ 0{,}0487 & 0{,}1233 & 0{,}1233 & 0{,}0487 \\ 0{,}2194 & 0{,}0898 & -0{,}0898 & -0{,}2194 \\ 0{,}3085 & -0{,}0275 & -0{,}0275 & 0{,}3085 \end{bmatrix} \begin{bmatrix} U_1 \\ U_2 \\ U_3 \\ U_4 \end{bmatrix} = - \begin{bmatrix} 0{,}1217 \\ 0{,}1233 \\ 0{,}0898 \\ -0{,}0275 \end{bmatrix}.$$

Man erkennt, daß der Unterschied der beiden ersten EF (beide ersten Zeilen in der Matrix) sehr klein ist. Versteht man unter $\varepsilon_j (\ll 1)$ eine sehr kleine Zahl, kann die erste mit $(1+\varepsilon_j)$ multipliziert, gleich der zweiten Gleichung gesetzt werden.

$$\overbrace{\begin{bmatrix} (1+\varepsilon_1)\Phi_{11y}; & (1+\varepsilon_2)\Phi_{21y}; & (1+\varepsilon_3)\Phi_{31y}; & (1+\varepsilon_4)\Phi_{41y} \\ \Phi_{11y} & \Phi_{21y} & \Phi_{31y} & \Phi_{41y} \\ x & \textcircled{x} & x & x \\ x & \boxed{x} & x & x \end{bmatrix}}^{\boldsymbol{\Phi}_{GG}^T} \begin{bmatrix} U_1 \\ U_2 \\ U_3 \\ U_4 \end{bmatrix} = - \begin{bmatrix} (1+\varepsilon_2)\Phi_{21y} \\ \Phi_{21y} \\ \textcircled{x} \\ \boxed{x} \end{bmatrix}.$$

Die WS lauten dann

WS I WS II WS III WS IV

$$\boldsymbol{\Phi}_{GG}^T \boldsymbol{U}^I = - \begin{bmatrix} (1+\varepsilon_2)\Phi_{21y} \\ 0 \\ 0 \\ 0 \end{bmatrix}; \boldsymbol{\Phi}_{GG}^T \boldsymbol{U}^{II} = - \begin{bmatrix} 0 \\ \Phi_{21y} \\ 0 \\ 0 \end{bmatrix}; \boldsymbol{\Phi}_{GG}^T \boldsymbol{U}^{III} = - \begin{bmatrix} 0 \\ 0 \\ \textcircled{x} \\ 0 \end{bmatrix}; \boldsymbol{\Phi}_{GG}^T \boldsymbol{U}^{IV} = - \begin{bmatrix} 0 \\ 0 \\ 0 \\ \boxed{x} \end{bmatrix}.$$

Wird jeweils die zweite Gleichung von der ersten abgezogen, gilt mit der neuen Matrix

$$\boldsymbol{\Phi}_\varepsilon^T = \begin{bmatrix} \varepsilon_1\Phi_{11y}; & \varepsilon_2\Phi_{21y}; & \varepsilon_3\Phi_{31y}; & \varepsilon_4\Phi_{41y} \\ \Phi_{11y} & \Phi_{21y} & \Phi_{31y} & \Phi_{41y} \\ x & \textcircled{x} & x & x \\ x & \boxed{x} & x & x \end{bmatrix};$$

WS I WS II WS III WS IV

$$\boldsymbol{\Phi}_\varepsilon^T \boldsymbol{U}^I = - \begin{bmatrix} (1+\varepsilon_2)\Phi_{21y} \\ 0 \\ 0 \\ 0 \end{bmatrix}; \boldsymbol{\Phi}_\varepsilon^T \boldsymbol{U}^{II} = - \begin{bmatrix} -\Phi_{21y} \\ +\Phi_{21y} \\ 0 \\ 0 \end{bmatrix}; \boldsymbol{\Phi}_\varepsilon^T \boldsymbol{U}^{III} = - \begin{bmatrix} 0 \\ 0 \\ \textcircled{x} \\ 0 \end{bmatrix} \boldsymbol{\Phi}_\varepsilon^T \boldsymbol{U}^{IV} = - \begin{bmatrix} 0 \\ 0 \\ 0 \\ \boxed{x} \end{bmatrix}.$$

Die Determinante der Matrix $\boldsymbol{\Phi}_\varepsilon^T$ ist von der Größenordnung $\varepsilon \ll 1$ – wie man durch Entwickeln nach der 1. Zeile sofort erkennt – wodurch alle vier WS unzumutbar groß werden und für die Praxis ausscheiden.

Zusammenfassend ist festzustellen, daß bei *ideal-anisotroper* Lagerung ein Scheiben-Rotor mit n-Scheiben $2n$ Freiheitsgrade in der Ebene senkrecht zur Achse und damit $2n$ kritische Drehzahlen und EF aufweist. Es ist aber nicht nötig alle $2n$-kritischen Drehzahlen (EF) zu wuchten, es genügt nur n EF zu wuchten. Die Wahl der n EF, die gewuchtet werden sollen, ist beliebig. Praktisch ist darauf zu achten, daß die gewählten EF möglichst verschieden voneinander sind, um unzumutbar große WS zu vermeiden. Man wird möglichst *U*-, *S*-, *W*-, usw. Formen wählen. Im allgemeinen genügt es, nur in einer der Hauptebenen $(x-z)$ oder $(y-z)$ zu wuchten, vorzugsweise in der „weicheren" Ebene mit der niedersten kritischen Drehzahl. Man kann aber auch bei der Wahl der zu wuchtenden EF zwischen solchen der einen und anderen Ebene mischen, z.B. U-Form der $(x-z)$-Ebene, S-Form der $(y-z)$-Ebene, W-Form der $(x-z)$- oder $(y-z)$-Ebene usw. Dies scheint dann vorteilhaft, wenn der Betriebsbereich zwischen einer kritischen Drehzahl der einen und anderen Ebene liegt.

Bei ideal-anisotroper Lagerung genügt es im allgemeinen nur in einer der beiden extremalen Ebenen $(x-z)$ und $(y-z)$ zu wuchten. Die andere Ebene wird automatisch mitgewuchtet. Praktisch sind von den 2n EF einer Scheiben-Welle mit n-Scheiben nur n EF zu wuchten. Ihre Wahl ist beliebig, vorzugsweise aber sollen nur EF gewählt werden, die sich stark unterscheiden, um unzumutbar große WS zu meiden. Man wird U-, S-, W-, usw. Formen wählen, der einen oder anderen Hauptebene oder Formen gemischt aus beiden Hauptebenen.

11.4.6 Modales Wuchten der ideal-anisotrop gelagerten Welle mit Identifikation

Der Vorteil dieser Methode ist, wie bereits in Abschn. 11.3.7 erwähnt, die direkte Bestimmung der WS nach Lage und Größe durch einmalige Messung ohne Testgewichtsetzung. Die klassische Modalmethode liefert nur die Lage und VWS, jedoch nicht die Größe der KU. Letztere müssen durch einen Testlauf ermittelt werden, s. Abschn. 11.3.2.1.

Die WS mit Identifikation können für das vorliegende Beispiel, Abb. 11.12a, sinngemäß (11.102) bis (11.104) entnommen werden.

Wir wollen wie im Beispiel 3 in Abschn. 11.4.5 nur die ersten beiden EF je Ebene $(x-z)$ und $(y-z)$ wuchten und brauchen folglich nur je zwei WE (Scheibe $j=2$ und 3). Zur Verfügung stehen die gemessenen Größen $\underline{X}_2(\Omega)$ und $\underline{Y}_2(\Omega)$, Abb. 11.14b, als zeitunabhängige komplexe Größen. Zur Ermittlung der WS ist es zweckmäßig (11.103) und (11.104) mit $\boldsymbol{\Phi}^{\mathrm{T}}$ (zurück-) zu multiplizieren.

$$\text{WS I:}\quad \boldsymbol{\Phi}^{\mathrm{T}} \boldsymbol{U}^{\mathrm{I}} = -\begin{bmatrix} \dfrac{\underline{r}_2^{\nabla}(\omega_1)}{\Phi_{21}\underline{A}_1(\omega_1)} \\ 0 \end{bmatrix};$$

$$\text{WS II:}\quad \boldsymbol{\Phi}^{\mathrm{T}} \boldsymbol{U}^{\mathrm{II}} = -\begin{bmatrix} 0 \\ \dfrac{\underline{r}_2^{\nabla}(\omega_2)}{\Phi_{22}\underline{A}_2(\omega_2)} \end{bmatrix}. \tag{11.135}$$

Anstelle von $\underline{r}_2^{\nabla}$ ist $\underline{X}_2^{\nabla}$ bzw. $\underline{Y}_2^{\nabla}$ zu setzen. Mit $\underline{U}_1 = \underline{U}_4 = 0$ ergeben sich so folgende Gleichungen für die WS in beiden Ebenen durch die Achse.

(x − y)-Ebene

$$\text{WSI:}\quad \begin{bmatrix} \Phi_{21} & \Phi_{31} \\ \Phi_{22} & \Phi_{32} \end{bmatrix}_x \begin{bmatrix} \underline{U}_2 \\ \underline{U}_3 \end{bmatrix}_x^{\mathrm{I}} = -\begin{bmatrix} \dfrac{\underline{X}_2^{\nabla}(\omega_1)}{\Phi_{21}\underline{A}_1(\omega_1)} \\ 0 \end{bmatrix}_x ;$$

$$\text{WSII:}\quad \begin{bmatrix} \Phi_{21} & \Phi_{31} \\ \Phi_{22} & \Phi_{32} \end{bmatrix}_x \begin{bmatrix} \underline{U}_2 \\ \underline{U}_3 \end{bmatrix}_x^{\mathrm{II}} = -\begin{bmatrix} 0 \\ \dfrac{\underline{X}_2^{\nabla}(\omega_2)}{\Phi_{22}\underline{A}_2(\omega_2)} \end{bmatrix}_x . \tag{11.136}$$

(y − z)-Ebene

$$\text{WSI:}\quad \begin{bmatrix} \Phi_{21} & \Phi_{31} \\ \Phi_{22} & \Phi_{32} \end{bmatrix}_y \begin{bmatrix} \underline{U}_2 \\ \underline{U}_3 \end{bmatrix}_y^{\mathrm{I}} = -\begin{bmatrix} \dfrac{\underline{Y}_2^{\nabla}(\omega_1)}{\Phi_{21}\underline{A}(\omega_1)} \\ 0 \end{bmatrix}_y ;$$

$$\text{WSII:}\quad \begin{bmatrix} \Phi_{21} & \Phi_{31} \\ \Phi_{22} & \Phi_{32} \end{bmatrix}_y \begin{bmatrix} \underline{U}_2 \\ \underline{U}_3 \end{bmatrix}_y^{\mathrm{II}} = -\begin{bmatrix} 0 \\ \dfrac{\underline{Y}_2^{\nabla}(\omega_2)}{\Phi_{22}\underline{A}_2(\omega_2)} \end{bmatrix}_y . \tag{11.137}$$

Die Größen $\underline{X}_2^{\nabla}$ und $\underline{Y}_2^{\nabla}$ sind durch die gemessenen Größen $\underline{X}_2$ und $\underline{Y}_2$ zu ersetzen, wodurch der in Abschn. 11.3.2.2. beschriebene, unvermeidliche systematische Fehler entsteht. Die „Dämpfungsgrößen" $\underline{A}_j(\omega_j)$ enthalten Q. Letztere sind mit dem Verfahren der Halbwertbreite in der Resonanz (s. Anhang zu Abschn. 11.3.7) aus der Messung $\underline{X}_2$ und $\underline{Y}_2$, Abb. 11.14b, zu entnehmen.

Beispiel

(x − z)-Ebene

Der Messung, Abb. 11.14b, entnimmt man (mit Ablesefehlern)

$$\underline{X}_2(\omega_{x1}) = -0{,}006 - \mathrm{i}\,0{,}147, \quad \underline{X}_2(\omega_{x2}) = -0{,}015 - \mathrm{i}\,0{,}065$$

und berechnet mit dem Verfahren der Halbwertbreite

$$|\underline{A}_1(\omega_{x1})| = Q_{x1} = 9{,}7; \quad |\underline{A}_2(\omega_{x2})| = Q_{x2} = 7{,}9,$$

so daß wegen $\underline{A}_j(\omega_j) = -\mathrm{i}\,|A_j(\omega_j)|$ gilt

$$\underline{A}_1(\omega_{x1}) = -\mathrm{i}\,9{,}7; \quad \underline{A}_2(\omega_{x2}) = -\mathrm{i}\,7{,}9.$$

Die Größen auf der rechten Seite der Gleichung (11.136) werden mit Φ_{21} und Φ_{22} (nach (11.127)

$$\left.\frac{\underline{X}_2(\omega_1)}{\Phi_{21}\underline{A}_1(\omega_1)}\right|_x = \frac{-0{,}006 - \mathrm{i}\,0{,}147}{0{,}1217(-\mathrm{i}\,9{,}7)} = +0{,}125 - \mathrm{i}\,0{,}005 \approx 0{,}125;$$

$$\left.\frac{\underline{X}_2(\omega_2)}{\Phi_{22}\underline{A}_2(\omega_2)}\right|_x = \frac{-0{,}015 - \mathrm{i}\,0{,}065}{0{,}0898(-\mathrm{i}\,7{,}9)} = +0{,}092 - \mathrm{i}\,0{,}021 \approx 0{,}092.$$

Die Auflösung des Systems (11.136) liefert mit (11.127) für die $(x-z)$-Ebene in kgmm

WS I
$$U^{\rm I}_{x2} = -4{,}1085 \cdot 0{,}125 = -0{,}514;$$
$$U^{\rm I}_{x3} = -4{,}1085 \cdot 0{,}125 = -0{,}514.$$

WS II
$$U^{\rm II}_{x2} = -5{,}5679 \cdot 0{,}092 = -0{,}512;$$
$$U^{\rm II}_{x3} = +5{,}5679 \cdot 0{,}092 = +0{,}512.$$

WS I + II
$$U^{\rm I}_{x2} + U^{\rm II}_{x2} = -0{,}514 - 0{,}512 = -1{,}026 \text{ (exakter Wert } -1);$$
$$U^{\rm I}_{x3} + U^{\rm II}_{x3} = -0{,}514 + 0{,}512 = -0{,}002 \text{ (exakter Wert } 0).$$

$(y-z)$-Ebene

Die Messung, Abb. 11.14b, liefert ferner

$$\underline{Y}_2(\omega_{y1}) = -0{,}004 - \mathrm{i}\,0{,}152; \quad \underline{Y}_2(\omega_{y2}) = -0{,}017 - \mathrm{i}\,0{,}072$$

und

$$|\underline{A}_1(\omega_{y1})| = Q_{y1} = 9{,}8; \quad |\underline{A}_2(\omega_{y2})| = Q_{y2} = 7{,}6;$$
$$\underline{A}_1(\omega_{y1}) = -\mathrm{i}\,9{,}8; \qquad \underline{A}_2(\omega_{y2}) = -\mathrm{i}\,7{,}6.$$

Die Größen auf der rechten Seite der Gleichung (11.136) werden

$$\left.\frac{\underline{Y}_2(\omega_1)}{\Phi_{21}\,\underline{A}_1(\omega_1)}\right|_y = \frac{-0{,}004 - \mathrm{i}\,0{,}152}{0{,}1233(-\mathrm{i}\,9{,}8)} = 0{,}126 - \mathrm{i}\,0{,}003 \approx 0{,}126;$$
$$\left.\frac{\underline{Y}_2(\omega_2)}{\Phi_{22}\,\underline{A}_2(\omega_2)}\right|_y = \frac{-0{,}017 - \mathrm{i}\,0{,}072}{0{,}0981(-\mathrm{i}\,7{,}6)} = 0{,}097 - \mathrm{i}\,0{,}023 \approx 0{,}097.$$

Die Auflösung des Systems (11.136) liefert mit (11.127) für die $(y-z)$-Ebene in kgmm

WS I
$$U^{\rm I}_{y2} = -4{,}0552 \cdot 0{,}126 = -0{,}511;$$
$$U^{\rm I}_{y3} = -4{,}0552 \cdot 0{,}126 = -0{,}511.$$

WS II
$$U^{\rm II}_{y2} = -5{,}0968 \cdot 0{,}097 = -0{,}494;$$
$$U^{\rm II}_{y3} = -5{,}0958 \cdot 0{,}097 = +0{,}494.$$

WS I + II
$$U^{\rm I}_{y2} + U^{\rm II}_{y2} = -0{,}511 - 0{,}494 = -1{,}005 \text{ (exakter Wert } -1);$$
$$U^{\rm I}_{y3} + U^{\rm II}_{y3} = -0{,}511 + 0{,}494 = -0{,}017 \text{ (exakter Wert } 0).$$

Man erkennt wiederum, daß sich die WS für die beiden Ebenen praktisch nicht unterscheiden. Man braucht nur in einer Ebene zu wuchten und folglich auch nur eine Messung, entweder $\underline{X}$ oder $\underline{Y}$.

III. Gleitlager

11.5 Approximatives modales Wuchten bei Gleitlagerung

Das modale Wuchten von elastischen Rotoren setzt symmetrische Matrizen der Differentialgleichung voraus, insbesondere symmetrische Steifigkeits- und Dämpfungsmatrizen, wobei die Dämpfungsmatrix mindestens die Bequemlichkeitshypothese erfüllen muß, s. Anhang zu Abschn. 11.2.5, d.h. proportional der Massen- und/oder

Steifigkeitsmatrix sein muß. Beide Matrizen werden weitgehend durch die Lagerung, d.h. durch die Lagerkraftmatrizen beeinflußt. Das Gleitlager ist gekennzeichnet durch eine Steifigkeits- und eine Dämpfungsmatrix, die beide nicht symmetrisch sind, s. (8.52'). Theoretisch ist dadurch eine modale Wuchtung eines elastischen Rotors in Gleitlagern nicht möglich, oder zumindest mit Fehlern behaftet. Man beachte jedoch, daß das „elastische" Wuchten einen Kompromiß zwischen Zielvorgabe und Möglichkeit darstellt. Es gelingt mit einer endlichen Zahl von WE nie einen elastischen Rotor 100%ig zu wuchten (abgesehen von wenigen Ausnahmen). Die jahrelange Praxis beweist jedoch, daß in der Mehrzahl der Fälle auch ein Rotor in Gleitlagern genügend genau modal gewuchtet werden kann.

Wir versuchen im folgenden die Voraussetzungen für dieses Verhalten an der Lavalwelle aufzuzeigen.

11.5.1 Steifigkeitsmatrix

Die Steifigkeitsmatrix $\boldsymbol{C}$ der Lagerkraft läßt sich zerlegen in eine symmetrische Matrix $\boldsymbol{C}_s$ und eine asymmetrische Matrix $\boldsymbol{C}_a$

$$\overbrace{\begin{bmatrix} c_{11} & c_{12} \\ c_{21} & c_{22} \end{bmatrix} \equiv \begin{bmatrix} c_{11}; & a+b \\ a-b; & c_{22} \end{bmatrix}}^{\boldsymbol{C}} = \overset{\boldsymbol{C}_s}{\begin{bmatrix} c_{11} & a \\ a & c_{22} \end{bmatrix}} + \overset{\boldsymbol{C}_a.}{\begin{bmatrix} 0 & b \\ -b & 0 \end{bmatrix}}; \quad \begin{aligned} a &= \tfrac{1}{2}(c_{12}+c_{21}) \\ b &= \tfrac{1}{2}(c_{12}-c_{21}) \end{aligned}$$

Damit wird auch das Kraftfeld $\boldsymbol{C}\boldsymbol{r}$ in der (x, y)-Ebene in ein symmetrisches und ein asymmetrisches aufgespalten

$$\overset{\boldsymbol{C}}{\begin{bmatrix} c_{11} & c_{12} \\ c_{21} & c_{22} \end{bmatrix}} \overset{\boldsymbol{r}}{\begin{bmatrix} x \\ y \end{bmatrix}} = \overset{\boldsymbol{C}_s}{\begin{bmatrix} c_{11}; & a \\ a & c_{22} \end{bmatrix}} \overset{\boldsymbol{r}}{\begin{bmatrix} x \\ y \end{bmatrix}} + \overset{\boldsymbol{C}_a}{\begin{bmatrix} 0 & b \\ -b & 0 \end{bmatrix}} \overset{\boldsymbol{r}.}{\begin{bmatrix} x \\ y \end{bmatrix}}$$

Das Kraftfeld $\boldsymbol{C}\boldsymbol{r}$ ist nicht konservativ; auf einer geschlossenen Bahn (Orbit) um den Ursprung kann Energie ins System über den Lagerzapfen ein- oder ausfließen. Die Bewegung wird instabil, wenn Energie einfließt, der Orbit vergrößert sich mit der Zeit. Das symmetrische Kraftfeld $\boldsymbol{C}_s\boldsymbol{r}$ jedoch ist konservativ, Energie fließt weder ein noch aus. Es ist stabil. Ursache einer Instabilität kann folglich nur die asymmetrische Matrix $\boldsymbol{C}_a$ sein. Uns interessiert weniger die Stabilitätsgrenze, da wir stabiles Verhalten voraussetzen, als vielmehr der Umstand, daß es Fälle gibt, bei denen $\boldsymbol{C}_a$ so klein ist, daß es vernachlässigt werden kann und $\boldsymbol{C}=\boldsymbol{C}_s$ wird. Nun dürfte dies in den wenigsten Fällen für das Gleitlager zutreffen. Durch die Elastizität der Welle wird jedoch die für die Bewegungsdifferentialgleichung maßgebende Steifigkeitsmatrix

$$\boldsymbol{A} = \boldsymbol{A}_s + \boldsymbol{A}_a$$

durch die Lagermatrix $\boldsymbol{C}$ derart verändert, daß der asymmetrische Teil $\boldsymbol{A}_a$ wesentlich kleiner wird und in vielen Fällen vernachlässigt werden darf, so daß

$$\boldsymbol{A} \approx \boldsymbol{A}_s = \begin{bmatrix} a_{11} & a_0 \\ a_0 & a_{22} \end{bmatrix}$$

wird. Ist dies der Fall, so gelingt es immer durch Drehung des KS um einen Winkel φ_0 die Form der Matrix $\boldsymbol{A}_s$ auf eine Form $\boldsymbol{A}_s^g$ ohne Nebendiagonalelemente zu bringen[17].

$$\boldsymbol{A}_s \quad \rightarrow \quad \boldsymbol{A}_s^g .$$
$$\begin{bmatrix} a_{11} & a_0 \\ a_0 & a_{11} \end{bmatrix} \rightarrow \begin{bmatrix} s_{11} & 0 \\ 0 & s_{22} \end{bmatrix}$$

Mit $\boldsymbol{A}_s^g$ ist die Form für „ideal-anisotrope" Lagerung gefunden. Die Bedingung, den gleitgelagerten Rotor als ideal-anisotrop gelagert zu behandeln, ist offenbar die, daß die Matrix $\boldsymbol{A}_a$ gegen die Matrix $\boldsymbol{A}^s$ vernachlässigt werden darf, so daß $\boldsymbol{A} \approx \boldsymbol{A}_s$ wird. Im Anhang zu Abschn. 11.5 wird gezeigt, daß dies um so mehr zutrifft, je elastischer (weicher) der Rotor wird verglichen mit der Elastizität der Lager. Die Symmetrisierung wird durch relativ zur Lagerung „weiche" Wellen begünstigt.

Wir berechnen vorerst den Drehwinkel φ_0 und die durch die Drehung veränderten Elemente der „gedrehten" Matrix $\boldsymbol{A}_s^g$.

Es sollen folgende Voraussetzungen im (x, y) KS und im gedrehten (u, v) KS gelten

$$\boldsymbol{r} = \begin{bmatrix} x \\ y \end{bmatrix}; \quad \boldsymbol{F} = \begin{bmatrix} F_x \\ F_y \end{bmatrix} = \begin{bmatrix} a_{11} & a_{12} \\ a_{12} & a_{22} \end{bmatrix} \begin{bmatrix} x \\ y \end{bmatrix} = \boldsymbol{A}_s \boldsymbol{r};$$
$$\boldsymbol{r}^\varphi = \begin{bmatrix} u \\ v \end{bmatrix}; \quad \boldsymbol{F}^\varphi = \begin{bmatrix} F_u \\ F_v \end{bmatrix} = \begin{bmatrix} s_{11} & s_{12} \\ s_{21} & s_{22} \end{bmatrix} \begin{bmatrix} u \\ v \end{bmatrix} = \boldsymbol{A}_s^\varphi \boldsymbol{r}^\varphi .$$

Die Transformationsformeln für die Drehung um einen beliebigen Winkel φ lauten mit $\underline{r} = x + \mathrm{i}\, y$, $\underline{r}^\varphi = u + \mathrm{i}\, v$

$$\underline{r} = \underline{r}^\varphi \mathrm{e}^{\mathrm{i}\varphi} = (u + \mathrm{i}\, v)(\cos\varphi + \mathrm{i} \sin\varphi) = x + \mathrm{i}\, y .$$

Trennung von Real- und Imaginärteil liefert

$$\boldsymbol{r} \quad = \quad \boldsymbol{T} \quad \boldsymbol{r}^\varphi$$
$$\begin{bmatrix} x \\ y \end{bmatrix} = \begin{bmatrix} \cos\varphi & -\sin\varphi \\ \sin\varphi & \cos\varphi \end{bmatrix} \begin{bmatrix} u \\ v \end{bmatrix};$$

und

$$\underline{r}^\varphi = \underline{r}\, \mathrm{e}^{-\mathrm{i}\varphi} = (x + \mathrm{i}\, y)(\cos\varphi - \mathrm{i} \sin\varphi) = u + \mathrm{i}\, v .$$

Trennung von Real- und Imaginärteil liefert

$$\boldsymbol{r}^\varphi \quad = \quad \boldsymbol{T}^{-1} \quad \boldsymbol{r}$$
$$\begin{bmatrix} u \\ v \end{bmatrix} = \begin{bmatrix} \cos\varphi & \sin\varphi \\ -\sin\varphi & \cos\varphi \end{bmatrix} \begin{bmatrix} x \\ y \end{bmatrix}.$$

Analog gilt für die Transformation der Kräfte

$$\boldsymbol{F} = \boldsymbol{T} \boldsymbol{F}^\varphi \quad \text{und} \quad \boldsymbol{F}^\varphi = \boldsymbol{T}^{-1} \boldsymbol{F}.$$

---

[17] Die Drehung bedeutet, daß die x- und y-Achse des KS in die Achsen u und v übergeführt werden, welche Hauptachsen der Steifigkeit darstellen.

Mit diesen Beziehungen wird einerseits mit den Voraussetzungen

$$\boldsymbol{F} = \boldsymbol{A}_s \boldsymbol{r}\,; \quad \boldsymbol{F}^\varphi = \boldsymbol{A}_s^\varphi \boldsymbol{r}^\varphi \tag{11.138}$$

und andererseits durch Transformation

$$\boldsymbol{F}^\varphi = \boldsymbol{T}^{-1} \boldsymbol{F} = \boldsymbol{T}^{-1} \boldsymbol{A}_s \boldsymbol{r} = (\boldsymbol{T}^{-1} \boldsymbol{A}_s \boldsymbol{T})\, \boldsymbol{r}^\varphi . \tag{11.139}$$

Der Vergleich von (11.138) und (11.139) liefert

$$\boldsymbol{A}_s^\varphi = (\boldsymbol{T}^{-1} \boldsymbol{A}_s \boldsymbol{T}) = \begin{bmatrix} s_{11} & s_{12} \\ s_{21} & s_{22} \end{bmatrix} . \tag{11.140}$$

$$s_{11} = a_{11} \cos^2 \varphi + a_{22} \sin^2 \varphi + \frac{1}{2} (a_{12} + a_{21}) \sin 2\varphi ,$$

$$s_{12} = a_{12} \cos^2 \varphi - a_{21} \sin^2 \varphi + \frac{1}{2} (a_{22} - a_{11}) \sin 2\varphi ,$$

$$s_{21} = a_{21} \cos^2 \varphi - a_{12} \sin^2 \varphi + \frac{1}{2} (a_{22} - a_{11}) \sin 2\varphi ,$$

$$s_{22} = a_{22} \cos^2 \varphi + a_{11} \sin^2 \varphi - \frac{1}{2} (a_{12} + a_{21}) \sin 2\varphi .$$

Mit $a_{12} = a_{21} = a_0$ ist speziell

$$s_{12} = s_{21} = a_0 (\cos^2 \varphi - \sin^2 \varphi) + \frac{1}{2} (a_{22} - a_{11}) \sin 2\varphi$$

$$= a_0 \cos 2\varphi + \frac{1}{2} (a_{22} - a_{11}) \sin 2\varphi .$$

Man kann nun $s_{12} = s_{21} = 0$ fordern und erhält den Drehwinkel φ_0 aus

$$\tan 2\varphi = \tan 2\varphi_0 = \frac{2a_0}{a_{11} - a_{22}} \quad \text{zu} \quad \underline{\varphi_0 = \frac{1}{2} \arctan \frac{2a_0}{a_{11} - a_{22}}} , \tag{11.141}$$

womit

$$\boldsymbol{A}_s^\varphi = \boldsymbol{A}_s^g = \begin{bmatrix} s_{11} & 0 \\ 0 & s_{22} \end{bmatrix} \tag{11.142}$$

wird. Eine Form $\boldsymbol{A}_s$ läßt sich durch Drehung des KS um einen Winkel φ_0 immer auf die Form $\boldsymbol{A}_s^g$ bringen.

11.5.2 Dämpfungsmatrix

Die Elemente der Dämpfungsmatrix $\boldsymbol{D}$ des elastischen Rotors sind im allgemeinen nicht proportional den Elementen der Steifigkeitsmatrix $\boldsymbol{A}_s$. Bei der Drehung des KS um den Winkel φ_0 verschwinden die Nebendiagonalelemente in der Regel nicht. Hingegen sind die Transformationsgleichungen der Dämpfungskräfte die gleichen wie für die elastischen Kräfte. Um die Elemente der Dämpfungsmatrix zu „drehen", gilt somit die Beziehung (11.140) auch, allerdings mit $a_{12} \neq a_{21}$.

11.5.3 Beispiele

Es werden zwei Beispiele mit stark unterschiedlichen Nebendiagonalelementen in den Steifigkeitsmatrizen der Lagerung behandelt.

a) Steifigkeitsmatrix

Ausgangslage seien die Lagermatrizen $\boldsymbol{C}$.

Beispiel 1 / *Beispiel 2*

$$\underset{\boldsymbol{C}}{\begin{bmatrix} 25 & 4 \\ -1 & 100 \end{bmatrix}} = \underset{\boldsymbol{C}_\mathrm{s}}{\begin{bmatrix} 25 & 1{,}5 \\ 1{,}5 & 100 \end{bmatrix}} + \underset{\boldsymbol{C}_\mathrm{a}}{\begin{bmatrix} 0 & 2{,}5 \\ -2{,}5 & 0 \end{bmatrix}}; \quad \underset{\boldsymbol{C}}{\begin{bmatrix} 25 & 30 \\ -3 & 100 \end{bmatrix}} = \underset{\boldsymbol{C}_\mathrm{s}}{\begin{bmatrix} 25 & 13{,}5 \\ 13{,}5 & 100 \end{bmatrix}} + \underset{\boldsymbol{C}_\mathrm{a}}{\begin{bmatrix} 0 & 16{,}5 \\ -16{,}5 & 0 \end{bmatrix}}$$

Die Steifigkeitsmatrix $\boldsymbol{A}$ für die elastische Welle ist nach Anhang zu Abschn. 11.5 zu berechnen. Die Resultate ergeben mit $c = 12{,}5$ bzw. $2{,}5$ als Wellensteifigkeit

Beispiel 1: $c = 12{,}5$ $(c_{11}/c = 2)$

Rotor 2mal elastischer als Lager in x-Richtung

$$\underset{\boldsymbol{A}}{\begin{bmatrix} 8{,}3373 & 0{,}1486 \\ -0{,}0370 & 11{,}1124 \end{bmatrix}} = \underset{\boldsymbol{A}_\mathrm{s}}{\begin{bmatrix} 8{,}3373 & 0{,}0555 \\ 0{,}0555 & 11{,}1124 \end{bmatrix}} + \underset{\boldsymbol{A}_\mathrm{a}}{\begin{bmatrix} 0 & 0{,}0925 \\ -0{,}0925 & 0 \end{bmatrix}};$$

Beispiel 2: $c = 2{,}5$ $(c_{11}/c = 10)$

Rotor 10mal elastischer als Lager in x-Richtung

$$\underset{\boldsymbol{A}}{\begin{bmatrix} 2{,}2798 & 0{,}0645 \\ -0{,}0064 & 2{,}4409 \end{bmatrix}} = \underset{\boldsymbol{A}_\mathrm{s}}{\begin{bmatrix} 2{,}2798 & 0{,}0291 \\ 0{,}0291 & 2{,}4409 \end{bmatrix}} + \underset{\boldsymbol{A}_\mathrm{a}}{\begin{bmatrix} 0 & 0{,}0355 \\ -0{,}0355 & 0 \end{bmatrix}}$$

Man beachte, daß die Elemente von $\boldsymbol{A}_\mathrm{a}$ wesentlich kleiner sind als in $\boldsymbol{C}_\mathrm{a}$!

Die Drehung von $\boldsymbol{A}_\mathrm{s}$ mit (11.140) und (11.141) liefert $\boldsymbol{A}_\mathrm{s} \rightarrow \boldsymbol{A}_\mathrm{s}^\mathrm{g}$.

Beispiel 1 / *Beispiel 2*

$\varphi_0 = -1{,}1453°$ / $\varphi_0 = -9{,}9315°$

$$\underset{\boldsymbol{A}_\mathrm{s}^\mathrm{g}}{\begin{bmatrix} 8{,}3359 & 0 \\ 0 & 11{,}1131 \end{bmatrix}}; \quad \underset{\boldsymbol{A}_\mathrm{s}^\mathrm{g}}{\begin{bmatrix} 2{,}2747 & 0 \\ 0 & 2{,}4460 \end{bmatrix}}.$$

b) Dämpfungsmatrix

Wir setzen für *beide Beispiele* die gleiche Dämpfungsmatrix für den elastischen Rotor voraus.

$$\underset{\boldsymbol{D}}{\begin{bmatrix} 0{,}125 & 0{,}050 \\ 0{,}025 & 0{,}185 \end{bmatrix}} = \underset{\boldsymbol{D}_\mathrm{s}}{\begin{bmatrix} 0{,}125 & 0{,}0375 \\ 0{,}0375 & 0{,}185 \end{bmatrix}} + \underset{\boldsymbol{D}_\mathrm{a}}{\begin{bmatrix} 0 & 0{,}0125 \\ -0{,}0125 & 0 \end{bmatrix}}$$

Die mit $\varphi_0 = -1.1453°$ bzw. $-9.9315°$ gedrehten Dämpfungsmatrizen werden

$\boldsymbol{D}_\mathrm{s} \rightarrow \boldsymbol{D}_\mathrm{s}^\mathrm{g}$.

Beispiel 1 / *Beispiel 2*

$$\underset{\boldsymbol{D}_\mathrm{s}^\mathrm{g}}{\begin{bmatrix} 0{,}1235 & 0{,}0363 \\ 0{,}0363 & 0{,}1865 \end{bmatrix}}; \quad \underset{\boldsymbol{D}_\mathrm{s}^\mathrm{g}}{\begin{bmatrix} 0{,}1141 & 0{,}0251 \\ 0{,}0251 & 0{,}1959 \end{bmatrix}}.$$

c) Steifigkeits- und Dämpfungsmatrix

Zusammenfassend gilt für den elastischen Rotor im nicht gedrehten KS

Beispiel 1: $c = 12{,}5$ $(c_{11}/c = 2)$ $\quad$ *Beispiel 2:* $c = 2{,}5$ $(c_{11}/c = 10)$

$\boldsymbol{A} = \boldsymbol{A}_s + \boldsymbol{A}_a;\quad \boldsymbol{D} = \boldsymbol{D}_s + \boldsymbol{D}_a$

Beispiel 1:

$$1\quad \boldsymbol{A} = \begin{bmatrix} 8{,}3373 & 0{,}1486 \\ -0{,}0370 & 11{,}1124 \end{bmatrix};\quad \boldsymbol{D} = \begin{bmatrix} 0{,}125 & 0{,}050 \\ 0{,}025 & 0{,}185 \end{bmatrix}$$

$$2\quad \boldsymbol{A}_s = \begin{bmatrix} 8{,}3373 & 0{,}0555 \\ 0{,}0550 & 11{,}1124 \end{bmatrix};\quad \boldsymbol{D}_s = \begin{bmatrix} 0{,}125 & 0{,}0375 \\ 0{,}0375 & 0{,}185 \end{bmatrix}$$

$$\boldsymbol{A}_a = \begin{bmatrix} 0 & 0{,}0925 \\ -0{,}0925 & 0 \end{bmatrix};\quad \boldsymbol{D}_a = \begin{bmatrix} 0 & 0{,}0125 \\ -0{,}0125 & 0 \end{bmatrix}$$

Beispiel 2:

$$1\quad \boldsymbol{A} = \begin{bmatrix} 2{,}2798 & 0{,}0645 \\ -0{,}0064 & 2{,}4409 \end{bmatrix};\quad \boldsymbol{D} = \begin{bmatrix} 0{,}125 & 0{,}050 \\ 0{,}025 & 0{,}185 \end{bmatrix}$$

$$2\quad \boldsymbol{A}_s = \begin{bmatrix} 2{,}2798 & 0{,}0291 \\ 0{,}0291 & 2{,}4409 \end{bmatrix};\quad \boldsymbol{D}_s = \begin{bmatrix} 0{,}125 & 0{,}0375 \\ 0{,}0375 & 0{,}185 \end{bmatrix}$$

$$\boldsymbol{A}_a = \begin{bmatrix} 0 & 0{,}0355 \\ -0{,}0355 & 0 \end{bmatrix};\quad \boldsymbol{D}_a = \begin{bmatrix} 0 & 0{,}0125 \\ -0{,}0125 & 0 \end{bmatrix}$$

und im gedrehten KS

Beispiel 1

$$3\quad \boldsymbol{A}_s^g = \begin{bmatrix} 8{,}3359 & 0 \\ 0 & 11{,}1131 \end{bmatrix};\quad \boldsymbol{D}_s^g = \begin{bmatrix} 0{,}1235 & 0{,}0363 \\ 0{,}0363 & 0{,}1865 \end{bmatrix}.$$

Beispiel 2

$$3\quad \boldsymbol{A}_s^g = \begin{bmatrix} 2{,}2747 & 0 \\ 0 & 2{,}4460 \end{bmatrix};\quad \boldsymbol{D}_s^g = \begin{bmatrix} 0{,}1141 & 0{,}0251 \\ 0{,}0251 & 0{,}1959 \end{bmatrix}.$$

Die Nebendiagonalelemente der Dämpfungsmatrix sind von untergeordneter Bedeutung, s. Abb. 11.16a und b, läßt man sie unberücksichtigt, erhält man nur Hauptdiagonalglieder

Beispiel 1

$$4\quad \boldsymbol{A}_s^g = \begin{bmatrix} 8{,}3359 & 0 \\ 0 & 11{,}1131 \end{bmatrix};\quad \boldsymbol{D}_s^{gd} = \begin{bmatrix} 0{,}1235 & 0 \\ 0 & 0{,}1865 \end{bmatrix}.$$

Beispiel 2

$$4\quad \boldsymbol{A}_s^g = \begin{bmatrix} 2{,}2747 & 0 \\ 0 & 2{,}4460 \end{bmatrix};\quad \boldsymbol{D}_s^{gd} = \begin{bmatrix} 0{,}1141 & 0 \\ 0 & 0{,}1959 \end{bmatrix}.$$

Mit diesen Matrizen anstelle von $\boldsymbol{S}$ und $\boldsymbol{D}$ in den Differentialgleichungen (6.25′) und (8.57) werden die Differentialgleichungen entkoppelt. Man kann jede der zwei Gleichungen unabhängig von der anderen lösen. Man arbeitet nur in der (u, z)- bzw. (v, z)-Ebene. Damit ist die Bedingung für eine ideal-anisotrope Lagerung[18] im (u, v) KS erreicht, die einer modalen Wuchtung zugänglich ist. Das Problem der Gleitlagerung ist auf das Problem der ideal-anisotropen Lagerung zurückgeführt und modal lösbar, wie (11.107). (Die Differentialgleichung (11.107) für die Mehrscheiben-Welle hätte bei Gleitlagerung nicht symmetrische $\boldsymbol{S}$ und $\boldsymbol{D}$ Matrizen.)

Um die numerischen Verhältnisse aufzuzeigen, sind getrennt für Beispiel 1 und 2 die Hauptachsen a und b des elliptischen Orbits (Abschn. 6.1) für die Matrizenkombinationen *1, 2, 3* und *4* entsprechend der Differentialgleichung (8.57) für die gleitgelagerte Lavalwelle

$$\ddot{\boldsymbol{r}} + \boldsymbol{D}\dot{\boldsymbol{r}} + \boldsymbol{S}\boldsymbol{r} = \varepsilon\Omega^2 \begin{bmatrix} \cos \Omega t \\ \sin \Omega t \end{bmatrix}$$

$$\boldsymbol{r} = \begin{bmatrix} x \\ y \end{bmatrix};\ [\mathrm{m}];\quad \boldsymbol{D} = \begin{bmatrix} g_{11} & g_{12} \\ g_{21} & g_{22} \end{bmatrix},\ [\mathrm{s}^{-1}];\quad \boldsymbol{S} = \begin{bmatrix} \lambda_{11}^2 & \lambda_{12}^2 \\ \lambda_{21}^2 & \lambda_{22}^2 \end{bmatrix},\ [\mathrm{s}^{-2}]$$

über der Winkelgeschwindigkeit Ω des Rotors in Abb. 11.16 aufgetragen: $m = 1$ kg, $\varepsilon = 1$ µm, $U_\varepsilon = 1$ kg µm.

[18] s. Fußnote 5, Abschn. 6.2.

Kommentar zu Abb. 11.16a und b

— Wesentlich ist der Vergleich von Kurve *1* und *4*. Er zeigt den Unterschied durch die Umwandlung der Gleitlagerung in eine ideal-anisotrope Lagerung unter Vernachlässigung der asymmetrischen Lagermatrix und Drehung des KS in die beiden Hauptachsen der Steifigkeit. Damit ist der Fehler ersichtlich, der sich beim modalen Wuchten des gleitgelagerten Rotors für Beispiel 1 oder 2 ergibt.
Für Beispiel 1 ist eine Differenz kaum zu erkennen, obschon der Rotor nur doppelt so elastisch (weich) ist wie die Lagerung in der elastischeren (weicheren) Richtung. Wäre die Welle weicher, würde der Unterschied noch kleiner. Für Beispiel 2 ist der Unterschied etwas größer, obschon der Rotor 10mal weicher ist als die Lagerung in der weicheren Richtung. Trotzdem ist der Unterschied von weniger als 10% durchaus zulässig. Interessant ist die Tatsache, daß die Asymmetrie überdeckt wurde; es ist nur noch *eine* kritische Drehzahl zu erkennen im Gegensatz zu Beispiel 1.

— Der Vergleich von Kurve *1* und *2* zeigt die Vernachlässigung der asymmetrischen Matrizen $\boldsymbol{A}_a$ und $\boldsymbol{D}_a$. Die Auswirkung ist im Beispiel 1 kaum zu erkennen, im Gegensatz zu Beispiel 2.

— Kurve *2* und *3* sind im vorliegenden Maßstab nicht zu unterscheiden. Kurve *3* ist jedoch gegen Kurve *2* „gedreht", allerdings nur in die Hauptachsen der Steifigkeit, nicht aber der Dämpfung. In beiden Beispielen ist offenbar der Einfluß der Dämpfungsmatrix auf die Drehung nicht entscheidend.
Man beachte, daß bei einer Drehung des KS sich Größe und Form des elliptischen Orbits nicht ändert. (Der Rotor kümmert sich nicht um die Lage des KS.)

— Der Vergleich der Kurven *3* und *4* zeigt den Einfluß der Nebendiagonalelemente in der Dämpfungsmatrix. Der geringe Einfluß der zusätzlichen Dämpfung durch diese Glieder ist aus Kurve *3* zu ersehen, sie liegt leicht tiefer als die Kurve *4*. Die Vernachlässigung führt jedoch zu einer besseren Annäherung an die Ausgangskurve *1*.

Die beiden Beispiele erheben selbstverständlich keinen Anspruch auf Allgemeinheit. Sie zeigen aber deutlich, daß es bei relativ elastischen Rotoren durchaus möglich ist, einen gleitgelagerten Rotor wie einen ideal-anisotrop gelagerten Rotor zu behandeln und somit modal zu wuchten.

Rotoren in Gleitlagern können theoretisch nicht modal gewuchtet werden, weil die Lagermatrizen nicht symmetrisch sind. Die Praxis verlangt jedoch kein 100%iges Wuchten, sie verlangt lediglich das Einhalten einer gegebenen Toleranz. Es ist deshalb durchaus möglich, auch Rotoren in Gleitlagern genügend genau modal zu wuchten. Es sind all jene Rotoren, deren Elastizität (Biegeweichheit) groß ist gegenüber der Lagerelastizität, was die Symmetrisierung begünstigt.

Relativ steife bis starre Rotoren in Gleitlagern mit starken Nebendiagonalelementen können entweder bimodal gewuchtet werden, s. Abschn. 11.6, quasi-modal, s. Abschn. 19.3, oder mit der Methode der Einflußkoeffizienten, s. 3. Teil.

11.5.4 Vereinfachtes Verfahren

Man kann bei Gleitlagerung mit nicht symmetrischen Elastizitäts- und Dämpfungsmatrizen die Nebendiagonalelemente ignorieren – eine übrigens noch viel geübte Praxis –

und gelangt so am schnellsten zur ideal-anisotropen Lagerung, mit der modal gewuchtet werden kann. Die Genauigkeit ist dann allerdings zwangsläufig geringer, aber oft genügend. Zum Vergleich sind in den Abb. 11.16a und b die großen Halbachsen der Ellipsen nach diesem Verfahren ebenfalls aufgeführt; für Beispiel 1 und 2 getrennt. Die Matrizen von *1* mit vernachlässigten Nebendiagonalelementen lauten

Beispiel 1 — $\boldsymbol{A}^{\mathrm{d}}$, $\boldsymbol{D}^{\mathrm{d}}$; *Beispiel 2* — $\boldsymbol{A}^{\mathrm{d}}$, $\boldsymbol{D}^{\mathrm{d}}$

$$5\begin{bmatrix} 8{,}3373 & 0 \\ 0 & 11{,}1124 \end{bmatrix}; \begin{bmatrix} 0{,}125 & 0 \\ 0 & 0{,}185 \end{bmatrix} \qquad 5\begin{bmatrix} 2{,}2798 & 0 \\ 0 & 2{,}4409 \end{bmatrix}; \begin{bmatrix} 0{,}125 & 0 \\ 0 & 0{,}185 \end{bmatrix}.$$

Kommentar: Für *Beispiel 1* ist dieses abgekürzte Verfahren durchaus berechtigt. Der Unterschied mit *1* bzw. *4*, d.h. mit den unsymmetrischen Ausgangsmatrizen bzw. den „gedrehten" Matrizen ist praktisch unbedeutend. In *Beispiel 2* ist der Unterschied gegenüber *1* bzw. *4* in Resonanznähe wesentlich größer, aber für die Wuchtpraxis immer noch tolerierbar.

11.5.5 Vorgehen zum modalen Wuchten von gleitgelagerten, elastischen Rotoren

Zum modalen Wuchten braucht man die Matrix der EF, die sogenannte Modalmatrix. Sie wird aus dem Eigenwertproblem der Differentialgleichung für isotrope oder ideal-anisotrope Lagerung gewonnen, s. Abschn. 11.2.4 und 11.4.2.

Die Voraussetzung zur Bildung der Modalmatrix sind für isotrope und ideal-anisotrope Lagerung diagonale Steifigkeits- und Dämpfungsmatrizen $\boldsymbol{S}$ und $\boldsymbol{D}$. Bei Gleitlagerung sind diese Matrizen weder symmetrisch, noch haben sie Diagonalform, noch erfüllt $\boldsymbol{D}$ eine der Verträglichkeitsbedingungen. Will man einen derartig gelagerten Rotor trotzdem modal wuchten, bestehen zwei Möglichkeiten:

1. Möglichkeit: Mit dem abgekürzten Verfahren werden die Nebendiagonalelemente vernachlässigt, so daß $\boldsymbol{S}$ und $\boldsymbol{D}$ Diagonalform erhalten.

2. Möglichkeit: $\boldsymbol{S}$ und $\boldsymbol{D}$ werden wie in Abschn. 11.5.1 und Abschn. 11.5.2 gezeigt, in symmetrische und asymmetrische Matrizen $\boldsymbol{S}_{\mathrm{s}}$, $\boldsymbol{S}_{\mathrm{a}}$ und $\boldsymbol{D}_{\mathrm{s}}$, $\boldsymbol{D}_{\mathrm{a}}$ zerlegt und die asymmetrischen Matrizen $\boldsymbol{S}_{\mathrm{a}}$ und $\boldsymbol{D}_{\mathrm{a}}$ vernachlässigt. Sodann ist das KS um den Winkel φ_0 zu drehen, wodurch die gedrehten Matrizen $\boldsymbol{S}_{\mathrm{s}}^{\mathrm{g}}$ und $\boldsymbol{D}_{\mathrm{s}}^{\mathrm{g}}$ entstehen. Vernachlässigt man noch die unbedeutenden Nebendiagonalelemente in $\boldsymbol{D}_{\mathrm{s}}^{\mathrm{g}}$, erhält man reine Diagonalmatrizen $\boldsymbol{S}_{\mathrm{s}}^{\mathrm{gd}}$ und $\boldsymbol{D}_{\mathrm{s}}^{\mathrm{gd}}$.

Man gelangt also so oder so zu Diagonalmatrizen, womit die gesuchte Modalmatrix berechnet werden kann und mit ihr die VWS.

Bei der *Messung* ist zu erwähnen, daß grundsätzlich im gedrehten (u, v) KS, dem Hauptachsensystem gemessen werden sollte. Eine Umstellung der Pick-ups wäre aber unzumutbar und ist auch nicht nötig. Die VWS können mit einer Messung in x- oder y-Richtung, Schaltung II, Abb. 6.4 angepaßt werden, was Größe und Richtung betrifft, so daß schließlich die endgültigen WS resultieren.

Das Verfahren mit Identifikation muß auch mit der Messung $\underline{X}(\Omega)$ oder $\underline{Y}(\Omega)$ anstelle von $\underline{U}(\Omega)$ oder $\underline{V}(\Omega)$ durchgeführt werden. Solange der Drehwinkel φ_0 nicht größer als ca. 10° beträgt, ist der Unterschied unbedeutend.

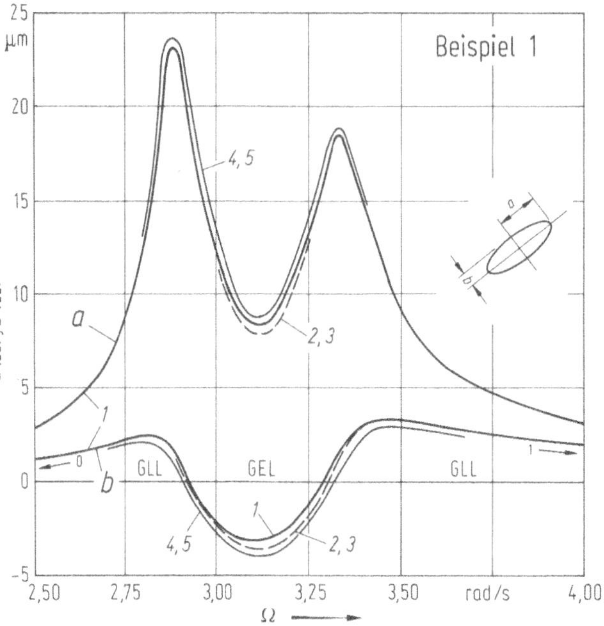

a

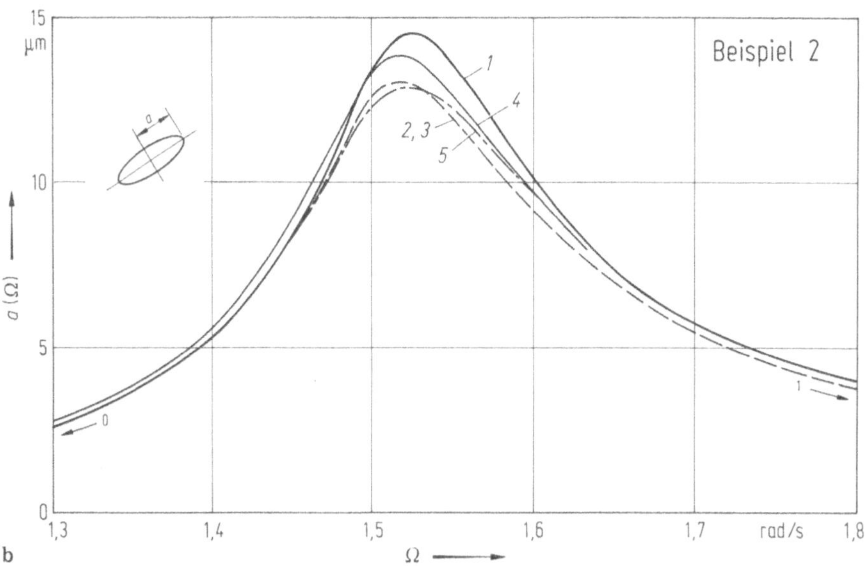

b

Abb. 11.16. Halbachse a und b des elliptischen Orbits einer Lavalwelle in Gleitlagern, IU: $U_\varepsilon = 1$ kgµm. **a** Halbachsen a und b, Bsp. 1, **b** Halbachse a, Bsp. 2

$\underline{S} = \underline{A} = \underline{A}_s + \underline{A}_a$ Steifigkeitsmatrix, $\underline{D} = \underline{D}_s + \underline{D}_a$ Dämpfungsmatrix } der Lavalwelle

$1 = \underline{A}, \underline{D}$; $2 = \underline{A}_s, \underline{D}_s$; $3 = \underline{A}_s^g, \underline{D}_s^g$; $4 = \underline{A}_s^g, \underline{D}_s^{gd}$; $5 = \underline{A}^d, \underline{D}^d$; s. Text

11.6 Bimodales Wuchten

11.6.1 Einleitung

Das klassische *modale* Wuchten verlangt erstens symmetrische Matrizen $\boldsymbol{M}$ und $\boldsymbol{S}$ in (11.9)

$$\boldsymbol{M}\ddot{\boldsymbol{r}}+\boldsymbol{D}\dot{\boldsymbol{r}}+\boldsymbol{S}\boldsymbol{r}=\boldsymbol{f}(t); \quad \boldsymbol{f}(t)=(\boldsymbol{U}+\boldsymbol{U}_{\varepsilon})\,\Omega^2\,\mathrm{e}^{\mathrm{i}\Omega t} \tag{11.143}$$

und zweitens eine Dämpfungsmatrix $\boldsymbol{D}$ entweder proportional zu der Massenmatrix $\boldsymbol{M}$ oder der Steifigkeitsmatrix $\boldsymbol{S}$ oder zu beiden proportional (s. Anhang zu Abschn. 11.2.5). Unter diesen Voraussetzungen läßt sich die partikuläre Lösung von (11.143) in Modalanteile aufspalten, wie in den vorangegangenen Abschnitten gezeigt wurde. Man erhält den Eigenkreisfrequenzen (kritische Drehzahlen der ungedämpften Welle) zugeordnete Eigenvektoren, die für jeden Modalanteil in Ebenen durch die Rotorachse liegen, und die Wuchtmatrix ist reell.

Bei Berücksichtigung von Kreiselwirkung, Gleitlagern, Spalterregung und innerer Reibung sind $\boldsymbol{D}$ und $\boldsymbol{S}$ nicht mehr symmetrisch und speziell im Falle von Gleitlagern noch von der Drehzahl des Rotors abhängig [No]. Trotzdem ist auch in diesem Falle eine modale Zerlegung möglich [B/], [Ts]. Es sind zwei Eigenvektoren, Rechts- und Linkseigenvektoren einzuführen, die beide für einen Modalanteil nicht mehr in Ebenen durch die Achse liegen, sondern eine gewundene (englisch: twisted) Fläche bilden. Das Wuchten erfolgt mit Linkseigenvektoren und nennt sich *bimodales* Wuchten. Es ergeben sich WS, die auch nicht mehr in einer Ebene durch die Achse liegen, sondern ebenfalls eine gewundene Regelfläche bilden. Die Wuchtmatrix ist komplex. Man kann daher das bimodale Wuchten auch als komplexes Modalwuchten bezeichnen [Sa]. Es ist wesentlich aufwendiger und erfordert leistungsfähige Computer. Ein Nachteil ist wie beim modalen Wuchten, daß die Rechnung den Fundamenteinfluß nur näherungsweise erfassen kann. In vielen Fällen sind die Resultate des bimodalen Wuchtens nicht derart stark verschieden von denen des modalen Wuchtens, daß sich der Mehraufwand lohnt.

Wir zeigen im folgenden zuerst die Theorie in knappen Zügen nach [No, Wh, Kr S. 244, Me] mit der Lösung des Eigenwertproblems über die Expansion von Günther (1876!) die fälschlicherweise Frobenius zugeschrieben wurde, s. [Fa1] und [Fa2]. Zu Beginn folgen wir Nordmann [No]. Anschließend folgt ein numerisches Beispiel mit einer einfachen Modellwelle auf Kippsegmentgleitlagern, die alle wesentlichen Aspekte des bimodalen Wuchtens enthält. Einfachheitshalber werden die acht Koeffizienten (vier Feder- und vier Dämpfungskonstanten) des Gleitlagers konstant angenommen. Bei stark mit der Drehzahl ändernden Lagerkoeffizienten muß die Rechnung drehzahlabhängig durchgeführt werden.

11.6.2. Differentialgleichung

Das Rotormodell, Abb. 11.17, hat drei symmetrisch angeordnete Scheibenmassen ($n=3$). Die beiden Gleitlager sind identisch und haben die folgende Charakteristik

$$\begin{bmatrix} F_{jx} \\ F_{jy} \end{bmatrix}=\underset{c_{12}\neq c_{21}}{\begin{bmatrix} c_{11} & c_{12} \\ c_{21} & c_{22} \end{bmatrix}}\begin{bmatrix} x_j \\ y_j \end{bmatrix}+\underset{b_{12}\neq b_{21}}{\begin{bmatrix} b_{11} & b_{12} \\ b_{21} & b_{22} \end{bmatrix}}\begin{bmatrix} \dot{x}_j \\ \dot{y}_j \end{bmatrix}; \quad (j=1,3). \tag{11.144}$$

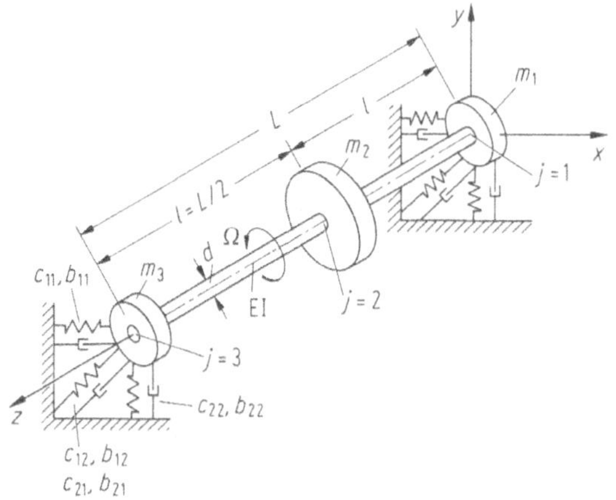

Abb. 11.17. Rotormodell für bimodales Wuchten mit Scheibe in der Mitte und Lagermassen auf Gleitlagern. IU: $U_{\varepsilon 1} = 1$ kgmm

F_{jx} und F_{jy} sind Lagerkräfte in x- und y-Richtung. x_j und y_j sind Auslenkungen an den Lagern $j = 1$ und $j = 3$. Die Welle hat die Biegesteifigkeit EI, ihre Masse sei vernachlässigt oder den Scheibenmassen zugeschlagen. Kreiselwirkung und innere Reibung werden nicht berücksichtigt. Die einzige Dämpfung liegt im Lager. Das System hat $m = 2n = 2 \cdot 3 = 6$ Freiheitsgrade (Auslenkungen x und y an drei Scheibenmassen).

Definiert man den gesuchten Vektor $\boldsymbol{p}(t)$ mit

$$\boldsymbol{p}(t) = [x_1(t),\ x_2(t),\ x_3(t),\ y_1(t),\ y_2(t),\ y_3(t)]_{\mathrm{P}}^{\mathrm{T}} \tag{11.145}$$

derart, daß in der obern Hälfte x, in der untern Hälfte die y-Auslenkungen stehen, so ergeben sich die reellen Matrizen zur Berechnung der Kräfte wie folgt:

Massenmatrix

$$\boldsymbol{M} = \operatorname{diag}(m_1,\ m_2,\ m_3,\ m_1,\ m_2,\ m_3);\ \text{positiv definit,} \tag{11.146}$$

Dämpfungsmatrix

$$\boldsymbol{D} = \begin{bmatrix} b_{11} & 0 & 0 & b_{12} & 0 & 0 \\ 0 & 0 & 0 & 0 & 0 & 0 \\ 0 & 0 & b_{11} & 0 & 0 & b_{12} \\ b_{21} & 0 & 0 & b_{22} & 0 & 0 \\ 0 & 0 & 0 & 0 & 0 & 0 \\ 0 & 0 & b_{21} & 0 & 0 & b_{22} \end{bmatrix};\ \text{nicht symmetrisch,}$$

Steifigkeitsmatrix $\boldsymbol{S} = \boldsymbol{S}_{\mathrm{W}} + \boldsymbol{S}_{\mathrm{G}}$ (Indices: W Welle, G Gleitlager)

$$\boldsymbol{S}_{\mathrm{W}} = \begin{bmatrix} \alpha_{11} & \alpha_{12} & \alpha_{13} & & & \\ \alpha_{12} & \alpha_{22} & \alpha_{23} & & 0 & \\ \alpha_{13} & \alpha_{23} & \alpha_{33} & & & \\ & & & \alpha_{11} & \alpha_{12} & \alpha_{13} \\ & 0 & & \alpha_{12} & \alpha_{22} & \alpha_{23} \\ & & & \alpha_{13} & \alpha_{23} & \alpha_{33} \end{bmatrix};\ \text{symmetrisch,}$$

$$S_G = \begin{bmatrix} c_{11} & 0 & 0 & c_{12} & 0 & 0 \\ 0 & 0 & 0 & 0 & 0 & 0 \\ 0 & 0 & c_{11} & 0 & 0 & c_{12} \\ c_{21} & 0 & 0 & c_{22} & 0 & 0 \\ 0 & 0 & 0 & 0 & 0 & 0 \\ 0 & 0 & c_{21} & 0 & 0 & c_{22} \end{bmatrix}; \text{ nicht symmetrisch.}$$

S_W ist symmetrisch, S_G ist nicht symmetrisch, S ist somit nicht symmetrisch.

Die mit der Winkelgeschwindigkeit Ω umlaufenden Unwuchtkräfte $\underline{F}_j$ sind mit

$$\underline{U}_j = U_{jx} + i\, U_{jy}$$

als Unwucht

$$\underline{F}_j = \Omega^2\, \underline{U}_j\, e^{i\Omega t}$$

und in Komponentenform

$$F_j = \begin{bmatrix} F_{jx} \\ F_{jy} \end{bmatrix} = \Omega^2 \begin{bmatrix} \mathrm{Re}(\underline{U}_j e^{i\Omega t}) \\ \mathrm{Im}(\underline{U}_j e^{i\Omega t}) \end{bmatrix} = \Omega^2 \begin{bmatrix} \mathrm{Re}(\underline{U}_j e^{i\Omega t}) \\ \mathrm{Re}(-i\, \underline{U}_j e^{i\Omega t}) \end{bmatrix}.$$

Ausführlich wird

$$\begin{aligned} \underline{U}_j e^{i\Omega t} &= (U_{jx} + i\, U_{jy})(\cos \Omega t + i \sin \Omega t) \\ &= (U_{jx} \cos \Omega t - U_{jy} \sin \Omega t) + i(U_{jx} \sin \Omega t + U_{jy} \cos \Omega t); \end{aligned}$$

$$\mathrm{Re}(\underline{U}_j e^{i\Omega t}) = U_{jx} \cos \Omega t - U_{jy} \sin \Omega t;$$

$$\mathrm{Im}(\underline{U}_j e^{i\Omega t}) = \mathrm{Re}(-i\, \underline{U}_j e^{i\Omega t}) = U_{jx} \sin \Omega t + U_{jy} \cos \Omega t;$$

$$F_j = \Omega^2 \begin{bmatrix} U_{jx} \cos \Omega t - U_{jy} \sin \Omega t \\ U_{jx} \sin \Omega t + U_{jy} \cos \Omega t \end{bmatrix} = \Omega^2 \begin{bmatrix} U_{jx} & -U_{jy} \\ U_{jy} & +U_{jx} \end{bmatrix} \begin{bmatrix} \cos \Omega t \\ \sin \Omega t \end{bmatrix}.$$

Das zuständige Differentialgleichungssystem erhält somit folgende Form

$$\underline{M\ddot{p} + D\dot{p} + Sp = f(t)} \tag{11.147}$$

$$f(t) = \Omega^2 \begin{bmatrix} \mathrm{Re}(U e^{i\Omega t}) \\ \mathrm{Re}(-i\, U e^{i\Omega t}) \end{bmatrix}; \quad U = \begin{bmatrix} \underline{U}_1 \\ \underline{U}_2 \\ \underline{U}_3 \end{bmatrix}; \quad p(t) \to \text{s. (11.145)}$$

mit $2n \times 2n = (6 \times 6)$-Matrizen und $(2n = 6)$-Vektoren und ausschließlich reellen Komponenten.

Würde z.B. die Kreiselwirkung noch berücksichtigt, kämen pro Scheibe zu den zwei Auslenkungen x, y noch zwei Drehungen φ_x, φ_y hinzu. Der Vektor $p(t)$, sowie Rechts- und Linkseigenvektoren würden doppelt so groß.

11.6.3 Eigenwertproblem

Zur Berechnung der Eigenschwingungen setzt man in (11.147) $f(t) = 0$ und erhält mit dem Lösungsansatz

$$p(t) = p\, e^{\lambda t} \tag{11.148}$$

das Eigenwertproblem

$$(\lambda^2 M + \lambda D + S)\, p = 0. \tag{11.149}$$

Für Lösungen $\boldsymbol{p} \neq 0$ muß die runde Klammer verschwinden, was eine verschwindende Determinante der Matrix fordert

$$\det|\lambda^2 \boldsymbol{M} + \lambda \boldsymbol{D} + \boldsymbol{S}| = 0. \tag{11.150}$$

Diese Gleichung führt auf die charakteristische Gleichung

$$a_{\mathrm{m}} \lambda^{\mathrm{m}} + a_{\mathrm{m}-1} \lambda^{\mathrm{m}-1} + \cdots a_1 \lambda + a_0 = 0, \tag{11.151}$$

die bei $2n = 6$ Freiheitsgraden vom Grad $m = 4n = 12$ ist. Gleichung (11.151) hat $4n$ Lösungen λ^{k} ($k = 1 \dots 4n = 12$), von denen im allgemeinen $2n$ Lösungen komplex und $2n$ Lösungen dazu konjugiert komplex sind, also $2n$ Paare konjugiert komplexer Lösungen oder Eigenwerte

$$\underline{\lambda}_{\mathrm{k}} = \alpha_{\mathrm{k}} + \mathrm{i}\omega_{\mathrm{k}}; \quad \lambda_{\mathrm{k}}^* = \alpha_{\mathrm{k}} - \mathrm{i}\omega_{\mathrm{k}}; \quad (k = 1 \dots 2n = 6). \tag{11.152}$$

Daß bei komplexen Lösungen auch deren konjugiert komplexe existieren, folgt aus dem Umstand, daß die Matrizen reelle Elemente haben, wodurch die Koeffizienten des charakteristischen Polynoms (11.151) ebenfalls reell werden.

Wir setzen im folgenden $2n$ Paare konjugiert komplexer Lösungen voraus.

Setzt man einen (komplexen) Eigenwert $\underline{\lambda}_{\mathrm{k}}$ in (11.149) ein, entsteht

$$(\underline{\lambda}_{\mathrm{k}}^2 \boldsymbol{M} + \underline{\lambda}_{\mathrm{k}} \boldsymbol{D} + \boldsymbol{S})\, \boldsymbol{p}_{\mathrm{k}} = 0, \tag{11.153}$$
$$\boldsymbol{p}_{\mathrm{k}} = [x_{1\mathrm{k}}\, x_{2\mathrm{k}}\, x_{3\mathrm{k}}\, y_{1\mathrm{k}}\, y_{2\mathrm{k}}\, y_{3\mathrm{k}}]_{\mathrm{p}}^{\mathrm{T}},$$

eine Gleichung, mit der der sogenannte Rechtseigenvektor $\boldsymbol{p}_{\mathrm{k}}$ berechnet werden kann. Die Komponenten von $\boldsymbol{p}_{\mathrm{k}}$ sind nur als Verhältniswerte berechenbar. Es ist deshalb zu empfehlen – aber nicht notwendig – $\boldsymbol{p}_{\mathrm{k}}$ zu normieren.

Eine reelle Teillösung k, d.h. *eine* Eigenschwingung erhält man aus den komplexen Werten $\underline{\lambda}$, $\underline{p}$ zu

$$p(t) = \mathrm{Re}(\underline{p}\, \mathrm{e}^{\underline{\lambda} t}) = \mathrm{Re}(\underline{p}\, \mathrm{e}^{(\alpha + \mathrm{i}\omega)t}) = \mathrm{e}^{\alpha t}\, \mathrm{Re}(\underline{p}\, \mathrm{e}^{\mathrm{i}\omega t})$$

oder aus den konjugiert komplexen Werten $\underline{\lambda}^*$, $\underline{p}^*$

$$p(t) = \mathrm{Re}(\underline{p}^*\, \mathrm{e}^{\underline{\lambda}^* t}) = \mathrm{Re}(\underline{p}^*\, \mathrm{e}^{(\alpha - \mathrm{i}\omega)t}) = \mathrm{e}^{\alpha t}\, \mathrm{Re}(\underline{p}^*\, \mathrm{e}^{-\mathrm{i}\omega t})$$

und mit

$$\underline{p} = p\, \mathrm{e}^{\mathrm{i}\varphi} = p' + \mathrm{i} p''; \quad \underline{p}^* = p\, \mathrm{e}^{-\mathrm{i}\varphi} = p' - \mathrm{i} p''$$

aus den komplexen Werten

$$p(t) = \mathrm{e}^{\alpha t}\, \mathrm{Re}(p\, \mathrm{e}^{\mathrm{i}\varphi}\, \mathrm{e}^{\mathrm{i}\omega t}) = \mathrm{e}^{\alpha t} p\, \mathrm{Re}(\mathrm{e}^{\mathrm{i}(\omega t + \varphi)}) = \mathrm{e}^{\alpha t} p \cos(\omega t + \varphi)$$

oder aus den konjugiert komplexen Werten

$$p(t) = \mathrm{e}^{\alpha t}\, \mathrm{Re}(p\, \mathrm{e}^{-\mathrm{i}\varphi}\, \mathrm{e}^{-\mathrm{i}\omega t}) = \mathrm{e}^{\alpha t} p\, \mathrm{Re}(\mathrm{e}^{-\mathrm{i}(\omega t + \varphi)}) = \mathrm{e}^{\alpha t} p \cos(\omega t + \varphi),$$

was das Gleiche gibt.

Mit einer beliebigen Konstanten C_{k} lautet somit die reelle Teillösung k

$$\underline{p_{\mathrm{k}}(t) = C_{\mathrm{k}}\, \mathrm{e}^{\alpha t} p_{\mathrm{k}} \cos(\omega_{\mathrm{k}} t + \varphi_{\mathrm{k}})};$$

$$p_{\mathrm{k}} = \sqrt{p_{\mathrm{k}}'^2 + p_{\mathrm{k}}''^2}; \quad \varphi_{\mathrm{k}} = \arctan \frac{p_{\mathrm{k}}''}{p_{\mathrm{k}}'}.$$

Im allgemeinen ist für $j = 1, 2, 3$ p_{k}'' nicht proportional p_{k}' und $p_{\mathrm{k}}''/p_{\mathrm{k}}'$ nicht const, im Gegensatz zur modalen Berechnung. Somit ist φ_{k} für jede Scheibenmasse j verschieden. Die Scheibenmassen schwingen synchron, aber phasenverschoben und klingen mit negativem α mit der Zeit ab. Die Lösung ist nur für negatives α stabil.

Das transponierte Problem (11.153)

$$(\underline{\lambda}_k^2 \boldsymbol{M}^T + \underline{\lambda}_k \boldsymbol{D}^T + \boldsymbol{S}^T)\, \boldsymbol{q}_k = 0; \tag{11.154}$$
$$\boldsymbol{q}_k = [x_{1k}\, x_{2k}\, x_{3k}\, y_{1k}\, y_{2k}\, y_{3k}]_q^T$$

besitzt die gleichen Eigenwerte $\underline{\lambda}_k$ wie (11.153), aber andere Eigenvektoren, sogenannte Linkseigenvektoren $\boldsymbol{q}_k$.

Daß die Eigenwerte gleich sind, folgt aus dem Umstand, daß eine Determinante ihren Wert nicht ändert, wenn man ihre Zeilen und Spalten vertauscht.

Man überführt nun die Eigenwertprobleme (11.153) und (11.154) in die folgenden beiden neuen Eigenwertprobleme höherer Ordnung

$$\left.\begin{array}{l}(\boldsymbol{A} - \underline{\lambda}_k \boldsymbol{B})\, \boldsymbol{r}_k = 0 \\ (\boldsymbol{A}^T - \underline{\lambda}_k \boldsymbol{B}^T)\, \boldsymbol{l}_k = 0\end{array}\right\} \quad (k = 1 \ldots 4n); \qquad \begin{array}{r}(11.155)\\(11.156)\end{array}$$

$$\boldsymbol{A} = \begin{bmatrix} \boldsymbol{M} & 0 \\ 0 & -\boldsymbol{S} \end{bmatrix}; \quad \boldsymbol{B} = \begin{bmatrix} 0 & \boldsymbol{M} \\ \boldsymbol{M} & \boldsymbol{D} \end{bmatrix}; \quad \boldsymbol{r}_k = \begin{bmatrix} \underline{\lambda}_k \boldsymbol{p}_k \\ \boldsymbol{p}_k \end{bmatrix}; \quad \boldsymbol{l}_k = \begin{bmatrix} \underline{\lambda}_k \boldsymbol{q}_k \\ \boldsymbol{q}_k \end{bmatrix}.$$

$\boldsymbol{r}_k$ und $\boldsymbol{l}_k$ sind die Rechts- und Linkseigenvektoren des neuen Eigenwertproblems. Durch diese Transformation gelingt es später das inhomogene Gleichungssystem (11.147) zu entkoppeln.

Für die praktische Berechnung der Eigenwerte und Eigenvektoren kann (11.155) mit $\boldsymbol{A}^{-1}$ und (11.156) mit $(\boldsymbol{B}^T)^{-1}$ multipliziert werden (reguläre Matrizen vorausgesetzt). Mit der Einheitsmatrix $\boldsymbol{E}$ wird dann

$$(\boldsymbol{B}^{-1}\boldsymbol{A} - \underline{\lambda}_k \boldsymbol{E})\, \boldsymbol{r}_k = 0; \quad [(\boldsymbol{B}^T)^{-1} \boldsymbol{A}^T - \underline{\lambda}_k \boldsymbol{E}]\, \boldsymbol{l}_k = 0$$

oder mit $\boldsymbol{C}_1 = \mathrm{B}^{-1}\boldsymbol{A}$; $\boldsymbol{C}_2 = (\boldsymbol{B}^T)^{-1}\boldsymbol{A}^T$ auch

$$(\boldsymbol{C}_1 - \underline{\lambda}_k \boldsymbol{E})\, \boldsymbol{r}_k = 0; \quad (\boldsymbol{C}_2 - \underline{\lambda}_k \boldsymbol{E})\, \boldsymbol{l}_k = 0.$$

11.6.4 Biorthogonalität der Eigenvektoren

Setzt man in (11.155) für $k = s$, so wird aus (11.155) und (11.156)

$$\boldsymbol{A}\boldsymbol{r}_s = \underline{\lambda}_s \boldsymbol{B}\boldsymbol{r}_s;$$
$$\boldsymbol{A}^T \boldsymbol{l}_k = \underline{\lambda}_k \boldsymbol{B}^T \boldsymbol{l}_k.$$

Multipliziert man mit $\boldsymbol{l}_k^T$ bzw. $\boldsymbol{r}_s^T$ von links her, wird

$$\boldsymbol{l}_k^T \boldsymbol{A}\boldsymbol{r}_s = \underline{\lambda}_s \boldsymbol{l}_k^T \boldsymbol{B}\boldsymbol{r}_s; \tag{11.157}$$
$$\boldsymbol{r}_s^T \boldsymbol{A}^T \boldsymbol{l}_k = \underline{\lambda}_k \boldsymbol{r}_s^T \boldsymbol{B}^T \boldsymbol{l}_k.$$

Wegen $\boldsymbol{l}_k^T \boldsymbol{A}\boldsymbol{r}_s = \boldsymbol{r}_s^T \boldsymbol{A}^T \boldsymbol{l}_k$; $\boldsymbol{l}_k^T \boldsymbol{B}\boldsymbol{r}_s = \boldsymbol{r}_s^T \boldsymbol{B}^T \boldsymbol{l}_k$ [19] ergibt die Differenz beider Gleichungen (11.157)

$$(\underline{\lambda}_k - \underline{\lambda}_s)\, \boldsymbol{l}_k^T \boldsymbol{B}\boldsymbol{r}_s = 0; \quad (\underline{\lambda}_k - \underline{\lambda}_s)\, \boldsymbol{r}_s^T \boldsymbol{B}^T \boldsymbol{l}_k = 0. \tag{11.158}$$

---

[19] $\boldsymbol{l}_k^T \boldsymbol{A}\boldsymbol{r}_s = (\boldsymbol{l}_k^T \boldsymbol{A}\boldsymbol{r}_s)^T = \boldsymbol{r}_s^T \boldsymbol{A}^T (\boldsymbol{l}_k^T)^T = \boldsymbol{r}_s^T \boldsymbol{A}^T \boldsymbol{l}_k$
analog $\boldsymbol{l}_k^T \boldsymbol{B}\boldsymbol{r}_s = \boldsymbol{r}_s^T \boldsymbol{B}^T \boldsymbol{l}_k$.

Es sind zwei Fälle zu unterscheiden

$$\underline{\lambda}_s \neq \underline{\lambda}_k \qquad \boldsymbol{l}_k^T \boldsymbol{B}\boldsymbol{r}_s = 0 \quad \text{und damit aus (11.157)} \qquad \boldsymbol{l}_k^T \boldsymbol{A}\boldsymbol{r}_s = 0\,. \tag{11.159}$$

$$\underline{\lambda}_s = \underline{\lambda}_k \qquad \boldsymbol{l}_k^T \boldsymbol{B}\boldsymbol{r}_k = a_k \quad \text{und damit aus (11.157)} \qquad \boldsymbol{l}_k^T \boldsymbol{A}\boldsymbol{r}_k = \underline{\lambda}_k a_k\,. \tag{11.160}$$

Multipliziert man die Vektoren $\boldsymbol{r}_k$ und $\boldsymbol{l}_k$ mit $\sqrt{a_k}$ hat man sie normiert, und es gelten neben der Biorthogonalität[20] (11.159) die Normierungsgleichungen

$$\boldsymbol{l}_k^T \boldsymbol{B}\boldsymbol{r}_k = 1 \quad \boldsymbol{l}_k^T \boldsymbol{A}\boldsymbol{r}_k = \underline{\lambda}_k\,. \tag{11.161}$$

Wir setzen im folgenden normierte Vektoren voraus.

Faßt man spaltenweise alle Rechtseigenvektoren $\boldsymbol{r}_k$ in der Matrix $\boldsymbol{R}$, alle Linkseigenvektoren in der Matrix $\boldsymbol{L}$ zusammen, kann man wegen (11.161) mit der Einheitsmatrix $\boldsymbol{E} = \mathrm{diag}(1)$ und der Eigenwertmatrix $\boldsymbol{\Lambda} = \mathrm{diag}(\underline{\lambda}_k)$ auch gedrängter schreiben

$$\underline{\boldsymbol{L}^T \boldsymbol{A}\boldsymbol{R} = \boldsymbol{\Lambda}}\,; \quad \underline{\boldsymbol{L}^T \boldsymbol{B}\boldsymbol{R} = \boldsymbol{E}}\,. \tag{11.162}$$

$$\boldsymbol{R} = \left[\begin{bmatrix} \underline{\lambda}_1 \boldsymbol{p}_1 \\ \boldsymbol{p}_1 \end{bmatrix}; \begin{bmatrix} \underline{\lambda}_2 \boldsymbol{p}_2 \\ \boldsymbol{p}_2 \end{bmatrix}; \dots \begin{bmatrix} \underline{\lambda}_{4n} \boldsymbol{p}_{4n} \\ \boldsymbol{p}_{4n} \end{bmatrix}\right]; \quad \boldsymbol{L} = \left[\begin{bmatrix} \underline{\lambda}_1 \boldsymbol{q}_1 \\ \boldsymbol{q}_1 \end{bmatrix}; \begin{bmatrix} \underline{\lambda}_2 \boldsymbol{q}_2 \\ \boldsymbol{q}_2 \end{bmatrix}; \dots \begin{bmatrix} \underline{\lambda}_{4n} \boldsymbol{q}_{4n} \\ \boldsymbol{q}_{4n} \end{bmatrix}\right].$$

$$\overset{\longrightarrow\, 4n = 12}{\boldsymbol{L} = \underset{\downarrow\; 4n=12}{}\begin{bmatrix}
\underline{\lambda}_1 \underline{x}_{11}; & \underline{\lambda}_2 \underline{x}_{12}; & \dots & \underline{\lambda}_{4n} \underline{x}_{1,4n} \\
\underline{\lambda}_1 \underline{x}_{21} & \underline{\lambda}_2 \underline{x}_{22} & & \underline{\lambda}_{4n} \underline{x}_{2,4n} \\
\underline{\lambda}_1 \underline{x}_{31} & \underline{\lambda}_2 \underline{x}_{32} & & \underline{\lambda}_{4n} \underline{x}_{3,4n} \\
\underline{\lambda}_1 \underline{y}_{11} & \underline{\lambda}_2 \underline{y}_{12} & & \underline{\lambda}_{4n} \underline{y}_{1,4n} \\
\underline{\lambda}_1 \underline{y}_{21} & \underline{\lambda}_2 \underline{y}_{22} & & \underline{\lambda}_{4n} \underline{y}_{2,4n} \\
\underline{\lambda}_1 \underline{y}_{31} & \underline{\lambda}_2 \underline{y}_{32} & & \underline{\lambda}_{4n} \underline{y}_{3,4n} \\
\hline
\underline{x}_{11} & \underline{x}_{12}; & \dots & \underline{x}_{1,4n} \\
\underline{x}_{21} & \underline{x}_{22} & & \underline{x}_{2,4n} \\
\underline{x}_{31} & \underline{x}_{32} & & \underline{x}_{3,4n} \\
\underline{y}_{11} & \underline{y}_{12} & & \underline{y}_{1,4n} \\
\underline{y}_{21} & \underline{y}_{22} & & \underline{y}_{2,4n} \\
\underline{y}_{31} & \underline{y}_{32} & & \underline{y}_{3,4n}
\end{bmatrix}_q}$$

$2n = 6$ *Freiheitsgrade*

$$= \begin{bmatrix} \boldsymbol{L}_{LL} \\ \hline \boldsymbol{L}_L \end{bmatrix}; \quad \boldsymbol{L}^T = [\boldsymbol{L}_{LL}^T;\ \boldsymbol{L}_L^T]; \quad \boldsymbol{L}_L = [\boldsymbol{q}_1, \boldsymbol{q}_2, \dots \boldsymbol{q}_{4n}]\,.$$

$$\boldsymbol{L}_L^T = \begin{bmatrix} \boldsymbol{q}_1^T \\ \boldsymbol{q}_2^T \\ \vdots \\ \boldsymbol{q}_{4n}^T \end{bmatrix} = \underset{\downarrow}{4n = 12} \overset{\longrightarrow\, 2n=6}{\begin{bmatrix}
\underline{x}_{11} & \underline{x}_{21} & \underline{x}_{31} & \underline{y}_{11} & \underline{y}_{21} & \underline{y}_{31} \\
\underline{x}_{12} & \underline{x}_{22} & \underline{x}_{32} & \underline{y}_{12} & \underline{y}_{22} & \underline{y}_{32} \\
\vdots & & & & & \\
\underline{x}_{1,4n} & \underline{x}_{2,4n} & \underline{x}_{3,4n} & \underline{y}_{1,4n} & \underline{y}_{2,4n} & \underline{y}_{3,4n}
\end{bmatrix}_q}; \qquad \boldsymbol{L}_{LN}^T = \underset{2n=6}{\downarrow} \overset{\longrightarrow\, 2n=6}{\begin{bmatrix} \boldsymbol{q}_1^T \\ \boldsymbol{q}_2^T \\ \vdots \\ \boldsymbol{q}_{2n}^T \end{bmatrix}};$$

$$\boldsymbol{q}_k^T = [\underline{x}_{1k}\, \underline{x}_{2k}\, \underline{x}_{3k}\, \underline{y}_{1k}\, \underline{y}_{2k}\, \underline{y}_{3k}]\,.$$

---

[20] Rechts- und Linkseigenvektoren sind unter sich nicht orthogonal. Sie sind biorthogonal, weil $\boldsymbol{B}$ und $\boldsymbol{A}$ nicht symmetrisch sind wie $\boldsymbol{M}$ und $\boldsymbol{S}$ des modalen Problems, s. [Me, S. 71 und 253].

$$\boldsymbol{L}_{\mathrm{LN\,red}} = \begin{bmatrix} \boldsymbol{q}_u^T \\ \boldsymbol{q}_v^T \\ \boldsymbol{q}_w^T \end{bmatrix} = \downarrow \overset{\longrightarrow\, 2n=6}{\begin{bmatrix} \underline{x}_{1u} & \underline{x}_{2u} & \underline{x}_{3u} & \underline{y}_{1u} & \underline{y}_{2u} & \underline{y}_{3u} \\ \underline{x}_{1v} & \underline{x}_{2v} & \underline{x}_{3v} & \underline{y}_{1v} & \underline{y}_{2v} & \underline{y}_{3v} \\ \underline{x}_{1w} & \underline{x}_{2w} & \underline{x}_{3w} & \underline{y}_{1w} & \underline{y}_{2w} & \underline{y}_{3w} \end{bmatrix}_q} .$$
$(k = u, v, w)$ $\quad n = 3$

11.6.5 Erzwungene Unwuchtschwingungen

Die erzwungene Schwingung durch Unwucht erhält man als partikuläre Lösung des inhomogenen Gleichungssystems (11.147). Läßt man das Zeichen Re auf der rechten Seite weg, wird die rechte Seite komplex und wegen den reellen Matrizen muß auch die gesuchte Lösung $\boldsymbol{p}$ komplex werden. Im Endresultat ist dieser „Trick" zur komplexen Rechnung (sie ist wesentlich einfacher als die reelle) dadurch zu kompensieren, daß von $\boldsymbol{p}$ nur der Realteil genommen wird.

Gleichung (11.147) lautet komplex

$$\boldsymbol{M}\ddot{\boldsymbol{p}} + \boldsymbol{D}\dot{\boldsymbol{p}} + \boldsymbol{S}\boldsymbol{p} = \boldsymbol{f}(t); \tag{11.163}$$

$$\boldsymbol{f}(t) = \Omega^2 \begin{bmatrix} \boldsymbol{U}\mathrm{e}^{\mathrm{i}\Omega t} \\ -\mathrm{i}\,\boldsymbol{U}\mathrm{e}^{\mathrm{i}\Omega t} \end{bmatrix} = \Omega^2 \begin{bmatrix} \boldsymbol{U} \\ -\mathrm{i}\,\boldsymbol{U} \end{bmatrix} \mathrm{e}^{\mathrm{i}\Omega t} = \Omega^2\, \boldsymbol{U}_0\, \mathrm{e}^{\mathrm{i}\Omega t}; \quad \boldsymbol{U}_0 = \begin{bmatrix} \boldsymbol{U} \\ -\mathrm{i}\,\boldsymbol{U} \end{bmatrix} .$$

Wir transformieren vorerst das komplexe System zweiter Ordnung (11.163) in ein größeres komplexes System erster Ordnung mit $\dot{\boldsymbol{p}}(t)$ als Hilfskoordinate

$$\boldsymbol{A}\,\boldsymbol{v} - \boldsymbol{B}\,\dot{\boldsymbol{v}} = \boldsymbol{F}(t) . \tag{11.164}$$

$$\boldsymbol{v}(t) = \begin{bmatrix} \dot{\boldsymbol{p}}(t) \\ \boldsymbol{p}(t) \end{bmatrix}; \quad \boldsymbol{F}(t) = \begin{bmatrix} 0 \\ -\boldsymbol{f}(t) \end{bmatrix}; \quad \boldsymbol{A}, \boldsymbol{B} \rightarrow (11.156)$$

und entwickeln hernach den neuen Vektor $\boldsymbol{v}(t)$ nach den (normierten) Rechtseigenvektoren des Eigenwertproblems (11.155)

$$\boldsymbol{v}(t) = \sum_{k=1}^{2n=12} \underline{r}_k \underline{\eta}_k(t) = \boldsymbol{R}\boldsymbol{\eta}(t) \tag{11.165}$$

$$\boldsymbol{\eta}(t) = [\underline{\eta}_1(t);\quad \underline{\eta}_2(t), \ldots \underline{\eta}_{2n}(t)]^T$$

mit der noch zu bestimmenden Zeitfunktion $\underline{\eta}_k(t)$, $k = 1, 2, \ldots 2n = 12$, als Hauptkoordinate.

Gleichung (11.165) in (11.164) eingesetzt liefert

$$\boldsymbol{A}\boldsymbol{R}\boldsymbol{\eta} - \boldsymbol{B}\boldsymbol{R}\dot{\boldsymbol{\eta}} = \boldsymbol{F}(t)$$

und mit $\boldsymbol{L}^T$ multipliziert

$$\underbrace{\boldsymbol{L}^T\boldsymbol{A}\boldsymbol{R}}_{\boldsymbol{\Lambda}}\boldsymbol{\eta} - \underbrace{\boldsymbol{L}^T\boldsymbol{B}\boldsymbol{R}}_{\boldsymbol{E}}\dot{\boldsymbol{\eta}} = \boldsymbol{L}^T\boldsymbol{F}(t) .$$

Mit (11.162) entsteht so das System

$$\underline{\boldsymbol{\Lambda}\boldsymbol{\eta} - \boldsymbol{E}\dot{\boldsymbol{\eta}} = \boldsymbol{L}^T\boldsymbol{F}(t) = -\boldsymbol{L}_L^T\boldsymbol{f}(t)} \tag{11.166}$$

$$\overset{\boldsymbol{\Lambda}}{\begin{bmatrix} \underline{\lambda}_1 & & & \\ & \underline{\lambda}_2 & & \\ & & \ddots & \\ & & & \underline{\lambda}_{4n} \end{bmatrix}} \overset{\boldsymbol{\eta}}{\begin{bmatrix} \underline{\eta}_1 \\ \underline{\eta}_2 \\ \vdots \\ \underline{\eta}_{4n} \end{bmatrix}} - \overset{\boldsymbol{E}}{\begin{bmatrix} 1 & & & \\ & 1 & & \\ & & \ddots & \\ & & & 1 \end{bmatrix}} \overset{\dot{\boldsymbol{\eta}}}{\begin{bmatrix} \dot{\underline{\eta}}_1 \\ \dot{\underline{\eta}}_2 \\ \vdots \\ \dot{\underline{\eta}}_{2n} \end{bmatrix}}$$

$$= \underset{\downarrow \; 4n=12}{\overset{\boldsymbol{L}^{\mathrm{T}} \;\; \to 4n=12}{[\boldsymbol{L}_{\mathrm{LL}}^{\mathrm{T}}, \boldsymbol{L}_{\mathrm{L}}^{\mathrm{T}}]}} \overset{\boldsymbol{F}(t)}{\begin{bmatrix} 0 \\ -\boldsymbol{f}(t) \end{bmatrix}} = \underset{\downarrow \; 4n=12}{-\boldsymbol{L}_{\mathrm{L}}^{\mathrm{T}} \boldsymbol{f}(t)},$$

wodurch eine Entkopplung der Einzelgleichungen erreicht wurde (bimodale Zerlegung). Für eine Hauptkoordinate $\underline{\eta}_{\mathrm{k}}(t)$ gilt

$$\underline{\lambda}_{\mathrm{k}} \underline{\eta}_{\mathrm{k}} - \dot{\underline{\eta}}_{\mathrm{k}} = -\boldsymbol{q}_{\mathrm{k}}^{\mathrm{T}} \boldsymbol{f}(t) = -\Omega^2 \boldsymbol{q}_{\mathrm{k}}^{\mathrm{T}} \boldsymbol{U}_0 \, \mathrm{e}^{\mathrm{i}\Omega t}; \tag{11.167}$$

$$\boldsymbol{U}_0 = \begin{bmatrix} \boldsymbol{U} \\ -\mathrm{i}\,\boldsymbol{U} \end{bmatrix}; \quad \boldsymbol{U} = \begin{bmatrix} \underline{U}_1 \\ \underline{U}_2 \\ \underline{U}_3 \end{bmatrix}.$$

Auf der rechten Seite der Gleichung steht der mit einem transponierten Linksvektor $\boldsymbol{q}_{\mathrm{k}}^{\mathrm{T}}$ gewichtete Kraftvektor $\boldsymbol{f}(t)$.

Die vollständige Lösung von (11.167) lautet

$$\underline{\eta}_{\mathrm{k}}(t) = -\Omega^2 \frac{\boldsymbol{q}_{\mathrm{k}}^{\mathrm{T}} \boldsymbol{U}_0}{\underline{\lambda}_{\mathrm{k}} - \mathrm{i}\Omega} \mathrm{e}^{\mathrm{i}\Omega t} + \underline{K} \, \mathrm{e}^{\underline{\lambda}_{\mathrm{k}} t} \tag{11.168}$$

mit $\underline{\lambda}_{\mathrm{k}} = \alpha_{\mathrm{k}} + \mathrm{i}\omega_{\mathrm{k}}$ und $\mathrm{e}^{\underline{\lambda}_{\mathrm{k}} t} = \mathrm{e}^{\alpha_{\mathrm{k}} t} \mathrm{e}^{\mathrm{i}\omega_{\mathrm{k}} t}$, wie man sich durch Einsetzen in (11.167) leicht überzeugen kann. Der erste Summand ist die partikuläre Lösung (erzwungene Schwingung), der zweite Summand ist die homogene Lösung (Eigenschwingung) mit der beliebigen (komplexen) Integrationskonstanten $\underline{K}$. Die homogene Lösung klingt mit negativem α_{k} mit der Zeit ab[21] und übrig bleibt im stationären Fall die partikuläre Lösung.

Resonanzen (kritische Drehzahlen)

Ist einerseits $\lambda_{\mathrm{k}} = \alpha_{\mathrm{k}} + \mathrm{i}\omega_{\mathrm{k}}$ wird im stationären Fall (11.168)

$$\underline{\eta}_{\mathrm{k}}(t) = -\frac{\Omega^2 \boldsymbol{q}_{\mathrm{k}}^{\mathrm{T}} \boldsymbol{U}_0}{\alpha_{\mathrm{k}} + \mathrm{i}(\omega_{\mathrm{k}} - \Omega)} \mathrm{e}^{\mathrm{i}\Omega t}. \tag{11.169}$$

Es entsteht Resonanz bei $\underline{\Omega = \omega_{\mathrm{k}}}$ und die Resonanzamplitude beträgt

$$\underline{\eta}_{\mathrm{k}}(\Omega = \omega_{\mathrm{k}}) = -\frac{\Omega^2 \boldsymbol{q}_{\mathrm{k}}^{\mathrm{T}} \boldsymbol{U}_0}{\alpha_{\mathrm{k}}}. \tag{11.170}$$

[21] Wir setzen stabile Lösungen mit negativem α_{k} voraus.

Ist andererseits $\underline{\lambda}_k$ konjugiert komplex, also $\underline{\lambda}_k^* = \alpha_k - i\omega_k$ und wird ein negativer Drehsinn $\Omega = -\Omega_g(\Omega_g \text{pos})$ vorausgesetzt, wird im stationären Fall (11.168)

$$\underline{\eta}_k(t) = -\frac{\Omega_g^2 \boldsymbol{q}_k^T \boldsymbol{U}_0}{\alpha_k - i(\omega_k - \Omega_g)} e^{-i\Omega_g t}. \tag{11.171}$$

Es entsteht Resonanz bei $\underline{\Omega_g = \omega_k}$ und die Resonanzamplitude beträgt ebenfalls

$$\underline{\eta}_k(\Omega_g = \omega_k) = -\frac{\Omega_g^2 \boldsymbol{q}_k^T \boldsymbol{U}_0}{\alpha_k}. \tag{11.172}$$

Der Vergleich mit (11.170) zeigt, daß der Eigenwert $\underline{\lambda}_k^*$ zur gleichen Resonanz wie $\underline{\lambda}_k$ führt, jedoch bei negativem Drehsinn des Rotors.

Wir setzen im folgenden einen positiven Drehsinn (Ω pos.) voraus und können somit den Eigenwert $\underline{\lambda}_k^*$ ausschließen. Die Ordnung $4n = 12$ der Matrizen und Vektoren in (11.166) sinkt somit auf die Hälfte $\underline{2n = 6.}$

11.6.6 Bimodales Wuchtproblem

Ein Scheibenrotor ist vollständig ausgewuchtet, wenn die Auslenkungen x_j und y_j an allen Orten j und zu jeder Zeit verschwinden, in unserem Beispiel an allen drei Scheibenmassen $j = 1, 2, 3$. Dies ist dann der Fall, wenn $\boldsymbol{p}(t)$ oder $\boldsymbol{v}(t)$ Null wird oder nach (11.165) alle Hauptkoordinaten $\underline{\eta}_k(t)$ verschwinden. Letzteres ist dann der Fall, wenn die rechte Seite der Gleichung (11.167) Null ist, also wenn zu jeder Zeit gilt

$$\boldsymbol{q}_k^T \boldsymbol{U}_0 = 0 \quad (k = 1, 2, \dots 2n = 6). \tag{11.173}$$

Nun enthält der Unwuchtvektor $\boldsymbol{U}_0$ sowohl IU wie KU und muß daher wie folgt aufgespalten werden

$$\boldsymbol{U}_0 = \boldsymbol{U}_{\varepsilon 0} + \boldsymbol{U}_{K0}$$

mit $\boldsymbol{U}_{\varepsilon 0}$ als IU und $\boldsymbol{U}_{K0}$ als KU. Damit wird (11.173), wenn einfachheitshalber für die KU der Index K weggelassen wird

$$\boldsymbol{q}_k^T (\boldsymbol{U}_{\varepsilon 0} + \boldsymbol{U}_0) = 0$$

oder

$$\boldsymbol{q}_k^T \boldsymbol{U}_0 = -\boldsymbol{q}_k^T \boldsymbol{U}_{\varepsilon 0} \quad (k = 1, 2, \dots 2n = 6). \tag{11.174}$$

Faßt man alle Vektoren $\boldsymbol{q}_k^T$ in $\boldsymbol{L}_L^T$ zusammen, läßt jedoch die zu den konjugiert komplexen Eigenwerten gehörenden weg (Ω pos.), entsteht aus (11.174) das Gleichungssystem

$$\boldsymbol{L}_{LN}^T \boldsymbol{U}_0 = -\boldsymbol{L}_{LN}^T \boldsymbol{U}_{\varepsilon 0} \; ; \quad \boldsymbol{L}_{LN} = [\boldsymbol{q}_1, \boldsymbol{q}_2, \dots \boldsymbol{q}_{2n}] \tag{11.175}$$

und mit (11.162) und (11.163) ausführlich

$$
\begin{array}{l} k=1: \\ k=: \\ \vdots \\ \\ \\ k=2n: \end{array}
\underbrace{\overset{\boldsymbol{L}_{\mathrm{LN}}^{\mathrm{T}} \quad \longrightarrow 2n}{\begin{bmatrix} \underline{x}_{11} & \underline{x}_{21} & \underline{x}_{31} & \underline{y}_{11} & \underline{y}_{21} & \underline{y}_{31} \\ \underline{x}_{12} & \underline{x}_{22} & \underline{x}_{32} & \underline{y}_{12} & \underline{y}_{22} & \underline{y}_{32} \\ \vdots & & & & & \\ & & & & & \\ & & & & & \\ \underline{x}_{1,2n} & \underline{x}_{2,2n} & \underline{x}_{3,2n} & \underline{y}_{1,2n} & \underline{y}_{2,2n} & \underline{y}_{3,2n} \end{bmatrix}_{\mathrm{q}}}}
\overset{\boldsymbol{U}_0}{\begin{bmatrix} \underline{U}_1 \\ \underline{U}_2 \\ \underline{U}_3 \\ -\mathrm{i}\underline{U}_1 \\ -\mathrm{i}\underline{U}_2 \\ -\mathrm{i}\underline{U}_3 \end{bmatrix}}
\underset{2n}{\downarrow} = -\boldsymbol{L}_{\mathrm{LN}}^{\mathrm{T}}
\overset{\boldsymbol{U}_{\varepsilon 0}}{\begin{bmatrix} \underline{U}_{\varepsilon 1} \\ \underline{U}_{\varepsilon 2} \\ \underline{U}_{\varepsilon 3} \\ -\mathrm{i}\underline{U}_{\varepsilon 1} \\ -\mathrm{i}\underline{U}_{\varepsilon 2} \\ -\mathrm{i}\underline{U}_{\varepsilon 3} \end{bmatrix}}
\underset{2n}{\downarrow} . \qquad (11.175')
$$

Dies sind $2n=6$ Gleichungen für die 3 gesuchten Unbekannten $\underline{U}_1, \underline{U}_2, \underline{U}_3$, also $n=3$ Gleichungen zuviel.

Man beachte, daß jede Zeile der Gleichung einem Linksvektor $\boldsymbol{q}_{\mathrm{k}}$ entspricht, der einem Eigenwert $\underline{\lambda}_{\mathrm{k}} = \alpha_{\mathrm{k}} + \mathrm{i}\omega_{\mathrm{k}}$ und somit einer EF zugeordnet ist. Es sind $k=2n=6$ Eigenwerte und EF vorhanden, entsprechend den $2n=6$ Freiheitsgraden der Welle. Man kann mit drei WE (drei Scheibenmassen) aber nur drei EF wuchten. Die übrigen drei EF werden jedoch automatisch gewuchtet, wie beim modalen Wuchten ideal-anisotrop gelagerten Wellen, s. Abschn. 11.4.5. Man kann drei Linkseigenvektoren und damit drei Zeilen des Gleichungssystems (11.175) streichen. Welche drei man zum Wuchten auswählt, ist durch praktische Überlegungen bestimmt. Eine Entscheidungshilfe für die Auswahl liefert der negative Realteil α_{k} des komplexen Eigenwerts, $\underline{\lambda}_{\mathrm{k}} = \alpha_{\mathrm{k}} + \mathrm{i}\omega_{\mathrm{k}}$, der für das Abklingen bzw. die Dämpfung verantwortlich ist. Ist $|\alpha_{\mathrm{k}}|$ groß, braucht diese EF nicht gewuchtet zu werden. Als Maß für die modale Dämpfung des Eigenwerts $\underline{\lambda}_{\mathrm{k}}$ gilt der modale Dämpfungsgrad[22]

$$
D_{\mathrm{k}} = \frac{-\alpha_{\mathrm{k}}}{\sqrt{\alpha_{\mathrm{k}}^2 + \omega_{\mathrm{k}}^2}} . \qquad (11.176)
$$

Daneben ist ein anderer praktischer Aspekt zu berücksichtigen, ähnlich wie bei der modalen Wuchtung ideal-anisotrop gelagerter Wellen. Die $n=3$ gewählten Linkseigenvektoren $\boldsymbol{q}_{\mathrm{k}}$ sollen sich möglichst stark unterscheiden, wie das z. B. bei U-Formen, S-Formen, W-Formen etc. der Fall ist. Unterscheiden sie sich wenig, entstehen unzumutbare große WS.

Mit $n=3$ reduziert sich das Gleichungssystem (11.175) auf $n=3$ Gleichungen für $n=3$ Unbekannte $\underline{U}_1$, $\underline{U}_2$, $\underline{U}_3$ und wird eindeutig bestimmbar.

---

[22] Der modale Dämpfungsgrad D_{k} ist mit dem Lehrschen Dämpfungsmaß D für Schwingungen mit einem Freiheitsgrad identisch.
Beweis: Nach S. 54 erhält man für den komplexen Eigenwert $\underline{p} = \alpha + \mathrm{i}\beta$ der Eigenschwingung eines gedämpften Einmassenschwingers

$$
\alpha = -D\omega; \quad \beta = \omega\sqrt{1-D^2}.
$$

Nach Definition (11.176) wird der modale Dämpfungsgrad D_{k} mit $\alpha_{\mathrm{k}} = \alpha$ und $\beta_{\mathrm{k}} = \beta$

$$
D_{\mathrm{k}} = \frac{-\alpha}{\sqrt{\alpha^2+\beta^2}} = \frac{+D\omega}{\sqrt{D^2\omega^2 + \omega^2(1-D^2)}} = D; \quad \text{(q.e.d.)}
$$

Werden in (11.175) die Linkseigenvektoren $\boldsymbol{q}_k$ ($k=u, v, w$) für das bimodale Wuchten bevorzugt[23], so lautet (11.175)

$$\underset{n=3}{\downarrow}\overset{\boldsymbol{L}^{\mathrm{T}}_{\mathrm{LN\,red}}\qquad \rightarrow 2n=6}{\begin{bmatrix}\underline{x}_{1u} & \underline{x}_{2u} & \underline{x}_{3u} & \underline{y}_{1u} & \underline{y}_{2u} & \underline{y}_{3u}\\ \underline{x}_{1v} & \underline{x}_{2v} & \underline{x}_{3v} & \underline{y}_{1v} & \underline{y}_{2v} & \underline{y}_{3v}\\ \underline{x}_{1w} & \underline{x}_{2w} & \underline{x}_{3w} & \underline{y}_{1w} & \underline{y}_{2w} & \underline{y}_{3w}\end{bmatrix}_q}\overset{\boldsymbol{U}_0}{\begin{bmatrix}\underline{U}_1\\ \underline{U}_2\\ \underline{U}_3\\ -\mathrm{i}\,\underline{U}_1\\ -\mathrm{i}\,\underline{U}_2\\ -\mathrm{i}\,\underline{U}_3\end{bmatrix}}\underset{2n=6}{\downarrow} = -\boldsymbol{L}^{\mathrm{T}}_{\mathrm{LN\,red}}\overset{\boldsymbol{U}_{\varepsilon 0}}{\begin{bmatrix}\underline{U}_{\varepsilon 1}\\ \underline{U}_{\varepsilon 2}\\ \underline{U}_{\varepsilon 3}\\ -\mathrm{i}\,\underline{U}_{\varepsilon 1}\\ -\mathrm{i}\,\underline{U}_{\varepsilon 2}\\ -\mathrm{i}\,\underline{U}_{\varepsilon 3}\end{bmatrix}}$$

oder

$$\underset{n=3}{\downarrow}\overset{\boldsymbol{\theta}^{\mathrm{T}}\qquad \rightarrow n=3}{\begin{bmatrix}(\underline{x}_{1u}-\mathrm{i}\,\underline{y}_{1u}) & (\underline{x}_{2u}-\mathrm{i}\,\underline{y}_{2u}) & (\underline{x}_{3u}-\mathrm{i}\,\underline{y}_{3u})\\ (\underline{x}_{1v}-\mathrm{i}\,\underline{y}_{1v}) & (\underline{x}_{2v}-\mathrm{i}\,\underline{y}_{2v}) & (\underline{x}_{3v}-\mathrm{i}\,\underline{y}_{3v})\\ (\underline{x}_{1w}-\mathrm{i}\,\underline{y}_{1w}) & (\underline{x}_{2w}-\mathrm{i}\,\underline{y}_{2w}) & (\underline{x}_{3w}-\mathrm{i}\,\underline{y}_{3w})\end{bmatrix}_q}\overset{\boldsymbol{U}}{\begin{bmatrix}\underline{U}_1\\ \underline{U}_2\\ \underline{U}_3\end{bmatrix}}\underset{n=3}{\downarrow} = -\boldsymbol{\theta}^{\mathrm{T}}\overset{\boldsymbol{U}_\varepsilon}{\begin{bmatrix}\underline{U}_{\varepsilon 1}\\ \underline{U}_{\varepsilon 2}\\ \underline{U}_{\varepsilon 3}\end{bmatrix}}\underset{n=3}{\downarrow}, \tag{11.177}$$

wobei in Kurzform gilt

$$\boldsymbol{\theta}=[\boldsymbol{\theta}_u, \boldsymbol{\theta}_v, \boldsymbol{\theta}_w] \quad \text{und} \quad \boldsymbol{\theta}^{\mathrm{T}}=\begin{bmatrix}\boldsymbol{\theta}_u^{\mathrm{T}}\\ \boldsymbol{\theta}_v^{\mathrm{T}}\\ \boldsymbol{\theta}_w^{\mathrm{T}}\end{bmatrix};$$

$$\boldsymbol{\theta}_k^{\mathrm{T}}=[(\underline{x}_{1k}-\mathrm{i}\,\underline{y}_{1k})\;(\underline{x}_{2k}-\mathrm{i}\,\underline{y}_{2k})\;(\underline{x}_{3k}-\mathrm{i}\,\underline{y}_{3k})]_q$$

und noch kürzer

$$\underline{\boldsymbol{\theta}^{\mathrm{T}}\boldsymbol{U}=-\boldsymbol{\theta}^{\mathrm{T}}\boldsymbol{U}_\varepsilon,} \tag{11.178}$$

womit die gesuchte (komplexe) *bimodale Wuchtgleichung* gefunden ist. Sie hat die gleiche Form wie die modale Wuchtgleichung (11.45) $\boldsymbol{\Phi}^{\mathrm{T}}\boldsymbol{U}=-\boldsymbol{\Phi}^{\mathrm{T}}\boldsymbol{U}_\varepsilon$, mit dem Unterschied, daß $\boldsymbol{\theta}^{\mathrm{T}}$ eine komplexe Wuchtmatrix ist im Unterschied zur reellen Wuchtmatrix $\boldsymbol{\Phi}^{\mathrm{T}}$.

Die Umwandlung der komplexen Wuchtgleichung (11.178) in eine reelle Gleichung findet man im Anhang 1 zu Abschn. 11.6.

Die bimodale Wuchtgleichung kann wie die modale in Einzelgleichungen für die modalen WS zerlegt werden. Wenn man beachtet, daß die k-te Gleichung nur die k-te EF beeinflußt und fordert, daß die übrigen EF nicht beeinflußt werden, gelten mit

$$\boldsymbol{\theta}^{\mathrm{T}}=\begin{bmatrix}\boldsymbol{\theta}_u^{\mathrm{T}}\\ \boldsymbol{\theta}_v^{\mathrm{T}}\\ \boldsymbol{\theta}_w^{\mathrm{T}}\end{bmatrix} \quad \text{und} \quad \boldsymbol{U}=\begin{bmatrix}\underline{U}_1\\ \underline{U}_2\\ \underline{U}_3\end{bmatrix}; \quad \boldsymbol{U}_\varepsilon=\begin{bmatrix}\underline{U}_{\varepsilon 1}\\ \underline{U}_{\varepsilon 2}\\ \underline{U}_{\varepsilon 3}\end{bmatrix};$$

$$\boldsymbol{\theta}^{\mathrm{T}}\boldsymbol{U}=-\begin{bmatrix}\boldsymbol{\theta}_u^{\mathrm{T}}\\ \boldsymbol{\theta}_v^{\mathrm{T}}\\ \boldsymbol{\theta}_w^{\mathrm{T}}\end{bmatrix}\boldsymbol{U}_\varepsilon=\begin{bmatrix}-\boldsymbol{\theta}_u^{\mathrm{T}}\\ 0\\ 0\end{bmatrix}\boldsymbol{U}_\varepsilon+\begin{bmatrix}0\\ -\boldsymbol{\theta}_v^{\mathrm{T}}\\ 0\end{bmatrix}\boldsymbol{U}_\varepsilon+\begin{bmatrix}0\\ 0\\ -\boldsymbol{\theta}_w^{\mathrm{T}}\end{bmatrix}\boldsymbol{U}_\varepsilon \tag{11.178'}$$

---

[23] Die Reihenfolge k der Linkseigenvektoren $\boldsymbol{q}_k$ ist beliebig, muß aber einmal festgesetzt, beibehalten werden.

folgende Gleichungssysteme für die WS

WS I, $k = v$

$$\boldsymbol{\theta}^{\mathrm{T}} \boldsymbol{U}^{\mathrm{I}} = -\begin{bmatrix} \boldsymbol{\theta}_{\mathrm{u}}^{\mathrm{T}} \\ 0 \\ 0 \end{bmatrix} \boldsymbol{U}_{\varepsilon} = -\begin{bmatrix} \underline{\theta}_{1\mathrm{u}} \underline{U}_{\varepsilon 1} + \underline{\theta}_{2\mathrm{u}} \underline{U}_{\varepsilon 2} + \underline{\theta}_{3\mathrm{u}} \underline{U}_{\varepsilon 3} \\ 0 \\ 0 \end{bmatrix}; \tag{11.179}$$

WS II, $k = v$

$$\boldsymbol{\theta}^{\mathrm{T}} \boldsymbol{U}^{\mathrm{II}} = -\begin{bmatrix} 0 \\ \boldsymbol{\theta}_{\mathrm{v}}^{\mathrm{T}} \\ 0 \end{bmatrix} \boldsymbol{U}_{\varepsilon} = -\begin{bmatrix} 0 \\ \underline{\theta}_{1\mathrm{v}} \underline{U}_{\varepsilon 1} + \underline{\theta}_{2\mathrm{v}} \underline{U}_{\varepsilon 2} + \underline{\theta}_{3\mathrm{v}} \underline{U}_{\varepsilon 3} \\ 0 \end{bmatrix};$$

WS III, $k = w$

$$\boldsymbol{\theta}^{\mathrm{T}} \boldsymbol{U}^{\mathrm{III}} = -\begin{bmatrix} 0 \\ 0 \\ \boldsymbol{\theta}_{\mathrm{w}}^{\mathrm{T}} \end{bmatrix} \boldsymbol{U}_{\varepsilon} = -\begin{bmatrix} 0 \\ 0 \\ \underline{\theta}_{1\mathrm{w}} \underline{U}_{\varepsilon 1} + \underline{\theta}_{2\mathrm{w}} \underline{U}_{\varepsilon 2} + \underline{\theta}_{3\mathrm{w}} \underline{U}_{\varepsilon 3} \end{bmatrix}$$

und es gilt

$$\boldsymbol{U}^{\mathrm{I}} + \boldsymbol{U}^{\mathrm{II}} + \boldsymbol{U}^{\mathrm{III}} = -\boldsymbol{U}_{\varepsilon}.$$

Im speziellen Fall mit der Unwucht $\underline{U}_{\varepsilon 1} = U_{\varepsilon 1}$, $\underline{U}_{\varepsilon 2} = \underline{U}_{\varepsilon 3} = 0$ gilt

WS I, $k = u$ WS II, $k = v$ WS III, $k = w$ (11.180)

$$\boldsymbol{\theta}^{\mathrm{T}} \boldsymbol{U}^{\mathrm{I}} = -\begin{bmatrix} \underline{\theta}_{1\mathrm{u}} U_{\varepsilon 1} \\ 0 \\ 0 \end{bmatrix}; \quad \boldsymbol{\theta}^{\mathrm{T}} \boldsymbol{U}^{\mathrm{II}} = -\begin{bmatrix} 0 \\ \underline{\theta}_{1\mathrm{v}} U_{\varepsilon 1} \\ 0 \end{bmatrix}; \quad \boldsymbol{\theta}^{\mathrm{T}} \boldsymbol{U}^{\mathrm{III}} = -\begin{bmatrix} 0 \\ 0 \\ \underline{\theta}_{1\mathrm{w}} U_{\varepsilon 1} \end{bmatrix}.$$

VWS werden erhalten, indem die rechte Seite der Gleichungen durch entsprechend symbolische Vektoren $-[1, 0, 0]^{\mathrm{T}}$; $-[0, 1, 0]^{\mathrm{T}}$; $-[0, 0, 1]^{\mathrm{T}}$ ersetzt werden.

11.6.7 Numerisches Beispiel

11.6.7.1 Daten der Modellwelle

a) *Welle*:

Durchmesser	$d = 0{,}1$ m
Länge	$L = 2\,l = 1$ m
Elastizitätsmodul (Stahl)	$E = 2{,}06 \cdot 10^{11}$ N/m^2
Axiales Flächenträgheitsmoment	$I = \pi d^4/64 = 4{,}9087 \cdot 10^{-6}$ m^4
Biegesteifigkeit	$EI = 1{,}0112 \cdot 10^6$ Nm^2
Faktor	$C = EI/l^3 = 8{,}0896 \cdot 10^6$ N/m

b) *Scheibenmassen*:

$m_1 = m_2 = m_3 = 289{,}08$ kg

c) *Lager*:

Karlsruher Kipp-3 Segment-Gleitlager,
elastisch abgestützt.

Durchmesser	$D = 0{,}1$ m
Breite	$B = 0{,}077$ m
relatives Lagerspiel	$\psi = 1{,}5‰$
dynamische Zähigkeit des Ölfilms	$\eta = 0{,}01513$ Ns/m^2
Eintrittstemperatur des Öls	$T = 45\,°C$
Drehzahl	$n_n = 3000$ 1/min

Federkonstanten in [N/m]

$c_{11} = 8{,}37 \cdot 10^7$ $\quad c_{12} = 3{,}70 \cdot 10^7$

$c_{21} = 1{,}30 \cdot 10^7$ $\quad c_{22} = 10{,}9 \cdot 10^7$

Dämpfungskonstanten in [Ns/m]

$d_{11} = 4{,}37 \cdot 10^4$ $\quad d_{12} = -2{,}89 \cdot 10^4$

$d_{21} = -8{,}30 \cdot 10^4$ $\quad d_{22} = 13{,}7 \cdot 10^4$

d) *Initialunwucht*: $\underline{U}_{\varepsilon 1} = U_{\varepsilon 1} = 1$ kgmm

11.6.7.2 Matrizen

Mit den Daten der Modellwelle ergeben sich folgende Matrizen

$\boldsymbol{M} = \text{diag}\,(289, 289, 289, 289, 289, 289)$, [kg]

$$\boldsymbol{D} = \begin{bmatrix} 4{,}37 & 0 & 0 & -2{,}89 & 0 & 0 \\ 0 & 0 & 0 & 0 & 0 & 0 \\ 0 & 0 & 4{,}37 & 0 & 0 & -2{,}89 \\ -8{,}30 & 0 & 0 & 13{,}7 & 0 & 0 \\ 0 & 0 & 0 & 0 & 0 & 0 \\ 0 & 0 & -8{,}30 & 0 & 0 & 13{,}7 \end{bmatrix} \cdot 10^4 \text{ Ns/m}$$

$$\boldsymbol{S}_G = \begin{bmatrix} 8{,}37 & 0 & 0 & 3{,}70 & 0 & 0 \\ 0 & 0 & 0 & 0 & 0 & 0 \\ 0 & 0 & 8{,}37 & 0 & 0 & 3{,}70 \\ 1{,}30 & 0 & 0 & 10{,}9 & 0 & 0 \\ 0 & 0 & 0 & 0 & 0 & 0 \\ 0 & 0 & 1{,}30 & 0 & 0 & 10{,}9 \end{bmatrix} \cdot 10^7 \text{ N/m}$$

$$\boldsymbol{S}_W = \begin{bmatrix} 1{,}2134 & -2{,}4268 & 1{,}2134 & 0 & 0 & 0 \\ -2{,}4268 & 4{,}8536 & -2{,}4268 & 0 & 0 & 0 \\ 1{,}2134 & -2{,}4268 & 1{,}2134 & 0 & 0 & 0 \\ 0 & 0 & 0 & 1{,}2134 & -2{,}4268 & 1{,}2134 \\ 0 & 0 & 0 & -2{,}4268 & 4{,}8536 & -2{,}4268 \\ 0 & 0 & 0 & 1{,}2134 & -2{,}4268 & 1{,}2134 \end{bmatrix} \cdot 10^7 \text{ N/m}$$ [24]

[24] Zur Berechnung der Wellen-Steifigkeitsmatrix $\boldsymbol{S}_w$ s. Anhang 2 zu Abschn. 11.6.

$$S = S_W + S_G = \begin{bmatrix} 9{,}583 & -2{,}427 & 1{,}213 & 3{,}70 & 0 & 0 \\ -2{,}427 & 4{,}854 & -2{,}427 & 0 & 0 & 0 \\ 1{,}213 & -2{,}427 & 9{,}583 & 0 & 0 & 3{,}70 \\ 1{,}300 & 0 & 0 & 12{,}113 & -2{,}457 & 1{,}213 \\ 0 & 0 & 0 & -2{,}427 & 4{,}854 & -2{,}427 \\ 0 & 0 & 1{,}300 & 1{,}213 & -2{,}427 & 12{,}113 \end{bmatrix} \cdot 10^7\ \mathrm{N/m}$$

Symmetrische Steifigkeitsmatrix zum Vergleich

$$S_S = S_W + \frac{S_G + S_G^T}{2}$$

$$= \begin{bmatrix} 9{,}583 & -2{,}427 & 1{,}213 & 2{,}500 & 0 & 0 \\ -2{,}427 & 4{,}854 & -2{,}427 & 0 & 0 & 0 \\ 1{,}213 & -2{,}427 & 9{,}583 & 0 & 0 & 2{,}500 \\ 2{,}500 & 0 & 0 & 12{,}113 & -2{,}427 & 1{,}213 \\ 0 & 0 & 0 & -2{,}427 & 4{,}854 & -2{,}427 \\ 0 & 0 & 2{,}500 & 1{,}213 & -2{,}427 & 12{,}113 \end{bmatrix} \cdot 10^7\ \mathrm{N/m}$$

Gleichung (11.153) oder (11.154) liefert folgende Eigenwerte

$$\left.\begin{array}{l} \lambda_k = \alpha_k + i\omega_k \left\{ \begin{array}{rl} k=1 & -0{,}0423 + i\,0{,}7196 \\ 2 & -0{,}0489 + i\,0{,}6293 \\ 3 & -0{,}2159 + i\,0{,}5459 \\ 4 & -0{,}2637 + i\,0{,}4360 \\ 5 & -0{,}0434 + i\,0{,}3516 \\ 6 & -0{,}0060 + i\,0{,}3595 \end{array}\right. \\ \underline{\lambda}_k^* = \alpha_k - i\omega_k \left\{ \begin{array}{rl} 7 & -0{,}0423 - i\,0{,}7196 \\ 8 & -0{,}0489 - i\,0{,}6293 \\ 9 & -0{,}2159 - i\,0{,}5459 \\ 10 & -0{,}2637 - i\,0{,}4360 \\ 11 & -0{,}0484 - i\,0{,}3516 \\ 12 & -0{,}0060 - i\,0{,}3595 \end{array}\right. \end{array}\right\} \cdot 10^3\ 1/\mathrm{s}\ .$$

Die konjugiert komplexen Eigenwerte $\underline{\lambda}_k^*$ sind bei positiv vorausgesetzter Drehrichtung der Welle nicht zu berücksichtigen, s. S. 211.

Die modalen Dämpfungsmaße ergeben

	$D_k = -\alpha_k/\sqrt{\alpha_k^2 + \omega_k^2}$	
$k=1$	0,0587 (·)	
2	0,0775 (·)	
3	0,3678	(·) schwache Dämpfung
4	0,5175	
5	0,1366	
6	0,0167 (·)	

Die Eigenkreisfrequenzen ω_k (kritische Drehzahlen n_k) sind

	ω_k rad/s	f_k 1/s, Hz	n_k 1/min
$k=1$	719,6 (742)	114,5	6872
2	629,3 (656)	100,2	6009
3	545,9 (621)	86,9	5213
4	436,0 (486)	69,4	4163
5	351,6 (321)	56,0	3358
6	359,5 (362)	57,2	3433

Die Werte in Klammern bei ω_k entsprechen der modalen Rechnung mit der symmetrischen Steifigkeitsmatrix $\boldsymbol{S}_S$ und sind zum Vergleich angeführt.

Die normierten Linkseigenvektoren, s. (11.154) und (11.162) ergeben

$$\boldsymbol{L}_{LN} = [\boldsymbol{q}_1 \boldsymbol{q}_2 \ldots \boldsymbol{q}_6]; \quad \boldsymbol{q}_k = [\underline{x}_{1k} \underline{x}_{2k} \underline{x}_{3k} \underline{y}_{1k} \underline{y}_{2k} \underline{y}_{3k}]_q^T .$$

$$\boldsymbol{q}_1(\cdot) = \begin{bmatrix} -0{,}0181 + i\,0{,}0250 \\ 0{,}0064 - i\,0{,}0132 \\ -0{,}0181 + i\,0{,}0250 \\ -0{,}0168 + i\,0{,}0000 \\ 0{,}0079 - i\,0{,}0014 \\ -0{,}0168 + i\,0{,}0000 \end{bmatrix} \quad \boldsymbol{q}_2(\cdot) = \begin{bmatrix} -0{,}0297 + i\,0{,}0162 \\ -0{,}0000 - i\,0{,}0000 \\ 0{,}0297 - i\,0{,}0162 \\ -0{,}0185 - i\,0{,}0093 \\ 0{,}0000 + i\,0{,}0000 \\ 0{,}0185 + i\,0{,}0093 \end{bmatrix} \quad \boldsymbol{q}_3 = \begin{bmatrix} 0{,}0174 + i\,0{,}0218 \\ -0{,}0177 + i\,0{,}0061 \\ 0{,}0174 + i\,0{,}0218 \\ -0{,}0243 - i\,0{,}0242 \\ 0{,}0208 - i\,0{,}0100 \\ -0{,}0243 - i\,0{,}0242 \end{bmatrix}$$

$$\boldsymbol{q}_4 = \begin{bmatrix} 0{,}0272 - i\,0{,}0144 \\ 0{,}0000 - i\,0{,}0000 \\ -0{,}0272 + i\,0{,}0144 \\ -0{,}0307 + i\,0{,}0205 \\ -0{,}0000 + i\,0{,}0000 \\ 0{,}0307 - i\,0{,}0205 \end{bmatrix} \quad \boldsymbol{q}_5 = \begin{bmatrix} 0{,}0103 - i\,0{,}0148 \\ 0{,}0496 - i\,0{,}0172 \\ 0{,}0103 - i\,0{,}0148 \\ -0{,}0089 + i\,0{,}0186 \\ -0{,}0528 + i\,0{,}0286 \\ -0{,}0089 + i\,0{,}0186 \end{bmatrix} \quad \boldsymbol{q}_6(\cdot) = \begin{bmatrix} 0{,}0111 + i\,0{,}0044 \\ 0{,}0454 + i\,0{,}0239 \\ 0{,}0111 + i\,0{,}0044 \\ 0{,}0017 + i\,0{,}0122 \\ 0{,}0014 + i\,0{,}0528 \\ 0{,}0017 + i\,0{,}0122 \end{bmatrix}$$

Mit diesen Linksvektoren können die Vektoren für die bimodale Wuchtmatrix nach (11.177) berechnet werden. $\boldsymbol{\theta} = [\boldsymbol{\theta}_1 \boldsymbol{\theta}_2 \boldsymbol{\theta}_3 \boldsymbol{\theta}_4 \boldsymbol{\theta}_5 \boldsymbol{\theta}_6]$

$$\boldsymbol{\theta}_1(\cdot) = \begin{bmatrix} -0{,}0181 + i\,0{,}0418 \\ 0{,}0050 - i\,0{,}0211 \\ -0{,}0181 + i\,0{,}0418 \end{bmatrix} \quad \boldsymbol{\theta}_2(\cdot) = \begin{bmatrix} -0{,}0389 + i\,0{,}0347 \\ 0{,}0000 - i\,0{,}0000 \\ 0{,}0389 - i\,0{,}0347 \end{bmatrix} \quad \boldsymbol{\theta}_3 = \begin{bmatrix} -0{,}0068 + i\,0{,}0462 \\ -0{,}0277 - i\,0{,}0146 \\ -0{,}0068 + i\,0{,}0462 \end{bmatrix}$$

$$\boldsymbol{\theta}_4 = \begin{bmatrix} 0{,}0476 + i\,0{,}0163 \\ 0{,}0000 - i\,0{,}0000 \\ -0{,}0476 - i\,0{,}0163 \end{bmatrix} \quad \boldsymbol{\theta}_5 = \begin{bmatrix} 0{,}0289 - i\,0{,}0060 \\ 0{,}0782 + i\,0{,}0356 \\ 0{,}0289 - i\,0{,}0060 \end{bmatrix} \quad \boldsymbol{\theta}_6(\cdot) = \begin{bmatrix} 0{,}0232 + i\,0{,}0027 \\ 0{,}0983 + i\,0{,}0226 \\ 0{,}0232 + i\,0{,}0027 \end{bmatrix}$$

Man stellt fest, daß die Eigenwerte $k=3$, 4 und 5 sehr stark gedämpft sind. Für die bimodale Wuchtung kommen deshalb nur die Eigenwerte $k=1$, 2 und 6 in Frage. Mit $k = u, v, w$ gilt somit $u = 1$, $v = 2$, $w = 6$. $\boldsymbol{q}_1$ hat *W*-Form, $\boldsymbol{q}_2$ hat *S*-Form und $\boldsymbol{q}_6$ hat *U*-

Form. Die Linkseigenvektoren $\boldsymbol{q}_1, \boldsymbol{q}_2$ und $\boldsymbol{q}_6$ sind somit zum Wuchten bestens geeignet.

Benötigt werden zum Wuchten nur die Hälfte ($n=3$) der $\boldsymbol{\theta}_k$-Vektoren, im vorliegenden Beispiel $\boldsymbol{\theta}_1$, $\boldsymbol{\theta}_2$ und $\boldsymbol{\theta}_6$. Mit ihnen entsteht die komplexe bimodale Wuchtmatrix

$$\boldsymbol{\theta}^{\mathrm{T}}=\begin{bmatrix}\boldsymbol{\theta}_6^{\mathrm{T}}\\ \boldsymbol{\theta}_2^{\mathrm{T}}\\ \boldsymbol{\theta}_1^{\mathrm{T}}\end{bmatrix}=\begin{bmatrix}\underline{\theta}_{16}, \underline{\theta}_{26}, \underline{\theta}_{36}\\ \underline{\theta}_{12}, \underline{\theta}_{22}, \underline{\theta}_{32}\\ \underline{\theta}_{11}, \underline{\theta}_{21}, \underline{\theta}_{31}\end{bmatrix}$$

$$=\begin{bmatrix}(\ 0{,}0232+0{,}0027\,\mathrm{i}) & (0{,}0983+0{,}0226\,\mathrm{i}) & (\ 0{,}0232+0{,}0027\,\mathrm{i})\\ (-0{,}0389+0{,}0347\,\mathrm{i}) & (\ 0\ ) & (\ 0{,}0389-0{,}0347\,\mathrm{i})\\ (-0{,}0181+0{,}0418\,\mathrm{i}) & (0{,}0050-0{,}0211\,\mathrm{i}) & (-0{,}0181+0{,}0418\,\mathrm{i})\end{bmatrix}$$

und nach (11.178′) mit der einzigen IU $\underline{U}_{\varepsilon 1}=U_{\varepsilon 1}=1$ kgmm die komplexe Wuchtgleichung für unsere Modellwelle

$$\boldsymbol{\theta}^{\mathrm{T}}\boldsymbol{U}=-\begin{bmatrix}\boldsymbol{\theta}_6^{\mathrm{T}}\\ \boldsymbol{\theta}_2^{\mathrm{T}}\\ \boldsymbol{\theta}_1^{\mathrm{T}}\end{bmatrix}\boldsymbol{U}_\varepsilon=\begin{bmatrix}-\boldsymbol{\theta}_6^{\mathrm{T}}\\ 0\\ 0\end{bmatrix}\boldsymbol{U}_\varepsilon+\begin{bmatrix}0\\ -\boldsymbol{\theta}_2^{\mathrm{T}}\\ 0\end{bmatrix}\boldsymbol{U}_\varepsilon+\begin{bmatrix}0\\ 0\\ -\boldsymbol{\theta}_1^{\mathrm{T}}\end{bmatrix}\boldsymbol{U}_\varepsilon;\quad \boldsymbol{U}_\varepsilon=\begin{bmatrix}1\\ 0\\ 0\end{bmatrix}.$$

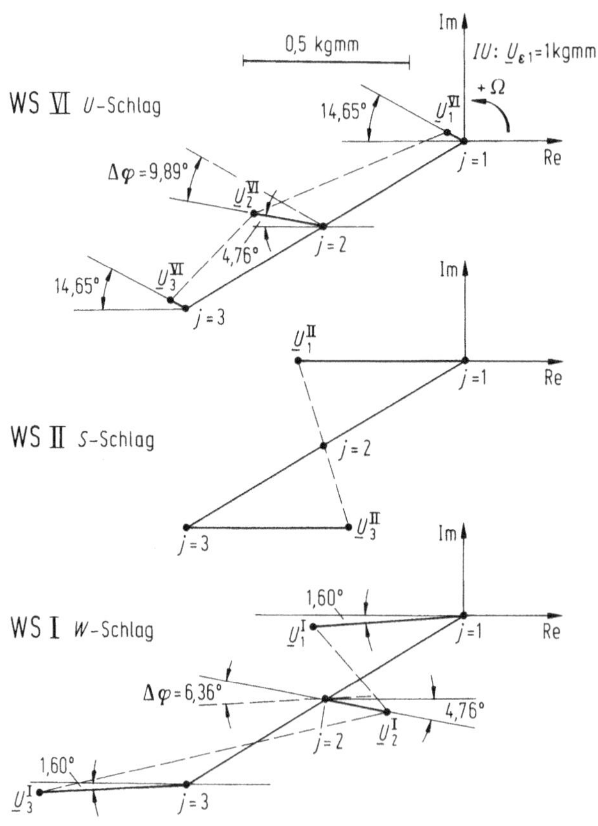

Abb. 11.18. Die drei ersten bimodalen WS für die IU: $U_{\varepsilon 1}=1$ kgmm des Rotormodells der Abb. 11.17. Ihre Summe ergibt $-U_{\varepsilon 1}$.

Nach (11.180) ergeben sich folgende Gleichungssysteme für die bimodalen WS

$$\boldsymbol{\theta}^{\mathrm{T}} \boldsymbol{U}^{\mathrm{VI}} = -\begin{bmatrix} \boldsymbol{\theta}_6^{\mathrm{T}} \\ 0 \\ 0 \end{bmatrix} \boldsymbol{U}_\varepsilon ; \quad \boldsymbol{\theta}^{\mathrm{T}} \boldsymbol{U}^{\mathrm{II}} = -\begin{bmatrix} 0 \\ \boldsymbol{\theta}_2^{\mathrm{T}} \\ 0 \end{bmatrix} \boldsymbol{U}_\varepsilon ; \quad \boldsymbol{\theta}^{\mathrm{T}} \boldsymbol{U}^{\mathrm{I}} = -\begin{bmatrix} 0 \\ 0 \\ \boldsymbol{\theta}_1^{\mathrm{T}} \end{bmatrix} \boldsymbol{U}_\varepsilon$$

mit den Lösungen

WS VI	WS II	WS I
$\underline{U}_1 = -0{,}0482 + \mathrm{i}\,0{,}0126$	$\underline{U}_1 = -0{,}5000$	$\underline{U}_1 = -0{,}4518 - \mathrm{i}\,0{,}0126$
$\underline{U}_2 = -0{,}2090 + \mathrm{i}\,0{,}0174$	$\underline{U}_2 = 0$	$\underline{U}_2 = -0{,}2090 - \mathrm{i}\,0{,}0174$
$\underline{U}_3 = -0{,}0482 + \mathrm{i}\,0{,}0126$	$\underline{U}_3 = +0{,}5000$	$\underline{U}_3 = -0{,}4518 - \mathrm{i}\,0{,}0126$
$(-0{,}0438)$	$(-0{,}5)$	$(-0{,}4562)$
$(-0{,}1999)$	(0)	$(+0{,}1999)$
$(-0{,}0438)$	$(+0{,}5)$	$(-0{,}4562)$

WS VI + II + I

$\Sigma\, \underline{U}_1 = -1 \quad (-1) = -U_{\varepsilon 1}$

$\Sigma\, \underline{U}_2 = 0 \quad (0)$

$\Sigma\, \underline{U}_3 = 0 \quad (0)$

Die Werte in Klammern entsprechen den modalen WS mit der symmetrisierten Steifigkeitsmatrix $\boldsymbol{S}_{\mathrm{s}}$ und $\boldsymbol{D} = 0$. Sie sind zum Vergleich angeführt.

In Polarkoordinaten $\underline{U}_{\mathrm{j}} = |\underline{U}_{\mathrm{j}}|\, \mathrm{e}^{\mathrm{i}\varphi_{\mathrm{j}}}$ lauten die bimodalen WS in der Form $|\underline{U}_{\mathrm{j}}|/\varphi_{\mathrm{j}}$

WS VI	WS II	WS I
$\underline{U}_1 = 0{,}0498/165{,}35°$	$\underline{U}_1 = 0{,}5/180°$	$\underline{U}_1 = 0{,}4520/181{,}60°$
$\underline{U}_2 = 0{,}2097/175{,}24°$	$\underline{U}_2 = 0/-$	$\underline{U}_2 = 0{,}2097/355{,}24°$
$\underline{U}_3 = 0{,}0498/165{,}35°$	$\underline{U}_3 = 0{,}5/0°$	$\underline{U}_3 = 0{,}4520/181{,}60°$

Sie sind in Abb. 11.18 graphisch dargestellt und gelten nur für pos. Ω, sind also dreh*richtungs*abhängig!

Man erkennt, daß KU $\underline{U}_1$, $\underline{U}_2$, $\underline{U}_3$ der WS VI (U-Schlag) und diejenigen des WS I (W-Schlag) nicht in einer Ebene durch die Achse liegen, sondern gedreht (twisted) sind, während diejenigen des WS II (S-Schlag) in einer Ebene liegen. Die Abweichung aus einer Ebene ist für den U-Schlag 9,89°, für den W-Schlag 6,36°, also praktisch bedeutungslos.

Zum Vergleich liefert eine Welle mit 10% kleinerem Durchmesser (∅ = 90 mm) folgende bimodalen WS

WS VI	WS II	WS I
$\underline{U}_1 = 0{,}0218/164{,}81°$	$\underline{U}_1 = 0{,}5/180°$	$\underline{U}_1 = 0{,}4790/180{,}68°$
$U \;= 0{,}1422/174{,}75°$	$\underline{U}_2 = 0/-$	$\underline{U}_2 = 0{,}1422/354{,}75°$
$\underline{U}_3^2 = 0{,}0218/164{,}81°$	$\underline{U}_3 = 0{,}5/0°$	$\underline{U}_3 = 0{,}4790/180{,}68°$.

Die Abweichung aus einer Ebene betragen für den U-Schlag (WS VI) 9,94° und für den W-Schlag (WS I) 6,10°. Der Unterschied zur Welle mit ∅ 100 mm ist unbedeutend. Halbiert man künstlich die Dämpfung im Lager, so lauten die WS für die Welle mit ∅ 100 mm

WS VI	WS II	WS I
$\underline{U}_1 = 0{,}0477/170{,}83°$	$\underline{U}_1 = 0{,}5/180°$	$\underline{U}_1 = 0{,}4530/180{,}96°$
$\underline{U}_2 = 0{,}2054/177{,}24°$	$\underline{U}_2 = \quad 0/-$	$\underline{U}_2 = 0{,}2054/357{,}24°$
$\underline{U}_3 = 0{,}0477/170{,}83°$	$\underline{U}_3 = 0{,}5/0°$	$\underline{U}_3 = 0{,}4530/180{,}96°$.

Die Abweichungen aus einer Ebene betragen für den U-Schlag (WS VI)nur noch 6,40° und für den W-Schlag (WS I) noch 3,72°.

Man kann aus beiden Varianten schließen, daß weniger die Gesamtsteifigkeit als vielmehr die Gleitlager-Dämpfung das Verdrehen der WS verursacht.

11.6.8 Wirkung der bimodalen Wuchtsätze

Abbildung 11.19a und 11.19b zeigen die Ausschläge der Scheibenmassen $j = 1, 2, 3$ in µm des Anlieferungszustands mit der Unwucht $\underline{U}_{\varepsilon 1} = U_{\varepsilon 1} = 1$ kgmm; Abb.11.19a in vertikaler, Abb. 11.19b in horizontaler Richtung. Man erkennt deutlich die Spitzen bei den kritischen Drehzahlen, die gewuchtet werden sollen (57 Hz ($k = 6$), 100 Hz ($k = 2$), 115 Hz ($k = 1$)). Die übrigen drei kritischen Drehzahlen, die nicht gewuchtet werden (56 Hz ($k = 3$), 69 Hz ($k = 4$), 87 Hz ($k = 5$)), werden wegen der starken Dämpfung nicht angeregt und zeigen keine Erhöhung der Ausschläge. Die Ausschläge in vertikaler Richtung sind etwas größer als in horizontaler Richtung. Die Führung der Welle in horizontaler Richtung ist offenbar steifer.

Die Abb. 11.19c und 11.19d zeigen die Wirkung des WS VI ($k = 6$, 57 Hz, U-Schlag) mit IU + WS VI. Die Spitze bei 57 Hz ($k = 6$) ist weggewuchtet. Die Ausschläge in den beiden kritischen Drehzahlen [100 Hz, 115 Hz] sind kaum verändert.

Die Abb. 11.19e und 11.19f zeigen die Wirkung des WS II($k = 2$, 100 Hz, S-Schlag) mit IU + WS II (ohne WS VI). Die Überhöhung bei 100 Hz ist verschwunden, weggewuchtet. Die Spitze bei 57 Hz wurde nicht beeinflußt, hingegen ist die Überhöhung bei 115 Hz wesentlich kleiner geworden.

Die Abb. 11.19g und 11.19h zeigen schließlich die Wirkung des WS I ($k = 1$, 115 Hz, W-Schlag). Die Überhöhung bei 115 Hz ist nicht mehr zu erkennen, sie ist weggewuchtet. Die Spitze bei 57 Hz ist geblieben, ebenso die Überhöhung bei 100 Hz.

Die Abb. 11.19i und 11.19j zeigen die Wirkung beider WS; WS VI ($k = 6$, 57 Hz, U-Schlag) und WS II ($k = 2$, 100 Hz, S-Schlag). Die Spitze bei 57 Hz und die Überhöhung bei 100 Hz sind weggewuchtet. Es bleibt die Überhöhung bei 115 Hz.

Die Abb. 11.19k und 11.19*l* zeigen die Wirkung des noch verbleibenden WS I ($k = 1$, 115 Hz, W-Schlag). Die Welle ist vollständig gewuchtet. Die drei WS zusammen ergeben genau die entgegengesetzte IU.

11.6.9 Bimodale (N + 2)-Methode

Das bimodale Wuchten verlangt wie das modale Wuchten, daß mindestens die niederste kritische Drehzahl ohne gefährliche Ausschläge erreicht werden kann. Ist das nicht der Fall, kann der Rotor bei niederen Drehzahlen als „starrer" Rotor vorgewuchtet werden. Für das anschließende elastische Wuchten kann die (N + 2)-Methode (s. Abschn. 12.4) auch für das bimodale Wuchten zum Einsatz kommen. Diese Methode setzt ein vorgängiges starres Wuchten voraus, wobei für die elastischen WS gefordert wird, daß sie die starre Wuchtung, d.h. das statische und dynamische Gleichgewicht, nicht mehr beeinflußen. Das vorgängige starre Wuchten kann entweder in einer „weichen" wegmessenden Wuchtmaschine oder bei niederen Drehzahlen in einer kräftemessenden Wuchtmaschine oder ebenfalls bei niederen Drehzahlen in betriebseigenen Lagern erfolgen. Dabei genügen zwei KU in zwei WE.

Für das bimodale Wuchten eines elastischen Scheibenrotors in Gleitlagern ist die bimodale Wuchtgleichung (11.177) maßgebend. Für n Scheiben stehen n Gleichungen und n WE mit KU $\underline{U}_1$, $\underline{U}_2$, ... $\underline{U}_n$ zur Verfügung. Um die Bedingung zu erfüllen, das vorgängige starre Wuchten nicht mehr zu verändern, sind zwei weitere Gleichungen notwendig. Nach (4.1′) ist das statische und dynamische Gleichgewicht durch die beiden Gleichungen

$$\begin{aligned} &\underline{U}_1 + \underline{U}_2 + \cdots \underline{U}_n = -\sum_{k=1}^{n} \underline{U}_{\varepsilon k} = 0 \\ &\underline{U}_1 z_1 + \underline{U}_2 z_2 + \cdots \underline{U}_n z_n = -\sum_{k=1}^{n} \underline{U}_{\varepsilon k} z_{\varepsilon k} = 0 \end{aligned} \tag{11.181}$$

gegeben. Damit dieses Gleichgewicht nicht mehr gestört wird, müssen für die neuen KU des elastischen Rotors die beiden Gleichungen

$$\begin{aligned} &\underline{U}_1 + \underline{U}_2 + \cdots \underline{U}_n = 0 \\ &\underline{U}_1 z_1 + \underline{U}_2 z_2 + \cdots \underline{U}_n z_n = 0 \end{aligned} \tag{11.182}$$

zusätzlich gelten. Die bimodale Wuchtgleichung lautet dann

$$\underset{n+2\downarrow}{\overset{\longrightarrow n}{\begin{bmatrix} 1 & 1 & \dots & 1 \\ z_1 & z_1 & \dots & z_n \\ \hline & & \boldsymbol{\theta}^{\mathrm{T}} & \end{bmatrix}}} \begin{bmatrix} \underline{U}_1 \\ \underline{U}_2 \\ \vdots \\ \underline{U}_n \end{bmatrix} = \overset{\longrightarrow n}{\begin{bmatrix} 0 & 0 & \dots & 0 \\ 0 & 0 & \dots & 0 \\ \hline & & -\boldsymbol{\theta}^{\mathrm{T}} & \end{bmatrix}} \begin{bmatrix} \underline{U}_{\varepsilon 1} \\ \underline{U}_{\varepsilon 2} \\ \vdots \\ \underline{U}_{\varepsilon n} \end{bmatrix} \tag{11.183}$$

(Zeilenzahlen: oberer Teil $\downarrow 2$, unterer Teil $\downarrow n$, gesamt $\downarrow n+2$; Vektoren $\downarrow n$)

und ist überbestimmt. Man schneidet von unten her zwei Gleichungen ab, so daß sie wieder bestimmt wird. Der dadurch verursachte Verlust sind zwei EF. Es lassen sich nur noch $(n-2)$ EF erfassen. Anders ausgedrückt: um $(n \geqq 2)$ EF zu wuchten, sind n WE erforderlich, man kann an einer Scheibenwelle mit n Scheibenmassen nur $(n-2)$ EF wuchten. (Bei $n=3$ noch eine einzige EF.)

Numerisches Beispiel.

Gegeben: Modellwelle nach Abschn. 11.6.7 mit drei Scheibenmassen. Gewuchtet werde an allen drei Scheiben mit $\underline{U}_1$, $\underline{U}_2$, $\underline{U}_3$. Die IU sei wie in Abschn. 11.6.7 $\underline{U}_{\varepsilon 1} = U_{\varepsilon 1} = 1$ kgmm.
Gesucht: KU $\underline{U}_1$, $\underline{U}_2$, $\underline{U}_3$ unter der Bedingung, daß der Rotor vorgängig starr gewuchtet wurde und die starre Wuchtung nicht mehr gestört oder verändert werden soll.

Mit drei Scheibenmassen läßt sich mit der (N + 2)-Methode nur noch eine EF wuchten. Wir wählen die EF $k=6$ mit $\boldsymbol{\theta}_6$ bei 57 Hz. Es ist eine U-Form bei der zweiten kritischen Drehzahl der Größe nach von unten gerechnet. (Die EF $k=5$ bei 56 Hz ist zwar die erste EF von unten gerechnet, ist aber so stark gedämpft, daß sie nicht in Erscheinung tritt.)

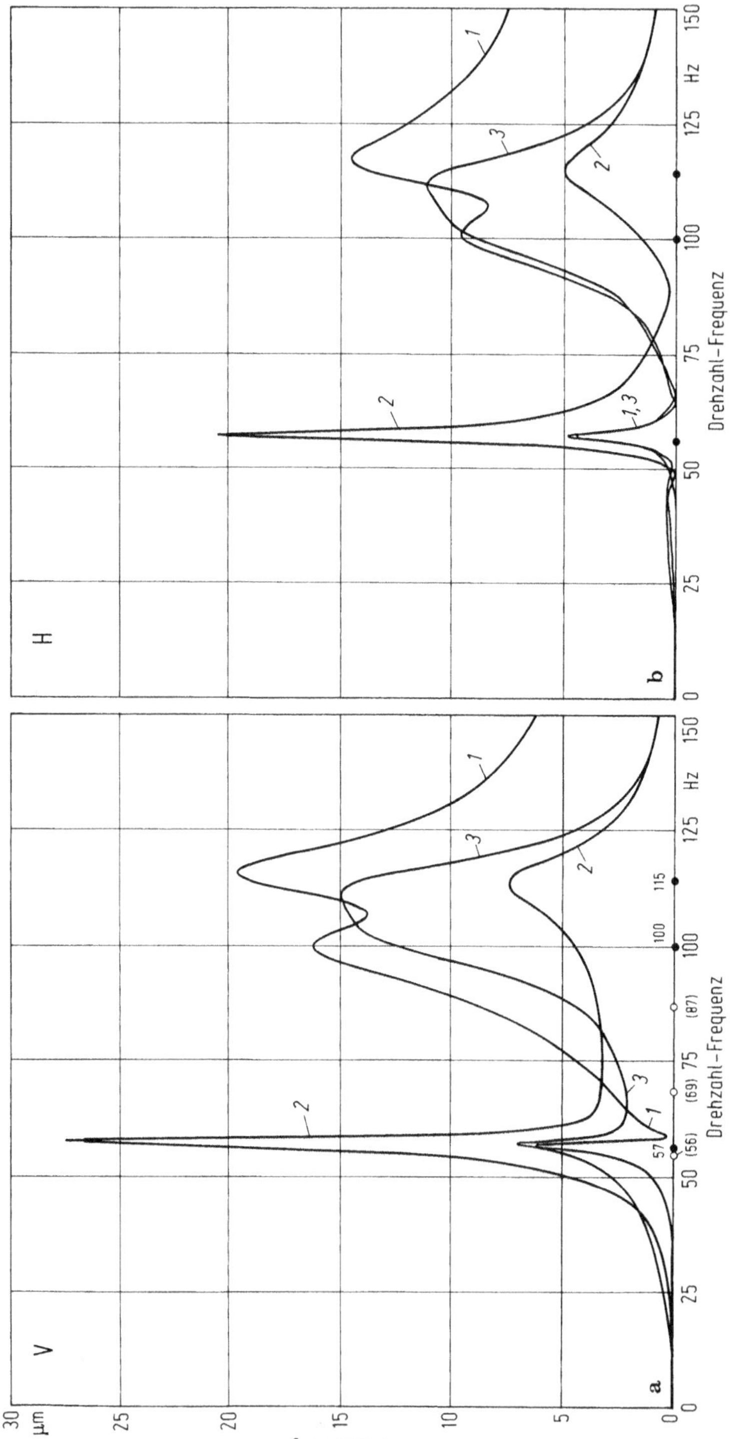

Abb. 11.19. Auslenkungen der Massen des Rotormodells der Abb. 11.17 vor und nach bimodalem Wuchten. **a** vertikale und **b** horizontale Auslenkung, IU: $U_{\varepsilon 1} = 1$ kgmm Anlieferungszustand, Auslenkung bei $j = 1, 2, 3$

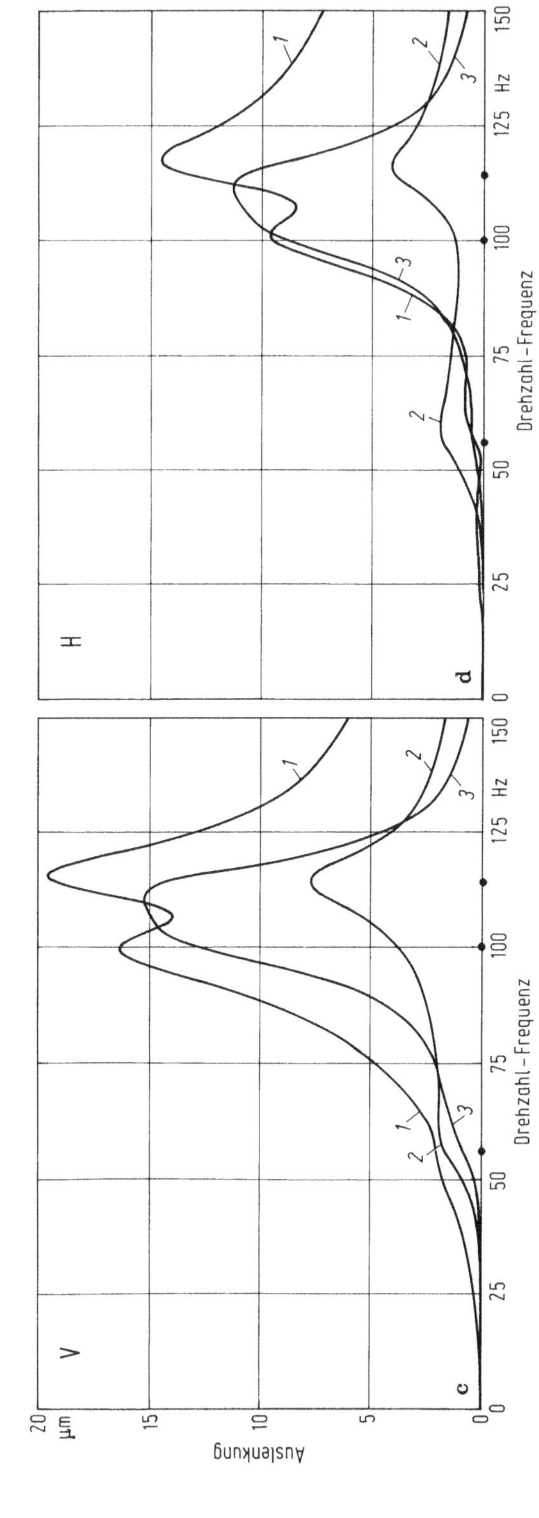

Abb. 11.19. c vertikale und **d** horizontale Auslenkung, IU plus WSVI (U-Schlag)

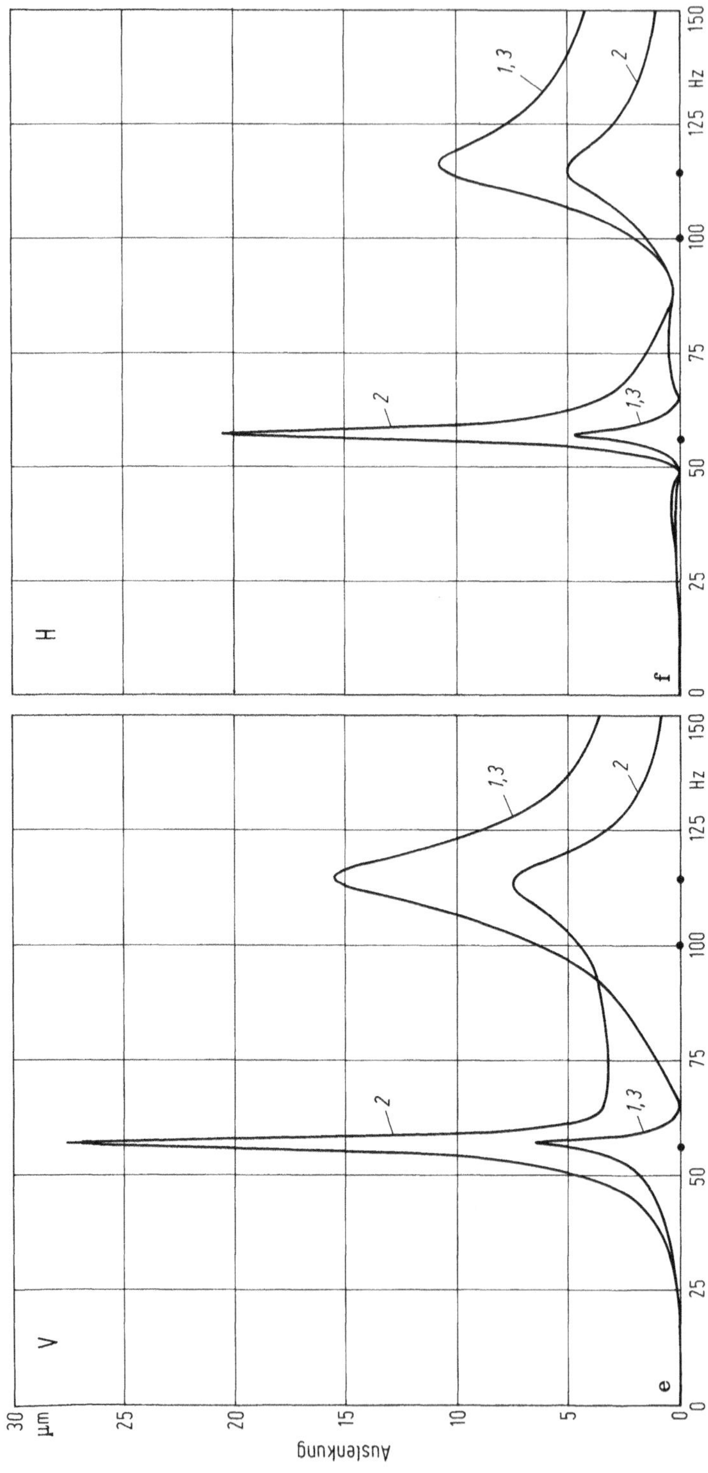

Abb. 11.19. e vertikale und **f** horizontale Auslenkung, IU plus WSII (S-Schlag)

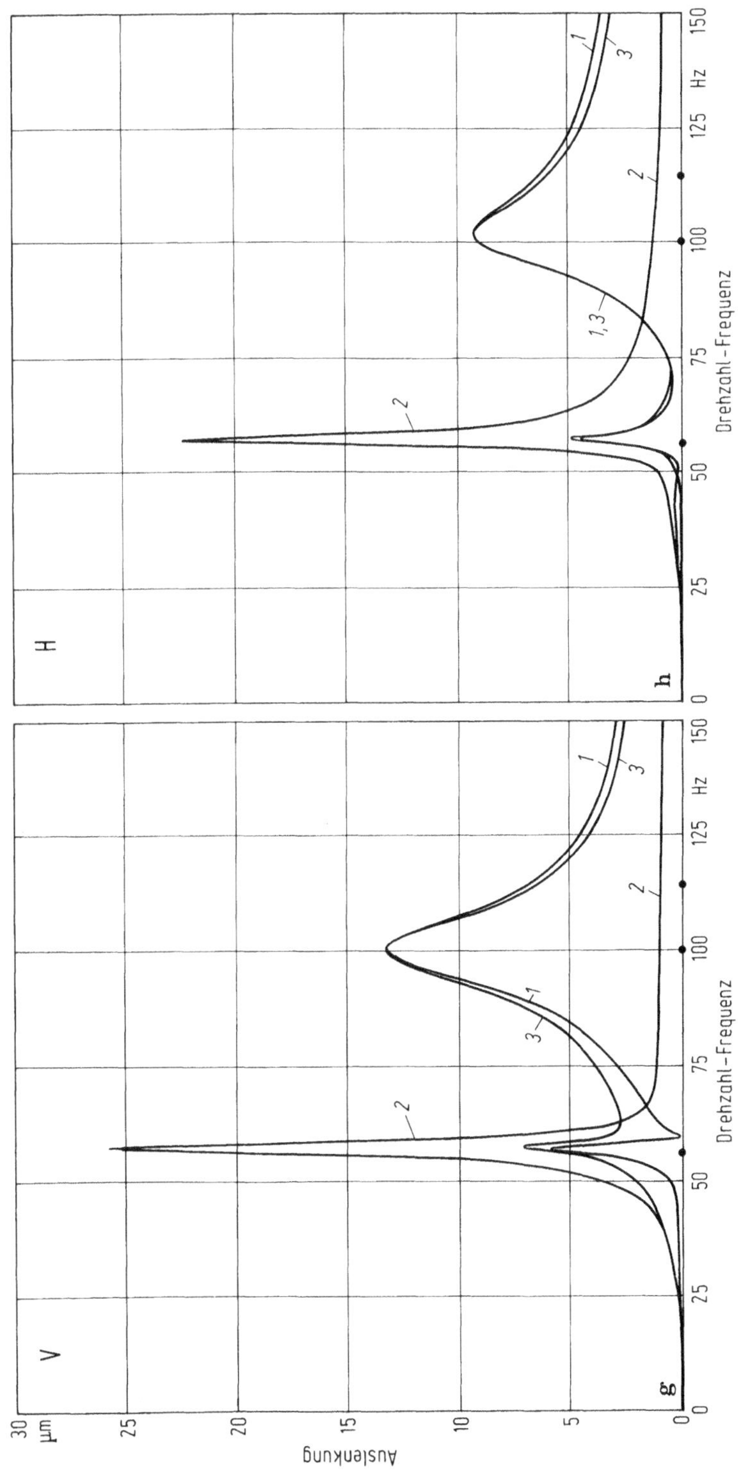

Abb. 11.19. g vertikale und **h** horizontale Auslenkung, IU plus WSI (W-Schlag)

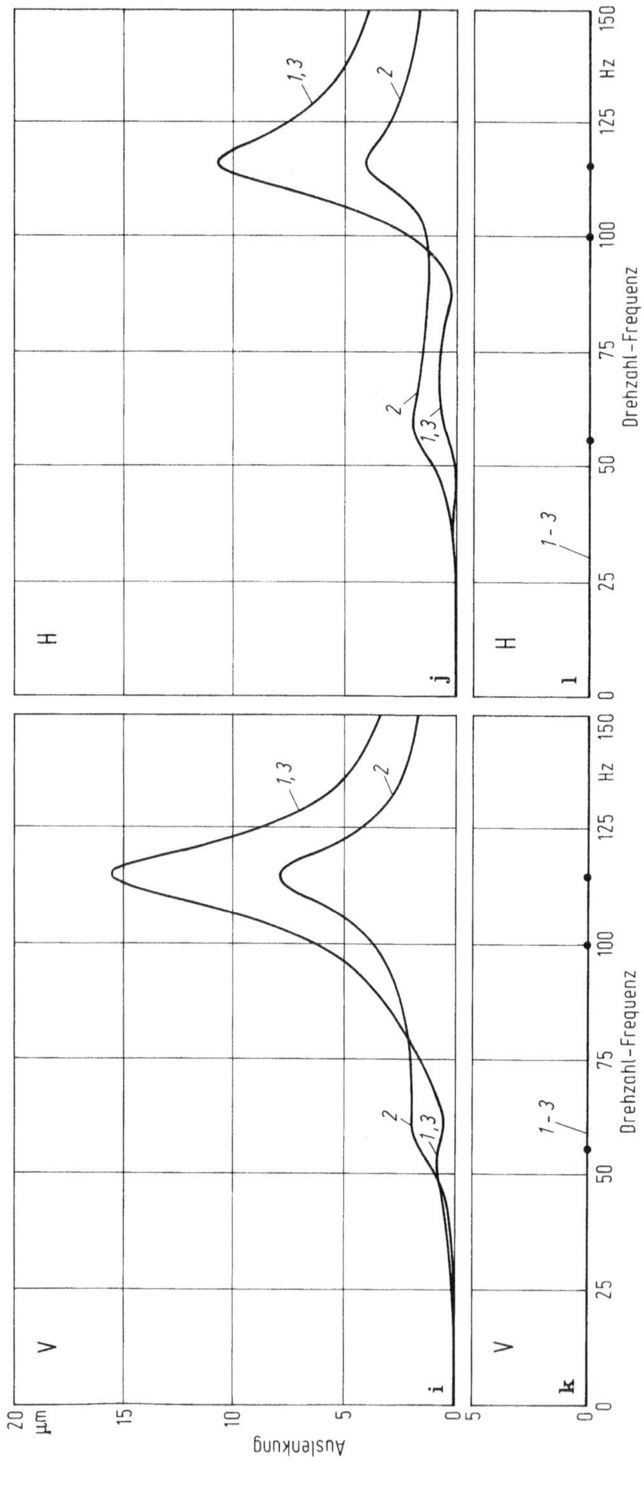

Abb. 11.19. i vertikale und **j** horizontale Auslenkung, IU plus WS VI + WS II; **k** vertikale und **l** horizontale Auslenkung, IU plus WS VI plus WS II plus WS I

Die bimodale Wuchtgleichung lautet damit

$$\begin{bmatrix} 1 & 1 & 1 \\ 0 & 0{,}5 & 1 \\ (0{,}0232+\mathrm{i}\,0{,}0027) & (0{,}0983+\mathrm{i}\,0{,}0226) & (0{,}0232+\mathrm{i}\,0{,}0027) \end{bmatrix} \begin{bmatrix} \underline{U}_1 \\ \underline{U}_2 \\ \underline{U}_3 \end{bmatrix} = - \begin{bmatrix} 0 \\ 0 \\ (0{,}0232+\mathrm{i}\,0{,}0027) \end{bmatrix}$$

und ihre Lösung

WS VI, $k=6$, 57 Hz (niederster elastischer WS)

$$\begin{aligned} \underline{U}_1 &= +0{,}1431_5 - \mathrm{i}\,0{,}0199_5\ (+0{,}1409), \\ \underline{U}_2 &= -0{,}2863\ \ + \mathrm{i}\,0{,}0399\ \ (-0{,}2818), \\ \underline{U}_3 &= +0{,}1431_5 - \mathrm{i}\,0{,}0199_5\ (+0{,}1409). \end{aligned}$$

Die Werte in Klammern entsprechen den modalen WS mit symmetrisierter Steifigkeitsmatrix $\boldsymbol{S}_S$ und sind zum Vergleich angegeben.

In Polarkoordinaten $\underline{U}_j = |\underline{U}_j|\ e^{i\varphi_j}$

WS VI, $k=6$, 57 Hz (niederster elastischer WS)

	$\lvert\underline{U}_j\rvert$	φ_j
$\underline{U}_1$	$=0{,}1445$	172,1°,
$\underline{U}_2$	$=0{,}2891$	352,1°,
$\underline{U}_3$	$=0{,}1445$	172,1°.

Der WS VI liegt in einer Ebene durch die Achse wie die modalen WS, jedoch um den Winkel 7,9° gedreht, s. Abb. 11.20. Das statische und dynamische Gleichgewicht ist erfüllt.

Man beachte, daß der WS dreh*richtungs*abhängig ist.

VWS werden erhalten, indem die rechte Seite der Gleichung (11.183) durch entsprechend symbolische Vektoren: $[00|-1, 0, \ldots 0]^T$; $[00|0, -1, 0, \ldots 0]^T$, usw. ersetzt werden.

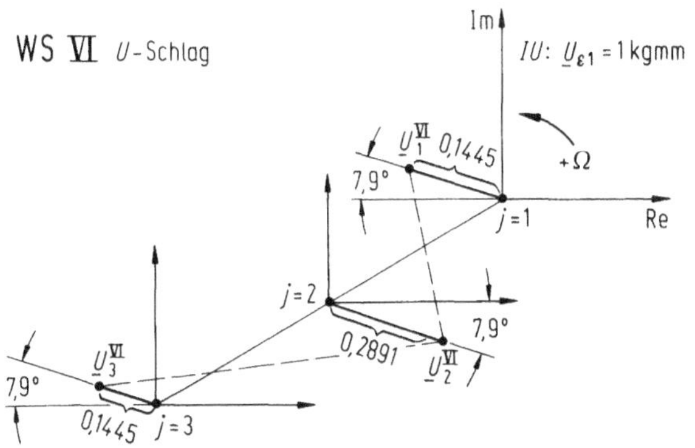

Abb. 11.20. Erster Wuchtsatz VI (U-Schlag) der bimodalen (N+2)-Methode für das Rotormodell der Abb. 11.17. Er liegt in einer Ebene durch die Achse, die Richtung der Ebene ist drehzahlabhängig (der Winkel 7,9° ist 2fach überhöht gezeichnet).

11.6.10 Allgemeine Bemerkungen zum bimodalen Wuchten

Das bimodale Wuchten ist umfassender als das modale Wuchten. Es erfaßt die Wirkung von Gleitlagern und sekundärer Effekte des schnell drehenden Rotors wie Kreiselwirkung, innere Reibung und Dampfanfachung (Spalterregung). Alle diese Effekte führen auf nicht symmetrische Matrizen[25] in dem Differentialgleichungssy-

[25] Schubverformung und Drehträgheit geben symmetrische Steifigkeits- bzw. Massenmatrizen.

stem, deren Lösung mit Hilfe von Rechts- und Linkseigenvektoren in bimodale Formen aufgespalten werden kann. Zum Wuchten werden zwar lediglich Linksvektoren gebraucht, die nicht einmal normiert werden müssen. Aus Übersichts- und Kontrollgründen ist jedoch zu empfehlen, die Vektoren zu normieren und sowohl Rechts- wie Linkseigenvektoren zu berechnen. Die Wuchtmatrix wird komplex im Gegensatz zum modalen Wuchten mit reeller Wuchtmatrix. Der Rechenaufwand ist dementsprechend groß und umfangreich und nur mit leistungsfähigen Computern zu bewerkstelligen. Das Resultat sind im allgemeinen[26] gewundene WS im Gegensatz zu den ebenen WS des modalen Wuchtens. Die Abweichung ist aber im allgemeinen derart gering – mit Ausnahme weniger Rotoren in stark gedämpften Gleitlagern – daß man sich ernsthaft fragen muß, ob sich der Mehraufwand lohnt. Für unseren Modellrotor – der zwar nicht den Normalfall repräsentiert – hat sich der Aufwand eindeutig *nicht* gelohnt.

Der entscheidende Nachteil der bimodalen Methode ist der Umstand, daß die Lagerung inklusive Fundamenteinfluß theoretisch sehr schwierig und praktisch kaum exakt erfaßt werden kann, so daß die berechneten EF und damit die Wuchtmatrix nie fehlerfrei sein werden. (Der Fehler der mathematischen Nachbildung ist vermutlich größer als ein Meßfehler bei der EK-Methode.)

Hinzu kommt der Umstand, daß die Abweichung der KU gegenüber den modal berechneten erfahrungsgemäß unbedeutend ist, wie das numerische Beispiel in Abschn. 11.6.7 zeigt. Die Genauigkeitserhöhung der WS steht in keinem Verhältnis zum Aufwand.

Die bimodale Methode hat sich bis heute in der Praxis nicht durchzusetzen vermocht, im Gegensatz zu ihrer wichtigsten Alternative: der Methode mit EK.

Ablauf der bimodalen Rechnung zum Wuchten (2 Freiheitsgrade x, y pro Scheibe oder Punktmasse)

1. Aufstellung der reellen Matrizen $\boldsymbol{M}$, $\boldsymbol{D}$, $\boldsymbol{S}$ (Berechnung der Steifigkeitsmatrix).
2. Berechnung der Eigenwerte $\underline{\lambda}_k$, $\underline{\lambda}_k^*$.
3. Elimination der konjugiert komplexen Eigenwerte $\underline{\lambda}_k^*$.
4. Berechnung der Linkseigenvektoren $\boldsymbol{q}_k$ $(k = 1, \dots 2n)$.
5. Auswählen von n Linkseigenvektoren $\boldsymbol{q}_k$ $(k = 1 \dots n)$ zum Wuchten.
6. Bildung der Wuchtmatrix $\boldsymbol{\theta}$ mit den n Linkseigenvektoren $\boldsymbol{q}_k$.
7. Aufstellung der Einzelgleichungen für die n WS.
8. Lösung der Einzelgleichungen liefert die n bimodalen WS oder VWS.

Umfang der Berechnung für eine Scheibenwelle mit Punktmassen

Anzahl Punktmassen bzw. Freiheitsgrade s. Tabelle 11.6.

Für 3 bzw. 10 Punktmassen enthält die zu berechnende Matrix $\boldsymbol{L}$ der Linkseigenvektoren 14, bzw. 1600 Elemente oder komplexe Zahlen!

Mit Berücksichtigung von sekundären Einflüssen, wie z.B. Kreiselwirkung, verdoppelt sich die Anzahl $m = 2n$ der Freiheitsgrade bei gleichbleibender Anzahl n der Scheiben. Neben zwei Auslenkungen x, y sind noch zwei Drehungen φ_x, φ_y einzuführen.

---

[26] Nicht alle WS sind gewunden, wie die numerischen Beispiele in Abschn. 11.6.7 und 11.6.9 zeigen.

Tabelle 11.6. Anzahl Punktmassen bzw. Freiheitsgrade

			Anzahl Matrixelemente für n-Punktmassen	
Anzahl Punktmassen Anzahl Freiheitsgrade		n $m=2n$	$n=3$ 6	$n=10$ 20
Matrix der Linkseigenvektoren	$\boldsymbol{L}$	$(4n \times 4n)$	*144*	*1600*
Zum Wuchten benötgte Hälfte der Matrix $\boldsymbol{L}$	$\boldsymbol{L}_{\mathrm{L}}$	$(2n \times 4n)$	72	800
Matrix $\boldsymbol{L}_{\mathrm{L}}$ ohne konjugiert komplexe Linkseigenvektoren	$\boldsymbol{L}_{\mathrm{LN}}$	$(2n \times 2n)$	36	400
Matrix $\boldsymbol{L}_{\mathrm{LN}}$ für n WE	$\boldsymbol{L}_{\mathrm{LN\,red}}$	$(2n \times n)$	18	200
Wuchtmatrix	$\boldsymbol{\theta}$	$(n \times n)$	9	100

Klammerwerte geben die Ordnung der Matrizen an

Mit dem bimodalen Wuchten können Gleitlager – und sekundäre Einflüsse auf den drehenden Rotor theoretisch genau erfaßt werden. Schwieriger ist die theoretische Erfassung der Lagerung und des Fundamentes. Außerdem muß bei der bimodalen Technik dem Umstand Rechnung getragen werden, daß z. B. die Gleitlagerkoeffizienten grundsätzlich drehzahlabhängig sind. Bei starker Abhängigkeit ist deshalb ein erhöhter Rechenaufwand erforderlich. Die Aufspaltung des zuständigen Diffenrentialgleichungssystems mit nicht symmetrischen Matrizen in Modalformen (genauer Bimodalformen) gelingt mit Rechts- und Linkseigenvektoren. Die Wuchtmatrix wird komplex im Gegensatz zur reellen Wuchtmatrix der modalen Methode. Die berechneten Wuchtsätze, genauer die Kompensationsunwuchten, liegen nicht in Ebenen durch die Rotorachse wie bei der modalen Wuchtung, sondern sind gegeneinander verdreht oder gewunden, zudem sind sie drehrichtungsabhängig. Ebene Wuchtsätze sind aber nicht ausgeschlossen. Die Verdrehung ist jedoch in der Mehrzahl praktischer Fälle derart gering, daß sich der Mehraufwand der bimodalen Wuchtung kaum lohnt. Das bimodale Wuchten hat sich in der Praxis nicht durchgesetzt. Seine Alternative ist das Wuchten mit Einflußkoeffizienten, das auch Lagerungs- und Fundamentseinflüsse meßtechnisch erfaßt, oder das quasimodale Wuchten.

C. Kontinuierliche Rotoren

12 Modales Wuchten des kontinuierlichen Wellenstrangs

Das Kap. 12 ist in zehn Abschnitte unterteilt:
Abschn. 12.1: Herleitung der allgemeinen Wuchtgleichungen für eine ideal-anisotrope Lagerung. Abschn. 12.2: Spezialfall der radial-isotropen Lagerung mit Schulbeispielen. Abschn. 12.3: Ideal-anisotrope Lagerung, allgemeine Wuchtgleichungen. Beispiele mit speziellen, reduzierten Wuchtgleichungen. Abschn. 12.4: (N + 2)-Methode, Konvergenz. Abschn. 12.5: Vergleich der N- und (N + 2)-Methode. Abschn. 12.6: Wuchten von Rotoren und Wellensträngen mit der N-Methode

in der Praxis. Beispiele. Abschn. 12.7: Methode der klassischen Identifikation. Abschn. 12.8: Einfluß des Fundaments oder der Lagerung auf das modale Wuchten. Abschn. 12.9: Wuchten mit Integralgleichungen und deren Problematik. Abschn. 12.10: Bimodales Wuchten kontinuierlicher Rotoren in Gleitlagern.

12.1 Ideal-anisotrope Lagerung

12.1.1 Lösung des Randwertproblems

12.1.1.1 Differentialgleichungen, Rand- und Lagerbedingungen

Wir betrachten den kontinuierlichen Wellenstrang der Abb. 12.1 mit der Achse z, variabler Masse $m_L(z)$ und variabler Biegesteifigkeit $\mathrm{EI}(z)$ auf beliebig vielen Lagern a bis H. Die Lagerung sei radial anisotrop, in dem Sinne als in x- bzw. y-Richtung unterschiedliche Steifigkeiten c_x und c_y der Lager vorausgesetzt seien. Die Federkonstante c_x bzw. c_y braucht nicht für alle Lager gleich zu sein. Die (x, z)-Ebene und die (y, z)-Ebene sind Ebenen extremaler Steifigkeit der Lagerung (ideal-anisotrope Lagerung). Die IU bestehe aus einer KUW $\underline{u}_\varepsilon(z)$ über z und mehreren EUW $\sum_k^P \underline{U}_{\varepsilon k}$ an den Stellen $z_{\varepsilon k}$. Zum Wuchten stehen mehrere EUW als KU $\sum_k^K \underline{U}_k$ an den Stellen z_k zur Verfügung. Der Wellenstrang besitze eine kontinuierliche äußere Dämpfungskraft

$$\boldsymbol{F}_a = \begin{bmatrix} \mu_x m_L(z)\dot{x} \\ \mu_y m_L(z)\dot{y} \end{bmatrix} \tag{12.1}$$

proportional den Geschwindigkeitskomponenten von $\dot{\underline{r}}(z) = \dot{x}(z) + \mathrm{i}\,\dot{y}(z)$ der Auslenkung $\overrightarrow{OW} = \underline{r}(z)$ und proportional der kontinuierlichen Masse $m_L(z)$. Die innere Dämpfung sei einfachheitshalber vernachlässigt.

Damit ergeben sich folgende beiden partiellen Differentialgleichungen in der $(x-z)$-, bzw. $(y-z)$-Ebene [Ke4]

$$\begin{aligned} &(\mathrm{EI}(z)x'')'' + m_L(z)\,\ddot{x} + m_L(z)\,\mu_x\dot{x} = \mathrm{Re}(\underline{P}\,\Omega^2\,\mathrm{e}^{\mathrm{i}\Omega t}) \\ &(\mathrm{EI}(z)y'')'' + m_L(z)\,\ddot{y} + m_L(z)\,\mu_y\dot{y} = \mathrm{Im}(\underline{P}\,\Omega^2\,\mathrm{e}^{\mathrm{i}\Omega t}) \\ &\underline{P} = \underline{u}_\varepsilon(z) + \sum_k^P \underline{U}_{\varepsilon k}\,\delta(z - z_{\varepsilon k}) + \sum_k^K \underline{U}_k\,\delta(z - z_k) \\ &x = x(z, t); \quad y = y(z, t), \end{aligned} \tag{12.2}$$

wobei die δ-Funktion (Diracsche Deltafunktion) wie folgt definiert ist

$$\left.\begin{aligned} &\delta(z - z_k) = 0, \quad z \neq z_k \\ &\int \delta(z - z_k)\,\mathrm{d}z = 1; \end{aligned}\right\} \int f(z)\,\delta(z - z_k)\,\mathrm{d}z = f(z_k). \tag{12.3}$$

Die *Rand*bedingungen – am Anfang und Ende des Wellenstrangs wirken keine Biegemomente und Querkräfte – sind zeitunabhängig und lauten

$$\left.\begin{aligned} &x'' = y'' = 0 \\ &(\mathrm{EI}\,x'')' = (\mathrm{EI}\,y'')' = 0 \end{aligned}\right\} z = 0, l. \tag{12.4}$$

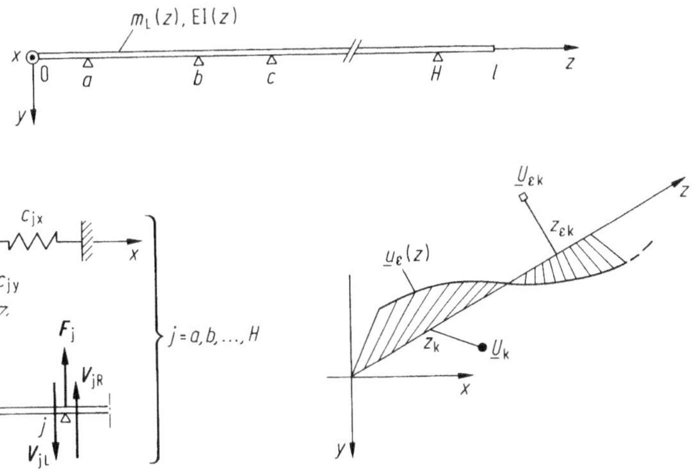

Abb. 12.1. Kontinuierlicher Wellenstrang über mehreren ideal-anisotropen Lagern. IU: KUW $\underline{u}_\varepsilon(z) = m_L(z)\,\varepsilon(z)$; EUW $\underline{U}_{\varepsilon k} = M_k \underline{R}_k$ $(k = 1 \ldots P)$; KU: EUW $\underline{U}_k$ $(k = 1, \ldots, K)$; $\underline{V}_{jL}$, $\underline{V}_{jR}$: Querkräfte; $\underline{F}_j$ Lagerkraft

Die *Lager*bedingungen ergeben sich erstens aus der Gleichheit von Durchbiegung, Drehwinkel und Biegemoment links L und rechts R an jedem Lager $z = j$

$$\left.\begin{aligned} x_{jR} &= x_{jL}; \quad x'_{jR} = x'_{jL}; \quad x''_{jR} = x''_{jL} \\ y_{jR} &= y_{jL}; \quad y'_{jR} = y'_{jL}; \quad y''_{jR} = y''_{jL} \end{aligned}\right\} (j = a \ldots H) \tag{12.5}$$

und zweitens aus dem Gleichgewicht der Querkräfte über jedem Lager $z = j$, Abb. 12.1

$$\boldsymbol{V}_{jR} = \boldsymbol{V}_{jL} - \boldsymbol{F}_j. \tag{12.5'}$$

Mit

$$\boldsymbol{F}_j = \begin{bmatrix} F_x \\ F_y \end{bmatrix}_j = \begin{bmatrix} c_x & 0 \\ 0 & c_y \end{bmatrix} \begin{bmatrix} x \\ y \end{bmatrix}_j = \begin{bmatrix} c_x\, x \\ c_y\, y \end{bmatrix}_j \tag{12.6}$$

als Lagerkraft und

$$\boldsymbol{V}_j = \begin{bmatrix} V_x \\ V_y \end{bmatrix}_j = \begin{bmatrix} (\mathrm{EI}\,x'')' \\ (\mathrm{EI}\,y'')' \end{bmatrix}_j$$

als Querkraft wird (12.5')

$$\left.\begin{aligned} (\mathrm{EI}\,x'')'|_{jR} &= (\mathrm{EI}\,x'')'|_{jL} - c_{xj}\,x \\ (\mathrm{EI}\,y'')'|_{jR} &= (\mathrm{EI}\,y'')'|_{jL} - c_{yj}\,y \end{aligned}\right\} (j = a \ldots H). \tag{12.5''}$$

12.1.1.2 Ungedämpfte Eigenschwingungen

Ohne Dämpfung $(\mu_x = \mu_y = 0)$ lauten die homogenen Gleichungen (12.2)

$$\begin{aligned} (\mathrm{EI}(z)\,x'')'' + m_L(z)\,\ddot{x} &= 0; \\ (\mathrm{EI}(z)\,y'')'' + m_L(z)\,\ddot{y} &= 0. \end{aligned} \tag{12.7}$$

Diese beiden Gleichungen sind unabhängig voneinander, müssen aber mit ungleichen Lagerbedingungen (12.5′) integriert werden. Die Lösung erhält man durch Trennung der Variablen in Form einer Summe

$$x(z,t)=\sum_{n}\varphi_{n}(z)\,w_{nx}(t);\qquad y(z,t)=\sum_{n}\psi_{n}(z)\,w_{ny}(t). \tag{12.8}$$

In (12.7) eingesetzt erhält man für den n-ten Term

$$\frac{(\mathrm{EI}\,\varphi_n'')''}{m_L\varphi_n}=-\frac{\ddot{w}_{nx}}{w_{nx}};\quad \frac{(\mathrm{EI}\,\psi_n'')''}{m_L\psi_n}=-\frac{\ddot{w}_{ny}}{w_{ny}}, \tag{12.9}$$

was an jedem Ort und zu jeder Zeit nur möglich ist, wenn die Glieder links und rechts des Gleichheitszeichens Konstante sind. Letztere seien mit ω_{nx}^2 bzw. ω_{ny}^2 bezeichnet. Aus (12.9) wird so

$$\frac{(\mathrm{EI}\,\varphi_n'')''}{m_L\varphi_n}=\omega_{nx}^2;\quad \frac{(\mathrm{EI}\,\psi_n'')''}{m_L\psi_n}=\omega_{ny}^2; \tag{12.10}$$

$$-\frac{\ddot{w}_{nx}}{w_{nx}}=\omega_{nx}^2;\quad -\frac{\ddot{w}_{ny}}{w_{nx}}=\omega_{ny}^2. \tag{12.11}$$

Die partikuläre Lösung von (12.11) kann in der Form

$$w_{nj}=A_{nj}\sin\omega_{nj}t+B_{nj}\cos\omega_{nj}t\quad (j=x,y) \tag{12.12}$$

angegeben werden, mit A_{nj} und B_{nj} als Integrationskonstante. ω_{nx} ist offenbar die Kreisfrequenz der n-ten (modalen) ungedämpften Eigenschwingung in der $(x-z)$-Ebene und ω_{ny} diejenige in der $(y-z)$-Ebene.

Eine Lösung in komplexer Form lautet

$$\underline{w}_{nj}=\underline{C}_{nj}e^{i\omega_{nj}t}+\underline{D}_{nj}e^{-i\omega_{nj}t} \tag{12.12'}$$

mit $\underline{C}_{nj}$ und $\underline{D}_{nj}$ als reelle oder komplexe Integrationskonstanten.

Die Integration von (12.10) kann mit bekannten Methoden (Matrixübertragung, finite Elemente, etc.) unter Berücksichtigung der Rand- und Lagerbedingungen erfolgen. Sie liefert neben ω_{nx}, ω_{ny} die Eigenformen (EF) $\varphi_n(z)$ *in der* $(x-z)$-Ebene und $\psi_n(z)$ in der $(y-z)$-Ebene. Es sind dies die Elemente, die zur Beurteilung eines Wellenstrangs noch vor der Fabrikation bekannt sein müssen und können als gegeben vorausgesetzt werden.

Die EF erfüllen folgende verallgemeinerte Orthogonalitätsbedingungen mit der Belastungsfunktion $m_L(z)$, s. Anhang zu Abschn. 12.1.1.1[1]

$$\left.\begin{aligned}\int m_L(z)\,\varphi_n(z)\,\varphi_m(z)\,dz=0\\ \int m_L(z)\,\psi_n(z)\,\psi_m(z)\,dz=0\end{aligned}\right\}\ m\neq n. \tag{12.13}$$

[1] Integrale ohne Grenzbezeichnungen sind im folgenden von $z=0$ bis $z=l$, d.h. über den gesamten Wellenstrang zu erstrecken $\int=\int_0^l$.

Ferner gelten die Normierungsbedingungen

$$\int m_L(z)\,\varphi_n^2(z)\,dz = N_{nx}; \quad \int m_L(z)\,\psi_n^2(z)\,dz = N_{ny}, \tag{12.14}$$

wobei N_{nx} bzw. N_{ny} als Norm oder generalisierte Masse bezeichnet wird. Es ist zweckmäßig, aber nicht notwendig, die EF mit $N_{nx}=1$, bzw. $N_{ny}=1$ zu normieren.

12.1.1.3 Erzwungene Schwingungen

Für die erzwungenen Schwingungen ist eine partikuläre Lösung von (12.2) zu finden. Wir trennen wiederum die Variablen, wobei wir die Ortsabhängigkeit durch EF der ungedämpften Eigenschwingungen darstellen, und zwar in modaler Form durch Summen

$$\begin{aligned} x(z,t) &= \sum_n x_n(z,t) = \sum_n \varphi_n(z)\,q_{nx}(t); \quad x_n = \varphi_n q_{nx} \\ y(z,t) &= \sum_n y_n(z,t) = \sum_n \psi_n(z)\,q_{ny}(t); \quad y_n = \psi_n q_{ny}. \end{aligned} \tag{12.15}$$

Für das n-te Glied erhält man aus (12.2)

$$\begin{aligned} (\mathrm{EI}\,\varphi_n'')''\,q_{nx} + m_L\varphi_n\ddot{q}_{nx} + m_L\mu_x\varphi_n\dot{q}_{nx} &= \mathrm{Re}(\underline{P}\,\Omega^2 e^{i\Omega t}); \\ (\mathrm{EI}\,\psi_n'')''\,q_{ny} + m_L\psi_n\ddot{q}_{ny} + m_L\mu_y\psi_n\dot{q}_{ny} &= \mathrm{Im}(\underline{P}\,\Omega^2 e^{i\Omega t}). \end{aligned} \tag{12.16}$$

Ersetzt man noch den 1. Faktor des ersten Glieds links mit (12.10), so lauten obige Gleichungen, wenn noch durch $m_L\varphi_n$ bzw. $m_L\psi_n$ dividiert wird

$$\begin{aligned} \ddot{q}_{nx} + \mu_x\dot{q}_{nx} + \omega_{nx}^2 q_{nx} &= \frac{1}{m_L\varphi_n}\,\mathrm{Re}(\underline{P}\,\Omega^2 e^{i\Omega t}); \\ \ddot{q}_{ny} + \mu_y\dot{q}_{ny} + \omega_{ny}^2 q_{ny} &= \frac{1}{m_L\psi_n}\,\mathrm{Im}(\underline{P}\,\Omega^2 e^{i\Omega t}). \end{aligned} \tag{12.17}$$

Zweckmäßigerweise läßt man das Re- und Im-Zeichen in (12.17) weg, q_{nx} und q_{ny} werden dann allerdings komplex. Um den Fehler zu korrigieren, ist für die partikuläre Lösung q_{nx} bzw. q_{ny} nur der Real-, bzw. nur der Imaginärteil zu nehmen.

$$q_{nx} = \mathrm{Re}\,\underline{q}_{nx}; \quad q_{ny} = \mathrm{Im}\,\underline{q}_{ny}. \tag{12.18}$$

Mit (12.15) gilt dann für das n-te Glied

$$x_n = \varphi_n q_{nx} = \varphi_n \mathrm{Re}\,\underline{q}_{nx}: \quad y_n = \psi_n q_{ny} = \psi_n \mathrm{Im}\,\underline{q}_{ny}$$

und in komplexer Form

$$\underline{r}_n = x_n + i\,y_n = \varphi_n \mathrm{Re}\,\underline{q}_{nx} + i\,\psi_n \mathrm{Im}\,\underline{q}_{ny}. \tag{12.19}$$

Multipliziert man die 1. Gleichung (12.17) (ohne Re-Zeichen) mit $m_L\varphi_n^2\,dz$, die zweite Gleichung (ohne IM-Zeichen) mit $m_L\psi_n^2\,dz$ und integriert über l, so wird man mit Rücksicht auf $\underline{P}$ in (12.2) und (12.3) und den Abkürzungen (12.14) ein komplexes Gleichungssystem erhalten

$$\ddot{\underline{q}}_{nx} + \mu_x \dot{\underline{q}}_{nx} + \omega_{nx}^2 \underline{q}_{nx} = \frac{1}{N_{nx}} \underline{F}_n \Omega^2 e^{i\Omega t}; \tag{12.20}$$

$$\ddot{\underline{q}}_{ny} + \mu_y \dot{\underline{q}}_{ny} + \omega_{ny}^2 \underline{q}_{ny} = \frac{1}{N_{ny}} \underline{G}_n \Omega^2 e^{i\Omega t};$$

$$\underline{F}_n = \int \underline{u}_\varepsilon \varphi_n \, dz + \sum_k^P \underline{U}_{\varepsilon k} \varphi_n(z_{\varepsilon k}) + \sum_k^K \underline{U}_k \varphi_n(z_k).$$

$$\underline{G}_n = \int \underline{u}_\varepsilon \psi_n \, dz + \sum_k^P \underline{U}_{\varepsilon k} \psi_n(z_{\varepsilon k}) + \sum_k^K \underline{U}_k \psi_n(z_k).$$

Die ersten Summanden der rechten Seite von $\underline{F}_n$ und $\underline{G}_n$ können noch vereinfacht werden, wenn $\underline{u}_\varepsilon(z)$ in modale Anteile zerlegt wird mit der Belastungsfunktion $m_L(z)$ in der Form

$$\underline{u}_\varepsilon(z) = \sum_n^N m_L(z)\, \underline{u}_{\varepsilon n} \varphi_n(z) \quad \text{bzw.} \quad \underline{u}_\varepsilon(z) = \sum_n^N m_L(z)\, \underline{u}_{\varepsilon n} \psi_n(z).$$

Mit Rücksicht auf die Orthogonalitätsbedingung (12.13) gilt

$$\begin{aligned}\int \underline{u}_\varepsilon(z)\, \varphi_n(z)\, dz &= \int \left[\sum_n^N m_L(z)\, \underline{u}_{\varepsilon n} \varphi_n(z)\right] \varphi_n(z)\, dz \\ &= \int m_L(z)\, [\underline{u}_{\varepsilon 1} \varphi_1(z) + \underline{u}_{\varepsilon 2} \varphi_2(z) \ldots]\, \varphi_n(z)\, dz \\ &= \underline{u}_{\varepsilon n} \int m_L(z)\, \varphi_n^2(z)\, dz = \underline{u}_{\varepsilon n} N_{nx}\end{aligned} \tag{12.20'}$$

und analog

$$\int \underline{u}_\varepsilon(z)\, \psi_n(z)\, dz = \underline{u}_{\varepsilon n} N_{ny}\,. \tag{12.20''}$$

$\underline{u}_{\varepsilon n}$ kann als generalisierte Unwucht für die n-te EF bezeichnet werden.

Über den Begriff der generalisierten Masse und Steifigkeit s. Anhang zu Abschn. 12.1.1.3.

Die Gleichungen (12.20) sind unabhängig vom Ort und nicht gekoppelt. Jede Gleichung kann unabhängig von der andern gelöst werden. Die Lösungen lauten[2]

$$\underline{q}_{nx} = \underline{Q}_n e^{i\Omega t}; \quad \underline{q}_{ny} = \underline{R}_n e^{i\Omega t}. \tag{12.21}$$

$$\underline{Q}_n = \frac{\Omega^2}{N_{nx}(\omega_{nx}^2 - \Omega^2 + i\mu_x \Omega)} \underline{F}_n = \underline{A}_n \underline{F}_n$$

$$\underline{R}_n = \frac{\Omega^2}{N_{nx}(\omega_{ny}^2 - \Omega^2 + i\mu_y \Omega)} \underline{G}_n = \underline{B}_n \underline{G}_n$$

$$\underline{A}_n = \frac{\Omega^2}{(\omega_{nx}^2 - \Omega^2 + i\mu_x \Omega)\, N_{nx}}; \quad \mu_x = \frac{\omega_{nx}}{Q_{nx}}$$

$$\underline{B}_n = \frac{\Omega^2}{(\omega_{ny}^2 - \Omega^2 + i\mu_y \Omega)\, N_{ny}}; \quad \mu_y = \frac{\omega_{ny}}{Q_{ny}}.$$

---

[2] Q_{nx} und Q_{ny} sind Überhöhungsfaktoren.

Wir erhalten mit (12.21) aus (12.19) für das n-te Glied

$$\underline{r}_n(z,t) = \varphi_n \operatorname{Re}(\underline{Q}_n e^{i\Omega t}) + i\psi_n \operatorname{Im}(\underline{R}_n e^{i\Omega t}) \tag{12.22}$$

und schließlich für die vollständige Lösung in Modalform

$$\underline{r}(z,t) = \sum_{n=1,2,3,\ldots}^{\infty} \underline{r}_n(z,t)\,; \quad \underline{r}(z) = \sum_n \underline{r}_n(z). \tag{12.23}$$

12.1.2 Wuchtgleichungen

Das Wuchten verlangt, daß keine rotierenden Lagerkräfte mehr wirken. Dies ist dann der Fall, wenn die Auslenkungen des Wellenstrangs an jedem Ort, d.h. für jedes z, für jedes Ω und zu jeder Zeit verschwinden. Nach (12.22) ist dies dann der Fall, wenn gilt

$$\underline{r}_n(z,t) = 0 \rightarrow \begin{cases} \varphi_n(z) \operatorname{Re}(\underline{A}_n \underline{F}_n e^{i\Omega t}) = 0 \\ \psi_n(z) \operatorname{Im}(\underline{B}_n \underline{G}_n e^{i\Omega t}) = 0 \end{cases} \quad (n = 1, 2, 3 \ldots \infty).$$

Zu jeder Zeit muß gelten

$$\underline{A}_n \underline{F}_n = 0\,; \quad \underline{B}_n \underline{G}_n = 0$$

und noch einfacher wegen $\underline{A}_n \neq 0$ und $\underline{B}_n \neq 0$

$$\underline{F}_n = 0\,; \quad \underline{G}_n = 0 \quad (n = 1, 2 \ldots \infty). \tag{12.24}$$

Ausgeschrieben lauten die Wuchtgleichungen (12.24)

$$\left.\begin{aligned} \int \underline{u}_\varepsilon \varphi_n \, dz + \sum_k^P \underline{U}_{\varepsilon k} \varphi_n(z_{\varepsilon k}) + \sum_k^K \underline{U}_k \varphi_n(z_k) = 0 \\ \int \underline{u}_\varepsilon \psi_n \, dz + \sum_k^P \underline{U}_{\varepsilon k} \psi_n(z_{\varepsilon k}) + \sum_k^K \underline{U}_k \psi_n(z_k) = 0 \end{aligned}\right. \quad (n = 1, 2, 3 \ldots \infty), \tag{12.24'}$$

wobei zu beachten ist, daß den kritischen Winkelgeschwindigkeiten ω_{nx} die Eigenformen φ_n und den kritischen Winkelgeschwindigkeiten ω_{ny} die Eigenformen ψ_n zuzuordnen sind.

Nach Auflösung der Summen in (12.24') entstehen folgende Wuchtgleichungen mit den reellen Wuchtmatrizen $\boldsymbol{\Phi}$, $\boldsymbol{\Psi}$

$$(x-y)\,\text{Ebe} \begin{bmatrix} \varphi_{11} & \varphi_{21} & \varphi_{31} & \cdots \\ \varphi_{12} & \varphi_{22} & & \\ \varphi_{13} & & & \\ \vdots & & & \end{bmatrix} \begin{bmatrix} \underline{U}_1 \\ \underline{U}_2 \\ \underline{U}_3 \\ \vdots \end{bmatrix}_x = - \begin{bmatrix} \int \underline{u}_\varepsilon \varphi_1 \, dz + \sum_k^P \underline{U}_{\varepsilon k} \varphi_1(z_{\varepsilon k}) \\ \int \underline{u}_\varepsilon \varphi_2 \, dz + \sum_k^P \underline{U}_{\varepsilon k} \varphi_2(z_{\varepsilon k}) \\ \int \underline{u}_\varepsilon \varphi_3 \, dz + \sum_k^P \underline{U}_{\varepsilon k} \varphi_3(z_{\varepsilon k}) \\ \vdots \end{bmatrix} \quad (\omega_{nx}) \tag{12.24''}$$

oder

$$\underline{\boldsymbol{\Phi}^T \boldsymbol{U}_x = -\boldsymbol{f}_\varphi}\,.$$

$$(y-z)\,\text{Ebe}\quad \begin{bmatrix} \psi_{11} & \psi_{21} & \psi_{31} & \cdots \\ \psi_{12} & \psi_{22} & & \\ \psi_{13} & & & \\ \vdots & & & \end{bmatrix} \begin{bmatrix} \underline{U}_1 \\ \underline{U}_2 \\ \underline{U}_3 \\ \vdots \end{bmatrix}_y = - \begin{bmatrix} \int \underline{u}_\varepsilon \psi_1 \, dz + \sum_k^P \underline{U}_{\varepsilon k} \psi_1(z_{\varepsilon k}) \\ \int \underline{u}_\varepsilon \psi_2 \, dz + \sum_k^P \underline{U}_{\varepsilon k} \psi_2(z_{\varepsilon k}) \\ \int \underline{u}_\varepsilon \psi_3 \, dz + \sum_k^P \underline{U}_{\varepsilon k} \psi_3(z_{\varepsilon k}) \\ \vdots \end{bmatrix} \quad (\omega_{ny})$$

oder

$$\underline{\boldsymbol{\psi}^T \boldsymbol{U}_y = -\boldsymbol{f}_\psi}\,.$$

Für $2n$ kritische Drehzahlen und EF stehen n Gleichungen mit den EF φ oder ψ zur Verfügung. Man darf theoretisch die Einzelgleichungen aus beiden Systemen (12.24″) auch mischen, wobei allerdings aus praktischen Gründen ähnliche EF zu meiden sind. Die Situation ist ganz analog der Scheibenwelle. Ungeeignete Mischung kann zu unzumutbar großen WS führen, s. Abschn. 11.4.5, Beispiel 5.

12.2 Radial-isotrope Lagerung – Wuchtgleichungen

Die Gleichungen für die radial-isotrope Lagerung ergeben sich als Spezialfall aus der anisotropen Lagerung.

Da bei isotroper Lagerung die Lagerbedingungen (12.5′) in x- und y-Richtung identisch sind, gilt in (12.8) und (12.11)

$$\psi_n(z) \equiv \varphi_n(z)\,; \quad w_{nx}(t) \equiv w_{ny}(t) = w_n(t)\,; \quad \omega_{nx}^2 = \omega_{ny}^2 = \omega_n^2\,.$$

Damit fallen wegen $\boldsymbol{\Phi}^T = \boldsymbol{\psi}^T$ und $\boldsymbol{f}_\varphi = \boldsymbol{f}_\psi$ die beiden Wuchtsysteme (12.24″) zusammen. Es bleibt nur eines, z.B.

$$\underline{\boldsymbol{\Phi}^T \boldsymbol{U} = -\boldsymbol{f}_\varphi} \tag{12.25}$$

$$\begin{matrix} \\ \downarrow \\ n \\ \downarrow \\ N \\ \downarrow \\ \infty \end{matrix} \overset{\rightarrow k \rightarrow K}{\begin{bmatrix} \varphi_{11} & \varphi_{21} & \varphi_{31} & \cdots \\ \varphi_{12} & \varphi_{12} & & \\ \varphi_{13} & & & \\ \vdots & & & \end{bmatrix}} \begin{bmatrix} \underline{U}_1 \\ \underline{U}_2 \\ \underline{U}_3 \\ \vdots \end{bmatrix} = - \begin{bmatrix} \int \underline{u}_\varepsilon \varphi_1 \, dz + \sum_k^P \underline{U}_{\varepsilon k} \varphi_1(z_{\varepsilon k}) \\ \int \underline{u}_\varepsilon \varphi_2 \, dz + \sum_k^P \underline{U}_{\varepsilon k} \varphi_2(z_{\varepsilon k}) \\ \int \underline{u}_\varepsilon \varphi_3 \, dz + \sum_k^P \underline{U}_{\varepsilon k} \varphi_3(z_{\varepsilon k}) \\ \vdots \end{bmatrix} \quad (\omega_n)$$

oder formal aufgelöst wenn ($\boldsymbol{\Phi}$ regulär)

$$\underline{\boldsymbol{U} = -(\boldsymbol{\Phi}^T)^{-1} \boldsymbol{f}_\varphi}\,. \tag{12.25′}$$

Mit der Abkürzung $\varphi_n(z_{\varepsilon k}) = \varphi_{kn}$ gilt für die Summe auf der rechten Seite von (12.25)

$$\begin{aligned}
&\sum_{k=1,2,\dots}^{P} \underline{U}_{\varepsilon k}\,\varphi_1(z_{\varepsilon k}) = \varphi_{11}\,\underline{U}_{\varepsilon 1} + \varphi_{21}\,\underline{U}_{\varepsilon 2} + \dots\, \varphi_{P1}\,\underline{U}_{\varepsilon P}\\
&\sum_{k}^{P} \underline{U}_{\varepsilon k}\,\varphi_2(z_{\varepsilon k}) = \varphi_{12}\,\underline{U}_{\varepsilon 1} + \varphi_{22}\,\underline{U}_{\varepsilon 2} + \dots\, \varphi_{P2}\,\underline{U}_{\varepsilon P}\\
&\sum_{k}^{P} \underline{U}_{\varepsilon k}\,\varphi_3(z_{\varepsilon k}) = \varphi_{13}\,\underline{U}_{\varepsilon 1} + \varphi_{23}\,\underline{U}_{\varepsilon 2} + \dots\, \varphi_{P3}\,\underline{U}_{\varepsilon P}\\
&\vdots
\end{aligned}$$

Vergleicht man die Wuchtgleichung (12.25) mit derjenigen für die radial-isotrop gelagerte Scheibenwelle (11.45″), so erkennt man folgende zwei Unterschiede:

1. Das System (12.25) für den kontinuierlichen Wellenstrang besteht aus $N = \infty$ vielen Gleichungen entsprechend ∞ vielen kritischen Drehzahlen und EF. Das System (11.45″) hingegen hat endlich viele Gleichungen, entsprechend der endlichen Zahl N der Scheiben.

2. Das System (12.25) für den kontinuierlichen Wellenstrang hat im allgemeinen eine längs der z-Achse kontinuierliche IU $\underline{u}_{\varepsilon P}(z)$ *und* kann – muß nicht – endlich viele EUW als IU $\sum_{k}^{P} \underline{U}_{\varepsilon k}$ haben. Das System (11.45″) hat *keine* kontinuierliche Unwuchten, sondern im allgemeinen nur N EUW als IU am Ort der N Scheiben.

Wir werden in diesem Abschnitt auf EUW als IU verzichten und *nur* die kontinuierliche Unwucht $\underline{u}(z)$ als IU zulassen. Damit können wir auch auf den Index ε verzichten. Gewuchtet wird mit EU $\underline{U}_j$ als KU, so daß keine Verwechslung möglich ist. Das System (12.25) hat dann die Form

$$\boldsymbol{\Phi}^{T}\boldsymbol{U} = -\begin{bmatrix} \int \underline{u}\varphi_1\,dz \\ \int u\varphi_2\,dz \\ \int \underline{u}\varphi_3\,dz \\ \hdashline \vdots \end{bmatrix}
\begin{matrix} \\ \downarrow \\ n \\ \downarrow \\ N \\ \downarrow \\ \infty \end{matrix}
= -\overset{\text{WS I}}{\begin{bmatrix} \int \underline{u}\varphi_1\,dz \\ 0 \\ 0 \\ \hdashline \vdots \end{bmatrix}}
- \overset{\text{WS II}}{\begin{bmatrix} 0 \\ \int \underline{u}\varphi_2\,dz \\ 0 \\ \hdashline \vdots \end{bmatrix}}
- \overset{\text{WS III}}{\begin{bmatrix} 0 \\ 0 \\ \int \underline{u}\varphi_3\,dz \\ \hdashline \vdots \end{bmatrix}}\,. \quad (12.25'')$$

(✂ $N \downarrow$ – – – – – – – – – –)

Es kann zerlegt werden in Untersysteme. Jedes Untersystem wuchtet eine EF ohne die übrigen zu beeinflussen und liefert einen WS.

Für eine eindeutige Bestimmung der KU $\underline{U}_j$ sind ebensoviele Gleichungen wie Unbekannte KU erforderlich. Dies bedeutet, daß $N = \infty$ viele KU und somit WE zugelassen werden müssen wie Gleichungen vorhanden sind, d.h. eben $N = \infty$ viele; mit anderen Worten, um unendlich viele EF zu wuchten, sind unendlich viele KU (und WE) erforderlich; oder noch anders ausgedrückt:

Um einen kontinuierlichen Rotor vollständig zu wuchten, ist die kontinuierliche Unwucht an jedem Ort z und in gleicher Größe durch IU zu kompensieren, was unendlich viele WE erfordern würde.

In der Praxis wird man mit einer endlichen Zahl WE und KU auskommen müssen, d.h. man wird nur wenige Gleichungen des Systems (12.25″) befriedigen können. Man schneidet das System von unten her ab und berücksichtigt nur eine endliche Zahl **N** von Gleichungen, man wuchtet nur die ersten N EF.

Die Beschränkung auf wenige Eigenformen bewirkt einen systematischen Fehler in der Bestimmung der WS für die EF. Man kann einen kontinuierlichen elastischen Rotorstrang in der Praxis nur mit einer endlichen Zahl von Kompensationswuchten wuchten. Die „elastische" Wuchtung ist deshalb – unabhängig von jeder Methode – eine Näherung.

Sind N EF zu wuchten, kann man auch hier wie bei der Scheibenwelle N WS (WS I, WS II, ... WS N) bilden, welche die Eigenschaft haben, daß nur die 1., 2., ..., N-te EF gewuchtet wird, während die übrigen nicht beeinflußt werden. Dies bedingt, daß zu Beginn N WE zur Verfügung stehen.

Eine andere Möglichkeit des Wuchtens nach EF ist auch hier das *Vorwärtswuchten*, bei dem man keine Rücksicht auf EF nimmt, die höher sind als diejenigen, die man im Augenblick wuchten möchte. So ist für das Wuchten der 1. EF nur die erste Gleichung (12.25″) notwendig und somit nur eine WE bzw. eine IU.

$$\varphi_{11}\underline{U}_1 = -\int \underline{u}\varphi_1 \,\mathrm{d}z \,. \tag{12.26}$$

Für das Wuchten der 2. EF wäre nur die 2. Gl. (12.25″) notwendig. Im Hinblick darauf, daß die 1. EF bereits gewuchtet ist und beim Auslauf nicht mehr beeinflußt werden darf, sind zwei Gleichungen notwendig und folglich zwei IU bzw. zwei WE.

$$\begin{bmatrix} \varphi_{11} & \varphi_{21} \\ \varphi_{12} & \varphi_{22} \end{bmatrix} \begin{bmatrix} \underline{U}_1 \\ \underline{U}_2 \end{bmatrix} = - \begin{bmatrix} 0 \\ \int \underline{u}\varphi_2 \,\mathrm{d}z \end{bmatrix}. \tag{12.27}$$

Für das Wuchten der 3. EF wäre schließlich nur die 3. Gleichung (12.25″) notwendig, um aber die 2. und 1. EF beim Auslauf nicht zu stören, sind zwei weitere Gleichungen erforderlich.

$$\begin{bmatrix} \varphi_{11} & \varphi_{21} & \varphi_{31} \\ \varphi_{12} & \varphi_{22} & \varphi_{32} \\ \varphi_{13} & \varphi_{23} & \varphi_{33} \end{bmatrix} \begin{bmatrix} \underline{U}_1 \\ \underline{U}_2 \\ \underline{U}_3 \end{bmatrix} = - \begin{bmatrix} 0 \\ 0 \\ \int \underline{u}\varphi_3 \,\mathrm{d}z \end{bmatrix} \tag{12.28}$$

usw.

Man beachte, daß man auch für das Vorwärtswuchten gleich zu Beginn N WE zur Verfügung haben muß.

Für das Wuchten von N EF oder kritischen Drehzahlen sind mindestens N Einzelinitialunwuchten und somit N Wuchtebenen erforderlich.

Man nennt diese Methode des modalen Wuchtens deshalb die N-Methode.

Bei der Scheibenwelle auf S. 143 ist erwähnt, daß man grundsätzlich jede EF durch eine einzige KU wuchten kann, die nicht gerade auf einem Knoten einer EF liegt. Diese Erkenntnis gilt auch für den kontinuierlichen Rotor in isotroper Lagerung, wie man den Wuchtgleichungen (12.25) entnehmen kann. Die 1., 2., 3. ... N-te dieser Gleichungen lauten (ohne Einzel IU) wenn nur *eine* KU $\underline{U}_{kn}$ an der Stelle $z = z_k$ benützt wird:

$$\underline{U}_{k1} = \frac{1}{\varphi_{k1}} \int \underline{u}_\varepsilon \, \varphi_1 \, dz \quad 1.\,\text{EF}$$

$$\underline{U}_{k2} = \frac{1}{\varphi_{k2}} \int \underline{u}_\varepsilon \, \varphi_2 \, dz \quad 2.\,\text{EF}$$

$$\underline{U}_{k3} = \frac{1}{\varphi_{k3}} \int \underline{u}_\varepsilon \, \varphi_3 \, dz \quad 3.\,\text{EF}$$

$$\vdots \qquad \vdots$$

$$\underline{U}_{kN} = \frac{1}{\varphi_{kN}} \int \underline{u}_\varepsilon \, \varphi_N \, dz \quad N.\,\text{EF}.$$

Man beachte jedoch, wenn eine EF mit einer Einzel KU gewuchtet wird, diese KU alle übrigen EF Anteile beeinflußt. Ist z. B. die erste EF gewuchtet und man fährt über die erste krititsche Drehzahl, wuchtet die 2. EF oder kritische Drehzahl mit einer Einzel-KU, so wird die erste EF gestört, die erste kritische Drehzahl ist nicht mehr gewuchtet.

Eine zweite theoretisch bemerkenswerte Erkenntnis ist folgende:

Die Auslenkung eines elastischen Rotors an einer bestimmten Stelle z_p der Achse kann durch eine Einzelkompensationsunwucht an beliebiger Stelle z_k bei einer bestimmten Winkelgeschwindigkeit Ω – und nur bei dieser – verhindert werden.

Beweis: Aus (12.23) folgt für isotrope Lagerung $\varphi(z) = \psi(z)$

$$\underline{r}(z, t) = \sum_n \underline{r}_n(z, t); \quad \underline{r}_n(z, t) = \varphi_n(z) \, \underline{A}_n \underline{F}_n \, e^{i\Omega t}.$$

$$\underline{A}_n = \frac{\Omega^2}{(\omega_n^2 - \Omega^2 + i\mu\Omega) \, N_n}; \quad \underline{F}_n = \underline{u}_{\varepsilon n} N_n + \sum_k^K \underline{U}_k \, \varphi_n(z_k).$$

Für eine einzige KU $\underline{U}_k$ bei z_k sowie für $z = z_p$ erhält man nach Abspaltung der Zeit

$$\underline{r}_n(z_p) = \varphi_n(z_p) \, \underline{A}_n(\Omega) \, [\underline{u}_{\varepsilon n} N_n + \underline{U}_k \, \varphi_n(z_k)]$$

und

$$\underline{r}(z_p) = \sum_n \varphi_n(z_p) \, \underline{A}_n(\Omega) \, \underline{u}_{\varepsilon n} N_n + \underline{U}_k \sum_n \varphi_n(z_p) \, \underline{A}_n(\Omega) \, \varphi_n(z_k).$$

$\underline{r}(z_p)$ wird Null für

$$\underline{U}_k = -\frac{\sum_n \varphi_n(z_p) \, \underline{A}_n(\Omega) \, \underline{u}_{\varepsilon n} N_n}{\sum_n \varphi_n(z_p) \, \underline{A}_n(\Omega) \, \varphi_n(z_k)}. \quad \text{(q.e.d.)}$$

Die Auslenkung an der Stelle z_p kann z. B. die Auslenkung eines Lagers sein.

Schulbeispiele

Wir nennen sie Schulbeispiele, weil wir zum besseren Verständnis die IU vorgeben, während sie in Wirklichkeit nicht bekannt ist.

Beispiel 1: Wuchten der ersten EF mit 1, 2 und 3 WE
Die Welle drehe in zwei radial starren, gelenkigen, also isotropen Lagern und habe konstante Masse $m_L(z) = m_L$ und konstante Biegesteifigkeit $EI(z) = EI$ über die Länge l, Abb. 12.2a. Die EF lauten

$$\varphi_n(z) = \sin\left(n\pi\frac{z}{l}\right).$$

Gegeben sei die symmetrische IU $\underline{u}_\varepsilon(z) = u_\varepsilon(z) = u_0\,\varphi_1(z)$. Sie regt nur die 1. EF an, Abb. 12.2b.

a) Wuchten mit einer WE. Die WE liege in der Mitte $z = l/2$. Die Wuchtgleichung (12.26) lautet

$$\varphi_{11}\underline{U}_1 = -\int \underline{u}\,\varphi_1\,\mathrm{d}z = -\int u_0\,\varphi_1^2\,\mathrm{d}z = -0{,}5\,u_0\,l$$

und mit $\varphi_{11} = 1$ wird

$$\underline{\underline{U}_1 = -0{,}5\,u_0\,l}\,;\quad U_S = -0{,}5\,u_0\,l.$$

b) Wuchten mit zwei WE in den Viertelspunkten von den Lagern aus: $z_1 = \frac{1}{4}\,l,\ z_2 = \frac{3}{4}\,l$.
Die Wuchtgleichung (12.25″) lautet

$$\begin{bmatrix}\varphi_{11} & \varphi_{21}\\ \varphi_{12} & \varphi_{22}\end{bmatrix}\begin{bmatrix}\underline{U}_1\\ \underline{U}_2\end{bmatrix} = -\begin{bmatrix}\int \underline{u}\,\varphi_1\,\mathrm{d}z\\ \int \underline{u}\,\varphi_2\,\mathrm{d}z\end{bmatrix} = -u_0\begin{bmatrix}\int \varphi_1^2\,\mathrm{d}z\\ \int \varphi_1\varphi_2\,\mathrm{d}z\end{bmatrix} = \begin{bmatrix}-0{,}5\\ 0\end{bmatrix}u_0\,l$$

und mit $\varphi_{11} = \varphi_{21} = 0{,}7071$; $\varphi_{12} = -\varphi_{21} = 1$

$$\begin{bmatrix}0{,}7071 & 0{,}7071\\ 1 & -1\end{bmatrix}\begin{bmatrix}U_1\\ U_2\end{bmatrix} = \begin{bmatrix}-0{,}5\\ 0\end{bmatrix}u_0\,l$$

wird die Lösung

$$\underline{\underline{U_1 = U_2 = -0{,}3535\,u_0\,l}}\,;\quad U_S = U_1 + U_2 = -0{,}7071\,u_0\,l.$$

c) Wuchten mit drei WE in Viertelspunkten: $z_1 = \frac{1}{4}\,l,\ z_2 = \frac{1}{2}\,l,\ z_3 = \frac{3}{4}\,l.$
Die Wuchtgleichung (12.25″) lautet

$$\begin{bmatrix}0{,}7071 & 1 & 0{,}7071\\ 1 & 0 & -1\\ 0{,}7071 & -1 & 0{,}7071\end{bmatrix}\begin{bmatrix}U_1\\ U_2\\ U_3\end{bmatrix} = -\begin{bmatrix}\int \underline{u}\,\varphi_1\,\mathrm{d}z\\ \int \underline{u}\,\varphi_2\,\mathrm{d}z\\ \int \underline{u}\,\varphi_3\,\mathrm{d}z\end{bmatrix}$$

$$= -u_0\begin{bmatrix}\int \varphi_1^2\,\mathrm{d}z\\ \int \varphi_1\varphi_2\,\mathrm{d}z\\ \int \varphi_1\varphi_3\,\mathrm{d}z\end{bmatrix} = \begin{bmatrix}-0{,}5\\ 0\\ 0\end{bmatrix}u_0\,l,$$

mit der Lösung

$$\underline{\underline{U_1 = U_3 = -0{,}1768\,u_0\,l}}\,;\quad \underline{\underline{U_2 = -0{,}2500\,u_0\,l}}$$

$$U_S = U_1 + U_2 + U_3 = -0{,}6036\,u_0\,l$$

Vergleicht man die erhaltenen Resultate mit demjenigen der „starren" Wuchtung

$$U_S\,(\text{starr}) = -\int \underline{u}\,\mathrm{d}z = -\int u_0\,\varphi_1\,\mathrm{d}z = \underline{-0{,}6366\,u_0\,l}$$

ergeben a), b) und c) folgende Werte

Wuchten der ersten EF mit	U_S	
1 WE	−0,5	$u_0\,l$
2 WE	−0,7071	$u_0\,l$
3 WE	−0,6036	$u_0\,l$
↓	↓	
∞ WE	−0,6366	$u_0\,l = U_S$ (starr)

Man stellt einerseits fest, daß das Ergebnis der starren Wuchtung in keinem Fall erreicht wird und andererseits, daß mit zunehmender Anzahl WE der Unterschied kleiner wird.

Der Grund für dieses Verhalten wird in Abschn. 12.4 diskutiert.

Beispiel 2: Wuchten der zweiten EF mit 2 und 4 WE.
Die Welle sei identisch mit derjenigen in Beispiel 1, Abb. 12.2a.

Gegeben sei die asymmetrische IU $\underline{u}_\varepsilon(z) = u_\varepsilon(z) = u_0\,\varphi_2(z)$, Abb. 12.2c. Sie regt nur die 2. EF an.

a) Wuchten mit zwei WE in Viertelspunkten links und rechts der Lager: $z_1 = \frac{1}{4}\,l$; $z_2 = \frac{3}{4}\,l$.

Die Wuchtgleichung (12.25″) lautet

$$\begin{bmatrix} \varphi_{11} & \varphi_{21} \\ \varphi_{12} & \varphi_{22} \end{bmatrix} \begin{bmatrix} \underline{U}_1 \\ \underline{U}_2 \end{bmatrix} = -\begin{bmatrix} \int \underline{u}\,\varphi_1\,\mathrm{d}z \\ \int \underline{u}\,\varphi_2\,\mathrm{d}z \end{bmatrix} = -u_0 \begin{bmatrix} \int \varphi_1\,\varphi_2\,\mathrm{d}z \\ \int \varphi_2^2\,\mathrm{d}z \end{bmatrix} = \begin{bmatrix} 0 \\ -0{,}5 \end{bmatrix} u_0\,l$$

oder

$$\begin{bmatrix} 0{,}7071 & 0{,}7071 \\ 1 & -1 \end{bmatrix} \begin{bmatrix} U_1 \\ U_2 \end{bmatrix} = \begin{bmatrix} 0 \\ -0{,}5 \end{bmatrix} u_0\,l$$

mit der Lösung

$$\underline{U_1 = -U_2 = -0{,}25\,u_0\,l}\,.$$

Das statische Moment bezüglich des Ursprungs O ist

$$-M_O = U_1\,\frac{l}{2} = -0{,}1250\,u_0\,l^2\,.$$

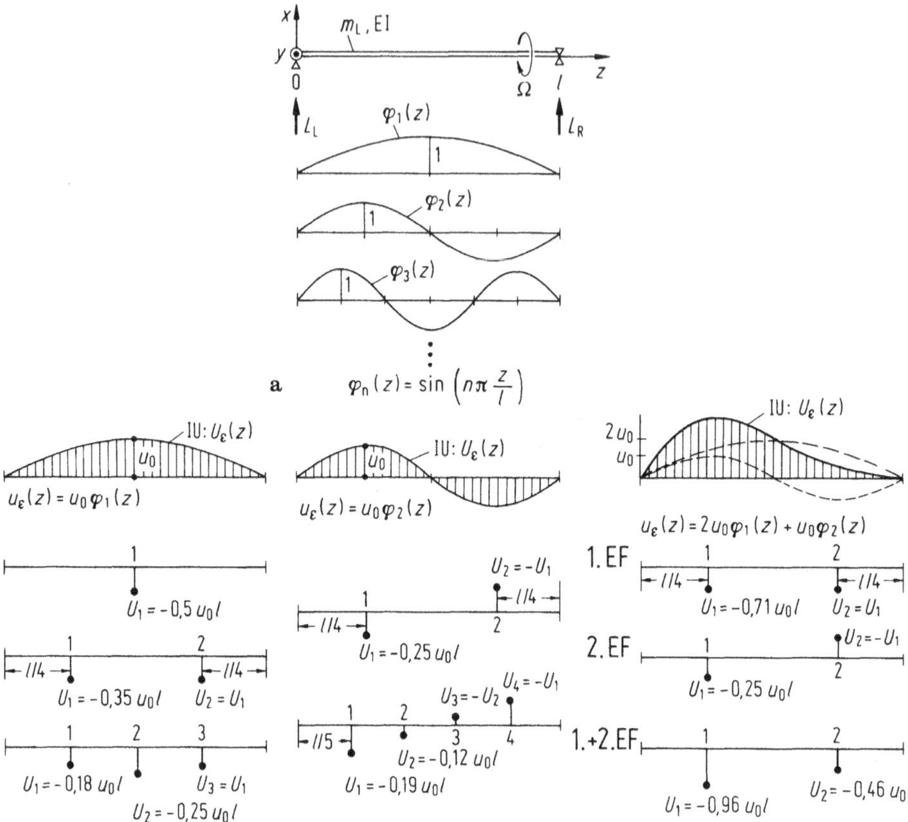

Abb. 12.2. Isotrop gelagerte Welle mit konstantem Querschnitt. **a** EF $\varphi_n(z) = \sin(n\pi z/l)$; **b** IU: $u_\varepsilon(z) = u_0\,\varphi_1(z)$; Wuchten mit einer, zwei und drei WE; **c** IU: $u_\varepsilon(z) = u_0\,\varphi_2(z)$; Wuchten der 2. EF mit zwei und vier WE; **d** IU: $u_\varepsilon(z) = u_0[2\varphi_1(z) + \varphi_2(z)]$; Wuchten der 1. und 2. EF mit zwei WE

b) Wuchten mit vier WE in vier Punkten: $z_1 = \frac{1}{5}\,l$; $z_2 = \frac{2}{5}\,l$; $z_3 = \frac{3}{5}\,l$; $z_4 = \frac{4}{5}\,l$.
Die Wuchtgleichung (12.25″) lautet

$$\boldsymbol{\Phi}^{\mathrm{T}} \begin{bmatrix} \underline{U}_1 \\ \underline{U}_2 \\ \underline{U}_3 \\ \underline{U}_4 \end{bmatrix} = - \begin{bmatrix} \int \underline{u}\varphi_1\,\mathrm{d}z \\ \int \underline{u}\varphi_2\,\mathrm{d}z \\ \int u\varphi_3\,\mathrm{d}z \\ \int u\varphi_4\,\mathrm{d}z \end{bmatrix} = -u_0 \begin{bmatrix} \int \varphi_2\varphi_1\,\mathrm{d}z \\ \int \varphi_2^2\,\mathrm{d}z \\ \int \varphi_2\varphi_3\,\mathrm{d}z \\ \int \varphi_2\varphi_4\,\mathrm{d}z \end{bmatrix} = - \begin{bmatrix} 0 \\ 0{,}5 \\ 0 \\ 0{,}5 \end{bmatrix} u_0 l.$$

$$\boldsymbol{\Phi}^{\mathrm{T}} = \begin{bmatrix} 0{,}5878 & 0{,}9511 & 0{,}9511 & 0{,}5878 \\ 0{,}9511 & 0{,}5878 & -0{,}5878 & -0{,}9511 \\ 0{,}9511 & -0{,}5878 & -0{,}5878 & 0{,}9511 \\ 0{,}5878 & -0{,}9511 & 0{,}9511 & -0{,}5878 \end{bmatrix}$$

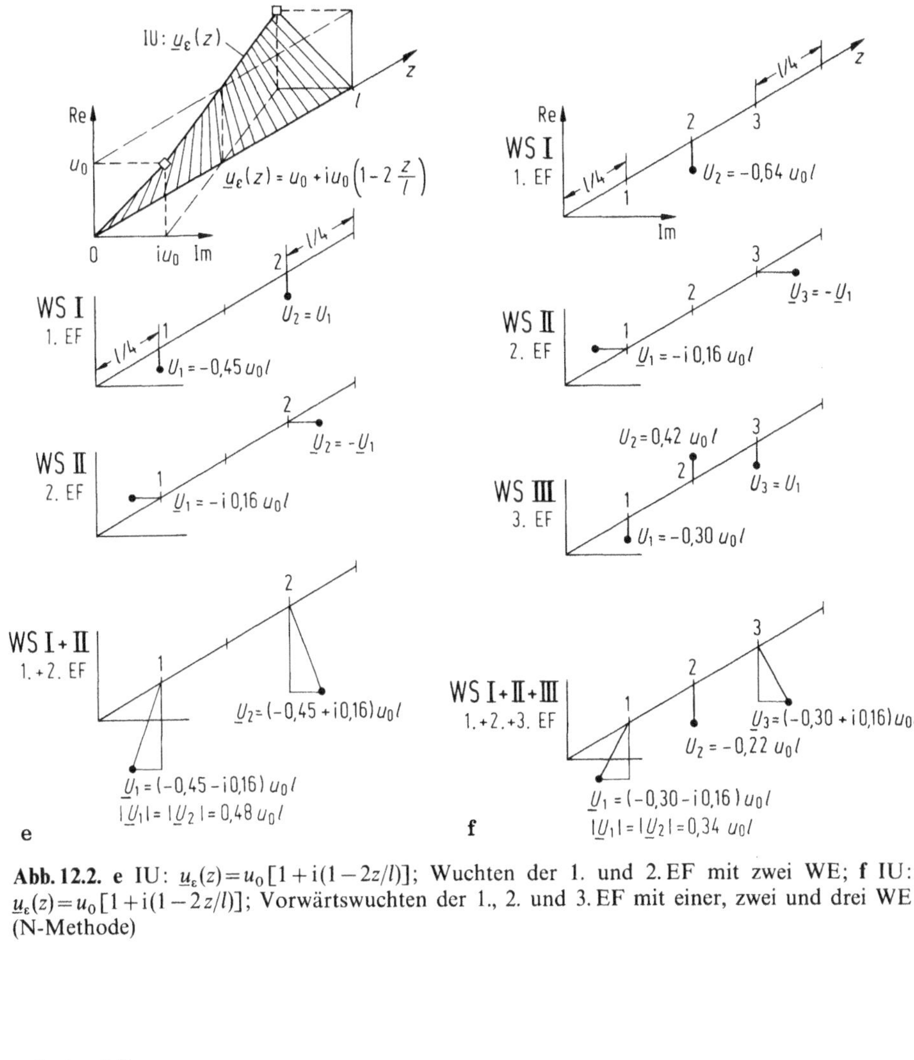

Abb. 12.2. **e** IU: $\underline{u}_\varepsilon(z) = u_0[1 + i(1 - 2z/l)]$; Wuchten der 1. und 2. EF mit zwei WE; **f** IU: $\underline{u}_\varepsilon(z) = u_0[1 + i(1 - 2z/l)]$; Vorwärtswuchten der 1., 2. und 3. EF mit einer, zwei und drei WE (N-Methode)

mit der Lösung

$$\underline{U_1 = U_4 = -0{,}1902\,u_0 l;} \quad \underline{U_2 = -U_3 = -0{,}1176\,u_0 l.}$$

Das statische Moment bezüglich des Ursprungs O ist

$$-M_O = U_1 \frac{3}{5} l + U_2 \frac{1}{5} l = (-0{,}1902\,u_0 l)\frac{3}{5} l + (-0{,}1176\,u_0 l)\frac{1}{5} l$$
$$= -0{,}1376\,u_0 l^2.$$

Vergleicht man auch hier die Resultate mit denjenigen der „starren“ Wuchtung

$$M_O\,(\text{starr}) = \int \underline{u}\, z\, \mathrm{d}z = u_0 \int \varphi_2 z\, \mathrm{d}z = \underline{-0{,}1592\,u_0 l^2}$$

ergeben a) und b) folgende Werte

Wuchten der zweiten EF mit	M_O
2 WE	$-0{,}1250\,u_0 l^2$
4 WE	$-0{,}1376\,u_0 l^2$
6 WE[3]	$-0{,}1492\,u_0 l^2$
↓	↓
∞ WE	$-0{,}1592\,u_0 l^2 = M_O$ (starr)

Das Ergebnis der starren Wuchtung wird in keinem Fall erreicht. Mit zunehmender Anzahl WE wird der Unterschied kleiner. Der Vergleich fällt schlechter aus als bei der symmetrischen Unwucht.

Beispiel 3: Wuchten der 1. und 2. EF mit zwei EW und „reeller" Unwucht in Viertelspunkten $z_1 = \frac{1}{4}\,l$ und $z_2 = \frac{3}{4}\,l$.

Die Welle sei identisch mit derjenigen in Beispiel 1, Abb. 12.2a und d. Gegeben sei die IU $\underline{u}_\varepsilon(z) = u_\varepsilon(z) = 2u_0\varphi_1 + u_0\varphi_2 = u_0(2\varphi_1 + \varphi_2)$. Sie regt nur die 1. und 2. EF an.

Die Wuchtgleichung (12.25″) lautet

$$\begin{bmatrix} \varphi_{11} & \varphi_{21} \\ \varphi_{12} & \varphi_{22} \end{bmatrix} \begin{bmatrix} \underline{U}_1 \\ \underline{U}_2 \end{bmatrix} = -\begin{bmatrix} \int \underline{u}\varphi_1\,\mathrm{d}z \\ \int \underline{u}\varphi_2\,\mathrm{d}z \end{bmatrix} = -u_0 \begin{bmatrix} \int (2\varphi_1^2 + \varphi_2\varphi_1)\,\mathrm{d}z \\ \int (2\varphi_1\varphi_2 + \varphi_2^2)\,\mathrm{d}z \end{bmatrix} = -u_0 \begin{bmatrix} 2\int \varphi_1^2\,\mathrm{d}z \\ \int \varphi_2^2\,\mathrm{d}z \end{bmatrix}$$

oder

$$\begin{bmatrix} 0{,}7071 & 0{,}7071 \\ 1 & -1 \end{bmatrix} \begin{bmatrix} U_1 \\ U_2 \end{bmatrix} = -\begin{bmatrix} 1 \\ 0{,}5 \end{bmatrix} u_0 l = \underset{\text{1. EF}}{\begin{bmatrix} -1 \\ 0 \end{bmatrix}} u_0 l + \underset{\text{2. EF}}{\begin{bmatrix} 0 \\ -0{,}5 \end{bmatrix}} u_0 l$$

mit der Lösung

$$\begin{array}{l|l} \text{1. EF} & U_1 = U_2 = -0{,}7071\,u_0 l \\ \text{2. EF} & U_1 = -U_2 = -0{,}2500\,u_0 l; \end{array} \qquad \text{1. und 2. EF} \quad \begin{array}{|l} U_1 = -0{,}9571\,u_0 l \\ U_2 = -0{,}4571\,u_0 l. \end{array}$$

Beispiel 4: Wuchten der 1. und 2. EF mit zwei WE und „komplexer" IU, Abb. 12.2a und e in $z_1 = \frac{1}{4}\,l$ und $z_2 = \frac{3}{4}\,l$.

Gegeben sei die „komplexe" IU

$$\underline{u}_\varepsilon(z) = u_0 + \mathrm{i}u_0\left(1 - 2\frac{z}{l}\right) = u_0\left[1 + \mathrm{i}\left(1 - 2\frac{z}{l}\right)\right].$$

Die Wuchtgleichung (12.25″) lautet

$$\begin{bmatrix} \varphi_{11} & \varphi_{22} \\ \varphi_{12} & \varphi_{22} \end{bmatrix} \begin{bmatrix} \underline{U}_1 \\ \underline{U}_2 \end{bmatrix} = -\begin{bmatrix} \int \underline{u}\varphi_1\,\mathrm{d}z \\ \int \underline{u}\varphi_2\,\mathrm{d}z \end{bmatrix}$$

[3] Nicht explicite aufgeführt.

oder

$$\begin{bmatrix} 0{,}7071 & 0{,}7071 \\ 1 & -1 \end{bmatrix} \begin{bmatrix} \underline{U}_1 \\ \underline{U}_2 \end{bmatrix} = -\begin{bmatrix} 0{,}6366 \\ \mathrm{i}\,0{,}3183 \end{bmatrix} u_0 l = \underbrace{\begin{bmatrix} -0{,}6366\,u_0 l \\ 0 \end{bmatrix}}_{1.\,\mathrm{EF}} + \underbrace{\begin{bmatrix} 0 \\ -\mathrm{i}\,0{,}3183\,u_0 l \end{bmatrix}}_{2.\,\mathrm{EF}}$$

mit der Lösung

$$1.\,\mathrm{EF}\ \ U_1^{\mathrm{I}} = U_2^{\mathrm{I}} = \underline{-0{,}4501\,u_0 l}; \quad 2.\,\mathrm{EF}\ \ \underline{U}_1^{\mathrm{II}} = -\underline{U}_2^{\mathrm{II}} = \underline{-\mathrm{i}\,0{,}1591\,u_0 l}.$$

1. und 2. EF

$$\left\| \begin{aligned} \underline{U}_1 &= U_1^{\mathrm{I}} + \underline{U}_1^{\mathrm{II}} = (-0{,}4501 - \mathrm{i}\,0{,}1591) u_0 l \\ \underline{U}_2 &= U_2^{\mathrm{I}} + \underline{U}_2^{\mathrm{II}} = (-0{,}4501 + \mathrm{i}\,0{,}1591) u_0 l. \end{aligned} \right.$$

Beispiel 5: Klassisches Vorwärtswuchten der 1., 2. und 3. EF mit drei WE bei kleiner „komplexer" IU (N-Methode).

Kleine Unwucht bedeutet, daß die kritischen Drehzahlen mit der angelieferten IU auf Anhieb erreicht werden können (s. auch Abschn. 11.3.4).

Die Welle entspreche derjenigen der Abb. 12.2a mit den EF $\varphi_n = \sin(n\pi z/l)$. Die IU sei entsprechend Abb. 12.2e

$$\underline{u}_\varepsilon(z) = u_0 + \mathrm{i} u_0 \left(1 - 2\frac{z}{l}\right) = u_0 \left[1 + \mathrm{i}\left(1 - 2\frac{z}{l}\right)\right]$$

wie in Beispiel 4.

Zu Beginn sind wegen drei zu wuchtenden EF auch drei WE zur Verfügung zu stellen: $z_1 = \frac{l}{4}$; $z_2 = \frac{l}{2}$; $z_3 = \frac{3l}{4}$. Wir kümmern uns zu Beginn nicht um die 2. und 3. EF. Für das Wuchten der 1. EF ist nur die erste Gleichung (12.25) zu beachten. Wir wählen für die KU die WE z_2. Die Gleichung lautet dann

$$\varphi_{21} \underline{U}_2^{\mathrm{I}} = -\int \underline{u}_\varepsilon \varphi_1 \mathrm{d}z = -0{,}6366\,u_0 l$$

und mit $\varphi_{21} = 1$ ist

$$\underline{U}_2^{\mathrm{I}} = \underline{-0{,}6366\,u_0 l.}$$

Die 1. EF kann damit gewuchtet werden. Für die KU der 2. EF nehmen wir keine Rücksicht auf die 3. EF, berücksichtigen aber beim Auslauf, daß die 1. EF nicht mehr verändert werden soll. Wir wählen die beiden WE z_1 und z_3. Dabei ist zu beachten, daß $\underline{U}_2^{\mathrm{I}}$ als neue IU zu behandeln ist.

Die Gl. (12.25) lautet dann für die KU der 2. EF

$$\begin{bmatrix} \varphi_{11} & \varphi_{31} \\ \varphi_{12} & \varphi_{32} \end{bmatrix} \begin{bmatrix} \underline{U}_1 \\ \underline{U}_3 \end{bmatrix}^{\mathrm{II}} = -\begin{bmatrix} 0 \\ \int \underline{u}_\varepsilon \varphi_2 \mathrm{d}z + \underline{U}_2^{\mathrm{I}} \varphi_2(z_2) \end{bmatrix}$$

oder numerisch

$$\begin{bmatrix} 0{,}7071 & 0{,}7071 \\ 1 & -1 \end{bmatrix} = -\begin{bmatrix} 0 \\ \mathrm{i}\,0{,}3183 + 0 \end{bmatrix} u_0 l.$$

Die IU $\underline{U}_2$ liegt auf dem Knoten von φ_2 und hat somit keinen Einfluß auf die 2. EF.

Die Lösung lautet

$$\left\| \begin{array}{l} \underline{U}_1^{II} = -i\,0{,}1592 \\ \underline{U}_3^{II} = +i\,0{,}1592 \end{array} \right.$$

Für die KU der 3. EF sind alle drei WE erforderlich. Mit Rücksicht auf die 1. und 2. EF, sowie der neuen IU $\underline{U}^{II}$ lautet (12.25)

$$\begin{bmatrix} \varphi_{11} & \varphi_{21} & \varphi_{31} \\ \varphi_{12} & \varphi_{22} & \varphi_{32} \\ \varphi_{13} & \varphi_{23} & \varphi_{33} \end{bmatrix} \begin{bmatrix} \underline{U}_1 \\ \underline{U}_2 \\ \underline{U}_3 \end{bmatrix}^{III} = - \begin{bmatrix} 0 \\ 0 \\ \int \underline{u}_\varepsilon \varphi_3 \,\mathrm{d}z + \underline{U}_1^{II}\varphi_{13} + \underline{U}_2^{I}\varphi_{23} + \underline{U}_3^{II}\varphi_{33} \end{bmatrix}.$$

Die dritte Zeile auf der rechten Seite ergibt numerisch

$$[0{,}2122 + (-i\,0{,}1592)\cdot 0{,}7071 + (-0{,}6366)(-1) + (i\,0{,}1592)\cdot 0{,}7071]\, u_0 l = 0{,}8488\, u_0 l.$$

Der Einfluß von $\underline{U}^{II}$ auf die 2. EF hebt sich auf! Die Unwuchtgleichung lautet numerisch

$$\begin{bmatrix} 0{,}7071 & 1 & 0{,}7071 \\ 1 & 0 & -1 \\ 0{,}7071 & -1 & 0{,}7071 \end{bmatrix} \begin{bmatrix} \underline{U}_1 \\ \underline{U}_2 \\ \underline{U}_3 \end{bmatrix}^{III} = - \begin{bmatrix} 0 \\ 0 \\ 0{,}8488 \end{bmatrix} u_0 l$$

und die Lösung ergibt

$$\left\| \begin{array}{l} \underline{U}_1^{III} = \underline{U}_3^{III} = -0{,}3001\, u_0 l \\ \underline{U}_2^{III} \quad\;\; = \;\; 0{,}4244\, u_0 l. \end{array} \right.$$

Die Zusammenstellung ergibt, s. auch Abb. 12.2f

	$\underline{U}_1$	$\underline{U}_2$	$\underline{U}_3$	
1. EF U^{I} 2. EF U^{II} 3. EF U^{III}	– $-i\,0{,}1592$ $-\ 0{,}3001$	$-0{,}6366$ – $0{,}4244$	– $+i\,0{,}1592$ $-\ 0{,}3001$	mal $u_0 l$
Σ	$-0{,}3001 - i\,0{,}1592$	$-0{,}2122$	$-0{,}3001 + i\,0{,}1592$	
ΣΣ	$-0{,}8124$ (statt 1)			

Der Unterschied ist durch die vernachlässigten höheren EF bedingt.

12.3 Ideal-anisotrope Lagerung-Wuchtproblem

Das Wuchtproblem ist ähnlich dem der Scheibenwellen in Abschn. 11.4.5, allerdings mit dem Unterschied, daß zweimal unendlich viele kritische Drehzahlen und EF vorhanden sind und letztere kontinuierlich verlaufen. Jeder der beiden Hauptebenen der Elastizität sind unendlich viele EF zugeordnet. Man wird praktisch nur endlich viele EF wuchten, wobei man nicht in beiden Hauptebenen wuchten muß. Es genügt im allgemeinen – insbesondere bei geringer Anisotropie – in derjenigen Hauptebene zu wuchten, welche die niederste kritische Drehzahl enthält. Man braucht nur eine der

Wuchtgleichungen (12.24″). Die andere Hauptebene wird dann automatisch mitgewuchtet. Zu beachten ist, welche EF zu welcher kritischen Drehzahl (Eigenkreisfrequenz) gehört, da diese sich bei großer Anisotropie überschneiden können, z.B.

(12.29)

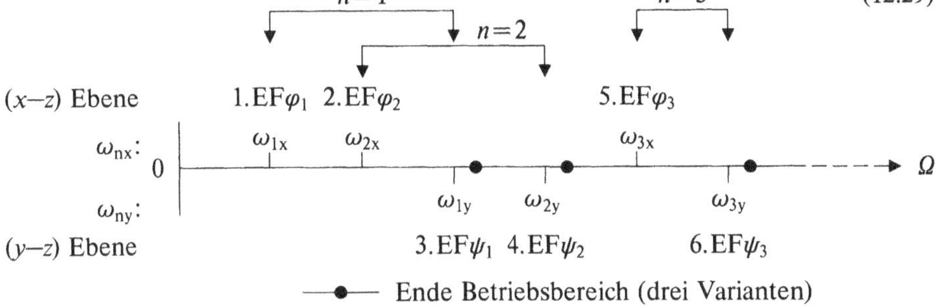

In einem solchen Fall können die Einzelgleichungen in den Systemen (12.24″) theoretisch auch gemischt werden. Praktisch sollen jedoch keine ähnlichen[4] EF, etwa EF mit gleichem Rang n (φ_n, ψ_n) gemischt werden, da sie zu unzumutbar großen WS führen.

Einige Beispiele:

— Erstreckt sich der Betriebsbereich nur bis etwas über ω_{1y}, s. (12.29), so müßten drei EF, φ_1, φ_2 und ψ_1 gewuchtet werden. Da φ_1 und ψ_1 sehr ähnlich sind, soll man auf ψ_1 verzichten oder man verwende anstelle von φ_1 den Mittelwert $(\varphi_1+\psi_1)/2$ und wuchte in der $(x-z)$-Ebene bei ω_{1x} und ω_{2x}. Dazu sind zwei WE erforderlich.

— Erstreckt sich der Betriebsbereich bis etwas über ω_{2y}, s. (12.29), so genügt es, nur mit φ_1 und φ_2 in der $(x-z)$-Ebene zu wuchten. Oder man wuchtet mit den Mittelwerten $(\varphi_1+\psi_1)/2$ bei ω_{1x} und $(\varphi_2+\psi_2)/2$ bei ω_{2x} in der $(x-z)$-Ebene. Dazu genügen zwei WE.

— Erstreckt sich der Betriebsbereich bis etwa über ω_{3y}, so genügen im allgemeinen für das Wuchten die drei EF φ_1, φ_2, φ_3 in der $(x-z)$-Ebene, oder man nimmt anstelle von φ_1 bzw. φ_2 den Mittelwert $(\varphi_1+\psi_1)/2$ bzw. $(\varphi_2+\psi_2)/2$. Es sind drei WE erforderlich.

In Abb. 12.3 ist eine zweilagerige Modellwelle mit konstanter Biegesteifigkeit EI und Masse m_L (Stahl: $\varrho=7850\,\mathrm{kg/m^3}$; $E=2{,}06\cdot10^{11}\,N/m^2$) mit folgenden Daten gezeigt:

$$l=1\,m;\quad \varnothing=5\,\mathrm{cm};\quad \mathrm{EI}=6{,}32\cdot10^{10}\,\mathrm{Nmm^2};$$
$$m_L=15{,}41\,\mathrm{kg/m};\quad c_x=294{,}5\,\mathrm{N/mm};$$
$$c_y=2495\,\mathrm{N/mm}=10\,c_x; Q_x=10;\quad Q_y=8.$$

Die vorgegebene kontinuierliche IU (in der Praxis nicht bekannt) sei

$$\underline{u}_\varepsilon(z)=u_\varepsilon(z)=2u_0\cdot\left(1-\frac{z}{l}\right)\to\int_0^l u_\varepsilon(z)\,\mathrm{d}z=u_0\,l;\quad \int_0^l u_\varepsilon(z)\,z\,\mathrm{d}z=\frac{1}{3}u_0\,l^2.$$

[4] Sind die EF ähnlich, sind sie beinahe linear abhängig. Lineare Unabhängigkeit ist aber ein Erfordernis für eindeutige Lösungen.

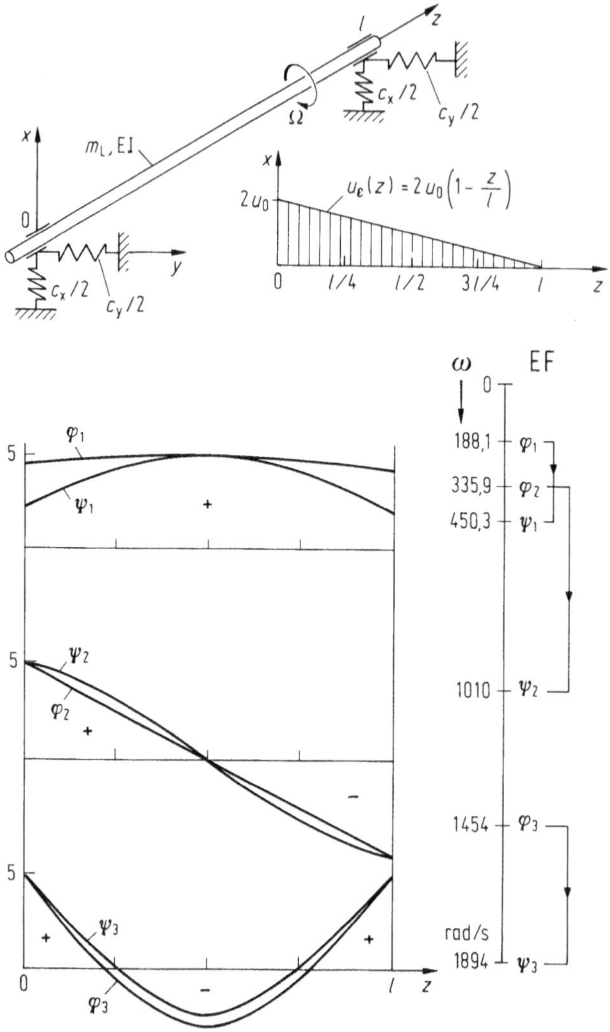

Abb. 12.3. Anisotrop gelagerte Welle mit konstantem Querschnitt und IU: $u_\varepsilon(z) = 2u_0(1 - z/l)$. Eigenformen φ_1, φ_2, φ_3, bzw. ψ_1, ψ_2, ψ_3 und entsprechende kritische Winkelgeschwindigkeiten ω für $(x-z)$-, bzw. $(y-z)$-Ebene. $c_y/c_x = 10$

Die Rechnung nach Abschn. 12.1 liefert

	ω_{1x}	ω_{2x}	ω_{1y}	ω_{2y}	ω_{3x}	ω_{3y}	
	188,1	335,9	450,3	1010	1454	1894	rad/s
≙	1796	3208	4300	9644	13887	18084	1/min
EF	φ_1	φ_2	ψ_1	ψ_2	φ_3	ψ_3	

Die EF sind in Abb. 12.3 gezeigt. Sie sind auf eine maximale Größe 5 normiert. φ_n und ψ_n können dieser Abbildung entnommen werden.

Die Ausdrücke auf der rechten Seite der Wuchtgleichung (12.24″) ergeben (Index ε weggelassen)

$$\begin{aligned}
&\int \underline{u}\varphi_1\,\mathrm{d}z = 4{,}790\,u_0 l; \quad &&\int \underline{u}\psi_1\,\mathrm{d}z = 3{,}965\,u_0 l;\\
&\int \underline{u}\varphi_2\,\mathrm{d}z = 1{,}690\,u_0 l; \quad &&\int \underline{u}\psi_2\,\mathrm{d}z = 1{,}875\,u_0 l;\\
&\int \underline{u}\varphi_3\,\mathrm{d}z = 0{,}085\,u_0 l; \quad &&\int \underline{u}\psi_3\,\mathrm{d}z = 0{,}520\,u_0 l.
\end{aligned}$$

Beispiel 1

Der Betriebsbereich erstrecke sich über vier EF und kritische „Drehzahlen“ $\Omega = \omega_{1x}$, ω_{2x}, ω_{1y}, ω_{2y}. Es gelten folgende Wuchtgleichungen entsprechend (12.24″) entweder in der $(x-z)$-Ebene

$$\begin{bmatrix}\varphi_{11} & \varphi_{21}\\ \varphi_{12} & \varphi_{22}\end{bmatrix}\begin{bmatrix}\underline{U}_1\\ \underline{U}_2\end{bmatrix} = \underbrace{\begin{bmatrix}-\int \underline{u}\varphi_1\,\mathrm{d}z\\ 0\end{bmatrix}}_{1.\,\mathrm{EF}} + \underbrace{\begin{bmatrix}0\\ -\int \underline{u}\varphi_2\,\mathrm{d}z\end{bmatrix}}_{2.\,\mathrm{EF}} \tag{12.30}$$

oder in der $(y-z)$-Ebene

$$\begin{bmatrix}\psi_{11} & \psi_{21}\\ \psi_{12} & \psi_{22}\end{bmatrix}\begin{bmatrix}\underline{U}_1\\ \underline{U}_2\end{bmatrix} = \begin{bmatrix}-\int \underline{u}\psi_1\,\mathrm{d}z\\ 0\end{bmatrix} + \begin{bmatrix}0\\ -\int \underline{u}\psi_2\,\mathrm{d}z\end{bmatrix}. \tag{12.31}$$

Weil sich die WS von (12.30) und (12.31) nur relativ wenig unterscheiden, kann ein besseres Resultat durch den algebraischen Mittelwert erhalten werden, indem man beide Gleichungen zusammennimmt

$$\begin{bmatrix}\varphi_{11}+\psi_{11}; & \varphi_{21}+\psi_{21}\\ \varphi_{12}+\psi_{12}; & \varphi_{22}+\psi_{22}\end{bmatrix}\begin{bmatrix}\underline{U}_1\\ \underline{U}_2\end{bmatrix} = \underbrace{\begin{bmatrix}-\int \underline{u}(\varphi_1+\psi_1)\,\mathrm{d}z\\ 0\end{bmatrix}}_{1.\,\mathrm{EF}} + \underbrace{\begin{bmatrix}0\\ -\int \underline{u}(\varphi_2+\psi_2)\,\mathrm{d}z\end{bmatrix}}_{2.\,\mathrm{EF}}. \tag{12.32}$$

Es gelingt so, mit *einem* WS zwei EF genügend genau zu wuchten.

Die Wuchtgleichungen (12.30) und (12.31) mit KU in Viertelspunkten $z_1 = \frac{1}{4}l$, $z_3 = \frac{3}{4}l$ und deren Lösungen lauten

$$(x-z)\text{-}Ebene\quad \begin{bmatrix}4{,}8 & 4{,}8\\ 2{,}6 & -2{,}6\end{bmatrix}\begin{bmatrix}U_1\\ U_3\end{bmatrix} = \underbrace{\begin{bmatrix}-4{,}790\\ 0\end{bmatrix}}_{1.\,\mathrm{EF}} + \underbrace{\begin{bmatrix}0\\ -1{,}690\end{bmatrix}}_{2.\mathrm{EF}} \tag{12.30′}$$

WSI, 1. EF φ_1	$U_1 = \ \ U_3 = -0{,}499\,u_0 l$
WSII, 2. EF φ_2	$U_1 = -U_3 = -0{,}325\,u_0 l$

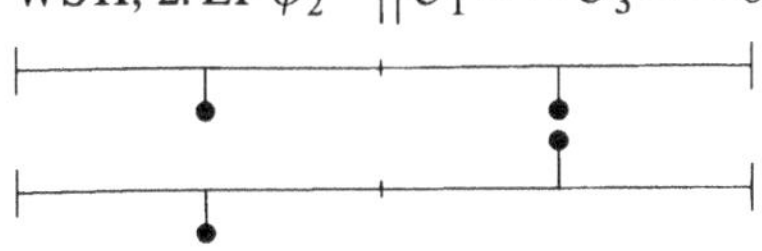

Zum Vergleich: (statische und dynamische Unwucht)

$\Sigma U = -0{,}998\,u_0 l$ (exakt: $-\ 1\ u_0 l$);
$\Sigma Uz = -0{,}337\,u_0 l^2$ (exakt: $-(1/3)\,u_0 l^2$).

$$(y-z)\text{-}Ebene \quad \begin{bmatrix} 4{,}2 & 4{,}2 \\ 3{,}1 & -3{,}1 \end{bmatrix} \begin{bmatrix} U_1 \\ U_3 \end{bmatrix} = \overset{\text{1. EF}}{\begin{bmatrix} -3{,}965 \\ 0 \end{bmatrix}} + \overset{\text{2. EF}}{\begin{bmatrix} 0 \\ -1{,}875 \end{bmatrix}} \tag{12.31'}$$

WS I, 1. EF ψ_1	$U_1 = U_3 = -0{,}472\, u_0 l$
WS II, 2. EF ψ_2	$U_1 = -U_3 = -0{,}302\, u_0 l$

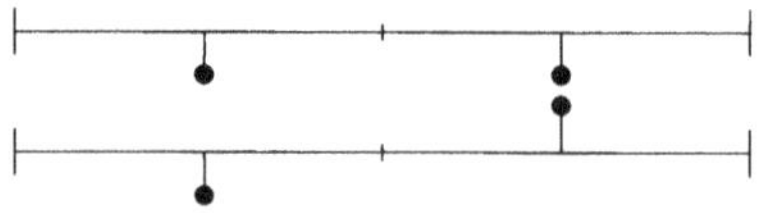

Zum Vergleich: $\Sigma U = -0{,}944\, u_0 l$ (exakt: $-\ 1\ u_0 l$);
$\Sigma Uz = -0{,}321\, u_0 l^2$ (exakt: $-(1/3)\, u_0 l^2$).

Kombinierter WS

$$\begin{bmatrix} (4{,}8+4{,}2); & (4{,}8+4{,}2) \\ (2{,}6+3{,}1); & (-2{,}6-3{,}1) \end{bmatrix} \begin{bmatrix} U_1 \\ U_3 \end{bmatrix} = \overset{\text{1. EF}}{\begin{bmatrix} -4{,}790-3{,}965 \\ 0 \end{bmatrix}} + \overset{\text{2. EF}}{\begin{bmatrix} 0 \\ -1{,}690-1{,}875 \end{bmatrix}} \tag{12.32'}$$

WS I, 1. EF(φ_1, ψ_1)	$U_1 = U_3 = -0{,}486\, u_0 l$
WS II, 2. EF(φ_2, ψ_2)	$U_1 = -U_3 = -0{,}313\, u_0 l$

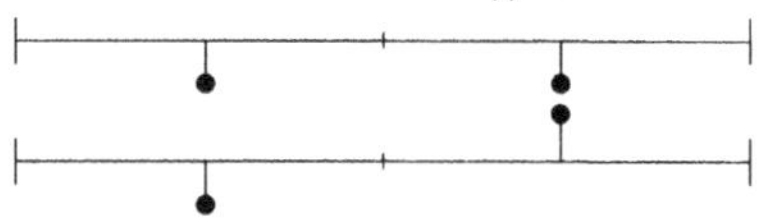

Zum Vergleich: $\Sigma U = -0{,}972\, u_0 l$ (exakt: $-\ 1\ u_0 l$);
$\Sigma Uz = -0{,}3295\, u_0 l^2$ (exakt: $-(1/3)\, u_0 l^2$).

Die WS unterscheiden sich kaum. Der kombinierte WS ist der Mittelwert aus beiden andern.

Beispiel 2

Umfaßt der Betriebsbereich sechs EF (oder mehr), so können diejenigen mit gleichem n der $(x-z)$- und $(y-z)$-Ebene zusammengenommen werden im Sinne eines Mittelwerts. Die Wuchtgleichungen lauten dann bei sechs EF

$$\begin{bmatrix} \varphi_{11}+\psi_{11}; & \varphi_{21}+\psi_{21}; & \varphi_{31}+\psi_{31} \\ \varphi_{12}+\psi_{12}; & \varphi_{22}+\psi_{22}; & \varphi_{32}+\psi_{32} \\ \varphi_{13}+\psi_{13}; & \varphi_{23}+\psi_{23}; & \varphi_{33}+\psi_{33} \end{bmatrix} \begin{bmatrix} \underline{U}_1 \\ \underline{U}_2 \\ \underline{U}_3 \end{bmatrix} = - \begin{bmatrix} \int \underline{u}(\varphi_1+\psi_1)\,\mathrm{d}z \\ \int \underline{u}(\varphi_2+\psi_2)\,\mathrm{d}z \\ \int \underline{u}(\varphi_3+\psi_3)\,\mathrm{d}z \end{bmatrix}$$

$$= \overset{\text{1.+3. EF}}{\begin{bmatrix} -\int \underline{u}(\varphi_1+\psi_1)\,\mathrm{d}z \\ 0 \\ 0 \end{bmatrix}} + \overset{\text{2.+4. EF}}{\begin{bmatrix} 0 \\ -\int \underline{u}(\varphi_2+\psi_2)\,\mathrm{d}z \\ 0 \end{bmatrix}} + \overset{\text{5.+6. EF}}{\begin{bmatrix} 0 \\ 0 \\ -\int \underline{u}(\varphi_3+\psi_3)\,\mathrm{d}z \end{bmatrix}}. \tag{12.33}$$

Zum Wuchten der ersten sechs EF lautet (12.33) mit den WE: $z_1 = \frac{1}{4}\, l$, $z_2 = \frac{2}{4}\, l$, $z_3 = \frac{3}{4}\, l$

$$\begin{bmatrix} (4{,}8+4{,}2) & (5+5) & (4{,}8+4{,}2) \\ (2{,}6+3{,}1) & (0+0) & (-2{,}6-3{,}1) \\ (-0{,}4+0{,}1) & (-2{,}9-2{,}4) & (-0{,}4+0{,}1) \end{bmatrix} \begin{bmatrix} U_1 \\ U_2 \\ U_3 \end{bmatrix} = - \begin{bmatrix} (4{,}790+3{,}965) \\ (1{,}690+1{,}875) \\ (0{,}085+0{,}520) \end{bmatrix} u_0 l$$

oder

$$\begin{bmatrix} 9 & 10 & 9 \\ 5{,}7 & 0 & -5{,}7 \\ -0{,}3 & -5{,}3 & -0{,}3 \end{bmatrix} \begin{bmatrix} U_1 \\ U_2 \\ U_3 \end{bmatrix} = \underset{1.+3.\,\mathrm{EF}}{\begin{bmatrix} -8{,}755 \\ 0 \\ 0 \end{bmatrix}} u_0 l + \underset{2.+4.\,\mathrm{EF}}{\begin{bmatrix} 0 \\ -3{,}565 \\ 0 \end{bmatrix}} u_0 l + \underset{5.+6.\,\mathrm{EF}}{\begin{bmatrix} 0 \\ 0 \\ -0{,}605 \end{bmatrix}} u_0 l$$

mit der Lösung als Mittelwert

$$\begin{array}{l|l} 1.+3.\,\mathrm{EF} & U_1 = U_3 = -0{,}5190\, u_0 l \\ (\omega_{1x}, \omega_{1y}) & U_2 = \quad 0{,}0588\, u_0 l \end{array}$$

$$\begin{array}{l|l} 2.+4.\,EF & U_1 = -U_3 = -0{,}3127\, u_0 l \\ (\omega_{2x}, \omega_{2y}) & U_2 = \quad 0 \end{array}$$

$$\begin{array}{l|l} 5.+6.\,\mathrm{EF} & U_1 = U_3 = -0{,}0677\, u_0 l \\ (\omega_{3x}, \omega_{3y}) & U_2 = \quad 0{,}1218\, u_0 l \end{array}$$

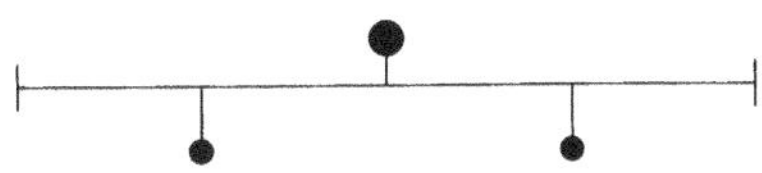

Zum Vergleich: $\Sigma U = -0{,}9928\, u_0 l$ (exakt: $-\ 1\ u_0 l$);
$\Sigma Uz = -0{,}3401\, u_0 l^2$ (exakt: $-(1/3)\, u_0 l^2$).

Beispiel 3

Der Betriebsbereich umfasse sechs EF. Drei EF genügen zum Wuchten. Wir wählen eine Mischung aus EF der $(x-z)$- und $(y-z)$-Ebene: $\varphi_1(\omega_{1x})$, $\psi_2(\omega_{2y})$, $\varphi_3(\omega_{3x})$ mit stark verschiedenen EF (U-Form, S-Form, W-Form).

Das kombinierte Wuchtgleichungssystem lautet

$$\begin{bmatrix} \varphi_{11} & \varphi_{21} & \varphi_{31} \\ \varphi_{12} & \varphi_{22} & \varphi_{32} \\ \varphi_{13} & \varphi_{23} & \varphi_{33} \end{bmatrix} \begin{bmatrix} U_1 \\ U_2 \\ U_3 \end{bmatrix} = - \begin{bmatrix} \int \underline{u}\varphi_1 \mathrm{d}z \\ \int \underline{u}\psi_2 \mathrm{d}z \\ \int \underline{u}\varphi_3 \mathrm{d}z \end{bmatrix}.$$

Mit den numerischen Daten und aufgespalten in die drei Gleichungssysteme für die drei EF wird

$$\begin{bmatrix} 4{,}8 & 5 & 4{,}8 \\ 3{,}1 & 0 & -3{,}1 \\ -0{,}4 & -2{,}9 & -0{,}4 \end{bmatrix} \begin{bmatrix} U_1 \\ U_2 \\ U_3 \end{bmatrix} = \underset{1.\,\mathrm{EF}}{\begin{bmatrix} -4{,}790 \\ 0 \\ 0 \end{bmatrix}} u_0 l + \underset{4.\,\mathrm{EF}}{\begin{bmatrix} 0 \\ -1{,}875 \\ 0 \end{bmatrix}} u_0 l + \underset{5.\mathrm{EF}}{\begin{bmatrix} 0 \\ 0 \\ -0{,}085 \end{bmatrix}} u_0 l$$

mit der Lösung

$$\begin{array}{l|l} 1.\,\mathrm{EF}\,\varphi_1 & U_1 = U_3 = -0{,}5827\, u_0 l \\ (\omega_{1x}) & U_2 \quad = +0{,}1607\, u_0 l \end{array}$$

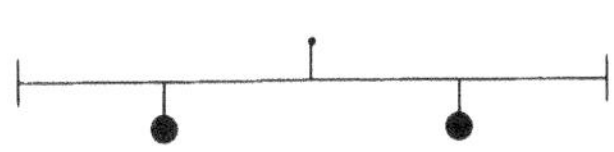

$$\begin{array}{l|l} 4.\,\mathrm{EF}\,\psi_2 & U_1 = -U_3 = -0{,}3024\, u_0 l \\ (\omega_{2y}) & U_2 \quad = 0 \end{array}$$

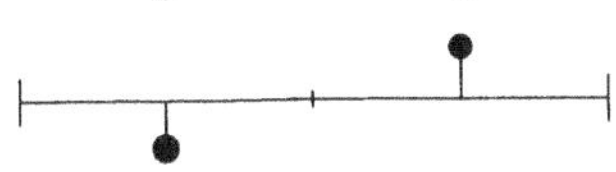

$$\begin{array}{l|l} 5.\,\mathrm{EF}\,\varphi_3 & U_1 = U_3 = -0{,}0178\, u_0 l \\ (\omega_{3x}) & U_2 \quad = +0{,}0342\, u_0 l \end{array}$$

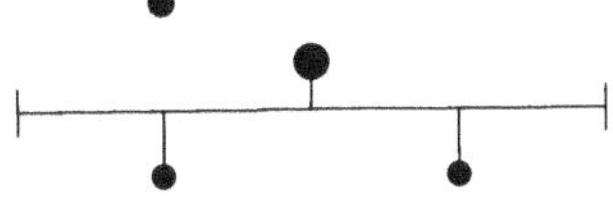

Zum Vergleich: $\Sigma U = -1{,}0061\, u_0 l$ (exakt: $-\ 1\ u_0 l$);
$\Sigma U z = -0{,}3519\, u_0 l^2$ (exakt: $-(1/3)\, u_0 l^2$).

Der Vergleich mit den WS des Beispiels 2 für den gleichen Betriebsbereich zeigt einen Unterschied speziell beim *W*-Schlag. Welche WS besser sind, hängt von der praktisch unbekannten IU-Verteilung ab. Legt man Wert auf einen guten Ausgleich der statischen und dynamischen Unwucht, so ist bei der hier vorausgesetzten IU der statische Ausgleich bei Beispiel 3, der dynamische bei Beispiel 2 besser.

Im Gegensatz zur isotropen Lagerung mit N kritischen Drehzahlen und Eigenformen entsteht bei der ideal anisotropen Lagerung mit ihren zwei Hauptebenen der Elastizität eine Aufspaltung in 2 N kritische Drehzahlen und Eigenformen für jede der Hauptebenen (x−z) und (y−z). Man braucht nun aber nicht 2 N Eigenformen zu wuchten. Es genügt nur N Eigenformen zu wuchten. Welche der Eigenformen zu wuchten sind, ist theoretisch belanglos. Praktisch aber ist zu vermeiden, entsprechend ähnliche Eigenformen zu wuchten, um nicht unzumutbar große Wuchtsätze zu erhalten. Im allgemeinen genügt es bei relativ kleiner Anisotropie nur in derjenigen Hauptebene zu wuchten, zu der die niederste erste kritische Drehzahl gehört. Durch das Wuchten in dieser Ebene wird automatisch die übrige Ebene ebenfalls genügend gut gewuchtet. Ist die Anisotropie relativ groß, so daß sich die entsprechenden Eigenformen bezüglich der Drehzahl überschneiden, kann durch Mittelwertbildung der entsprechenden gleichen Eigenformen genügend genau gewuchtet werden. Da ganz allgemein bei der kontinuierlichen Welle nur eine endliche Anzahl der kritischen Drehzahlen und Eigenformen gewuchtet werden können, entsteht durch Vernachlässigung aller höheren Eigenformen ein, im allgemeinen tolerierbarer, zweiter systematischer Fehler, der zum systematischen Fehler des modalen Wuchtens (s. Abschn. 11.3.2.2) noch hinzukommt.

12.4 Die (N + 2)-Methode – Beschleunigung der Konvergenz

Das modale Wuchten mit der N-Methode verlangt, daß in den kritischen Drehzahlen stationär gemessen werden kann. Beim Lauf in einer kritischen Drehzahl dominiert nur je eine EF. Die EF können somit isoliert und modal gewuchtet werden. Die erste Hürde beim Hochlauf ist die 1. kritische Drehzahl. Kann sie wegen zu großer IU nicht erreicht werden, kann man mit geschickt gewählter KU versuchen, die Hürde zu überwinden. Ausprobieren ist jedoch keine systematische Methode. Systematischer ist das Wuchten des Rotors als „starrer“ Rotor bei niederen Drehzahlen in zwei Ebenen, wobei die Wuchtgleichungen (3.36) und (3.39) zu erfüllen sind

$$\sum_j \underline{U}_j = -\left[\int \underline{u}_\varepsilon(z)\,\mathrm{d}z + \sum_k \underline{U}_{\varepsilon k}\right];$$

$$\sum_j \underline{U}_j z_j = -\left[\int \underline{u}_\varepsilon(z)\,z\,\mathrm{d}z + \sum_k \underline{U}_{\varepsilon k} z_{\varepsilon k}\right].$$

Nach erfolgter „starrer“ Wuchtung wird im allgemeinen das Erreichen der 1. kritischen Drehzahl möglich, weil die IU durch den „starren“ Wuchtsatz schon teilweise abgebaut wurde.

Man kann jetzt mit der N-Methode beginnen, wobei allerdings zu beachten ist, daß der Erfolg des starren Wuchtens nicht mehr beeinträchtigt werden darf. Es sind offenbar die zusätzlichen Bedingungen

$$\sum_j \underline{U}_j = 0\,; \quad \sum_j \underline{U}_j z_j = 0$$

für die KU zu erfüllen. Diese Überlegung führt zwangsläufig dazu, diese beiden Gleichungen zusätzlich zu denen der N-Methode zu erfüllen. Für die isotrop gelagerte Welle entsteht so das Wuchtgleichungssystem[5]

$$
\begin{array}{c}
\downarrow\\ 2\\ \\ \\ \downarrow\\ N+2\\ \hline \downarrow\\ \infty
\end{array}
\left[\begin{array}{cccc}
1 & 1 & 1 & \dots\\
z_1 & z_2 & z_3 & \dots\\
\varphi_{11} & \varphi_{21} & \varphi_{31} & \\
\varphi_{12} & \varphi_{22} & & \\
\varphi_{13} & \dots & & \\
\vdots & & & \\
\hline
\vdots & & &
\end{array}\right]
\left[\begin{array}{c}
\underline{U}_1\\ \underline{U}_2\\ \underline{U}_3\\ \vdots\\ \vdots\\ \vdots\\ \hline \vdots
\end{array}\right]
= -
\left[\begin{array}{c}
0\\
0\\
\int \underline{u}_\varepsilon \varphi_1 \,\mathrm{d}z + \sum_k \underline{U}_{\varepsilon k}\, \varphi_1(z_{\varepsilon k})\\
\int \underline{u}_\varepsilon \varphi_2 \,\mathrm{d}z + \sum_k \underline{U}_{\varepsilon k}\, \varphi_2(z_{\varepsilon k})^5\\
\int \underline{u}_\varepsilon \varphi_3 \,\mathrm{d}z + \sum_k \underline{U}_{\varepsilon k}\, \varphi_3(z_{\varepsilon k})\\
\vdots\\
\hline
\vdots
\end{array}\right]
\qquad (12.34)
$$

Es besitzt zwei Gleichungen mehr und verlangt für das Wuchten von N EF $(N+2)$ Ebenen.

Man nennt diese Methode deshalb die (N + 2)-Methode. Sie beinhaltet ein kombiniertes „starres" und modales Wuchten.

Dazu ist neben den schon in Abschn. 11.3.3 gemachten Bemerkungen grundsätzlich folgendes zu sagen:

Das System (12.34) hat $(2 + \infty)$ viele Gleichungen, entsprechend den zusätzlichen zwei Gleichungen für das „starre" Wuchten und ∞ viele Gleichungen für die EF. Dies erweckt den Eindruck, als ob das System überbestimmt sei. Es ist es aber nicht. Sind nämlich die ∞ vielen Gleichungen für die EF erfüllt, so sind auch die beiden ersten Gleichungen in (12.34) erfüllt. Ein Beweis dafür ist im Anhang 1 zu Abschn. 12.4 durchgeführt. Man kann diese Tatsache aber auch ohne Beweis erkennen. Die ∞ vielen Gleichungen für die EF erfordern ∞ viele WE, bzw. KU, so daß die IU auf der ganzen Länge des Rotors kompensiert ist. Der elastische Rotor ist vollständig ausgewuchtet und somit auch der „starre" Rotor.

In der Praxis stehen nur wenige WE zur Verfügung. Es müssen aber auch nur wenige EF gewuchtet werden. Man wird das System (12.34) von unten her beschneiden. Dadurch sind die Bedingungen für das starre Wuchten nicht mehr voll erfüllt. Es scheint daher nicht unnütz, sie im System zu belassen. Der Vorteil ist offensichtlich: Durch das vorgängige „starre" Wuchten wird die angelieferte IU schon teilweise

[5] Man kann die zwei ersten Zeilen der Matrix als Starrkörpereigenformen (englisch: rigid body modes) auffassen: $\varphi_{j,01} = 1 = \text{const}$; $\varphi_{j,02} = z_j$.

kompensiert. Die IU zu Beginn des modalen Wuchtens ist in ihrer Wirkung reduziert, die WS für die EF werden kleiner. Ein qualitativer Beweis dafür ist im Anhang 2 zu Abschn. 12.4 zu finden. Bezüglich der quantitativen Verhältnisse, s. die folgenden Beispiele, sowie Abschn. 12.5. Im übrigen wurde schon anhand der Scheibenwelle – Abschn. 11.3.6, Beispiel IV und VII in Tab. 11.5, Abb. 11.8a und 11.10a – die vorteilhafte Wirkung des vorgängigen starren Wuchtens gezeigt.

Der Vorteil der $(N+2)$-Methode ist eine bessere Konvergenz der Kompensation bei einer endlichen Anzahl von Gleichungen. Die Wuchtsätze für die Eigenformen sind durch die Forderung $\Sigma \underline{U}=0$, $\Sigma \underline{U} z=0$ sehr übersichtlich. Das vorgängige starre Wuchten ist noch vielerorts Praxis, wenn auch nicht immer notwendig. Auf alle Fälle verkleinert es im allgemeinen die Wuchtsätze erheblich.

Der Nachteil ist der, daß zwei Wuchtebenen mehr für das Wuchten von gleich vielen Eigenformen erforderlich sind.

Die $(N+2)$-Methode ist ebenso eine Näherungsmethode, wie die N-Methode oder jede andere Methode zum Wuchten elastischer Rotoren. Die Praxis zeigt, daß sie auch heute noch nichts von ihrer Aktualität eingebüßt hat.

Im speziellen Fall von EUW an den Lagern eines radial *starr* gelagerten Rotors versagt die N-Methode, da alle EF in den Lagern Nulldurchgänge haben.

Beweis: Die Wuchtgleichung (12.25) lautet für $k=1 \dots P$ EUW

$$\boldsymbol{\Phi}^{\mathrm{T}} U = -\begin{array}{c} \downarrow \\ n \\ \downarrow \\ N \end{array} \begin{bmatrix} \sum_{k}^{P} \underline{U}_{\varepsilon k}\,\varphi_1(z_{\varepsilon k}) \\ \sum_{k}^{P} \underline{U}_{\varepsilon k}\,\varphi_2(z_{\varepsilon k}) \\ \vdots \end{bmatrix}.$$

Für alle EUW an den Lagerstellen $z=z_{\varepsilon L}$, $(k=L)$ gilt $\varphi_n(z_{\varepsilon L})=0$, so daß auf der rechten Seite der Wuchtgleichung die EUW in den Lagern unberücksichtigt bleiben. (q.e.d.)

Man wird die Wirkung von Einzel IU an den Lagern nur durch vorgängiges „starres" Wuchten beseitigen können. Um die „starre" Wuchtung nicht mehr zu beeinträchtigen, drängt sich dann allerdings die (N + 2)-Methode auf. Die (N + 2)-Methode ist in diesem Spezialfall der starren Lagerung ein „Muß".

Beispiel 1

Wuchten der 1. EF. Es sei die Modellwelle der Abb. 12.2 mit den EF $\varphi_n(z)=\sin(n\pi z/l)$ und der IU $\underline{u}_\varepsilon(z)=u_\varepsilon(z)=u_0=\text{const}$ vorausgesetzt. Gewuchtet werde in Viertelspunkten $z_1=l/4$; $z_2=l/2$; $z_3=3l/4$ in drei WE mit drei KU. Mit drei WE kann nur die 1. EF gewuchtet werden. Die entsprechende Wuchtgleichung (12.34) lautet

$$\begin{bmatrix} 1 & 1 & 1 \\ z_1/l & z_2/l & z_3/l \\ \varphi_{11} & \varphi_{21} & \varphi_{31} \end{bmatrix} \begin{bmatrix} U_1 \\ U_2 \\ U_3 \end{bmatrix} = -\begin{bmatrix} 0 \\ 0 \\ \int \underline{u}_\varepsilon \varphi_1 \,\mathrm{d}z + \sum_{k}^{P} \underline{U}_{\varepsilon k}\,\varphi_1(z_{\varepsilon k}) \end{bmatrix}$$

mit $\int \underline{u}_\varepsilon \varphi_1 \, dz = 0{,}6366\, u_0 l$. Die EUW $\underline{U}_{\varepsilon k}$ auf der rechten Seite sind dem „starren" WS zu entnehmen:

Starres Wuchten soll in den Ebenen z_1 und z_3 erfolgen.

$$\begin{bmatrix} 1 & 1 \\ z_1/l & z_3/l \end{bmatrix} \begin{bmatrix} \underline{U}_1 \\ \underline{U}_3 \end{bmatrix} = -\begin{bmatrix} \int \underline{u}_\varepsilon \mathrm{d}z \\ \int \underline{u}_\varepsilon (z/l) \mathrm{d}z \end{bmatrix}$$

oder numerisch

$$\begin{bmatrix} 1 & 1 \\ 0{,}25 & 0{,}75 \end{bmatrix} \begin{bmatrix} U_1 \\ U_3 \end{bmatrix} = -\begin{bmatrix} 1 \\ 0{,}5 \end{bmatrix} u_0 l$$

mit der Lösung

$$U_1 = \underline{U}_{\varepsilon 1} = -0{,}50\, u_0 l;$$
$$U_3 = \underline{U}_{\varepsilon 3} = -0{,}50\, u_0 l.$$

Damit wird

$$\sum_{k=1,3} \underline{U}_{\varepsilon k}\, \varphi_1(z_{\varepsilon k}) = (-0{,}50\, u_0 l)\, 0{,}7071 + (-0{,}50\, u_0 l)\, 0{,}7071 = -0{,}7071\, u_0 l$$

und die Wuchtgleichung lautet

$$\begin{bmatrix} 1 & 1 & 1 \\ 0{,}25 & 0{,}50 & 0{,}75 \\ 0{,}7071 & 1 & 0{,}7071 \end{bmatrix} \begin{bmatrix} U_1 \\ U_2 \\ U_3 \end{bmatrix} = \begin{bmatrix} 0 \\ 0 \\ -0{,}6366 + 0{,}7071 \end{bmatrix} u_0 l = \begin{bmatrix} 0 \\ 0 \\ 0{,}0705 \end{bmatrix} u_0 l. \quad \text{1. EF}$$

Mit der Lösung für die 1. EF

$$\begin{Vmatrix} U_1 = U_3 = -0{,}1203\, u_0 l \\ U_2 = \quad +0{,}2407\, u_0 l \end{Vmatrix} \quad \text{VWS} \quad U_1 : U_2 : U_3 = -1 : 2 : -1.$$

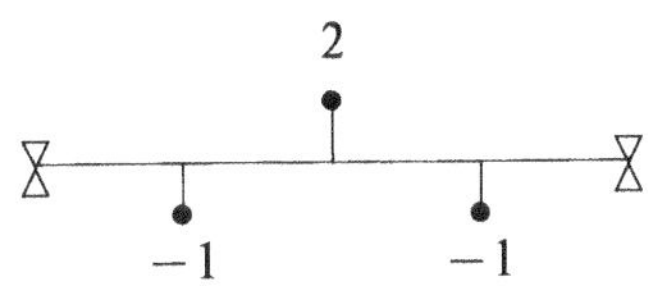

Die KU sind wegen der vorausgegangenen starren Wuchtung relativ klein!

Beispiel 2

Wuchten der 1. und 2. EF. Es werde wiederum die Modellwelle der Abb. 12.2 mit den EF $\varphi_n(z) = \sin(n\pi z/l)$ vorausgesetzt. Die IU sei jedoch

$$\underline{u}_\varepsilon(z) = u(z) = u_0 \varphi_1 + u_0 \varphi_2 = u_0(\varphi_1 + \varphi_2).$$

Gewuchtet werde in vier äquidistanten Abständen $z_1 = l/5$; $z_2 = 2l/5$; $z_3 = 3l/5$; $z_4 = 4l/5$ mit vier KU. Es werde vorgängig in den beiden Ebenen z_1 und z_4 „starr" gewuchtet. Die Wuchtgleichung für starres Wuchten lautet

$$\begin{bmatrix} 1 & 1 \\ z_1/l & z_4/l \end{bmatrix} \begin{bmatrix} \underline{U}_1 \\ \underline{U}_4 \end{bmatrix} = -\begin{bmatrix} \int \underline{u}_\varepsilon \mathrm{d}z \\ \int \underline{u}_\varepsilon \frac{z}{l} \mathrm{d}z \end{bmatrix}$$

oder numerisch

$$\begin{bmatrix} 1 & 1 \\ 0{,}2 & 0{,}8 \end{bmatrix} \begin{bmatrix} U_1 \\ U_4 \end{bmatrix} = \begin{bmatrix} -0{,}6366 \\ -0{,}1591 \end{bmatrix} u_0 l$$

mit der Lösung

$$\left\| \begin{aligned} U_1 &= \underline{U}_{\varepsilon 1} = -0{,}5835\, u_0 l; \\ U_4 &= \underline{U}_{\varepsilon 4} = -0{,}0530\, u_0 l. \end{aligned} \right.$$

$$U_S = \frac{1}{2}(U_1 + U_4) = -0{,}3183\, u_0 l; \quad U_D = \frac{1}{2}(U_1 - U_4) = -0{,}2653\, u_0 l.$$

Für das modale Wuchten gilt die Wuchtgleichung (12.34)

$$\begin{bmatrix} 1 & 1 & 1 & 1 \\ z_1/l & z_2/l & z_3/l & z_4/l \\ \varphi_{11} & \varphi_{21} & \varphi_{31} & \varphi_{41} \\ \varphi_{12} & \varphi_{22} & \varphi_{32} & \varphi_{42} \end{bmatrix} \begin{bmatrix} U_1 \\ U_2 \\ U_3 \\ U_4 \end{bmatrix} = - \begin{bmatrix} 0 \\ 0 \\ \int \underline{u}_\varepsilon \varphi_1 \,\mathrm{d}z + \sum\limits_{k}^{P} \underline{U}_{\varepsilon k} \varphi_1(z_{\varepsilon k}) \\ \int \underline{u}_\varepsilon \varphi_2 \,\mathrm{d}z + \sum\limits_{k}^{P} \underline{U}_{\varepsilon k} \varphi_2(z_{\varepsilon k}) \end{bmatrix}.$$

Die Ausdrücke auf der rechten Seite ergeben numerisch

$$\int \underline{u}_\varepsilon \varphi_1 \,\mathrm{d}z = +0{,}5\, u_0 l; \quad \int \underline{u}_\varepsilon \varphi_2 \,\mathrm{d}z = +0{,}5\, u_0 l.$$

$$\begin{aligned} \sum_{k=1,4} \underline{U}_{\varepsilon k} \varphi_1(z_{\varepsilon k}) &= (-0{,}5835\, u_0 l)\, 0{,}5878 + (-0{,}0530\, u_0 l)\, 0{,}5878 \\ &= -0{,}3741\, u_0 l; \\ \sum_{k=1,4} \underline{U}_{\varepsilon k} \varphi_2(z_{\varepsilon k}) &= (-0{,}5835\, u_0 l)\, 0{,}9511 + (-0{,}0530\, u_0 l)\, (-0{,}9511) \\ &= -0{,}5046\, u_0 l, \end{aligned}$$

so daß die Wuchtgleichung numerisch folgende Form hat

$$\begin{bmatrix} 1 & 1 & 1 & 1 \\ 0{,}2 & 0{,}4 & 0{,}6 & 0{,}8 \\ 0{,}5878 & 0{,}9511 & 0{,}9511 & 0{,}5878 \\ 0{,}9511 & 0{,}5878 & -0{,}5878 & -0{,}9511 \end{bmatrix} \begin{bmatrix} U_1 \\ U_2 \\ U_3 \\ U_4 \end{bmatrix} = - \begin{bmatrix} 0 \\ 0 \\ 0{,}5 - 0{,}3741 \\ 0{,}5 - 0{,}5046 \end{bmatrix} u_0 l$$

$$= \begin{bmatrix} 0 \\ 0 \\ -0{,}1259 \\ 0{,}0046 \end{bmatrix} u_0 l = \underset{1.\,\mathrm{EF}}{\begin{bmatrix} 0 \\ 0 \\ -0{,}1259 \\ 0 \end{bmatrix}} u_0 l + \underset{2.\,\mathrm{EF}}{\begin{bmatrix} 0 \\ 0 \\ 0 \\ 0{,}0046 \end{bmatrix}} u_0 l.$$

Die Lösung lautet

$$1.\,\mathrm{EF} \left\| \begin{aligned} U_1 &= U_4 = +0{,}1731\, u_0 l \\ U_2 &= U_3 = -0{,}1731\, u_0 l \end{aligned} \right. \quad \mathrm{VWS} \quad U_1 : U_2 : U_3 : U_4 = 1 : -1 : -1 : 1$$

$$2.\,\mathrm{EF} \left\| \begin{aligned} U_1 &= -U_4 = -0{,}0028\, u_0 l \\ U_2 &= -U_3 = +0{,}0084\, u_0 l \end{aligned} \right. \quad \mathrm{VWS} \quad U_1 : U_2 : U_3 : U_4 = -1 : 3 : -3 : 1$$

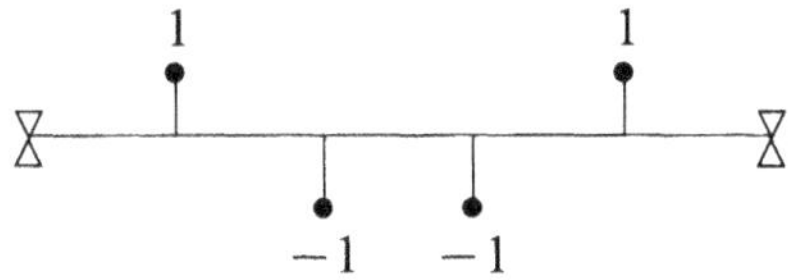

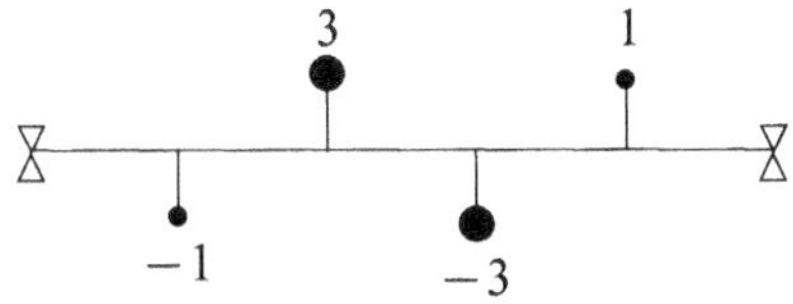

Die KU sind wegen der vorausgegangenen starren Wuchtung relativ klein!

Beispiel 3

Wuchten der 1. EF mit komplexer IU. Es werde wiederum die Modellwelle der Abb. 12.2 mit den EF $\varphi_n(z) = \sin(n\pi z/l)$ vorausgesetzt. Die IU sei komplex nach Abb. 12.2e

$$\underline{u}_\varepsilon(z) = u_0 + \mathrm{i}\, u_0 \left(1 - 2\frac{z}{l}\right) = u_0 \left[1 + \mathrm{i}\left(1 - 2\frac{z}{l}\right)\right].$$

Gewuchtet werde in zwei äquidistanten Abständen $z_1 = l/4$; $z_2 = l/2$; $z_3 = 3\,l/4$ mit drei KU. Es werde vorgängig in den beiden Ebenen z_1 und z_3 „starr" gewuchtet. Die Wuchtgleichung für starres Wuchten lautet

$$\begin{bmatrix} 1 & 1 \\ z_1/l & z_3/l \end{bmatrix} \begin{bmatrix} \underline{U}_1 \\ \underline{U}_3 \end{bmatrix} = - \begin{bmatrix} \int \underline{u}_\varepsilon \,\mathrm{d}z \\ \int \underline{u}_\varepsilon \frac{z}{l}\,\mathrm{d}z \end{bmatrix}$$

oder numerisch

$$\begin{bmatrix} 1 & 1 \\ 0{,}25 & 0{,}75 \end{bmatrix} \begin{bmatrix} \underline{U}_1 \\ \underline{U}_3 \end{bmatrix} = - \begin{bmatrix} 1 \\ \frac{1}{2} - \mathrm{i}\frac{1}{6} \end{bmatrix} u_0 l$$

mit der Lösung

$$\underline{U}_1 = \underline{U}_{\varepsilon 1} = (-0{,}5 - \mathrm{i}\,0{,}3333)\, u_0 l;$$
$$\underline{U}_3 = \underline{U}_{\varepsilon 3} = (-0{,}5 + \mathrm{i}\,0{,}3333)\, u_0 l.$$

$$\underline{U}_\mathrm{S} = \frac{1}{2}(\underline{U}_1 + \underline{U}_3) = -0{,}5\, u_0 l; \quad \underline{U}_\mathrm{D} = \frac{1}{2}(\underline{U}_1 - \underline{U}_3) = -\mathrm{i}\,0{,}3333\, u_0 l.$$

Für das modale Wuchten gilt die Wuchtgleichung (12.34)

$$\begin{bmatrix} 1 & 1 & 1 \\ z_1/l & z_2/l & z_3/l \\ \varphi_{11} & \varphi_{21} & \varphi_{31} \end{bmatrix} \begin{bmatrix} \underline{U}_1 \\ \underline{U}_2 \\ \underline{U}_3 \end{bmatrix} = - \begin{bmatrix} 0 \\ 0 \\ \int \underline{u}_\varepsilon \varphi_1 \,\mathrm{d}z + \sum_\mathrm{k}^\mathrm{P} \underline{U}_{\varepsilon\mathrm{k}} \varphi_1(z_{\varepsilon\mathrm{k}}) \end{bmatrix}.$$

Die Ausdrücke auf der rechten Seite ergeben numerisch

$$\int \underline{u}_\varepsilon \varphi_1 \, \mathrm{d}z = 0{,}6366\, u_0 l.$$

$$\sum_{k=1,2} \underline{U}_{\varepsilon k} \varphi_1(z_{\varepsilon k}) = (-0{,}5 - \mathrm{i}\, 0{,}3333)\, u_0 l \cdot 0{,}7071 + $$
$$+ (-0{,}5 + \mathrm{i}\, 0{,}3333)\, u_0 l \cdot 0{,}7071 = -0{,}7071\, u_0 l;$$

$$\int \underline{u}_\varepsilon \varphi_1 \, \mathrm{d}z + \sum_{k=1,2} \underline{U}_{\varepsilon k} \varphi_1(z_{\varepsilon k}) = (0{,}6366 - 0{,}7071)\, u_0 l = -0{,}0705\, u_0 l.$$

Man beachte, daß der Einfluß des „starren" WS auf die 1. EF denjenigen der IU übersteigt. Die Anregung in der 1. EF ist überkompensiert, so daß die Wuchtgleichung numerisch folgende Form hat

$$\begin{bmatrix} 1 & 1 & 1 \\ 0{,}25 & 0{,}5 & 0{,}75 \\ 0{,}7071 & 1 & 0{,}7071 \end{bmatrix} \begin{bmatrix} \underline{U}_1 \\ \underline{U}_2 \\ \underline{U}_3 \end{bmatrix} = - \overset{1.\,\mathrm{EF}}{\begin{bmatrix} 0 \\ 0 \\ -0{,}0705 \end{bmatrix}} u_0 l.$$

Die Lösung lautet

$$\left\| \begin{array}{l} \underline{U}_1 = \underline{U}_3 = -0{,}413\, u_0 l \\ \underline{U}_2 = \quad +0{,}0826\, u_0 l \end{array} \right. \qquad \text{VWS} \quad \underline{U}_1 : \underline{U}_2 : \underline{U}_3 = -1 : 2 : -1.$$

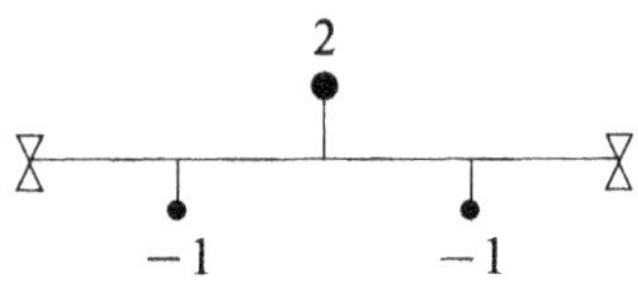

Die KU sind wegen der vorangegangenen „starren" Wuchtung relativ klein. Der imaginäre Teil der Unwucht ist schiefsymmetrisch und hat keinen Einfluß auf die 1. EF.

Zusammenstellung:

	$\underline{U}_1$	$\underline{U}_2$	$\underline{U}_3$	
starres Wuchten	$-0{,}5 - \mathrm{i}\, 0{,}3333$	–	$-0{,}5 + \mathrm{i}\, 0{,}3333$	mal $u_0 l$
1. EF	$-0{,}0413$	$0{,}0826$	$-0{,}0413$	
Σ	$-0{,}5413 - \mathrm{i}\, 0{,}3333$	$0{,}0826$	$-0{,}5413 + \mathrm{i}\, 0{,}3333$	
$\Sigma\Sigma$		$-1{,}000$		

Beispiel 4: Wuchten einer ideal anisotrop gelagerten Welle. Wuchten der 1. und 3. bzw. 2. und 4. EF (entsprechend 2. EF der isotrop gelagerten Welle).

Wir setzen die zweilagerige Welle der Abb. 12.3, Abschn. 12.3.1 voraus mit der Unwucht

$$\underline{u}(z) = u(z) = 2 u_0 \left(1 - \frac{z}{l}\right).$$

Die 1. und 3. EF φ_1 und ψ_1 sowie die 2. und 4. EF φ_2 und ψ_2 sind nahezu gleich. Wir nehmen sie deshalb zusammen. Für die (N + 2)-Methode brauchen wir dann $2+2=4$ Gleichungen, d.h. vier WE und vier KU. Wir setzen sie in äquidistanten Abständen voraus $z_1 = l/5 \ldots z_4 = 4l/5$. Das Gleichungssystem (12.32) erweitert um die zwei Gleichungen für Nichtbeeinflussung der (vorangegangenen) starren Wuchtung und mit Berücksichtigung von Einzel-IU lautet

$$\begin{bmatrix} 1 & 1 & 1 & 1 \\ z_1/l & z_2/l & z_3/l & z_4/l \\ \varphi_{11}+\psi_{11} & \varphi_{21}+\psi_{21} & \varphi_{31}+\psi_{31} & \varphi_{41}+\psi_{41} \\ \varphi_{12}+\psi_{12} & \varphi_{22}+\psi_{22} & \varphi_{32}+\psi_{32} & \varphi_{42}+\psi_{42} \end{bmatrix} \begin{bmatrix} \underline{U}_1 \\ \underline{U}_2 \\ \underline{U}_3 \\ \underline{U}_4 \end{bmatrix}$$

$$= - \begin{bmatrix} 0 \\ 0 \\ \int \underline{u}_\varepsilon(\varphi_1+\psi_1)\,\mathrm{d}z + \sum_k^P \underline{U}_{\varepsilon k}[\varphi_1(z_{\varepsilon k})+\psi_1(z_{\varepsilon k})] \\ \int \underline{u}_\varepsilon(\varphi_2+\psi_2)\,\mathrm{d}z + \sum_k^P \underline{U}_{\varepsilon k}[\varphi_2(z_{\varepsilon k})+\psi_2(z_{\varepsilon k})] \end{bmatrix}.$$

Es wird nun vorgängig in den Ebenen z_1 und z_4 „starr" gewuchtet mit den Wuchtgleichungen

$$\begin{bmatrix} 1 & 1 \\ z_1/l & z_4/l \end{bmatrix} \begin{bmatrix} \underline{U}_1 \\ \underline{U}_4 \end{bmatrix} = - \begin{bmatrix} \int \underline{u}_\varepsilon \mathrm{d}z \\ \int \underline{u}_\varepsilon \frac{z}{l} \mathrm{d}z \end{bmatrix}$$

oder numerisch

$$\begin{bmatrix} 1 & 1 \\ 0{,}2 & 0{,}8 \end{bmatrix} \begin{bmatrix} U_1 \\ U_4 \end{bmatrix} = \begin{bmatrix} -1 \\ -1/3 \end{bmatrix} u_0 l$$

und dem Resultat

$$U_1 = \underline{U}_{\varepsilon 1} = -0{,}7778\, u_0 l;$$
$$U_4 = U_{\varepsilon 4} = -0{,}2222\, u_0 l.$$

$$U_S = \frac{1}{2}(U_1+U_4) = -0{,}5\, u_0 l; \quad U_D = \frac{1}{2}(U_1-U_4) = -0{,}2778\, u_0 l.$$

Die rechten Seiten der Wuchtgleichung für das modale Wuchten ergeben

$$\int \underline{u}_\varepsilon(\varphi_1+\psi_1)\,\mathrm{d}z = 8{,}755\, u_0 l; \quad \int \underline{u}_\varepsilon(\varphi_2+\psi_2)\,\mathrm{d}z = 3{,}565\, u_0 l.$$

$$\sum_{k=1,4} \underline{U}_{\varepsilon k}[\varphi_1(z_{\varepsilon k})+\psi_1(z_{\varepsilon k})] = (-0{,}7778\, u_0 l)\, 8{,}7 + $$
$$+ (-0{,}2222\, u_0 l)\, 8{,}7 = -8{,}700\, u_0 l;$$

$$\sum_{k=1,4} \underline{U}_{\varepsilon k}[\varphi_2(z_{\varepsilon k})+\psi_2(z_{\varepsilon k})] = (-0{,}7778\, u_0 l)\, 5{,}7 + $$
$$+ (-0{,}2222\, u_0 l)(-5{,}7) = -3{,}167\, u_0 l.$$

Damit erhält die Wuchtgleichung numerisch folgende Form

$$\begin{bmatrix} 1 & 1 & 1 & 1 \\ 0{,}2 & 0{,}4 & 0{,}6 & 0{,}8 \\ 8{,}7 & 9{,}68 & 9{,}68 & 8{,}7 \\ 5{,}7 & 2{,}4 & -2{,}4 & -5{,}7 \end{bmatrix} \begin{bmatrix} U_1 \\ U_2 \\ U_3 \\ U_4 \end{bmatrix} = - \begin{bmatrix} 0 \\ 0 \\ 8{,}755 - 8{,}700 \\ 3{,}565 - 3{,}167 \end{bmatrix} u_0 l$$

$$= \begin{bmatrix} 0 \\ 0 \\ -0{,}055 \\ -0{,}398 \end{bmatrix} u_0 l = \underset{1+3.\,\mathrm{EF}}{\begin{bmatrix} 0 \\ 0 \\ -0{,}055 \\ 0 \end{bmatrix}} u_0 l + \underset{2+4.\,\mathrm{EF}}{\begin{bmatrix} 0 \\ 0 \\ 0 \\ -0{,}398 \end{bmatrix}} u_0 l .$$

Das Resultat lautet

1.+3. EF $\quad \left\| \begin{array}{l} U_1 = U_4 = +0{,}0281\, u_0 l \\ U_2 = U_3 = -0{,}0281\, u_0 l \end{array} \right.$ VWS $\quad U_1 : U_2 : U_3 : U_4 = 1 : -1 : -1 : 1$

2.+4. $\quad \left\| \begin{array}{l} U_1 = -U_4 = +0{,}1327\, u_0 l \\ U_2 = -U_3 = -0{,}3980\, u_0 l \end{array} \right.$ VWS $\quad U_1 : U_2 : U_3 : U_4 = 1 : -3 : 3 : -1$

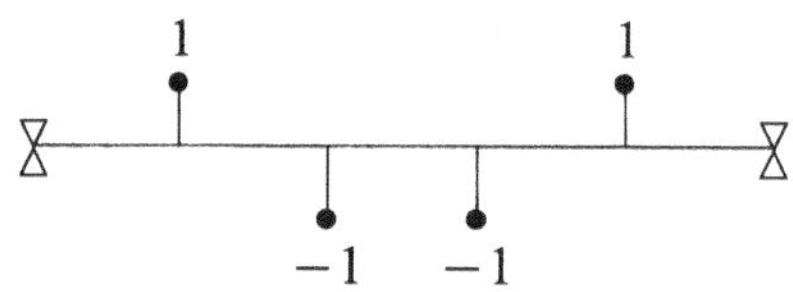

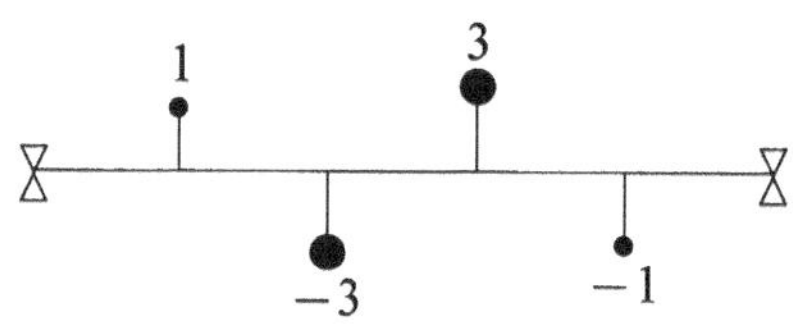

Die KU sind zufolge der vorangegangenen starren Wuchtung relativ klein!

12.5 Vergleich der N- und (N + 2)-Methode am Beispiel einer Modellwelle

Über Vor- und Nachteile beider Methoden s. Abschn. 12.4.

Wir wollen im folgenden die beiden Methoden in ihrer Wirkung auf umlaufende Lagerkräfte (Wuchtproblem) an einer einfachen Modellwelle untersuchen. Die Resultate dürfen nicht vorbehaltlos verallgemeinert werden.

Die Modellwelle Abb. 12.2 hat gleichen Querschnitt und somit gleiche Masse $m_L(z) = m_L = \text{const}$ und gleiche Biegesteifigkeit $EI(z) = EI = \text{const}$ über die Länge l. Sie ist radial starr, aber frei drehbar, d.h. isotrop gelagert. Die Randbedingungen lauten

$$z = 0, l \quad \begin{cases} \varphi_n(z) = 0 & \text{Auslenkung Null} \\ \varphi_n''(z) = 0 & \text{Biegemoment Null.} \end{cases}$$

Die Dämpfung werde vernachlässigt $\mu_x = \mu_y = 0$. Das Eigenwertproblem (12.10)

$$\omega_n^2 = \frac{(EI\,\varphi_n'')''}{m_L\,\varphi_n} = \frac{EI\,\varphi_n^{IV}}{m_L\,\varphi_n}$$

liefert mit den Randbedingungen zusammen die Resultate

$$\begin{aligned} \omega_n^2 &= \frac{EI}{m_L}\left(\frac{n\pi}{l}\right)^4 \quad \rightarrow \quad \frac{\omega_n}{\omega_m} = \left(\frac{n}{m}\right)^2; \\ \varphi_n(z) &= \sin\left(\frac{n\pi}{l}\,z\right) \quad \rightarrow \quad \varphi_n(z_k) = \sin\left(\frac{n\pi}{l}\,z_k\right) = \varphi_{kn}, \end{aligned} \tag{12.35}$$

wobei die Orthogonalitäts- und Normierungsbedingungen (12.13) und (12.14)

$$\int m_L\,\varphi_n\,\varphi_m\,dz = \begin{cases} 0; & n \neq m \\ N_n = m_L\,l/2; & n = m \end{cases} \tag{12.36}$$

gelten. Sie sind in diesem Spezialfall ($m_L = \text{const}$) besonders anschaulich.

Die erzwungenen Schwingungen (12.15) ergeben wegen der isotropen Lagerung ($\psi_n = \varphi_n$)

$$x(z,t) = \sum_n \varphi_n(z)\,q_{nx}(t) \quad \rightarrow \quad x_n = \varphi_n\,q_{nx};$$

$$y(z,t) = \sum_n \varphi_n(z)\,q_{ny}(t) \quad \rightarrow \quad y_n = \varphi_n\,q_{ny}$$

oder mit den komplexen Werten

$$\underline{r}_n = x_n + i\,y_n; \quad \underline{q}_n = q_{nx} + i\,q_{ny}$$

auch

$$\underline{r}_n = \varphi_n\,\underline{q}_n; \quad \underline{r} = \sum_n \underline{r}_n = \sum_n \varphi_n\,\underline{q}_n. \tag{12.37}$$

Mit $\mu_x = \mu_y = 0$ und $\underline{Q}_n = \underline{R}_n$ wird aus (12.20) die komplexe Gleichung (Einzel IU $\underline{U}_{\varepsilon k}$ vernachlässigt)

$$\ddot{\underline{q}}_n + \omega_n^2\,\underline{q}_n = \frac{\Omega^2}{N_n}\left[\int \underline{u}_\varepsilon\,\varphi_n\,dz + \sum_k^K \underline{U}_k\,\varphi_{kn}\right] e^{i\Omega t}$$

mit der partikulären Lösung

$$\underline{q}_n = \frac{\Omega^2}{\omega_n^2 - \Omega^2}\,\frac{1}{N_n}\left[\int \underline{u}_\varepsilon\,\varphi_n\,dz + \sum_k^K \underline{U}_k\,\varphi_{kn}\right] e^{i\Omega t}. \tag{12.38}$$

Die umlaufenden Lagerkräfte sind einfach zu berechnen. Für die Summe beider Lagerkräfte gilt

$$\underline{L}_L + \underline{L}_R = \Omega^2\left[\int m_L\,\underline{r}\,dz + \left(\int \underline{u}_\varepsilon\,dz + \sum_k^K \underline{U}_k\right)\right] e^{i\Omega t}. \tag{12.39}$$

Dabei bedeutet die runde Klammer die statische Unwucht (kontinuierliche IU und KU) des „starren" Rotors.

Mit $\underline{r}$ aus (12.37) und (12.38) wird (12.39)

$$\frac{\underline{L}_L+\underline{L}_R}{\Omega^2 e^{i\Omega t}}=\int\sum_n \frac{\Omega^2}{\omega_n^2-\Omega^2}\frac{m_L\varphi_n}{N_n}\left[\int \underline{u}_\varepsilon\varphi_n dz+\sum_k^K \underline{U}_k\varphi_{kn}\right]dz$$
$$+\underbrace{\left(\int \underline{u}_\varepsilon dz+\sum_k^K \underline{U}_k\right)}_{\underline{B}_S}=\underline{A}_S+\underline{B}_S. \qquad (12.40)$$

Zerlegt man $\underline{u}_\varepsilon(z)$ in eine Summe[6] von Eigenformen φ_m

$$\underline{u}_\varepsilon(z)=\sum_m \underline{u}_m\varphi_m(z),$$

wird

$$\int \underline{u}_\varepsilon\varphi_n dz=\int\left(\sum_m \underline{u}_m\varphi_m\right)\varphi_n dz=\frac{\underline{u}_n}{m_L}\int m_L\varphi_n^2 dz=\frac{\underline{u}_n}{m_L}N_n \qquad (12.40')$$

und mit $N_n=m_L l/2$ in (12.40) eingesetzt, ist

$$\underline{A}_S=\sum_n \frac{\Omega^2}{\omega_n^2-\Omega^2}\left(\underline{u}_n+\frac{2}{l}\sum_k^K \underline{U}_k\varphi_{kn}\right)\int\varphi_n dz. \qquad (12.41)$$

Wegen

$$\int\varphi_n dz=\begin{cases}\dfrac{2l}{n\pi}; & n=1,3,5,\ldots\\ 0; & n=2,4,6,\ldots\end{cases} \qquad (12.41')$$

wird schließlich

$$\underline{A}_S=\sum_{n=1,3,5\ldots}^{N}\frac{1}{(\omega_n^2/\Omega^2)-1}\left(\underline{u}_n+\frac{2}{l}\sum_k^K \underline{U}_k\varphi_{kn}\right)\frac{2l}{n\pi}. \qquad (12.42)$$

Im Anhang 1 zu Abschn. 12.4 ist gezeigt, daß für $N\to\infty$, und nur dann, $\underline{B}_S\to 0$ strebt.

Mit der Momentenbedingung

$$\underline{M}_D=\underline{L}_R^D l=\Omega^2\left[\int z m_L\underline{r}dz+\left(\int z\underline{u}_\varepsilon dz+\sum_k^K z_k\underline{U}_k\right)e^{i\Omega t}\right]$$

werden die Lagerkräfte infolge dynamischer Unwucht

$$\underline{L}_R^D=-\underline{L}_L^D=\underline{M}_D/l=\Omega^2\left[\int\frac{z}{l}m_L\underline{r}dz+\left(\int\frac{z}{l}\underline{u}_\varepsilon dz+\sum_k^K\frac{z_k}{l}\underline{U}_k\right)e^{i\Omega t}\right]. \qquad (12.43)$$

Dabei bedeutet die runde Klammer die dynamische Unwucht (kontinuierliche IU und KU) des starren Rotors bezogen auf den Ursprung des KS.

---

[6] Die Belastungsfunktion $m_L(z)$ unter dem Summenzeichen erübrigt sich, da $m_L(z)=m_L=\text{const}$ ist, s. S. 234.

Mit $\underline{r}$ aus (12.37) und (12.38) wird

$$\frac{\underline{L}_{\mathrm{R}}^{\mathrm{D}}}{\Omega^2 \mathrm{e}^{\mathrm{i}\Omega t}} = \int \sum_{\mathrm{n}} \frac{\Omega^2}{\omega_{\mathrm{n}}^2 - \Omega^2} \frac{m_{\mathrm{L}} \varphi_{\mathrm{n}}}{N_{\mathrm{n}}} \left[\int \underline{u}_\varepsilon \varphi_{\mathrm{n}} \mathrm{d} z + \sum_{\mathrm{k}}^{\mathrm{K}} \underline{U}_{\mathrm{k}} \varphi_{\mathrm{kn}} \right] \frac{z}{l} \mathrm{d} z + \\ + \underbrace{\left(\int \frac{z}{l} \underline{u}_\varepsilon \mathrm{d} z + \sum_{\mathrm{k}}^{\mathrm{K}} \frac{z_{\mathrm{k}}}{l} \underline{U}_{\mathrm{k}} \right)}_{\underline{B}_{\mathrm{D}}} = \underline{A}_{\mathrm{D}} + \underline{B}_{\mathrm{D}} \tag{12.43'}$$

und mit $\underline{u}_\varepsilon(z)$ nach (12.40′) auch

$$\underline{A}_{\mathrm{D}} = \sum_{\mathrm{n}} \frac{\Omega^2}{\omega_{\mathrm{n}}^2 - \Omega^2} \left[\underline{u}_{\mathrm{n}} + \frac{2}{l} \sum_{\mathrm{k}}^{\mathrm{K}} \underline{U}_{\mathrm{k}} \varphi_{\mathrm{kn}} \right] \int \frac{z}{l} \varphi_{\mathrm{n}} \mathrm{d} z .$$

Wegen

$$\int \frac{z}{l} \varphi_{\mathrm{n}} \mathrm{d} z = \begin{cases} \dfrac{l}{n\pi}; & n = 1, 3, 5, \dots \\ -\dfrac{l}{n\pi}; & n = 2, 4, 6, \dots \end{cases}$$

wird schließlich

$$\underline{A}_{\mathrm{D}} = \sum_{\mathrm{n}}^{\mathrm{N}} \frac{1}{(\omega_{\mathrm{n}}^2/\Omega^2) - 1} \left[\underline{u}_{\mathrm{n}} + \frac{2}{l} \sum_{\mathrm{k}}^{\mathrm{K}} \underline{U}_{\mathrm{k}} \varphi_{\mathrm{kn}} \right] \frac{l}{n\pi} \cdot \begin{cases} 1; & n = 1, 3, 5, \dots \\ -1; & n = 2, 4, 6, \dots \end{cases} \tag{12.44}$$

Im Anhang 1 zu Abschn. 12.4 ist ebenfalls gezeigt, daß für $N \to \infty$ und nur dann, $\underline{B}_{\mathrm{D}} \to 0$ strebt.

Im übrigen ist zu bemerken, daß zum vollständigen Wuchten (keine umlaufenden Kräfte in den Lagern) die Bedingungen $\underline{L}_{\mathrm{L}} + \underline{L}_{\mathrm{R}} = 0$ und $\underline{L}_{\mathrm{R}}^{\mathrm{D}} = -\underline{L}_{\mathrm{L}}^{\mathrm{D}} = 0$ genügen.

Beweis: Es gilt

$\underline{L}_{\mathrm{L}} = \underline{L}^{\mathrm{S}} + \underline{L}^{\mathrm{D}}$; $\underline{L}_{\mathrm{R}} = \underline{L}^{\mathrm{S}} - \underline{L}^{\mathrm{D}}$; $(\underline{L}_{\mathrm{L}} + \underline{L}_{\mathrm{R}}) = 2\underline{L}^{\mathrm{S}}$.
Für $(\underline{L}_{\mathrm{L}} + \underline{L}_{\mathrm{R}}) = 0$ ist $\underline{L}^{\mathrm{S}} = 0$ und $\underline{L}_{\mathrm{L}} = \underline{L}^{\mathrm{D}}$; $\underline{L}_{\mathrm{R}} = -\underline{L}^{\mathrm{D}}$.
Für $\underline{L}^{\mathrm{D}} = \underline{L}_{\mathrm{R}}^{\mathrm{D}} = -\underline{L}_{\mathrm{L}}^{\mathrm{D}} = 0$ ist schließlich $\underline{L}_{\mathrm{L}} = 0$ und $\underline{L}_{\mathrm{R}} = 0$. (q.e.d.)

Nur zwei der drei Gleichungen $\underline{L}_{\mathrm{L}} + \underline{L}_{\mathrm{R}} = 0$, $\underline{L}_{\mathrm{L}} = 0$, $\underline{L}_{\mathrm{R}} = 0$ sind unabhängig voneinander.

Eine theoretisch interessante Erkenntnis läßt sich aus den Lagerkräften ableiten. Für $N \to \infty$ gilt nach (12.40) und (12.42)

$$\frac{\underline{L}_{\mathrm{L}} + \underline{L}_{\mathrm{R}}}{\Omega^2 \mathrm{e}^{\mathrm{i}\Omega t}} = \underline{A}_{\mathrm{S}}; \quad \underline{A}_{\mathrm{S}} = \sum_{\mathrm{n}=1,3,5}^{\infty} \frac{\Omega^2}{\omega_{\mathrm{n}}^2 - \Omega^2} \left(\underline{u}_{\mathrm{n}} + \frac{2}{l} \sum_{\mathrm{k}}^{\mathrm{K}} \underline{U}_{\mathrm{k}} \varphi_{\mathrm{kn}} \right) \frac{2l}{n\pi}$$

und nach (12.43′) und (12.44)

$$\frac{\underline{L}_{\mathrm{R}}^{\mathrm{D}}}{\Omega^2 \mathrm{e}^{\mathrm{i}\Omega t}} = \underline{A}_{\mathrm{D}}; \quad \underline{A}_{\mathrm{D}} = \sum_{\mathrm{n}}^{\infty} \frac{\Omega^2}{\omega_{\mathrm{n}}^2 - \Omega^2} \left(\underline{u}_{\mathrm{n}} + \frac{2}{l} \sum_{\mathrm{k}}^{\mathrm{K}} \underline{U}_{\mathrm{k}} \varphi_{\mathrm{kn}} \right) \frac{l}{n\pi} \cdot \begin{cases} 1; & n = 1, 3, 5, \dots \\ -1; & n = 2, 4, 6, \dots \end{cases}$$

Die Bedingung für verschwindende Lagerkräfte lautet mit $\underline{L}_L + \underline{L}_R = 0$ und $\underline{L}_R^D = 0$ für eine und nur eine KU $\underline{U}_k$ an der Stelle $z = z_k$ gesamthaft

$$\sum_{n=1,2,3,\dots}^{\infty} \frac{1}{n} \frac{\Omega^2}{\omega_n^2 - \Omega^2} \left(\underline{u}_n + \frac{2}{l} \underline{U}_k \varphi_{kn} \right) = 0 .$$

Daraus läßt sich $\underline{U}_k$ berechnen

$$\underline{U}_k = - \frac{\sum_{n=1,2,3,\dots}^{\infty} \frac{1}{n} \frac{\Omega^2}{\omega_n^2 - \Omega^2} \underline{u}_n}{\frac{2}{l} \sum_{n=1,2,3,\dots}^{\infty} \frac{1}{n} \frac{\Omega^2}{\omega_n^2 - \Omega^2} \varphi_{kn}} .$$

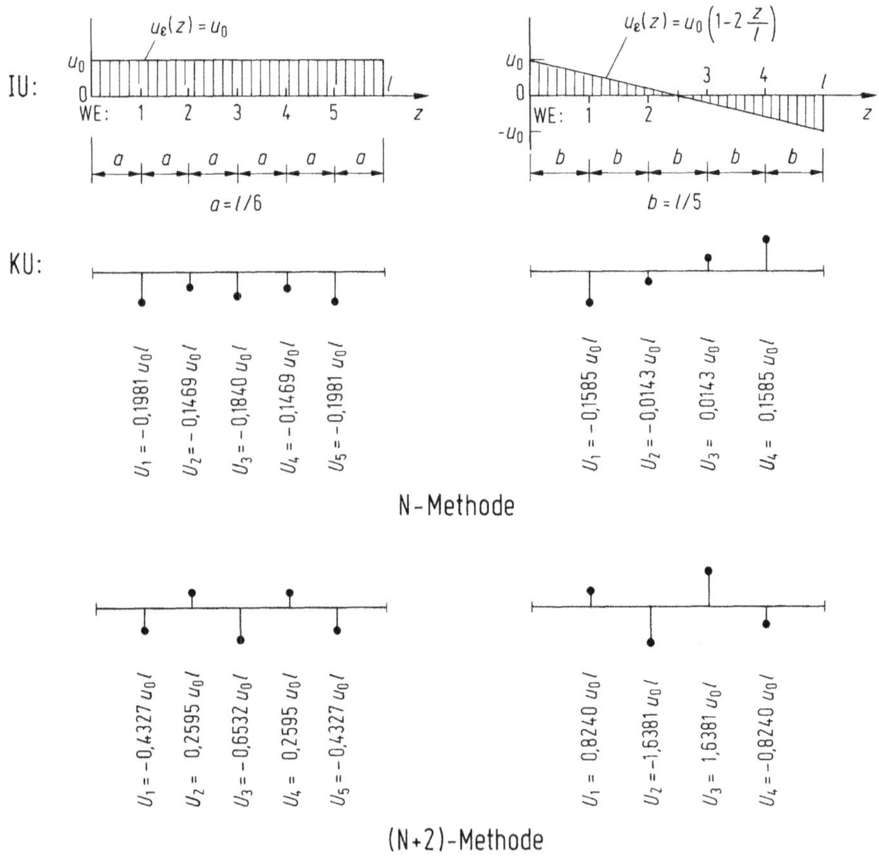

Abb. 12.4. Isotrop gelagerte Modellwelle mit konstantem Querschnitt. Vergleich der KU für die N- und (N + 2)-Methode. **a** statische oder symmetrische IU, fünf WE; **b** dynamische oder asymmetrische IU, vier WE

Resultat:

Man kann theoretisch einen zweilagerigen elastischen Rotor durch eine einzige Kompensationsunwucht für eine bestimmte Winkelgeschwindigkeit Ω – und nur für diese – wuchten.

Das Resultat gilt übrigens auch für einen zweilagerigen Rotor mit variabler Massenverteilung und Dämpfung.

Wir gehen zurück zum numerischen Vergleich der N- und (N + 2)-Methode.

Die IU der Modellwelle bestehe aus einer statischen Unwucht, Abb. 12.4a

$$\underline{u}_\varepsilon(z) = u_0 = \text{const} = u_0 \frac{4}{\pi} \sum_{n=1,3,5}^{\infty} \frac{1}{n} \varphi_n(z)$$

und einer rein dynamischen Unwucht, Abb. 12.4b

$$\underline{u}_\varepsilon(z) = u(z) = u_0 \left(1 - 2\frac{z}{l}\right) = u_0 \frac{4}{\pi} \sum_{n=2,4,6\ldots}^{\infty} \frac{1}{n} \varphi_n(z).$$

Die Resultate können überlagert werden.

12.5.1 Statische Unwucht

N-Methode

Wir verwenden fünf WE in äquidistanten Abständen $a = l/6$, Abb. 12.4a. Die Wuchtgleichungen (12.25) lauten

$$\boldsymbol{\Phi}^{\mathrm{T}} \boldsymbol{U} = -\boldsymbol{f}_\varphi \quad \text{oder} \quad \begin{bmatrix} \boldsymbol{\Phi}_1^{\mathrm{T}} \\ \boldsymbol{\Phi}_2^{\mathrm{T}} \\ \boldsymbol{\Phi}_3^{\mathrm{T}} \\ \boldsymbol{\Phi}_4^{\mathrm{T}} \\ \boldsymbol{\Phi}_5^{\mathrm{T}} \end{bmatrix} \begin{bmatrix} \underline{U}_1 \\ \underline{U}_2 \\ \underline{U}_3 \\ \underline{U}_4 \\ \underline{U}_5 \end{bmatrix} = - \begin{bmatrix} \int \underline{u}_\varepsilon \varphi_1 \, \mathrm{d}z \\ \int \underline{u}_\varepsilon \varphi_2 \, \mathrm{d}z \\ \int \underline{u}_\varepsilon \varphi_3 \, \mathrm{d}z \\ \int \underline{u}_\varepsilon \varphi_4 \, \mathrm{d}z \\ \int \underline{u}_\varepsilon \varphi_5 \, \mathrm{d}z \end{bmatrix} = - \begin{bmatrix} 0{,}6366 \\ 0 \\ 0{,}2122 \\ 0 \\ 0{,}1273 \end{bmatrix} u_0 l,$$

mit der Lösung

$$\left\| \begin{array}{ll} U_1 = U_5 = -0{,}1981\, u_0 l \\ U_2 = U_4 = -0{,}1469\, u_0 l \\ U_3 \qquad\quad -0{,}1840\, u_0 l \end{array} \right. \qquad \sum_{j=1}^{5} U_j = -0{,}8740\, u_0 l.$$

$$B_S = \int u_\varepsilon \, \mathrm{d}z + \sum_{k=1}^{5} U_k = u_0 l - 0{,}8740\, u_0 l = 0{,}1260\, u_0 l.$$

Der Rotor ist nicht „starr" gewuchtet ($B_S \neq 0$), weil nur $N = 5$ WE verwendet wurden. Mit $N = \infty$ würde auch $B_S = 0$.

(N + 2)-Methode

Wir verwenden die gleichen WE wie bei der N-Methode. Das vorgängige „starre" Wuchten erfolge in allen fünf WE ohne Beeinflussung der drei ersten EF

$$\begin{bmatrix} 1 & 1 & 1 & 1 & 1 \\ z_1/l & z_2/l & z_3/l & z_4/l & z_5/l \\ \hline & & \boldsymbol{\Phi}_1^{\mathrm{T}} & & \\ & & \boldsymbol{\Phi}_2^{\mathrm{T}} & & \\ & & \boldsymbol{\Phi}_3^{\mathrm{T}} & & \end{bmatrix} \begin{bmatrix} \underline{U}_1 \\ \underline{U}_2 \\ \underline{U}_3 \\ \underline{U}_4 \\ \underline{U}_5 \end{bmatrix} = - \begin{bmatrix} \int \underline{u}_\varepsilon \, \mathrm{d}z \\ \int \frac{z}{l} \underline{u}_\varepsilon \, \mathrm{d}z \\ \hline 0 \\ 0 \\ 0 \end{bmatrix}$$

Zusammen mit der Wuchtgleichung (12.34) entsteht das System

$$\begin{bmatrix} 1 & 1 & 1 & 1 & 1 \\ z_1/l & z_2/l & z_3/l & z_4/l & z_5/l \\ \hline & & \boldsymbol{\Phi}_1^{T} & & \\ & & \boldsymbol{\Phi}_2^{\mathrm{T}} & & \\ & & \boldsymbol{\Phi}_3^{\mathrm{T}} & & \end{bmatrix} \begin{bmatrix} \underline{U}_1 \\ \underline{U}_2 \\ \underline{U}_3 \\ \underline{U}_4 \\ \underline{U}_5 \end{bmatrix} = - \begin{bmatrix} \int \underline{u}_\varepsilon \, \mathrm{d}z \\ \int \frac{z}{l} \underline{u}_\varepsilon \, \mathrm{d}z \\ \hline \int \underline{u}_\varepsilon \varphi_1 \, \mathrm{d}z \\ \int \underline{u}_\varepsilon \varphi_2 \, \mathrm{d}z \\ \int \underline{u}_\varepsilon \varphi_3 \, \mathrm{d}z \end{bmatrix} = - \begin{bmatrix} 1 \\ 0{,}5 \\ \hline 0{,}6366 \\ 0 \\ 0{,}2122 \end{bmatrix} u_0 \, l$$

mit der Lösung

$$\left\| \begin{array}{ll} U_1 = U_5 = & -0{,}4327 \, u_0 \, l \\ U_2 = U_4 = & +0{,}2595 \, u_0 \, l \\ U_3 & -0{,}6532 \, u_0 \, l \end{array} \right. \qquad \sum_{j=1}^{5} U_j = -u_0 \, l .$$

$$B_S = \int u_\varepsilon \, \mathrm{d}z + \sum_{k=1}^{5} U_k = u_0 \, l - u_0 \, l = 0 .$$

Der Rotor ist vollständig starr gewuchtet ($B_S = 0$).

Lagerkräfte

Die Summe beider umlaufenden Lagerkräfte beträgt nach (12.40)

$$2 L_S = (A_S + B_S) \, \Omega^2$$

und in der 3. kritischen Drehzahl $\Omega = \omega_3$

$$\underline{2 L_S = (A_S + B_S) \, \omega_3^2 .}$$

Mit den berechneten KU ergibt die Aufsummierung aller EF nach (12.42) bis $N = \infty$ (konvergente Reihe) folgendes Resultat für $\Omega = \omega_3$

N-*Methode*	(N + 2)-*Methode*
$A_S = 0{,}20412 \cdot 10^{-2} \, u_0 \, l$	$A_S = -4{,}25762 \cdot 10^{-2} \, u_0 \, l$
$B_S = 0{,}1260 \quad u_0 \, l$	$B_S = 0$
$\underline{A_S + B_S} = 0{,}1280 \quad u_0 \, l .$	$\underline{A_S + B_S} = -0{,}0426 \quad u_0 \, l .$

Man erkennt den dominierenden Einfluß des vorgängigen starren Wuchtens bei der (N + 2)-Methode ($B_S = 0$).

12.5.2 Dynamische Unwucht

N-*Methode*

Wir verwenden vier WE in äquidistanten Abständen $b = l/5$, Abb. 12.4b. Die Wuchtgleichungen (12.25) lauten

$$\boldsymbol{\Phi}^{\mathrm{T}} \begin{bmatrix} \underline{U}_1 \\ \underline{U}_2 \\ \underline{U}_3 \\ \underline{U}_4 \end{bmatrix} = - \begin{bmatrix} \int \underline{u}_\varepsilon \varphi_1 \,\mathrm{d}z \\ \int \underline{u}_\varepsilon \varphi_2 \,\mathrm{d}z \\ \int \underline{u}_\varepsilon \varphi_3 \,\mathrm{d}z \\ \int \underline{u}_\varepsilon \varphi_4 \,\mathrm{d}z \end{bmatrix} = - \begin{bmatrix} 0 \\ 0{,}3183 \\ 0 \\ 0{,}1592 \end{bmatrix} u_0 l$$

mit der Lösung

$$\left\| \begin{aligned} U_1 &= -U_4 = -0{,}1585\, u_0 l \\ U_2 &= -U_3 = -0{,}0143\, u_0 l. \end{aligned} \right.$$

$$B_\mathrm{D} = \int \frac{z}{l} u_\varepsilon \,\mathrm{d}z + \sum_{k=1}^{4} \frac{z_\mathrm{k}}{l} U_\mathrm{k} = -0{,}1667\, u_0 l + 0{,}0980\, u_0 l = -0{,}0687\, u_0 l.$$

Der Rotor ist nicht „starr“ gewuchtet ($B_\mathrm{D} \neq 0$), weil nur $N = 4$ WE verwendet wurden. Mit $N = \infty$ würde auch $B_\mathrm{D} = 0$.

(N + 2)-*Methode*

Wir verwenden die gleichen WE wie bei der N-Methode. Das vorgänige „starre“ Wuchten erfolge in allen vier WE. Das Gleichungssystem (12.34) ohne Beeinflussung der ersten beiden EF ergibt das System

$$\begin{bmatrix} 1 & 1 & 1 & 1 \\ z_1/l & z_2/l & z_3/l & z_4/l \\ \hline \varphi_{11} & \varphi_{21} & \varphi_{31} & \varphi_{41} \\ \varphi_{12} & \varphi_{22} & \varphi_{32} & \varphi_{42} \end{bmatrix} \begin{bmatrix} \underline{U}_1 \\ \underline{U}_2 \\ \underline{U}_3 \\ \underline{U}_4 \end{bmatrix} = - \begin{bmatrix} \int \underline{u}_\varepsilon \,\mathrm{d}z \\ \int \frac{z}{l} \underline{u}_\varepsilon \,\mathrm{d}z \\ \hline \int \underline{u}_\varepsilon \varphi_1 \,\mathrm{d}z \\ \int \underline{u}_\varepsilon \varphi_2 \,\mathrm{d}z \end{bmatrix} = - \begin{bmatrix} 0 \\ 0{,}1667 \\ \hline 0 \\ 0{,}3183 \end{bmatrix} u_0 l$$

mit der Lösung

$$\left\| \begin{aligned} U_1 &= -U_4 = 0{,}8240\, u_0 l \\ U_2 &= -U_3 = -1{,}6381\, u_0 l. \end{aligned} \right.$$

$$B_\mathrm{D} = \int \frac{z}{l} u_\varepsilon \,\mathrm{d}z + \sum_{k=1}^{4} \frac{z_\mathrm{k}}{l} U_\mathrm{k} = -0{,}1667\, u_0 l + 0{,}1667\, u_0 l = 0.$$

Der Rotor ist vollständig starr gewuchtet ($B_\mathrm{D} = 0$).

Lagerkräfte

Die umlaufenden Lagerkräfte sind entgegengesetzt gleich. Die rechte Lagerkraft beträgt nach (12.43′)

$$L_\mathrm{R}^\mathrm{D} = (A_\mathrm{D} + B_\mathrm{D})\, \Omega^2$$

und in der 2. kritischen Drehzahl $\Omega = \omega_2$

$$\underline{L_R^D = (A_D + B_D)\, \omega_2^2}.$$

Mit der berechneten KU ergibt die Aufsummierung aller EF nach (12.44) bis $N = \infty$ (konvergente Reihe) folgendes Resultat für $\Omega = \omega_2$

N-*Methode*

$$\begin{aligned} A_D &= -4{,}73206 \cdot 10^{-4}\, u_0 l \\ B_D &= -0{,}0687 \quad u_0 l \\ \underline{A_D + B_D} &= -0{,}0692 \quad u_0 l. \end{aligned}$$

(N + 2)-*Methode*

$$\begin{aligned} A_D &= -3{,}99237 \cdot 10^{-2}\, u_0 l \\ B_D &= 0 \\ \underline{A_D + B_D} &= -0{,}0399 \quad u_0 l. \end{aligned}$$

Der Einfluß des vorgängigen starren Wuchtens ist nicht mehr so dominant wie bei rein statischer Unwucht. Immerhin liefert die (N + 2)-Methode ein knapp doppelt so genaues Resultat. Eine Zusammenstellung der KU ist in Abb. 12.4 gegeben.

12.6 Praktisches Wuchten von Wellen und Wellensträngen mit der modalen Methode

In den Schulbeispielen der Abschn. 12.2, 12.3 und 12.4 ist die IU jeweils als gegeben vorausgesetzt worden, um eine quantitative Vorstellung der KU zu ermöglichen. In der Praxis ist die Unwucht nach Größe und Verteilung nicht bekannt. Die rechten Seiten der Wuchtgleichungen (12.24″), (12.25), (12.30), (12.33) und (12.34) sind somit ebenfalls nicht bekannt. Man hilft sich damit – wie schon in Abschn. 11.3.2.1 für die Scheibenwelle erwähnt –, daß man ein Symbol $\underline{F}_n$ setzt, z.B. $F_n = 1$. Die WS $\boldsymbol{U}$ (12.25) werden dann aus den Gleichungen

WS I

$$\boldsymbol{\Phi}^T \boldsymbol{U}^I = -\begin{bmatrix} \underline{F}_I \\ 0 \\ 0 \\ \vdots \end{bmatrix} \Rightarrow \begin{bmatrix} -1 \\ 0 \\ 0 \\ \vdots \end{bmatrix}_N \qquad \text{VWS I} \tag{12.45}$$

✂ — — — — — — — — —

0

WS II

$$\boldsymbol{\Phi}^T \boldsymbol{U}^{II} = -\begin{bmatrix} 0 \\ \underline{F}_{II} \\ 0 \\ \vdots \end{bmatrix} \Rightarrow \begin{bmatrix} 0 \\ -1 \\ 0 \\ \vdots \end{bmatrix}_N \qquad \text{VWS II}$$

✂ — — — — — — — — —

WSN

$$\boldsymbol{\Phi}^T \boldsymbol{U}^N = -\begin{bmatrix} 0 \\ 0 \\ 0 \\ \vdots \\ \underline{F}_N \end{bmatrix} \Rightarrow \begin{bmatrix} 0 \\ 0 \\ 0 \\ \vdots \\ -1 \end{bmatrix}_N \qquad \text{VWS}N$$

✂ — — — — — — — — —

gewonnen, wobei die WS zu VWS werden und das jeweilige System nach N Gleichungen abgeschnitten wird. Größe und Richtung der KU der einzelnen WS gehen dabei verloren. Man erhält nur VWS in der reellen Ebene. Tatsächliche Größe und Richtung der WS (Ebene der WS) muß die Messung liefern.

Was braucht man schließlich für das praktische Wuchten?

Man braucht die EF (und die Reihenfolge der zugehörigen kritischen Drehzahlen $n_n = \omega_n/2\pi$), die man wuchten will, mindestens diejenigen, die in den Betriebsbereich fallen. Die EF, d.h. die Modalmatrix und kritischen Drehzahlen n_n erhält man aus den Bedingungen der ungedämpften Eigenschwingungen. Eine solche Berechnung ist für die schwingungstechnische Beurteilung einer Welle oder eines Wellenstrangs schon vor der Fabrikation unerläßlich. Man kann somit EF und kritische Drehzahlen als bekannt voraussetzen.

Das Vorgehen ist, wie schon in Abschn. 11.3.2.1 geschildert, das folgende:

N-*Methode*

- Man fährt mit dem Rotor hoch zur 1. kritischen Drehzahl und mißt an geeigneter Stelle (Ort) die Auslenkung nach Größe *und* Phase (Anlieferungszustand), Abb. 12.5
- Entsprechend der gemessenen Phase wird ein VWS I montiert, dessen Größe man schätzt („Testgewicht"), fährt wieder hoch zur 1. kritischen Drehzahl und mißt den Einfluß der VWS I
- Korrektur des endgültigen WS nach dem Vektordiagramm in Größe und Richtung: die 1. EF ist gewuchtet
- Hochfahren zur 2. kritischen Drehzahl und analoges Vorgehen. Die höheren WS II, III etc. beeinflussen die niederen EF nicht mehr.

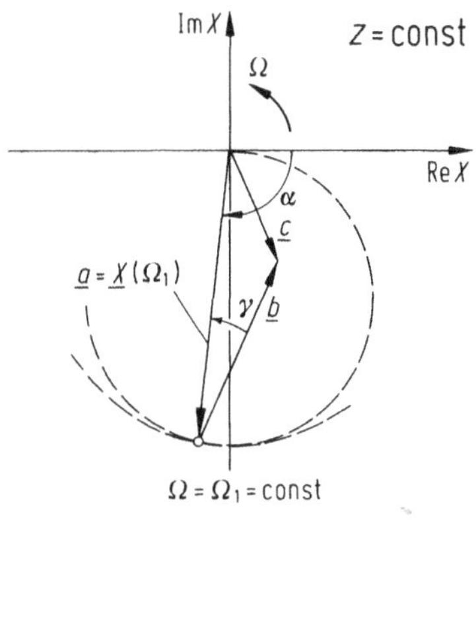

Abb. 12.5. Korrektur eines VWS für Meßrichtung x in der Resonanz. Ω_1 Resonanzwinkelgeschwindigkeit; $\underline{a} = \underline{X}(\Omega_1)$ Anlieferungszustand (Rotor mit IU); $\underline{b}$ = Einfluß des VWS; $\underline{c} = \underline{a} + \underline{b}$, Fehler; Korrektur: Vergrößerung des VWS mit dem Faktor $|a|/|b|$ und Drehen in Größe und Richtung von γ. Nach der Korrektur ist $\underline{c} = 0$ ($\underline{b} = -\underline{a}$)

(N + 2)-*Methode*

Ist das Erreichen der 1. kritischen Drehzahl nicht auf Anhieb möglich, wird man zuerst den Rotor bei niederen Drehzahlen als „starren" Rotor wuchten, womit man zur (N + 2)-Methode übergegangen ist. Man wird wiederum VWS berechnen, die jetzt die zusätzlichen Bedingungen enthalten, damit die „starre" Wuchtung nicht mehr gestört wird. Das weitere Vorgehen ist dann analog der N-Methode.

$$\text{VWS I} \quad \left[\begin{array}{cccc} 1 & 1 & 1 & \dots \\ z_1 & z_2 & z_3 & \dots \\ \hline & & & \\ & \boldsymbol{\Phi}^{\mathrm{T}} & & \\ & & & \end{array}\right] \boldsymbol{U}^{\mathrm{I}} = \left[\begin{array}{c} 0 \\ 0 \\ \hline -1 \\ 0 \\ \vdots \end{array}\right]_{\mathrm{N}} \tag{12.46}$$

✂ – – – – – – – – – – – – – –

$$\text{VWS II} \quad \left[\begin{array}{cccc} 1 & 1 & 1 & \dots \\ z_1 & z_2 & z_3 & \dots \\ \hline & & & \\ & \boldsymbol{\Phi}^{\mathrm{T}} & & \\ & & & \end{array}\right] \boldsymbol{U}^{\mathrm{II}} = \left[\begin{array}{c} 0 \\ 0 \\ \hline 0 \\ -1 \\ \vdots \end{array}\right]_{\mathrm{N}}$$

✂ – – – – – – – – – – – – – –

$$\vdots$$

$$\text{VWS}N \quad \left[\begin{array}{cccc} 1 & 1 & 1 & \dots \\ z_1 & z_2 & z_3 & \dots \\ \hline & & & \\ & \boldsymbol{\Phi}^{\mathrm{T}} & & \\ & & & \end{array}\right] \boldsymbol{U}^{\mathrm{N}} = \left[\begin{array}{c} 0 \\ 0 \\ \hline 0 \\ \vdots \\ -1 \end{array}\right]_{\mathrm{N}}$$

✂ – – – – – – – – – – – – – –

Vorwärtswuchten mit der N- *oder* (N + 2)-*Methode*

N-*Methode:* Für die 1. EF oder kritische Drehzahl wird nur eine einzige KU gebraucht, mit Vorteil am Ort der größten Amplitude der 1. EF, d. h. ungefähr in der Mitte eines zweilagerigen Rotors; bei einem Wellenstrang vorzugsweise in ungefähr der Mitte des Teilrotors mit der größten Amplitude der 1. EF des gekoppelten Strangs (Teilrotor mit der niedersten 1. kritischen Drehzahl) Größe und Richtung der KU ist der Messung zu entnehmen. Für die 2. EF sind zwei WE notwendig, wobei die Forderung erfüllt sein muß, daß durch die beiden KU die 1. EF nicht mehr beeinflußt wird, usw.

Für N zu wuchtende EF sind N WE erforderlich (N-Methode).

Man tut also so, als ob zu Beginn nur eine EF zu wuchten sei. Ist sie gewuchtet, wird man zwei EF wuchten, dann drei usw., wobei nacheinander die VWS

$$\boldsymbol{U}^{\mathrm{I}} = -1; \; \boldsymbol{\Phi}^{\mathrm{T}} \boldsymbol{U}^{\mathrm{II}} = -\begin{bmatrix} 0 \\ 1 \\ 0 \\ \vdots \\ \vdots \end{bmatrix}_{\mathrm{N}}; \; \boldsymbol{\Phi}^{\mathrm{T}} \boldsymbol{U}^{\mathrm{III}} = -\begin{bmatrix} 0 \\ 0 \\ 1 \\ 0 \\ \vdots \end{bmatrix}_{\mathrm{N}}; \; \boldsymbol{\Phi}^{\mathrm{T}} \boldsymbol{U}^{\mathrm{N}} = -\begin{bmatrix} 0 \\ 0 \\ \vdots \\ \vdots \\ 1 \end{bmatrix}_{\mathrm{N}} \tag{12.47}$$

Verwendung finden. Zu beachten ist, daß gleich zu Beginn N verschiedene WE zur Verfügung stehen müssen.

(N + 2)-*Methode:* Ist das Erreichen der 1. kritischen Drehzahl wegen zu großer IU nicht möglich, wird man vorgängig „starr" wuchten, und zwar in zwei Ebenen. Sodann kann die 1. EF gewuchtet werden, wobei die „starre" Wuchtung nicht mehr beeinflußt werden darf, was drei WE erfordert. Den VWS I erhält man aus

$$\begin{bmatrix} 1 & 1 & 1 \\ z_1 & z_2 & z_3 \\ \hline \varphi_{11} & \varphi_{21} & \varphi_{31} \end{bmatrix} U^{\mathrm{I}} = \begin{bmatrix} 0 \\ 0 \\ \hline -1 \end{bmatrix}.$$

✂- - - - - - - - - - - - - -

Ist die 1. EF gewuchtet und will man auch die 2. EF wuchten, ist eine WE mehr notwendig. Will man schließlich N EF wuchten, sind $(N + 2)$ WE erforderlich [(N + 2)-Methode]. Der N-te VWS ist aus

$$\begin{bmatrix} 1 & 1 & 1 \dots 1 \\ z_1 & z_2 & z_3 \dots z_n \\ \hline & \boldsymbol{\Phi}^{\mathrm{T}} & \end{bmatrix} U^{\mathrm{N}} = - \begin{bmatrix} 0 \\ 0 \\ \hline 0 \\ \vdots \\ 1 \end{bmatrix}_{\mathrm{N}} \qquad (12.48)$$

✂- - - - - - - - - - - - - - - - -

zu entnehmen. Auch hier ist zu beachten, daß gleich zu Beginn $(N + 2)$ WE verfügbar sind, um N EF zu wuchten.

Praktische Beispiele

Das erste Beispiel ist in drei Unterabschnitte unterteilt:
1.1 Klassisches modales Wuchten von zwei EF.
1.2 Klassisches modales Wuchten von drei EF.
1.3 Vorwärtswuchten.

Beispiel 1: Zweipoliger Turbogenerator-Rotor auf radial-isotropen Lagern, Abb. 12.6a.

Ursprung des KS sei die linke Lagerebene. Gegeben sind die drei ersten EF: $\varphi_1(z)$, $\varphi_2(z)$ und $\varphi_3(z)$, d.h. die Modalmatrix $\boldsymbol{\Phi}$ bzw. $\boldsymbol{\Phi}^{\mathrm{T}}$ und die zugehörigen kritischen Drehzahlen n_{k}. Die Nenndrehzahl des Rotors sei $n_{\mathrm{n}} = 3000$ 1/min (50 Hz) und die Schleuderzahl $n_{\mathrm{s}} = 3600$ 1/min. Es werden fünf WE $z_1, z_2, \dots z_5$ zur Verfügung gestellt. Die EF sind auf die maximale Amplitude „eins" normiert, s. Tabelle 12.1.

Tabelle 12.1. Die drei ersten EF eines zweilagerigen Turbogenerator-Rotors, normiert auf die maximale Amplitude „eins".

	WE z/l	*1* 0,078	*2* 0,283	*3* 0,512	*4* 0,717	*5* 0,922	n_{k} 1/min	$n_{\mathrm{k}}/n_{\mathrm{n}}$
$\boldsymbol{\Phi}^{\mathrm{T}}$	$\boldsymbol{\Phi}_1^{\mathrm{T}}(z/l)$	0,37	0,86	1,00	0,87	0,40	604	0,2013
	$\boldsymbol{\Phi}_2^{\mathrm{T}}(z/l)$	0,63	0,82	−0,04	−0,81	−0,72	1840	0,6133
	$\boldsymbol{\Phi}_3^{\mathrm{T}}(z/l)$	0,87	0,24	−0,68	0,21	0,94	4651	1,5503

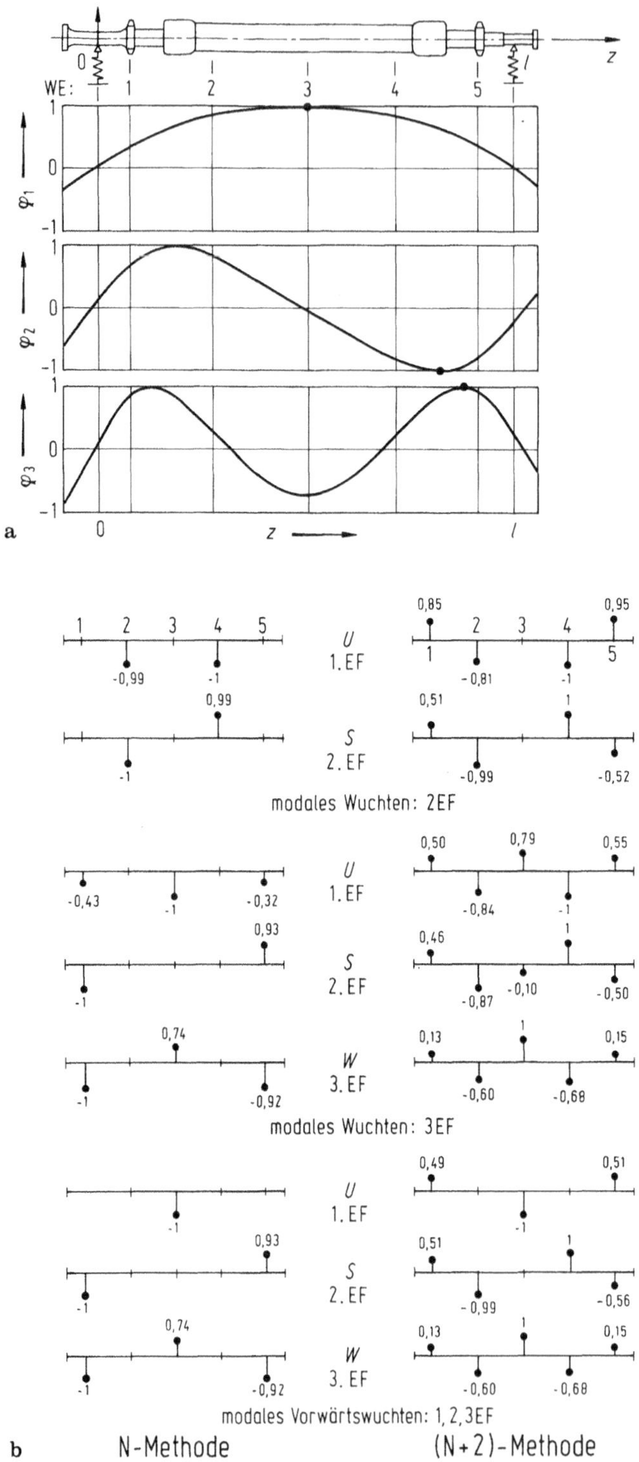
WE: 0 1 2 3 4 5 l
z
φ1
φ2
φ3
a
U
1. EF
S
2. EF
W
3. EF
modales Wuchten: 2EF
modales Wuchten: 3EF
modales Vorwärtswuchten: 1, 2, 3EF
b
N-Methode
(N+2)-Methode

1.1 Klassisches modales Wuchten von zwei EF

Mit Rücksicht auf den Umstand, daß die 3. kritische Drehzahl n_3 weit über der Nenndrehzahl n_n und der Schleuderdrehzahl n_s liegt, können die 3. EF und alle höheren EF vernachlässigt werden.

N-*Methode*

Wir brauchen zwei WE und wählen die WE z_2 und z_4. Das Wuchtgleichungssystem (12.45) lautet

$$\begin{bmatrix} 0{,}86 & 0{,}87 \\ 0{,}82 & -0{,}81 \end{bmatrix} \begin{bmatrix} U_2 \\ U_4 \end{bmatrix} = -\begin{bmatrix} 1 \\ 1 \end{bmatrix} = \underset{1.\,\mathrm{EF}}{\begin{bmatrix} -1 \\ 0 \end{bmatrix}} + \underset{2.\,\mathrm{EF}}{\begin{bmatrix} 0 \\ -1 \end{bmatrix}}$$

und die Lösung in Form von VWS, Abb. 12.6b

$$\begin{array}{ll} 1.\,\mathrm{EF} & \left\| \begin{array}{l} U_2 = -0{,}5745; \quad U_4 = -0{,}5816; \\ U_2 : U_4 = -0{,}5745 : -0{,}5816 = -0{,}99 : -1. \end{array} \right. \\ 2.\,\mathrm{EF} & \left\| \begin{array}{l} U_2 = -0{,}6170; \quad U_4 = 0{,}6099; \\ U_2 : U_4 = -0{,}6170 : 0{,}6099 = -1 : 0{,}99. \end{array} \right. \end{array}$$

(N + 2)-*Methode*

Wir brauchen zwei WE mehr, d. h. vier WE und wählen die WE z_1, z_2, z_4, z_5. Der Rotor sei starr gewuchtet worden. Das Wuchtgleichungssystem (12.46) lautet

$$\begin{bmatrix} 1 & 1 & 1 & 1 \\ 0{,}078 & 0{,}283 & 0{,}717 & 0{,}922 \\ \hline 0{,}37 & 0{,}86 & 0{,}87 & 0{,}40 \\ 0{,}63 & 0{,}82 & -0{,}81 & -0{,}72 \end{bmatrix} \begin{bmatrix} U_1 \\ U_2 \\ U_4 \\ U_5 \end{bmatrix} = -\begin{bmatrix} 0 \\ 0 \\ \hline 1 \\ 1 \end{bmatrix} = \underset{1.\,\mathrm{EF}}{\begin{bmatrix} 0 \\ 0 \\ \hline -1 \\ 0 \end{bmatrix}} + \underset{2.\,\mathrm{EF}}{\begin{bmatrix} 0 \\ 0 \\ \hline 0 \\ -1 \end{bmatrix}}, \tag{12.49}$$

mit den VWS, Abb. 12.6b

$$\begin{array}{lll} 1.\,\mathrm{EF} & U_1 : U_2 : U_4 : U_5 & = 0{,}9850 : -0{,}9309 : -1{,}1537 : 1{,}0996 \\ & & = 0{,}85 \quad : -0{,}81 \quad : -1 \qquad : 0{,}95 \quad (\Sigma = 0). \\ 2.\,\mathrm{EF} & U_1 : U_2 : U_4 : U_5 & = 0{,}5439 : -1{,}0632 : 1{,}0753 : -0{,}5559 \\ & & = 0{,}51 \quad : -0{,}99 \quad : 1 \qquad : -0{,}52 \quad (\Sigma = 0). \end{array}$$

◁

Abb. 12.6. Turbogenerator-Rotor auf isotropen Lagern. **a** Drei EF und fünf WE; **b** VWS für N- und (N+2)-Methode; *U*: U-Schlag, *S*: S-Schlag, *W*: W-Schlag.

1.2 Klassisches modales Wuchten von drei EF

Will man den Einfluß der 3. EF mit Rücksicht auf die Schleuderdrehzahl auch noch erfassen, wird eine WE mehr gebraucht.

N-*Methode*

Wir wählen die drei WE z_1, z_3, z_5. Das Wuchtsystem (12.45) lautet

$$\begin{bmatrix} 0{,}37 & 1{,}00 & 0{,}40 \\ 0{,}63 & -0{,}04 & -0{,}72 \\ 0{,}87 & -0{,}68 & 0{,}94 \end{bmatrix} \begin{bmatrix} U_1 \\ U_3 \\ U_5 \end{bmatrix} = - \begin{bmatrix} 1 \\ 1 \\ 1 \end{bmatrix} = \underset{1.\,\mathrm{EF}}{\begin{bmatrix} -1 \\ 0 \\ 0 \end{bmatrix}} + \underset{2.\,\mathrm{EF}}{\begin{bmatrix} 0 \\ -1 \\ 0 \end{bmatrix}} + \underset{3.\,\mathrm{EF}}{\begin{bmatrix} 0 \\ 0 \\ -1 \end{bmatrix}},$$

mit den VWS, Abb. 12.6b (12.50)

$$\begin{array}{l||l} 1.\,\mathrm{EF} & U_1 : U_3 : U_5 = -0{,}3356 : -0{,}7756 : -0{,}2505 \\ & = -0{,}43 \quad : -1 \quad : -0{,}32. \\ 2.\,\mathrm{EF} & U_1 : U_3 : U_5 = -0{,}7714 : -0{,}0001 : 0{,}7139 \\ & = -1 \quad : -0{,}00 \quad : 0{,}93. \\ 3.\,\mathrm{EF} & U_1 : U_3 : U_5 = -0{,}4481 : 0{,}3300 : -0{,}4104 \\ & = -1 \quad : 0{,}74 \quad : -0{,}92. \end{array}$$

(N + 2)-*Methode*

Wir brauchen alle fünf WE. Das System (12.46) lautet

$$\begin{bmatrix} 1 & 1 & 1 & 1 & 1 \\ 0{,}078 & 0{,}283 & 0{,}512 & 0{,}717 & 0{,}922 \\ \hline 0{,}37 & 0{,}86 & 1{,}00 & 0{,}87 & 0{,}40 \\ 0{,}63 & 0{,}82 & -0{,}04 & -0{,}81 & -0{,}72 \\ 0{,}87 & 0{,}24 & -0{,}68 & 0{,}21 & 0{,}94 \end{bmatrix} \begin{bmatrix} U_1 \\ U_2 \\ U_3 \\ U_4 \\ U_5 \end{bmatrix} = - \begin{bmatrix} 0 \\ 0 \\ \hline 1 \\ 1 \\ 1 \end{bmatrix} = \underset{1.\,\mathrm{EF}}{\begin{bmatrix} 0 \\ 0 \\ \hline -1 \\ 0 \\ 0 \end{bmatrix}} + \underset{2.\,\mathrm{EF}}{\begin{bmatrix} 0 \\ 0 \\ \hline 0 \\ -1 \\ 0 \end{bmatrix}} + \underset{3.\,\mathrm{EF}}{\begin{bmatrix} 0 \\ 0 \\ \hline 0 \\ 0 \\ -1 \end{bmatrix}}$$

(12.51)

mit den VWS

VWS	U_1	U_2	U_3	U_4	U_5	Σ
1. EF	1,2506	−2,1270	2,0006	−2,5201	1,3959	0
2. EF	0,5291	−0,9971	−0,1106	1,1508	−0,5723	0
3. EF	0,1864	−0,8394	1,4041	−0,9590	0,2079	0

oder einfacher auf 1 normiert, Abb. 12.6b

VWS	U_1	U_2	U_3	U_4	U_5	Σ
1. EF	0,50	−0,84	0,79	−1	0,55	0
2. EF	0,46	−0,87	−0,10	1	−0,50	0
3. EF	0,13	−0,60	1	−0,68	0,15	0

1.3 Vorwärtswuchten

Obschon man zu Beginn keine Rücksicht auf höhere EF nimmt, wird (sofern man schließlich N-Eigenformen wuchten will) das Wuchtgleichungssystem für die N-te EF identisch mit demjenigen der Klassischen N- oder (N + 2)-Methode, da die niederen EF nicht mehr beeinflußt werden dürfen.

N-*Methode*

Man setzt vorzugsweise in der WE z_3 eine KU

$$1.\,\text{EF} \quad \| U_3^{\text{I}} = -1\,.$$

Für das Wuchten der 2. EF sind zwei WE, vorzugsweise z_1 und z_5 (oder z_2 und z_4), erforderlich. Das System (12.47) lautet

$$\begin{bmatrix} 0{,}37 & 0{,}40 \\ 0{,}63 & -0{,}72 \end{bmatrix} \begin{bmatrix} U_1 \\ U_5 \end{bmatrix}^{\text{II}} = - \overset{2.\,\text{EF}}{\begin{bmatrix} 0 \\ 1 \end{bmatrix}}$$

mit den VWS

$$2.\,\text{EF} \quad \| U_1^{\text{II}} : U_5^{\text{II}} = -0{,}7716 : 0{,}7137 = -1 : 0{,}93.$$

Für die 3. EF sind drei WE, vorzugsweise z_1, z_3 und z_5 vorzusehen. Das System (12.47) lautet

$$\begin{bmatrix} 0{,}37 & 1{,}00 & 0{,}40 \\ 0{,}63 & -0{,}04 & -0{,}72 \\ 0{,}87 & -0{,}68 & 0{,}94 \end{bmatrix} \begin{bmatrix} U_1 \\ U_3 \\ U_5 \end{bmatrix} = - \overset{3.\,\text{EF}}{\begin{bmatrix} 0 \\ 0 \\ +1 \end{bmatrix}}.$$

Es ist identisch mit (12.50) für die 3. EF. Die VWS lauten

$$3.\,\text{EF} \quad \left\| \begin{aligned} U_1^{\text{III}} : U_3^{\text{III}} : U_5^{\text{III}} &= -0{,}4481 : 0{,}3300 : -0{,}4104 \\ &= -1 \quad : 0{,}74 \quad : -0{,}92, \end{aligned} \right.$$

s. Abb. 12.6b.

(N + 2)-*Methode*

Vorausgesetzt ist die „starre" Wuchtung des Rotors. Für die 1. EF sind 1 + 2 = 3 WE nötig. Wir wählen die Ebenen z_1, z_3 und z_5 mit dem System (12.48)

$$\begin{bmatrix} 1 & 1 & 1 \\ 0{,}078 & 0{,}512 & 0{,}922 \\ \hline 0{,}37 & 1{,}00 & 0{,}40 \end{bmatrix} \begin{bmatrix} U_1 \\ U_3 \\ U_5 \end{bmatrix}^{\text{I}} = - \overset{1.\,\text{EF}}{\begin{bmatrix} 0 \\ 0 \\ \hline 1 \end{bmatrix}}.$$

Die VWS lauten

$$1.\,\text{EF} \quad \left\| \begin{aligned} U_1^{\text{I}} : U_3^{\text{I}} : U_5^{\text{I}} &= 0{,}7904 : -1{,}6271 : 0{,}8367 \\ &= 0{,}49 \quad : -1 \quad : 0{,}51 \quad (\Sigma = 0). \end{aligned} \right.$$

Für die 2. EF sind $2+2=4$ WE nötig. Wir wählen die WE z_1, z_2, z_4, z_5. Das System (12.48) lautet

$$\text{2. EF} \quad \left[\begin{array}{cccc} 1 & 1 & 1 & 1 \\ 0{,}078 & 0{,}283 & 0{,}717 & 0{,}922 \\ \hline 0{,}37 & 0{,}86 & 0{,}87 & 0{,}40 \\ 0{,}63 & 0{,}82 & -0{,}81 & -0{,}72 \end{array}\right] \begin{bmatrix} U_1 \\ U_2 \\ U_4 \\ U_5 \end{bmatrix}^{\text{II}} = - \overset{\text{2. EF}}{\left[\begin{array}{c} 0 \\ 0 \\ \hline 0 \\ +1 \end{array}\right]}.$$

Das System ist identisch mit (12.49) für die 2. EF. Die VWS lauten

$$\text{2. EF} \quad \left\| \begin{aligned} U_1 : U_2 : U_4 : U_5 &= 0{,}5439 : -1{,}0632 : 1{,}0753 : -0{,}5559 \\ &= 0{,}51 \quad : -0{,}99 \quad : 1 \quad : -0{,}56 \; (\Sigma = 0). \end{aligned} \right.$$

Für das Wuchten der 3. EF werden $3+2=5$, d. h. alle fünf WE gebraucht. Das System ist identisch mit dem aus (12.51). 3. EF mit den VWS

$$\text{3. EF} \quad \left\| \begin{aligned} U_1 : U_2 : U_3 : U_4 : U_5 &= 0{,}1864 : -0{,}8394 : 1{,}4041 : -0{,}9590 : 0{,}2079 \\ &= 0{,}13 \quad : -0{,}60 \quad : 1 \quad : -0{,}68 \quad : 0{,}15 \; (\Sigma = 0). \end{aligned} \right.$$

Die VWS sind in Abb. 12.6b zusammengestellt.

Kommentar, Abb. 12.6:

— Der Rotor ist nahezu symmetrisch zur Mittelebene der Lager, was sich deutlich auf die EF auswirkt.
— Infolge der relativ steifen Lagerung sind die EF nahezu sinus-Halbwellen.
— Die VWS können als U-, S- und W-Schlag aufgefaßt werden, je nachdem die 1., 2. oder 3. EF zu wuchten ist.
— Über die Größe der WS geben die VWS selbstverständlich *keinen* Aufschluß, ebenso ist die Ebene durch die Rotorachse, in der die KU des WS liegen, nicht bekannt. Die Ebenen der WS sind im allgemeinen verschieden. Größe und Richtung der WS sind der Messung zu entnehmen, wie am Anfang von Abschn. 12.6 erläutert.

NB: Zweipolige Turbogeneratoren haben bei Drehung um 90° zwei ungleiche Biegesteifigkeiten und erzeugen ohne vollständigen Steifigkeitsausgleich doppeldrehzahlfrequente Biegeschwingungen. Letztere können durch Wuchten *nicht* beeinflußt werden [Ga 1].

Beispiel 2: Modales Wuchten eines Wellenstranges (Dampfturbinengruppe).

Ein Wellenstrang besteht aus einzelnen zusammengekuppelten Einzelrotoren, die durch ein oder zwei Lager getrennt sind, z. B. HD-Teil, MD-Teil, ND-Teil und Generator einer Dampfturbogruppe. Die Kopplung ist bei Gas- und Dampfturbogruppen biegesteif, d. h. es werden Querkräfte und Biegemomente übertragen. Bei kleineren Einheiten, z. B. Pumpen-, Ventilatoren-, Kompressoren- und Dieselgruppen, sind biegeweiche Kupplungen im Gebrauch, die nur Querkräfte (aber keine Biegemomente-) und Torsionswechselmomente übertragen können. *In beiden Fällen werden die Einzelrotoren normalerweise in der Schleuderanlage jeder für sich gewuchtet.* Die „elastische“ Wuchtung hängt jedoch von den EF ab, und die EF sind für die Einzelrotoren und den Strang nicht identisch. Deshalb kann ein optimal gewuchteter

Einzelrotor nicht mehr unbedingt ein optimales Wuchtverhalten im gekuppelten Strang aufweisen. Der Strang muß nachgewuchtet werden, wobei es sich dabei um ein Feinwuchten in diesem Sinne handelt, als nur eine Differenz zu wuchten ist. Die Nachwuchtung kann bei kleineren Einheiten in der Fabrik erfolgen, im allgemeinen wird jedoch die Nachwuchtung in betriebseigenen Lagern in der Anlage (Zentrale) vollzogen. Die Umstellung von Lagern in der Schleuderanlage oder Fabrik auf betriebseigene Lager bewirkt ebenfalls eine Änderung der EF, wodurch ein weiterer Wuchtfehler hinzukommt. Ein dritter Wuchtfehler kann schließlich noch durch die Montage der Kupplung infolge Kupplungsfehler entstehen.

Das zweite Beispiel ist in vier Unterabschnitte unterteilt:
2.1 Nachwuchten eines Wellenstrangs.
2.2 Einfluß der VWS eines Einzelrotors auf den gekuppelten Strang.
2.3 Einfluß von VWS beim Übergang auf Lager anderer Elastizität.
2.4 Auswirkung von Kupplungsfehlern.

Bezüglich der Lagerung werden radial-isotrope und ideal-anisotrope Lager vorausgesetzt. Bezüglich Gleitlagerung siehe Abschnitt 11.5 und 12.8.

2.1 Nachwuchten eines Wellenstrangs in radial-isotropen Lagern

Gegeben sei eine kleinere Dampfturbogruppe mit einer Leistung von 188 MVA, $\cos\varphi = 0{,}85$, 159,8 MW, einer Nenndrehzahl von $n_n = 3000$ 1/min, einer Schleuderdrehzahl von $n_s = 3600$ 1/min, radial-isotrop elastisch gelagert mit Lagerelastizitäten von $a = 1$ mm/MN. Der Strang besteht aus einem Hochdruckteil (HD), einem Niederdruckteil (ND), einem Generator (GEN) mit „fliegendem" Erreger (ERR), Abb. 12.7a.

Es stehen sieben WE zur Verfügung. Ihre Lage bezüglich der Rotorachse (Ursprung des KS am linken Lager), sowie die ersten sechs EF mit den entsprechenden kritischen Drehzahlen n_k und die Modalmatrix $\boldsymbol{\Phi}$ sind in Tabelle 12.2 gegeben.

Betrachtet man die EF, Abb. 12.7b, so kann die 1. EF dem GEN, die 2. EF dem ND, die 3. EF dem ERR, die 4. EF dem HD und die 5. EF wiederum dem GEN zugeordnet werden.

Wir setzen *erstens* voraus, daß die Einzelrotoren für sich gewuchtet wurden, so daß es sich nur um eine Nachwuchtung des Wellenstrangs handelt. Die noch vorhandene Unwucht ist klein, so daß die N-Methode verwendet werden kann. Es sind im Betriebsbereich (inkl. Schleuderdrehzahl) fünf EF zu wuchten. Wir haben deshalb fünf WE zur Verfügung zu stellen. Es seien die WE *1, 2, 3, 5* und *7* gewählt. Wir verwenden die N-Methode des Vorwärtswuchtens (12.47).

Tabelle 12.2. Die ersten fünf EF eines Dampfturbinen-Wellenstranges, Lagerelastizität $a = 1$ mm/MN

	WE z/l	*1* 0,12	*2* 0,40	*3* 0,60	*4* 0,72	*5* 0,84	*6* 0,91	*7* 1,0	n_k 1/min
$\boldsymbol{\Phi}^T$	$\boldsymbol{\Phi}_1^T$	0,0	−0,4	2,5	3,1	3,1	0,3	−5,0	776
	$\boldsymbol{\Phi}_2^T$	−0,4	4,5	−0,8	0,0	0,9	−0,1	−5,0	1561
	$\boldsymbol{\Phi}_3^T$	0,0	−0,4	−0,7	−0,2	0,4	−0,2	−5,0	1714
	$\boldsymbol{\Phi}_4^T$	−4,6	−0,1	0,0	0,0	0,0	0,0	−0,2	2180
	$\boldsymbol{\Phi}_5^T$	0,0	0,1	2,0	−0,2	−2,1	−1,1	−5,0	2305
	$\boldsymbol{\Phi}_6^T$	–	–	–	–	–	–	–	4556

1. EF gewählt: WE *5*

$$U_5^{\mathrm{I}} = \underline{-1}$$

2. EF gewählt: WE *2, 5*

$$\begin{bmatrix} -0{,}4 & 3{,}1 \\ 4{,}5 & 0{,}9 \end{bmatrix} \begin{bmatrix} U_2 \\ U_5 \end{bmatrix}^{\mathrm{II}} = \begin{bmatrix} 0 \\ -1 \end{bmatrix}.$$

VWS: $U_2^{\mathrm{II}} : U_5^{\mathrm{II}} = -0{,}2166 : -0{,}0280 = \underline{-1 : -0{,}13.}$

3. EF gewählt: WE *2, 3, 7*

$$\begin{bmatrix} -0{,}4 & 2{,}5 & -5 \\ 4{,}5 & -0{,}8 & -5 \\ -0{,}4 & -0{,}7 & -5 \end{bmatrix} \begin{bmatrix} U_2 \\ U_3 \\ U_7 \end{bmatrix}^{\mathrm{III}} = \begin{bmatrix} 0 \\ 0 \\ -1 \end{bmatrix}.$$

VWS: $U_2^{\mathrm{III}} : U_3^{\mathrm{III}} : U_7^{\mathrm{III}} = 0{,}2105 : 0{,}3125 : 0{,}1394 = \underline{0{,}67 : 1 : 0{,}45.}$

4. EF gewählt: WE *1, 2, 5, 7*

$$\begin{bmatrix} 0 & -0{,}4 & 3{,}1 & -5 \\ -0{,}4 & 4{,}5 & 0{,}9 & -5 \\ 0 & -0{,}4 & 0{,}4 & -5 \\ -4{,}6 & -0{,}1 & 0 & -0{,}2 \end{bmatrix} \begin{bmatrix} U_1 \\ U_2 \\ U_5 \\ U_7 \end{bmatrix}^{\mathrm{IV}} = \begin{bmatrix} 0 \\ 0 \\ 0 \\ -1 \end{bmatrix}$$

VWS: $U_1^{\mathrm{IV}} : U_2^{\mathrm{IV}} : U_5^{\mathrm{IV}} : U_7^{\mathrm{IV}} = 0{,}2171 : 0{,}0177 : 0 : 0{,}0014 = \underline{1 : 0{,}08 : 0 : 0}$

5. EF gewählt: WE *1, 2, 3, 5, 7*

$$\begin{bmatrix} 0 & -0{,}4 & 2{,}5 & 3{,}1 & -5 \\ -0{,}4 & 4{,}5 & -0{,}8 & 0{,}9 & -5 \\ 0 & -0{,}4 & -0{,}7 & 0{,}4 & -5 \\ -4{,}6 & -0{,}1 & 0 & 0 & -0{,}2 \\ -0 & 0{,}1 & 2{,}0 & -2{,}1 & -5 \end{bmatrix} \begin{bmatrix} U_1 \\ U_2 \\ U_3 \\ U_5 \\ U_7 \end{bmatrix}^{\mathrm{V}} = \begin{bmatrix} 0 \\ 0 \\ 0 \\ 0 \\ -1 \end{bmatrix}$$

$$\text{VWS: } U_1^{\mathrm{V}} : U_2^{\mathrm{V}} : U_3^{\mathrm{V}} : U_5^{\mathrm{V}} : U_7^{\mathrm{V}} = -0{,}0013 : -0{,}0248 : -0{,}1744 : 0{,}2067 : 0{,}0429$$
$$= \underline{0 : -0{,}12 : -0{,}84 : 1 : 0{,}21}$$

Zusammenstellung der VWS (Vorwärtswuchten, N-Methode)

VWS	U_1	U_2	U_3	U_4	U_5	U_6	U_7
1. EF					−1		
2. EF		−1			−0,13		
3. EF		0,67	1				0,45
4. EF	1	0,08			0		0
5. EF	0	−0,12	−0,84		1		0,21

Die einzelnen VWS sind in Abb. 12.7b bei den entsprechenden EF dargestellt. Größe und Richtung der WS muß durch die Messung bestimmt werden.

Setzt man *zweitens* voraus, daß die Einzelrotoren als starre Rotoren gewuchtet sind, oder daß der Wellenstrang bei niederen Drehzahlen „starr" gewuchtet wurde, so muß die elastische Wuchtung des Wellenstrangs mit der (N + 2)-Methode erfolgen, um die starre Wuchtung nicht mehr zu verändern. Damit kommen die Wuchtgleichungen (12.48) zum Einsatz, sofern vorwärts gewuchtet wird:

1. EF gewählt: WE *3, 5, 7*

$$\left[\begin{array}{ccc} 1 & 1 & 1 \\ 0{,}60 & 0{,}84 & 1{,}0 \\ \hline 2{,}5 & 3{,}1 & -5 \end{array}\right] \left[\begin{array}{c} U_3 \\ U_5 \\ U_7 \end{array}\right] = \left[\begin{array}{c} 0 \\ 0 \\ \hline -1 \end{array}\right]$$

2. EF gewählt: WE *2, 3, 5, 7*

$$\left[\begin{array}{cccc} 1 & 1 & 1 & 1 \\ 0{,}40 & 0{,}60 & 0{,}84 & 1 \\ \hline -0{,}4 & 2{,}5 & 3{,}1 & -5 \\ 4{,}5 & -0{,}8 & 0{,}9 & -5 \end{array}\right] \left[\begin{array}{c} U_2 \\ U_3 \\ U_5 \\ U_7 \end{array}\right] = \left[\begin{array}{c} 0 \\ 0 \\ \hline 0 \\ -1 \end{array}\right]$$

3. EF gewählt: WE *2, 3, 4, 5, 7*

$$\left[\begin{array}{ccccc} 1 & 1 & 1 & 1 & 1 \\ 0{,}40 & 0{,}60 & 0{,}72 & 0{,}84 & 1 \\ \hline -0{,}4 & 2{,}5 & 3{,}1 & 3{,}1 & -5 \\ 4{,}5 & -0{,}8 & 0 & 0{,}9 & -5 \\ -0{,}4 & -0{,}7 & -0{,}2 & 0{,}4 & -5 \end{array}\right] \left[\begin{array}{c} U_2 \\ U_3 \\ U_4 \\ U_5 \\ U_7 \end{array}\right] = \left[\begin{array}{c} 0 \\ 0 \\ \hline 0 \\ 0 \\ -1 \end{array}\right]$$

4. EF gewählt: WE *1, 2, 3, 5, 6, 7*

$$\left[\begin{array}{cccccc} 1 & 1 & 1 & 1 & 1 & 1 \\ 0{,}12 & 0{,}40 & 0{,}60 & 0{,}84 & 0{,}91 & 1 \\ \hline 0 & -0{,}4 & 2{,}5 & 3{,}1 & 0{,}3 & -5 \\ -0{,}4 & 4{,}5 & -0{,}8 & 0{,}9 & -0{,}1 & -5 \\ 0 & -0{,}4 & -0{,}7 & 0{,}4 & -0{,}2 & -5 \\ -4{,}6 & -0{,}1 & 0 & 0 & 0 & -0{,}2 \end{array}\right] \left[\begin{array}{c} U_1 \\ U_2 \\ U_3 \\ U_5 \\ U_6 \\ U_7 \end{array}\right] = \left[\begin{array}{c} 0 \\ 0 \\ \hline 0 \\ 0 \\ 0 \\ -1 \end{array}\right]$$

5. EF gewählt: WE *1, . . . , 7*

$$\left[\begin{array}{ccccccc} 1 & 1 & 1 & 1 & 1 & 1 & 1 \\ 0{,}12 & 0{,}40 & 0{,}60 & 0{,}72 & 0{,}84 & 0{,}91 & 1 \\ \hline 0 & -0{,}4 & 2{,}5 & 3{,}1 & 3{,}1 & 0{,}3 & -5 \\ -0{,}4 & 4{,}5 & -0{,}8 & 0 & 0{,}9 & -0{,}1 & -5 \\ 0 & -0{,}4 & -0{,}7 & -0{,}2 & 0{,}4 & -0{,}2 & -5 \\ -4{,}6 & -0{,}1 & 0 & 0 & 0 & 0 & -0{,}2 \\ 0 & 0{,}1 & 2 & -0{,}2 & -2{,}1 & -1{,}1 & -5 \end{array}\right] \left[\begin{array}{c} U_1 \\ U_2 \\ U_3 \\ U_4 \\ U_5 \\ U_6 \\ U_7 \end{array}\right] = \left[\begin{array}{c} 0 \\ 0 \\ \hline 0 \\ 0 \\ 0 \\ 0 \\ -1 \end{array}\right]$$

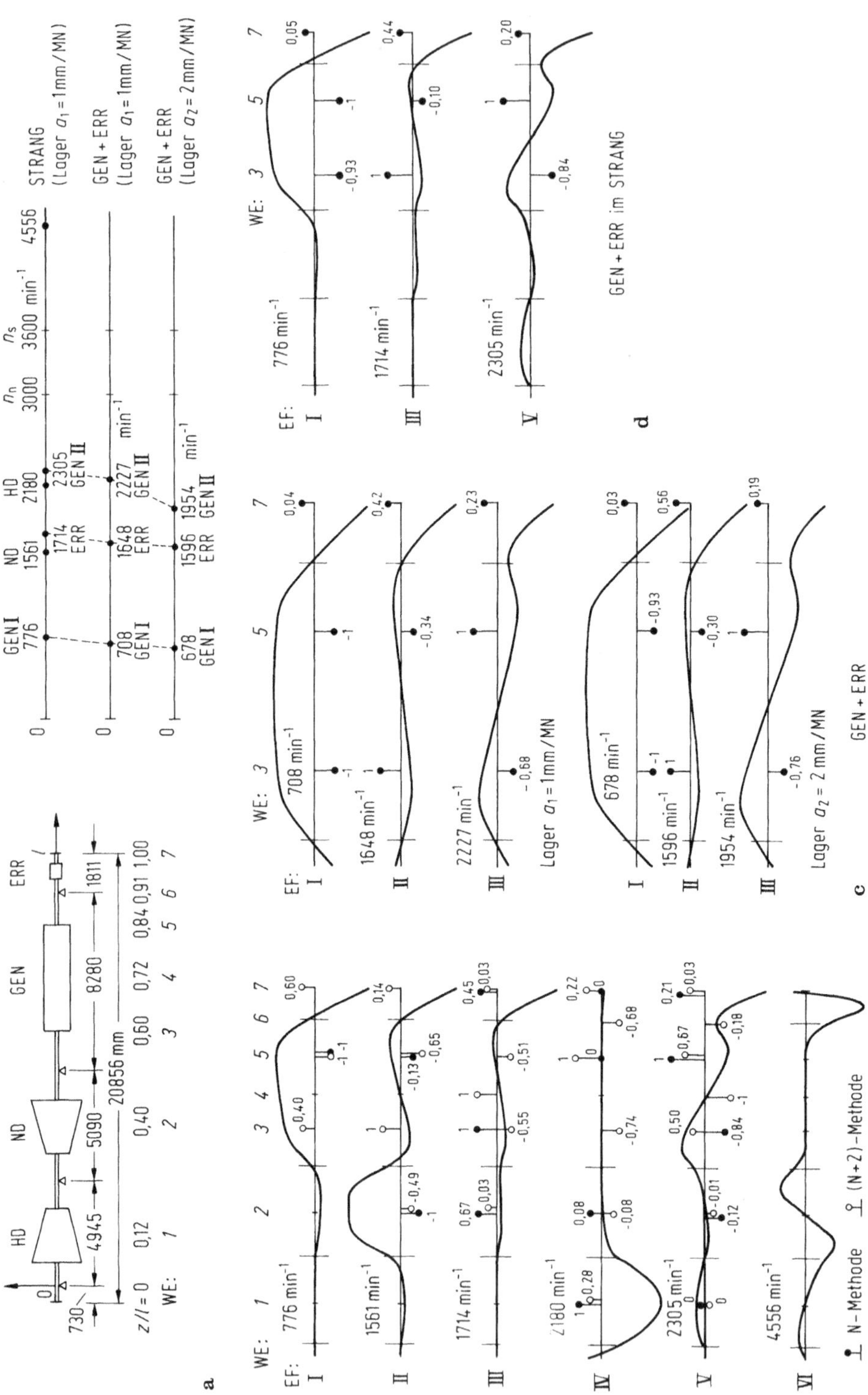

HD
ND
GEN
ERR
STRANG (Lager a_1 = 1mm/MN)
GEN + ERR (Lager a_1 = 1mm/MN)
GEN + ERR (Lager a_2 = 2mm/MN)
20856 mm
N-Methode
(N+2)-Methode
STRANG
GEN + ERR
GEN + ERR im STRANG
Lager a_1 = 1mm/MN
Lager a_2 = 2 mm/MN
a
b
c
d

Die Resultate sind folgender Zusammenstellung der VWS (Vorwärtswuchten, (N + 2)-Methode), Abb. 12.7b, zu entnehmen.

VWS	U_1	U_2	U_3	U_4	U_5	U_6	U_7	Σ
1. EF			0,40		−1		0,60	0
2. EF		−0,49	1		−0,65		0,14	0
3. EF		0,03	−0,55	1	−0,51		0,03	0
4. EF	0,28	−0,08	−0,74		1	−0,68	0,22	0
5. EF	0	−0,01	0,50	−1	0,67	−0,18	0,03	≈0

2.2 Einfluß der VWS *eines Einzelrotors auf den gekuppelten Wellenstrang*

Setzt man voraus, daß die IU klein ist, so daß für das Wuchten der Einzelrotoren die klassische N-*Methode* Verwendung finden kann, sind die VWS von (12.45) anwendbar. Um den (GEN + ERR)-Rotor allein zu wuchten, sind im Betriebsbereich offenbar drei EF erforderlich, Abb. 12.7c. Wir wählen die WE *3*, *5* und *7*. Die Modalmatrix $\boldsymbol{\Phi}$ lautet für zwei verschiedene Lagerelastizitäten a_1 und a_2.

		WE	*3*	*5*	*7*	n_k [1/min]
		z/l	0,60	0,84	−1	
$a_1 = 1\,\text{mm/MN}$	$\boldsymbol{\Phi}^T$	$\boldsymbol{\Phi}_1^T$	3,2	3,3	−5	708
		$\boldsymbol{\Phi}_2^T$	−0,8	0,6	−5	1648
		$\boldsymbol{\Phi}_3^T$	1,5	−1,7	−5	2227
$a_2 = 2\,\text{mm/MN}$	$\boldsymbol{\Phi}^T$	$\boldsymbol{\Phi}_1^T$	4,0	4,0	−5	678
		$\boldsymbol{\Phi}_2^T$	−0,6	0,5	−5	1596
		$\boldsymbol{\Phi}_3^T$	2,1	−2,4	−5	1954
		$\boldsymbol{\Phi}_4^T$	0	0,1	0,1	(4788)

Die EF sind in Abb. 12.7c aufgeführt. Die Wuchtgleichungen lauten

$$\underline{a_1 = 1\,\text{mm/MN}}$$

$$\begin{bmatrix} 3{,}2 & 3{,}3 & -5 \\ -0{,}8 & 0{,}6 & -5 \\ 1{,}5 & -1{,}7 & -5 \end{bmatrix} \begin{bmatrix} U_3 \\ U_5 \\ U_7 \end{bmatrix} = \underset{1.\,\text{EF}}{\begin{bmatrix} -1 \\ 0 \\ 0 \end{bmatrix}} + \underset{2.\,\text{EF}}{\begin{bmatrix} 0 \\ -1 \\ 0 \end{bmatrix}} + \underset{3.\,\text{EF}}{\begin{bmatrix} 0 \\ 0 \\ -1 \end{bmatrix}}$$

◁

Abb. 12.7. Wuchten einer Dampfturbogruppe. **a** Dampfturbogruppe und kritische Drehzahlen vom ganzen Strang, GEN mit ERR auf elastischen Lagern a_1; GEN mit ERR auf elastischen Lagern a_2. HD Hochdruckturbine, ND Niederdruckturbine, GEN Generator, ERR Erreger; **b** EF und WE des Strangs, modale VWS für Vorwärtswuchten mit der ● N- und ○ (N + 2)-Methode; **c** EF und WE von GEN mit ERR für zwei Lagerelastizitäten a_1 und a_2, modale VWS für die N-Methode; d) I., III. und V. EF des Strangs mit Lagerelastizitäten a_1, VWS für modales Wuchten von GEN mit ERR im Strang (Voraussetzung: HD und ND bereits gewuchtet)

$\underline{a_2 = 2\ \text{mm/MN}}$

$$\begin{bmatrix} 4{,}0 & 4{,}0 & -5 \\ -0{,}6 & 0{,}5 & -5 \\ 2{,}1 & -2{,}4 & -5 \end{bmatrix} \begin{bmatrix} U_3 \\ U_5 \\ U_7 \end{bmatrix} = \overset{1.\,\text{EF}}{\begin{bmatrix} -1 \\ 0 \\ 0 \end{bmatrix}} + \overset{2.\,\text{EF}}{\begin{bmatrix} 0 \\ -1 \\ 0 \end{bmatrix}} + \overset{3.\,\text{EF}}{\begin{bmatrix} 0 \\ 0 \\ -1 \end{bmatrix}}$$

Die VWS als Lösungen der obigen Gleichungen ergeben

$\underline{a_1 = 1\ \text{mm/MN}}$

VWS	U_3	U_5	U_7
1. EF	−0,1493	−0,1493	0,0060
2. EF	0,3245	−0,1103	0,1348
2. EF	−0,1752	0,2596	0,0592

oder normiert

VWS	U_3	U_5	U_7
1. EF	−1	−1	0,04
2. EF	1	−0,34	0,42
3. EF	−0,68	1	0,23

$\underline{a_2 = 2\ \text{mm/MN}}$

VWS	U_3	U_5	U_7
1. EF	−0,1272	−0,1185	0,0034
2. EF	0,2808	−0,0833	0,1580
3. EF	−0,1536	0,2018	0,0386

oder normiert

VWS	U_3	U_5	U_7
1. EF	−1	−0,93	0,03
2. EF	1	−0,30	0,56
3. EF	−0,76	1	0,19

Die einzelnen VWS sind in Abb. 12.7c bei den entsprechenden EF dargestellt. Größe und Richtung der WS muß durch die Messung bestimmt werden.

Vergleicht man jetzt die EF des Wellenstrangs mit denen des Einzelrotors und setzt voraus, daß ND und HD vollständig gewuchtet sind, entspricht die 1., 3. und 5. EF des Strangs der 1., 2. und 3. EF des (GEN + ERR)-Rotors. Die 2. und 4. EF des Strangs (GEN + ERR) fallen aus. Will man jetzt den (GEN + ERR)-Rotor im Strang wuchten, und zwar in den gleichen WE *3*, *5* und *7*, so lauten die Wuchtgleichungen für $a = 1\ \text{mm/MN}$, Tab. 12.2

$$\begin{bmatrix} 2{,}5 & 3{,}1 & -5 \\ -0{,}7 & 0{,}4 & -5 \\ 2{,}0 & -2{,}1 & -5 \end{bmatrix} \begin{bmatrix} U_1 \\ U_5 \\ U_7 \end{bmatrix} = \overset{1.\,\mathrm{EF}}{\begin{bmatrix} -1 \\ 0 \\ 0 \end{bmatrix}} + \overset{2.\,\mathrm{EF}}{\begin{bmatrix} 0 \\ -1 \\ 0 \end{bmatrix}} + \overset{3.\,\mathrm{EF}}{\begin{bmatrix} 0 \\ 0 \\ -1 \end{bmatrix}} .$$

Mit den VWS als Lösung

$a = 1$ mm/MN

VWS	U_3	U_5	U_7
1. EF	−0,1635	−0,1766	0,0088
2. EF	0,3401	−0,0327	0,1498
3. EF	−0,1766	0,2093	0,0415

oder normiert

VWS	U_3	U_5	U_7
1. EF	−0,93	−1	0,05
2. EF	1	−0,10	0,44
3. EF	−0,84	1	0,20

.

Die einzelnen VWS sind in Abb. 12.7d bei den entsprechenden EF des gekuppelten Strangs dargestellt. Größe und Richtung der WS muß durch die Messung bestimmt werden.

Vergleicht man nun die VWS für das Wuchten des Einzelrotors (GEN + ERR) mit denen für das Wuchten des gleichen Rotors im Strang (bei gleicher Lagerelastizität a), so stellt man bei den maximalen Wuchtgewichten einen Fehler von nur 7% bis 16% fest (im vorliegenden Beispiel).

Wird ein „elastisch" gewuchteter Einzelrotor mit anderen Rotoren zu einem Wellenstrang zusammengekuppelt, entsteht durch das Verbinden eine zusätzliche Unwucht. Sie ist im allgemeinen klein, so daß eine Feinwuchtung des Wellenstrangs unter Umständen wegfallen kann. Der Grund für das erstere Verhalten ist der, daß die „elastischen" WS von den EF abhängen, die für Einzelrotor und Rotor im Strang leicht verschieden sind.

2.3 Einfluß auf VWS *beim Übergang auf Lager anderer Elastizität*

Radial-isotrope Lagerung

Ein Beispiel ist dem vorigen Abschn. 2.2 zu entnehmen. Die VWS für den (GEN + ERR)-Rotor auf zwei Lagern, das eine Mal mit der Lagerelastizität a_1 und das andere Mal mit der Lagerelastizität a_2, sind

$a_1 = 1$ mm/MM

VWS	U_3	U_5	U_7
1. EF	−1	−1	0,04
2. EF	1	−0,34	0,42
3. EF	−0,68	1	0,23

$a_2 = 2$ mm/MN

VWS	U_3	U_5	U_7
1. EF	−1	−0,93	0,03
2. EF	1	−0,30	0,56
3. EF	−0,76	1	0,19

Der geringe Unterschied der VWS ist kaum von praktischer Bedeutung. Er ist teilweise damit zu erklären, daß der (GEN + ERR)-Rotor nahezu symmetrisch ist und die Lager gleich sind, wie die folgende Überlegung zeigt:

Vergleicht man einen symmetrischen, elastischen Rotor auf „starren" Lagern und einen symmetrischen, „starren" Rotor auf zwei gleich-elastischen Lagern, Abb. 12.8, so ist bei beiden Rotoren die 1. EF symmetrisch, die 2. EF asymmetrisch. Benützt man zum Wuchten mit der N-Methode zwei ebenfalls symmetrisch gelegene WE *1* und *2*, so gilt für die 1. und 2. EF in beiden Fällen

$$\begin{bmatrix} a & a \\ b & -b \end{bmatrix} \begin{bmatrix} U_1 \\ U_2 \end{bmatrix} = \underset{\text{1. EF}}{\begin{bmatrix} -1 \\ 0 \end{bmatrix}} + \underset{\text{2. EF}}{\begin{bmatrix} 0 \\ -1 \end{bmatrix}},$$

mit den Lösungen für die VWS

$$\text{1. EF} \quad U_1^{\mathrm{I}} : U_2^{\mathrm{I}} = -\frac{1}{2a} : -\frac{1}{2a} = -1 : -1;$$

$$\text{2. EF} \quad U_1^{\mathrm{II}} : U_2^{\mathrm{II}} = -\frac{1}{2b} : +\frac{1}{2b} = -1 : +1.$$

Die VWS sind somit unabhängig von der Massenverteilung und Biegesteifigkeit der Rotoren und unabhängig von der Elastizität der Lagerung, solange die Symmetrie gewahrt bleibt.

Wird ein symmetrischer Rotor in zwei gleichen Lagern in zwei symmetrisch gelegenen Wuchtebenen gewuchtet, so sind die Verhältniswuchtsätze für die I. und II. Eigenform

$U_1^{\mathrm{I}} : U_2^{\mathrm{I}} = -1 : -1$ bzw. $U_1^{\mathrm{II}} : U_2^{\mathrm{II}} = -1 : +1$
(U-Schlag) (S-Schlag)

ganz unabhängig von Massenverteilung, Biegesteifigkeit und Elastizität der Lagerung. Sie sind somit für starre und elastische Rotoren gleich.

Über die Änderung der Schwingungen beim Übergang auf andere Lager s. [Mül].

Ideal-anisotrope Lagerung

Bei ideal-anisotroper Lagerung werden die kritischen Drehzahlen und EF in je zwei aufgespalten, s. Abschn. 12.3 und Abb. 12.3. Die entsprechenden EF $\varphi_n(z)$ und $\psi_n(z)$ sind im allgemeinen sehr ähnlich, so daß kein nennenswerter Unterschied in den VWS entsteht. (Bei der symmetrischen Modellwelle, Abb. 12.3 entstehen exakt gleiche VWS für die 1. und 2. EF. (Die Welle erfüllt die Symmetrieeigenschaften der radial-isotropen Lagerung.)

Vergleiche auch die Überlegung zur radial-isotropen Lagerung betreffend die gleichen VWS für einen symmetrischen Rotor auf „starren" Lagern und für einen „starren" Rotor auf zwei gleichen elastischen Lagern.

Ungleiche Elastizität der Lager zweier Wellenstränge

Wird ein Wellenstrang in der Fabrik für Laufversuche montiert und auf provisorische Lager gestellt, so ist zu beachten, daß sich die provisorischen Lager von den

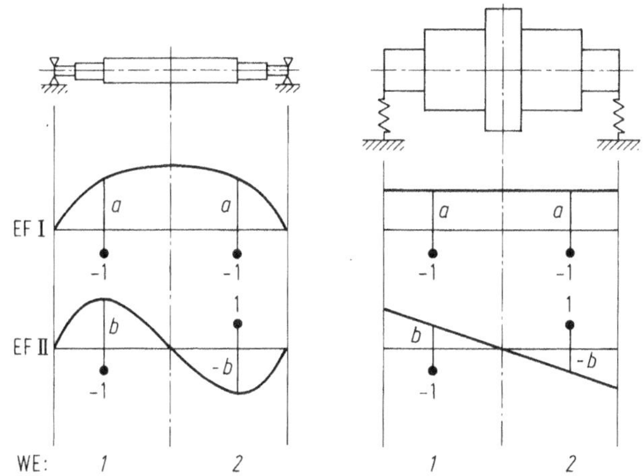

a b

Abb. 12.8. 1. und 2. EF, WE und VWS. **a** elastischer Rotor auf radial starren Lagern; **b** starrer Rotor auf radial elastischen Lagern

betriebseigenen Lagern in der Anlage (Zentrale) in zweierlei Hinsicht unterscheiden: Erstens haben nicht alle Lager die gleiche (isotrope) Elastizität und zweitens kann auch bei gleicher (isotroper) Lagerelastizität im Strang die Größe der Elastizität beim Übergang ändern. Die Wellenstränge unterscheiden sich deshalb in ihren EF und folglich in ihren VWS. Man wird kaum darum herumkommen, nachträglich eine Feinwuchtung in der Anlage vorzunehmen.

2.4 Einfluß von Kupplungsfehlern auf die VWS

Man unterscheidet zweckmäßigerweise zwischen Ausricht- und Kupplungsfehlern, Abb. 12.9. Der Unterschied ist durch die Kupplung selbst bedingt. Bei *Ausrichtfehlern* setzt man voraus, daß die Kupplungsflansche erstens senkrecht und zweitens zentrisch zur Achse der Einzelrotoren sind, Abb. 12.9a. Der Ausrichtfehler äußert sich in einem Winkelfehler α_w und einem Höhenfehler x_h der zu verbindenden Einzelrotoren. Fügt man sie mit Zwang zusammen, entstehen ein inneres Biegemoment M und eine innere Querkraft Q im gekuppelten Strang. Die Biegelinie aber geht kontinuierlich ohne Sprung und Winkeländerung von dem einen Rotor in den andern über. Würde man den Strang aus den Lagern heben und vertikal stellen, wäre die Biegelinie eine gerade Achse. Bei einer Drehung des gekuppelten Rotors in seinen Lagern bleibt die Biegelinie ortsfest, d.h. der Rotor dreht sich um die ortsfeste Biegelinie. *Es entstehen keine zusätzlichen Unwuchten.* Einzig die Biegewechselspannung wird durch die inneren Momente verändert und unter Umständen vergrößert[7]. Um sie zu eliminieren, wird ein Wellenstrang „kräftefrei" montiert, indem die äußeren Rotoren gehoben und schief gestellt werden, s. Abb. 12.9b.

[7] Die Wirkung des Ausrichtefehlers kann verglichen werden mit derjenigen des Eigengewichts horizontal gelagerter Rotoren oder derjenigen bei Absenkung oder Hebung eines Lagers.

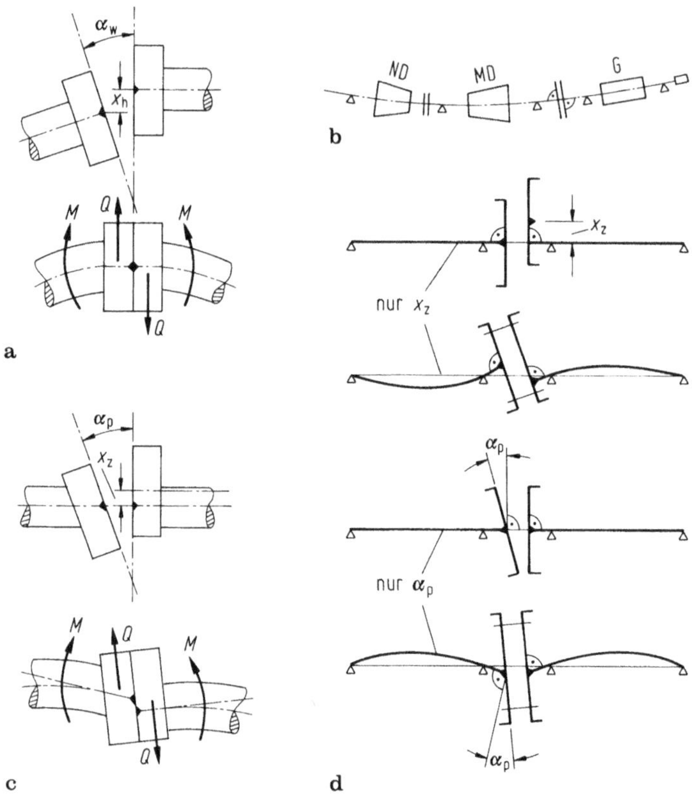

Abb. 12.9. Kupplungen. **a** Ausrichtfehler: α_w Winkelfehler, x_h Höhenfehler; **b** kräftefreie Montage; **c** Kupplungsfehler: α_p Planfehler, x_z Zentrierfehler; **d** Zentrier- und Planfehler

Der *Kupplungsfehler* hingegen äußert sich in einem sogenannten Planfehler α_p und einem Zentrierfehler x_z der Kupplung, Abb. 12.9c. Beide bewirken nach gewaltsamem Verbinden sowohl einen Sprung als auch eine Winkeländerung der Biegelinie an der Trennstelle beider Rotoren, Abb. 12.9d. Würde man den Strang aus den Lagern heben und vertikal stellen, hätte die Achse einen Sprung oder Knick. In den Lagern ist der Strang verbogen. Es entsteht wie bei jedem krummen Rotor eine zusätzliche Unwucht durch die Verkrümmung. Sie kann durch eine Massenunwucht genügend genau kompensiert, d.h. gewuchtet werden, sofern die Dämpfung nicht allzu groß ist. s. Kap. 8.

Ausrichtefehler an einer Kupplung bewirken keine zusätzlichen Unwuchten, sondern lediglich örtlich und zeitlich konstante, zusätzliche Biegewechselspannungen. Letztere können durch kräftefreie Montage des Wellenstrangs eliminiert werden.

Hingegen bewirken Kupplungsfehler eine Verkrümmung des gekuppelten Strangs, die mit der Rotation des Rotors umläuft und somit eine zusätzliche Unwucht erzeugt. Die Unwucht durch Verkrümmung kann mit Unwuchtmassen genügend genau gewuchtet werden, sofern die Dämpfung nicht allzu groß ist.

12.7 Methode der Identifikation

Das modale Wuchten der kontinuierlichen Welle mit Identifikation ist analog demjenigen der Scheibenwelle, s. Abschn. 11.3.7.

Voraussetzung dazu ist, daß die kritischen Drehzahlen erreicht werden können, unter Umständen ist ein Vorwuchten der „starren" Welle erforderlich. Gebraucht wird für den Wuchtprozeß die Modalmatrix und Messungen im Betriebsbereich, in dem gewuchtet werden soll. Die KU können so durch eine einzige Hochlaufmessung der mit IU behafteten Welle berechnet werden ohne Testgewichtsetzungen und Testläufe.

12.7.1 Radial-isotrope Lagerung

Durch die isotrope Lagerung fällt eine Unterscheidung in x- und y-Richtung dahin. Nach (12.8) sind $x(z,t)$, $y(z,t)$ sowie die EF $\varphi_n(z)$ *und* $\psi_n(z)$ identisch. Damit gilt auch nach (12.10) $\omega_{nx}^2=\omega_{ny}^2=\omega_n^2$ und nach (12.20), (12.21) $N_{nx}=N_{ny}=N_n$; $\underline{F}_n=\underline{G}_n$; $q_{nx}=q_{ny}=q_n$; $\underline{Q}_n=\underline{R}_n$; $\mu_x=\mu_y=\mu$ und $\underline{A}_n=\underline{B}_n$.

Damit ist nach (12.22)

$$\underline{r}_n(z,t,\Omega)=\varphi_n(z)\,\underline{A}_n(\Omega)\,\underline{F}_n\,e^{i\Omega t}$$

oder im rotierenden KS

$$\underline{r}_n(z,\Omega)=\varphi_n(z)\,\underline{A}_n(\Omega)\,\underline{F}_n \tag{12.52}$$

und nach (12.20), (12.21) und (12.20″)

$$\underline{F}_n=\underline{F}_{\varepsilon n}+\sum_k^K\underline{U}_k\,\varphi_n(z_k);\quad \underline{F}_{\varepsilon n}=\overbrace{\int\underline{u}_\varepsilon\,\varphi_n(z)\,dz}^{\underline{u}_{\varepsilon n}N_n}+\sum_k^P\underline{U}_{\varepsilon k}\,\varphi_n(z_{\varepsilon k})$$

$$\underline{A}_n(\Omega)=\frac{1}{N_n}\,\frac{\Omega^2}{\omega_n^2-\Omega^2+i\mu\Omega};\quad N_n=\int m_L(z)\,\varphi_n^2(z)\,dz.$$

Für vollständige Kompensation (Wuchten) gilt offenbar $\underline{F}_n=0$ ($n=1,2,\ldots,N$), also

$$\underline{F}_{\varepsilon n}=-\sum_k^K\underline{U}_k\,\varphi_n(z_k). \tag{12.53}$$

Ist der Rotor noch nicht gewuchtet, besitzt also nur IU, so gilt nach (12.52) und (12.53)

$$\underline{r}_n(z,\Omega)=\varphi_n(z)\,\underline{A}_n(\Omega)\,\underline{F}_{\varepsilon n}=-\varphi_n(z)\,\underline{A}_n(\Omega)\sum_k^K\underline{U}_k\,\varphi_n(z_k).$$

Daraus entsteht folgende Wuchtgleichung für die n-te EF

$$\sum_k^K\underline{U}_k\,\varphi_n(z_k)=-\frac{\underline{r}_n(z,\Omega)}{\varphi_n(z)\,\underline{A}_n(\Omega)}. \tag{12.54}$$

Will man N EF wuchten, enthält (12.54) $N=K$ unbekannte KU $\underline{U}_k$. Es fehlen noch $(N-1)$ Gleichungen zur eindeutigen Bestimmung der KU. Man gewinnt sie, indem man fordert, daß durch die KU der n-ten EF alle übrigen nicht mehr beeinflußt werden sollen,

$$\sum_{k}^{K} \underline{U}_k \varphi_m(z_k) = 0; \quad (m \neq n). \tag{12.55}$$

Mit (12.54) und (12.55) können die WS für die EF gebildet werden. Mit der Transponierten $\boldsymbol{\Phi}^T$ der Modalmatrix $\boldsymbol{\Phi}$

$$\boldsymbol{\Phi}^T = \begin{bmatrix} \varphi_{11} & \varphi_{21} & \varphi_{31} & \cdots \\ \varphi_{12} & \varphi_{22} & \varphi_{32} & \\ \varphi_{13} & \varphi_{23} & \varphi_{33} & \\ \vdots & \vdots & \vdots & \\ \varphi_{1N} & \varphi_{2N} & \varphi_{3N} & \cdots \end{bmatrix}$$

gelten die WS (mit (12.58) und (12.59))

1. EF, WS I
$\Omega = \omega_1$,

$$\boldsymbol{\Phi}^T \begin{bmatrix} U_1 \\ U_2 \\ U_3 \\ \vdots \\ U_N \end{bmatrix}^{I} = - \begin{bmatrix} \dfrac{\underline{r}_1(z, \omega_1)}{\varphi_1(z)\, \underline{A}_1(\omega_1)} \\ 0 \\ 0 \\ \vdots \\ 0 \end{bmatrix} = - \begin{bmatrix} \mathrm{i}\, \dfrac{\underline{X}(z, \omega_1)\, N_1}{\varphi_1(z)\, Q_1} \\ 0 \\ 0 \\ \vdots \\ 0 \end{bmatrix} \tag{12.56}$$

✂- -

2. EF, WS II
$\Omega = \omega_2$,

$$\boldsymbol{\Phi}^T \begin{bmatrix} U_1 \\ U_2 \\ U_3 \\ \vdots \\ U_N \end{bmatrix}^{II} = - \begin{bmatrix} 0 \\ \dfrac{\underline{r}_2(z, \omega_2)}{\varphi_2(z)\, \underline{A}_2(\omega_2)} \\ 0 \\ \vdots \\ 0 \end{bmatrix} = - \begin{bmatrix} 0 \\ \mathrm{i}\, \dfrac{\underline{X}(z, \omega_2)\, N_2}{\varphi_2(z)\, Q_2} \\ 0 \\ \vdots \\ 0 \end{bmatrix}$$

✂- -

3. EF, WS III
$\Omega = \omega_3$,

$$\boldsymbol{\Phi}^T \begin{bmatrix} U_1 \\ U_2 \\ U_3 \\ \vdots \\ U_N \end{bmatrix}^{III} = - \begin{bmatrix} 0 \\ 0 \\ \dfrac{\underline{r}_3(z, \omega_3)}{\varphi_3(z)\, \underline{A}_3(\omega_3)} \\ 0 \\ \vdots \\ 0 \end{bmatrix} = - \begin{bmatrix} 0 \\ 0 \\ \mathrm{i}\, \dfrac{\underline{X}(z, \omega_3)\, N_3}{\varphi_3(z)\, Q_3} \\ 0 \\ \vdots \\ 0 \end{bmatrix}$$

✂- -

usw.
bis
N. EF, WS N.

Man stellt zunächst fest, daß der Aufbau der Gleichungen ganz analog demjenigen für die Scheibenwelle mit diskreten Massen ist, (11.92) bis (11.94). $\underline{r}_n(z, \omega_n)$ entspricht $r_z^{\nabla}(\omega_n)$ und kann nicht direkt gemessen werden. Was gemessen werden kann, ist die Summe aller modalen Teilschwingungen in der Resonanz $\Omega = \omega_n$, nämlich

$$\underline{r}(z, \omega_n) = \sum_{n=1,2,3,\ldots}^{N} \underline{r}_n(z, \omega_n).$$

Die Teilschwingungen $\underline{r}_m(z, \omega_n)$ für $m \neq n$, die nicht in Resonanz sind, werden als vernachlässigbar klein vorausgesetzt, so daß $\underline{r}(z, \omega_n)$ ein Näherungswert für $\underline{r}_n(z, \omega_n)$ wird

$$\underline{r}_n(z, \omega_n) \approx \underline{r}(z, \omega_n).$$

Dadurch entsteht der schon in Abschn. 11.3.2.2 erwähnte systematische Fehler, der allen modalen Methoden eigen ist.

Die Größe $\underline{r}(z, \omega_n)$ kann durch Messen in x- oder y-Richtung erhalten werden, z. B. mit Schaltung II, Abb. 6.4.

$$\underline{X}(z, \omega_n) \quad \text{oder} \quad \underline{Y}(z, \omega_n).$$

Beweis: Nach (6.17) gilt für isotrope Lagerung

$$X = Y = R_1; \quad \varphi_x = \varphi_y = \varphi; \quad x = X \cos(\Omega t + \varphi) = R_1 \cos(\Omega t + \varphi);$$
$$y = Y \sin(\Omega t + \varphi) = R_1 \sin(\Omega t + \varphi),$$

und mit $\underline{X} = X e^{i\varphi}$, $\underline{Y} = Y e^{i\varphi}$, $\underline{R}_1 = R e^{i\varphi}$ ist

$$\underline{X} = \underline{Y} = \underline{R}_1 \tag{12.57}$$

und wahlweise

$$\underline{r}(\Omega, t) = x + iy = \begin{cases} \underline{X}\, e^{i\Omega t} \\ \underline{Y}\, e^{i\Omega t} \\ \underline{R}_1 e^{i\Omega t} \end{cases}.$$

Für irgendeinen Ort z im rotierenden KS gilt unabhängig von der Zeit wahlweise

$$\underline{r}(z, \omega_n) = \begin{cases} \underline{X}\,(z, \omega_n) \\ \underline{Y}\,(z, \omega_n) \\ \underline{R}_1(z, \omega_n) \end{cases} \quad \text{(q.e.d.)}. \tag{12.58}$$

Der Ort z, d. h. die ME kann grundsätzlich beliebig gewählt werden. Vorteilhafterweise wählt man den Ort einer großen Ordinate der EF, z. B. für die 1. und 3. EF die Mitte, für die 2. EF einen Viertelspunkt der Welle, usw.

Der Ausdruck $\underline{A}_n(\Omega)$ kann in der Resonanz $\Omega = \omega_n$ durch den Ausdruck

$$\underline{A}_n(\omega_n) = -i \frac{1}{N_n} \frac{\omega_n}{\mu} = -i \frac{Q_n}{N_n} \quad \left(Q_n = \frac{1}{2D_n}\right) \tag{12.59}$$

ersetzt werden. Der Überhöhungsfaktor Q_n, d.h. die Dämpfung, ist nach Anhang zu Abschn. 11.3.7 zu bestimmen. Hat man mit $N_n = 1$ normiert, ist (12.59) noch

$$\underline{A}(\omega_n) = -i Q_n. \tag{12.60}$$

Was braucht man schließlich für das modale Wuchten mit Identifikation bei isotroper Lagerung?

Man braucht:

1. Eine *Hochlaufmessung* $\underline{X}(\Omega)$ oder $\underline{Y}(\Omega)$ der Auslenkung in einer vernünftig gewählten ME z über den Betriebsbereich Ω den man wuchten will. Als Beispiel mag die Scheibenwelle, Abb. 11.4b, c und d dienen. Dieser Messung entnimmt man erstens $\underline{r}(z, \omega_n)$ und zweitens den Q_n-Faktor.

2. Die *Modalmatrix* $\boldsymbol{\Phi}$, d.h. alle EF im Betriebsbereich

$$\boldsymbol{\Phi} = [\boldsymbol{\Phi}_1, \boldsymbol{\Phi}_2 \dots \boldsymbol{\Phi}_n \dots \boldsymbol{\Phi}_N]\,; \quad \boldsymbol{\Phi}_n = \overset{n\text{-te EF}}{\begin{bmatrix} \varphi_{1n} \\ \varphi_{2n} \\ \vdots \\ \varphi_{zn} \\ \vdots \\ \varphi_{Nn} \end{bmatrix}}\,.$$

Die EF müssen berechnet werden. Sind sie mit $N_n = 1$ normiert, hat man alle Bestimmungsstücke für die rechte Seite der Wuchtgleichungen (12.56).

12.7.2 Ideal-anisotrope Lagerung

Bei ideal-anisotroper Lagerung bedeutet die Aufspaltung der kritischen Drehzahlen und EF in den zwei Hauptebenen der Elastizität grundsätzlich, daß doppelt so viele EF zu wuchten sind wie bei der isotropen Lagerung. Praktisch zeigt es sich, daß die entsprechenden EF in beiden Hauptebenen sehr ähnlich sind, so daß man die entsprechenden zwei WS zu einem WS zusammenziehen kann, wodurch sich ein praktisch genügend genauer Mittelwert ergibt. Siehe die Beispiele in Abschn. 12.3 mit Abb. 12.3.

Dies hat zur Folge, daß die $2N$ EF auf N EF halbiert werden und der Wellenstrang oder Rotor wie ein isotrop gelagerter Rotor gewuchtet werden kann.

Nun ist zu beachten, daß die Amplitude $\underline{r}(\Omega)$ der Auslenkung $\underline{r}(\Omega, t)$ zeitlich nicht konstant ist wie bei der isotropen Lagerung; der Orbit ist eine Ellipse, kein Kreis. Hingegen sind die x- und y-Komponenten zeitlich harmonisch, so daß sie in einer komplexen Ebene als Kreis und somit mit konstanter Amplitude interpretiert werden können.

Nach (12.19) und (12.21) gilt für das n-te Glied der Modallösung

$$\begin{aligned} \underline{r}_n &= x_n + \mathrm{i}\, y_n = \varphi_n \operatorname{Re} \underline{q}_{nx} + \mathrm{i}\, \psi_n \operatorname{Im} \underline{q}_{ny} \\ &= \operatorname{Re}(\varphi_n \underline{A}_n \underline{F}_n \mathrm{e}^{\mathrm{i}\Omega t}) + \mathrm{i} \operatorname{Im}(\psi_n \underline{B}_n \underline{G}_n \mathrm{e}^{\mathrm{i}\Omega t}) \end{aligned} \tag{12.61}$$

und folglich

$$\left.\begin{aligned} x_n &= \operatorname{Re}(\varphi_n \underline{A}_n \underline{F}_n \mathrm{e}^{\mathrm{i}\Omega t}) \\ y_n &= \operatorname{Im}(\psi_n \underline{B}_n \underline{G}_n \mathrm{e}^{\mathrm{i}\Omega t}) \end{aligned}\right\} \underline{A}_n, \underline{F}_n, \underline{B}_n, \underline{G}_n \rightarrow (12.20)\,.$$

Nach (6.6) und (6.6′) gilt aber auch

$$\underline{r}_n = x_n + \mathrm{i}\, y_n \begin{cases} x_n = X_n \cos(\Omega t + \varphi_{nx}) = \operatorname{Re}(\underline{X}_n \mathrm{e}^{\mathrm{i}\Omega t}); & \underline{X}_n = X_n \mathrm{e}^{\mathrm{i}\varphi_{nx}} \\ y_n = \underline{Y}_n \sin(\Omega t + \varphi_{ny}) = \operatorname{Im}(\underline{Y}_n \mathrm{e}^{\mathrm{i}\Omega t}); & \underline{Y}_n = Y_n \mathrm{e}^{\mathrm{i}\varphi_{ny}} \end{cases}. \tag{12.62}$$

Der Vergleich von (12.61) und (12.62) liefert

$$\underline{X}_n(z,\Omega)=\varphi_n(z)\,\underline{A}_n(\Omega)\,\underline{F}_n;\quad \underline{Y}_n(z,\Omega)=\psi_n(z)\,\underline{B}_n(\Omega)\,\underline{G}_n \tag{12.63}$$

und schließlich

$$\underline{r}=x+\mathrm{i}\,y\begin{cases}x=\sum_n^N \mathrm{Re}(\underline{X}_n e^{\mathrm{i}\Omega t})=\mathrm{Re}\sum_n^N \underline{X}_n e^{\mathrm{i}\Omega t}=\mathrm{Re}(\underline{X}e^{\mathrm{i}\Omega t})\\ y=\sum_n^N \mathrm{Im}(\underline{Y}_n e^{\mathrm{i}\Omega t})=\mathrm{Im}\sum_n^N \underline{Y}_n e^{\mathrm{i}\Omega t}=\mathrm{Im}(\underline{Y}e^{\mathrm{i}\Omega t})\end{cases} \tag{12.64}$$

Die komplexen Größen $\underline{X}$ und $\underline{Y}$ (unabhängig von der Zeit) können mit Schaltung II aus Abb. 6.4 gemessen werden, s. Abb. 12.10, (Beispiel 1 aus 12.3).

Die Komponente von y wird nach Voraussetzung (12.62) mit $y=Y\sin(\Omega t+\varphi_y)$ gemessen. Mißt man sie in der Form $y=Y^0\cos(\Omega t+\varphi_y^0)$, so gilt (s. S. 69)

$$\underline{Y}^0(\Omega)=-\mathrm{i}\,\underline{Y}(\Omega),$$

d.h. das Bild $\underline{Y}^0$ ist im entgegengesetzten Drehsinn der Welle um einen rechten Winkel verdreht (nacheilend!).

Die Wuchtbedingung lautet $\underline{r}_n=0$ ($n=1,2,\dots,N$) und ist nach (12.62) nur erfüllt für

$$\underline{X}_n=0 \quad\text{und}\quad \underline{Y}_n=0 \tag{12.65}$$

und nach (12.63) für

$$\underline{F}_n=0 \quad\text{und}\quad \underline{G}_n=0, \tag{12.65'}$$

was (ohne Einzel IU) zu den Bedingungen

$$\int \underline{u}_\varepsilon\varphi_n\,\mathrm{d}z=-\sum_k^K \underline{U}_k\varphi_n(z_k);\quad \int \underline{u}_\varepsilon\psi_n\,\mathrm{d}z=-\sum_k^K \underline{U}_k\psi_n(z_k) \tag{12.66}$$

führt.

Nach (12.63) gilt mit kontinuierlicher IU

$$\underline{X}_n(z,\Omega)=\varphi_n(z)\,\underline{A}_n(\Omega)\int \underline{u}_\varepsilon\varphi_n(z)\,\mathrm{d}z;\quad \underline{Y}_n(z,\Omega)=\psi_n(z)\,\underline{B}_n(\Omega)\int \underline{u}_\varepsilon\psi_n(z)\,\mathrm{d}z,$$

so daß mit (12.66) auch

$$\underline{X}_n(z,\Omega)=-\varphi_n(z)\,\underline{A}_n(\Omega)\sum_k^K \underline{U}_k\varphi_n(z_k)\;;$$

$$\underline{Y}_n(z,\Omega)=-\psi_n(z)\,\underline{B}_n(\Omega)\sum_k^K \underline{U}_k\psi_n(z_k)$$

geschrieben werden kann, oder

$$\sum_k^K \underline{U}_k\varphi_n(z_k)=-\frac{\underline{X}_n(z,\Omega)}{\varphi_n(z)\,\underline{A}_n(\Omega)};\quad \sum_k^K \underline{U}_k\psi_n(z_k)=-\frac{\underline{Y}_n(z,\Omega)}{\psi_n(z)\,\underline{B}_n(\Omega)}. \tag{12.67}$$

Die einzelnen Größen $\underline{X}_n$ und $\underline{Y}_n$ können der Messung nicht entnommen werden. Gemessen werden kann nur die Summe $\underline{X}$ oder $\underline{Y}$. In der n-ten Resonanz ist jedoch $\underline{X}_n$ bzw. $\underline{Y}_n$ dominierend, so daß $\underline{X}(z,\omega_{nx})$, bzw. $\underline{Y}(z,\omega_{ny})$ durch $\underline{X}_n(z,\omega_{nx})$ bzw. $\underline{Y}_n(z,\omega_{ny})$

ersetzt werden kann (Systematischer Fehler des Wuchtens nach EF). Die Wuchtgleichungen (12.56) lauten dann mit (12.67), $K = N$ und

$$\underline{A}_n(\omega_{nx}) = -\mathrm{i}\,\frac{Q_x}{N_{nx}}\,; \quad \underline{B}_n(\omega_{ny}) = -\mathrm{i}\,\frac{Q_y}{N_{ny}} \tag{12.68}$$

in der $(x-z)$-Ebene

WS I
EF φ_1

$$\boldsymbol{\Phi}^{\mathrm{T}} \begin{bmatrix} \underline{U}_1 \\ \underline{U}_2 \\ \underline{U}_3 \\ \vdots \\ \underline{U}_N \end{bmatrix}^{\mathrm{I}} = -\begin{bmatrix} \dfrac{\mathrm{i}\,\underline{X}(z,\omega_{1x})\,N_{1x}}{\varphi_1(z)\,Q_x} \\ 0 \\ 0 \\ \vdots \\ 0 \end{bmatrix};$$

✂ - - - - - - - - - - - - - - -

WS II
EF φ_2

$$\boldsymbol{\Phi}^{\mathrm{T}} \begin{bmatrix} \underline{U}_1 \\ \underline{U}_2 \\ \underline{U}_3 \\ \vdots \\ \underline{U}_N \end{bmatrix}^{\mathrm{II}} = -\begin{bmatrix} 0 \\ \dfrac{\mathrm{i}\,\underline{X}(z,\omega_{2x})\,N_{2x}}{\varphi_2(z)\,Q_x} \\ 0 \\ \vdots \\ 0 \end{bmatrix}, \tag{12.69}$$

✂ - - - - - - - - - - - - - - -

usw.
und in der $(y-z)$-Ebene

WS I
EF ψ_2

$$\boldsymbol{\Psi}^{\mathrm{T}} \begin{bmatrix} \underline{U}_1 \\ \underline{U}_2 \\ \underline{U}_3 \\ \vdots \\ \underline{U}_N \end{bmatrix}^{\mathrm{I}} = -\begin{bmatrix} \dfrac{\mathrm{i}\,\underline{Y}(z,\omega_{1y})\,N_{1y}}{\psi_1(z)\,Q_y} \\ 0 \\ 0 \\ \vdots \\ 0 \end{bmatrix}; \tag{12.69'}$$

✂ - - - - - - - - - - - - - - -

WS II
EF ψ_2

$$\boldsymbol{\Psi}^{\mathrm{T}} \begin{bmatrix} \underline{U}_1 \\ \underline{U}_2 \\ \underline{U}_3 \\ \vdots \\ \underline{U}_N \end{bmatrix}^{\mathrm{II}} = -\begin{bmatrix} 0 \\ \dfrac{\mathrm{i}\,\underline{Y}(z,\omega_{2y})\,N_{2y}}{\psi_2(z)\,Q_y} \\ 0 \\ \vdots \\ 0 \end{bmatrix},$$

✂ - - - - - - - - - - - - - - -

usw.

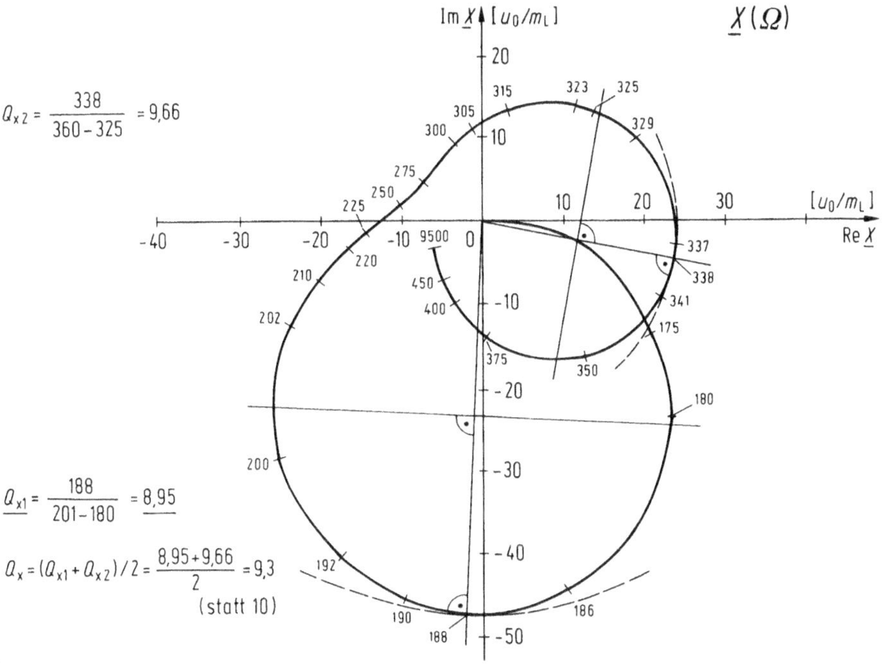

a

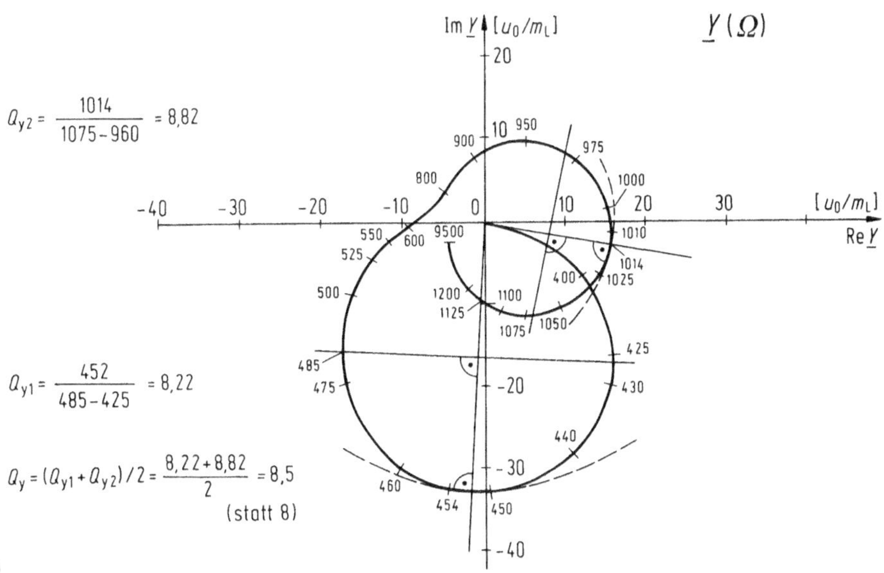

b

Abb. 12.10. Komplexe Amplituden $\underline{X}$ und $\underline{Y}$ in Richtung x und y zur Bestimmung der Q-Faktoren aus der Messung. Beispiel S. 294. **a** $\underline{X}(\Omega)$; $Q_x = 9{,}3$ (statt 10); $\underline{Y}(\Omega)$; $Q_y = 8{,}5$ (statt 8)

Bei isotroper Lagerung ist $\boldsymbol{\Phi} \equiv \boldsymbol{\Psi}$, $\underline{X} \equiv \underline{Y}$ und $Q_x = Q_y$. Es braucht nur in einer Ebene gewuchtet zu werden, z. B. in der $(x-z)$-*Ebene*. Die WS (12.69) sind dann identisch mit den WS (12.56) der isotropen Lagerung.

Nimmt man die entsprechenden WS (12.69) und (12.69′) zusammen, so hat man für $2N$ EF nur N WS

WS I

EF φ_1, ψ_1

$$(\boldsymbol{\Phi}^T + \boldsymbol{\Psi}^T) \begin{bmatrix} \underline{U}_1 \\ \underline{U}_2 \\ \underline{U}_3 \\ \vdots \\ \underline{U}_N \end{bmatrix}^{I} = - \begin{bmatrix} \dfrac{i\underline{X}(z, \omega_{1x}) N_{1x}}{\varphi_1(z) Q_x} + \dfrac{i\underline{Y}(z, \omega_{1y}) N_{1y}}{\psi_1(z) Q_y} \\ 0 \\ 0 \\ \vdots \\ 0 \end{bmatrix}; \tag{12.70}$$

✂ -

WS II

EF φ_2, ψ_2

$$(\boldsymbol{\Phi}^T + \boldsymbol{\Psi}^T) \begin{bmatrix} \underline{U}_1 \\ \underline{U}_2 \\ \underline{U}_3 \\ \vdots \\ \underline{U}_N \end{bmatrix}^{II} = - \begin{bmatrix} 0 \\ \dfrac{i\underline{X}(z, \omega_{2x}) N_{2x}}{\varphi_2(z) Q_x} + \dfrac{i\underline{Y}(z, \omega_{2y}) N_{2y}}{\psi_2(z) Q_y} \\ 0 \\ \vdots \\ 0 \end{bmatrix};$$

✂ -

usw.

Beispiel

Wir wählen das Schulbeispiel mit extrem großer Anisotropie der Lagerung in Abb. 12.3.

Zur Verfügung steht die Messung $\underline{X}(\Omega)$ und $\underline{Y}(\Omega)$ in der WE $z = l/4$, Abb. 12.10.[8] Es sollen vier EF in den WE $z = l/4$ und $z = 3/4 \cdot l$ gewuchtet werden.

Aus der Rechnung ist bekannt

$$\omega_{1x} = 188{,}1 \text{ rad/s}; \quad \omega_{1y} = 450{,}3 \text{ rad/s}.$$
$$\omega_{2x} = 335{,}9 \text{ rad/s}; \quad \omega_{2y} = 1010 \text{ rad/s}.$$

$$\varphi_1(z) = 4{,}8; \quad \psi_1(z) = 4{,}2; \quad N_{1x} = 22{,}98\, m_L l; \quad N_{1y} = 16{,}56\, m_L l.$$
$$\varphi_2(z) = 3{,}1; \quad \psi_2(z) = 2{,}6; \quad N_{2x} = 8{,}50\, m_L l; \quad N_{2y} = 10{,}55\, m_L l.$$

Als erstes sind aus der Messung, Abb. 12.10, die Q-Faktoren nach Abb. A 5b zu berechnen. Resultat: $Q_x = 9{,}3$ (exakt 10); $Q_y = 8{,}5$ (exakt 8). Als zweites sind der Messung die Größen $\underline{X}(\Omega)$ und $\underline{Y}(\Omega)$ in den Resonanzen $\Omega = \omega_{1x}, \omega_{2x}, \omega_{1y}$ und ω_{2y} zu entnehmen. Man entnimmt Abb. 12.10

$$\underline{X}(\omega_{1x}) = -\ 2{,}0 - i\,47{,}5 \approx -i\,47{,}5\, u_0/m_L; \quad \underline{Y}(\omega_{1y}) = -\ 1{,}5 - i\,33 \approx -i\,33\, u_0/m_L;$$
$$\underline{X}(\omega_{2x}) = 23{,}5 - i\ 4{,}5 \approx 23{,}5\, u_0/m_L; \quad \underline{Y}(\omega_{2y}) = 16 - i\,3 \approx 16\, u_0/m_L.$$

---

[8] Die Kurven $\underline{X}(\Omega)$ und $\underline{Y}(\Omega)$ sind hier mit (12.63) und (12.64) sowie den Daten in 12.3, sowie mit $Q_x = 10$, $Q_y = 8$ und der Unwucht

$$u(z) = u_0\,\varphi_1(z) + i\,u_0\,\varphi_2(z)$$

berechnet worden.

Damit lassen sich die rechten Seiten der Wuchtgleichungen berechnen, z.B. für WS I (12.69) wie folgt

$$\frac{\mathrm{i}\,\underline{X}(z,\omega_{1x})\,N_{1x}}{\varphi_1(z)\,Q_x} = \frac{\mathrm{i}(-\mathrm{i}\,47{,}5)\,23}{4{,}8\cdot 9{,}3} = 24{,}47\,u_0\,l$$

$(x-z)$-Ebene

WS I

EF φ_1

ω_{1x}

$$\begin{bmatrix} 4{,}8 & 4{,}8 \\ 3{,}1 & -3{,}1 \end{bmatrix} \begin{bmatrix} U_1 \\ U_2 \end{bmatrix} = -\begin{bmatrix} 24{,}47 \\ 0 \end{bmatrix} u_0\,l$$

$$\underline{U_1 = U_2 = -2{,}55\,u_0\,l.}$$

WS II

EF φ_2

ω_{2x}

$$\begin{bmatrix} 4{,}8 & 4{,}8 \\ 3{,}1 & -3{,}1 \end{bmatrix} \begin{bmatrix} \underline{U}_1 \\ \underline{U}_2 \end{bmatrix} = -\begin{bmatrix} 0 \\ \mathrm{i}\,6{,}93 \end{bmatrix} u_0\,l$$

$$\underline{\underline{U}_1 = -\underline{U}_2 = -\mathrm{i}\,1{,}12\,u_0\,l.}$$

$(y-z)$-Ebene

WS I

EF ψ_1

ω_{1y}

$$\begin{bmatrix} 4{,}2 & 4{,}2 \\ 2{,}6 & -2{,}6 \end{bmatrix} \begin{bmatrix} U_1 \\ U_2 \end{bmatrix} = -\begin{bmatrix} 15{,}34 \\ 0 \end{bmatrix} u_0\,l$$

$$\underline{U_1 = U_2 = -1{,}83\,u_0\,l.}$$

WS II

EF ψ_2

ω_{2y}

$$\begin{bmatrix} 4{,}2 & 4{,}2 \\ 2{,}6 & -2{,}6 \end{bmatrix} \begin{bmatrix} \underline{U}_1 \\ \underline{U}_2 \end{bmatrix} = -\begin{bmatrix} 0 \\ \mathrm{i}\,7{,}64 \end{bmatrix} u_0\,l$$

$$\underline{\underline{U}_1 = -\underline{U}_2 = -\mathrm{i}\,1{,}47\,u_0\,l.}$$

Kombination $(x-z)$- und $(y-z)$-Ebene

WS I

EF φ_1, ψ_1

ω_{1x}, ω_{1y}

$$\begin{bmatrix} 9 & 9 \\ 5{,}7 & -5{,}7 \end{bmatrix} \begin{bmatrix} U_1 \\ U_2 \end{bmatrix} = -\begin{bmatrix} 39{,}81 \\ 0 \end{bmatrix} u_0\,l$$

$$\underline{U_1 = U_2 = -2{,}21\,u_0\,l.}$$

WS II

EF φ_2, ψ_2

ω_{2x}, ω_{2y}

$$\begin{bmatrix} 9 & 9 \\ 5{,}7 & -5{,}7 \end{bmatrix} \begin{bmatrix} \underline{U}_1 \\ \underline{U}_2 \end{bmatrix} = -\begin{bmatrix} 0 \\ \mathrm{i}\,14{,}57 \end{bmatrix} u_0\,l$$

$$\underline{\underline{U}_1 = -\underline{U}_2 = -\mathrm{i}\,1{,}28\,u_0\,l.}$$

Kommentar

Die WS liefern für die gleiche IU erwartungsgemäß unterschiedliche Werte. Die Differenz ist jedoch bescheiden, da sich die EF in beiden Hauptebenen trotz der großen Anisotropie der Lager wenig unterscheiden. Es scheint zweckmäßig den Mittelwert der WS zu verwenden, d.h. die kombinierten WS I und II.

Ein quantitativer Vergleich der ermittelten WS ist über die Dyname ($\underline{R}$, $\underline{M}_0$) (Bezugspunkt Lagermitte) möglich. Bei der Symmetrie des Rotors gilt

$$\underline{R} = R = U_1 + U_2 \quad \text{und} \quad \underline{M}_0 = -U_1 \frac{l}{2}.$$

Die kombinierten WS I und II ergeben damit folgende Wuchtdynamen

	$\underline{R} = R$	$\underline{M}_0$
WS I	$-2{,}21 - 2{,}21 = \underline{-4{,}42\, u_0 l}$	0
WS II	0	$\mathrm{i}\, 1{,}28/2 = \underline{\mathrm{i}\, 0{,}64\, u_0 l^2}$.

Die tatsächliche Unwuchtdyname mit der Unwucht $\underline{u} = u_0 \varphi_1(z) + \mathrm{i} u_0 \varphi_2(z)$ ergibt

$$R = u_0 \int \varphi_1(z)\, \mathrm{d}z = \underline{4{,}79\, u_0 l}; \quad \underline{M}_0 = -2 \int_0^{l/2} \mathrm{i} u_0 \varphi_2(z)\, z\, \mathrm{d}z = \underline{-\mathrm{i}\, 0{,}841\, u_0 l^2}.$$

Bei starrem Rotor müßten die Dynamen übereinstimmen. Bei elastischem Rotor ist die Übereinstimmung um so besser, je mehr WE zur Verfügung stehen. Bei wenigen WE, wie hier, ist die Wuchtdyname stets kleiner als die Unwuchtdyname, s. Abschn. 12.2, Beispiel 1, 2 und 5. Der Grund für dieses Verhalten wird in Abschn. 12.4 diskutiert.

12.8 Einfluß des Fundaments auf das modale Wuchten

12.8.1 Ideal-anisotrope Lagerung, kinetische Nachgiebigkeit und -Steifigkeit

In Abschn. 12.1 bis 12.7 wurde die Lagerung durch masselose Federn vorausgesetzt und zwar sowohl bei isotroper-, anisotroper- und Fundamentlagerung. Reale Lager besitzen jedoch Masse, die durch drehfrequente Lagerkräfte mehr oder weniger zum Mitschwingen gezwungen wird. Nun kann ein Lager auf seinem Fundament, ähnlich wie der Ölfilm, Kopplungsglieder (Nebendiagonalelemente) in der Kraft-Verschiebungsmatrix enthalten. Eine Horizontalkraft kann eine vertikale und eine Vertikalkraft eine horizontale Auslenkung erzeugen. Sind die Nebendiagonalelemente ungleich, ist *theoretisch* nur das quasimodale, bimodale Wuchten oder das Wuchten mit Einflußzahlen möglich.

Die jahrelange *Praxis* beweist jedoch, daß in vielen Fällen die unsymmetrischen Kopplungsglieder vernachlässigt werden dürfen, s. dazu Kap. 11, Abschnitt III. Ist dies der Fall, kann der Ölfilm durch eine einzige Feder- und Dämpfungskonstante in jeder der beiden Hauptrichtungen der Steifigkeit (oder Nachgiebigkeit) modellmäßig dargestellt werden. Das KS ist dazu um den Winkel φ_0 zu drehen.

Das Gleiche gilt sinngemäß auch für die Lager mit Fundament. Wird die Kraft-Verschiebungsmatrix ebenfalls um den gleichen Winkel φ_0 gedreht, gelangt man zu einer *ideal-anisotropen* Lagerung. Eine Kraft in der einen Richtung erzeugt keine Auslenkung mehr in der anderen Richtung, Abb. 12.11. So ist es möglich (komplexe) Verhältniswerte von Auslenkung zu Kraft in jeder der beiden Hauptrichtungen unabhängig voneinander zu bilden. Sind die Hauptrichtungen x und y, so gilt

$$\underline{L}_x(\mathrm{i}\Omega)=\frac{\underline{q}_x(\mathrm{i}\Omega)\,\mathrm{e}^{\mathrm{i}\Omega t}}{F_x\mathrm{e}^{\mathrm{i}\Omega t}}=\frac{\underline{q}_x(\mathrm{i}\Omega)}{F_x}\,;\qquad \underline{L}_y(\mathrm{i}\Omega)=\frac{\underline{q}_y(\mathrm{i}\Omega)\,\mathrm{e}^{\mathrm{i}\Omega t}}{F_y\mathrm{e}^{\mathrm{i}\Omega t}}=\frac{\underline{q}_y(\mathrm{i}\Omega)}{F_y} \tag{12.71}$$

mit $\underline{q}_x$ bzw. $\underline{q}_y$ als Auslenkungsamplitude des Lagerzapfens im Ölfilm plus Lagerschale, plus Lager, plus Fundament – im folgenden unter Fundament zusammengefaßt – infolge der drehfrequenten pulsierenden Kraft $\underline{F}_x=F_x\mathrm{e}^{\mathrm{i}\Omega t}$ bzw. $\underline{F}_y=F_y\mathrm{e}^{\mathrm{i}\Omega t}$.

$\underline{L}_x(\mathrm{i}\Omega)$ und $\underline{L}_y(\mathrm{i}\Omega)$ können als Auslenkungen infolge von Einheitskräften aufgefaßt werden, als Einflußzahlen. Ein anderer Name für $\underline{L}$ ist *k*inetische *N*achgiebigkeit (KNA) (englisch: receptance). Der Kehrwert $\underline{\Gamma}=1/\underline{L}$ wird *k*inetische *S*teifigkeit (KST) oder dynamische Steifigkeit (englisch: dynamic modulus) genannt. Sie beschreiben beide das Verhalten des Fundaments unter drehfrequenten harmonischen Kräften. Es gilt $\underline{L}\underline{\Gamma}=1$.

Als Beispiel sei das Fundament durch eine einzige Masse M, zwei Federn c_1, c_2 und zwei geschwindigkeitsproportionale Dämpfungen b_1 und b_2 gegeben, Abb. 12.12.

Für beide Richtungen x und y gilt dann bei isotroper Lagerung

$$\underline{L}(\mathrm{i}\Omega)=\frac{1}{\underline{\Gamma}(\mathrm{i}\Omega)}=\frac{\underline{q}(\mathrm{i}\Omega)}{F}=\frac{c_1+c_2+(\mathrm{i}\Omega)(b_1+b_2)+(\mathrm{i}\Omega)^2M}{[c_1+(\mathrm{i}\Omega)b_1]\,[c_2+(\mathrm{i}\Omega)b_2+(\mathrm{i}\Omega)^2M]}$$

und *ohne* Dämpfung ($b_1=b_2=0$)

$$\underline{L}(\mathrm{i}\Omega)\to L(\Omega)=\frac{q(\Omega)}{F}=\frac{c_1+c_2-M\Omega^2}{c_1(c_2-M\Omega^2)}=\frac{\Omega_{AR}^2-\Omega^2}{c_1(\Omega_R^2-\Omega^2)}=\frac{1}{\Gamma(\Omega)} \tag{12.72}$$

mit den Abkürzungen

$$\Omega_{AR}^2=\frac{c_1+c_2}{M}\,;\qquad \Omega_R^2=\frac{c_2}{M}\,.$$

Bei $\Omega=\Omega_{AR}$ spricht man von Antiresonanz ($q\to 0$) und bei $\Omega=\Omega_R$ von Resonanz ($q\to\infty$).

Man beachte, daß $\underline{L}$ und $\underline{\Gamma}$ von $(\mathrm{i}\Omega)$ bzw. (Ω) abhängig werden.

Um den Einfluß des Fundaments zu erfassen, muß die Kraft-Verschiebungsmatrix $\boldsymbol{C}$ in (12.6)

$$\overset{\boldsymbol{F}}{\begin{bmatrix}F_x\\F_y\end{bmatrix}}=\overset{\boldsymbol{C}}{\begin{bmatrix}c_x&0\\0&c_y\end{bmatrix}}\overset{\boldsymbol{q}}{\begin{bmatrix}x\\y\end{bmatrix}};\quad \boldsymbol{F}=\boldsymbol{C}\boldsymbol{q}$$

wegen $\boldsymbol{F}=\boldsymbol{\Gamma}\boldsymbol{q}$ durch die kinetische Steifigkeitsmatrix $\boldsymbol{\Gamma}$, also

$$\overset{\boldsymbol{F}}{\begin{bmatrix}F_x\\F_y\end{bmatrix}}=\overset{\boldsymbol{\Gamma}(\mathrm{i}\Omega)}{\begin{bmatrix}\underline{\Gamma}_x(\mathrm{i}\Omega)&0\\0&\underline{\Gamma}_y(\mathrm{i}\Omega)\end{bmatrix}}\overset{\boldsymbol{q}}{\begin{bmatrix}\underline{x}\\\underline{y}\end{bmatrix}}$$

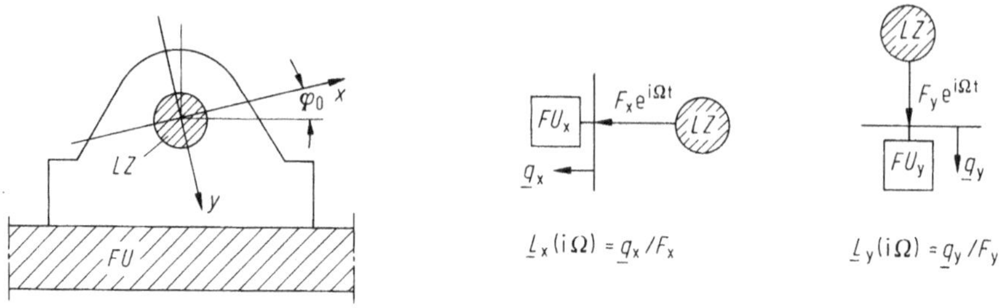

Abb. 12.11. Ideal anisotrope Lagerung für x- und y-Richtung durch Drehen des KS um den Winkel φ_0. $\underline{L}_x(\mathrm{i}\Omega)$ und $\underline{L}_y(\mathrm{i}\Omega)$ sind KNA der Lagerung inkl. Fundament. LZ Lagerzapfen, FU Fundament

ersetzt werden, allerdings mit x und y als komplexe Größen $\underline{x}$ und $\underline{y}$. Welle und Fundament bilden ein durch $\boldsymbol{\Gamma}(\mathrm{i}\Omega)$ oder $\boldsymbol{L}(\mathrm{i}\Omega)$ gekoppeltes Schwingungssystem.

Wesentlich ist nun, daß das gekoppelte System ebenfalls modal gelöst werden kann, entsprechend Abschn. 12.1.1.

Zu beachten ist jedoch, daß die neuen EF $\varphi^{\Delta}(z)$ und $\psi^{\Delta}(z)$ des *Gesamtsystems* die Orthogonalitäts- und Normierungsbedingungen (12.13) und (12.14) nicht mehr erfüllen – die Bedingungen gelten nur für die EF $\varphi(z)$ und $\psi(z)$ einer reinen Federlagerung. Die Orthogonalitäts- und Normierungsbedingungen für die EF $\varphi^{\Delta}(z)$ und $\psi^{\Delta}(z)$ des Gesamtsystems sind zu modifizieren. Nach Parkinson [Pa 9] gelten dafür folgende modifizierten Beziehungen

$$\int m_L(z)\,\varphi_n^{\Delta}\varphi_m^{\Delta}\,\mathrm{d}z + K_x(\omega_n^{\Delta}, \omega_m^{\Delta}) = \begin{cases} 0 & m \neq n \\ N_{nx}^0 & m = n \end{cases}$$

$$\int m_L(z)\,\psi_n^{\Delta}\psi_m^{\Delta}\,\mathrm{d}z + K_y(\omega_n^{\Delta}, \omega_m^{\Delta}) = \begin{cases} 0 & m \neq n \\ N_{ny}^0 & m = n \end{cases}$$

Für das einfache Fundament nach Abb. 12.12 gilt bei $j = a \ldots H$ Lager an den Stellen $z = z_j$ in beiden Richtungen x und y bei vernachlässigter Dämpfung

$$K(\omega_m, \omega_n) = \sum_{j=a}^{H} \frac{M_j c_{1j}^2 \varphi_n^{\Delta}(z_j)\, \varphi_m^{\Delta}(z_j)}{(c_{1j} + c_{2j} - M_j \omega_n^{\Delta 2})\,(c_{1j} + c_{2j} - M_j \omega_m^{\Delta 2})}\,.$$

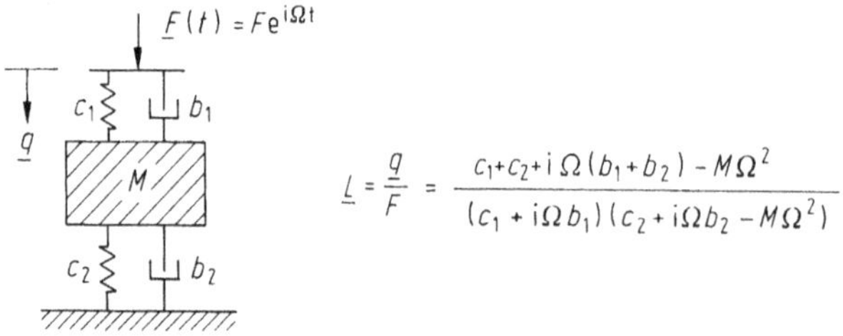

Abb. 12.12. KNA $\underline{L}(\mathrm{i}\Omega)$ eines Feder-, Dämpfungs- und Massensystems (Fundament)

Das klassische Wuchten mit VWS wird durch diese Modifikation grundsätzlich nicht berührt. Das modale Wuchten verlangt die Orthogonalität der EF nicht unbedingt, sondern lediglich ihre lineare Unabhängigkeit. Die klassischen WS (12.45) lauten mit $\boldsymbol{\Phi}^{\Delta}$ für die $(x-z)$-Ebene

$$\boldsymbol{\Phi}^{\Delta^{\mathrm{T}}} \boldsymbol{U}^{\mathrm{I}} = -\begin{bmatrix} \underline{F}_{\mathrm{I}}^{\Delta} \\ 0 \\ \vdots \\ \end{bmatrix}_{\mathrm{N}} ; \quad \boldsymbol{\Phi}^{\Delta^{\mathrm{T}}} \boldsymbol{U}^{\mathrm{II}} = -\begin{bmatrix} 0 \\ \underline{F}_{\mathrm{II}}^{\Delta} \\ 0 \\ \vdots \end{bmatrix}_{\mathrm{N}} ; \ldots ; \quad \boldsymbol{\Phi}^{\Delta^{\mathrm{T}}} \boldsymbol{U}^{\mathrm{N}} = -\begin{bmatrix} 0 \\ \vdots \\ \vdots \\ \underline{F}_{\mathrm{N}}^{\Delta} \end{bmatrix}, \tag{12.73}$$

wobei nach (12.20) und (12.20′) neu gilt

$$\underline{F}_{\mathrm{I}}^{\Delta} = +\int \underline{u}\,\varphi_1^{\Delta}\,\mathrm{d}z = +\underline{u}_1^{\Delta} N_{1\mathrm{x}}^{0}; \qquad \underline{F}_{\mathrm{II}}^{\Delta} = \underline{u}_2^{\Delta} N_{2\mathrm{x}}^{0}; \ldots \ \underline{F}_{\mathrm{N}}^{\Delta} = \underline{u}_{\mathrm{N}}^{\Delta} N_{\mathrm{Nx}}^{0}.$$

Anstelle von N_{Nx} tritt neu N_{Nx}^{0}. Da jedoch für die VWS $\underline{F}_{\mathrm{N}}^{\Delta}$ durch ein Symbol z. B. $\underline{F}_{\mathrm{N}}^{\Delta} = 1$ ersetzt wird, hat N_{Nx}^{0} keinen Einfluß auf die VWS (12.45).

$$\boldsymbol{\Phi}^{\Delta^{\mathrm{T}}}(\Omega = \omega_1)\, \boldsymbol{U}^{\mathrm{I}} = \begin{bmatrix} -1 \\ 0 \\ \vdots \\ \end{bmatrix}_{\mathrm{N}} ; \quad \boldsymbol{\Phi}^{\Delta^{\mathrm{T}}}(\Omega = \omega_2)\, \boldsymbol{U}^{\mathrm{II}} = \begin{bmatrix} 0 \\ -1 \\ 0 \\ \vdots \end{bmatrix}_{\mathrm{N}} ; \quad \boldsymbol{\Phi}^{\Delta^{\mathrm{T}}}(\Omega = \omega_{\mathrm{N}})\, \boldsymbol{U}^{\mathrm{N}} = \begin{bmatrix} 0 \\ \vdots \\ \\ -1 \end{bmatrix} \tag{12.73′}$$

Immerhin ist die Ω-Abhängigkeit der Modalmatrix $\boldsymbol{\Phi}^{\Delta}$ und damit der neuen EF zu beachten. Sie ist für jedes $\Omega = \omega_1, \omega_2, \ldots, \omega_{\mathrm{N}}$ zu berechnen.

Zusammenfassend ist zu sagen, daß der Einfluß des Fundaments auf das klassische Wuchten mit VWS sich lediglich darin unterscheidet, daß die neuen Modalmatrizen $\boldsymbol{\Phi}^{\Delta}$ und $\boldsymbol{\Psi}^{\Delta}$ von der Winkelgeschwindigkeit Ω der Welle abhängen.

Die klassischen VWS des modalen Wuchtens behalten ihre Gültigkeit auch bei Fundamenteinfluß. Die Modalmatrizen müssen allerdings der Berechnung des Rotors oder Wellenstrangs auf Lagern mit Fundamenteinfluß entnommen werden. Sie sind von der Winkelgeschwindigkeit Ω der Welle abhängig.

In [Iw2] wird eine Methode zum modalen Wuchten von Rotoren in stark elastischer Lagerung mit Fundamenteinfluß vorgeschlagen.

12.8.2 Ungedämpfte kritische Drehzahl bei Fundamenteinfluß

Durch das mehr oder weniger drehfrequente Mitschwingen des Fundaments (Masse) werden die kritischen Drehzahlen des Rotors oder Wellenstrangs – auf masselosen Federn berechnet – mehr oder weniger verändert. Zu ihrer Berechnung stehen schon heute Computerprogramme zur Verfügung, die den Einfluß des Fundaments berücksichtigen, z.B. das Programm MADYN, s. [Kr]. Die Abhängigkeit kann damit numerisch erfaßt werden. Um aber die wesentlichen Einflußparameter, die auf die Veränderung der kritischen Drehzahlen Einfluß nehmen, zu erkennen, hilft nur eine analytische Berechnung.

Wir setzen einen Wellenstrang mit $j = a \dots H$ Lagerstellen voraus wie in Abb. 12.1 und lösen die Welle von den Lagern und dem Ölfilm, s. Abb. 12.13. Die ungedämpfte Welle werde an jedem Ort $z = z_j$ einer Lagerstelle durch die drehfrequente Kraft

$$\underline{F}_j(t) = F_j e^{i\Omega t} \quad (j = a \dots H)$$

beaufschlagt, System Ⓑ. Die entgegengesetzte (Reaktions-)Kraft wirkt über den Ölfilm auf das Fundament, System Ⓒ. Die Auslenkung $\underline{r}_{jk} = r_{jk} e^{i\Omega t}$ der frei-freien Welle am Ort z_j durch die Kraft $\underline{F}_k = F_k e^{i\Omega t}$ am Ort z_k ist proportional der Kraft

$$\underline{r}_{jk} = \beta_{jk} \underline{F}_k$$

oder durch die Amplituden ausgedrückt

$$r_{jk} = \beta_{jk} F_k ,$$

wobei der Proportionalitätsfaktor

$$\beta_{jk} = \frac{r_{jk}}{F_k}$$

die KNA bedeutet. Sie kann auch als Einflußzahl bezeichnet werden.

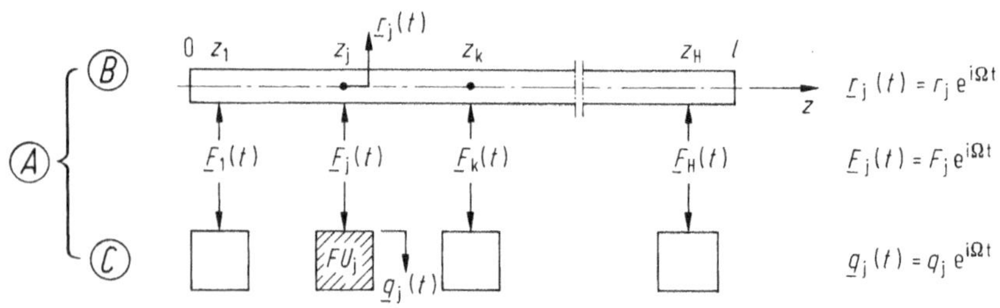

Abb. 12.13. Trennung des Wellenstranges von den Lagern oder dem Fundament. Ⓐ Gesamtsystem, Ⓑ Ⓒ Teilsysteme

Die Gesamtauslenkung r_j am Ort z_j infolge aller Kräfte F_k $(k = 1 \dots H)$ wird durch Überlagerung der Einzelauslenkungen erhalten

$$r_j = \sum_{k=1}^{H} \beta_{jk} F_k$$

oder ausführlicher

$$\overset{\boldsymbol{r}}{\begin{bmatrix} r_1 \\ r_2 \\ r_3 \\ \vdots \\ r_H \end{bmatrix}} = \overset{\boldsymbol{L}_R}{\begin{bmatrix} \beta_{11} & \beta_{12} & \cdots & \beta_{1H} \\ \beta_{21} & \beta_{22} & & \\ \beta_{31} & & & \\ \vdots & & & \\ \beta_{H1} & \cdots & & \beta_{HH} \end{bmatrix}} \overset{\boldsymbol{F}}{\begin{bmatrix} F_1 \\ F_2 \\ F_3 \\ \vdots \\ F_H \end{bmatrix}} ; \quad \boxed{\boldsymbol{r} = \boldsymbol{L}_R \boldsymbol{F}} \quad Ⓑ. \qquad (12.74)$$

Nach Anhang 1 zu Kap. 13 ist die KNA oder Einflußzahl

$$\beta_{jk} = \sum_{n=1}^{\infty} \varphi_{jn}\varphi_{kn} \frac{1}{N_n} \frac{1}{\omega_n'^2 - \Omega^2} \tag{12.75}$$

$$= \varphi_{j1}\varphi_{k1} \frac{1}{N_1} \frac{1}{\omega_1'^2 - \Omega^2} + \varphi_{j2}\varphi_{k2} \frac{1}{N_2} \frac{1}{(\omega_2'^2 - \Omega^2)} + \dots;$$

$$N_n = \int_0^l m(z)\, \varphi_n^2 \,\mathrm{d}z,$$

wobei ω_n' die n-te ungedämpfte Eigenkreisfrequenz der frei-freien Welle bedeutet.

Man erkennt aus (12.75), daß r_j $(j = 1, \dots, H)$ unendlich wird für alle Resonanzlagen $\Omega = \omega_n'$ $(n = 1, 2, \dots, \infty)$.

Eine drehfrequente Kraftamplitude F_j bewirkt auf das ungedämpfte Fundament an der Stelle z_j eine Auslenkung des Fundaments einschließlich des Lagers von der Größe

$$q_j = \gamma_j F_j, \quad (j = 1, 2, \dots, H),$$

wobei

$$\gamma_j = \frac{q_j}{F_j}$$

die KNA des Lagers am Ort z_j bedeutet. Für alle Lager gilt somit

$$\underset{\boldsymbol{q}}{\begin{bmatrix} q_1 \\ q_2 \\ q_3 \\ \vdots \\ q_H \end{bmatrix}} = \underset{\boldsymbol{L}_F}{\begin{bmatrix} \gamma_1 & & & & \\ & \gamma_2 & & & \\ & & \gamma_3 & & \\ & & & \ddots & \\ & & & & \gamma_H \end{bmatrix}} \underset{\boldsymbol{F}}{\begin{bmatrix} F_1 \\ F_2 \\ F_3 \\ \vdots \\ F_H \end{bmatrix}}; \quad \boxed{\boldsymbol{q} = \boldsymbol{L}_F \boldsymbol{F}} \quad ©. \tag{12.76}$$

Beispiel 1: Das einfachste Fundament mit einem Freiheitsgrad und einer Resonanz $\Omega = \Omega_R$, Abb. 12.12, liefert ohne Dämpfung $(b_1 = b_2 = 0)$ nach (12.72)

$$\gamma_j = L_{F_j} = \frac{q_j}{F_j} = \frac{c_1 + c_2 - M\Omega^2}{c_1(c_2 - M\Omega^2)} = \frac{1}{c_1} \frac{(\Omega_{AR}^2 - \Omega^2)}{(\Omega_R^2 - \Omega^2)}. \tag{12.77}$$

Beispiel 2: Bei Fundamenten mit mehr als einem, nämlich N-Freiheitsgraden, nimmt ohne Dämpfung $\underline{L}_{F_j}$ bei Anregung über eine Feder, die Form

$$\gamma_j = L_{Fj} = \frac{q_j}{F_j} = K_j \frac{\prod_n^N (\Omega_{AR_n}^2 - \Omega^2)}{\prod_n^N (\Omega_{R_n}^2 - \Omega^2)}; \quad (\Omega_{R_n} < \Omega_{AR_n} < \Omega_{R_{n+1}} \cdots) \tag{12.77'}$$

an, mit K_j als einer von Ω unabhängigen Systemkonstanten an der Lagerstelle z_j und $n = 1, 2, \dots, N$, s. Abb. 12.16b.

Die beiden Teilsysteme Ⓑ und Ⓒ können durch die Verträglichkeitsbedingung

$$\boldsymbol{r}+\boldsymbol{q}=\boldsymbol{0} \tag{12.78}$$

zum Gesamtsystem Ⓐ zusammengesetzt werden. Mit (12.74) und (12.76) liefert (12.78) die Beziehung

$$\boldsymbol{L}_{\mathrm{R}}\boldsymbol{F}+\boldsymbol{L}_{\mathrm{F}}\boldsymbol{F}=\boldsymbol{0}\ ; \qquad (\boldsymbol{L}_{\mathrm{R}}+\boldsymbol{L}_{\mathrm{F}})\,\boldsymbol{F}=\boldsymbol{0}$$

oder mit $\boldsymbol{L}_{\mathrm{R}}+\boldsymbol{L}_{\mathrm{F}}=\boldsymbol{L}_{\mathrm{K}}$,

$$\overset{\boldsymbol{L}_{\mathrm{R}}}{\begin{bmatrix} \beta_{11} & \beta_{12} & \cdots & \beta_{1\mathrm{H}} \\ \beta_{21} & \beta_{22} & & \vdots \\ \beta_{31} & & & \\ \vdots & & & \\ \beta_{\mathrm{H}1} & \cdots & & \beta_{\mathrm{HH}} \end{bmatrix}} + \overset{\boldsymbol{L}_{\mathrm{F}}}{\begin{bmatrix} \gamma_1 & & & & \\ & \gamma_2 & & & \\ & & \gamma_3 & & \\ & & & \ddots & \\ & & & & \gamma_{\mathrm{H}} \end{bmatrix}}$$

$$= \overset{\boldsymbol{L}_{\mathrm{K}}}{\begin{bmatrix} (\beta_{11}+\gamma_1) & \beta_{12} & \cdots & \beta_{1\mathrm{H}} \\ \beta_{21} & (\beta_{22}+\gamma_2) & & \vdots \\ \beta_{31} & & & \\ \vdots & & & \\ \beta_{\mathrm{H}1} & \cdots & & (\beta_{\mathrm{HH}}+\gamma_{\mathrm{H}}) \end{bmatrix}}\ ; \quad Ⓐ$$

auch

$$\underline{\boldsymbol{L}_{\mathrm{K}}\boldsymbol{F}=\boldsymbol{0}}\ ; \quad \det \boldsymbol{L}_{\mathrm{K}}=\boldsymbol{0}\ ; \tag{12.78'}$$

$\det \boldsymbol{L}_{\mathrm{K}}=0$ ist offenbar die Frequenzgleichung und liefert ω_1^{g}, $\omega_2^{\mathrm{g}}, \ldots$ als wirkliche (ungedämpfte) Eigenkreisfrequenzen des Gesamtsystems Ⓐ, wenn $\omega'_1, \omega'_2, \ldots$, d.h. die Eigenkreisfrequenzen der frei-freien Welle aus System Ⓑ, bekannt sind.

Beispiel 3: Symmetrischer Rotor auf zwei gleichen, masselosen Lagerfedern, Abb. 12.14a.

Für die KNA der Welle nach (12.75) gelten mit $j=1$, $k=1$ und 2; $\varphi_{1\mathrm{n}}=\varphi_{2\mathrm{n}}$ $(n=1, 3, 5, \ldots)$ und $\varphi_{1\mathrm{n}}=-\varphi_{2\mathrm{n}}$ $(n=2, 4, \ldots)$, und, wenn nur $n=1$ und 2 berücksichtigt werden, folgende KNA

$$\beta_{11}=\beta_{22}=\varphi_{11}^2 a+\varphi_{12}^2 b\ ; \qquad a=\frac{1}{N_1}\frac{1}{\omega_1'^2-\Omega^2}\ ;$$

$$\beta_{12}=\beta_{21}=\varphi_{11}^2 a-\varphi_{12}^2 b\ ; \qquad b=\frac{1}{N_2}\frac{1}{\omega_2'^2-\Omega^2}\ ;$$

$$\gamma_1=\gamma_2=\frac{1}{c_1}$$

und

$$\boldsymbol{L}_{\mathrm{K}}=\begin{bmatrix} (\beta_{11}+\gamma_1) & \beta_{12} \\ \beta_{12} & (\beta_{11}+\gamma_1) \end{bmatrix}; \qquad \det \boldsymbol{L}_{\mathrm{k}}=(\beta_{11}+\gamma_1)^2-\beta_{12}^2=0$$

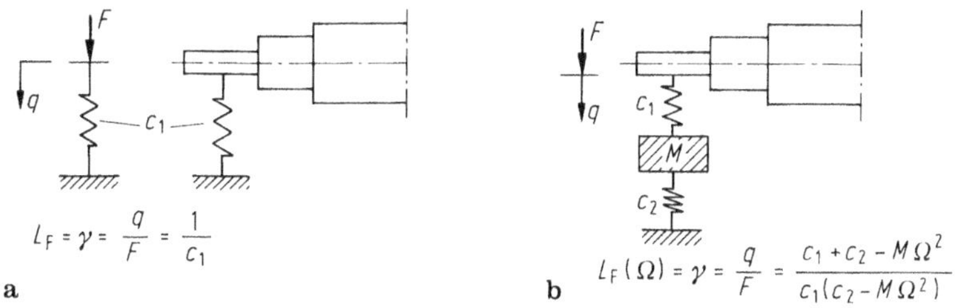

Abb. 12.14. Symmetrischer Rotor auf isotropen Lagern. **a** ideal elastische Lager; **b** dämpfungsfreies Lagerfundament

oder

$$\underline{\beta_{11} + \gamma_1 = \pm \beta_{12}} \tag{12.79}$$

$$\varphi_{11}^2 a + \varphi_{12}^2 b + \frac{1}{c_1} = \pm(\varphi_{11}^2 a - \varphi_{12}^2 b); \quad \begin{cases} 2c_1 \varphi_{11}^2 \dfrac{1}{N_1} \dfrac{1}{\omega_1'^2 - \Omega^2} + 1 = 0 \\ 2c_1 \varphi_{12}^2 \dfrac{1}{N_2} \dfrac{1}{\omega_2'^2 - \Omega^2} + 1 = 0 \,. \end{cases}$$

Die beiden Möglichkeiten ergeben ausführlich

$$\begin{cases} \Omega^2 = \omega_1'^2 + \dfrac{2c_1 \varphi_{11}^2}{N_1} = \omega_1^2 \\ \Omega^2 = \omega_2'^2 + \dfrac{2c_1 \varphi_{12}^2}{N_2} = \omega_2^2 \,. \end{cases} \tag{12.80}$$

ω_1 und ω_2 sind die Eigenkreisfrequenzen des Rotors auf masselosen Federn, wie sie der „üblichen" Rechnung entnommen werden können. Sie sind bekannt.

Beispiel 4: Symmetrischer Rotor auf zwei gleichen dämpfungsfreien Lagerfundamenten nach Abb. 12.14b.

Es gilt für γ_1 nach (12.77)

$$\gamma_1 = \frac{1}{c_1} \frac{(\Omega_{AR}^2 - \Omega^2)}{(\Omega_R^2 - \Omega^2)} \,.$$

Die Frequenzgleichungen (12.79) lauten dann

$$\begin{cases} 2c_1 \varphi_{11}^2 \dfrac{1}{N_1} \dfrac{1}{\omega_1'^2 - \Omega^2} + \dfrac{\Omega_{AR}^2 - \Omega^2}{\Omega_R^2 - \Omega^2} = 0 \rightarrow \Omega = \begin{cases} \omega_{11}^g \\ \omega_{12}^g \end{cases} \\ 2c_1 \varphi_{12}^2 \dfrac{1}{N_2} \dfrac{1}{\omega_2'^2 - \Omega^2} + \dfrac{\Omega_{AR}^2 - \Omega^2}{\Omega_R^2 - \Omega^2} = 0 \rightarrow \Omega = \begin{cases} \omega_{21}^g \\ \omega_{22}^g \end{cases} \,. \end{cases}$$

Im allgemeinen werden nun nicht die Eigenkreisfrequenzen $\omega_1', \omega_2', \omega_3', \ldots$ der frei-freien Welle, System Ⓑ, berechnet, sondern diejenigen der Welle auf masseloser Federlagerung, nämlich $\omega_1, \omega_2, \omega_3, \ldots$. Letztere können über der Lagernachgiebigkeit $1/c_j$ aufgetragen werden wie Abb. 12.15 zeigt.

Die Frequenzgleichung für das Gesamtsystem Ⓐ ist durch (12.78′) gegeben. Setzt man darin für γ_j die KNA $1/c_j$ der masselosen Lagerung ein, so geht $\boldsymbol{L}_K$ in $\boldsymbol{L}$ über

$$
\overset{\displaystyle L}{\begin{bmatrix} \left(\beta_{11}+\frac{1}{c_1}\right) & \beta_{11} & \beta_{12} & \cdots & \beta_{1H} \\ \beta_{21} & \left(\beta_{22}+\frac{1}{c_2}\right) & & & \vdots \\ \beta_{31} & & & & \\ \vdots & & & & \\ \beta_{H1} & \cdots & & & \left(\beta_{HH}+\frac{1}{c_H}\right) \end{bmatrix}}
$$

$$
= \overset{\displaystyle L_R}{\begin{bmatrix} \beta_{11} & \beta_{12} & \beta_{13} & \cdots & \beta_{1H} \\ \beta_{21} & \beta_{22} & & & \vdots \\ \beta_{31} & & & & \\ \vdots & & & & \\ \beta_{H1} & \cdots & & & \beta_{HH} \end{bmatrix}} + \overset{\displaystyle L_c}{\begin{bmatrix} \frac{1}{c_1} & & & & \\ & \frac{1}{c_2} & & & \\ & & \frac{1}{c_3} & & \\ & & & \ddots & \\ & & & & \frac{1}{c_H} \end{bmatrix}} \tag{12.81}
$$

L läßt sich aufspalten in

$$
L = L_R + L_c \ . \tag{12.82}
$$

Die Frequenzgleichung

$$
\det L = 0 \tag{12.83}
$$

liefert jetzt die Eigenkreisfrequenzen $\omega_1, \omega_2, \omega_3, \ldots$. Umgekehrt: Die Eigenkreisfrequenzen $\omega_1, \omega_2, \omega_3, \ldots$ befriedigen (12.83). So befriedigen z.B. die Eigenkreisfrequenzen in Abb. 12.15 die Gleichung $\det L = 0$.

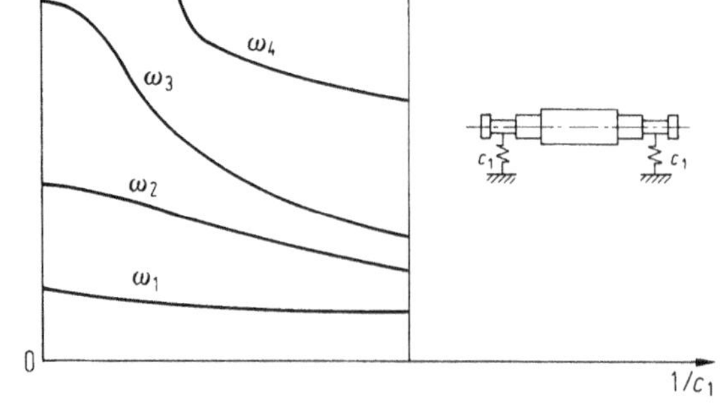

Abb. 12.15. Eigenkreisfrequenzen ω_k ($k = 1, 2, 3, 4$) eines isotrop auf Federn gelagerten symmetrischen Rotors in Abhängigkeit der Lagerelastizität $1/c_1$ (schematisch)

Um die Frequenzgleichung (12.78′) det $\boldsymbol{L}_K = 0$ für das Gesamtsystem zu erfüllen, ist neben der Frequenzgleichung (12.83) noch eine weitere Bedingung zu erfüllen, wie folgende Überlegung zeigt:

Aus (12.82), (12.83), bzw. (12.78′) folgt

$$\det(\boldsymbol{L}_R + \boldsymbol{L}_c) = 0$$
$$\det(\boldsymbol{L}_R + \boldsymbol{L}_F) = 0,$$

was nur mit der zusätzlichen Bedingung

$$\boxed{\boldsymbol{L}_F = \boldsymbol{L}_c} \quad \text{oder} \quad \gamma_j = \frac{1}{c_j} \tag{12.84}$$

$$\overset{\boldsymbol{L}_F}{\begin{bmatrix} \gamma_1 & & & & \\ & \gamma_2 & & & \\ & & \gamma_3 & & \\ & & & \ddots & \\ & & & & \gamma_H \end{bmatrix}} = \overset{\boldsymbol{L}_c}{\begin{bmatrix} \frac{1}{c_1} & & & & \\ & \frac{1}{c_2} & & & \\ & & \frac{1}{c_3} & & \\ & & & \ddots & \\ & & & & \frac{1}{c_H} \end{bmatrix}}$$

verträglich ist.

Beispiel 5: Rotor auf gleichen Lagern, die *einen* Freiheitsgrad und eine Resonanz bei $\Omega = \Omega_R$ besitzen, Abb. 12.12 ohne Dämpfung ($b_1 = b_2 = 0$).

Gleichung (12.77) liefert

$$L_{F_j}(\Omega) = \gamma_j = \frac{1}{c_1} \frac{\Omega_{AR}^2 - \Omega^2}{\Omega_R^2 - \Omega^2}$$

und (12.84) verlangt

$$L_{F_j}(\Omega) = \frac{1}{c_j} \, .$$

Die Funktion $L_F(\Omega)$ ist in Abb. 12.16a schematisch dargestellt.

Beispiel 6: Rotor auf gleichen Lagern, die $N = 3$ Freiheitsgrade und drei Resonanzen bei $\Omega = \Omega_{R1}$, Ω_{R2} und Ω_{R3} besitzen.

Gleichung (12.77′) liefert

$$L_{F_j}(\Omega) = \gamma_j = K_j \frac{\prod_n^3 (\Omega_{AR_n}^2 - \Omega^2)}{\prod_n^3 (\Omega_{R_n}^2 - \Omega^2)}$$

und (12.84) verlangt

$$L_{F_j}(\Omega) = \frac{1}{c_j} \, .$$

Die Funktion $L_F(\Omega)$ ist in Abb. 12.16b schematisch dargestellt.

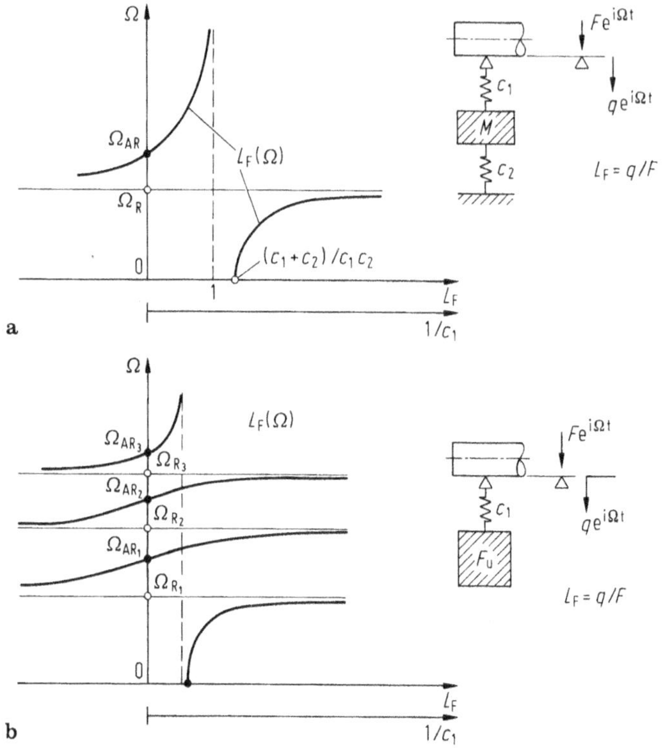

Abb. 12.16. KNA $L_F(\Omega)$ der Lagerstelle zweier Systeme ohne Dämpfung in Abhängigkeit der Lagerelastizität $1/c_1$ (schematisch), Ω_R Resonanz, Ω_{AR} Antiresonanz. **a** ein Freiheitsgrad; **b** mehrere Freiheitsgrade

Die Berechnung eines elastischen Rotors oder Wellenstrangs auf masseloser Federlagerung liefert die Eigenkreisfrequenzen $\omega_1, \omega_2, \ldots$. Sie können in Abhängigkeit von $1/c_1$ wie in Abb. 12.15 dargestellt werden und erfüllen die Frequenzgleichung (12.83) $\det \boldsymbol{L}=0$. Ist die KNA des Fundaments ohne Dämpfung bekannt – Rechnung oder Messung – so kann die Funktion $L_F(\Omega)$ graphisch dargestellt werden, wie in Abb. 12.16a und b gezeigt. Mit $L_F(\Omega)=1/c_1$ ist andererseits die Bedingung (12.84) erfüllt. Legt man jetzt Abb. 12.15 und Abb. 12.16a oder b übereinander, so erfüllen die Schnittpunkte beider Kurven sowohl $\det \boldsymbol{L}=0$ als auch $\boldsymbol{L}_F = \boldsymbol{L}_c$, sc daß auch (wegen $\boldsymbol{L} = \boldsymbol{L}_R + \boldsymbol{L}_c = \boldsymbol{L}_R + \boldsymbol{L}_F = \boldsymbol{L}_K$) $\det \boldsymbol{L}_K = 0$ erfüllt ist. Dadurch liefern die Schnittpunkte die Eigenkreisfrequenzen oder kritischen Drehzahlen des Gesamtsystems Welle–Fundament. In Abb. 12.17a und b sind zwei solcher Diagramme aus der Praxis dargestellt, das eine Mal mit „weichem“ Fundament und das andere Mal mit „hartem“ Fundament.

▷

Abb. 12.17. Graphische Bestimmung kritischer Drehzahlen des Systems Rotor-Lagerung aus den Teilsystemen Rotor und Lagerung. n Drehzahl, n_k kritische Drehzahl des Systems Rotor (auf masseloser Federung). Schnittpunkte von n_k und KNA liefern die kritischen Drehzahlen des Gesamtsystems. **a** „weiche“ Lagerung; **b** „harte“ Lagerung

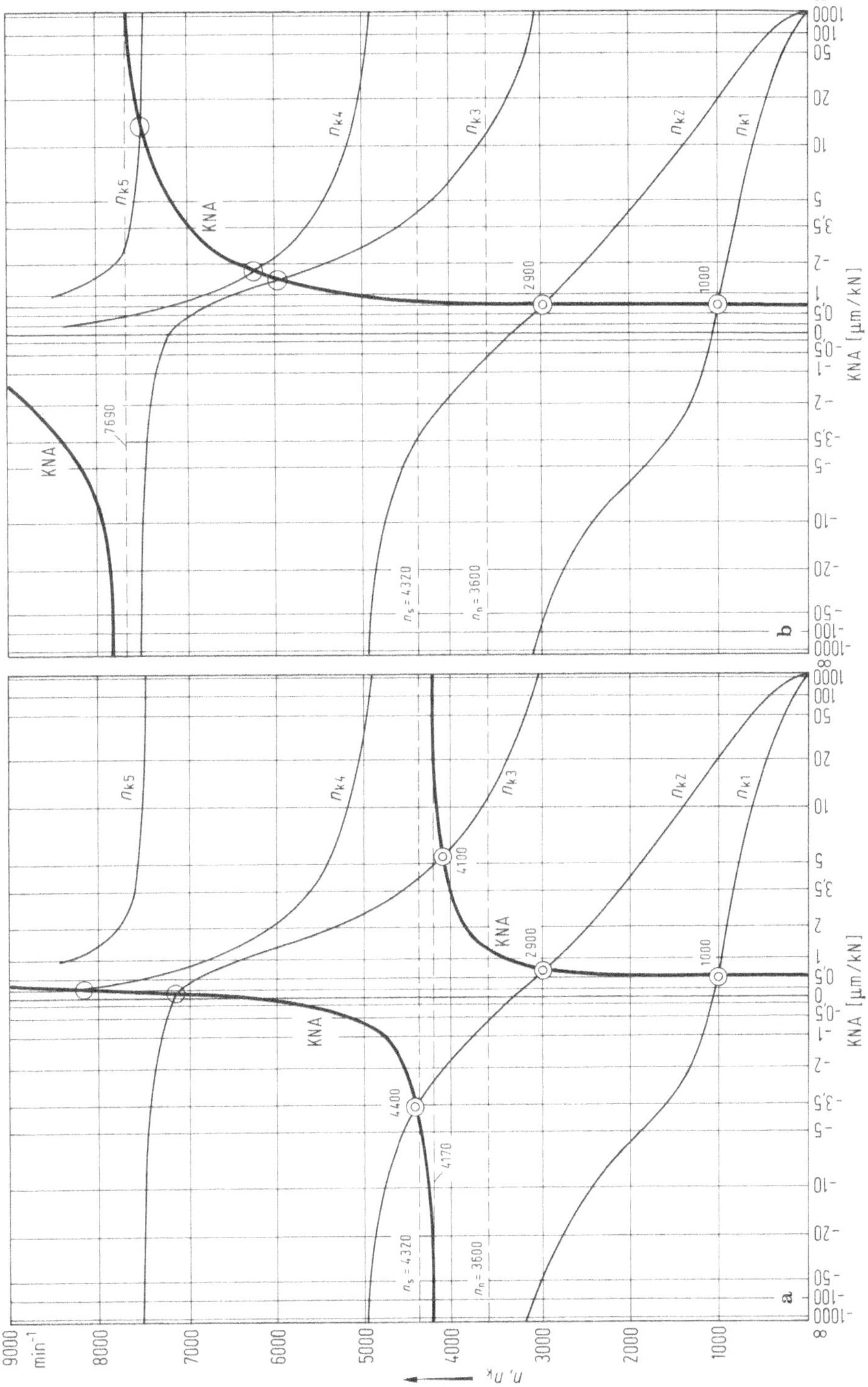

a
b
KNA
KNA [µm/kN]
n, n_k
min^-1
n_k1
n_k2
n_k3
n_k4
n_k5
n_s = 4320
n_n = 3600

Sie liefern folgende wichtige Erkenntnisse:

— Ist die 1. Eigenkreisfrequenz des Fundaments höher als die Betriebsfrequenz, so ist die Kurve $L_F(\Omega)$ (KNA) bis zur Betriebsfrequenz nahezu konstant und eine Parallele zur Ω- oder n-Achse, Abb. 12.17b. Das Fundament kann als masselose Feder betrachtet werden.

— Fällt die 1. Eigenkreisfrequenz des Fundaments in den Betriebsbereich, werden die Eigenkreisfrequenzen (kritische Drehzahlen) des Gesamtsystems verschoben, besonders in der Nähe der Fundamentresonanzen, Abb. 12.17a.

— Die erste Resonanz der Fundamentlagerung ist somit entscheidend dafür, ob man den Wellenstrang mit masseloser Federlagerung rechnen darf oder nicht.
Die erste Resonanz des Fundaments kann auch gemessen werden: Man setzt am unbelasteten Lager einen Schwingungserreger an und fährt mit der harmonisch erregenden Kraft hoch bis zur Resonanzdrehzahl. Damit kann allerdings der Einfluß des Ölfilms nicht erfaßt werden, da er nur bei rotierenden Lagerzapfen wirksam wird.

— Um den unerwünschten Fundamenteinfluß in Wucht- und Schleuderständen zu umgehen, werden harte (und isotrope) Lager bevorzugt.

Um den störenden Fundamenteinfluß auszuschalten, werden Lager von Wuchtmaschinen für schwere und schnellaufende Rotoren sehr steif ausgeführt; so steif, daß die erste Eigenfrequenz der Lagerung über die Betriebsfrequenz zu liegen kommt.

12.8.3 Allgemeine Bemerkungen zur Lagerung elastischer Rotoren bei Fundamenteinfluß

Solange keine ungleichen Nebendiagonalelemente in den Kraftverschiebungs-Matrizen der Lagerung auftreten, ist das modale Wuchten auch theoretisch fundiert. Dies gilt insbesondere auch bei ungekoppelten mitschwingenden Lager- und Fundamentmassen, also für ein gekoppeltes System Welle–Fundament. In vielen Fällen – die Praxis beweist dies – können Abweichungen der beiden Nebendiagonalelemente vernachlässigt werden, und man erreicht mit modalem Wuchten ein genügend gutes Resultat.

Ist jedoch der Rotor oder Wellenstrang sehr viel steifer als die Lagerung mit stark verschiedenen Nebendiagonalelementen, so kann nur bimodales Wuchten, quasimodales Wuchten oder Wuchten mit Einflußkoeffizienten – mit all den Vor- und Nachteilen – zum Ziel führen.

12.9 Wuchten mit Integralgleichung

Vollständigkeitshalber sei noch auf den Versuch hingewiesen, das Wuchtproblem mit Integralgleichungen zu lösen. Wir folgen der Darstellung von Matthieu [Mv] in unserer Schreibweise. Es wird ein zweilageriger Rotor in radial-isotropen Lagern ohne Dämpfung vorausgesetzt. Ferner wird Gebrauch gemacht von der Orthogonalität der EF oder Eigenfunktionen. Die Ableitung erfolgt in der $(x-z)$-Ebene. Die Auslenkung eines Rotors an der Stelle z infolge einer Belastung pro Längeneinheit $p(\zeta)$ an der Stelle $z=\zeta$ ist durch die Greensche Funktion gegeben. Letztere kann als Einflußfunktion bezeichnet werden und ist symmetrisch,

$$G(x, \zeta) = G(\zeta, x) \ . \tag{12.85}$$

Sie kann als Analogon zum Reziprozitätsgesetz der Statik ideal-elastischer Körper gelten.

Die totale Auslenkung in x-Richtung an der Stelle z ist dann das Integral über die Länge l des Rotors

$$x(z) = \int_0^l G(z, \zeta)\, p(\zeta)\, \mathrm{d}\zeta \ . \tag{12.86}$$

Bei konstanter Rotation mit der Winkelgeschwindigkeit Ω ist bei fehlender Dämpfung die Auslenkung $x(z)$ und die Exzentrizität $\varepsilon_x(z)$ gleich oder entgegengesetzt gerichtet, so daß die Fliehkraft pro Längeneinheit mit $m_L(z)$ als Masse pro Längeneinheit gilt

$$Z(z, \Omega) = \Omega^2 [\varepsilon_x(z) + x(z)]\, m_L(z) = \Omega^2 [u_{\varepsilon x}(z) + x(z)\, m_L(z)] \ , \tag{12.87}$$

wobei $u_{\varepsilon x}(z) = \varepsilon_x(z)\, m_L(z)$ die kontinuierliche IU in der $(x-z)$-Ebene bedeutet.

Wird anstelle von $p(\zeta)$ in (12.86) Z mit $z = \zeta$ aus (12.87) eingesetzt, entsteht

$$\underline{x(z) = \lambda \int_0^l G(z, \zeta)\, [\varepsilon_x(\zeta) + x(\zeta)]\, m_L(\zeta)\, \mathrm{d}\zeta} \ ; \quad (\lambda = \Omega^2) \tag{12.88}$$

d.h. im Prinzip eine inhomogene Fredholmsche Integralgleichung zweiter Art.

Ohne Exzentrizität (Unwucht) $\varepsilon_x(z)$ wird aus (12.88) eine homogene Integralgleichung

$$x(z) = \lambda \int G(z, \zeta)\, x(\zeta)\, m_L(\zeta)\, \mathrm{d}\zeta \ . \tag{12.89}$$

In der n-ten Resonanz $\Omega = \omega_n$ ist $\lambda = \lambda_n = \omega_n^2$ und aus (12.89) wird im Resonanzfall die n-te Eigenform (EF)

$$x_n(z) = \lambda_n \int G(z, \zeta)\, x_n(\zeta)\, m_L(\zeta)\, \mathrm{d}\zeta \ . \tag{12.90}$$

Die Lösung von (12.88) kann durch Entwicklung der Exzentrizität (Unwucht) und der Auslenkung in Summen von normierten EF $x_n(z)$ geschehen

$$\varepsilon_x(z) = \sum_{n=1}^{\infty} a_n x_n(z) \ ; \qquad x(z) = \sum_{n=1}^{\infty} c_n x_n(z) \ , \tag{12.91}$$

wobei rein formal[9] gilt

$$a_n = \int_0^l \varepsilon_x(z)\, m_L(z)\, x_n(z)\, \mathrm{d}z = \int_0^l u_{\varepsilon x}(z)\, x_n(z)\, \mathrm{d}z \ . \tag{12.92}$$

---

[9] Gleichung (12.91) mit $m_L(z)\, x_m(z)\, \mathrm{d}z$ multipliziert und integriert liefert mit der Orthogonalitätsbeziehung (12.13) und der Normierungsbedingung (12.14)

$$\underline{\int_0^l \varepsilon_x m_L x_m \mathrm{d}z} = \int_0^l \sum_n a_n m_L x_n x_m \mathrm{d}z = \sum_n a_n \int_0^l m_L x_n x_m \mathrm{d}z = \underline{a_m} \ .$$

Setzt man (12.91) mit $z=\zeta$ in (12.88) ein, so wird

$$\begin{aligned}\sum_{n=1}^{\infty} c_n x_n(z) &= \lambda \int_0^l G(z,\zeta)\left[\sum_{n=1}^{\infty} a_n x_n(\zeta) + \sum_{n=1}^{\infty} c_n x_n(\zeta)\right] m_L(\zeta)\,d\zeta \\ &= \lambda \int G(z,\zeta)\left[\sum_{n=1}^{\infty}(a_n+c_n)\,x_n(\zeta)\right] m_L(\zeta)\,d\zeta \\ &= \lambda \sum_{n=1}^{\infty}(a_n+c_n)\int_0^l G(z,\zeta)\,x_n(\zeta)\,m_L(\zeta)\,d\zeta\end{aligned}$$

oder aufgelöst

$$\begin{aligned}&c_1 x_1(z) + c_2 x_2(z) + \ldots \\ &\quad = \lambda(a_1+c_1)\int_0^l G x_1 m_L\,d\zeta + \lambda(a_2+c_2)\int_0^l G x_2 m_L\,d\zeta + \ldots\ .\end{aligned}$$

Der Koeffizientenvergleich liefert

$$x_n(z) = \lambda\,\frac{a_n+c_n}{c_n}\int_0^l G(z,\zeta)\,x_n(\zeta)\,m_L(\zeta)\,d\zeta\ . \tag{12.93}$$

Durch Gleichsetzen von (12.90) und (12.93) erhält man die Beziehung

$$\lambda_n = \lambda\left(\frac{a_n+c_n}{c_n}\right) \quad \text{oder} \quad \underline{c_n = \frac{\lambda}{\lambda_n-\lambda}\,a_n}$$

und mit (12.91) die gesuchte Lösung von (12.88) in modaler Form

$$\underline{x(z) = \sum_{n=1}^{\infty}\frac{\lambda}{\lambda_n-\lambda}\,a_n x_n(z) = \sum_{n=1}^{\infty}\frac{\Omega^2}{\omega_n^2-\Omega^2}\,a_n x_n(z)}\ . \tag{12.94}$$

Diese Lösung (12.94) erhält man auch aus (12.23) mit den normierten EF φ_n ($N_n = 1$) für isotrope Lager ($\varphi_n = \psi_n$) ohne Dämpfung ($\mu_x = \mu_y = 0$) und ohne Einzelunwuchten ($\underline{U}_{\varepsilon k} = \underline{U}_k = 0$) zu

$$\underline{r}(z) = \sum_{n=1}^{\infty}\underline{r}_n(z) = \sum_{n=1}^{\infty}\frac{\Omega^2}{\omega_n^2-\Omega^2}\,\varphi_n(z)\int_0^l \underline{u}_\varepsilon\varphi_n(z)\,dz = \sum_{n=1}^{\infty}\frac{\Omega^2}{\omega_n^2-\Omega^2}\,\varphi_n(z)\,\underline{a}_n$$

$$(\underline{r} = x + i\,y) \qquad \underline{a}_n = \int_0^l \underline{u}_\varepsilon\varphi_n(z)\,dz = \underline{u}_{\varepsilon n}N_n = \underline{u}_{\varepsilon n}\ .$$

Durch Einsetzen von (12.94) in (12.87) erhält man die bezogene Fliehkraft in der Form

$$\underline{Z(z,\Omega) = \Omega^2 u_{\varepsilon x}(z) + \Omega^2 m_L(z)\sum_{n=1}^{\infty}\frac{\Omega^2}{\omega_n^2-\Omega^2}\,a_n x_n(z)} \tag{12.95}$$

und mit (12.91) in einer anderen Form

$$\begin{aligned}\underline{Z(z,\Omega)} &= \Omega^2 m_L(z)\left[\sum_{n=1}^{\infty} a_n x_n(z) + \sum_{n=1}^{\infty}\frac{\Omega^2}{\omega_n^2-\Omega^2}\,a_n x_n(z)\right] \\ &\underline{= \Omega^2 m_L(z)\sum_{n=1}^{\infty}\frac{\omega_n^2}{\omega_n^2-\Omega^2}\,a_n x_n(z)}\ .\end{aligned} \tag{12.96}$$

Die beiden Formen (12.95) und (12.96) sind im Anhang 2 zu Abschn. 12.4 aus der Differentialgleichung (nicht Integralgleichung!) (12.2) abgeleitet.

Die umlaufenden Fliehkräfte müssen durch die Lager aufgenommen werden. Um die Lager frei von umlaufenden Kräften zu haben, muß Summe und Moment der Fliehkräfte für jedes Ω verschwinden.

Die Bedingungen für vollständiges Wuchten lauten folglich

$$\int Z(z, \Omega)\,\mathrm{d}z = 0 \; ; \qquad \int Z(z, \Omega)\, z\,\mathrm{d}z = 0$$

oder einfach

$$\boxed{Z(z, \Omega) = 0} \tag{12.97}$$

mit (12.95) und (12.96).

Man kann anhand dieser beiden Formen folgende Aussagen machen:

— Ist ein Rotor als starrer Rotor gewuchtet, ist das Integral des ersten Summanden auf der rechten Seite von (12.95) Null. Für das elastische Wuchten muß aber noch das Integral des zweiten Summanden verschwinden. Im Vergleich zu (12.96) ist die Reihe in (12.95) rascher konvergent als in (12.96). Siehe auch Anhang 2 zu Abschn. 12.4. Dies bedeutet, daß bei vorgängigem starrem Wuchten des Rotors (bei niederen Drehzahlen) für das elastische Wuchten weniger KU erforderlich werden [(N + 2)-Methode]. Oder auch, daß ein starr gewuchteter Rotor, der die Bedingungen

$$\sum_{n=1}^{N} \frac{\Omega^2}{\omega_n^2 - \Omega^2}\, a_n x_n(z) = 0$$

(mit endlichem N) erfüllt, ruhiger läuft als ein nicht starr gewuchteter Rotor, der die Bedingung

$$\sum_{n=1}^{N} \frac{\omega_n^2}{\omega_n^2 - \Omega^2}\, a_n x_n(z) = 0$$

mit gleicher Anzahl EF erfüllt. Es wird deshalb von Matthieu [Mv] empfohlen, den Rotor vorgängig starr zu wuchten.

— Die Gleichung (12.96) beweist, daß das vorgängige starre Wuchten nicht zwingend ist.

— Die Gleichung (12.96) sagt weiter aus, daß zum Wuchten von N EF N Gleichungen $a_n = 0$ ($n = 1, 2, \ldots, N$) genügen.

— Ist ein elastischer Rotor 100%ig gewuchtet, gilt also (12.96) mit (12.97), so gilt auch (12.95) mit (12.97). Dann ist der Rotor auch als starrer Rotor gewuchtet. Dies gilt jedoch nur, wenn $N = \infty$ ist, d. h. wenn alle unendlich vielen EF gewuchtet sind, was praktisch nie gelingt.

Schließlich ist noch zu bemerken, daß die Behandlung anisotroper- oder Gleitlagerung in der Regel zu gekoppelten Systemen von Integralgleichungen führt.

Zusammenfassend ist festzustellen, daß die Behandlung des Wuchtproblems mit Integralgleichungen substantiell nichts Neues bietet und für die praktische Anwendung nichts bringt. Allerdings entbehrt diese Methode nicht einer gewissen mathematischen Eleganz.

12.10 Bimodales Wuchten

Das bimodale Wuchten eines kontinuierlichen Rotors erfordert wie das bimodale Wuchten der Scheibenwelle, Abschn. 11.6, die Zerlegung der Lösung des Differentialgleichungssystems in bimodale EF. Im Unterschied zur Scheibenwelle mit endlich vielen Freiheitsgraden hat die kontinuierliche Welle unendlich viele Freiheitsgrade (ob isotrop oder anisotrop oder in Gleitlagern gelagert) und hat demzufolge auch unendlich viele kritische Drehzahlen und EF.

Das Rechenmodell, das verwendet wird, besitzt durch die Diskretisierung oder Unterteilung des Rotors in viele einzelne Elemente endlich viele Freiheitsgrade, jedoch wesentlich mehr als ein Scheibenrotor. Das zuständige Differentialgleichungssystem hat aber die gleiche Form (11.147) wie für den Scheibenrotor, jedoch ist die Zahl der Freiheitsgrade erheblich größer. Die Berechnung selbst ist somit grundsätzlich die gleiche wie in Abschn. 11.6, hingegen gibt es einige Besonderheiten, die zu beachten sind.

Es können und müssen nicht alle EF gewuchtet werden. Es genügt diejenigen EF zu wuchten, die im und etwas über dem Betriebsbereich liegen. Dies bedeutet, daß nur die untersten Eigenwerte $\underline{\lambda}_k = \alpha_k + i\omega_k$ gebraucht werden. Wieviele entscheidet der Vergleich des Betriebsbereichs mit dem Imaginärteil ω_k von $\underline{\lambda}_k$. Es müssen somit nur diejenigen Eigenwerte $\underline{\lambda}_k$ bekannt sein, deren ω_k noch im Betriebsbereich und etwas darüber liegen. Mit $\underline{\lambda}_k$ sind auch die Linkseigenvektoren $\boldsymbol{q}_k$ bekannt, wobei von den konjugiert komplexen Eigenwerten $\underline{\lambda}_k^*$ und -Linkseigenvektoren $\boldsymbol{q}_k^*$ abgesehen werden kann, wenn die Drehzahl der Welle positiv $(\Omega > 0)$ vorausgesetzt wird, was keine Einschränkung der Allgemeinheit darstellt.

Zur Berechnung der ersten Linkseigenvektoren $\boldsymbol{q}_k$ eines Systems mit vielen Freiheitsgraden stehen zwei Verfahren zur Verfügung [Kr S. 164, Zu]:

1. Das *H*essen*b*erg Verfahren (HB)
2. Die *i*nverse *V*ektoriteration (IV)

Empfehlung:
HB: bis 100 Freiheitsgrade
IV: >100 Freiheitsgrade
<100 Freiheitsgrade, wenn nur 10% der Eigenvektoren verlangt werden.

Das HB Verfahren berechnet grundsätzlich alle Eigenwerte. Links- und Rechtseigenvektoren können nur nacheinander ermittelt werden, so daß unter Umständen die Orthogonalität nicht gewährleistet ist. Die Massenmatrix muß positiv definit sein. Wenn einige Stützpunkte keine Masse haben, muß dies durch eine vorangehende Reduktion beseitigt werden. Der Vorteil des Verfahrens besteht darin, daß keine Eigenwerte vergessen werden. Der Nachteil besteht in dem enorm hohen Speicherbedarf.

Die IV ist für große Systeme konzipiert, von denen man nur die untersten Eigenfrequenzen berechnen möchte. Die Orthogonalität der Eigenvektoren ist gewährleistet, da Links- und Rechtseigenvektoren gleichzeitig anfallen. Der Nachteil besteht darin, daß über einzelne Eigenwerte hinweg iteriert werden kann. Diese Ungewißheit kann durch einen Folgelauf beseitigt werden. Das IV Verfahren benötigt Startvektoren z.B. mit Zufallszahlen oder mit reellen Eigenwerten und Eigenvektoren aus der modalen Rechnung mit symmetrisierter Steifigkeitsmatrix ohne Dämpfung und Kreiselwirkung.

Die bimodale Wuchtgleichung für $2n$ Freiheitsgrade mit n Linkseigenvektoren $\boldsymbol{q}_k$ $(k = 1 \dots n)$[10]

---

[10] s. Bemerkung betreffend Rechts- und Linkseigenvektoren auf. S. 205.

$$\boldsymbol{q}_k^T = [\underline{x}_{1k}, \underline{x}_{2k}, \ldots, \underline{x}_{nk}, \underline{y}_{1k}, \underline{y}_{2k}, \ldots, \underline{y}_{nk}]$$

lautet nach (11.178)

$$\boldsymbol{\theta}^T \begin{bmatrix} \underline{U}_1 \\ \underline{U}_2 \\ \vdots \\ \underline{U}_n \end{bmatrix} = -\boldsymbol{\theta}^T \begin{bmatrix} \underline{U}_{\varepsilon 1} \\ \underline{U}_{\varepsilon 2} \\ \vdots \\ \underline{U}_{\varepsilon n} \end{bmatrix}; \qquad (12.98)$$

$$\boldsymbol{\theta}^T = \begin{bmatrix} \boldsymbol{\theta}_1^T \\ \boldsymbol{\theta}_2^T \\ \vdots \\ \boldsymbol{\theta}_n^T \end{bmatrix} = \begin{bmatrix} \underline{\theta}_{11} & \underline{\theta}_{21} & \cdots & \underline{\theta}_{n1} \\ \underline{\theta}_{12} & & & \vdots \\ \vdots & & & \vdots \\ \underline{\theta}_{1n} & \cdots & & \underline{\theta}_{nn} \end{bmatrix} =$$

$$= \begin{bmatrix} (\underline{x}_{11} - i\underline{y}_{11}); & (\underline{x}_{21} - i\underline{y}_{21}) & \cdots & (\underline{x}_{n1} - i\underline{y}_{n1}) \\ (\underline{x}_{12} - i\underline{y}_{12}) & & & \vdots \\ \vdots & & & \\ (\underline{x}_{1n} - i\underline{y}_{1n}) & \cdots & & (\underline{x}_{nn} - i\underline{y}_{nn}) \end{bmatrix};$$

$$\boldsymbol{\theta}_k^T = [\underline{\theta}_{1k}^T, \theta_{2k}^T, \ldots, \underline{\theta}_{nk}^T]^T; \qquad \underline{\theta}_{jk} = (\underline{x}_{jk} - i\underline{y}_{jk}); \qquad (k = 1, 2, \ldots, n).$$

12.10.1 Bimodale N-Methode

Werden nur K EF gewuchtet ($K < n$), so braucht es für die N-Methode auch K WE. Betrachten wir ein *Beispiel:* Es werden $n = 8$ Rotorelemente mit IU $\underline{U}_{\varepsilon 1}, \underline{U}_{\varepsilon 2}, \ldots, \underline{U}_{\varepsilon 8}$ vorausgesetzt mit $n = 8$ Paar Eigenwerte und den zugehörigen paarweise ähnlichen Linkseigenvektoren, bzw. Vektoren $\boldsymbol{\theta}_k$. Von den Paaren wird nur je ein Vektor gebraucht ($n = k = 1 \ldots 8$). Im Betriebsbereich sollen voraussetzungsgemäß nur $3N = 6$ Paar Eigenwerte liegen, von denen nur $N = 3$ gebraucht werden. Es sind somit $N = 3$ WE zur Verfügung zu stellen. Wir wählen die WE bei $j = 2, 5, 7$.

Gleichung (12.98) lautet dann ausführlich

$$\begin{matrix} k=1 \\ k=2 \\ \vdots \\ \\ \\ \\ \vdots \\ k=8 \end{matrix} \quad \overset{\boldsymbol{\theta}^T}{\begin{bmatrix} \underline{\theta}_{11} & \underline{\theta}_{21} & \cdots & \underline{\theta}_{81} \\ \underline{\theta}_{12} & & & \vdots \\ \vdots & & & \\ & & & \\ & & & \\ & & & \\ & & & \\ \underline{\theta}_{18} & \cdots & & \underline{\theta}_{88} \end{bmatrix}} \overset{\boldsymbol{U}}{\begin{bmatrix} 0 \\ \underline{U}_2 \\ 0 \\ 0 \\ \underline{U}_5 \\ 0 \\ \underline{U}_7 \\ 0 \end{bmatrix}} = -\boldsymbol{\theta}^T \overset{\boldsymbol{U}_\varepsilon}{\begin{bmatrix} \underline{U}_{\varepsilon 1} \\ \vdots \\ \\ \\ \\ \\ \\ \underline{U}_{\varepsilon 8} \end{bmatrix}}. \qquad (12.99)$$

Dies sind acht Gleichungen für nur drei Unbekannte $\underline{U}_2, \underline{U}_5, \underline{U}_7$. Das System ist überbestimmt, wir brauchen nur drei Gleichungen. Die Wahl der drei Gleichungen aus den acht Gleichungen ist nicht ganz frei. Sie müssen mit drei Vektoren $\boldsymbol{\theta}_k$ ($k = u, v, w$), die im Betriebsbereich liegen, gebildet werden. Wir erhalten so aus (12.99)

$$\overset{\boldsymbol{\theta}^{\mathrm{T}}_{\mathrm{red}}}{\begin{bmatrix} \underline{\theta}_{2\mathrm{u}} & \underline{\theta}_{5\mathrm{u}} & \underline{\theta}_{7\mathrm{u}} \\ \underline{\theta}_{2\mathrm{v}} & \underline{\theta}_{5\mathrm{v}} & \underline{\theta}_{7\mathrm{v}} \\ \underline{\theta}_{2\mathrm{w}} & \underline{\theta}_{5\mathrm{w}} & \underline{\theta}_{7\mathrm{w}} \end{bmatrix}} \overset{\boldsymbol{U}_{\mathrm{red}}}{\begin{bmatrix} \underline{U}_2 \\ \underline{U}_5 \\ \underline{U}_7 \end{bmatrix}} = - \begin{bmatrix} \underline{\theta}_{1\mathrm{u}}, \underline{\theta}_{2\mathrm{u}}, \dots \underline{\theta}_{8\mathrm{u}} \\ \underline{\theta}_{1\mathrm{v}}, \\ \underline{\theta}_{1\mathrm{w}}, \dots \quad \underline{\theta}_{8\mathrm{w}} \end{bmatrix} \boldsymbol{U}_{\varepsilon} = - \begin{bmatrix} \boldsymbol{\theta}^{\mathrm{T}}_{\mathrm{u}} \\ \boldsymbol{\theta}^{\mathrm{T}}_{\mathrm{v}} \\ \boldsymbol{\theta}^{\mathrm{T}}_{\mathrm{w}} \end{bmatrix} \boldsymbol{U}_{\varepsilon} \; . \qquad (12.100)$$

Die Aufspaltung in Modalformen ergibt die Gleichungssysteme für die WS

WS $k = u$

$$\boldsymbol{\theta}^{\mathrm{T}}_{\mathrm{red}} \begin{bmatrix} \underline{U}_2 \\ \underline{U}_5 \\ \underline{U}_7 \end{bmatrix} = - \begin{bmatrix} \boldsymbol{\theta}^{\mathrm{T}}_{\mathrm{u}} \\ 0 \\ 0 \end{bmatrix} \boldsymbol{U}_{\varepsilon} \; ; \qquad (12.101)$$

WS $k = v$

$$\boldsymbol{\theta}^{\mathrm{T}}_{\mathrm{red}} \begin{bmatrix} \underline{U}_2 \\ \underline{U}_5 \\ \underline{U}_7 \end{bmatrix} = - \begin{bmatrix} 0 \\ \boldsymbol{\theta}^{\mathrm{T}}_{\mathrm{v}} \\ 0 \end{bmatrix} \boldsymbol{U}_{\varepsilon} \; ;$$

WS $k = w$

$$\boldsymbol{\theta}^{\mathrm{T}}_{\mathrm{red}} \begin{bmatrix} \underline{U}_2 \\ \underline{U}_5 \\ \underline{U}_7 \end{bmatrix} = - \begin{bmatrix} 0 \\ 0 \\ \boldsymbol{\theta}^{\mathrm{T}}_{\mathrm{w}} \end{bmatrix} \boldsymbol{U}_{\varepsilon} \; .$$

Die VWS werden erhalten, indem die rechte Seite von (12.101) durch die symbolischen Vektoren $[-1, 0, 0]^{\mathrm{T}}$; $[0, -1, 0]^{\mathrm{T}}$; $[0, 0, -1]^{\mathrm{T}}$ ersetzt werden. Der Formalismus ist analog zu demjenigen der modalen Wuchtung, s. Abschn. 11.3.8 (Scheibenwelle) und Abschn. 12.1.2 (kontinuierliche Welle).

Man beachte, daß die Wahl von $k = u$, v, w aus den 6 Vektoren oder Eigenwerten, die im Betriebsbereich liegen, getroffen werden muß. Man wird praktisch diejenigen Vektoren wählen, die sich stark unterscheiden (nicht linear abhängig sind), um unzumutbar große WS zu vermeiden, z. B. hier *U*-, *S*-, *W*-Formen.

Mit den WS nach (12.101) werden K = 3 EF gewuchtet. Durch Vernachlässigung der übrigen EF erreicht man eine im allgemeinen genügende, aber nicht vollständige Wuchtung. Hinzu kommt noch der systematische Fehler des modalen Wuchtens, indem in der kritischen Drehzahl die entsprechende EF nicht allein gemessen werden kann, sondern leicht gemischt mit oberen EF ist.

12.10.2 Bimodale (N + 2)-Methode

Analog der Scheibenwelle, s. Abschn. 11.6.9, kann auch bei der kontinuierlichen Welle die (N + 2)-Methode verwendet werden. Um das statische und dynamische Gleichgewicht des vorgängig starr gewuchteten Rotors nicht mehr zu beeinflussen, sind die beiden Gleichungen

$$\sum \underline{U}_{\mathrm{j}} = 0 \quad \text{und} \quad \sum \underline{U}_{\mathrm{j}} z_{\mathrm{j}} = 0$$

zu erfüllen. Um K EF zu wuchten, braucht es dann $(K+2)$ WE oder anders ausgedrückt: mit K WE können nur $(K-2)$ EF gewuchtet werden.

In unserem Beispiel mit drei WE bei $j=2, 5, 7$ kann nur eine EF gewuchtet werden, logischerweise die niederste, eine U-Form. Das Gleichungssystem (12.100) lautet dann mit $k=u$

$$\begin{bmatrix} 1 & 1 & 1 \\ z_2 & z_5 & z_7 \\ \underline{\theta}_{2u} & \underline{\theta}_{5u} & \underline{\theta}_{7u} \end{bmatrix} \begin{bmatrix} \underline{U}_2 \\ \underline{U}_5 \\ \underline{U}_7 \end{bmatrix} = -\begin{bmatrix} 0 \\ 0 \\ \boldsymbol{\theta}_u^T \end{bmatrix} \boldsymbol{U}_\varepsilon \tag{12.102}$$

und liefert direkt den WS für $k=u$.

Allgemein lautet das Gleichungssystem (12.100), wenn K EF mit IU an allen n Elementgrenzen (Knoten) gewuchtet werden müssen, wobei $(K+2)$ WE gebraucht werden

$$\begin{array}{r} \downarrow 2 \\ (K+2)\downarrow \downarrow K \end{array} \left[\begin{array}{cccc} 1 & 1 & \dots & 1 \\ z_1 & z_2 & \dots & z_{K+2} \\ \hline & & \boldsymbol{\theta}_{red}^T & \end{array}\right] \begin{bmatrix} \underline{U}_1 \\ \underline{U}_2 \\ \vdots \\ \underline{U}_{K+2} \end{bmatrix} = -\ (K+2)\downarrow \overset{\rightarrow n}{\left[\begin{array}{c} 0 \\ 0 \\ \hline \boldsymbol{\theta}_K^T \end{array}\right]} \begin{bmatrix} \underline{U}_{\varepsilon 1} \\ \underline{U}_{\varepsilon 2} \\ \vdots \\ \underline{U}_{\varepsilon, n} \end{bmatrix} .$$

$$\boldsymbol{\theta}_{red}^T : K \times (K+2) . \tag{12.103}$$

Zur Berechnung der WS ist (12.103) noch aufzuspalten in die Bimodalsysteme. Mit

$$\boldsymbol{\theta}_K^T = [\boldsymbol{\theta}_1^T, \boldsymbol{\theta}_2^T, \dots, \boldsymbol{\theta}_K^T] : K \times n$$

lautet das erste Bimodalsystem zur Berechnung des ersten WS

$$\left[\begin{array}{cccc} 1 & 1 & \dots & 1 \\ z_1 & z_2 & \dots & z_{K+2} \\ \hline & \boldsymbol{\theta}_{1\,red}^T & & \\ & \boldsymbol{\theta}_{2\,red}^T & & \\ & \vdots & & \\ & \boldsymbol{\theta}_{K\,red}^T & & \end{array}\right] \begin{bmatrix} \underline{U}_1 \\ \underline{U}_2 \\ \vdots \\ \\ \\ \underline{U}_{K+2} \end{bmatrix} = \left[\begin{array}{c} 0 \\ 0 \\ \hline \boldsymbol{\theta}_1^T \\ 0 \\ \vdots \\ 0 \end{array}\right] \begin{bmatrix} \underline{U}_{\varepsilon 1} \\ \underline{U}_{\varepsilon 2} \\ \vdots \\ \\ \\ \underline{U}_{\varepsilon, n} \end{bmatrix} .$$

Der erste VWS wird erhalten, indem die rechte Seite des Gleichungssystems durch den symbolischen Vektor $\overset{\longrightarrow 2+K}{[\underset{2}{0, 0,} \underset{K}{-1, 0, \dots, 0}]^T}$ ersetzt wird. Die übrigen Bimodalsysteme für die folgenden WS und VWS sind analog zu formulieren. Die WS und VWS selbst sind drehrichtungsabhängig.

Allgemeine Bemerkungen zum bimodalen Wuchten findet man im Abschn. 11.6.10.

3. Teil: Wuchten mit Einflußkoeffizienten

Der dritte Teil über das Wuchten mit EK besteht aus sechs Kapiteln:

Kapitel 13 beschreibt die klassische Methode und Kap. 14 behandelt die Sensitivitätsanalyse der Fehler. In Kap. 15 werden Schulbeispiele mit simulierten, systematischen und alternierenden Fehlern gezeigt und Empfehlungen für die Wahl von MP gegeben. Es folgt ein Vergleich der EK-mit der modalen Methode anhand eines Beispiels. Kapitel 16 befaßt sich mit dem Vorwärtswuchten, mit der EK-Methode und in Kap. 17 folgt eine Modifikation der EK-Methode: Gewichtung, Ausgleich der EK, direkte Bestimmung der EK-Matrix. Dazu kommen numerische Schulbeispiele und das Vorgehen bei stark anisotroper Lagerung mit Messung in zwei Richtungen. Kapitel 18 schließt mit allgemeinen Bemerkungen zum Wuchten mit EK.

13 Ableitung der klassischen Methode

Die Methode der *E*influß*k*oeffizienten (EK) hat sich heute dank der modernen elektrischen Meßtechnik und Datenverarbeitung weltweit durchgesetzt ohne jedoch die klassische Methode vollständig zu verdrängen. Denn sie hat – wie jede andere Methode – nicht nur Vor-, sondern auch Nachteile und muß vernünftigerweise dort eingesetzt werden, wo ihre Stärke liegt.

Der erste Anstoß und die Basis dazu gab wohl Goodman [Go] mit seinem 1964 erschienenen Artikel über eine Wuchtmethode mit einem Ausgleich der kleinsten Fehlerquadrate. Später wurden Modifikationen darüber veröffentlicht, s. Kap. 17.

Die klassische Theorie der Methode mit EK ist wohl die anspruchsloseste aller Wuchttheorien, man braucht grundsätzlich weder EF noch kritische Drehzahlen zu rechnen. Trotzdem ist die Anwendung, also die Technik der Methode nicht unproblematisch. Insbesondere ist eine fundierte Kenntnis der Theorie der Rotordynamik und damit das Wissen über Modalzerlegung, EF, kritische Drehzahlen, Einfluß der Lagerung usw. unerläßlich, um rasch, effizient und sicher damit wuchten zu können. Die öfters vertretene Meinung, die Methode der EK sei „trouble proof" und könne von technisch wenig geschultem Personal gehandhabt werden, teilen wir nicht.

Die Theorie ist an keine Voraussetzung gebunden was die Form des Rotors oder des Wellenstrangs betrifft. Insbesondere spielt die Anzahl Lager und Art der Lagerung, wie isotrope-, anisotrope- Gleitlagerung, keine Rolle. Einzige Voraussetzung ist ein lineares Verhalten von Kraft- und Verschiebung, sowie deren Reproduzierbarkeit im Laufe des Wuchtprozesses.

Für die Praxis hingegen ist eine einwandfreie Meßtechnik und ein leistungsfähiger Computer unbedingtes Erfordernis. Wir beginnen die Ableitung der klassischen Theorie mit der schematischen Abb. 13.1a. Letztere zeigt in einem KS als Abzisse die Rotorachse z und als Ordinate die Winkelgeschwindigkeit Ω. ω_n ($n=1 \dots N$) sind die kritischen Winkelgeschwindigkeiten. Mit E_k ($k=1 \dots K$) sind mögliche WE und mit M_l ($l=1 \dots L$) sind mögliche ME bezeichnet. WE und ME können, müssen aber nicht zusammenfallen. In den Kreuzungspunkten von z und Ω, genauer den Schnittpunkten von M_l und Ω_p ($p=1 \dots P$) sind die *M*eß*p*unkte (MP) $j=1 \dots J$ definiert. Zu jedem MP j gehört somit eine ME M_l und eine Winkelgeschwindigkeit Ω_p. Die MP j sind beliebig

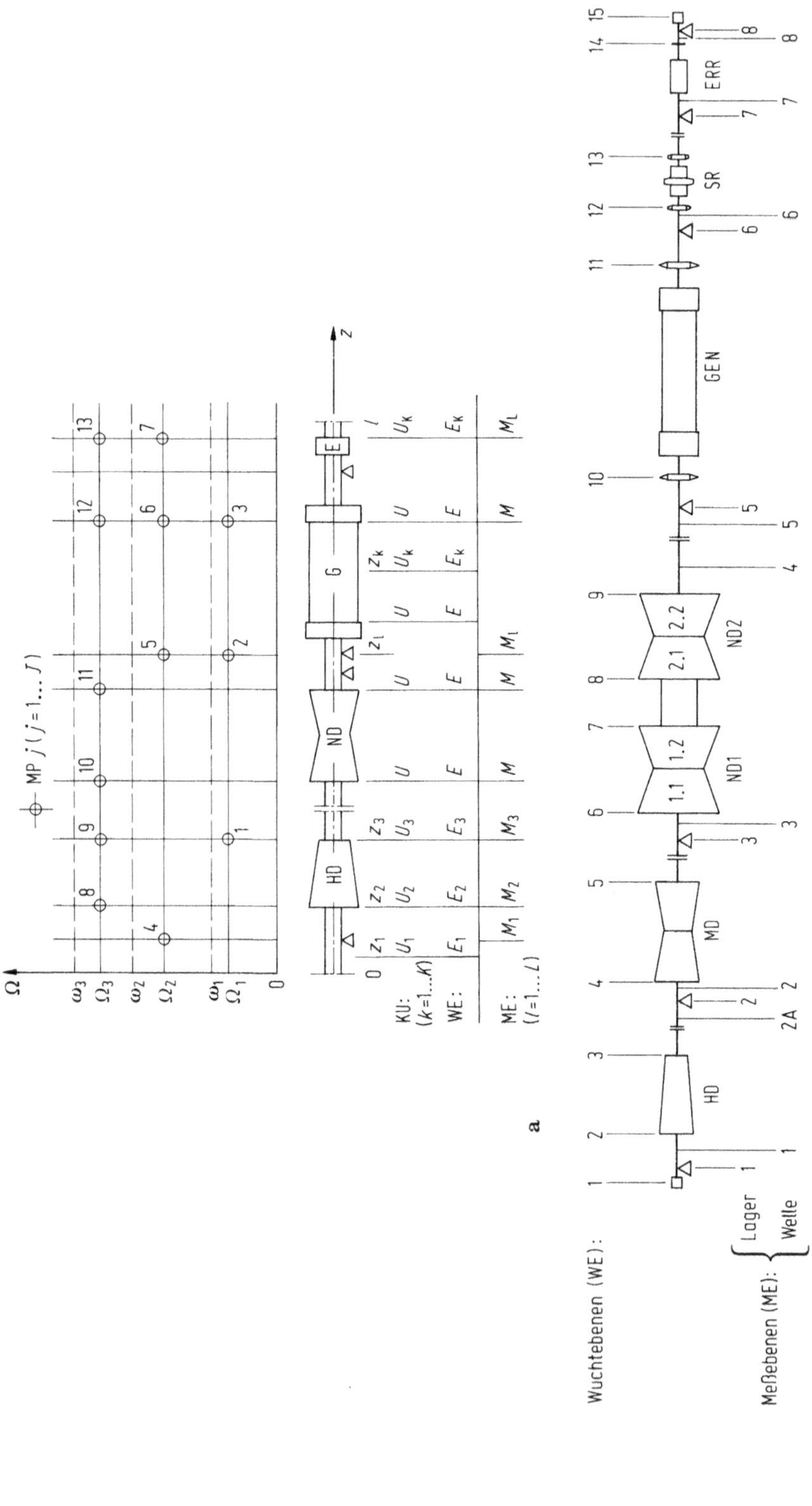

Abb. 13.1. **a** Schema für das Wuchten mit EK. MP ($j = 1 \ldots J$) sind einer ME ($l = 1 \ldots L$) und einem Ω_p ($p = 1 \ldots P$) zugeordnet, so daß gilt $J = LP$; WE ($k = 1 \ldots K$); **b** mögliche ME und WE einer Dampfturbogruppe

numeriert. Alle MP auf einer Horizontalen gehören zur gleichen Winkelgeschwindigkeit Ω_P, und alle MP auf einer Vertikalen gehören zur gleichen ME M_l oder WE $E_k = M_l$. Maximal sind somit $J = LP$ MP möglich. Messungen in den ME können an der Welle und/oder bei speziellen ME an den Lagern vorgenommen werden.

Abbildung 13.1b zeigt an einer 350 MW (50 Hz $\hat{=}$ 3000 1/min) Dampfturbogruppe $K = 15$ WE und $L = 16$ ME, wobei die ME sowohl Lager wie Welle umfassen. Die ME liegen aus praktischen Gründen nahe den Lagern. Die $P = 6$ Meßdrehzahlen sind $n = 30\,\Omega/\pi = 740$, 1100, 2200, 2600, 3000, 3200 1/min, so daß maximal $J = LP = 16 \cdot 6 = 96$ MP vorhanden sind. Praktisch wurden $J = 30$ MP verwendet.

13.1 Einflußkoeffizienten

Gemessen wird in der x- oder y-Richtung, nach Abb. 6.4 mit Schaltung II, also

$$\underline{X} = X e^{i\varphi_x} = X \cos\varphi_x + i X \sin\varphi_x = \operatorname{Re}\underline{X} + i \operatorname{Im}\underline{X} \quad \text{oder}$$
$$\underline{Y} = Y e^{i\varphi_y} = Y \cos\varphi_y + i Y \sin\varphi_y = \operatorname{Re}\underline{Y} + i \operatorname{Im}\underline{Y} \ .$$

Man kann auch für beliebige MP in x- und für die anderen in y-Richtung gemischt oder für jeden MP in beiden Richtungen messen, s. Abschn. 17.3.

Anstelle von $\underline{X}$ oder $\underline{Y}$ wird im folgenden $\underline{r}$ geschrieben. Die Auslenkung $\underline{r}_j$ des Rotors gehört zum MP j, d.h. zur ME M_l und zur Winkelgeschwindigkeit Ω_p. Der Index j bezeichnet somit Meßort *und* Meßdrehzahl.

Wird mit $\underline{r}_{jk}$ eine Messung im MP j infolge einer EUW $\underline{U}_k$ in der WE E_k verstanden, so gilt mit der Voraussetzung der Proportionalität von Auslenkung (Wirkung) und Kraft[1] (Ursache)

$$\underline{r}_{jk} = \underline{\alpha}_{jk}\,\underline{U}_k \tag{13.1}$$

Wirkung / \ Ursache

mit dem Proportionalitätsfaktor $\underline{\alpha}_{jk}$. Dieser Faktor gibt den Einfluß einer EUW $\underline{U}_k$ auf die Messung im MP j an und wird als *E*influß*k*oeffizient (EK) einer Einzelunwucht bezeichnet. Man kann ihn auch als Auslenkung $\underline{r}_{jk}$ im MP j infolge einer Einheitsunwucht $\underline{U}_k = 1$ deuten. Da die beiden Vektoren $\underline{r}_{jk}$ und $\underline{U}_k$ mit Vorteil als komplexe Größen – mit Realteil und Imaginärteil – dargestellt werden, ist $\underline{\alpha}_{jk}$ ebenfalls komplex.

13.2 Messung der EK

Zur Messung der EK ist Bedingung, daß der Rotor soweit vorgewuchtet ist, daß der ganze Drehzahlbereich, den man wuchten will, durchfahren werden kann. Ist diese Bedingung nicht erfüllt, indem man z.B. nicht über die 1. kritische Drehzahl fahren kann, muß die Methode des Vorwärtswuchtens zur Anwendung gelangen, s. Kap. 16.

---

[1] Kraft $= \Omega^2\,\underline{U}_k \sim \underline{U}_k$.

Man mißt nun bei einem Hochlauf in allen MP j diesen sogenannten Ausgangszustand (Initialzustand, Urzustand) $\underline{r}_j^{AM}$, s. Abb. 13.2a. Nun montiert man in der k-ten WE eine Testunwucht $\underline{U}_k$ und fährt mit dem Rotor erneut hoch, während man in den MP j die Auslenkung $\underline{r}_{jk}^{M}$ mißt. Es gilt also

$$\underline{r}_{jk}^{M} = \underline{r}_j^{AM} + \underline{r}_{jk} \rightarrow \underline{\underline{r}_{jk} = \underline{r}_{jk}^{M} - \underline{r}_j^{AM}} \; . \tag{13.2}$$

Nach (13.1) kann jetzt der EK für $\underline{U}_k$ berechnet werden

$$\underline{\alpha}_{jk} = \frac{\underline{r}_{jk}}{\underline{U}_k} = \frac{\underline{r}_{jk}^{M} - \underline{r}_j^{AM}}{\underline{U}_k} \; ; \quad \left[\frac{1}{\mathrm{kg}}\right], \quad \left[\frac{1}{\mathrm{g}}\right]. \tag{13.3}$$

Man gewinnt so mit einem zweiten Hochlauf alle EK mit Index k. Um alle EK ($k = 1 \ldots K$) zu erhalten, sind K Hochläufe erforderlich. Zusammen mit dem Hochlauf für den Ausgangszustand sind also $(K+1)$ Hochläufe nötig. Andere Möglichkeiten zur Gewinnung von EK s. Abschn. 17.2.

Um den Aufbau solcher EK zu überblicken, geben wir die analytischen Ausdrücke für den einfachen Fall der Modellwelle mit EI $(z) = \text{const.}$, $m_L(z) = \text{const.}$ und einer radial starr, frei-drehbaren Lagerung, Abb. 12.2a und Anhang 1 zu Kap. 13, (A.6) an.

$$\underline{\alpha}_{jk} = \frac{\underline{r}_{jk}}{\underline{U}_k} = \sum_{n}^{N} \frac{\Omega^2}{\omega_n^2 - \Omega^2 + i\mu\Omega} \frac{1}{N_n} \sin\left(\frac{n\pi}{l} z_j\right) \sin\left(\frac{n\pi}{l} z_k\right). \tag{13.4}$$

Ohne Dämpfung ($\mu = 0$) und reellen $\underline{U}_k = U_k$ wird $\underline{\alpha}_{jk} = \alpha_{jk}$ reell. Für $\Omega = \Omega_p$ wird aus (13.4), s. (A.13.9)

$$\alpha_{jk} = \frac{2}{m_L l} \sum_{n}^{N} \frac{(\Omega_p/\omega_1)^2}{n^4 - (\Omega_p/\omega_1)^2} \sin\left(\frac{n\pi}{l} z_j\right) \sin\left(\frac{n\pi}{l} z_k\right); \quad \left[\frac{1}{\mathrm{kg}}\right], \quad \left[\frac{1}{\mathrm{g}}\right]. \tag{13.4'}$$

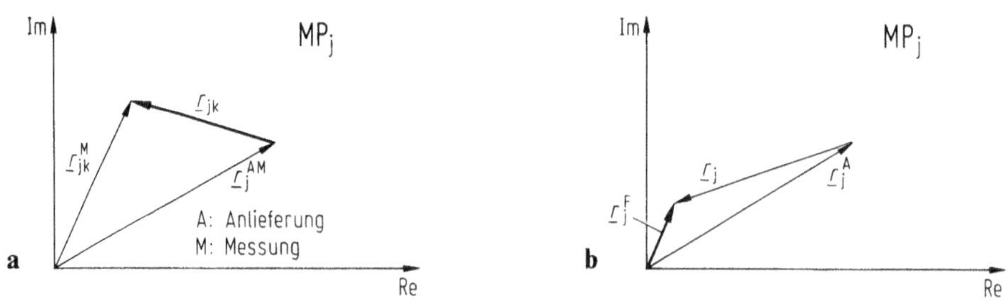

Abb. 13.2. **a** Zur Messung der EK im MP_j. $\underline{r}_j^{AM}$ Messung Anlieferung (Rotor mit IU); $\underline{r}_{jk}$ Einfluß Testunwucht, $\underline{r}_{jk}^{M}$ Messung Anlieferung plus Testunwucht in der WE k; **b** Wuchtfehler im MP_j. $\underline{r}_j^{A}$ Anlieferung, $\underline{r}_j$ Einfluß der KU, $\underline{r}_j^{F}$ Wuchtfehler

13.3 EK-Matrix oder Wuchtmatrix und KU

Die Auslenkung des Rotors im MP j infolge EUW $\underline{U}_k$ in allen WE, $k = 1 \ldots K$, ist nach (13.1) eine Summe

$$\underline{r}_j = \sum_k^K \underline{r}_{jk} = \sum_k^K \underline{\alpha}_{jk} \underline{U}_k \qquad (j = 1 \ldots J) \tag{13.5}$$

oder ausführlicher[2]

$$\underset{\downarrow J}{\begin{bmatrix} \underline{r}_1 \\ \underline{r}_2 \\ \underline{r}_3 \\ \vdots \\ \underline{r}_J \end{bmatrix}}^{\textstyle r} = \underset{\downarrow J}{\overset{\textstyle A \atop \to K}{\begin{bmatrix} \underline{\alpha}_{11} & \underline{\alpha}_{12} & \underline{\alpha}_{13} & \cdots & \underline{\alpha}_{1K} \\ \underline{\alpha}_{21} & \alpha_{22} & & & \vdots \\ \underline{\alpha}_{31} & & & & \\ \vdots & & & & \\ \underline{\alpha}_{J1} & \cdots & & & \underline{\alpha}_{JK} \end{bmatrix}}} \underset{\downarrow K}{\overset{\textstyle U}{\begin{bmatrix} \underline{U}_1 \\ \underline{U}_2 \\ \underline{U}_3 \\ \vdots \\ \underline{U}_K \end{bmatrix}}} ; \qquad \underline{r = A\,U} .$$

Die Matrix A der EK hat die Ordnung $(J \times K)$ und kann als *Wuchtmatrix* bezeichnet werden.

Die EUW $\underline{U}_k$ $(k = 1 \ldots K)$ dienen zum Wuchten des Rotors und sollen die Auslenkungen des Ausgangszustands kompensieren, d.h. der Vektor $\underline{r}_j$ soll dem Vektor $\underline{r}_j^A$ entgegengesetzt sein, Abb. 13.2b. Da dies aus verschiedenen Gründen – Anzeige- und Ablesefehler bei der Messung des Ausgangszustands und der EK – nie vollständig gelingt, entsteht ein Fehler $\underline{r}_j^F$ im MP j. Wird der Fehlervektor mit $\boldsymbol{r}^F$ bezeichnet gilt mit Abb. 13.2b

$$\boldsymbol{r}^F = \boldsymbol{r}^A + \boldsymbol{r} \; ; \qquad \underline{r}_j^F = \underline{r}_j^A + \underline{r}_j \qquad (j = 1 \ldots J) \; . \tag{13.6}$$

Wird $\boldsymbol{r}$ aus (13.5) eingesetzt, entsteht

$$\boldsymbol{r}^F = \boldsymbol{r}^A + \boldsymbol{A}\,\boldsymbol{U} \; ; \qquad \underline{r}_j^F = \underline{r}_j^A + \sum_k^K \underline{\alpha}_{jk} \underline{U}_k \qquad (j = 1 \ldots J) \; ; \tag{13.7}$$

$$\underset{\downarrow J}{\overset{\textstyle r^F}{\begin{bmatrix} \underline{r}_1 \\ \underline{r}_2 \\ \underline{r}_3 \\ \vdots \\ \underline{r}_M \end{bmatrix}^F}} = \underset{\downarrow J}{\overset{\textstyle r^A}{\begin{bmatrix} \underline{r}_1 \\ \underline{r}_2 \\ \underline{r}_3 \\ \vdots \\ \underline{r}_M \end{bmatrix}^A}} + \underset{\downarrow J}{\overset{\textstyle A \atop \to K}{\begin{bmatrix} \underline{\alpha}_{11} & \underline{\alpha}_{12} & \underline{\alpha}_{13} & \cdots & \underline{\alpha}_{1K} \\ \underline{\alpha}_{21} & \underline{\alpha}_{22} & & & \vdots \\ \underline{\alpha}_{31} & & & & \\ \vdots & & & & \\ \underline{\alpha}_{M1} & \cdots & & & \underline{\alpha}_{MK} \end{bmatrix}}} \underset{\downarrow K}{\overset{\textstyle U}{\begin{bmatrix} \underline{U}_1 \\ \underline{U}_2 \\ \underline{U}_3 \\ \vdots \\ \underline{U}_k \end{bmatrix}}} .$$

Eine direkte Auflösung von (13.7) nach U ist nur mit einer quadratischen, regulären (nicht singulären) Wuchtmatrix A möglich, es müßte $J = K$ sein, m.a.W. es müßten gleichviele WE (und KU) wie MP vorhanden sein. Die Stärke der Methode liegt nun aber gerade darin, daß im allgemeinen $J > K$ sein wird, was allerdings einen statistischen Ausgleich der Fehler erfordert.

---

[2] Die entsprechende reelle Matrizengleichung ist im Anhang 2 zu Kap. 13 abgeleitet und aufgeführt.

13.3.1 $J = K$ (gleichviele MP wie WE)

Diese Methode lautet im englischen Sprachgebiet „exact point-speed influence coefficient method“ [Te1, Te2].

Für $J = K$ kann (13.7) wegen der regulären, quadratischen Wuchtmatrix A nach U aufgelöst werden

$$U = -A^{-1}(r^A - r^F) \ . \tag{13.8}$$

Ohne Meßfehler, d.h. mit $r^F = 0$ wird (13.8)

$$\underline{U = -A^{-1} r^A} \ ; \quad (r^F = 0) \tag{13.9}$$

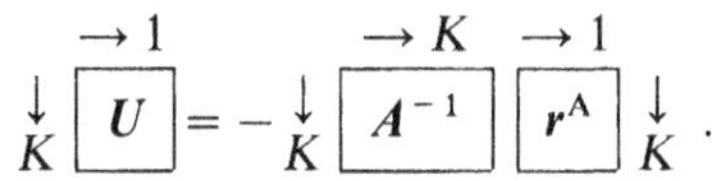

Mit (13.9) können die K KU ($\underline{U}_1, \underline{U}_2, \ldots, \underline{U}_K$) eindeutig aus den K Messungen ($\underline{r}_1^A, \underline{r}_2^A, \ldots, r_{J=K}^A$) berechnet werden, wenn die Wuchtmatrix A bekannt ist. Sind die KU montiert, so sind in allen MP – und nur in den MP – keine Ausschläge mehr vorhanden. Über alle übrigen Auslenkungen bei z und Ω wird nichts ausgesagt.

Es genügen somit $J = K$ MP für K WE (und KU).

Die Elemente der Vektoren U und r^A sowie die Wuchtmatrix A haben zwei Komponenten (Absolutbetrag und Phasenwinkel) und können zweckmäßig als komplexe Elemente aufgefaßt werden. Sie sind für die numerische Rechnung in Real- und Imaginärteile aufzuspalten. Die Zerlegung einer komplexen Matrizengleichung in eine reelle Matrizengleichung ist im Anhang 2 zu Kap. 13 gezeigt.

13.3.2 $J < K$ (weniger MP als WE)

Mehr WE als MP wäre Luxus. Dieser Fall scheidet praktisch aus.

13.3.3 $J > K$ (mehr MP als WE)

Dies ist der Normalfall für das Wuchten mit EK. Verlangt man wie in Abschn. 13.3.1, daß die Fehler verschwinden, so entsteht mit $r^F = 0$ aus (13.7) das System[3]

$$A\,U = -r^A \ . \tag{13.10}$$

Es ist, da A als ($J \times K$) Matrix nicht mehr quadratisch ist, mehrfach überbestimmt. Man wird daher Fehler tolerieren müssen und (13.7) als Fehlergleichung auffassen. Mit Hilfe statistischer Methoden kann nun ein Ausgleich der Fehler erreicht werden. Wir wählen den Ausgleich so, daß die Summe der Fehlerquadrate ein Minimum sein soll (englisch: least squares method).

---

[3] Die entsprechende reelle Matrizengleichung ist im Anhang 2 zu Kap. 13 abgeleitet und aufgeführt ($-r^A = r$).

Verzichtet man auf die Phase der Ausschläge $\boldsymbol{r}^{\mathrm{F}}$ und stützt sich nur auf den Absolutbetrag $|\boldsymbol{r}^{\mathrm{F}}|$ ab, so lautet die Summe der Fehlerquadrate

$$F=\sum_{j}^{J}|\underline{r}_j^{\mathrm{F}}|^2=\sum_{j}^{J}\underline{r}_j^{\mathrm{F}}(\underline{r}_j^{\mathrm{F}})^* \qquad \begin{cases}\underline{r}_j^{\mathrm{F}} &=(r_j^{\mathrm{F}})'+\mathrm{i}(r_j^{\mathrm{F}})''\\ (\underline{r}_j^{\mathrm{F}})^*&=(r_j^{\mathrm{F}})'-\mathrm{i}(r_j^{\mathrm{F}})''\end{cases} \tag{13.11}$$

und mit den komplexen Vektoren $\boldsymbol{r}^{\mathrm{F}}$ und $(\boldsymbol{r}^{\mathrm{F}})^*$ in Matrizenform

$$F=[(\boldsymbol{r}^{\mathrm{F}})^*]^{\mathrm{T}}\,\boldsymbol{r}^{\mathrm{F}} \ .$$

Die Fehlergleichung (13.7) lautet mit $\underline{U}_k=U_k'+\mathrm{i}\,U_k''$

$$\left.\begin{aligned}\underline{r}_j^{\mathrm{F}} &=\underline{r}_j^{\mathrm{A}} +\sum_{j}^{J}\underline{\alpha}_{jk}(U_k'+\mathrm{i}\,U_k'')\\ (\underline{r}_j^{\mathrm{F}})^* &=(\underline{r}_j^{\mathrm{A}})^*+\sum_{j}^{J}\underline{\alpha}_{jk}^*(U_k'-\mathrm{i}\,U_k'')\end{aligned}\right\}\quad (k=1\,\ldots\,K)\ . \tag{13.12}$$

Wird (13.12) in (13.11) eingesetzt, erkennt man, daß F aufgefaßt werden kann als Funktion der reellen Variablen U_k' und U_k'' $(k=1\,\ldots\,K)$, d.h. als reelle Funktion[4] von $2K$ reellen Variablen. Damit F ein Minimum wird, ist zu fordern, daß die partiellen Ableitungen nach den Variablen verschwinden.

$$\frac{\partial F}{\partial U_k'}=0\ ;\quad \frac{\partial F}{\partial U_k''}=0\quad (k=1\,\ldots\,K)\ . \tag{13.13}$$

Beachtet man den zweiten Ausdruck F in (13.11), so entsteht aus (13.13) mit der Kettenregel

$$\begin{aligned}\frac{\partial F}{\partial U_k'}&=\sum_{j}^{J}\left[\frac{\partial \underline{r}_j^{\mathrm{F}}}{\partial U_k'}(\underline{r}_j^{\mathrm{F}})^*+\frac{\partial (r_j^{\mathrm{F}})^*}{\partial U_k'}\underline{r}_j^{\mathrm{F}}\right]=0\ ;\\ \frac{\partial F}{\partial U_k''}&=\sum_{j}^{J}\left[\frac{\partial \underline{r}_j^{\mathrm{F}}}{\partial U_k''}(r_j^{\mathrm{F}})^*+\frac{\partial (r_j^{\mathrm{F}})^*}{\partial U_k''}r_j^{\mathrm{F}}\right]=0\ .\end{aligned} \tag{13.14}$$

Aus (13.12) mit $\underline{r}_j^{\mathrm{F}}$ und $(\underline{r}_j^{\mathrm{F}})^*$ wird (13.14)

$$\sum_{j}^{J}[\underline{\alpha}_{jk}(\underline{r}_j^{\mathrm{F}})^*+\underline{\alpha}_{jk}^*\underline{r}_j^{\mathrm{F}}]=2\sum_{j}^{J}\mathrm{Re}(\underline{\alpha}_{jk}^*\underline{r}_j^{\mathrm{F}})=0\ ; \tag{13.15}$$

$$\sum_{j}^{J}[\mathrm{i}\underline{\alpha}_{jk}(\underline{r}_j^{\mathrm{F}})^*-\mathrm{i}\underline{\alpha}_{jk}^*\underline{r}_j^{\mathrm{F}}]=2\sum_{j}^{J}\mathrm{Im}(\underline{\alpha}_{jk}^*\underline{r}_j^{\mathrm{F}})=0\ . \tag{13.16}$$

Die Auflösung der Summe mit $j=1\,\ldots\,J$ in (13.15) liefert

$$\mathrm{Re}(\underline{\alpha}_{1k}^*\underline{r}_1^{\mathrm{F}}+\underline{\alpha}_{2k}^*\underline{r}_2^{\mathrm{F}}+\underline{\alpha}_{3k}^*\underline{r}_3^{\mathrm{F}}+\ldots+\underline{\alpha}_{MK}^*\underline{r}_M^{\mathrm{F}})=0\ ;\qquad (k=1\,\ldots\,K)$$

und damit die K Gleichungen

$$\begin{aligned}&\mathrm{Re}(\underline{\alpha}_{11}^*\underline{r}_1^{\mathrm{F}}+\underline{\alpha}_{21}^*\underline{r}_2^{\mathrm{F}}+\underline{\alpha}_{31}^*\underline{r}_3^{\mathrm{F}}+\ldots+\underline{\alpha}_{M1}\underline{r}_M^{\mathrm{F}}=0\\ &\mathrm{Re}(\underline{\alpha}_{12}^*\underline{r}_1^{\mathrm{F}}+\underline{\alpha}_{22}^*\underline{r}_2^{\mathrm{F}}+\underline{\alpha}_{32}^*\underline{r}_3^{\mathrm{F}}+\ldots+\underline{\alpha}_{M2}\underline{r}_M^{\mathrm{F}}=0\\ &\mathrm{Re}(\underline{\alpha}_{13}^*\underline{r}_1^{\mathrm{F}}+\underline{\alpha}_{23}^*\underline{r}_2^{\mathrm{F}}+\underline{\alpha}_{33}^*\underline{r}_3^{\mathrm{F}}+\ldots+\underline{\alpha}_{M3}\underline{r}_M^{\mathrm{F}}=0\\ &\ \vdots\qquad\qquad\qquad\qquad\qquad\qquad\qquad\qquad\qquad\vdots\\ &\mathrm{Re}(\underline{\alpha}_{1K}^*\underline{r}_1^{\mathrm{F}}+\underline{\alpha}_{2K}^*\underline{r}_2^{\mathrm{F}}+\underline{\alpha}_{3K}^*\underline{r}_3^{\mathrm{F}}+\ldots+\underline{\alpha}_{MK}^*\underline{r}_M^{\mathrm{F}}=0\ ,\end{aligned}$$

---

[4] Nach Definition (13.11) ist F reell.

die in Matrizenform zusammengefaßt werden können

$$\mathrm{Re}\left\{\begin{bmatrix} \underline{\alpha}_{11}^* & \underline{\alpha}_{21}^* & \underline{\alpha}_{31}^* & \cdots & \underline{\alpha}_{M1}^* \\ \underline{\alpha}_{12}^* & \underline{\alpha}_{22}^* & & & \vdots \\ \underline{\alpha}_{13}^* & & & & \\ \vdots & & & & \\ \underline{\alpha}_{1K}^* & \cdots & & & \underline{\alpha}_{MK}^* \end{bmatrix} \begin{bmatrix} \underline{r}_1^F \\ \underline{r}_2^F \\ \underline{r}_3^F \\ \vdots \\ \underline{r}_M^F \end{bmatrix}\right\} = \mathbf{0} \rightarrow \mathrm{Re}\,[(\boldsymbol{A}^*)^T \boldsymbol{r}^F] = \mathbf{0} \ . \tag{13.15'}$$

Ganz analog gewinnt man aus (13.16)

$$\mathrm{Im}\,[(\boldsymbol{A}^*)^T \boldsymbol{r}^F] = \mathbf{0} \ . \tag{13.16'}$$

$(\boldsymbol{A}^*)^T$ ist die konjugiert Transponierte von $\boldsymbol{A}$. Gleichungen (13.15′) und (13.16′) ergeben zusammen das System

$$(\boldsymbol{A}^*)^T \boldsymbol{r}^F = \mathbf{0} \ , \tag{13.17}$$

und mit $\boldsymbol{r}^F$ aus (13.7) wird (13.17)

$$(\boldsymbol{A}^*)^T (\boldsymbol{r}^A + \boldsymbol{A}\,\boldsymbol{U}) = \mathbf{0} \rightarrow (\boldsymbol{A}^*)^T \boldsymbol{r}^A + (\boldsymbol{A}^*)^T \boldsymbol{A}\,\boldsymbol{U} = \mathbf{0} \ . \tag{13.18}$$

Weil $(\boldsymbol{A}^*)^T \boldsymbol{A}$ eine quadratische und reguläre Matrix ist, kann (13.18) nach dem gesuchten Vektor $\boldsymbol{U}$ der KU aufgelöst werden[5]

$$\underline{\boldsymbol{U} = -[(\boldsymbol{A}^*)^T \boldsymbol{A}]^{-1} (\boldsymbol{A}^*)^T \boldsymbol{r}^A} \ . \tag{13.19}$$

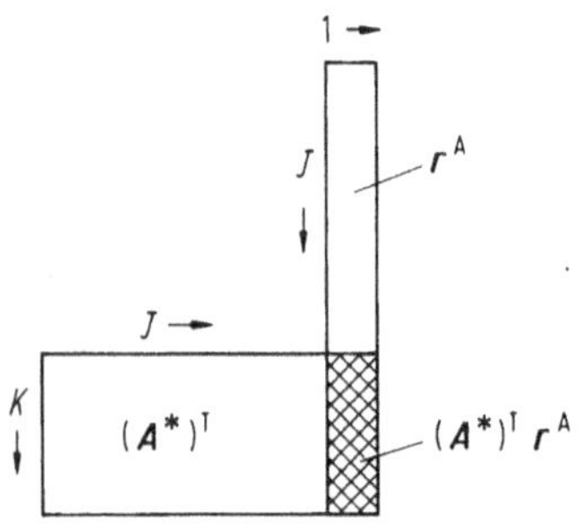

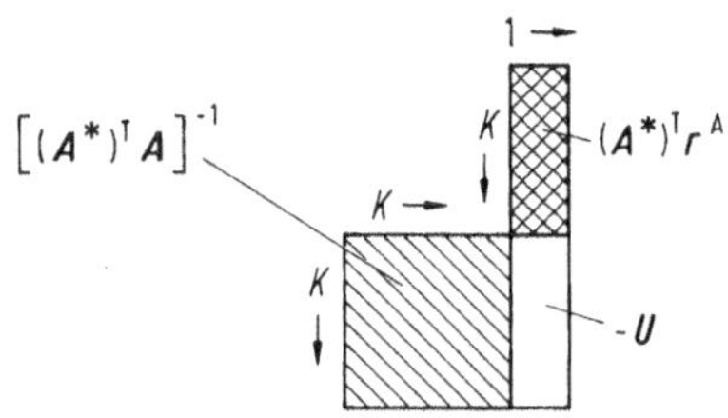

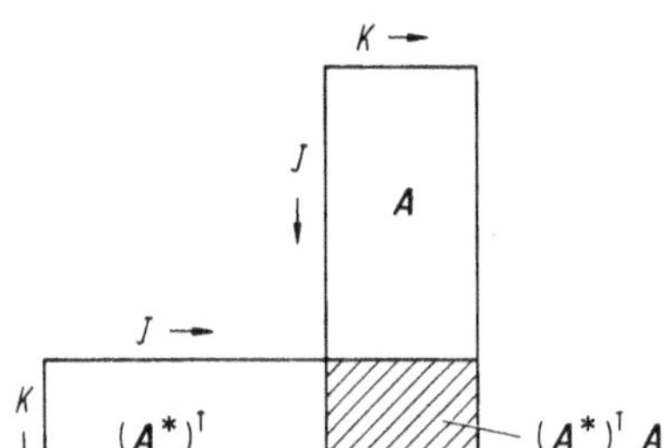

[5] Die entsprechende reelle Matrizengleichung ist im Anhang 2 zu Kap. 13 abgeleitet und aufgeführt.

Selbstverständliche Bedingung ist, daß die Matrix $(A^*)^T A$ regulär, d.h. daß deren Determinante von Null verschieden ist. Dies trifft zu, wenn die komplexen Spalten (nicht Zeilen!) linear unabhängig sind.

Der Vorteil dieser $J > K$ Methode gegenüber der $J = K$ Methode besteht darin, daß mehr MP von kleinen (allerdings nicht verschwindenden) Ausschlägen profitieren. Bei sehr vielen MP entsteht ein viel ausgeglichener Lauf bezüglich der Auslenkungen längs der Rotorachse bei verschiedenen Geschwindigkeiten, als es bei nur $J = K$ MP der Fall ist.

Die Gleichung (13.19), mit einer $(J \times K)$ Matrix A, gilt auch für den Spezialfall $J = K$, d.h. mit einer quadratischen Matrix A. Vergleicht man (13.9) – die nur mit einer quadratischen Matrix A gilt – mit (13.19), so entsteht die nur für eine quadratische Matrix geltende Identität:

$$A^{-1} \equiv [(A^*)^T A]^{-1} (A^*)^T \ . \tag{13.20}$$

Beweis für die Identität: multipliziert man (13.20) von rechts her mit A, so entsteht

$$A^{-1} A = [(A^*)^T A]^{-1} [(A^*)^T A] \tag{13.21}$$

und wegen $M^{-1} M = E$ (E Einheitsmatrix) für eine beliebige quadratische Matrix M wird aus (13.21)

$$E = E \ . \quad \text{(q.e.d.)}$$

Die praktische Bedeutung von (13.20) ist die, daß ein Rechenprogramm für das Wuchten mit Ausgleich ($J > K$) auch für die exakte „point-speed" Methode ohne Ausgleich ($J = K$) benützt werden kann.

14 Fehlerbetrachtung (Sensitivitätsanalyse) und Wuchtgüte

14.1 $J > K$ (mehr MP als WE)

Ausgang der Betrachtung ist die Fehlergleichung (13.7)

$$\boldsymbol{r}^F = \boldsymbol{r}^A + \boldsymbol{A}\boldsymbol{U} \ . \tag{14.1}$$

Fehler entstehen durch Messung der EK $\underline{\alpha}_{jk}$, d.h. in den Elementen der Wuchtmatrix $\boldsymbol{A}$ als auch in der Messung des Ausgangszustands $\boldsymbol{r}^A$ [1]. Zur Unterscheidung von exakten und fehlerhaften Größen wird für exakte Werte ein Exponentialstrich verwendet.

Aus (14.1) entsteht so mit $\boldsymbol{r}^F = \boldsymbol{0}$

$$\boldsymbol{0} = \boldsymbol{r}'^A + \boldsymbol{A}'\boldsymbol{U} \ . \tag{14.2}$$

Die fehlerhaften Größen können in der Form

$$\underline{r}_j^A = \underline{r}_j'^A + \underline{a}_j r_j'^A = (1 + \underline{a}_j)\,\underline{r}_j'^A \ , \tag{14.3}$$

[1] Unter Meßfehler werden Fehler von der Aufnahme bis zur Speicherung des Ausschlags verstanden: Pick-up-Anzeige-Ablesefehler und Fehler in der elektronischen Übertragung und Speicherung.

mit Fehler

$$\underline{a}_j \underline{r}_j'^A \qquad \underline{a}_j \ll \underline{r}_j'^A \qquad \begin{cases} \operatorname{Re} \underline{a}_j \ll \operatorname{Re} \underline{r}'^A \\ \operatorname{Im} \underline{a}_j \ll \operatorname{Im} \underline{r}'^A \end{cases} \tag{14.4}$$

und

$$\underline{\alpha}_{jk} = \underline{\alpha}'_{jk} + \underline{b}_{jk}\underline{\alpha}'_{jk} = (1 + \underline{b}_{jk})\,\underline{\alpha}'_{jk} \ , \tag{14.5}$$

mit Fehler

$$\underline{b}_{jk}\underline{\alpha}'_{jk} \qquad \underline{b}_{jk} \ll \underline{\alpha}'_{jk} \qquad \begin{cases} \operatorname{Re} \underline{b}_{jk} \ll \operatorname{Re} \underline{\alpha}'_{jk} \\ \operatorname{Im} \underline{b}_{jk} \ll \operatorname{Im} \underline{\alpha}'_{jk} \end{cases} \tag{14.6}$$

dargestellt werden.

Mit (14.3) und (14.5) nimmt (14.1) folgende Form an für die absoluten Fehler $\underline{r}_j^F$ $(j = 1 \dots J)$

$$\downarrow J \begin{bmatrix} \underline{r}_1 \\ \underline{r}_2 \\ \underline{r}_3 \\ \vdots \\ \underline{r}_J \end{bmatrix}^F = \downarrow J \begin{bmatrix} (1+\underline{a}_1)\,\underline{r}'_1 \\ (1+\underline{a}_2)\,\underline{r}'_2 \\ (1+\underline{a}_3)\,\underline{r}'_3 \\ \vdots \\ (1+\underline{a}_J)\,\underline{r}'_J \end{bmatrix}^A$$

$$\overset{\longrightarrow K}{} + \downarrow J \begin{bmatrix} (1+\underline{b}_{11})\,\underline{\alpha}'_{11}\,, & (1+\underline{b}_{12})\,\underline{\alpha}'_{12} & \dots & (1+\underline{b}_{1K})\,\underline{\alpha}'_{1K} \\ (1+\underline{b}_{21})\,\underline{\alpha}'_{21}\,, & (1+\underline{b}_{22})\,\underline{\alpha}'_{22} & & \vdots \\ (1+\underline{b}_{31})\,\underline{\alpha}'_{31}\,, & & & \\ \vdots & & & \\ (1+\underline{b}_{J1})\,\underline{\alpha}'_{J1}\,, & \dots & & (1+\underline{b}_{JK})\,\underline{\alpha}'_{JK} \end{bmatrix} \begin{bmatrix} \underline{U}_1 \\ \underline{U}_2 \\ \underline{U}_3 \\ \vdots \\ \underline{U}_K \end{bmatrix} \downarrow K \ ; \tag{14.7}$$

oder symbolisch

$$\boldsymbol{r}^F = [(1+\underline{a})\,\boldsymbol{r}'^A] + [(1+\underline{b})\,\boldsymbol{A}']\,\boldsymbol{U} \ . \tag{14.7'}$$

Tabelle 14.1. Spezialfälle systematischer Fehler für $J > K$ (mehr MP als WE)

Fehler nur in $\boldsymbol{r}^A$	Fehler nur in $\boldsymbol{A}$	Fehler in $\boldsymbol{r}^A$ und $\boldsymbol{A}$
geg: $\underline{a}_j = \underline{a}_0 = \text{const}$ $\underline{b}_{jk} = 0$	geg: $a_j = 0$ $\underline{b}_{jk} = \underline{b}_0 = \text{const}$	geg: $\underline{a}_j = \underline{a}_0 = \text{const}$ $\underline{b}_{jk} = \underline{b}_0 = \text{const}$
aus (14.7′) folgt		
$\boldsymbol{r}^F = (1+\underline{a}_0)\,\boldsymbol{r}'^A + \boldsymbol{A}'\boldsymbol{U}$ $\rightarrow \boldsymbol{U} \neq \boldsymbol{U}'$	$\boldsymbol{r}^F = \boldsymbol{r}'^A + (1+\underline{b}_0)\,\boldsymbol{A}'\boldsymbol{U}$ $\rightarrow \boldsymbol{U} \neq \boldsymbol{U}'$	$\boldsymbol{r}^F = (1+\underline{a}_0)\,\boldsymbol{r}'^A + (1+\underline{b}_0)\,\boldsymbol{A}'\boldsymbol{U}$ $\rightarrow \boldsymbol{U} \neq \boldsymbol{U}'$
Beispiele s. Kap. 15		geg: $\underline{a}_0 = \underline{b}_0$ $\boldsymbol{r}^F = (1+\underline{a}_0)\,[\boldsymbol{r}'^A + \boldsymbol{A}'\boldsymbol{U}]$ und wegen (14.2) $\boldsymbol{r}^F = 0 \rightarrow \boldsymbol{U} = \boldsymbol{U}'$. gleiche systematische Fehler in $\boldsymbol{r}^A$ und $\boldsymbol{A}$ heben sich gegenseitig auf.

Zu beachten ist, daß wenn $\boldsymbol{U}$ nach (13.19) berechnet wird, wegen fehlerhaftem $\boldsymbol{A}$ und $\boldsymbol{r}^{\mathrm{A}}$ auch $\boldsymbol{U}$ fehlerhaft wird. Die Fehler können sich summieren, subtrahieren oder ausgleichen, je nach Größe und Vorzeichen von $\underline{a}_{\mathrm{j}}$ und $\underline{b}_{\mathrm{jk}}$. Bezogen auf den exakten Wert $\underline{r}_{\mathrm{j}}'^{\mathrm{A}}$ entsteht der relative Fehler

$$\boldsymbol{r}^{\mathrm{F}}_{\mathrm{rel}} = \frac{\boldsymbol{r}^{\mathrm{F}}}{\boldsymbol{r}'^{\mathrm{A}}} . \tag{14.8}$$

Einige Spezialfälle systematischer Fehler sind für $J > K$ in Tabelle 14.1 zusammengestellt.

14.2 Wuchtgüte

Die *W*uchtgüte (WGU) kann verschieden definiert werden. Eine naheliegende Möglichkeit wäre, die Auslenkungen in den MP nach dem Wuchten mit denjenigen vor dem Wuchten zu vergleichen. Nimmt man lediglich die Absolutwerte und vernachlässigt die Phasenwinkel, so würde folgendes Verhältnis als Wuchtgüte gelten, s. auch Abb. 13.2b

$$\frac{|\underline{r}_{\mathrm{j}}|}{|\underline{r}^{\mathrm{A}}_{\mathrm{j}}|} = \frac{|\underline{r}^{\mathrm{F}}_{\mathrm{j}} - \underline{r}^{\mathrm{A}}_{\mathrm{j}}|}{|\underline{r}^{\mathrm{A}}_{\mathrm{j}}|} \qquad (j = 1 \dots J) .$$

Ohne Fehler ($\underline{r}^{\mathrm{F}}_{\mathrm{j}} = 0$) wäre das Verhältnis im Idealfall eins. Es kann jedoch durchaus vorkommen, daß durch die Übersteuerung der KU $\boldsymbol{U}$ das Verhältnis größer als eins wird, was keine bessere WGU bedeutet.

Eine sinnvollere Definition für die WGU ist folgender Ausdruck

$$\mathrm{WGU}\,(\mathrm{MP_j}) = 1 - \frac{|\underline{r}^{\mathrm{F}}_{\mathrm{j}}|}{|\underline{r}^{\mathrm{A}}_{\mathrm{j}}|} ; \qquad (j = 1 \dots J) . \tag{14.9}$$

Ohne Fehler ($\underline{r}^{\mathrm{F}}_{\mathrm{j}} = 0$) wird dieser Ausdruck im Idealfall ebenfalls eins und da $|\underline{r}^{\mathrm{F}}_{\mathrm{j}}| \ll |\underline{r}^{\mathrm{A}}_{\mathrm{j}}|$ ist, kann die WGU nie größer als eins werden.

Für die Gesamtheit der MP können Summen eingesetzt werden

$$\mathrm{WGU} = 1 - \frac{\sum\limits_{\mathrm{j}}^{\mathrm{J}} |\underline{r}^{\mathrm{F}}_{\mathrm{j}}|}{\sum\limits_{\mathrm{j}}^{\mathrm{J}} |\underline{r}^{\mathrm{A}}_{\mathrm{j}}|} . \tag{14.10}$$

Beispiele s. Kap. 15.

14.3 $J = K$ (gleichviele MP wie WE)

Im Falle $J = K$ (gleichviele MP wie WE) vereinfacht sich die Fehlerbetrachtung wesentlich. Ohne Fehler mit $\boldsymbol{r}^{\mathrm{F}} = \boldsymbol{0}$ wird (13.7)

$$\boldsymbol{A}'\,\boldsymbol{U}' = -\boldsymbol{r}'^{\mathrm{A}} ,$$

und wegen der quadratischen, regulären Matrix $\boldsymbol{A}'$ wird

$$\boldsymbol{U}' = -(\boldsymbol{A}')^{-1}\,\boldsymbol{r}'^{\mathrm{A}} . \tag{14.11}$$

Andererseits wird aus (14.7′) mit $\boldsymbol{r}^{\mathrm{F}}=\boldsymbol{0}$

$$[(1+\underline{a})\,\boldsymbol{r}'^{\mathrm{A}}]+[(1+\underline{b})\,\boldsymbol{A}']\,\boldsymbol{U}=\boldsymbol{0}\ . \tag{14.12}$$

Einige Spezialfälle systematischer Fehler sind für $J=K$ in Tabelle 14.2 zusammengestellt.

Tabelle 14.2. Spezialfälle systematischer Fehler für $J=K$ (gleiche Anzahl MP wie WE)

Fehler nur in $\boldsymbol{r}^{\mathrm{A}}$	Fehler nur in $\boldsymbol{A}$	Fehler in $\boldsymbol{r}^{\mathrm{A}}$ und $\boldsymbol{A}$
geg: $\underline{a}_{\mathrm{j}}=\underline{a}_0=\mathrm{const}$ $\underline{b}_{\mathrm{jk}}=0$	geg: $\underline{a}_{\mathrm{jk}}=0$ $\underline{b}_{\mathrm{jk}}=\underline{b}_0=\mathrm{const}$	geg: $a_{\mathrm{j}}=\underline{a}_0=\mathrm{const}$ $\underline{b}_{\mathrm{jk}}=\underline{b}_0=\mathrm{const}$
aus (14.12) folgt		
$(1+\underline{a}_0)\,\boldsymbol{r}'^{\mathrm{A}}+\boldsymbol{A}'\boldsymbol{U}=0$ oder $\dfrac{\boldsymbol{U}}{(1+\underline{a}_0)}=-(\boldsymbol{A}')^{-1}\boldsymbol{r}'^{\mathrm{A}}$	$\boldsymbol{r}'^{\mathrm{A}}+(1+\underline{b}_0)\,\boldsymbol{A}'\boldsymbol{U}=0$ oder $(1+\underline{b})\,\boldsymbol{U}=-(\boldsymbol{A}')^{-1}\boldsymbol{r}'^{\mathrm{A}}$	$(1+\underline{a}_0)\,\boldsymbol{r}'^{\mathrm{A}}+(1+\underline{b}_0)\,\boldsymbol{A}'\boldsymbol{U}=0$ oder $\dfrac{1+\underline{b}}{1+\underline{a}}\,\boldsymbol{U}=-(\boldsymbol{A}')^{-1}\boldsymbol{r}'^{\mathrm{A}}$
wegen (14.11) gilt		
$\boldsymbol{U}=(1+\underline{a}_0)\,\boldsymbol{U}'$ Die KU werden $(1+\underline{a}_0)$mal größer.	$\boldsymbol{U}=\dfrac{1}{1+\underline{b}_0}\,\boldsymbol{U}'\approx(1-\underline{b}_0)\,\boldsymbol{U}'$ Die KU werden $(1-\underline{b}_0)$mal kleiner. $\left(\dfrac{1}{1+b_0}=\dfrac{1-b_0}{1+b_0^2}\approx 1-b_0\right)$; $(b_0^2\ll 1)$	$\boldsymbol{U}=\dfrac{1+\underline{a}_0}{1+\underline{b}_0}\,\boldsymbol{U}'$ Die KU werden $(1+\underline{a}_0)/(1+\underline{b}_0)$ mal größer oder kleiner
Beispiele s. Kap. 15		geg: $\underline{a}_0=\underline{b}_0$ $\boldsymbol{U}=\boldsymbol{U}'$. gleiche systematische Fehler in $\boldsymbol{r}^{\mathrm{A}}$ und $\boldsymbol{A}$ heben sich gegenseitig auf

15 Schulbeispiele

Wir bezeichnen sie als Schulbeispiele, weil wir die in der Praxis nicht bekannte IU $\boldsymbol{U}_\varepsilon$ vorgeben, den in der Praxis fehlerhaft gemessenen Ausgangszustand $\boldsymbol{r}^{\mathrm{A}}$ und die fehlerhaft gemessenen EK – zusammengefaßt in der Wuchtmatrix $\boldsymbol{A}$ – simulieren.

In der Praxis sind die Fehler durch die Messung des Ausgangszustandsvektors $\boldsymbol{r}^{\mathrm{A}}$ und die Messung der EK, d.h. der Matrix $\boldsymbol{A}$ gegeben und somit stochastischer, evtl. systematischer Natur. Diese Meßfehler simulieren wir durch einen „künstlichen", willkürlichen Eingriff. Es soll damit gezeigt werden, wie die Lösung $\boldsymbol{U}$ auf solche Änderungen von $\boldsymbol{r}^{\mathrm{A}}$ und $\boldsymbol{A}$ reagiert.

Übersichtshalber wählen wir als Modell die glatte Welle mit konstanter Biegesteifigkeit $\mathrm{EI}(z)=\mathrm{EI}$ und konstanter Masse pro Längeneinheit $m_{\mathrm{L}}(z)=m_{\mathrm{L}}$ auf radial starren, frei drehbaren Lagern und verzichten auf jegliche Dämpfung, Abb. 12.2a. Die IU sei in allen Beispielen gleich, eine EUW $\underline{U}_{\varepsilon 1}=U_{\varepsilon 1}=1$ im Abstand $z=l/4$ vom linken Lager, was einen direkten Vergleich mit den KU erlaubt. Die EK α_{jk} sind somit reell und können (13.4') entnommen werden. Jeder EK wurde als unendliche Reihe ($N = \infty$) berechnet. Die Reihen konvergieren für 10 Ziffern mit 10 bis 40 Gliedern. Exakte Größen $\boldsymbol{r}^{\mathrm{A}}$ und $\boldsymbol{A}$ sind zur Unterscheidung mit einem Exponentialstrich bezeichnet.

15.1 $J = K$ (gleichviele MP wie WE)

Wir wählen $J = K = 3$ und damit drei WE in Viertelspunkten $z/l = 1/4$, $1/2$, $3/4$. Mit drei WE lassen sich nach der Information über die modale N-Methode drei EF, bzw. drei kritische Drehzahlen ω_1, $\omega_2 = 4\omega_1$, $\omega_3 = 9\omega_1$ wuchten.

Der künstliche Eingriff, die Simulation, sei wie folgt, s. (14.7)

— für den Meßvektor des Ausgangszustands $\boldsymbol{r}^{\mathrm{A}}$ alternierend $\pm 1\%$, also

$$\boldsymbol{r}^{\mathrm{A}} = \begin{bmatrix} (1+a_0)\, r'_1 \\ (1-a_0)\, r'_2 \\ (1+a_0)\, r'_3 \end{bmatrix} ; \qquad a_0 = 0{,}01 = 1\% ;$$

— für die Matrix $\boldsymbol{A}$ der EK schachbrettartig alternierend $\pm 1\%$, also

$$\boldsymbol{A} = \begin{bmatrix} (1+a_0)\,\alpha'_{11} ; & (1-a_0)\,\alpha'_{12} ; & (1+a_0)\,\alpha'_{13} \\ (1-a_0)\,\alpha'_{21} & & \vdots \\ (1+a_0)\,\alpha'_{31} & \ldots & (1+a_0)\,\alpha'_{33} \end{bmatrix} ; \qquad a_0 = 0{,}01 = 1\% .$$

Beispiel 1:
Der Betriebsbereich erstrecke sich von $\Omega = 0$ bis $\Omega = \omega_3$. Die MP sind nach folgendem Schema ausgewählt, Abb. 15.1.

Die exakten und simulierten Größen $\boldsymbol{r}^{\mathrm{A}}$ und $\boldsymbol{A}$ sind

$$\boldsymbol{r}'^{\mathrm{A}} = \begin{bmatrix} 9{,}3910 \\ -1{,}8497 \\ 6{,}0099 \end{bmatrix} ; \quad \boldsymbol{r}^{\mathrm{A}} = \begin{bmatrix} 9{,}4849 \\ -1{,}8312 \\ 6{,}0700 \end{bmatrix} ; \quad \boldsymbol{r}^{\mathrm{F}} = \begin{bmatrix} 0 \\ 0 \\ 0 \end{bmatrix} ;$$

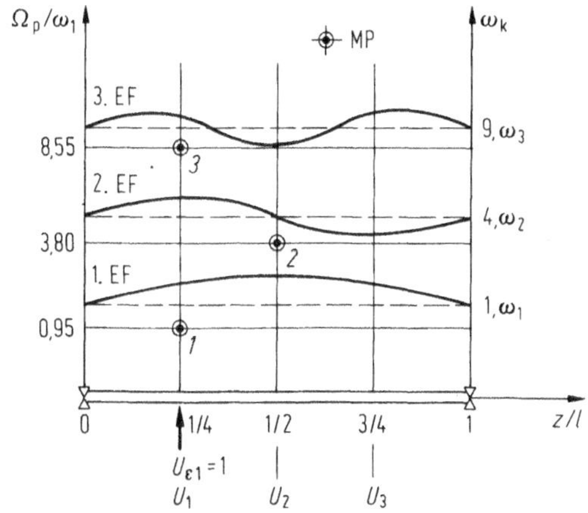

Abb. 15.1. Meßpunktverteilung, MP 1, 2, 3 und Wuchtebenen. $U_{\varepsilon 1} = 1$: IU; U_1, U_2, U_3: KU; ω_k: kritische Winkelgeschwindigkeit

$$A' = \begin{bmatrix} 9{,}3910, & 13{,}0732, & 9{,}1486 \\ -1{,}8497, & -1{,}6465, & -1{,}8497 \\ 6{,}0099, & -14{,}6597, & 10{,}8491 \end{bmatrix};$$

$$A = \begin{bmatrix} 9{,}4849, & 12{,}9425, & 9{,}2401 \\ -1{,}8312, & -1{,}6692, & -1{,}8312 \\ 6{,}0700, & -14{,}5131, & 10{,}9576 \end{bmatrix}.$$

Nach (13.9) $\boldsymbol{U} = -\boldsymbol{A}^{-1}\boldsymbol{r}^{\mathrm{A}}$ ergeben sich folgende KU

U (KU)	Fehler nur in r^{A}; (r^{A}, A')	Fehler nur in A; (r'^{A}, A)	Fehler in r^{A} und A; (r^{A}, A)	
U_1	$-0{,}703$	$-1{,}330$	-1	die Fehler heben
U_2	$+0{,}052$	$+0{,}059$	0	sich gegenseitig
U_3	$+0{,}241$	$+0{,}266$	0	auf!

Die WGU, (14.10), ist wegen $r^{\mathrm{F}} = 0$ in allen Fällen 100%.

Der Ausschlag ist in allen drei MP nach der Wuchtung exakt Null ($r = -r^{\mathrm{A}}$).

Weitere Beispiele, auch für kleinere Betriebsbereiche, sind in Tabelle 15.1 aufgeführt.

Kommentar:

— Gleiche alternierende Fehler in r^{A} und A heben sich gegenseitig auf, genau gleich wie gleiche systematische Fehler, s. Tabelle 14.2.

— Werden die MP in Ω-Richtung von $\Omega = 0$ bis zur Betriebsdrehzahl gestreut, entstehen genauere KU U_1, U_2, U_3, als wenn die MP nur in der Nähe der Betriebsdrehzahl gewählt werden.

— Vergleicht man Beispiel *1* mit *2*, so ist offenbar in Beispiel *1*, Abb. 15.1, der MP 2 in der Nähe des Knotens der 2. EF, der das schlechtere Resultat verursacht. Auch der Vergleich von Beispiel *4* mit *5* läßt den Schluß zu, daß das schlechtere Resultat von Beispiel *4* durch den MP 3 – ebenfalls in der Nähe des Knotens der 2. EF – bedingt ist. Die 2. EF kann mit MP 3 nicht genügend erfaßt werden.

Grundsätzlich entsteht in einem MP, der in unmittelbarer Nähe einer kritischen Drehzahl und Knoten der betreffenden EF liegt, eine sehr kleine Auslenkung. Denn man weiß von der modalen Zerlegung her, daß in der k-ten kritischen Drehzahl die Auslenkung in einem Knoten der zugehörigen k-ten EF aus nur kleinen – meist vernachlässigbaren – Anteilen der von k verschiedenen EF besteht.

Wäre die Auslenkung im MP theoretisch Null, würde der MP ausfallen, und es wären für $K = 3$ WE nur mehr $J = 2$ MP vorhanden. Die direkte Methode $J = K = 3$ würde auf $J = K = 2$ reduziert.

Die sehr kleinen – von Null verschiedenen – Auslenkungen im MP bewirken nun, daß die Determinante der Wuchtmatrix wohl nicht verschwindet, aber sehr klein und schlecht konditioniert wird. Sie ist somit sehr anfällig auf Fehler.

Tabelle 15.1. Beispiele. Wuchtgüte jeweils 100%

Betriebsbereich $\Omega = 0 + \omega_3$

Bsp.	U	Nur Fehler in $\boldsymbol{r}^A$	Nur Fehler in $\boldsymbol{A}$	Fehler in $\boldsymbol{r}^A$ u. $\boldsymbol{A}$
2	U_1	−1,0005	−0,9996	−1
	U_2	−0,0001	0,0001	0
	U_3	−0,0096	0,0096	0
	Σ	−1,0102	−0,9899	−1
3	U_1	−0,9805	−1,0222	−1
	U_2	+0,0340	−0,0376	0
	U_3	+0,0295	−0,0321	0
	Σ	−0,9170	−1,0919	−1

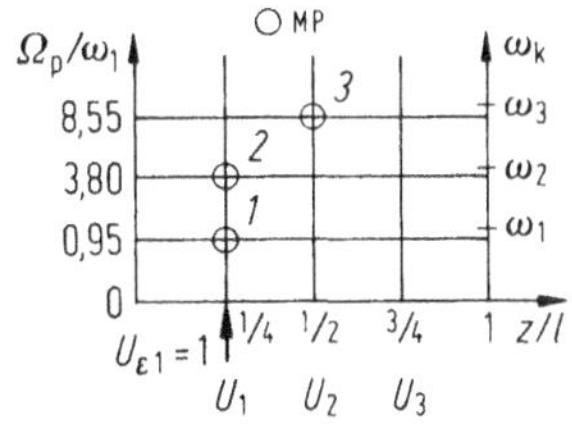

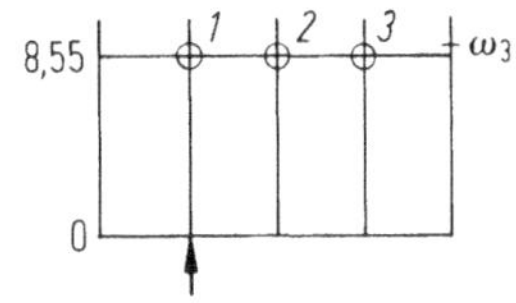

Betriebsbereich $\Omega = 0 - \omega_2$

Bsp.	U	Nur Fehler in $\boldsymbol{r}^A$	Nur Fehler in $\boldsymbol{A}$	Fehler in $\boldsymbol{r}^A$ u. $\boldsymbol{A}$
4	U_1	−0,807	+0,160	−1
	U_2	−0,386	−2,229 !	0
	U_3	+0,344	+1,944	0
	Σ	−0,849	−0,1210	−1
5	U_1	−0,993	−1,017	−1
	U_2	−0,015	+0,015	0
	U_3	+0,017	−0,017	0
	Σ	−0,991	−1,009	−1

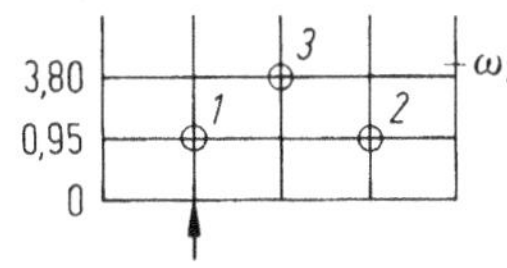

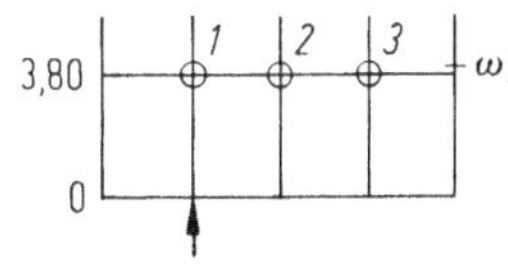

Betriebsbereich $\Omega = 0 - \omega_1$

Bsp.	U	Nur Fehler in $\boldsymbol{r}^A$	Nur Fehler in $\boldsymbol{A}$	Fehler in $\boldsymbol{r}^A$ u. $\boldsymbol{A}$
6	U_1	−0,807	+0,160	−1
	U_2	−0,386	−2,229 !	0
	U_3	+0,344	+1,948	0
	Σ	−0,849	−0,121	−1
7	U_1	−2,810	−0,775	−1
	U_2	+2,552 !	−0,311	0
	U_3	−1,800	+0,215	0
	Σ	−2,058	−0,871	−1

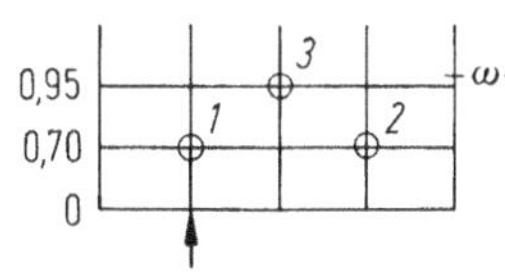

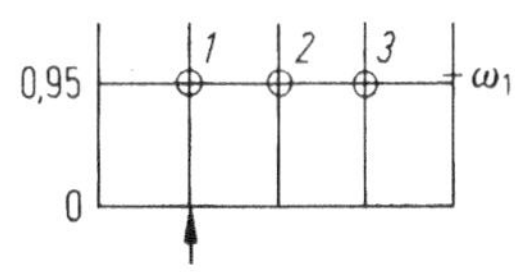

Man kann dies am Beispiel *4* zeigen. Die Wuchtmatrix lautet

$$A = \begin{bmatrix} \alpha_{11} & \alpha_{12} & \alpha_{13} \\ \alpha_{21} & \alpha_{22} & \alpha_{23} \\ \alpha_{31} & \alpha_{32} & \alpha_{33} \end{bmatrix} = \begin{bmatrix} 9{,}39 & 13{,}07 & 9{,}15 \\ 9{,}15 & 13{,}07 & 9{,}39 \\ -1{,}85 & -1{,}65 & -1{,}85 \end{bmatrix} ;$$

Die EK α_{3k} $(k = 1, 2, 3)$ sind relativ klein und damit wird det A ebenfalls relativ klein. Solche MP sind deshalb zu meiden.

— Beispiele *6* und *7* zeigen, daß u. U. zu große WG entstehen, wenn einseitige Fehler in $\boldsymbol{r}^{\mathrm{a}}$ oder $\boldsymbol{A}$ vorkommen.

15.2 $J > K$ (mehr MP als WE)

Wir wählen $J = 5$ MP und $K = 3$ WE in Viertelspunkten der Achse $z/l = 1/4$, $1/2$, $3/4$. Die „künstlichen" simulierten Eingriffe seien:

1. systematische Fehler und
2. alternierende Fehler.

15.2.1 Systematische Fehler

Die Betriebsdrehzahl sei $\Omega = 0$ bis ω_3. Die MP sind nach Abb. 15.2 gewählt.

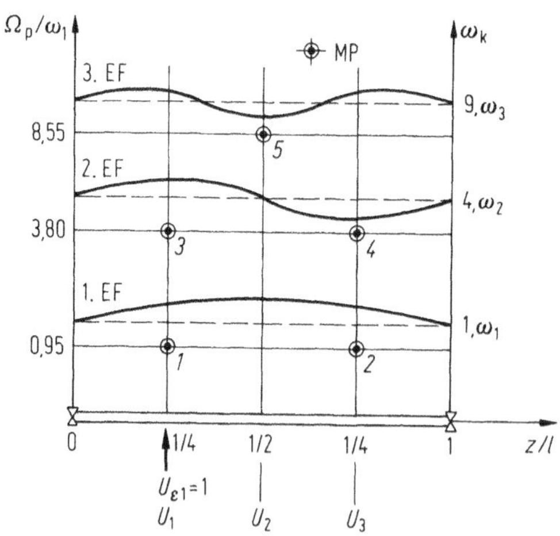

Abb. 15.2. Meßpunktverteilung, MP 1, 2, 3, 4, 5 und Wuchtebenen. $U_{\varepsilon 1} = 1$: IU; U_1, U_2, U_3: KU; ω_k: kritische Winkelgeschwindigkeit

Der systematische simulierte Fehler sei a_0, bzw. b_0, s. (14.7)

$$\boldsymbol{r}^{\mathrm{A}} = (1 + a_0)\, \boldsymbol{r}'^{\mathrm{A}} \;; \qquad \boldsymbol{A} = (1 + b_0)\, \boldsymbol{A}' \;.$$

Die exakten Größen sind

$$\boldsymbol{r}^{A'} = \begin{bmatrix} 9{,}3910 \\ 9{,}1486 \\ 17{,}7163 \\ -19{,}3628 \\ -14{,}6597 \end{bmatrix} ; \quad \boldsymbol{A}' = \begin{bmatrix} 9{,}3910 & 13{,}0732 & 9{,}1486 \\ 9{,}1486 & 13{,}0732 & 9{,}3910 \\ 17{,}7163 & -1{,}8497 & -19{,}3628 \\ -19{,}3628 & -1{,}8497 & 17{,}7163 \\ -14{,}6597 & 16{,}8589 & -14{,}6597 \end{bmatrix} .$$

Mit (13.19)

$$\boldsymbol{U} = -(\boldsymbol{A}^T \boldsymbol{A})^{-1} \boldsymbol{A}^T \boldsymbol{r}^A$$

ergeben sich folgende KU U_1, U_2, U_3 und WGU nach (14.10), Tabelle 15.2.

Tabelle 15.2. Beispiele. Wuchtgüte jeweils 100%

Beispiel	*8*	*9*	*10*	*11*
Fehler in	$\boldsymbol{r}^A$	$\boldsymbol{A}$	$\boldsymbol{r}^A$ und $\boldsymbol{A}$	$\boldsymbol{r}^A$ und $\boldsymbol{A}$
	$a_0 = 10\%, b_0 = 0$	$a_0 = 0, b_0 = 10\%$	$a_0 = 10\%, b_0 = 10\%$	$a_0 = +10\%, b_0 = -10\%$
U_1	$-1{,}1000$	$-0{,}9091$	-1	$-1{,}2222$
U_2	0	0	0	0
U_3	0	0	0	0
	Vergleich mit Tabelle 14.2			
	$U_1 = (1+a_0)\,U_1'$	$U_1 = \frac{1}{1+b_0}\,U_1'$	$U_1 = \frac{1+a_0}{1+b_0}\,U_1'$	$U_1 = \frac{1+a_0}{1-b_0}\,U_1'$
	$= (1+0{,}1)(-1)$	$= \frac{1}{1+0{,}1}(-1)$	$= \frac{1+0{,}1}{1+0{,}1}(-1)$	$= \frac{1+0{,}1}{1-0{,}1}(-1)$
	$= \underline{\underline{-1{,}1000}}$	$= \underline{\underline{-0{,}9091}}$	$= \underline{\underline{-1}}$	$= \underline{\underline{-1{,}2222}}$

Der Vergleich mit Tab. 14.2 bestätigt Tab. 15.2.

15.2.2 Alternierende Fehler

Der fehlerhafte Meßvektor $\boldsymbol{r}^A$ und die fehlerhafte Matrix $\boldsymbol{A}$ seien wie folgt simuliert

$$\boldsymbol{r}^A = \begin{bmatrix} (1+a_0)\,r_1' \\ (1-a_0)\,r_2' \\ (1+a_0)\,r_3' \\ (1-a_0)\,r_4' \\ (1+a_0)\,r_5' \end{bmatrix} \Big\downarrow J=5 , \qquad \underline{a_0 = 1\%} = 0{,}01 ;$$

$$A = \downarrow\overset{\longrightarrow K=3}{\begin{bmatrix} (1+b_0)\,\alpha_{11}\,; & (1-b_0)\,\alpha_{12}\,; & (1+b_0)\,\alpha_{13} \\ (1-b_0)\,\alpha_{21}\,; & & \vdots \\ \vdots & & \\ & & \\ (1+b_0)\,\alpha_{51}\,; & \ldots & (1+b_0)\,\alpha_{53} \end{bmatrix}}_{J=5}, \qquad \underline{b_0 = 1\%} = 0{,}01 \;.$$

Die exakten Größen sind:

$$\boldsymbol{r}^{A'} = \downarrow\begin{bmatrix} r_1' \\ r_2' \\ r_3' \\ r_4' \\ r_5' \end{bmatrix}^{A}_{J=5} = \begin{bmatrix} 9{,}390993362 \\ 9{,}148571896 \\ 17{,}71630553 \\ -19{,}36275954 \\ -14{,}65969938 \end{bmatrix};$$

$$A' = \downarrow\overset{\longrightarrow K=3}{\begin{bmatrix} 9{,}390993362 & 13{,}07318488 & 9{,}148571896 \\ 9{,}148571896 & 13{,}07318488 & 9{,}390993362 \\ 17{,}71630553 & -1{,}84966154 & -19{,}36275954 \\ -19{,}36275954 & -1{,}84966154 & 17{,}71630553 \\ -14{,}65969938 & 16{,}85892236 & -14{,}65969938 \end{bmatrix}}_{J=5}.$$

Nach (13.20)

$$\boldsymbol{U} = -(A^{\mathrm{T}} A)^{-1}\, A^{\mathrm{T}} \boldsymbol{r}^{\mathrm{A}}$$

ergeben sich mit verschiedenen MP die in Tabelle 15.3 aufgeführten KU $\boldsymbol{U}$. Es sind drei Betriebsbereiche unterschieden. Die entsprechenden WGU sind nach (14.10) berechnet.

Tabelle 15.3. Beispiele

Betriebsbereich $\Omega = 0 - \omega_3$

		Fehler in:		
Bsp.	U	$\boldsymbol{r}^{\mathrm{A}}$	A	$\boldsymbol{r}^{\mathrm{A}}$ u. A
12	U_1	−1,0022	−0,9977	−1
	U_2	+0,0049	−0,0050	0
	U_3	−0,0026	+0,0026	0
	Σ	−0,9999	−1,0001	−1
	WGU	0,9922	0,9922	1
13	U_1	−1,0191	−0,9809	−1
	U_2	+0,0008	−0,0008	0
	U_3	+0,0176	−0,0176	0
	Σ	−1,0007	−0,9993	−1
	WGU	0,9946	0,9946	1

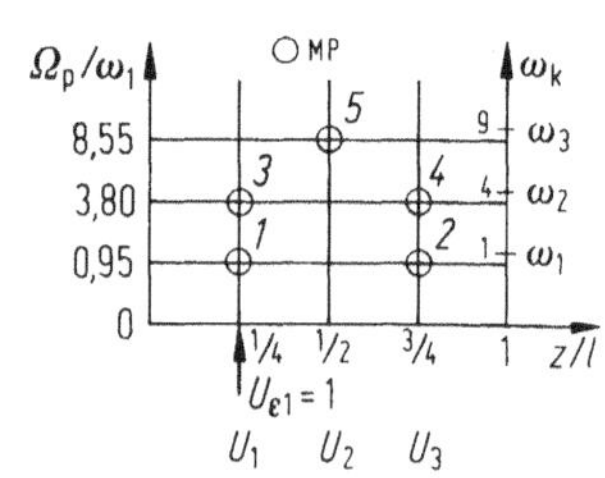

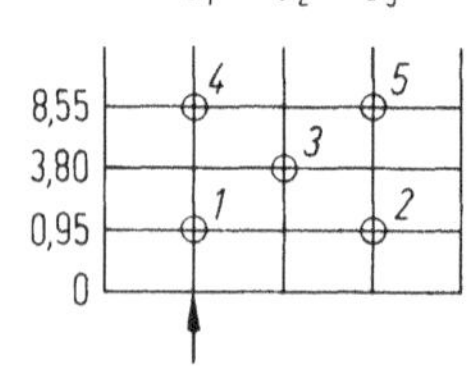

Betriebsbereich $\Omega = 0 - \omega_2$. Nur Fehler in $\boldsymbol{r}^{A}$

	Bsp. *14*	Bsp. *15*	Bsp. *16*	Bsp. *17*	Bsp. *18*
U_1	$-1{,}0068$	$-1{,}0154$	$-1{,}0433$	$-0{,}9944$	$-0{,}8202$
U_2	$+0{,}0098$	$+0{,}0231$	$+0{,}0560$	$-0{,}0156$	$-0{,}2547$
U_3	$-0{,}0168$	$-0{,}0172$	$-0{,}0359$	$+0{,}0160$	$+0{,}1803$
Σ	$-1{,}0138$	$-1{,}0095$	$-1{,}0232$	$-0{,}9937$	$-0{,}8946$
WGU	0,9972	0,9910	0,9942	0,9967	0,9946

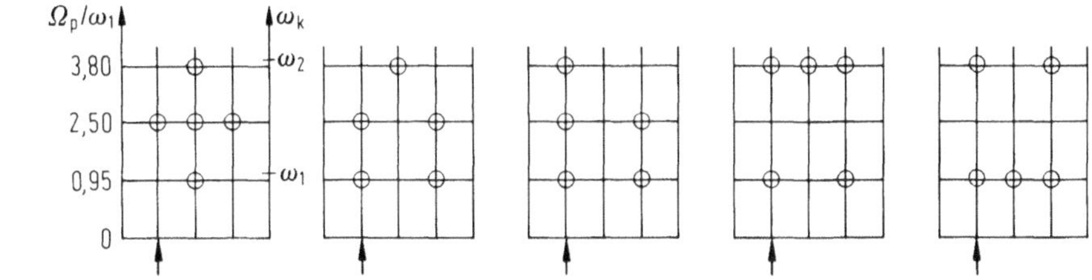

Betriebsbereich $\Omega = 0 - \omega_1$

		Fehler in:		
Bsp.	U	$\boldsymbol{r}^{A}$	$\boldsymbol{A}$	$\boldsymbol{r}^{A}$ u. $\boldsymbol{A}$
19	U_1	$-0{,}8176$	$-0{,}3866$	-1
	U_2	$-0{,}3642$	$-1{,}0822$!	0
	U_3	$+0{,}3241$	$+0{,}9007$	0
	Σ	$-0{,}8577$	$-0{,}5681$	-1
	WGU	0,9998	0,9987	1
20	U_1	$-0{,}6332$	$-0{,}6753$	-1
	U_2	$-0{,}5171$!	$-0{,}4674$	0
	U_3	$+0{,}3568$	$+0{,}3348$	0
	Σ	$-0{,}7936$	$-0{,}8079$	-1
	WGU	0,9980	0,9984	1

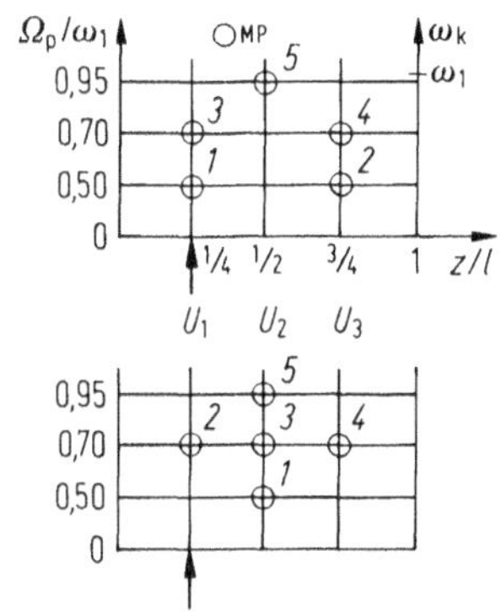

Nur Fehler in $\boldsymbol{r}^{A}$

	Bsp. *21*	Bsp. *22*
U_1	$-2{,}5991$	$-1{,}0351$
U_2	$+2{,}2328$!	$+0{,}4721$
U_3	$-1{,}5583$	$-0{,}6306$
Σ	$-1{,}9246$	$-1{,}1936$
WGU	0,9962	0,9945

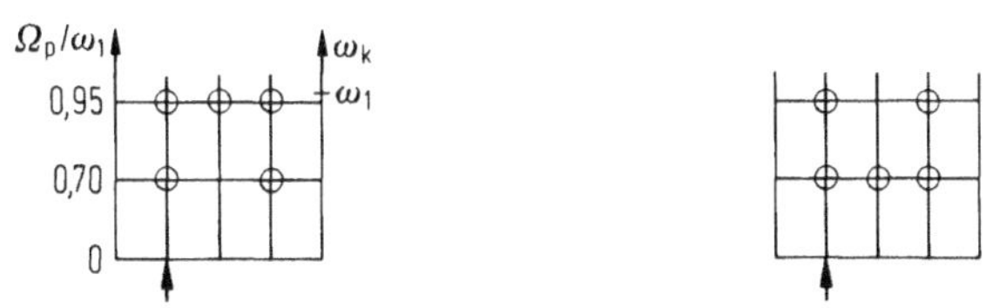

Kommentar:

— Alle Beispiele zeigen, daß mit Fehlern von $\pm 1\%$ in $\boldsymbol{r}^A$ oder $\boldsymbol{A}$ die WGU weniger als 1% vom idealen Wert 100% abweicht (Ausgleich mit kleinster Summe der Fehlerquadrate!).
— Gleiche alternierende Fehler in $\boldsymbol{r}^A$ und $\boldsymbol{A}$ heben sich gegenseitig auf, s. Beispiele *12, 13* und *18, 19*; dies ganz analog gleichen systematischen Fehlern, Beispiel *10*.
— Gleiche alternierende Fehler nur in $\boldsymbol{r}^A$ oder nur in $\boldsymbol{A}$ ergeben ungefähr gleiche WGU, s. Beispiele *12, 13* und *19, 20*.
— Beispiele *19* und *20* zeigen, daß bei Fehlern nur in $\boldsymbol{A}$ oder nur in $\boldsymbol{r}^A$ ein unbefriedigender Ausgleich resultieren kann.
Beispiel *21* zeigt darüber hinaus, daß die WG unzumutbar groß werden können.
— Im unterkritischen Betriebsbereich $\Omega = 0 - \omega_1$ ergibt das Streuen der MP in Richtung Ω bessere WGU als das Streuen in Richtung der Rotorachse z, s. Beispiele *19, 20* mit *21, 22*.
— Bezüglich MP nahe kritischer Drehzahlen und in Knotenpunkten der entsprechenden EF ist zu sagen, daß sie nicht schaden, aber auch nichts nützen, im Unterschied zur exakten Methode. Ist beispielsweise $j = 3$ ein solcher MP (Beispiel *13*), werden alle EK α_{3k} ($k = 1 \ldots K$) relativ klein. Wären sie alle Null, würde eine Zeile in der $(J \times K)$ Wuchtmatrix $\boldsymbol{A}$ ausfallen. Die Wirkung wäre gleichbedeutend, wie wenn ein MP ausfallen würde, was keine numerischen Schwierigkeiten bietet. Statt J wären nur noch $(J-1)$ MP wirksam.

Beispiel *13*; s. α_{3k} ($k = 1, 2, 3$) für MP 3

$$\begin{array}{c} \longrightarrow K \\ \boldsymbol{A} = \Big\downarrow J \begin{bmatrix} 9{,}390993362 & 13{,}07318488 & 9{,}148571896 \\ 9{,}148571896 & 13{,}07318488 & 9{,}390993362 \\ -1{,}84966154 & -1{,}64645401 & -1{,}84966154 \\ 6{,}009860956 & -14{,}65969938 & 10{,}8490614 \\ 10{,}8490614 & -14{,}65969938 & 6{,}009860956 \end{bmatrix} \begin{array}{l} \\ \\ \longleftarrow \alpha_{31}, \alpha_{32}, \alpha_{33} \\ \text{(Zeile rel. klein)} \\ \\ \end{array} \end{array}$$

— Substanziell das gleiche gilt für MP, die nur kleine Ausschläge aufweisen. Betrachtet man Beispiel *20*, so bringt der MP $j = 1$ bei $\Omega = 0{,}5\ \omega_1$ nur einen geringen Ausschlag. Die EK α_{jk} ($k = 1, 2, 3$) sind relativ klein und somit die erste Zeile der Wuchtmatrix $\boldsymbol{A}$ ebenfalls, wie die numerische Matrix für Beispiel *20* zeigt.

$$\begin{array}{c} \longrightarrow K \\ \boldsymbol{A} = \Big\downarrow J \begin{bmatrix} 0{,}466632967 & 0{,}674023839 & 0{,}466632967 \\ 1{,}032095849 & 1{,}349375986 & 0{,}903929664 \\ 1{,}349375986 & 1{,}936025513 & 1{,}349375986 \\ 0{,}903929664 & 1{,}349375986 & 1{,}032095849 \\ 13{,}07318488 & 18{,}53956526 & 13{,}07318488 \end{bmatrix} \begin{array}{l} \longleftarrow \alpha_{11}, \alpha_{12}, \alpha_{13} \\ \text{(Zeile rel. klein)} \\ \\ \\ \\ \end{array} \end{array}$$

Wäre die Zeile Null, würde eine Messung ausfallen und J auf $J-1$ reduziert. Dies bedeutet, daß der MP 1 wenig wirksam ist. Eine ideale Matrix $\boldsymbol{A}$ würde aus Elementen, d.h. EK von derselben Größenordnung bestehen.
Eine analoge Überlegung gilt auch für MP zwischen kritischen Drehzahlen.

Beispiel *16*. Die MP $j = 3$ und 4 liegen fast genau zwischen den kritischen Drehzahlen ω_1 und ω_2. Sie bringen demzufolge nur relativ kleine Ausschläge und kleine EK α_{3k}, α_{4k} $(k = 1, 2, 3)$, wie die numerische Matrix für Beispiel *16* zeigt.

$$\begin{array}{c} \\ \\ A = \\ \downarrow \\ J \end{array} \overset{\longrightarrow K}{\begin{bmatrix} 9{,}390993362 & 13{,}07318488 & 9{,}148571896 \\ 9{,}148571896 & 13{,}07318488 & 9{,}390993362 \\ 0{,}201355647 & -1{,}81178946 & -2{,}385744116 \\ -2{,}385744116 & -1{,}81178946 & 0{,}201355647 \\ 17{,}71630553 & -1{,}84966154 & -19{,}36275954 \end{bmatrix}} \begin{array}{l} \\ \\ \left.\begin{array}{l} \leftarrow \alpha_{31}, \alpha_{32}, \alpha_{33} \\ \leftarrow \alpha_{41}, \alpha_{42}, \alpha_{43} \end{array}\right\} \\ \text{(Zeilen rel. klein)} \end{array}$$

Die MP 3 und 4 sind wenig wirksam. Die Matrix A ist entfernt von einer idealen Matrix.

— Um ideale Wuchtmatrizen zu erhalten, sind Messungen mit großen relativen Ausschlägen im Betriebsbereich und längs des Rotors zu machen, die MP sind in die Nähe kritischer Drehzahlen, aber nicht in Knoten von EF zu legen.

15.3 Empfehlungen für die Wahl der Meßpunkte beim Wuchten mit Einflußkoeffizienten

Die Schulbeispiele erheben natürlich keinen Anspruch auf Repräsentation aller Konstellationen des Wuchtens mit EK. Immerhin lassen sich einige allgemeine Erkenntnisse für die optimale Wahl der MP daraus ableiten.

Die besten Resultate erhält man mit einer ideal konzipierten Wuchtmatrix. Ideal konzipierte Matrizen sind solche, deren Elemente (Einflußkoeffizienten) von gleicher numerischer Größenordnung sind. Man erreicht dies einerseits durch Streuung der Meßpunkte im Betriebsbereich über die Winkelgeschwindigkeit Ω, aber derart, daß in der Nähe kritischer Drehzahlen gemessen wird und andererseits dadurch, daß MP in der Nähe von Knoten der Eigenformen vermieden werden.

Im übrigen ist die Nähe der kritischen Drehzahl für die MP schon aus dem Grunde wichtig, daß keine Überraschungen beim Durchfahren entstehen. Denn die Auslenkungen werden ja nur in den MP ausgeglichen, über die übrigen Auslenkungen längs Ω und z wird nicht verfügt.

Es dürfte einleuchten, daß obige Empfehlungen für die wirksamste Wahl der MP ein profundes Wissen über den modalen Aufbau der durch Unwucht erzwungenen Schwingungen erfordert. Insbesondere ist vor dem Setzen der MP die (ungefähre) Kenntnis der kritischen Drehzahl und deren EF von zeit-, geld- und ärger-sparendem Nutzen.

15.4 Vergleich der exakten EK-Methode mit der modalen Methode

Mit der exakten EK-Methode $J = K$, gleichviele MP wie WE, gelingt ein Vergleich mit der modalen Wuchtmethode. Wir verwenden die in Abschn. 15.1 beschriebene Modellwelle und wählen einfachheitshalber $J = K = 3$. Die Zahl 3 bedeutet keine Einschränkung der Allgemeinheit. Mit drei WE bzw. KU lassen sich drei kritische

„Drehzahlen" $\Omega = \omega_1$, ω_2 und ω_3 wuchten. Der Betriebsbereich erstrecke sich von $\Omega = 0$ bis ω_3. Die drei WE sollen wiederum in Viertelspunkten der Rotorlänge $z/l = 1/4$, 1/2, 3/4 liegen und die einzige IU sei $\underline{U}_{\varepsilon 1} = U_{\varepsilon 1}$ bei $z/l = 1/4$. Die MP $j = 1$, 3 und 5 seien wie in Abb. 15.2 gestreut, nahe vor den kritischen Drehzahlen.

Die EK-Technik liefert für $J = K = 3$ das Gleichungssystem (13.9) ohne Fehler in den MP nach erfolgter Wuchtung

$$\boldsymbol{A}\,\boldsymbol{U} = -\boldsymbol{r}^{\mathrm{A}} \tag{15.1}$$

$$\begin{bmatrix} \alpha_{11} & \alpha_{12} & \alpha_{13} \\ \alpha_{21} & \alpha_{22} & \alpha_{23} \\ \alpha_{31} & \alpha_{32} & \alpha_{33} \end{bmatrix} \begin{bmatrix} U_1 \\ U_2 \\ U_3 \end{bmatrix} = - \begin{bmatrix} r_1 \\ r_2 \\ r_3 \end{bmatrix}^{\mathrm{A}} .$$

Die EK α_{jk} ($j = 1 \ldots J$, $k = 1 \ldots K$) können (A.9) Anhang 1 zu Kap. 13 entnommen werden und sind ohne Dämpfung

$$\alpha_{\mathrm{jk}} = \frac{2}{m_{\mathrm{L}} l} \sum_{\mathrm{n}}^{\mathrm{N}=3} \frac{(\Omega/\omega_1)^2}{n^4 - (\Omega/\omega_1)^2} \varphi_{\mathrm{n}}(z_{\mathrm{j}})\, \varphi_{\mathrm{n}}(z_{\mathrm{k}}) \; ; \qquad \varphi_{\mathrm{n}} = \sin\left(\frac{n\pi}{l} z\right) \tag{15.2}$$

oder aufgelöst

$$\alpha_{\mathrm{jk}} = \left\{ \begin{array}{l} K_1 \varphi_1(z_{\mathrm{j}})\, \varphi_1(z_{\mathrm{k}}) \\[2ex] + K_2 \varphi_2(z_{\mathrm{j}})\, \varphi_2(z_{\mathrm{k}}) \\[2ex] + K_3 \varphi_3(z_{\mathrm{j}})\, \varphi_3(z_{\mathrm{k}}) \end{array} \right\} \begin{array}{l} K_1 = \dfrac{2}{m_{\mathrm{L}} l} \dfrac{(\Omega/\omega_1)^2}{1 - (\Omega/\omega_1)^2} \\[2ex] K_2 = \dfrac{2}{m_{\mathrm{L}} l} \dfrac{(\Omega/\omega_1)^2}{16 - (\Omega/\omega_1)^2} \\[2ex] K_3 = \dfrac{2}{m_{\mathrm{L}} l} \dfrac{(\Omega/\omega_1)^2}{81 - (\Omega/\omega_1)^2} \end{array} .$$

Für den MP $j = 1$ bei $\Omega/\omega_1 = 0{,}95$ (nahe der Resonanz ω_1) kann K_2 und K_3 gegen K_1 vernachlässigt werden, so daß $\alpha_{1\mathrm{k}} = K_1 \varphi_1(z_1)\, \varphi_2(z_{\mathrm{k}})$ wird.[1] Für den MP $j = 3$ bei $\Omega/\omega_1 = 3{,}80$ (nahe der Resonanz ω_2) kann K_1 und K_2 gegenüber K_3 vernachlässigt werden, so daß $\alpha_{2\mathrm{k}} = K_2 \varphi_2(z_2)\, \varphi_2(z_{\mathrm{k}})$ wird. Für den MP $j = 5$ bei $\Omega/\omega_1 = 8{,}55$ (nahe der Resonanz ω_3) ist schließlich K_1 und K_2 gegen K_3 zu vernachlässigen, so daß $\alpha_{3\mathrm{k}} = K_3 \varphi_3(z_3)\, \varphi_3(z_{\mathrm{k}})$ wird.

Die Wuchtmatrix $\boldsymbol{A}$ lautet somit

$$\boldsymbol{A} = \underset{J=K}{\downarrow} \begin{bmatrix} K_1 \varphi_1(z_1) & & \\ & K_2 \varphi_2(z_2) & \\ & & K_3 \varphi_3(z_3) \end{bmatrix} \overset{\longrightarrow K}{\begin{bmatrix} \varphi_1(z_1) & \varphi_1(z_2) & \varphi_1(z_3) \\ \varphi_2(z_1) & \varphi_2(z_2) & \varphi_2(z_3) \\ \varphi_3(z_1) & \varphi_3(z_2) & \varphi_3(z_3) \end{bmatrix}}$$

oder mit der abgekürzten Schreibweise der EF $\varphi_{\mathrm{n}}(z_{\mathrm{k}}) = \varphi_{\mathrm{kn}}$

$$\boldsymbol{A} = \begin{bmatrix} K_1 \varphi_{11} & & \\ & K_2 \varphi_{22} & \\ & & K_3 \varphi_{33} \end{bmatrix} \begin{bmatrix} \varphi_{11} & \varphi_{21} & \varphi_{31} \\ \varphi_{12} & \varphi_{22} & \varphi_{32} \\ \varphi_{13} & \varphi_{23} & \varphi_{33} \end{bmatrix} \equiv \begin{bmatrix} \alpha_{11} & \alpha_{12} & \alpha_{13} \\ \alpha_{21} & \alpha_{22} & \alpha_{23} \\ \alpha_{31} & \alpha_{32} & \alpha_{33} \end{bmatrix} . \tag{15.3}$$

[1] Diese Vernachlässigung entspricht dem systematischen Fehler der Modalmeßmethode, s. Abschn. 11.3.2.2.

Der Meßvektor $\boldsymbol{r}^{\mathrm{A}}$ des Ausgangszustands wird mit $U_1 = U_{\varepsilon 1}$, $U_2 = U_3 = 0$ aus (15.1)

$$r_{\mathrm{jk}}^{\mathrm{A}} = \alpha_{\mathrm{jk}} U_{\varepsilon 1} \left\{ \begin{array}{l} r_{11}^{\mathrm{A}} = \alpha_{11} U_{\varepsilon 1} \\ r_{21}^{\mathrm{A}} = \alpha_{21} U_{\varepsilon 1} \\ r_{31}^{\mathrm{A}} = \alpha_{31} U_{\varepsilon 1} \end{array} \right\} . \tag{15.4}$$

Für die EK gilt nach (15.3)

$$\begin{aligned} \alpha_{11} &= K_1 \varphi_{11} \varphi_{11} \\ \alpha_{21} &= K_2 \varphi_{22} \varphi_{12} \\ \alpha_{31} &= K_3 \varphi_{33} \varphi_{13} . \end{aligned} \tag{15.5}$$

und in (15.4) eingesetzt wird der Meßvektor

$$\boldsymbol{r}^{\mathrm{A}} = \begin{bmatrix} r_{11} \\ r_{21} \\ r_{31} \end{bmatrix}^{\mathrm{A}} = \begin{bmatrix} K_1 \varphi_{11} \varphi_{11} U_{\varepsilon 1} \\ K_2 \varphi_{22} \varphi_{12} U_{\varepsilon 1} \\ K_3 \varphi_{33} \varphi_{13} U_{\varepsilon 1} \end{bmatrix} = \begin{bmatrix} K_1 \varphi_{11} \varphi_{11} \\ K_2 \varphi_{22} \varphi_{12} \\ K_3 \varphi_{33} \varphi_{13} \end{bmatrix} U_{\varepsilon 1} . \tag{15.6}$$

Wird $\boldsymbol{A}$ aus (15.3) und $\boldsymbol{r}^{\mathrm{A}}$ aus (15.6) in die Ausgangsgleichung (15.1) eingesetzt, entsteht die Beziehung

$$\begin{bmatrix} K_1 \varphi_{11} & & \\ & K_2 \varphi_{22} & \\ & & K_3 \varphi_{33} \end{bmatrix} \begin{bmatrix} \varphi_{11} & \varphi_{21} & \varphi_{31} \\ \varphi_{12} & \varphi_{22} & \varphi_{32} \\ \varphi_{13} & \varphi_{23} & \varphi_{33} \end{bmatrix} \begin{bmatrix} U_1 \\ U_2 \\ U_3 \end{bmatrix} = - \begin{bmatrix} K_1 & \varphi_{11} & \varphi_{11} \\ K_2 & \varphi_{22} & \varphi_{12} \\ K_3 & \varphi_{33} & \varphi_{13} \end{bmatrix} U_{\varepsilon 1} . \tag{15.7}$$

Jede der drei Gleichungen in (15.7) durch $K_1 \varphi_{11}$, bzw. $K_2 \varphi_{22}$, $K_3 \varphi_{33}$ dividiert ergibt

$$\begin{bmatrix} \varphi_{11} & \varphi_{21} & \varphi_{31} \\ \varphi_{12} & \varphi_{22} & \varphi_{32} \\ \varphi_{13} & \varphi_{23} & \varphi_{33} \end{bmatrix} \begin{bmatrix} U_1 \\ U_2 \\ U_3 \end{bmatrix} = - \begin{bmatrix} \varphi_{11} \\ \varphi_{12} \\ \varphi_{13} \end{bmatrix} U_{\varepsilon 1} . \tag{15.8}$$

Dies ist exakt die Modalgleichung (12.25) mit $U_{\varepsilon 2} = U_{\varepsilon 3} = 0$, womit gezeigt ist, daß bei Streuung der drei MP $j = 1, 3, 5$ in die Nähe der drei kritischen „Drehzahlen" $\omega_1, \omega_2, \omega_3$ und Einbezug des systematischen Fehlers, wie er bei der Modalmethode üblich ist, die EK-Methode das gleiche Resultat erbringt wie die Modalmethode für drei EF. Diese Feststellung gilt sinngemäß auch für $J = K > 3$.

Numerisches Beispiel:

EK-Methode: Für das Beispiel *2* lautet die exakte Gleichung (15.1) $\boldsymbol{A}' \boldsymbol{U} = -\boldsymbol{r}'^{\mathrm{A}}$ numerisch (s. Tab. 15.1 und Matrix S. 333)

$$\begin{bmatrix} 9{,}3910 & 13{,}0732 & 9{,}1486 \\ 17{,}7163 & -1{,}8497 & -19{,}3628 \\ -14{,}6597 & 16{,}8589 & -14{,}6597 \end{bmatrix} \begin{bmatrix} U_1 \\ U_2 \\ U_3 \end{bmatrix} = - \begin{bmatrix} 9{,}3910 \\ 17{,}7163 \\ -14{,}6597 \end{bmatrix} U_{\varepsilon 1} ,$$

mit der exakten Lösung: $\underline{U_1 = -U_{\varepsilon 1},\ U_2 = 0,\ U_3 = 0}$.

Modalmethode: Für drei EF bzw. kritische Drehzahlen und einer einzigen IU $U_{\varepsilon 1}$ lautet (15.8) numerisch (s. Matrix S. 240)

$$\begin{bmatrix} 0{,}7071 & 1 & 0{,}7071 \\ 1 & 0 & -1 \\ 0{,}7071 & -1 & 0{,}7071 \end{bmatrix} \begin{bmatrix} U_1 \\ U_2 \\ U_3 \end{bmatrix} = - \begin{bmatrix} 0{,}7071 \\ 1 \\ 0{,}7071 \end{bmatrix} U_{\varepsilon 1}$$

mit der gleichen exakten Lösung wie bei der EK-Methode

$\underline{U_1 = -U_{\varepsilon 1},\ U_2 = 0,\ U_3 = 0}$.

Die modale N-Methode erlaubt mit K Wuchtebenen K kritische Drehzahlen zu wuchten. Werden bei der exakten EK-Methode (gleichviele Meßpunkte K wie Wuchtebenen) die Meßpunkte in die Nähe der K kritischen Drehzahlen gelegt und der systematische Fehler der modalen Methode in Kauf genommen, so ist kein Unterschied im Resultat beider Methoden festzustellen.

16 Vorwärtswuchten

Gelingt es nicht auf Anhieb die ersten kritischen „Drehzahlen" ω_1 zu erreichen, muß wie folgt „vorwärts" gewuchtet werden:

Man wird mit dem unwuchtigen Rotor so nahe als möglich in die Nähe von ω_1 hochfahren und in jeder ME bei einigen Winkelgeschwindigkeiten $\Omega < \omega_1$ Messungen machen, Abb. 16.1, MP *1, 2, 3* in ME *l* der Schlaufe I und Beispiel *6, 7* und *19* bis *22* im Kap. 15. Dabei ist es zweckmäßig auch MP im Auslauf zu messen, z. B. *4, 5*. Mit diesen Messungen erhält man den Ausgangszustand in Form des Vektors $\boldsymbol{r}^A$. Man braucht noch die EK für die gewählten MP. Sind sie noch nicht bekannt (z. B. bei einem Prototyp), so wird man sie nach der klassischen Methode, Abschn. 13.2, mit K Meßläufen (je ein Meßlauf mit einem Testgewicht in einer der K WE) gewinnen müssen oder schätzen [Dr 1]. Sie können in einer Wuchtmatrix $\boldsymbol{A}$ zusammengefaßt werden. Mit bekanntem $\boldsymbol{r}^A$ und $\boldsymbol{A}$ ist man in der Lage, die WG oder KU zu berechnen. Nach ihrer Montage kann über ω_1 hinaus nahe an ω_2 hin gefahren werden. Es beginnt ein analoges Procedere mit Schlaufe II. Der Ausgangszustand hat sich durch die montierten WG (WS I) geändert. Neue MP im Bereich $\omega_1 < \Omega < \omega_2$ ergeben zusätzliche Elemente in $\boldsymbol{r}^A$ und zusätzliche EK, welche die Wuchtmatrix $\boldsymbol{A}$ um Zeilen vergrößert. Mit neuen Größen $\boldsymbol{r}^A$ und $\boldsymbol{A}$ können neue WG oder KU berechnet werden (WS II). Sie erlauben über ω_1 nahe an ω_2 heranzufahren. Nun beginnt das analoge Procedere mit der Schlaufe III (WS III), so daß schließlich der Betriebsbereich gewuchtet sein sollte.

Bilanz: Der Durchlauf der Schlaufen I, II und III erforderte drei WS I, II und III (je einer zum Wuchten von ω_1, ω_2 und ω_3), die überlagert wurden. Ferner sind einige MP doppelt und dreifach gemessen worden (in Abb. 16.1 MP *3, 6, 9; 4, 8; 5, 11; 7, 10*).

Ist das Wuchtergebnis ungenügend, wird ein weiterer Lauf (oder noch mehrere Läufe) notwendig, wobei man von den bereits gemachten Messungen profitieren wird: Die drei Läufe mit je einem WS können zum Ausgleich der EK verwendet werden,

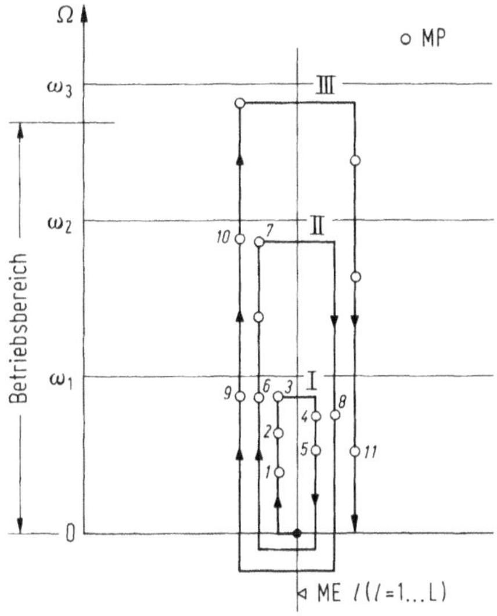

Abb. 16.1. Zum Vorwärtswuchten mit EK, s. Text

s. Abschn. 17.2. Die mehrfach gemessenen MP können zum Ausgleich neuer WG verwendet werden, s. Abschn. 13.3.3.

Jeder weitere Lauf liefert zusätzliche Informationen für einen besseren Ausgleich der EK und schließlich bessere KU.

17 Modifikationen der klassischen EK-Methode

17.1 Gewichtung

Bei der Mittelung der Fehler mit dem Minimum der Fehlerquadrate ist es naheliegend, die Fehler zu gewichten, was schon Goodmann [Go] seinerzeit vorgeschlagen hat. Die Fehlergewichtung bedeutet, daß in ausgewählten, aber an und für sich frei wählbaren MP kleinere Fehler entstehen. So können beispielsweise an Lagerstellen, Stopfbüchsen, Schleifringen usw. kleinere Fehler erzwungen werden, was besonders in der Nähe der Betriebsdrehzahl erwünscht ist. Ferner lassen sich bei gemischten Messungen an Welle und Lager Unterschiede des Schwingungspegels ausgleichen, da Auslenkungen an der Welle im allgemeinen größer sind als am Lager. Der Preis für die Gewichtung sind allerdings größere Ausschläge in den nicht gewichteten MP. Die Gesamt WGU kann, muß dabei aber nicht schlechter werden.

In der Praxis haben sich folgende Gewichtsfaktoren bewährt:

		normale Drehzahl	Nenndrehzahl
Messung	am Lager	$\lambda = 5$	$\lambda = 10$
	an der Welle	$\lambda = 1$	$\lambda = 2$

Der einzelne MP j sei mit dem Faktor $\sqrt{\lambda_j}$ gewichtet, so daß der Fehler

$$\underline{r}_j^F \to \underline{r}_{jg}^F = \sqrt{\lambda_j}\,\underline{r}_j^F \; ; \qquad (\sqrt{\lambda_j} = |\sqrt{\lambda_j}|) \tag{17.1}$$

wird. Alle MP ($j = 1 \dots J$) ergeben folgenden Fehlervektor

$$\boldsymbol{r}^F \to \boldsymbol{r}_g^F = \Lambda^{1/2}\,\boldsymbol{r}^F \; ; \tag{17.2}$$

$$\Lambda^{1/2} = \begin{array}{c} \\ \\ \\ \downarrow \\ J \end{array}\!\overset{\longrightarrow J}{\begin{bmatrix} \sqrt{\lambda_1} & & & & \\ & \sqrt{\lambda_2} & & & \\ & & \sqrt{\lambda_3} & & \\ & & & \ddots & \\ & & & & \sqrt{\lambda_J} \end{bmatrix}} \; ; \quad \boldsymbol{r}^F = \begin{array}{c} \\ \\ \\ \downarrow \\ J \end{array}\!\begin{bmatrix} \underline{r}_1 \\ \underline{r}_2 \\ \underline{r}_3 \\ \vdots \\ \underline{r}_J \end{bmatrix}^F \; ; \quad \boldsymbol{r}_g^F = \begin{array}{c} \\ \\ \\ \downarrow \\ J \end{array}\!\begin{bmatrix} \sqrt{\lambda_1}\,\underline{r}_1 \\ \sqrt{\lambda_2}\,\underline{r}_2 \\ \sqrt{\lambda_3}\,\underline{r}_3 \\ \vdots \\ \sqrt{\lambda_J}\,\underline{r}_J \end{bmatrix}^F .$$

Die Summe der Fehlerquadrate ergibt

$$F \to F_g = \sum_j^J \lambda_j\,|r_j^F|^2 = \sum_j^J \lambda_j\,\underline{r}_j^F\,(\underline{r}_j^F)^*$$

und mit den komplexen Vektoren $\boldsymbol{r}^F$ und $(\boldsymbol{r}^F)^*$ in Matrizenform

$$F_g = [(\boldsymbol{r}^F)^*]^T\,\Lambda\,\boldsymbol{r}^F$$

und soll ein Minimum werden.

Nach (13.7)

$$\boldsymbol{r}^F = \boldsymbol{r}^A + \boldsymbol{A}\boldsymbol{U} \quad \text{oder} \quad \underline{r}_j^F = \underline{r}_j^A + \sum_k^K \underline{\alpha}_{jk}\,\underline{U}_k\,, \quad (j = 1 \dots J) \tag{17.3}$$

ist $\underline{r}_j^F$ eine lineare Funktion der Variablen $\underline{U}_k = U_k' + \mathrm{i}\,U_k''$. Die Funktion F kann durch Zerlegung von $\underline{U}_k$ in Real- und Imaginärteil als lineare, reelle Funktion von U_k und U_k'' aufgefaßt werden. Das Minimum verlangt

$$\frac{\partial F}{\partial U_k'} = 0 \; ; \quad \frac{\partial F}{\partial U_k''} = 0 \quad (k = 1 \dots K)\,,$$

und das Resultat, das analog wie in Abschn. 13.3.3 ($J > K$) erhalten werden kann, lautet[1]

$$\boldsymbol{U} \to \underline{\boldsymbol{U}_g = -[(\boldsymbol{A}^*)^T(\Lambda\boldsymbol{A})]^{-1}(\boldsymbol{A}^*)^T(\Lambda\boldsymbol{r}^A)} \tag{17.4}$$

$$\Lambda = \begin{array}{c} \\ \\ \\ \downarrow \\ J \end{array}\!\overset{\longrightarrow J}{\begin{bmatrix} \lambda_1 & & & & \\ & \lambda_2 & & & \\ & & \lambda_3 & & \\ & & & \ddots & \\ & & & & \lambda_J \end{bmatrix}} \; ; \quad \Lambda\boldsymbol{A} = \begin{array}{c} \\ \\ \\ \downarrow \\ J \end{array}\!\overset{\longrightarrow K}{\begin{bmatrix} \lambda_1\alpha_{11} & \lambda_1\alpha_{12} & \lambda_1\alpha_{13} \dots & \lambda_1\alpha_{1K} \\ \lambda_2\alpha_{21} & \lambda_2\alpha_{22} & & \vdots \\ \lambda_3\alpha_{31} & & & \\ \vdots & & & \\ \lambda_J\alpha_{J1} \dots & & & \lambda_J\alpha_{JK} \end{bmatrix}} \; ; \quad \Lambda\boldsymbol{r}^A = \begin{array}{c} \\ \\ \\ \downarrow \\ J \end{array}\!\begin{bmatrix} \lambda_1 r_1 \\ \lambda_2 r_2 \\ \lambda_3 r_3 \\ \vdots \\ \lambda_J r_J \end{bmatrix}^A .$$

---

[1] Die entsprechende reelle Matrizengleichung ist im Anhang 2 zu Kap. 13 aufgeführt.

Wird $\boldsymbol{U}_g$ in (17.3) eingesetzt, erhält man die gewichteten Fehler

$$\boldsymbol{r}_g^F = \boldsymbol{r}^A + \boldsymbol{A}\,\boldsymbol{U}_g \quad \text{oder} \quad \underline{r}_{gj}^F = \underline{r}_j^A + \sum_k^K \underline{\alpha}_{jk}\,\underline{U}_{gk} \; . \tag{17.5}$$

Für die Berechnung der WGU ist der gewichtete Fehler $\underline{r}_{gj}^F = \sqrt{\lambda_j}\, r_j^F$ anstelle von $\underline{r}_j^F$ in (14.9) einzusetzen

$$\mathrm{WGU}_j = 1 - \frac{|\sqrt{\lambda_j}\,\underline{r}_j^F|}{|r_j^A|} \; ; \qquad (j = 1 \dots J) \; , \tag{17.6}$$

und für die Gesamtheit aller MP gilt statt (14.10)

$$\mathrm{WGU} = 1 - \frac{\sum_j^J |\sqrt{\lambda_j}\,\underline{r}_j^F|}{\sum_j^J |r_j^A|} \; . \tag{17.7}$$

Schulbeispiele

Die Voraussetzungen für die folgenden Schulbeispiele sind:

— „glatter" Modellrotor mit $\mathrm{EI}(z) = \mathrm{const}$, $m_L(z) = \mathrm{const}$, dämpfungsfrei auf zwei radial starr – frei drehbaren Lagern, Abb. 12.2a;
— $(J > K)$ $J = 5$ MP, $K = 3$ WE in Viertelspunkten $z/l = 1/4$, $1/2$, $3/4$ der Rotorlänge;
— einzige IU $\underline{U}_{\varepsilon 1} = U_{\varepsilon 1} = 1$ bei $z/l = 1/4$;
— „künstlich" simulierte, alternierende Fehler von $\pm 10\%$ *nur* im Meßvektor $\boldsymbol{r}^A$ des Ausgangszustands, exakt nach (14.7) mit $a_1 = a_3 = a_5 = 0{,}1$; $a_2 = a_4 = -0{,}1$; $b_{jk} = 0$. $\boldsymbol{r}'^A$ ist der exakte und $\boldsymbol{r}^A$ der simulierte Meßvektor;
— es werden drei Betriebsbereiche $\Omega = 0$ bis ω_1, 0 bis ω_2 und 0 bis ω_3 unterschieden;
— die Gewichtung erfolgt in den MP mit dem größten Ω_p, d.h. am oberen Ende des Betriebsbereichs in der Annahme, daß das obere Ende nahe der Betriebsdrehzahl liegt. Der Gewichtsfaktor ist in allen Beispielen $\lambda = 10$.

Die Resultate der Berechnung mit und ohne Gewichtung sind in Tabelle 17.1 aufgeführt.

Kommentar:

— Absolute und relative Fehler in den gewichteten MP sind in allen drei Beispielen ca. zehnmal kleiner, wie gewünscht.
— Die WGU ist in allen drei Beispielen mit Gewichtung sogar besser.
— Folgende MP haben größere Fehler im gewichteten Zustand:

Beispiel	22	23	24
MP	1, 2, 3	1, 4	1, 2, 3

Sie sind der „Preis" für die Reduktion des oder der Fehler in den gewichteten MP.
— Die WS (U_1, U_2, U_3) im Beispiel 22 und 23 werden durch den gewichteten Zustand nicht wesentlich geändert.
— Beispiel 24 ergibt unzumutbar große KU, in beiden Zuständen. Vergleicht man mit Beispiel 22 (gleiche MP, jedoch nur $\pm 1\%$ Fehler in $\boldsymbol{r}^A$), das einen normalen WS aufweist, so folgt daraus, daß dieses Beispiel sehr empfindlich auf Fehler in $\boldsymbol{r}^A$ reagiert.

Tabelle 17.1. Berechnungsresultate

Bsp.	r'^{A}	r^{A}	KU	ohne Gewichtung	mit Gewichtung	Fehler ohne Gewichtung: absolut r^{F}	Fehler ohne Gewichtung: relativ r^{F}/r^{A}	Fehler mit Gewichtung $\lambda_5 = 10$ (MP 5): absolut r_g^{F}	Fehler mit Gewichtung $\lambda_5 = 10$ (MP 5): relativ r_g^{F}/r^{A}	MP
Betriebsbereich $\Omega = 0 - \omega_3$			$\lambda_5 = 10$ (MP 5)							
Bsp. 22	9,3910	10,3301	U_1	−1,0219	−1,0208	1,1398	12,137%	1,1400	12,139%	1
	9,1486	8,2337	U_2	0,0493	0,0477	−0,7151	− 7,817%	−0,7150	− 7,815%	2
	17,7163	19,4879	U_3	−0,0260	−0,0249	1,7962	10,139%	1,7973	10,145%	3
	−19,3628	−17,4265	Σ	−0,9985	−0,9980	1,8083	− 9,339%	1,8094	− 9,345%	4
	−14,6597	−16,1257	WGU	0,9228	0,9234	**0,0661**	− 0,451%	**0,0066**	− 0,045%	5
Betriebsbereich $\Omega = 0 - \omega_2$			$\lambda_5 = 10$ (MP 5)							
Bsp. 23	9,3910	10,3301	U_1	−1,1545	−1,1302	0,9407	10,02%	0,9422	10,03%	1
	9,1486	8,2337	U_2	0,2312	0,1969	−0,9175	−10,03%	−0,9159	−10,01%	2
	0,2014	0,2215	U_3	−0,1716	−0,1474	−0,0204	−10,14%	−0,0113	− 5,60%	3
	− 2,3857	− 2,1472	Σ	−1,0944	−1,0807	0,1537	− 6,44%	0,1628	− 6,83%	4
	− 1,8497	− 2,0346	WGU	0,9099	0,9109	**0,0376**	− 2,03%	**0,0043**	− 0,23%	5
Betriebsbereich $\Omega = 0 - \omega_1$			$\lambda_4 = \lambda_5 = 10$ (MP 4 u. 5)							
Bsp. 24	1,0321	1,1353	U_1	−1,3511	−0,6076	0,4110	39,82%	0,5064	49,07%	1
	1,3494	1,2144	U_2	4,7211 !	4,7177 !	0,0220	1,63%	0,0225	1,66%	2
	0,9039	0,9943	U_3	−6,3062 !	−7,0446 !	−0,3650	−40,38%	−0,4596	−50,84%	3
	9,3910	8,4519	Σ	−2,9362	−2,9345	**−0,2092**	− 2,23%	**−0,0259**	− 0,28%	4
	9,1486	10,0634	WGU	0,9447	0,9474	**0,2011**	2,20%	**0,0252**	0,28%	5

zu Bsp. 22

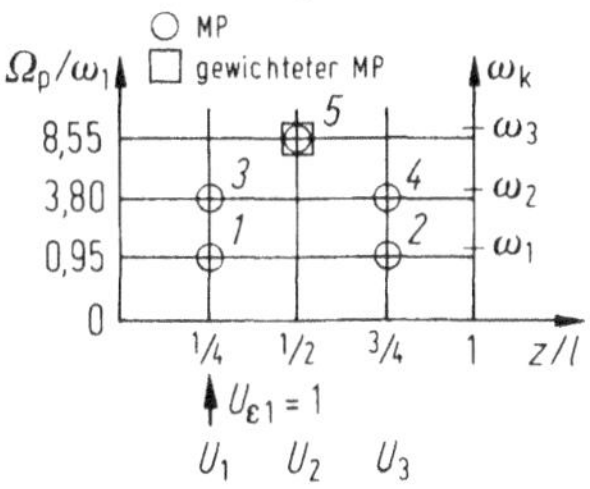

zu Bsp. 23

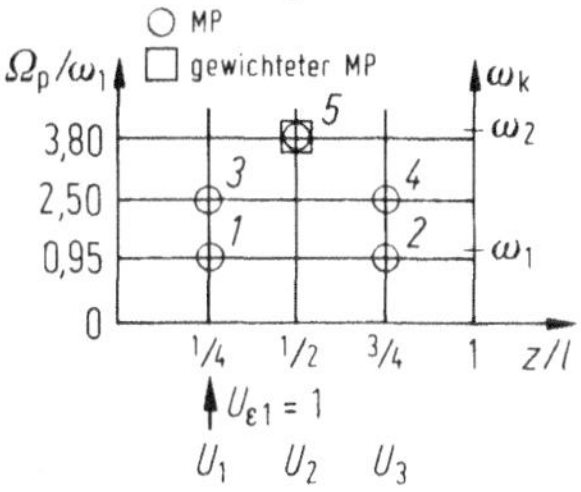

zu Bsp. 24

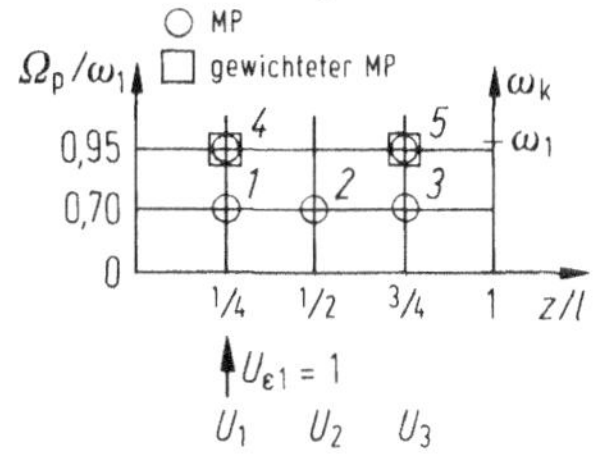

◁

17.2 Ausgleich der Einflußkoeffizienten

Die klassische Gewinnung von EK nach Abschn. 13.2 und (13.3) durch aufeinanderfolgendes Einsetzen einer Testunwucht in *einer* WE und Messung der Ausschläge in den MP während des Hochlaufs, ist oft ungenau. Bessere Resultate erhält man durch mehrere Hochläufe mit frei, aber sinnvoll, gewählten WS und anschließender Differenzbildung. Folgende Theorie und Technik wird dabei angewandt:

Unter einem WS versteht man die Gesamtheit ($\underline{U}_1, \underline{U}_2, \ldots, \underline{U}_k \ldots \underline{U}_K$) der WG in den WE $k = 1, 2, \ldots, K$ für einen und denselben Hochlauf. Dabei kann durchaus ein, oder es können mehrere WG $\underline{U}_k$ fehlen. Es werden $m = \mathrm{I}, \mathrm{II}, \ldots, M$ solcher Hochläufe verwertet. Zu jedem WS gehört die Bezeichnung m (römischer Exponent) des Laufs, z. B. ($\underline{U}_1^{\mathrm{III}}, \underline{U}_2^{\mathrm{III}}, \ldots, \underline{U}_k^{\mathrm{III}} \ldots \underline{U}_K^{\mathrm{III}}$). Als WS können mit Vorteil auch modale WS der N- oder (N + 2)-Methode verwendet werden. Die Gesamtheit der WS wird in der Matrix $\boldsymbol{U}$ zusammengefaßt. Die Verwendung von modalen WS in der EK-Technik, und sei es nur zur Gewinnung besserer EK, kann als Kombination der modalen- und EK-Methode aufgefaßt werden, [Jy, So 1, So 2] (unified balancing, [Zo 1, Zo 2]).

Wie erst später ersichtlich, ist die einzige Bedingung für das Ausgleichsverfahren, daß beim einen Verfahren die quadratische Matrix $\boldsymbol{U}$ und beim andern Verfahren die aus nicht quadratischen Matrizen $\boldsymbol{U}$ und $\boldsymbol{U}^{\mathrm{T}}$ gebildete quadratische Matrix $\boldsymbol{U}^{\mathrm{T}}\boldsymbol{U}$ eine von Null verschiedene Determinante haben (regulär sind) und somit invertierbar werden.

Gemessen wird in den MP $j = 1 \ldots J$ während eines Hochlaufs und/oder Auslaufs mit einem gewählten WS.

Nach Definition der EK, s. (13.1), gilt für die Gesamtheit der Auslenkungen – in der Matrix $\boldsymbol{W}$ zusammengefaßt – folgende Beziehung[2]

$$\boldsymbol{U}\boldsymbol{A}^{\mathrm{T}} = \boldsymbol{W} \tag{17.8}$$

$$\boldsymbol{A}^{\mathrm{T}} = \underset{\displaystyle\downarrow K}{} \overset{\displaystyle\rightarrow J}{\begin{bmatrix} \underline{\alpha}_{11} & \underline{\alpha}_{21} & \underline{\alpha}_{31} & \cdots & \underline{\alpha}_{J1} \\ \underline{\alpha}_{12} & \underline{\alpha}_{22} & & & \vdots \\ \underline{\alpha}_{13} & & & & \\ \vdots & & & & \\ \underline{\alpha}_{1K} & \cdots & & & \underline{\alpha}_{JK} \end{bmatrix}}$$

[2] Die entsprechende reelle Matrizengleichung ist im Anhang 2 zu Kap. 13 aufgeführt.

$$\underset{\substack{\downarrow\\ M}}{U=}\overset{\longrightarrow K}{\begin{bmatrix} \underline{U}_1^{\mathrm{I}} & \underline{U}_2^{\mathrm{I}} & \underline{U}_3^{\mathrm{I}} & \dots & \underline{U}_{\mathrm{K}}^{\mathrm{I}} \\ \underline{U}_1^{\mathrm{II}} & \underline{U}_2^{\mathrm{II}} & & & \vdots \\ \underline{U}_1^{\mathrm{III}} & & & & \\ \vdots & & & & \\ \underline{U}_1^{\mathrm{M}} & \dots & & & \underline{U}_{\mathrm{K}}^{\mathrm{M}} \end{bmatrix}} ; \quad \underset{\substack{\downarrow\\ M}}{W=}\overset{\longrightarrow J}{\begin{bmatrix} \underline{r}_1^{\mathrm{I}} & \underline{r}_2^{\mathrm{I}} & \underline{r}_3^{\mathrm{I}} & \dots & \underline{r}_{\mathrm{J}}^{\mathrm{I}} \\ \underline{r}_1^{\mathrm{II}} & \underline{r}_2^{\mathrm{II}} & & & \vdots \\ r_1^{\mathrm{III}} & & & & \\ \vdots & & & & \\ \underline{r}_1^{\mathrm{M}} & \dots & & & \underline{r}_{\mathrm{J}}^{\mathrm{M}} \end{bmatrix}} \; W$$

U ist eine $(M \times K)$ Matrix und beinhaltet alle M WS der Läufe als Zeilen. Sie ist nicht zu verwechseln mit dem $\boldsymbol{U}$ *Vektor* in (13.5). $\boldsymbol{W}$ ist eine $(M \times J)$ Matrix und kann als Meßmatrix gelten. Werden später noch mehr Läufe durchgeführt, wachsen $\boldsymbol{U}$ und $\boldsymbol{W}$ um je eine Zeile pro Lauf. $\boldsymbol{A}^{\mathrm{T}}$ ist die Transponierte der EK-Matrix $\boldsymbol{A}$ und hat die Form $(K \times J)$. Die Elemente in $\boldsymbol{W}$, $\underline{r}_{\mathrm{j}}^{\mathrm{I}}, \underline{r}_{\mathrm{j}}^{\mathrm{II}}, \dots, \underline{r}_{\mathrm{j}}^{\mathrm{M}}$ $(j = 1 \dots J)$, können jedoch nicht direkt gemessen werden, da die IU oder Urunwucht des Rotors nicht bekannt und der Ausgangszustand $\boldsymbol{r}^{\mathrm{A}}$ ungleich Null ist, s. Abb. 17.1a.

$\boldsymbol{r}^{\mathrm{A}}$ bezeichnet den Ausgangszustand (des „Null"- oder Urlaufs), $\boldsymbol{r}_{\mathrm{gem}}^{\mathrm{m}}$ die eigentliche Messung und $\boldsymbol{r}^{\mathrm{m}}$ den in $\boldsymbol{W}$ benötigten Ausschlag. $\boldsymbol{r}^{\mathrm{m}}$ erhält man nur durch Differenzbildung

$$\boldsymbol{r}^{\mathrm{m}} = \boldsymbol{r}_{\mathrm{gem}}^{\mathrm{m}} - \boldsymbol{r}^{\mathrm{A}}(\mathrm{gem}) \; ; \qquad (m = \mathrm{I}, \mathrm{II}, \dots, M) \tag{17.9}$$

$$\mathrm{MP}\,j \begin{cases} \underline{r}_{\mathrm{j}}^{\mathrm{I}} = \underline{r}_{\mathrm{j\,gem}}^{\mathrm{I}} - \underline{r}_{\mathrm{j}}^{\mathrm{A}}\,(\mathrm{gem}) \\ \underline{r}_{\mathrm{j}}^{\mathrm{II}} = \underline{r}_{\mathrm{j\,gem}}^{\mathrm{II}} - \underline{r}_{\mathrm{j}}^{\mathrm{A}}\,(\mathrm{gem}) \\ \underline{r}_{\mathrm{j}}^{\mathrm{III}} = \underline{r}_{\mathrm{j\,gem}}^{\mathrm{III}} - \underline{r}_{\mathrm{j}}^{\mathrm{A}}\,(\mathrm{gem}) \\ \vdots \\ \underline{r}_{\mathrm{j}}^{\mathrm{M}} = \underline{r}_{\mathrm{j\,gem}}^{\mathrm{M}} - \underline{r}_{\mathrm{j}}^{\mathrm{A}}\,(\mathrm{gem})\,. \end{cases}$$

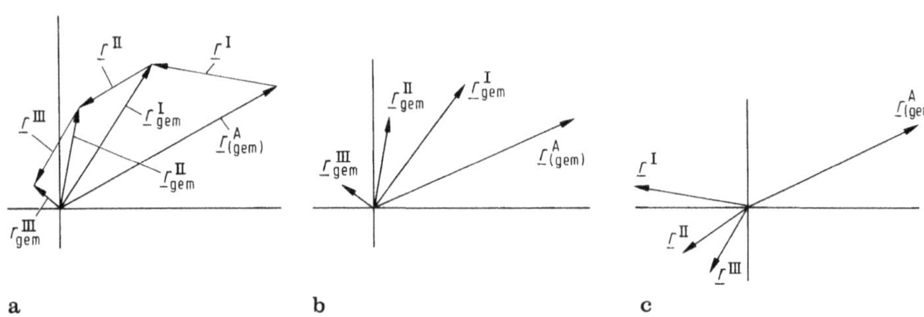

Abb. 17.1. Zum Ausgleich der EK mit Differenzbildung von Messungen; beliebiger MPj; M = III Hochläufe. $\underline{r}^{\mathrm{A}}$(gem) gemessener Ausgangszustand (IU); $\underline{r}^{\mathrm{I}}$, $\underline{r}^{\mathrm{II}}$, $\underline{r}^{\mathrm{III}}$ Einfluß der WS I, II und III; Meßwerte: $\underline{r}_{\mathrm{gem}}^{\mathrm{I}}$ = IU plus WS I; $\underline{r}_{\mathrm{gem}}^{\mathrm{II}}$ = IU plus WS I plus WS II; $\underline{r}_{\mathrm{gem}}^{\mathrm{III}}$ = IU plus WS I plus WS II plus WS III. **a** Reihenfolge der Messungen mit WS; **b** Messungen; **c** Wirkung IU, WS I, II, III

Eine zweite Möglichkeit besteht darin, $\boldsymbol{r}^{\mathrm{m}}$ aus der Differenz zweier Läufe zu erhalten. Aus Abb. 17.1a geht hervor, daß auch gilt

$$\boldsymbol{r}^{\mathrm{m}} = \boldsymbol{r}^{\mathrm{m}}_{\mathrm{gem}} - \boldsymbol{r}^{(\mathrm{m}-1)}_{\mathrm{gem}} \; ; \quad (m = \mathrm{II}, \mathrm{III}, \ldots, M) \tag{17.10}$$

$$\mathrm{MP}\, j \begin{cases} \underline{r}^{\mathrm{II}}_{\mathrm{j}} = \underline{r}^{\mathrm{II}}_{\mathrm{j\,gem}} - \underline{r}^{\mathrm{I}}_{\mathrm{j\,gem}} \\ \underline{r}^{\mathrm{III}}_{\mathrm{j}} = \underline{r}^{\mathrm{III}}_{\mathrm{j\,gem}} - \underline{r}^{\mathrm{II}}_{\mathrm{j\,gem}} \\ \vdots \\ \underline{r}^{\mathrm{M}}_{\mathrm{j}} = \underline{r}^{\mathrm{M}}_{\mathrm{j\,gem}} - \underline{r}^{(\mathrm{M}-1)}_{\mathrm{j\,gem}} \; . \end{cases}$$

Die Differenzbildung der Läufe kann nach einem Vorschlag von Drechsler [Dr 3] durch Matrizenmultiplikation mit den Matrizen Δ_1, bzw. Δ_2 erleichtert werden, wie nachfolgend gezeigt wird.

a) Differenzbildung mit Ausgangszustand

Mit den Matrizen

$$\Delta_1 = \underset{\downarrow M}{\overset{\rightarrow (M+1)}{\begin{bmatrix} -1 & 1 & & & \\ -1 & & 1 & & \\ -1 & & & 1 & \\ \vdots & & & & \ddots \\ -1 & & & & & 1 \end{bmatrix}}} \; ; \quad \boldsymbol{W}_{1\,\mathrm{gem}} = \underset{\downarrow (M+1)}{\overset{\rightarrow J}{\begin{bmatrix} \underline{r}^{\mathrm{A}}_1 & \underline{r}^{\mathrm{A}}_2 & \underline{r}^{\mathrm{A}}_3 & \ldots & \underline{r}^{\mathrm{A}}_{\mathrm{J}} \\ \underline{r}^{\mathrm{I}}_1 & \underline{r}^{\mathrm{I}}_2 & & & \vdots \\ \underline{r}^{\mathrm{II}}_1 & & & & \\ \vdots & & & & \\ \underline{r}^{\mathrm{M}}_1 & \ldots & & & \underline{r}^{\mathrm{M}}_{\mathrm{J}} \end{bmatrix}^{\mathrm{gem}}}} \; ; \tag{17.11}$$

ist das Produkt

$$\boldsymbol{W}_1 = \Delta_1 \boldsymbol{W}_{1\,\mathrm{gem}} = \underset{\downarrow M}{\overset{\rightarrow J}{\begin{bmatrix} (\underline{r}^{\mathrm{I}}_1 - \underline{r}^{\mathrm{A}}_1) & (\underline{r}^{\mathrm{I}}_2 - \underline{r}^{\mathrm{A}}_2) & (\underline{r}^{\mathrm{I}}_3 - \underline{r}^{\mathrm{A}}_3) & \ldots & (\underline{r}^{\mathrm{I}}_{\mathrm{J}} - \underline{r}^{\mathrm{A}}_{\mathrm{J}}) \\ (\underline{r}^{\mathrm{II}}_1 - \underline{r}^{\mathrm{A}}_1) & (\underline{r}^{\mathrm{II}}_2 - \underline{r}^{\mathrm{A}}_2) & & & \vdots \\ (\underline{r}^{\mathrm{III}}_1 - \underline{r}^{\mathrm{A}}_1) & & & & \\ \vdots & & & & \\ (\underline{r}^{\mathrm{M}}_1 - \underline{r}^{\mathrm{A}}_1) & \ldots & & & (\underline{r}^{\mathrm{M}}_{\mathrm{J}} - \underline{r}^{\mathrm{A}}_{\mathrm{J}}) \end{bmatrix}^{\mathrm{gem}}}} \; ; \tag{17.12}$$

wobei die Elemente von $\boldsymbol{W}_1$ Differenzen von eigentlichen Meßwerten bedeuten, Abb. 17.1b. Alle Meßwerte sind in der Meßmatrix $\boldsymbol{W}_{1\,\mathrm{gem}}$ zusammengefaßt. Analog gilt mit den gesetzten WS der Matrix $\boldsymbol{U}_{1\,\mathrm{ges}}$

$$\boldsymbol{U}_{1\,\mathrm{ges}} = \underset{\downarrow (M+1)}{\overset{\rightarrow K}{\begin{bmatrix} 0 & 0 & 0 & \ldots & 0 \\ \underline{U}^{\mathrm{I}}_1 & \underline{U}^{\mathrm{I}}_2 & \underline{U}^{\mathrm{I}}_3 & \ldots & \vdots \\ \underline{U}^{\mathrm{II}}_1 & \underline{U}^{\mathrm{II}}_2 & & & \\ \underline{U}^{\mathrm{III}}_1 & & & & \\ \vdots & & & & \\ \underline{U}^{\mathrm{M}}_1 & \ldots & & & \underline{U}^{\mathrm{M}}_{\mathrm{J}} \end{bmatrix}^{\mathrm{ges}}}} \; ; \quad \boldsymbol{U}_1 = \Delta_1 \boldsymbol{U}_{1\,\mathrm{ges}} = \underset{\downarrow M}{\overset{\rightarrow K}{\begin{bmatrix} \underline{U}^{\mathrm{I}}_1 & \underline{U}^{\mathrm{I}}_2 & \underline{U}^{\mathrm{I}}_3 & \ldots & \underline{U}^{\mathrm{I}}_{\mathrm{K}} \\ \underline{U}^{\mathrm{II}}_1 & \underline{U}^{\mathrm{II}}_2 & & & \vdots \\ \underline{U}^{\mathrm{III}}_1 & & & & \\ \vdots & & & & \\ \underline{U}^{\mathrm{M}}_1 & \ldots & & & \underline{U}^{\mathrm{M}}_{\mathrm{K}} \end{bmatrix}^{\mathrm{ges}}}} \; . \tag{17.13}$$

Die Zeilen von $\boldsymbol{U}_{1\,\mathrm{ges}}$ sind die vor dem entsprechenden Hochlauf gesetzten WS. Die erste Zeile enthält Nullen, da für den Ausgangszustandslauf oder „Null"hochlauf keine WG gesetzt wurden. Die Matrizen $\boldsymbol{W}_1$ und $\boldsymbol{U}_1$ sind eine Zeile kürzer als $\boldsymbol{W}_1$ und $\boldsymbol{U}_{1\,\mathrm{ges}}$.

Zu beachten ist, daß $\boldsymbol{W}_{1\,\text{gem}}$ und $\boldsymbol{U}_{1\,\text{ges}}$ vorgegebene Matrizen zur Berechnung der gesuchten Matrix $\boldsymbol{\Delta}$ sind. Die Auflösung von $\boldsymbol{\Delta}$ ist in den Abschn. 17.2.1 und 17.2.2 gezeigt. Beispiele s. Abschn. 17.2.3.

b) Differenzbildung mit aufeinanderfolgenden Läufen

Mit den Matrizen

$$\boldsymbol{\Delta}_2 = \begin{bmatrix} -1 & 1 & & & \\ & -1 & 1 & & \\ & & -1 & 1 & \\ & & & \ddots & \ddots \\ & & & -1 & 1 \end{bmatrix} \begin{matrix} \rightarrow M \\ \downarrow (M-1) \end{matrix}; \quad \boldsymbol{W}_{2\,\text{gem}} = \begin{bmatrix} \underline{r}_1^{\text{I}} & \underline{r}_2^{\text{I}} & \underline{r}_3^{\text{I}} & \dots & \underline{r}_J^{\text{I}} \\ \underline{r}_1^{\text{II}} & \underline{r}_2^{\text{II}} & & & \vdots \\ \underline{r}_1^{\text{III}} & & & & \\ \vdots & & & & \\ \underline{r}_1^{\text{M}} & \dots & & & \underline{r}_J^{\text{M}} \end{bmatrix}^{\text{gem}} \begin{matrix} \rightarrow J \\ \downarrow M \end{matrix}; \tag{17.14}$$

ist das Produkt

$$\boldsymbol{W}_2 = \boldsymbol{\Delta}_2 \boldsymbol{W}_{2\,\text{gem}} = \begin{bmatrix} (\underline{r}_1^{\text{II}} - \underline{r}_1^{\text{I}}) & (\underline{r}_2^{\text{II}} - \underline{r}_2^{\text{I}}) & (\underline{r}_3^{\text{II}} - \underline{r}_3^{\text{I}}) & \dots & (\underline{r}_J^{\text{II}} - \underline{r}_J^{\text{I}}) \\ (\underline{r}_1^{\text{III}} - \underline{r}_1^{\text{II}}) & (\underline{r}_2^{\text{III}} - \underline{r}_2^{\text{II}}) & & & \vdots \\ (\underline{r}_1^{\text{IV}} - \underline{r}_1^{\text{III}}) & & & & \\ \vdots & & & & \\ (\underline{r}_1^{\text{M}} - \underline{r}_1^{\text{M}-1}) & \dots & & & (\underline{r}_J^{\text{M}} - \underline{r}_J^{\text{M}-1}) \end{bmatrix}^{\text{gem}} \begin{matrix} \rightarrow J \\ \downarrow (M-1) \end{matrix}, \tag{17.15}$$

wobei die Elemente von $\boldsymbol{W}_{2\,\text{gem}}$ Differenzen von eigentlichen Meßwerten bedeuten, Abb. 17.1b. Alle Meßwerte sind in der Meßmatrix $\boldsymbol{W}_{2\,\text{gem}}$ zusammengefaßt. Analog gilt mit den gesetzten WS der Matrix $\boldsymbol{U}_{2\,\text{ges}}$

$$\boldsymbol{U}_{2\,\text{ges}} = \begin{bmatrix} \underline{U}_1^{\text{I}} & \underline{U}_2^{\text{I}} & \underline{U}_3^{\text{I}} & \dots & \underline{U}_K^{\text{I}} \\ \underline{U}_1^{\text{II}} & \underline{U}_2^{\text{II}} & & & \vdots \\ \underline{U}_1^{\text{III}} & & & & \\ \vdots & & & & \\ \underline{U}_1^{\text{M}} & \dots & & & \underline{U}_K^{\text{M}} \end{bmatrix}^{\text{ges}} \begin{matrix} \rightarrow K \\ \downarrow (M) \end{matrix};$$

$$\boldsymbol{U}_2 = \boldsymbol{\Delta}_2 \boldsymbol{U}_{2\,\text{ges}} = \begin{bmatrix} (\underline{U}_1^{\text{II}} - \underline{U}_1^{\text{I}}) & (\underline{U}_2^{\text{II}} - \underline{U}_2^{\text{I}}) & (\underline{U}_3^{\text{II}} - \underline{U}_3^{\text{I}}) & \dots & (\underline{U}_K^{\text{II}} - \underline{U}_K^{\text{I}}) \\ (\underline{U}_1^{\text{III}} - \underline{U}_1^{\text{II}}) & (\underline{U}_2^{\text{III}} - \underline{U}_2^{\text{II}}) & & & \vdots \\ (\underline{U}_1^{\text{IV}} - \underline{U}_1^{\text{III}}) & & & & \\ \vdots & & & & \\ (\underline{U}_1^{\text{M}} - \underline{U}_1^{\text{M}-1}) & \dots & & & (\underline{U}_K^{\text{M}} - \underline{U}_K^{\text{M}-1}) \end{bmatrix}^{\text{ges}} \begin{matrix} \rightarrow K \\ \downarrow (M-1) \end{matrix}. \tag{17.16}$$

Je eine Zeile von $U_{2\,\mathrm{ges}}$ ist der vor dem entsprechenden Hochlauf gesetzte WS. Die Matrizen W_2 und U_2 sind um eine Zeile kürzer als $W_{2\,\mathrm{gem}}$ und $U_{2\,\mathrm{ges}}$. Zu beachten ist, daß $W_{2\,\mathrm{gem}}$ und $U_{2\,\mathrm{ges}}$ vorgegebene Matrizen zur Berechnung der gesuchten Matrix A sind. Die Auflösung von A ist in den Abschn. 17.2.1 und 17.2.2 gezeigt. Beispiele s. Abschn. 17.2.3.

Neue Bedeutung der EK-*Gleichung* (*17.8*)

Wird in (17.8) U durch U_1, W durch W_1, bzw. U durch U_2, W durch W_2 ersetzt, gilt[3]

$$U_1 A^{\mathrm{T}} = W_1 \;, \quad \text{bzw.} \quad U_2 A^{\mathrm{T}} = W_2 \tag{17.17}$$

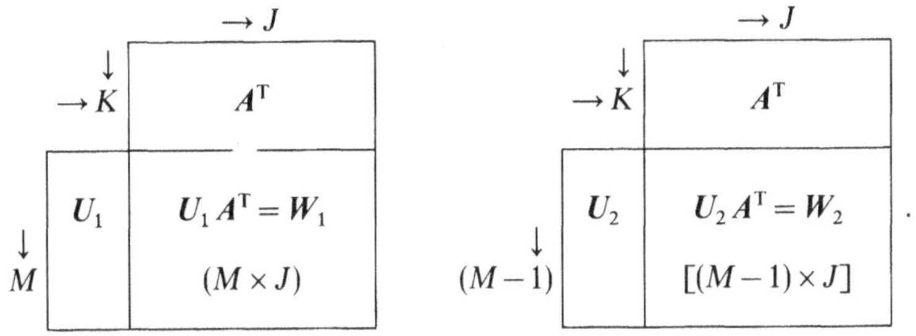

Es stehen somit

$$\underline{M \times J} \quad \text{bzw.} \quad \underline{(M-1) \times J} \tag{17.18}$$

Gleichungen für $(K \times J)$ Unbekannte $\underline{\alpha}_{jk}$ zur Verfügung.

17.2.1 Direkte Bestimmung der EK-Matrix *A*

Ist in den Gleichungssystemen (17.17) U_1 bzw. U_2 eine quadratische reguläre Matrix, kann U_1 bzw. U_2 invertiert und (17.17) nach der gesuchten EK-Matrix A aufgelöst werden

$$\underline{A^{\mathrm{T}} = U_1^{-1} W_1} \quad \text{bzw.} \quad \underline{A^{\mathrm{T}} = U_2^{-1} W_2} \;. \tag{17.19}$$

$$U_1 = \Delta_1 U_{1\,\mathrm{ges}} \;; \qquad U_2 = \Delta_2 U_{2\,\mathrm{ges}} \;;$$

$$W_1 = \Delta_1 W_{1\,\mathrm{gem}} \;; \qquad W_2 = \Delta_2 W_{2\,\mathrm{gem}} \;.$$

Die Bedingung für eine quadratische Matrix U_1 bzw. U_2 lautet

$$M = K \qquad \text{bzw.} \quad M - 1 = K \rightarrow M = K + 1 \;. \tag{17.20}$$

gleich viele Differenzmessungen M wie WE K	eine Differenzmessung M mehr als WE K

Weil die Matrizen U_1 bzw. U_2 aus den Matrizen $U_{1\,\mathrm{ges}}$ bzw. $U_{2\,\mathrm{ges}}$ gebildet werden, die eine Zeile mehr haben, sind $(M+1)$-Läufe (M-Läufe mit frei gewählten WS plus ein Lauf für den Ausgangszustand), bzw. M-Läufe mit freigewählten WS erforderlich. Mit

[3] Eine entsprechende reelle Matrizengleichung ist im Anhang 2 zu Kap. 13 aufgeführt.

anderen Worten: es braucht einen Lauf mehr als die Anzahl WE, bzw. gleich viele Läufe wie WE. Die Anzahl J der MP spielt dabei keine Rolle. Die Determinanten der Matrizen $\boldsymbol{U}_1$ bzw. $\boldsymbol{U}_2$ müssen selbstverständlich ungleich Null sein. Dies ist dann der Fall, wenn die Zeilen (WS) oder Kolonnen von $\boldsymbol{U}_1$ bzw. $\boldsymbol{U}_2$ linear unabhängig sind.

Beispiel: Differenzbildung mit Ausgangszustand

Referenzzustand ist der Ausgangszustand („Null"lauf, Urlauf) mit $\boldsymbol{r}^{\mathrm{A}}$. Es werden drei WE ausgewählt, d.h. $K=3$. Außer dem Referenzlauf sind noch $M=K=3$ Läufe erforderlich. Anzahl MP sei $J=5$.

Nach (17.13) ist

$$\boldsymbol{U}_1 = \underset{M=3}{\downarrow}\overset{\rightarrow K=3}{\begin{bmatrix} \underline{U}_1^{\mathrm{I}} & \underline{U}_2^{\mathrm{I}} & \underline{U}_3^{\mathrm{I}} \\ \underline{U}_1^{\mathrm{II}} & \underline{U}_2^{\mathrm{II}} & \underline{U}_3^{\mathrm{II}} \\ \underline{U}_1^{\mathrm{III}} & \underline{U}_2^{\mathrm{III}} & \underline{U}_3^{\mathrm{III}} \end{bmatrix}}$$

und nach (17.12) gilt

$$\boldsymbol{W}_1 = \begin{bmatrix} (\underline{r}_1^{\mathrm{I}} - \underline{r}_1^{\mathrm{A}}) & (\underline{r}_2^{\mathrm{I}} - \underline{r}_2^{\mathrm{A}}) & (\underline{r}_3^{\mathrm{I}} - \underline{r}_3^{\mathrm{A}}) & \dots & (\underline{r}_5^{\mathrm{I}} - \underline{r}_5^{\mathrm{A}}) \\ (\underline{r}_1^{\mathrm{II}} - \underline{r}_1^{\mathrm{A}}) & (\underline{r}_2^{\mathrm{II}} - \underline{r}_2^{\mathrm{A}}) & & & \vdots \\ (\underline{r}_1^{\mathrm{III}} - \underline{r}_1^{\mathrm{A}}) & \dots & & & (\underline{r}_5^{\mathrm{III}} - \underline{r}_5^{\mathrm{A}}) \end{bmatrix}.$$

Wählt man für den Lauf I, II, III nur je ein WG $\underline{U}_1^{\mathrm{I}}$, $\underline{U}_2^{\mathrm{II}}$, $\underline{U}_3^{\mathrm{III}}$, so wird

$$\boldsymbol{U}_1 = \begin{bmatrix} \underline{U}_1^{\mathrm{I}} & 0 & 0 \\ 0 & \underline{U}_2^{\mathrm{II}} & 0 \\ 0 & 0 & \underline{U}_3^{\mathrm{III}} \end{bmatrix} \quad \text{und} \quad \boldsymbol{U}_1^{-1} = \begin{bmatrix} 1/\underline{U}_1^{\mathrm{I}} & 0 & 0 \\ 0 & 1/\underline{U}_2^{\mathrm{II}} & 0 \\ 0 & 0 & 1/\underline{U}_3^{\mathrm{III}} \end{bmatrix}. \tag{17.21}$$

Aus (17.19), $\boldsymbol{A}^{\mathrm{T}} = \boldsymbol{U}_1^{-1}\boldsymbol{W}_1$, erhält man die Transponierte der EK-Matrix zu

$$\boldsymbol{A}^{\mathrm{T}} = \underset{M=3}{\downarrow}\overset{\rightarrow J=5}{\begin{bmatrix} \dfrac{\underline{r}_1^{\mathrm{I}} - \underline{r}_1^{\mathrm{A}}}{\underline{U}_1^{\mathrm{I}}}; & \dfrac{\underline{r}_2^{\mathrm{I}} - \underline{r}_2^{\mathrm{A}}}{\underline{U}_1^{\mathrm{I}}} & \dots & \dfrac{\underline{r}_5^{\mathrm{I}} - \underline{r}_5^{\mathrm{A}}}{\underline{U}_1^{\mathrm{I}}} \\ \dfrac{\underline{r}_1^{\mathrm{II}} - \underline{r}_1^{\mathrm{A}}}{\underline{U}_2^{\mathrm{II}}}; & \dfrac{\underline{r}_2^{\mathrm{II}} - \underline{r}_2^{\mathrm{A}}}{\underline{U}_2^{\mathrm{II}}} & & \vdots \\ \dfrac{\underline{r}_1^{\mathrm{III}} - \underline{r}_1^{\mathrm{A}}}{\underline{U}_3^{\mathrm{III}}} & \dots & & \dfrac{\underline{r}_5^{\mathrm{III}} - \underline{r}_5^{\mathrm{A}}}{\underline{U}_3^{\mathrm{III}}} \end{bmatrix}} = \overset{\rightarrow J=5}{\begin{bmatrix} \underline{\alpha}_{11} & \underline{\alpha}_{21} & \dots & \underline{\alpha}_{51} \\ \underline{\alpha}_{12} & \underline{\alpha}_{22} & & \vdots \\ \underline{\alpha}_{13} & \dots & & \underline{\alpha}_{53} \end{bmatrix}} \tag{17.22}$$

oder

$$\underline{\alpha}_{\mathrm{jk}} = \frac{\underline{r}_{\mathrm{j}}^{\mathrm{m}} - \underline{r}_{\mathrm{j}}^{\mathrm{A}}}{\underline{U}_{\mathrm{k}}^{\mathrm{m}}} \qquad \begin{pmatrix} m=k=1,2,3 \\ j=1\dots 5 \end{pmatrix} \tag{17.23}$$

Ein Vergleich mit der klassischen Bestimmung der EK, Abschn. 13.2 und (13.3) zeigt, daß (17.22) lediglich eine kompakte Form dieser klassischen Bestimmung darstellt. Mit vier Läufen wird die EK-Matrix $\boldsymbol{A}^{\mathrm{T}}$, $(M \times J) = (3 \times 5)$, gewonnen.

Wären insbesondere die WG für jeden Lauf Einheits WG, so würde (17.21)

$$\boldsymbol{U}_1 = \begin{bmatrix} 1 & 0 & 0 \\ 0 & 1 & 0 \\ 0 & 0 & 1 \end{bmatrix} = \boldsymbol{E} ,$$

eine Einheitsmatrix, und $\boldsymbol{A}^{\mathrm{T}} = \boldsymbol{U}_1^{-1} \boldsymbol{W}_1$ ergäbe

$$\boldsymbol{A}^{\mathrm{T}} = (\boldsymbol{E})^{-1} \boldsymbol{W}_1 \quad \text{mit} \quad \boldsymbol{E}^{-1} \equiv \boldsymbol{E}$$

und folglich

$$\boldsymbol{A}^{\mathrm{T}} = \boldsymbol{W}_1 .$$

EK können als Auslenkung durch Einheitsunwuchten aufgefaßt werden!

17.2.2 Bestimmung der EK-Matrix A mit statistischem Ausgleich

Ziel ist die Berechnung der $(K \times J)$ EK $\underline{\alpha}_{\mathrm{jk}}$ $(j = 1 \ldots J,\ k = 1 \ldots K)$. Hat man viele Messungen mit zugehörigen WS zur Verfügung, so sind die Gleichungssysteme (17.17) mit

$$M > K, \quad \text{bzw.} \quad (M-1) > K \rightarrow M > K+1$$

überbestimmt. Es stehen mehr Gleichungen als Unbekannte EK zur Verfügung.

Man wird jedoch auf die überzähligen Gleichungen nicht verzichten, sondern einen statistischen Ausgleich suchen.

Aus (17.9), bzw. (17.10) folgt für jeden MP j

$$\underline{r}^{\mathrm{m}}_{\mathrm{j\,gem}} = \underline{r}^{\mathrm{A}}_{\mathrm{j}}(\mathrm{gem}) + \underline{r}^{\mathrm{m}}_{\mathrm{j}} \quad \text{bzw.} \quad \underline{r}^{\mathrm{m}}_{\mathrm{j\,gem}} = \underline{r}^{(\mathrm{m}-1)}_{\mathrm{j\,gem}} + \underline{r}^{\mathrm{m}}_{\mathrm{j}} , \qquad (m = \mathrm{I, II}, \ldots, M) \tag{17.24}$$

wobei $\underline{r}^{\mathrm{m}}_{\mathrm{j\,gem}}$ möglichst klein sein soll. Ferner gilt nach (17.8)

$$\underline{r}^{\mathrm{m}}_{\mathrm{j}} = \sum_{\mathrm{k}}^{\mathrm{K}} \underline{U}^{\mathrm{m}}_{\mathrm{k}} \underline{\alpha}_{\mathrm{jk}} ; \qquad (\underline{\alpha}_{\mathrm{jk}} = \alpha'_{\mathrm{jk}} + \mathrm{i}\,\alpha''_{\mathrm{jk}}) . \tag{17.25}$$

Eingesetzt in (17.24) wird

$$\underline{r}^{\mathrm{m}}_{\mathrm{j\,gem}} = r^{\mathrm{A}}_{\mathrm{j}}(\mathrm{gem}) + \sum_{\mathrm{k}}^{\mathrm{K}} \underline{U}^{\mathrm{m}}_{\mathrm{k}}(\alpha'_{\mathrm{jk}} + \mathrm{i}\,\alpha''_{\mathrm{jk}}) \quad \text{bzw.} \quad \underline{r}^{\mathrm{m}}_{\mathrm{j\,gem}} = \underline{r}^{(\mathrm{m}-1)}_{\mathrm{j\,gem}} + \sum_{\mathrm{k}}^{\mathrm{K}} \underline{U}^{\mathrm{m}}_{\mathrm{k}}(\alpha'_{\mathrm{jk}} + \mathrm{i}\,\alpha''_{\mathrm{jk}}). \tag{17.26}$$

$$(m = \mathrm{I, II}, \ldots, M)$$

$\underline{r}^{\mathrm{m}}_{\mathrm{j\,gem}}$ muß als Fehlervektor im MP j durch den ungenügend getroffenen WS $\underline{U}^{\mathrm{m}}$ betrachtet werden.

Die Summe aller Fehlerquadrate (Absolutwerte) wird durch die doppelte Summe F erfaßt

$$F = \sum_{\mathrm{j}}^{\mathrm{J}} \sum_{\mathrm{m}}^{\mathrm{M}} |\underline{r}^{\mathrm{m}}_{\mathrm{j\,gem}}|^2 = \sum_{\mathrm{j}}^{\mathrm{J}} \sum_{\mathrm{m}}^{\mathrm{M}} \underline{r}^{\mathrm{m}}_{\mathrm{j\,gem}} (\underline{r}^{\mathrm{m}}_{\mathrm{j\,gem}})^* . \tag{17.27}$$

Die beiden Faktoren in der zweiten Form sind nach (17.26) Funktionen der reellen Veränderlichen α'_{jk} und α''_{jk}, so daß F eine reelle Funktion von α'_{jk} und α''_{jk} wird. Für einen Ausgleich nach der Methode der kleinsten Fehlerquadratsumme muß F ein Minimum werden. Dazu müssen die Gleichungen

$$\frac{\partial F}{\partial \alpha'_{jk}} = 0 \quad \text{und} \quad \frac{\partial F}{\partial \alpha''_{jk}} = 0 \tag{17.28}$$

für alle $j = 1 \ldots J$ und alle $k = 1 \ldots K$ erfüllt sein. Die weitere Rechnung ist analog derjenigen für $\boldsymbol{U}$ im Abschn. 13.3.3 und (13.13) durchzuführen. Das endgültige Resultat lautet[4]

$$\underline{\boldsymbol{A}^{\mathrm{T}} = [(\boldsymbol{U}_1^*)^{\mathrm{T}}\, \boldsymbol{U}_1]^{-1}\, (\boldsymbol{U}_1^*)^{\mathrm{T}}\, \boldsymbol{W}_1} \quad \text{bzw.} \quad \underline{\boldsymbol{A}^{\mathrm{T}} = [(\boldsymbol{U}_2^*)^{\mathrm{T}}\, \boldsymbol{U}_2]^{-1}\, (\boldsymbol{U}_2^*)^{\mathrm{T}}\, \boldsymbol{W}_2} \tag{17.29}$$

mit:

$$\left.\begin{aligned} \boldsymbol{U}_1 &= \boldsymbol{\Delta}_1\, \boldsymbol{U}_{1\,\text{ges}} \\ \boldsymbol{W}_1 &= \boldsymbol{\Delta}_1\, \boldsymbol{W}_{1\,\text{gem}} \end{aligned}\right\} \quad \text{bzw.} \quad \left\{\begin{aligned} \boldsymbol{U}_2 &= \boldsymbol{\Delta}_2\, \boldsymbol{U}_{2\,\text{ges}} \\ \boldsymbol{W}_2 &= \boldsymbol{\Delta}_2\, \boldsymbol{W}_{2\,\text{gem}} \end{aligned}\right.$$

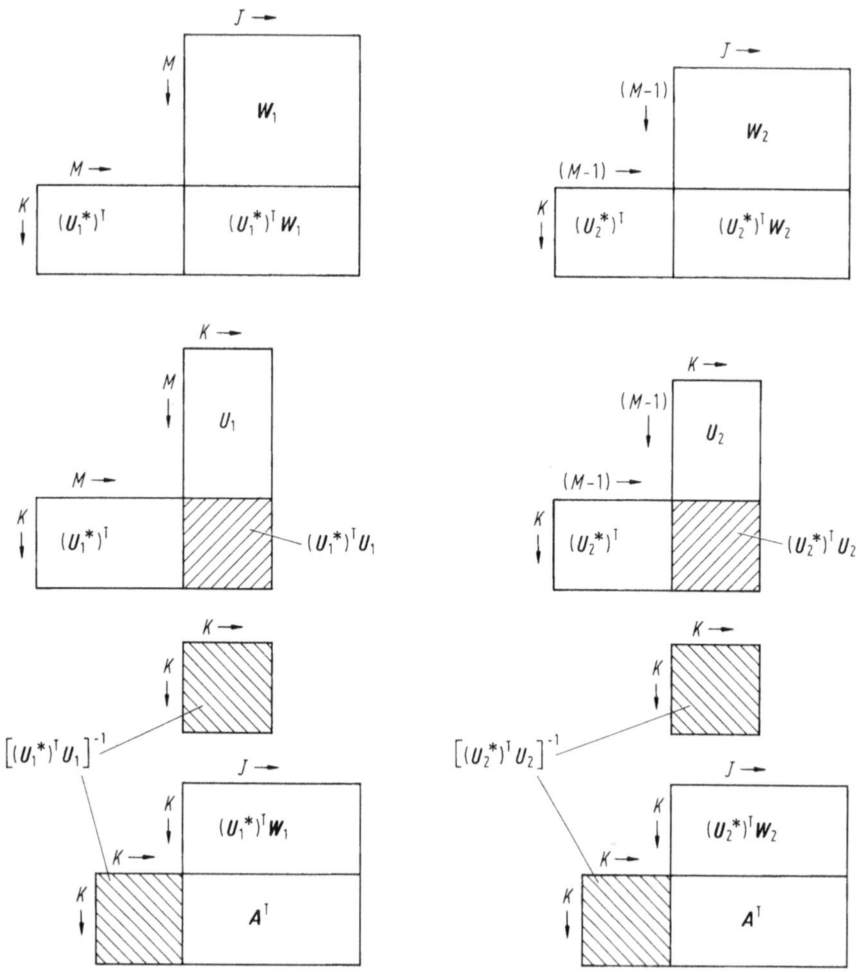

[4] Eine entsprechende reelle Matrizengleichung ist im Anhang 2 zu Kap. 13 aufgeführt.

Die Gleichungen (17.29) mit einer $(M \times K)$ bzw. $[(M-1) \times K]$ Matrix $\boldsymbol{U}$ gelten auch für den Spezialfall $M=K$ bzw. $M-1=K$, d.h. mit einer quadratischen Matrix $\boldsymbol{U}$. Vergleicht man (17.19), die nur für quadratische Matrizen $\boldsymbol{U}$ gelten, so ist zu folgern, daß

$$\boldsymbol{U}^{-1}=[(\boldsymbol{U}^*)^{\mathrm{T}}\,\boldsymbol{U}]^{-1}\,(\boldsymbol{U}^*)^{\mathrm{T}} \qquad (\boldsymbol{U}=\boldsymbol{U}_1 \text{ oder } \boldsymbol{U}_2) \tag{17.30}$$

für quadratische Matrizen $\boldsymbol{U}$ eine Identität ist. Der Beweis dazu ist einfach zu erbringen, wenn beide Seiten der Gleichung (17.30) von rechts her mit $\boldsymbol{U}$ multipliziert werden. Es entsteht die Form

$$\boldsymbol{U}^{-1}\,\boldsymbol{U}=[(\boldsymbol{U}^*)^{\mathrm{T}}\,\boldsymbol{U}]^{-1}\,[(\boldsymbol{U}^*)^{\mathrm{T}}\,\boldsymbol{U}] \tag{17.31}$$

und, da $\boldsymbol{M}^{-1}\boldsymbol{M}=\boldsymbol{E}$ ($\boldsymbol{E}$ = Einheitsmatrix) für jede quadratische Matrix $\boldsymbol{M}$ gilt, wird aus (17.31)

$$\boldsymbol{E}=\boldsymbol{E}\ . \qquad \text{(q.e.d.)}$$

17.2.3 Schulbeispiele

Die Voraussetzungen für die folgenden Schulbeispiele sind:

— glatter Modellrotor mit $\mathrm{EI}(z)=\mathrm{const}$, $m_{\mathrm{L}}(z)=\mathrm{const}$, dämpfungsfrei auf zwei radial starr-frei drehbaren Lagern, Abb. 12.2a;

— $K=3$ WE in Viertelspunkten $z/l=1/4$, $1/2$, $3/4$ der Rotorlänge und $J=5$ MP, wie in Abb. 15.2 definiert.

Die exakten Werte der Matrizen seien im folgenden durch einen Exponentialstrich gekennzeichnet.

Beispiel 1: *Direkte Bestimmung der* EK-*Matrix* $\boldsymbol{A}$

Nach (17.19) ist die Lösung mit dem Ausgangszustand $\boldsymbol{r}^{\mathrm{A}}$ als Referenz

$$\boldsymbol{A}^{\mathrm{T}}=\boldsymbol{U}_1^{-1}\,\boldsymbol{W}_1 \quad \begin{cases} \boldsymbol{U}_1 & \text{nach (17.13)} \\ \boldsymbol{W}_1 & \text{nach (17.12)}\ . \end{cases} \tag{17.32}$$

Wir wählen $M=K=3$ *modale* WS nach der N-Methode

$$\underset{M=K=3}{\boldsymbol{U}_1'=}\ \downarrow\begin{bmatrix} 0 & -1 & 0 \\ -1 & 0 & 1 \\ -0{,}5 & 1 & -0{,}5 \end{bmatrix}. \tag{17.33}$$

Die Matrix $\boldsymbol{W}_1$ wird in der Praxis durch Messung und Differenzbildung mit dem Ausgangszustand $\boldsymbol{r}^{\mathrm{A}}$ erhalten, s. (17.12). Für unser Schulbeispiel simulieren wir $\boldsymbol{W}_1$ mit der Voraussetzung $\boldsymbol{r}^{\mathrm{A}}=\boldsymbol{0}$ (unwuchtiger Ausgangszustand). $\boldsymbol{W}_1$ läßt sich dann mit (17.8) berechnen. Dazu muß allerdings die exakte Matrix $\boldsymbol{A}'$ bekannt sein. Sie kann dem Abschnitt 15.2.1 entnommen werden. Ihre Transponierte ist

$$\boldsymbol{A}'^{\mathrm{T}}=\begin{bmatrix} 9{,}390993362 & 9{,}148571896 & 17{,}71630553 & -19{,}36275954 & -14{,}65969938 \\ 13{,}07318488 & 13{,}07318488 & -1{,}84966154 & -1{,}84966154 & 16{,}85892236 \\ 9{,}148571896 & 9{,}390993362 & -19{,}36275954 & 17{,}71630553 & -14{,}65969938 \end{bmatrix} \tag{17.34}$$

und $\boldsymbol{W}_1'=\boldsymbol{U}_1'\boldsymbol{A}'^{\mathrm{T}}$ wird alsdann

$$\boldsymbol{W}_1'=\begin{bmatrix} -13{,}07318488 & -13{,}07318488 & 1{,}84966154 & 1{,}84966154 & -16{,}85892236 \\ -0{,}242421466 & 0{,}242421466 & -37{,}07906507 & 37{,}07906507 & 0 \\ 3{,}803402250 & 3{,}803402250 & -1{,}026434535 & -1{,}026434535 & 31{,}51862174 \end{bmatrix}. \tag{17.35}$$

Mit $\boldsymbol{U}_1'$ und $\boldsymbol{W}_1'$ wird das Resultat $\boldsymbol{A}^{\mathrm{T}}$ in (17.32) exakt.

Meßfehler können in den WS U_1 oder der Meßmatrix W_1 oder in beiden entstehen. Sie müssen in unserem Schulbeispiel „künstlich" simuliert werden.

a) *Fehler nur in den WS*

Wir simulieren WS mit $\pm 10\%$ Fehler

$$U_1 = \begin{bmatrix} 0 & -1{,}1 & 0 \\ -1{,}1 & 0 & 0{,}9 \\ -0{,}55 & 1{,}1 & -0{,}45 \end{bmatrix}. \tag{17.36}$$

Mit W_1' entsteht aus (17.32) die leicht fehlerhafte Matrix A^T

$$A^T = \begin{bmatrix} 8{,}537266693 & 8{,}316883542 & 16{,}10573230 & -17{,}60250867 & -13{,}32699943 \\ 11{,}88471353 & 11{,}88471353 & -1{,}681510491 & -1{,}681510491 & 15{,}32629305 \\ 10{,}16507988 & 10{,}43443707 & -21{,}51417727 & 19{,}68478392 & -16{,}28855486 \end{bmatrix}. \tag{17.37}$$

Man vergleiche mit der exakten Lösung A'^T in (17.34).

b) *Fehler nur in der Meßmatrix*

Um eine fehlerhafte Matrix W_1 zu simulieren, ändern wir die Elemente der exakten Matrix W_1' „künstlich" mit Zufallszahlen ab. Wir erhalten so die leicht fehlerhafte Matrix W_1.

$$W_1 = \begin{bmatrix} -13{,}66346154 & -12{,}48290821 & 1{,}885771666 & 1{,}785219527 & -17{,}94850624 \\ -0{,}239426415 & 0{,}248380202 & -35{,}20183621 & 37{,}38707052 & 0{,}71840441 \\ 3{,}871144195 & 3{,}431716435 & -1{,}105321775 & -0{,}947547299 & 34{,}03589533 \end{bmatrix}. \tag{17.38}$$

Mit U_1' entsteht aus (17.32) die leicht fehlerhafte Matrix A^T

$$A^T = \begin{bmatrix} 9{,}912030556 & 8{,}927001679 & 16{,}82046821 & -19{,}53120749 & -16{,}44659129 \\ 13{,}66346154 & 12{,}48290821 & -1{,}885771666 & -1{,}785219527 & 17{,}94850624 \\ 9{,}67260414 & 9{,}17538188 & -18{,}38136800 & 17{,}85586303 & -15{,}72818688 \end{bmatrix}. \tag{17.39}$$

Man vergleiche mit der exakten Lösung A'^T in (17.34).

c) *Fehler in den WS und der Meßmatrix*

Simuliert werden die abgeänderten WS U_1 in (17.36) und die abgeänderte Meßmatrix W_1 in (17.38). Die fehlerhafte Matrix A^T wird sodann

$$A^T = \begin{bmatrix} 9{,}010936869 & 8{,}115456072 & 15{,}29133474 & -17{,}75564317 & -14{,}95144663 \\ 12{,}42132868 & 11{,}34809838 & -1{,}714337879 & -1{,}622926843 & 16{,}31682386 \\ 10{,}74733793 & 10.19486876 & -20{,}42374222 & 19{,}83984781 & -17{,}47576320 \end{bmatrix}. \tag{17.40}$$

Man vergleiche mit der exakten Lösung A'^T in (17.34) sowie mit A^T in (17.37) und (17.39).

Beispiel 2: *Bestimmung der EK-Matrix A mit statistischem Ausgleich*

Ist U_1 keine quadratische Matrix $(M > K)$ gilt für die gesuchte EK-Matrix A (17.29)

$$A^{\mathrm{T}} = (U_1^{\mathrm{T}} U_1)^{-1} U_1^{\mathrm{T}} W_1 \; . \tag{17.41}$$

Vorausgesetzt ist dabei der Ausgangszustand r^{A} als Referenzzustand und reelle Unwuchten ($U^* = U$).

Wir wählen fünf *modale* WS nach der N-Methode mit je einer Wiederholung

$$\begin{array}{l} U_1' = \\ \downarrow \\ M=5 \end{array} \begin{bmatrix} 0 & -1 & 0 \\ -1 & 0 & +1 \\ -0{,}5 & +1 & -0{,}5 \\ -1 & 0 & +1 \\ -0{,}5 & +1 & -0{,}5 \end{bmatrix} . \tag{17.42}$$

Die Matrix W_1 wird in der Praxis durch Messung und Differenzbildung mit dem Ausgangszustand r^{A} erhalten, s. (17.12). Für unser Schulbeispiel simulieren wir W_1 mit der Voraussetzung $r^{\mathrm{A}} = \mathbf{0}$ (unwuchtiger Ausgangszustand). W_1 läßt sich dann mit (17.8) berechnen. Dazu muß allerdings die exakte Matrix A' bekannt sein. Sie kann dem Abschn. 15.2.1 entnommen werden. Ihre Transponierte ist

$$A'^{\mathrm{T}} = \begin{bmatrix} 9{,}390993362 & 9{,}148571896 & 17{,}71630553 & -19{,}36275954 & -14{,}65969938 \\ 13{,}07318488 & 13{,}07318488 & -1{,}84966154 & -1{,}84966154 & 16{,}85892236 \\ 9{,}148571896 & 9{,}390993362 & -19{,}36275954 & 17{,}71630553 & -14{,}65969938 \end{bmatrix}, \tag{17.43}$$

und $W_1' = U_1' A'^{\mathrm{T}}$ wird alsdann

$$W_1' = \begin{bmatrix} -13{,}07318488 & -13{,}07318488 & 1{,}84966154 & 1{,}84966154 & -16{,}85892236 \\ -\;0{,}242421466 & 0{,}242421466 & -37{,}07906507 & 37{,}07906507 & 0 \\ 3{,}803402250 & 3{,}803402250 & -\;1{,}026434535 & -\;1{,}026434535 & 31{,}51862174 \\ -\;0{,}242421466 & 0{,}242421466 & -37{,}07906507 & 37{,}07906507 & 0 \\ 3{,}803402250 & 3{,}803402250 & -\;1{,}026434535 & -\;1{,}026434535 & 31{,}51862174 \end{bmatrix}. \tag{17.44}$$

Mit U_1' und W_1' wird das Resultat A^{T} in (17.41) exakt.

Meßfehler können in den WS U_1 oder der Meßmatrix W_1 oder in beiden entstehen. Sie müssen in unserem Schulbeispiel „künstlich" simuliert werden.

a) *Fehler nur in den WS*

Der „künstlich" um $\pm 10\%$ abgeänderte und simulierte WS U_1 sei

$$U_1 = \begin{bmatrix} 0 & -1{,}1 & 0 \\ -1{,}1 & 0 & 0{,}9 \\ -0{,}55 & +1{,}1 & -0{,}45 \\ -0{,}9 & 0 & +1{,}1 \\ -0{,}45 & +0{,}9 & -0{,}55 \end{bmatrix} . \tag{17.45}$$

Mit W_1' entsteht aus (17.41) die leicht fehlerhafte Matrix A^T

$$A^T = \begin{bmatrix} 7{,}289360064 & 7{,}043975552 & 18{,}19397887 & -19{,}33829273 & -14{,}83806910 \\ 11{,}2294681 & 11{,}22576741 & -1{,}334267325 & -1{,}900299264 & 16{,}04541583 \\ 6{,}991535818 & 7{,}22980361 & -18{,}785965 & 17{,}65778364 & -14{,}9180961 \end{bmatrix}. \tag{17.46}$$

Man vergleiche mit der exakten Lösung A'^T in (17.43).

b) *Fehler nur in der Meßmatrix*

Um eine fehlerhafte Matrix W_1 zu simulieren, ändern wir die Elemente der exakten Matrix W_1' „künstlich" mit Zufallszahlen ab. Wir erhalten so die leicht fehlerhafte Matrix W_1

$$W_1 \begin{bmatrix} -13{,}66346154 & -12{,}48290821 & 1{,}885771666 & 1{,}785219527 & -17{,}94850624 \\ -\ 0{,}239426415 & 0{,}248380202 & -35{,}20183621 & 37{,}38707052 & 0{,}71840441 \\ 3{,}871144195 & 3{,}431716435 & -\ 1{,}105321775 & -\ 0{,}947547299 & 34{,}03589533 \\ -\ 0{,}239426415 & 0{,}248380202 & -35{,}20183621 & 37{,}38707052 & 0{,}71840441 \\ 3{,}871144195 & 3{,}431716435 & -\ 1{,}105321775 & -\ 0{,}947547299 & 34{,}03589533 \end{bmatrix}. \tag{17.47}$$

Mit U_1' entsteht aus (17.41) die leicht fehlerhafte Matrix A^T

$$A^T = \begin{bmatrix} 9{,}912030555 & 8{,}927001679 & 16{,}82046821 & -19{,}53120749 & -16{,}44659129 \\ 13{,}66346154 & 12{,}48290821 & -1{,}885771666 & -1{,}785219527 & 17{,}94850624 \\ 9{,}67260414 & 9{,}17538188 & -18{,}38136800 & 17{,}85586303 & -15{,}72818688 \end{bmatrix}. \tag{17.48}$$

Man vergleiche mit der exakten Lösung A'^T in (17.43).

c) *Fehler in den WS und der Meßmatrix*

Simuliert werden die abgeänderten WS U_1 in (17.45) und die abgeänderte Meßmatrix W_1 in (17.47). Die fehlerhafte Matrix A^T wird sodann

$$A^T = \begin{bmatrix} 7{,}705519542 & 6{,}898291397 & 17{,}285968 & -19{,}51326443 & -16{,}59515815 \\ 11{,}73027061 & 10{,}7070063 & -1{,}383633142 & -1{,}843765784 & 17{,}10520692 \\ 7{,}40818511 & 7{,}092650669 & -17{,}82118217 & 17{,}78976734 & -15{,}96385802 \end{bmatrix}. \tag{17.49}$$

Man vergleiche mit der exakten Lösung A'^T in (17.43) sowie mit A^T in (17.46) und (17.48).

17.3 Messungen in zwei Richtungen bei stark anisotroper Lagerung

Bei der klassischen EK-Methode ist die Meßrichtung in einer ME grundsätzlich beliebig (horizontal, vertikal, diagonal). Es braucht auch nicht in allen ME in gleicher Richtung gemessen zu werden (z.B. wenn das Montieren der Pick-ups in der vorgesehenen Richtung durch vorstehende Maschinenteile erschwert oder unmöglich wird). Schließlich ist es auch nicht verboten, in der gleichen ME in zwei Richtungen *simultan* zu messen.

Das Messen in nur einer Richtung ist deshalb nicht ideal, weil bei extremer Lage und Form der Orbit-Ellipse eine Richtung bevorzugt und die andere benachteiligt wird. In Abb. 17.2 wird für den MP 1 die y-Richtung bevorzugt und für den MP 2 benachteiligt. Bei simultanem Messen in beiden Richtungen entfällt dieser Nachteil, [Fu].

Im Falle der exakten EK-Methode $J = K$ (gleichviele MP wie WE) stehen dem allerdings zwei J Messungen, also doppelt soviele zur Verfügung, so daß $J = 2K > K$ wird und der klassische Fall $J > K$ mit Fehlerausgleich vorliegt.[5]

Im Falle der klassischen EK-Methode $J > K$ (mehr MP wie WE) sind bei simultaner Messung in beiden Richtungen auch doppelt so viele EK erforderlich, also zwei EK-Matrizen. Werden die beiden zueinander senkrechten Richtungen mit x und y bezeichnet und wird als Index x und y verwendet, gilt für die beiden EK-Matrizen $\boldsymbol{A}$, bzw. den Ausgangszustandsvektor $\boldsymbol{r}^{\mathrm{A}}$ formal

$$\begin{matrix} \boldsymbol{A}_{\mathrm{x}} \\ \boldsymbol{A}_{\mathrm{y}} \end{matrix} = \downarrow J \overset{\longrightarrow K}{\begin{bmatrix} \alpha_{11} & \alpha_{12} & \cdots & \alpha_{1K} \\ \alpha_{21} & & & \vdots \\ \vdots & & & \\ \alpha_{J1} & \cdots & & \alpha_{JK} \end{bmatrix}_{\begin{smallmatrix} \mathrm{x} \\ \mathrm{y} \end{smallmatrix}} ; \quad \begin{matrix} \boldsymbol{r}_{\mathrm{x}}^{\mathrm{A}} \\ \boldsymbol{r}_{\mathrm{y}}^{\mathrm{A}} \end{matrix} = \downarrow J \begin{bmatrix} r_1 \\ r_2 \\ \vdots \\ r_J \end{bmatrix}_{\begin{smallmatrix} \mathrm{x} \\ \mathrm{y} \end{smallmatrix}} . \tag{17.50}$$

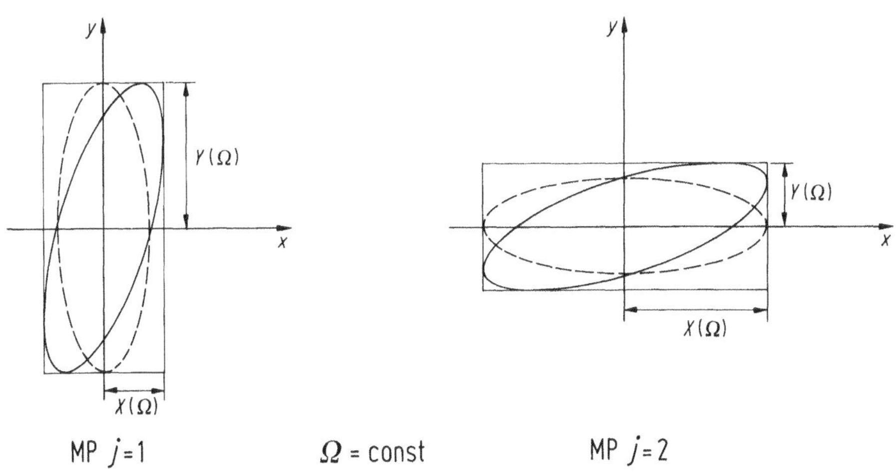

Abb. 17.2. Unterschied der Amplituden $X(\Omega)$ und $Y(\Omega)$ einer Auslenkung im MP j in x- und y-Richtung, abhängig von Lage und Form des Orbits. $\Omega = \mathrm{const}$

[5] Die andere Möglichkeit, Verdoppeln der WE, ist praktisch bedeutungslos und wäre Luxus.

Gleichung (13.10) schreibt sich dann in Matrizenform mit Blockmatrix A_d und Doppelvektor r_d,

$$AU = -r^A \to A_d U = -r_d^A\;;\qquad \underset{2J}{\downarrow}\overset{\textstyle A_d \atop \to K}{\begin{bmatrix} A_x \\ \hline A_y \end{bmatrix}}\;\overset{U}{[U]}_{\underset{K}{\downarrow}} = -\underset{2J}{\downarrow}\overset{r_d^A}{\begin{bmatrix} r_x^A \\ \hline r_y^A \end{bmatrix}}\;;\qquad (J > K)\;. \tag{17.51}$$

Das System ist mehrfach überbestimmt. Es sind mehr Gleichungen als Unbekannte vorhanden. Man wird Fehler zulassen und ausgleichen müssen.

An der Gleichung (13.19), welche die gesuchten KU mit ausgeglichenen Fehlern in den MP liefert, ändert sich durch doppelt so viele Messungen grundsätzlich nichts. Es ist lediglich die Matrix A durch eine $(2J \times K)$ Matrix A_d und die Matrix $(A^*)^T$ durch eine $(K \times 2J)$ Matrix $(A_d^*)^T$, sowie der Meßvektor r^A durch einen Doppelvektor r_d^A zu ersetzen.

$$U \to \underline{U_d = -[(A_d^*)^T A_d]^{-1}(A_d^*)^T r_d^A}\;. \tag{17.52}$$

Bei *Gewichtung* ist zu beachten, daß für ein und denselben MP j beide Meßrichtungen gleich gewichtet werden müssen. Die Matrizenprodukte in (17.4) sind folglich mit einer $(2J \times 2J)$ Diagonalgewichtsmatrix Λ_d durchzuführen

$$\Lambda_d = \mathrm{diag}\,[\lambda_1, \lambda_2, \ldots, \lambda_J, \lambda_1, \lambda_2, \ldots, \lambda_J] = \underset{2J}{\downarrow}\overset{\to 2J}{\begin{bmatrix} \Lambda & 0 \\ 0 & \Lambda \end{bmatrix}}\;; \tag{17.53}$$

$$(\Lambda = \mathrm{diag}\,[\lambda_1, \lambda_2, \ldots, \lambda_J])$$

$$\underset{(2J \times K)}{\Lambda_d A_d} = \underset{2J}{\downarrow}\overset{\to 2J}{\begin{bmatrix} \Lambda & 0 \\ 0 & \Lambda \end{bmatrix}}\overset{\to K}{\begin{bmatrix} A_x \\ A_y \end{bmatrix}}\underset{2J}{\downarrow}\;;\qquad \underset{(2J)}{\Lambda_d r_d^A} = \underset{2J}{\downarrow}\overset{\to 2J}{\begin{bmatrix} \Lambda & 0 \\ 0 & \Lambda \end{bmatrix}}\begin{bmatrix} r_x^A \\ r_y^A \end{bmatrix}\underset{2J}{\downarrow}\;.$$

Gleichung (17.4) ist dann wie folgt zu erweitern

$$U_g \to \underline{U_d = -[(A_d^*)^T(\Lambda_d A_d)]^{-1}(A_d^*)^T(\Lambda_d r_d^A)}\;. \tag{17.54}$$

Einen *Ausgleich der EK* erhält man für eine Meßrichtung aus (17.29). Bei zwei Meßrichtungen ist zu beachten, daß die Meßmatrix W zweimal, d.h. für jede Meßrichtung erhalten wird und zweckmäßig mit einem Index x oder y zu versehen ist. Mit der Blockmatrix

$$W_b = \underset{\textstyle M \atop (M-1)}{\downarrow}\overset{\to 2J}{[W_x \mid W_y]}\;;\qquad (W_b = W_{b1} \quad \text{bzw.} \quad W_{b2}) \tag{17.55}$$

wird die erweiterte Gleichung (17.29)

$$A^T \to \underline{A_b^T = [(U^*)^T U]^{-1}(U^*)^T W_b = \underset{K}{\downarrow}\overset{\to 2J}{[A_x^T \mid A_y^T]}}\;;\qquad (U = U_1 \ \text{bzw.}\ U_2)\;. \tag{17.56}$$

Die linke Hälfte der $(K \times 2J)$ Matrix A_b^T liefert die EK für die x- und die rechte Hälfte für die y-Richtung. Gleichung (17.56) ersetzt (17.29).

Zusammenfassend ist festzuhalten, daß das simultane Messen in zwei Richtungen nicht mehr Meßläufe benötigt, als wenn nur in einer Richtung gemessen wird. Die Auswertung der doppelten Messungen stellt jedoch wesentlich höhere Ansprüche an Kapazität und Leistungsfähigkeit des Computers.[6]

Ist der Computer überfordert, kann das Auswerten in zwei Meßrichtungen wie folgt umgangen werden, ohne den Nachteil unterschiedlicher Schwingungsamplituden in beiden Meßrichtungen in Kauf zu nehmen:

Man mißt vorerst den Ausgangszustandsvektor $\boldsymbol{r}^A$ in beiden Richtungen und entscheidet sich bei jedem MP j für die größere der Amplituden, in Abb. 17.2 Y für MP $j=1$ und X für MP $j=2$. Zur weiteren Messung und Verarbeitung wird dann nur eine Richtung mitgenommen.

18 Allgemeine Bemerkungen zum Wuchten mit Einflußkoeffizienten

Das erste Erfordernis zum Wuchten mit EK ist die Kenntnis der EK selber. Sie sind unabhängig von der Unwucht des Rotors, müssen aber zu Beginn durch Differenzbildung der Messungen am unwuchtigen Rotor mit der Messung des unwuchtigen Rotors plus konzentrierten Testunwuchten gewonnen werden. Mit zunehmender Zahl von Messungen mit und ohne Testunwuchten kann die Genauigkeit der EK gesteigert werden (Abschn. 17.2). Unter Umständen gelingt es auch, mit einer vorläufigen EK-Matrix, auf analytischem Wege gewonnen oder von einem ähnlichen, bereits bekannten Rotor übernommen, zu beginnen [Dr].

Stehen die EK im gewünschten Drehzahlbereich zur Verfügung, kann der eigentliche Wuchtprozeß beginnen. Man fährt mit dem Rotor hoch und mißt an definierten Orten längs der Rotorachse (vorwiegend in der Nähe der Lager) und bei definierten Drehzahlen. Ein Ausdruck des anspruchsvolleren Computerprogramms liefert dann die gesuchten KU (mit oder ohne statistischem Ausgleich, mit oder ohne Gewichtung der MP, mit oder ohne Messung in zwei Richtungen). Nach Montage der KU wird eine ausreichende Laufruhe im Betriebsbereich erwartet, der Rotor ist gewuchtet. Auch hier kann eine Verbesserung durch Einbezug von mehr Messungen beim Hoch- und Auslauf erzielt werden.

Der Aufwand zur Gewinnung der EK ist relativ groß. Sind sie aber einmal mit genügender Genauigkeit für ein und denselben Rotortyp oder Wellenstrang ermittelt, soll man sie speichern, denn sie sind (bei gleichen Lagerbedingungen) typenspezifisch. Sie lassen sich zum Wuchten der ganzen Serie gleicher Rotoren (mit unterschiedlichen IU) verwenden, oder man kann sie für das Feinwuchten eines Wellenstrangs in der Anlage (Zentrale) noch nach Jahren gebrauchen.

---

[6] Im praktischen Beispiel der Abb. 13.1b enthält allein die Matrix A_b^T $K \times 2J = 15 \times (2 \cdot 30) = 900$ komplexe Elemente oder EK.

Die Methode der EK hat den entscheidenden Vorteil, daß sie unabhängig von der Art der Lagerung – isotrope-, anisotrope-, Gleitlagerung – und unabhängig von dynamischen Einflüssen des Fundaments anwendbar ist.

Grundsätzlich verlangt das Wuchten mit EK die Kenntnis kritischer Drehzahlen und EF nicht. Für eine effiziente und wirtschaftliche Wuchtung ist deren Kenntnis jedoch unerläßlich. Insbesondere erleichtert sie die vernünftige Wahl der MP bezüglich Ort und Drehzahl, als auch die geeigneten Lagen und Anzahl der WE.

Gelingt das Durchfahren des Betriebsbereichs nicht auf Anhieb, muß „vorwärts" gewuchtet werden. Man schränkt den Betriebsbereich „künstlich" von Null bis zur ersten kritischen Drehzahl ein und wuchtet. Alsdann erweitert man den Betriebsbereich „künstlich" über die erste zur zweiten kritischen Drehzahl hin; wuchtet, usw. Schließlich lassen sich alle Messungen zur Verbesserung der KU verwenden.

Bei Prototypen (Einzelgänger, keine Serien) stellt sich allerdings die Frage, ob sich der große Aufwand zur Ermittlung der EK für einen einzigen Rotor lohnt, oder ob nicht die weniger aufwendige modale Wuchtung genügt.

Das Wuchten mit Einflußkoeffizienten setzt keine einschränkenden Bedingungen bezüglich Lagerung und Fundamenteinfluß voraus. Der Aufwand an Messung und Datenverarbeitung durch den Computer ist aber enorm.

Die Methode eignet sich besonders für das Wuchten von Serien gleicher Rotortypen und für das Feinwuchten von Rotoren oder Wellensträngen in der Anlage, z. B. nach einiger Betriebszeit. Die EK sind unabhängig von der Unwucht und somit typenspezifisch bei gleicher Lagerung.

Der statistische Ausgleich der Restschwingungen in den Meßpunkten gestattet die Gewichtung, ein Eingriff, der sich besonders bei gemischten Messungen an Lagerbock und Welle vorteilhaft auswirkt.

Die Kenntnis der kritischen Drehzahlen und EF ist auch für das Wuchten mit EK – obschon grundsätzlich nicht nötig – für eine wirtschaftliche Wuchtung ein Erfordernis. Für Prototypen (Einzelausführungen) ist ernsthaft zu überlegen, ob sich der relativ große Aufwand lohnt oder ob eine modale Methode nicht schneller und billiger zum Ziel führt.

4. Teil: Sondertechniken, automatisches und thermisches Wuchten

Kapitel 19 beschreibt einige neuere Arbeiten wie verbessertes Identifikationsverfahren, Umgehung der Resonanzmessung, quasi-modales Wuchten und Verbesserung der EK-Methode mittels Beschränkungen. Kapitel 20 behandelt das automatische Wuchten. Es werden Vorschläge ohne-, mit wenig- und mit Eingriff von außen beschrieben. In Kapitel 21 folgt das thermische Wuchten durch Verkrümmung des Rotors zur Kompensation der IU. Es werden vier Möglichkeiten beschrieben:

— gelenkte Kühlmittelführung,
— von außen gesteuerte Verkrümmung durch Heizelemente oder Drosselung der Kühlflüssigkeit im Rotor,
— gesteuerte Wärmeenergiezufuhr auf die Oberfläche des Rotors mit Laserstrahlen oder Hochfrequenzgeneratoren,
— thermisch verursachte und gesteuerte Einzelmassenverlagerung am Rotor (ohne Verkrümmung)

Kapitel 22 behandelt nationale und internationale Empfehlungen, Richtlinien und Normen betreffend die Wuchtgüte von Rotoren. Sie dienen sowohl dem Hersteller als auch dem Abnehmer rotierender Maschinen. Dem Praktiker wird eine Orientierungshilfe für die Größenordnung und den tolerierbaren Streubereich der zu erreichenden Resultate geboten.

19 Sondertechniken

Das Wuchten elastischer Rotoren ist heute noch keineswegs abgeschlossen. Die Suche nach Verfahren, die bei gleichem Aufwand gleiche oder bessere Resultate liefern, geht weiter. Die beiden Methoden der heutigen Wuchttechnik, das modale Wuchten und das Wuchten mit EK, beginnen zu verschmelzen, indem Kombinationen vorgeschlagen werden. Die statistische Ausgleichstechnik der EK-Methode hat in die modale Wuchttechnik Eingang gefunden, und die modalen WS werden vorteilhaft in der EK-Methode verwendet. Beide Methoden befruchten sich gegenseitig. Die Schwerpunkte der neueren Arbeiten kann man etwa wie folgt beschreiben:

— Verbesserungen der EK-Methode, [Co, Ya, Bd2, Ni, Wo];
— Kombination von modaler und EK-Methode, sogenanntes kombiniertes oder vereinigtes Wuchten (englisch: unified balancing) [So1, So2, Jy, Zo1, Zo2];
— quasi-modales Wuchten [Bo, Ms];
— Fundamenteinfluß bei der modalen Methode [Sd, Bo, Kl];
— Einfluß anderer Lagertypen [Mc];
— Umgehung der Resonanzmessung und Identifikationen [Ma2, Ma3, Ma1];
— Wuchten ohne Testgewichtssetzung, sogenannte Identifikationsmethoden [Ga2, Gn, Dr5, Mü2, Mr, On].

Bemerkenswert sind die Verbesserungen der EK-Methode. Dazu wird auf die Originalaufsätze verwiesen. Besonders aktuell sind die Vorschläge für das Wuchten ohne Testgewichtsetzung mit Identifikation und/oder Umgehung der Resonanzmessung. Es lohnt sich auf einige dieser Aufsätze näher einzugehen.

19.1 Identifikationsmethoden (ohne Testgewichte)

Die klassische Methode der Identifikation ist in Abschn. 11.3.7 und 11.4.6 beschrieben. Sie ist nicht neu. Schon 1966 haben Hundal und Harker [Hl] auf diese Möglichkeit aufmerksam gemacht. Die stark vereinfachenden Annahmen der beiden Autoren sind

— zwei gleiche, frei drehbare, radial starre (isotrope) Lager,
— keine Dämpfung,
— EF und somit die (reelle) Modalmatrix bekannt,
— Messung nahe der kritischen Drehzahlen möglich.

Wir verwenden für den Gedankengang Bezeichnungen und Formeln aus vorliegendem Buch. Bei isotroper Lagerung gelten für die beiden ersten EF nach (12.56) folgende exakten Gleichungssysteme zur Berechnung der WS

$$\text{1. EF} \qquad\qquad \text{2. EF} \tag{19.1}$$

$$\boldsymbol{\Phi}^{\mathrm{T}} \boldsymbol{U}^{\mathrm{I}} = -\begin{bmatrix} \dfrac{\underline{r}_1^{\nabla}(z,\omega_1)}{\varphi_1(z)\,\underline{A}_1(\omega_1)} \\ 0 \\ 0 \\ \vdots \\ 0 \end{bmatrix}; \quad \boldsymbol{\Phi}^{\mathrm{T}} \boldsymbol{U}^{\mathrm{II}} = \begin{bmatrix} 0 \\ \dfrac{\underline{r}_2^{\nabla}(z,\omega_2)}{\varphi_2(z)\,\underline{A}_2(\omega_2)} \\ 0 \\ \vdots \\ 0 \end{bmatrix};$$

mit $\underline{A}_n$ aus (12.21)

$$\underline{A}_n(\Omega) = \frac{\Omega^2}{\omega_n^2 - \Omega^2 + \mathrm{i}\mu\Omega}\,\frac{1}{N_n}; \quad N_n = \int_0^l m(z)\,\varphi_n^2\,\mathrm{d}z;$$

$$\underline{A}_n(\Omega)\Big|_{\mu=0} = \frac{\Omega^2}{\omega_n^2 - \Omega^2}\,\frac{1}{N_n} = \frac{(\Omega/\omega_n)^2}{1-(\Omega/\omega_n)^2}\,\frac{1}{N_n}. \tag{19.2}$$

Das Zeichen ∇ soll darauf hinweisen, daß $\underline{r}_1^{\nabla}$ und $\underline{r}_2^{\nabla}$ der Messung nicht direkt zugänglich sind (systematischer Fehler des modalen Wuchtens).

Ohne Dämpfung ($\mu = 0$) ist $\underline{A}_n$ und $\underline{r}_n^{\nabla}(z, \Omega)$ reell. Die Ausdrücke auf der rechten Seite von (19.1) sind es dann auch, und man erhält reelle WS. In der Resonanz ($\Omega = \omega_n$) wären aber ohne Dämpfung $\underline{r}_n^{\nabla}$ und $\underline{A}_n$ unendlich und die Ausdrücke rechts von (19.1) unbestimmt. Diese Unzulänglichkeit soll nach den Autoren wie folgt korrigiert werden:

Es wird kurz vor der Resonanz, z.B. bei $\Omega = 0{,}9\,\omega_n = \omega_0$, nur die Amplitude, nicht aber die Phase gemessen. Die Phasenlage wird durch eine Drehung um $-90°$, d.h. um den Faktor $(-\mathrm{i})$ berücksichtigt. Dadurch entstehen zwei Fehler. Erstens ein Fehler in der Phase, die nicht exakt $-90°$ ist und zweitens ein Fehler in der Messung der Amplitude $\underline{r}_n(z, \omega_0)$, die aus zwei Gründen nicht dem exakten Wert $\underline{r}_n^{\nabla}(z, \omega_n)$ entspricht: ω_0 ist nicht ω_n und das gemessene $\underline{r}_n$ an Stelle von $\underline{r}_n^{\nabla}$ enthält noch – wenn auch kleine – benachbarte Modalanteile (Systematischer Fehler der Modalmethode).

Die rechte Seite von (19.1) wird dann durch folgende Näherungsausdrücke ersetzt

$$\frac{\underline{r}_n^{\nabla}(z,\omega_n)}{\varphi_n(z)\,\underline{A}_n(\omega_n)} \;\rightarrow\; \frac{r(z,\omega_0)}{\varphi_n(z)\,A_n(\omega_0)}\,(-\mathrm{i}). \tag{19.3}$$

Mit der zur Verfügung stehenden reellen regulären Modalmatrix $\boldsymbol{\Phi}$, der Norm N_n und dem Näherungsausdruck (19.2)

$$\underline{A}_n(\Omega=\omega_0)=\frac{(\omega_0/\omega_n)^2}{1-(\omega_0/\omega_n)^2}\frac{1}{N_n}\,; \quad \text{z. B. } \underline{A}_n\Big|_{\omega_0=0,9\omega_n}=\frac{0,9^2}{1-0,9^2}\frac{1}{N_n}=\frac{4,26}{N_n}\,, \tag{19.4}$$

sowie der Amplitudenmessung $\underline{r}(z,\omega_0)$, sind alle Größen zur Bestimmung der n-ten modalen WS nach (19.1) bekannt, und zwar ohne Testgewichtssetzung.

Ein weiterer Vorschlag der Autoren ist ebenfalls erstaunlich für die damalige Zeit. Sie empfehlen eine neue Art des Vorwärtswuchtens. Zum Wuchten der ersten EF, Abb. 19.1, ist bekanntlich nur eine KU nötig (N-Methode). Man soll sie axial am Ort des Knotens der zweiten EF plazieren, um die zweite EF nicht zu beeinflussen. Zum Wuchten der zweiten EF sind zwei KU erforderlich. Um die dritte EF nicht zu stören, sollen sie axial an der Stelle der beiden Knoten der dritten EF plaziert werden, usw. Entscheidender Nachteil: Die höheren WS beeinflussen die niederen. Ein Auslauf ist unter Umständen problematisch.

19.1.1 Gasch, Drechsler [Ga2] und Gnielka [Gn]

Die Autoren empfehlen ein verfeinertes Verfahren des modalen Wuchtens mit Identifikation. Es verlangt mehrere Messungen die gemittelt werden. Die klassische Methode der Identifikation (s. Abschn. 11.3.7 und 11.4.6) verlangt eine Messung in den kritischen Drehzahlen. Ist dies wegen zu großen Ausschlägen nicht möglich, muß zuvor „starr" gewuchtet werden. Das in [Ga2] beschriebene Verfahren soll auch bei einem Abbruch des Hochlaufs infolge zu großer Ausschläge zum Tragen kommen. Der Aufsatz [Gn] ist eine Erweiterung von [Ga2] für Rotoren über mehrere Lager. Die Voraussetzungen sind:
— radial isotrope Lagerung,
— zwei Lager [Ga2] bzw. mehrere Lager [Gn],
— EF und Norm (generalisierte Masse) müssen bekannt sein,
— ME an mehreren Orten längs der Rotorachse möglich.
— Es muß nicht in–, es kann vor der Resonanz gemessen werden.

Im folgenden soll das Verfahren mit den Bezeichnungen dieses Buchs knapp erläutert werden.

Nach (12.56) gilt für den n-ten WS das System

$$\boldsymbol{\Phi}^{\mathrm{T}}\underline{\boldsymbol{U}}=-\begin{bmatrix}0\\ \vdots\\ \underline{K}_n(z,\omega_n)\\ 0\\ \vdots\end{bmatrix}\,; \quad \underline{K}_n=\frac{\underline{r}_n^{\nabla}(z,\omega_n)}{\varphi_n(z)\,\underline{A}_n(\omega_n)}\,. \tag{19.5}$$

Das Zeichen ∇ soll darauf hinweisen, daß der exakte Wert $\underline{r}_n^{\nabla}$ der Messung nicht direkt zugänglich ist (systematischer Fehler des modalen Wuchtens).

Man versucht nun auf zwei Arten diese Unzulänglichkeiten zu beseitigen. Erstens durch Messung an verschiedenen Orten längs der Rotorachse und zweitens durch

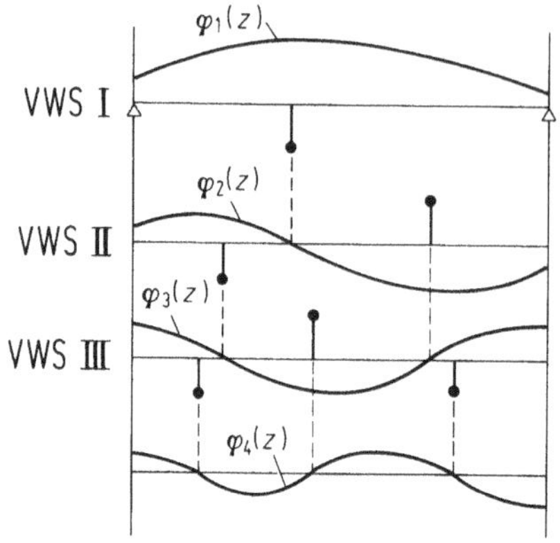

Abb. 19.1. Historisches Vorwärtswuchten; Vorschlag aus dem Jahr 1966. KU in den Knoten der nächstfolgenden EF

Messung bei verschiedenen Drehzahlen in der Nähe, d.h. kurz vor den kritischen Drehzahlen.

Nach (12.52) und (12.53) gilt für isotrope Lagerung mit der kontinuierlichen modalen IU $\underline{u}_{\varepsilon n}(z)$ ohne Einzel IU

$$\underline{r}_n^{\nabla}(z,\Omega)=\varphi_n(z)\,\underline{A}_n(\Omega)\,\underline{u}_{\varepsilon n}N_n;\quad \underline{A}_n(\Omega)=\frac{\Omega^2}{\omega_n^2-\Omega^2+\mathrm{i}\mu\Omega}\frac{1}{N_n};\quad N_n=\int_0^1 m(z)\,\varphi_n^2\,\mathrm{d}z. \tag{19.6}$$

Mit der Abkürzung

$$\underline{H}_n(\Omega)=\underline{A}_n(\Omega)\,\underline{u}_{\varepsilon n}N_n=\underline{u}_{\varepsilon n}\frac{\Omega^2}{\omega_n^2-\Omega^2+\mathrm{i}\mu\Omega}$$

ist der n-te modale Anteil der Auslenkung

$$\underline{r}_n^{\nabla}(z,\Omega)=\underline{H}_n(\Omega)\,\varphi_n(z). \tag{19.7}$$

An Stelle von $\underline{r}_n^{\nabla}$, das nicht direkt gemessen werden kann, tritt der Meßvektor $\underline{r}(z,\Omega)$, der allerdings alle Modalanteile enthält, eingeschlossen Ablesefehler und allfällige Fehler durch eine Wellenverkrümmung. In der Resonanz ($\Omega=\omega_n$) dominiert $\underline{r}_n^{\nabla}$ in $\underline{r}_n$, Abb. 11.3a, so daß nur der systematische Fehler des modalen Wuchtens bleibt. Die Autoren schlagen mit Rücksicht auf eventuell allzugroße Auslenkungen in der Resonanz vor, etwas vor der Resonanz, bei $\Omega=\Omega_{0n}(\Omega_{0n}<\Omega_n)$ zu messen. Der Fehler $\underline{p}_n$beträgt dann

$$\underline{p}_n=\underline{r}(z,\Omega_{0n})-\underline{r}_n^{\nabla}(z,\Omega_{0n}) \tag{19.8}$$

oder mit

$$\underline{p}_n=\underline{r}(z,\Omega_{0n})-\underline{H}_n(\Omega)\,\varphi_n(z), \tag{19.9}$$

wobei $\underline{H}_n(\Omega)$ vorläufig noch unbekannt ist. Mißt man nun an verschiedenen Stellen z des Rotors, kann man verlangen, daß die Fehlerquadratsumme in (19.9) ein Minimum werde (s. Abschn. 13.3.3). Das Resultat ist

$$\underline{H}_n(\Omega_{0n})=[(\boldsymbol{\Phi}_n^*)^{\mathrm{T}}\boldsymbol{\Phi}]^{-1}(\boldsymbol{\Phi}_n^*)^{\mathrm{T}}\underline{r}(\Omega_{0n}). \tag{19.10}$$

Der Meßvektor $\underline{r}(\Omega_{0n})$ wird also zunächst über die Ortsabhängigkeit der EF für eine Drehzahl Ω_{0n} gereinigt. (In (11.56) ist die Möglichkeit an verschiedenen Stellen z des Rotors zu messen angedeutet.) Damit ist aber der systematische Fehler des modalen Wuchtens noch nicht beseitigt.

Dies soll durch eine zweite Reinigung bei verschiedenen Drehzahlen (Ω_{0n}) in der Nähe der n-ten Resonanz erfolgen.

Angenommen, das gereinigte $\underline{H}_n$ aus (19.10) wird mit (19.7) in (19.9) eingesetzt, so daß der Fehler $\underline{p}_n$ vernachlässigbar klein ist, kann ein Fehler nur noch in $\underline{H}_n$ stecken. Setzt man für

$$\underline{H}_n(\Omega_{0n}) \quad \rightarrow \quad \underline{H}_n(\Omega_{0n}) - \underline{q}_n ,$$

mit $\underline{q}_n$ als konstant angenommenen Fehler von $\underline{H}_n$, so wird mit (19.6) und (19.7) der Ausdruck $\underline{K}_n$ in (19.5)

$$\underline{K}_n(z, \Omega_{0n}) = \frac{\underline{r}_n^{\nabla}(z, \Omega_{0n})}{\varphi_n(z)\, \underline{A}_n(\Omega_{0n})} = \frac{[\underline{H}_n(\Omega_{0n}) - \underline{q}_n]\, \varphi_n(z)}{\varphi_n(z)\, A_n(\Omega_{0n})} ; \tag{19.11}$$

$$= [H_n(\Omega_{0n}) - \underline{q}_n]\, (\omega_n^2 - \Omega_{0n}^2 + \mathrm{i}\,\mu\, \Omega_{0n}) \frac{N_n}{\Omega_{0n}^2}$$

oder

$$\underline{K}_n \Omega_{0n}^2 = [\underline{H}_n(\Omega_{0n}) - \underline{q}_n]\, (\underbrace{\omega_n^2 N_n}_{S_n} - \Omega_{0n}^2 N_n + \mathrm{i}\,\mu\, N_n \Omega_{0n}). \tag{19.11'}$$

$\omega_n^2 N_n = S_n = \int_0^l \mathrm{EI}\, \varphi_n''^2\, \mathrm{d}z$ ist die sogenannte generalisierte Steifigkeit, s. Anhang zu Abschn. 12.1.1.3, und weniger empfindlich auf Fehler in der Elastizität der Lagerung als ω_n^2, solange die Lageramplituden klein sind gegen die Amplituden des Rotors, mit anderen Worten die Wellenelastizität groß gegen die Lagerelastizität ist.

Gleichung (19.11') kann ohne Index n wie folgt geschrieben werden

$$\mathrm{i}\,\Omega_0 \underline{H}\, \mu N + \underline{H} S + (\Omega_0 N - S - \mathrm{i}\,\Omega_0 \mu N)\, \underline{q} - \Omega_0^2 \underline{K} = \Omega_0^2 \underline{H} N . \tag{19.11''}$$

Für verschiedene Messungen nahe der kritischen Drehzahl $n(\Omega_0 = \Omega_{01}, \Omega_{02} \cdots \Omega_{0N})$ kann (19.11'') durch ein Gleichungssystem

$$\begin{matrix} \Omega_{01} \\ \Omega_{02} \\ \vdots \\ \Omega_{0N} \end{matrix} \begin{bmatrix} \mathrm{i}\,\Omega_{01} \underline{H}, & \underline{H}, & \Omega_{01}^2 N - S_0 - \mathrm{i}\,\Omega_0 \mu N, & -\Omega_{01}^2 \\ \mathrm{i}\,\Omega_{02} \underline{H}, & \underline{H}, & \Omega_{02}^2 N - S_0 - \mathrm{i}\,\Omega_0 \mu N, & -\Omega_{02}^2 \\ \vdots & & & \vdots \\ \mathrm{i}\,\Omega_{0N} \underline{H}, & \underline{H}, & \Omega_{0N}^2 N - S_0 - \mathrm{i}\,\Omega_0 \mu N, & -\Omega_{0N}^2 \end{bmatrix} \begin{bmatrix} \mu N \\ S \\ \underline{q} \\ \underline{K} \end{bmatrix} = \begin{bmatrix} \Omega_{01}^2 \underline{H} N \\ \Omega_{02}^2 \underline{H} N \\ \vdots \\ \Omega_{0N}^2 \underline{H} N \end{bmatrix} \tag{19.12}$$

dargestellt werden. Werden noch die komplexen Größen $\underline{H}\, \underline{q}$ und $\underline{K}$ in Real- und Imaginärteil

$$\underline{H} = H' + \mathrm{i} H''; \quad \underline{q} = q' + \mathrm{i} q''; \quad \underline{K} = K' + \mathrm{i} K''$$

aufgespalten, kann (19.12) durch ein reelles Gleichungssystem mit reeller Matrix und reellen Vektoren $\boldsymbol{x}$ und $\boldsymbol{b}$ dargestellt werden

$$\begin{array}{c} \Omega_{01} \\ \vdots \\ \Omega_{0N} \\ \Omega_{01} \\ \vdots \\ \Omega_{0N} \end{array} \overbrace{\left[\begin{array}{c|c|c|c|c|c} -\Omega_{01}H'' & H' & \Omega_{01}^2 N - S_0 & \Omega_{01}(\mu N)_0 & -\Omega_{01}^2 & 0 \\ \vdots & & & & & \\ \hline \Omega_{01}H' & H'' & -\Omega_{01}(\mu N)_0 & \Omega_{01}^2 N - S_0 & 0 & -\Omega_{01}^2 \\ \vdots & & & & & \end{array}\right]}^{\boldsymbol{A}} \cdot \overbrace{\left[\begin{array}{c} \mu N \\ S \\ q' \\ q'' \\ K' \\ K'' \end{array}\right]}^{\boldsymbol{x}} = \overbrace{\left[\begin{array}{c} \Omega_{01}^2 H' N \\ \vdots \\ \hline \Omega_{01}^2 H'' N \\ \vdots \end{array}\right]}^{\boldsymbol{b}} . \qquad (19.13)$$

Das System (19.13) besteht aus $2N$ Gleichungen für 6 Unbekannte. Es ist erstens überbestimmt für $2N>6$ oder $N>3$ und zweitens nicht linear, weil in der 3. und 4. Spalte der Matrix die gesuchten Größen $S=S_0$ und $\mu N=(\mu N)_0$ enthalten sind. Da letzere mit dem ohnehin kleinen Rest q' bzw. q'' multipliziert werden müssen, darf mit einem Schätzwert begonnen werden. Der Index 0 bedeutet somit einen Schätzwert. Ist $N>3$ kann mit der kleinsten Fehlerquadratsumme ausgeglichen werden. Es gilt dann (s. Abschn. 13.3.3)

$$\boldsymbol{x}=(\boldsymbol{A}^{\mathrm{T}}\boldsymbol{A})^{-1}\boldsymbol{A}^{\mathrm{T}}\boldsymbol{b}, \qquad (19.14)$$

wobei das System (19.13) wegen den Schätzwerten noch zu iterieren ist.

Aus dem endgültigen Vektor $\boldsymbol{x}$ kann $\underline{K}=K'+\mathrm{i}K''$ entnommen und in (19.5) eingesetzt werden, womit die Gleichung bei bekannter Wuchtmatrix $\boldsymbol{\Phi}$ für den n-ten WS gefunden ist.

Die Autoren glauben, daß durch die zweifache Mittelung sowohl Meß-, wie Krümmungsfehler, als auch der systematische Fehler des modalen Wuchtens weitgehend eliminiert werden. Das Verfahren braucht *keine* Testgewichtssetzungen.

In [Ga2] wurden an einem 60 kg schweren, 2,5 m langen Rotor auf Rollen Experimente durchgeführt. In [Gn] wurden an einem dreilagerigen Modellrotor auf Rollen und in Gleitlagern gute Resulte erzielt.

Beachte: Rotoren in Gleitlagern können theoretisch nicht modal gewuchtet werden, in der Praxis jedoch genügend genau, s. Abschn. 11.5.

19.1.2 Drechsler [Dr5]

Der Autor schlägt eine Modifikation des Verfahrens von [Ga2] und [Gn] vor. Die Voraussetzungen sind:

- elastische Rotoren, deren Schwingungsverhalten mit hinreichender Genauigkeit mit der klassischen EF-Theorie beschrieben werden können. Die EF können geschätzt, gerechnet oder aus Meßdaten identifiziert werden;
- die Voraussetzung der modalen Theorie, daß die Auslenkung des n-ten Modalanteils in der n-ten Resonanz dominiert, wird fallen gelassen;
- die Fremdanteile in der n-ten Resonanz werden unabhängig von z als konstant betrachtet. Die Gesamtauslenkung in der Resonanz setzt sich somit aus einem konstanten Anteil und dem n-ten Modalanteil zusammen;

— der konstante Anteil in der n-ten Resonanz darf auch einen eventuellen Krümmungsanteil enthalten;
— die Lagerung ist isotrop, so daß der Ausschlag $\underline{r} = x + \mathrm{i}\, y$ in jedem Rotorquerschnitt eine Kreisbewegung beschreibt (kreisförmiger Orbit). Die Meßrichtung ist somit beliebig;
— Es kann in der Nähe der Resonanz gemessen werden.

Der Gedankengang soll mit den Bezeichnungen dieses Buchs beschrieben werden. Ausgangslage ist die n-te modale Lösung (12.19) für isotrope Lagerung

$$\underline{r}_\mathrm{n}(z, t) = \varphi_\mathrm{n}(z)\, \underline{q}_\mathrm{n}(t). \tag{19.15}$$

Wird (19.15) in (12.20) eingesetzt, entsteht mit (12.20′), ohne EUW, die Differentialgleichung

$$\ddot{\underline{r}}_\mathrm{n} + \mu \dot{\underline{r}}_\mathrm{n} + \omega_\mathrm{n}^2 \underline{r}_\mathrm{n} = \underline{u}_{\varepsilon \mathrm{n}}\, \varphi_\mathrm{n}(z)\, \Omega^2\, \mathrm{e}^{\mathrm{i}\Omega t}. \tag{19.16}$$

Mit dem Ansatz

$$\underline{r}_\mathrm{n}(z, t) = \underline{R}_\mathrm{n}(z)\, \mathrm{e}^{\mathrm{i}\Omega t} \tag{19.17}$$

und der sogenannten generalisierten Unwucht

$$\underline{a}_\mathrm{n}(z) = \underline{u}_{\varepsilon \mathrm{n}}\, \varphi_\mathrm{n}(z) \tag{19.18}$$

entsteht aus (19.16) die zeitunabhängige Gleichung

$$-\Omega^2 \underline{R}_\mathrm{n}(z) + \mathrm{i}\, \mu \Omega\, \underline{R}_\mathrm{n}(z) + \omega_\mathrm{n}^2 \underline{R}_\mathrm{n}(z) = \underline{a}_\mathrm{n}(z)\, \Omega^2. \tag{19.19}$$

Diese Gleichung läßt sich für jede Meß„drehzahl“ Ω_r $(r = 1, 2, \ldots, M)$ aufstellen, insbesondere auch für Ω_r in der Nähe der Resonanz. Der Ausschlag in Resonanznähe kann wie folgt dargestellt werden

$$\underline{r}(z, t) = \underline{r}_\mathrm{n}(z, t) + \underline{R}_\mathrm{c}(t) = \underline{R}_\mathrm{n}(z)\, \mathrm{e}^{\mathrm{i}\Omega t} + \underline{R}_\mathrm{c}\, \mathrm{e}^{\mathrm{i}\Omega t} = [\underline{R}_\mathrm{n}(z) + \underline{R}_\mathrm{c}]\, \mathrm{e}^{\mathrm{i}\Omega t},$$

wobei $\underline{r}_\mathrm{n}$ den Anteil der n-ten EF erfaßt und die Konstante $\underline{R}_\mathrm{c}$ benachbarte Modalanteile, als auch einen evtl. Krümmungsanteil des Rotors.

Setzt man vom zeitunabhängigen Teil $\underline{R} = \underline{R}_\mathrm{n}(z) + \underline{R}_\mathrm{c}$, der gemessen werden kann, die Größe $\underline{R}_\mathrm{n}(z) = \underline{R} - \underline{R}_\mathrm{c}$ in (19.19) ein, so entsteht für die Meßdrehzahl $\Omega = \Omega_\mathrm{r}$ und die Messung $\underline{R} = \underline{R}_\mathrm{r}$ die komplexe Gleichung

$$[\mathrm{i}\, \Omega_\mathrm{r} \underline{R}_\mathrm{r};\ \underline{R}_\mathrm{r};\ \Omega_\mathrm{r}^2 - \omega_{0\mathrm{n}}^2 - \mathrm{i}\, \mu_0\, \Omega_\mathrm{r};\ -\Omega_\mathrm{r}^2]\ [\mu, \omega_\mathrm{n}^2, \underline{R}_\mathrm{c}, \underline{a}_\mathrm{n}]^\mathrm{T} = [\Omega_\mathrm{r}^2 \underline{R}_\mathrm{r}]. \tag{19.20}$$

Zerlegt in Real- und Imaginärteile mit

$$\underline{R}_\mathrm{r} = R_\mathrm{r}' + \mathrm{i}\, R_\mathrm{r}''; \qquad \underline{a}_\mathrm{n} = a_\mathrm{n}' + \mathrm{i}\, a_\mathrm{n}''; \qquad \underline{R}_\mathrm{c} = R_\mathrm{c}' + \mathrm{i}\, R_\mathrm{c}''$$

und für verschiedene Meßdrehzahlen Ω_r formuliert, entsteht aus (19.20) das reelle System

$$
\begin{array}{l}
r=1\\ \\ r=2\\ \vdots\\ r=M
\end{array}
\underbrace{\left[\begin{array}{c|c|c|c|c|c}
-\Omega_r R_r'' & R_r' & \Omega_r^2-\omega_{0n}^2 & \mu_0\Omega_r & -\Omega_r^2 & 0\\
\Omega_r R_r' & R_r'' & -\mu_0\Omega_r & \Omega_r^2-\omega_{0n}^2 & 0 & -\Omega_r^2\\ \hline
 & & & & & \\ \hline
\vdots & \vdots & \vdots & \vdots & \vdots & \vdots\\ \hline
 & & & & &
\end{array}\right]}_{A}
\underbrace{\left[\begin{array}{c}
\mu\\ \omega_n^2\\ R_c'\\ R_c''\\ a_n'\\ a_n''
\end{array}\right]}_{x}
=
\underbrace{\left[\begin{array}{c}
\Omega_r^2 R_r'\\ \Omega_r^2 R_r''\\ \hline \\ \hline \vdots \\ \hline \\
\end{array}\right]}_{b}
\qquad (19.21)
$$

Es ist nicht linear, da in der Matrix A die Unbekannten $\mu=\mu_0$ und $\omega_n=\omega_{0n}$ stecken. Man kann es iterativ lösen; in einem ersten Durchgang lassen sich fast beliebige Schätzwerte μ_0 und ω_{0n} einsetzen – so der Autor. Mit genau drei Meßdrehzahlen läßt sich das System (19.21) exakt erfüllen. Durch Hinzunahme zusätzlicher Meßdrehzahlen ergeben sich zusätzliche Gleichungen, die mit Hilfe der Fehlerausgleichsrechnung verarbeitet werden können.

Man kann die aus dem gesuchten Vektor $\boldsymbol{x}$ ermittelten Komponenten in (19.19) einsetzen und prüfen, wie gut die Modellvorstellung mit den Meßdaten übereinstimmt.

Das Gleichungssystem (19.21) läßt sich aber auch für beliebig viele Meßorte $z=z_k$ längs der Rotorachse aufstellen. Im Idealfall ergäben sich so aus jedem Gleichungssystem die gleichen Systemkonstanten μ und ω_n^2, sowie k-typische $\underline{R}_c$ und $\underline{a}_c$ Werte. Normalerweise werden die Systemkonstanten μ und ω_n^2 jedoch voneinander abweichen. Wenn man dies vermeiden will, kann man für alle Meßorte ein simultanes Gleichungssystem aufstellen, entsprechend (19.20) mit $\underline{R}_r=\underline{R}_1, \underline{R}_2, \ldots, \underline{R}_k$

$$
\boldsymbol{A}_k\,\boldsymbol{x}_k=\boldsymbol{b}_k\,. \qquad (19.22)
$$

$$
\begin{array}{l}
z=z_1\\ z=z_2\\ z=z_3\\ \vdots\\ z=z_k
\end{array}
\overbrace{\left[\begin{array}{c|c|c|c|c|c|c|c}
\mathrm{i}\,\Omega_r\underline{R}_1 & \underline{R}_1 & \Omega_r^2-\omega_{0n}^2-\mathrm{i}\,\mu_0\Omega_r & -\Omega_r^2 & 0 & 0 & 0 & 0\\ \hline
\mathrm{i}\,\Omega_r\underline{R}_2 & \underline{R}_2 & 0 & 0 & \Omega_r^2-\omega_{0n}^2-\mathrm{i}\,\mu_0\Omega_r & -\Omega_r^2 & 0 & 0\\ \hline
\mathrm{i}\,\Omega_r\underline{R}_3 & \underline{R}_3 & 0 & 0 & 0 & 0 & \Omega_r^2-\omega_{0n}^2-\mathrm{i}\,\mu_0\Omega_r & -\Omega_r^2\\ \hline
\vdots & \vdots & \vdots & \vdots & \vdots & \vdots & \vdots & \vdots\\ \hline
 & & & & & & &
\end{array}\right]}^{\boldsymbol{A}_k}
\overbrace{\left[\begin{array}{c}
\Omega_r^2\underline{R}_1\\ \hline \Omega_r^2\underline{R}_2\\ \hline \Omega_r^2\underline{R}_3\\ \hline \vdots\\ \hline \\
\end{array}\right]}^{\boldsymbol{b}_k}
$$

$$
\boldsymbol{x}_k^{\mathrm{T}}=\left[\ \mu\ ,\ \omega_n^2\ ,\quad \underline{R}_1\quad ,\ \underline{a}_{n1}\ ,\quad \underline{R}_2\quad ,\ \underline{a}_{n2}\ ,\quad \underline{R}_3\quad ,\ \underline{a}_{n3}\ \right]^{\mathrm{T}}
$$

Zerlegt man (19.22) in Real- und Imaginärteil, ergeben sich für k Meßorte $2k$ reelle Gleichungen für $(2+4k)$ Unbekannte. Zur eindeutigen Bestimmung der Unbekannten fehlen somit $(2+4k)-2k=2+2k=2(1+k)$ reelle Gleichungen (z.B. $k=3$, es fehlen 8 Gleichungen).

Die fehlenden Gleichungen beschafft man sich durch Messungen bei verschiedenen Drehzahlen Ω_r $(r=1, 2, \ldots)$, d.h. man benützt zusätzlich (19.20). Auf diese Art erhält man aus dem Vektor $\boldsymbol{x}_k$ die zum Wuchten benötigte generalisierte Unwucht $\underline{a}_{nk}$ für jede Meßstelle $z = z_k$. Der Beweis kann wie folgt geführt werden.

Für den n-ten modalen WS gilt (19.5), wobei die rechte Seite mit dem Ausdruck

$$\underline{K}_n = \frac{\underline{r}_n^{\nabla}(z, \omega_n)}{\varphi_n(z)\,\underline{A}_n(\omega_n)} \tag{19.23}$$

bekannt sein muß. Nach (19.6) ist

$$\underline{r}_n^{\nabla}(z, \omega_n) = \varphi_n(z)\,\underline{A}_n(\omega_n)\,\underline{u}_{\varepsilon n} N_n\,,$$

und eingesetzt in (19.23) erhält $\underline{K}_n$ mit (19.18) die Form

$$\underline{K}_n = \underline{u}_{\varepsilon n} N_n = \frac{\underline{a}_n(z)\,N_n}{\varphi_n(z)}\,; \qquad (z = z_k)\,. \tag{19.24}$$

Mit bekanntem $\underline{a}_n(z) = \underline{a}_n(z_k) = \underline{a}_{nk}$ kann das System für den n-ten WS nach (19.5) *ohne* Testgewichtssetzung gelöst werden, wenn noch die Wuchtmatrix $\boldsymbol{\Phi}$ und die Norm N_n bekannt sind (q.e.d.).

Der Autor beschreibt ferner, wie die EF $\varphi_n(z)$ (Elemente der Wuchtmatrix $\boldsymbol{\Phi}$) aus dem berechneten Produkt $\underline{u}_{\varepsilon n}\,\varphi_n(z) = \underline{a}_n(z)$ durch Vergleich mit einer Ausschlagsmessung (approximativ) identifiziert werden können.

Das Verfahren wurde an zwei Turbogeneratoren von 600 MV und einer dreifachgelagerten Testwelle mit Krümmung erfolgreich überprüft – so der Autor.

19.1.3 Müller [Mü2]

Müller schreibt zu Beginn seines neuen Verfahrens: „Die zum Auswuchten eines elastischen Rotors benötigten EK lassen sich in einem einzigen Meßlauf ermitteln, wenn die Schwingungen des Rotors bei unterschiedlichen Lagersteifigkeiten gemessen werden."

Die Möglichkeit Lagersteifigkeiten zu ändern, ist normalerweise nur bei Wuchtanlagen in der Fabrik gegeben, so daß das Verfahren sich auf den Ort der Herstellung des Rotors beschränkt. An Voraussetzungen sind zu nennen:

- isotrop elastische Lagerung in zwei verstellbaren Lagern;
- die Charakteristik der Lager ist durch ihre kinetische Steifigkeit $\underline{\Gamma}(\mathrm{i}\Omega)$ gegeben[1] (s. Abschn. 12.8.1);
- die IU ist derart klein, daß über die kritischen Drehzahlen gefahren und in der Nähe der kritischen Drehzahlen gemessen werden kann;
- es muß an den Lagern und in den WE gemessen werden können.

Der Aufsatz [Mü2] ist für einen kontinuierlichen Rotor quellenmäßig mit Greenschen Funktionen (s. Abschn. 12.9) formuliert. Zur Vereinfachung und besserem Verständnis diskretisieren wir den Rotor, Abb. 19.2, und verwenden die Bezeichnungen des vorliegenden Buchs.

---

[1] Ist c die Federkonstante des Lagers, b der geschwindigkeitsproportionale Lagerdämpfungskoeffizient und m die mitschwingende Lagermasse, so ist

$$\underline{\Gamma}(\mathrm{i}\Omega) = c(\mathrm{i}\Omega)^0 + \underline{b}(\mathrm{i}\Omega) + \mathrm{m}(\mathrm{i}\Omega)^2 = c + \mathrm{i}b\Omega - m\Omega^2\,.$$

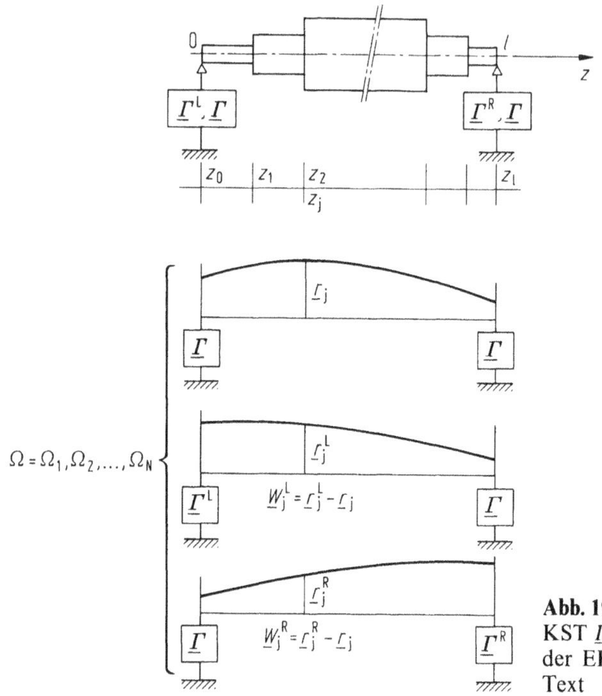

Abb. 19.2. Rotor auf umschaltbaren KST $\underline{\Gamma}(\mathrm{i}\Omega)$ der Lager zur Ermittlung der EK in einem einzigen Meßlauf, s. Text

Die IU im Anlieferungszustand sei durch die Messung

$$\underline{r}_{\varepsilon j}(\Omega), \quad j=0, 1, \ldots, l \tag{19.25}$$

an jedem Ort $z=z_j$ erfaßt. Die Auslenkung am Meßort z_j ist mit dem EK $\underline{\alpha}_{jk}$ durch

$$\underline{r}_{jk}(\Omega)=\underline{\alpha}_{jk}(\Omega)\,\underline{U}_k \tag{19.26}$$

definiert. Die gesamte Auslenkung durch alle K KU am Meßort z_j ist folglich

$$\underline{r}_j(\Omega)=\sum_k^K \underline{r}_{jk}(\Omega)=\sum_k^K \underline{\alpha}_{jk}(\Omega)\,\underline{U}_k. \tag{19.27}$$

Für das Wuchten ist oberste Zielsetzung Kräftefreiheit[2] der Lager. Man erreicht dies, wenn es gelingt, die Auslenkungen über die ganze Rotorlänge zu eliminieren. Sind aber Meßorte speziell auch an den Lagern, genügt es, daß die Auslenkungen an den Lagern verschwinden[3]. Die Bedingungen für verschwindende Lagerauslenkungen sind

$$\begin{aligned} &\text{linkes Lager } (z=z_0){:} \quad \underline{r}_0(\Omega)+\underline{r}_{\varepsilon 0}(\Omega)=0;\\ &\text{rechtes Lager } (z=z_l){:} \quad \underline{r}_l(\Omega)+\underline{r}_{\varepsilon l}(\Omega)=0. \end{aligned} \tag{19.28}$$

[2] Gemeint sind drehzahlfrequente, rotierende Kräfte.
[3] Abgesehen von der Antiresonanz, s. S. 14 und (12.72).

Mit (19.27) kann (19.28) wie folgt geschrieben werden

$$z = z_0: \quad \sum_k^K \underline{\alpha}_{0k}(\Omega)\, \underline{U}_k = -\underline{r}_{\varepsilon 0}(\Omega); \tag{19.29}$$

$$z = z_l: \quad \sum_k^K \underline{\alpha}_{lk}(\Omega)\, \underline{U}_k = -\underline{r}_{\varepsilon l}(\Omega).$$

Aufgelöst und in Matrizenform lautet (19.29)

$$\begin{bmatrix} \underline{\alpha}_{01}(\Omega), \underline{\alpha}_{02}(\Omega), \ldots \underline{\alpha}_{0K}(\Omega) \\ \underline{\alpha}_{l1}(\Omega), \underline{\alpha}_{l2}(\Omega), \ldots \underline{\alpha}_{lK}(\Omega) \end{bmatrix} \begin{bmatrix} \underline{U}_1 \\ \underline{U}_2 \\ \vdots \\ \underline{U}_K \end{bmatrix} = - \begin{bmatrix} \underline{r}_{\varepsilon 0}(\Omega) \\ \underline{r}_{\varepsilon l}(\Omega) \end{bmatrix}. \tag{19.29'}$$

Gleichung (19.29′) soll für jede Winkelgeschwindigkeit Ω gelten, insbesondere auch für solche in der Nähe kritischer Drehzahlen. Man begnügt sich jedoch mit einer Näherung, indem (19.29′) nur für endlich viele Ω, sogenannte Meßdrehzahlen, genauer Meßwinkelgeschwindigkeiten $\Omega_1, \Omega_2, \ldots, \Omega_N$ gelten soll.

$$\underbrace{\begin{bmatrix} \underline{\alpha}_{01}(\Omega_1), \underline{\alpha}_{02}(\Omega_1) \ldots \underline{\alpha}_{0K}(\Omega_1) \\ \underline{\alpha}_{l1}(\Omega_1), \underline{\alpha}_{l2}(\Omega_1) \quad \underline{\alpha}_{lK}(\Omega_1) \\ \vdots \\ \vdots \\ \underline{\alpha}_{01}(\Omega_N), \quad \underline{\alpha}_{0K}(\Omega_N) \\ \underline{\alpha}_{l1}(\Omega_N), \ldots \quad \underline{\alpha}_{lK}(\Omega_N) \end{bmatrix}}_{\boldsymbol{C}:\ 2N \times K} \underbrace{\begin{bmatrix} \underline{U}_1 \\ \underline{U}_2 \\ \vdots \\ \underline{U}_K \end{bmatrix}}_{\boldsymbol{U}:\ K} = - \underbrace{\begin{bmatrix} \underline{r}_{\varepsilon 0}(\Omega_1) \\ \underline{r}_{\varepsilon l}(\Omega_1) \\ \vdots \\ \vdots \\ \underline{r}_{\varepsilon 0}(\Omega_N) \\ \underline{r}_{\varepsilon l}(\Omega_N) \end{bmatrix}}_{\boldsymbol{r}_\varepsilon:\ 2N} \tag{19.30}$$

Das Gleichungssystem hat für N Meßdrehzahlen $2N$ Gleichungen für K Unbekannte, ist also eindeutig nur für $2N = K$ bestimmbar. Im allgemeinen ist aber $2N > K$, so daß mit statistischen Methoden (z. B. mit dem Minimum der Fehlerquadrate) ausgeglichen werden muß.

So oder so ist zur Lösung von (19.30) die Kenntnis der EK $\underline{\alpha}_{0k}$ und $\underline{\alpha}_{lk}$, sowie Messungen an den Lagern im Anlieferungszustand erforderlich (Matrix $\boldsymbol{C}$ und Vektor $\boldsymbol{r}_\varepsilon$).

Um die EK zu gewinnen, soll folgendermaßen vorgegangen werden: Der Rotor wird bei den Meßdrehzahlen Ω_1 bis Ω_N in den Lagern mit der kinetischen Steifigkeit $\underline{\Gamma}$ gemessen. Resultat: $\underline{r}_j$, Abb. 19.2. Dafür ist *ein* Hochlauf erforderlich. Nun wird am linken Lager, $z = z_0$, die KST von $\underline{\Gamma}$ auf $\underline{\Gamma}^L$ verändert und gemessen. Dafür ist entweder ein zweiter Hochlauf erforderlich oder, bei der Möglichkeit verstellbarer Steifigkeit im Betrieb, kann im ersten Hochlauf nach Umstellung gemessen werden. Resultat: $\underline{r}_j^L$. Die Differenz der Messungen ist

$$\underset{k}{\underline{W}_j^L} = \underset{k}{\underline{r}_j^L} - \underset{k}{\underline{r}_j}, \text{ speziell am linken Lager } \underline{W}_0^L = \underline{r}_0^L - \underline{r}_0. \tag{19.31}$$

Wird das gleiche Verfahren mit dem rechten Lager durchgeführt, gilt sinngemäß

$$\underset{k}{\underline{W}_j^R} = \underset{k}{\underline{r}_j^R} - \underset{k}{\underline{r}_j}, \text{ speziell am rechten Lager } \underline{W}_l^R = \underline{r}_l^R - \underline{r}_l. \tag{19.32}$$

Der Autor behauptet und beweist, daß die EK mit dieser Differenzmessung gewonnen werden können, denn es gelte

$$\underline{\alpha}_{0k} = \frac{\underline{W}_k^L}{(\underline{\Gamma}^L - \underline{\Gamma})\, \underline{r}_0^L}, \quad \text{bzw.} \quad \underline{\alpha}_{lk} = \frac{\underline{W}_k^R}{(\underline{\Gamma}^R - \underline{\Gamma})\, r_l^R}. \tag{19.33}$$

$$(k = 1, 2, \ldots, K; \quad \Omega = \Omega_1, \Omega_2, \ldots, \Omega_N).$$

Die Differenz der KST wird als bekannt vorausgesetzt, sie ist wuchtmaschinentypisch. Es sind dann lediglich die Auslenkungen an beiden Lagern und in den WE zu messen, um die EK berechnen zu können. Werden letztere in (19.30) eingesetzt und ist der Anlieferungszustand $\boldsymbol{r}_\varepsilon$ bekannt, kann das Gleichungssystem mit oder ohne statistischem Ausgleich gelöst werden. Es braucht keine Testgewichtsetzungen, und ein Hochlauf mit im Betrieb veränderlichen Lagern genügt, um die KU zu bekommen.

Das Verfahren wurde mit einem elastischen Modellrotor von 0,6 m Länge und 9,6 kg Masse geprüft. Er war auf Tragrollen gelagert und die Steifigkeit beider Lager konnten im Betrieb durch Lösen einer Arretierung von jeweils 12000 N/mm auf 20 N/mm umgeschaltet werden. Die kritischen Drehzahlen betrugen 3000, 7500 1/min, bzw. 400, 4000 1/min. Die EK wurden bei den Meßdrehzahlen 2400, 2800, 3600, 4400 1/min ermittelt und verglichen mit der konservativen Methode mit Testunwuchten in allen drei WE. Der Unterschied betrug weniger als 5% und die Unwucht konnte um 85% reduziert werden – so der Autor.

Anmerkung:

Grundsätzlich könnte man jede der beiden Gleichungen in (19.29′) für alle Meßdrehzahlen anschreiben und erhielte je zwei unabhängige Gleichungssysteme wie (19.30) für das linke bzw. rechte Lager. Beide Systeme würden nur aus N Gleichungen für K Unbekannte bestehen und identische Resultate, d.h. KU liefern. Man würde nur ein System brauchen und zur Bestimmung der EK nur ein Lager ändern müssen.

Zum Beispiel hätte das erste System für das linke Lager die Form

$$\overset{\longrightarrow K}{\downarrow N \begin{bmatrix} \underline{\alpha}_{01}(\Omega_1), \underline{\alpha}_{02}(\Omega_1) \ldots \underline{\alpha}_{0K}(\Omega_1) \\ \underline{\alpha}_{01}(\Omega_2), \underline{\alpha}_{02}(\Omega_2) \quad \underline{\alpha}_{0K}(\Omega_2) \\ \vdots \qquad\qquad \vdots \\ \vdots \qquad\qquad \vdots \\ \underline{\alpha}_{01}(\Omega_N) \ldots \quad \underline{\alpha}_{0K}(\Omega_N) \end{bmatrix}} \begin{bmatrix} \underline{U}_1 \\ \underline{U}_2 \\ \vdots \\ \underline{U}_K \end{bmatrix} \downarrow K = - \begin{bmatrix} \underline{r}_{\varepsilon 0}(\Omega_1) \\ \underline{r}_{\varepsilon 0}(\Omega_2) \\ \vdots \\ \vdots \\ \underline{r}_{\varepsilon 0}(\Omega_N) \end{bmatrix}, \tag{19.34}$$

und es müßten nur die EK

$$\underline{\alpha}_{0k} = \frac{\underline{W}_k^L}{(\underline{\Gamma}^L - \underline{\Gamma})\, r_0^L} \tag{19.35}$$

bestimmt werden, was eine Umstellung *nur* des linken Lagers bedingen würde.

19.1.4 Morton [Mt]

Der Autor schlägt 1985 eine Methode vor, die einen grundsätzlichen Nachteil der klassischen Modalmethode umgeht und *keine* Testgewichtsläufe benötigt. Bei der klassischen Modalmethode werden die EF berechnet und enthalten Lagereinflüsse. Letzere werden zusammengefaßt in einer KST-Matrix und sind zum Voraus entweder gar nicht oder nur spärlich bekannt. Eine Ausnahme bilden die KST für Lager der Wucht- und Schleuderanlage beim Hersteller der Rotoren. Die KST in der Anlage (Zentrale) jedoch sind anhand ähnlicher, bekannter Anlagen abzuschätzen. Dieser Nachteil wird nach Morton dadurch eliminiert, daß die Auslenkungen als Summe von EF $\psi(z)$ des frei-freien Rotors (ohne Lager) plus EF $\varphi(z)$ des radial starr, sonst gelenkig, gelagerten Rotors zusammengesetzt werden. $\varphi(z)$ und $\psi(z)$ können sehr genau gerechnet werden.

Die Voraussetzungen in [Mt] sind im wesentlichen:

- Kreiselwirkung und innere Dämpfung werden vernachlässigt. Dämpfung wirkt nur in den Lagern;
- die KNA können in der $(x-z)$- und $(y-z)$-Ebene gekoppelt sein (z.B. bei Gleitlagern). Die einzige Bedingung ist Linearität von Kraft und Verformung;
- die EF für die frei-freie Welle (ohne Lager) und die „starr" gelagerte Welle sind berechnet und bekannt;
- es sind Meßmöglichkeiten längs des Rotors und am Lager vorhanden. In einem Spezialfall muß nur an den Lagern gemessen werden.

Die Messung wird als Linearkombination der „freien" EF $\psi(z)$ und „starren" EF $\varphi(z)$ aufgefaßt, s. Abb 19.3.

$$\begin{aligned} x(z) &= \sum_{\mathrm{r}} q_{\mathrm{xr}} \varphi_{\mathrm{r}}(z) + \sum_{\mathrm{s}} \alpha_{\mathrm{xs}} \psi_{\mathrm{s}}(z); \\ y(z) &= \sum_{\mathrm{r}} q_{\mathrm{yr}} \varphi_{\mathrm{r}}(z) + \sum_{\mathrm{s}} \alpha_{\mathrm{ys}} \psi_{\mathrm{s}}(z). \end{aligned} \tag{19.36}$$

Die Hauptkoordinaten α_{s} können durch alleinige Messungen an den Lagern berechnet werden. (In den Lagern ist $\varphi_{\mathrm{r}}=0$). Mit vier Lagern an den Stellen z_1 bis z_4 und drei EF ψ_{s} (inklusive zwei Starrkörpereigenformen (rigid body modes)) lauten die Messungen für irgendeine Winkelgeschwindigkeit Ω in x-Richtung

$$\begin{aligned} x(z_1) &= \alpha_{\mathrm{x1}} \psi_1(z_1) + \alpha_{\mathrm{x2}} \psi_2(z_1) + \alpha_{\mathrm{x3}} \psi_3(z_1); \\ x(z_2) &= \alpha_{\mathrm{x1}} \psi_1(z_2) + \alpha_{\mathrm{x2}} \psi_2(z_2) + \alpha_{\mathrm{x3}} \psi_3(z_2); \\ x(z_3) &= \alpha_{\mathrm{x1}} \psi_1(z_3) + \alpha_{\mathrm{x2}} \psi_2(z_3) + \alpha_{\mathrm{x3}} \psi_3(z_3); \\ x(z_4) &= \alpha_{\mathrm{x1}} \psi_1(z_4) + \alpha_{\mathrm{x2}} \psi_2(z_4) + \alpha_{\mathrm{x3}} \psi_3(z_4). \end{aligned} \tag{19.37}$$

Dies sind vier Gleichungen für die drei Unbekannten $\alpha_{\mathrm{x1}}, \alpha_{\mathrm{x2}}, \alpha_{\mathrm{x3}}$. Man kann eine der Gleichungen weglassen. Das System (19.37) ist nur mit gleicher Anzahl Lagermessungen wie EF eindeutig bestimmt. Sind mehr Messungen als EF vorhanden, kann statistisch ausgeglichen werden (z.B. kleinste Fehlerquadratsumme). Das eindeutig bestimmbare System (19.37) unter Weglassung von $x(z_4)$ lautet in Matrizenform

$$\underset{\boldsymbol{\psi}}{\begin{bmatrix} \psi_1(z_1) & \psi_2(z_1) & \psi_3(z_1) \\ \psi_1(z_2) & \psi_2(z_2) & \psi_3(z_2) \\ \psi_1(z_3) & \psi_2(z_3) & \psi_3(z_3) \end{bmatrix}} \underset{\boldsymbol{\alpha}_{\mathrm{xs}}}{\begin{bmatrix} \alpha_{\mathrm{x1}} \\ \alpha_{\mathrm{x2}} \\ \alpha_{\mathrm{x3}} \end{bmatrix}} = \underset{\boldsymbol{x}_{\mathrm{L}}}{\begin{bmatrix} x(z_1) \\ x(z_2) \\ x(z_3) \end{bmatrix}},$$

und die gesuchten Hauptkoordinaten α_{xs} erhält man mit regulärer Matrix $\boldsymbol{\Psi}$ aus der Matrizengleichung

$$\underline{\boldsymbol{\alpha}_{\mathrm{xs}} = \boldsymbol{\psi}^{-1} \boldsymbol{x}_{\mathrm{L}}}. \tag{19.38}$$

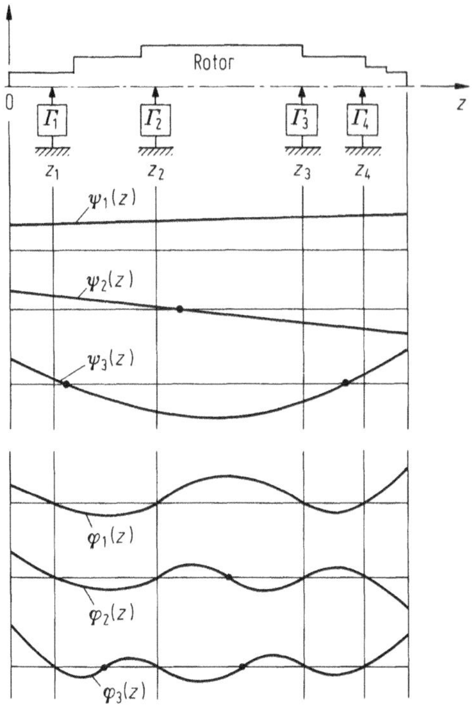

Abb. 19.3. EF $\psi(z)$ des Rotors ohne Lager und EF $\varphi(z)$ des radial starr, gelenkig gelagerten Rotors. Γ KST der Lager

Damit ist die zweite Summe in (19.36) bekannt, die Summe aller freien EF Anteile. Wir bringen sie auf die linke Seite der ersten Gleichung (19.36) und erhalten

$$\underbrace{x(z)-\sum_{s}\alpha_{xs}\,\psi_s(z)}_{f_x(z)}=\sum_{r}q_{xr}\,\varphi_r(z). \tag{19.39}$$

Diese linke Seite nennen wir $f_x(z)$. Wir haben somit von der Messung die „freien" EF Anteile abgezogen, und es bleiben die „starren" EF Anteile übrig.

Wir suchen noch die Hauptkoordinaten q_{xr} der „starren" Lagerung. Wird (19.39) mit $m(z)\,\varphi_n(z)$ multipliziert und integriert, entsteht

$$\int f_x(z)\,m(z)\,\varphi_n(z)\,\mathrm{d}z=\int\sum_{r}q_{xr}m(z)\,\varphi_r(z)\,\varphi_n(z)\,\mathrm{d}z$$

und mit der Normierungsbedingung (12.13), (12.14)

$$\int m(z)\,\varphi_r(z)\,\varphi_n(z)\,\mathrm{d}z=\begin{cases}0; & n\neq r\\ 1; & n=r\end{cases}$$

auch

$$\int f_x(z)\,m(z)\,\varphi_r(z)\,\mathrm{d}z=q_{xr}. \tag{19.40}$$

Damit und mit (19.38) sind beide Hauptkoordinaten α_{xs} und q_{xr} der Meßrichtung x bekannt. Analog lassen sich die Hauptkoordinaten der y-Richtung bestimmen. Man beachte, daß in $f_x(z)$ die Messung $x(z)$ steckt, die (punktweise) an verschiedenen Stellen z längs des Rotors vorhanden sein muß.

Zur Bestimmung der Unwucht muß noch die zuständige Differentialgleichung bekannt sein. Morton erhält folgende Differentialgleichung[4] für die stationäre Lösung in rotierenden Koordinaten

$$(-\Omega^2 \boldsymbol{A} + \boldsymbol{Z}(\mathrm{i}\Omega) + \boldsymbol{K}) \begin{bmatrix} \boldsymbol{q}_x \\ \boldsymbol{\alpha}_x \\ \boldsymbol{q}_y \\ \boldsymbol{\alpha}_y \end{bmatrix} = \Omega^2 \begin{bmatrix} \boldsymbol{\Phi}^T \underline{u}_\varepsilon(z) \\ \boldsymbol{\Psi}^T \underline{u}_\varepsilon(z) \\ -\mathrm{i}\boldsymbol{\Phi}^T \underline{u}_\varepsilon(z) \\ -\mathrm{i}\boldsymbol{\Psi}^T \underline{u}_\varepsilon(z) \end{bmatrix} \; ; \quad \underline{u}_\varepsilon(z) = m\varepsilon_x(z) + \mathrm{i}m\varepsilon_y(z) \;, \tag{19.41}$$

wobei $\boldsymbol{A}$ eine Massenmatrix, $\boldsymbol{Z}(\mathrm{i}\Omega)$ eine KST Matrix der Lager und $\boldsymbol{K}$ eine Steifigkeitsmatrix der Welle ist. Alle drei Matrizen sind Blockmatrizen. $\underline{u}_\varepsilon(z)$ ist die IU.

Aus (19.41) entstehen zwei Gleichungssysteme, eines aus der 2. und 4. Gleichung, das andere aus der 1. und 3. Gleichung. Das System 2–4 enthält KST, kann aber unberücksichtigt bleiben. Das System 1–3 hingegen liefert für ein r die komplexe Gleichung

$$N_r(\omega_r^2 - \Omega^2)\underline{q}_r + \sum_s (P_{rs} - \Omega^2 N_{rs})\,\underline{\alpha}_s = 2\Omega^2 \sum_j \underline{u}_\varepsilon(z_j)\,\varphi_r(z_j). \tag{19.42}$$

$$N_r = \sum m\varphi_r^2 \; ; \quad n_{rs} = \sum m\varphi_r\psi_s \; ; \quad P_{rs} = \sum \mathrm{EI}\,\varphi_r''\psi_s'' l^2 \; ;$$

$$\underline{q}_r = q_{xr} + \mathrm{i}q_{yr}; \quad \underline{\alpha}_s = \alpha_{xs} + \mathrm{i}\alpha_{ys}; \quad \underline{u}_\varepsilon = m\varepsilon_x + \mathrm{i}m\varepsilon_y.$$

Man beachte, daß mit (19.42) die KST eliminiert wurden. N_r, N_{rs} und P_{rs} sind als bekannte Konstanten zu betrachten. Mit bekannten, auf die beschriebene Weise ermittelten Hauptkoordinaten $\underline{q}_r$ und $\underline{\alpha}_s$ kann die rechte Seite von (19.42) berechnet werden. Die gesuchten KU erhält man aus der rechten Seite von (19.42) mit

$$\sum_k^K \underline{U}_k\,\varphi_r(z_k) = -\sum_j \underline{u}_\varepsilon(z_j)\,\varphi_r(z_j) = \underline{F}_r \tag{19.43}$$

und bekanntem $\underline{F}_r$. Für alle r gilt

$$\boldsymbol{\Phi}^T \boldsymbol{U} = -\boldsymbol{F}$$

oder ausführlicher

$$\begin{array}{l} \\ r=1: \\ r=2: \\ \\ r=R: \end{array} \overset{\boldsymbol{\Phi}^T}{\begin{bmatrix} \varphi_{11} & \varphi_{21} & \cdots & \varphi_{K1} \\ \varphi_{12} & & & \\ \vdots & & & \vdots \\ \varphi_{1R} & \cdots & & \varphi_{Kr} \end{bmatrix}} \overset{\boldsymbol{U}}{\begin{bmatrix} \underline{U}_1 \\ \underline{U}_2 \\ \vdots \\ \underline{U}_K \end{bmatrix}} = - \overset{\boldsymbol{F}}{\begin{bmatrix} \underline{F}_1 \\ \underline{F}_2 \\ \vdots \\ \underline{F}_R \end{bmatrix}} = - \overset{\text{WS I}}{\begin{bmatrix} \underline{F}_1 \\ 0 \\ \vdots \\ 0 \end{bmatrix}} - \overset{\text{WS II}}{\begin{bmatrix} 0 \\ \underline{F}_2 \\ \vdots \\ 0 \end{bmatrix}} - \cdots \overset{\text{WS R}}{\begin{bmatrix} 0 \\ 0 \\ \vdots \\ \underline{F}_R \end{bmatrix}} .$$

Das System ist identisch mit (12.25, 12.25″), vergleiche auch die Beispiele, Abschn. 12.6. Die rechte Seite ist hier allerdings durch Messungen bekannt.

[4] *Zum Vergleich:* Gleichung (11.9) für isotrope Lagerung lautet mit nur IU

$$\boldsymbol{M}\ddot{\boldsymbol{r}} + \boldsymbol{D}\dot{\boldsymbol{r}} + \boldsymbol{S}\boldsymbol{r} = \Omega^2 \boldsymbol{U}_\varepsilon \mathrm{e}^{\mathrm{i}\Omega t}$$

und mit $\boldsymbol{r}(t) = \boldsymbol{r}^\varrho \mathrm{e}^{\mathrm{i}\Omega t}$ für die Lösung im rotierenden System

$$(-\Omega^2 \boldsymbol{M} + \mathrm{i}\Omega \boldsymbol{D} + \boldsymbol{K})\,\boldsymbol{r}^\varrho = \Omega^2 \boldsymbol{U}_\varepsilon .$$

Ein interessanter Spezialfall leitet sich aus (19.42) ab. Für $\Omega = \omega_r$, d.h. für eine Meßdrehzahl gleich einer kritischen Drehzahl der starr gelagerten Welle, fällt der erste Summand auf der linken Seite weg und $\underline{q}_r$ ist eliminiert. Man braucht nur noch $\underline{\alpha}_s$ zu kennen und folglich nur an den Lagern zu messen. α_{xs} (und α_{ys}) erhält man aus (19.38). Der Haken in diesem Spezialfall ist allerdings der, daß die kritischen Winkelgeschwindigkeiten ω_r des „starr" gelagerten Rotors stets größer sind, als diejenigen des original gelagerten Rotors, so daß einige ω_r über den Betriebsbereich hinaus streuen. Dieser Umstand wird nach dem Autor wie folgt entschärft: Bei einem elastischen Rotor mit vielen kritischen Drehzahlen und EF im Betriebsbereich müssen nicht unbedingt alle EF gewuchtet werden.

Die Methode wurde nach Morton [Mt] an einem theoretischen Beispiel, einer Welle konstanter Masse und Biegesteifigkeit längs der Achse mit theoretisch vorgegebenen KST getestet.

Die Anregung zu dieser Methode von Morton geht auf Lund [Lu2] 1976 zurück.

19.2 Umgehung der Resonanzmessung

Sowohl die klassische N-Modalmethode als auch die EK-Methode verlangen das Durchfahren kritischer Drehzahlen, mindestens der ersten kritischen Drehzahl. Ist dies wegen zu großen Amplituden nicht möglich, muß entweder der Rotor als starrer Rotor vorgewuchtet werden ((N + 2)-Methode), oder es muß kurz vor der ersten kritischen Drehzahl gemessen werden. Man erwartet dann, mit den so gewonnenen provisorischen WG, über die Hürde zu kommen.

Es ist deshalb naheliegend, daß nach Auswegen gesucht wurde, diese Unsicherheit zu beseitigen. Zwei dieser Methoden, die eine Resonanzmessung umgehen, werden im folgenden kurz erläutert.

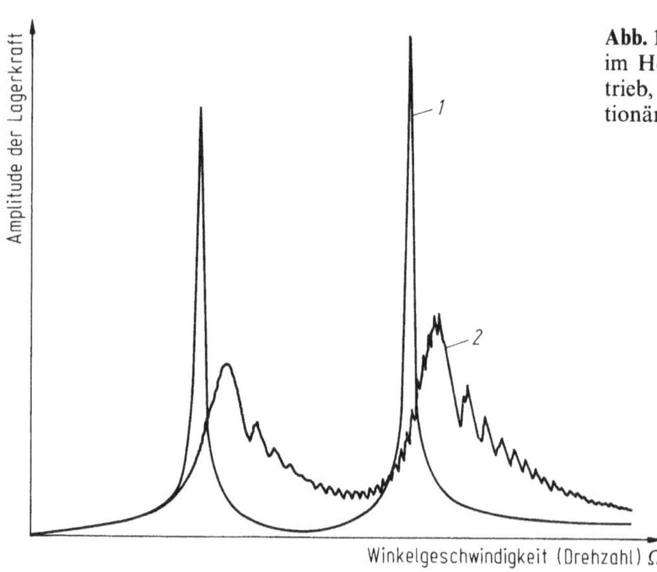

Abb. 19.4. Lagerkraftamplitude im Hochlauf. *1* stationärer Betrieb, $\dot{\varphi}(t) = \Omega = \text{const}$; *2* instationärer Betrieb, $\dot{\varphi}(t) = \Omega + at$

19.2.1 Markert [Ma2], [Ma3], [Ma1]

Der Autor bestimmt aus instationären Anfahr- oder Auslaufmessungen die IU. Es ist bekannt, daß beim schnellen Durchfahren von kritischen Drehzahlen die Amplituden von unwuchtigen Rotoren reduziert werden, und zwar um so mehr, je schneller die Resonanz durchfahren wird. Von dieser Eigenschaft macht der Autor Gebrauch, so daß unter Umständen, ohne vorgängiges starres Wuchten, die sonst gefährlich großen Schwingungsamplituden in der Resonanz durchfahren werden können.

Allerdings kommt die Wirkung der Amplitudenreduktion erst dann zum Tragen, wenn die Durchfahrt extrem schnell erfolgt. Das Verfahren wird somit keine Anwendung bei großen Turbogruppen, Turbogeneratoren und -Kompressoren finden und bleibt kleineren Rotoren und Zentrifugen vorbehalten. In Abb. 19.4 ist die Lagerkraftamplitude im stationären und instationären Betrieb bei raschem Hochfahren über der Winkelgeschwindigkeit (Drehzahl) dargestellt. Die reduzierten Maxima haben sich in Richtung größerer Drehzahlen verschoben. Der Autor schreibt: „Es läßt sich zeigen, daß durch die Transformation in den Frequenzbereich sowohl die Resonanzverschiebung als auch die Resonanzabminderung rechnerisch rückgängig gemacht wird. In den Spektren der instationären Anfahr- oder Bremsvorgänge sind alle für die Eigenformwuchtung erforderlichen Informationen enthalten.“

Das Verfahren wird an der radial starr gelagerten Lavalwelle erläutert und später auf reale Rotoren erweitert. Wir versuchen den Gedankengang der Lösung anhand der Lavalwelle grundsätzlich wiederzugeben.

1. Differentialgleichung

Das Antriebsmoment M des Rotors wird konstant vorausgesetzt. Mit dem polaren Massenträgheitsmoment θ der Scheibe gilt der Drallsatz

$$\theta\ddot{\varphi}(t)=M=\text{const}, \quad \text{oder} \quad \ddot{\varphi}(t)=M/\theta=a=\text{const}. \tag{19.44}$$

a ist die konstante Drehbeschleunigung. Durch zweimalige Integration entsteht aus (19.44)

$$\dot{\varphi}(t)=\Omega+at; \quad \underline{\varphi(t)=\alpha+\Omega t+\frac{a}{2}t^2} \quad \begin{cases}\varphi(0)=\alpha\\ \dot{\varphi}(0)=\Omega\\ \ddot{\varphi}(0)=a\end{cases} \tag{19.45}$$

mit α und Ω als Integrationskonstanten. Der Massenmittelpunktsatz für die Scheibe liefert mit der umlaufenden Exzentrizität

$$\underline{\varepsilon}(t)=\varepsilon\,e^{i\varphi(t)}=\varepsilon\cos\varphi(t)+i\varepsilon\sin\varphi(t); \quad \underline{\varepsilon}(0)=\varepsilon\,e^{i\alpha}$$

die Differentialgleichung

$$m\ddot{\underline{r}}_s=-b\dot{\underline{r}}-c\underline{r}; \quad \underline{r}_s=\underline{r}+\underline{\varepsilon}; \quad \underline{r}=x+iy$$

oder

$$m\ddot{\underline{r}}+b\dot{\underline{r}}+c\underline{r}=-m\ddot{\underline{\varepsilon}}$$

und durch m dividiert

$$\ddot{\underline{r}}+d\dot{\underline{r}}+\omega_0^2\underline{r}=-\ddot{\underline{\varepsilon}}=-\varepsilon[e^{i\varphi(t)}]^{\cdot\cdot}=\underline{f}(t). \quad \begin{cases}d=b/m\\ \omega_0^2=c/m\end{cases} \tag{19.46}$$

Getrennt in Real- und Imaginärteil entstehen zwei voneinander unabhängige Gleichungen

$$\begin{aligned} \ddot{x} + d\dot{x} + \omega_0^2 x &= -\varepsilon[\cos\varphi(t)]^{\cdot\cdot} = f_x(t); \\ \ddot{y} + d\dot{y} + \omega_0^2 y &= -\varepsilon[\sin\varphi(t)]^{\cdot\cdot} = f_y(t); \end{aligned} \qquad (19.46')$$

$$\begin{aligned} [\cos\varphi(t)]^{\cdot\cdot} &= -a\sin\varphi - (\Omega + at)^2\cos\varphi; \\ [\sin\varphi(t)]^{\cdot\cdot} &= +a\cos\varphi - (\Omega + at)^2\sin\varphi. \end{aligned}$$

Im stationären Fall ($a = 0$) ist $\varphi(t) = \alpha + \Omega t$, $\dot{\varphi}(t) = \Omega$, mit Ω als konstanter Winkelgeschwindigkeit der Welle. Gleichung (19.46) und (19.46') ergeben dann

$$\underline{\ddot{r}} + d\underline{\dot{r}} + \omega_0^2 \underline{r} = \varepsilon\Omega^2 e^{i(\Omega t + \alpha)} = \underline{f}(t); \quad (\omega_0^2 = c/m, \; d = b/m)$$

$$\begin{aligned} \ddot{x} + d\dot{x} + \omega_0^2 x &= \varepsilon\Omega^2\cos(\Omega t + \alpha); \\ \ddot{y} + d\dot{y} + \omega_0^2 y &= \varepsilon\Omega^2\sin(\Omega t + \alpha) \end{aligned}$$

s. (8.9) und (8.9') mit $\omega' = \omega_0$. Die Lösung ist nach (8.10)

$$\underline{r}(t) = \varepsilon \frac{\Omega^2}{\omega_0^2 - \Omega^2 + i\Omega d} e^{i(\Omega t + \alpha)}.$$

Die Übergangsfunktion (6.22) lautet

$$\underline{H}(i\Omega) = \frac{\text{Ausgang}}{\text{Eingang}} = \frac{\underline{r}(t)}{\underline{f}(t)} = \frac{1}{\omega_0^2 - \Omega^2 + i\Omega d}.$$

2. Lösung der Differentialgleichung

Die beiden Gleichungen (19.46) und (19.46') enthalten auf der rechten Seite, der Erregerseite, einen sogenannten Gleitkosinus und Gleitsinus, zusammengefaßt in der komplexen Funktion $[e^{i\varphi(t)}]^{\cdot\cdot} = [\cos\varphi(t) + i\sin\varphi(t)]^{\cdot\cdot} = [\cos\varphi(t)]^{\cdot\cdot} + i[\sin\varphi(t)]^{\cdot\cdot}$. Der Gleitsinus

$$\sin\varphi(t) = \sin(\alpha + \Omega t + at^2/2)$$

ist in Abb. 19.5a über der Zeit dargestellt.

Die inhomogenen Lösungen von (19.46') lassen sich analytisch berechnen. Als Ergebnis erhält man die Lösungen in einer dem stationären Betrieb vergleichbaren Form, z.B. für die y-Komponente

$$\begin{aligned} y(t) &= \varepsilon\,\mathrm{Im}[\underline{Q}(t)\,e^{i\varphi(t)}] = \varepsilon\,\mathrm{Im}[|\underline{Q}(t)|e^{-i\psi(t)}e^{i\varphi(t)}] = \varepsilon\,\mathrm{Im}[|\underline{Q}(t)|e^{i[\varphi(t)-\psi(t)]}] \\ &= \varepsilon|\underline{Q}(t)|\sin[\varphi(t) - \psi(t)], \end{aligned}$$

wobei allerdings die komplexe Amplitude

$$\underline{Q}(t) = |\underline{Q}(t)|e^{-i\psi(t)}$$

im stationären Fall eine zeitunabhängige Größe $\underline{Q} = |\underline{Q}|e^{-i\psi} = \dfrac{\Omega^2}{\omega_0^2 - \Omega^2 + i\Omega d} = \underline{H}(i\Omega)$

wird, Abb. 19.5b.

Lösungen mit der Fouriertransformation

Für die Lösung der Differentialgleichung (19.46) oder (19.46′) wird von der Theorie der stochastischen Erregung, s. Anhang zu Abschn. 19.2, Gebrauch gemacht. Ist die Erregung, d.h. die rechte Seite einer linearen Differentialgleichung zweiter Ordnung, wie sie (19.46′) darstellt, als Funktion der Zeit gegeben, so gilt als Lösung, z.B. für die y-Komponente, s. (A 19.4, A 19.6),

$$y(t) = \int_0^t f_y(\tau)\, h(t-\tau)\, \mathrm{d}\tau . \tag{19.47}$$

Die Lösung dieses Faltungsintegrals liefert die *F*ourier*t*ransformation (FT)

$$\underbrace{\mathrm{FT}\{y(t)\}}_{\underline{Y}_a(\mathrm{i}\Omega)} = \underbrace{\mathrm{FT}\{f_y(t)\}}_{\underline{Y}_e(\mathrm{i}\Omega)} \cdot \underbrace{\mathrm{FT}\{h(t)\}}_{\underline{H}(\mathrm{i}\Omega)} ; \tag{19.48}$$

wobei $\underline{Y}_a$ die FT der Lösung, $\underline{Y}_e$ die FT der Erregung und $\underline{H}$ die Übertragungsfunktion bezeichnet, s. (A 19.7). Wegen

$$\underline{Y}_e(\mathrm{i}\Omega) = \mathrm{FT}\{f_y(t)\} = \mathrm{FT}\{-\varepsilon[\sin\varphi(t)]^{\cdot\cdot}\} = -\varepsilon\,\mathrm{FT}\{[\sin\varphi(t)]^{\cdot\cdot}\} = -\varepsilon\,\underline{Y}_s$$

wird aus (19.48)

$$\varepsilon\,\underline{H}(\mathrm{i}\Omega) = -\frac{\underline{Y}_a(\mathrm{i}\Omega)}{\underline{Y}_s(\mathrm{i}\Omega)} = \underline{Z}(\mathrm{i}\Omega). \tag{19.49}$$

In dieser Gleichung ist die rechte Seite bekannt: $\underline{Y}_a$ ist die FT der Messung $y(t)$, $\underline{Y}_s$ ist die FT von $[\sin\varphi(t)]^{\cdot\cdot}$ und berechenbar. $\varepsilon\underline{H}$ ist somit bekannt, ε jedoch nicht. Um $\underline{H}$ zu eliminieren, braucht es wie bei der klassischen Modalmethode einen Meßlauf für den Anlieferungszustand und einen Meßlauf mit bekanntem Testgewicht, also zwei Meßläufe.

3. Unwuchtidentifikation

Mit der IU im Anlieferungszustand, d.h. mit der Exzentrizität ε gilt nach (19.49)

$$\underline{Z}(\mathrm{i}\Omega) = \varepsilon\,\underline{H}(\mathrm{i}\Omega) \tag{19.50}$$

und mit bekanntem Testgewicht, d.h. bekannter Exzentrizität $\underline{\varepsilon}_T$, gilt zusammen mit der IU

$$\underline{Z}_T(\mathrm{i}\Omega) = (\varepsilon + \underline{\varepsilon}_T)\,\underline{H}(\mathrm{i}\Omega), \tag{19.51}$$

wobei sowohl $\underline{Z}$ wie $\underline{Z}_T$ als bekannt gelten. Aus (19.50) und (19.51) entsteht durch Differenzbildung

$$[\underline{Z}_T(\mathrm{i}\Omega) - \underline{Z}(\mathrm{i}\Omega)] = \underline{\varepsilon}_T\,\underline{H}(\mathrm{i}\Omega)$$

und daraus mit (19.50)

$$\varepsilon = \underline{\varepsilon}_T \frac{\underline{Z}(\mathrm{i}\Omega)}{\underline{Z}_T(\mathrm{i}\Omega) - \underline{Z}(\mathrm{i}\Omega)} . \tag{19.52}$$

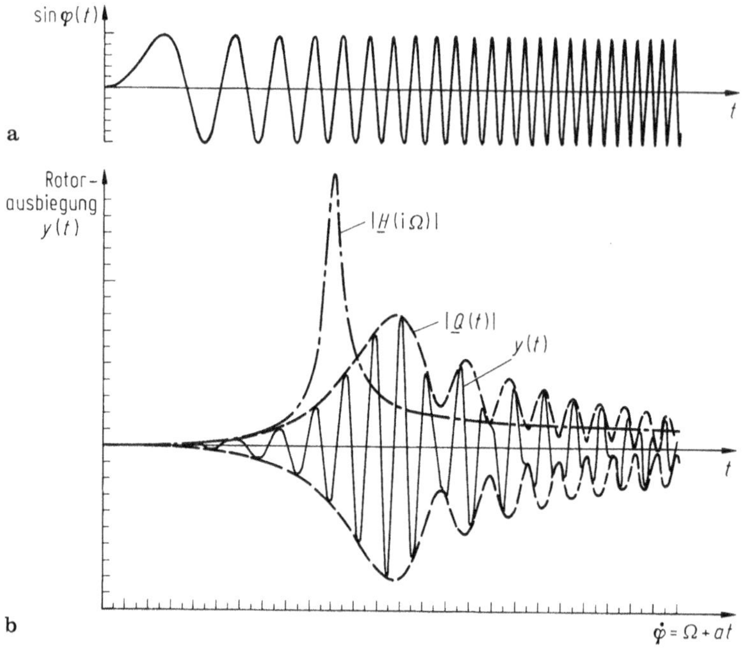

Abb. 19.5. **a** Gleitsinus-Erregung: $\sin\varphi(t) = \sin(\alpha + \Omega t + at^2/2)$; **b** Rotorauslenkung $y(t)$; $\underline{H}(\mathrm{i}\,\Omega)$ komplexe Auslenkung im stationären Fall; $\underline{Q}(t)$ komplexe Auslenkung im instationären Fall, s. Text. $a = 0{,}02\,\omega_0^2$; $D = 1/(2Q) = 0{,}03$

Die gesuchte IU ist dann

$$U_\varepsilon = m\varepsilon \rightarrow \underline{U_\varepsilon(o) = m\underline{\varepsilon}(o) = m\varepsilon\,\mathrm{e}^{\mathrm{i}\alpha}}\,. \tag{19.53}$$

Es braucht somit nur eine der Komponenten von $\underline{r}$, entweder x oder y (wie hier) gemessen zu werden, um ε und die gesuchte IU $\underline{U}_\varepsilon(o)$ zu erhalten. Der Grund dafür ist eine starr, d.h. isotrop vorausgesetzte Lagerung der Lavalwelle.

Die Gleichung (19.52) gilt für jede Winkelgeschwindigkeit Ω. Die Größen $\underline{Z}(\mathrm{i}\,\Omega)$ und $\underline{Z}_\mathrm{T}(\mathrm{i}\,\Omega)$ sind allerdings mit Meßfehlern und sonstigen Störungen von Meßgrößen behaftet und führen demzufolge auf verschiedene Ergebnisse, wenn bei gleichen oder mehreren Winkelgeschwindigkeiten gemessen wird. Ein Ausgleich mit statistischen Methoden (z.B. kleinste Fehlerquadratsumme) wird vernünftige Mittelwerte liefern.

Bei technischen (realen) Rotoren erfolgt die Unwuchtidentifikation nach dem gleichen Prinzip wie für die Lavalwelle. Es kann sowohl die N- wie die (N + 2)-Methode zur Anwendung gelangen.

4. Experimentelle Ergebnisse

Zur Bestätigung der Theorie wurden sowohl am Analogrechner, als auch an einem realen Modellrechner Versuche durchgeführt. Auf dem Analogrechner wurde ein Rotor mit zwei Freiheitsgraden simuliert, mit extrem großer Winkelbeschleunigung im Hochlauf, so daß schon nach 15 Umdrehungen die erste Resonanz durchfahren wurde. Der Modellrotor (Wellendurchmesser 8 mm, Länge 650 mm) hatte vier Scheiben zu je

1 kg aufgespannt. Die ersten beiden kritischen Drehzahlen betrugen 650, bzw. 1760 1/min und lagen im Drehzahlbereich des Antriebs. Die Drehzahländerung beim ersten quasistationären Hochlauf betrug $20\,\mathrm{min}^{-1}/\mathrm{s} = (1/3)\,\mathrm{s}^{-2}$ und die Hochlaufzeit 150 s. Es war wegen zu großen Amplituden in den kritischen Drehzahlen kein stationärer Betrieb möglich. Bei einem zweiten Versuch wurde bei einer Hochlaufzeit von 15 s eine Drehzahländerung von $200\,\mathrm{min}^{-1}/\mathrm{s}$ gefahren. Die Amplituden in den kritischen Drehzahlen konnten klein gehalten, und aus den phasenbereinigten Spektren konnte Größe und Unwuchtverteilung befriedigend berechnet werden. Die Tariersätze oder WS wurden so gewählt, daß jeder nur eine kritische Drehzahl anzuregen vermochte, wobei eine Starrkörperwuchtung vorgängig praktiziert wurde [(N + 2)-Methode!].

19.2.2 Ono [On]

Eine andere Methode der Umgehung der Resonanzmessung stellt Ono [On] zur Diskussion. Sein Vorschlag beruht auf einer äußeren Erregung des Rotors durch Torsionswechseldrehmomente. Dazu ist grundsätzlich folgendes zu sagen: Ist eine Welle gleichzeitig Biegeschwingungen und Torsionsschwingungen unterworfen, dann ist das Schwingungssystem gekoppelt und nicht linear, s. [Ke6]. Durch klein vorausgesetzte Ausschläge und Drehwinkel kann das System linearisiert werden. Es entstehen zu den drehfrequenten Biegeschwingungen infolge Unwucht noch zusätzliche Biegeschwingungen mit drehzahlfremder Frequenz. Letztere haben Resonanzen vor und nach der Biegeresonanz aus Unwucht, sogenannte Kombinationsresonanzen.

Die Voraussetzungen sind:

— Rotor auf zwei radial starren Lagern mit längs der Achse variabler Massen- und Biegesteifigkeitsverteilung;
— als Lager werden Kugel- oder Rollenlager empfohlen, um einerseits eine starre Lagerung zu gewährleisten und andererseits um die Dämpfung zu senken und große Q-Faktoren zu erhalten;
— biegekritische Drehzahlen (Biegeeigenkreisfrequenzen ω_n) und EF (Modalzerlegung) sind bekannt, bzw. gerechnet;
— um Nichtlinearitäten zu umgehen, werden die Auslenkungen des Rotors in translatorischem und rotatorischem Sinne klein vorausgesetzt;
— es besteht eine Einrichtung, die erlaubt, harmonisch pulsierende Torsionsdrehmomente variabler Amplitude und Frequenz zu erzeugen;
— die Meßeinrichtung erlaubt Schwingungen unterschiedlicher Amplitude und Frequenz zu trennen;
— gemessen wird an den Lagern, und zwar einerseits bei sehr niedriger Drehzahl und anderseits in den frequenzkleineren Kombinationsresonanzen.

Der Vorschlag von Ono ist heute (noch) nicht realisierbar, aus Gründen, die später erwähnt werden. Er ist jedoch theoretisch interessant und öffnet den Einblick in neue Perspektiven des Wuchtens. Wir geben gekürzt und mit leicht geänderten Bezeichnungen den Inhalt von Ono wieder.

Wirkt am unwuchtigen Rotor mit der kontinuierlichen Unwucht $\underline{u}(z)$ gleichzeitig ein harmonisch pulsierendes Torsionsmoment, so wird die „linearisierte" Auslenkung $\underline{r}$ des Rotors in [On] durch folgenden Ausdruck angegeben, s. auch Abschn. 12.1.1.3 und [Ke6] für die Lavalwelle.

$$\underline{r}(t)=\sum_{n=1}^{\infty}\left[\begin{array}{l}\dfrac{\dfrac{\Omega^2}{N_n}\int \underline{u}\,\varphi_n\,\mathrm{d}z}{\omega_n^2-\Omega^2+\mathrm{i}\,\Omega\,\alpha}\,\mathrm{e}^{\mathrm{i}\Omega t}\\[2ex] +\dfrac{\dfrac{(\Omega+\gamma)^2}{N_n}\int(\Delta\varphi)_n\underline{u}\,\varphi_n\,\mathrm{d}z}{2\{(1+\mathrm{i}\beta\gamma)\,\omega_n^2-(\Omega+\gamma)^2+\mathrm{i}\,\alpha(\Omega+\gamma)\}}\,\mathrm{e}^{\mathrm{i}(\Omega+\gamma)t}\\[2ex] -\dfrac{\dfrac{(\Omega-\gamma)^2}{N_n}\int(\Delta\varphi)_n\underline{u}\,\varphi_n\,\mathrm{d}z}{2\{(1-\mathrm{i}\beta\gamma)\,\omega_n^2-(\Omega-\gamma)^2+\mathrm{i}\,\alpha(\Omega-\gamma)\}}\,\mathrm{e}^{\mathrm{i}(\Omega-\gamma)t}\end{array}\right]. \qquad (19.54)$$

Dabei ist: Ω Winkelgeschwindigkeit des Rotors, $N_n=\int m(z)\,\varphi_n^2(z)\,\mathrm{d}z$ Norm der n-ten EF, $m(z)$ Masse des Rotors pro Längeneinheit, $\varphi_n(z)$ n-te Biege EF, $\int=\int\limits_{z=0}^{z=l}$, $z=0$ Anfang am linken Lager des Rotors, $z=l$ Ende am rechten Lager des Rotors, ω_n = Eigenkreisfrequenz der n-ten Biegeschwingung oder ungedämpften n-ten kritischen Drehzahl, α, β Koeffizienten der äußeren, inneren Dämpfung[5], γ Frequenz der Torsionsschwingung ($T=\Delta T\ \sin\gamma t$), $(\Delta\varphi)_n$ Amplitude der n-ten Torsionsschwingung ($\varphi=\Omega t+\Delta\varphi(z,\gamma)\,\sin\gamma t$).

Das erste Glied in (19.54) läuft mit der Winkelgeschwindigkeit Ω, das zweite Glied mit $\Omega+\gamma$ und das dritte Glied mit $\Omega-\gamma$ um die Achse. Die beiden letzten Glieder sind nicht drehfrequent.

Die ungedämpften Resonanzen ($\alpha=\beta=0$) sind

$$\left.\begin{array}{l}\text{1. Glied: } \omega_n^2-\Omega^2=0 \quad\;\; \rightarrow \Omega=\omega_n\\ \text{2. Glied: } \omega_n^2-(\Omega+\gamma)^2=0\rightarrow \Omega=\omega_n-\gamma\\ \text{3. Glied: } \omega_n^2-(\Omega-\gamma)^2=0\rightarrow \Omega=\omega_n+\gamma\end{array}\right\};\quad \Omega,\omega_n,\gamma>0;\quad \gamma<\omega_n .$$

Das dritte Glied in (19.54) mit dem relativ kleinen Faktor $(\Omega-\gamma)^2$ wird im folgenden vernachlässigt, sofern $\Omega-\gamma$ nicht nahezu ω_n ist.

Die Summe beider Lagerkräfte wird so mit (19.54) in folgender Form angegeben, s. (12.39) und Abschn. 12.1.1.3

$$(f_0+f_1)=\Omega^2\mathrm{e}^{\mathrm{i}\Omega t}\int\underline{u}\,\mathrm{d}z+\Omega^4\mathrm{e}^{\mathrm{i}\Omega t}\sum_{n=1}^{\infty}\frac{\int\underline{u}\,\varphi_n\,\mathrm{d}z\cdot\int m\,\varphi_n\,\mathrm{d}z}{(\omega_n^2-\Omega^2+\mathrm{i}\,\alpha\,\Omega)\,N_n}$$
$$+\frac{(\Omega+\gamma)^4}{2}\,\mathrm{e}^{\mathrm{i}(\Omega+\gamma)t}\sum_{n=1}^{\infty}\frac{\int(\Delta\varphi)_n\underline{u}\,\varphi_n\,\mathrm{d}z\cdot\int m\,\varphi_n\,\mathrm{d}z}{\{1+\mathrm{i}\beta\gamma)\,\omega_n^2-(\Omega+\gamma)^2+\mathrm{i}\,\alpha(\Omega+\gamma)\}\,N_n}. \qquad (19.55)$$

Es bleiben nur noch ungedämpfte Resonanzen bei $\Omega=\omega_n$ und $\Omega=\omega_n-\gamma$ übrig.

Wird vorerst ohne pulsierendes Drehmoment, $(\Delta\varphi_n)=0$, und bei kleiner Drehzahl mit der Bedingung

$$\frac{\Omega^2}{\omega_1^2-\Omega^2}<0{,}1\rightarrow\Omega<\sqrt{\frac{0{,}1}{1{,}1}}\,\omega_1=\underline{0{,}30\,\omega_1}$$

[5] Äußere Dämpfungskraft: $D_\alpha=\alpha m\dot{r}$
Innere Dämpfungskraft: $D_\beta=\beta[\mathrm{EI}(\dot{r}^{\varrho})'']''$, $r^{\varrho}=r\mathrm{e}^{-\mathrm{i}\Omega t}$.

gemessen, ist das zweite Glied mit den Modalanteilen in (19.55) vernachlässigbar (das dritte Glied ist wegen $(\Delta\varphi)_n = 0$ auch Null) und der Rotor verhält sich wie ein „starrer" Rotor. Die Summe beider Lagerkräfte bzw. die linke oder rechte Lagerkraft wird dann

$$(\underline{F}_0 + \underline{F}_l) = \Omega^2 \, e^{i\Omega t} \int \underline{u} \, dz; \quad \underline{F}_l = \Omega^2 \, e^{i\Omega t} \int \underline{u} \frac{z}{l} \, dz; \quad \underline{F}_r = \Omega^2 \, e^{i\Omega t} \int \underline{u} \left(1 - \frac{z}{l}\right) dz. \quad (19.56)$$

Nur zwei dieser Gleichungen sind unabhängig voneinander, s. S. 263. Man bevorzugt im allgemeinen die beiden ersten.

Man mißt nun mit $(\Delta\varphi)_n \neq 0$, also mit pulsierendem Drehmoment, die n-te Resonanzamplitude des dritten Glieds in (19.55) bei $\Omega = \omega_n - \gamma$. Sie beträgt

$$(\underline{f}_0 + \underline{f}_l)_{n\,\mathrm{Res}} = \frac{\omega_n^3}{2i[\alpha + \beta\gamma\omega_n]} \underline{Z}_n;$$

$$\underline{Z}_n = \frac{1}{N_n} \int (\Delta\varphi)_n \underline{u} \varphi_n \, dz \cdot \int m \varphi_n \, dz \quad (19.57)$$

oder mit dem Q-Faktor für die n-te Resonanz

$$Q_n = \frac{\omega_n}{(\alpha + \beta\gamma\omega_n)} \quad (19.58)$$

gilt (19.57)

$$(\underline{f}_0 + \underline{f}_l)_{n\,\mathrm{Res}} = -i Q_n \omega_n^2 \underline{Z}_n/2. \quad (19.57')$$

Der Q_n-Faktor muß durch Messung mit der Beziehung $Q_n = \omega_n/2(\Delta\omega_n)$, s. Anhang zu Abschn. 11.3.7, bestimmt werden. Man geht von der Resonanzamplitude auf den $1/\sqrt{2} = 0{,}71$fachen Wert durch Absenkung oder Erhöhung der Winkelgeschwindigkeit um den Betrag $\Delta\omega_n$.

Man beachte, daß bei der Messung der Resonanzamplitude mit $\Omega = \omega_n - \gamma$ die Drehzahl der Welle kleiner ist als in der klassischen Resonanz $\Omega = \omega_n$, s. Abb. 19.6, so daß die gefährliche Resonanzmessung bei $\Omega = \omega_n$ unterbleiben und umgangen werden kann.

Gleichung (19.57′) läßt sich wie folgt umformen

$$\int (\Delta\varphi)_n \underline{u} \varphi_n \, dz = \frac{2i N_n (\underline{f}_0 + \underline{f}_l)_{n\,\mathrm{Res}}}{Q_n \omega_n^2 \int m \varphi_n \, dz} = \underline{F}_n. \quad (19.57'')$$

Die rechte Seite dieser Gleichung, $\underline{F}_n$, ist somit bekannt. Die einzelnen Ausdrücke sind entweder berechnet (N_n, ω_n, φ_n) oder gemessen (Q_n, $(\underline{f}_0 + \underline{f}_l)_{n\,\mathrm{Res}}$).

Die kontinuierliche IU $\underline{u}(z)$ ist durch K Einzel KU $\underline{U}_k(z_k)$, $(k = 1, 2, \ldots, K)$ zu kompensieren, d.h. zu wuchten. Nach (12.20) gilt die Wuchtgleichung

$$\int \underline{u} \varphi_n \, dz + \sum_k^K \underline{U}_k \varphi_n(z_k) = 0$$

oder

$$\int (\Delta\varphi)_n \underline{u} \varphi_n \, dz + \sum_k^K (\Delta\varphi)_n \underline{U}_k \varphi_n(z_k) = 0. \quad (19.59)$$

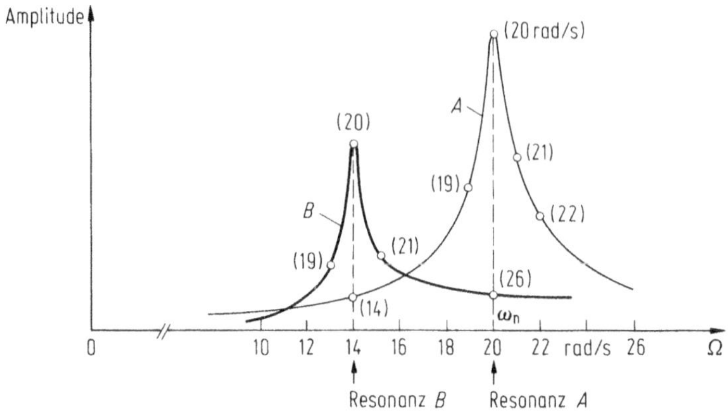

Abb. 19.6. Zum Wuchten mit Umgehung der Resonanzmessung durch erzwungene Torsionswechselmomente. Amplituden A und B (mit Resonanzen) der Lagerkräfte $A\,e^{i\Omega t}$ und $B\,e^{i(\Omega+\gamma)t}$ (schematisch). $\omega_n = 20\,\text{rad/s}$; $\gamma = 6\,\text{rad/s}$. Resonanz A: $\Omega = \omega_n = 20\,\text{rad/s}$, Resonanz B: $\Omega = \omega_n - \gamma = 14\,\text{rad/s}$

Gleichung (19.57″) und (19.59) ergeben zusammen

$$\sum_{k}^{K} (\Delta\varphi)_n \underline{U}_k \varphi_n(z_k) = -\underline{F}_n . \tag{19.60}$$

Wird noch die „starre" Wuchtgleichung (19.56) mit der Wuchtgleichung (19.60) kombiniert, entsteht im mit Ω rotierenden KS folgendes Gleichungssystem

$$\downarrow N+2 \begin{bmatrix} 1 & 1 & ; \ldots \\ z_1/l & z_2/l & ; \ldots \\ \hline \Delta\varphi(z_1,\gamma_1)\,\varphi_1(z_1); & \Delta\varphi(z_2,\gamma_1)\,\varphi_1(z_2); & \ldots \\ \Delta\varphi z_1,\gamma_2)\,\varphi_2(z_1) & & \\ \vdots & & \\ \Delta\varphi(z_1,\gamma_N)\,\varphi_N(z_1)\ ; \ldots & & \end{bmatrix} \begin{bmatrix} \underline{U}_1 \\ \underline{U}_2 \\ \vdots \\ \vdots \\ \underline{U}_K \end{bmatrix} \downarrow K = - \begin{bmatrix} (\underline{F}_0 + \underline{F}_l)/\Omega^2 \\ \underline{F}_l/\Omega^2 \\ \hline \underline{F}_1 \\ \underline{F}_2 \\ \vdots \\ \underline{F}_N \end{bmatrix} \downarrow N+2 \tag{19.61}$$

Es ist mit $K = N + 2$ WE eindeutig bestimmbar. Ist der Rotor zuvor „starr" gewuchtet ist $(\underline{F}_0 + F_l)/\Omega^2$ und $\underline{F}_l/\Omega^2$ Null zu setzen. Mit mehr Messungen, z.B. getrenntes Messen der Lagerschwingungen oder Variation von γ und $\Delta\varphi$, kann statistisch ausgeglichen werden.

Die Umgehung der Resonanzmessung in den biegekritischen Winkelgeschwindigkeiten ω_n ist nur dann realisierbar, wenn vorwärts gewuchtet wird. Man wird zuerst die Resonanzmessung bei der ersten Kombinationsresonanz $\Omega = \omega_1 - \gamma_1 < \omega_1$, die vor ω_1 liegt, durchführen, s. Abb. 19.6. Dabei werden nur die drei ersten Gleichungen des Systems (19.61) benützt, und man erhält drei KU: $\underline{U}_1$, $\underline{U}_2$, $\underline{U}_3$. Letztere erlauben über ω_1 hinaus zu fahren bis zur zweiten Kombinationsresonanz $\Omega = \omega_2 - \gamma_2 < \omega_2$, die vor ω_2 liegt. Die Messung in dieser zweiten Kombinationsresonanz erlaubt das System (19.61) um eine Gleichung und eine KU zu erweitern, usw. Das Vorgehen entspricht genau dem Vorwärtswuchten der (N + 2)-Methode, s. Abschn. 12.6.

Das Hauptproblem dieses Vorschlags von Ono liegt in der einwandfreien Einleitung eines dem Antriebsmoment überlagerten Wechseldrehmoments über eine

Kupplung, das die amplituden- und frequenzvariablen Torsionsschwingungen erzeugen muß. Dieses Problem ist (heute noch) technisch nicht gelöst. Der Autor denkt an einen hydraulischen Antrieb anstelle von Drehstrommotoren.

Weitere Probleme sind die exakte Messung des Q-Faktors durch Veränderung der Frequenz bis zum 0,71fachen der Resonanzamplitude sowie die Lagerung auf Wälzlager, um die äußere Dämpfung klein zu halten.

Das Verfahren eignet sich nur für zweilagerige Rotoren. Es ist an relativ kleine Amplituden gebunden, um die Linearisierung der nichtlinearen Differentialgleichung zu gewährleisten.

19.3 Quasi-modales Wuchten

Diese Methode unterscheidet sich von der klassischen Modalmethode durch die Möglichkeit auch gleitgelagerte Rotoren wuchten zu können, wie die bimodale Methode. Sie ist jedoch in der Vorbereitung wesentlich einfacher, da sie unabhängig von den Lagerbedingungen ist. Die Genauigkeit soll befriedigend sein. Im übrigen beruht diese Methode auf der einleuchtenden Erkenntnis, daß man einen Rotor, der vollständig gewuchtet ist, auf beliebige Lager legen kann, ohne daß er unwuchtig wird. Als erster hat Ballo [Bo] 1981 auf die quasimodale Methode aufmerksam gemacht, ohne sie jedoch als solche zu benennen.

19.3.1 Zweilagerige Rotoren

Wir folgen dem Gedankengang von Ballo und vernachlässigen der besseren Transparenz wegen sekundäre Einflüsse wie Dämpfung, Kreiselwirkung, Drehträgheit und Schub. Der Rotor sei ideal-anisotrop elastisch auf zwei Lagern gelagert, obschon dies nicht Voraussetzung für die Methode ist.

Die homogenen Differentialgleichungen für die Eigenbewegung, aufgespalten in x- und y-Richtung lauten, s. (12.7):

$$[\mathrm{EI}\,x'']'' + m_L \ddot{x} = 0 \;; \qquad [\mathrm{EI}\,y'']'' + m_L \ddot{y} = 0 \;; \qquad \begin{cases} x = x(z,t) \\ y = y(z,t)\,. \end{cases} \tag{19.62}$$

Die Rand- oder Lagerbedingungen – Biegemoment und Querkraft müssen verschwinden – lauten

$$x''(0,t) = y''(0,t) = x''(l,t) = y''(l,t) = 0 \;; \tag{19.63'}$$

$$[c_{x0}\,x + (\mathrm{EI}\,x'')']_{z=0} = 0 \;; \qquad [c_{xl}\,x - (\mathrm{EI}\,x'')']_{z=l} = 0 \;; \tag{19.63''}$$

$$[c_{y0}\,y + (\mathrm{EI}\,y'')']_{z=0} = 0 \;; \qquad [c_{yl}\,y - (\mathrm{EI}\,y'')']_{z=l} = 0$$

mit c_{x0}, c_{y0} als Federkonstanten bei $z=0$ und c_{xl}, c_{yl} bei $z=l$. Sie dürfen noch von der Winkelgeschwindigkeit Ω abhängig sein. Die Lösung der homogenen Gleichungen (19.62) wird bei der klassischen Modalmethode durch

$$x(z,t) = \sum_n \varphi_n(z)\, w_{nx}(t) \;; \qquad y(z,t) = \sum_n \psi_n(z)\, w_{ny}(t) \tag{19.64}$$

mit φ_n und ψ_n als den klassischen EF gelöst, s. (12.8). Die EF hängen allerdings von den Federkonstanten der Lagerung c_{x0}, c_{xl} bzw. c_{y0}, c_{yl} ab.

Für die Lösung der erzwungenen Schwingung infolge Unwucht, (12.2), werden diese Funktionen φ_n und ψ_n ebenfalls verwendet, s. (12.15)

$$x(z,t)=\sum_n \varphi_n(z)\,q_{nx}(t)\ ;\qquad y(z,t)=\sum_n \psi_n(z)\,q_{ny}(t)\ , \tag{19.65}$$

x und y allerdings mit anderen Zeitfunktionen. Man beachte jedoch, daß die Funktionen $x(z, t)$ und $y(z, t)$ weitgehend beliebig gewählt werden können. Die einzige Bedingung ist, daß sie ein vollständiges System bezüglich des Randwertproblems darstellen.

Wählt man die klassischen EF, können die Zeitfunktionen aus einem System linearer Differentialgleichungen berechnet werden. Diese sind unabhängig voneinander, also nicht gekoppelt, s. (12.20) und (12.21). Dadurch ergeben sich einfache WS für die EF. Andererseits sind dann die EF und WS von den Lagerbedingungen abhängig. Die quasi-modale Methode besteht in der Wahl von Hilfsfunktionen, die unabhängig von den besonderen Eigenschaften der Lager sind. Die Berechnung der Zeitfunktionen wird allerdings komplizierter. Wir wählen folgende Hilfsfunktionen und bezeichnen sie mit dem Exponenten *

$$\begin{aligned} x^*(z,t)&=x(z,t)-x(0,t)\,(1-z/l)-x(l,t)\,z/l\ ;\\ y^*(z,t)&=y(z,t)-y(0,t)\,(1-z/l)-y(l,t)\,z/l\ , \end{aligned} \tag{19.66}$$

und für die Lagerstellen $z=0$ und $z=l$ gilt mit (19.66)

$$x^*(0,t)=x^*(l,t)=y^*(0,t)=y^*(l,t)=0\ ; \tag{19.67}$$

was besagt, daß die Hilfsfunktionen an den Lagerstellen in beiden Richtungen Null sind.

Zweimaliges Differenzieren von (19.66) nach z liefert

$$[x^*(z,t)]''=x''(z,t)\ ;\qquad [y^*(z,t)]''=y''(z,t)\ , \tag{19.68}$$

und für die Lagerstellen $z=0$ und $z=l$ gilt mit (19.68)

$$\begin{aligned} x^{*\prime\prime}(0,t)&=x''(0,t)\ ;\qquad y^{*\prime\prime}(0,t)=y''(0,t)\ ;\\ x^{*\prime\prime}(l,t)&=x''(l,t)\ ;\qquad y^{*\prime\prime}(l,t)=y''(l,t)\ . \end{aligned} \tag{19.69}$$

Gleichung (19.69) mit (19.63′), liefert für die Hilfsfunktionen die Lagerbedingungen

$$x^{*\prime\prime}(0,t)=x^{*\prime\prime}(l,t)=y^{*\prime\prime}(0,t)=y^{*\prime\prime}(l,t)=0\ ; \tag{19.70}$$

was besagt, daß die fiktiven Biegemomente $(\mathrm{EI}\,x^*)''$ und $(\mathrm{EI}\,y^*)''$ an den Lagerstellen $z=0$ und $z=l$ in beiden Richtungen Null sind.

Die Gleichungen (19.67) und (19.70) sind die Lagerbedingungen (19.63′ und 19.63″) der Hilfsfunktionen. Die Lagerbedingungen für die Hilfsfunktionen sind für beide Richtungen x und y gleich. Die fiktiven Lager der Hilfsfunktionen sind somit radial starr und freidrehbar (Gelenke), also unabhängig von Elastizitäts- und Dämpfungseigenschaften.

Gleichung (19.62) mit x^*, y^* statt x, y bildet zusammen mit den neuen Lagerbedingungen (19.67) und (19.70) ein neues, fiktives Randwertproblem, das wie (19.64) gelöst werden kann und die fiktiven EF

$$\varphi_n^*(z)=\psi_n^*(z)\qquad (n=1,2,\ldots) \tag{19.71}$$

liefert, die für beide Richtungen x und y identisch sind. Außerdem liefert das neue Randwertproblem auch neue Eigenkreisfrequenzen λ_n^* $(n=1, 2, \ldots)$.

Das neue System von Eigenfunktionen φ_n^* bildet ein vollständiges System für das neue Randwertproblem. Man kann deshalb die Hilfsfunktionen für die Lösung der erzwungenen Schwingungen infolge Unwucht, wie in (19.65), durch eine Summe der neuen Eigenfunktionen ausdrücken.

$$x^*(z,t)=\sum_n \varphi_n^*(z)\, s_{nx}(t) \ ; \qquad y^*(z,t)=\sum_n \varphi_n^*(z)\, s_{ny}(t) \ . \tag{19.72}$$

Die Originalauslenkungen des Rotors erhält man durch Einsetzen von (19.72) in (19.66) und Auflösung nach x und y

$$\begin{aligned} x(z,t) &= x(0,t)\,(1-z/l)+x(l,t)\,z/l+\sum_n \varphi_n^*(z)\, s_{nx}(t) \ ; \\ y(z,t) &= y(0,t)\,(1-z/l)+y(l,t)\,z/l+\sum_n \varphi_n^*(z)\, s_{ny}(t) \ . \end{aligned} \tag{19.73}$$

Die beiden Funktionen

$$1-z/l=\delta_1(z) \quad \text{und} \quad z/l=\delta_2(z) \tag{19.74}$$

müssen als zwei zusätzliche Ortsfunktionen und $x(0,t)$, $y(0,t)$; $x(l,t)$, $y(l,t)$ als zusätzliche Zeitfunktionen aufgefaßt werden.

Man hat damit erreicht, daß für die Berechnung von $x(z,t)$ und $y(z,t)$, s. (19.73), anstelle der zwei komplizierten und eventuell von Ω abhängigen EF $\varphi_n(z)$ und $\psi_n(z)$ die von der Art der Lager unabhängigen Hilfs-EF (fiktive-EF) $\varphi_n^*(z)$ treten, allerdings zusammen mit zwei elementaren Zusatzfunktionen $\delta_1(z)$ und $\delta_2(z)$. Die Hilfs-EF $\varphi_n^*(z)$ entsprechen den EF des an beiden Lagerstellen gelenkig gelagerten fiktiven Rotors.

Für das Wuchten ist damit eine große Vereinfachung erreicht, da die EF $\varphi_n^*(z)$ leicht zu berechnen sind. Komplizierter wird hingegen die Berechnung der Auslenkungen.

Wir verlassen hier den kontinuierlichen Rotor und wenden uns dem diskretisierten Rotor mit Punktmassen zu (Scheibenrotor). Damit folgen wir den Ausführungen von Matsushita, [Ms] von 1984, u.a.

Vorerst wird die ideal anisotrope Lagerung durch zwei gleiche „schiefsymmetrische" Gleitlager ersetzt, eine Vereinfachung die nur zum schnelleren Verständnis der Methode dient[6]. Es gelten entsprechend (8.52') die Lagerkräfte

$$\begin{bmatrix} F_x \\ F_y \end{bmatrix} = \begin{bmatrix} c_{11} & c_{12} \\ -c_{12} & c_{11} \end{bmatrix} \begin{bmatrix} x \\ y \end{bmatrix} + \begin{bmatrix} b_{11} & b_{12} \\ -b_{12} & b_{11} \end{bmatrix} \begin{bmatrix} \dot{x} \\ \dot{y} \end{bmatrix}$$

und in komplexer Form mit $\underline{r}=x+\mathrm{i}y$ und $\underline{\dot{r}}=\dot{x}+\mathrm{i}\dot{y}$

$$\begin{aligned} \underline{F} &= F_x+\mathrm{i}F_y=(c_{11}-\mathrm{i}c_{12})\,\underline{r}+(b_{11}-\mathrm{i}b_{12})\,\underline{\dot{r}} \\ &= \underline{c}\,\underline{r}+\underline{b}\,\underline{\dot{r}} \qquad \begin{cases} \underline{c}=c_{11}-\mathrm{i}c_{12}=\underline{c}(\Omega) \\ \underline{b}=b_{11}-\mathrm{i}b_{12}=\underline{b}(\Omega). \end{cases} \end{aligned}$$

---

[6] Die Voraussetzung eines „schiefsymmetrischen" Gleitlagers ist nach [Ms] für das quasi-modale Wuchten nicht Bedingung.

und wieder in Komponentenform

$$\begin{bmatrix} \underline{F}_x \\ \underline{F}_y \end{bmatrix} = \begin{bmatrix} \underline{c}x + \underline{b}\dot{x} \\ \underline{c}y + \underline{b}\dot{y} \end{bmatrix} = \underline{c} \begin{bmatrix} x \\ y \end{bmatrix} + \underline{b} \begin{bmatrix} \dot{x} \\ \dot{y} \end{bmatrix} . \tag{19.75}$$

Die Lagerkraft ist somit eine komplexe Zentralkraft, d.h. unabhängig von der Richtung, somit für beide Richtungen x und y gleich. Die komplexen Konstanten $\underline{c}$ und $\underline{b}$ sind abhängig von der Winkelgeschwindigkeit Ω des Rotors.

Die Differentialgleichung für einen Rotor in „symmetrischen" Gleitlagern nach (19.75) mit z.B. drei Punktmassen (2 Lagermassen m_1 und m_3) und nur IU lautet nach (11.107)

$$\boldsymbol{M}\ddot{\boldsymbol{r}} + \boldsymbol{D}\dot{\boldsymbol{r}} + \boldsymbol{S}\boldsymbol{r} = \boldsymbol{U}_\varepsilon \Omega^2 \mathrm{e}^{\mathrm{i}\Omega t} \tag{19.76}$$

$$\boldsymbol{M} = \begin{bmatrix} m_1 & 0 & 0 \\ 0 & m_2 & 0 \\ 0 & 0 & m_3 \end{bmatrix} ; \quad \boldsymbol{D} = \begin{bmatrix} \underline{b}_1 & 0 & 0 \\ 0 & d & 0 \\ 0 & 0 & \underline{b}_3 \end{bmatrix} ; \quad \boldsymbol{S} = \begin{bmatrix} \alpha_{11} + \underline{c}_1, & \alpha_{12} & \alpha_{13} \\ & \alpha_{22} & \alpha_{23} \\ \text{symm.} & & \alpha_{33} + \underline{c}_3 \end{bmatrix}$$

$$\boldsymbol{r} = \begin{bmatrix} \underline{r}_1(t) \\ \underline{r}_2(t) \\ \underline{r}_3(t) \end{bmatrix} ; \quad \boldsymbol{U}_\varepsilon = \begin{bmatrix} \underline{U}_{\varepsilon 1} \\ \underline{U}_{\varepsilon 2} \\ \underline{U}_{\varepsilon 3} \end{bmatrix} ; \quad \boldsymbol{r} = \boldsymbol{x} + \mathrm{i}\boldsymbol{y} ; \quad \underline{r}_j = x_j + \mathrm{i}\, y_j$$

Eine Erweiterung auf mehr als drei Massenpunkte ist offensichtlich.

Wir verwenden nun nicht wie im modalen Fall die Lösung (11.115) für die erzwungene Schwingung in x-Richtung

$$\boldsymbol{x}(z, t) = \sum_j \boldsymbol{\Phi}_{xj} \underline{\eta}_{xj}(t) = \boldsymbol{\Phi}_x \boldsymbol{\eta}_x(t)$$

sondern sinngemäß die neue Funktion (19.73), (19.74). Sie lautet mit harmonischer Zeitabhängigkeit der Größen

$$x(0, t) = x_l(t) = s_l \mathrm{e}^{\mathrm{i}\Omega t} ; \quad x(l, t) = x_r(t) = s_r \mathrm{e}^{\mathrm{i}\Omega t} \tag{19.77}$$
$$\sum_n \varphi_n^{*}(z)\, s_{nx}(t) = \boldsymbol{\Phi}^{*} \boldsymbol{s}(t) ; \quad \boldsymbol{s}(t) = \boldsymbol{s} \mathrm{e}^{\mathrm{i}\Omega t}$$

für den diskretisierten Rotor

$$\begin{aligned} \boldsymbol{x}(z, t) &= \boldsymbol{\delta}_1(z)\, s_l(t) + \boldsymbol{\delta}_2(z)\, s_r(t) + \boldsymbol{\Phi}^{*} \boldsymbol{s}(t) \\ &= [\boldsymbol{\delta}_1(z)\, s_l + \boldsymbol{\delta}_2(z)\, s_r + \boldsymbol{\Phi}^{*} \boldsymbol{s}]\, \mathrm{e}^{\mathrm{i}\Omega t} . \end{aligned} \tag{19.78}$$

Gleichung (19.77) und (19.78) lassen sich in Matrizenform zusammenfassen.

$$\begin{bmatrix} \boldsymbol{x} \\ \hline x_l \\ x_r \end{bmatrix} = \left[\begin{array}{c|cc} \boldsymbol{\Phi}^* & \boldsymbol{\delta}_1 & \boldsymbol{\delta}_2 \\ \hline 0 & 1 & 0 \\ 0 & 0 & 1 \end{array}\right] \begin{bmatrix} \boldsymbol{s} \\ \hline s_l \\ s_r \end{bmatrix} \mathrm{e}^{\mathrm{i}\Omega t}. \tag{19.79}$$

$$\boldsymbol{\Phi}^* = \begin{bmatrix} \varphi_{11} & \varphi_{12} & \varphi_{13} \\ \varphi_{21} & \varphi_{22} & \varphi_{23} \\ \varphi_{31} & \varphi_{32} & \varphi_{33} \end{bmatrix}^*; \; \boldsymbol{x} = \begin{bmatrix} x_1 \\ x_2 \\ x_3 \end{bmatrix}; \; \boldsymbol{\delta}_1 = \begin{bmatrix} \delta_{11} \\ \delta_{21} \\ \delta_{31} \end{bmatrix}; \; \boldsymbol{\delta}_2 = \begin{bmatrix} \delta_{12} \\ \delta_{22} \\ \delta_{32} \end{bmatrix}; \; \boldsymbol{s} = \begin{bmatrix} s_1 \\ s_2 \\ s_3 \end{bmatrix},$$

wobei x_l und x_r die Auslenkungen am linken und rechten Lager sind.

Die Differentialgleichung (19.76) erfordert für das quasi-modale Wuchten eine Trennung in Punktmassen an den Lagern und solchen zwischen den Lagern. Für n-Punktmassen zwischen den Lagern gilt (ohne Re-Zeichen)

$$\begin{aligned} m_1\ddot{x}_1 + \alpha_{11}x_1 + \alpha_{12}x_2 + \cdots + \alpha_{1n}x_n + \beta_{1l}x_l + \beta_{1r}x_r &= \underline{U}_{\varepsilon 1}\Omega^2 \mathrm{e}^{\mathrm{i}\Omega t}; \\ m_2\ddot{x}_2 + \alpha_{21}x_1 + \cdots \qquad \vdots \quad + \beta_{2l}x_l + \beta_{2r}x_r &= \underline{U}_{\varepsilon 2}\Omega^2 \mathrm{e}^{\mathrm{i}\Omega t}; \\ \vdots \qquad\qquad\qquad \vdots \qquad\qquad & \quad \vdots \\ m_n x_n + \alpha_{n1}x_1 + \cdots \qquad \alpha_{nn}x_n + \beta_{nl}x_l + \beta_{nr}x_r &= \underline{U}_{\varepsilon n}\Omega^2 \mathrm{e}^{\mathrm{i}\Omega t}; \end{aligned}$$

und für Punktmassen m_l und m_r an den Lagern gilt

$$\begin{aligned} m_l\ddot{x}_l + \beta_{l1}x_1 + \beta_{l2}x_2 + \cdots + \beta_{ln}x_n + \gamma_{lr}x_r + \underline{c}(\Omega)\,x_l + \underline{b}(\Omega)\,\dot{x}_l &= \underline{U}_{\varepsilon l}\Omega^2 \mathrm{e}^{\mathrm{i}\Omega t}; \\ m_r\ddot{x}_r + \beta_{r1}x_1 + \beta_{r2}x_2 + \cdots + \beta_{rn}x_n + \gamma_{rl}x_l + \underline{c}(\Omega)\,x_r + \underline{b}(\Omega)\,\dot{x}_r &= \underline{U}_{\varepsilon r}\Omega^2 \mathrm{e}^{\mathrm{i}\Omega t} \end{aligned}$$

und zusammen in Matrizenform

$$\left[\begin{array}{cccc|cc} m_1 & & & & & \\ & m_2 & & & 0 & \\ & & \ddots & & & \\ & & & m_n & & \\ \hline & 0 & & & m_l & 0 \\ & & & & 0 & m_r \end{array}\right] \begin{bmatrix} \ddot{x}_1 \\ \ddot{x}_2 \\ \vdots \\ \ddot{x}_n \\ \hline \ddot{x}_l \\ \ddot{x}_r \end{bmatrix} + \left[\begin{array}{cccc|cc} \alpha_{11} & \alpha_{12} & \ldots & \alpha_{1n} & \beta_{1l} & \beta_{1r} \\ \alpha_{21} & & & \vdots & \beta_{2l} & \beta_{2r} \\ \vdots & & & \vdots & \vdots & \\ \alpha_{nl} & \ldots & \ldots & \alpha_{nn} & \beta_{nl} & \beta_{nr} \\ \hline \beta_{l1} & \beta_{l2} & \ldots & \beta_{ln} & 0 & \gamma_{lr} \\ \beta_{r1} & \beta_{r2} & \ldots & \beta_{rn} & \gamma_{rl} & 0 \end{array}\right] \begin{bmatrix} x_1 \\ x_2 \\ \vdots \\ x_n \\ \hline x_l \\ x_r \end{bmatrix} \tag{19.80}$$

$$+ \left[\begin{array}{c|cc} 0 & & 0 \\ \hline 0 & \underline{c}(\Omega) & 0 \\ & 0 & \underline{c}(\Omega) \end{array}\right] \begin{bmatrix} x_1 \\ x_2 \\ \vdots \\ x_n \\ \hline x_l \\ x_r \end{bmatrix} + \left[\begin{array}{c|cc} 0 & & 0 \\ \hline 0 & \underline{b}(\Omega) & 0 \\ & 0 & \underline{b}(\Omega) \end{array}\right] \begin{bmatrix} \dot{x}_1 \\ \dot{x}_2 \\ \vdots \\ \dot{x}_n \\ \hline \dot{x}_l \\ \dot{x}_r \end{bmatrix} = \begin{bmatrix} \underline{U}_{\varepsilon 1} \\ \underline{U}_{\varepsilon 2} \\ \vdots \\ \underline{U}_{\varepsilon n} \\ \hline \underline{U}_{\varepsilon l} \\ \underline{U}_{\varepsilon r} \end{bmatrix} \Omega^2 \mathrm{e}^{\mathrm{i}\Omega t} x$$

und wegen $\gamma_{lr}=\gamma_{rl}=\gamma$; noch kürzer

$$\left[\begin{array}{c|cc} M & 0 & 0 \\ \hline 0 & m_l & 0 \\ 0 & 0 & m_r \end{array}\right]\left[\begin{array}{c} \ddot{x} \\ \hline \ddot{x}_l \\ \ddot{x}_r \end{array}\right]+\left[\begin{array}{c|cc} S & \beta_l & \beta_r \\ \hline \beta_l^T & 0 & \gamma \\ \beta_r^T & \gamma & 0 \end{array}\right]\left[\begin{array}{c} x \\ \hline x_l \\ x_r \end{array}\right]+\left[\begin{array}{c|cc} 0 & 0 & 0 \\ \hline 0 & \underline{c}(\Omega) & 0 \\ 0 & 0 & \underline{c}(\Omega) \end{array}\right]\left[\begin{array}{c} x \\ \hline x_l \\ x_r \end{array}\right]$$

$$+\left[\begin{array}{c|cc} 0 & 0 & 0 \\ \hline 0 & \underline{b}(\Omega) & 0 \\ 0 & 0 & \underline{b}(\Omega) \end{array}\right]\left[\begin{array}{c} \dot{x} \\ \hline \dot{x}_l \\ \dot{x}_r \end{array}\right]=\left[\begin{array}{c} \underline{U}_\varepsilon \\ \hline \underline{U}_{\varepsilon l} \\ \underline{U}_{\varepsilon r} \end{array}\right]_x \Omega^2 e^{i\Omega t}; \quad \underline{U}_\varepsilon=\begin{bmatrix} \underline{U}_{\varepsilon 1} \\ \underline{U}_{\varepsilon 2} \\ \vdots \\ \underline{U}_{\varepsilon n} \end{bmatrix}_x . \tag{19.80'}$$

Wird (19.79) in (19.80′) eingesetzt, entsteht das zeitunabhängige Gleichungssystem

$$\left[\begin{array}{lll} (S\Phi^* - \Omega^2 M\Phi^*); & (S\delta_1 - \Omega^2 M\delta_1 + \beta_l); & (S\delta_2 - \Omega^2 M\delta_2 + \beta_r) \\ \hline (\beta_l^T\Phi^*); & (\beta_l^T\delta_1 - \Omega^2 m_l + \underline{c} + i\Omega\underline{b}); & (\beta_l^T\delta_2 + \gamma) \\ (\beta_r^T\Phi^*); & (\beta_r^T\delta_2 + \gamma); & (\beta_r^T\delta_2 - \Omega^2 m_r + \underline{c} + i\Omega b) \end{array}\right]\left[\begin{array}{c} s \\ \hline s_l \\ s_r \end{array}\right]$$

$$= \Omega^2 \left[\begin{array}{c} \underline{U}_\varepsilon \\ \hline \underline{U}_{\varepsilon l} \\ \underline{U}_{\varepsilon r} \end{array}\right]_x . \tag{19.81}$$

Daraus lassen sich s, s_l und s_r eindeutig berechnen und mit (19.78) auch $x(z, t)$. Für die y-Richtung gilt ein entsprechendes System.

Man kann die Matrix im System (19.81) noch wesentlich vereinfachen, wenn die erste Gleichung (von links her) mit $(\Phi^*)^T$ multipliziert wird, was zu einer neuen Gleichung I führt. Wird noch nacheinander die erste Gleichung mit δ_1^T bzw. δ_2^T multipliziert und zur zweiten, bzw. dritten Gleichung addiert, entstehen zwei neue Gleichungen II und III. Die Gleichungen I, II und III ersetzen die Gleichungen (19.81) vollständig und führen auf das folgende Gleichungssystem mit der einfacheren Matrix A (hier nicht explizite angegeben)

$$A\left[\begin{array}{c} s \\ \hline s_l \\ s_r \end{array}\right] = \Omega^2 \left[\begin{array}{c} (\Phi^*)^T \underline{U}_\varepsilon \\ \hline \delta_1^T \underline{U}_\varepsilon + \underline{U}_{\varepsilon l} \\ \delta_2^T \underline{U}_\varepsilon + \underline{U}_{\varepsilon r} \end{array}\right]. \tag{19.82}$$

Mit (19.82) ist eine einfache Wuchtbedingung gewonnen. Setzt man die rechte Seite Null, wird s, s_l, s_r und mit (19.77) und (19.78) auch $x(z, t)$ bzw. $y(z, t)$ Null.

Mit komplexen KU

$$\underline{U} = U_x + i\,U_y; \quad \underline{U}_l = U_{lx} + i\,U_{ly}; \quad \underline{U}_r = U_{rx} + i\,U_{ry}$$

gelten somit die quasi-modalen Wuchtgleichungen

$$\left.\begin{array}{l} (\Phi^*)^T(\underline{U}_\varepsilon + \underline{U}) = 0 \\ \delta_1^T(\underline{U}_\varepsilon + \underline{U}) + (\underline{U}_{\varepsilon l} + \underline{U}_l) = 0 \\ \delta_2^T(\underline{U}_\varepsilon + \underline{U}) + (\underline{U}_{\varepsilon r} + \underline{U}_r) = 0 \end{array}\right\} \quad \text{oder} \quad \left\{\begin{array}{l} (\Phi^*)^T \underline{U} = -(\Phi^*)^T \underline{U}_\varepsilon \\ \delta_1^T \underline{U} + \underline{U}_l = -(\delta_1^T \underline{U}_\varepsilon + \underline{U}_{\varepsilon l}) \\ \delta_2^T \underline{U} + \underline{U}_r = -(\delta_2^T \underline{U}_\varepsilon + \underline{U}_{\varepsilon r}) \end{array}\right.$$

und in Matrizenform

$$\begin{bmatrix} (\boldsymbol{\Phi}^{*})^{T} & 0 & 0 \\ \boldsymbol{\delta}_1^{T} & 1 & 0 \\ \boldsymbol{\delta}_2^{T} & 0 & 1 \end{bmatrix} \begin{bmatrix} \boldsymbol{U} \\ \underline{U}_l \\ \underline{U}_r \end{bmatrix} = - \begin{bmatrix} (\boldsymbol{\Phi}^{*})^{T} \boldsymbol{U}_\varepsilon \\ \boldsymbol{\delta}_1^{T} \boldsymbol{U}_\varepsilon + \underline{U}_{\varepsilon l} \\ \boldsymbol{\delta}_2^{T} \boldsymbol{U}_\varepsilon + \underline{U}_{\varepsilon r} \end{bmatrix}. \tag{19.83}$$

Setzt man die Funktionen $\delta_1(z)$ und $\delta_2(z)$ aus (19.74) in (19.83) ein, entsteht

$$\begin{bmatrix} & (\boldsymbol{\Phi}^{*})^{T} & & 0 & 0 \\ (1-z_1/l), & (1-z_2/l), & \ldots (1-z_n/l) & 1 & 0 \\ (z_1/l), & (z_2/l), & \ldots (z_n/l) & 0 & 1 \end{bmatrix} \begin{bmatrix} \boldsymbol{U} \\ \underline{U}_l \\ \underline{U}_r \end{bmatrix} = - \begin{bmatrix} (\boldsymbol{\Phi}^{*})^{T} \boldsymbol{U}_\varepsilon \\ \sum_k^n (1-z_k/l)\, \underline{U}_{\varepsilon k} + \underline{U}_{\varepsilon l} \\ \sum_k^n (z_k/l)\, \underline{U}_{\varepsilon k} + \underline{U}_{\varepsilon r} \end{bmatrix}. \tag{19.84}$$

Addiert man noch die zweite und dritte Gleichung in (19.84) und ersetzt damit die zweite Gleichung so wird aus (19.84)

$$\begin{bmatrix} & (\boldsymbol{\Phi}^{*})^{T} & & 0 & 0 \\ 1 & 1 & \ldots 1 & 1 & 1 \\ z_1 & z_2 & \ldots z_n & 0 & l \end{bmatrix} \begin{bmatrix} \boldsymbol{U} \\ \underline{U}_l \\ \underline{U}_r \end{bmatrix} = - \begin{bmatrix} (\boldsymbol{\Phi}^{*})^{T} \boldsymbol{U}_\varepsilon \\ \sum_k^n \underline{U}_{\varepsilon k} + \underline{U}_{\varepsilon l} + \underline{U}_{\varepsilon r} \\ \sum_k^n z_k \underline{U}_{\varepsilon k} + l\, \underline{U}_{\varepsilon r} \end{bmatrix}. \tag{19.85}$$

In diesem System ist die rechte Seite der zweiten Gleichung die Summe aller IU und die rechte Seite der dritten Gleichung das statische Moment aller IU bezüglich des Ursprungs des KS oder des linken Lagers. Setzt man Summe und statisches Moment der IU Null, sind die Bedingungen (3.36) und (3.39) für das „starre" Wuchten erfüllt. Die KU aus (19.85) beeinflussen eine eventuell vorausgegangene starre Wuchtung des Rotors nicht mehr. In einem solchen Fall lautet (19.85) etwas umgestellt:

$$\begin{bmatrix} 1 & 1 & 1 & \ldots & 1 & 1 \\ 0 & z_1 & z_2 & \ldots & z_n & l \\ 0 & \varphi_{11} & \varphi_{21} & \ldots & \varphi_{n1} & 0 \\ 0 & \varphi_{12} & \varphi_{22} & & \vdots & 0 \\ 0 & \varphi_{13} & & & \vdots & 0 \\ \vdots & \vdots & & & \vdots & \vdots \\ 0 & \varphi_{1n} & \ldots & \ldots & \varphi_{nn} & 0 \end{bmatrix} \begin{bmatrix} \underline{U}_l \\ \underline{U}_1 \\ \underline{U}_2 \\ \vdots \\ \vdots \\ \underline{U}_n \\ \underline{U}_r \end{bmatrix} = - \begin{bmatrix} 0 \\ 0 \\ \varphi_{11} \underline{U}_{\varepsilon 1} + \varphi_{21} \underline{U}_{\varepsilon 2} + \ldots\ \varphi_{n1} \underline{U}_{\varepsilon n} \\ \varphi_{12} \underline{U}_{\varepsilon 1} + \varphi_{22} \underline{U}_{\varepsilon 2} + \quad \vdots \\ \varphi_{13} \underline{U}_{\varepsilon 1} + \quad \vdots \\ \vdots \\ \varphi_{1n} \underline{U}_{\varepsilon 1} \ldots\ldots\ \varphi_{nn} \underline{U}_{\varepsilon n} \end{bmatrix} = - \begin{bmatrix} 0 \\ 0 \\ \sum_k^n \underline{U}_{\varepsilon k}\, \varphi_1(z_k) \\ \sum_k^n \underline{U}_{\varepsilon k}\, \varphi_2(z_k) \\ \sum_k^n \underline{U}_{\varepsilon k}\, \varphi_3(z_k) \\ \vdots \\ \sum_k^n \underline{U}_{\varepsilon k}\, \varphi_n(z_k) \end{bmatrix} \tag{19.86}$$

Dies aber ist exakt die Wuchtgleichung (12.34) für die modale (N + 2)-Methode, allerdings mit einer EF-Matrix $\boldsymbol{\Phi}^{*}$, welche die fiktiven EF des radial starr, freidrehbar gelagerten Rotors enthält mit Nullen an den Lagerstellen.

Das quasi-modale Wuchten eines elastischen Rotors auf zwei beliebigen Lagern, inkl. Gleitlagern, führt zur gleichen Wuchtbedingung wie die (N+2)-Methode für modales Wuchten, wenn bei letzterer die Lager radial starr, frei drehbar vorausgesetzt werden.

Beispiel: Modellrotor der Länge l mit fünf gleichen äquivalent gelegenen Punktmassen auf zwei beliebigen Lagern. Es sollen drei EF gewuchtet werden. Die (N+2)-Methode erfordert 3+2=5 WE. Zwei WE sind an den Lagerstellen, die übrigen drei in Viertelspunkten der Länge bei den Massenpunkten angeordnet. An den Stellen l, 1, 2 und 3 sind IU vorhanden, s. Abb. 19.7a.

$$\underline{U}_{\varepsilon l}=0{,}5+0{,}25\,\mathrm{i};\quad U_{\varepsilon 1}=-1;\quad \underline{U}_{\varepsilon 2}=0{,}5-0{,}75\,\mathrm{i};\quad \underline{U}_{\varepsilon 3}=0{,}5\,\mathrm{i};\quad \underline{U}_{\varepsilon r}=0 \qquad (19.87)$$

Die transponierte Matrix der fiktiven EF, s. Abb. 19.7b lautet (orthogonal, aber nicht normiert)

$$(\boldsymbol{\Phi}^{*})^{\mathrm{T}}=\begin{bmatrix}\varphi_{11} & \varphi_{21} & \varphi_{31}\\ \varphi_{12} & \varphi_{22} & \varphi_{32}\\ \varphi_{13} & \varphi_{23} & \varphi_{33}\end{bmatrix}^{*}=\begin{bmatrix}0{,}0882 & 0{,}1248 & 0{,}0882\\ 0{,}1248 & 0 & -0{,}1248\\ 0{,}0882 & -0{,}1248 & 0{,}0882\end{bmatrix}. \qquad (19.88)$$

Die quasi-modale Wuchtgleichung (19.86) lautet für diesen Fall

$$\left[\begin{array}{c|ccc|c}1 & 1 & 1 & 1 & 1\\ 0 & 0{,}25 & 0{,}50 & 0{,}75 & 1\\ \hline 0 & 0{,}0882 & 0{,}1248 & 0{,}0882 & 0\\ 0 & 0{,}1248 & 0 & -0{,}1248 & 0\\ 0 & 0{,}0882 & -0{,}1248 & 0{,}0882 & 0\end{array}\right]\begin{bmatrix}\underline{U}_l\\ \underline{U}_1\\ \underline{U}_2\\ \underline{U}_3\\ \underline{U}_r\end{bmatrix}=+\left[\begin{array}{c}0\\ 0\\ \hline 0{,}0258+0{,}0495\,\mathrm{i}\\ 0{,}1248+0{,}0624\,\mathrm{i}\\ 0{,}1506-0{,}1377\,\mathrm{i}\end{array}\right] \qquad (19.89)$$

$$=\begin{bmatrix}0\\0\\ \underline{E}_1\\ \underline{E}_2\\ \underline{E}_3\end{bmatrix}=\underset{\text{WS I}}{\begin{bmatrix}0\\0\\ \underline{E}_1\\0\\0\end{bmatrix}}+\underset{\text{WS II}}{\begin{bmatrix}0\\0\\0\\ \underline{E}_2\\0\end{bmatrix}}+\underset{\text{WS III}}{\begin{bmatrix}0\\0\\0\\0\\ \underline{E}_3\end{bmatrix}}.$$

Das Resultat der einzelnen WS ist folgendes

	WS I	WS II	WS III	WS I+II+III
$\underline{U}_l$	−0,125 −0,239 i	−0,250 −0,125 i	−0,125 +0,114 i	−0,500 −0,250 i
$\underline{U}_1$	0,073 +0,140 i	0,500 +0,250 i	0,427 −0,390 i	+1,000 + 0
$\underline{U}_2$	0,103 +0,198 i	0 0	−0,603 +0,552 i	−0,500 +0,750 i
$\underline{U}_3$	0,073 +0,140 i	−0,500 −0,250 i	0,427 −0,390 i	0 −0,500 i
$\underline{U}_r$	−0,125 −0,239 i	0,250 +0,125 i	−0,125 +0,114 i	0 0 .

Die Summe der WS ergibt exakt die negativen IU.

Die einzelnen WS sind in Abb. 19.7c schematisch dargestellt. Sie liegen in Ebenen durch die Achse z, jeder WS in einer andern Ebene.

Praktisches Vorgehen. Das Verfahren ist genau gleich wie beim modalen Wuchten. Da die IU nicht bekannt sind, ist auch der Vektor der rechten Seite der Wuchtgleichung (19.89) nicht bekannt. Man behilft sich mit Symbolen für die einzelnen WS, z. B. $\underline{E}_1=1$,

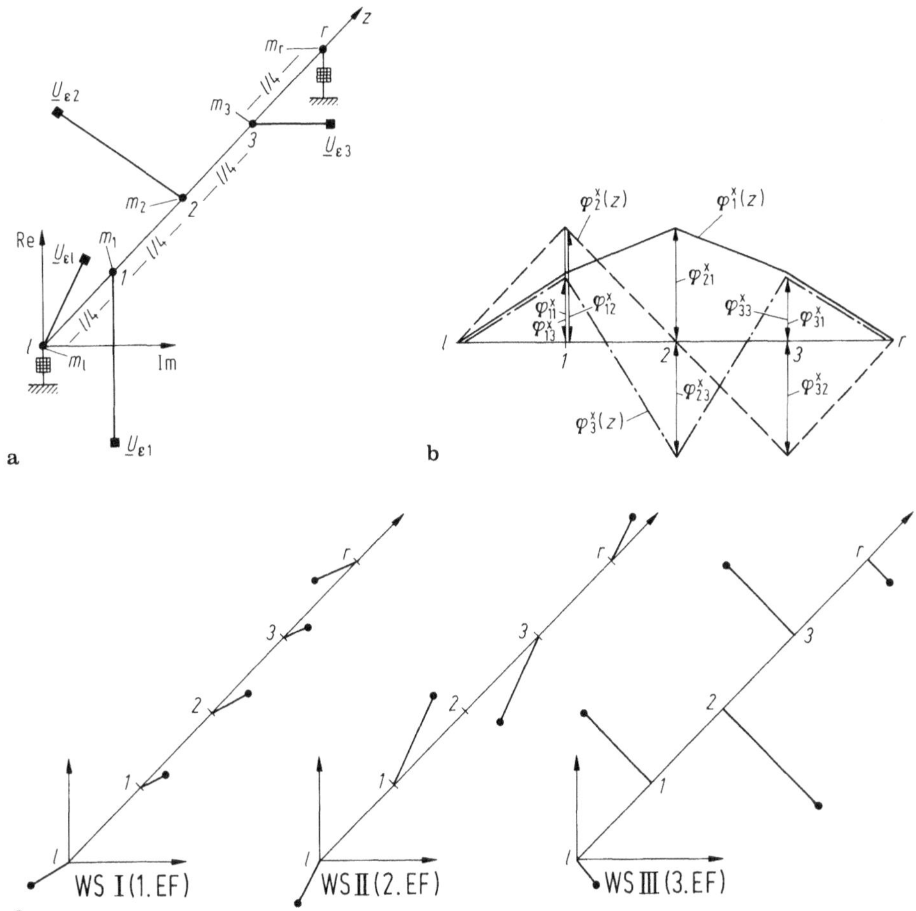

Abb. 19.7. Quasi-modales Wuchten. **a** Modellrotor auf zwei beliebigen Lagern mit fünf Punktmassen und vier IU: $\underline{U}_{\varepsilon l}$, $\underline{U}_{\varepsilon 1}$, $\underline{U}_{\varepsilon 2}$, $\underline{U}_{\varepsilon 3}$; **b** fiktive EF (Rotor auf gelenkigen Lagern); **c** WS I, II und III; jeder in einer Ebene durch die Achse

$E_2 = 1$ und $E_3 = 1$ und erhält VWS, die wie beim modalen Wuchten in der 1. bzw. 2. bzw. 3. kritischen Drehzahl den Messungen nach Größe und Richtung angepaßt werden müssen.

19.3.2 Dreilagerige Rotoren

Drei- und mehrlagerige Rotoren führen zu aufwendigeren Wuchtgleichungen. In [Ms] werden für dreilagerige Rotoren folgende vier Wuchtgleichungen angegeben

$$\begin{aligned} (\boldsymbol{\Phi}^{x})^{\mathrm{T}}\boldsymbol{U} &= -(\boldsymbol{\Phi}^{x})^{\mathrm{T}}\boldsymbol{U}_{\varepsilon} \\ \boldsymbol{\delta}_1^{\mathrm{T}}\boldsymbol{U}+\underline{U}_l &= -(\boldsymbol{\delta}_1^{\mathrm{T}}\boldsymbol{U}_{\varepsilon}+\underline{U}_{\varepsilon l}) \\ \boldsymbol{\delta}_2^{\mathrm{T}}\boldsymbol{U}+\underline{U}_{\mathrm{m}} &= -(\boldsymbol{\delta}_2^{\mathrm{T}}\boldsymbol{U}_{\varepsilon}+\underline{U}_{\varepsilon\mathrm{m}}) \\ \boldsymbol{\delta}_3^{\mathrm{T}}\boldsymbol{U}+\underline{U}_{\mathrm{r}} &= -(\boldsymbol{\delta}_3^{\mathrm{T}}\boldsymbol{U}_{\varepsilon}+\underline{U}_{\varepsilon\mathrm{r}}) \end{aligned}; \quad (\boldsymbol{\Phi}^{x})^{\mathrm{T}} = \begin{bmatrix} \varphi_{11} & \varphi_{21} & \varphi_{31}\cdots\varphi_{n1} \\ \varphi_{12} & \varphi_{22} & \vdots \\ \varphi_{13} & & \vdots \\ \varphi_{1n} & \cdots\cdots & \varphi_{nn} \end{bmatrix}^{x}$$

und in Matrizenform

$$\overset{\boldsymbol{A}}{\begin{bmatrix} (\boldsymbol{\Phi}^{*})^{\mathrm{T}} & 0 & 0 & 0 \\ \hline \boldsymbol{\delta}_1^{\mathrm{T}} & 1 & 0 & 0 \\ \boldsymbol{\delta}_2^{\mathrm{T}} & 0 & 1 & 0 \\ \boldsymbol{\delta}_3^{\mathrm{T}} & 0 & 0 & 1 \end{bmatrix}} \begin{bmatrix} \boldsymbol{U} \\ \hline \underline{U}_l \\ \underline{U}_{\mathrm{m}} \\ \underline{U}_{\mathrm{r}} \end{bmatrix} = -\boldsymbol{A} \begin{bmatrix} \boldsymbol{U}_\varepsilon \\ \hline \underline{U}_{\varepsilon l} \\ \underline{U}_{\varepsilon \mathrm{m}} \\ \underline{U}_{\varepsilon \mathrm{r}} \end{bmatrix}; \quad \boldsymbol{U} = \begin{bmatrix} \underline{U}_1 \\ \underline{U}_2 \\ \underline{U}_3 \\ \underline{U}_n \end{bmatrix}; \quad \boldsymbol{U}_\varepsilon = \begin{bmatrix} \underline{U}_{\varepsilon 1} \\ \underline{U}_{\varepsilon 2} \\ \underline{U}_{\varepsilon 3} \\ \underline{U}_{\varepsilon n} \end{bmatrix}, \quad (19.90)$$

wobei $\boldsymbol{\delta}_1$, $\boldsymbol{\delta}_2$ und $\boldsymbol{\delta}_3$ statische Ausbiegungen des Rotors unter Einheitskräften bedeuten: Das Lager, an der die Einheitskraft wirkt, wird gelöst, die übrigen beiden als Gelenke festgehalten, s. Abb. 19.8a und b. $\boldsymbol{U}$ bzw. $\boldsymbol{U}_\varepsilon$ sind die KU bzw. IU an den

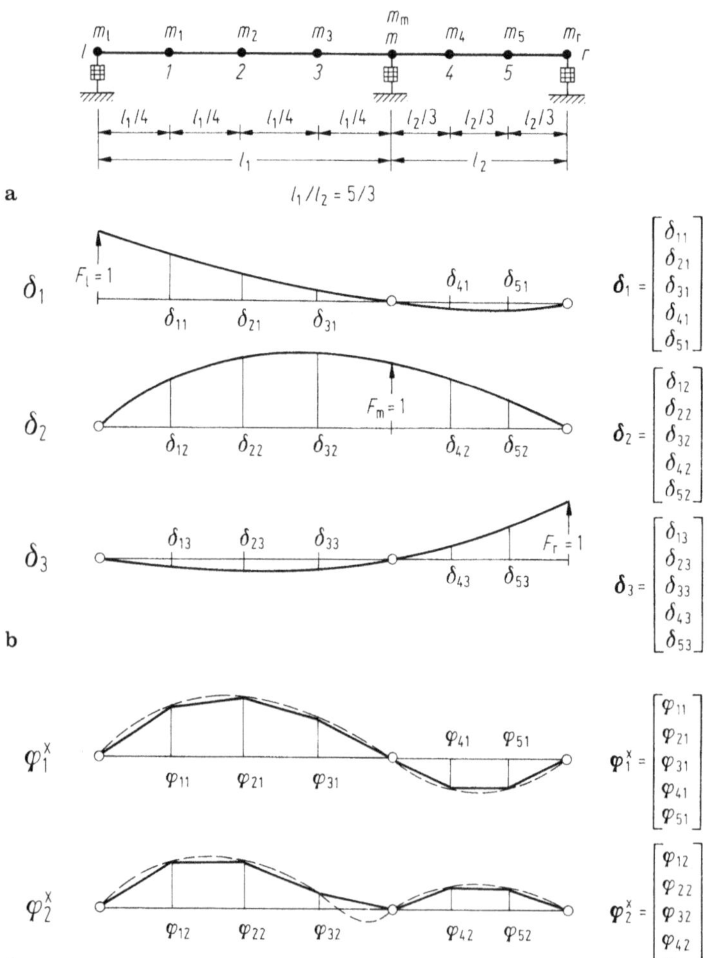

Abb. 19.8. Quasi-modales Wuchten. **a** Modellrotor auf drei beliebigen Lagern; **b** Biegelinien (Hilfsfunktionen) unter Einfluß von Einzelkräften am frei gemachten Lager, übrige beiden Lager als Gelenke vorausgesetzt; **c** fiktive EF (Rotor auf gelenkigen Lagern)

Massenpunkten ohne Lager. $\underline{U}_l$, $\underline{U}_m$, $\underline{U}_r$ bzw. $\underline{U}_{\varepsilon l}$, $\underline{U}_{\varepsilon m}$, $\underline{U}_{\varepsilon r}$ sind KU bzw. IU an den Lagern. $\boldsymbol{\Phi}^*$ ist die Wuchtmatrix für fiktive EF φ_n^* des in festen Gelenken gelagerten fiktiven Rotors. Die beiden ersten EF φ_1^* und φ_2^* sind in Abb. 19.8c gezeigt. Sie sind orthogonal, brauchen aber nicht normiert zu werden. Ebenso müssen die Elemente von $\boldsymbol{\delta}_1$, $\boldsymbol{\delta}_2$ und $\boldsymbol{\delta}_3$ nicht als Absolutwerte eingesetzt werden, es genügen Relativwerte.

Das System (19.90) enthält für n EF $(n+3)$ Gleichungen und verlangt zur eindeutigen Lösung $(n+3)$ WE oder KU. Man könnte diese quasi-modale Methode für drei Lager deshalb eine (N + 3)-Methode nennen.

Die erste Gleichung in (19.90) ist ein System von Gleichungen unabhängig von den drei andern Gleichungen und erlaubt die Bestimmung der KU $\boldsymbol{U}$ *in den lagerfreien WE oder Massenpunkten. Mit* $\boldsymbol{U}$ *kann aus den übrigen drei Gleichungen* $\underline{U}_l$, $\underline{U}_m$ *und* $\underline{U}_r$ *bestimmt werden.*

Beispiel: Modellrotor über drei beliebigen Lagern mit Spannweiten l_1 und l_2 $(l_1 : l_2 = 5:3)$ s. Abb. 19.9a. Gleiche Massenpunkte sind vorgesehen am Ort l, 1, m, 2 und r. IU seien am Lager l und am Massenpunkt 1 vorhanden:

$$\underline{U}_{\varepsilon l} = 0{,}5 - 0{,}25\,\mathrm{i}; \qquad \underline{U}_{\varepsilon 1} = 1 + 0{,}5\,\mathrm{i}.$$

Es sollen $n = 2$ EF gewuchtet werden. In den fünf Massenpunkten sollen WE zur Verfügung stehen. Sie genügen um eindeutige Lösungen zu erhalten $(n+3 = 2+3 = 5)$.

Die transponierte Matrix der fiktiven EF, s. Abb. 19.9b lautet (orthogonal, aber nicht normiert):

$$(\boldsymbol{\Phi}^*)^{\mathrm{T}} = \begin{bmatrix} \varphi_{11} & \varphi_{21} \\ \varphi_{12} & \varphi_{22} \end{bmatrix}^* = \begin{bmatrix} 4{,}95 & -1{,}20 \\ 0{,}80 & 4{,}90 \end{bmatrix}.$$

Die Hilfsfunktionen $\underline{\delta}_1$, $\underline{\delta}_2$ und $\underline{\delta}_3$ (in den Elementen nur relativ, nicht absolut genommen) sind, Abb. 19.9c

$$\begin{aligned} \boldsymbol{\delta}_1^{\mathrm{T}} &= [\;\;0{,}579, \;\; -0{,}043]; \\ \boldsymbol{\delta}_2^{\mathrm{T}} &= [\;\;0{,}574, \;\;\;\; 0{,}613]; \\ \boldsymbol{\delta}_3^{\mathrm{T}} &= [-0{,}153, \;\;\;\; 0{,}430]. \end{aligned}$$

Die quasi-modale Wuchtgleichung (19.90) lautet für diesen Fall numerisch

$$\overset{\boldsymbol{A}}{\left[\begin{array}{cc|ccc} 4{,}95 & -1{,}20 & 0 & 0 & 0 \\ 0{,}80 & 4{,}90 & 0 & 0 & 0 \\ \hline 0{,}579 & -0{,}043 & 1 & 0 & 0 \\ 0{,}574 & 0{,}613 & 0 & 1 & 0 \\ -0{,}153 & 0{,}430 & 0 & 0 & 1 \end{array}\right]} \begin{bmatrix} \underline{U}_1 \\ \underline{U}_2 \\ \underline{U}_l \\ \underline{U}_m \\ \underline{U}_r \end{bmatrix} = -\boldsymbol{A} \left[\begin{array}{c} \underline{U}_{\varepsilon 1} \\ 0 \\ \hline \underline{U}_{\varepsilon l} \\ 0 \\ 0 \end{array}\right] = -\boldsymbol{A} \left[\begin{array}{c} 1+0{,}5\,\mathrm{i} \\ 0 \\ \hline 0{,}50-0{,}25\,\mathrm{i} \\ 0 \\ 0 \end{array}\right] = + \begin{bmatrix} -4{,}95 & -2{,}475\,\mathrm{i} \\ -0{,}80 & -0{,}400\,\mathrm{i} \\ -1{,}709 & -0{,}0395\,\mathrm{i} \\ -0{,}574 & -0{,}287\,\mathrm{i} \\ +0{,}153 & +0{,}0765\,\mathrm{i} \end{bmatrix}$$

$$= \begin{bmatrix} \underline{E}_1 \\ \underline{E}_2 \\ \underline{E}_3 \\ \underline{E}_4 \\ \underline{E}_5 \end{bmatrix} = \overset{\text{WS I}}{\begin{bmatrix} \underline{E}_1 \\ 0 \\ 0 \\ 0 \\ 0 \end{bmatrix}} + \overset{\text{WS II}}{\begin{bmatrix} 0 \\ \underline{E}_2 \\ 0 \\ 0 \\ 0 \end{bmatrix}} + \overset{\text{WS III}}{\begin{bmatrix} 0 \\ 0 \\ \underline{E}_3 \\ 0 \\ 0 \end{bmatrix}} + \overset{\text{WS IV}}{\begin{bmatrix} 0 \\ 0 \\ 0 \\ \underline{E}_4 \\ 0 \end{bmatrix}} + \overset{\text{WS V}}{\begin{bmatrix} 0 \\ 0 \\ 0 \\ 0 \\ \underline{E}_5 \end{bmatrix}}. \qquad (19.91)$$

Das Resultat der einzelnen quasi-modalen WS ist folgendes

	WS I	WS II	WS III
$\underline{U}_l$	0,564 +0,282 i	0,015 +0,008 i	−1,079 −0,040 i
$\underline{U}_1$	−0,962 −0,481 i	−0,038 −0,019 i	0
$\underline{U}_m$	0,456 +0,228 i	0,118 +0,059 i	0
$\underline{U}_2$	0,157 +0,079 i	−0,157 −0,079 i	0
$\underline{U}_r$	−0,215 −0,107 i	0,062 +0,031 i	0

	WS IV	WS V	WS I + II + III + IV + V
$\underline{U}_l$	0	0	−0,500 +0,250 i
$\underline{U}_1$	0	0	−1,000 −0,500 i
$\underline{U}_m$	−0,574 −0,287 i	0	0
$\underline{U}_2$	0	0	0
$\underline{U}_r$	0	0,153 +0,076 i	0

Die Summe aller quasi-modalen WS ergibt exakt die negativen IU.

Die einzelnen quasi-modalen WS sind in Abb. 19.9d schematisch dargestellt. Die einzige IU $\underline{U}_{\varepsilon 1}$ in den lagerfreien Punkten regt die fiktiven EF in der gleichen Richtung an. Die WS I und II liegen deshalb (ausnahmsweise) in der gleichen Ebene.

Praktisches Vorgehen

Man beachte, daß die berechneten WS keine modalen WS sind, sondern quasi-modale, d. h. der erste WS genügt nicht, den Rotor in der ersten kritischen Drehzahl zu wuchten. Das praktische Vorgehen weicht deshalb leicht ab vom üblichen Vorgehen des modalen Wuchtens.

Wie beim modalen Wuchten sind die rechten Seiten der WS nicht bekannt, und man behilft sich wie dort mit VWS indem man für E_1, E_2 bis E_5 Symbole, z. B. 1, setzt und Größe und Richtung der Messung in den kritischen Drehzahlen anpaßt.

Man beginnt mit dem VWS I und paßt ihn der Messung in der ersten kritischen Drehzahl an. Dabei gelingt es nur die lagerfreien Massenpunkte 1 und 2 zu wuchten, nicht aber die Lagermassenpunkte. Für diesen ersten Testlauf ist mindestens eine Messung in 1, besser in 1 und 2 erforderlich. In gleicher Weise wird der zweite Testlauf mit dem VWS II in der zweiten kritischen Drehzahl durchgeführt. Nach diesem Testlauf ist in den lagerfreien Massenpunkten 1 und 2 der Rotor auch in der zweiten kritischen Drehzahl gewuchtet. In einem zweiten Anlauf folgt jetzt der Ausgleich der Lager mit den VWS III, IV und V. Dies kann grundsätzlich bei jeder Drehzahl geschehen, am zweckmäßigsten aber in der Nenndrehzahl. Man bringt in einem dritten Testlauf am linken Lager eine KU an, paßt sie nach Größe und Richtung der Messung am linken Lager an, bis das linke Lager einigermaßen ruhig, d. h. gewuchtet ist. Das Gleiche wiederholt sich mit dem mittleren und rechten Lager. Dies erfordert nochmals zwei separate Testläufe mit Messungen am mittleren und rechten Lager. Schließlich ist der Rotor vollständig gewuchtet.

Das quasi-modale Wuchten eines dreilagerigen Rotors erfordert drei Testläufe mehr als das modale Wuchten und verlangt Messungen an den lagerfreien Massenpunkten als auch an den drei Lagerstellen.

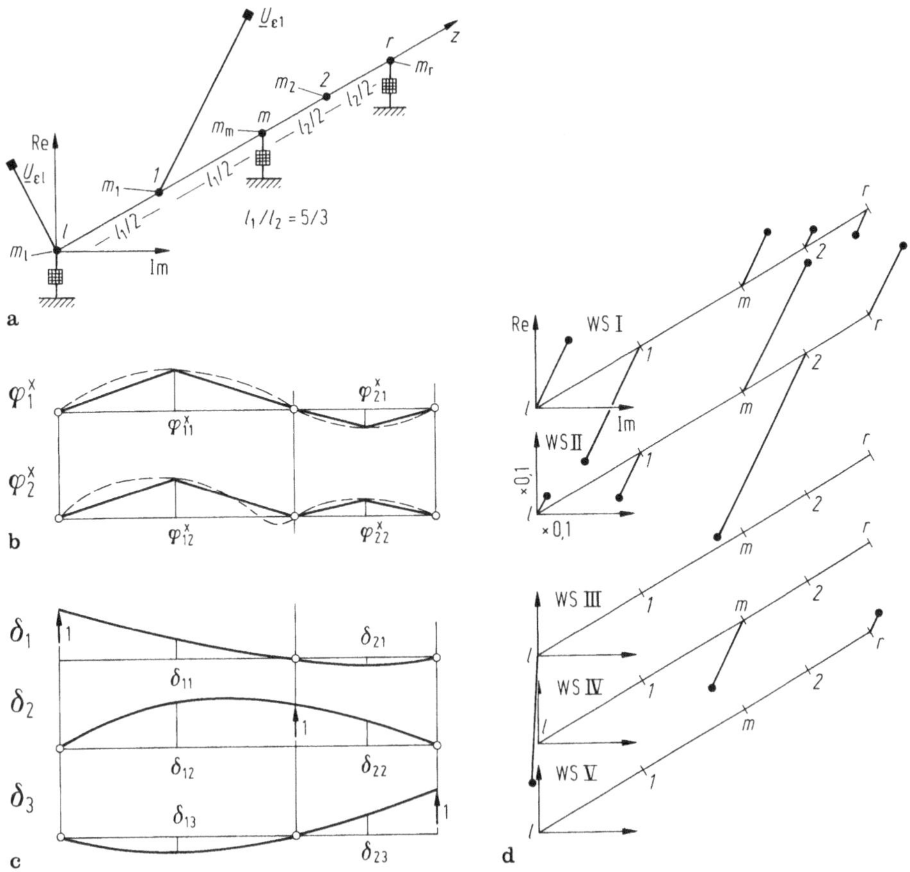

Abb. 19.9. Quasi-modales Wuchten. **a** Modellrotor auf drei beliebigen Lagern mit gleichen Massenpunkten m_l, m_1, m_{m}, m_2 und m_r und IU $\underline{U}_{\varepsilon l}$ und $\underline{U}_{\varepsilon 1}$; **b** fiktive EF; **c** Biegelinien oder Hilfsfunktionen; **d** WS I, II, …, V; WS I und II in einer Ebene durch die Achse. WS III, IV, V: EUW

Ist der Rotor anfänglich zu unwuchtig, sind also die IU zu groß, so drängt sich ein vorgängiges „starres" Wuchten auf. Es kann aber auch der Fall eintreten, daß nach Anpassung des ersten quasi-modalen VWS in der ersten kritischen Drehzahl die Unwuchten am Lager zu groß sind, um bis zur zweiten kritischen Drehzahl hochfahren zu können. Es ist dann vorteilhaft, die Wuchtung mit den WS III, IV und V zusammen für die Lager vorzuziehen, d.h. vor dem Gebrauch des zweiten quasi-modalen WS durchzuführen.

Der *Vorteil* des quasi-modalen Wuchtens liegt auf der Hand. Die fiktiven EF des fiktiv radial starr, frei drehbar gelagerten Rotors sind einfach zu berechnen und vor allem unabhängig von den Eigenschaften der Lager und von der Drehzahl des Rotors. Das gleiche gilt für die Hilfsfunktionen. Die *Nachteile* sind drei Testläufe mehr und Meßstellen an mindestens einem lagerfreien Massenpunkt, wie auch an allen drei

Lagern. Sind mehr als drei Lager vorhanden, sind entsprechend mehr Testläufe und Meßstellen notwendig.

Das quasi-modale Wuchten ist nach Matsushita, Ida und Takahashi [Ms] auch anwendbar für Rotoren, die in elastischen Gehäusen laufen.

Die Genauigkeit der quasi-modalen Methode wird in [Bo] und [Ms] als befriedigend bezeichnet.

19.4 Verbesserung der EK-Methode (UCA)

Stellvertretend für verbesserte und/oder erweiterte EK-Methoden sei diejenige mit Beschränkung von Amplituden und KU kurz besprochen (englisch: *u*nified *c*onstrained *a*pproach, UCA).

Als erste haben wohl, Zorzi, Giordani und Lee [Zo1] 1982 auf diese Möglichkeit aufmerksam gemacht. 1984 hat Wang [Jy] in einer Dissertation in München die gleiche Methode, offensichtlich unabhängig von [Zo1] beschrieben. Beide Arbeiten verwenden für die Beschränkung (englisch: constraint) Lagrange-Multiplikatoren. Diese neue Methode verbessert die EK-Methode mit Gewichtung (Abschn. 17.1) in dem Sinne, als nicht nur einzelne MP gewichtet werden, sondern daß für die MP Amplituden, und für KU in den WE obere und untere Grenzen vorgegeben werden können (einzeln oder kombiniert). Dies hat den Vorteil, daß einerseits durch die *Amplitudenbeschränkung* Auslenkungen in niederen kritischen Drehzahlen in vorgegebenen Grenzen gehalten werden können, wenn der Rotor überkritisch gewuchtet wird. Konkret heißt dies, daß man ohne Unterbruch über die erste (evtl. zweite) kritische Drehzahl fahren kann, wenn die Betriebsdrehzahl, in der gewuchtet wird, über der ersten (evtl. zweiten) kritischen Drehzahl liegt. Andererseits ist die KU- oder *Massenbeschränkung* weniger von Bedeutung. Sie kann evtl. bei Hohlrotoren vorteilhaft sein, um allzu große örtliche elastische oder plastische Verformungen durch die Fliehkräfte zu vermeiden.

Wir zeigen den Formalismus der Methode mit den Bezeichnungen des Kap. 13 dieses Buchs und folgen [Zo1] ohne ins Detail einzugehen.

Nach Gleichung (13.7), lautet der Fehlervektor

$$\boldsymbol{r}^{\mathrm{F}} = \boldsymbol{r}^{\mathrm{A}} + \boldsymbol{A}\,\boldsymbol{U}. \tag{19.92}$$

Die Amplitudenbeschränkung wird durch die Matrizengleichung

$$\boldsymbol{G}_{\mathrm{a}}\boldsymbol{r}^{\mathrm{F}} = \boldsymbol{D}_{\mathrm{a}} \tag{19.93}$$

bestimmt, in der $\boldsymbol{D}_{\mathrm{a}}$ den Amplitudenbeschränkungsvektor, $\boldsymbol{G}_{\mathrm{a}}$ die Amplitudenbeschränkungsmatrix und $\boldsymbol{r}^{\mathrm{F}}$ der Fehlervektor bedeutet.

Analog gilt für die Massenbeschränkung

$$\boldsymbol{G}_{\mathrm{u}}\,\boldsymbol{U} = \boldsymbol{D}_{\mathrm{u}}, \tag{19.94}$$

wobei $\boldsymbol{D}_{\mathrm{u}}$ der Massenbeschränkungsvektor, $\boldsymbol{G}_{\mathrm{u}}$ die Massenbeschränkungsmatrix und $\boldsymbol{U}$ der KU-Vektor bedeutet.

Eine Möglichkeit Beschränkungsvektoren und -Matrizen zu bilden ist im Anhang zu Abschn. 19.4 gezeigt.

Damit tritt anstelle der Fehlerquadratsumme für den klassischen, gewichteten Ausgleich Gleichung (17.2)

$$F_g = [(\boldsymbol{r}^F)^*]^T \boldsymbol{\Lambda}\, \boldsymbol{r}^F \tag{19.95}$$

die folgenden Fehlerquadratsumme

$$S = [(\boldsymbol{r}^F)^*]^T \boldsymbol{\Lambda}\, \boldsymbol{r}^F + (\boldsymbol{G}_a \boldsymbol{r}^F - \boldsymbol{D}_a)^T \boldsymbol{\lambda}_a + (\boldsymbol{G}_u \boldsymbol{U} - \boldsymbol{D}_u)^T \boldsymbol{\lambda}_u, \tag{19.96}$$

wobei $\boldsymbol{\lambda}_a$ und $\boldsymbol{\lambda}_u$ Lagrange--Multiplikatoren (hier Vektoren) sind.

Die Funktion $S = fkt(\boldsymbol{U}, \boldsymbol{\lambda}_a, \boldsymbol{\lambda}_u)$ ist wie die Funktion (19.95) $F_g = fkt(\boldsymbol{U})$ zu minimieren. Setzt man (19.92) in (19.96) ein, bildet die drei partiellen Ableitungen $\partial S/\partial \boldsymbol{U}$, $\partial S/\partial \boldsymbol{\lambda}_a$, $\partial S/\partial \boldsymbol{\lambda}_u$ und setzt sie Null, ergeben sich die drei Gleichungen

$$\begin{aligned} &\text{a)}\ (\boldsymbol{A}^*)^T \boldsymbol{\Lambda}\, \boldsymbol{r}^F + (\boldsymbol{G}_a \boldsymbol{A})^T \boldsymbol{\lambda}_a + \boldsymbol{G}_u^T \boldsymbol{\lambda}_u = \boldsymbol{0};\\ &\text{b)}\ \boldsymbol{G}_a \boldsymbol{r}^F - \boldsymbol{D}_a = \boldsymbol{0};\\ &\text{c)}\ \underline{\boldsymbol{G}_u \boldsymbol{U} - \boldsymbol{D}_u = \boldsymbol{0}}. \end{aligned} \tag{19.97}$$

Wird (19.92) nochmals in (19.97a und c) eingesetzt, entsteht

$$\begin{aligned} &\text{a)}\ \underline{[(\boldsymbol{A}^*)^T \boldsymbol{\Lambda} \boldsymbol{A}]\, \boldsymbol{U} + (\boldsymbol{G}_a \boldsymbol{A})^T \boldsymbol{\lambda}_a + \boldsymbol{G}_u^T \boldsymbol{\lambda}_u = -(\boldsymbol{A}^*)^T \boldsymbol{\Lambda}\, \boldsymbol{r}^A};\\ &\text{b)}\ \underline{\boldsymbol{G}_a \boldsymbol{A}\, \boldsymbol{U} = \boldsymbol{D}_a - \boldsymbol{G}_a \boldsymbol{r}^A}. \end{aligned} \tag{19.98}$$

Matrizen (Ordnung)	Vektoren (Ordnung)
$\boldsymbol{A}, \boldsymbol{\Lambda}, \boldsymbol{G}_a\ (J \times J)$	$\boldsymbol{D}_a, \boldsymbol{\lambda}_a, \boldsymbol{r}^A\ (J \times 1)$
$\boldsymbol{G}_u\ \ (K \times K)$	$\boldsymbol{D}_u, \boldsymbol{\lambda}_u, \boldsymbol{U}(K \times 1)$.

(19.97c) und (19.98) bilden ein simultanes System von linearen Gleichungen für $\boldsymbol{U}$, $\boldsymbol{\lambda}_a$, $\boldsymbol{\lambda}_u$, s. z.B. [Mw S. 81/82, Cr S. 139/140, Wc]. Es ist hier zu beachten, daß das Gleichungssystem eine allgemeine Formulierung mit maximaler Zahl von Beschränkungen ist. Bei praktischer Anwendung können unter Umständen nur eine oder zwei Beschränkungen notwendig werden.

Ohne jegliche Beschränkung lautet (19.98a)

$$[(\boldsymbol{A}^*)^T \boldsymbol{\Lambda} \boldsymbol{A}]\, \boldsymbol{U} = -(\boldsymbol{A}^*)^T \boldsymbol{\Lambda}\, \boldsymbol{r}^A.$$

Die eckige Klammer der linken Seite ist eine quadratische Matrix und kann, wenn regulär, invertiert werden, so daß

$$\boldsymbol{U} = -[(\boldsymbol{A}^*)^T \boldsymbol{\Lambda} \boldsymbol{A}]^{-1} (\boldsymbol{A}^*)^T \boldsymbol{\Lambda}\, \boldsymbol{r}^A \equiv \boldsymbol{U}_g$$

entsteht, eine zu (17.4) identische Gleichung.

Die übrigen Gleichungen (19.97c) und (19.98b) verlieren (ohne Beschränkung) ihre Bedeutung.

Wir fügen drei Beispiele mit extremer Beschränkung aus [Zo1] bei. Der Modellrotor, der verwendet wurde, ist in Abb. 19.10 skizziert. Er besteht aus einer Welle mit Durchmesser 12,7 mm und einer Länge von 680 mm. Er ist auf zwei Gleitlagern, 19,1 mm lang und einem Lagerspiel von 12.7 µm gelagert. Neben einem der Hauptlager sitzt ein radial weiches Hilfslager (Sicherheitslager), bestehend aus einem Kugellager mit Kunststoffdämpfer. Auf der Welle sind drei Scheiben vom Durchmesser 152,4 mm

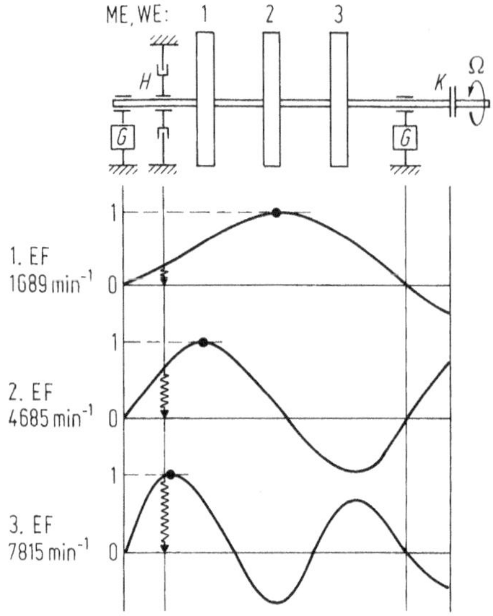

Abb. 19.10. Wuchten mit Beschränkung (aus [Zo1]). Modellrotor mit den ersten drei EF und „ungedämpften" kritischen Drehzahlen im Betriebsbereich bis 10000 *l*/min. *G* Gleitlager, *H* Hilfslager, *K* Gummikupplung mit Antrieb 1, 2, 3 Scheiben, ME und WE

und der Dicke 25,4 mm montiert, die auch als ME und WE dienen. Über deren Lage besteht keine Angabe. Der Antrieb erfolgt über eine biegeweiche Gummikupplung. Die drei ersten „ungedämpften" kritischen Drehzahlen und ihre EF im Betriebsbereich bis 10000 1/min sind der Abb. 19.10 zu entnehmen. Die Wuchtdrehzahlen sind 1500, 4500 und 7600 1/min.

In allen drei Beispielen sind Messungen über der Drehzahl für
— Ausgangszustand (baseline),
— nach dem Wuchten mit der klassischen EK-Methode,
— Nachwuchten mit Beschränkung
dargestellt.

Abbildung 19.11 a zeigt das Resultat einer einzelnen Beschränkung der Amplitude[7] auf Null in der ME 1 bis 1500 l/min.

Abb. 19.11 b zeigt das Resultat einer einzelnen Beschränkung der KU in der WE 3 von der Größe Null, d.h. es wird nur in der WE 1 und 2 gewuchtet. Die Aufzeichnung zeigt die Amplitude[7] in ME 1.

Abb. 19.11 c zeigt das Resultat der Kombination beider Beschränkungen von Abb. 19.11 a und b, also eine gemischte Beschränkung. Die Aufzeichnung zeigt die Amplitude[7] in ME 3.

[7] Es ist nicht ersichtlich was unter Amplitude verstanden wird: eine Amplitude in *x*- oder *y*-Richtung oder der größte Wert der elliptischen Bahn (Orbit).

▷

Abb. 19.11. Wuchten mit Beschränkung (aus [Zo1]). **a** einzelne Beschränkung im Orbit auf Null in der ME 1 bei 1500 1/min. Amplitude in ME 1; **b** einzelne Beschränkung der KU in der WE 3 der Größe Null. Amplitude in ME 1; **c** kombinierte Beschränkung wie in a) und b). Amplitude in ME 3. *1* Basislinie (IU); *2* klassischer Ausgleich (Minimum Fehlerquadrate); *3* Ausgleich mit Beschränkung

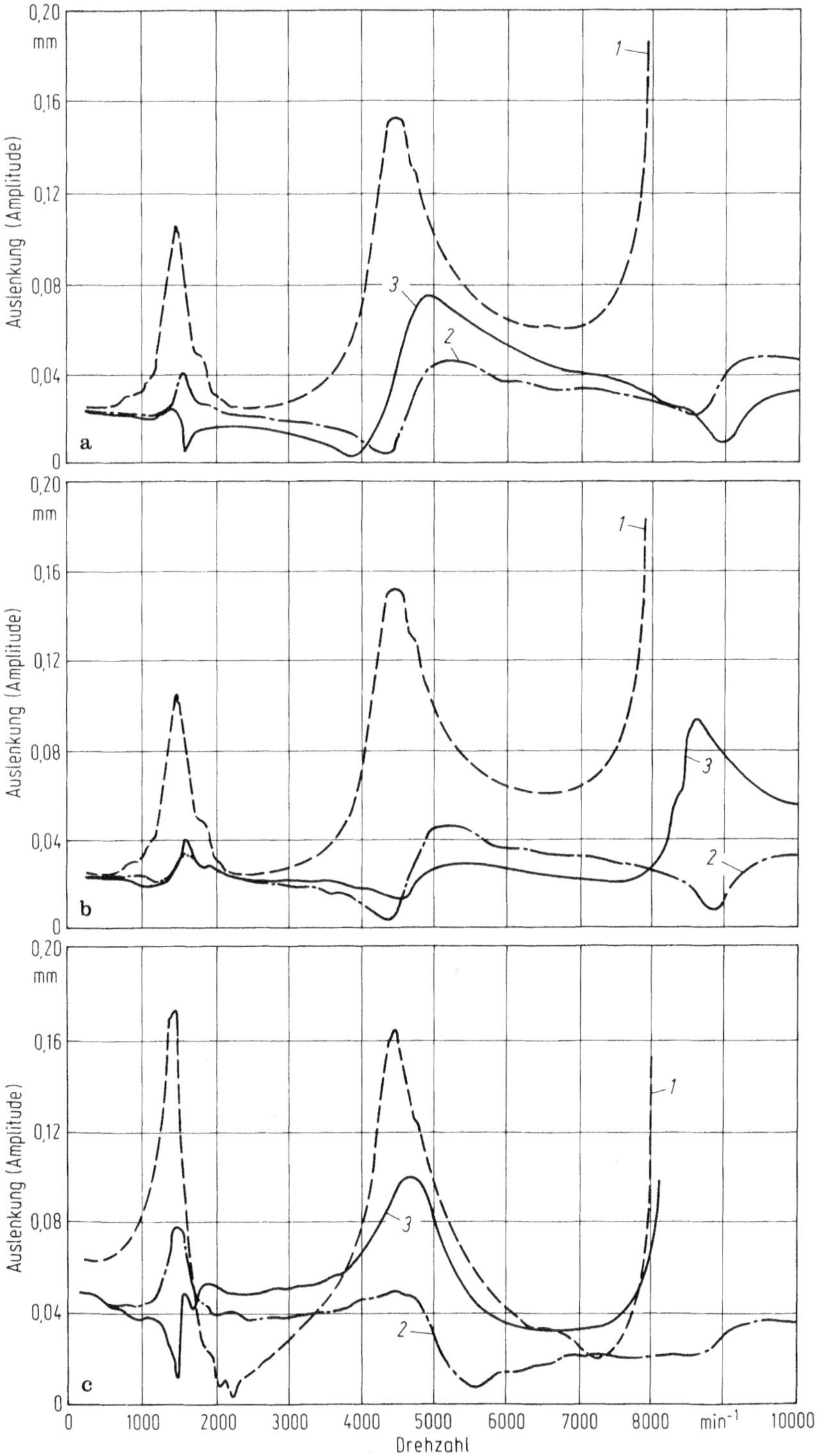
0,20
mm
0,16
0,12
0,08
0,04
0
Auslenkung (Amplitude)
a
b
c
1
2
3
0
1000
2000
3000
4000
5000
6000
7000
8000
min⁻¹
10000
Drehzahl

Aus den Beispielen ist einerseits ersichtlich, daß die Beschränkungen für die gewählten MP (Drehzahl und ME) auf Kosten anderer MP gehen, was im Wesen eines statistischen Ausgleichs liegt. Andererseits zeigt die Beschränkung auf 2 WE, Abb. 19.11b, daß es mit 2 WE nicht gelingt, die dritte EF genügend zu wuchten. Ferner zeigt die Kombination von Amplituden- und WE-Beschränkung, Abb. 19.11c, daß es nicht gelingt, 8000 1/min zu überschreiten und damit nicht gelingt, den ganzen Betriebsbereich zu wuchten.

Nebenbei sei bemerkt, daß sowohl in [Zo1, Jy] und [Zo2] empfohlen wird, von der Möglichkeit Gebrauch zu machen, modale WS zur exakten Messung der EK zu verwenden, s. auch Abschn. 17.2. Dies hat den großen Vorteil, daß bereits gewuchtete kritische Drehzahlen, d. h. EF kaum mehr beeinflußt werden. Die englisch sprechenden Autoren nennen dies: „unified approach in balancing" und deuten damit die Verwandtschaft von modaler und EK-Technik an.

20 Automatisches Wuchten

Unter automatischem Wuchten versteht man die Reduktion von Lagerschwingungen durch eine am Rotor eingebaute Zusatzeinrichtung. Diese Schikane kann selbständig wirken, ohne jeglichen Eingriff von außen, oder von außen gesteuert werden.

Das automatische Wuchten ohne Eingriff von außen hat sich bis heute für Großmaschinen wie Turbogruppen, Kompressoren etc. nicht durchgesetzt. Das gleiche gilt für Waschmaschinen, Tumbler etc. Es bleibt, wenn überhaupt, Spezialmotoren, Präzisionszentrifugen etc. vorbehalten.

Es scheint jedoch nicht ausgeschlossen, daß in Zukunft das automatische Wuchten – allerdings mit Eingriff von außen – speziell für Großmaschinen Bedeutung erlangt.

Wir werden in beschreibender, qualitativer Weise auf das automatische Wuchten eingehen, um so mehr, als man den Lösungen eine gewisse theoretische Eleganz und Erfindungshöhe nicht absprechen kann.

20.1 Automatisches Wuchten ohne und mit wenig Eingriff von außen

20.1.1 Rotoren mit einem Freiheitsgrad

Betrachten wir zum Verständnis des Problems eine isotrop elastisch gelagerte Lavalwelle in vertikaler Lage, Abb. 20.1. Die Auslenkung des Wellendurchstoßpunkts W der Scheibe mit der Exzentrizität ε ist $\underline{r} = x + \mathrm{i}\,y$ und der Orbit ein Kreis. In Abb. 20.1a ist die Ortskurve dargestellt. Sie zeigt die Winkellage von Auslenkung und Exzentrizität bei verschiedenen Winkelgeschwindigkeiten Ω. Im vorkritischen Bereich ($\Omega < \omega_k$) ist der Winkel $\psi\,(\overline{OWS})$ stumpf, im überkritischen Bereich ($\Omega > \omega_k$) spitz und in der (ungedämpften) Resonanz ($\Omega = \omega_k$) 90°. Abb. 20.1b und c zeigen die Konfiguration von O, W und S und der Rotationsachse bei $\Omega < \omega_k$ und $\Omega > \omega_k$. Die Scheibe besitzt eine konzentrische Rille, in der zwei Kugeln, je der Masse M, liegen und sich frei in der

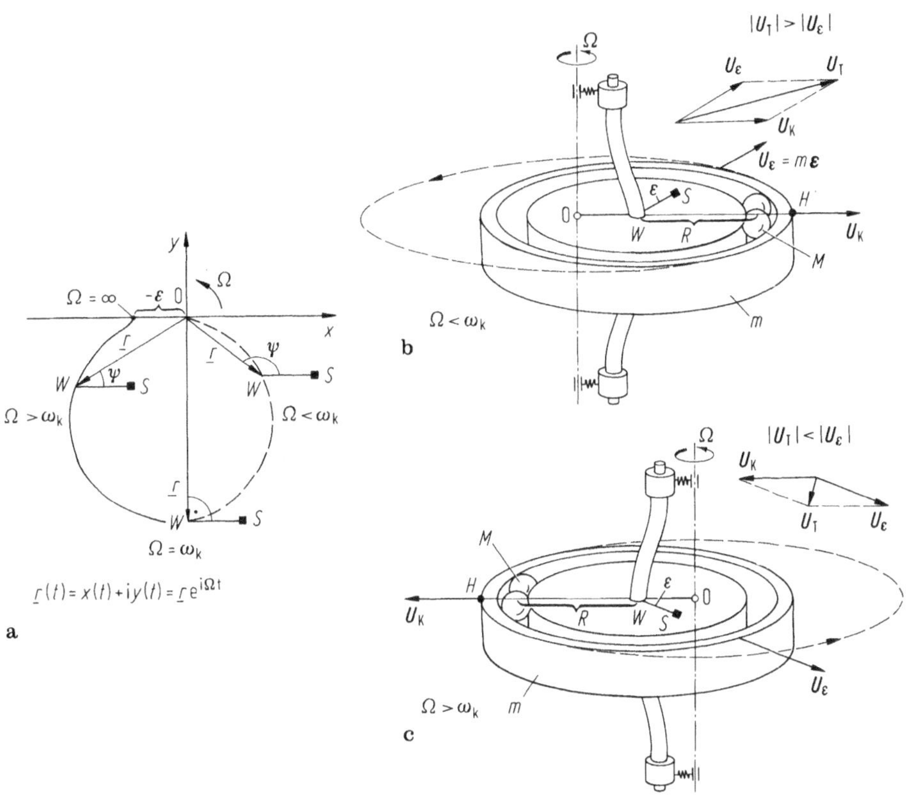

Abb. 20.1. Automatisches Wuchten der Lavalwelle mit zwei Kugeln im überkritischen Bereich. $\underline{U}_\varepsilon = m\underline{\varepsilon}$: IU, $\underline{U}_K$ Unwucht durch Kugeln, $\underline{U}_T = \underline{U}_\varepsilon + \underline{U}_K$ Gesamtunwucht. **a** Ortskurve der Auslenkung; **b** Unterkritischer Lauf $|\underline{U}_T| > |\underline{U}_\varepsilon|$; Kugeln schädlich, kein automatisches Wuchten möglich; **c** überkritischer Lauf $|\underline{U}_T| < |\underline{U}_\varepsilon|$; Kugeln nützlich, automatisches Wuchten möglich

Rille bewegen können.[1] Sind die Kugeln diametral gelegen, wird die IU der Scheibe $\underline{U}_\varepsilon = m\underline{\varepsilon}$ nicht verändert. Im Betrieb bewegen sich die Kugeln infolge der Fliehkraft zum hohen Punkt H hin und erzeugen eine Unwucht $\underline{U}_K = 2M\underline{R}$ in Richtung $\overline{OH}$. Die Resultante beider Unwuchten ist $\underline{U}_T = \underline{U}_\varepsilon + \underline{U}_K$. Sie ist im vorkritischen Bereich größer und im nachkritischen Bereich kleiner als $\underline{U}_\varepsilon$. Es gelingt so im nachkritischen Bereich – und nur in diesem – die Unwucht und folglich die umlaufenden Lagerkräfte mit den Kugeln zu verkleinern.

Diese Erkenntnis über Schwinger mit einem Freiheitsgrad (Zentrifugen, Tumbler, Waschmaschinen) ist nicht neu. Schon 1913 hat der französische Erfinder und Ingenieur Leblanc [Le] empfohlen, starre Rotoren weich zu lagern und überkritisch laufen zu lassen. Statt Kugeln wurde vorgeschlagen, ein teilweise mit Quecksilber (Hg) gefülltes Gefäß auf den Motor aufzukeilen, wobei durch die Fliehkräfte das Quecksilber sich exzentrisch am Gefäßrand einstelle, Abb. 20.2a.

[1] Man kann sich natürlich auch einen Torus vorstellen, in dem sich die Kugeln frei bewegen können.

Andere gleichwirkende Einrichtungen wurden im Laufe der Zeit erfunden, s. z.B. Thearle [Th1, Th2]. Abbildung 20.2b zeigt exzentrische Ringe, Abb. 20.2c Pendelsegmente, s. z.B. [Kj].

Die Schwierigkeit einer solchen Einrichtung, seien es Kugeln, Ringe oder Pendelsegmente, liegt offenbar darin, daß im vorkritischen Bereich diese beweglichen

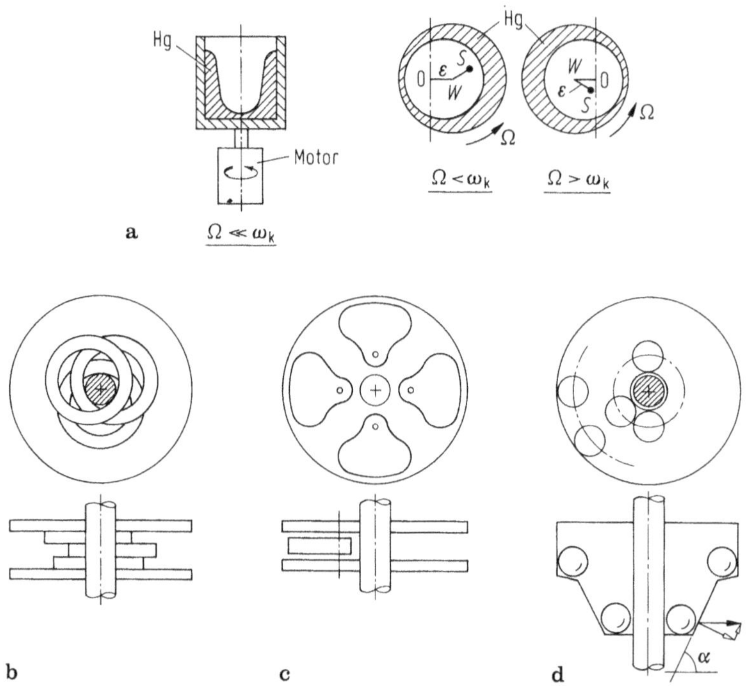

Abb. 20.2. Automatisches Wuchten von Rotoren mit einem Freiheitsgrad. **a** aufgesetztes Quecksilbergefäß; **b** exzentrische Ringe; **c** Pendelsegmente; **d** Kugeln im Konus (automatisches Wuchten ohne Eingriff von außen)

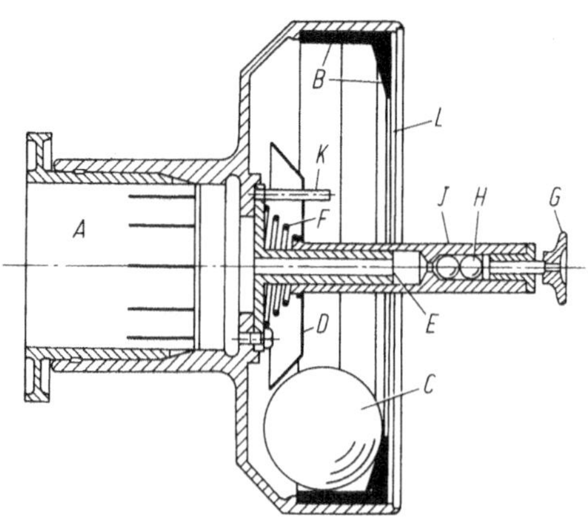

Abb. 20.3. Automatisches Wuchten mit Kugeln und Klemmvorrichtung nach [Th1] für Rotoren mit einem Freiheitsgrad (Öffnen der Klemme von Hand im überkritischen Lauf). *A* Ende Rotorwelle, *B* Wuchtkopfgehäuse, *C* zwei Stahlkugeln, *D* konische Klemmscheibe, *E* Führung der Klemmscheibe, *F* Feder für Klemmscheibe, *G* Knopf für Fingerdruck, *H* Kugellager, *J* Halterung der Klemmscheibe, *K* Stifte zur Fixierung der Klemmscheibe gegen Verdrehung im Gehäuse, *L* Lichtfenster

Elemente in Neutralstellung bis zur kritischen Drehzahl blockiert sein müssen, da sie sonst kontraproduktiv wirken. Die Blockierung erfordert aber im allgemeinen einen Eingriff von außen. Thearle [Th1] hat 1932 eine von Hand zu betätigende Klemmvorrichtung vorgeschlagen, Abb. 20.3. Nach Erreichen der kritischen Drehzahl werden die diametral angeordneten festgeklemmten Kugeln durch Knopfdruck bei *G* freigegeben. Um allzu große Auslenkungen beim Übergang durch die kritische Drehzahl zu verhindern, wurden Stützlager (?) vorgeschlagen. Ein generelles Problem bildete die Reibung der beweglichen Elemente, insbesondere bei den Ringen.

Theoretisch interessant ist ein Vorschlag von Thearle [Th2], Abb. 20.2d, der keinen Eingriff von außen erfordert. Die Kugeln sind in einem nach unten konischen Korb gelagert, der an einer vertikal aufgestellten Maschine aufgekeilt ist. In Ruhelage sind die Kugeln unten im Korb mit kleinem Abstand zur Achse und ohne Zwischenraum dicht aneinander gelagert. Bei kleinen Drehzahlen ist die Fliehkraft klein, schon zufolge kleinen Abstands der Kugeln zur Drehachse, der Korb hat keine Unwucht. Mit zunehmender Drehzahl wird die Fliehkraft größer und die Kugeln klettern über die schiefe Ebene des Konus höher. Der Neigungswinkel α soll so gewählt werden, daß knapp über der kritischen Drehzahl die Kugeln dann die Lage in der oberen Ebene einnehmen. Durch den größeren Umfangskreis, auf dem die Kugeln liegen, können sie sich exzentrisch einstellen und ihre volle Wirkung entfalten.

Nun könnte man aus Abb. 20.1c schließen, daß bei allzuschweren Kugeln die Restunwucht $\underline{U}_T$ größer als die IU $\underline{U}_\varepsilon$ werden könnte (Überkompensation) und die erwartete Reduktion der Lagerkräfte ausbleiben würde. Daß dieser Fall nicht eintreten wird, haben Inoue [In] 1967, Sharp [Sp] 1975 und Högfors [Hö] 1984 anhand von Stabilitätsrechnungen gezeigt. Die Kugeln wandern in einem solchen Fall nicht an den hohen Punkt *H*, sondern formieren sich links und rechts symmetrisch zu *H*, so daß deren resultierende Fliehkraft kleiner wird, als wenn beide Kugeln in *H* lägen. Eine Überkompensation ist ausgeschlossen, Abb. 20.4. Ganz ähnlich verhalten sich drei Kugeln. Den experimentellen Nachweis dafür hat Ernst [Er] schon 1951 erbracht.

20.1.2 Rotoren mit mehr als einem Freiheitsgrad

Starre Rotoren in isotrop elastischen Lagern müssen nicht nur statisch, sondern auch dynamisch gewuchtet werden. Es werden mindestens zwei WE gebraucht. Eine Ausnahme bilden Einscheibenrotoren, die in der Scheibenebene gewuchtet werden.

Hedaya und Sharp [He] verwenden für starre Rotoren in radial isotropen Lagern zwei WE, bestehend aus je einer Scheibe mit zwei Kugeln. Die ausführliche Diskussion der Stabilität führt auf die folgenden wichtigsten Erkenntnisse:

- nur im überkritischen Bereich ist automatisches Wuchten möglich,
- Lagerdämpfung und Dämpfung der Kugeln in den Wuchtscheiben ist erforderlich. Die Dämpfung der Kugeln ist um so größer, je größer die Unwucht, je größer das polare Massenträgheitsmoment und je größer der Lagerabstand ist. Sie ist um so kleiner, je größer das axiale Massenträgheitsmoment ist und je weiter die WE auseinander liegen.

Die Stabilität wurde anhand von acht komplexen Eigenwerten mit acht EF untersucht (negative Realteile der Eigenwerte). Vier EF entsprechen den Freiheitsgraden des Rotors ohne Kugeln (zwei Freiheitsgrade pro Scheibe), und vier EF entsprechen den Freiheitsgraden der Kugeln in der Wuchtscheibe (je eine pro Kugel).

Noch weniger transparent wird die Situation bei elastischen Rotoren. Betrachten wir eine starr (isotrop) gelagerte Scheibenwelle mit drei symmetrisch angeordneten Scheiben, wie sie in Abschn. 11.2.10 behandelt wurde. Die beiden äußeren Scheiben haben je eine Unwucht U_ε bzw. $\mathrm{i}U_\varepsilon$. Die Amplituden der Auslenkungen sind für alle drei Scheiben in Abb. 11.4a über der Winkelgeschwindigkeit Ω dargestellt. Die kritischen Drehzahlen sind 219, 869 und 1846 rad/s. In Abb. 11.4b, c, d sind die Ortskurven für die Auslenkungen aufgetragen. Angenommen, wir wollen im Bereich $\Omega = 0$ bis 1000 rad/s automatisch wuchten, d.h. im Bereich bis und mit der 2. kritischen Drehzahl. Dazu brauchen wir mindestens zwei WE (N-Methode!). Wir wählen die beiden äußeren

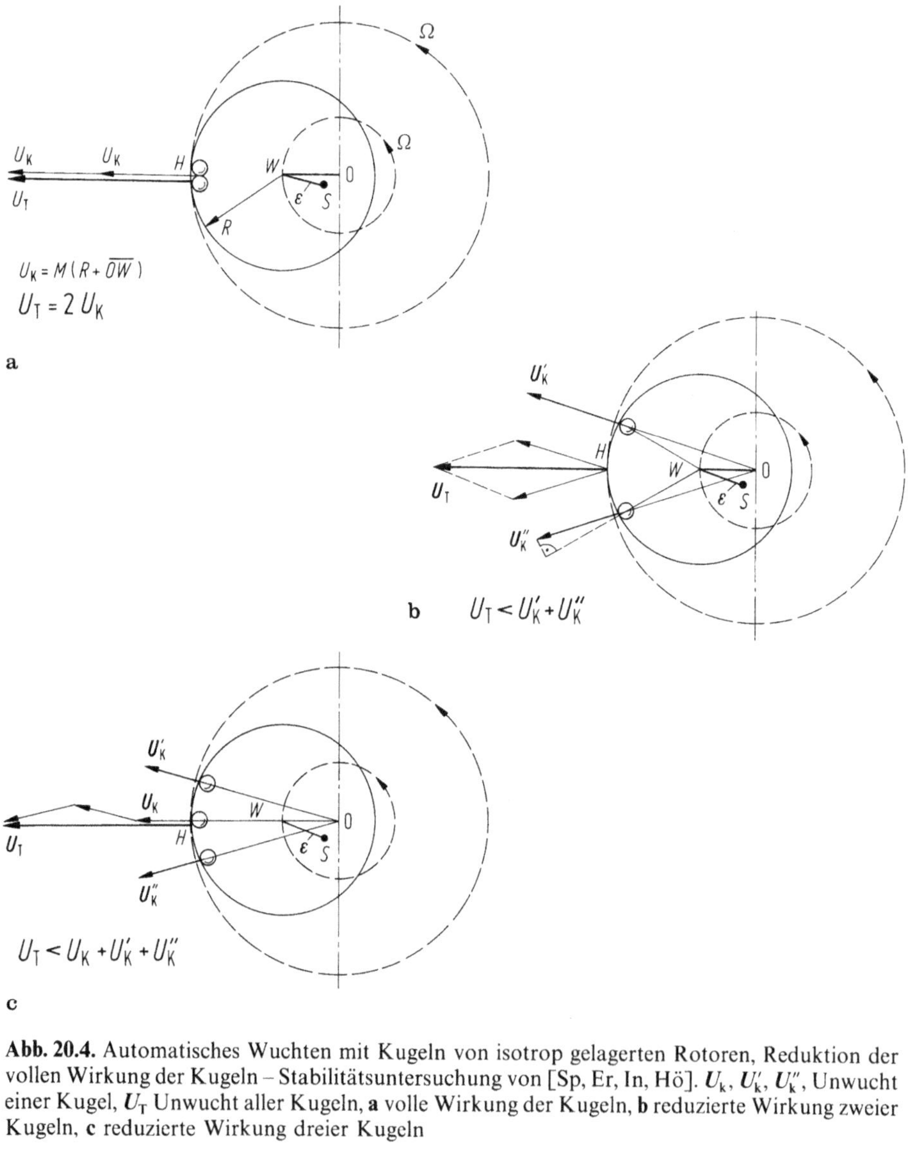

Abb. 20.4. Automatisches Wuchten mit Kugeln von isotrop gelagerten Rotoren, Reduktion der vollen Wirkung der Kugeln – Stabilitätsuntersuchung von [Sp, Er, In, Hö]. U_k, U'_k, U''_k, Unwucht einer Kugel, U_T Unwucht aller Kugeln, **a** volle Wirkung der Kugeln, **b** reduzierte Wirkung zweier Kugeln, **c** reduzierte Wirkung dreier Kugeln

Scheiben 1 und 3. Sie sollen mit Rillen, in denen Kugeln sich frei bewegen können, versehen sein, wie in Abb. 20.1. Betrachtet man die Ortskurve von Scheibe 1, Abb. 11.4b, so erkennt man, daß nur im 3. und 4. Quadranten der Winkel zwischen Auslenkung $\underline{r}$ und Unwucht U_ε spitz ist. Die automatische Wuchtung funktioniert also nur im Bereich 815 bis 1670 rad/s. Die Scheibe 3 (Ortskurve in Abb. 11.4d) hat eine IU $\mathrm{i}U_\varepsilon$. Der Winkel zwischen Auslenkung und Unwucht ist nur im 2. und 3. Quadranten spitz, also im Bereich 210 bis 520 rad/s. In Abb. 20.5 sind diese Bereiche graphisch dargestellt. Man stellt folgendes fest: Die Kugeln der Scheibe 1 verschlechtern die IU bis $\Omega = 815$ rad/s, also bis kurz vor der 2. kritischen Drehzahl. Die Kugeln der Scheibe 3 verschlechtern die IU bis $\Omega = 210$ rad/s, also bis kurz vor der 1. kritischen Drehzahl und im Bereich 520 bis 1000 rad/s, am Ende des Betriebsbereichs. Es gibt keinen Bereich in dem die Kugeln *beider* Scheiben eine Verbesserung der Unwucht erbringen. Man müßte die Kugeln der Scheibe 1 bis 815 rad/s und diejenigen der Scheibe 2 von 0 bis 210 und von 520 rad/s an blockieren. Nun ist dieses Beispiel an eine bestimmte Unwucht gebunden. Eine andere Unwuchtverteilung wird ein anderes Resultat ergeben. Immerhin zeigt das Beispiel mit aller Deutlichkeit die Problematik des automatischen Wuchtens von elastischen Rotoren mit mehreren Freiheitsgraden ohne Eingriff von außen.

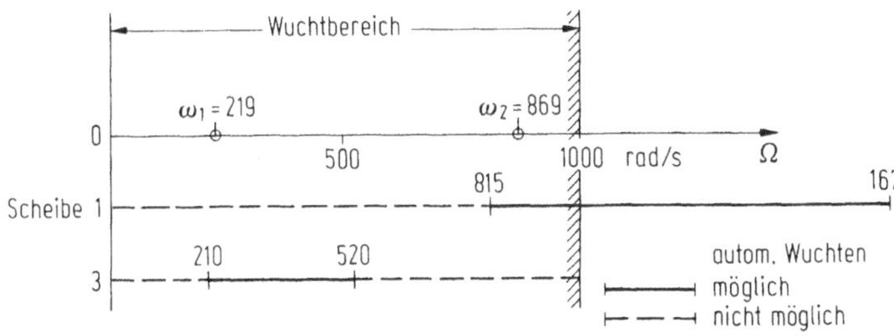

Abb. 20.5. Drehzahlbereich für automatisches Wuchten eines Dreischeiben-Rotors mit Wuchtkopf für die äußeren Scheiben, s. Text

Eine weitere Schwierigkeit für das automatische Wuchten ist die anisotrope Lagerung. Nesterenko [Ne] 1984 und Agafonov, Bazykin [Ag] 1985 untersuchten eine ungedämpfte Lavalwelle in radial *anisotroper* Lagerung. Zwei Kugeln sind in der Rille der Scheibe frei beweglich gelagert, Abb. 20.6. c_x und c_y sind die ungleichen Lagersteifigkeiten und c ist die Biegesteifigkeit der Welle. Die kritischen Winkelgeschwindigkeiten sind somit

$$\omega_x = \sqrt{c_x'/m} < \omega_y; \quad \omega_y = \sqrt{c_y'/m}; \quad \left(\frac{1}{c_x'} = \frac{1}{c_x} + \frac{1}{c}; \quad \frac{1}{c_y'} = \frac{1}{c_y} + \frac{1}{c}\right).$$

Die Stabilitätsbetrachtung liefert folgendes einfaches Resultat:

Nur der Bereich $\Omega = \omega_x$ bis ω_r (ω_r ist die Winkelgeschwindigkeit, bei der der Orbit ein Kreis ist), und der Bereich $\Omega = \omega_y$ bis ∞ ist der automatischen Wuchtung zugänglich. Man müßte beim Hochlauf die Kugeln im Bereich 0 bis ω_x und ω_r bis ω_y in diametraler Anordnung blockieren.

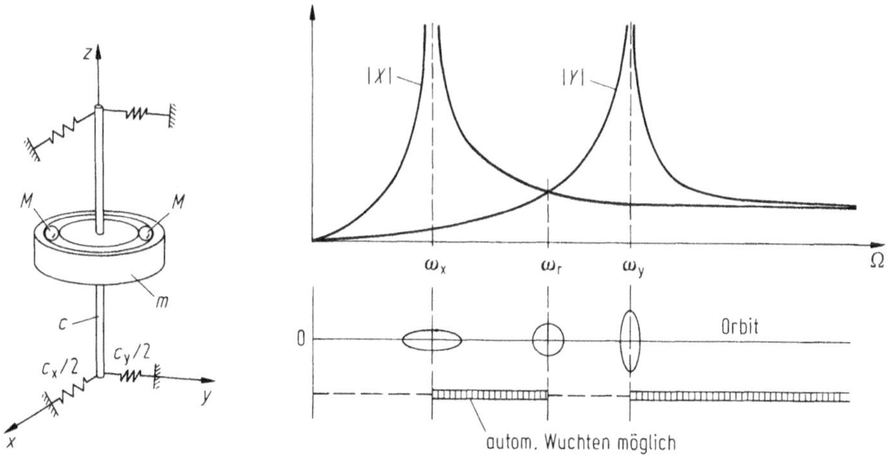

Abb. 20.6. Automatisches Wuchten einer anisotrop gelagerten Lavalwelle mit zwei Kugeln, mögliche Bereiche für automatisches Wuchten (schematisch). ▭▭▭ automatisches Wuchten möglich, ---- automatisches Wuchten nicht möglich

20.2 Automatisches Wuchten mit Eingriff von außen

Es handelt sich dabei um WG, die sich in einer Zusatzeinrichtung, am Rotor montiert, befinden. Zu Beginn sind die WG in neutraler Lage blockiert. In der gewünschten Wuchtdrehzahl werden die erforderlichen WG durch eine Steuerung von außen in die gewünschte Position (Winkellage) gebracht. Die Übertragung der Steuersignale kann über Schleifringe oder elektronisch mit Sender und am Rotor montierten Empfängern erfolgen.

Ob ein derartiges Wuchten mit Eingriff von außen als automatisches Wuchten zu bezeichnen ist, soll der Leser beurteilen. Grundsätzlich stehen drei Möglichkeiten zum Wuchten mit Steuerung von außen offen, gleich wie beim klassischen Wuchten überhaupt. Man kann erstens durch Zusatzmassen einen Massenausgleich am Rotor erzielen und zweitens eine Initialkrümmung des Rotors in gewissen Grenzen (s. Abschn. 8.1.3 und 8.2) kompensieren. Drittens kann man durch gesteuerte Verkrümmung des Rotors einen Massenausgleich vollziehen. Für diese dritte Möglichkeit verweisen wir auf Kap. 21.

Wir behandeln im folgenden – stellvertretend für viele ähnliche – vier theoretisch interessante Vorschläge von Van de Vegte 1981, Bishop 1982, Kim und Lee 1985 und Gosiewski 1985. Sie zeigen die Problematik des automatischen Wuchtens mit Eingriff von außen recht gut.

Van de Vegte [Va] schlägt zum Wuchten von Scheiben- und kontinuierlichen Rotoren in zwei Lagern zwei motorisierte Wuchtköpfe vor, Abb. 20.7a. Ein Wuchtkopf besteht aus zwei Triebwerken, die durch Gleichstrommotoren betrieben und gesteuert werden. Die Stromübertragung erfolgt durch Schleifringe. Jedes Triebwerk kann über ein Schneckengetriebe einen Ring mit einem WG der Masse m_1, bzw. m_2 verdrehen. Sind die Radien der WG r_1 bzw. r_2, betragen die EUW $m_1 r_1$, bzw. $m_2 r_2$. Bedingung ist

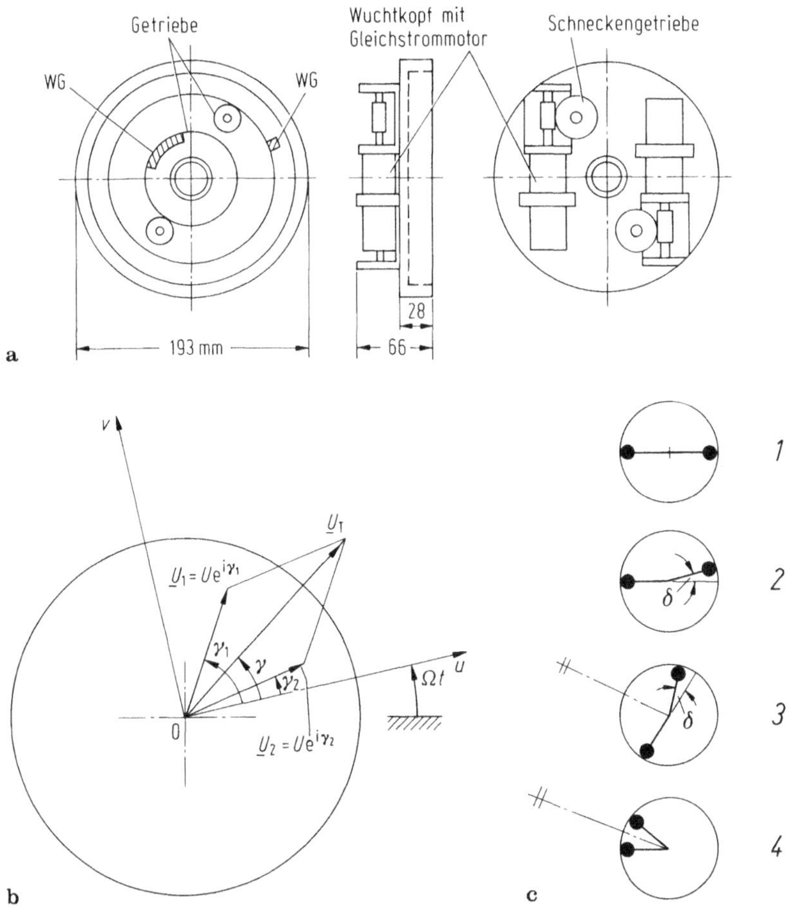

Abb. 20.7. Automatisches Wuchten nach [Va] mit aufgesetztem Wuchtkopf. **a** Wuchtkopf mit zwei Triebwerken zur Regulierung der KU (mit Polarkoordinaten); **b** Orientierung der KU im rotierenden KS; **c** die vier Wuchtschritte

nun, daß beide EUW gleich groß sind $m_1 r_1 = m_2 r_2 = U$. In einem mit Ω drehenden (komplexen) (u, v)-KS können die Unwuchten in der (komplexen) Form

$$\underline{U}_1 = U\,e^{i\gamma_1} \quad \text{bzw.} \quad \underline{U}_2 = U\,e^{i\gamma_2}$$

und die resultierende Unwucht in der Form

$$\underline{U}_T = U\,e^{i\gamma_1} + U\,e^{i\gamma_2} = U\,(e^{i\gamma_1} + e^{i\gamma_2}), \quad \begin{cases} \gamma_1 = \gamma_2 = \gamma \rightarrow \underline{U}_T = 2U\,e^{i\gamma} = \underline{U}_{T\,max} \\ \gamma_1 = \gamma_2 + \pi \rightarrow \underline{U}_T = 0 \qquad = \underline{U}_{T\,min} \end{cases}$$

geschrieben werden, Abb. 20.7b. Es besteht so die Möglichkeit durch Änderung von γ_1 und γ_2 Unwuchten im Größenbereich 0 bis $2U$ und in jeder gewünschten Richtung γ zu erzeugen.

Bishop [Bi4] macht ein Jahr später darauf aufmerksam, daß ein einziger derartiger Wuchtkopf genügt, um einen Rotor – auch mit mehr als zwei Lagern (?) – durch die kritischen Drehzahlen bis hinauf zur Wuchtdrehzahl zu fahren und dort zu wuchten.

Voraussetzung ist, daß der Wuchtkopf axial so montiert ist, daß er nicht mit einem Knoten einer EF zusammenfällt, ansonsten wird er für diese EF unwirksam. Die Lagerung wird isotrop vorausgesetzt[2].

Überfahren der kritischen Drehzahl und Wuchten bei einer Drehzahl geschieht in vier Schritten, Abb. 20.7c.

1. Schritt. Mit beiden KU $\underline{U}_1$ und $\underline{U}_2$ in diametraler Lage ($\gamma_1 = \gamma_2 + \pi$) hochfahren bis zur gewünschten Drehzahl (die KU haben so keinen Einfluß).

2. Schritt. Den eingeschlossenen Winkel von 180° der KU leicht verkleinern auf $180° - \delta$, ($\gamma_1 = \gamma_2 + \pi - \delta$), wobei δ ein kleiner Winkel ist.

3. Schritt. Mit gleichbleibendem Winkel ($180° - \delta$) die KU paarweise „starr“ verdrehen, bis die Lagerschwingungen ein Minimum werden.

4. Schritt. Bei fest gehaltener Winkelhalbierenden beider KU den eingeschlossenen Winkel von ($180° - \delta$) verkleinern, die Wirkung von $\underline{U}_T$ wird größer, und es entsteht ein noch kleineres Minimum der Schwingung.

Mit diesem Verfahren der vier Schritte kann entweder eine kritische Drehzahl überfahren oder in der Wuchtdrehzahl gewuchtet werden. Die Begründung dazu basiert auf folgenden zwei theoretischen Erkenntnissen, die bereits bewiesen wurden.

1. Jede EF kann durch eine einzige KU gewuchtet werden, die nicht gerade auf einem Knoten der EF sitzt, S. 143 und 238.

2. Bei einer bestimmten Drehzahl kann ein zweilageriger Rotor mit nur einer einzigen KU gewuchtet werden. S. 265.

Praktisch wird man folgendermaßen vorgehen: (Die Wuchtdrehzahl sei die Nenndrehzahl und liege zwischen der 2. und 3. kritischen Drehzahl).

— Der Wuchtkopf wird an einer Stelle längs der Achse montiert, die keinen Knoten der ersten und zweiten EF enthält.
— Mit den vier Schritten wird nahe der ersten kritischen Drehzahl die erste EF gewuchtet (es dominiert nur die 1. EF). Dadurch gelingt der Übergang über die kritische Drehzahl.
— Man fährt hoch zwischen die erste und zweite kritische Drehzahl. Die in der ersten kritischen Drehzahl benötigte KU $\underline{U}_T^{II}$ des Wuchtkopfes regt natürlich auch die zweite EF (und höhere) im günstigen oder ungünstigen Sinne an. Um dies zu vermeiden, wird man die beiden Unwuchten des Wuchtkopfes diametral in die Neutralstellung bringen ($\gamma_1 = \gamma_2 + \pi$) und fährt anschließend hoch zur zweiten kritischen Drehzahl.
— Nahe der zweiten kritischen Drehzahl wird nun wieder mit den vier Schritten die zweite EF gewuchtet (es dominiert nur die 2. EF). Man kann über die zweite kritische Drehzahl hochfahren bis zur Wuchtdrehzahl oder Nenndrehzahl. Selbstverständlich beeinflußt die für die zweite kritische Drehzahl benötigte KU $\underline{U}_T^{II}$ auch die erste EF (und alle übrigen). Man wird mit $\underline{U}_T^{II}$ unter Umständen nicht über die erste kritische Drehzahl auslaufen können.

[2] Bei relativ starren Lagern, wie sie z. B. bei Turbogeneratoren üblich sind, ist der Einfluß der anisotropen Lager relativ klein, s. Abschn. 11.5.

— In der Wuchtdrehzahl angelangt, wird man die beiden Unwuchten des Wuchtkopfes wieder in Neutralstellung bringen ($\gamma_1 = \gamma_2 + \pi$). Durch weitere Anwendung der vier Schritte kann der Rotor für die Wuchtdrehzahl – und nur für diese – gewuchtet werden. Man kann nun – muß nicht – anhand der Winkellage der beiden Einzelunwuchten $\underline{U}_1$ und $\underline{U}_2$ im Wuchtkopf die resultierende Unwucht $\underline{U}_T$ bestimmen und ein entsprechendes WG nahe dem Wuchtkopf fix montieren, sowie $\underline{U}_1$ und $\underline{U}_2$ wieder in Neutralstellung bringen. Das WG hat die Wirkung des Wuchtkopfes übernommen.
— Für den Auslauf braucht man den Wuchtkopf wieder, um in umgekehrter Reihenfolge die zweite und erste kritische Drehzahl zu durchfahren.

Kim und Lee untersuchten 1985 in [Km] die optimale Lage eines einzelnen motorisierten Wuchtkopfes wie ihn Bishop vorschlägt.

Das theoretisch interessante Verfahren mit einem Wuchtkopf ist praktisch nicht erprobt. Für Großmaschinen wie Turbogruppen, Kompressoren, etc. wird es aus folgenden Gründen kaum praktische Verwendung finden:
— Die Genauigkeit und Stabilität eines derartigen Wuchtkopfes ist allgemein und besonders über längere Zeit problematisch.
— Die maximale Größe $2U$ der zur Verfügung stehenden KU im Wuchtkopf dürfte für die Praxis kaum genügen.
— Die Befehlsübertragung (mit Schleifringen oder Sender und Empfänger) ist aufwendig und störungsanfällig. Das gleiche gilt für die Gleichstrommotoren im Wuchtkopf.
— Das Vorgehen mit den vier Schritten muß bei jedem Hoch- und Auslauf wiederholt werden – ein Aufwand der unzumutbar groß ist, ob er nun manuell durchgeführt oder automatisiert wird.

Gosiewski [Gk] wendet das automatische Wuchten mit Wuchtköpfen auf elastische Rotoren an und automatisiert den Wuchtvorgang. In jeder WE ist ein pneumatischer oder hydraulischer Wuchtkopf, Abb. 20.8, oder ein Wuchtkopf mit linearem Gleichstrommotor, Abb. 20.7, zu montieren. Er erlaubt KU in gewünschter Größe und Phasenlage zu erzeugen.

In einem Computer werden die EK gespeichert. Schwingungsaufnehmer (Sensoren) am Rotor führen ihre Signale dem Computer zu, der anhand der gespeicherten EK die notwendigen KU berechnet und die Befehle einem Steuergerät (actuator) mitteilt, das die Wuchtköpfe verstellt. Das Resultat wird vom Computer beurteilt, um nötigenfalls weitere Korrekturen einzuleiten, womit ein Regelkreis geschlossen wird.

Das Wuchten selbst kann mit der klassischen EK-Methode erfolgen, allerdings mit dem Unterschied, daß die Maschine weder für Testläufe, noch für die Montage von KU abgestellt zu werden braucht. Das gleiche gilt für die Beschaffung der EK. Der große *Vorteil* besteht aber darin, daß bei Änderungen des Unwuchtzustands eine Kompensation sofort erfolgt, durch dauernden Vergleich der Meßwerte, gewissermaßen quasitransient. Ursachen der Unwuchtwanderung sind z. B. Temperaturunterschiede im Rotor beim Anlauf oder bei Laständerungen, die den Rotor thermisch verkrümmen. Langzeiteffekte sind z. B. Relativverschiebungen zusammengesetzter Rotoren (aufgeschrumpfte Scheiben), Relativverschiebungen der Wicklung bei Elektromotoren und -generatoren, Erosionserscheinungen bei Strömungsmaschinen usw.

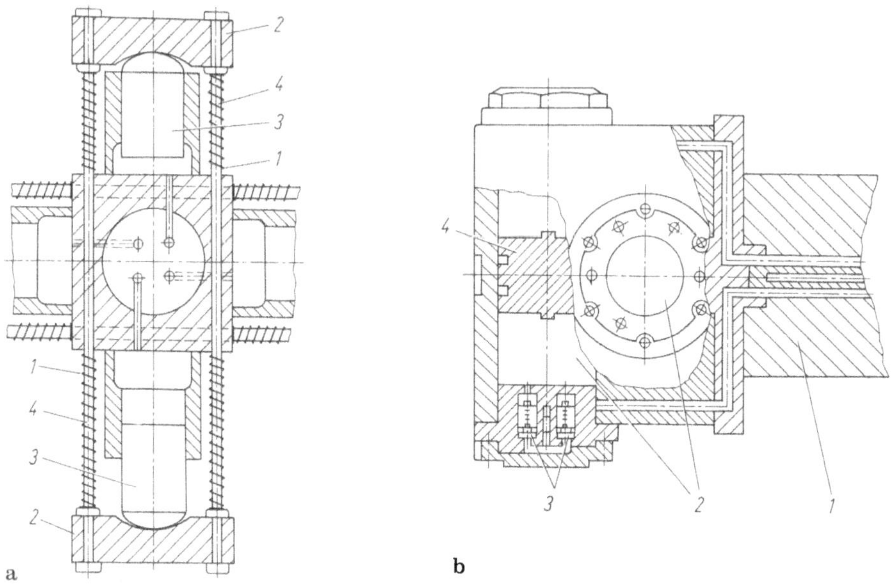

Abb. 20.8. Automatisches Wuchten mit Wuchtköpfen für elastische Rotoren, nach [Gk]. **a** pneumatischer Wuchtkopf; *1* Stangen, *2* WG, *3* Kolben, *4* Federn; **b** hydraulischer Wuchtkopf; *1* Welle, *2* Zylinder, *3* Ventile, *4* Kolben

Wir werden im folgenden das Befehlsgesetz und den Kontroll- und Regelkreis mit den Bezeichnungen des Kap. 13 für den Fall $J=K$ (gleich viele MP wie WE, Abschn. 13.3.1) erörtern.

Nach (13.7) gilt

$$\boldsymbol{r}^{\mathrm{F}}=\boldsymbol{r}^{\mathrm{A}}+\boldsymbol{A}\,\boldsymbol{U}, \qquad (20.1)$$

wobei $\boldsymbol{r}^{\mathrm{F}}$ der Fehlervektor mit der Dimension $(J \times 1)$, $\boldsymbol{r}^{\mathrm{A}}$ der Ausgangsvektor (IU) mit der Dimension $(J \times 1)$, $\boldsymbol{U}$ der KU Vektor mit der Dimension $(J \times 1)$ *und* $\boldsymbol{A}$ wegen $J=K$ eine quadratische EK-Matrix der Dimension $(J \times J)$ ist. Die Gleichung (20.1) kann bei regulärer Matrix $\boldsymbol{A}$ deshalb nach $\boldsymbol{U}$ aufgelöst werden

$$\boldsymbol{U}=-\boldsymbol{A}^{-1}(\boldsymbol{r}^{\mathrm{A}}-\boldsymbol{r}^{\mathrm{F}}), \qquad (20.2)$$

und man kann fordern, daß in allen MP der Fehler $\boldsymbol{r}^{\mathrm{F}}=0$ wird. Aus (20.2) folgt dann mit $\boldsymbol{U}'$ als exaktem Wert

$$\boldsymbol{U}=-\boldsymbol{A}^{-1}\boldsymbol{r}^{\mathrm{A}}=\boldsymbol{U}'. \qquad (20.3)$$

Man nehme nun an, daß mit der Zeit t der Wuchtzustand sich ändere (z.B. verschlechtere). Es wird in Zeitintervallen $nT=\Delta t$ $(n=1, 2, \ldots)$ gemessen. Diese Intervalle sollen derart groß sein, daß in ihr die Zeit zur Berechnung neuer KU als auch die Zeit zur Verstellung der KU via Steuergerät enthalten ist, mit anderen Worten, die Änderung der Unwucht darf nicht allzuschnell erfolgen.

Wir beginnen mit dem Wuchten nach dem Zeitintervall nT (z. B. $n=1$). Die erforderlichen KU sind nach (20.3)

$$\boldsymbol{U}'(nT) = -\boldsymbol{A}^{-1}\boldsymbol{r}^{\mathrm{A}}(nT). \tag{20.4}$$

Mit $\boldsymbol{U}'$ ist der Rotor in allen MP gewuchtet. Am Ende des nächsten Zeitintervalls $(n+1)T$ ist der Rotor wieder unwuchtig. Der Fehler beträgt dann nach (20.1)

$$\boldsymbol{r}^{\mathrm{F}}[(n+1)T] = \boldsymbol{r}^{\mathrm{A}}[(n+1)T] + \boldsymbol{A}\,\boldsymbol{U}'(nT). \tag{20.5}$$

Setzt man $\boldsymbol{U}'$ von (20.3) in (20.5) ein, wird

$$\boldsymbol{r}^{\mathrm{F}}[(n+1)T] = \boldsymbol{r}^{\mathrm{A}}[(n+1)T] - \boldsymbol{r}\boldsymbol{A}(nT). \tag{20.6}$$

$\boldsymbol{r}^{\mathrm{F}}[(n+1)T]$ ist die Differenz zweier Messungen in einem Zeitintervall oder die Veränderung (Verschlechterung) der Schwingungen in diesem Zeitintervall. Um diesen Fehler zu eliminieren, muß mit $\boldsymbol{U}'[(n+1)T]$ gewuchtet werden. Nach (20.3) gilt für das Intervall $(n+1)T$

$$\boldsymbol{U}'[(n+1)T] = -A^{-1}\boldsymbol{r}^{\mathrm{A}}[(n+1)T]. \tag{20.7}$$

Wir bezeichnen nun die Differenz der KU mit $\boldsymbol{L}$

$$\boldsymbol{L}[(n+1)T] = \boldsymbol{U}'[(n+1)T] - \boldsymbol{U}'(nT) \tag{20.8}$$

und setzen $\boldsymbol{U}'$ nach (20.4) und (20.7) in (20.8) ein. Es wird

$$\boldsymbol{L}[(n+1)T] = -\boldsymbol{A}^{-1}\{\boldsymbol{r}^{\mathrm{A}}[(n+1)T] - \boldsymbol{r}^{\mathrm{A}}(nT)\}$$

und mit (20.6)

$$\underline{\boldsymbol{L}[(n+1)T]} = -\boldsymbol{A}^{-1}\boldsymbol{r}^{\mathrm{F}}[(n+1)T] = -\boldsymbol{P}\boldsymbol{r}^{\mathrm{F}}[(n+1)T]\,; \quad \boldsymbol{P} = \boldsymbol{A}^{-1}. \tag{20.9}$$

Damit ist ein Kontrollgesetz gefunden. Der entsprechende Regelkreis geht aus Abb. 20.9 hervor. Für den Fall $J > K$ (mehr MP als WE) sei auf die Originalarbeit [Gk] verwiesen. Der Autor bemerkt zu seinem Verfahren:

— die Wuchtköpfe sollten die Struktur des Rotors nicht wesentlich verändern (Massen),
— das System sollte so einfach wie möglich sein,
— die Zeit $T = \Delta t$ sollte relativ kurz sein,
— Ein Wuchtkopf mit kartesischen Koordinaten sei dem mit Polarkoordinaten aus folgenden Gründen überlegen:
  1. leicht und kleine Abmessungen,
  2. Verstellmöglichkeiten pneumatischer-hydraulischer Art. Eventuell mit Elektromotor,
  3. kleinste Wege für Änderung der KU und damit kleinste Zeit T,
  4. einfacher Berechnungsgang und damit kleinste Zeit T.

Das Verfahren ist praktisch nicht erprobt. Der *Nachteil* einer solchen Technik mit Wuchtköpfen ist teilweise schon auf S. 411 erwähnt. Die Montage und Stabilität der Wuchtköpfe für Großmaschinen, die Bedienung mit Druckluft, Flüssigkeit oder Strom im Rotor selbst, als auch die Übertragung der Signale vom feststehenden Computer auf den drehenden Rotor ist über längere Zeit problematisch. Das Verfahren wird in dieser Art in naher Zukunft kaum Erfolg haben.

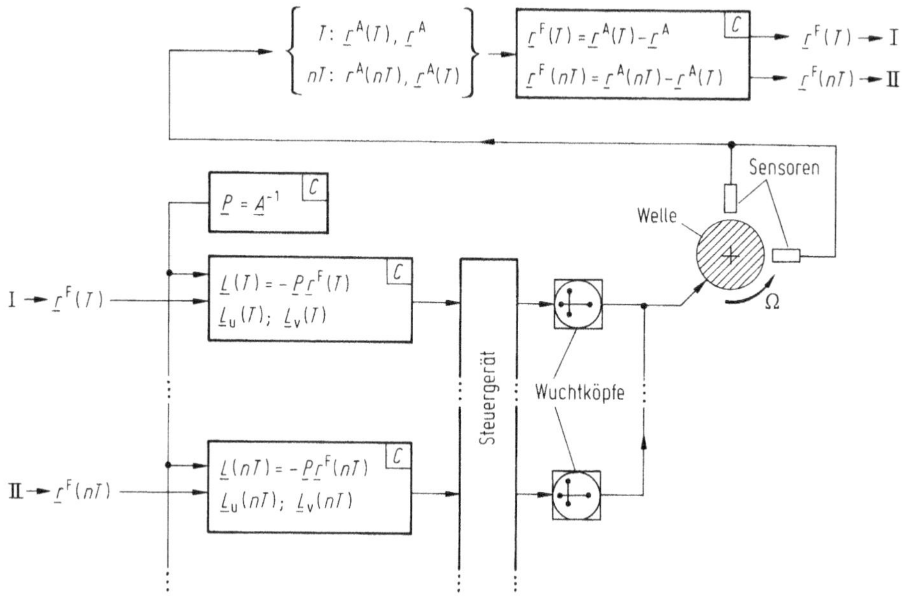

Abb. 20.9. Kontroll- und Regelkreis zum automatischen Wuchten elastischer Rotoren mit $J = K$ (gleich viele MP wie WE), s. Text. C Computer, T Zeitschritt, nT: n-tes Zeitintervall. $\underline{r}^A$ Ausgangsvektor der Wellenschwingung, $\underline{r}^F$ Fehlervektor, $\underline{A}$ Matrix der EK, $\underline{L} = \underline{L}_u + i\underline{L}_v$: Differenz der KU

Eine andere Art des Wuchtens im Betrieb mit Eingriff von außen soll in der UdSSR praktiziert werden. [Ru] ist sinngemäß zu entnehmen: Um jeden beliebigen Rotor bei seiner Betriebsdrehzahl nach der neuen Technologie zu wuchten, wird auf ihn eine Scheibe mit sechs gleichen Kammern montiert. Jeder Kammer werden von außen Stahlkugeln zugeführt, die auf Einzelwegen von den am Stator angeordneten Reservoir über einen Verteilring laufen. Die Kammern können sowohl nacheinander, als auch zugleich beschickt werden. Mit EDV-Hilfe werden Kugelzahl und Zuführzeitpunkt berechnet und Befehle für das Auslösen der elektromagnetischen Ventile gegeben. Wie viele solche Wuchtscheiben vorgesehen sind, ist aus [Ru] nicht ersichtlich.

Es fehlt auch nicht an Vorschlägen, bei starren Rotoren auf elastischen Lagern (Wuchtmaschine) und bei elastischen Rotoren durch gesteuertes Auftragen oder Abtragen von Masse während des Laufs automatisch zu wuchten. Das Abtragen von Masse muß im überkritischen Bereich am hohen Punkt H erfolgen, während beim Auftragen der H entgegengesetzte, sogenannte leichte Punkt $(-H)$, getroffen werden muß. So ist einer französischen Patentschrift[3] 1975 zu entnehmen, daß ein Metalldraht erhitzt und solange bei jedem Umlauf des Rotors auf den leichten Punkt $(-H)$ im flüssigen Zustand aufgespritzt wird, bis der Rotor gewuchtet ist.

[3] Institut Mashinovedenia USSR. Demand de Brevet d'Invention No 7504501. Invention de: Gusarov, A. A.; Shatalov, L. N.

Nach einem deutschen Patent[4] 1972 soll im hohen Punkt H während der Rotation des Rotors durch kurzzeitigen periodischen Beschuß mit einem Laserstrahl hoher Intensität Material abrasiert und so entfernt werden.

20.3 Automatisches Wuchten mit passiven oder aktiven künstlichen Lagern

Eine Möglichkeit zum teilweisen oder vollen Wuchten besteht darin, an einem oder mehreren Orten längs des Rotors künstliche Lager einzubauen. Ein solches Lager besteht aus je einem Dämpfer mit paralleler Feder. Die Dämpfer können viskoser Art sein oder aus Magneten bestehen. Viskose Dämpfer sind meist ölhydraulische Dämpfer. Magnete können passive Permanentmagnete oder von außen gesteuerte aktive Elektromagnete sein [Sz]. Schließlich können auch aktiv gesteuerte Magnetlager als künstliche Lager aufgefaßt werden [Ub]. Die Wirkungsweise solcher künstlicher Lager ist derart, daß sie Schwingungsenergie schlucken und so die Rotorauslenkungen verkleinern, wodurch die rotierenden Lagerkräfte auf Toleranzwerte gesenkt werden können. Diese künstlichen Lager erzeugen äußere Kräfte auf den Rotor (control forces), die bezüglich Dämpfung optimale Werte erreichen sollen und berechnet werden können. Sind die Dämpfungswerte zu niedrig, wird wenig Energie verschluckt, sind sie zu groß, werden die Schwingungswege zu klein, und es kann wenig Energie absorbiert werden. Selbstverständlich spielt auch die axiale Lage der künstlichen Lager eine wesentliche Rolle. Diesem künstlichen Eingriff in das Schwingungsverhalten des Rotors oder Wellenstrangs ist oft vorgängig ein „normales" Wuchten mit WM unerläßlich.

Die Realisierung künstlicher Lager ist allerdings ein Problem für sich.

Große Wellenstränge und Rotoren bieten örtlich kaum die Möglichkeit, solche Lager zu montieren. Abgesehen von den nicht unbedeutenden Zusatzkosten müßten sie ähnliche Dimensionen annehmen wie die normalen Lager, um wirksam zu sein.

Diese Technik des künstlichen Eingriffs in bestehende Rotoren ist wohl (heute noch) langen Antriebswellen vorbehalten.

Das Problem besteht also darin, künstliche Lager (die keine statischen Kräfte aufnehmen) mit optimalen Eigenschaften an optimalen Stellen zu finden, derart, daß mit ihnen tolerierbare Auslenkungen über den ganzen Betriebsbereich resultieren. Dieses Optimierungsproblem kann mit statistischem Ausgleich gelöst werden.

Wir folgen in Kurzform den Ausführungen von Kaya und Roberts [Ky][5], die sich auf Arbeiten von Burrows und Sahinkaya [Bs] stützen.

Für einen Rotor mit N Freiheitsgraden lautet die Differenzialgleichung für diskrete Massenbelegung nach (11.9) ohne KU

$$\underline{\boldsymbol{M}\ddot{\boldsymbol{r}} + \boldsymbol{D}\dot{\boldsymbol{r}} + \boldsymbol{S}\boldsymbol{r} + \boldsymbol{V}\boldsymbol{F} = \boldsymbol{P}\,\mathrm{e}^{\mathrm{i}\Omega t}; \quad \boldsymbol{P} = U_\varepsilon \Omega^2\,;} \tag{20.10}$$

wobei als zusätzliches Glied $\boldsymbol{VF}$ hinzukommt. $\boldsymbol{F}$ ist ein K-Vektor, der die K Kräfte der künstlichen Lager enthält. $\boldsymbol{V}$ ist eine $(K \times N)$-Matrix mit konstanten Elementen.

---

[4] Gebr. Hofmann KG, Maschinenfabrik, 6100 Darmstadt. Offenlegungsschrift 2032893. Erfinder: R. Müller.

[5] Mit weiteren Literaturangaben.

Eine zeitunabhängige Gleichung erhält man für den stationären Zustand bei der Winkelgeschwindigkeit Ω mit

$$\begin{aligned} \boldsymbol{r}(t) &= \boldsymbol{r}\, e^{i\Omega t}; \quad \boldsymbol{r} = x + i\, y; \\ \boldsymbol{F}(t) &= \boldsymbol{F} e^{i\Omega t}; \quad \boldsymbol{F} = F' + i\, F''. \end{aligned} \tag{20.11}$$

Eingesetzt in (20.10) wird

$$(\boldsymbol{S} - \Omega^2 \boldsymbol{M} + i\Omega \boldsymbol{D})\, \boldsymbol{r} + \boldsymbol{V}\boldsymbol{F} = \boldsymbol{P}$$

oder mit der Abkürzung

$$\boldsymbol{W} = \boldsymbol{S} - \Omega^2 \boldsymbol{M} + i\Omega \boldsymbol{D}$$

auch

$$\boldsymbol{W}\boldsymbol{r} = -\boldsymbol{V}\boldsymbol{F} + \boldsymbol{P}. \tag{20.12}$$

$\boldsymbol{W}$ ist eine quadratische Matrix und kann im allgemeinen invertiert werden, so daß aus (20.12)

$$\boldsymbol{r} = -\boldsymbol{W}^{-1}\boldsymbol{V}\boldsymbol{F} + \boldsymbol{W}^{-1}\boldsymbol{P}$$

wird. Mit den Abkürzungen

$$\boldsymbol{Z} = -\boldsymbol{W}^{-1}\boldsymbol{V}; \quad \boldsymbol{Q} = \boldsymbol{W}^{-1}\boldsymbol{P}$$

entsteht die einfache Form

$$\boldsymbol{r} = \boldsymbol{Z}\boldsymbol{F} + \boldsymbol{Q} \quad \text{oder} \quad \boldsymbol{r} - \boldsymbol{Q} = \boldsymbol{Z}\boldsymbol{F}. \tag{20.13}$$

In diesen Gleichungen sind $\boldsymbol{r}$, $\boldsymbol{Z}$ und $\boldsymbol{Q}$ als bekannt zu betrachten.

$\boldsymbol{r}$ kann gemessen oder gerechnet werden. Es brauchen nicht alle $\underline{r}_j$, d.h. alle Auslenkungen an allen diskreten Massen bekannt zu sein. Fehlen einige $\underline{r}_j$, fallen lediglich einige Zeilen in (20.13) aus. $\boldsymbol{Z} = -\boldsymbol{W}^{-1}\boldsymbol{V}$ ist dann bekannt, wenn $\boldsymbol{W}$ und $\boldsymbol{V}$ aus der Rechnung bekannt sind. $\boldsymbol{Q}$ kann gemessen oder gerechnet werden. Die Messung für $\boldsymbol{Q}$ muß allerdings vor dem Einbau des oder der künstlichen Lager erfolgen; dann nämlich, wenn $\boldsymbol{F} = \boldsymbol{0}$ ist, so daß (20.13) lautet:

$$\boldsymbol{r} = \boldsymbol{Q} = \boldsymbol{W}^{-1}\boldsymbol{P} = \boldsymbol{W}^{-1}\boldsymbol{U}_\varepsilon \Omega^2.$$

Gesucht sind in (20.13) die künstlichen Kräfte $\boldsymbol{F}$. Da im allgemeinen $K < N$ ist (weniger künstliche Lager als diskrete Massen oder Freiheitsgrade) ist das Gleichungssystem (20.13) überbestimmt. Man wird mit statistischen Mitteln, z.B. dem Minimum der Fehlerquadrate ausgleichen.

Spezialfall: Wird nur *ein* künstliches Lager an der Stelle j vorgesehen, so lautet die auf den Rotor ausgeübte äußere (künstliche) Kraft, wenn Feder und Dämpfer parallel arbeiten

$$\underline{F}_j(t) = -c_j \underline{r}_j(t) - d_j \dot{\underline{r}}_j(t) = -(c_j + d_j i\Omega)\, \underline{r}_j(t); \quad \underline{r}_j(t) = \underline{r}_j e^{i\Omega t} \tag{20.14}$$

mit c_j als Federkonstanten und d_j als Dämpfungskonstanten. Würde nur ein Dämpfer vorgesehen, wäre $c_j = 0$ zu setzen. Zeitunabhängig wird (20.14)

$$\underline{F}_j = -(c_j + d_j i\Omega)\, \underline{r}_j; \quad \underline{F}_j(t) = \underline{F}_j e^{i\Omega t}. \tag{20.15}$$

Durch Einsetzen von (20.15) in (20.13) kann durch Optimierung die optimale Dämpfung d_j (bei konstant gehaltenem c_j) oder umgekehrt, die optimale Steifigkeit c_j (bei konstant gehaltenem d_j) erhalten werden. Die Durchführung der Optimierung kann analog Abschn. 13.3.3 und mit Gewichtung analog Abschn. 17.1 erfolgen.

Bei anisotroper Lagerung müßte grundsätzlich in zwei Richtungen gemessen werden, und c_j und d_j wäre für jede der beiden Richtungen zu optimieren, s. auch Abschn. 17.3. Für *ein* künstliches Lager wären dann zwei Dämpfer oder zwei Dämpfer und zwei Federn erforderlich. Die Autoren machen jedoch auf die auf S. 98 erwähnte Tatsache aufmerksam, daß die Elastizität der Welle die Anisotropie – die von den Lagern stammt – beachtlich verkleinert. Der Orbit ist dann nahezu ein Kreis und *eine* Meßrichtung genügt.

Zu erwähnen ist ferner, daß die Optimierung über den ganzen Betriebsbereich erfolgen muß, d.h. für viele diskrete Ω-Werte.

Man kann sich fragen, ob der nachträgliche Einbau von künstlichen Lagern, oder überhaupt die Verwendung von Magnetlagern als automatisches Wuchten bezeichnet werden darf oder nicht. Die Antwort bleibe dem Leser überlassen.

21 Thermisches Wuchten

Unter thermischem Wuchten versteht man erstens eine gezielt gesteuerte thermische Verkrümmung des Rotors, um eine vorhandene Initialkrümmung und/oder eine Massenunwucht wenigstens teilweise zu kompensieren, d.h. zu wuchten.

Zweitens fällt auch eine gezielte Verlagerung von einzelnen Wuchtmassen durch thermisch gesteuerte Elemente unter den Begriff des thermischen Wuchtens.

In beiden Fällen aber handelt es sich um eine Massenverlagerung, sei es durch Verkrümmen des Rotors oder durch Veränderung von Einzelwuchtmassen.

Im folgenden wird das thermische Verkrümmen des Rotors ausführlicher behandelt und in Abschn. 21.4 ein Beispiel einer thermisch gesteuerten Einzelmassenverlagerung ohne thermische Verbiegung des Rotors beschrieben.

Zur Steuerung der Verkrümmung braucht es eine Einrichtung, die einmal eingestellt, selbst steuert oder durch Eingriff von außen kontinuierlich gesteuert wird. Im ersten Fall wird der Kreislauf zur Kühlung des Rotors durch eine Schikane verändert, im zweiten Fall werden Heizelemente im Rotor von außen aktiviert, oder es wird von außen auf den Rotor Wärmeenergie übertragen. Derartige Einrichtungen im Rotor oder Stator sind aufwendig und teuer. Sie bleiben deshalb Großmaschinen vorbehalten, insbesondere Maschinen, die im Betrieb heiß werden. Solche Maschinen sind vorwiegend elektrische Synchronmotoren und -generatoren als auch Phasenschieber. Diese Maschinen besitzen eine Kupferwicklung im (Turbomotor) oder am (Einzelpolrotor) Rotor, die sogenannte Erregerwicklung. Durch diese fließt mehr oder weniger Strom, entsprechend der eingestellten Blindleistung. Die durch den Strom erzeugte Wärme überträgt sich trotz Kühlung langsam durch die Isolation auf das Rotoreisen, bis ein stationärer Temperaturzustand erreicht ist. Es handelt sich dabei um einen durch die Trägheit der Wärmeleitung bedingten *Langzeiteffekt*.

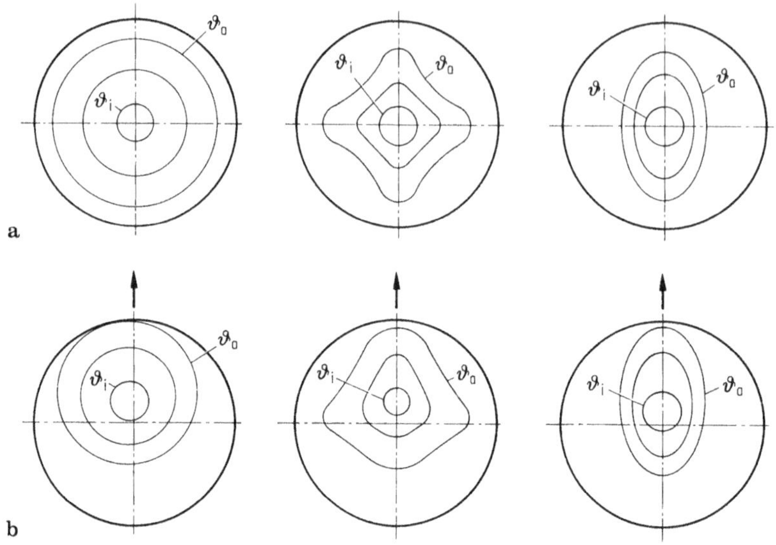

Abb. 21.1. Thermisches Wuchten. Isothermen im Rotoreisen (Temperatur $\vartheta_i > \vartheta_a$). **a** keine thermische Verkrümmung; **b** thermische Verkrümmung in Richtung Pfeil

Solange die Temperaturverteilung über den Querschnitt des Eisens symmetrisch zu zwei rechtwinkligen Achsen durch den Mittelpunkt bleibt, entsteht keine thermische Verkrümmung. In allen andern Fällen verbiegt sich der Rotor mehr oder weniger, wobei die gekrümmte Achse in einer Ebene bleibt oder eine Raumkurve einnimmt. In Abb. 21.1 sind mögliche Isothermen (Kurven gleicher Temperatur) im Rotoreisen angedeutet, die keine oder eine Verkrümmung des Rotors bewirken.

In Abb. 21.2a sind Querschnitte eines zweipoligen Turbogenerators mit Gaskühlung (Luft oder Wasserstoff) und eines vierpoligen Turbogenerators mit Wasserkühlung skizziert. Beim gasgekühlten Rotor ist entweder am Grunde der Nuten für die Erregerwicklung noch je ein Hohlraum als Kühlkanal ausgebildet, oder es bestehen separate Kühlkanäle zwischen den Nuten, Abb. 21.4. Beim wassergekühlten Generator ist die Erregerwicklung zugleich Hohlleiter für den Wasserdurchfluß. In Abb. 21.2b ist der Querschnitt durch einen Schenkelpolgenerator mit zehn Polen angedeutet. Sind die Isothermen im Rotoreisen nicht symmetrisch im oben erwähnten Sinne, kann eine Temperatursymmetrie durch Auswechseln der Pole angestrebt werden. Das thermische Wuchten ist in diesem Falle mit einer Temperaturmessung verbunden [Ln].

Um einen Begriff der Größenordnung solcher Temperaturdifferenzen im Rotorquerschnitt zu erhalten, die zu unerwünschten Verkrümmungen führen, sei eine einfache Modellwelle betrachtet. Sie besitze konstanten Kreisquerschnitt mit Durchmesser d über die Länge l und habe im Querschnitt eine über die Länge l konstante Temperaturverteilung. Die obere Faser besitze die Temperatur $\vartheta + \Delta\vartheta$ die untere Faser die Temperatur ϑ, Abb. 21.3. Die thermische Durchbiegung in der Mitte beträgt

$$\varepsilon = \frac{l^2 \alpha \Delta\vartheta}{8d}$$

mit $\alpha = 11 \cdot 10^{-6}/^\circ\mathrm{C}$ als lineare Wärmedehnzahl von Eisen bei 20° C.

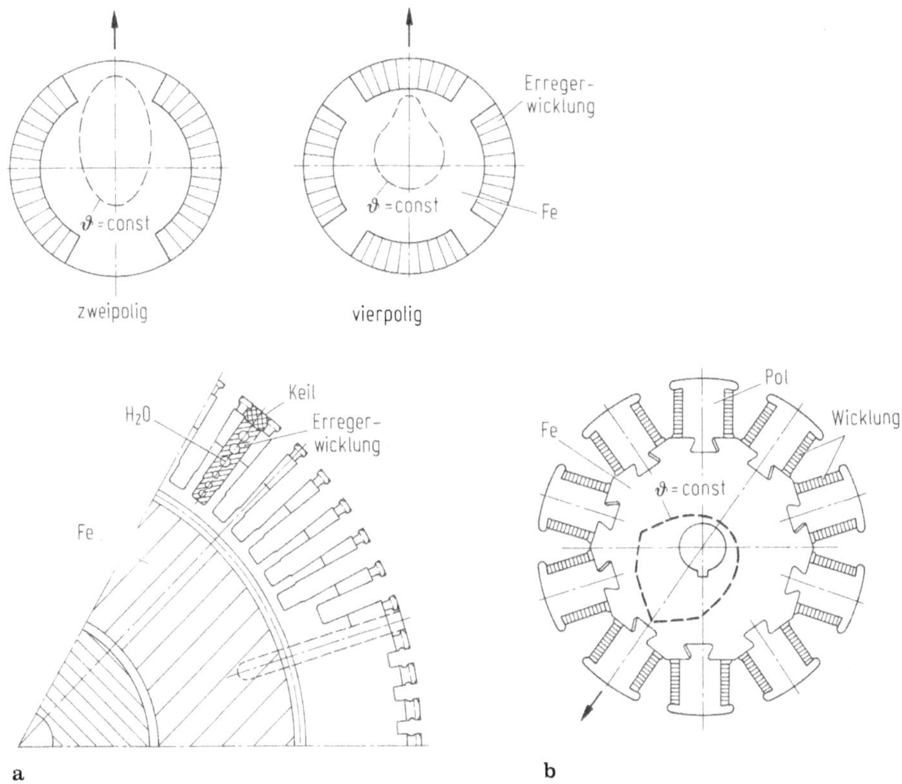

Abb. 21.2. Thermisches Wuchten. Querschnitte von elektrischen Großmaschinen ($\vartheta = \text{const}$ Isotherme). **a** gasgekühlter zweipoliger Turbogeneratorrotor und vierpoliger Turbogeneratorrotor mit Wasserkühlung der Erregerwicklung; **b** Schenkelpolmaschine mit zehn Polen. Thermische Verkrümmung in Richtung Pfeil

Lange ($> l$) und schlanke ($< d$) Rotoren verkrümmen sich bei gleicher Temperaturdifferenz mehr, sie sind empfindlicher auf Temperaturdifferenzen.

Beispiel: $l = 5$ m, $\quad d = 1$ m, $\quad \Delta\vartheta = 1\,°\mathrm{C}$

$$\varepsilon = \frac{5^2 \cdot 11 \cdot 10^{-6} \cdot 1}{8 \cdot 1} = 3{,}44 \cdot 10^{-5}\ \mathrm{m} \mathrel{\hat{=}} 34\ \mu\mathrm{m}!$$

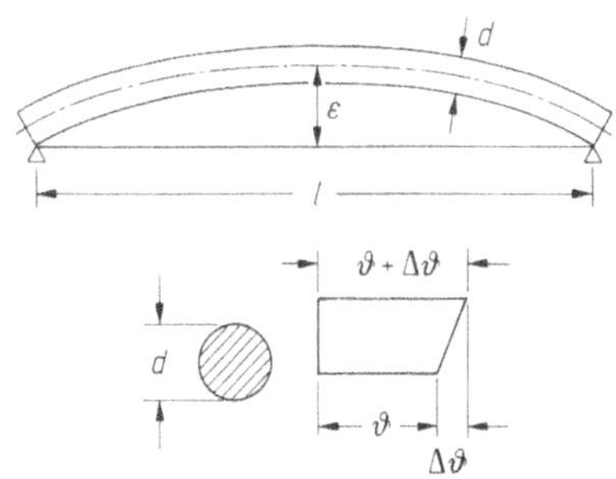

Abb. 21.3. Verkrümmung einer Welle durch ungleiche Temperaturen an entgegengesetzten Mantellinien. $\Delta\vartheta$ Temperaturdifferenz, ε Auslenkung in Wellenmitte

Das Beispiel zeigt, daß mit nur 1°C Temperaturdifferenz die Größenordnung unzulässiger Verkrümmung erreicht wird.

Wir werden im folgenden an zwei Beispielen, dem gasgekühlten und dem wassergekühlten Turbogenerator, das thermische Wuchten erläutern.

21.1 Gelenkte Kühlmittelführung zum thermischen Wuchten

In Abb. 21.4 ist aus [We] ein Beispiel einer gelenkten Kühlmittelführung gezeigt.Der Schieber *S*, als Keil ausgebildet, kann mit einem Werkzeug *W* mehr oder weniger geöffnet werden, wobei sich ein Bypass des Kühlgases öffnet und die Temperatur im günstigen Sinne beeinflußt werden kann. Solche Schieber sind am Ende des Rotoreisens in Abständen über den Umfang vorhanden. Die zweckmäßige Einstellung der Schieber kann mittels Werkzeug von Hand geschehen. Der Rotor muß dazu nicht aus dem Stator gezogen werden, das Werkzeug wird im Luftspalt zwischen Rotor und Stator eingeschoben. Zur optimalen Einstellung ist eine Messung der Lager- oder Wellenschwingung und/oder der Temperatur am Rotoreisen erforderlich.

Bei Maschinen, die im Verhältnis zum Durchmesser lang sind, wie Turbogeneratoren und (teilweise) Phasenschieber, ist neben dem Langzeiteffekt infolge Wärmeleitung von der Wicklung auf das Rotoreisen noch ein *Kurzzeiteffekt* zu beachten. Er entsteht dadurch, daß sich die erwärmte Erregerwicklung in Längsrichtung dehnen will, an dieser Dehnung jedoch teilweise gehindert wird durch Reibungskräfte, da die Wicklung durch die Fliehkraft auf die Keile gepreßt wird. Es entstehen an den Enden des Rotoreisens Relativverschiebungen zwischen Wicklung, Isolation und Rotoreisen. Sind die Reibungskräfte über Umfang und Länge des Rotors nicht ausgeglichen, krümmt sich der Rotor, Im theoretisch idealen Fall (ohne Reibung) dehnt sich die Wicklung entsprechend ihrer Temperatur ungehindert, und es entsteht keine Verkrümmung.

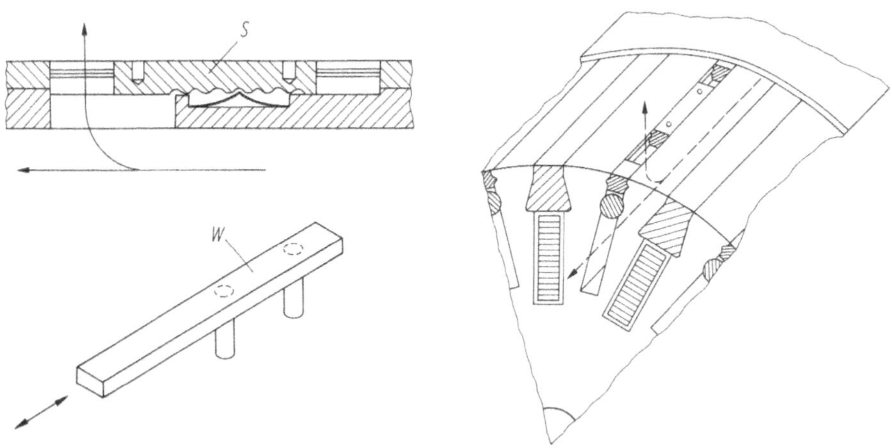

Abb. 21.4. Thermisches Wuchten. Beispiel zur gelenkten Kühlmittelführung durch Drosselung des Kühlmediums bei gasgekühlten Turbogeneratoren. *S* Schieber, *W* Werkzeug

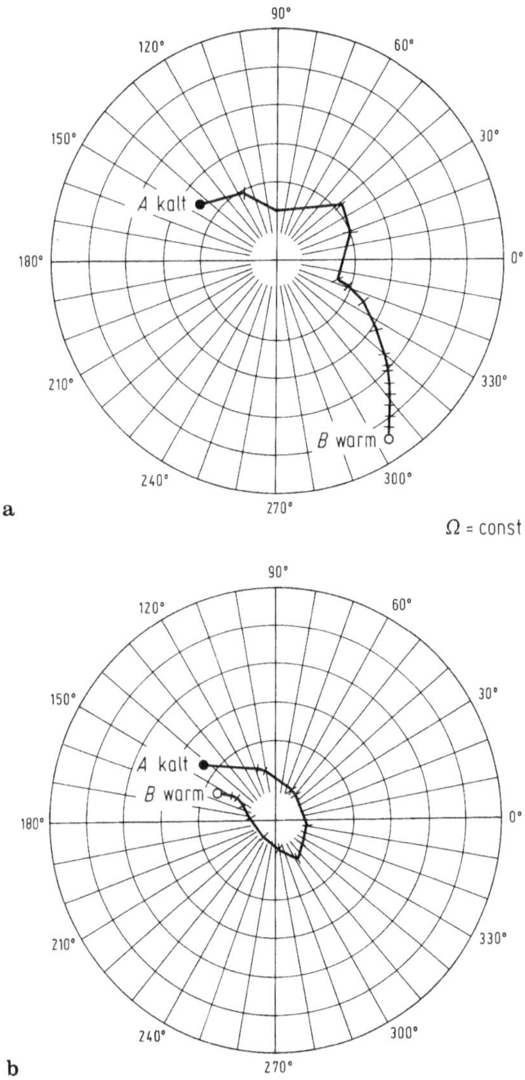

a

b

Abb. 21.5. Schwingungsvektordiagramm eines Turbogeneratorlagers. Messung in horizontaler Richtung am *NS* Lager bei Nenndrehzahl in gleichen Zeitabschnitten. *A* kalter Zustand; *B* warmer, stationärer Zustand **a** thermisches Wuchten empfohlen; **b** thermisches Wuchten unnötig

Lang- und Kurzzeiteffekt sind vielfach überlagert, so daß die Trennung nicht wahrgenommen werden kann, der Kurzzeiteffekt geht dann im Langzeiteffekt unter.

In Abb. 21.5a und b sind zwei typische Schwingungsvektordiagramme eines Turbogeneratorlagers dargestellt. Die Messung der Lagerschwingung in horizontaler Richtung ist bei Nenndrehzahl aufgenommen. Punkt *A* gehört zum kalten Zustand der Erregerwicklung und ist Ausgangszustand. Bei Erwärmung der Erregerwicklung verschiebt sich der Punkt *A* nach dem Punkt *B* des stationären Zustands. Die Zwischenwerte sind in gleichen Zeitabständen gemessen. Bei einem Langzeiteffekt ist die Zeit von *A* nach *B* ca. $^1/_4 - 4$ h, beim reinen Kurzzeiteffekt ca. $^1/_4$ h. Bei einer Kombination beider ist eine Trennung schwierig. Es kann durchaus sein, daß nach dem transienten Zustand der Erwärmung der („warme") Punkt B in unmittelbare Nähe des („kalten") Punkts A wandert. In diesem Fall ist eine thermische Wuchtung überflüssig, sofern ein Zwischenpunkt nicht allzuweit vom Nullpunkt entfernt liegt.

21.2 Von außen gesteuerte Verkrümmung des Rotors durch Heizelemente im Rotor oder Drosselung der Kühlflüssigkeit in der Erregerwicklung großer Turbogeneratoren

Heizelemente im Rotor

Eine elegante, etwas aufwendige Lösung, die jedoch im Verhältnis zum Gesamtpreis einer großen Maschine finanziell kaum ins Gewicht fällt, wird im folgenden beschrieben.

Im Rotor der Abb. 21.6 sind drei Heizstäbe mit ihren Zuleitungen zu den Schleifringen gezeigt. In Wirklichkeit sind 12 Heizstäbe, je vier pro WE E_1, E_2 und E_3 eingebaut. Die Stromspeisung geschieht von einem Leistungsteil LT aus über getriggerte Kollektorringe mit vier Segmenten (für jeden Heizstab ein Segment).

Mit vier Heizstäben[1] H pro WE kann in der WE eine thermische Auslenkung $\boldsymbol{r}$ in beliebiger Größe und Richtung erzeugt werden, wobei zur Erzeugung von $\boldsymbol{r}$ aus den 4 Heizelementen mehrere Möglichkeiten bestehen.

Thermische Verkrümmungen in den WE erzeugen Lager- und/oder Wellenschwingungen. Bei konstanter Winkelgeschwindigkeit Ω_j gilt für einen Schwingungsausschlag an den Lagern oder Welle

$$\underline{r}_j(\Omega_j) = \sum_k^K \underline{\alpha}_{jk} \underline{f}_k, \tag{21.1}$$

wobei $\underline{f}_k$ die stationäre, durch die Lage der Heizstäbe in der Phase gerichtete Heizleistung der k-ten WE und $\underline{\alpha}_{jk}$ die lineare Einflußzahl bedeutet. Alle drei Größen $\underline{r}_j$, $\underline{\alpha}_{jk}$ und $\underline{f}_k$ sind gerichtete Größen und können komplex dargestellt werden.

Wird bei mehreren Winkelgeschwindigkeiten Ω_j gemessen, ($j = 1 \dots J$) führt (21.1) auf folgendes Gleichungssystem, s. auch die entsprechende Gleichung (13.5) für das Wuchten mit EK.

$$\overset{\boldsymbol{r}}{\downarrow J \begin{bmatrix} \underline{r}_1(\Omega_1) \\ \underline{r}_2(\Omega_2) \\ \underline{r}_3(\Omega_3) \\ \vdots \\ \underline{r}_J(\Omega_J) \end{bmatrix}} = \overset{\boldsymbol{H},\ \rightarrow K}{\downarrow J \begin{bmatrix} \underline{\alpha}_{11} & \underline{\alpha}_{12} & \underline{\alpha}_{13} & \cdots & \underline{\alpha}_{1K} \\ \underline{\alpha}_{21} & \underline{\alpha}_{22} & & & \vdots \\ \underline{\alpha}_{31} & & & & \\ \vdots & & & & \\ \underline{\alpha}_{J1} & \cdots & & & \underline{\alpha}_{JK} \end{bmatrix}} \overset{\boldsymbol{f}}{\begin{bmatrix} \underline{f}_1 \\ \underline{f}_2 \\ \underline{f}_3 \\ \vdots \\ \underline{f}_K \end{bmatrix} \downarrow K} \quad \rightarrow \boldsymbol{r} = \boldsymbol{H}\boldsymbol{f}. \tag{21.2}$$

[1] Auch drei symmetrisch über den Umfang angeordnete Heizstäbe im Winkelabstand von 120° würden genügen.

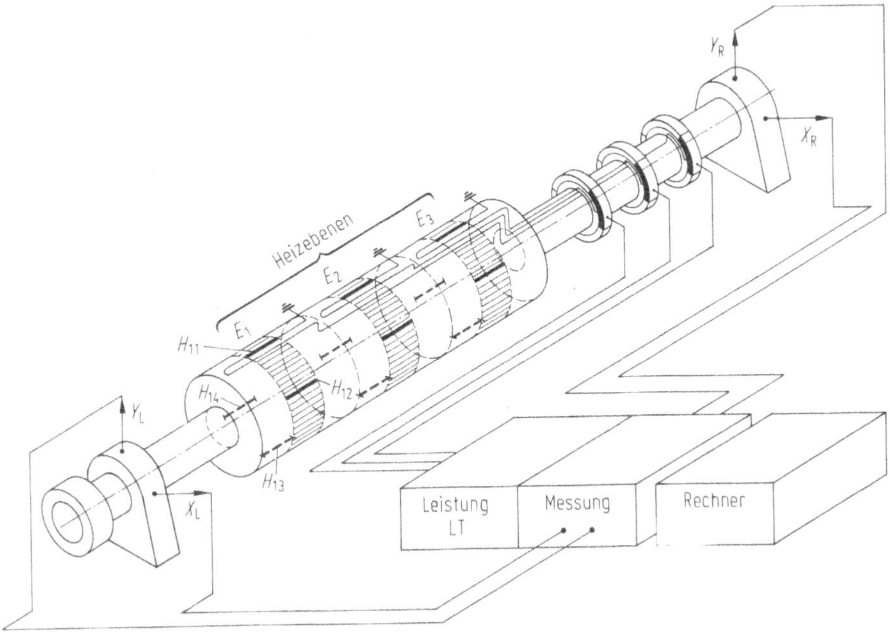

Abb. 21.6. Thermisches Wuchten. In einem Turbogeneratorrotor eingebaute Heizstäbe zur gesteuerten Kompensation thermischer Verkrümmung. Heizung der Stäbe über Schleifringe. E_1, E_2, E_3: Heiz„ebenen" oder WE (vier Heizstäbe H pro WE); LT Leistungsanteil; X_L, Y_L, X_R, Y_R: Meßwerte von den Lagern

Mit diesen thermisch erzeugten Auslenkungen $\boldsymbol{r}$ will man die Auslenkungen $\boldsymbol{r}^A$ des Anlieferungszustands (IU) kompensieren, d.h. wuchten. Mit einem Meßfehler $\boldsymbol{r}^F$ gilt dann mit Einbezug von (12.2)

$$\boldsymbol{r}^F = \boldsymbol{r}^A + \boldsymbol{r} = \boldsymbol{r}^A + \boldsymbol{H}\boldsymbol{f}$$

oder

$$\boldsymbol{H}\boldsymbol{f} = +\boldsymbol{r}^F - \boldsymbol{r}^A . \tag{21.3}$$

Sind gleichviele Messungen wie WE vorhanden ($J = K$), so ist die Matrix $\boldsymbol{H}$ quadratisch und (21.3) kann bei regulärer Matrix direkt nach $\boldsymbol{f}$ aufgelöst werden. Siehe auch die entsprechende Gleichung (13.8) für das Wuchten mit EK.

$$\underline{\boldsymbol{f} = -\boldsymbol{H}^{-1}(\boldsymbol{r}^A - \boldsymbol{r}^F)} \tag{21.4}$$

und ohne Fehler ($\boldsymbol{r}^F = \boldsymbol{0}$) werden die Auslenkungen an den Meßstellen exakt Null.

Im allgemeinen wird man mehr Messungen machen als WE zur Verfügung stehen ($J > K$), und das Gleichungssystem (21.3) ist überbestimmt. Man kann dann mit dem Minimum der Fehlerquadrate ausgleichen und erhält

$$\underline{\boldsymbol{f} = -\boldsymbol{Z}\boldsymbol{r}^A; \quad \boldsymbol{Z} = [(\boldsymbol{H}^*)^T \boldsymbol{H}]^{-1}(\boldsymbol{H}^*)^T} \tag{21.5}$$

verglichen mit der entsprechenden Gleichung (13.19) für das Wuchten mit EK.

Das praktische Vorgehen gliedert sich somit in folgende Schritte:
- Beschaffung, d.h. Messung der EK,
- Berechnung von $\boldsymbol{Z}$,
- Messung des Anlieferungszustands bei allen Meßdrehzahlen,
- Berechnung von f.

Das Verfahren ist praktisch erprobt. Es genügen 5 bis 10 Meßdrehzahlen, wobei zweckmäßig vor und nach kritischen Drehzahlen zu messen ist.

Für die Heizleistung in den Heizelementen genügt ca. 100 W/m für große Turbogeneratoren. Der Strom in den Heizelementen wird dann kleiner als 5 A (Erregerstrom ca. 5000 A) bei einer Klemmenspannung von 220 V. Die Ansprechzeit der Heizelemente liegt in der Größenordnung von Minuten. Im transienten Bereich und bei sprunghafter Änderung des Unwuchtzustands ist eine Regelung deshalb nicht möglich.

Drosselung der Kühlflüssigkeit in der Erregerwicklung großer Turbogeneratoren

Bei sehr großen Turbogeneratoren, ab ca. 1000 MVA, wird die Erregerwicklung im Rotor mit Hohlleitern aus Kupfer ausgeführt, die mit Wasser zur Kühlung beschickt werden. Hier besteht grundsätzlich die Möglichkeit durch Drosselung der Wasserzufuhr in diametralen Hohlleitern einen vollständigen Ausgleich und/oder eine thermische Verkrümmung hervorzurufen, gleicherweise wie mit den beim Rotor beschriebenen Heizelementen. Natürlich ist der Aufwand für die Steuerung während des Betriebs enorm.

Es besteht eine schweizerische Patentschrift CH 650621 A5 vom 31.7.1985 über dieses thermische Wuchten. Als Erfinder werden drei Russen genannt. In der Patentschrift steht:

„Das Verfahren besteht darin, daß man den hydraulischen Widerstand in Parallelzweigen ... solange ändert, bis die asymmetrische Temperaturverteilung im Läufer, die Unwucht hervorruft, beseitigt wird ... Die hydraulischen Widerstände in den Parallelzweigen werden durch entsprechendes Drosseln am Zweigaustritt geändert ...“

21.3 Von außen gesteuerte Verkrümmung des Rotors durch Energiezufuhr über den Luftspalt

Die Auslegeschrift DE 29′06′564 B2 (Deutsches Patentamt) v. 13.12.1979 beschreibt eine Erfindung, die dem Verfahren in 21.2 sehr ähnlich ist. Der Unterschied ist der, daß keine Heizelemente im Rotor eingebaut werden müssen, wodurch auch Zuführungen und Schleifringe wegfallen. Die Wärmeenergie wird durch Hochfrequenzgeneratoren oder Laserstrahlen von einem feststehenden Teil aus (am Stator fixiert) auf den drehenden Rotor intermittierend, neu gebündelt übertragen. Eine Steuerungs- und Synchronisiereinrichtung bewirkt, daß im Takt der Drehzahl auf einen gezielten „Punkt“ (Erwärmungskreis) im Umfang des Rotors Energie „gespritzt“ wird. Die über den Luftspalt übertragene Energie erwärmt den Rotor in dem gezielten Erwärmungskreis und verursacht eine Verkrümmung des Rotors. Man kann sich diese Verkrümmung als Wirkung einer EUW im Erwärmungskreis angreifend denken. Werden mehrere solcher Energie„kanonen“ längs des Rotors montiert, kann jeder zugehörige Querschnitt des Rotors als WE gelten. Die Erwärmungskreise sind dann im Bezug auf den Rotor durch die Lage z längs der Achse und den Winkel φ im Umfang definiert, ähnlich den Heizelementen in Abschn. 21.2.

Die Berechnung der aufzubringenden Wärmeleistung, die die Energiequellen, Generator oder Laser, in jedem Erwärmungskreis abzugeben haben, ist analog dem Verfahren mit Heizstäben, (21.4) und (21.5). Das praktische Vorgehen ist es ebenfalls.

Der Vorteil dieser Erfindung gegenüber dem Wuchten mit Heizstäben ist offensichtlich: Es braucht keinen Einbau von Heizstäben mit Zuleitungen und Schleifringen. Der Nachteil ist ebenfalls offensichtlich: Hochfrequenzgeneratoren und Laserstrahleinheiten sind nicht billig. Wesentlicher ist jedoch der verhinderte Zugang in die Mitte des Generators durch den Stator. Die Beschränkung auf Rotor- oder Wellenteile nahe den Lagern bewirkt eine reduzierte Wirksamkeit des Wuchtens.

Das Verfahren ist unseres Wissens praktisch nicht erprobt.

21.4 Thermisch gesteuerte Einzelmassenverlagerung von außen ohne thermische Verkrümmung des Rotors

In Abb. 21.7 ist eine Einrichtung gezeigt, die ähnlich gebaut ist wie die in Abschn. 21.2 beschriebene, aber anders funktioniert. Sie stammt aus der Auslegeschrift US 31'49'502 (United States Patent Office) vom Sept. 1964! Am Rotor R sind an zwei oder mehreren Stellen längs des Rotors – die man auch als WE bezeichnen kann – je vier radial montierte Eisenstäbe angebracht, Abb. 21.7a und b[2]. An den Enden der Stäbe sitzt je eine Masse M. Diese biegesteif montierten Stäbe sind von Heizspulen umwickelt, die von außen über Schleifringe und im Rotorinnern verlaufende Zuleitungen geheizt werden können. Die Spulen erwärmen die Eisenstäbe. Durch den von außen gesteuerten Gleich- oder Wechselstrom kann jeder Stab individuell thermisch verlängert werden, wodurch eine Resultante aller vier durch M erzeugten Unwuchten $\underline{U}_k = M\,\underline{r}_k$ ($k = 1, 2, 3, 4$) mit unterschiedlichem radialen Abstand $\underline{r}_k$ von der Rotorachse) resultiert. Diese Resultante $\underline{U} = \sum_k \underline{U}_k$, eine Einzel KU, kann somit in Betrag und Phase (Umfangsrichtung) gesteuert werden. Es bestehen mehrere Möglichkeiten $\underline{U}$ aus den vier $\underline{U}_k$ zu erzeugen, Abb. 21.7d.

An Stelle der Einzelmassen M kann ein mehr oder weniger elastischer Metallring mit Masse M_R Verwendung finden, Abb. 21.7a und c. Der Ring wird durch unterschiedliche Längenänderung seiner Speichen exzentrisch verschoben und leicht deformiert. Durch die thermische Steuerung von außen kann somit auch hier eine Einzel KU nach Größe und Phase erzeugt werden.

Für „starre" Rotoren genügen zwei derartige Einrichtungen – und damit zwei WE – vorzugsweise in der Nähe der Lager. Für elastische Rotoren ist mindestens in Rotormitte eine weitere Einrichtung – eine weitere WE – erforderlich. Bei Rotoren mit Statoren dürfte diese Forderung aus Platzmangel im Luftspalt problematisch sein. Die Erfindung dürfte kaum praktische Bedeutung für elastische Rotoren erlangen.

Das thermische Wuchten mit Eingriff von außen wie es in Abschn. 21.2, 21.3 und 21.4 beschrieben ist, kann ohne Betriebsunterbruch im Lauf erfolgen.

---

[2] Theoretisch würden drei Stäbe im Winkelabstand von 120° genügen.

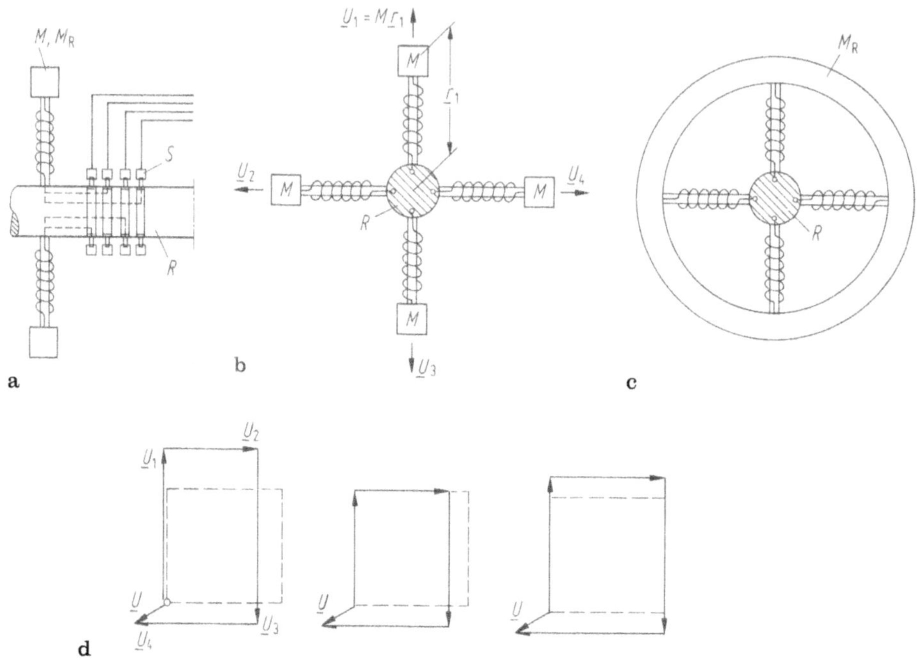

Abb. 21.7. Thermisches Wuchten. Erzeugung einer Massenunwucht $\underline{U}$ durch ungleiche Erwärmung von Stäben, die am Ende eine gleiche Masse M oder einen Ring M_R tragen. Die durch Schleifringe übertragene, gesteuerte Erwärmung der Stäbe erfolgt durch Heizspiralen. **a** Rotor R mit Schleifringen S für jeden Stab; **b** vier symmetrisch angeordnete Stäbe mit gleichen Einzelmassen M; **c** Stäbe mit elastisch verformbarem Ring als Massenträger; **d** drei Möglichkeiten zur Erzeugung der gleichen KU $\underline{U}$ mit vier Einzelmassen nach b)

22 Empfehlungen, Richtlinien und Normen die Wuchtgüte betreffend

Ein erfolgreich durchgeführter Wuchtprozeß äußert sich in kleinen, mit der Drehzahl umlaufenden Restlagerkräften und entsprechend kleinen Lager- und/oder Wellenschwingungen. Zur Beurteilung der Wuchtgüte können deshalb einerseits Beurteilungsmaßstäbe für drehfrequente mechanische Schwingungen oder Beurteilungsmaßstäbe für die zulässige Unwucht herangezogen werden. Solche Maßstäbe sind in nationalen und internationalen Empfehlungen, Richtlinien und Normen erarbeitet worden.

Sie dienen sowohl dem Hersteller, wie dem Abnehmer; dem Hersteller, um nicht unwirtschaftlich bis zum vollständigen Massenausgleich wuchten zu müssen, dem Abnehmer, um betriebssichere, anerkannte und ausgewogene Maschinen zu erhalten.

Empfehlungen und Normen sind keine starren Konstanten. Sie sind entwicklungsunabhängig und werden laufend dem neuesten Stand der Technik angepaßt, ergänzt, überholt oder neu festgesetzt.

22.1 Zulässige Restunwuchten (direkte Kriterien)

Um unabhängig von Einflüssen zu bleiben, wie sie die Aufstellung beim Abnehmer mit sich bringt, etwa durch andere Lager, Fundamente, Kupplung mit anderen Maschinen, Kupplungsfehler usw., sind Empfehlungen für zulässige Restunwuchten, die ausschließlich den Rotor betreffen, erwünscht. Ferner besteht auch in der Produktion die Forderung, Maschinen zielsicher so herzustellen, daß sie den Maßstäben für Lager- und Wellenschwingungen „a priori" genügen. Insbesondere in der Serienfertigung ist ein Massenausgleich an der fertigen Maschine konstruktiv und wirtschaftlich nicht vertretbar. Das Auswuchten muß in den Fertigungsablauf integriert werden. Dazu ist die Kenntnis von zulässigen Restunwuchten erforderlich.

22.1.1 Starre Rotoren

Für starre Rotoren werden in der Norm ISO 1940 „balance quality of rotating rigid bodies" Richtwerte für zulässige Restunwuchten angegeben. ISO 1940 ist der VDI-Richtlinie 2060 entnommen. Ebenso stimmt die Österreichische OeNORM S 9032 teilweise überein mit ISO 1940. Sie basieren auf folgenden Überlegungen:

Im allgemeinen hat die Unwuchtresultierende primäre Bedeutung vor dem Unwuchtpaar, d.h. zwei gleichgerichtete Unwuchten stören meist mehr, als zwei einander entgegengerichtete (Ausnahmen bestätigen die Regel). Die Richtwerte basieren somit grundsätzlich auf Rotoren mit statischer Unwucht. Die stets vorhandene dynamische Unwucht ist in den Richtwerten eingeschlossen, d.h. die zulässige statische Restunwucht muß um so kleiner sein, je größer die dynamische Restunwucht ist. Es scheint so nicht notwendig, für gleich- bzw. einander entgegengerichtete Restunwuchten in zwei WE, unterschiedliche Richtwerte festzulegen. Bei einigermaßen symmetrischen Rotoren mit zwei Ausgleichsebenen gilt die Hälfte der angegebenen Richtwerte als zulässige Restunwucht.

Für *gleiche* Drehzahl und *gleichen* Rotortyp, jedoch unterschiedliche Rotormasse m wird in der Richtlinie die gleiche Schwerpunktsexzentrizität ε zugelassen. Man erreicht damit gleiche Schwingwege (nicht Kräfte) am Lager. Die zulässige Unwucht $U = m\varepsilon$ ist dann um so größer, je größer die Rotormasse ist, was auch der menschlichen Empfindung entspricht. Die auf die Masse bezogene Unwucht $U/m = \varepsilon$ ist gleich der Schwerpunktsexzentrizität und hat die Dimension einer Länge, kann aber neben μm, mm, usw. auch in g mm/kg; kg mm/kg; usw. angegeben werden. S. Abb. 22.1 [Bild 4 von ISO 1940 oder VDI 2060].

Bei Variation der Drehzahl ist zu beachten, daß nach bisherigen praktischen Erfahrungen ε um so kleiner sein muß, je größer die Drehzahl ist. Statistische Unterlagen über Schadenfälle zeigen für Rotoren des gleichen Typs eine lineare Abhängigkeit von der Drehzahl. Auch aus Ähnlichkeitsbetrachtungen (s. Anhang 1 zu Kap. 22) ergibt sich, daß die zulässige bezogene Unwucht oder Schwerpunktsexzentrizität proportional der maximalen Betriebsdrehzahl n sein soll

$$\varepsilon n = \text{const} \quad \text{bzw.} \quad \underline{\varepsilon \omega = \text{const}}$$

mit $\omega = \pi n/30$ als Winkelgeschwindigkeit des Rotors. $\varepsilon\omega$ ist gleich der Schwerpunktsgeschwindigkeit.

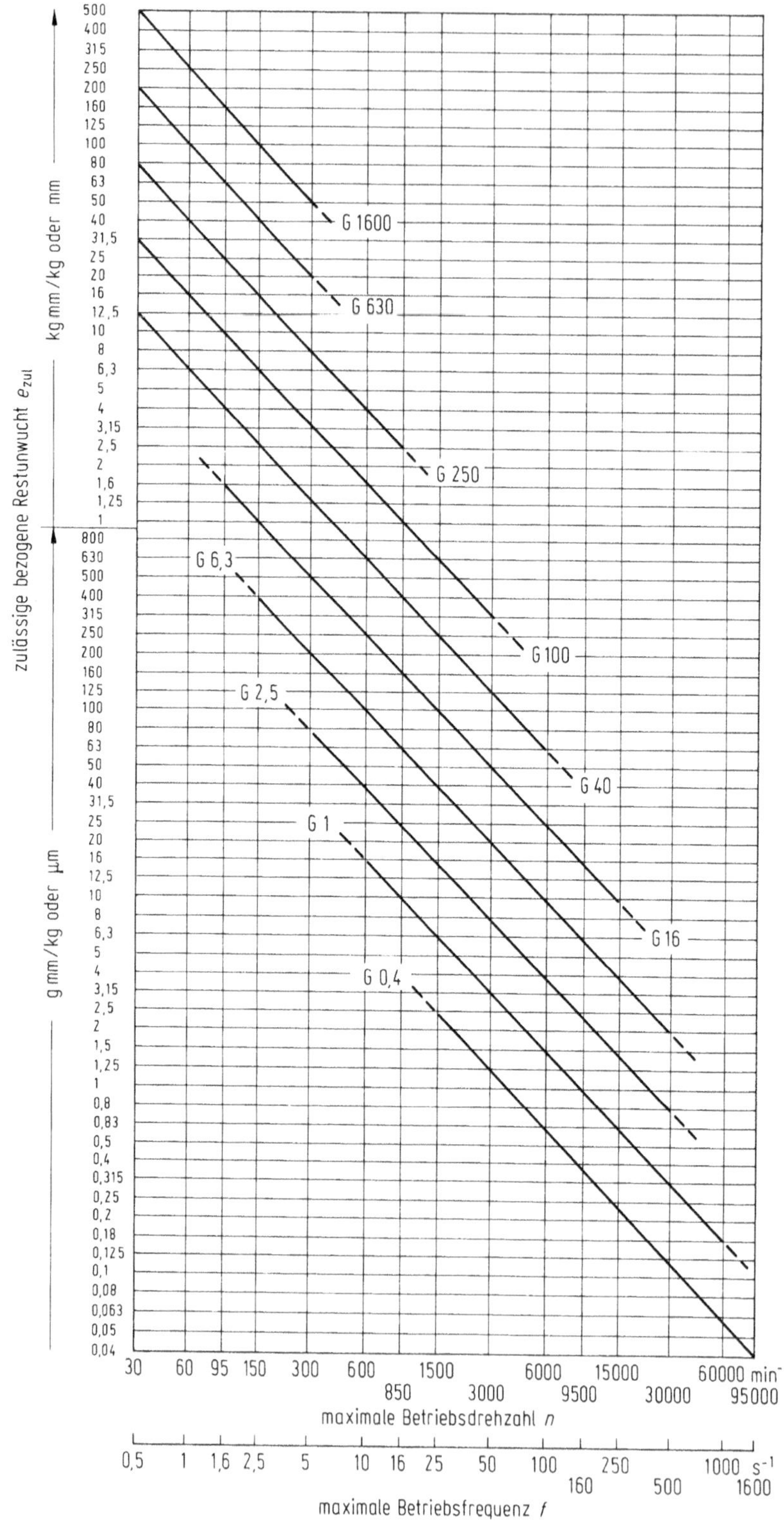

Abb. 22.1. Zulässige bezogene Restunwucht in Abhängigkeit von der maximalen Betriebsdrehzahl für verschiedene Gütestufen G. [Bild 4 von VDI 2060 ($Q \equiv G$) oder Fig. 4 von ISO 1940]

Tabelle 22.1 Auswucht-Gütestufen und Gruppen starrer Wuchtkörper [VDI 2060]. Für starre Wuchtkörper mit zwei Ausgleichsebenen gilt im allgemeinen je Ebene die Hälfte des betreffenden Richtwerts, für scheibenförmige Wuchtkörper gilt der volle Richtwert. Hinweis: Passungsbedingte Anteile sind in den Richtwerten gegebenenfalls mit enthalten.

Gütestufen	$e \cdot \omega$* mm/s	Wuchtkörper oder Maschinen Beispiele
(keine)	(> 1600)	Kurbeltriebe** starr aufgestellter, langsam laufender Schiffsdieselmotoren mit ungerader Zylinderzahl
Q 1600	1600	Kurbeltriebe starr aufgestellter Zweitaktgroßmotoren
Q 630	630	Kurbeltriebe starr aufgestellter Viertakt-Motoren Kurbeltriebe elastisch aufgestellter Schiffsdieselmotoren
Q 250	250	Kurbeltriebe starr aufgestellter, schnellaufender 4-Zylinder-Dieselmotoren
Q 100	100	Kurbeltriebe starr aufgestellter, schnellaufender Dieselmotoren mit sechs und mehr Zylindern; Komplette PKW-, LKW-, Lok-Motoren***)
Q 40	40	Autoräder, Felgen, Radsätze, Gelenkwellen; Kurbeltriebe elastisch aufgestellter, schnellaufender Viertaktmotoren mit sechs und mehr Zylindern; Kurbeltriebe von PKW, LKW-, Lok-Motoren
Q 16	16	Gelenkwellen mit besonderen Anforderungen; Teile von Zerkleinerungs- und Landwirtschafts-Maschinen; Kurbeltrieb-Einzelteile von PKW-, LKW-, Lok-Motoren; Kurbeltriebe von sechs und mehr Zylindermotoren mit besonderen Anforderungen
Q 6,3	6,3	Teile der Verfahrenstechnik; Zentrifugentrommeln; Ventilatoren, Schwungräder, Kreiselpumpen; Maschinenbau- und Werkzeugmaschinen-Teile; Normale Elektromotorenanker Kurbeltrieb-Einzelteile mit besonderen Anforderungen
Q 2,5	2,5	Läufer von Strahltriebwerken, Gas- und Dampfturbinen, Turbogebläsen, Turbogeneratoren; Werkzeugmaschinen-Antriebe; Mittlere und größere Elektromotoren-Anker mit besonderen Anforderungen; Kleinmotoren-Anker; Pumpen mit Turbinenantrieb
Q 1 Feinwuchtung	1	Magnetophon- und Phono-Antriebe; Schleifmaschinen-Antriebe, Kleinmotoren-Anker mit besonderen Anforderungen
Q 0,4 Feinstwuchtung	0,4	Feinstschleifmaschinen-Anker, -Wellen und -Scheiben, Kreisel

* $\omega = n \cdot 2\pi/60 \approx n/10$ mit ω in 1/s und n in 1/min

** Unter Kurbelbetrieb sei die Baugruppe: Kurbelwelle, Schwungrad, Kupplung, Riemenscheibe, Schwingungsdämpfer, rotierender Pleuelanteil, usw., verstanden.

*** Bei kompletten Motoren ist unter der Wuchtkörpermasse die Summe der Massen, der zum Kurbelbetrieb gehörenden Teile zu verstehen.

Die Bedingung $\varepsilon = \text{const}$ für den gleichen Rotortyp und konstante Drehzahl kann in die Bedingung $\varepsilon\omega = \text{const}$ für variable Drehzahl integriert werden.

Nach dieser Gesetzmäßigkeit sind in Abb. 22.1 [Bild 4 von ISO 1940, VDI 2060] die zulässigen bezogenen Restunwuchten in Abhängigkeit der Drehzahl dargestellt, getrennt nach Rotortypen als Parameter. Die Rotortypen sind in **Tabelle 22.1** beschrieben und in Gütestufen zusammengefaßt [ISO 1940, VDI 2060, Tabelle 1]. Jede Gütestufe Q kennzeichnet einen Bereich zulässiger Restunwuchten von Null bis zu einer oberen Grenze. Die Abstufung erfolgte mit dem Faktor 2,5 als Zahlenwert von $\varepsilon\omega$. So entspricht die Gütestufe Q 2,5 einer Schwerpunktsgeschwindigkeit von $\varepsilon\omega = 2{,}5$ mm/s.

Beispiel 1: Elektrogenerator-Rotor, 35 kVA, $m = 40$ kg, $n = 3000$ 1/min. Nach Tabelle 22.1 ist die Gütestufe Q 6,3. Nach Abb. 22.1 wird $\varepsilon_{zul} = 20\,\mu\text{m}$. Die zulässige Restunwucht beträgt $U_{zul} = \varepsilon_{zul}\, m = 20\,\mu\text{m} \cdot 40\,\text{kg} = 0{,}8$ kgmm und pro Ausgleichsebene $U_1 = U_2 = U_{zul}/2 = 0{,}4$ kgmm. Bei einem Radius von $r = 85$ mm ergibt dies eine maximal zulässige KU-Masse pro Ebene von

$$M = U_1/r = U_2/r = 0{,}4\,\text{kgmm}/85\,\text{mm} = \underline{47\,\text{g}}$$

Beispiel 2: Kleiner Turbogenerator-Rotor, 4 MVA, $m = 3900$ kg, $n = 3000$ 1/min. Nach Tabelle 22.1 ist die Gütestufe Q 2,5. Nach Abb. 22.1 wird $\varepsilon_{zul} = 8\,\mu\text{m}$. Die zulässige Restunwucht beträgt $U_{zul} = \varepsilon_{zul}\, m = 8\,\mu\text{m} \cdot 3900\,\text{kg} = 31{,}2$ kgmm und pro Ausgleichsebene $U_1 = U_2 = U_{zul}/2 = 15{,}6$ kgmm. Bei einem Radius von $r = 280$ mm ergibt dies eine maximal zulässige KU-Masse pro Ebene von

$$M = U_1/r = U_2/r = 15{,}6\,\text{kgmm}/280\,\text{mm} = \underline{56\,\text{g}}.$$

22.1.2 Elastische Rotoren

Kriterien für die Wuchtgüte elastischer Rotoren sind in ISO 5343 „Criteria for evaluating flexible rotor balance" und ISO 5406 „The mechanical balancing of flexible rotors"[1] festgelegt.

In der Einleitung zu ISO 5343 wird bemerkt, daß das Ziel des Wuchtens jeglicher Rotoren ein zufriedenstellender Lauf in der Anlage oder Zentrale („on site") sei. Die Wuchtgüte kann danach durch zulässige Schwingungswerte oder zulässige Restunwuchten verbürgt werden. Es wird aber ausdrücklich darauf hingewiesen, daß solche Richtwerte als Empfehlungen aufzufassen sind und *keine Abnahmevorschriften* darstellen.

Zulässige Schwingungswerte sind im Abschn. 22.3 behandelt.

Für Kriterien der Wuchtgüte ist ISO 5343 und ISO 5406 zuständig. Danach werden die Rotoren in 5 Klassen eingeteilt:

Klasse 1: Starre Rotoren, die nach ISO 1940, VDI 2060 behandelt werden können.

Klasse 2: Quasi starre Rotoren, die nicht als starr betrachtet werden können, aber mit modifizierter Starrkörperwuchtung behandelt werden dürfen.

Klasse 3: Elastische Rotoren, die nur mit Hilfe hochtouriger Auswuchtmethoden ausgewuchtet werden können (Modal Methode, EK-Methode usw.). Sie werden als wellenelastische Rotoren bezeichnet.

---

[1] Eine deutsche Übersetzung von ISO 5406 ist in FANAK C6, Nr. 5–85 zu finden.

Klasse 4: Rotoren der Klasse 1, 2 oder 3, die zusätzliche, auf den Rotor montierte, flexible Elemente besitzen. Sie werden als körperelastische Rotoren bezeichnet.

Klasse 5: Rotoren der Klasse 3, die aber nur für *eine* Betriebsdrehzahl ausgewuchtet werden.

Für alle fünf Klassen werden Kriterien für Restunwuchten angegeben.

Elastische Rotoren sind in der Klasse 3 zusammengefaßt. Sie ist in drei Unterklassen aufgeteilt:

„Class 3a A rotor that, for any unbalance distribution, is significantly affected by only the first mode unbalance."

„Class 3b A rotor that, for any unbalance distribution, is significantly affected by only the first and second mode unbalance."

„Class 3c A rotor significantly affected by more than the first and second mode unbalance."

Für *Klasse 3a* wird empfohlen:

— Die erste äquivalente Modalunwucht soll maximal 60% der zulässigen Rotorunwucht des starren Rotors nach ISO 1940 ausmachen.
— Bei niederen Drehzahlen darf die Restunwucht die Werte in ISO 1940 nicht übersteigen.

Die *praktische Bestimmung* der äquivalenten Unwucht kann wie folgt geschehen:
— Messung der Lagerschwingung $\underline{R}_A$ in oder in der Nähe der n-ten kritischen Drehzahl.
— Montieren einer Testunwucht $\underline{U}_T$ an ungefährer Lage z des größten Werts der n-ten EF $\varphi_n(z)$ und Messung der Lagerschwingung $\underline{R}_T$.
— Aus den jetzt bekannten Größen $\underline{R}_A$, $\underline{U}_T$ und $\underline{R}_T$ läßt sich über den EK $\underline{\alpha}$, ($\underline{R}=\underline{\alpha}\,\underline{U}$), die gesuchte n-te äquivalente Unwucht $\underline{U}_e$ praktisch genügend genau berechnen. Es gilt

1. $\underline{\alpha}\,\underline{U}_T=\underline{R}_T-\underline{R}_A \rightarrow \underline{\alpha}=(\underline{R}_T-\underline{R}_A)/\underline{U}_T$;

2. $\underline{\alpha}\,\underline{U}_e=\underline{R}_A \rightarrow \underline{U}_e=\dfrac{\underline{R}_A}{\underline{\alpha}}=\underline{U}_T\underline{R}_A/(\underline{R}_T-\underline{R}_A)$.

Theoretisch ist eine äquivalente Unwucht $\underline{U}_{ne}$ die kleinste EUW, die die gleiche Wirkung auf den n-ten Modalanteil der Auslenkung hat, wie die n-te Modalunwucht $\underline{U}_n=\int_L \underline{u}_n(z)\,\varphi_n(z)\,\mathrm{d}z$.

$\underline{U}_n$ regt nur die n-te EF an. Eine EUW regt alle EF an (wenn sie nicht zufällig auf einem Knoten der EF sitzt). Die kleinste EUW ist jene, die am Ort des größten Werts der EF $\varphi_n(z)$ sitzt, d.h. für $\varphi_1(z)$ ungefähr in der Mitte-, für $\varphi_2(z)$ ungefähr in einem Viertel der Lagerdistanz, usw. Es gilt die Beziehung

$$\int_L \underline{u}_n(z)\,\varphi_n(z)\,\mathrm{d}z=\underline{U}_{ne}(z_e)\,\varphi_n(z_e);\quad \varphi_n(z_e)=\varphi_n(z)_{max}.$$

Für *Klasse 3b* wird empfohlen:

— die erste äquivlante Modalunwucht soll maximal 100% ...,
— die zweite äquivalente Modalunwucht soll maximal 60% ...,
— und bei niederen Drehzahlen soll die Restunwucht maximal 100% ..., der in ISO 1940 aufgeführten Restunwuchten betragen.

Bezüglich *Klasse 3c* sind Empfehlungen schwierig zu geben. Die Beurteilung der Wuchtgüte muß über zulässige Schwingungen geschehen.

22.1.3 Klasse-2-Rotoren

Rotoren der Klasse 2 nach ISO 5406 sind quasi-starre Rotoren, die als elastische Rotoren betrachtet werden müssen, aber mit modifizierter Starrkörperwuchtung behandelt werden dürfen. Im Anhang C zu ISO 5406 steht (übersetzt auf Deutsch):

Unter Umständen ist es möglich einen elastischen Rotor nur durch niedrigtouriges Auswuchten zu behandeln, wenn die IU während der Herstellung und des Zusammenbaus unter Kontrolle gehalten werden...

Man kann die Lagerkräfte vergleichen, wenn der Rotor als elastischer Rotor läuft, nachdem er bei niedrigen Drehzahlen als starrer Rotor auf eine bestimmte Toleranz ausgewuchtet wurde. Die Berechnung der verbleibenden Lagerkräfte geht nur, wenn man bestimmte Annahmen über eine typische Unwuchtverteilung macht ...

Beim gegenwärtigen Stand der Technik scheint es schwierig, genaue Voraussagen in obigem Sinne zu machen, so daß ein einfacherer Weg beschritten wird. Die folgende Methode, die maximal zulässige Unwucht eines Rotors in einer niedrigtourigen Auswuchtmaschine festzulegen, ist auf Rotoren zugeschnitten, die folgende Bedingungen erfüllen:

— Zweifach gelagerter Rotor mit Lagern an den Enden und zwei Ausgleichsebenen, die sich in der Nähe der Lager befinden.
— Einigermaßen symmetrische Massenverteilung um die Rotormitte und keine fliegenden Teile.
— Einigermaßen symmetrische Verteilung der Federsteifigkeit in bezug auf die Rotormitte.
— Dauerbetriebsdrehzahlen, wesentlich unter der zweiten kritischen Drehzahl.

Weiterhin wird angenommen, daß

— Rotoren, die aus sorgfältig vorgewuchteten Einzelteilen zusammengebaut werden, im allgemeinen eine Urunwucht enthalten, die sich aus kleinen Unwuchten zusammensetzt, die über die Länge des Rotors verteilt sind.
— Die Unwucht längs des Rotors in nur einer radialen Richtung verteilt ist. Es ist klar, daß aus allen möglichen Verteilungen diese Bedingung den ungünstigsten Fall für einen Rotor darstellt, dessen höchste Drehzahl wesentlich unter der zweiten kritischen Drehzahl liegt.

Bemerkung:

Der Erfolg der beschriebenen Methode kann nicht garantiert werden, aber im allgemeinen wird man befriedigende Ergebnisse erzielen.

Schluß der Übersetzung.

Lagerkraft des elastischen Rotors

Wir verwenden die Originalbezeichnungen[2] der Figuren 4 und 5 aus ISO 5406, s. Abb. 22.2. Der Rotor besitzt die IU $U = M\varepsilon_1$ in Rotormitte, wobei M die Masse des Rotors ist. Seine Wellensteifigkeit ist k, die Lagersteifigkeit beider Lager zusammen ist $2h$. Das Wuchten des starren Rotors erfolgt in den Lagerebenen bis auf die zulässige Exzentrizität ε_2. Die KU pro Lagerebene beträgt $U_\mathrm{K} = (m/2)(\varepsilon_{20} - \varepsilon_{10})$, wobei folgende Beziehungen gelten

$$\left.\begin{aligned} m\varepsilon_{10} &= M\varepsilon_1 \\ m\varepsilon_{20} &= M\varepsilon_2 \end{aligned}\right\} \quad m \ll M; \quad \varepsilon_{10} \gg \varepsilon_1; \quad \varepsilon_{20} \gg \varepsilon_2. \tag{22.1}$$

Die Bewegungsdifferentialgleichungen, Abb. 22.2, lauten dann

$$\boxed{\begin{aligned} M\ddot{\underline{r}}_1 + k(\underline{r}_1 - \underline{r}_2) &= \underline{F}_1; \\ m\,\ddot{\underline{r}}_2 - k(\underline{r}_1 - \underline{r}_2) + 2h\,\underline{r}_2 &= \underline{F}_2 \end{aligned}} \tag{22.2}$$

mit

$$\begin{aligned} \underline{F}_1 &= U\omega^2\,\mathrm{e}^{\mathrm{i}\omega t} = M\varepsilon_1\,\omega^2\,\mathrm{e}^{\mathrm{i}\omega t}; \\ \underline{F}_2 &= 2(U_\mathrm{K}\,\omega^2)\,\mathrm{e}^{\mathrm{i}\omega t} = 2\,[(m/2)\,(\varepsilon_{20} - \varepsilon_{10})]\;\omega^2\,\mathrm{e}^{\mathrm{i}\omega t} \end{aligned} \tag{22.3}$$

---

[2] Einzige Ausnahme: Die Exzentrizität e ist durch ε ersetzt, s. Begründung Fußnote S. 9.

und mit (22.1) gilt

$$\begin{aligned}\underline{F}_2 &= (m\varepsilon_{20} - m\varepsilon_{10})\,\omega^2 e^{i\omega t} = (M\varepsilon_2 - M\varepsilon_1)\,\omega^2 e^{i\omega t}\\ &= M(\varepsilon_2 - \varepsilon_1)\,\omega^2 e^{i\omega t}.\end{aligned} \tag{22.4}$$

Setzt man die Auslenkungen $\underline{r}_1$ und $\underline{r}_2$ den Kräften $\underline{F}_1$ und $\underline{F}_2$ phasengleich

$$\underline{r}_1 = r_1 e^{i\omega t}; \quad \underline{r}_2 = r_2 e^{i\omega t}, \tag{22.5}$$

so entsteht aus (22.2) mit (22.3) und (22.4) das reelle Gleichungssystem

$$\begin{cases} -M\omega^2 r_1 + k(r_1 - r_2) = M\omega^2 \varepsilon_1 \\ -m\,\omega^2 r_2 - k(r_1 - r_2) + 2hr_2 = M\omega^2(\varepsilon_2 - \varepsilon_1). \end{cases} \tag{22.6}$$

Die zweite Gleichung kann auch in der Form

$$-M\left(\frac{m}{M}\right)\omega^2 r_2 - \underline{k}(r_1 - r_2) + 2hr_2 = M\omega^2(\varepsilon_2 - \varepsilon_1) \tag{22.7}$$

geschrieben werden. Weil die Kompensationsmassen $(m/2)$ sehr klein sind gegenüber der Rotormasse M, d.h. $m \ll M$ ist, kann das erste Glied in (22.7) vernachlässigt werden. Mit $m/M = 0$ wird dann aus (22.6) das Gleichungssystem

$$\begin{cases} -M\omega^2 r_1 + k(r_1 - r_2) = M\omega^2 \varepsilon_1 \\ 2hr_2 \quad - k(r_1 - r_2) = M\omega^2(\varepsilon_2 - \varepsilon_1), \end{cases} \tag{22.8}$$

oder in Matrizenform

$$\overset{\boldsymbol{A}}{\begin{bmatrix} k - M\omega^2; & -k \\ -k & ; \; 2h + k \end{bmatrix}} \begin{bmatrix} r_1 \\ r_2 \end{bmatrix} = +M\omega^2 \begin{bmatrix} \varepsilon_1 \\ \varepsilon_2 - \varepsilon_1 \end{bmatrix}; \tag{22.8'}$$

mit der Determinanten

$$\det \boldsymbol{A} = 2hk - M\omega^2(2h + k)$$

und Resonanz für $\det \boldsymbol{A} = 0$ mit $\omega = \omega_1$

$$2hk - M\omega^2(2h + k) = 0 \rightarrow \omega^2 = \frac{1}{M}\frac{2hk}{2h + k} = \omega_1^2. \tag{22.9}$$

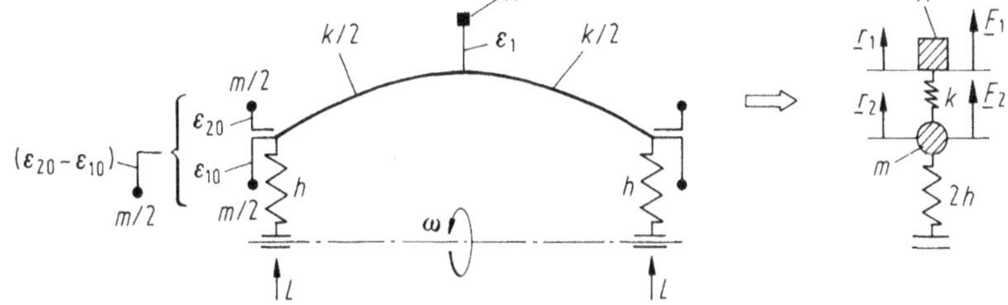

Abb. 22.2. Modell zur Berechnung der Lagerkraft eines quasi-starren Rotors (Klasse 2 Rotoren nach ISO 5406), s. Text. M Rotormasse, m Masse der KU, k Steifigkeit des Rotors, h Steifigkeit eines Lagers, ω Winkelgeschwindigkeit des Rotors

ω_1 ist die kritische Winkelgeschwindigkeit des Rotors. Die Lagerkraft (pro Lager) ist

$$L = h r_2 .$$

r_2 aus (22.8′) wird

$$r_2 = \frac{M\omega^2}{\det|A|}\left[(k - M\omega^2)(\varepsilon_2 - \varepsilon_1) + k\varepsilon_1\right] \tag{22.10}$$

und somit die Lagerkraft

$$L = hM\omega^2 \frac{[(k - M\omega^2)(\varepsilon_2 - \varepsilon_1) + k\varepsilon_1]}{2hk - M\omega^2(2h+k)}$$

$$= \frac{M\omega^2}{2} \frac{2h[(k/M - \omega^2)\varepsilon_2 + \omega^2\varepsilon_1]}{(2h+k)\left[\dfrac{2hk}{M(2h+k)} - \omega^2\right]} . \tag{22.11}$$

Wird Zähler und Nenner durch $k\omega_1^2$ dividiert, ist

$$L = \frac{M\omega^2}{2} \frac{\dfrac{2h}{k}\left[\left(\dfrac{k}{M\omega_1^2} - \dfrac{\omega^2}{\omega_1^2}\right)\varepsilon_2 + \dfrac{\omega^2}{\omega_1^2}\varepsilon_1\right]}{\left(\dfrac{2h}{k} + 1\right)\left(\dfrac{2hk}{M(2h+k)\,\omega_1^2} - \dfrac{\omega^2}{\omega_1^2}\right)} . \tag{22.11′}$$

Setzt man ω_1 nach (22.9) in (22.11′) ein und verwendet die Abkürzungen

$$\lambda^2 = (\omega/\omega_1)^2; \quad \alpha = 2h/k, \tag{22.12}$$

wird schließlich aus (22.11′)

$$L = \frac{M\omega^2}{2} \frac{\alpha\left[\left(1 + \dfrac{1}{\alpha} - \lambda^2\right)\varepsilon_2 + \lambda^2\varepsilon_1\right]}{(\alpha+1)(1-\lambda^2)}$$

oder

$$\underline{L = 0{,}5\, M\omega^2 \frac{\alpha\lambda^2\varepsilon_1 + (1 + \alpha - \alpha\lambda^2)\varepsilon_2}{(1+\alpha)(1-\lambda^2)}} . \tag{22.13}$$

Dies ist exakt der Ausdruck für L in ISO 5406 C 2.2.

Für den Vergleichsrotor, in ISO 5406 mit „Datum" Rotor bezeichnet, gilt nach (22.13) mit

$$\alpha = 1; \quad \lambda = 0{,}8; \quad \varepsilon_1 = 10\,\varepsilon_2$$

die Lagerkraft

$$L_v = 0{,}5\, M\omega^2 \frac{1\,(0{,}8)^2 \cdot 10\,\varepsilon_2 + [1 + 1 - 1 \cdot (0{,}8)^2]\,\varepsilon_2}{(1+1)\,[1 - (0{,}8)^2]}$$

oder

$$\underline{L_v = 5{,}83\, M\omega^2\varepsilon_2 .} \tag{22.14}$$

Ein solcher Rotor, als starrer Rotor in den Lagerebenen gewuchtet, kann als elastischer Rotor bis zu 80% der ersten kritischen Drehzahl betrieben werden, wenn ein Lagerkraftfehler toleriert wird, s. Abb. 10b.

Durch Gleichsetzen beider Lagerkräfte L und L_v erhält man das Verhältnis $\varepsilon_1/\varepsilon_2$, d.h. das Verhältnis der Exzentrizität des elastischen Rotors zur zulässigen Exzentrizität des starren Rotors.

$$L = L_v \rightarrow \frac{\varepsilon_1}{\varepsilon_2} = \frac{9{,}76(1-\lambda^2)(1+\alpha)-\lambda^2}{\alpha\lambda^2} = V. \tag{22.15}$$

Die zulässige Exzentrizität des elastischen Rotors ist somit

$$\underline{\varepsilon_1 < V\varepsilon_2.} \tag{22.16}$$

Dies ist exakt der Ausdruck in ISO 5496 C 3.3. $|V|$ ist graphisch über λ mit dem Parameter α in Abb. 22.3 [Figur 6, ISO 5406] dargestellt. Für $\lambda > 1$ ist ε_2 negativ und V somit ebenfalls.

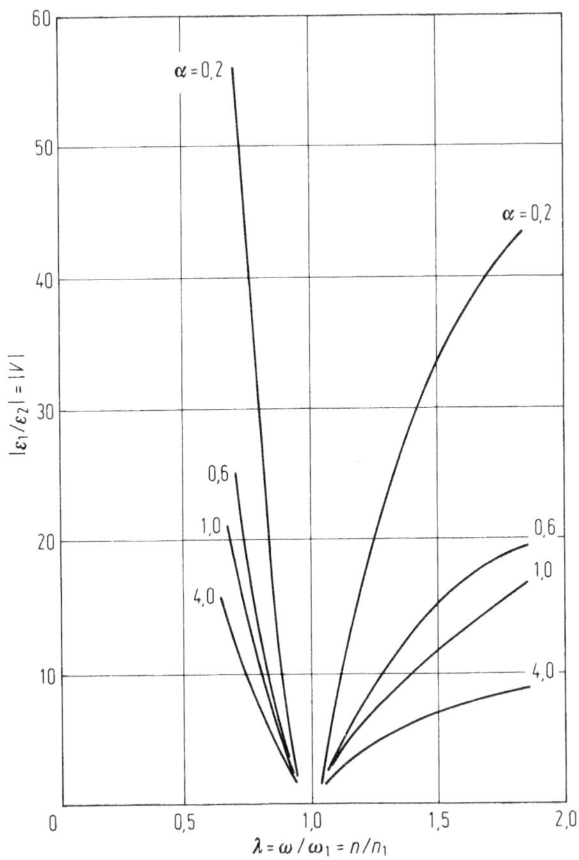

Abb. 22.3. Zulässige IU für elastische Rotoren (Fig. 6 aus ISO 5406) ε_1 zulässige Exzentrizität oder zulässige bezogene Unwucht, ε_2 zulässige Exzentrizität oder zulässige bezogene Restunwucht nach Abb. 22.1, $\alpha = 2h/k$: totale Lagersteifigkeit zu Rotorsteifigkeit, n Drehzahl, n_1 erste kritische Drehzahl

Beispiel: Kleiner Turbogenerator-Rotor, 13 MVA, $m = 5790$ kg, $n = 3000$ 1/min, 1. kritische Drehzahl $n_1 = 2500$ 1/min, Schleuderdrehzahl $n_S = 1{,}2 \cdot 3000$ 1/min $=$ 3600 1/min, Lagersteifigkeit pro Lager $h = 0{,}667$ MN/mm, Rotorsteifigkeit $k = 0{,}561$ MN/mm.

Nach Abb. 22.1 ist mit $G\,2{,}5\;\varepsilon_{zul} \approx 7\,\mu m = \varepsilon_2$.

Nach Abb. 22.3, genauer nach (22.15), wird mit $\alpha = 2h/k = 2 \cdot 0{,}667/0{,}561 = \approx 3$ und mit $\lambda = n_S/n_1 = 3600/2500 = 1{,}44$.

$$|V| = |\varepsilon_1/\varepsilon_2| = 7{,}06 \quad \text{und} \quad |\varepsilon_1| = 7{,}06\,|\varepsilon_2| = 7{,}06 \cdot 7\,\mu m \approx \underline{50\,\mu m.}$$

Die zulässige Restunwucht beträgt

$$U_{zul} = m\varepsilon_1 = 5790\,\text{kg} \cdot 50\,\mu m = \underline{290\,\text{kgmm}}$$

unter der Voraussetzung, daß der Rotor als starrer Rotor bei niederen Drehzahlen oder in einer „weichen" (wegmessenden, überkritischen) Wuchtmaschine auf maximal 7 µm in beiden Lagerebenen ausgewuchtet wurde.

Welche Restlagerschwingung r_2 dieser Wuchtzustand zur Folge hat, kann aus (22.13) durch Einsetzen der Größen $M = 5790$ kg, $\omega = (\pi/30)\,3600 = 377$ 1/s, $\alpha = 3$, $\lambda = 1{,}44$, $\varepsilon_1 = 50\,\mu m$, $\varepsilon_1 = 7\,\mu m$ erhalten werden, wenn L durch $h = 1$ MN/mm dividiert wird

$$\underline{r_2} = \frac{L}{2} = \frac{0{,}5\,M\omega^2}{h}\,\frac{\alpha\lambda^2\varepsilon_1 + (1 + \alpha - \alpha\lambda^2)\,\varepsilon_2}{(1+\alpha)(1-\lambda^2)}$$

$$= \frac{0{,}5 \cdot 5790\,\text{kg}\,(377)^2\,1/\text{s}^2}{10^6\,\text{N/mm}} \cdot \frac{3 \cdot 1{,}44^2\,50\,\mu m + (1 + 3 - 3 \cdot 1{,}44^2)\,7\,\mu m}{(1+3)(1-1{,}44^2)}$$

$$= 0{,}411\,(-68{,}8\,\mu m) = -\underline{28\,\mu m}.$$

22.2 Empfehlungen für zulässige Schwingungen in der Wuchtanlage

Rotoren werden im allgemeinen beim Hersteller in der Wuchtanlage einzeln gewuchtet. Sie werden hernach in der Anlage oder Zentrale in andern Lagern auf Fundamente aufgestellt und eventuell mit andern Maschinen gekoppelt. Dabei entstehen kleine Änderungen des Wuchtzustands bedingt durch unterschiedliche Steifigkeit der Lagerung und der Art der Kupplung (Änderung der EF). Ferner sind Kupplungsfehler nicht auszuschließen.

Zweitens werden in der Wuchtanlage nur drehfrequente Schwingungen zur Beurteilung des Wuchtzustands gemessen, während die Messung in der Zentrale noch Anteile fremdfrequenter Schwingungen enthält.

Drittens wird in der Wuchtanlage u. U. an der Welle gemessen, in der Zentrale vielleicht nur im Lagerbock.

Viertens wird in der Wuchtanlage meist am Ort der maximalen Ausschläge gemessen, in der Zentrale an einem andern Ort, im allgemeinen in der Nähe der Lager.

All diesen Möglichkeiten wird dadurch Rechnung getragen, daß in ISO 5343 die zulässige Schwingung in der Wuchtanlage dadurch erhalten wird, indem die zulässige Schwingung in der Zentrale mit Umrechnungsfaktoren („conversion factors") multipliziert wird wie folgt

$$\underline{Y = CX;} \quad C = C_0 C_1 C_2 C_3 = \prod_{j=0}^{3} C_j.$$

Tabelle 22.2. Aus ISO 5343

Machinery classification	Typical machines	Suggested conversion factor ranges				X* mm/s
		C_0	C_1	C_2	C_3	
I	Superchargers	1,0	0,6 to 1,6	1,0	If applicable $C_3 > 1{,}0$ otherwise $C_3 = 1{,}0$	1,12
	Small electric motors up to 15 kW	1,0		1,0		
II	Paper-making machines	0,7 to 1,0		2 to 6		1,8
	Medium-sized electrical machines 15 to 75 kW	0,7 to 1,0		2 to 6		
	Electrical machines up to 300 kW on special foundations	0,7 to 1,0		2 to 6		
	Compressors	0,7 to 1,0		2 to 6		
	Small turbines	1,0		2 to 6		
III	Large electric motors	0,7 to 1,0		2 to 5		2,8
	Pumps	0,7 to 1,0		2 to 6		
	2-pole generators	0,8 to 1,0		2 to 6		
	Turbines and multipole generators	0,9 to 1,0		2 to 6		
IV	Gas turbines (but see 5.5)	1,0		2 to 5		4,5
	2-pole generators	0,8 to 1,0		2 to 6		
	Turbines and multipole generators	0,9 to 1,0		2 to 6		

* The values of X may be derived from ISO 2372 and ISO 3945 and used in accordance with 5.6. The values of X given in the table represent the midpoint of severity B of these specifications.

C_0 is the ratio of the permissible once-per-revolution bearing housing vibration to the permissible total bearing housing vibration ($C_0 < 1{,}0$, but, if not applicable, $C_0 = 1{,}0$);

C_1 is a conversion factor used if the rotor support and/or rotor coupling systems differ from the site conditions and is defined as the ratio of the once-per-revolution bearing housing vibration of the rotor in the balancing facility to the once-per-revolution bearing housing vibration of the assembled machine on site (if not applicable, $C_1 = 1{,}0$);

C_2 is a conversion factor used if, in the balancing facility, shaft vibrations are measured and is defined as the ratio of the once-per-revolution shaft vibration in or adjacent to the bearings to the once-per-revolution bearing housing vibration (if shaft vibration is not measured, $C_2 = 1{,}0$);

C_3 is a conversion factor used if, in the balancing facility, shaft vibrations are measured at a location of maximum shaft lateral deflection and is defined as the ratio of the maximum shaft lateral deflection to the shaft deflection adjacent to the bearings (if not applicable, or if shaft vibrations are measured in or adjacent to the bearings, $C_3 = 1{,}0$).

Dabei ist X der zulässige Effektivwert (quadratischer Mittelwert; root-mean-square-Wert) der Schwinggeschwindigkeit in vertikaler oder horizontaler Richtung in der Zentrale. Dieser Wert ist durch die Produktionsspezifikation gegeben oder aus

Tabelle 22.2 [Tabelle im Anhang A zu ISO 5343] zu entnehmen. In dieser Tabelle schwankt X zwischen 1,12 bis 4,5 mm/s je nach Produkt. Aus jeden Fall ist X mit dem Abnehmer (Kunden) abzusprechen.

Y ist der zulässige drehfrequente Effektivwert der Geschwindigkeit in der Wuchtanlage für den Betriebsbereich.

Die Faktoren C_j sollen ebenfalls mit dem Kunden abgesprochen werden. Außer dem Faktor C_0 – der den Einfluß von Anteilen fremdfrequenter Schwingungen enthält – sind die übrigen Faktoren alle größer oder gleich eins. Damit wird im allgemeinen $C > 1$ und somit auch $Y > X$.

Bedeutung und Größe der Umrechnungsfaktoren C_j sind in Tabelle 22.2 zusammengefaßt (ISO 5343 entnommen).

22.3 Zulässige Lager- und Wellenschwingungen (indirekte Kriterien)

22.3.1 Lagerschwingungen

Unter Lagerschwingungen sind Schwingungen der Lagerschale, des Lagerbocks oder des Lagergehäuses zu verstehen. Sie werden heute mit seismischen Geräten oder Piezoquarzaufnehmern absolut gemessen.

Die zuständige Norm für Lagerschwingungen ist ISO 2372 „Mechanical vibration of machines with operational speeds from 10 to 200 rev/s – Basis for specifying evaluations standards". Sie wurde aus der VDI-Richtlinie 2056 „Beurteilungsmaßstäbe für mechanische Schwingungen von Maschinen" abgeleitet und gilt für den Maschinen- und Elektromaschinenbau. Hinzu kommt die ISO-Norm 3945 „Mechanical vibration of large rotation machines with speed range from 10 to 200 rev/s – Measurement and evaluation of vibration severity – *in situ*" für den Schwingungszustand von Großmaschinen (ab 300 kW) in der Anlage (Zentrale). Für elektrische Maschinen mit Achshöhen von 80 bis 400 mm ist ISO 2373 „Mechanische Schwingungen von umlaufenden elektrischen Maschinen mit Achshöhen von 80 bis 400 mm – Messung und Bewertung der Schwingstärke" zuständig. Sie wurde in DIN ISO 2373 (1974) unverändert übernommen.

Es wird im folgenden mit VDI 2056 begonnen mit Beschränkung auf das Wesentliche.

Von den möglichen Schwingungsgrößen, dem Ausschlag, der Geschwindigkeit und der Beschleunigung wurde die *Schwinggeschwindigkeit* als maßgebende Größe für die *Schwingstärke* festgesetzt, und zwar der Effektivwert (quadratische Mittelwert, root-mean-square-Wert oder rms-Wert)

$$v_{\text{eff}} = \sqrt{\frac{1}{T} \int_0^T v^2(t)\, \mathrm{d}t}\,.$$

v_{eff} kann harmonische, nicht harmonische, periodische oder nicht periodische Schwingungen enthalten. Ist $v(t) = v_0 \sin(\omega t + \varphi)$ eine harmonische Funktion, v_0 die Amplitude und $T = 2\pi/\omega$ die Periode, wird

$$v_{\text{eff}} = \frac{v_0}{\sqrt{2}} = 0{,}71\, v_0\,.$$

Durch v_{eff} als maßgebende Schwingstärke ist die *Phase* φ harmonischer Schwingungen *bedeutungslos*.

Ist der Schwingungsverlauf analysiert und liegen die Amplituden der Schwinggeschwindigkeiten $v_1, v_2 \ldots v_n$ vor, so ist der maßgebende Wert der Schwinggeschwindigkeit

$$v_{\mathrm{eff}} = \sqrt{\frac{1}{2}(v_1^2 + v_2^2 + \ldots v_n^2)} = \sqrt{v_{1\,\mathrm{eff}}^2 + v_{2\,\mathrm{eff}}^2 + \ldots v_{n\,\mathrm{eff}}^2}\,.$$

Bezeichnet man mit v_1 die Schwingungsamplitude der drehfrequenten Schwingung und mit $\sum_2^n v_{n\,\mathrm{eff}}^2 = v_{2\,\mathrm{eff}}^2 + v_{3\,\mathrm{eff}}^2 + \ldots v_{n\,\mathrm{eff}}^2$ die Summe der Quadrate der Effektivwerte der übrigen Schwingungen (Restanteil), gilt

$$v_{1\,\mathrm{eff}} = \sqrt{v_{\mathrm{eff}}^2 - \sum_2^n v_{n\,\mathrm{eff}}^2} < v_{\mathrm{eff}}\,.$$

Der maßgebende Effektivwert der drehfrequenten Schwingung, der im allgemeinen durch Unwucht erzeugt wird, ist durch $v_{1\,\mathrm{eff}}$ gegeben.

Für die Belange des Wuchtens sind nur harmonische, drehfrequente Schwingungen von Bedeutung.

Tabelle 22.3. Schwingstärkestufen und Beurteilungsbeispiele für Kleinmaschinen (Gruppe K), mittlere Maschinen (Gruppe M), Großmaschinen (Gruppe G) und Turbomaschinen (Gruppe T, gem. Definitionen auf S. 7 VDI 2056)

Schwingstärke-Stufen: Stufen (Bezeichnung)	Schwingstärke-Stufen: effektive Schnelle an den Stufengrenzen v_{eff} mm/s	äquivalente Amplituden an den Stufengrenzen: äquivalente Schnelle-Amplitude $v_{\ddot{a}qu}$ mm/s	äquivalente Amplituden an den Stufengrenzen: zu 50 Hz gehörige äquivalente Wegamplitude $s_{50\ddot{a}qu}$ µm	Beispiele der Beurteilungsstufen: Kleinmaschinen Gruppe K	Beispiele der Beurteilungsstufen: mittlere Maschinen Gruppe M	Beispiele der Beurteilungsstufen: Großmaschinen Gruppe G	Beispiele der Beurteilungsstufen: Turbomaschinen Gruppe T
0,28				gut	gut	gut	gut
	0,28	0,4	1,25				
0,45				gut	gut	gut	gut
	0,45	0,63	2				
0,71				gut	gut	gut	gut
	0,71	1,0	3,15				
1,12				brauchbar	gut	gut	gut
	1,12	1,6	5				
1,8				brauchbar	brauchbar	gut	gut
	1,8	2,5	8				
2,8				noch zulässig	brauchbar	brauchbar	gut
	2,8	4,0	12,5				
4,5				noch zulässig	noch zulässig	brauchbar	brauchbar
	4,5	6,3	20				
7,1				unzulässig	noch zulässig	noch zulässig	brauchbar
	7,1	10	31,5				
11,2				unzulässig	unzulässig	noch zulässig	noch zulässig
	11,2	16	50				
18				unzulässig	unzulässig	unzulässig	noch zulässig
	18	25	80				
28				unzulässig	unzulässig	unzulässig	unzulässig
	28	40	125				
45				unzulässig	unzulässig	unzulässig	unzulässig
	45	63	200				
71				unzulässig	unzulässig	unzulässig	unzulässig

Über die Beweggründe und Gesichtspunkte für die Wahl der Schwinggeschwindigkeit als Schwingstärke siehe z. B. [Fe3]. Erfahrung, Empfindlichkeit des Menschen und Werkstoffbeanspruchung geometrisch ähnlicher Maschinen, s. Anhang 2 zu Kap. 22, waren für die Wahl maßgebend.

In Tabelle 22.3 [Tabelle 2 VDI von 2056] ist die für die Beurteilung maßgebende Schwingstärke v_{eff} für Lagerschwingungen angegeben.

Die Stufen entsprechen dem Faktor 1,6; d.h. der Unterscheidungsfähigkeit des Menschen. Die Stufung beginnt ungefähr bei der Spürbarkeitsschwelle des Menschen (ca. 0,11 mm/s). Schwingungen unter 10 Hz sind ausgeschlossen. Die Tabelle ist unterteilt in vier Maschinengruppen K, M, G und T. Jeder dieser Gruppen sind Gütebezeichnungen „gut" bis „unzulässig" zugeordnet. (In der entsprechenden ISO-Norm 2372 fehlen diese Bezeichnungen; sie sind lediglich durch Buchstaben A bis D ersetzt, ohne Wertung.)

ISO 3945 behandelt die *Lagermessung* von Großmaschinen ab 300 kW und 10 bis 200 rev/s in der Anlage (Zentrale). Beispiele solcher Maschinentypen sind Elektromotoren und Generatoren, Dampf- und Gasturbinen, Turbokompressoren, Turbopumpen und Ventilatoren. Einige dieser Maschinen können starr oder elastisch gekuppelt oder durch Getriebe verbunden sein.

Tabelle 22.4. Quality judgement of vibration severity for large machines, 10 to 200 r/s [ISO 3945]

Vibration severity		Support classification	
v_{rms} mm/s	v_{rms} in/s	Rigid supports	Flexible supports
0,46	0.018	good	good
0,71	0,028		
1,12	0.044		
1,8	0.071	satisfactory	
2,8	0.11		satisfactory
4,5	0.18	unsatisfactory	
7,1	0.28		unsatisfactory
11,2	0.44	unacceptable	
18,0	0.71		unacceptable
28,0	1.10		
71,0	2.80		

Gemessen wird bei normalen Betriebsbedingungen und normaler Betriebstemperatur. Bei Maschinen mit variabler Drehzahl und -Last sollen Messungen in allen extremen Betriebsbedingungen zusätzlich zu ausgewählten Bedingungen innerhalb dieser Grenzen gemacht werden. Es wird unterschieden zwischen starrer und elastischer Lagerung, wobei zu beachten ist, daß für einen bestimmten Meßpunkt für die eine Meßrichtung z. B. eine starre Lagerung, für eine andere Meßrichtung z. B. eine elastische Lagerung vorausgesetzt werden kann. Zum Beispiel werden große Elektromotoren, Pumpen und kleine Turbogeneratoren normalerweise mit starren Lagern klassifiziert, während Gasturbinen und Turbogeneratoren von ca. 10 MW an mit elastischen Lagern klassifiziert werden.

Empfohlene Grenzwerte mit Gütebezeichnungen sind aus Tabelle 22.4 [Tabelle 8 aus ISO 3945] zu entnehmen. v_{rms} ist der quadratische Mittelwert (rms = root-mean-square) der Schwinggeschwindigkeit und entspricht v_{eff} auf S. 438.

Gemessen werden soll an beiden Lagerböcken oder Lagerschildern in horizontaler, vertikaler und axialer Richtung. Zur Beurteilung sind alle drei Richtungen gleichwertig.

DIN ISO 2373 behandelt die Messung kleinerer und mittlerer rotierender elektrischer Maschinen. Der Einleitung ist zu entnehmen: „Trotz der Auswuchtgenauigkeit, die mit dynamischen Auswuchtmaschinen erreicht werden kann, erweist sich allgemein die Restunwucht als Hauptursache der an einer Maschine festgestellten Schwingungen. Zur Beurteilung der Auswuchtqualität und des Schwingungsverhaltens umlaufender elektrischer Maschinen ist es deshalb notwendig, die Messung an der Maschine nur unter genau festgelegten Versuchsbedingungen durchzuführen. Diese müssen reproduzierbare Ergebnisse sicherstellen und einen Vergleich der Meßwerte ermöglichen."

Die Versuchsbedingung besteht darin, die Maschine in den Zustand der „freien Aufhängung" zu bringen, was durch Aufhängen der Maschine an einer Feder oder bei Aufstellung auf elastischer Unterlage (Federn, Gummi usw.) gelingt. Der Mindestfederweg für tiefe Abstimmung ist in Abhängigkeit der Drehzahl der Abb. 22.4 [Bild aus DIN ISO 2373] zu entnehmen.

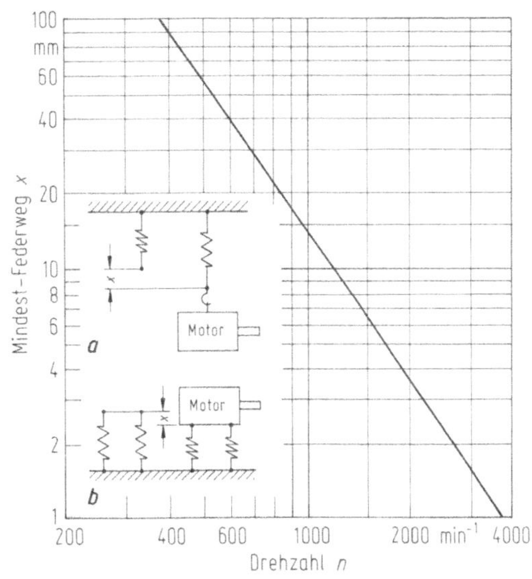

Abb. 22.4. Der Mindestfederweg für tiefe Abstimmung (aus DIN ISO 2373). **a** Motor an Feder aufgehängt; **b** Motor auf elastischer Unterlage abgestellt

Die Schwingungsmessung ist bei Nenndrehzahl, evtl. bei mehreren Betriebsdrehzahlen, durchzuführen. Soweit nicht anderweitige Vereinbarungen bestehen, wird die Messung der Schwingstärke bei Leerlauf und bei einer Temperatur, die die Maschine nach einer ausreichenden Zeit im Leerlauf erreicht hat, ausgeführt. Es werden folgende Grenzwerte empfohlen, Tabelle 22.5 [Tabelle aus DIN 2373].

Tabelle 22.5. Empfohlene Grenzwerte für die Schwinggeschwindigkeit (nur als Richtlinie). Aus DIN ISO 2373

Schwingstärke-Stufe	Drehzahl	Grenzwerte des Effektivwerts der Schwinggeschwindigkeit für die Achshöhe H in mm		
		$80 \leqq H \leqq 132$	$132 < H \leqq 225$	$225 < H \leqq 400$
	$\min^{-1}$	mm/s	mm/s	mm/s
N (normal)	600 bis 3600	1,8	2,8	4,5
R (reduziert)	600 bis 1800 > 1800 bis 3600	0,71 1,12	1,12 1,8	1,8 2,8
S (spezial)	600 bis 1800 > 1800 bis 3600	0,45 0,71	0,71 1,12	1,12 1,8

Gemessen werden soll in zwei zueinander senkrechten Richtungen radial an jedem Lagerschild, sowie in axialer Richtung an beiden Lagern.

22.3.2 Wellenschwingungen

VDI 2059, „Wellenschwingungen", Grundlagen für die Messung und Beurteilung, umfaßt fünf Blätter.

Blatt 1: Wellenschwingungen von Turbosätzen

Der Laufzustand einer Maschine wurde früher ausschließlich nach den Lagerschwingungen beurteilt. Lagerschwingungen sind schnelle Bewegungen der Lagerschale und/oder des Lagerbocks oder Lagergehäuses. Regeln für die Lagerschwingungsmessung und Beurteilungsmaßstäbe für die Meßwerte wurden 1960 als VDI-Richtlinie 2056 (Neuauflage 1964) herausgegeben. Diese Richtlinie war lange Zeit die einzige, auch im Ausland anerkannte, Beurteilungsgrundlage für Maschinenschwingungen.

Etwa ab 1960 war dank der meßtechnischen Entwicklung auch die Betriebsüberwachung der Wellenschwingungen möglich. Die Überwachung hat zum Ziel Schwingungsausschläge und deren Änderungen bei konstanten Betriebsbedingungen zu erfassen. Damit können häufig sich anbahnende Schäden oder Störungen frühzeitig erkannt werden.

Es wurden nur *radiale* Wellenschwingungen behandelt. Unter „Welle" wird der gesamte gekoppelte Wellenstrang verstanden. Wellenschwingungen können erzwungen oder selbsterregt sein. *Erzwungene Schwingungen* entstehen hauptsächlich durch eine *Unwucht* der Welle.

Was das Wuchten betrifft, sind nur die drehfrequenten, erzwungenen Schwingungen von Bedeutung.

Lagerschwingungen werden mit einem seismischen- oder piezoquarz-Aufnehmer (pick up) *absolut* gemessen. *Wellenschwingungen* können ähnlich wie die Lagerschwingungen mit Schleifkontakten *absolut* gemessen werden. In der Regel werden sie jedoch *relativ* durch am Lagerbock befestigte Aufnehmer berührungslos gemessen. Letztere arbeiten nach dem induktiven oder nach dem Wirbelstromprinzip[3].

Wird die Wellenschwingung nur relativ gemessen, kennt man aber die Absolutmessung des Lagers, kann die absolute Wellenschwingung berechnet werden.

Für drehfrequente Schwingungen gilt, Abb. 22.5

$$\underline{r}^{W}_{abs} = \underline{r}^{L}_{abs} + \underline{r}^{W}_{rel};$$

$$\underline{r}^{L}_{abs} = \underline{A}\, e^{i\Omega t}; \quad \underline{A} = A\, e^{i\varphi_A} \quad \text{Absolutmessung Lager;}$$

$$\underline{r}^{W}_{rel} = \underline{B}\, e^{i\Omega t}; \quad \underline{B} = B\, e^{i\varphi_B} \quad \text{Relativmessung Welle}$$

oder

$$\underline{r}^{W}_{abs} = \underline{A}\, e^{i\Omega t} + \underline{B}\, e^{i\Omega t} = (\underline{A} + \underline{B})\, e^{i\Omega t} = \underline{(A\, e^{i\varphi_A} + B\, e^{i\varphi_B})\, e^{i\Omega t}}.$$

In φ_A und φ_B kann noch eine örtliche Verdrehung der Aufnehmer für die absolute Lagerschwingung und die relative Wellenschwingung enthalten sein.

Als maßgebende Meßgröße für die Wellenschwingungen wurde im Gegensatz zu den Lagerschwingungen der *Schwingweg* gewählt und als Bezugsgröße der Maximalwert der Bahnkurve (Orbit), d.h. bei drehfrequenten Schwingungen die große Halbachse des elliptischen Orbits mit seinen Sonderformen Kreis und Gerade.

Blatt 2: Wellenschwingungen von Dampfturbosätzen (Grenzwerte in Überarbeitung)

Meistens sind die Schwingungsausschläge der Wellenschwingungen und deren Änderung bei den bis jetzt ausgeführten Maschinen vier bis zehnmal größer als die der Lagerschwingungen. Bei Niederdruckteilen großer Maschinen (ab etwa 600 MW) kann die absolute Wellenschwingung annähernd so groß sein, wie die Lagerschwingung. Die relative Wellenschwingung ist dann sehr klein. Deshalb sollte in diesen Fällen die Wellenschwingung absolut gemessen werden. Die Kriterien für betriebssicheren Lauf sind sowohl Höchstwerte als auch Änderungen von Maximalausschlägen unterhalb der Höchstwerte.

Es werden *Alarmwerte* und *Abschaltwerte* in Abhängigkeit der Nenndrehzahl angegeben.

Alarmwerte	*Abschaltwerte*
$\Delta = 34$ μm bei 1000 min^{-1};	320 μm bei 1000 min^{-1}
$\Delta = 40$ μm bei 1500 min^{-1};	300 μm bei 1500 min^{-1}
$\Delta = 38$ μm bei 1800 min^{-1};	288 μm bei 1800 min^{-1}
$\Delta = 30$ μm bei 3000 min^{-1};	240 μm bei 3000 min^{-1}
$\Delta = 26$ μm bei 3600 min^{-1};	216 μm bei 3600 min^{-1}

[3] Bei nicht ferromagnetischen, elektrisch leitenden Wellenwerkstoffen kann nur das Wirbelstromprinzip angewendet werden.

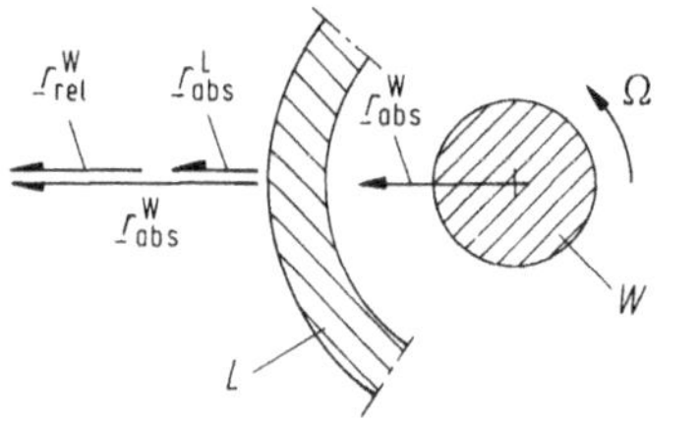

Abb. 22.5. Absolute Lager- und Wellenschwingung, relative Wellenschwingung. *W* Welle, *L* Lagerschale oder Lagerblock

Der einzustellende Alarmwert sollte *über* den Normalwerten liegen. Alarmwert und Normalwert sind maximale Wellenausschläge.

Abschaltwerte sind problematisch [Ge]. Sie sind die äußerste Grenze und anzuwenden, wenn der Hersteller keine kleineren Werte angibt. Sie gelten ab etwa 0,9 mal Nenndrehzahl, also nicht in den kritischen Drehzahlen. Auch die Absolutwerte sind maximale Wellenausschläge.

Es wird kein Unterschied zwischen den Absolutwerten für absolute und relative Wellenschwingungen gemacht.

Blatt 3: Wellenschwingungen von Industrieturbosätzen

Bei Industrieturbosätzen wird die Messung der Wellenschwingungen relativ zu den Lagern vorgenommen. Es handelt sich alo um relative Schwingwege. Als Kenngröße für den Schwingweg gilt der Maximalwert der Bahnkurve (Orbit) wie in Blatt 2.

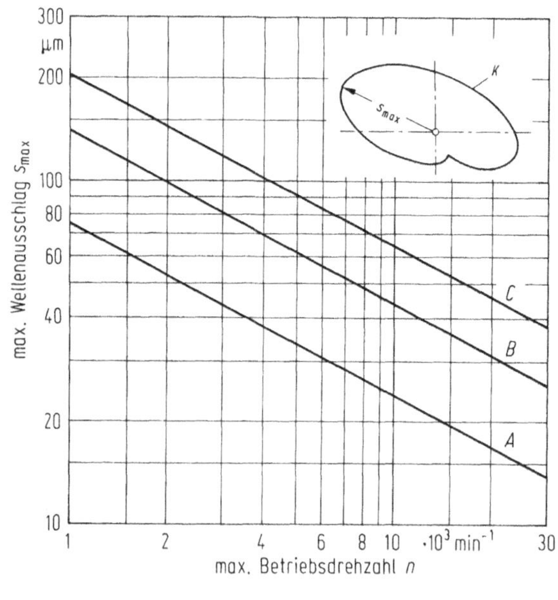

Abb. 22.6. Beurteilung der Maximalausschläge relativer Wellenschwingungen von Industrieturbosätzen für Meßebenen im Bereich der Lager in Abhängigkeit von der maximalen Betriebsdrehzahl *n*. (Bild 2 aus VDI 2059, Blatt 3). *A*, *B*, *C*, s. Text

In Abb. 22.6 [Bild 2, VDI 2059 Blatt 3] sind Grenzen zur Beurteilung relativer Wellenschwingungen *im Bereich der Lager* wiedergegeben. Die durch Schlag, Formfehler usw. vorgetäuschten Wellenausschläge sind in die obigen Grenzen mit eingeschlossen, sie dürfen 35% der Grenzkurve *A* nicht überschreiten. Die Grenzwerte gelten nur für den Betriebszustand

A Grenze guten Schwingverhaltens $s_{max} = 2400/\sqrt{n}$.
B Grenze für Alarmauslösung $s_{max} = 4500/\sqrt{n}$
C Grenze für Abschaltung $s_{max} = 6600/\sqrt{n}$
(s_{max} in μm; n in min^{-1}; Bereich 1000 bis 30000 min^{-1}).

Liegt ein typischer Normalpegel der Maschine vor, darf eine *Änderung* nur ein Viertel des Grenzwerts *B* betragen.

Beispiel

$$n = 7500\ \text{min}^{-1},\ s_{max}(B) = \frac{4500}{\sqrt{7500}} = 52\ \mu\text{m}$$

$$\underline{\Delta s} \leqq 0{,}25 \cdot 52\ \mu\text{m} = \underline{13\ \mu\text{m}}.$$

Blatt 4: Wellenschwingungen von Gasturbosätzen

Die Richtlinie gilt für alle stationären Gasturbinen mit Gleitlagern, sowie die von ihnen angetriebenen Maschinen. Richtwerte und Grenzwerte für den Maximalausschlag gelten nur für den Betriebsbereich. Es soll grundsätzlich die *relative* Wellenschwingung gemessen werden.

In Abb. 22.7 [Bild 2, VDI 2059 Blatt 4] sind Richtwerte für Alarm und Grenzwerte für Abschaltung angegeben

I Richtwert für Alarm $s_{max} = 4500/\sqrt{n}$
II Grenzwert für Abschaltung $s_{max} = 6600/\sqrt{n}$
(s_{max} in μm; n in min^{-1}; Bereich 3000 bis 30000 min^{-1}).

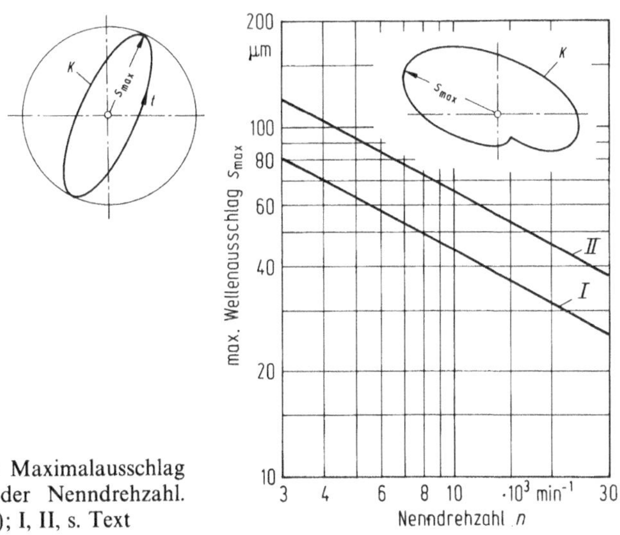

Abb. 22.7. Richtwerte für den Maximalausschlag s_{max} in Abhängigkeit von der Nenndrehzahl. (Bild 2 aus VDI 2059, Blatt 4); I, II, s. Text

Die Kurven *I* und *II* entsprechen den Kurven *B* und *C* der Industrieturbosätze, Blatt 3.

Die Werte gelten für Meßebenen in unmittelbarer Lagernähe.

Blatt 5: Wellenschwingungen von Wasserkraftmaschinensätzen

Es werden berührungslose *Relativ*-Aufnehmer empfohlen, da berührende seismische Absolutaufnehmer wegen der sehr tiefen unteren Grenzfrequenz der Meßeinrichtung in der Regel nicht eingesetzt werden können. Meßebenen sind im Bereich der Lager anzuordnen.

Die Bahnkurven von Wasserkraftmaschinenwellen sind selten elliptisch. Auch in stationären Betriebszuständen können die unvermeidbaren hydraulischen Radialkräfte zu zykloiden oder polygonförmigen Bahnkurven führen, deren Form und Größe statistisch innerhalb gewisser Grenzen schwanken. Es liegen zur Zeit nur wenige Empfehlungen zur Beurteilung der Wellenschwingungen von hydraulischen Turbomaschinen vor.

Abbildung 22.8 [Bild 1, VDI 2059 Blatt 5] zeigt Grenzwerte für relative Wellenschwingungen in den Führungslagern von Wasserkraftmaschinensätzen im Bereich von 120 bis 3000 min^{-1}, innerhalb des Wirkungsgrad-Garantiebereichs der hydraulischen Maschine. Für hydromechanisch wenig problematische Turbinentypen wie z.B. Pelton- oder doppelt regulierte Kaplan-Turbinen sind in der Regel niedere Wellenschwingungen zu erwarten.

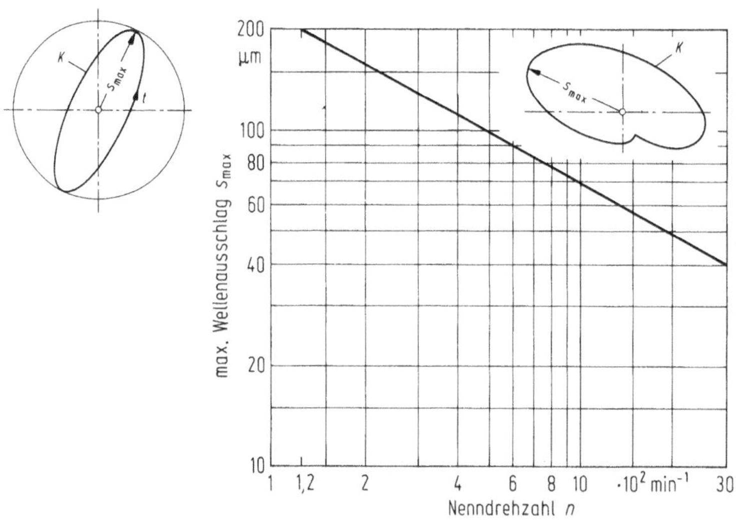

Abb. 22.8. Grenzwerte für die relativen Wellenschwingungen in den Führungslagern von Wasserkraftmaschinensätzen. (Bild 1 aus VDI 2059, Blatt 5)

Mathematische Ergänzungen

Anhang zu Kap. 3. Verschiedene Darstellungen der Kräfte mit gleicher Wirkung an einem starren Rotor

Es seien die Lagerkräfte eines starren Rotors gemessen und gegeben, s. Abb. A.1a

$$\underline{L}_L = 2 - i \quad \underline{L}_R = 3 + i .$$

— Die Dyname O ($\underline{R}$, $\underline{M}_O$) in der Rotormitte lautet nach (3.47)

$$\underline{R} = \underline{L}_L + \underline{L}_R = (2 - i) + (3 + 1) = 5 ;$$

$$\underline{M}_O = -i \frac{l}{2} (\underline{L}_L - \underline{L}_R) = -i \frac{l}{2} [(2 - i) - (3 + i)] = l \left(-1 + \frac{1}{2} i \right)$$

s. Abb. A.1b.

— Die Dyname $H(\underline{R}, \underline{M}_H)$ im Punkt H, der $l/10$ von O gegen das rechte Lager versetzt ist, lautet nach (3.43) mit $M_P = M_H$ und $z_O = z_H = -l/10$

$$\underline{R} = 5 ; \quad \underline{M}_H = \underline{M}_O + i z_H \underline{R} = l \left(-1 + \frac{l}{2} i \right) - i \frac{l}{10} 5 = -l$$

s. Abb. A.1c.

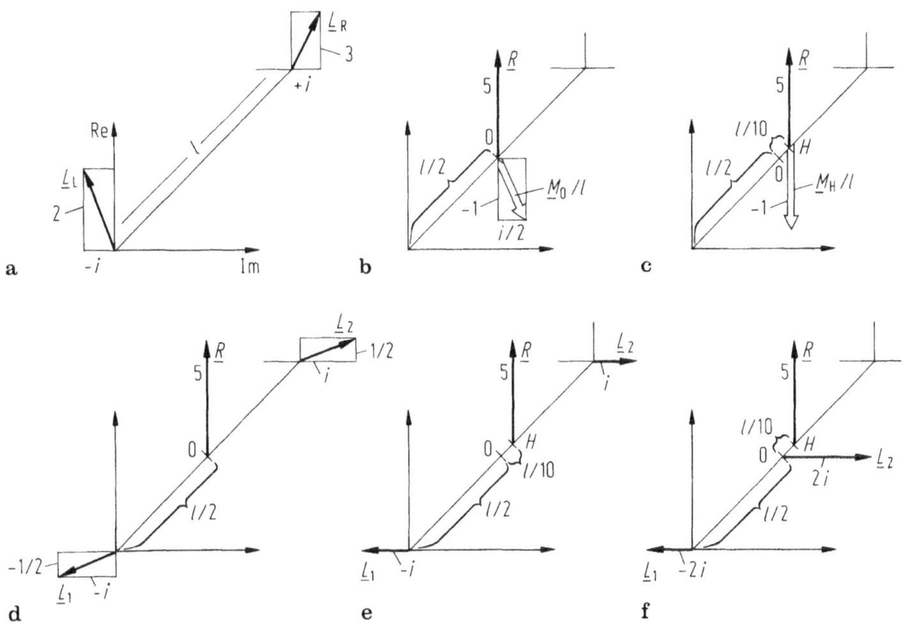

Abb. A.1 a–f. Darstellung von Kräften mit gleicher Wirkung am starren Rotor

— Wird $\underline{M}_O$ durch ein Kräftepaar in den Lagerebenen ersetzt, gilt mit (3.49) und $P=O$, $d=l$

$$\underline{L}_1 = \mathrm{i}\frac{\underline{M}_O}{l} = \frac{\mathrm{i}}{l}\,l\left(-1+\frac{l}{2}\,\mathrm{i}\right) = -\frac{1}{2}-\mathrm{i} \quad \text{und} \quad \underline{L}_2 = \frac{1}{2}+\mathrm{i}$$

s. Abb. A.1d.

— Wird $\underline{M}_H$ durch ein Kräftepaar in den Lagerebenen ersetzt, gilt mit (3.49) $P=H$, $d=l$

$$\underline{L}_1 = \mathrm{i}\frac{\underline{M}_H}{l} = \frac{\mathrm{i}}{l}(-l) = -\mathrm{i} \quad \text{und} \quad \underline{L}_2 = +\mathrm{i}$$

s. Abb. A.1e.

— Wird $\underline{M}_H$ durch ein Kräftepaar in der linken Lagerebene und der Rotormitte ersetzt, gilt mit (3.49), $P=H$, $d=l/2$

$$\underline{L}_1 = \mathrm{i}\frac{\underline{M}_H}{l/2} = \frac{2\mathrm{i}}{l}(-l) = -2\mathrm{i} \quad \text{und} \quad \underline{L}_2 = +2\mathrm{i}$$

s. Abb. A.1f.

Die Zerlegungen Abb. A.1 gelten auch für Unwuchtdynamen und Unwuchten.

Anhang zu Kap. 6. Lagerbewegung eines starren Rotors beliebiger Form und Unwucht in zwei gleichen anisotropen Lagern

Es ist zu beweisen, daß die Lösung des Differentialgleichungssystems für einen oben beschriebenen Rotor die Form (6.15) hat wie der „Hantelrotor", Abb. 6.2.

Der Massenmittelpunktsatz für den starren Rotor der Abb. A.2 mit $r = x + \mathrm{i}\,y$ als Translation des Massenmittelpunkts S lautet $m\,\ddot{\underline{r}} = -\underline{F} + \underline{F}^{\mathrm{U}}$ oder

$$m\,\ddot{\underline{r}} + \underline{F} = \underline{F}^{\mathrm{U}} \tag{A.6.1}$$

mit

$$\underline{F} = F_x + \mathrm{i}\,F_y \tag{A.6.2}$$

als Führungskraft und

$$\underline{F}^{\mathrm{U}} = F_x^{\mathrm{U}} + \mathrm{i}\,F_y^{\mathrm{U}} \tag{A.6.3}$$

als Unwuchtkraft. Die Unwucht ist auf $\underline{U}_L$ des linken und $\underline{U}_R$ des rechten Lagers reduziert, als gegeben aufzufassen und im übrigen unabhängig von der Rotorform. Die Unwuchtkräfte in der linken und rechten Lagerebene lauten

$$\underline{F}_L^{\mathrm{U}} = \Omega^2\,\underline{U}_L\,\mathrm{e}^{\mathrm{i}\Omega t}; \quad \underline{F}_R^{\mathrm{U}} = \Omega^2\,\underline{U}_R\,\mathrm{e}^{\mathrm{i}\Omega t}, \tag{A.6.4}$$

so daß

$$\underline{F}^{\mathrm{U}} = \underline{F}_L^{\mathrm{U}} + \underline{F}_R^{\mathrm{U}} = \Omega^2(\underline{U}_L + \underline{U}_R)\,\mathrm{e}^{\mathrm{i}\Omega t} \tag{A.6.5}$$

wird.

Aus Abb. A.2 ist zu entnehmen

$$\begin{aligned} &F_x = F_{Lx} + F_{Rx}; \quad F_y = F_{Ly} + F_{Ry}; \\ &F_{Lx} = c_x(x - p\varphi_y) + b_x(\dot{x} - p\dot{\varphi}_y); \quad F_{Rx} = c_x(x + q\varphi_y) + b_x(\dot{x} + q\dot{\varphi}_y); \\ &F_{Ly} = c_y(y + p\varphi_x) + b_y(\dot{y} + p\dot{\varphi}_x); \quad F_{Ry} = c_y(y - q\varphi_x) + b_y(\dot{y} - q\dot{\varphi}_x). \end{aligned} \tag{A.6.6}$$

Trennt man die Feder- und Dämpfungskonstanten der Lager in symmetrische und asymmetrische Terme

$$\begin{matrix} c_x \\ c_y \end{matrix} = c \pm \Delta c; \quad \begin{matrix} b_x \\ b_y \end{matrix} = b \pm \Delta b \tag{A.6.7}$$

und setzt (A.6.6) in (A.6.2) ein, entsteht mit $\underline{\varphi} = \varphi_x + i\varphi_y$ in S (Abb. A.2)

$$\begin{aligned} \underline{F} = {} & 2c\underline{r} + 2\Delta c\underline{r}^* - i(q-p)\,c\,\underline{\varphi} + i(q-p)\,\Delta c\,\underline{\varphi}^* \\ & + 2b\underline{\dot{r}} + 2\Delta b\underline{\dot{r}}^* - i(q-p)\,b\,\underline{\dot{\varphi}} + i(q-p)\,\Delta b\,\underline{\dot{\varphi}}^* . \end{aligned} \tag{A.6.8}$$

Mit (A.6.8) und (A.6.5) entsteht aus (A.6.1) die komplexe Differentialgleichung

$$\left\{ \begin{aligned} & m\underline{\ddot{r}} + 2c\underline{r} + 2\Delta c\underline{r}^* - i(q-p)\,c\,\underline{\varphi} + i(q-p)\,\Delta c\,\underline{\varphi}^* \\ & \quad + 2b\underline{\dot{r}} + 2\Delta b\underline{\dot{r}}^* - i(q-p)\,b\,\underline{\dot{\varphi}} + i(q-p)\,\Delta b\,\underline{\dot{\varphi}}^* \end{aligned} \right\} = \Omega^2(\underline{U}_L + \underline{U}_R)\,e^{i\Omega t}. \tag{A.6.9}$$

Der Rotor drehe mit der konstanten Winkelgeschwindigkeit Ω um die körperfeste z-Achse als Hauptträgheitsachse. Dann lautet der Drallsatz für den Massenmittelpunkt S im ortsfesten System nach (9.18) in Komponentenform

$$\begin{aligned} &\theta_a\ddot{\varphi}_x + \theta_p\Omega\dot{\varphi}_y = M_x^A; \\ &\theta_a\ddot{\varphi}_y - \theta_p\Omega\dot{\varphi}_x = M_y^A, \end{aligned} \tag{A.6.10}$$

wobei M_x^A und M_y^A äußere Drehmomente bezüglich x- und y-Achse durch S sind. θ_a ist ein axiales Massenträgheitsmoment um die x- oder y-Achse durch S und θ_p das polare Massenträgheitsmoment um die z-Achse.

Mit $\underline{M}^A = M_x^A + i M_y^A$ wird (A.6.10) in komplexer Form

$$\theta_a\underline{\ddot{\varphi}} - i\theta_p\Omega\underline{\dot{\varphi}} = \underline{M}^A. \tag{A.6.11}$$

$\underline{M}^A$ kann noch zerlegt werden in ein Führungsmoment $\underline{M}$ und ein Drehmoment $\underline{M}^U$ durch die Unwuchtkräfte, so daß mit $\underline{M}^A = -\underline{M} + M^U$ (A.6.11) die Form

$$\theta_a\underline{\ddot{\varphi}} - i\theta_p\Omega\underline{\dot{\varphi}} + \underline{M} = \underline{M}^U \tag{A.6.12}$$

annimmt.

Aus Abb. A.2 entnimmt man vorerst

$$M_x = pF_{Ly} - qF_{Ry}; \quad M_y = qF_{Rx} - pF_{Lx},$$

wodurch mit

$$\underline{M} = M_x + iM_y, \ \underline{F}_L = F_{Lx} + iF_{Ly}, \ \underline{F}_R = F_{Rx} + iF_{Ry}$$

gilt

$$\underline{M} = -ip(F_{Lx} + iF_{Ly}) + iq(F_{Rx} + iF_{Ry}) = -ip\underline{F}_L + iq\underline{F}_R. \tag{A.6.13}$$

F_{Lx} bis F_{Ry} sind (A.6.6) zu entnehmen.

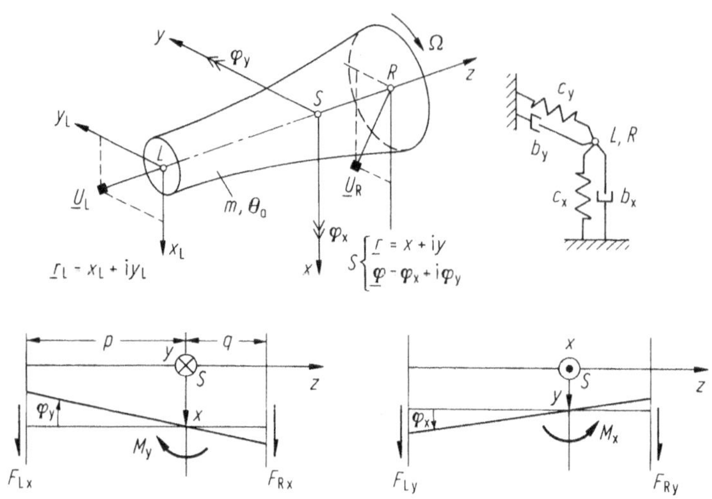

Abb. A.2. Allgemeiner starrer Rotor in zwei gleichen anisotropen Lagern. S Massenmittelpunkt; m Masse des Rotors; θ_a axiales Massenträgheitsmoment um S; c_x, c_y Federkonstanten in x- und y-Richtung; b_x, b_y Dämpfungskonstanten in x- und y-Richtung; $\underline{U}_L$, $\underline{U}_R$ auf Lagerebenen reduzierte Unwucht

Die Berechnung von $\underline{M}^U$ kann analog $\underline{M}$ geschehen

$$\underline{M}^U = -\mathrm{i}p\underline{F}_L^U + \mathrm{i}q\underline{F}_R^U$$

und mit (A.6.4) wird

$$\underline{M}^U = -\mathrm{i}p\Omega^2\underline{U}_L e^{\mathrm{i}\Omega t} + \mathrm{i}q\Omega^2\underline{U}_R e^{\mathrm{i}\Omega t} = \mathrm{i}(q\underline{U}_R - p\underline{U}_L)\,\Omega^2 e^{\mathrm{i}\Omega t}. \tag{A.6.14}$$

Gleichung (A.6.13) und (A.6.14) in (A.6.12) eingesetzt ergibt

$$\left\{\begin{aligned} &\theta_a\ddot{\underline{\varphi}} + [b(p^2+q^2) - \mathrm{i}\Omega\theta_p]\,\dot{\underline{\varphi}} + c(p^2+q^2)\,\underline{\varphi} - \Delta b(p^2+q^2)\,\dot{\underline{\varphi}}^* \\ &- \Delta c(p^2+q^2)\,\underline{\varphi}^* - \mathrm{i}b(p-q)\,\dot{\underline{r}} - \mathrm{i}\Delta b(p-q)\,\dot{\underline{r}}^* - \mathrm{i}c(p-q)\,\underline{r} \\ &\qquad\qquad - \mathrm{i}\Delta c(p-q)\,\underline{r}^* \end{aligned}\right\} = \mathrm{i}(q\underline{U}_R - p\underline{U}_L)\,\Omega^2 e^{\mathrm{i}\Omega t}. \tag{A.6.15}$$

Die komplexen Gleichungen (A.6.9) und (A.6.15) in Matrizenform zusammengefaßt ergeben das komplexe Gleichungssystem

$$\begin{aligned} &\begin{bmatrix} m & 0 \\ 0 & \theta_a \end{bmatrix}\begin{bmatrix} \ddot{\underline{r}} \\ \ddot{\underline{\varphi}} \end{bmatrix} + b\begin{bmatrix} 2 & 1(p-q) \\ -\mathrm{i}(p-q); & (p^2+q^2) - \mathrm{i}\Omega\theta_p/b \end{bmatrix}\begin{bmatrix} \dot{\underline{r}} \\ \dot{\underline{\varphi}} \end{bmatrix} \\ &+ c\begin{bmatrix} 2 & \mathrm{i}(p-q) \\ -\mathrm{i}(p-q); & (p^2+q^2) \end{bmatrix}\begin{bmatrix} \underline{r} \\ \underline{\varphi} \end{bmatrix} \\ &+ \Delta b\begin{bmatrix} 2 & -\mathrm{i}(p-q) \\ -\mathrm{i}(p-q); & -(p^2+q^2) \end{bmatrix}\begin{bmatrix} \dot{\underline{r}}^* \\ \dot{\underline{\varphi}}^* \end{bmatrix} \\ &+ \Delta c\begin{bmatrix} 2 & -\mathrm{i}(p-q) \\ -\mathrm{i}(p-q) & -(p^2+q^2) \end{bmatrix}\begin{bmatrix} \underline{r}^* \\ \underline{\varphi}^* \end{bmatrix} = \begin{bmatrix} \underline{U}_L + \underline{U}_R \\ \mathrm{i}q\underline{U}_R - \mathrm{i}p\underline{U}_L \end{bmatrix}\Omega^2 e^{\mathrm{i}\Omega t}. \end{aligned} \tag{A.6.16}$$

Das System (A.6.16) ist durch θ_p in $\underline{r}$ und $\underline{\varphi}$ gekoppelt. Für $\theta_p \ll \theta_a$, wie im Falle des „Hantelrotors", kann θ_p vernachlässigt werden. Die beiden Komponenten x und φ_x der $(x-z)$-Ebene können so aus dem Realteil der ersten und dem Imaginärteil der zweiten Gleichung (A.6.16), unabhängig von den Komponenten y und φ_x der $(y-z)$-Ebene, berechnet werden. Das gleiche gilt für y und φ_x mit dem Imaginärteil der ersten und dem Realteil der zweiten Gleichung.

Die partikuläre Lösung von (A.6.16) gelingt mit schräg ellipsenförmigen Bewegungen in der Form

$$\underline{r} = \underline{R}_1\, e^{i\Omega t} + \underline{R}_2\, e^{-i\Omega t}; \quad \underline{\varphi} = \underline{R}_3\, e^{i\Omega t} + \underline{R}_4\, e^{-i\Omega t}. \tag{A.6.17}$$

Das Einsetzen dieser Lösung in das inhomogene System (A.6.16) und Trennen der Glieder mit $e^{i\Omega t}$ und $e^{-i\Omega t}$ liefert ein zeitunabhängiges System von vier Gleichungen für die vier komplexen Größen $\underline{R}_j$ $(j = 1 \ldots 4)$. Trennt man noch Real- und Imaginärteile mit $\underline{R}_j = R'_j + i R''_j$, erhält man acht Gleichungen für die acht reellen Größen R'_j und R''_j $(j = 1 \ldots 4)$.

Wir suchen noch die Bewegung eines Lagers und wählen das linke Lager. Der Abb. A.2 ist zu entnehmen

$$x_L = x - p\varphi_y; \quad y_L = y + p\varphi_x$$

und in komplexer Form

$$\begin{aligned} \underline{r}_L &= x_L + i y_L = (x - p\varphi_y) + i(y + p\varphi_x) \\ &= (x + iy) + i p(\varphi_x + i\varphi_y) = \underline{r} + i p \underline{\varphi}. \end{aligned}$$

Wird $\underline{r}$ und $\underline{\varphi}$ (A.6.17) entnommen, entsteht die gesuchte Bewegung des linken Lagers in der Form

$$\begin{aligned} \underline{r}_L &= \underline{R}_1\, e^{i\Omega t} + \underline{R}_2\, e^{-i\Omega t} + i p(\underline{R}_3\, e^{i\Omega t} + \underline{R}_4)\, e^{-i\Omega t} \\ &= (\underline{R}_1 + i p \underline{R}_3)\, e^{i\Omega t} + (\underline{R}_2 + i p \underline{R}_4)\, e^{-i\Omega t} \end{aligned}$$

und mit neuen komplexen Größen $\underline{R}_I$ und $\underline{R}_{II}$

$$\underline{\underline{r_L = R_I\, e^{i\Omega t} + \underline{R}_{II}\, e^{-i\Omega t}}},$$

womit die Form (6.15) erreicht ist (allerdings mit $\underline{R}_I \neq \underline{R}_1$ und $\underline{R}_{II} \neq \underline{R}_2$), q.e.d.

Anhang zu Kap. 8. Partikuläre Lösung einer linearen Differentialgleichung 1 mit komplexen Funktionen

Die Differentialgleichung (8.39) lautet für $d_x = d_y = d$ oder $\Delta d = 0$

$$\begin{aligned} &\ddot{\underline{r}} + d\dot{\underline{r}} + a\underline{r} + b\overset{*}{\underline{r}} = \underline{g}\, e^{i\Omega t} + \underline{h}\, e^{-i\Omega t}; \\ &\underline{g} = \Omega^2 \underline{\varepsilon}^{\varrho} + a\underline{\varepsilon}_0^{\varrho} = \Omega^2 \varepsilon\, e^{i\alpha} + a\varepsilon_0\, e^{i\beta} \\ &\underline{h} = b\underline{\varepsilon}_0^{\varrho *} = b\varepsilon_0\, e^{-i\beta} \end{aligned} \tag{A.8.1}$$

mit dem Ansatz (8.40) $\underline{r} = \underline{A}\, e^{i\Omega t} + \underline{B}\, e^{-i\Omega t}$ in (A.8.1) eingesetzt wird

$$e^{i\Omega t}[(a - \Omega^2 + i d\Omega)\underline{A} + b\overset{*}{\underline{B}}] + e^{-i\Omega t}[(a - \Omega^2 - i d\Omega)\,\underline{B} + b\overset{*}{\underline{A}}] = \underline{g}\, e^{i\Omega t} + \underline{h}\, e^{-i\Omega t}.$$

Zu jeder Zeit gilt

$$\begin{aligned} &(a-\Omega^2+\mathrm{i}\,d\,\Omega)\,\underline{A}+b\,\overset{*}{\underline{B}}=\underline{g}; \\ &(a-\Omega^2-\mathrm{i}\,d\,\Omega)\,\underline{B}+b\,\overset{*}{\underline{A}}=\underline{h}. \end{aligned} \tag{A.8.2}$$

Zerlegt man in Real- und Imaginärteile

$$\underline{A}=A_1+\mathrm{i}A_2;\quad \underline{B}=B_1+\mathrm{i}B_2;\quad \underline{g}=g_1+\mathrm{i}g_2;\quad \underline{h}=h_1+\mathrm{i}h_2,$$

ergeben die beiden komplexen Gleichungen (A.8.2) vier reelle Gleichungen

$$\begin{bmatrix} a-\Omega^2 & -d\Omega & b & 0 \\ d\Omega & a-\Omega^2 & 0 & -b \\ b & 0 & a-\Omega^2 & d\Omega \\ 0 & -b & -d\Omega & a-\Omega^2 \end{bmatrix} \begin{bmatrix} A_1 \\ A_2 \\ B_1 \\ B_2 \end{bmatrix} = \begin{bmatrix} g_1 \\ g_2 \\ h_1 \\ h_2 \end{bmatrix}. \tag{A.8.3}$$

Sollen die Lagerkräfte zu jeder Zeit verschwinden, gelten nach (8.43) die beiden komplexen Gleichungen

$$\begin{aligned} &a(\underline{A}-\underline{\varepsilon}_0^{\varrho})+b\,\overset{*}{\underline{B}}=0; \\ &b(\overset{*}{\underline{A}}-\underline{\varepsilon}_0^{\varrho *})+a\,\underline{B}=0. \end{aligned} \tag{A.8.4}$$

Werden diese Gleichungen in Real- und Imaginärteile zerlegt mit

$$\underline{\varepsilon}_0^{\varrho}=\varepsilon_{01}+\mathrm{i}\,\varepsilon_{02};\quad \varepsilon_{01}=\varepsilon_0\cos\beta;\quad \varepsilon_{02}=\varepsilon_0\sin\beta,$$

so entstehen die vier reellen Gleichungen

$$\begin{aligned} &\text{a)}\ aA_1+bB_1-a\varepsilon_{01}=0; &&\text{c)}\ bA_1+aB_1-b\varepsilon_{01}=0; \\ &\text{b)}\ aA_2-bB_2-a\varepsilon_{02}=0; &&\text{d)}\ -bA_2+aB_2+b\varepsilon_{02}=0. \end{aligned}$$

Aus d) folgt unmittelbar $B_2=\frac{b}{a}(A_2-\varepsilon_{02})$ und in b) eingesetzt

$$(a^2-b^2)(A_2-\varepsilon_{02})=0\rightarrow\begin{cases}\underline{A_2=\varepsilon_{02}=\varepsilon_0\sin\beta} \\ \underline{B_2}=\frac{b}{a}(\varepsilon_{02}-\varepsilon_{02})=\underline{0}.\end{cases}$$

Aus a) wird unmittelbar $A_1=\frac{1}{a}(a\varepsilon_{01}+bB_1)$ und in c) eingesetzt

$$(a^2+b^2)\,B_1=0\rightarrow\begin{cases}\underline{B_1=0} \\ \underline{A_1}=\frac{1}{a}(a\varepsilon_{01}+0)=\varepsilon_{01}=\underline{\varepsilon_0\cos\beta}.\end{cases}$$

Die Durchbiegung bei verschwindenden Lagerkräften beträgt somit

$$\underline{r}=\underline{A}\,\mathrm{e}^{\mathrm{i}\Omega t}=(A_1+\mathrm{i}A_2)\,\mathrm{e}^{\mathrm{i}\Omega t}=(\varepsilon_0\cos\beta+\mathrm{i}\,\varepsilon_0\sin\beta)\,\mathrm{e}^{\mathrm{i}\Omega t}=\varepsilon_0\,\mathrm{e}^{\mathrm{i}\beta}\,\mathrm{e}^{\mathrm{i}\Omega t}=\underline{\varepsilon}_0^{\varrho}\,\mathrm{e}^{\mathrm{i}\Omega t}$$

und ist nicht Null.

Mit A_1, A_2, $B_1 = B_2 = 0$ zerfällt das System (A.8.3) in

$$\begin{bmatrix} a-\Omega^2 & -d\Omega \\ d\Omega & a-\Omega^2 \\ b & 0 \\ 0 & -b \end{bmatrix} \begin{bmatrix} \varepsilon_0 \cos\beta \\ \varepsilon_0 \sin\beta \\ 0 \\ 0 \end{bmatrix} = \begin{bmatrix} g_1 \\ g_2 \\ h_1 \\ h_2 \end{bmatrix}. \tag{A.8.5}$$

Man benötigt noch die Zerlegung von $\underline{g}$ und $\underline{h}$ in Real- und Imaginärteile. Nach (A.8.1) wird

$$\underline{g} = g_1 + \mathrm{i} g_2 \begin{cases} g_1 = \varepsilon\Omega^2 \cos\alpha + a\varepsilon_0 \cos\beta \\ g_2 = \varepsilon\Omega^2 \sin\alpha + a\varepsilon_0 \sin\beta \end{cases};$$

$$\underline{h} = h_1 + \mathrm{i} h_2 \begin{cases} h_1 = b\varepsilon_0 \cos\beta \\ h_2 = -b\varepsilon_0 \sin\beta \end{cases}.$$

In (A.8.5) eingesetzt erkennt man, daß die 3. und 4. Gleichung erfüllt ist. Die beiden ersten Gleichungen liefern

$$\begin{aligned} \varepsilon\cos\alpha &= -\varepsilon_0\left(\cos\beta + \frac{d}{\Omega}\sin\beta\right); \\ \varepsilon\sin\alpha &= -\varepsilon_0\left(\sin\beta - \frac{d}{\Omega}\cos\beta\right). \end{aligned} \tag{A.8.6}$$

Quadriert man beide Gleichungen links und rechts des Gleichheitszeichens und addiert sie, wird

$$\varepsilon^2 = \varepsilon_0^2\left[1 + \left(\frac{d}{\Omega}\right)^2\right]$$

und damit

$$\underline{\varepsilon = \varepsilon_0 \sqrt{1 + \left(\frac{d}{\Omega}\right)^2}}. \tag{A.8.7}$$

Dividiert man noch die zweite Gleichung (A.8.6) durch die erste, so gewinnt man die Beziehung

$$\tan\alpha = \frac{\sin\beta - \frac{d}{\Omega}\cos\beta}{\cos\beta + \frac{d}{\Omega}\sin\beta} = \frac{\tan\beta - \frac{d}{\Omega}}{1 + \frac{d}{\Omega}\tan\beta},$$

oder

$$\tan\alpha + \frac{d}{\Omega}\tan\alpha\tan\beta = \tan\beta - \frac{d}{\Omega},$$

oder

$$\tan\alpha - \tan\beta = -\frac{d}{\Omega}(1 + \tan\alpha\tan\beta),$$

oder

$$\frac{\tan\alpha - \tan\beta}{1 + \tan\alpha\tan\beta} \equiv \underline{\tan(\alpha-\beta) = \frac{-d}{\Omega}}. \tag{A.8.8}$$

Anhang zu Kap. 9. Partikuläre Lösung einer linearen Differentialgleichung 2 mit komplexen Funktionen

Die Differentialgleichungen (9.12) und (9.22) lauten

$$
\begin{aligned}
& m\ddot{\underline{r}} + b\dot{\underline{r}} + q_{11}\underline{r} - \mathrm{i}q_{12}\underline{\varphi} + \Delta q_{11}\underline{r}^* + \mathrm{i}\Delta q_{12}\underline{\varphi}^* = \underline{A}\,\Omega^2\,\mathrm{e}^{\mathrm{i}\Omega t};\\
& \Theta_\mathrm{a}\ddot{\underline{\varphi}} - \mathrm{i}\Omega\Theta_\mathrm{p}\dot{\underline{\varphi}} - \mathrm{i}q_{12}\underline{r} - q_{22}\underline{\varphi} - \mathrm{i}\Delta q_{12}\underline{r}^* + \Delta q_{22}\underline{\varphi}^* = \underline{B}\,\Omega^2\,\mathrm{e}^{\mathrm{i}\Omega t}.\\
& \underline{A} = U_1\,\mathrm{e}^{\mathrm{i}\alpha} + \varepsilon m\,\mathrm{e}^{\mathrm{i}\psi};\quad \underline{B} = (\Theta_\mathrm{a} - \Theta_\mathrm{p})\,\gamma\,\mathrm{e}^{\mathrm{i}\alpha} + a\,U_2\,\mathrm{e}^{\mathrm{i}\beta}.
\end{aligned}
\tag{A.9.1}
$$

Die partikularen Lösungen (erzwungene Schwingungen)

$$
\underline{r} = \underline{R}_1\,\mathrm{e}^{\mathrm{i}\Omega t} + \underline{R}_2\,\mathrm{e}^{-\mathrm{i}\Omega t};\quad \underline{\varphi} = \underline{R}_3\,\mathrm{e}^{\mathrm{i}\Omega t} + \underline{R}_4\,\mathrm{e}^{-\mathrm{i}\Omega t}
\tag{A.9.2}
$$

in (A.9.1) eingesetzt ergeben

$$
\begin{aligned}
& \mathrm{e}^{\mathrm{i}\Omega t}[(q_{11} - m\Omega^2 + \mathrm{i}b\Omega)\,\underline{R}_1 + \Delta q_{11}\underline{R}_2^* - \mathrm{i}q_{12}\underline{R}_3 + \mathrm{i}\Delta q_{12}\underline{R}_4^*]\\
& + \mathrm{e}^{-\mathrm{i}\Omega t}[(q_{11} - m\Omega^2 - \mathrm{i}b\Omega)\,\underline{R}_2 + \Delta q_{11}\underline{R}_1^* - \mathrm{i}q_{12}\underline{R}_4 + \mathrm{i}\Delta q_{12}\underline{R}_3^*] = \underline{A}\,\Omega^2\,\mathrm{e}^{\mathrm{i}\Omega t};\\
& \mathrm{e}^{\mathrm{i}\Omega t}[(-q_{22} - \Theta_\mathrm{a}\Omega^2 + \Theta_\mathrm{p}\Omega^2)\,\underline{R}_3 + \Delta q_{22}\underline{R}_4^* - \mathrm{i}q_{12}\underline{R}_1 - \mathrm{i}\Delta q_{12}\underline{R}_2^*]\\
& - \mathrm{e}^{-\mathrm{i}\Omega t}[(q_{22} + \Theta_\mathrm{a}\Omega^2 + \Theta_\mathrm{p}\Omega^2)\,\underline{R}_4 - \Delta q_{22}\underline{R}_3^* + \mathrm{i}q_{12}\underline{R}_2 + \mathrm{i}\Delta q_{12}\underline{R}_1^*] = \underline{B}\,\Omega^2\,\mathrm{e}^{\mathrm{i}\Omega t}.
\end{aligned}
\tag{A.9.3}
$$

Sollen beide Gleichungen zu jeder Zeit gelten, ist zu fordern

$$
\begin{aligned}
& (q_{11} - m\Omega^2 + \mathrm{i}b\Omega)\,\underline{R}_1 + \Delta q_{11}\underline{R}_2^* - \mathrm{i}q_{12}\underline{R}_3 + \mathrm{i}\Delta q_{12}\underline{R}_4^* = \underline{A}\,\Omega^2;\\
& (q_{11} - m\Omega^2 - \mathrm{i}b\Omega)\,\underline{R}_2 + \Delta q_{11}\underline{R}_1^* - \mathrm{i}q_{12}\underline{R}_4 + \mathrm{i}\Delta q_{12}\underline{R}_3^* = 0.\\
& [(\Theta_\mathrm{p} - \Theta_\mathrm{a})\,\Omega^2 - q_{22}]\,\underline{R}_3 + \Delta q_{22}\underline{R}_4^* - \mathrm{i}q_{12}\underline{R}_1 - \mathrm{i}\Delta q_{12}\underline{R}_2^* = \underline{B}\,\Omega^2;\\
& [(\Theta_\mathrm{p} + \Theta_\mathrm{a})\,\Omega^2 + q_{22}]\,\underline{R}_4 - \Delta q_{22}\underline{R}_3^* + \mathrm{i}q_{12}\underline{R}_2 + \mathrm{i}\Delta q_{12}\underline{R}_1^* = 0.
\end{aligned}
\tag{A.9.4}
$$

Zerlegt man noch die komplexen und konjugiert komplexen Größen in Real- und Imaginärteile

$$
\begin{aligned}
& \underline{A} = A_1 + \mathrm{i}A_2; && \underline{B} = B_1 + \mathrm{i}B_2\\
& \quad A_1 = U_1\cos\alpha + \varepsilon m\cos\psi; && \quad B_1 = (\Theta_\mathrm{a} - \Theta_\mathrm{p})\,\gamma\cos\kappa + a\,U_2\cos\beta;\\
& \quad A_2 = U_1\sin\alpha + \varepsilon m\sin\psi; && \quad B_2 = (\Theta_\mathrm{a} - \Theta_\mathrm{p})\,\gamma\sin\kappa + a\,U_2\sin\beta;
\end{aligned}
$$

$$
\underline{R}_1 = C_1 + \mathrm{i}C_2;\quad \underline{R}_2 = D_1 + \mathrm{i}D_2;\quad \underline{R}_3 = E_1 + \mathrm{i}\mathrm{E}_2;\quad \underline{R}_4 = F_1 + \mathrm{i}F_2,
$$

so entsteht folgendes System von acht Gleichungen für acht Unbekannte

$$
\begin{bmatrix}
q_{11} - m\Omega^2 & -b\Omega & \Delta q_{11} & 0 & 0 & +q_{12} & 0 & +\Delta q_{12}\\
b\Omega & q_{11} - m\Omega^2 & 0 & -\Delta q_{11} & -q_{12} & 0 & +\Delta q_{12} & 0\\
\Delta q_{11} & 0 & q_{11} - m\Omega^2 & b\Omega & 0 & +\Delta q_{12} & 0 & +q_{12}\\
0 & -\Delta q_{11} & -b\Omega & q_{11} - m\Omega^2 & +\Delta q_{12} & 0 & -q_{12} & 0\\
0 & q_{12} & 0 & -\Delta q_{12} & \Omega^2\Theta - q_{22} & 0 & \Delta q_{22} & 0\\
-q_{12} & 0 & -\Delta q_{12} & 0 & 0 & \Omega^2\Theta - q_{22} & 0 & -\Delta q_{22}\\
0 & \Delta q_{12} & 0 & -q_{12} & -\Delta q_{22} & 0 & \Omega^2\Theta + q_{22} & 0\\
\Delta q_{12} & 0 & q_{12} & 0 & 0 & \Delta q_{22} & 0 & \Omega^2\Theta + q_{22}\\
 & & & & & \multicolumn{3}{c}{\Theta = \Theta_\mathrm{p} - \Theta_\mathrm{a}}
\end{bmatrix}
\begin{bmatrix} C_1\\ C_2\\ D_1\\ D_2\\ E_1\\ E_2\\ F_1\\ F_2 \end{bmatrix}
=
\begin{bmatrix} A_1\Omega^2\\ A_2\Omega^2\\ 0\\ 0\\ B_1\Omega^2\\ B_2\Omega^2\\ 0\\ 0 \end{bmatrix}.
\tag{A.9.5}
$$

Im Spezialfall *isotroper* Lagerung verschwindet die Δ-Matrix in (9.8). Das System (A.9.5) degeneriert wegen $\Delta_{jk}=0$; $q_{jk}=c_{jk}=k_{jk}$ zu einem System mit vier Gleichungen für die vier Unbekannten C_1, C_2, E_1, E_2, und die Lösung (A.9.2) vereinfacht sich zu

$$\underline{r}=\underline{R}_1\,e^{i\Omega t}=(C_1+iC_2)e^{i\Omega t};\quad \underline{\varphi}=\underline{R}_3\,e^{i\Omega t}=(E_1+iE_2)e^{i\Omega t}. \tag{A.9.6}$$

Die Ellipsen mit Nullpunkt im Ursprung und schrägstehenden Hauptachsen (A.9.2) degenerieren zu Kreisen (A.9.6).

C_1, C_2, E_1, E_2 sind folgendem Gleichungssystem (für isotrope Lagerung) zu entnehmen.

$$\begin{bmatrix} c_{11}-m\Omega^2 & -b\Omega & 0 & +c_{12} \\ b\Omega & c_{11}-m\Omega^2 & -c_{12} & 0 \\ 0 & c_{12} & \Omega^2(\Theta_p-\Theta_a)-c_{22} & 0 \\ -c_{12} & 0 & 0 & \Omega^2(\Theta_p-\Theta_a)-c_{22} \end{bmatrix} \begin{bmatrix} C_1 \\ C_2 \\ E_1 \\ E_2 \end{bmatrix} = \begin{bmatrix} A_1\Omega^2 \\ A_2\Omega^2 \\ B_1\Omega^2 \\ B_2\Omega^2 \end{bmatrix}. \tag{A.9.7}$$

Im Spezialfall einer *Punktmasse* mit *isotroper* Lagerung ist $\Theta_p=\Theta_a$ und wegen $M_x=M_y=0$ auch $c_{12}=c_{22}=0$, so daß (A.9.7) zu zwei Gleichungen mit zwei Unbekannten degeneriert

$$\overset{\boldsymbol{A}}{\begin{bmatrix} c_{11}-m\Omega^2 & -b\Omega \\ b\Omega & c_{11}-m\Omega^2 \end{bmatrix}} \begin{bmatrix} C_1 \\ C_2 \end{bmatrix} = \begin{bmatrix} A_1\Omega^2 \\ A_2\Omega^2 \end{bmatrix}. \tag{A.9.8}$$

Die Lösung lautet ohne $\underline{\varphi}$

$$\underline{r}=R_1\,e^{i\Omega t}=(C_1+iC_2)e^{i\Omega t}. \tag{A.9.9}$$

Die Determinante $\boldsymbol{A}$ von (A.9.8) ist

$$\det \boldsymbol{A}=(c_{11}-m\Omega^2)^2+(b\Omega)^2.$$

Setzt man sie ohne Dämpfung ($b=0$) Null, so ist

$$\Omega=\sqrt{\frac{c_{11}}{m}} \tag{A.9.10}$$

die bekannte Resonanzfrequenz einer mittig gelegenen Punktmasse in isotroper Lagerung.

Im Spezialfall einer *Punktmasse* in *anisotroper* Lagerung *ohne* Dämpfung degeneriert (A.9.5) mit $\Theta_p=\Theta_a$; $q_{12}=\Delta q_{12}=q_{22}=\Delta q_{22}=0$ und $b=0$ zu je zwei Gleichungen für zwei Unbekannte

$$\overset{\boldsymbol{D}_1}{\begin{bmatrix} q_{11}-m\Omega^2 & \Delta q_{11} \\ \Delta q_{11} & q_{11}-m\Omega^2 \end{bmatrix}} \begin{bmatrix} C_1 \\ D_1 \end{bmatrix} = \begin{bmatrix} A_1\Omega^2 \\ 0 \end{bmatrix}; \quad \overset{\boldsymbol{D}_2}{\begin{bmatrix} q_{11}-m\Omega^2 & -\Delta q_{11} \\ -\Delta q_{11} & q_{11}-m\Omega^2 \end{bmatrix}} \begin{bmatrix} C_2 \\ D_2 \end{bmatrix} = \begin{bmatrix} A_2\Omega^2 \\ 0 \end{bmatrix}.$$

Die Determinante beider Systeme ist

$$\det \boldsymbol{D}_1=\det \boldsymbol{D}_2=(q_{11}-m\Omega^2)^2-(\Delta q_{11})^2.$$

Setzt man sie Null, erhält man aus der biquadratischen Gleichung

$$\Omega^4 - 2\frac{q_{11}}{m}\Omega^2 + \left(\frac{q_{11}^2 - \Delta q_{11}^2}{m^2}\right) = 0$$

die beiden Resonanzdrehzahlen

$$\Omega_{1\mathrm{Res}} = \sqrt{\frac{q_{11} + \Delta q_{11}}{m}} = \sqrt{\frac{c_{11}}{m}}\,; \quad \Omega_{2\mathrm{Res}} = \sqrt{\frac{q_{11} - \Delta q_{11}}{m}} = \sqrt{\frac{k_{11}}{m}}\,.$$

Sie können als Kreisfrequenzen der ungedämpften Punktmasse in x- bzw. y-Richtung gedeutet werden.

Anhang zu Kap. 10. Lagerkräfte eines Lavalrotors, der in den Lagerebenen starr gewuchtet wurde – Grenzdrehzahl

2. und 3. Fall in Kap. 10

Der symmetrische und elastisch isotrop gelagerte Lavalrotor, Abb. A.3a mit einer Restunwucht $M\varepsilon_1$ an der Scheibe ist mit zwei KU $-(m/2)\,\varepsilon_{10}$ in beiden Lagerebenen als starrer Rotor ausgewuchtet und überträgt als starrer Rotor keine Lagerkräfte mehr, sofern die Beziehung $m\varepsilon_{10} = M\varepsilon_1$ erfüllt ist.

In betriebseigenen Lagern werden durch die Verbiegung der elastischen Welle wieder Lagerkräfte wirksam. Wir berechnen ihre Größe für den dämpfungsfreien Rotor mit der Winkelgeschwindigkeit Ω.

Mit den äußeren Kräften

$$\left.\begin{aligned} \underline{F}_1 &= M\varepsilon_1\Omega^2 e^{i\Omega t} \\ \underline{F}_2 &= -m\varepsilon_{10}\Omega^2 e^{i\Omega t} \end{aligned}\right\} \quad m\varepsilon_{10} = M\varepsilon_1 \tag{A.10.1}$$

ergeben sich für das System der Abb. A.3a folgende Differentialgleichungen

$$\begin{aligned} &M\ddot{\underline{r}}_1 + c(\underline{r}_1 - \underline{r}_2) = \underline{F}_1\,; \\ &m\ddot{\underline{r}}_2 - c(\underline{r}_1 - \underline{r}_2) + c_L\underline{r}_2 = \underline{F}_2 \end{aligned}$$

oder mit (A.10.1)

$$\begin{aligned} &M\ddot{\underline{r}}_1 + c(\underline{r}_1 - \underline{r}_2) = \varepsilon_1 M\Omega^2 e^{i\Omega t}\,; \\ &\frac{m}{M}\ddot{\underline{r}}_2 - \frac{c}{M}(\underline{r}_1 - \underline{r}_2) + \frac{c_L}{M}\underline{r}_2 = -\frac{m}{M}\varepsilon_{10}\Omega^2 e^{i\Omega t} = -\varepsilon_1\Omega^2 e^{i\Omega t}. \end{aligned} \tag{A.10.2}$$

Die inhomogenen Lösungen (erzwungene Schwingungen) erhält man mit

$$\underline{r}_1 = r_1 e^{i\Omega t}; \quad \underline{r}_2 = r_2 e^{i\Omega t}. \tag{A.10.3}$$

Gleichung (A.10.3) in (A.10.2) eingesetzt liefert das Gleichungssystem

$$\begin{aligned} &-M\Omega^2 r_1 + c(r_1 - r_2) = \varepsilon_1 M\Omega^2\,; \\ &-\Omega^2\frac{m}{M}r_2 - \frac{c}{M}(r_1 - r_2) + \frac{c_L}{M}r_2 = -\varepsilon_1\Omega^2. \end{aligned} \tag{A.10.4.}$$

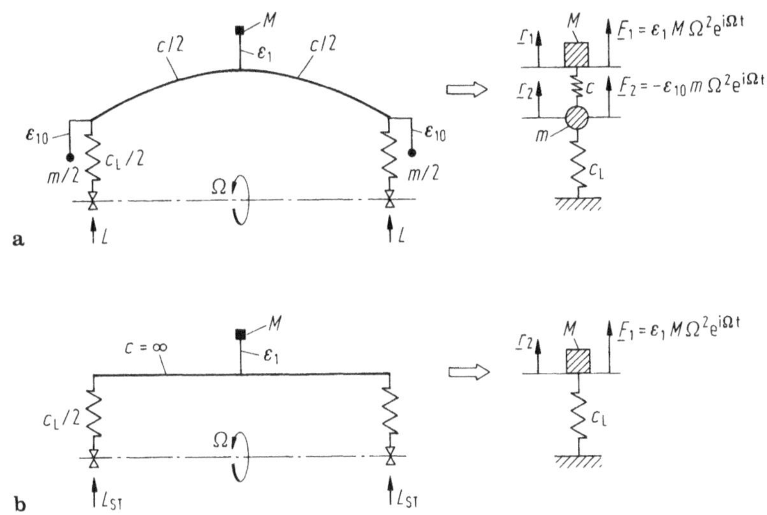

Abb. A.3. Modellrotoren zur Berechnung der Lagerkräfte L und L_{ST}. **a** elastischer Rotor, $M\varepsilon_1$: Restunwucht, $-2(m/2)\,\varepsilon_{10}$: KU, $m\varepsilon_{10} = M\varepsilon_1$; **b** starrer Rotor, $M\varepsilon_1$: Restunwucht

2. Fall Im zweiten Fall gilt $m/M = 0$ und (A.10.4) wird mit der Abkürzung $a = M\Omega^2$

$$-ar_1 + c(r_1 - r_2) = \varepsilon_1 a;$$

$$-\frac{c}{M}(r_1 - r_2) + \frac{c_{\mathrm{L}}}{M} r_2 = -\varepsilon_1 \Omega^2$$

oder

$$(c-a)r_1 - cr_2 = \varepsilon_1 a;$$

$$c\,r_1 - (c + c_{\mathrm{L}})\,r_2 = \varepsilon_1 a$$

und in Matrizenform

$$\overset{\boldsymbol{A}}{\begin{bmatrix} c-a; & -c \\ c & -(c+c_{\mathrm{L}}) \end{bmatrix}} \begin{bmatrix} r_1 \\ r_2 \end{bmatrix} = \varepsilon_1 a \begin{bmatrix} 1 \\ 1 \end{bmatrix}; \qquad \text{(A.10.5)}$$

$$\det \boldsymbol{A} = -(c-a)(c+c_{\mathrm{L}}) + c^2 = a(c + c_{\mathrm{L}}) - c\,c_{\mathrm{L}}.$$

Resonanz entsteht für $\det \boldsymbol{A} = 0$, d.h. für

$$a_1 = M\omega_1^2 = \frac{c\,c_{\mathrm{L}}}{c + c_{\mathrm{L}}} = c' \rightarrow \underline{\omega_1 = \sqrt{\frac{c'}{M}} \equiv \omega'}. \qquad \text{(A.10.6)}$$

Aus (A.10.5) wird

$$r_2 = \frac{\varepsilon_1 a^2}{c\,c_{\mathrm{L}} - a(c + c_{\mathrm{L}})},$$

und die Lagerkraft pro Lager ist

$$L_2=\frac{c_L}{2}r_2=\frac{1}{2}\,\frac{\varepsilon_1 a^2 c_L}{c\,c_L-a(c+c_L)}\,. \tag{A.10.7}$$

Die Lagerkraft L_{ST} des starren, nicht ausgeglichenen Rotors Abb. A.3b, dient als Bezugsgröße. Sie errechnet sich aus dem Gleichgewicht der Kräfte (Fliehkräfte = elastische Rückstellkraft) zu

$$M\Omega^2(r_2+\varepsilon_1)=c_L r_2 \rightarrow r_2=\frac{\varepsilon_1 a}{c_L-a}\,;\ (a=M\Omega^2)$$

oder aus der Differentialgleichung

$$M\ddot{\underline{r}}_2+c_L\underline{r}_2=\underline{F}_1=M\varepsilon_1\Omega^2\,e^{i\Omega t};$$

mit $\underline{r}_2=r_2\,e^{i\Omega t}$ aus

$$-M\Omega^2 r_2+c_L r_2=\varepsilon_1 M\Omega^2$$

zu $r_2(c_L-a)=\varepsilon_1 a \rightarrow r_2=\dfrac{\varepsilon_1 a}{c_L-a}$.

Die Lagerkraft L_{ST} ist dann

$$L_{ST}=\frac{c_L}{2}r_2=\frac{1}{2}\,\frac{\varepsilon_1 a c_L}{c_L-a}\,. \tag{A.10.8}$$

Der relative Fehler Δ_2 wird mit (A.10.7) und (A.10.8)

$$\Delta_2=\frac{L_2}{L_{ST}}=\frac{a(c_L-a)}{c\,c_L-a(c+c_L)}\,. \tag{A.10.9}$$

Dividiert man Zähler und Nenner der rechten Seite von (A.10.9) mit a_1^2, wird

$$\Delta_2=\frac{\dfrac{a}{a_1}\left(\dfrac{c_L}{a_1}-\dfrac{a}{a_1}\right)}{\dfrac{c\,c_L}{a_1^2}-\dfrac{a}{a_1}\left(\dfrac{c+c_L}{a_1}\right)}$$

und mit $a/a_1=M\Omega^2/M\omega_1^2=(\Omega/\omega')^2$; $a_1=c'=c\,c_L/(c+c_L)$ wird schließlich

$$\Delta_2=\frac{\left(\dfrac{\Omega}{\omega'}\right)^2\left(1+\dfrac{c_L}{c}\right)-\left(\dfrac{\Omega}{\omega'}\right)^4}{\left[1-\left(\dfrac{\Omega}{\omega'}\right)^2\right]\left(\dfrac{c}{c_L}+2+\dfrac{c_L}{c}\right)}\,. \tag{A.10.10}$$

Nach (Ω/ω') aufgelöst, entsteht die biquadratische Gleichung

$$\left(\frac{\Omega}{\omega'}\right)^4-\left(\frac{\Omega}{\omega'}\right)^2\left(\frac{1+c/c_L}{c/c_L}\right)\left[1+\Delta_2\left(1+\frac{c}{c_L}\right)\right]+\Delta_2\,\frac{(1+c/c_L)^2}{c/c_L}=0\,, \tag{A.10.11}$$

aus der $c/c_L = fkt(\Omega/\omega')$ mit der kleineren der beiden Lösungen $(\Omega/\omega')^2$ aus (A.10.11) berechnet werden kann.

3. Fall Im dritten Fall gelten mit den Unwuchtmassen $m/2 = M/2$ oder $m = M$ die beiden Gleichungen (A.10.4)

$$\begin{aligned} -M\Omega^2 r_1 + c(r_1 - r_2) \qquad &= \varepsilon_1 M\Omega^2; \\ -M\Omega^2 r_2 - c(r_1 - r_2) + c_L r_2 &= -\varepsilon_1 M\Omega^2 \end{aligned}$$

und in Matrizenform

$$\overset{\boldsymbol{B}}{\begin{bmatrix} c-a; & -c \\ c\ ; & a-(c+c_L) \end{bmatrix}} \begin{bmatrix} r_1 \\ r_2 \end{bmatrix} = a\varepsilon \begin{bmatrix} 1 \\ 1 \end{bmatrix}; \quad (a = M\Omega^2) \tag{A.10.12}$$

$$\det \boldsymbol{B} = (c-a)\,[a-(c+c_L)] + c^2 = -[a^2 - a(2c+c_L) + cc_L].$$

Resonanz entsteht für $\det \boldsymbol{B} = 0$

$$\begin{matrix} a_2 \\ a_1 \end{matrix} = \frac{1}{2}(2c+c_L)\left[1 \pm \sqrt{1 - \frac{4cc_L}{(2c+c_L)^2}}\right]; \quad (a_1 < a_2). \tag{A.10.13}$$

Die niedrigste kritische Winkelgeschwindigkeit ω_1 ist mit $a_1 = M\omega_1^2$

$$\omega_1^2 = \frac{1}{2M}(2c+c_L)\left[1 - \sqrt{1 - \frac{4cc_L}{(2c+c_L)^2}}\right].$$

Aus (A.10.12) folgt

$$r_2 = \frac{\varepsilon_1 a^2}{a^2 - a(2c+c_L) + cc_L}, \tag{A.10.14}$$

und die Lagerkraft pro Lager beträgt

$$\underline{L_3 = \frac{c_L}{2} r_2 = \frac{1}{2}\frac{\varepsilon_1 a^2 c_L}{a^2 - a(2c+c_L) + cc_L}}. \tag{A.10.15}$$

Mit L_{ST} aus (A.10.8) ist der relative Lagerkraftfehler

$$\underline{\Delta_3 = \frac{L_3}{L_{ST}} = \frac{a(c_L - a)}{a^2 - a(2c+c_L) + cc_L}}. \tag{A.10.16}$$

Dividiert man Zähler und Nenner der rechten Seite von (A.10.16) mit a_1^2 wird

$$\Delta_3 = \frac{\frac{a}{a_1}\left(\frac{c_L}{a_1} - \frac{a}{a_1}\right)}{\left(\frac{a}{a_1}\right)^2 - \frac{a}{a_1}\left(\frac{2c}{a_1} + \frac{c_L}{a_1}\right) + \frac{cc_L}{a_1^2}}.$$

Mit a_1 aus (A.10.13) und $a/a_1 = M\Omega^2/M\omega_1^2 = (\Omega/\omega_1)^2$; $x = \dfrac{a_1}{c_L}$ wird schließlich

$$\Delta_3 = \frac{\left(\dfrac{\Omega}{\omega_1}\right)^2 \left[\dfrac{1}{x} - \left(\dfrac{\Omega}{\omega_1}\right)^2\right]}{\left(\dfrac{\Omega}{\omega_1}\right)^4 - \left(\dfrac{\Omega}{\omega_1}\right)^2 \left[2\dfrac{c/c_L}{x} + \dfrac{1}{x}\right] + \dfrac{c/c_L}{x^2}}; \qquad \text{(A.10.17)}$$

$$x = \frac{1}{2c_L}(2c + c_L)\left[1 - \sqrt{1 - \frac{4cc_L}{(2c+c_L)^2}}\right]$$

$$= \frac{1}{2}\left(1 + \frac{2c}{c_L}\right)\left[1 - \left|\sqrt{1 - \frac{c/c_L}{(c/c_L)^2 + c/c_L + 0{,}25}}\right|\right].$$

Gleichung (A.10.17) nach (Ω/ω_1) aufgelöst liefert die biquadratische Gleichung

$$\left(\frac{\Omega}{\omega_1}\right)^4 (1 + \Delta_3) - \left(\frac{\Omega}{\omega_1}\right)^2 \left[\frac{1}{x} + \Delta_3 \left(\frac{2c/c_L}{x} + \frac{1}{x}\right)\right] + \Delta_3 \frac{c/c_L}{x^2} = 0. \qquad \text{(A.10.18)}$$

Daraus kann $c/c_L = fkt(\Omega/\omega_1)$ mit der kleineren Lösung $(\Omega/\omega_1)^2$ der Gleichung (A.10.18) berechnet werden.

Anhang zu Abschn. 11.2.3. Umstellung der Differentialgleichung (11.9) mit komplexen Unbekannten auf reelle Unbekannte

Die Differentialgleichung (11.9) besitzt Matrizen mit reellen Elementen aber komplexen Größen $\boldsymbol{r}$, $\boldsymbol{U}$, $\boldsymbol{U}_\varepsilon$

$$\boldsymbol{M}\ddot{\boldsymbol{r}} + \boldsymbol{D}\dot{\boldsymbol{r}} + \boldsymbol{S}\boldsymbol{r} = \boldsymbol{f}(t) \quad \boldsymbol{f}(t) = (\boldsymbol{U} + \boldsymbol{U}_\varepsilon)\,\Omega^2\,\mathrm{e}^{\mathrm{i}\Omega t} \qquad \text{(A.11.1)}$$

$$\boldsymbol{M} = \mathrm{diag}(m_1, m_2, m_3); \quad \boldsymbol{D} = \mathrm{diag}(d_1, d_2, d_3)$$

$$\boldsymbol{S} = \begin{bmatrix} \alpha_{11} & \alpha_{12} & \alpha_{13} \\ & \alpha_{22} & \alpha_{23} \\ \text{symm.} & & \alpha_{33} \end{bmatrix}; \quad \boldsymbol{U} = \begin{bmatrix} \underline{U}_1 \\ \underline{U}_2 \\ \underline{U}_3 \end{bmatrix}; \quad \boldsymbol{U}_\varepsilon = \begin{bmatrix} \underline{U}_{\varepsilon 1} \\ \underline{U}_{\varepsilon 2} \\ \underline{U}_{\varepsilon 3} \end{bmatrix}; \quad \boldsymbol{r} = \begin{bmatrix} \underline{r}_1 \\ \underline{r}_2 \\ \underline{r}_3 \end{bmatrix},$$

wobei

$$\underline{r}_j = x_j + \mathrm{i}\,y_j\,; \quad \underline{U}_j = U_{jx} + \mathrm{i}\,U_{jy}\,; \quad \underline{U}_{\varepsilon j} = U_{\varepsilon jx} + \mathrm{i}\,U_{\varepsilon jy}\,. \qquad \text{(A.11.2)}$$

Mit (A.11.2) wird die rechte Seite der Differentialgleichung (A.11.1)

$$\boldsymbol{f}(t) = \begin{bmatrix} \underline{f}_1(t) \\ \underline{f}_2(t) \\ \underline{f}_3(t) \end{bmatrix}; \quad \begin{aligned} \underline{f}_j(t) &= [(U_{jx} + \mathrm{i}\,U_{jy}) + (U_{\varepsilon jx} + \mathrm{i}\,U_{\varepsilon jy})]\,\Omega^2(\cos\Omega t + \mathrm{i}\sin\Omega t) \\ &= \Omega^2\,[(U_{jx} + U_{\varepsilon jx})\cos\Omega t - (U_{jy} + U_{\varepsilon jy})\sin\Omega t] \\ &\quad + \mathrm{i}\,\Omega^2\,[(U_{jx} + U_{\varepsilon jx})\sin\Omega t + (U_{jy} + U_{\varepsilon jy})\cos\Omega t]\,. \end{aligned}$$

Die erste Gleichung $j = 1$ von (A.11.1) ist dann ausführlich

$$m_1\ddot{\underline{r}}_1 + d_1\dot{\underline{r}}_1 + \alpha_{11}\underline{r}_1 + \alpha_{12}\underline{r}_2 + \alpha_{13}\underline{r}_3 = \underline{f}_1(t).$$

$$\begin{aligned} m_1(\ddot{x}_1+\mathrm{i}\,\ddot{y}_1)+d_1(\dot{x}_1+\mathrm{i}\,\dot{y}_1)+\alpha_{11}(x_1+\mathrm{i}\,y_1)+\alpha_{12}(x_2+\mathrm{i}\,y_2)+a_{13}(x_3+\mathrm{i}\,y_3) \\ =\Omega^2\,[(U_{1\mathrm{x}}+U_{\varepsilon 1\mathrm{x}})\cos\Omega t-(U_{1\mathrm{y}}+U_{\varepsilon 1\mathrm{y}})\sin\Omega t] \\ +\mathrm{i}\,\Omega^2\,[(U_{1\mathrm{x}}+U_{\varepsilon 1\mathrm{x}})\sin\Omega t+(U_{1\mathrm{y}}+U_{\varepsilon 1\mathrm{y}})\cos\Omega t]\,, \end{aligned} \qquad \text{(A.11.3)}$$

dito für $j=2$ und 3.

Die Trennung in Real- und Imaginärteil von (A.11.3) ergibt für $j=1$

$$\begin{aligned} & m_1\ddot{x}_1+d_1\dot{x}_1+\alpha_{11}x_1+\alpha_{12}x_2+\alpha_{13}x_3 \\ & \quad =\Omega^2\,[(U_{1\mathrm{x}}+U_{\varepsilon 1\mathrm{x}})\cos\Omega t-(U_{1\mathrm{y}}+U_{\varepsilon 1\mathrm{y}})\sin\Omega t]; \qquad \text{(A.11.4)} \\ & m_1\ddot{y}_1+d_1\dot{y}_1+\alpha_{11}y_1+\alpha_{12}y_2+\alpha_{13}y_3 \\ & \quad =\Omega^2\,[U_{1\mathrm{x}}+U_{\varepsilon 1\mathrm{x}})\sin\Omega t+(U_{1\mathrm{y}}+U_{\varepsilon 1\mathrm{y}})\cos\Omega t]\,, \end{aligned}$$

dito für $j=2$ und 3.

Real- und Imaginärteil der drei Gleichungen (A.11.4) können in Matrizenform zusammengefaßt werden

$$\begin{matrix} \text{Re}, j=1 \\ \text{Re}, j=2 \\ \text{Re}, j=3 \\ \text{Im}, j=1 \\ \text{Im}, j=2 \\ \text{Im}, j=3 \end{matrix} \quad \overset{\boldsymbol{M}_\mathrm{R}}{\begin{bmatrix} m_1 &&&&& \\ & m_2 &&&& \\ && m_3 &&& \\ &&& m_1 && \\ &&&& m_2 & \\ &&&&& m_3 \end{bmatrix}} \overset{\ddot{\boldsymbol{p}}}{\begin{bmatrix} \ddot{x}_1 \\ \ddot{x}_2 \\ \ddot{x}_3 \\ \ddot{y}_1 \\ \ddot{y}_2 \\ \ddot{y}_3 \end{bmatrix}} + \overset{\boldsymbol{D}_\mathrm{R}}{\begin{bmatrix} d_1 &&&&& \\ & d_2 &&&& \\ && d_3 &&& \\ &&& d_1 && \\ &&&& d_2 & \\ &&&&& d_3 \end{bmatrix}} \overset{\dot{\boldsymbol{p}}}{\begin{bmatrix} \dot{x}_1 \\ \dot{x}_2 \\ \dot{x}_3 \\ \dot{y}_1 \\ \dot{y}_2 \\ \dot{y}_3 \end{bmatrix}}$$

$$+ \overset{\boldsymbol{S}_\mathrm{R}}{\begin{bmatrix} \alpha_{11} & \alpha_{12} & \alpha_{13} &&& \\ \alpha_{12} & \alpha_{22} & \alpha_{23} &&& \\ \alpha_{13} & \alpha_{23} & \alpha_{33} &&& \\ &&& \alpha_{11} & \alpha_{12} & \alpha_{13} \\ &&& \alpha_{12} & \alpha_{22} & \alpha_{23} \\ &&& \alpha_{13} & \alpha_{23} & \alpha_{33} \end{bmatrix}} \overset{\boldsymbol{p}}{\begin{bmatrix} x_1 \\ x_2 \\ x_3 \\ y_1 \\ y_2 \\ y_3 \end{bmatrix}} = \Omega^2 \overset{\boldsymbol{U}_\mathrm{x}}{\underset{\boldsymbol{U}_\mathrm{y}}{\begin{bmatrix} U_{1\mathrm{x}}+U_{\varepsilon 1\mathrm{x}} \\ U_{2\mathrm{x}}+U_{\varepsilon 2\mathrm{x}} \\ U_{3\mathrm{x}}+U_{\varepsilon 3\mathrm{x}} \\ U_{1\mathrm{y}}+U_{\varepsilon 1\mathrm{y}} \\ U_{2\mathrm{y}}+U_{\varepsilon 2\mathrm{y}} \\ U_{3\mathrm{y}}+U_{\varepsilon 3\mathrm{y}} \end{bmatrix}}} \cos\Omega t + \Omega^2 \overset{-\boldsymbol{U}_\mathrm{y}}{\underset{\boldsymbol{U}_\mathrm{x}}{\begin{bmatrix} -(U_{1\mathrm{y}}+U_{\varepsilon 1\mathrm{y}}) \\ -(U_{2\mathrm{y}}+U_{\varepsilon 2\mathrm{y}}) \\ -(U_{3\mathrm{y}}+U_{\varepsilon 3\mathrm{y}}) \\ U_{1\mathrm{x}}+U_{\varepsilon 1\mathrm{x}} \\ U_{2\mathrm{x}}+U_{\varepsilon 2\mathrm{x}} \\ U_{3\mathrm{x}}+U_{\varepsilon 3\mathrm{x}} \end{bmatrix}}} \sin\Omega t$$

$$\boldsymbol{M}_\mathrm{R}\ddot{\boldsymbol{p}}+\boldsymbol{D}_\mathrm{R}\dot{\boldsymbol{p}}+\boldsymbol{S}_\mathrm{R}\,\boldsymbol{p}=\Omega^2\begin{bmatrix}\boldsymbol{U}_\mathrm{x}\\ \boldsymbol{U}_\mathrm{y}\end{bmatrix}\cos\Omega t+\Omega^2\begin{bmatrix}-\boldsymbol{U}_\mathrm{y}\\ \boldsymbol{U}_\mathrm{x}\end{bmatrix}\sin\Omega t=\Omega^2\begin{bmatrix}\boldsymbol{U}_\mathrm{x}, & -\boldsymbol{U}_\mathrm{y}\\ \boldsymbol{U}_\mathrm{y}, & \boldsymbol{U}_\mathrm{x}\end{bmatrix}\begin{bmatrix}\cos\Omega t\\ \sin\Omega t\end{bmatrix} \qquad \text{(A.11.5)}$$

Das Gleichungssystem (A.11.5) enthält nur reelle Größen und ist gleichwertig mit (A.11.1). Die Matrizen und Vektoren sind allerdings doppelt so groß.

Anhang zu Abschn. 11.2.5. Bedingungen für die Entkopplung einer linearen Differentialgleichung zweiter Ordnung

Behauptung: Die sogenannte Bequemlichkeitshypothese

$$\boldsymbol{D}=a\boldsymbol{M}+b\boldsymbol{S} \quad (a,\ b,\ \text{reelle, beliebige Konstanten} \neq 0) \qquad \text{(A.11.6)}$$

ist eine hinreichende Bedingung für die Entkopplung einer Differentialgleichung (11.9)

$$\boldsymbol{M}\ddot{\boldsymbol{r}}+\boldsymbol{D}\dot{\boldsymbol{r}}+\boldsymbol{S}\boldsymbol{r}=\boldsymbol{f}(t). \qquad \text{(A.11.7.)}$$

Beweis: Caughey und O'Kelly [Cy] zeigen, daß neben den Bedingungen

1. $\boldsymbol{M}$ positiv definit, symmetrisch ($\det \boldsymbol{M} > 0$), s. auch [Gr] (A.11.8)
2. $\boldsymbol{D}$ und $\boldsymbol{S}$ symmetrisch

einer Differentialgleichung der Form (A.11.7) noch die Bedingung

$$\boldsymbol{D}\boldsymbol{M}^{-1}\boldsymbol{S} = \boldsymbol{S}\boldsymbol{M}^{-1}\boldsymbol{D} \tag{A.11.9}$$

notwendig und hinreichend dafür ist, daß ein linear gedämpftes System Eigenformen hat und modal gelöst werden kann.

Die Bedingungen (A.11.8) sind in der Differentialgleichung (11.9) oder (A.11.7) erfüllt. Es bleibt noch die Bedingung (A.11.9).

Wird (A.11.6) in (A.11.9) eingesetzt, entsteht

$$(a\boldsymbol{M} + b\boldsymbol{S})\,\boldsymbol{M}^{-1}\boldsymbol{S} = \boldsymbol{S}\boldsymbol{M}^{-1}(a\boldsymbol{M} + b\boldsymbol{S})$$

und ausmultipliziert wird

$$a\boldsymbol{M}\boldsymbol{M}^{-1}\boldsymbol{S} + b\boldsymbol{S}\boldsymbol{M}^{-1}\boldsymbol{S} = a\boldsymbol{S}\boldsymbol{M}^{-1}\boldsymbol{M} + b\boldsymbol{S}\boldsymbol{M}^{-1}\boldsymbol{S}.$$

Mit der Einheitsmatrix $\boldsymbol{E} = \boldsymbol{M}\boldsymbol{M}^{-1} = \boldsymbol{M}^{-1}\boldsymbol{M}$ ist

$$a\boldsymbol{E}\boldsymbol{S} = a\boldsymbol{S}\boldsymbol{E}$$

und mit $\boldsymbol{E}\boldsymbol{S} = \boldsymbol{S}\boldsymbol{E}$ ist auch die Bedingung (A.11.9) erfüllt. (q.e.d.)

Die Bedingung (A.11.9) ist übrigens auch erfüllt, wenn gilt

$$\boldsymbol{D} = a\boldsymbol{M} \quad \text{oder} \quad \boldsymbol{D} = b\boldsymbol{S} \tag{A.11.10}$$

Beweis: Wird (A.11.10) in (A.11.9) eingesetzt, wird

$a\boldsymbol{M}\boldsymbol{M}^{-1}\boldsymbol{S} = \boldsymbol{S}\boldsymbol{M}^{-1}a\boldsymbol{M}$	$b\boldsymbol{S}\boldsymbol{M}^{-1}\boldsymbol{S} = \boldsymbol{S}\boldsymbol{M}^{-1}b\boldsymbol{S}$
oder	oder
$\boldsymbol{M}\boldsymbol{M}^{-1}\boldsymbol{S} = \boldsymbol{S}\boldsymbol{M}^{-1}\boldsymbol{M} = \boldsymbol{E}$	$\boldsymbol{S}\boldsymbol{M}^{-1}\boldsymbol{S} = \boldsymbol{S}\boldsymbol{M}^{-1}\boldsymbol{S}$. (q.e.d)
und wegen	
$\boldsymbol{M}\boldsymbol{M}^{-1} = \boldsymbol{M}^{-1}\boldsymbol{M}$	
gilt	
$\boldsymbol{E}\boldsymbol{S} = \boldsymbol{S}\boldsymbol{E}$. (q.e.d.)	

Es existieren somit drei Formen der Bequemlichkeitshypothese:

$$(a \neq 0,\ b \neq 0),\ (a \neq 0,\ b = 0),\ (a = 0,\ b \neq 0).$$

Anhang zu Abschn. 11.2.7. Berechnung einer Nachgiebigkeitsmatrix

Gleichung (11.2) lautet

$$\boldsymbol{r} = \boldsymbol{A}\boldsymbol{F}^{\mathrm{F}}; \quad \begin{bmatrix} \underline{r}_1 \\ \underline{r}_2 \\ \underline{r}_3 \end{bmatrix} = \begin{bmatrix} a_{11} & a_{12} & a_{13} \\ & a_{22} & a_{23} \\ \text{symm.} & & a_{33} \end{bmatrix} \begin{bmatrix} \underline{F}_1 \\ \underline{F}_2 \\ \underline{F}_3 \end{bmatrix}^{\mathrm{F}}$$

mit $\boldsymbol{A}$ als Nachgiebigkeitsmatrix, s. Abb. A.4.

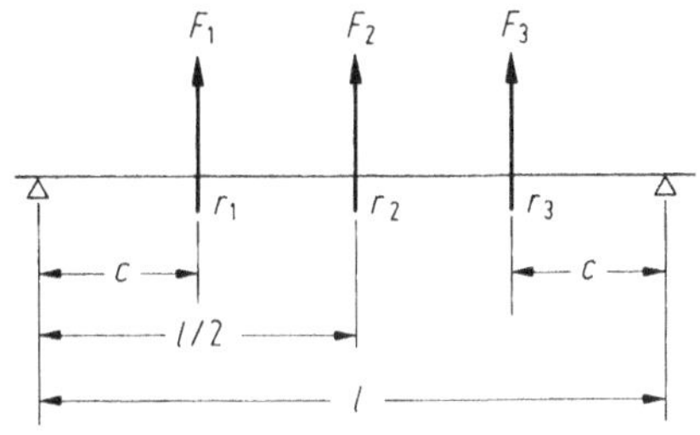

Abb. A.4. Zur Berechnung einer Nachgiebigkeitsmatrix. F_1, F_2, F_3 Kräfte. r_1, r_2, r_3 elastische Auslenkungen

Es gilt:

$$a_{11}=\frac{1}{\mathrm{EI}}\frac{l^3}{3}\frac{c^2}{l^2}\frac{(l-c)^2}{l^2} \qquad a_{12}=\frac{l^3}{48\,\mathrm{EI}}\left(\frac{3c}{l}-4\frac{c^3}{l^3}\right)$$

$$a_{22}=\frac{1}{\mathrm{EI}}\frac{l^3}{48} \qquad a_{13}=\frac{(l-c)^2c^2}{6\,\mathrm{EI}\,l}\left(\frac{2c}{l-c}+1-\frac{c^2}{(l-c)^2}\right)$$

$$a_{33}=\frac{1}{\mathrm{EI}}\frac{l^3}{3}\frac{c^2}{l^2}\frac{(l-c)^2}{l^2} \qquad a_{23}=\frac{(l-c)^2c^2}{6\,\mathrm{EI}\,l}\left[\frac{l}{l-c}+\frac{1}{2}\frac{l}{c}-\frac{l^3}{8(l-c)^2c}\right]$$

und mit

$$l=1{,}000\ \mathrm{m} \quad c=0{,}250\ \mathrm{m} \quad \mathrm{EI}=6{,}32\cdot 10^4\ \mathrm{Nm}^2$$

wird

$$A=10^{-7}\begin{bmatrix}1{,}8542 & 2{,}2663 & 1{,}4422\\ & 3{,}2964 & 2{,}2663\\ \text{symm.} & & 1{,}8542\end{bmatrix};\ \left[\frac{\mathrm{m}}{\mathrm{N}}\right].$$

Anhang zu Abschn. 11.3.1. Umwandlung der modalen Wuchtgleichung mit komplexen Unwuchten in eine modale Wuchtgleichung mit reellen Unwuchtkomponenten

Mit der reellen Wuchtmatrix

$$\boldsymbol{\Phi}^{\mathrm{T}}=\begin{bmatrix}\Phi_{11} & \Phi_{21} & \Phi_{31}\\ \Phi_{12} & \Phi_{22} & \Phi_{32}\\ \Phi_{13} & \Phi_{23} & \Phi_{33}\end{bmatrix}$$

und den komplexen Unwuchten

$$\text{IU: } \boldsymbol{U}_\varepsilon=\boldsymbol{U}_{\varepsilon x}+\mathrm{i}\,\boldsymbol{U}_{\varepsilon y}=\begin{bmatrix}U_{\varepsilon x1}+\mathrm{i}\,U_{\varepsilon y1}\\ U_{\varepsilon x2}+\mathrm{i}\,U_{\varepsilon y2}\\ U_{\varepsilon x3}+\mathrm{i}\,U_{\varepsilon y3}\end{bmatrix};\ \text{KU: } \boldsymbol{U}=\boldsymbol{U}_x+\mathrm{i}\,\boldsymbol{U}_y=\begin{bmatrix}U_{x1}+\mathrm{i}\,U_{y1}\\ U_{x2}+\mathrm{i}\,U_{y2}\\ U_{x3}+\mathrm{i}\,U_{y3}\end{bmatrix}$$

wird (11.45) $\boldsymbol{\Phi}^{\mathrm{T}}\boldsymbol{U}=-\boldsymbol{\Phi}^{\mathrm{T}}\boldsymbol{U}_\varepsilon$

$$\boldsymbol{\Phi}^{\mathrm{T}}(\boldsymbol{U}_x+\mathrm{i}\,\boldsymbol{U}_y)=-\boldsymbol{\Phi}^{\mathrm{T}}(\boldsymbol{U}_{\varepsilon x}+\mathrm{i}\,\boldsymbol{U}_{\varepsilon y}).$$

Die Trennung von Real- und Imaginärteil liefert je ein Gleichungssystem mit drei Unbekannten

$$\boldsymbol{\Phi}^{\mathrm{T}} \boldsymbol{U}_{\mathrm{x}} = -\boldsymbol{\Phi}^{\mathrm{T}} \boldsymbol{U}_{\varepsilon\mathrm{x}}; \quad \boldsymbol{\Phi}^{\mathrm{T}} \boldsymbol{U}_{\mathrm{y}} = -\boldsymbol{\Phi}^{\mathrm{T}} \boldsymbol{U}_{\varepsilon\mathrm{y}}.$$

Beide Systeme können mit einer Blockmatrix in ein System von sechs Gleichungen zusammengefaßt werden

$$\begin{bmatrix} \boldsymbol{\Phi}^{\mathrm{T}} & 0 \\ 0 & \boldsymbol{\Phi}^{\mathrm{T}} \end{bmatrix} \begin{bmatrix} \boldsymbol{U}_{\mathrm{x}} \\ \boldsymbol{U}_{\mathrm{y}} \end{bmatrix} = -\begin{bmatrix} \boldsymbol{\Phi}^{\mathrm{T}} & 0 \\ 0 & \boldsymbol{\Phi}^{\mathrm{T}} \end{bmatrix} \begin{bmatrix} \boldsymbol{U}_{\varepsilon\mathrm{x}} \\ \boldsymbol{U}_{\varepsilon\mathrm{y}} \end{bmatrix}.$$

a

b

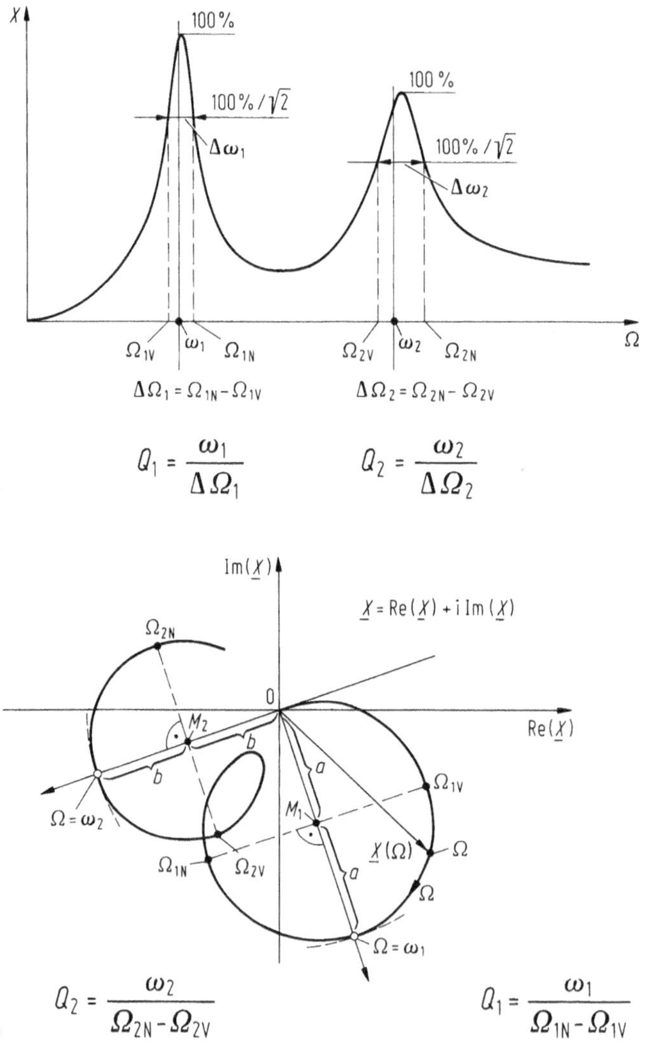

Abb. A.5a, b. Zur Ermittlung der Dämpfung aus der Messung. $Q = 1/(2D)$: Überhöhungsfaktor („quality"-factor), D: Lehrsches Dämpfungsmaß

Mit der Blockmatrix

$$\boldsymbol{\Phi}_{\mathrm{R}}^{\mathrm{T}}=\begin{bmatrix}\boldsymbol{\Phi}^{\mathrm{T}} & 0\\ 0 & \boldsymbol{\Phi}^{\mathrm{T}}\end{bmatrix}=\begin{bmatrix}\Phi_{11} & \Phi_{21} & \Phi_{31} & & & \\ \Phi_{12} & \Phi_{22} & \Phi_{32} & & 0 & \\ \Phi_{13} & \Phi_{23} & \Phi_{33} & & & \\ & & & \Phi_{11} & \Phi_{21} & \Phi_{31}\\ & 0 & & \Phi_{12} & \Phi_{22} & \Phi_{32}\\ & & & \Phi_{13} & \Phi_{23} & \Phi_{33}\end{bmatrix}$$

erhält man schließlich die reelle modale Wuchtgleichung

$$\boldsymbol{\Phi}_{\mathrm{R}}^{\mathrm{T}}\begin{bmatrix}U_{\mathrm{x}1}\\ U_{\mathrm{x}2}\\ U_{\mathrm{x}3}\\ U_{\mathrm{y}1}\\ U_{\mathrm{y}2}\\ U_{\mathrm{y}3}\end{bmatrix}=-\boldsymbol{\Phi}_{\mathrm{R}}^{\mathrm{T}}\begin{bmatrix}U_{\varepsilon\mathrm{x}1}\\ U_{\varepsilon\mathrm{x}2}\\ U_{\varepsilon\mathrm{x}3}\\ U_{\varepsilon\mathrm{y}1}\\ U_{\varepsilon\mathrm{y}2}\\ U_{\varepsilon\mathrm{y}3}\end{bmatrix}.$$

Anhang zu Abschn. 11.3.7. Ermittlung der Dämpfung aus der Messung

Als Halbwertsbreite einer Resonanzkurve bezeichnet man das Intervall $\Delta\Omega$ zwischen den beiden Kreisfrequenzen, für welche die Energie der erzwungenen harmonischen Schwingung die Hälfte der Resonanzenergie beträgt. Daraus ergeben sich die Q-Faktoren wie in Abb. A.5a aus der Amplitude der gemessenen Schwingung oder – etwas genauer – aus der gemessenen Ortskurve für die gleiche Richtung, Abb. A.5b. Beispiele dafür findet man in Abb. 11.6a und b und Abb. 11.14a und b. Man beachte, daß $Q=1/(2D)$ ist, mit D als Lehrschem Dämpfungsmaß.

Anhang zu Abschn. 11.4. Berechnung von Nachgiebigkeitsmatrizen

$(x-z)$-Ebene: Die Elastizitätskonstante eines Lagers beträgt mit c_{x} als Federkonstante beider Lager zusammen

$$f_{\mathrm{x}}=\frac{1}{c_{\mathrm{x}}/2}=\frac{2}{c_{\mathrm{x}}},$$

und die Auswirkung mit $\boldsymbol{A}_{\mathrm{x}}$ als Nachgiebigkeitsmatrix und $\boldsymbol{F}_{\mathrm{x}}$ als Kraftvektor beträgt

$$\boldsymbol{x}=\boldsymbol{A}_{\mathrm{x}}\boldsymbol{F}_{\mathrm{x}};$$

$$\begin{bmatrix}x_1\\ x_2\\ x_3\\ x_4\end{bmatrix}=\begin{bmatrix}a_{11} & a_{12} & a_{13} & a_{14}\\ & a_{22} & a_{23} & a_{24}\\ & & a_{33} & a_{34}\\ \text{symm.} & & & a_{44}\end{bmatrix}\begin{bmatrix}F_1\\ F_2\\ F_3\\ F_4\end{bmatrix}.$$

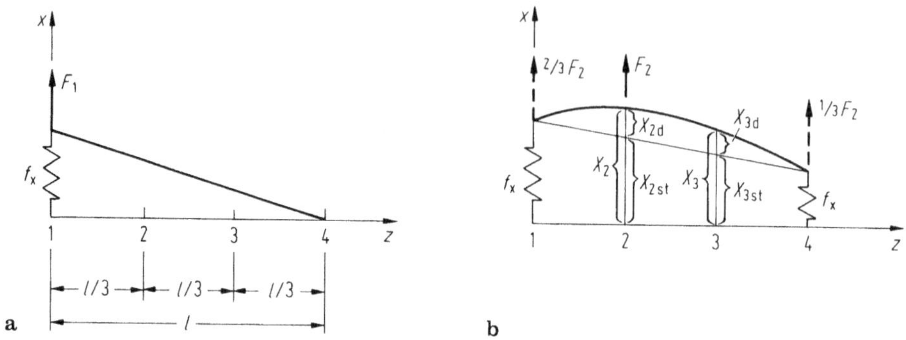

Abb. A.6a, b. Zur Berechnung der Nachgiebigkeitsmatrizen

Nach Abb. A.6.a ist

$$x_1 = f_x F_1 \quad \rightarrow a_{11} = \frac{x_1}{F_1} = f_x \quad = a_{44};$$

$$x_2 = \frac{2}{3} f_x F_1 \rightarrow a_{21} = \frac{x_2}{F_1} = \frac{2}{3} f_x = a_{12} = a_{34} = a_{43};$$

$$x_3 = \frac{1}{3} f_x F_1 \rightarrow a_{31} = \frac{x_3}{F_1} = \frac{1}{3} f_x = a_{13} = a_{42} = a_{24};$$

$$x_4 = 0 \quad \rightarrow a_{41} = \frac{x_4}{F_1} = 0 \quad = a_{14}$$

und nach Abb. A.6.b ist (Index: ST starr, EL elastisch)

$$x_2 = x_{2\mathrm{ST}} + x_{2\mathrm{EL}} \qquad x_{2\mathrm{ST}} = \left(f_x \frac{2}{3} F_2 - f_x \frac{1}{3} F_2 \right) \frac{2}{3} + f_x \frac{1}{3} F_2 = \frac{5}{9} f_x F_2 .$$

$$x_{2\mathrm{EL}} = \frac{l^3}{\mathrm{EI}} \frac{8}{486} F_2$$

$$\rightarrow a_{22} = \frac{x_2}{F_2} = \frac{l^3}{\mathrm{EI}} \frac{8}{486} + \frac{5}{9} f_x = a_{33} .$$

$$x_3 = x_{3\mathrm{ST}} + x_{3\mathrm{EL}} \qquad x_{3\mathrm{ST}} = \left(f_x \frac{2}{3} F_2 - f_x \frac{1}{3} F_2 \right) \frac{1}{3} + f_x \frac{1}{3} F_2 = \frac{4}{9} f_x F_2 .$$

$$x_{3\mathrm{EL}} = \frac{l^3}{\mathrm{EI}} \frac{7}{486} F_2$$

$$\rightarrow a_{32} = \frac{x_3}{F_2} = \frac{l^3}{\mathrm{EI}} \frac{7}{486} + \frac{4}{9} f_x = a_{23} .$$

$(y-z)$-*Ebene:*
Analog der (x – z)-Ebene, tritt anstelle von f_x die Elastizitätskonstante f_y

$$f_y = \frac{1}{c_y/2} = \frac{2}{c_y}; \quad \boldsymbol{y} = \boldsymbol{A}_y \boldsymbol{F}_x.$$

Mit den numerischen Werten: $l = 1{,}00$ m; $\mathrm{EI} = 6{,}32 \cdot 10^4\ \mathrm{Nm}^2$

$$\left.\begin{aligned} f_x &= 6 \cdot 10^{-7}\,\frac{\mathrm{m}}{\mathrm{N}} \\ f_y &= 3 \cdot 10^{-7}\,\frac{\mathrm{m}}{\mathrm{N}} \end{aligned}\right\} \frac{f_x}{f_y} = \frac{c_y}{c_x} = 2$$

werden die Nachgiebigkeitsmatrizen

$$\boldsymbol{A}_x = \begin{bmatrix} 6 & 4 & 2 & 0 \\ 4 & 5{,}937909 & 4{,}945671 & 2 \\ 2 & 4{,}945671 & 5{,}937909 & 4 \\ 0 & 2 & 4 & 6 \end{bmatrix} \cdot 10^{-7} \left[\frac{\mathrm{m}}{\mathrm{N}}\right];$$

$$\boldsymbol{A}_y = \begin{bmatrix} 3 & 2 & 1 & 0 \\ 2 & 4{,}271243 & 3{,}612337 & 1 \\ 1 & 3{,}612337 & 4{,}271243 & 2 \\ 0 & 1 & 2 & 3 \end{bmatrix} \cdot 10^{-7} \left[\frac{\mathrm{m}}{\mathrm{N}}\right].$$

Sie sind beide symmetrisch, quadratisch und regulär.

Anhang zu Abschn. 11.5. Beweis für $A_a \ll C_a$

Es ist die Behauptung $\boldsymbol{A}_a \ll \boldsymbol{C}_a$ zu beweisen. Für die Lagersteifigkeitsmatrix gilt

$$\overbrace{\begin{bmatrix} c_{11} & c_{12} \\ c_{21} & c_{22} \end{bmatrix} \equiv \begin{bmatrix} c_{11}, & a+b \\ a-b, & c_{22} \end{bmatrix}}^{\boldsymbol{C}} = \overbrace{\begin{bmatrix} c_{11} & a \\ a & c_{22} \end{bmatrix}}^{\boldsymbol{C}_s} + \overbrace{\begin{bmatrix} 0 & b \\ -b & 0 \end{bmatrix}}^{\boldsymbol{C}_a}.$$

Das Element b von $\boldsymbol{C}_a$ wird mit $c_{12} = a + b$ und $c_{21} = a - b$

$$\underline{b = \frac{1}{2}(c_{12} - c_{21}).} \tag{A.11.11}$$

Für die Steifigkeitsmatrix der elastischen Welle gelte

$$\overbrace{\begin{bmatrix} a_{11} & a_{12} \\ a_{21} & a_{22} \end{bmatrix} \equiv \begin{bmatrix} a_{11}, & g+h \\ g-h, & a_{22} \end{bmatrix}}^{\boldsymbol{A}} = \overbrace{\begin{bmatrix} a_{11} & g \\ g & a_{22} \end{bmatrix}}^{\boldsymbol{A}_s} + \overbrace{\begin{bmatrix} 0 & h \\ -h & 0 \end{bmatrix}}^{\boldsymbol{A}_a}.$$

Das Element h von $\boldsymbol{A}_a$ wird mit $a_{12}=g+h$ und $a_{21}=g-h$

$$\underline{h=\frac{1}{2}(a_{12}-a_{21}).} \tag{A.11.12}$$

Nach (8.56) gilt für die Transformation der Lagermatrix in die Rotormatrix, wenn c die Steifigkeit des Rotors ist,

$$a_{12}=\frac{c_{12}c^2}{\det}; \quad a_{21}=\frac{c_{21}c^2}{\det}; \quad \det=(c+c_{11})(c+c_{22})-c_{12}c_{21}. \tag{A.11.13}$$

Wird (A.11.13) in (A.11.12) eingesetzt, so entsteht mit (A.11.11)

$$h=\frac{1}{2}(a_{12}-a_{21})=\frac{1}{2}\left[\frac{c_{12}c^2}{\det}-\frac{c_{21}c^2}{\det}\right]=\frac{c^2}{\det}\cdot\frac{1}{2}(c_{12}-c_{21})=\frac{c^2}{\det}b$$

und somit

$$\frac{h}{b}=\frac{c^2}{(c+c_{11})(c+c_{22})-c_{12}c_{21}}=\frac{1}{\left(1-\frac{c_{11}}{c}\right)\left(1-\frac{c_{22}}{c}\right)-\frac{c_{12}c_{21}}{c^2}}. \tag{A.11.14}$$

Als Grenzwerte liefert (A.11.14)

a) für den *starren* Rotor ($c=\infty$)

$$\lim_{c\to\infty}\left(\frac{h}{b}\right)=1 \quad \text{oder} \quad \lim_{c\to\infty} h=b.$$

b) für den *schlaffen* Rotor ($c=0$)

$$\lim_{c\to\infty}\left(\frac{h}{b}\right)=0 \quad \text{oder} \quad \underline{\lim_{c\to\infty} h=0.}$$

In Worten: Je elastischer der Rotor ist, um so kleiner wird die asymmetrische Steifigkeitsmatrix $\boldsymbol{C}_a$ des elastischen Rotors. (q.e.d.)

1. Beispiel

$$\boldsymbol{C}=\begin{bmatrix}25 & 4\\ -1 & 100\end{bmatrix}=\begin{bmatrix}25 & 1{,}5\\ 1{,}5 & 100\end{bmatrix}+\begin{bmatrix}0 & 2{,}5\\ -2{,}5 & 0\end{bmatrix}; \quad b=2{,}5.$$

Mit $c=12{,}5$ ($c_{11}/c=25/12{,}5=2$) ist nach (A.11.14)

$$\frac{h}{b}=\frac{1}{\left(1+\frac{25}{12{,}5}\right)\left(1+\frac{100}{12{,}5}\right)-\frac{4(-1)}{12{,}5^2}}=0{,}0370;$$

$$h=2{,}5\cdot 0{,}370=0{,}0925 \ll b.$$

2. Beispiel

$$\boldsymbol{C}=\begin{bmatrix}25 & 30\\ -3 & 100\end{bmatrix}=\begin{bmatrix}25 & 13{,}5\\ 13{,}5 & 100\end{bmatrix}+\begin{bmatrix}0 & 16{,}5\\ -16{,}5 & 0\end{bmatrix}; \quad b=16{,}5.$$

Mit $c = 2{,}5$, $(c_{11}/c = 25/2{,}5 = 10)$ ist nach (A.11.14)

$$\frac{h}{b} = \frac{1}{\left(1+\frac{25}{2{,}5}\right)\left(1+\frac{100}{2{,}5}\right) - \frac{30(-3)}{2{,}5^2}} = 0{,}0021;$$

$$h = 16{,}5 \cdot 0{,}0021 = 0{,}0355 \ll b.$$

Anhang 1 zu Abschn. 11.6. Umwandlung einer komplexen Matrizengleichung (bimodale Wuchtgleichung) in eine reelle Matrizengleichung

Die bimodale Wuchtgleichung (11.178)

$$\boldsymbol{\theta}^{\mathrm{T}} \boldsymbol{U} = -\boldsymbol{\theta}^{\mathrm{T}} \boldsymbol{U}_{\varepsilon} \tag{A.11.15}$$

hat komplexe Matrizen $\boldsymbol{\theta}^{\mathrm{T}}$ und komplexe Vektoren $\boldsymbol{U}$ und $\boldsymbol{U}_{\varepsilon}$

$$\boldsymbol{\theta}^{\mathrm{T}} = \boldsymbol{\theta}^{\mathrm{T}\prime} + \mathrm{i}\,\boldsymbol{\theta}^{\mathrm{T}\prime\prime}; \quad \boldsymbol{U} = \boldsymbol{U}' + \mathrm{i}\,\boldsymbol{U}''; \quad \boldsymbol{U}_{\varepsilon} = \boldsymbol{U}_{\varepsilon}' + \mathrm{i}\,\boldsymbol{U}_{\varepsilon}''.$$

Durch Einsetzen in (A.11.15) entsteht sowohl

$$(\boldsymbol{\theta}^{\mathrm{T}\prime} + \mathrm{i}\,\boldsymbol{\theta}^{\mathrm{T}\prime\prime})(\boldsymbol{U}' + \mathrm{i}\,\boldsymbol{U}'') = -(\boldsymbol{\theta}^{\mathrm{T}\prime} + \mathrm{i}\,\boldsymbol{\theta}^{\mathrm{T}\prime\prime})(\boldsymbol{U}_{\varepsilon}' + \mathrm{i}\,\boldsymbol{U}_{\varepsilon}''),$$

als auch

$$\begin{aligned}&(\boldsymbol{\theta}^{\mathrm{T}\prime}\boldsymbol{U}' - \boldsymbol{\theta}^{\mathrm{T}\prime\prime}\boldsymbol{U}'') + \mathrm{i}(\boldsymbol{\theta}^{\mathrm{T}\prime\prime}\boldsymbol{U}' + \boldsymbol{\theta}^{\mathrm{T}\prime}\boldsymbol{U}'')\\ &\quad = -[(\boldsymbol{\theta}^{\mathrm{T}\prime}\boldsymbol{U}_{\varepsilon}' - \boldsymbol{\theta}^{\mathrm{T}\prime\prime}\boldsymbol{U}_{\varepsilon}'') + \mathrm{i}(\boldsymbol{\theta}^{\mathrm{T}\prime\prime}\boldsymbol{U}_{\varepsilon}' + \boldsymbol{\theta}^{\mathrm{T}\prime}\boldsymbol{U}_{\varepsilon}'')].\end{aligned}$$

Trennung von Real- und Imaginärteil liefert die beiden Gleichungen

$$\begin{aligned}\boldsymbol{\theta}^{\mathrm{T}\prime}\boldsymbol{U}' - \boldsymbol{\theta}^{\mathrm{T}\prime\prime}\boldsymbol{U}'' &= -(\boldsymbol{\theta}^{\mathrm{T}\prime}\boldsymbol{U}_{\varepsilon}' - \boldsymbol{\theta}^{\mathrm{T}\prime\prime}\boldsymbol{U}_{\varepsilon}'');\\ \boldsymbol{\theta}^{\mathrm{T}\prime\prime}\boldsymbol{U}' + \boldsymbol{\theta}^{\mathrm{T}\prime}\boldsymbol{U}'' &= -(\boldsymbol{\theta}^{\mathrm{T}\prime\prime}\boldsymbol{U}_{\varepsilon}' + \boldsymbol{\theta}^{\mathrm{T}\prime}\boldsymbol{U}_{\varepsilon}''),\end{aligned}$$

die in Matrizenform zusammengefaßt werden können

$$\begin{bmatrix}\boldsymbol{\theta}^{\mathrm{T}\prime} & -\boldsymbol{\theta}^{\mathrm{T}\prime\prime}\\ \boldsymbol{\theta}^{\mathrm{T}\prime\prime} & \boldsymbol{\theta}^{\mathrm{T}\prime}\end{bmatrix}\begin{bmatrix}\boldsymbol{U}'\\ \boldsymbol{U}''\end{bmatrix} = -\begin{bmatrix}\boldsymbol{\theta}^{\mathrm{T}\prime} & -\boldsymbol{\theta}^{\mathrm{T}\prime\prime}\\ \boldsymbol{\theta}^{\mathrm{T}\prime\prime} & \boldsymbol{\theta}^{\mathrm{T}\prime}\end{bmatrix}\begin{bmatrix}\boldsymbol{U}_{\varepsilon}'\\ \boldsymbol{U}_{\varepsilon}''\end{bmatrix}. \tag{A.11.16}$$

Im speziellen Fall reeller Matrizen wäre $\boldsymbol{\theta}^{\mathrm{T}\prime\prime} = 0$ und mit $\boldsymbol{\theta}^{\mathrm{T}\prime} = \boldsymbol{\Phi}^{\mathrm{T}}$ würde aus (A.11.16)

$$\begin{bmatrix}\boldsymbol{\Phi}^{\mathrm{T}} & 0\\ 0 & \boldsymbol{\Phi}^{\mathrm{T}}\end{bmatrix}\begin{bmatrix}\boldsymbol{U}'\\ \boldsymbol{U}''\end{bmatrix} = -\begin{bmatrix}\boldsymbol{\Phi}^{\mathrm{T}} & 0\\ 0 & \boldsymbol{\Phi}^{\mathrm{T}}\end{bmatrix}\begin{bmatrix}\boldsymbol{U}_{\varepsilon}'\\ \boldsymbol{U}_{\varepsilon}''\end{bmatrix},$$

was zur reellen modalen Wuchtgleichung führt, s. Anhang zu Abschn. 11.3.1.

Anhang 2 zu Abschn. 11.6. Ableitung der Steifigkeitsmatrix für die frei-freie Welle

Wir stützen uns bei der Ableitung im wesentlichen auf [Kr, S. 122, 135]. Gesucht ist die Steifigkeitsmatrix der Doppelwelle Abb. A.7a mit drei Stützpunkten 1, 2, 3.

Die Verschiebungsgleichungen der, in Abb. A.7b links eingespannten, Einzelwelle mit der Biegesteifigkeit EI und Länge l lauten wie allgemein bekannt

$$\begin{bmatrix} r \\ \varphi \end{bmatrix} = \frac{1}{6\mathrm{EI}} \begin{bmatrix} 2l^2 & 3l \\ 3l & 6 \end{bmatrix} \begin{bmatrix} F \\ M \end{bmatrix}, \tag{A.11.17}$$

wobei r und φ Auslenkung und Drehwinkel, F und M Radialkraft und Biegemoment bedeuten. Die Inversion der Verschiebungsgleichungen (A.11.17) ergibt die Kraftgleichungen

$$\begin{bmatrix} F \\ M \end{bmatrix} = \frac{\mathrm{EI}}{l^3} \begin{bmatrix} 12 & -6l \\ -6l & 4l^2 \end{bmatrix} \begin{bmatrix} r \\ \varphi \end{bmatrix}. \tag{A.11.18}$$

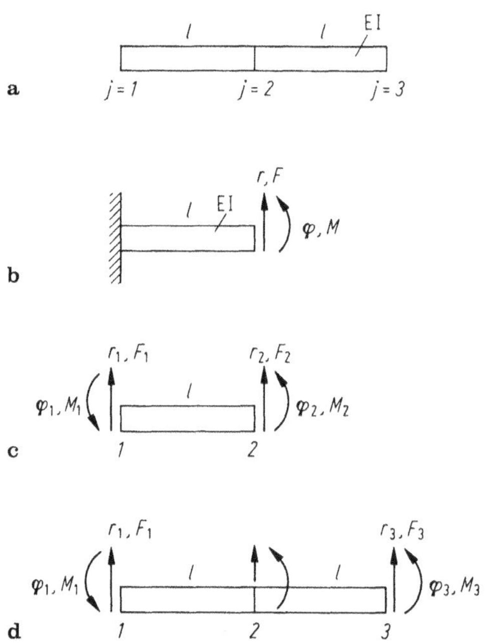

Abb. A.7a–d. Zur Ableitung der Steifigkeitsmatrix für die frei-freie Welle

Für die frei-freie Einzelwelle, Abb. A.7c ergeben sich aus Symmetriegründen folgende Kraftgleichungen mit den in Abb. A.7c definierten positiven Richtungen

$$\begin{bmatrix} F_1 \\ M_1 \\ \hline F_2 \\ M_2 \end{bmatrix} = \frac{\mathrm{EI}}{l^3} \overbrace{\left[\begin{array}{cc|cc} 12 & 6l & -12 & 6l \\ 6l & 4l^2 & -6l & 2l^2 \\ \hline -12 & -6l & 12 & -6l \\ 6l & 2l^2 & -6l & 4l^2 \end{array}\right]}^{S_0} \begin{bmatrix} r_1 \\ \varphi_1 \\ \hline r_2 \\ \varphi_2 \end{bmatrix}. \tag{A.11.19}$$

Die Verbindung zweier Einzelwellen, Abb. A.7d, zur Struktur kann nach [Kr, S. 117] schematisch wie folgt geschehen

$$\begin{bmatrix} F_1 \\ M_1 \\ F_2 \\ M_2 \\ F_3 \\ M_3 \end{bmatrix} = \frac{\mathrm{EI}}{l^3}$$

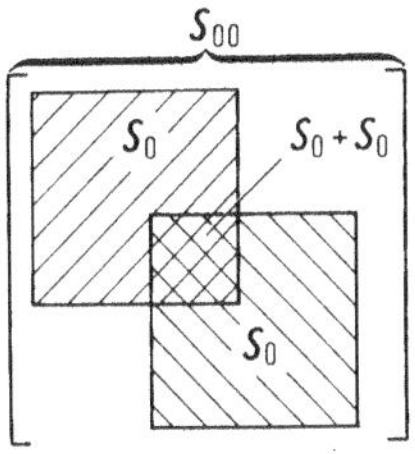

$$\begin{bmatrix} r_1 \\ \varphi_1 \\ r_2 \\ \varphi_2 \\ r_3 \\ \varphi_3 \end{bmatrix};$$

$$\boldsymbol{S}_{00} = \left[\begin{array}{cc|cc|cc} 12 & 6l & -12 & 6l & & \\ 6l & 4l^2 & -6l & 2l^2 & \multicolumn{2}{c}{0} \\ \hline -12 & -6l & 24 & 0 & -12 & 6l \\ 6l & 2l^2 & 0 & 8l^2 & -6l & 2l^2 \\ \hline & & -12 & -6l & 12 & -6l \\ \multicolumn{2}{c|}{0} & 6l & 2l^2 & -6l & 4l^2 \end{array}\right]. \tag{A.11.20}$$

Anders geordnet lautet (A.11.20)

$$\begin{bmatrix} F_1 \\ F_2 \\ F_3 \\ \hline M_1 \\ M_2 \\ M_3 \end{bmatrix} = \frac{\mathrm{EI}}{l^3} \left[\begin{array}{ccc|ccc} 12 & -12 & 0 & 6l & 6l & 0 \\ -12 & 24 & -12 & -6l & 0 & 6l \\ 0 & -12 & 12 & 0 & -6l & -6l \\ \hline 6l & -6l & 0 & 4l^2 & 2l^2 & 0 \\ 6l & 0 & -6l & 2l^2 & 8l^2 & 2l^2 \\ 0 & 6l & -6l & 0 & 2l^2 & 4l^2 \end{array}\right] \begin{bmatrix} r_1 \\ r_2 \\ r_3 \\ \hline \varphi_1 \\ \varphi_2 \\ \varphi_3 \end{bmatrix} \tag{A.11.21}$$

und in Kurzform

$$\begin{bmatrix} \boldsymbol{F} \\ \boldsymbol{M} \end{bmatrix} = \begin{bmatrix} \boldsymbol{S}_{11} & \boldsymbol{S}_{12} \\ \boldsymbol{S}_{21} & \boldsymbol{S}_{22} \end{bmatrix} \begin{bmatrix} \boldsymbol{r} \\ \boldsymbol{\Phi} \end{bmatrix}. \tag{A.11.21'}$$

Weil für die gesuchte Steifigkeitsmatrix keine äußeren Biegemomente gebraucht werden, kann man $\boldsymbol{M}$ in (A.11.21') Null setzen. Krämer [Kr S. 135] nennt dies Koordinatenreduktion. Die zweite Gleichung in (A.11.21') lautet dann

$$\boldsymbol{M} = \boldsymbol{0} = \boldsymbol{S}_{21}\boldsymbol{r} + \boldsymbol{S}_{22}\boldsymbol{\varphi}$$

und mit $\boldsymbol{S}_{22}^{-1}$ multipliziert

$$\boldsymbol{S}_{22}^{-1}\boldsymbol{S}_{21}\boldsymbol{r} + \boldsymbol{\varphi} = \boldsymbol{0} \rightarrow \boldsymbol{\varphi} = -\boldsymbol{S}_{22}^{-1}\boldsymbol{S}_{21}\boldsymbol{r}.$$

In die erste Gleichung (A.11.21') eingesetzt wird

$$\boldsymbol{F} = \boldsymbol{S}_{11}\boldsymbol{r} + \boldsymbol{S}_{12}\boldsymbol{\varphi} = \boldsymbol{S}_{11}\boldsymbol{r} - \boldsymbol{S}_{12}\boldsymbol{S}_{22}^{-1}\boldsymbol{S}_{21}\boldsymbol{r} = (\boldsymbol{S}_{11} - \boldsymbol{S}_{12}\boldsymbol{S}_{22}^{-1}\boldsymbol{S}_{21})\,\boldsymbol{r} = \boldsymbol{S}_{\mathrm{red}}\boldsymbol{r},$$

also

$$\underline{\underline{\boldsymbol{F} = \boldsymbol{S}_{\mathrm{red}}\boldsymbol{r}.}} \tag{A.11.22}$$

Die numerische Rechnung liefert

$$\boldsymbol{S}_{\mathrm{red}} = \frac{c}{2}\begin{bmatrix} 3 & -6 & 3 \\ -6 & 12 & -6 \\ 3 & -6 & 3 \end{bmatrix} = \begin{bmatrix} \alpha_{11} & \alpha_{12} & \alpha_{13} \\ \alpha_{12} & \alpha_{22} & \alpha_{23} \\ \alpha_{13} & \alpha_{23} & \alpha_{33} \end{bmatrix}; \quad c = \frac{\mathrm{EI}}{l^3}. \tag{A.11.22'}$$

Für komplexes $\boldsymbol{F}$ und $\boldsymbol{r}$

$$\boldsymbol{F} = \boldsymbol{F}_x + i\boldsymbol{F}_y; \quad \boldsymbol{r} = \boldsymbol{x} + i\boldsymbol{y}$$

wird (A.11.22)

$$(\boldsymbol{F}_x + i\boldsymbol{F}_y) = \boldsymbol{S}_{red}(\boldsymbol{x} + i\boldsymbol{y}).$$

Die Trennung von Real- und Imaginärteil ergibt die beiden Gleichungen

$$\boldsymbol{F}_x = \boldsymbol{S}_{red}\boldsymbol{x}; \quad \boldsymbol{F}_y = \boldsymbol{S}_{red}\boldsymbol{y}$$

und in Matrizenform die gesuchte Steifigkeitsmatrix $\boldsymbol{S}_W$ der frei-freien Welle mit drei Stützpunkten $j = 1, 2, 3$

$$\underset{\boldsymbol{F}}{\begin{bmatrix} \boldsymbol{F}_x \\ \boldsymbol{F}_y \end{bmatrix}} = \underset{\boldsymbol{S}_W}{\begin{bmatrix} \boldsymbol{S}_{red} & 0 \\ 0 & \boldsymbol{S}_{red} \end{bmatrix}} \underset{\boldsymbol{r}}{\begin{bmatrix} \boldsymbol{x} \\ \boldsymbol{y} \end{bmatrix}};$$

$$\boldsymbol{F}_x = \begin{bmatrix} F_{x1} \\ F_{x2} \\ F_{x3} \end{bmatrix}; \quad \boldsymbol{F}_y = \begin{bmatrix} F_{y1} \\ F_{y2} \\ F_{y3} \end{bmatrix}; \quad \boldsymbol{x} = \begin{bmatrix} x_1 \\ x_2 \\ x_3 \end{bmatrix}; \quad \boldsymbol{y} = \begin{bmatrix} y_1 \\ y_2 \\ y_3 \end{bmatrix};$$

$$\boldsymbol{S}_W = \left[\begin{array}{ccc|ccc} \alpha_{11} & \alpha_{12} & \alpha_{13} & & & \\ \alpha_{12} & \alpha_{22} & \alpha_{23} & & 0 & \\ \alpha_{13} & \alpha_{23} & \alpha_{33} & & & \\ \hline & & & \alpha_{11} & \alpha_{12} & \alpha_{13} \\ & 0 & & \alpha_{12} & \alpha_{22} & \alpha_{23} \\ & & & \alpha_{13} & \alpha_{23} & \alpha_{33} \end{array}\right]$$

und mit den numerischen Daten nach (A.11.22′) mit $c = 8{,}0898 \cdot 10^6$ N/m

$$\boldsymbol{S}_W = \left[\begin{array}{ccc|c} 1{,}2134 & -2{,}4268 & 1{,}2134 & \\ -2{,}4268 & 4{,}8536 & -2{,}4268 & 0 \\ 1{,}2134 & -2{,}4268 & 1{,}2134 & \\ \hline & & & \\ & 0 & & \text{symm.} \end{array}\right] \cdot 10^7 \frac{\text{N}}{\text{m}}.$$

Anhang zu Abschn. 12.1.1.1. Beweis der Orthogonalitätsbedingungen für Eigenfunktionen des Wellenstrangs

Es sind die Gleichungen (12.13)

$$\left.\begin{aligned} \int m_L(z)\,\varphi_n(z)\,\varphi_m(z)\,dz = 0 \\ \int m_L(z)\,\psi_n(z)\,\psi_m(z)\,dz = 0 \end{aligned}\right\} \quad m \neq n \tag{A.12.1}$$

zu beweisen.

Das n-te Glied der Lösung (12.8) ist

$$x_n(z,t) = \varphi_n(z)\, w_{nx}(t);$$
$$y_n(z,t) = \psi_n(z)\, w_{ny}(t).$$

Damit werden die *Rand*bedingungen (12.4) mit $EI(z)$

$$\underline{z=0,\, l:}\quad \varphi_n'' = \psi_n'' = 0 \quad \text{und} \quad (EI\,\varphi_n'')' = (EI\,\psi_n'')' = 0 \tag{A.12.2}$$

und die *Lager*bedingungen (12.5) und (12.5″) lauten für jedes Lager $z=j$, Abb. 12.1

$$\underline{z=j=a\,\dots\,H}\quad \left\{\begin{array}{ll} \varphi_n(jR) = \varphi_n(jL); \quad \psi_n(jR) = \psi_n(jL); & \text{(A.12.3)} \\ \varphi_n'(jR) = \varphi_n'(jL); \quad \psi_n'(jR) = \psi_n'(jL); & \\ \varphi_n''(jR) = \varphi_n''(jL); \quad \psi_n''(jR) = \psi_n''(jL). & \\ & \\ (EI\,\varphi_n'')'|_{jR} = (EI\,\varphi_n'')'|_{jL} - c_{xj}\varphi_n(j) & \text{(A.12.4)} \\ (EI\,\psi_n'')'|_{jR} = (EI\,\psi_n'')'|_{jL} - c_{xj}\psi_n(j) & \end{array}\right.$$

Zum Beweis sind die Gleichungen (12.10) Ausgangszustand. Sie sind unabhängig voneinander. Wir führen den Beweis für die EF $\varphi_n(z)$, für die EF $\psi_n(z)$ ist die Beweisführung analog. Für $\varphi_n(z)$ kann (12.10) in der Form

$$(EI\,\varphi_n'')'' - m_L\,\omega_{nx}^2\,\varphi_n = 0$$

geschrieben werden oder auch durch Austausch des Indexes n durch m

$$(EI\,\varphi_m'')'' - m_L\,\omega_{mx}^2\,\varphi_m = 0.$$

Multipliziert man die erste Gleichung mit φ_m, die zweite mit φ_n und subtrahiert die zweite von der ersten, erhält man

$$\varphi_m(EI\,\varphi_n'')'' - \varphi_n(EI\,\varphi_m'')'' - m_L\,\varphi_m\,\varphi_n(\omega_{nx}^2 - \omega_{mx}^2) = 0,$$

und die Integration über die Länge $z = 0\,\dots\,l$ des Wellenstrangs ergibt formal

$$\int \varphi_m(EI\,\varphi_n'')''\,dz - \int \varphi_n(EI\,\varphi_m'')''\,dz = (\omega_{nx}^2 - \omega_{mx}^2)\int m_L\,\varphi_n\,\varphi_m\,dz. \tag{A.12.5}$$

Die Teilintegration des ersten Glieds liefert vorerst

$$\int \varphi_m(EI\,\varphi_n'')''\,dz = \varphi_m(EI\,\varphi_n'')'|_0^l - \int \varphi_m'(EI\,\varphi_n'')'\,dz,$$

und nochmalige Teilintegration ergibt

$$\int \varphi_m(EI\,\varphi_n'')''\,dz = \varphi_m(EI\,\varphi_m'')'|_0^l - \varphi_m'\,EI\,\varphi_n''|_0^l + \int \varphi_m''\,EI\,\varphi_n''\,dz. \tag{A.12.6}$$

Durch Vertauschen der Indices m und n erhält man die Integration des zweiten Glieds von (A.12.5)

$$\int \varphi_n(EI\,\varphi_m'')''\,dz = \varphi_n(EI\,\varphi_m'')'|_0^l - \varphi_n'\,EI\,\varphi_m''|_0^l + \int \varphi_n''\,EI\,\varphi_m''\,dz. \tag{A.12.7}$$

Die Integrale (A.12.6) und (A.12.7) in (A.12.5) eingesetzt ergeben mit den Abkürzungen $f(z)$ und $g(z)$

$$f(z)=\varphi_{\mathrm{m}}(\mathrm{EI}\,\varphi_{\mathrm{n}}'')'-\varphi_{\mathrm{n}}(\mathrm{EI}\,\varphi_{\mathrm{m}}'')';\qquad g(z)=\varphi_{\mathrm{m}}'\,\mathrm{EI}\,\varphi_{\mathrm{n}}''-\varphi_{\mathrm{n}}'\,\mathrm{EI}\,\varphi_{\mathrm{m}}''; \tag{A.12.8}$$

$$f(z)|_0^l-g(z)|_0^l=(\omega_{\mathrm{nx}}^2-\omega_{\mathrm{mx}}^2)\int m_{\mathrm{L}}\,\varphi_{\mathrm{n}}\varphi_{\mathrm{m}}\,\mathrm{d}z. \tag{A.12.9}$$

Die Ausdrücke auf der linken Seite von (A.12.9) sind in Einzelabschnitte des Wellenstrangs nach Abb. 12.1 zu zerlegen. Wir beginnen mit dem zweiten Ausdruck von (A.12.9)

$$\begin{aligned}g(z)|_0^l&=g|_0^{a_{\mathrm{L}}}+g|_{a_{\mathrm{R}}}^{b_{\mathrm{L}}}+g|_{b_{\mathrm{R}}}^{c_{\mathrm{L}}}+\cdots+g|_{\mathrm{HR}}^{l}\\&=-g(0)+[g(a_{\mathrm{L}})-g(a_{\mathrm{R}})]+[g(b_{\mathrm{L}})-g(b_{\mathrm{R}})]+\cdots+g(l).\end{aligned} \tag{A.12.10}$$

Aus den Randbedingungen (A.12.2) folgt $g(0)=g(l)=0$ und aus den Lagerbedingungen (A.12.3) folgt $g(a_{\mathrm{L}})=g(a_{\mathrm{R}})$, $g(b_{\mathrm{L}})=g(b_{\mathrm{R}})$, ... so daß

$$g(z)|_0^l=0 \tag{A.12.11}$$

wird.

Für den ersten Ausdruck in (A.12.9) gilt analog dem zweiten Ausdruck

$$\begin{aligned}f(z)|_0^l&=f|_0^{a_{\mathrm{L}}}+f|_{a_{\mathrm{R}}}^{b_{\mathrm{L}}}+f|_{b_{\mathrm{R}}}^{c_{\mathrm{L}}}+\cdots+f|_{\mathrm{HR}}^{l}\\&=-f(0)+[f(a_{\mathrm{L}})-f(a_{\mathrm{R}})]+[f(b_{\mathrm{L}})-f(b_{\mathrm{R}})]+\cdots+f(l)\\&=-f(0)+\sum_{j=a}^{H}[f(jL)-f(jR)]+f(l).\end{aligned}$$

Aus den Randbedingungen (A.12.2) folgt

$$f(0)=f(l)=0. \tag{A.12.12}$$

Die Lagerbedingungen (A.12.4) lauten für φ_{n} und φ_{m} für jedes Lager $z=j$ ($j=a\,\ldots\,H$)

$$\begin{aligned}(\mathrm{EI}\,\varphi_{\mathrm{n}}'')'|_{j\mathrm{R}}&=(\mathrm{EI}\,\varphi_{\mathrm{n}}'')'|_{j\mathrm{L}}-c_{\mathrm{x}j}\,\varphi_{\mathrm{n}}(j);\\(\mathrm{EI}\,\varphi_{\mathrm{m}}'')'|_{j\mathrm{R}}&=(\mathrm{EI}\,\varphi_{\mathrm{m}}'')'|_{j\mathrm{L}}-c_{\mathrm{x}j}\,\varphi_{\mathrm{m}}(j).\end{aligned} \tag{A.12.13}$$

Multipliziert man die erste Gleichung (A.12.13) mit $\varphi_{\mathrm{m}}(j)$ und die zweite Gleichung mit $\varphi_{\mathrm{n}}(j)$ und subtrahiert die zweite von der ersten Gleichung, so heben sich die zweiten Summanden der rechten Seite weg, und es entsteht unabhängig von $c_{\mathrm{x}j}$

$$\begin{aligned}&\varphi_{\mathrm{m}}(j)\,[(\mathrm{EI}\,\varphi_{\mathrm{n}}'')']|_{j\mathrm{R}}-\varphi_{\mathrm{n}}(j)\,[(\mathrm{EI}\,\varphi_{\mathrm{m}}'')']|_{j\mathrm{R}}\\&\quad=\varphi_{\mathrm{m}}(j)\,[(\mathrm{EI}\,\varphi_{\mathrm{n}}'')']|_{j\mathrm{L}}-\varphi_{\mathrm{n}}(j)\,[(\mathrm{EI}\,\varphi_{\mathrm{m}}'')']|_{j\mathrm{L}}.\\&\qquad(j=a\,\ldots\,H)\end{aligned} \tag{A.12.14}$$

Mit Rücksicht auf die Lagerbedingungen (A.12.3)

$$\varphi_{\mathrm{n}}(j)=\varphi_{\mathrm{n}}(jR)=\varphi_{\mathrm{n}}(jL);\qquad\varphi_{\mathrm{m}}(j)=\varphi_{\mathrm{m}}(jR)=\varphi_{\mathrm{m}}(jL)$$

kann (A.12.14) wie folgt geschrieben werden

$$[\varphi_{\mathrm{m}}(\mathrm{EI}\,\varphi_{\mathrm{n}}'')'-\varphi_{\mathrm{n}}(\mathrm{EI}\,\varphi_{\mathrm{m}}'')']|_{j\mathrm{R}}=[\varphi_{\mathrm{m}}(\mathrm{EI}\,\varphi_{\mathrm{n}}'')'-\varphi_{\mathrm{n}}(\mathrm{EI}\,\varphi_{\mathrm{m}}'')']|_{j\mathrm{L}}.$$

Der Vergleich mit (A.12.8) liefert

$$f(jR)=f(jL) \quad \text{oder} \quad f(jL)-f(jR)=0 \qquad (j=a \ldots H)$$

und somit auch

$$\Sigma\,[f(jL)-f(jR)]=0. \tag{A.12.15}$$

Mit (A.12.12) und (A.12.15) wird

$$f(z)|_0^l=(0), \tag{A.12.16}$$

und schließlich folgt mit (A.12.11) und (A.12.16) aus (A.12.9) wegen $(\omega_{nx}^2-\omega_{mx}^2)\neq 0$

$$\underline{\int m_L \varphi_n \varphi_m \,\mathrm{d}z=0}; \quad (m \neq n) \quad \text{(q.e.d.)}$$

und ganz analog

$$\underline{\int m_L \psi_n \psi_m \,\mathrm{d}z=0} \quad (m \neq n).$$

Anhang zu Abschn. 12.1.1.3. Generalisierte Masse und generalisierte Steifigkeit bei radial-isotroper Lagerung eines kontinuierlichen elastischen Rotors

Ausgangspunkt für die Betrachtung ist (12.10)

$$[\mathrm{EI}(z)\,\varphi_n''(z)]''=\omega_n^2 m_L(z)\,\varphi_n(z). \tag{A.12.17}$$

Multipliziert man diese Gleichung mit $\varphi_m(z)\,\mathrm{d}z$ und integriert über die Rotorlänge l, so wird

$$\int (\mathrm{EI}\,\varphi_n'')''\,\varphi_m \,\mathrm{d}z=\omega_n^2 \int m_L \varphi_n \varphi_m \,\mathrm{d}z. \tag{A.12.18}$$

Das Integral auf der linken Seite der Gleichung kann dem Anhang zu Abschn. 12.1.1.1 (A.12.6), entnommen werden und ergibt nach zweimaliger Teilintegration

$$\begin{aligned}\int \varphi_m(\mathrm{EI}\,\varphi_n'')''\,\mathrm{d}z &= \varphi_m(\mathrm{EI}\,\varphi_n'')'|_0^l-\varphi_m'\,\mathrm{EI}\,\varphi_n''|_0^l+\int \varphi_m''\,\mathrm{EU}\,\varphi_n''\,\mathrm{d}z\\ &=f(z)|_0^l-g(z)|_0^l+\int \mathrm{EI}\,\varphi_n''\,\varphi_m''\,\mathrm{d}z.\end{aligned} \tag{A.12.19}$$

Die ersten zwei Glieder der rechten Seite umfassen die Rand- und Lagerbedingungen eines elastischen Rotorstrangs auf mehreren Lagern. Im Anhang zu Abschn. 12.1.1.1 wurde gezeigt (A.12.11) und (A.12.16), daß mit den vorgeschriebenen Rand- und Lagerbedingungen diese Ausdrücke verschwinden. Es ist also

$$g(z)|_0^l=0 \quad \text{und} \quad f(z)|_0^l=0. \tag{A.12.20}$$

Damit wird aus (A.12.19) mit (A.12.18)

$$\omega_n^2=\frac{\int \mathrm{EI}\,\varphi_n''\,\varphi_m''\,\mathrm{d}z}{\int m_L \varphi_n \varphi_m \,\mathrm{d}z}$$

und für $\varphi_m = \varphi_n$

$$\underline{\omega_n^2 = \frac{\int EI(z)\, \varphi_n''^2(z)\, dz}{\int m_L(z)\, \varphi_n^2(z)\, dz} = \frac{S_n}{N_n} = \frac{\text{generalisierte Steifigkeit}}{\text{generalisierte Masse}}} \,. \tag{A.12.21}$$

Es ist also entweder

$$\underline{S_n = N_n \omega_n^2} \quad \text{oder} \quad \underline{N_n = \frac{S_n}{\omega_n^2}} \,.$$

Im allgemeinen sind S_n und N_n für sich weniger empfindlich auf Fehler in der Elastizität der Lagerung als deren Quotient ω_n^2, solange die Lagerschwingungen klein sind gegenüber der Wellenschwingung.

Bezüglich $S_n = \int EI\, \varphi_n''^2(z)\, dz$ ist zu beachten, daß $EI(z)\varphi_n''(z) = M_{bn}(z)$ das Biegemoment der n-ten EF darstellt.

Anhang 1 zu Abschn. 12.4. Beweis für überflüssige starre Wuchtung, aber nur bei der utopischen Berücksichtigung von unendlich vielen Eigenformen

Es ist zu beweisen, daß die „starre" Wuchtgleichung (3.36) und (3.39) (ohne Einzel IU)

$$\sum_k^K \underline{U}_k = -\int \underline{u}_\varepsilon(z)\, dz \tag{A.12.22}$$

$$\sum_k^K \underline{U}_k z_k = -\int \underline{u}_\varepsilon(z)\, z\, dz$$

in der „elastischen" Wuchtgleichung (12.24') (ohne Einzel IU)

$$\sum_k^K \underline{U}_k \varphi_n(z_k) = -\int \underline{u}_\varepsilon(z)\, \varphi_n(z)\, dz \qquad (n = 1, 2, 3, \ldots N) \tag{A.12.23}$$

enthalten ist, sofern *alle* $N = \infty$-vielen EF der Gleichungen (A.12.23) erfüllt sind.

Wir setzen eine radial isotrop gelagerte Welle der Länge l in zwei Lagern voraus. Sie besitze eine beliebige kontinuierliche IU $\underline{u}(z)$ und habe eine beliebige Massenbelegung $m_L(z)$. Die EF seien $\varphi_n(z)$.

Zerlegt man $\underline{u}_\varepsilon(z)$ in eine Summe von EF

$$\underline{u}_\varepsilon(z) = \sum_n \underline{u}_n m_L(z)\, \varphi_n(z),$$

gilt wegen den Orthogonalitätsbedingungen (12.13) und den Normierungsbedingungen (12.14)

$$\int \underline{u}_\varepsilon(z)\, dz = \sum_n \underline{u}_n \int m_L(z)\, \varphi_n(z)\, dz;$$

$$\int \underline{u}_\varepsilon(z) \frac{z}{l}\, dz = \sum_n \underline{u}_n \int m_L(z)\, \varphi_n(z) \frac{z}{l}\, dz;$$

$$\int \underline{u}_\varepsilon(z)\, \varphi_n(z)\, dz = \underline{u}_n N_n; \qquad \left(N_n = \int m_L(z)\, \varphi_n^2(z)\, dz\right).$$

Mit diesen Ausdrücken werden (A.12.22) und (A.12.23)

$$\sum_{k}^{K} \underline{U}_k + \sum_{n} \underline{u}_n \int m_L(z)\, \varphi_n(z)\, \mathrm{d}z = 0; \tag{A.12.22'}$$

$$\sum_{k}^{K} \underline{U}_k \underline{z}_k + \sum_{n} \underline{u}_n \int m_L(z)\, \varphi_n(z)\, z\, \mathrm{d}z = 0;$$

$$\sum_{k}^{K} \underline{U}_k \varphi_n(z_k) + \underline{u}_n N_n = 0 \qquad (n = 1, 2, 3, \dots N). \tag{A.12.23'}$$

Ein Rotor ist vollständig gewuchtet, wenn alle rotierenden Lagerkräfte verschwinden. Nach (12.40) ist die Summe beider Lagerkräfte $\underline{L}_L + \underline{L}_R$ für $m_L(z) \neq \text{const}$ sinngemäß

$$\frac{\underline{L}_L + \underline{L}_R}{\Omega^2 \mathrm{e}^{\mathrm{i}\Omega t}} = \underline{A}_S + \underline{B}_S. \tag{A.12.24}$$

$$\underline{A}_S = \sum_{n} \frac{\Omega^2}{\omega_n^2 - \Omega^2} \left[\underline{u}_n + \frac{1}{N_n} \sum_{k}^{K} \underline{U}_k\, \varphi_n(z_k) \right] \int m_L(z)\, \varphi_n(z)\, \mathrm{d}z;$$

$$\underline{B}_S = \sum_{k}^{K} \underline{U}_k + \int \underline{u}_\varepsilon(z)\, \mathrm{d}z = \sum_{k}^{K} \underline{U}_k + \sum_{n} \underline{u}_n \int m_L(z)\, \varphi_n(z)\, \mathrm{d}z.$$

Die rechte Lagerkraft $\underline{L}_R$ ist nach (12.43') für $m_L(z) \neq \text{const}$ sinngemäß

$$\frac{\underline{L}_R}{\Omega^2 \mathrm{e}^{\mathrm{i}\Omega t}} = \underline{A}_D + \underline{B}_D \tag{A.12.25}$$

und mit (12.44) ist

$$\underline{A}_D = \sum_{n} \frac{\Omega^2}{\omega_n^2 - \Omega^2} \left[\underline{u}_n + \frac{1}{N_n} \sum_{k}^{K} \underline{U}_k \varphi_n(z_k) \right] \int \frac{z}{l}\, m_L(z)\, \varphi_n(z)\, \mathrm{d}z;$$

$$\underline{B}_D = \sum_{k}^{K} \frac{z_k}{l} \underline{U}_k + \int \frac{z}{l} \underline{u}_\varepsilon(z)\, \mathrm{d}z = \sum_{k}^{K} \frac{z_k}{l} \underline{U}_k + \sum_{n} \underline{u}_n \int \frac{z}{l}\, m_L(z)\, \varphi_n(z)\, \mathrm{d}z.$$

Wird eine Funktion $f(z)$ in eine Summe orthogonaler Funktionen $\varphi_n(z)$ mit $m_L(z)$ als Gewichtsfunktion zerlegt

$$f(x) = \sum f_n m_L(z)\, \varphi_n(z),$$

gilt formal für die Koeffizienten f_n

$$f_n = \frac{1}{N_n} \int f(z)\, \varphi_n(z)\, \mathrm{d}z$$

und eingesetzt in $f(x)$

$$f(x) = \sum_{n} \left(\frac{1}{N_n} \int f(z)\, \varphi_n(z)\, \mathrm{d}z \right) m_L(z)\, \varphi_n(z).$$

Setzt man an Stelle von $f(x)=1$ bzw. z wird

$$1=\sum_n \frac{\varphi_n(z)}{N_n} \int m_L(z)\, \varphi_n(z)\, dz;$$

$$z=\sum_n \frac{\varphi_n(z)}{N_n} \int z\, m_L(z)\, \varphi_n(z)\, dz$$

und speziell für $z=z_k$

$$1=\sum_n \frac{\varphi_n(z_k)}{N_n} \int m_L(z)\, \varphi_n(z)\, dz;$$

$$z_k=\sum_n \frac{\varphi_n(z_k)}{N_n} \int z\, m_L(z)\, \varphi_n(z)\, dz.$$

Werden diese beiden Gleichungen mit $\underline{U}_k$ multipliziert und in $\underline{B}_S$ bzw. $\underline{B}_D$ eingesetzt, entsteht

$$\underline{B}_S=\sum_k^K \underline{U}_k \sum_n \frac{\varphi_n(z_k)}{N_n} \int m_L(z)\, \varphi_n(z)\, dz+\sum_n \underline{u}_n \int m_L(z)\, \varphi_n(z)\, dz;$$

$$\underline{B}_D=\sum_k^K \underline{U}_k \sum_n \frac{\varphi_n(z_k)}{N_n} \int \frac{z}{l}\, m_L(z)\, \varphi_n(z)\, dz+\sum \underline{u}_n \sum \frac{z}{l}\, m_L(z)\, \varphi_n(z)\, dz$$

und die Lagerkräfte (A.12.24) bzw. (A.12.25) werden (abgesehen vom Faktor $\Omega^2 e^{i\Omega t}$)

$$\underline{A}_S+\underline{B}_S=\sum_n \frac{\omega_n^2}{\omega_n^2-\Omega^2}\left[\underline{u}_n+\frac{1}{N_n}\sum_k^K \underline{U}_k\, \varphi_n(z_k)\right] \int m_L(z)\, \varphi_n(z)\, dz;$$

$$\underline{A}_D+\underline{B}_D=\sum_n \frac{\omega_n^2}{\omega_n^2-\Omega^2}\left[\underline{u}_n+\frac{1}{N_n}\sum_k^K \underline{U}_k\, \varphi_n(z_k)\right] \int \frac{z}{l}\, m_L(z)\, \varphi_n(z)\, dz.$$

Die einzige Bedingung für verschwindende Lagerkräfte ist offenbar

$$\underline{\underline{u}_n+\frac{1}{N_n}\sum_k^K \underline{U}_k\, \varphi_n(z_k)=0.} \tag{A.12.26}$$

Diese Bedingung ist identisch mit der Bedingung (A.12.23′), der Bedingung für das rein „elastische" Wuchten.

Damit wird auch $\underline{A}_S+\underline{B}_S=0$ und $\underline{A}_D+\underline{B}_D=0$ und mit (A.12.24) und (A.12.25) auch $\underline{A}_S=0$ und $\underline{A}_D=0$, so daß gilt

$$\underline{B}_S=0; \qquad \underline{B}_D=0.$$

Somit ist der Beweis erbracht, daß, wenn alle $N=\infty$-vielen Gleichungen für das „elastische" Wuchten (A.12.23) erfüllt sind, auch die starre Wuchtgleichung (A.12.22) erfüllt ist. Und umgekehrt: sind nicht alle „elastischen" Wuchtgleichungen erfüllt, sind auch die „starren" Wuchtgleichungen nicht erfüllt (q.e.d.).

Anhang 2 zu Abschn. 12.4. Konvergenz der N- und (N + 2)-Methode

Es wird gezeigt, daß die (N + 2)-Methode eine bessere Konvergenz aufweist, als die N-Methode, oder daß nach vorgängigem starren Wuchten kleinere WS bzw. WG für das nachfolgende elastische Wuchten resultieren.

Die Fliehkraft $\underline{Z}$ pro Längeneinheit eines isotrop gelagerten Rotors mit der IU $\underline{u}_\varepsilon(z)$ ohne Einzelkräfte und Dämpfung beträgt

$$\underline{Z}(z, t, \Omega) = \Omega^2 [\underline{u}_\varepsilon(z) \mathrm{e}^{\mathrm{i}\Omega t} + m_\mathrm{L}(z) \underline{r}(z, t, \Omega)]$$

oder mit $\underline{r}(z, t, \Omega) = \underline{r}(z, \Omega) \mathrm{e}^{\mathrm{i}\Omega t}$ ist sie unabhängig von der Zeit

$$\underline{Z}(z, \Omega) = \Omega^2 [\underline{u}_\varepsilon(z) + m_\mathrm{L}(z) \underline{r}(z, \Omega)]. \tag{A.12.27}$$

Nach (12.21) bis (12.23) gilt

$$\underline{r}(z, \Omega) = \sum_\mathrm{n}^\mathrm{N} \underline{r}_\mathrm{n}(z, \Omega) = \sum_\mathrm{n}^\mathrm{N} \varphi_\mathrm{n}(z)\, q_\mathrm{n}(z, \Omega) \tag{A.12.28}$$

$$= \sum_\mathrm{n}^\mathrm{N} \varphi_\mathrm{n}(z) \frac{\Omega^2}{\omega_\mathrm{n}^2 - \Omega^2} \frac{1}{N_\mathrm{n}} \int \underline{u}_\varepsilon(z)\, \varphi_\mathrm{n}(z)\, \mathrm{d}z$$

und nach (12.20′) ist

$$\int \underline{u}_\varepsilon(z)\, \varphi_\mathrm{n}(z)\, \mathrm{d}z = \underline{u}_{\varepsilon\mathrm{n}} N_\mathrm{n}. \tag{A.12.29}$$

Eingesetzt in (A.12.28) wird

$$\underline{r}(z, \Omega) = \sum_\mathrm{n}^\mathrm{N} \frac{\Omega^2}{\omega_\mathrm{n}^2 - \Omega^2} \varphi_\mathrm{n}(z)\, \underline{u}_{\varepsilon\mathrm{n}}. \tag{A.12.30}$$

Gleichung (A.12.30) in (A.12.27) eingesetzt ergibt für die Fliehkraft eine erste Form

$$\underline{\underline{Z}(z, \Omega) = \Omega^2 \underline{u}_\varepsilon(z) + \Omega^2 m_\mathrm{L}(z) \sum_\mathrm{n}^\mathrm{N} \left(\frac{\Omega^2}{\omega_\mathrm{n}^2 - \Omega^2}\right) \varphi_\mathrm{n}(z)\, \underline{u}_{\varepsilon\mathrm{n}};} \tag{A.12.31}$$

oder mit Zerlegung von $\underline{u}_\varepsilon(z)$ in gewichtete EF

$$\underline{u}_\varepsilon(z) = \sum_\mathrm{n}^\mathrm{N} m_\mathrm{L}(z)\, \underline{u}_{\varepsilon\mathrm{n}}\, \varphi_\mathrm{n}(z)$$

eine zweite Form

$$\underline{Z}(z, \Omega) = \Omega^2 \sum_\mathrm{n}^\mathrm{N} m_\mathrm{L}(z)\, \varphi_\mathrm{n}(z)\, \underline{u}_{\varepsilon\mathrm{n}} + \Omega^2 \sum_\mathrm{n}^\mathrm{N} \frac{\Omega^2}{\omega_\mathrm{n}^2 - \Omega^2} m_\mathrm{L}(z)\, \varphi_\mathrm{n}(z)\, \underline{u}_{\varepsilon\mathrm{n}}$$

$$= \Omega^2 m_\mathrm{L}(z) \left[\sum_\mathrm{n}^\mathrm{N} \varphi_\mathrm{n}(z)\, \underline{u}_{\varepsilon\mathrm{n}} + \sum_\mathrm{n}^\mathrm{N} \frac{\Omega^2}{\omega_\mathrm{n}^2 - \Omega^2} \varphi_\mathrm{n}(z)\, \underline{u}_{\varepsilon\mathrm{n}}\right];$$

$$\underline{\underline{Z}(z, \Omega) = \Omega^2 m_\mathrm{L}(z) \sum_\mathrm{n}^\mathrm{N} \left(\frac{\omega_\mathrm{n}^2}{\omega_\mathrm{n}^2 - \Omega^2}\right) \varphi_\mathrm{n}(z)\, \underline{u}_{\varepsilon\mathrm{n}}.} \tag{A.12.32}$$

Die beiden Formen (A.12.31) und (A.12.32) für die Fliehkraft sind identisch, unterscheiden sich aber wesentlich in der Summenbildung. Für einen Wuchtausgleich von N EF muß $\int \underline{Z}(z, \Omega)\,\mathrm{d}z$ und $\int \underline{Z}_1(z, \Omega)\,z\,\mathrm{d}z$ für jedes z und Ω verschwinden. Die Form (A.12.31) entspricht dem Wuchten mit der (N + 2)-Methode. Das erste Glied auf der rechten Seite ist die Fliehkraft des starren Rotors. Ist der Rotor starr gewuchtet, ist dieser Anteil Null. Um auch den Summenterm auf der rechten Seite zum Verschwinden zu bringen, muß mit KU elastisch gewuchtet werden. Die Form (A.12.32) entspricht dem Wuchten mit der N-Methode. Damit die Summe auf der rechten Seite Null wird, sind andere KU erforderlich als bei der Summe von (A.12.31).

Setzt man gleiche Werte $\varphi_n(z)\,\underline{u}_{\varepsilon n}$ ($n = 1, 2, \ldots$ N) voraus, konvergiert die Summe in (A.12.31)

$$A = \sum_{n}^{N} \left| \frac{\Omega^2}{\omega_n^2 - \Omega^2} \right| \quad ; \quad \text{(N + 2)-Methode}$$

schneller, als die Summe in (A.12.32)

$$B = \sum_{n}^{N} \left| \frac{\omega_n^2}{\omega_n^2 - \Omega^2} \right| \quad ; \quad \text{N-Methode}$$

und zwar besonders bei kleineren Ω Werten und um so mehr, je größer die Zahl N der EF ist, die berücksichtigt werden sollen. Einige Beispiele für $\omega_n = n^2\,\omega_1$:

$N=3$ Ω/ω_1	A	B	
0,5	0,352	3,352	
(1)	–	–	
2	1,719	2,719	$A<B$
3	2,536	3,536	
(4)	–	–	
5	4,266	3,266	$A>B$
6	3,629	2,629	

$N=5$ Ω/ω_1	A	B	
0,5	0,354	5,354	
(1)	–	–	
2	1,741	4,741	
3	2,587	5,587	
(4)	–	–	$A<B$
5	4,416	5,416	
6	3,853	4,853	
7	4,359	5,359	
8	6,561	7,561	
(9)	–	–	
10	8,295	7,295	$A>B$
11	6,322	5,322	

$N=8$ Ω/ω_1	A	B	
0,5	0,354	8,354	
(1)	–	–	
2	1,747	7,747	
3	2,600	8,600	
(4)	–	–	
5	4,452	8,452	$A<B$
6	3,906	7,906	
7	4,431	8,431	
8	6,657	10,657	
(9)	–	–	
10	8,447	10,447	
11	6,509	8,509	

Ist $A<B$ sind natürlich kleinere WG erforderlich, (q.e.d.).

Anhang 1 zu Kap. 13. Einflußkoeffizienten für isotrope Lagerung

Wir greifen zurück auf Abschn. 12.1.1.3: Erzwungene Schwingungen des kontinuierlichen Rotors.

Für isotrope Lagerung gilt für die EF $\psi_n = \varphi_n$, für die Dämpfungskonstanten $\mu_x = \mu_y = \mu$ und für die kritische Winkelgeschwindigkeit $\omega_{nx} = \omega_{ny} = \omega_n$.
Nach (12.19) ist

$$\underline{r}_n = x_n + \mathrm{i}\, y_n = \varphi_n \underline{q}_n \tag{A.13.1}$$

und nach (12.21) ist

$$\underline{q}_n = \underline{Q}_n \,\mathrm{e}^{\mathrm{i}\Omega t}, \qquad \underline{Q}_n = \underline{A}_n \underline{F}_n \,,$$

womit (A.13.1)

$$\underline{r}_n(t) = \varphi_n \underline{Q}_n \,\mathrm{e}^{\mathrm{i}\Omega t}$$

wird. Im rotierenden KS mit KUW $\underline{u}_\varepsilon(z)$ und EUW $\underline{U}_k$ wird mit (12.20), (12.20′) und (12.21) schließlich

$$\underline{r}_n = \underline{r}_n(z, \Omega) = \frac{\Omega^2}{\omega_n^2 - \Omega^2 + \mathrm{i}\mu\Omega}\, \varphi_n(z) \left[\underline{u}_{\varepsilon n} + \frac{1}{N_n} \sum_k^K \underline{U}_k \varphi_n(z_k) \right]. \tag{A.13.2}$$

Ohne KUW gilt speziell

$$\underline{r}_n = \underline{r}_n(z, \Omega) = \frac{\Omega^2}{\omega_n^2 - \Omega^2 + \mathrm{i}\mu\Omega}\, \varphi_n(z) \frac{1}{N_n} \sum_k^K \underline{U}_k \varphi_n(z_k). \tag{A.13.3}$$

Die totale Auslenkung des Rotors an der Stelle z bei der Winkelgeschwindigkeit Ω ist die Summe der Modalauslenkungen in (A.13.3)

$$\underline{r}(z, \Omega) = \sum_n^N \underline{r}_n = \sum_n^N \frac{\Omega^2}{\omega_n^2 - \Omega^2 + \mathrm{i}\mu\Omega}\, \varphi_n(z) \frac{1}{N_n} \sum_k^K \underline{U}_k \varphi_n(z_k). \tag{A.13.4}$$

Für eine einzelne diskrete Unwucht $\underline{U}_k$ wird (A.13.4) an der Stelle $z = z_j$

$$\underline{r}_{jk} = \sum_n^N \frac{\Omega^2}{\omega_n^2 - \Omega^2 + \mathrm{i}\mu\Omega} \frac{1}{N_n}\, \varphi_n(z_j)\, \underline{U}_k \varphi_n(z_k). \tag{A.13.5}$$

Das Verhältnis $\underline{r}_{jk}/\underline{U}_k$ kann als Einfluß der Einzelunwucht (an der Stelle $z = z_k$) auf die Auslenkung des Rotors an der Stelle z_j (bei der Winkelgeschwindigkeit Ω) gedeutet werden und wird als *E*influß*k*oeffizient (EK) bezeichnet

$$\underline{\alpha}_{jk} = \frac{\underline{r}_{jk}}{\underline{U}_k} = \sum_n^N \frac{\Omega^2}{\omega_n^2 - \Omega^2 + \mathrm{i}\mu\Omega} \frac{1}{N_n}\, \varphi_n(z_j)\, \varphi_n(z_k); \quad \left[\frac{1}{\mathrm{kg}}\right]. \tag{A.13.6}$$

Wirkung Ursache

Dieser EK bezieht sich auf eine rotierende Kraft $\underline{F}(t) = \underline{U}_k \Omega^2 \mathrm{e}^{\mathrm{i}\Omega t}$ (an der Stelle z_k). Ist die Kraft statischer Natur, muß in (A.13.5) und (A.13.6) $\underline{U}_k \Omega^2$ durch $\underline{F}_k$ ersetzt werden. Es gilt dann für die Auslenkung

$$\underline{r}_{jk} = \sum_n^N \frac{1}{\omega_n^2 - \Omega^2 + \mathrm{i}\mu\Omega} \frac{1}{N_n} \varphi_n(z_j)\, \underline{F}_k \varphi_n(z_k) \tag{A.13.5′}$$

und für den EK

$$\underline{\beta}_{\mathrm{jk}} = \frac{\underline{r}_{\mathrm{jk}}}{\underline{F}_{\mathrm{k}}} = \sum_{\mathrm{n}}^{\mathrm{N}} \frac{1}{\omega_{\mathrm{n}}^2 - \Omega^2 + \mathrm{i}\mu\Omega} \frac{1}{N_{\mathrm{n}}} \varphi_{\mathrm{n}}(z_{\mathrm{j}})\, \varphi_{\mathrm{n}}(z_{\mathrm{k}}); \quad \left[\frac{\mathrm{s}^2}{\mathrm{kg}}\right]; \left[\frac{\mathrm{m}}{\mathrm{N}}\right]. \qquad \text{(A.13.6')}$$

Wirkung Ursache

In den beiden Fällen gilt das Reziprozitätsgesetz

$$\underline{\alpha}_{\mathrm{jk}} = \underline{\alpha}_{\mathrm{kj}} \quad \text{und} \quad \underline{\beta}_{\mathrm{jk}} = \underline{\beta}_{\mathrm{kj}}. \qquad \text{(A.13.7)}$$

Für einen glatten Modellrotor auf radial-starren, frei drehbaren Lagern und *ohne* Dämpfung gilt mit

$$\mathrm{EI}(z) = \mathrm{EI} = \mathrm{const}, \quad m_{\mathrm{L}}(z) = m_{\mathrm{L}} = \mathrm{const}; \quad \mu = 0$$

nach (12.35) und Abb. (12.2a–c)

$$\omega_{\mathrm{n}}^2 = \frac{\mathrm{EI}}{m_{\mathrm{L}}} \left(\frac{n\pi}{l}\right)^4; \quad \frac{\omega_{\mathrm{n}}}{\omega_1} = n^2; \quad \varphi_{\mathrm{n}}(z) = \sin\left(\frac{n\pi}{l} z\right); \quad N_{\mathrm{n}} = \frac{m_{\mathrm{L}} l}{2}.$$

Für die totale Auslenkung des Rotors an der Stelle z_{j} (bei der Winkelgeschwindigkeit Ω) infolge $k = 1, \ldots K$ EUW $\underline{U}_{\mathrm{k}}$ gilt nach (A.13.4)

$$\underline{r}_{\mathrm{j}} = \frac{2}{m_{\mathrm{L}} l} \sum_{\mathrm{n}}^{\mathrm{N}} \frac{(\Omega/\omega_1)^2}{n^4 - (\Omega/\omega_1)^2} \sin\left(\frac{n\pi}{l} z_{\mathrm{j}}\right) \sum_{\mathrm{k}}^{\mathrm{K}} \underline{U}_{\mathrm{k}} \sin\left(\frac{n\pi}{l} z_{\mathrm{k}}\right). \qquad \text{(A.13.8)}$$

Die EK nach (A.13.6) werden reell

$$\alpha_{\mathrm{jk}} = \frac{\underline{r}_{\mathrm{jk}}}{\underline{U}_{\mathrm{k}}} = \frac{2}{m_{\mathrm{L}} l} \sum_{\mathrm{n}}^{\mathrm{N}} \frac{(\Omega/\omega_1)^2}{n^4 - (\Omega/\omega_1)^2} \sin\left(\frac{n\pi}{l} z_{\mathrm{j}}\right) \sin\left(\frac{n\pi}{l} z_{\mathrm{k}}\right); \quad \left[\frac{1}{\mathrm{kg}}\right]. \qquad \text{(A.13.9)}$$

$m_{\mathrm{L}} l$ ist die gesamte Masse der Welle.

Anhang 2 zu Kap. 13. Zerlegung einer komplexen Matrizengleichung in eine reelle Matrizengleichung mit Block- oder Übermatrizen (notwendig für die numerische Rechnung)

1. Matrix mal Vektor (13.5), (13.10)

Die komplexe Matrizengleichung mit einer $(J \times K)$ Matrix A

$$\underline{\boldsymbol{r}} = \underline{\boldsymbol{A}\,\boldsymbol{U}} \qquad \text{(A.13.10)}$$

$$\downarrow J \begin{bmatrix} \underline{r}_1 \\ \underline{r}_2 \\ \underline{r}_3 \\ \vdots \\ \vdots \\ \underline{r}_J \end{bmatrix} = \downarrow J \overset{\longrightarrow K}{\begin{bmatrix} \underline{\alpha}_{11} & \underline{\alpha}_{12} & \underline{\alpha}_{13} & \cdots & \underline{\alpha}_{1K} \\ \underline{\alpha}_{21} & \underline{\alpha}_{22} & & & \vdots \\ \underline{\alpha}_{31} & & & & \vdots \\ \vdots & & & & \vdots \\ \vdots & & & & \vdots \\ \underline{\alpha}_{J1} & \cdots & & & \underline{\alpha}_{JK} \end{bmatrix}} \begin{bmatrix} \underline{U}_1 \\ \underline{U}_2 \\ \underline{U}_3 \\ \vdots \\ \underline{U}_K \end{bmatrix} \downarrow K$$

und den komplexen Elementen

$$\underline{r}_j = r'_j + \mathrm{i}\, r''_j;\quad \underline{\alpha}_{jk} = \underline{\alpha}'_{jk} + \mathrm{i}\,\underline{\alpha}''_{jk};\quad \underline{U}_k = U'_k + \mathrm{i}\, U''_k;$$
$$j = 1 \ldots J;\quad k = 1 \ldots K$$
$$\boldsymbol{r} = \boldsymbol{r}' + \mathrm{i}\,\boldsymbol{r}'';\quad \boldsymbol{A} = \boldsymbol{A}' + \mathrm{i}\,\boldsymbol{A}'';\quad \boldsymbol{U} = \boldsymbol{U}' + \mathrm{i}\,\boldsymbol{U}''$$

liefert aufgespalten in Real- und Imaginärteil

$$(\boldsymbol{r}' + \mathrm{i}\,\boldsymbol{r}'') = (\boldsymbol{A}' + \mathrm{i}\,\boldsymbol{A}'')\,(\boldsymbol{U}' + \mathrm{i}\,\boldsymbol{U}'') = \boldsymbol{A}'\boldsymbol{U}' - \boldsymbol{A}''\boldsymbol{U}'' + \mathrm{i}(\boldsymbol{A}'\boldsymbol{U}'' + \boldsymbol{A}''\boldsymbol{U}')$$

und nach Trennung von Real- und Imaginärteil

$$\boldsymbol{r}' = \boldsymbol{A}'\boldsymbol{U}' - \boldsymbol{A}''\boldsymbol{U}'';\quad \boldsymbol{r}'' = \boldsymbol{A}'\boldsymbol{U}'' + \boldsymbol{A}''\boldsymbol{U}'.$$

Diese beiden Gleichungen lassen sich in Matrizenform durch eine Blockmatrix oder Übermatrix wie folgt darstellen.

$$\underset{\boldsymbol{r}_R}{\begin{bmatrix} \boldsymbol{r}' \\ \hline \boldsymbol{r}'' \end{bmatrix}_{\substack{J\\J\\ \downarrow 2J}}} = \underset{\boldsymbol{A}_R}{\underbrace{\begin{bmatrix} \boldsymbol{A}' & -\boldsymbol{A}'' \\ \hline \boldsymbol{A}'' & \boldsymbol{A}' \end{bmatrix}}_{K \rightarrow K \rightarrow\, 2K}}_{\downarrow 2J} \underset{\boldsymbol{U}_R}{\begin{bmatrix} \boldsymbol{U}' \\ \hline \boldsymbol{U}'' \end{bmatrix}_{\substack{K\\K\\ \downarrow 2K}}};\quad \boldsymbol{U}' = \begin{bmatrix} U'_1 \\ U'_2 \\ U'_3 \\ \vdots \\ U'_K \end{bmatrix}_{\downarrow K};\quad \boldsymbol{U}'' = \begin{bmatrix} U''_1 \\ U''_2 \\ U''_3 \\ \vdots \\ U''_K \end{bmatrix}_{\downarrow K}$$

$$\boldsymbol{A}' = \underbrace{\begin{bmatrix} \alpha'_{11} & \alpha'_{12} & \alpha'_{13} & \ldots & \alpha'_{1K} \\ \alpha'_{21} & \alpha'_{22} & & & \vdots \\ \alpha''_{31} & & & & \vdots \\ \vdots & & & & \vdots \\ \alpha'_{J1} & \ldots & \ldots & \ldots & \alpha'_{JK} \end{bmatrix}}_{\rightarrow K}{}_{\downarrow J};\quad \boldsymbol{A}'' = \underbrace{\begin{bmatrix} \alpha''_{11} & \alpha''_{12} & \alpha''_{13} & \ldots & \alpha''_{1K} \\ \alpha''_{21} & \alpha''_{22} & & & \vdots \\ \alpha''_{31} & & & & \vdots \\ \vdots & & & & \vdots \\ \alpha''_{J1} & \ldots & \ldots & \ldots & \alpha''_{JK} \end{bmatrix}}_{\rightarrow K}{}_{\downarrow J};\quad \boldsymbol{r}' = \begin{bmatrix} r'_1 \\ r'_2 \\ r'_3 \\ \vdots \\ r'_J \end{bmatrix}_{\downarrow J};\quad \boldsymbol{r}'' = \begin{bmatrix} r''_1 \\ r''_2 \\ r''_3 \\ \vdots \\ r''_J \end{bmatrix}_{\downarrow J}$$

$$\underline{\boldsymbol{r}_R = \boldsymbol{A}_R \boldsymbol{U}_R}\,. \tag{A.13.11}$$

Die komplexe $(J \times K)$ Matrix A wird zu einer reellen $(2J \times 2K)$ Blockmatrix $\boldsymbol{A}_R$, unabhängig ob $J \gtreqless K$ ist. Für $J = K$ ist die reelle Blockmatrix quadratisch und kann, wenn regulär, invertiert werden:

$$\boldsymbol{U}_R = (\boldsymbol{A}_R)^{-1}\boldsymbol{r}_R\,.$$

Die reelle Matrizengleichung (A.13.11) mit einem $2J$-Vektor $\boldsymbol{r}_R$ und einem $2K$-Vektor $\boldsymbol{U}_R$, sowie der $(2J \times 2K)$ Blockmatrix, ersetzt die komplexe Gleichung (A.13.10).

2. Matrix mal Matrix

2.1 Einflußkoeffizienten Gleichung

Die komplexe Matrizengleichung (17.8) und (17.17)

$$\underline{\boldsymbol{W} = \boldsymbol{U}\boldsymbol{A}^{\mathrm{T}}} \tag{A.13.12}$$

mit den komplexen Matrizen[1]

$$\underset{(M\times K)}{\boldsymbol{U} = \boldsymbol{U}' + \mathrm{i}\,\boldsymbol{U}''} \qquad \underset{(K\times J)}{\boldsymbol{A}^{\mathrm{T}} = \boldsymbol{A}'^{\mathrm{T}} + \mathrm{i}\,\boldsymbol{A}''^{\mathrm{T}}} \qquad \underset{(M\times J)}{\boldsymbol{W} = \boldsymbol{W}' + \mathrm{i}\,\boldsymbol{W}''}$$

ergibt formal

$$\begin{aligned}\boldsymbol{W}' + \mathrm{i}\,\boldsymbol{W}'' &= (\boldsymbol{U}' + \mathrm{i}\,\boldsymbol{U}'')(\boldsymbol{A}'^{\mathrm{T}} + \mathrm{i}\,\boldsymbol{A}''^{\mathrm{T}})\\ &= (\boldsymbol{U}'\boldsymbol{A}'^{\mathrm{T}} - \boldsymbol{U}''\boldsymbol{A}''^{\mathrm{T}}) + \mathrm{i}(\boldsymbol{U}'\boldsymbol{A}''^{\mathrm{T}} + \boldsymbol{U}''\boldsymbol{A}'^{\mathrm{T}})\end{aligned}$$

und nach Trennung von Real- und Imaginärteil

$$\boldsymbol{W}' = \boldsymbol{U}'\boldsymbol{A}'^{\mathrm{T}} - \boldsymbol{U}''\boldsymbol{A}''^{\mathrm{T}}; \quad \boldsymbol{W}'' = \boldsymbol{U}'\boldsymbol{A}''^{\mathrm{T}} + \boldsymbol{U}''\boldsymbol{A}'^{\mathrm{T}}.$$

Diese beiden Gleichungen können in Matrizenform zusammengefaßt werden

$$\overset{\displaystyle \boldsymbol{W}_{\mathrm{R}}}{\overset{\rightarrow J}{\underset{2M}{\downarrow}\begin{bmatrix}\boldsymbol{W}'\\ \hline \boldsymbol{W}''\end{bmatrix}}} = \overset{\displaystyle \boldsymbol{U}_{\mathrm{R}}}{\overset{\rightarrow 2K}{\underset{2M}{\downarrow}\left[\begin{array}{c|c}\boldsymbol{U}' & -\boldsymbol{U}''\\ \hline \boldsymbol{U}'' & \boldsymbol{U}'\end{array}\right]}} \cdot \overset{\displaystyle \boldsymbol{A}_{\mathrm{R}}^{\mathrm{T}}}{\overset{\rightarrow J}{\begin{bmatrix}\boldsymbol{A}'^{\mathrm{T}}\\ \hline \boldsymbol{A}''^{\mathrm{T}}\end{bmatrix}\underset{2K}{\downarrow}}}\,.$$

Anstelle der komplexen Gleichung (A.13.12) tritt so die reelle Blockmatrizengleichung

$$\underline{\boldsymbol{W}_{\mathrm{R}} = \boldsymbol{U}_{\mathrm{R}}\boldsymbol{A}_{\mathrm{R}}^{\mathrm{T}}}\,, \quad \underset{(2M\times 2K)}{\boldsymbol{U}_{\mathrm{R}}} \quad \underset{(2K\times J)}{\boldsymbol{A}_{\mathrm{R}}^{\mathrm{T}}} \quad \underset{(2M\times J)}{\boldsymbol{W}_{\mathrm{R}}}\,. \tag{A.13.13}$$

Im Spezialfall einer quadratischen Matrix $\boldsymbol{U}$ mit $M = K$ ist die reelle Blockmatrix $\boldsymbol{U}_{\mathrm{R}}$ ebenfalls quadratisch und kann, wenn regulär, invertiert werden. Aus (A.13.13) wird dann

$$\underline{\boldsymbol{A}_{\mathrm{R}}^{\mathrm{T}} = \boldsymbol{U}_{\mathrm{R}}^{-1}\boldsymbol{W}_{\mathrm{R}}}\,. \tag{A.13.14}$$

Diese reelle Gleichung (A.13.14) ersetzt die komplexe Gleichung (17.19).

2.2 Ausgleich der Kompensationsunwuchten

Die komplexe Matrizengleichung (13.19) mit $\boldsymbol{r}^{\mathrm{A}} \equiv \boldsymbol{r}$ (der Exponent A sei einfachheitshalber weggelassen)

$$\underline{\boldsymbol{U} = -[(\boldsymbol{A}^*)^{\mathrm{T}}\boldsymbol{A}]^{-1}(\boldsymbol{A}^*)^{\mathrm{T}}\boldsymbol{r}} \tag{A.13.15}$$

---

[1] Der Inhalt der runden Klammer gibt die Ordnung an.

kann durch Multiplikation mit der eckigen Klammer von links her auf die Form

$$[(\boldsymbol{A}^*)^{\mathrm{T}}\boldsymbol{A}]\,\boldsymbol{U} = -(\boldsymbol{A}^*)^{\mathrm{T}}\boldsymbol{r} \tag{A.13.16}$$

zurückgebracht werden.

Mit den komplexen Vektoren ($J \geqq K$)

$$\boldsymbol{r} = \boldsymbol{r}' + \mathrm{i}\,\boldsymbol{r}'',(J) \qquad \boldsymbol{U} = \boldsymbol{U}' + \mathrm{i}\,\boldsymbol{U}'',(K)$$

und den komplexen Matrizen

$$\begin{aligned} \boldsymbol{A} &= \boldsymbol{A}' + \mathrm{i}\boldsymbol{A}'',(J \times K); & \boldsymbol{A}^{\mathrm{T}} &= \boldsymbol{A}'^{\mathrm{T}} + \mathrm{i}\boldsymbol{A}''^{\mathrm{T}},(K \times J); \\ \boldsymbol{A}^* &= \boldsymbol{A}' - \mathrm{i}\boldsymbol{A}'',(J \times K); & (\boldsymbol{A}^*)^{\mathrm{T}} &= \boldsymbol{A}'^{\mathrm{T}} - \mathrm{i}\boldsymbol{A}''^{\mathrm{T}},(K \times J) \end{aligned}$$

ergibt die eckige Klammer in (A.13.16)

$$\begin{aligned} [(\boldsymbol{A}^*)^{\mathrm{T}}\boldsymbol{A}] &= (\boldsymbol{A}'^{\mathrm{T}} - \mathrm{i}\boldsymbol{A}''^{\mathrm{T}})(\boldsymbol{A}' + \mathrm{i}\boldsymbol{A}'') \\ &= (\boldsymbol{A}'^{\mathrm{T}}\boldsymbol{A}' + \boldsymbol{A}''^{\mathrm{T}}\boldsymbol{A}'') + \mathrm{i}(\boldsymbol{A}'^{\mathrm{T}}\boldsymbol{A}'' - \boldsymbol{A}''^{\mathrm{T}}\boldsymbol{A}') = \boldsymbol{B}' + \mathrm{i}\boldsymbol{B}''. \end{aligned} \tag{A.13.17}$$

Das Produkt der linken Seite von (A.13.16) wird

$$(\boldsymbol{B}' + \mathrm{i}\boldsymbol{B}'')(\boldsymbol{U}' + \mathrm{i}\boldsymbol{U}'') = (\boldsymbol{B}'\boldsymbol{U}' - \boldsymbol{B}''\boldsymbol{U}'') + \mathrm{i}(\boldsymbol{B}'\boldsymbol{U}'' + \boldsymbol{B}''\boldsymbol{U}') = \underline{\boldsymbol{C}' + \mathrm{i}\boldsymbol{C}''}. \tag{A.13.18}$$

Das Produkt der rechte Seite von (A.13.16) wird

$$\begin{aligned} -(\boldsymbol{A}^*)^{\mathrm{T}}\boldsymbol{r} &= -(\boldsymbol{A}'^{\mathrm{T}} - \mathrm{i}\boldsymbol{A}''^{\mathrm{T}})(\boldsymbol{r}' + \mathrm{i}\boldsymbol{r}'') \\ &= -(\boldsymbol{A}'^{\mathrm{T}}\boldsymbol{r}' + \boldsymbol{A}''^{\mathrm{T}}\boldsymbol{r}'') - \mathrm{i}(\boldsymbol{A}'^{\mathrm{T}}\boldsymbol{r}'' - \boldsymbol{A}''^{\mathrm{T}}\boldsymbol{r}') = \underline{\boldsymbol{D}' + \mathrm{i}\boldsymbol{D}''}\,. \end{aligned} \tag{A.13.19}$$

Gleichung (A.13.16) ergibt getrennt in Real- und Imaginärteil

$$\begin{aligned} \boldsymbol{C}' &= \boldsymbol{D}' \rightarrow \boldsymbol{B}'\boldsymbol{U}' - \boldsymbol{B}''\boldsymbol{U}'' = -(\boldsymbol{A}'^{\mathrm{T}}\boldsymbol{r}' + \boldsymbol{A}''^{\mathrm{T}}\boldsymbol{r}''); \\ \boldsymbol{C}'' &= \boldsymbol{D}'' \rightarrow \boldsymbol{B}'\boldsymbol{U}'' + \boldsymbol{B}''\boldsymbol{U}' = -(\boldsymbol{A}'^{\mathrm{T}}\boldsymbol{r}'' - \boldsymbol{A}''^{\mathrm{T}}\boldsymbol{r}') \end{aligned}$$

und in Matrizenform

$$\overset{\boldsymbol{B}_{\mathrm{R}}}{\begin{bmatrix} \boldsymbol{B}', & -\boldsymbol{B}'' \\ \boldsymbol{B}'', & \boldsymbol{B}' \end{bmatrix}} \overset{\boldsymbol{U}_{\mathrm{R}}}{\begin{bmatrix} \boldsymbol{U}' \\ \boldsymbol{U}'' \end{bmatrix}} = - \overset{\boldsymbol{A}_{\mathrm{R}}^{\mathrm{T}}}{\begin{bmatrix} \boldsymbol{A}'^{\mathrm{T}}, & \boldsymbol{A}''^{\mathrm{T}} \\ -\boldsymbol{A}''^{\mathrm{T}}, & \boldsymbol{A}'^{\mathrm{T}} \end{bmatrix}} \overset{\boldsymbol{r}_{\mathrm{R}}}{\begin{bmatrix} \boldsymbol{r}' \\ \boldsymbol{r}'' \end{bmatrix}} \rightarrow \boldsymbol{B}_{\mathrm{R}}\boldsymbol{U}_{\mathrm{R}} = -\boldsymbol{A}_{\mathrm{R}}^{\mathrm{T}}\boldsymbol{r}_{\mathrm{R}}. \tag{A.13.20}$$

Setzt man nun $\boldsymbol{B}'$ und $\boldsymbol{B}''$ aus (A.13.17) in $\boldsymbol{B}_{\mathrm{R}}$ von (A.13.20) ein, so wird[2]

$$\boldsymbol{B}_{\mathrm{R}} = \underset{2J}{\downarrow} \overset{\substack{\boldsymbol{A}_{\mathrm{R}}^{\mathrm{T}} \\ \rightarrow 2J}}{\begin{bmatrix} \boldsymbol{A}'^{\mathrm{T}}, & \boldsymbol{A}''^{\mathrm{T}} \\ -\boldsymbol{A}''^{\mathrm{T}}, & \boldsymbol{A}'^{\mathrm{T}} \end{bmatrix}} \overset{\substack{\boldsymbol{A}_{\mathrm{R}} \\ \rightarrow 2K}}{\begin{bmatrix} \boldsymbol{A}', & -\boldsymbol{A}'' \\ \boldsymbol{A}'', & \boldsymbol{A}' \end{bmatrix}} \underset{2J}{\downarrow} = \boldsymbol{A}_{\mathrm{R}}^{\mathrm{T}}\boldsymbol{A}_{\mathrm{R}}\,.$$

und in (A.13.20) eingesetzt, entsteht

$$[\boldsymbol{A}_{\mathrm{R}}^{\mathrm{T}}\boldsymbol{A}_{\mathrm{R}}]\,\boldsymbol{U}_{\mathrm{R}} = -\boldsymbol{A}_{\mathrm{R}}^{\mathrm{T}}\boldsymbol{r}_{\mathrm{R}}. \tag{A.13.21}$$

---

[2] Bezüglich der Transponierten einer Blockmatrix $\boldsymbol{A}_{\mathrm{R}}^{\mathrm{T}}$ s. [Gr, S. 116].

Weil die eckige Klammer $[A_R^T A_R]$ eine quadratische Matrix der Ordnung $(2K \times 2K)$ ist, kann sie, wenn regulär, invertiert werden, so daß aus (A.13.21) die reelle Block-Matrizengleichung

$$\underline{U_R = -[A_R^T A_R]^{-1} A_R^T r_R} \tag{A.13.22}$$

$$r_R = \underset{2J}{\downarrow}\begin{bmatrix} r' \\ r'' \end{bmatrix}; \quad U_R = \underset{2K}{\downarrow}\begin{bmatrix} U' \\ U'' \end{bmatrix}; \quad A_R = \underset{2J}{\downarrow}\overset{\to 2K}{\begin{bmatrix} A', & -A'' \\ A'', & A' \end{bmatrix}}; \quad A_R^T = \underset{2K}{\downarrow}\overset{\to 2J}{\begin{bmatrix} A'^T, & A''^T \\ -A''^T, & A'^T \end{bmatrix}}$$

gewonnen wird. Sie erlaubt Real- und Imaginärteile der gesuchten KU zu berechnen und ersetzt die komplexe Gleichung (A.13.15) bzw. (13.19).

Die Determinante der quadratischen Matrix $[A_R^T A_R]$ ist eine sogenannte Gramsche Determinante [Gr, S. 107–110]. Sie ist dann von Null verschieden und kann invertiert werden, wenn A_R die folgenden zwei Bedingungen erfüllt
— $J \geqq K$ für A_R,
— lineare Unabhängigkeit der $2K$ Kolonnen (nicht der $2J$ Zeilen) von A_R.
Die Determinante der komplexen quadratischen Matrix $[(A^*)^T A]$ in (A.13.15) kann als komplexe Gramsche Determinante bezeichnet werden. Sie ist ungleich Null, wenn die folgenden zwei Bedingungen erfüllt sind
— $J \geqq K$ für A,
— lineare Unabhängigkeit der $2K$ komplexen Kolonnen (nicht der $2J$ Zeilen) von A.

2.3 Gewichtung von Meßpunkten

Im Abschn. 17.1 wurde die Gewichtung einzelner MP vorgenommen. Dies führte dazu, daß in (17.4) A und r ($r \equiv r^A$, der Exponent A sei einfachheitshalber weggelassen) mit der Gewichtsmatrix Λ multipliziert werden mußte. Die Gewichtung bezieht sich auf die komplexe Größe r. Man wird deshalb bei der Gewichtung Real- und Imaginärteil von r gleich gewichten müssen. r_R in (A.13.22) ist dann durch das Produkt

$$\Lambda r \to \Lambda_R r_R = \underset{2J}{\downarrow}\overset{\Lambda_R \;\; \to 2J}{\left[\begin{array}{cccc|cccc} \lambda_1 &&&&&&& \\ & \lambda_2 &&&&&& \\ && \ddots &&&&& \\ &&& \lambda_J &&&& \\ \hline &&&& \lambda_1 &&& \\ &&&&& \lambda_2 && \\ &&&&&& \ddots & \\ &&&&&&& \lambda_J \end{array}\right]} \overset{r_R}{\left[\begin{array}{c} r_1' \\ r_2' \\ \vdots \\ r_J' \\ \hline r_1'' \\ r_2'' \\ \vdots \\ r_J'' \end{array}\right]}, \quad \underline{r}_j = r_j' + \mathrm{i}\, r_j'', \quad r^R = \begin{bmatrix} \underline{r}' \\ \underline{r}'' \end{bmatrix}\underset{2J}{\downarrow}, \tag{A.13.23}$$

mit einer $(2J \times 2J)$ Gewichtsmatrix Λ_R zu ersetzen. Analog gilt für das Matrizenprodukt

$$\Lambda A \to \Lambda_R A_R; \quad A_R = \underset{2J}{\downarrow}\overset{\to 2K}{\begin{bmatrix} A', & -A'' \\ A'', & A' \end{bmatrix}}.$$

Gleichung (A.13.22) ist somit zu modifizieren und lautet mit Gewichtseinfluß

$$U_R \rightarrow \underline{U_{Rg} = -[A_R^T \Lambda_R A_R]^{-1} A_R^T \Lambda_R r_R}. \qquad (A.13.24)$$

Gleichung (A.13.24) ersetzt die komplexe Gleichung (17.4).

Die zu invertierende Matrix in der eckigen Klammer ist von der Ordnung $(2K \times 2K)$ und folglich quadratisch.

2.4 Ausgleich der Einflußkoeffizienten

Die komplexe Matrizengleichung (17.29)

$$\underline{A^T = [(U^*)^T U]^{-1} (U^*)^T W} \quad \begin{cases} U = U_1 & \text{oder} \quad U_2 \\ W = W_1 & \text{oder} \quad W_2 \end{cases} \qquad (A.13.25)$$

kann durch Multiplikation mit der eckigen Klammer von links her auf die Form

$$[(U^*)^T U]\, A^T = (U^*)^T W \qquad (A.13.26)$$

zurückgebracht werden. Mit den komplexen Matrizen

$$\begin{array}{ccc} U = U' + \mathrm{i}\, U'' & U^* = U' - \mathrm{i}\, U'' & (U^*)^T = U'^T - \mathrm{i}\, U''^T \\ (M \times K) & (M \times K) & (K \times M) \\ [(M-1) \times K] & [(M-1) \times K] & [K \times (M-1)] \\ W = W' + \mathrm{i}\, W'' & A = A' + \mathrm{i} A'' & A^T = A'^T + \mathrm{i}\, A''^T \\ (M \times J) & (J \times K) & (K \times J) \\ [(M-1) \times J] & & \end{array}$$

erhält man analog dem Vorgehen für (A.13.16) die reelle Gleichung

$$[U_R^T U_R]\, A_R^T = U_R^T W_R, \qquad (A.13.27)$$

und mit der invertierten quadratischen Matrix $[U_R^T U_R]$ der Ordnung $(2K \times 2K)$ erhält man aus (A.13.27)

$$\underline{A_R^T = [U_R^T U_R]^{-1} U_R^T W_R}. \qquad (A.13.28)$$

$$W_R = \underset{2(M-1)}{\overset{\rightarrow J}{\downarrow_{2M}}} \begin{bmatrix} W' \\ W'' \end{bmatrix}; \quad A_R^T = \overset{\rightarrow J}{\downarrow_{2K}} \begin{bmatrix} A'^T \\ A''^T \end{bmatrix}; \quad U_R = \underset{2(M-1)}{\overset{\rightarrow 2K}{\downarrow_{2M}}} \begin{bmatrix} U', & -U'' \\ U'', & U' \end{bmatrix}; \quad U_R^T = \overset{\rightarrow 2M,\ 2(M-1)}{\downarrow_{2K}} \begin{bmatrix} U'^T, & U''^T \\ -U''^T, & U'^T \end{bmatrix}.$$

Die gesuchten EK können somit aus der reellen Matrizengleichung entnommen werden. A_R^T enthält Real- und Imaginärteil der EK getrennt in der obern bzw. untern Hälfte der Matrix. Gleichung (A.13.28) ersetzt (A.13.25) bzw. (17.29).

Auch hier bedingt die Inversion der quadratischen Matrix $[U_R^T U_R]$ mit der Ordnung $(2K \times 2K)$, daß sie regulär ist.

Auch hier ist $[U_R^T U_R]$ eine Gramsche Determinante, die nur dann von Null verschieden ist, wenn gilt

— $J \geqq K$ für U_R,

— lineare Unabhängigkeit der $2K$ Kolonnen (nicht der $2J$ Zeilen) von U_R.

Und auch hier kann die Determinante der komplexen quadratischen Matrix $[(U^*)^T U]$ in (A.13.25) als komplexe Gramsche Determinante bezeichnet werden. Soll sie von Null verschieden sein, gilt auch hier
— $J \geq K$ für U
— lineare Unabhängigkeit der $2K$ komplexen Kolonnen (nicht der $2J$ Zeilen) von U.

Anhang zu Abschn. 19.2. Stochastische Erregung eines Einmassensystems – Faltungsintegral

1. Erregung durch Einzelimpuls

Die Differentialgleichung des Einmassensystems, Abb. A.8a lautet ohne Erregung (homogene Gleichung)

$$m\ddot{y} + b\dot{y} + cy = 0. \tag{A.19.1}$$

Wirkt ein Einzelimpuls $J_E = F_E \Delta t$ (F_E = Kraft) auf das System, Abb. A.8b, so entsteht eine Anfangsgeschwindigkeit $\dot{y} = v_0 = J_E/m$. Die Anfangsbedingungen lauten folglich

$$y(0) = 0; \quad \dot{y}(0) = v_0 = J_E/m = F_E \Delta t/m. \tag{A.19.2}$$

Gleichung (A.19.1) und (A.19.2) definieren ein Anfangswertproblem. Die allgemeine Lösung der homogenen Gleichung (A.19.1) lautet

$$\underline{y} = A_1 e^{-\alpha t} e^{i\beta t} + A_2 e^{-\alpha t} e^{-i\beta t} = e^{-\alpha t}(A_1 e^{i\beta t} + A_2 e^{-i\beta t}); \tag{A.19.3}$$

$$\alpha = D\omega_0; \quad \beta = \omega_0 \sqrt{1-D^2}; \quad D = \frac{b}{2\omega_0}; \quad \omega_0 = \sqrt{c/m}$$

mit A_1 und A_2 als Integrationskonstanten, die durch die Anfangsbedingungen (A.19.2) eindeutig bestimmt werden. Die gesuchte Lösung des Anfangswertproblems lautet dann

$$\underline{y(t)} = \frac{J_E}{m\omega_0} h(t) = \underline{\frac{F_E \Delta t}{m\omega_0} h(t)}. \tag{A.19.4}$$

$$h(t) = \frac{e^{-D\omega_0 t}}{\sqrt{1-D^2}} \sin(\omega_0 \sqrt{1-D^2}\, t)$$

mit $h(t)$ als sogenannter Impulsfunktion.

2. Stoachastische Erregung (random excitation)

Die stoachastische Erregung oder Zufallserregung sei gegeben durch die Kraftfunktion $F(t)$, Abb. A.8c. Sie kann als Summe von Einzelimpulsen zur Zeit τ mit Zeitverzögerung aufgefaßt werden. Die Integration von $\tau = 0$ bis $\tau = t$ ergibt mit $y(t)$ aus (A.19.4) und

$$\begin{aligned} dy &= dJ_E h(t)/m\omega_0 = F_E h(t)\, dt/m\omega_0; \\ y_s(t) &= \int dy = \frac{1}{m\omega_0} \int_{\tau=0}^{\tau=t} F(\tau)\, h(t-\tau)\, d\tau. \end{aligned} \tag{A.19.5}$$

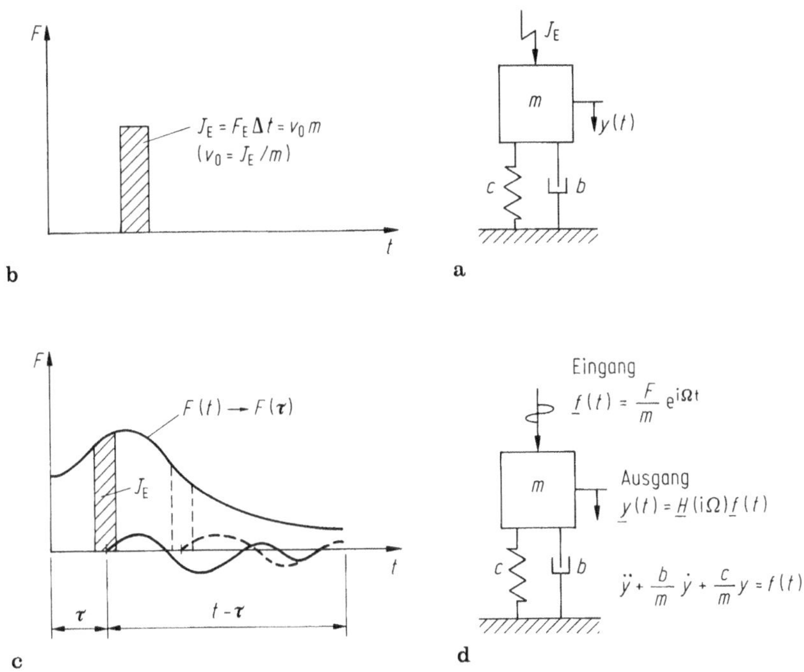

Abb. A.8a–d. Zu Einzelimpuls und Faltungssatz

Wird noch einfachheitshalber $f(t) = F(t)/m\omega_0$ als Eingangsfunktion definiert, so wird (A.19.5)

$$y_s(t) = \int_0^t f(\tau)\, h(t-\tau)\, d\tau. \tag{A.19.6}$$

Das Integral (A.19.6) heißt Faltungsintegral, in der Schwingungstechnik eher Duhamelintegral und englisch convolution integral. Die Lösung des Faltungsintegrals kann durch eine Integraltransformation erfolgen. Man verwendet entweder die *F*ourier*t*ransformation (FT), s. [Wa, Hu] oder die *L*aplace*t*ransformation (LT), s. [Kg]. Einen Zusammenhang von FT und LT findet man in [Mk]. Die FT eignet sich für einmalig ablaufende Vorgänge, während die LT auch periodische Vorgänge einschließt.

Es gilt mit der FT der folgende Faltungssatz, wobei die Grenzen wegen $f(0) = 0$ von $-\infty$ bis Null und wegen $\tau > t$, $h(t-\tau) = 0$ von Null bis $+\infty$ erstreckt werden dürfen.

$$\underbrace{FT\left[\int_{-\infty}^{+\infty} f(\tau)\, h(t-\tau)\, d\tau\right]}_{y_s(t)} = \underbrace{FT[f(t)] \cdot FT[h(t)]}_{\underline{H}(i\Omega)}. \tag{A.19.7}$$

Dabei ist $f(t)$ die „Erregung" (Eingang) und $\underline{H}(i\Omega)$ die komplexe Frequenzfunktion oder Übertragungsfunktion, kurz der Frequenzgang des Systems bei harmonischer Erregung $f(t) = f e^{i\Omega t}$, s. [Wa, Hu]. Der Frequenzgang ist als Verhältnis von Aus- zu

Eingang im stationären Zustand definiert. Für das System, Abb. A.8d gilt

$$\underline{H}(\mathrm{i}\Omega)=\frac{\underline{y}(t)}{\underline{f}(t)}=\frac{1}{\omega_0^2-\Omega^2+\mathrm{i}\Omega d}\,. \tag{A.19.8}$$

Die Rücktransformation liefert das gesuchte $y_s(t)$ in (A.19.6).

Mit der LT gilt der Faltungssatz in den natürlichen Grenzen $\tau=0$ bis $\tau=t$

$$\mathrm{LT}\underbrace{\left[\int_0^t f(\tau)\,h(t-\tau)\,\mathrm{d}\tau\right]}_{y_s(t)}=\mathrm{LT}[f(t)]\cdot\mathrm{LT}[h(t)]\,. \tag{A.19.9}$$

Beispiel: $F(t)=F_0=\text{const}$ (Sprungfunktion oder weißes Rauschen)

$D=0$ (keine Dämpfung)

$$f(t)=\frac{F(t)}{m\omega_0}=\frac{F_0}{m\omega_0}=\text{const}; \quad h(t-\tau)=\sin[\omega_0(t-\tau)]; \quad h(t)=\sin\omega_0 t$$

a) ohne Integraltransformation

$$\underline{y_s(t)}=\int_0^t f(\tau)\,h(t-\tau)\,\mathrm{d}\tau=\int_0^t\frac{F_0}{m\omega_0}\sin[\omega_0(t-\tau)]\,\mathrm{d}\tau$$

$$=\frac{F_0}{m\omega}\int_0^t\sin[\omega_0(t-\tau)]\,\mathrm{d}\tau=\frac{F_0}{m\omega_0}\,\frac{1}{\omega_0}(1-\cos\omega_0 t)$$

$$=\frac{F_0}{m\omega_0^2}(1-\cos\omega_0 t)=\underline{\frac{F_0}{c}(1-\cos\omega_0 t)}\,.$$

b) mit Integraltransformation

Die vernachlässigte Dämpfung führt zu einer periodischen Bewegung. Die FT eignet sich nicht, hingegen die LT.

Aus (A.19.9) wird

$$\mathrm{LT}[y_s(t)]=\mathrm{LT}\left(\frac{F_0}{m\omega_0}\right)\cdot\mathrm{LT}(\sin\omega_0 t)$$

$$\mathrm{LT}\left(\frac{F_0}{m\omega_0}\right)=\frac{F_0}{m\omega_0 p}$$

$$\mathrm{LT}(\sin\omega_0 t)=\frac{\omega_0}{p^2+\omega_0^2}$$

$$\mathrm{LT}[y_s(t)]=\frac{F_0}{m\omega_0 p}\cdot\frac{\omega_0}{p^2+\omega_0^2}=\frac{F_0}{mp(p^2+\omega_0^2)}$$

$$\underline{y_s(t)}=\frac{F_0}{m\omega_0^2(1-\cos\omega_0 t)}=\underline{\frac{F_0}{c}(1-\cos\omega_0 t)}\,.$$

Anhang zu Abschn. 19.4. Bildung von Beschränkungsvektoren und -Matrizen

1. Massen- oder KU-Beschränkung

Die Schranke für den Absolutbetrag der KU U_k lautet

$$p_k \leq U_k < q_k; \quad (k = 1, 2, \dots K), \tag{A.19.10}$$

wobei p_k und q_k als untere und obere Schranke gegeben sind.

Mit der Transformationsfunktion $\sin^2 t_k$ wird die Ungleichung (A.19.10) in eine Gleichung umgewandelt.

$$U_k = p_k + (q_k - p_k) \sin^2 t_k . \tag{A.19.11}$$

Mit dieser Gleichung ist (A.19.10) für jedes t_k von $-\infty$ bis $+\infty$ erfüllt. t_k ist die neue Variable.

Wegen $\underline{U}_k = U_k e^{i\varphi_k}$ oder $U_k = \underline{U}_k e^{-i\varphi_k}$ gilt

$$e^{-i\varphi_k} \underline{U}_k = p_k + (q_k - p_k) \sin^2 t_k$$

und für alle j in Matrizenform

$$\overset{\boldsymbol{G}_u}{\begin{bmatrix} e^{-i\varphi_1} & & & \\ & e^{-i\varphi_2} & & \\ & & \ddots & \\ & & & e^{-i\varphi_K} \end{bmatrix}} \overset{\boldsymbol{U}}{\begin{bmatrix} \underline{U}_1 \\ \underline{U}_2 \\ \vdots \\ \underline{U}_K \end{bmatrix}} = \overset{\boldsymbol{D}_u}{\begin{bmatrix} p_1 + (q_1 - p_1) \sin^2 t_1 \\ p_2 + (q_2 - p_2) \sin^2 t_2 \\ \vdots \\ p_K + (q_K - p_K) \sin^2 t_K \end{bmatrix}} \tag{A.19.12}$$

oder auch

$$\underline{\boldsymbol{G}_u \boldsymbol{U} - \boldsymbol{D}_u = \boldsymbol{0}} \tag{A.19.13}$$

s. (19.97c).

2. Amplitudenbeschränkung

Der Fehlervektor

$$\underline{r}_j^F = r_j^F e^{i\varphi_j^F} \quad \text{oder} \quad r_j^F = \underline{r}_j^F e^{-i\varphi_j^F} \tag{A.19.14}$$

kann sowohl in der Länge (absoluter Betrag) r_j^F, als auch in der Phase φ_j^F beschränkt werden. Die Beschränkung in der Länge sei

$$r_j^F \leq r_{0j}; \quad (j = 1, 2, \dots J) \tag{A.19.15}$$

mit gegebener Schranke r_{0j}.

Die Beschränkung in der Phase sei

$$\varphi_{pj} \leq \varphi_j^F < \varphi_{qj} \tag{A.19.16}$$

mit φ_{pj} als gegebener unterer und φ_{qj} mt gegebener oberer Schranke.[3]

---

[3] φ_{pj} und φ_{qj} werden vernünftigerweise in der Nähe von φ_j^A angesetzt. $\underline{r}_j^A = r_j^A e^{i\varphi^A}$ ist die Messung des Anlieferungszustands im MP j.

Mit der Transformationsfunktion $\sin^2 u_j$ und u_j als neuer Variablen werden die Ungleichungen (A.19.15) und (A.19.16) zu Gleichungen

$$r_j^F = r_{0j} \sin^2 u_j; \tag{A.19.17}$$

$$\varphi_j^F = \varphi_{pj} + (\varphi_{qj} - \varphi_{pj}) \sin^2 u_j. \tag{A.19.18}$$

Gleichungen (A.19.14), (A.19.17) und (A.19.18) ergeben zusammen

$$e^{-i[\varphi_{pj} + (\varphi_{qj} - \varphi_{pj})\sin^2 u_j]} \underline{r}_j^F = r_{0j} \sin^2 u_j. \tag{A.19.19}$$

Für alle j lautet (A.19.19) in Matrizenform

$$\underbrace{\begin{bmatrix} \exp[-\varphi_{p1} - (\varphi_{q1} - \varphi_{p1}) \sin^2 u_1] & & & \\ & \exp[-\varphi_{p2} - (\varphi_{q2} - \varphi_{p2}) \sin^2 u_2] & & \\ & & \ddots & \\ & & & \exp[-\varphi_{pJ} - (\varphi_{qJ} - \varphi_{pJ}) \sin^2 u_J] \end{bmatrix}}_{\boldsymbol{G}_a} \underbrace{\begin{bmatrix} \underline{r}_1^F \\ \underline{r}_2^F \\ \vdots \\ \underline{r}_J^F \end{bmatrix}}_{\boldsymbol{r}^F} = \underbrace{\begin{bmatrix} r_{01} \sin^2 u_1 \\ r_{02} \sin^2 u_2 \\ \vdots \\ r_{0J} \sin^2 u_J \end{bmatrix}}_{\boldsymbol{D}_a};$$

oder auch

$$\underline{\boldsymbol{G}_a \boldsymbol{r}^F - \boldsymbol{D}_a = \boldsymbol{0}} \tag{19.20}$$

s. (19.97b).

Spezialfälle:

— nur Amplitudenbeschränkung: $\varphi_{pj} = \varphi_{qj} = \varphi_j^A$

$$\boldsymbol{G}_a = \begin{bmatrix} e^{-i\varphi_1^A} & & & \\ & e^{-i\varphi_2^A} & & \\ & & \ddots & \\ & & & e^{-i\varphi_J^A} \end{bmatrix}$$

— nur Phasenbeschränkung: $\boldsymbol{D}_a = |\boldsymbol{r}^F|$

$$\boldsymbol{G}_a \boldsymbol{r}^F = |\boldsymbol{r}^F|.$$

Anhang zu Kap. 22. Lagerpressung zweier geometrisch ähnlicher Lavalrotoren

Die örtliche Vergleichsspannung (Kombination von Tangential-, Radial- und eventuell Axialspannung nach einer Festigkeitshypothese) in geometrisch ähnlichen Rotoren ist dem Quadrat der Umfangsgeschwindigkeit proportional. Ihre Dimension ist Kraft pro Fläche. Wird die Umfangsgeschwindigkeit konstant gehalten, ist es auch die Vergleichsspannung in ähnlichen Punkten des Rotors – also auch alle Größen mit der Dimension einer Spannung und somit auch die Flächenpressung in den Lagern. Bei geometrisch ähnlichen Rotoren ist die Schwerpunktsgeschwindigkeit $\varepsilon\omega$ proportional der Umfangsgeschwindigkeit. Wird letztere konstant gehalten, gilt auch $\varepsilon\omega = \text{const}$, und damit ist auch die Flächenpressung in den Lagern von geometrisch ähnlichen

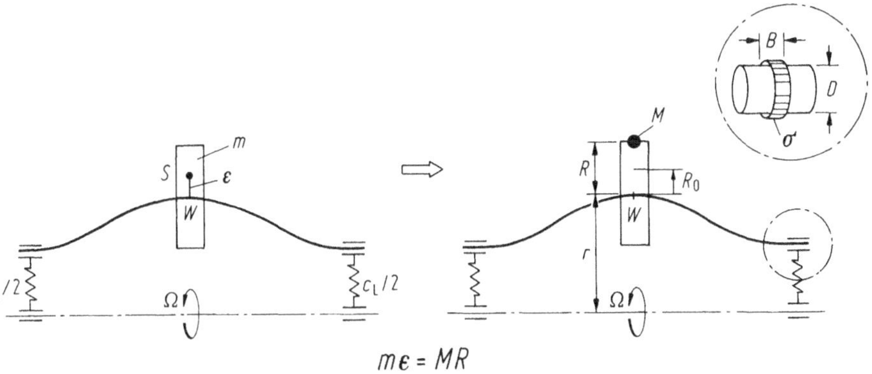

Abb. A.9. Zur Lagerpressung von Lavalrotoren

Rotoren gleich. Bei dieser Gesetzmäßigkeit ist für ähnlich gebaute Rotoren mit gleichen Umfangsgeschwindigkeiten die bezogene Unwucht ε um so kleiner, je kleiner die Maschine ist.

Beispiel: Ungedämpfter Lavalrotor in radial isotrop-elastischen Lagern.

Nach (8.10) und Abb. A.9 ist die Auslenkung der Scheibe für den dämpfungsfreien ($d=0$) und elastischen Rotor in isotrop-elastischen Lagern

$$\underline{r}(t)=r\,e^{i(\Omega t+\alpha)}; \quad r=\varepsilon\frac{\Omega^2}{\omega'^2-\Omega^2}; \quad \omega'^2=\frac{c'}{m}; \quad c'=\frac{c\,c_L}{c+c_L}. \tag{A.22.1}$$

Für den *starren Rotor* gilt die Voraussetzung, s. Kap. 10

$$\Omega^2 \ll \omega'^2. \tag{A.22.2}$$

Damit wird

$$r\approx\varepsilon\frac{\Omega^2}{\omega'^2}\approx 0 \rightarrow r/\varepsilon\approx 0, \tag{A.22.3}$$

so daß $r\ll\varepsilon$ wird und die Durchbiegung r (von Welle und Lager) gegen die Exzentrizität ε vernachlässigt werden darf.

Die Fliehkraft kann durch

$$F=m\Omega^2\varepsilon$$

ausgedrückt werden. Wir ersetzen die Unwucht $m\varepsilon$ durch eine Einzelmasse M im Abstand R. R ist der Radius der Scheibe

$$m\varepsilon=MR. \tag{A.22.4}$$

Die Fliehkraft kann mit (A.22.4) in der Form

$$F=M\Omega^2 R$$

geschrieben werden. Die Umfangsgeschwindigkeit der Scheibe ist mit (A.22.3)

$$v=\Omega R, \tag{A.22.5}$$

und die Flächenpressung in einem Lager der Breite B und dem Durchmesser D wird

$$\sigma = \frac{1}{2}\frac{F}{BD} = \frac{1}{2}\frac{M\Omega^2 R}{BD} = \frac{1}{2}\frac{M(\Omega R)^2}{BDR} = \frac{1}{2}\frac{Mv^2}{BDR}. \tag{A.22.6}$$

Radial- und Tangentialspannung in irgendeinem Radius R_0 der dünnen Vollscheibe konstanter Dicke betragen

$$\left.\begin{aligned} \sigma_{\text{rad}} &= v^2 C_r; \quad C_r = \frac{3+\nu}{8}\left(1 - \frac{R_0^2}{R^2}\right)\varrho \\ \sigma_{\tan} &= v^2 C_t; \quad C_t = \frac{3+\nu}{8}\left(1 - \frac{1+3\nu}{3+\nu}\frac{R_0^2}{R^2}\right)\varrho \end{aligned}\right\} \begin{aligned} &\nu\text{: Poissonsche Quer-} \\ &\quad\text{dehnungszahl} \\ &\quad\text{(Stahl} \approx 0{,}3) \\ &\varrho\text{: Dichte.} \end{aligned}$$

Die Vergleichsspannung nach der Hypothese der konstanten Gestaltsänderungsarbeit (Huber – von Mises – Hencky) ist für den ebenen Spannungszustand

$$\sigma_v = \sqrt{\sigma_1^2 + \sigma_2^2 - \sigma_1\sigma_2}; \quad (\sigma_1, \sigma_2 \text{ Hauptspannungen}).$$

Für $\sigma_1 = \sigma_{\text{rad}}$; $\sigma_2 = \sigma_{\tan}$ wird

$$\underline{\sigma_v} = v^2\sqrt{C_r^2 + C_t^2 - C_r C_t} = \underline{v^2 C.} \tag{A.22.7}$$

Bei geometrisch ähnlichen Rotoren ist das Verhältnis R_0/R konstant und deshalb sind C_r, C_t und C Konstanten. Die Vergleichsspannung in irgendeinem Radius R_0 der Scheibe ist folglich proportional dem Quadrat der Umfangsgeschwindigkeit. Die Proportionalitätskonstante C ist nur abhängig von der Festigkeitshypothese.

Gleichung (A.22.6) und (A.22.7) ergeben

$$\underline{\sigma} = \frac{1}{2}\frac{M}{BDR}\cdot\frac{\sigma_v}{C} = \underline{\frac{1}{2}\frac{\sigma_v}{C}\frac{M}{BDR}}. \tag{A.22.8}$$

Für einen geometrisch ähnlichen Rotor, dessen geometrische Dimensionen α mal größer sind

$$M^\triangledown = \alpha^3 M; \quad B^\triangledown = \alpha B; \quad D^\triangledown = \alpha R; \quad R^\triangledown = \alpha R$$

ist die Lagerpressung nach (A.22.8)

$$\sigma^\triangledown = \frac{1}{2}\frac{\sigma_v^\triangledown}{C}\frac{M^\triangledown}{B^\triangledown D^\triangledown R^\triangledown} = \frac{1}{2}\frac{\sigma_v^\triangledown}{C}\frac{(\alpha^3 M)}{(\alpha B)(\alpha D)(\alpha R)} = \frac{1}{2}\frac{\sigma_v^\triangledown}{C}\frac{M}{BDR}. \tag{A.22.9}$$

Aus (A.22.8) und (A.22.9) schließt man, daß für $\sigma_v = \sigma_v^\triangledown$ auch $\sigma = \sigma^\triangledown$ ist; in Worten: Die Lagerpressung zweier geometrisch ähnlicher Rotoren ist dann gleich, wenn die Vergleichsspannungen gleich sind. Dies ist nach (A.22.5) und (A.22.7) wiederum der Fall, wenn die Umfangsgeschwindigkeiten $v = \Omega R$ und $v^\triangledown = \Omega^\triangledown R^\triangledown$ gleich sind.

Ist also $v = \Omega R$ konstant, so gilt mit $R = m\varepsilon/M$ aus (A.22.4) auch $v = \Omega m\varepsilon/M = \text{const}$ und folglich auch

$$\underline{\varepsilon\Omega = \text{const}} \quad \text{(q.e.d).}$$

Literaturverzeichnis

Bücher

Wuchten

Fe1 Federn, K.: Auswuchttechnik, Bd. 1. Berlin: Springer 1977
Ju Juliš, K.; Borůvka, V.; Fryml, B.: Základy dynamického vyvažování/Grundlagen des dynamischen Wuchtens. Prag: Verlag SNTL 1979 (in tschechischer Sprache)
Sc Schneider, H.: Auswuchttechnik. 3. Aufl. Düsseldorf: VDI-Verlag 1981
Wi Wilcox, J. B.: Dynamic balancing of rotating machinery. London: Sir Isaac Pitman & Sons 1967

Rotor- und Maschinendynamik

Ca1 Vibrations in rotating machinery. Conf. Univ. of Cambridge, 1976. London: Inst. Mech. Eng. Conf. Publications 1976–9
Ca2 Vibrations in rotating machinery. 2nd Int. Conf. Churchill College, Cambridge, 1980. London: Inst. Mech. Eng. Conf. Publications
Di Dimarogonas, A. D.; Paipetis, S. A.: Analytical methods in rotor dynamics. London: Applied Science Publishers 1983
Ga1 Gasch, R.; Pfützner, H.: Rotordynamik, eine Einführung. Berlin: Springer 1975
Ho Holzweissig, F.; Dresig, H.: Lehrbuch der Maschinendynamik. 2. Aufl. Berlin: Springer 1982
Ko Koźešnik, J.: Maschinendynamik. München: Hanser 1966
Kr Krämer, E.: Maschinendynamik, Berlin: Springer 1984
Ly Dynamics of rotors. IUTAM-Symp. Lyngby/Denmark. Berlin: Springer 1974
Ra Rao, J. S.: Rotordynamics. New York: Wiley 1983
Ro IFTOMM, Int. Conf. „Rotordynamic problems in power plants", Rome, Italy 1982
To Tondl, A.: Some problems of rotor dynamics. Prag: Publishing House of the Czechoslovak Academy of Sciences 1965
Ud Mahrenholz, O. (ed.): Dynamics of Rotors. Stability and System Identification, CISM Courses and Lectures No 273, Int. Centre for Mechanical Sciences, Udine Italy. Wien: Springer 1984
Yo Vibrations in Rotating Machinery. 3rd Int. Conf. Univ. of York, England 1984. London: Inst. Mech. Eng. Conf. Publications 1984–10

Mechanik, Mathematik

Cr Courant, R.; Hilbert, D.: Methoden der Mathematischen Physik I, 3. Aufl. Berlin: Springer 1968
Gr Gröbner, W.: Matrizen-Rechnung. Hochschultaschenbücher Bd. 103. Mannheim: Bibliographisches Inst. 1966
Hu Hurty, W. C.; Rubinstein, M. F.: Dynamics of structures. Englewood Cliffs, New Jersey: Prentice-Hall 1964, p. 338, pp. 389
Me Meirovitch, L.: Computational methods in structural dynamics. Alphen and Rijn: Sijthoff & Noordhoff 1980, p. 70, pp. 217
Mg Magnus, K.; Müller, H. H.: Grundlagen der Technischen Mechanik. Bd. 22, Mechanik. Stuttgart: Teubner 1974
Mw Meschkowski, H.: Mathematisches Begriffswörterbuch. Hochschultaschenbücher Bd. 99, 4. Aufl. Mannheim: Bibliographisches Inst. 1976
Wa Waller, H.; Krings, W.: Matrizenmethoden in der Maschinen- und Bauwerksdynamik. Mannheim: Bibliographisches Inst. 1975
Wc Weinstock, R.: Calculus of Variations. New York: McGraw-Hill, 1952

We Wiedemann, E.; Kellenberger, W.: Konstruktion elektrischer Maschinen. Berlin: Springer 1967
Zi Ziegler, H.: Mechanik I. 5. Aufl. Basel: Birkhäuser 1968
Zu Zurmühl, R.; Falk, S.: Matrizen und ihre Anwendungen. 5. Aufl. Berlin: Springer 1984

Zeitschriftenaufsätze

Allgemein

Ba Baur, P.: Field balancing of rotating machinery (A special report). Power 127 (1983) 1–16
Be Blaess, V.: Über den Massenausgleich rasch umlaufender Körper. Z. Angew. Math. Mech. 6 (1926) 429–448
Bt Bigret, R.: Quality of rigid rotor balancing on elastic supports: Definition of rigidity. ASME-Paper 83-Det-74 (1983)
Ch Chen, Y. N.: Auswuchten von Turbomaschinenrotoren auf dem Feld. Tech. Rundsch. Sulzer 4 (1966) 222–228
Da Darlow, M. S.; Smalley, A. J.; Parkinson, A. G.: A unified approach to flexible rotor balancing: outline and experimental verification. 2nd Int. Conf., Cambridge, England 1980. London: Inst. Mech. Eng. Conf. Publications 1980, C 340, pp. 437–444
Fa 1 Falk, S.: Expansion von Polynomen und Polynommatrizen. Z. Angew. Math. Mech. 64 (1984) 445–456
Fa 2 Falk, S.: Das Matrizeneigenwertproblem der Mechanik. Z. Angew. Math. Mech. 64 (1984) T 243–T 251
Fa 3 Falk, S.: Eigenwerte gedämpfter Schwingungen bei Gültigkeit der Bequemlichkeitshypothese. Ing. Arch. 47 (1978) 57–66
Fl 1 Flack, R. D.; Lanes, R. F.: Effects of three-lobe bearing geometries on the unbalance response of flexible a rotor. ASLE Trans. 22 (1982) 228–235
Fl 2 Flack, R. D.; Rooke, J. H.; Bielk, J. R.; Gunter, E. J.: Comparison of the unbalance responses of Jeffcott rotors with shaft bow and shaft runout. J. Mech. Des. 104 (1982) 318–328
Gi 1 Giers, A.: Rechnergestütztes Auswuchten elastischer Rotoren. Arch. Tech. Mess. Blatt V 8224–22, Juni (1974) 113–116
Gi 2 Giers, A.: Practice of flexible rotor balancing. London: Inst. Mech. Eng. Conf. Publications 1976–9, C 165, pp. 33–42
Gu Gunter, E. J.; Springer, H.; Humphris, R. R.: Balancing of a multi-mass flexible rotor-bearing system without phase measurements. Int. Conf. „Rotordynamic problems in power plants". IFTOMM 1982, Rome, Italy, pp 317–330
Gw Gawlak, G.: Some problems connected with balancing of grinding wheels. ASME J. Eng. Ind. 106 (1984) 233–336
Ha Den Hartog, J. P.: The balancing of flexible rotors. Air, Space, and Instruments, McGraw-Hill. Draper anniversary volume 1963
Hü Hübner, E.: Das Auswuchten elastischer Rotoren, ein Problem der Strukturanalyse. Ing. Archiv 30 (1961) 325–338
Iw 1 Iwatsubo, T.; Murotsu, Y.; Watanabe, F.: Analysis of measurement errors in balancing of rotors. Proc. 20th Japan Nat. Cong. Appl. Mech. 1970
Je Jeffcott, H. H.: The lateral vibration of loaded shafts in the neighbourhood of a whirling speed. Philos. Mag. 37 (1919) 304
Ke 1 Kellenberger, W.: Das Wuchten elastischer Rotoren auf zwei allgemein-elastischen Lagern. Brown Boveri Mitt. 54 (1967) 603–617
Ke 2 Kellenberger, W.: Erzwungene Biegeschwingungen einer anisotrop gelagerten Scheibenwelle mit Kreiselwirkung und Drehträgheit, äußerer und innerer Dämpfung. Forsch. Ingenieurwes. 48 (1982) 65–96
Kg Krings, W.; Waller, H.: Numerisches Berechnen von Schwingungs- und Kriechvorgängen mit der Laplace-Transformation. Ing. Arch. 44 (1975) 335–346
Ki Kirk, R. G.: Insights from applied field balancing of turbomachinery. Third internat. Conf. York, GB., J. Mech. E. conference Publication 1984–10, C 264/84, Inst. of Mech. E. London.

Li Lindley, A. L. G., Bishop, R. E. D.: Some recent research on the balancing of large flexible rotors. Proc. Inst. Mech. Eng. 117 (1963) 811–841
Mh Meldahl, A.: Auswuchten elastischer Rotoren. Z. Angew. Math. Mech. 34 (1954)
Mi Miwa, S.: Balancing of a flexible rotor irrespective of its bearing stiffness. JSME 39 (1971) Nr. 318; 16 (1973), Nr. 100
Mk Marko, H.: Eine allgemeine Spektraltransformation, die Fourier-Transformation und Laplace-Transformation gleichzeitig umfaßt. Arch. Elektronik und Übertragungstechnik 31 (1977) 363–370
Mr Marchettis, S.: Balancing experiences of large electric machines for electric energy production. Int. Conf. „Rotordynamic problems in power plants". IFTOMM 1982, Rome, Italy, pp 285–295
Mü1 Müller, M.: Die Änderung der Schwingungen eines elastischen Rotors beim Übergang auf andere Lager. Ing. Arch. 53 (1983) 165–171
No Nordmann, R.: Schwingungen von Turborotoren. Konstruktion 30 (1978) H. 9, 345–351
Pa1 Parkinson, A. G.; Darlow, M. S.; Smalley, A. J.; Badgley, R. H.: An introduction to a unified approach to flexible rotor balancing. ASME Gas Turbine and Solar Energy Conf., March 1979, Paper 79-GT-161
Pa2 Parkinson, A. G.; Darlow, M. S.; Smalley, A. J.: A theoretical introduction to the development of a unified approach to flexible rotor balancing. J. Sound Vib. 68 (1980) 489–506
Pa3 Parkinson, A. G.; Darlow, M. S.; Smalley, A. J.: Balancing flexible rotating shafts with initial bend. AIAA J. 22 (1984) 683–689
Sx Shixiang, Z.; Rieger, N. F.: Comparison of effectiveness of several balancing methods for flexible rotors. Int. Conf. „Rotordynamic problems in power plants". IFTOMM 1982, Rome, Italy, pp 305–316
Ta Tang, T. M.; Trumpler, P. R.: Dynamics of synchronous-processing turborotors with particular reference to balancing.
Part 1 – theoretical foundation. ASME J. Appl. Mech., March (1964) 115–122.
Part 2 – Application. ASME J. Appl. Mech. March (1968) 25–30
Vd VDI Ber. 161, Schwingungstechnik, Auswuchten elastischer Rotoren. 1971:
Federn, K.: Überblick über die gegenwärtige Betrachtungweisen, die Richtlinien und Normen und die gebräuchlichen Wege zum Auswuchten wellenelastischer Rotoren.
Juliš, K.: Normung und Forschung in der ČSSR zum dynamischen Auswuchten von Rotoren.
Kellenberger, W.: Notwendige Ebenen beim Auswuchten Elastischer Rotoren.
Moore, L. S.; Dodd, E. G.: Balancing of large turbine rotors.
Giers, A.: Comparison of the balancing of a flexible rotor following the methods Federn, Kellenberger and Moore.
Matthieu, P.: Über die Auswuchtung elastischer Rotoren.
Bishop, R. E. D.; Parkinson, A. G.: Comments on the balancing of flexible rotors.
Vogel, D. H.: Stabilität unwuchtiger Wellen.
Hoffmann, H.: Einfluß des Kupplungsverhaltens auf die Laufruhe mehrfach gelagerter Wellensysteme.
Miwa, S.: Theoretical consideration on general condition of balancing a flexible rotor.
Miwa, S.: Balancing a flexible rotor by means of mode separation.
Wh Wahed, I. F. A.; Bishop, R. E. D.: On the equations governing the free and forced vibrations of a general non-conservative system. J. Mech. Eng. Sci. 8 (1976) 6–10

Modales und Bimodales Wuchten

Ah Ahmadian, M.; Inman, D. J.: Classical normal modes in asymmetric nonconservative dynamic systems. AIAA J. 22 (1984) 1012–1015
Bi1 Bishop, R. E. D.; Gladwell, G. M. L.: The vibration and balancing of an unbalanced flexible rotor. J. Mech. Eng. Sci. 1 (1959) 66–77
Bi2 Bishop, R. E. D.; Parkinson, A. G.: On the isolation of modes in the balancing of flexible shafts. Proc. Inst. Mech. Eng. 77 (1963)

Bi3 Bishop, R. E. D.; Parkinson, A. G.: On the use of balancing machines for flexible rotors. ASME J. Eng. Ind. May (1972) 561–576

Bl Black, H. F.; Nuttall, S. M.: Modal resolution and balancing of synchronous vibrations in flexible rotors with non-conservative cross coupling. London: Inst. Mech. Eng. Conf. Publications 1976–9, C 182/76, pp 151–158

Br Baruch, M.: On the shape modes in damped systems. ASME J. Appl. Mech. 45 (1978) 951–952

Cy Caughey, T. K.; O'Kelly, M. E. J.: Classical normal modes in damped linear dynamic systems. ASME J. Appl. Mech. 32 (1965) 583–588 (S. auch Bemerkungen in [Br] und [Ah])

Fe2 Federn, K.: Grundlagen einer systematischen Schwingungsentstörung wellenelastischer Rotoren. VDI Ber. 24 (1957) 9–25

Fe3 Federn, K.: Auswuchten elastischer Rotoren nach Eigenformen. Sonderheft Akustik und Schwingungstechnik. Düsseldorf: VDI-Verlag 1971, S. 491–526

Hd Holdt, H. H.: Auswuchten elastisch nachgiebiger Rotoren. Werkstatt Betr. 105 (1972) 791–796

Iw2 Iwatsubo, T.; Kawai, R.: Balancing of flexible rotors by using flexible bearing pedestals. Bull. JSME 14 (1971) 782–790

Ke3 Kellenberger, W.: Should a flexible rotor be balanced in N or (N + 2) planes? ASME J. Eng. Ind. May (1972) 548–560

Ke4 Kellenberger, W.: Limits to modal balancing of flexible rotors. IUTAM Symp. Lyngby/Denmark. In: Dynamics of Rotors. Berlin: Springer 1974, pp. 206–243

Ke5 Kellenberger, W.; Weber, H.; Meyer, H.: Die Schleuderanlagen im Konzern – Wuchten und Schleudern von großen Rotoren. Brown Boveri Mitt. 63 (1976) Nr. 6

Lg Lingener, A.: Zur Theorie des Auswuchtens wellenelastischer Rotoren. Wiss. Z. Tech. Hochsch. Magdeburg 18 (1974) 285–290

Mo Moore, L. S.; Dodd, E. G.: Mass Balancing of large flexible rotors. GEC J. 31 (1964) 74–83

Mv Matthieu, P.: Eine mathematische Theorie für die Auswuchtung elastischer Rotoren. Z. Angew. Math. Mech. Sonderheft GAMM Tagung 1967, S.T. 94

No Nordmann, R.: Schwingungsberechnung von nicht konservativen Rotoren mit Hilfe von Links- und Rechts-Eigenvektoren. VDI Ber. 269 (1976) 175–182

Om Omori, T.; Iida, S.; Iwatsubo, T.: Balancing of flexible rotors. JSME 15 (1972) 1050–1062

Pa4 Parkinson, A. G.; Bishop, R. E. D.: Vibration and balancing of rotating continuous shafts. J. Mech. Eng. Sci. 3 (1961) 200–213

Pa5 Parkinson, A. G.; Jackson, K. L.; Bishop, R. E. D.: Some Experiments on the balancing of small flexible rotors: Part 1 – Theory. J. Mech. Eng. Sci. 5 (1963) 114–128

Pa6 Parkinson, A. G.; Jackson, K. L.; Bishop, R. E. D.: Some Experiments on the balancing of small flexible rotors: Part 2 – Experiments. J. Mech. Eng. Sci. 5 (1963) 133–145

Pa7 Parkinson, A. G.; Bishop, R. E. D.: Residual vibration in modal balancing. J. Mech. Eng. Sci. 7 (1965) 33–39

Pa8 Parkinson, A. G.: The vibration and balancing of shafts rotating in asymmetric bearings. J. Sound Vib. 2 (1965) 477–501

Pa9 Parkinson, A. G.: Balancing of flexible shafts rotating in massive flexible bearings. J. Mech. Eng. Sci. 15 (1973) 430

Pa10 Parkinson, A. G.: The balancing of flexible rotors. IUTAM-Symp. Lyngby/Denmark. In: Dynamics of Rotors. Berlin: Springer 1974, pp 413–435

Pa11 Parkinson, A. G.: The modal interpretation of the vibrations of a damped rotating shaft. Proc. Int. Conf. Vibrations in Rotating Machinery, Cambridge, England. London: Inst. Mech. Eng. 1976, pp 263–270

Sa Saito, S.; Azuma, T.: Balancing of flexible rotors by the complex modal method. Trans. ASME 105 (1983) 94–100

Sh Shiraki, K.; Kanki, H.: New field balancing method on tandem connected multispan flexible rotor system. IUTAM-Symp. Lyngby/Demmark. In: Dynamics of Rotors. Berlin: Springer 1974, pp 494–521

Si Shimada, K.; Miwa, S.; Nakai, T.: Balancing of a flexible rotor. JSME 21 (1978) 44–50

Ts Turek, F., Svoboda, R.: The dynamic properties of the elastic rotors on the sliding bearings and their influence on the choice of the balancing procedure. STROJNÍCKY ČASOPIS, 36 (1985) 4–5 (in tschechischer Sprache)

Wuchten mit Einflußkoeffizienten

Bd1 Balda, M.: Balancing flexible rotors as a problem of mathematical programming. 2nd Int. Conf. Cambridge, England 1980. London: Inst. Mech. Eng. Conf. Publications C288, pp 253–257

Bg1 Badgley, R. H.: Recent developments in multiplane-multispeed balancing of flexible rotors in the United States. IUTAM-Symp. Lyngby/Denmark. In: Dynamics of Rotors. Berlin: Springer 1974, pp 1–26

Bg2 Badgley, R. H.: Modern influence coefficient techniques for multiplane rotor balancing in the factory, test cell and field. London: Inst. Mech. Eng. Conf. Publications 1976, C 189, pp 201–207

Bu Baldur, R.: Role of computers in iterative multiplane dynamic balancing. CSME Transactions, Eng. J. 14 (1971) 1–6

Dr1 Drechsler, J. R.: Reduktion des experimentellen Aufwands beim Auswuchten durch systematische Kombination von Messung und Rechnung. VDI Ber. 269 (1976) 159–164

Dr2 Drechsler, J.: Systematic combination of experiments and data processing in balancing of flexible rotors. London: Inst. Mech. Eng. Conf. Publications 1976, C 179, pp 129–132

Dr3 Drechsler, J.: Computergestütztes Auswuchten elastischer Rotoren nach Eigenformtheorie und Einflußkoeffizientenverfahren. Ing. Arch. 47 (1978) 267–283

Dr4 Drechsler, J.: Processing surplus information in computer aided balancing of large flexible rotors. 2nd Int. Conf., Cambridge, England 1980. London: Inst. Mech. Eng. Conf. Publications 1980, C 259, pp 65–69

Fi Fielding, L.; Mondy, R. E.: A better way to balance turbomachinery. Hydrocarbon Process. Jan. (1981) 97–104

Fu Fujisawa, F.: Experimental investigation of multispan rotor balancing using least squares method. ASME J. Mech. Des. 102 (1980) 589–596

Go Goodman, T. P. A.: Least-squares method for computing balance corrections. ASME J. Eng. Ind. 86 (1964) 273–279

La Larsson, L. O.: On the determination of the influence coefficients in rotor balancing, using linear regression analysis. London: Inst. Mech. Eng. Conf. Publications 1976, C 173, pp 93–97

Lu1 Lund, J. W.; Tonnesen, J.: Analysis and experiments on multiplane balancing of a flexible rotor. ASME J. Eng. Ind. Febr. (1972) 233–242

Pi1 Pilkey, W. D.; Bailey, J. T.: Constrained balancing techniques for flexible rotors. Trans. ASME 101 (1979) 304–308

Pi2 Pilkey, W. D.; Bailey, J. T.; Smith, P. D.: A computational technique for optimizing correction weights and axial location of balance planes of rotation shafts. Trans. ASME 105 (1983) 90–93

Ri Rieger, N. F.: Unbalance response and balancing of flexible rotors in bearings. Vol. III „Flexible rotor – bearing system dynamics". ASME, 1973

Ry Ryzhik, B. V.; Fridman, V. M.: Balancing flexible rotors with simultaneous adjustment of influence coefficients. Mashinovedenie 1 (1984) 26–32

Sm Salamone, D. J.; Gunter, E. J.; Barret, L. E.: Balancing of a double overhung compressor with skewed wheels and a bowed shaft. 2nd Int. Conf. Cambridge, England. London: Inst. Mech. Eng. Conf. Publications 1980, C 289, pp 259–264

Te1 Tessarzik, J. M.; Badgley, R. H.; Anderson, W. J.: Flexible rotor balancing by the exact point-speed influence coefficient method. Vibration Conference Toronto 1971. ASME Paper Nr. 71-Vibr-91

Te2 Tessarzik, J. M.; Badgley, R. H.: Experimental evaluation of the exact point-speed and least-squares procedures of flexible rotor balancing by the influence coefficient method. ASME J. Eng. Ind. May (1974) 633–643

Sondertechniken (Neuere Arbeiten)

Bd2 Balda, M.: A new view on balancing flexible rotors. 3rd Int. Conf. York, England. London: Inst. Mech. Eng. Conf. Publications 1984 C282

Bo Ballo, I.: On the balancing of flexible rotors independent on boundary conditions. Ing. Arch. 30 (1981) 177–185

Co Conry, T.F.; Goglia, P.R.; Cusano, C.: A minimum approach for optaining optimal unbalance distribution in flexible rotors. J. Mech. Des. 104 (1982) 875–880

Dr5 Drechsler, J.: Auswuchten und Systemidentifikation. VDI Ber. 536 (1984) 141–154

Fr Freudenstein, F.; Macey, J.P.; Maki, N.R.: Optimum balancing of combined pitching and yawing moments in high-speed machinery. ASME J. Mech. Design. 103 (1981) 571–577

Ga2 Gasch, R.; Drechsler, J.: Modales Auswuchten elastischer Läufer ohne Testgewichtssetzungen. VDI Ber. 320 (1978) 45–54

Gn Gnielka, P.: Modal balancing of flexible rotors without test runs: An experimental investigation. J. Sound Vib. 90 (1983) 157–172

Hl Hundal, M.S.; Harker, R.J.: Balancing of flexible rotors having arbitrary mass and stiffness distribution. ASME J. Eng. Ind. May (1966) 217–223

Jy Jhy-Horng Wang: Untersuchung des Schwingungsverhaltens eines mehrfach gleitgelagerten Rotorsystems. Diss. TU München 1984

Ke6 Kellenberger, W.: Erzwungene Kombinationsresonanzen der rotierenden Welle – Kopplung von Biegung und Torsion. Brown Boveri Mitt. 2 (1980)

Kl Klompas, N.: Unbalance response analysis of a complete turbomachine. Trans. ASME 105 (1983) 184–191

Lu2 Lund, J.W.: A method for using the free shaft modes in rotor balancing. Vibrations in rotating machinery. London: Inst. Mech. Eng. Conf. Publications 1976, C169, p65

Ma1 Markert, R.; Pfützner, H.: An- und Auslaufvorgänge einfacher Schwinger. Forsch. Ingenieurwes. 47 (1981) 177–125

Ma2 Markert, R.: System- und Unwuchtidentifikation von elastischen Rotoren aus Anfahrmessungen. VDI Ber. 536 (1984) 121–139

Ma3 Markert, R.: An- und Auslaufvorgänge linearer Schwinger im Frequenzbereich. Z. Angew. Math. Mech. 65 (1985) T71–83

Mc McLean, L.J.; Hahn, E.J.: Unbalance behavior of squeese film damped multi-mass flexible rotor bearing systems. Trans. ASME 105 (1983) 22–28

Ms Matsushita, O.; Ida, M.; Takahashi, R.: Application of quasi-modal concept to rotational ratio response analysis and new balancing. 3rd Int. Conf. York, England. London: Inst. Mech. Eng. Conf. Publications 1984, C319

Mt Morton, P.G.: Modal balancing of flexible shafts without trial weights. Proc. Inst. Mech. Eng. 199 (1985) 71–78 und GEC J. of Research, 3 (1985) 12–17

Mü2 Müller, M.: Ein neues Verfahren zum Auswuchten elastischer Rotoren. Ing. Arch. 54 (1984) 98–106

Ni Nishimoto, K.; Morii, S.; Tanba, A.; Ohsawa, H.: Computer aided balancing system for mass-produced turbo-rotors. 3rd Int. Conf. York, England. London: Inst. Mech. Eng. Conf. Publications 1984, C270

On Ono, K.: Theory on balancing of a flexible rotor by driving torque excitation. 3rd Internat. Conf. York, England. London: Inst. Mech. Eng. Conf. Publications 1984, C323

Sd Shimada, K.; Miwa, S.: Balancing of a flexible rotor. Bull. JSME 23 (1980) 938–944

So1 Shiohata, K.; Fujisawa, F.: Balancing for a flexible rotor considering the vibration mode. (1st Rep., Balancing in which modal influence coefficients contain amplitude errors) Bull. JSME 24 (1981) 1223–1232

So2 Shiohata, K.; Fujisawa, F.: Balancing for a flexible rotor considering the vibration mode. (2nd Rep., Balancing in which modal influence coefficients contain phase angle errors). Bull. JSME 25 (1982) 438–443

Wo Woomer, E.; Pilkey, W.D.: The balancing of rotating shafts by quadratic programming. ASME J. Mech. Des. 103 (1981) 831–834

Ya Yang, J.L.; Chu, F.H.: Heuristic optimisation in the balancing of high speed rotors. ASME J. Dyn. Syst. Meas. Control 106 (1984) 163–169

Zo1 Zorzi, E. S.; Giordano, C.; Lee, C.: A unified approach to balancing with multiple constraints. Int. Conf. „Rotordynamic Problems in Power Plants". IFTOMM 1982, Rome, Italy, pp 297–303

Zo2 Zorzi, E. S.; Pragenau, G. L.: Modern rotor balancing – emerging technologies – unified balancing. Mech. Eng. Dec. (1985) 25–31

Automatisches Wuchten

Ag Agafonov, Y.; Bazykin, Y. V.: Study of stability of ball-type automatic balancer of rotor system on anisotropic flexible supports. Mashinovedenie 5 (1985) 111–113

Bi4 Bishop, R. E. D.: On the possibility of balancing rotating flexible shafts. J. Mech. Eng. Sci. 24 (1982) 215–220

Bs Burrows, C. R.; Sahinkaya, M. N.: Vibration control of multi-mode rotor-bearing systems. Proc. R. Soc. London Ser. A 386 (1983) 77–94

Er Ernst, H.: Automatic precision balancing. Mach. Des. 23 (1951) 107–114

Gk Gosiewski, Z.: Automatic balancing of flexible Rotors. Part I, Theoretical Background. J. Sound Vib. 100 (1985) 551–567

Gs Gusarov, A. A.; Shatalov, L. N.; Gosnii: Automatic balancing of rotors. 2nd Int. Conf. Cambridge, England. London: Inst. Mech. Eng. Conf. Publications 1980, C 343, pp 457–461

He Hedaya, M. T.; Sharp, R. S.: An analysis of a new type of automatic balancer. J. Mech. Eng. Sci. 19 (1977) 221–226

Hö Högfors, C.: Autobalancing. XVIth Congress of theoretical and applied Mechanics. Lyngby 1984

In Inoue, I.; Araki, Y.; Miyaura, S.: On the self-synchronisation of mechanical vibrators. Bull. JSME 10 (1967) 755–762

Ka Kaliszer, H.: Automatic balancing of grindings wheels. 2nd Int. Conf. Cambridge, England. London: Inst. Mech. Eng. Conf. Publications 1980, C 313, pp 421–426

Kj Kubo, S.; Jinnouchi, Y.; Araki, Y.; Inoue, J.: Automatic balancer (pendulum balancer). Trans. JSME C 51 (1985) 1772–1777 (japanisch)

Km Kim, Y. D.; Lee, C. W.: Determination of the optimal balancing head location on flexible rotors using a structural dynamics modification algorithm. Proc. Inst. Mech. Eng. 199 (1985) 19–25

Ky Kaya, F.; Roberts, J. B.: Optimum vibration control of flexible transmission shafts. 3rd Int. Conf. York, England. London: Inst. Mech. Eng. Conf. Publications 1984 C 298, pp 525–534

Le Leblanc: Machines rotatives à très grandes vitesses. Mémoires de la Soc. des Ing. civils de France, 1913, p 171. Erwähnt in Stodala, A.: Dampf- und Gasturbinen, 6. Aufl. Berlin: Springer 1924, S. 939

Ne Nesterenko, V. P.: Automatic elimination of the static imbalance of a rotor with anisotrop supports. Mashinovedenie 1 (1984) 24–25

Ru Runow, B.; Salimon, A.; Don, E.; Dzierzynski, F. E.: Die Auswuchtung jedes beliebigen Läufers dauert maximal eine halbe Stunde. Sowjetischer Export 2 (1985)

Sp Sharp, R. S.: An analysis of a self-balancing system for rigid rotors. J. Mech. Eng. Sci. 17 (1975) 186–189

Sz Salm, J.; Schweitzer, G.: Modelling and control of a flexible rotor with magnetic bearings. 3rd Int. Conf. York, England. London: Inst. Mech. Eng. Conf. Publication 1984, C 277

Th1 Thearle, E. L.: A new type of dynamic-balancing machine. Trans. ASME 54 (1932) 131–141

Th2 Thearle, E. L.: Automatic Dynamic Balancers. Mach. Des. 22 (1950) 119–153

Ub Ulbrich, H.; Anton, E.: Theory and application of magnetic bearings with integrated displacement and velocity sensors. 3rd Int. Conf. York, England. London: Inst. Mech. Eng. Conf. Publication 1984, C 299

Va Van de Vegte, J.: Balancing of flexible rotors during operation. J. Mech. Eng. Sci. 23 (1981) 257–261

Thermisches Wuchten

Hn Hanada, T.; Ohi, M.; Makino, Y.; Banjo, M.: 556 MVA turbine generator for Matsushima thermal power station of Electric Power Development Co. Hitachi Rev. 31 (1982) 101–106

Ku Kawamura, T.; Shoyama, E.: Latest technology for turbine generators. Hitachi Rev. 27 (1978) 367–372

Ln Ling, W. F.: Correcting thermal unbalance in electric rotors. Power, Nov. (1950) 84–86, 208

Richtlinien, Normen

Aufsätze

Fe3 Federn, K.: Erfahrungswerte, Richtlinien und Gütemaßstäbe für die Beurteilung von Maschinenschwingungen. Konstruktion (1958) 289–298

Ge Geis, H.; Bohnstedt, J.: Vibrations of steam turbine shafts. VGB Kraftwerkstechnik 55 (1975) 72–73

Mu Muster, D.; Flores, B.: Balancing criteria and their relationsship to current american practice. ASME J. Eng. Ind. Nov. (1969) 1035–1046

ISO-Normen (Standards)

International Organisation for Standardisation, Vertrieb: Rue Varambe 1–3, Genf (CH)

ISO 1925: Balancing-vocabulary 1981-11-01

ISO 2041: Vibration and shock – vocabulary 1975-08-01

ISO 1940: Balance quality of rotating rigid bodies 1973-05-01 (Praktisch ohne Änderung übernommen von VDI 2060). Wurde 1986 überarbeitet, neu benannt und in zwei Teile unterteilt: Mechanical vibration-Balance quality requirements of rigid rotors.
1940/1, Part 1: Determination of permissible residual unbalance.
1940/2, Part 2: Assessment of balance errors. (1986 noch in Bearbeitung).

ISO 5343: Criteria for evaluating flexible rotor balance 1983-10-01

ISO 2953: Balancing machines – Description and evaluation 1975-06-01

ISO 5406: The mechanical balancing of flexible rotors 1980-11-01

ISO 2371: Field balancing equipment 1974-07-01

ISO 6070: Auxiliary tables for vibration generators – Method of describing equipment characteristics 1981-07-01

ISO 2372: Mechanical vibration of machines with operating speeds from 10 to 200 rev/s – Basis for specifying evaluation standards 1974-11-01

ISO 3945: Mechanical vibration of large rotating machines with speed range from 10 to 200 rev/s – Measurement and evaluation of vibration severity *in situ* 1985-12-15

ISO 2373: Mechanical vibration of certain rotating electrical machinery with shaft heights between 80 and 400 mm – Measurement and evaluation of the vibration severity 1974-11-01 (Wurde in DIN ISO 2373 (1974) unverändert übernommen)

ISO 7919/1: Mechanical vibration of non-reciprocating machines – Measurements on rotating shafts and evaluation – Part 1: General guidelines 1986-03-15
(Vervollständigt ISO 2372)

ISO 2953: Balancing machines – Description and evaluation 1985-11-01

ISO 7475: Balancing machines – Enclosures and other safety measures 1984-11-15

ISO 3080: Guide for the mechanical balancing of marine main steam turbine machinery for merchant service 1974

Deutsche Normen

Vertrieb: Beuth Verlag GmbH, Berlin, Köln

DIN 13316 Mechanik ideal elastischer Körper. Sept. 1980
DIN 45666 Schwingstärkemeßgerät – Anforderungen, Febr. 1967
DIN 45670 Wellenschwingungs-Meßeinrichtung, Nov. 1984
DIN 45668 Ankopplung für Schwingungsaufnehmer zur Überwachung von Großmaschinen, Mai 1972
DIN ISO 2373 (Ersatz für DIN 45665) 1980. Mechanische Schwingungen von umlaufenden elektrischen Maschinen mit Achshöhen von 80 bis 400 mm. (ISO 2373 Nov. 1974 ist in diese Norm unverändert übernommen worden.)
DIN ISO 3945 (≡ ISO 3945/77)

Österreichische Norm

ÖNORM S 9032, Beurteilungsmaßstäbe für die Auswuchtgüte starrer Rotoren, März 1985

VDI-Richtlinien

Verein deutscher Ingenieure, Vertrieb: Beuth Verlag GmbH, Berlin, Köln:

VDI 2060: Beurteilungsmaßstäbe für den Auswuchtzustand rotierender starrer Körper, Okt. 1966
VDI 2056: Beurteilungsmaßstäbe für mechanische Schwingungen von Maschinen, Okt. 1964
VDI 2059:
Blatt 1. Wellenschwingungen von Turbosätzen, Grundlagen für die Messung und Beurteilung, Nov. 1981
Blatt 2. Wellenschwingungen von Dampfturbosätzen für Kraftwerke-Messung und Beurteilung, März 1983
Blatt 3. Wellenschwingungen von Industrieturbosätzen-Messung und Beurteilung, Okt. 1985
Blatt 4. Wellenschwingungen von Gasturbosätzen-Messung und Beurteilung, Nov. 1981
Blatt 5. Wellenschwingungen von Wasserkraftmaschinensätzen-Messung und Beurteilung, Okt. 1982
VDI 2062: Schwingungsisolierung
Blatt 1. Begriffe und Methoden, Jan. 1976
Blatt 2. Isolierelemente, Jan. 1976
VDI 2063: Messung und Beurteilung mechanischer Schwingungen von Hubkolbenmaschinen, Sept. 1984
VDI 2057: Beurteilung der Einwirkung mechanischer Schwingungen auf den Menschen
Blatt 1. Grundlagen, Gliederungen, Begriffe, Okt. 1974
Blatt 2. Schwingungseinwirkung auf den menschlichen Körper, Mai 1981
VDI 3831: Schutzmaßnahmen gegen die Einwirkung mechanischer Schwingungen auf den Menschen, Nov. 1985

Sachverzeichnis

Wuchtgleichungen

( ) = Gleichung; S. = Seite

– Praktisches Vorwärtswuchten	
N-Methode	(12.47)
(N + 2)-Methode	(12.48)
– Wuchten mit Identifikation (ohne Testgewichtsetzung)	
isotrope Lagerung	(12.56)
ideal-anisotrope Lagerung	(12.69) (12.69′)
– Wuchten bei Fundamenteinfluß in ideal-anisotroper Lagerung	(12.73) (12.73′)
– Wuchten mit Integralgleichungen	(12.97)

Bimodales Wuchten elastischer Rotoren

Mehrscheibenrotor in Gleitlagern

N-Methode	(11.177) (11.178) (11.179)
(N + 2)-Methode	(11.183)

Kontinuierlicher Rotor in Gleitlagern

N-Methode	(12.100) (12.101)
(N + 2)-Methode	(12.102) (12.103)

Wuchten mit Einflußkoeffizienten

Kontinuierlicher Rotor und Wellenstrang
(beliebige Lagerung)

gleichviele MP wie WE ($J = K$)	(13.9)
mehr MP als WE ($J > K$)	(13.19)
– Vorwärtswuchten	S. 340
– Wuchten mit Gewichtung	(17.4)
– Bestimmung der Wuchtmatrix (EK-Matrix)	
mit Differenzbildung	(17.19)
mit statistischem Ausgleich	(17.29)
– Wuchten bei stark anisotroper Lagerung	(17.51) (17.52)
mit Gewichtung	(17.54)
Bestimmung der Wuchtmatrix (EK-Matrix)	(17.56)

Wuchten mit Sondertechniken

– Wuchten mit Identifikation (ohne Testgewichtsetzung)	(19.1) (19.5) (19.24) (19.30) (19.34) (19.43)
– Wuchten mit Umgehung der Resonanzmessung	(19.53) (19.61)
– Quasi-modales Wuchten	
2 lagerige Rotoren	(19.86)
3- und mehrlagerige Rotoren	(19.90)
– Verbesserung der EK-Methode durch Beschränkung (UCA)	(19.97) (19.98)

GPSR Compliance

The European Union's (EU) General Product Safety Regulation (GPSR) is a set of rules that requires consumer products to be safe and our obligations to ensure this.

If you have any concerns about our products, you can contact us on ProductSafety@springernature.com

In case Publisher is established outside the EU, the EU authorized representative is:

Springer Nature Customer Service Center GmbH
Europaplatz 3
69115 Heidelberg, Germany

Batch number: 10704763

Printed by Printforce, the Netherlands